가장 빠른 지름길!

도로교통 안전관리자

한권으로 끝내기

머리말

교통안전에 관한 전문적인 지식과 기술을 가진 자에게 자격을 부여하여 운수업체 등에서 교통안전업무를 전담하게 함으로써 교통사고를 방지하고 국민의 생명과 재산 보호에 기여하기 위해 한국교통안전공단에서는 5개 분야(도로, 철도, 항공, 항만, 삭도)의 교통안전관리자 자격시험을 시행하고 있다.

이 책은 그중에서도 도로 분야의 도로교통안전관리자 자격증을 취득하려는 사람들을 대상으로 출제기준에 맞게 필수과목인 교통법규, 교통안전관리론, 자동차정비와 선택과목 중 교통심리학을 제외한 자동차공학, 교통사고조사분석개론 이론을 설명하고 있다.

이론의 각 장을 자세하게 설명함은 물론 시험문제를 대비할 수 있도록 적중예상문제를 이론 뒤에 함께 수록했다. 또한 개정된 법령도 완벽하게 반영하였다.

도로교통안전관리자 시험을 준비하는 모든 수험생들에게 조금이라도 도움이 되고자 하는 마음에서 이 책을 출간하게 되었다. 미흡한 부분은 앞으로 수정 · 보완하여 더 좋은 책을 만들고자 한다.

이 책이 도로교통안전관리자 시험을 준비하는 모든 사람들에게 도움이 되길 바라며 끝으로 수험생 모두에게 좋은 결과가 있기를 기원한다.

편저자 씀

시험안내

개 요

도로교통안전에 관한 전문적인 지식과 기술을 가진 자 에게 자격을 부여하여 운수업체 등에서 도로교통안전업무를 전담하게 함으로써 교통사고를 미연에 방지하고, 국민의 생명과 재산 보호에 기여하도록 하기 위해 도로교통안전관리자 자격시험을 시행하고 있다.

직 무

1. 교통안전관리규정의 시행 및 그 기록의 작성 · 보존
2. 교통수단의 운행과 관련된 안전점검의 지도 및 감독
3. 도로조건 및 기상조건에 따른 안전운행에 필요한 조치
4. 교통수단 차량을 운전하는 자 등의 운행 중 근무상태 파악 및 교통안전 교육 · 훈련의 실시
5. 교통사고원인조사 · 분석 및 기록 유지
6. 교통수단의 운행상황 또는 교통사고상황이 기록된 운행기록지 또는 기억장치 등의 점검 및 관리

필기시험 안내

| 시행처 : 한국교통안전공단(lic.kotsa.or.kr)

| 취득 대상자 : 차량 등의 안전한 운행을 위해 교통안전관리자가 되려는 자

| 시험과목

<table>
<tr><th>필수과목</th><th>문항 수</th><th>선택과목</th><th>문항 수</th></tr>
<tr><td>교통법규
• 교통안전법
• 자동차관리법
• 도로교통법</td><td>50문항</td><td rowspan="3">자동차공학,
교통사고조사분석개론,
교통심리학 중 택일</td><td rowspan="3">25문항</td></tr>
<tr><td>교통안전관리론</td><td>25문항</td></tr>
<tr><td>자동차정비</td><td>25문항</td></tr>
</table>

※ 교통법규는 법 · 시행령 · 시행규칙 모두 포함(법규과목의 시험범위는 시험 시행일 기준으로 시행되는 법령에서 출제됨)

※ 교통안전법은 총칙, 제3장 및 제5장 이하의 규정 중 교통수단운영자에게 적용되는 규정과 관련된 사항만을 말함

시험일정

원서 접수 기간	시험장소	시험일자
1.19(금) 10:00부터 시험 7일 전 18:00까지	한국교통안전공단 14개 CBT 시험장 (서울, 수원, 화성, 대전, 대구, 부산, 광주, 인천, 춘천, 청주, 전주, 창원, 울산, 제주)	2.19(월)~2.23(금), 4.22(월)~4.26(금), 6.24(월)~6.28(금) ※ 화성시험장 및 제주시험장은 타 시험 일정으로 인하여 화 · 목만 운영

시험시간

구분	1회차 (오전)	2회차 (오후)	3회차 (오후/예비)	과목	문항 수 (배점)	비고
1교시	09:20~10:10 (50분)	13:20~14:10 (50분)	16:20~17:10 (50분)	교통법규	50문항 (2점)	• 교통안전법 : 20문제 • 기타 법규 : 30문제
휴식	10:10~10:30 (20분)	14:10~14:30 (20분)	17:10~17:30 (20분)	–		
2교시	10:30~11:45 (75분)	14:30~15:45 (75분)	17:30~18:45 (75분)	• 교통안전관리론 • 분야별 필수과목 • 선택과목	각 25문항 (4점)	과목당 25분 ★면제과목을 제외한 본인응시 과목만 응시 후 퇴실

※ 교통안전법 및 기타 법규의 문제 수가 1~3개의 범위 내에서 변경될 수 있음(전체 문제 수는 50문제 동일)

합격기준 : 응시 과목마다 40% 이상을 얻고, 총점의 60% 이상을 얻은 자

합격자 발표 : 시험 종료 직후 합격자 발표

시험일정 및 장소, 응시가능 인원 등은 변경될 수 있으므로, 변동사항은 TS국가자격시험 홈페이지(lic.kotsa.or.kr)에서 확인하시기 바랍니다.

시험안내

응시자격

| 제한 없음 다만, 교통안전법 제53조제3항의 어느 하나에 해당하는 자는 취득 불가

| 결격사유

- 피성년후견인 또는 피한정후견인
- 금고 이상의 실형을 선고받고 그 집행이 종료(집행이 종료된 것으로 보는 경우를 포함)되거나 면제된 날부터 2년이 지나지 아니한 자
- 금고 이상의 형의 집행유예를 선고받고 그 유예기간 중에 있는 자
- 교통안전관리자 자격의 취소 등(교통안전법 제54조)의 규정에 따라 교통안전관리자 자격의 취소처분을 받은 날부터 2년이 지나지 아니한 자. 다만, 피성년후견인 또는 피한정후견인에 해당하여 자격이 취소된 경우는 제외

접수대상 및 접수방법

| 인터넷 및 방문접수 : 모든 응시자

- 방문접수자는 응시하고자 하는 지역으로 방문
- 취득 자격증별로 제출서류가 상이하므로 면제기준을 참고하여 제출
- 자격증에 의한 일부 면제자인 경우 인터넷 접수 시 상세한 자격증 정보를 입력하여야 하고, 방문접수 시 반드시 해당 증빙서류(원본 또는 사본)를 지참

※ 현장 방문접수 시에는 응시 인원마감 등으로 시험접수가 불가할 수도 있사오니 가급적 인터넷으로 시험 접수현황을 확인하시고 방문해주시기 바랍니다.

시험의 일부 면제 대상자와 면제되는 시험과목(교통안전법 시행령 [별표 7])

면제 대상자	면제되는 시험과목
석사학위 이상 소지자로서 대학 또는 대학원에서 시험과목과 같은 과목을 B학점 이상으로 이수한 자	시험과목과 같은 과목 (교통법규는 제외)
다음 중 어느 하나에 해당하는 자 • 국가기술자격법에 따른 자동차정비산업기사 또는 건설기계정비산업기사 이상의 자격이 있는 자 • 국가기술자격법에 따른 자동차정비기능사 · 자동차차체수리기능사 또는 건설기계정비기능사 이상의 자격이 있는 자 중 해당 분야의 실무에 3년 이상 종사한 자 • 국가기술자격법에 따른 산업안전산업기사 이상의 자격이 있는 자	선택과목 및 국가자격시험과목 중 필수과목과 같은 과목 (교통법규는 제외)

※ 국가자격 시험과목 중 '자동차차체정비', '자동차정비 및 안전기준' 및 '건설기계정비'는 도로교통안전관리자의 시험과목인 '자동차정비'와 같은 과목으로 본다.

제출서류(원서접수일 기준 6개월 이내 발행분에 한함)

| 공통제출서류 : 전과목 응시자 및 일부 과목 면제자

- **응시원서**(사진 2매 부착) : 최근 6개월 이내 촬영한 상반신(3.5×4.5cm)
- **인터넷 접수 시 사진 형식** : 10MB 이하의 jpg 파일로 등록
- **응시수수료** : 20,000원
  - 접수기간 내 전액 환불

일부 과목 면제자의 제출서류

구분		인터넷 접수	방문 접수
국가기술자격법에 따른 자격증 소지자	제출방법	• 자격증 정보 입력 • 파일 첨부(추가 서류 제출자)	• 자격증 원본 지참 및 사본 제출 • 추가 서류 원본 제출
	제출 서류	• 자격증 • 자격취득사항확인서 1부 • 경력증명서(공단서식) 및 고용보험가입증명서 각 1부 • 자동차관리사업등록증 1부	
석사학위 이상 취득자	제출방법	• 파일첨부	• 원본 제출
	제출 서류	• 해당 학위증명서 1부 • 성적증명서 1부 ※ 석사학위 이상 소지자로서 대학 또는 대학원에서 면제받고자 하는 시험과목과 같은 과목을 B학점 이상으로 이수한 자(교통법규는 제외) ※ 시험과목과 이수한 과목의 명칭이 정확히 일치하지 않을 경우 해당 과목의 강의계획서를 제출하여 검토 후 면제 가능	
일부 면제자 교육 수료자 (도로분야만 해당)	제출방법	• 수료번호를 입력하여 수료 여부 확인	• 원본 제출
	제출 서류		• 교육 수료증

자격증 발급

- **신청대상** : 합격자
- **자격증 신청방법** : 인터넷 · 방문신청
- **자격증 교부 수수료** : 20,000원(인터넷의 경우 우편료 포함하여 온라인 결제)
- **신청서류** : 교통안전관리자 자격증 발급신청서 1부(인터넷 신청의 경우 생략)
- **자격증 인터넷 신청** : 신청일로부터 5 ~ 10일 이내 수령 가능(토 · 일요일, 공휴일 제외)
- **자격증 방문 발급** : 한국교통안전공단 전국 14개 지역별 접수 · 교부장소
- **준비물** : 신분증(모바일 운전면허증 제외), 후견등기사항부존재증명서, 수수료

목 차

PART 01 교통안전관리론

CHAPTER 01 교통안전관리 일반 ········ 003
적중예상문제 ········ 020
CHAPTER 02 교통사고의 본질 ········ 038
적중예상문제 ········ 060

PART 02 자동차정비

CHAPTER 01 자동차기관 정비 ········ 105
적중예상문제 ········ 144
CHAPTER 02 자동차 섀시 장치 정비 ········ 155
적중예상문제 ········ 185
CHAPTER 03 자동차 전기 장치 정비 ········ 197
적중예상문제 ········ 213
CHAPTER 04 자동차 정비용 장비 및 시험기사용법 ········ 225
적중예상문제 ········ 240

PART 03 자동차공학

CHAPTER 01 차체구조 ········ 251
적중예상문제 ········ 271
CHAPTER 02 엔진구조와 엔진공학 ········ 283
적중예상문제 ········ 322
CHAPTER 03 연료의 연소와 배출가스 ········ 336
적중예상문제 ········ 354
CHAPTER 04 기동시스템 및 전자제어 엔진시스템 ········ 360
적중예상문제 ········ 386
CHAPTER 05 현가시스템 및 조향시스템 ········ 399
적중예상문제 ········ 418
CHAPTER 06 앞바퀴 정렬 및 제동시스템 ········ 429
적중예상문제 ········ 449
CHAPTER 07 섀시공학 · 휠 및 타이어 ········ 459
적중예상문제 ········ 471

PART 04 교통사고조사분석개론

CHAPTER 01 현장조사 ········ 481
적중예상문제 ········ 540
CHAPTER 02 인적조사 ········ 562
적중예상문제 ········ 582
CHAPTER 03 차량조사 ········ 591
적중예상문제 ········ 631
CHAPTER 04 탑승자 및 보행자의 거동분석 ········ 647
적중예상문제 ········ 655
CHAPTER 05 차량의 속도분석 및 운동특성 ········ 660
적중예상문제 ········ 677
CHAPTER 06 충돌현상의 이해 ········ 694
적중예상문제 ········ 702

PART 05 교통법규

CHAPTER 01 교통안전법 ········ 709
적중예상문제 ········ 748
CHAPTER 02 자동차관리법 ········ 758
적중예상문제 ········ 832
CHAPTER 03 도로교통법 ········ 852
적중예상문제 ········ 900

PART 01

교통안전관리론

CHAPTER 01 교통안전관리 일반

CHAPTER 02 교통사고의 본질

적중예상문제

CHAPTER

01 교통안전관리 일반

제1절 교통안전관리의 개념

1. 교통안전관리의 의의 및 내용

(1) 교통안전관리의 의의

① 교통안전관리란 교통수단을 이용하여 사람과 물자를 장소적으로 이동시키는 과정에서 위험요인이 없는 것을 뜻한다. 즉, 교통수단의 운행과정에서 안전운행에 위험을 주는 외적 또는 내적요소를 사전에 제거하여 교통사고를 미연에 방지함으로써 인명과 재산을 보호하며 개인의 건강과 사회복지증진을 도모하는 것이다.

② 교통안전관리란 교통안전을 확보하기 위하여 계획, 조직, 통제 등의 제기능을 통하여 각종 자원을 교통안전의 제활동에 배분, 조정, 통합하는 과정을 말한다. 즉, 사고위험요소가 존재치 못하도록 관리 또는 통제하는 일련의 수단과 방법을 말한다.

③ 교통안전의 목적은 인명의 존중, 사회복지증진, 수송효율의 향상, 경제성의 향상 등에 있다.

④ 교통안전관리의 대상별로 세분화하면 운전자관리, 자동차관리, 운행관리, 도로 환경관리, 직장 환경관리, 노무관리, 운수업체관리 등으로 구분할 수 있다.

⑤ 교통안전의 확보는 교통의 3요소인 도로, 자동차, 운전자의 안전성의 확보이다.

⑥ 교통안전이란 화물의 안전이 동시에 보장되도록 통제를 가하여 정상적으로 진행시키는 행위라는 점에서는 산업안전의 한 특수분야라고 할 수 있다.

(2) 교통안전관리업무의 주요내용

① **도로환경의 안전관리** : 도로의 증설·확장·포장·정비, 교차로와 철도 건널목의 입체화, 보도와 차도의 구별, 표지, 기타 안전시설의 설치·개선 등과 사고 다발지점에 대한 교통안전, 공학적 견지에서의 도로와 안전시설의 개선 및 교통규제 등이 포함된다.

② **자동차의 안전관리** : 차량의 구입, 검사, 등록, 세금, 보험 등 기타 공과금의 부담, 정비, 점검 등이 포함된다.

③ **운전자의 안전관리** : 관리자의 눈이 잘 미치지 아니하는 특수한 관리업무이므로 그 특수한 조건에 알맞은 관리수단이나 방법을 사용해야 한다.

중요 CHECK

교통안전관리의 주요업무

- 교통안전계획
- 운전자 선발관리
- 운전자 교육훈련관리
- 자동차 안전관리
- 운전자 및 종업원의 안전관리
- 근무시간 외 안전관리
- 교통안전의 지도감독
- 지속적 교통안전 의식

2. 교통안전관리의 특성(운전자를 관리하는 회사 차원에서)

(1) 교통안전관리는 종합성 · 통합성이 요구된다.

① 교통안전관리대상이 사람, 자동차, 도로, 교통환경 등으로 복잡하기 때문에 종합적인 접근방법이 요구된다.

② 기업 내의 다른 부서와 협조가 있어야 교통안전 업무를 효율적으로 수행할 수 있기 때문에 통합성이 요구된다.

(2) 노무 · 인사관리부문과의 관계성이 깊다.

① 운전자관리를 위해서는 노동조합의 협조가 필연적 조건이고, 우선적으로 신상필벌을 엄격히 적용해야 신뢰를 받을 수 있다.

② 사원의 복리후생시설, 불합리한 제도의 개선을 통하여 종업원의 사기를 증진시켜야 한다.

(3) 교통안전에 대한 투자는 회사의 발전에 긴요하다.

① 교통안전확보를 통하여 경비절감(타이어 등의 부품마모율 감소, 사고비용의 감소 등)을 할 수 있다.

② 사회적으로 신뢰가 높아짐으로써 사회적 대우가 개선되고, 안전성 향상은 수익성을 높이고 장기적으로 임금을 상승시킨다.

(4) 과학적 관리가 필요하다.

① 합목적, 합리적인 의사결정의 과정과 목표달성을 위한 객관적 논리(정보)제공이 요구되고, 과학적인 관리기법이 필요하다.

② POC(Plan, Organization, Control) 사이클을 통하여 문제점의 도출 및 최적대안의 선택을 가능케 한다.

(5) 사내에서 교통안전관리자의 위상이 높아야 한다.

① 교통안전관리자는 중간관리층 이상이 담당해야 한다.

② 교통안전관리자는 적정한 하부조직이 필요하다.

(6) 사내에 교통안전관리 체계를 확립해야 한다.

① 업무기반(제규정의 정비 등)이 필요하다.

② 전문지식과 경험을 갖춘 교통안전관리자의 양성이 필요하다.

중요 CHECK

교통안전관리의 특징
- 종합성과 통합성이 요구된다.
- 노무·인사 관리부문과의 관계성이 깊다.
- 교통안전에 대한 투자는 회사의 발전에 긴요하다.
- 과학적 관리가 필요하다.
- 사내에서 교통안전관리자의 위상이 높아져야 한다.
- 사내에 교통안전관리 체계를 확립해야 한다.

3. 교통안전관리의 목표와 사고방지원칙

(1) 교통안전관리의 목표

① 교통안전관리의 목적은 궁극적으로 국민복지 증진을 위한 교통안전의 확보라고 할 수 있다.

② 교통안전관리의 궁극적인 가치는 복지사회의 실현이며, 이를 위해서는 교통의 효율화가 되어야 한다.

③ 교통의 효율화는 교통기능의 질적·양적 고도화를 의미하는 것으로서 교통시간의 단축, 경제성의 향상, 안전성의 향상, 무공해와 수송량의 증가, 타 교통시스템과의 조화 등 하부목표가 구현됨을 의미한다.

㉠ 교통안전성의 향상 : 교통사고의 방지, 교통사고 발생과정의 정확한 분석을 통한 교통사고의 원인에 대한 근원적 파악, 피해발생의 극소화를 위한 적절한 보상 등이다.

㉡ 교통사고의 방지 : 교통안전관리의 본질적 목표로, 이를 실현하기 위한 실행목표는 인적요인 제거, 차량요인 제거, 도로요인 제거, 교통환경요인 제거 등으로서 요인별 교통안전관리의 핵심적 과제가 된다.

인적요인관리	운전자와 보행자의 결함을 최소화하기 위한 대책상의 관리
자동차요인관리	차량의 제작·유지에 적용하는 안전기준과 자동차등록, 점검·검사제도 등
도로요인관리	도로구조와 안전시설 결함의 시정 등
교통환경요인관리	교통상황 규제, 사고발생처리와 원인조사, 피해보상관리 등을 포함

(2) 교통사고 방지를 위한 원칙

① 욕조곡선의 원리

㉠ 욕조곡선이란 고장률과 시간의 관계가 욕조모양의 곡선을 나타내는 것을 말한다.

㉡ 기계의 초기 고장은 부품 등에 내재하는 결함이나 사용자의 미숙 등이 원인이 되어 고장률이 높지만, 사용시간이 지남에 따라 고장률은 점차 감소하고 유효사용기간에는 고장률이 가장 저하한다. 그러나 일정 기간이 경과된 이후 마모 또는 노후에 기인하여 시스템 또는 설비의 고장률이 증가한다.

② 하인리히의 법칙

㉠ 1930년경에 미국의 하인리히가 산업재해사례를 분석하면서 같은 인간이 일으키는 같은 종류의 재해에 대하여 330건을 수집한 후 이 가운데 300건은 보통의 상해를 수반하는 재해, 29건은 가벼운 상해를 수반하는 재해, 그리고 나머지 1건은 중대한 상해를 수반하는 재해를 낳고 있다는 점을 알아냈다. 즉, 1 : 29 : 300 법칙이다.

㉡ 대형사고 한 건이 발생하기 이전에 이와 관련 있는 소형사고가 29회 발생하고, 소형사고 전에는 같은 원인에서 비롯된 사소한 징후들이 300번 나타난다는 통계적 법칙을 파악하게 된 것이다. 이 사실로부터 하인리히는 30건의 상해를 수반하는 재해를 방지하기 위해서는 그 하부에 있는 300건의 상해를 수반하는 재해를 제거해야 한다고 주장했다. 이것은 구체적으로 '300운동', '300기초운동', '300포텐셜운동' 등으로 불리며 실시되고 있는데, 도로교통사고 방지에도 일역을 담당하고 있다.

㉢ 수치의 의미는 적극적으로 위험을 사전에 예방하려 한다는 점에 그 중요성이 있는 것이다.

㉣ 재해의 발생은 물적 불안전상태와 인적 불안전행위 그리고 숨은 위험한 상태가 혼합되어 발생됨으로써 인적 요인과 물적 요인을 함께 개선해 나가야 한다. 이는 사고발생 연쇄과정을 기초원인>2차원인>1차원인>사고>손실로 연결되는 연쇄과정을 설명하면서 하나의 원인을 제거하면 사고의 발생을 방지할 수 있다는 법칙이다.

③ 정상적 컨디션 유지의 원칙

㉠ 운전 등 어떤 업무에 숙달이 되면 그 동작이 정밀기계처럼 정확하다. 그러나 직원이 피로하거나 걱정이 많으면 그 동작은 어이없이 산만해져서 뜻밖의 사고를 일으킨다.

㉡ 관리자는 심신이 상쾌하고 맑은 기분을 갖게 하여 정상행동이 저해받지 않게 주의와 관심을 기울여야 한다.

④ 무리한 행동 배제의 원칙

㉠ 무리한 과속, 무리한 끼어들기, 과로상태의 운전 등 무리한 행동은 사고를 발생시킨다.

㉡ 이치와 기준을 벗어나는 무리함은 사고의 요인이 되므로 피해야 한다.

⑤ 방어 확인의 원칙

㉠ 위험한 자동차 및 도로환경과 직접 접촉하면 교통사고가 발생한다. 교통사고 원인과 과정을 이해하고 대처하면 안전할 수 있다.

㉡ 앞차와의 안전거리를 확보하고 양보운전을 하며, 위험한 자동차를 피하고 위험한 도로에 접근하면 일시정지하고 좌우를 확인한 후 이동해야 한다.

㉢ 위험한 횡단보도, 커브길, 주택가 생활도로 등 시야가 방해되는 지역에 접근할 때는 브레이크에 발을 올려놓고 사고발생에 대비하여야 한다.

⑥ 안전한 환경조성의 원칙

㉠ 사고의 예방은 방호(防護)하는 것보다도 위험을 제거하는 것이 적극적인 대책이다.

㉡ 운전환경과 운전조건이 개선돼서 심신에 상해를 받지 않도록 하여 안심하고 운전할 수 있도록 해야 한다.

㉢ 교통사고 예방을 위해서 안전한 도로환경 · 자동차 구조 · 장치 개발 분위기를 조성하는 것이 병행되어야 운전자와 보행자의 안전을 위한 행동이 점차적으로 개선된다.

⑦ 사고요인 등치성 원칙

㉠ 교통사고 발생에는 교통사고 요인을 구성하는 각종 요소가 똑같은 비중을 지닌다는 것으로서 이것이 곧 사고요인의 등치성 원칙이다.

㉡ 교통사고 발생의 연쇄적 현상은, 우선 어떤 요인이 발생하면 그것이 근원이 되어서 다음 요인이 생기게 되고, 또 그것이 다음 요인을 일어나게 하는 것과 같이 요인이 연속적으로 하나하나의 요인을 만들어 간다. 따라서 이들 많은 요인들 중에서 어느 하나만이라도 없다면 연쇄반응은 일어나지 않아 교통사고는 발생하지 않을 것이다.

㉢ 교통사고에 대해서는 꼭 같은 비중을 지닌다는 것으로, 교통사고의 근본적 원인을 제거하는 것이 곧 방지대책의 기본이다.

⑧ 관리자의 신뢰의 원칙

㉠ 관리자는 부하직원을 인격적으로 대하고 일을 공평무사하게 처리함과 동시에 신상필벌의 원칙을 엄격히 적용해야만 신뢰를 받아 통솔력이 효과를 발휘한다.

㉡ 관리자는 운전자로부터 인격과 실력이라는 측면에서 신뢰를 받는 것이 관리의 선결조건이다.

4. 사고방지원리

(1) 사고방지의 관리방법

① 기준 설정

㉠ 운전, 생산, 서비스 등 업무의 종류에는 관계없이 경영진은 그 업무의 성과기준에 품질관리와 작업행동이 포함되어야 한다.

㉡ 설정한 기준이 채택되면 운전자들에게 명확히 설명하고, 채택된 기준은 엄격하게 관리되어야 한다.

② 운전자 및 종업원 교육훈련

㉠ 기준이 공포되면 운전자의 교육훈련을 실시하여 기준을 달성하도록 한다.

㉡ 기준만으로는 사고를 방지할 수 없으므로 끊임없는 교육훈련과 감독을 통하여 목표 달성을 하도록 하여야 한다.

③ 감독 및 점검

㉠ 운전 성과의 점검은 적절하고도 사실적인 사고보고가 포함된다.

㉡ 모든 운전자에 대한 불시 점검으로 근무 태도를 점검하는 일이 필요하다.

④ 동기 부여

㉠ 운전자가 자기 스스로 운전을 능숙하게 하도록 동기를 부여해야 한다.

㉡ 운전자가 안전 운전을 함으로써 자기를 보호한다는 사명을 갖게 한다.

(2) 불안전행동의 방지

① 순찰(Patrol)에 의한 체크

㉠ 불안전행동이 무엇인가를 결정하고 순찰(Patrol)을 통해 감찰하고 이것을 체크해서 운전 시 등 불안전행동에 대한 시정방안을 강구한다.

㉡ 순찰은 노선별로 팀을 만드는 경우와 제1선 감독자 또는 안전관리자가 단독으로 시행하는 경우도 있다.

② 상호 간 체크

㉠ 불안전행동에 대해서 종사원 상호 간 체크해 가는 일은 서로 간 불안전행동에 대한 관심을 불러일으켜서 안전의식을 높일 수도 있다.

㉡ 서로의 체크는 상호불신을 초래할 우려가 있기 때문에 체크제도의 도입에 앞서서 안전사상의 확립이 그 전제가 되어야 한다.

㉢ 구체적인 방법으로 안전 당번제에 의한 불안전행동의 체크, 안전경쟁 혹은 안전권장제도 등을 병행하면 그 효과는 더욱 상승될 것이다.

중요 CHECK

운수기업의 교통안전

- 운수기업의 특징
  - 무형의 서비스업
  - 공공성
  - 영리추구
  - 인간과 기계 시스템의 최적화를 요구
  - 인간과 기계의 시스템이 효율적으로 결합되어야 양질의 서비스를 제공
- 교통사고와 사업체의 안전
  - 인간은 착오를 일으키기 쉽다.
  - 적극적・능동적 사고방지 노력활동이 필요하다.
  - 운수기업의 안전은 물질적・정신적 동요로부터 자유로워지는 것이다.
  - 운수기업은 유기체적인 경제집단이다.
  - 운수기업은 운전자 정비자가 일하는 경제집단이다.

5. 일반적관리 이론

(1) 관리의 정의

① 관리는 행하여지는 기능이며, 원칙이며 과업이다.

② 관리는 공동의 목표를 위해서 협동집단의 행동을 지시하는 과정이다.

③ 관리는 조직의 목표를 달성하기 위해서 자원을 이용하고 인간행위에 영향을 주며 변화에 적응하는 사회적・기능적 과정이다.

④ 관리는 지식과 이해에 기초를 둔 의사결정을 통하여, 적절한 연결과정으로 목표달성을 위한 조직 시스템의 모든 요소를 서로 관련지우고 종합하는 힘이다.

⑤ 관리는 조직 구성원의 욕구만족에 필요한 가치의 생산과 분배를 기초로 하여 목표의 복잡성・한계・표준을 고려하면서 구성원 집단을 위하여 명령을 하고 의사결정을 하는 과정이다.

⑥ 관리는 설정된 목표를 달성하기 위해 인간과 다른 자원을 이용해서 계획하고, 조직화하고, 활성화하고, 통제를 수행하는 것으로 구성된 과정이다.

(2) 과정으로서의 관리기능

① 관리과정은 각각의 개별적인 영역을 가지고 있는 기능들로 구성되어 있다. 이러한 개별영역으로서의 과정에서 가장 기본적인 것이 계획과 통제이다.

② 관리과정은 상호작용하는 각 개별기능의 통합과정이다. 이러한 통합과정으로서 특히 중요하게 부각되고 있는 것이 의사결정과 의사소통이다.

③ 관리과정은 각 기능들의 전체와 부분이 상호작용하는 동태적인 성격을 지니고 있다.

(3) 관리기능에 따른 직무수행

① 계 획

㉠ 관리의 출발점

㉡ 과거의 실적과 현재의 상태를 비교하여 요구되는 점이 무엇인가 명확히 할 것

㉢ 수집된 모든 정보・자료를 계획목적에 비추어 분석할 것

㉣ 관계 부서와 종사원들의 의견을 충분히 수렴할 것

㉤ 추진하고자 하는 대안을 복수로 생각해 둘 것

㉥ 추진사항의 시행방법도 복수안으로 연구할 것

㉦ 필요한 인원, 자재, 경비 등에 대해서 면밀히 검토할 것

㉧ 장래에 예상되는 장해조건에 미리 대비할 것

㉨ 여러 대안을 경제성・긴급성・중요성・실행가능성의 차원에서 검토할 것 등

② 조 직

㉠ 직무를 어떻게 재설계하여 새로운 지위를 어떻게 부여하며, 기존지위를 어떻게 재배치시키며, 권한과 책임관계를 어떻게 명시하며 조직체계의 요소들이 어떻게 상호작용하여야 하는가 등과 같은 것이다.

㉡ 조직 설계 시의 원칙

- 전문화의 원칙
- 명령 통일의 원칙
- 권한 및 책임의 원칙
- 감독 범위 적정화의 원칙
- 권한위임의 원칙
- 공식화의 원칙

③ **지시** : 관리자가 원래 의도대로 목적을 실현하기 위해서는 지시를 내리는 방법과 지시를 받는 방법에 대하여 올바른 인식이 필요하다.

④ 조 정

㉠ 조정이란 일정한 목적을 향하여 여러 구성원의 행동이나 기능을 조화롭게 조절하는 것을 말한다.

㉡ 조정은 관리의 구심적인 힘으로서 행동을 동시화시켜 분화된 여러 활동을 특정 목적의 달성을 위하여 통합시키는 것이다.

㉢ 조정은 특정한 장소·시간 그리고 여건에 따라 각각 다른 법칙에 의존한다.

⑤ **통제** : 관리활동의 본래의 목표·계획과 기준에 따라 수행되고 있는가를 확인하고 실적·성과와 비교하여 그 결과에 따라 시정조치를 취하는 것을 말한다.

제2절 교통안전관리기법

1. 정보 자료

(1) 1차 자료

① 자료는 1차 자료와 2차 자료로 구분된다.

② 1차 자료는 특정한 목적에 따라 조사자 자신이나 조사자가 의뢰한 조사기관에 의하여 처음으로 관찰·수집된 자료를 말한다.

(2) 2차 자료

① 2차 자료의 종류

㉠ 내부 자료

- 내부 자료는 기업 내부에서 다른 목적으로 수집된 자료이다.
- 내부 자료는 자사의 업무상황, 재정상태, 노사관계 등을 알 수 있어서 안전관리에 유익한 자료를 활용할 수 있다.

㉡ 외부 자료 : 외부기관이 특정한 목적에 따라 작성한 자료를 말한다.

② 2차 자료의 장단점

㉠ 장 점

- 비용의 절약
- 시간의 절약
- 인력의 절약
- 개인적으로는 불가능한 자료를 구할 수 있다.
- 문제의 정의를 파악하는 데 도움이 된다.

㉡ 단 점

- 용어에 대한 정의가 다를 수 있다.
- 자료의 분류방법이 다를 수 있다.
- 자료가 오래되어 유용성이 떨어질 수 있다.
- 자료의 부정확성 가능성이 있다.

2. 운전자관리

(1) 사업용 운전자가 지켜야 할 수칙

① 교통규칙을 준수할 것

② 배당된 차량 등의 관리

③ 운행시간을 엄수할 것

④ 대중에게 불편을 주지 말 것

(2) 운전자 모집 시 고려사항

① 운전을 잘할 것

② 운전경력을 고려할 것

③ 기술 수준을 파악할 것

④ 사고를 방지하는 능력을 파악할 것

⑤ 업무상 만족 여부를 확인할 것
⑥ 인격을 고려할 것
⑦ 결혼여부를 확인할 것
⑧ 사회적 순응능력을 파악할 것

(3) 운전자의 개별평가

① **운전적성의 평가** : 운전자가 안전운전에 필요한 적성을 지니고 있는가 또는 적성의 정도나 문제점을 평가해 보는 것을 말한다.
② **운전지식의 평가** : 운전자가 안전운전에 필요한 지식을 갖추고 있는가의 여부를 파악하는 것이다.
③ **운전기술의 평가** : 운전자가 안전운전에 필요한 기술 등을 어느 정도 갖추고 있는가를 평가·파악해 보는 것을 말한다.
④ **운전태도의 평가** : 운전자가 안전운전에 필요한 태도를 어느 정도 지니고 있는가를 평가하는 것이다.
⑤ **운전경력의 평가** : 운전자의 경력을 통하여 안전운전 능력의 유무, 정도를 평가·파악하는 것이다.

(4) 운전환경의 평가

① 가정환경의 평가 : 운전자의 가정환경을 파악하는 것은 매우 중요한 일이다.
② 직장환경의 평가 : 직장의 노동조건, 임금문제 등을 평가하여야 한다.
③ 도로환경의 평가 : 도로의 상황에 따라 적합한 배치를 위해서 필요하다.
④ 차량 및 화물적재의 평가 : 운전자의 차종이나 대수 혹은 그 상태 및 화물의 특색을 파악하는 것도 중요하다.
⑤ 시설의 평가 : 안전시설의 평가 등도 중요하다.

3. 운전자교육 및 상담원리

(1) 운전자교육의 원리

① 개별성의 원리 : 운전자 개개인의 수준과 능력에 적합한 교육의 실시
② 자발성의 원리 : 운전자의 자발적인 성장욕구의 기초
③ 일관성의 원리 : 운전자의 인격형성이 될 때까지 반복적이고 일관성 있는 교육
④ 종합성의 원리 : 운전자의 모든 환경을 포괄하는 종합적인 교육
⑤ 단계즉응의 원리 : 같은 단계에 속하는 운전자를 모아서 집단교육 실시
⑥ 반복성의 원리
⑦ 생활교육의 원리

(2) 운전자와의 상담의 원리

① 개별화의 원리 : 인간의 개인차를 인정

② 의도적 감정표현의 원리

③ 통제된 정서관여의 원리 : 내담자의 감정표현의 자유표현 유도

④ 수용의 원리 : 내담자의 인격 존중

⑤ 비심판적 태도의 원리 : 상담원은 심판자가 아니라는 점에 유의

⑥ 자기결정의 원리 : 개인의 가치와 존엄성 존중, 최종적인 결정자는 내담자라는 점에 유의

⑦ 비밀보장의 원리

4. 관리기법

(1) 종류와 역할

① **브레인스토밍법** : 10명 정도의 구성원으로 상호 간에 비판 없이 자유분방하게 아이디어를 내고 다른 사람의 아이디어와 결합 개선해 가면서 많은 아이디어를 찾아내는 기법으로서 다른 여러 가지 기법의 기본이 된다.

② **시그니피컨트법** : 유사성 비교라는 방법을 이용해서 얼른 보기에 관계가 있다는 것을 서로 관련시켜서 아이디어를 찾아낸다.

③ **노모그램법** : 시그니피컨트법의 결점을 보완하면서 지면에 도해적으로 아이디어를 찾아낸다.

④ **희망열거법** : 희망사항을 적극적으로 지정하는 방법이다.

⑤ **체크리스트법** : 창의성을 발휘하는 데 필요하다고 생각되는 항목을 사전에 조목별로 마련해 두었다가 그것을 하나씩 조사해 나간다.

⑥ **바이오닉스법** : 자연계나 동식물의 모양 활동 등을 관찰하고 그것을 이용해서 아이디어를 찾아낸다.

⑦ **고든법** : 예를 들어 핸들의 개선을 생각할 경우에는 핸들을 문제로 삼는 것이 아니라 회전하는 것에 대해서 아이디어를 찾는다.

⑧ **인풋・아웃풋법** : 오토매틱 시스템의 설계에 효과가 있으며 인풋과 아웃풋을 정해 놓고 그것을 연결해 본다.

⑨ **초점법** : 인풋・아웃풋법과 동일 사고 방법이며, 초점법에서 먼저 아웃풋 방법을 결정하고 있으나 인풋 쪽은 무결정으로 임의의 것을 강제적으로 결합해 간다.

5. 교통안전교육, 교통안전진단

(1) 교통안전교육

① 인재의 육성은 기업의 자산이다.

② 교육훈련은 기술축적과 조직활성화의 원동력이 된다.

③ 교육훈련은 종업원의 기능, 지식의 향상 이외에 태도를 변화시킨다.

④ 태도변화를 통한 종업원의 성취동기를 형성시켜 근로의욕을 증진시킨다.

(2) 교통안전에 관한 국가 등의 의무(교통안전법 제22조~제32조)

① 국가 등은 안전한 교통환경을 조성하기 위하여 교통시설의 정비, 교통규제 및 관제의 합리화, 공유수면 사용의 적정화 등 필요한 시책을 강구하여야 한다.

② 국가 등은 교통안전에 관한 지식을 보급하고 교통안전에 관한 의식을 제고하기 위하여 학교 그 밖의 교육기관을 통하여 교통안전교육의 진흥과 교통안전에 관한 홍보활동의 충실을 도모하는 등 필요한 시책을 강구하여야 한다.

③ 국가 등은 차량의 운전자, 선박승무원 등 및 항공승무원 등이 해당 교통수단을 안전하게 운행할 수 있도록 필요한 교육을 받도록 하여야 한다.

④ 국가 등은 기상정보 등 교통안전에 관한 정보를 신속하게 수집・전파하기 위하여 기상관측망과 통신시설의 정비 및 확충 등 필요한 시책을 강구하여야 한다.

⑤ 국가 등은 교통수단의 안전성을 향상시키기 위하여 교통수단의 구조・설비 및 장비 등에 관한 안전상의 기술적 기준을 개선하고 교통수단에 대한 검사의 정확성을 확보하는 등 필요한 시책을 강구하여야 한다.

⑥ 국가 등은 교통질서를 유지하기 위하여 교통질서 위반자에 대한 단속 등 필요한 시책을 강구하여야 한다.

⑦ 국가 등은 위험물의 안전운송을 위하여 운송 시설 및 장비의 확보와 그 운송에 관한 제반기준의 제정 등 필요한 시책을 강구하여야 한다.

⑧ 국가 등은 교통사고 부상자에 대한 응급조치 및 의료의 충실을 도모하기 위하여 구조체제의 정비 및 응급의료시설의 확충 등 필요한 시책을 강구하여야 한다.

⑨ 국가 등은 교통사고로 인한 피해자에 대한 손해배상의 적정화를 위하여 손해배상보장제도의 충실 등 필요한 시책을 강구하여야 한다.

⑩ 국가 등은 교통안전에 관한 과학기술의 진흥을 위한 시험연구체제를 정비하고 연구・개발을 추진하며 그 성과의 보급 등 필요한 시책을 강구하여야 한다.

⑪ 국가 등은 교통안전에 관한 시책을 강구할 때 국민생활을 부당하게 침해하지 아니하도록 배려하여야 한다.

6. 운수업체의 안전관리

(1) 운수사업의 기능

① 재화의 생산과 중간단계로의 유통과정을 통하여 장소적 거리간격을 극복함으로써 시장의 형성기능, 경제의 확대기능, 경영의 집결기능 등의 경제적 기능을 담당한다.

② 국민의 장소적 · 시간적 이동욕구를 충족시키는 대중교통수단의 역할을 통하여 사회복지에 기여한다.

(2) 운수기업

① 운수업체란 일반기업과 달라서 공공성을 띤 기업이다.

② 유통경제를 담당할 중요기능을 다하고 있다.

③ 우리의 생명, 신체 또는 재산이 많은 피해를 입고 있어 심각한 사회문제로 대두되고 있다.

④ 피해를 줄이기 위해 정부에서 여러 가지 장치를 마련하고 있는데 그중 하나가 교통안전관리자 제도이다.

⑤ 그중에서 첫 번째가 교통안전계획의 수립 · 시행이다.

(3) 운수적성정밀검사 제도

① 운전적성정밀검사의 4대 기능

㉠ 예언적 기능 : 운전자의 현재와 미래의 사고 경향성을 추정할 수 있고 예측된 사고경향성은 사고예방기능을 한다.

㉡ 진단적 기능 : 개인 또는 집단의 교통사고 관련 특성을 분석하여 사고예방자료로 활용된다.

㉢ 조사연구 기능 : 검사를 통하여 축적된 자료는 운전정밀검사 자체의 개선발전 및 관련 연구분야의 유용한 자료로서 기능을 갖는다.

㉣ 인사선발 및 배치기능 : 운전직 사원의 선발 - 교육훈련 - 배치 - 재교육의 순환과정의 중요한 자료의 기능을 갖는다.

② 운전적성정밀검사의 구분과 그 대상(여객자동차 운수사업법 시행규칙 제49조제3항)

㉠ 신규검사의 경우에는 다음의 자

- 신규로 여객자동차 운송사업용 자동차를 운전하려는 자
- 여객자동차 운송사업용 자동차 또는 「화물자동차 운수사업법」에 따른 화물자동차 운송사업용 자동차의 운전업무에 종사하다가 퇴직한 자로서 신규검사를 받은 날부터 3년이 지난 후 재취업하려는 자(단, 재취업일까지 무사고로 운전한 자는 제외)
- 신규검사의 적합판정을 받은 자로서 운전적성정밀검사를 받은 날부터 3년 이내에 취업하지 아니한 자(단, 신규검사를 받은 날부터 취업일까지 무사고로 운전한 사람은 제외)

ⓛ 특별검사의 경우에는 다음의 자

- 중상 이상의 사상(死傷)사고를 일으킨 자
- 과거 1년간 「도로교통법 시행규칙」에 따른 운전면허 행정처분기준에 따라 계산한 누산점수가 81점 이상인 자
- 질병, 과로, 그 밖의 사유로 안전운전을 할 수 없다고 인정되는 자인지 알기 위하여 운송사업자가 신청한 자

ⓒ 자격유지검사의 경우에는 다음의 사람

- 65세 이상 70세 미만인 사람(자격유지검사의 적합판정을 받고 3년이 지나지 아니한 사람은 제외)
- 70세 이상인 사람(자격유지검사의 적합판정을 받고 1년이 지나지 아니한 사람은 제외)

③ 검사구분별 검사항목(사업용자동차 운전자 운전적성에 대한 정밀검사 관리규정 [별표 1])

구 분	검사항목	신규검사	특별검사	자격유지검사
기기형 검사	1. 속도예측검사	○		○
	2. 정지거리예측검사	○		○
	3. 주의력검사 - 주의전환 - 반응조절 - 변화탐지	○		○
	4. 야간시력 및 회복력검사		○	
	5. 동체시력검사		○	
	6. 상황인식검사 - 상황지각검사 - 위험판단검사 Ⅰ - 위험판단검사 Ⅱ		○	
	7. 운전행동검사		○	
	8. 시야각검사			○
	9. 신호등검사			○
	10. 화살표검사			○
	11. 도로찾기검사			○
	12. 표지판검사			○
	13. 추적검사			○
	14. 복합기능검사			○
필기형 검사	15. 인지능력검사 Ⅰ	○		○
	16. 지각성향검사	○		○
	17. 운전적응력검사 Ⅰ	○		○
	18. 운전적응력검사 Ⅱ		○	

④ 재검사기간 등(사업용자동차 운전자 운전적성에 대한 정밀검사 관리규정 제7조)

운송사업자 및 검사자는 신규검사 및 자격유지검사를 받은 사람에게 검사를 받은 날로부터 14일 이내에 다시 검사를 받게 하여서는 아니 된다.

⑤ 운송사업자의 의무(사업용자동차 운전자 운전적성에 대한 정밀검사 관리규정 제12조)

㉠ 운송사업자는 종합판정표를 운전자의 교정교육 등에 활용토록 하여야 하며, 해고수단 등 직무 이외의 용도에 부당하게 사용하여서는 아니 된다.

㉡ 운송사업자는 교통안전관리자 또는 교육훈련담당자로 하여금 운전자에 대한 교정교육계획을 수립하여 교정교육을 실시하고 교육일지를 작성, 비치토록 하여야 한다.

㉢ 운송사업자는 취업운전자 중 특별검사 대상자가 발생한 때에는 해당 대상자가 검사 및 교정교육을 받을 수 있도록 조치하여야 한다.

㉣ 운송사업자는 취업운전자 중 자격유지검사 대상자가 발생한 때에는 해당 대상자가 검사를 받을 수 있도록 조치를 하여야 하며, 자격유지검사를 받지 아니하거나 부적합 판정을 받은 경우 운전업무에 종사하게 하여서는 아니 된다.

7. 안전관리 통제기법

(1) 안전감독제

① 일일관찰(Day to Day Observation)

㉠ 제일선 감독자에 의해 수행되는 안전감독을 말한다.

㉡ 일선감독자는 종업원의 불안전한 행위 또는 종업원에 의해 일어나는 기계적, 물리적 불안전상태를 매일 관찰할 수 있는 기회를 가지고 있다.

㉢ 매일 계속되는 관찰을 통하여 불안전한 행위나 상태를 명확히 알게 되고 일어날 뻔한 사고를 구분해 내어 예방한다.

② 검열(Inspection)

㉠ 검열은 안전관리와 다른 기능을 수행하는 데서도 필요한 통제법이다.

㉡ 검열의 빈도는 작업의 특정한 위험도 또는 대상 근무에 따라 결정하고 주기적, 특별 및 임시검열의 형식으로 행한다.

㉢ 현장 즉각 조치 또는 추후교정조치를 수반한 안전검열은 사고를 예방할 수 있고 사고발생 후에도 그 대책을 효과적으로 수립할 수 있도록 시행한다.

③ 직무안전분석(Job Safety Analysis)

㉠ 직무안전분석이란 각 작업에 대하여 수행해야 할 업무, 사용될 공구, 설비와 작업상태에 관하여 정확하고 상세하게 분석, 기술하는 것 등 안전절차의 분석까지를 포함한다.

㉡ 분석한 내용은 특정작업을 실시하는 데 있어 가장 정확하고 효과적이다.

㉢ 직무안전분석을 실시함에 있어 각 직무수행에 통상적인 또는 특수한 작업수행상의 성질에 따라 안전기준이나 규칙을 수립하고 이를 지켜서 작업하도록 훈련시켜야 한다.

㉣ 직무기준은 바로 안전기준이 됨을 확인하여야 한다.

㉤ 대기업체나 조직체에서 널리 이용된다.

④ 감독자의 자기진단제

㉠ 안전사고의 발생의 원인이 안전감독자의 자기책임 불이행이 상당히 많이 있으므로 감독자는 감독에 대한 자기진단을 실시하여 항상 안전책임을 다하도록 한다.

㉡ 감독소홀의 원인으로 사고가 발생된 예

- 감독자의 지시가 애매했거나, 지시 후 확인하지 않았다.
- 무경험자에게 어렵고 복잡한 직무를 수행토록 허용했다.
- 면허 없는 차량운전을 허가 또는 지시했다.

(2) 안전효과의 확인과 피드백(Feed Back)

① 안전관리기법을 실행할 때 그 효과를 지속적으로 확인해야 하며 그 실행결과 중 다시 새로운 결함이 나타났을 때는 결함을 제거할 수 있도록 피드백하는 것이 필요하다.

② 안전대책을 시달하는 과정이나 실행하는 과정에서 발견하지 못한 결함이나 예상치 못했던 사항들이 실행결과에서 나타나는 경우도 피드백하여 그 원인을 제거하여야 한다.

(3) 안전점검시행

① 습관적 행동이나 타성 등의 상태 변화에 따른 사고를 막아내기 위해서는 체크방법을 활용한다.

② 안전관리기구가 조직되어 있는 회사는 기구의 업무를 평가하여 미진한 사항을 보완 개선함을 목적으로 한다.

③ 새로이 안전기구를 조직하는 회사의 안전점검방법

㉠ 자가체크 점검방법 : 안전관리자가 실시하는 것이 보통이며 작업원이 실시하는 일일안전점검도 이에 속한다.

㉡ 전문가에 의한 진단 : 외부에서 안전전문가를 초빙하여 제3자적 입장에서 점검한다.

(4) 안전당번제도

① 안전당번을 정하여 일주일 또는 일정 기간씩 교대로 하여 전 근무처나 작업장을 순찰하여 안전상태를 살펴보고 미비한 점을 지적하여 개선하도록 하는 것을 말한다.

② 당번 순찰 시 지적된 사항을 당번일지에 기입해두는 제도이다.

③ 안전당번 제도를 실시하기 위해서는 안전교육에 의해 충분히 안전태도와 기초소질이 양성된 후에 실시하여야 무엇이 위험한 상태인가를 알 수 있다.

④ 안전당번은 단순한 순찰뿐만 아니라 작업시작 전이나 아침조회에서 안전 규칙이나 작업순서 등을 낭독케 하는 것도 한 가지 당번의 직무가 되기도 한다.

⑤ 안전운동에 무감각 · 무반응한 사람들이 당번이 되면 한 번 더 생각하게 되므로 좋은 동기부여의 기회가 될 수도 있다.

⑥ 안전당번제도의 목적은 안전은 우리들 누구든지 꼭 달성해야 한다는 의식을 갖도록 하는 것이다.

(5) 안전무결제도

① 안전무결제도는 작업결함이 그대로 사고에 연결되는 직무에 있어서 최선의 방법 중 하나이다.

② 안전작업 규칙 속에 규정되어 있는 직무나 작업의 절차 등은 생략하지 못하도록 습관화시켜야 한다.

③ 이 제도를 실시하기 위해서는 올바른 안전작업의 암기 또는 작업 시 안전작업 절차를 큰소리로 소리 내어 읽도록 시켜 보는 방법이 있다.

(6) 안전추가지도방법

① 교육에서 안전지식을 배운 바를 작업 현장에서 실시할 수 있어야 하므로 이러한 교육목적을 달성하기 위해서는 추가지도가 반드시 요구된다.

② 특히 신입사원이나 작업원이 교육을 마치고 현장에 배치되었을 때에는 꼭 현장작업 상황을 살펴보고 주기적으로 추가지도를 해 주어야 한다.

③ 안전추가지도를 위해서는 작업현장에 근무하고 기능이 원숙한 사람으로 신뢰할 수 있는 인격자를 선임하여 임명하여야 한다.

④ 추가지도방법은 안전은 물론 기능도 향상시켜 생산성이 증가된다. 즉, 추가 지도를 실시하기 전과 실시 후의 생산실적을 직접 비교해 보면 추가지도의 효과를 쉽게 확인할 수 있다.

CHAPTER

01 적중예상문제

01 사회와 사회의 교류를 이룩하기 위한 것으로서의 교통의 본질은?

㉮ 사회 전체의 물자이동 등 수급관계에 작용해서 물가의 평준화에 이바지한다.

㉯ 사회 전반에 사회풍조를 만연시켜서 문화창달에 역행하게 된다.

㉰ 운수회사의 사회적인 지위를 향상시키고 기업으로서의 수익성을 높이는 데 있다.

㉱ 자동차의 성능을 시험하는 한편 운전자의 실질적인 실력을 향상시키는 데 있다.

해설 현대사회에서의 교통은 필수불가결의 요소로 기능하고 있으며 현대사회는 교통의 발달을 가속화시키고 있다. 또한 교통의 발달은 필연적으로 교통문화를 형성하게 되었고 교통문화 척도가 그 사회의 질서와 의식수준의 지표로 인식되고 있는 것이다. 교통은 한 사회와 다른 사회와의 교류를 가능하게 하여 인류문화를 발전시켰다(정치, 경제, 문화교류 등).

02 안전하면서도 경제적인 교통은 사회나 국가를 판가름하는 (　　)지표라 한다. 다음 중 빈칸에 들어갈 말은?

㉮ 소득수준

㉯ 문화수준

㉰ 경제수준

㉱ 의식수준

03 안전성, 고속성, 경제성 등과 같은 세 가지 사항을 기본적인 조건으로 요구하는 것은 무엇인가?

㉮ 안전기능

㉯ 경제적 기능

㉰ 교통서비스 기능

㉱ 고속기능

해설 **교통서비스 기능의 측면**

- 교통의 추구하는 목표(신속성, 정확성, 안전성, 경제성, 쾌적성, 편의성, 보급성)
- 교통수단(운반구)의 협동
- 철도의 대량성의 기능과 트럭의 서비스 기능 결합 등

1 ㉮ 2 ㉯ 3 ㉰ 정답

04 교통사고 원인의 등치성 원칙에 관계되는 사고요인의 배열은?

㉮ 단순형 ㉯ 연쇄형
㉰ 복합형 ㉱ 교차형

해설 교통사고 요인의 등치성 원칙이란 교통사고 발생의 연쇄적 현상을 분석해 보면 우선 어떤 요인이 발생한다면 그것이 근원으로 되어 다음 요인이 생기게 되고, 또 그것이 다음 요인을 일어나게 하는 것과 같이 요인이 연속적으로 하나하나의 요인을 만들어 간다. 즉, 교통사고 발생에는 교통사고 요인을 구성하는 각종 요소가 똑같은 비중을 지닌다는 것이다. 따라서 교통사고의 근본적인 원인을 제거하는 것이 곧 사고본질과 방지대책의 기본일 것이다.

05 우리나라 교통발달 과정을 올바르게 나열한 것은?

㉮ 개인도보 - 기마교통 - 마차교통 - 자동차교통
㉯ 가축 - 마차 - 범선 - 자동차
㉰ 뗏목 - 범선 - 기선 - 자동차
㉱ 개인도보 - 범선 - 기선 - 자동차 - 항공

06 교통서비스의 기능이 아닌 것은?

㉮ 안전성 ㉯ 쾌적성·확실성
㉰ 고속성 ㉱ 지역균등성

해설 교통서비스의 기능 : 신속성, 정확성, 안전성, 경제성, 쾌적성, 편의성, 보급성 등

중요

07 교통안전에 관한 설명으로 틀린 것은?

㉮ 교통안전이란 교통수단의 안전운행에 위험을 주는 내·외적 요소를 사전에 제거, 사고를 미연에 방지하는 것이다.
㉯ 교통안전이란 운행과정에서 사고를 방지하여 인명과 재산을 보호하는 것이다.
㉰ 교통안전이란 운행과정에서 오직 운전자의 안전과 재산의 피해를 예방하기 위한 것이다.
㉱ 교통안전이란 교통사고를 방지하여 개인의 건강과 사회복지증진을 도모하는 것이다.

해설 교통안전이란 교통수단을 이용하여 사람과 물자를 장소적으로 이동시키는 과정에서 위험요인이 없는 것을 뜻한다. 즉, 교통수단의 운행과정에서 안전운행에 위험을 주는 외적 또는 내적 요소를 사전에 제거하여 교통사고를 미연에 방지함으로써 인명과 재산을 보호하며 개인의 건강과 사회복지증진을 도모하는 것이다.

정답 4 ㉯ 5 ㉮ 6 ㉱ 7 ㉰

08 다음 설명 중 맞는 것은?

㉮ 교통수단의 선택은 경제성에 중요성을 두어 결정한다.
㉯ 교통수단의 선택은 통로이동의 양과 질에 따라 결정된다.
㉰ 교통수단의 선택은 신속성에 중점을 두어 결정한다.
㉱ 교통수단의 선택은 정확성에 중점을 두어 결정한다.

해설 교통 또는 운수는 교통기관의 3대 요소인 통로, 운반구, 동력이 결합되어 사람이나 물건의 공간적 이동의 기능을 하게 되나 통로이동의 양과 질에 따라 교통수단이 결정된다. 즉, 항공교통은 신속성은 있으나 경제성이 없으며, 선박교통은 대량 수송으로 인한 경제성은 있으나 신속성이 결여되어 있기 때문이다.

09 사고원인별 분리의 유형이 아닌 것은?

㉮ 연쇄형
㉯ 복합형
㉰ 집중형
㉱ 분리형

해설 교통사고의 여러 요인 간의 관계는 그 배열과 가치의 문제로 구분해서 생각할 필요가 있으며 먼저 요인의 배열이라는 것을 모델적으로 생각해 본다면 그것은 연쇄형과 집중형으로 대별해 볼 수 있다. 물론 실제 발생한 교통사고 사례에서 보면 연쇄형과 집중형이 혼합된 혼합형(복합형)이 많다.

10 어떤 요인 발생 시에 그것을 근원으로 다음 요인이 생기고 또 그것이 다른 요인을 일어나게 하는 것은?

㉮ 연쇄형
㉯ 복합형
㉰ 집중형
㉱ 분리형

해설 연쇄형이란 우선 어떤 요인이 발생한다면 그것이 근원이 되어 다음 요인이 생기고 또 그것이 다음 요인을 일어나게 하는 것과 같이 요인이 연속적으로 하나하나의 요인을 만들어 가는 현상이다.

중요

11 사고의 많은 요인 중에서 하나만이라도 없다면 연쇄반응은 없다. 그러므로 교통사고도 발생하지 않는다는 원리는?

㉮ 사고복합성의 원리
㉯ 사고등치성의 원리
㉰ 사고연쇄성의 원리
㉱ 사고통일성의 원리

해설 교통사고의 많은 요인들 중에서 어느 하나만이라도 없다면 연쇄반응은 일어나지 않을 것이며 따라서 교통사고는 일어나지 않을 것이다. 다시 말하면 교통사고에 대해서는 똑같은 비중을 지닌다는 것으로 이를 교통사고 등치성의 원리이다.

8 ㉯ 9 ㉱ 10 ㉮ 11 ㉯ 정답

12 다음 중 현대교통의 사회적 기능측면의 특징은 무엇인가?

㉮ 안전성　　㉯ 쾌적성
㉰ 대량성　　㉱ 정확성

해설 **현대교통의 사회적 기능측면과 서비스 기능측면**
- 사회적 기능측면 : 공공성과 대량성
- 서비스 기능측면 : 신속성, 정확성, 안전성, 경제성, 쾌적성, 편의성, 보급성

중요
13 다음 중 교통안전목적에 해당하는 것은?

㉮ 수송효율의 향상　　㉯ 교통시설의 확충
㉰ 교통법규의 준수　　㉱ 교통단속의 강화

해설 **교통안전의 목적**
- 인명의 존중
- 사회복지증진
- 수송효율의 향상
- 경제성의 향상

14 현대교통의 특징은 사회적 기능측면과 서비스 기능측면으로 구분된다. 다음 중 서비스 기능측면이 아닌 것은?

㉮ 경제성　　㉯ 교통수단의 일괄수송방식
㉰ 공공성　　㉱ Door to Door

해설 **현대교통의 특징**
- 사회적 기능의 측면
  - 공공성
    ⓐ 교통기능이 사회적 공기로서의 역할을 해야 할 것이 요구된다.
    ⓑ 편의성, 보급성, 서비스이다.
    ⓒ 교통수단의 사용자 개인의 사적 이익만을 추구해서는 아니 된다.
  - 대량성 : 철도나 선박에서 그 특색을 찾아볼 수 있다.
- 서비스 기능의 측면
  - 신속성, 정확성, 경제성, 쾌적성, 편의성, 보급성 등
  - 일괄수송방식
  - Door to Door

정답 12 ㉰ 13 ㉮ 14 ㉰

15 사고요인이 배열되어 있는 형태를 보고 모델을 분류한 경우 적당하지 않은 것은?

㉮ 복합 연쇄형
㉯ 복합형
㉰ 집중형
㉱ 교차형

해설 **교통사고 요인의 형태 분류**

- 연쇄형 : 단순 연쇄형과 복합 연쇄형
- 집중형
- 복합형(혼합형)

16 다음 설명 중 가장 알맞은 것은?

㉮ 교통이란 자동차를 이용하여 한 장소에서 다른 장소로 객화의 이동을 말한다.
㉯ 교통이란 교통기관을 이용하여 객화의 공간적 이동을 말한다.
㉰ 수송은 거리공간의 장해를 극복하여 시간과 거리를 단축시키는 것을 말한다.
㉱ 교통은 사람과 화물의 장소적 전이에 의해 그 수요와 공급의 균형을 기하는 것을 말한다.

해설 교통이란 교통기관을 이용한 사람이나 화물의 공간적 이동을 말한다.

17 다음 문항 중 틀린 것은?

㉮ 운수 사업체의 실질적인 교통안전 책임자는 교통안전관리자이다.
㉯ 교통안전관리 조직은 업체 내의 안전관리 업무를 총괄하는 조직이다.
㉰ 교통안전관리자는 사업체 내의 교통안전업무를 전담할 목적으로 설치된 것이다.
㉱ 교통안전업무에 관한 책임은 교통안전관리자에게 있고 사업주는 지원할 의무만을 가진다.

18 교통은 하나의 사회와 또 다른 사회와의 교류로 다양하고 복잡한 큰 사회를 형성하게 되었고 또한 정치, 경제, 문화의 교류를 통하여 사회 전반을 높은 수준으로 발전시켰다. 다음 중 어느 것의 결과인가?

㉮ 교통의 기능
㉯ 교통의 문화
㉰ 교통의 신속성
㉱ 교통의 경제성

해설 교통의 기능은 한 사회와 한 사회와의 교류로 인류문화를 발전시키고, 교통의 발전은 사회의 복잡 다양한 발전을 이룩하였으며, 교통문화는 그 사회의 의식수준과 질서의식의 척도이다.

15 ㉱ 16 ㉯ 17 ㉱ 18 ㉮ **정답**

19 교통사고 시 모든 요인이 똑같은 비중을 지니고 있다는 것은?

㉮ 등치성의 원리 ㉯ 불안전 행동
㉰ 연쇄반응 현상 ㉱ 사회적 조건

해설 교통사고의 많은 요인들 중에서 어느 하나만이라도 없다면 연쇄반응은 일어나지 않을 것이며 따라서 교통사고는 일어나지 않을 것이다. 다시 말하면 교통사고에 대해서는 똑같은 비중을 지닌다는 것으로 이를 교통사고 원인의 등치성의 원리라 한다.

중요

20 운수기업의 특징이라고 볼 수 없는 것은?

㉮ 공공성 ㉯ 수송효율의 향상
㉰ 무형의 서비스 ㉱ 인간과 기계의 최적화 요구

해설 **운수기업의 특징**
- 무형의 서비스업
- 공공성
- 영리추구
- 인간과 기계 시스템의 최적화를 요구
- 인간과 기계 시스템이 효율적으로 결합되어야 양질의 서비스를 제공

중요

21 조직설계의 원칙 중 각 구성원은 가능한 한 전문화된 단일업무를 담당함으로써 직무활동의 능률을 높일 수 있기 때문에 기능이 분화되어야 한다는 원칙은?

㉮ 전문화의 원칙 ㉯ 명령통일의 원칙
㉰ 권한 및 책임의 원칙 ㉱ 공식화의 원칙

해설 **조직설계의 원칙**
- 전문화의 원칙 : 각 구성원은 가능한 한 전문화된 단일업무를 담당함으로써 직무활동의 능률을 높일 수 있기 때문에 기능이 분화될 경우 전문적으로 할당할 필요가 있다.
- 명령통일의 원칙 : 조직의 질서를 바르게 유지하기 위해서는 명령 계통이 일원화되어야 한다.
- 권한 및 책임의 원칙 : 각 구성원의 직무가 정해지더라도 각 직무 사이의 상호관계가 정해지지 않으면 각 구성원의 활동을 조정할 수가 없다.
- 감독범위 적정화의 원칙 : 한 사람의 상급자가 몇 사람의 하급자를 거느리는 것이 감독상 가장 적당한지를 고려해서 조직을 편성하는 것이다.
- 권한위임의 원칙 : 상급자가 하급자에게 일을 시키는 데는 권한을 될 수 있는 대로 아래로 위임할 필요가 있다.
- 공식화의 원칙 : 공식화란 조직 내의 직무가 표준화되어 있는 정도 또는 종업원들의 행위나 태도가 명시되어 있는 정도를 의미하는데, 공식화가 요구되는 이유는 다양한 조직구성원의 행위를 정형화하여 그 예측 및 조정, 통제를 용이하게 하는 데 있다.

정답 19 ㉮ 20 ㉯ 21 ㉮

22 다음 중 조직설계의 원칙이 아닌 것은?

㉮ 권한집중의 원칙
㉯ 공식화의 원칙
㉰ 명령통일의 원칙
㉱ 전문화의 원칙

해설 권한집중의 원칙이 아니라 권한위임의 원칙이다.

23 관리계층상의 기능에 있어서 최고경영자의 비중이 큰 기능은?

㉮ 통합적 기능
㉯ 인간적 기능
㉰ 기술적 기능
㉱ 전문적 기능

해설 최고경영자는 통합적 기능이 가장 중시되고, 중간경영자는 인간적 기능이 중요시되며, 하위경영자는 기술적 기능이 중시된다.

24 사고예방을 위한 접근방법에서 기술적 접근방법의 내용으로 옳지 않은 것은?

㉮ 소프트웨어
㉯ 교통기관의 기술개발을 통하여 안전도를 향상
㉰ 운반구 및 동력제작 기술발전의 교통수단 안전도 향상
㉱ 교통수단을 조작하는 교통종사원의 기술숙련도 향상을 위한 안전운행

해설 소프트웨어는 관리적 접근방법이며, 기술적 접근방법은 하드웨어 개발을 통한 안전의 확보라고 할 수 있다.

25 사고방지를 위한 관리방법 중 운전성과를 점검하는 방법은?

㉮ 동기부여
㉯ 감독 및 점검
㉰ 운전자 및 종업원 교육훈련
㉱ 안전기준 설정

22 ㉮ 23 ㉮ 24 ㉮ 25 ㉯ **정답**

26 조직설계에 관한 원칙 중 공식화 원칙에 대한 설명으로 옳지 않은 것은?

㉮ 공식화란 조직 내의 직무가 표준화되어 있는 정도 또는 종업원들의 행위나 태도가 명시되어 있는 정도를 의미한다.

㉯ 고도로 공식화된 조직은 구성원들이 언제, 무엇을, 어떻게 해야 될 것인가를 규정해 놓은 직무기술서, 규칙, 규정, 절차 등이 많다.

㉰ 공식화가 높은 조직은 사전에 규정된 절차나 규정이 적어 구성원들이 상당한 재량권을 발휘할 수 있다.

㉱ 공식화가 요구되는 이유는 다양한 조직구성원의 행위를 정형화하여 그 예측 및 조정, 통제를 용이하게 하는 데 있다.

해설 공식화가 낮은 조직의 경우 사전에 규정된 절차나 규정이 적어 구성원들이 상당한 재량권을 발휘할 수 있다.

27 다음 중 현대교통의 서비스 기능 측면의 내용이 아닌 것은?

㉮ 교통이 추구하는 목표이다.

㉯ 일괄수송방식

㉰ 공공성과 대량성

㉱ Door to Door

해설 공공성과 대량성은 사회적 기능의 측면이다.

28 교통사고와 사업체의 안전에 관한 내용으로 적절하지 않은 것은?

㉮ 운수기업은 운전자, 정비자가 일하는 경제집단이다.

㉯ 운수기업은 유기체적인 경제집단이다.

㉰ 인간은 완벽한 존재이다.

㉱ 교통사고는 유기체의 활동전역의 혼란과 마비를 일으킨다.

해설 **교통사고와 사업체의 안전**

- 운수기업은 운전자, 정비자가 일하는 경제집단이다.
- 운수기업은 유기체적인 경제집단이다.
- 교통사고는 유기체 활동전역의 혼란과 마비를 일으킨다.
- 운수기업의 안전은 물질적, 정신적 동요로부터 자유로워지는 것이다.
- 인간은 착오를 일으키기 쉽다.
- 적극적, 능동적 사고방지 노력활동이 필요하다.

정답 26 ㉰ 27 ㉰ 28 ㉰

29 교통의 발달로 이루어지는 이점이 아닌 것은?

㉮ 물가의 평준화
㉯ 사회와 사회의 교류
㉰ 정치·경제 등의 지역 간 유대관계 강화
㉱ 사업의 집중화

30 교통사고의 발생은?

㉮ 의도적
㉯ 확률적
㉰ 우발적
㉱ 충격적

31 교통안전관리단계 중 안전관리자가 최고 경영진에게 가장 효과적인 안전관리방안을 제시해 주어야 하는 단계는?

㉮ 조사단계
㉯ 계획단계
㉰ 설득단계
㉱ 확인단계

해설 교통안전관리단계는 준비단계 → 조사단계 → 계획단계 → 설득단계 → 교육훈련단계 → 확인단계 순으로 진행되는데 그중 설득단계에서는 안전관리자가 최고 경영진에게 가장 효과적인 안전관리방안을 제시해 주어야 한다. 이때 안전관리자는 사실 및 사업성에 입각한 안전업무 혹은 안전제도의 실행에 따른 비용 및 제도가 채택됨으로써 얻어지는 기대이익을 경영진에게 제시함으로써 경영진으로부터 최대의 지원을 얻을 수 있도록 하여야 한다.

중요

32 운전자 모집 시 고려하여야 할 사항과 거리가 먼 것은?

㉮ 운전자의 운전경력
㉯ 운전자의 재산상태
㉰ 운전자의 업무상 만족상태
㉱ 운전자의 결혼여부

해설 **운전자 모집 시 고려사항**

- 운전을 잘할 것
- 기술 수준을 파악할 것
- 업무상 만족 여부를 확인할 것
- 결혼 여부를 확인할 것
- 운전경력을 고려할 것
- 사고를 방지하는 능력을 파악할 것
- 인격을 고려할 것
- 사회적 순응능력을 파악할 것

29 ㉱ 30 ㉰ 31 ㉰ 32 ㉯ 정답

33 운행계획에 포함되지 않는 것은?

㉮ 종사원
㉯ 차량・장비
㉰ 업무량
㉱ 실적평가

해설 **운행계획의 고려사항**

- 종사원의 조건
  운행경험, 사고력, 종사작업경험, 특기, 의식정도, 신체적 특징, 감각기능, 생활태도, 생활환경
- 업무량의 조건
  - 작업이 항상적인 것인가? 단속적인 것인가?
  - 작업이 내부사정에 의한 것인가? 외부사정에 의한 것인가?
  - 운반톤수는 예측될 수 있는 것인가?
  - 운행거리, 경유지, 소요시간, 출발・귀착시간, 적재물의 종류 등
- 차량・장비의 조건
  종류, 연식, 구조, 성능, 적재중량, 정비상황, 정기점검 정비기 등

34 안전운전의 요건과 거리가 먼 것은?

㉮ 안전운전 적성
㉯ 안전운전 요령
㉰ 안전운전 지식
㉱ 안전운전 태도

해설 안전운전의 요건으로는 안전운전 적성, 안전운전 기술, 안전운전 지식, 안전운전 태도이다.

35 다음 운전자 개별평가에서 운전지식평가의 내용이 아닌 것은?

㉮ 도로나 교통에 관한 지식
㉯ 기상에 관한 지식
㉰ 핸들을 조작하는 능력
㉱ 돌발사태에서 벗어나는 데 필요한 지식

해설 **운전지식평가 내용**

- 도로교통법 등 관계 법령상 지식
- 자동차 등의 구조나 성능에 관한 지식
- 승객 및 하물에 관한 지식
- 도로나 교통에 관한 지식
- 운전자나 보행자에 관한 지식
- 기상에 관한 지식
- 교통사고의 예방에 관한 지식
- 돌발사태에서 벗어나는 데 필요한 지식

정답 33 ㉱ 34 ㉯ 35 ㉰

36 운전자 교육에 있어서 같은 단계에 있는 운전자를 모아서 상호학습을 활용하며 효율적인 집단교육을 실시한다는 원리는?

㉮ 단계즉응의 원리
㉯ 자발성의 원리
㉰ 개별성의 원리
㉱ 종합성의 원리

중요

37 2차 자료의 단점이 아닌 것은?

㉮ 자료의 부정확성
㉯ 자료의 유용성이 좋다.
㉰ 자료분류 방법이 다를 수 있다.
㉱ 용어의 정의가 다르다.

해설 **2차 자료의 장단점**

- 장 점
  - 비용의 절약
  - 시간의 절약
  - 인력의 절약
  - 개인적으로는 불가능한 자료를 구할 수 있다는 점
  - 문제의 정의를 파악하는 데 도움이 된다.
- 단 점
  - 용어에 대한 정의가 다를 수 있다.
  - 자료의 분류방법이 다를 수 있다.
  - 자료가 오래되어 유용성이 떨어질 수 있다.
  - 자료의 부정확성 가능성이 있다.

38 운행계획에서 업무량의 조건 중 가장 우선적인 것은?

㉮ 작업의 향상성
㉯ 작업의 내부사정
㉰ 작업의 외부사정
㉱ 운반톤수의 예측

중요

39 운전자의 모집원칙에 해당하지 않는 것은?

㉮ 통근을 할 수 있는 지역, 그것이 힘들 때는 근접지역 모집
㉯ 직업안정법・근로기준법 준수
㉰ 사사로운 정실이나 금품의 수수금지
㉱ 노동조합 미가입 운전자 모집

36 ㉮ 37 ㉯ 38 ㉮ 39 ㉱ 정답

40 ZD운동의 실행단계가 아닌 것은?

㉮ 조성단계　　㉯ 출발단계
㉰ 종합평가단계　　㉱ 실행 및 운영단계

해설 **ZD운동의 실행단계**
- 조성단계 : 문제점의 도출, 지침 또는 방침의 결정, 교육, 계획수립
- 출발단계 : 계몽·선전완료, 실행 조별 목표설정 완료
- 실행 및 운영단계 : 시행, 확인, 분석·평가, 통계유지, 업무개선, 임무완수, 정신자세 실태파악
- 피드백 단계

41 안전운전의 교육 중 성질이 다른 하나는?

㉮ 화물, 승객 등 적재물에 관한 지식
㉯ 신속·정확한 핸들조작
㉰ 자동차의 구조, 기능에 관한 지식
㉱ 도로교통법, 도로법 등 관계법령에 대한 지식

해설 안전운전교육은 운전지식교육, 운전기술교육, 운전태도교육으로 분류할 수 있는데 ㉯의 경우는 운전기술교육의 내용이고, 나머지는 운전지식교육의 내용이다.

42 태코그래프의 사용목적은?

㉮ 안전운전 실태파악　　㉯ 자동차의 성능파악
㉰ 운전자의 피로파악　　㉱ 운행시간의 파악

해설 태코그래프는 시시각각의 차량의 운행상황을 정밀하고 객관적이면서도 손쉽게 파악할 수 있게 된다.

43 소집단 교육방법으로 어떤 주제에 대해 의견이나 생활체험을 달리하는 몇 명의 협조자의 토의를 통해서 문제를 여러 각도에서 검토하고 그것에 대한 깊고 넓은 지식을 얻고자 하는 방법은?

㉮ 밀봉토론법　　㉯ 패널 디스커션
㉰ 공개토론법　　㉱ 심포지움

정답 40 ㉰ 41 ㉯ 42 ㉮ 43 ㉯

44 안전교육의 3단계가 아닌 것은?

㉮ 교육계획
㉯ 교육실시
㉰ 교육평가
㉱ 교육참여

해설 안전교육은 '계획 → 실시 → 평가'라는 3단계를 반복하면서 미래를 위해 전진하는 것이다.

중요

45 관리기법 중 자연계나 동식물의 모양 활동 등을 관찰하고 그것을 이용해서 아이디어를 찾아내는 기법은?

㉮ 브레인스토밍법
㉯ 시그니피컨트법
㉰ 바이오닉스법
㉱ 체크리스트법

46 안전교육 중 안전교육에 따르는 완성교육이자 가장 기본적이며 인내력이 필요한 교육은?

㉮ 안전지식 교육
㉯ 안전기술 교육
㉰ 안전태도 교육
㉱ 안전숙지 교육

47 다음 중 표준운전이란?

㉮ 일일 8시간의 운전
㉯ 격일제 운전
㉰ 생리적으로 안전할 수 있는 연속 운전시간과 휴식시간
㉱ 오전이나 오후 중 하나만 근무

48 사업장 내의 안전교육 실시방법 중 많이 채택되는 것은?

㉮ 자체감독자의 교육
㉯ 안전관리자가 교육실시
㉰ 외부 전문가를 주체로 하는 강연식 교육
㉱ 안전의식 여부의 시험실시

44 ㉱ 45 ㉰ 46 ㉰ 47 ㉰ 48 ㉰ 정답

49 사고발생 시 책임의 원칙 중 해당하지 않는 것은?

㉮ 책임의 명확화
㉯ 무책임제
㉰ 책임전가의 금지
㉱ 책임의 범위

50 운전자들에게 교통사고를 방지하도록 관리지도를 위해 운전자들의 심리를 다루는 방법은?

㉮ 상벌제도
㉯ 노무관리
㉰ 도로공학
㉱ 교육훈련

중요

51 교통여건활동도와 조사가능성, 인력장비, 예산 등의 행정여건과 인간관계의 규명 가능성 등 기능적 타당성 등을 종합하여 고려하면서 현실가능성과 활용도에 역점을 두는데 이와 같은 평가방법은?

㉮ 델파이법
㉯ 스미드
㉰ 코키드
㉱ 할로효과

52 교통안전 확보를 위한 정책방향의 방안에 속하지 않는 것은?

㉮ 교통안전시설과 장비개선을 위한 적극투자방안
㉯ 교통안전시설에 관계되는 시책을 위한 정비제도
㉰ 교통안전시설 관련업무 종사원의 자질향상
㉱ 여러 가지 업무 책정

해설 **교통안전 확보를 위한 정책방향**

- 교통안전시설의 정비
- 교통종사원의 자질향상
- 교통사고 구조대책의 강화
- 운송사업체의 육성
- 수송수단의 안전성 확보
- 교통안전의식의 제고
- 교통안전 관련 제도의 개선

정답 49 ㉯ 50 ㉮ 51 ㉮ 52 ㉱

53 관리자, 관리보조자 혹은 지도운전자가 실시계획에 입각해서 운전태도 등을 특별히 관리 · 지도하는 것은 다음 중 어느 것인가?

㉮ 형식지도
㉯ 건강지도
㉰ 구두지도
㉱ 승무지도

54 의지 · 감정면에서 자제력의 부족, 인내심의 부족, 정서불안정, 공경심 억제부족 등은 다음 어떤 사람들에게 많은가?

㉮ 사고안전자
㉯ 사고관리자
㉰ 사고다발자
㉱ 사고기피자

55 교통종사자 서로가 불안전 행동에 대한 문제점을 검토하면서 안전의식을 높일 수 있도록 하자는 것은 다음 중 어느 것인가?

㉮ 자주통제제도
㉯ 상호 간 체크제도
㉰ 감찰고발제도
㉱ 사고행동제도

56 운전자교육 또는 운전자관리의 합리적인 계획수립을 위한 사전조사에 해당하는 것은 다음 중 어느 것인가?

㉮ 운전자 진단
㉯ 교통법규 분석
㉰ 월급제 실시
㉱ 경영자 통제

57 모델의 단순화 작업이다. 잘못된 것은?

㉮ 변수를 상수로 처리한다.
㉯ 변수를 제거한다.
㉰ 가정제약요인을 완화시킨다.
㉱ 우연요인을 무시한다.

53 ㉱ 54 ㉰ 55 ㉯ 56 ㉯ 57 ㉰ 정답

58 다음 중 교육훈련 목적의 하나인 것은?

㉮ 조직협력 ㉯ 조직정비
㉰ 지휘계통의 확립 ㉱ 조직의 통계

해설 교육훈련의 목적에는 기술의 축적, 조직의 협력, 동기유발 등이 있다.

59 계획의 일반적인 특징이 아닌 것은?

㉮ 미래성 ㉯ 목적성
㉰ 불변성 ㉱ 경제성

해설 계획의 일반적인 특징
- 미래성
  - 장래에 해야 할 활동이므로 불확실성을 내포한다.
  - 불확실성에 대처하기 위해서 정확한 정보의 입수와 분석을 통한 계획이 필요한 것이다.
- 목적성 : 계획은 그 목적이 분명해야 한다. 안전계획은 전체계획의 목적에 부합하여야 한다.
- 경제성 : 계획은 그 추진활동을 효율적으로 집약시키는 것이기 때문에 제반계획 비용을 최소화하는 기능을 발휘하여야 한다.
- 통제성 : 계획대로 활동이 추진되기 위해서는 통제가 불가피하다.

중요

60 업체의 교통안전 계획에 포함되어야 할 항목으로 노선 및 항로의 점검 및 계획이 들어 있다. 다음 문항 중 관련이 없는 것은?

㉮ 태코그래프의 분석을 통한 애로 노선 구간의 파악
㉯ 노선의 현장점검을 통한 취약장소 발견
㉰ 통계적 관리기법에 의한 변동원인의 파악
㉱ 노선 및 항로 정보의 신속한 입수 및 전파를 활용

61 교통사고 조사항목을 선정하기 위한 평가방법은 교통여건, 자료의 활용도, 조사가능성 그리고 인력 · 장비 · 예산 등의 행정적 여건과 인과관계의 규명가능성 등의 기술적 타당성을 종합적으로 고려하면서 현실적 가능성과 활용도에 역점을 두는 방법을 이용하여야 하는데 이러한 방법은 다음 중 어느 방법에 속하는가?

㉮ 회귀분석 방법 ㉯ 델파이 방법
㉰ 유사집단 방법 ㉱ 원단위 방법

정답 58 ㉮ 59 ㉰ 60 ㉰ 61 ㉯

62 다음 중 운수사업의 특성으로 잘못된 것은?

㉮ 순수한 영리적 기업
㉯ 3차 산업
㉰ 교통용역사업
㉱ 전반적 사업에 관하여 정부의 개입

해설 운수사업은 공익사업으로서 대다수의 국민경제 생활과 깊은 이해관계를 가지고 있기 때문에 종류에 따라 법과 정도의 차이는 있으나 행정기관의 통제와 제약을 받아야 하는 특성을 지니고 있다.

중요

63 운전적성정밀검사의 기능에 속하지 않는 것은?

㉮ 진단적 기능
㉯ 조사연구 기능
㉰ 인사선발 및 배치기능
㉱ 피드백 기능

해설 **운전적성정밀검사의 기능**

- 예언적 기능 : 운전자의 현재와 미래의 사고 경향성을 추정할 수 있고 예측된 사고경향성은 사고예방기능을 가능하게 한다.
- 진단적 기능 : 개인 또는 집단의 교통사고 관련 특성을 분석하여 사고예방자료로 활용된다.
- 조사연구 기능 : 검사를 통하여 축적된 자료는 운전정밀검사 자체의 개선발전 및 관련 연구분야의 유용한 자료로서의 기능을 갖는다.
- 인사선발 및 배치기능 : 운전직 사원의 선발 – 교육훈련 – 배치 – 재교육의 순환과정의 중요한 자료의 기능을 갖는다.

64 운전적성정밀검사의 구분에 속하는 것은?

㉮ 강제검사와 임의검사
㉯ 정기검사와 수시검사
㉰ 신규검사와 특별검사
㉱ 대략검사와 세밀한 검사

해설 운전적성정밀검사는 신규검사·특별검사 및 자격유지검사로 구분되며 검사별 수검대상을 달리한다.

65 다음 운전적성정밀검사 신규검사 중 기기형 검사에 속하지 않는 것은?

㉮ 속도예측검사
㉯ 주의력 검사
㉰ 정지거리예측검사
㉱ 인성검사

해설 인성검사는 필기형 검사에 속하는 항목이다.

62 ㉮ 63 ㉱ 64 ㉰ 65 ㉱ 정답

66 운전적성정밀검사 교정교육의 대상으로 옳은 것은?

㉮ 신규검사를 받은 사람
㉯ 특별검사를 받은 사람
㉰ 자격유지검사를 받은 사람
㉱ 신규검사를 받은 후 재검사를 받은 사람

해설 **교정교육의 대상(사업용자동차 운전자 운전적성에 대한 정밀검사 관리규정 제10조)**
교정교육은 검사결과 운전자의 취약사항을 보완하기 위하여 신규검사 등 부적합 판정자 중 희망자와 특별검사를 받은 사람을 대상으로 한다.

67 운전적성정밀검사의 신규검사 중 속도예측검사의 내용인 것은?

㉮ 반응 불균형 정도
㉯ 입체공간 내에서의 원근거리 추정능력
㉰ 피로의 정도
㉱ 접촉사고의 가능성

해설 **속도예측검사의 측정 내용(사업용자동차 운전자 운전적성에 대한 정밀검사 관리규정 [별표 3])**
- 이동물체의 속도추정 능력
- 반응 불균형 정도

68 운전적성정밀검사의 주의력검사 측정 내용 중 운전 중 자유롭게 주의를 조율할 수 있는 능력을 무엇이라고 하는가?

㉮ 주의전환
㉯ 반응조절
㉰ 변화탐지
㉱ 주의집중

해설 **주의력검사의 측정 내용(사업용자동차 운전자 운전적성에 대한 정밀검사 관리규정 [별표 3])**
- 주의전환 : 운전 중 자유롭게 주의를 조율할 수 있는 능력
- 반응조절 : 운전에 필요한 자극에만 주의를 집중하고 적절히 반응하는 능력
- 변화탐지 : 복잡한 상황에서의 변화사항을 기억하여 탐지할 수 있는 능력

69 운전적성정밀검사 신규검사의 경우 적합판정이 되기 위해서는 검사항목에서 취득한 점수를 요인별로 합산하여 각각 몇 점 이상이 되어야 하는가?

㉮ 40점 이상
㉯ 50점 이상
㉰ 60점 이상
㉱ 70점 이상

해설 신규검사는 검사항목의 점수를 요인별로 합산하여 각각 50점 이상을 얻은 때에 적합한 것으로 한다.

정답 66 ㉯ 67 ㉮ 68 ㉮ 69 ㉯

CHAPTER

02 교통사고의 본질

제1절 교통사고의 개념

1. 교통사고의 의미와 범위

(1) 교통사고의 의미

① 교통사고란 도로 등에서 운전자로서의 의무를 소홀히 하여 차의 교통으로 인하여 사람을 사상하거나 물건을 손괴하여 피해의 결과를 발생시키는 것을 말한다.

② 교통사고라 함은 도로상의 차량이나 전차, 철도의 열차, 항공기, 해상의 선박 등의 각종 교통기관이 그 본래의 사용방법에 따라 운행 중에 타의 차량, 사람, 기차, 항공기, 전차 등 고속교통기관이나 사람 또는 기물 등과 충돌·접촉하거나 전복, 전도, 접촉의 위험을 야기하게 함으로써 사람을 사상하게 하거나, 기물을 손괴하여 재산상의 손실을 초래 또는 교통상의 위험을 발생하게 하는 모든 경우를 포함하는 것으로 정의한다.

③ **「도로교통법」상 교통사고의 정의** : 차 또는 노면전차의 운전 등 교통으로 인하여 사람을 사상하거나 물건을 손괴한 경우를 말한다.

④ **「교통사고처리특례법」상 교통사고의 정의** : 차의 교통으로 인하여 사람을 사상하거나 물건을 손괴한 경우를 말한다.

㉠ 자동차에 의한 사고라도 개인 주택의 정원, 자동차 교습소, 역구내, 경기장, 주차장, 차고 등에서 일어난 사람의 사상사고나 실질적으로 물체의 손실이 없는 단순한 위험발생 가능 상태는 교통사고가 아니다.

㉡ 운행 중이란 사용 중인 차량의 상태를 말하며 운행 중인지 아닌지를 구별하는 데 3가지 조건이 있다.

- 첫째, 차도 내에서 움직이고 있는 상태
- 둘째, 움직이고 있는 차량이 아닌 경우 지정된 주차구역이나 길어깨 이외의 장소에서 곧 움직이려고 하는 상태
- 셋째, 차량이 차도상에 있는 상태 등이다.

(2) 교통사고의 범위

① **광의의 교통사고** : 차량, 궤도차, 열차, 항공기, 선박 등 교통기관이 운행 중 다른 교통기관, 사람 또는 사물에 충돌·접촉하거나 충돌·접촉의 위험을 야기하게 하여 사람을 사상하거나 물건을 손괴한 결과가 발생하는 것을 말한다.

② **협의의 교통사고** : 차 또는 궤도차의 교통으로 인하여 사람을 사상하거나 물건을 손괴한 경우를 말한다. 이의 요건으로는 차 또는 궤도차의 통행으로 인하여 야기된 사고일 것, 교통이라 함은 도로상에서 운행 중인 것을 말하므로 도로상에서 야기되는 사고일 것, 사람을 사상하거나 물건을 손괴한 결과가 있어야 할 것 등이다.

③ **최협의의 교통사고** : 도로에서 발생되는 사고일 것, 차에 의한 사고일 것, 교통으로 인하여 발생한 사고일 것, 피해의 결과발생이 있어야 할 것 등의 요건을 만족하여야 한다.

중요 CHECK

교통사고 요인의 등치성의 원리
- 동일노선, 동일 장소에서 일어나고 있다는 것이다.
- 동일노선, 동일 장소에서는 사고발생 후에 일단 그것을 조사해서 대책을 세운다고 하더라도 계속해서 같은 종류의 교통사고가 일어나고 있다는 점이다.
- 연쇄형 사고로 인하여 연속적으로 하나하나 요인이 만들어지나 그중 하나라도 없으면 연쇄반응은 일어나지 않는다.
- 교통사고는 똑같은 비중을 지닌다는 원리가 사고요인의 등치성의 원리이다.

2. 교통사고의 비용

(1) 교통사고 비용의 개념

① 도로교통사고의 비용이란 사회적·경제적·시간적·정신적 비용을 통틀어 말하는데 보통은 사회적·경제적 비용을 말한다.

② 경제적 손실은 국가경제적인 측면에서 구체적 가치로 환산한 것이다.

③ 교통사고로 발생하는 객관적 손실에는, 당사자의 직접적 손실, 경찰, 재판비용 등의 공공적 지출, 교통사고로 인한 교통정체 등 제3자에 관련되는 손실 등이 있다.

(2) 교통사고의 비용

① 당사자의 손실

㉠ 소득의 상실(사망, 후유장애, 치료 중의 휴업에 의한 것)

㉡ 의료비

㉢ 물적 피해(차량, 화물, 가옥, 의복 등)

㉣ 개호간호비(간호 및 보호비)

② 공공적인 지출

㉠ 경찰의 사고처리비용, 도로시설의 수선비

㉡ 소방 혹은 의료구급 서비스

㉢ 재판비용

㉣ 보험업무비

③ 제3자의 손실

㉠ 사고에 의한 교통정체로 허비된 사람들의 시간 및 연료손실

㉡ 병문안, 조문에 소요된 시간, 교통비 등

3. 교통사고 요인

(1) 교통사고 요인 일반

① 교통사고와 직접적으로 관련된 요소로는 운전자, 자동차 및 도로조건 등의 결합이다.

② 교통사고와 간접적으로 작용하는 요소로는 사회, 경제, 문화 등과 같은 구조적 요인이 있다.

③ 교통사고의 요인(사고와 관련된 조건)과 원인을 사람의 상태, 차량의 상태, 도로의 상태, 환경의 상태 등으로 분류하여 설명하면 다음과 같다.

㉠ 사람의 상태 : 운전자 또는 보행자의 신체적 조건 및 위험의 인지나 회피에 관한 판단 등의 심리적 조건 등이 관련된 사고

㉡ 차량의 상태 : 차량의 구조장치, 부속품 또는 자동차 정비, 점검에 관한 것

㉢ 도로의 상태 : 선형, 노면, 신호기, 도로표지, 방호책 등 넓은 의미로서의 도로에 관한 것

㉣ 환경의 상태 : 천후, 야간 등 자연조건에 관한 것과 차량교통량, 통행차량의 차종구성, 보행자교통량 등 교통상황에 관한 것 등

중요 CHECK

교통사고 요인 분류

- Bird는 교통사고 요인을 교통사고 유발의 근접도에 의거하여 직접 원인, 중간 요인, 간접 요인으로 분류하였다.
- Heinrich는 사고발생 연쇄과정을 기초원인 → 2차 원인 → 1차 원인 → 사고 → 손실로 연결되는 연쇄과정을 설명하면서 하나의 원인을 제거하면 사고의 발생을 방지할 수 있다.
- 직접원인을 유발한 배경적 요소로서 작용하는 간접원인 : 기술적 원인, 교육적 원인, 신체적 원인, 정신적 원인, 관리적 원인, 문화풍토 요인 등이 있다.

(2) 교통사고의 간접 원인

① 기술적 원인

㉠ 주로 장치, 자동차, 도로 등의 설계 · 점검 · 보전 등 기술상의 불비에 의한 것

㉡ 차량장치의 배치, 도로시설의 정비, 도로의 조명, 사고위험 장소의 방호설비 및 경계설비, 보호구역의 정비 등에 관한 모든 기술적 결함 포함

② 교육적 원인

㉠ 안전에 관한 지식 및 경험 부족에 의한 것

㉡ 운행과정의 위험성 및 그것을 안전하게 수행하는 기법에 대한 부족 · 경시 · 훈련미숙 · 악습관 · 미경험 등 포함

③ 신체적 원인

㉠ 신체적 결함에 기인

㉡ 병, 근시, 난청 및 수면부족 등에 의한 피로, 음주 등

④ **관리적 원인** : 정부관계자 및 최고관리자의 안전에 대한 책임감의 부족, 안전기준의 불명확, 안전관리제도의 결함, 인사적성배치의 불비 등 정책적 결함

⑤ **문화풍토적 원인** : 학교에서 교육문화조직의 안전교육 미흡, 홍보기능의 미흡 등

⑥ **정신적 원인** : 태만, 반항, 불만 등의 태도불량, 초조, 긴장, 공포, 불화 등의 정신적인 결함, 성격적인 결함, 지능적인 결함 등 포함

(3) 교통사고 발생을 용이하게 하는 조건(간접 요인)

① 사람에 관한 요건

㉠ 운전자에 관한 인적요소 : 운전자의 심리, 생리, 습관, 준법정신, 질서의식, 직업관, 연령, 학력, 운전경력 및 운전기술 등

㉡ 운전자의 가정생활과 교통사고와는 밀접한 관계가 있다.

② 자동차에 관한 요건

㉠ 기계인 자동차를 구성하는 자료 등에는 정적 혹은 동적으로 마찰 · 부식 · 피로 등 자동차의 내부 부품에 결함이 있으면 사고의 중대한 요인이 된다.

㉡ 자동차의 제작연도가 오래된 차량일수록 정비불량으로 인한 사고가 많이 발생하는 것으로 보아 차량의 노후도와 교통사고는 밀접한 관계가 있음을 알 수 있다.

③ **도로에 관한 요건** : 도로는 운전자에 대한 지적 예측 준비를 위한 정보와 조작에 지장을 주는 요소이다.

㉠ 도로 현장에서의 경계 표식의 유무, 가설 도로 재료의 부족

㉡ 도로시설(신호, 표지)의 유무, 설치방법의 불비로 오래되기 쉬운 경우 등 도로환경

- 시계의 방해 : 시각정보원의 방해나 불량으로 인한 인지의 지연, 오인 등
- 시각의 방해 : 주차자동차, 대형자동차, 건조물, 광고물, 수목, 도로의 선형, 구배 등

- 시계, 시력의 감소 : 야간, 비, 눈 등
- 현혹 : 대형자동차, 광고등, 가로등 등으로 인한 각종 운전자의 시력의 방해, 안전시설(신호표식) 자체의 불량과 설치량의 문제 등

중요 CHECK

하인리히의 법칙

1930년경에 미국의 하인리히는 산업재해사례를 분석하면서 인간이 일으키는 같은 종류의 재해 330건 가운데 300건은 보통의 상해를 수반하는 재해, 29건은 가벼운 상해를 수반하는 재해, 그리고 나머지 1건은 중대한 상해를 수반하는 재해였음을 알아냈다. 이것이 하인리히의 법칙(1 : 29 : 300 법칙)이다.

4. 교통사고 요인의 구체적 내용

(1) 인적 요인

① 교통사고 원인 중에서 인적 요인에 의한 교통사고가 대부분을 차지하고 있다.

② 운전자의 운전습관이 교통사고와 직접·간접적으로 연결되고 있음을 주의해야 한다.

③ 운전자의 가정생활과 교통사고는 밀접한 관계가 있다.

④ 대부분의 교통사고는 사람의 고의나 과실에 의한 행위에서 비롯되는 경우가 많다.

⑤ 중요한 원인으로 확인된 조건과 상태

㉠ 신체적/생리적
- 음주장애
- 다른 약물장애
- 피 로
- 만성적 질환
- 신체적 질환
- 시력감퇴

㉡ 정신적/정서적
- 정신적 흥분
- 다른 운전자에 의한 방해
- 조급성·불충분한 정신적 능력

㉢ 경험/실습
- 운전미숙
- 차량에 대한 비친숙성
- 주행구간에 대한 과도한 습관성
- 주행구간에 대한 비신축성

(2) 자동차 요인

① 차량의 요인에 의한 사고는 주로 자동차의 각종 기능의 불량으로 운전자의 조작능력에 부담을 주거나 각종 안전장치와 경보장치의 불완전성에 기인하고 있다. 특히 제동장치, 시계장치, 경보장치, 타이어 등은 안전과 직결된다.

② 자동차 요인 중 안전에 직접 관계있는 조립용 부품은 브레이크, 타이어, 조명장치 등이다.

③ 브레이크의 경우 제대로 운전한 운전자라 하여도 브레이크가 듣지 않는다면 자동차는 멈추지 않는다. 그러므로 세심하고 정확한 브레이크 정비가 교통사고 예방조치에 있어서 필수적인 것이다.

④ 주행 중 타이어가 펑크 난다면 자동차는 중심을 잃게 되어 심한 피해를 줄 수 있다. 그러므로 운행 전에 타이어의 공기압과 파손 여부를 확인하여야 한다.

⑤ 알맞은 조명장치는 운전자의 시야를 넓게 하여 눈의 피로에서 오는 자신의 피로를 덜어준다.

⑥ 미국의 차량요인에 의한 사고기여율

(단위 : [%])

구 분	미국(워싱턴 주)		
	치명적 사고	부상 사고	전체 사고
차량적 결함 사고	12.8	5.4	5.2
타이어 불량	9.1	2.7	2.5
마모 한계 이하	8.1	2.3	2.2
펑크 또는 바람 빠짐	1.0	0.4	0.3
제동장치 불량	2.0	1.1	1.1
전조등 불량	0.5	0.1	0.1
광도 부족 또는 고장	0.0	0.1	0.1
광축 불량	0.3	1.1	1.0
조향장치 불량	3.0	0.2	0.2
후방등 광도 불량 또는 고장	0.1	0.3	0.3
기타 등화 및 반사기 이상	0.1	0.1	0.1
엔진 고장	0.0	0.2	0.1
기타 결함	0.6	0.7	0.8
비차량적 결함사고	87.2	64.6	94.8
계	100.0	100.0	100.0

(3) 도로요인

① 시거(거리)

㉠ 정지시거

- 정지시거는 물체를 본 시간부터 브레이크를 밟아 브레이크가 작동하기까지 달린 공주거리와 브레이크가 작동되고부터 정지할 때까지의 미끄러진 거리(제동거리)로 이루어진다.
- 공주거리는 차량의 속도와 운전자의 능력에 따라 달라지나 설계목적으로 통상 2.5초를 사용한다. 이 중에서 1.5초는 반사시간으로서 지각, 식별, 행동판단시간이며, 1초는 근육반응 및 브레이크 반응시간으로 본다.

- 제동거리는 타이어-노면의 마찰계수와 속도 및 도로의 경사에 좌우된다. 마찰계수는 노면상태, 타이어의 마모정도, 차량종류, 기후조건 및 속도에 따라 달라진다.
- 정지시거를 측정하기 위한 기준으로서 운전자의 눈높이를 1.0[m]로 하며 노면 위 위험물체의 높이를 15[cm]로 한다.

ⓛ 추월시거

- 추월시거란 양방향 2차선 도로에서 추월하는 데 필요한 최소거리로서 추월가능성을 판단하기 위해서 앞을 바라볼 수 있어야 하는 거리를 말한다.
- 이 거리는 추월차량이 중앙선을 넘어 앞차를 추월하여 다시 본 차선으로 돌아올 동안 맞은편에서 오는 차량과 충돌을 피할 수 있는 거리이다.
- 추월시거를 측정하기 위한 기준으로서 운전자의 눈높이를 1.0[m]로 하며 맞은편에서 오는 차량의 높이를 1.2[m]로 한다.

ⓒ 피주시거

- 피주시거는 운전자가 진행로 상에 산재해 있는 예측하지 못한 위험요소를 발견하고 그 위험가능성을 판단하며, 적절한 속도와 진행방향을 선택하여 필요한 안전조치를 효과적으로 취하는 데 필요한 거리이다.
- 피주시거는 운전자의 판단착오를 시정할 여유를 주고 정지하는 대신 동일한 속도로 또는 감속하면서 안전한 행동을 취할 수 있게 하기 때문에 이 길이는 정지시거보다 훨씬 큰 값을 갖는다.
- 피주시거는 인터체인지와 교차로, 예측하기 곤란하거나 다른 행동이 요구되는 지점, 톨게이트 또는 차선수가 변하는 지점 또는 도로표지, 교통통제설비 및 광고 등이 한데 몰려 있어 시각적인 혼란이 일어나기 쉬운 곳에 반드시 확보되어야 한다.
- 평면 및 종단곡선부로 인해 피주시거 확보가 여의치 못하면 위험요소를 미리 알려주는 표지판을 설치해야 한다.
- 피주시거를 측정하거나 계산하기 위한 기준으로서 정지시거와 같은 기준인 눈높이 1.0[m], 물체높이 15[cm]를 사용한다.

② 평면선형

㉠ 직 선

- 직선적인 도로는 단조로워서 운전자에게 권태감과 피로를 유발하기 쉬우며, 주의력이 산만해지고 차간거리의 계측을 잘못해서 사고다발구간이 되는 경우가 있다.
- 직선적용구간
  - 평탄지 및 산과 산 사이에 존재하는 넓은 골짜기
  - 시가지 또는 그 근교지대로서 가로망 등이 직선적인 구성을 이루고 있는 지역
  - 장대교 혹은 긴 고가구간
  - 터널구간

㉡ 곡 선

- 곡선을 적용할 때는 지형에 맞도록 적절히 적용시키되 될 수 있는 대로 큰 곡선반경을 쓰도록 하고 곡선부에는 작은 반경의 곡선과 급구배를 겹치지 않도록 한다.
- 곡선은 직선에 비해서 융통성이 있어 기하학적 형태가 유연하기 때문에 다양한 지형변화에 대해서 순응시킬 수 있고 또 원활한 선형이 얻어질 수 있기 때문에 그 적용범위는 광범위하다.
- 차량이 곡선을 따라 움직일 때 원심력이 작용하여 바깥쪽으로 밀리거나 쏠리게 되므로 이에 대항하기 위하여 곡선부분의 바깥쪽에 편구배를 만들어 준다.
- 직선구간에서 곡선구간으로 진행될 때 완만한 변화를 만들어 주기 위하여 완화곡선을 사용한다.

③ 종단선형

㉠ 종단구배

- 종단구배는 속도와 용량 및 운행비용에 영향을 준다.
- 지형 등 부득이한 경우 지방부 도로 및 도시고속도로에서는 구배를 3[%] 정도 증가하고, 도시부 일반도로에서는 2[%] 증가시켜도 좋으나 가능하다면 5[%]가 넘은 구배는 사용하지 않는 것이 좋고, 특히 눈이 많이 오는 지역은 5[%]를 넘어서는 안 된다.
- 구배의 길이가 그 구배에 해당하는 최대 길이보다 길면 구배가 적어지도록 선형을 바꾸거나 혹은 그 구간에 오르막차선을 설치하는 것이 바람직하다.

㉡ 평면선형과 종단선형의 조합

- 평면선형과 종단선형의 결합은 도로의 주요구간에서 뿐만 아니라 램프나 교차로 등 방향전환을 하는 곳에서도 균형과 조화를 이루어 설치되어야 한다.
  - 선형이 시각적으로 연속성을 확보할 것
  - 선형의 시각적, 심리적 균형을 확보할 것
  - 노면의 배수 및 자동차의 역학적 요구에서 적절히 조화된 구배가 취해질 수 있는 조합을 택할 것
  - 도로환경과의 조화를 고려할 것

④ 차 도

㉠ 차선수

- 도시부 도로의 차선수는 설계교통량, 회전교통처리 및 출입의 필요성에 따라 좌우된다.
- 지방부 도로는 2차선 이상으로서 설계교통량에 따라 차선수가 결정된다.

㉡ 차로폭 : 일반적으로 차로폭은 3.5[m]이나 도로부지에 제한을 받는 곳이거나 도심지에서는 3.0[m] 또는 3.25[m]도 가능하다.

㉢ 주차선의 폭 : 연석에 평행하게 주차하기 위해서는 2.4[m]의 폭이 필요하나 운전자의 운신과 연석으로부터의 거리를 고려하여 3.0[m]의 주차선이 필요하다.

㉣ 노면구배

• 노면의 횡단구배는 도로 중심선에서부터 노면 끝까지의 횡단면 구배로서 배수의 목적으로 사용된다.

• 운전자의 핸들조작에 지장을 주지 않는 범위에서 배수를 고려한 바람직한 경사는 최대 4[%]까지이다.

⑤ 노변지역

㉠ 갓 길

• 갓길은 차도부를 보호하고 고장차량의 대피소를 제공해 줄 뿐만 아니라 포장면의 바깥쪽이 구조적으로 파괴되는 것을 감소시켜 주는 역할을 한다.

• 고급도로의 경우 갓길의 폭은 3[m]이어야 하고 저급도로 또는 긴 교량이나 터널은 1.2~1.8[m]의 폭이면 족하다.

• 중앙분리대가 설치된 도시간선도로에서는 도로 중앙선 쪽에 왼쪽 갓길을 설치해야 하며 도시고속도로는 최소 1.2[m]의 왼쪽 갓길을 설치해야 한다.

• 갓길은 일반적으로 차도부보다 경사가 급해야 하며 포장된 갓길의 경사는 3~5[%], 비포장의 경우는 4~6[%], 잔디갓길은 8[%]가 적당하다.

㉡ 측면경사

• 안전과 유지관리 측면에서의 경제성을 고려할 때 완만한 측면경사와 원형의 배수구가 좋다.

• 수평 대 수직이 4 : 1보다 급한 경사는 차량이 차도를 이탈할 때 극히 위험할 뿐만 아니라 유지관리하기도 어렵다.

• 경사면이 접하는 부분은 둥글게 처리해야 하며 갑작스런 경사변화는 피해야 한다.

㉢ 배수구 : 배수구의 깊이는 도로중심선 높이로부터 최소 60[cm] 이상은 되어야 하며 기층의 배수를 돕기 위하여 노반보다 최소 15[cm] 이상 낮아야 한다.

㉣ 연 석

• 연석은 배수를 유도하고 차도의 경계를 명확히 하며 차량의 차도이탈을 방지하는 역할을 하는 것으로 주로 도시부 도로에 설치한다.

• 지방부에서 연석을 설치할 경우 포장된 갓길의 외측단에 연하여 설치하되 등책형이어야 한다.

• 지하배수로는 연석과 차도 사이에 위치하며 그 폭은 30~90[cm]이다.

㉤ 구조물의 폭

• 도시부 도로에서 구조물의 폭은 차도폭과 인도폭을 합한 것과 같으며 지하차도에서는 같은 넓이의 폭이 필요하다.

• 만약 인도가 없다면 차도끝단과 교대 또는 지하차도인 경우 기둥까지의 수평거리가 최소한 1.8[m]는 되어야 한다.

⑥ 교통분리시설

㉠ 중앙분리대

- 중앙분리대는 진행방향과 반대방향에서 오는 교통의 통행로를 분리시켜 반대편 차선으로 침범하는 것을 막아주고 위급한 경우 왼쪽차선 밖에서 벗어날 공간을 제공한다.
- 좌회전 혹은 횡단하는 차량을 보호하거나 제한하고 보행자에게 대피공간을 제공하며, 차량의 대피소 역할도 한다.
- 중앙분리대의 폭은 고속도로, 도시고속도로, 일반도로에서 각각 3.0[m], 2.0[m], 1.5[m] 이상으로 해야 한다.
- 중앙분리대의 분리대는 연석이나 이와 유사한 공작물로 도로의 다른 부분과 구분되도록 설치하고 측대의 폭은 30[cm] 이상으로 한다.

㉡ 측 도

- 측도는 고속도로나 주요 간선도로에 평행하게 붙어있는 국지도로이다.
- 측도는 주요도로에의 출입을 제한시키고, 주요도로에서 인접지역으로의 접근성을 제공하며, 주요도로의 양쪽에 교통순환을 시켜 원활한 도로체계를 유지하게 된다.
- 도시부에서 측도는 주로 일방통행으로 운영되지만 지방부에서는 주요도로와 교차하는 도로의 간격이 너무 멀기 때문에 양방통행으로 운영된다.
- 측도의 폭은 정차수요, 대형차의 통행현황 등을 고려해서 정하되 3.0[m] 이상을 표준으로 한다.

5. 교통사고 예방의 접근방법

(1) 안전관리와 기본업무

① 사고는 많은 사람에게 불가항력적이며 우발적이다. 그러므로 사고를 예방하기 위해서는 불안전 행위와 조건을 과학적으로 통제하여야 한다.

② 불안전한 행위와 조건들을 분석하여 위험요소를 사전에 제거하는 것이다.

(2) 위험요소 제거 6단계

① **조직의 구성** : 안전관리업무를 수행할 수 있는 조직을 구성, 안전관리책임자 임명, 안전계획의 수립 및 추진이다.

② **위험요소의 탐지** : 안전점검 또는 진단사고, 원인의 규명, 종사원 교통활동 및 태도분석을 통하여 불안전행위와 위험한 환경조건 등 위험요소를 발견한다.

③ **분석** : 발견된 위험요소는 면밀히 분석하여 원인을 규명한다.

④ **개선대안 제시** : 분석을 통하여 도출된 원인을 토대로 효과적으로 실현할 수 있는 대안을 제시한다.

⑤ **대안의 채택 및 시행** : 당해 기업이 실행하기에 가장 알맞은 대안을 선택하고 시행한다.

⑥ **환류(피드백)** : 과정상의 문제점과 미비점을 보완하여야 한다.

제2절 교통사고 요인별 특성과 안전관리

1. 인간의 특성과 안전관리

(1) 교통사고의 인적요인

① 조사결과 교통사고 원인 중 80~90[%]가 인간행동의 착오 또는 불안정성으로 인한 것으로 나타난다.

② 각 교통수단별 사고원인 분석

구 분	인적 요인	운반구 결함	환경 · 기타
도로교통	99.5	0.5	0
철도교통	36.3	28.9	34.2
선박교통	72.8	15.1	11.1
항공교통	82.3	11.8	5.9

③ 인간의 반응특성

㉠ 자극과 반응의 사이에는 시간적인 관계가 존재하며, 이를 반응시간이라고 한다.

㉡ 자극을 주는 감각의 종류에 따라 반응시간이 달라진다.

㉢ 신체부위에 따라 반응시간이 달라진다.

㉣ 선택반응시간은 반응을 일으키기 전에 판별을 필요로 하는 자극 수에 따라 다르다. 자극이 복잡해질수록 반응시간은 길어진다.

㉤ 반응시간은 제시된 자극의 성질에 따라 다르게 나타난다.

㉥ 연령과 성별에 따라 차이가 있어서 어린이, 고령자, 여자 등의 반응시간이 길다.

㉦ 피로, 음주 등이 반응시간을 길게 한다.

④ 반응시간

㉠ 위험의 출현 : 지각시간

㉡ 위험의 인식 : 경악시간

㉢ 반응동작

㉣ 위험에 대한 경악 : 해방시간

㉤ 경악으로부터 해방 : 전환시간

⑤ 반응의 종류

㉠ 반사반응

- 반사반응은 거의 본능에 의한 반응으로서 생각을 하지 않기 때문에 최단시간을 요하는 무의식적인 반응이다.
- 운전 중 반사반응을 요하는 경우는 거의 없으며, 자극이 너무 갑작스럽고 강하여 발생되는 반사반응은 행동의 착오를 일으켜 잘못된 행동으로 이어지는 경우가 있으며 반사반응에 걸리는 시간은 0.1초 정도로 극히 짧다.

㉡ 단순반응 : 자극이 있는 경우나 자극이 예상되는 경우 사태의 진전 여하에 따라 취해야 할 행동이 이미 결정된 상태의 반응으로 단순반응에 걸리는 시간은 대략 0.25초 정도이다.

㉢ 복합반응 : 가능한 몇 개의 반응 중 선택을 하여 행하는 반응으로 사전에 결정이 이루어지지 않는 상태이다. 자극의 복합성·반응선택의 다양성·유사한 상황은 운전자의 경험에 좌우되나 통상적으로 복합반응에 걸리는 시간은 0.5초에서 2초 정도 걸린다.

㉣ 식별반응 : 운전자가 습관적으로 연습해 보지 못했던 두 가지 이상의 행위 가운데서 선택해야 하거나 상대방의 행동을 식별한 후 선택하여 행하는 반응으로 식별반응에 걸리는 시간은 모든 반응 중 가장 많은 시간이 소요된다. 상황은 복잡하나 긴급을 요하지 않을 경우 1분까지 걸리는 경우도 있다.

(2) 인간의 시각 특성

① 동체시력

㉠ 동체시력이란 주행 중 운전자의 시력을 말한다.

㉡ 동체시력은 자동차의 속도가 빨라지면 그 정도에 따라 점차 떨어진다.

㉢ 동체시력은 연령이 많아질수록 저하율이 크다.

㉣ 일반적으로 동체시력은 정지시력에 비해 30[%] 정도 낮다.

② 야간시력

㉠ 실험에 의하면 야간시력은 일몰 전에 비하여 50[%] 저하된다.

㉡ 어둠에 적응하는 신체기능의 저하를 인위적으로 보완하기 위하여 자동차에는 전조등이 설치되고 도로에는 조명등이 설치된다.

③ 암순응과 명순응

㉠ 암순응이란 밝은 장소에서 어두운 곳으로 들어갔을 때, 어둠에 눈이 익숙해져서 시력을 점차 회복하는 것을 말한다.

㉡ 명순응이란 어두운 장소에서 밝은 곳으로 들어갔을 때, 눈부심에 익숙해져서 시력을 서서히 회복하는 것을 말한다.

㉢ 암순응에 걸리는 시간은 일반적으로 명순응에 걸리는 시간보다 길어서 완전한 암순응에는 30분 혹은 그 이상이 걸리기도 한다.

④ 시 야

㉠ 시야란 정지되어 있는 상태에서 한 물체에 눈을 고정시킨 자세에서 양쪽 눈으로 볼 수 있는 좌우의 범위를 말한다.

㉡ 정상적인 시력을 가진 사람의 시야는 180~200° 정도이고 한쪽 눈의 시야는 좌우 각각 160°이며, 색체를 식별할 수 있는 범위는 약 70°이다.

(3) 인간행위의 가변적 요인

① 기능상 : 시력, 반사신경의 저하 등 생체기능의 저하가 발생

② 작업능률 : 객관적으로 측정할 수 있는 효율의 저하

③ 생리적 : 긴장 수준의 저하

④ 심리적 : 심적 포화, 피로감, 위화감에 의한 작업의욕의 저하

⑤ 인간의 행동은 인간과 환경과의 관계에 의해서 결정된다는 법칙

(4) 청력, 지능, 신체장애

① 청 력

㉠ 청력은 시각에 비하여 운전에서 차지하는 비중이 크지 않지만 그래도 중요한 항목이다.

㉡ 시각에 미치지 못하는 사실을 추정하여 보고 판단할 수 있는 것이 청력이다.

㉢ 자동차의 고장상태나 노면상황의 보행음을 판단하고, 후방이나 측방의 사각시점에서 접근하여 오는 다른 자동차 등을 소리로서 알아차릴 수 있다. 따라서 청력이 약한 운전자는 경적음을 듣지 못하여 추월과 관련한 사고 또는 철도 건널목 사고 등과 직접 관련되기 쉽다.

② 지능 : 지능은 일반적으로 운전과 별 관계가 없으나 지능이 높은 사람은 자기 능력 이하인 작업에 대하여는 만족감을 얻지 못하여 사고가 발생하기 쉽고, 지능이 낮은 사람은 복잡한 작업에 정신집중이 되지 않아 주의가 산만하기 쉽다. 특히, 운전 중에 횡단보도가 있는 교차로를 좌회전하고자 하는 경우에는 일시에 많은 조작을 하여야 하기 때문에 복잡한 작업을 감당하지 못하고 주의력을 잃어 사고를 일으키게 된다.

③ 신체장애 : 비록 신체장애가 있더라도 필요한 보조수단을 이용한다면 운전을 할 수 있지만 유턴과 같은 고도의 조작 숙련도가 요구되는 상황에서는 사고 발생의 가능성이 비교적 높다.

(5) 태도와 동기

① 처벌 관련 : 일반적으로 처벌을 주지 않고 있는 교통규칙은 운전자들이 쉽게 위반하는 경향이 있으므로 교통사고가 발생한 도로주변의 교통단속 실태를 검토하여 발생한 교통사고의 원인을 심층적으로 추리할 수 있다.

② 동기 : 야간 운전 시 현혹현상으로 인한 보행자 충격 등의 사고는 전조등을 하향으로 전환시키지 않고 달려오는 대향차의 운전자에 대한 분노가 현혹의 동기가 되어 발생하게 된다.

③ 일상태도 : 근무처, 가정, 오락 등에서 나쁜 태도를 보이는 운전자는 운전 시에도 역시 좋지 못한 태도를 나타내는 경향이 있으므로 평소의 생활태도를 탐문하여 사고유발의 심층적인 원인을 찾아낼 수가 있다.

④ 감정 : 사소한 상대방의 과오에 대한 과민한 반응이나 불쾌한 일에 대한 집착이 감정을 불안정하게 하여 사고를 유발하는 수도 있다.

(6) 음주운전과 인간의 특성

① 음주운전 시의 장해

㉠ 시력장해가 현저해진다. 정체시력도 장해를 받지만 특히 동체시력의 장해가 두드러진다.

㉡ 다리의 운동신경이 저하되기 때문에 가속에 둔감하고 브레이크 조작이 늦어진다.

㉢ 호흡, 맥박은 증가하고 혈압은 저하된다.

㉣ 주의 집중력이 둔화되면서 신체 평형감각이 없어져 장력이 저하되고 피로감이 크게 나타난다.

② 혈중 알코올 농도와 음주의 관계

혈중 알코올 농도	의미구간	취한 정도
0.05[%] 미만	무 취	• 정상, 운전능력에는 별 영향이 없다. • 겉으로 보기에는 아무렇지 않으며 특히 검사 없이는 주기를 알 수 없다.
0.05 ~ 0.15[%]	미 취	안면홍조, 보행정상, 약간 취하면 말이 좀 많아지고 기분이 좋은 상태, 운전 시 음주의 영향을 받는다.
0.15 ~ 0.25[%]	경 취	• 안면이 창백해지고 보행이 비정상적이며 사고판단, 주의력 등이 산만해지며 언어는 불명확하고 비뇨감각이 저하되며 운전 시 모든 운전자가 음주의 영향을 받는다. • 스스로 느낄 정도로 쾌활해지고 비틀거리거나 우는 사람도 있다.
0.25 ~ 0.35[%]	심 취	모든 기능이 저하되고 보행이 곤란하며 언어는 불명확하고 사고력이 감퇴한다.
0.35 ~ 0.45[%]	만 취	의식이 없고 체온이 내려가며 호흡이 곤란해진다.
0.45[%] 이상	사 망	치명적으로 호흡마비, 심장마비, 심장쇠약으로 사망한다.

(7) 피로와 운전

① 피로와 신체

구 분	가벼운 피로	심한 피로	운전동작에 미치는 영향
감각기관	• 과민하게 된다. • 작은 소리라도 귀찮게 들린다. • 보통광선이라도 의외로 눈이 부시다.	• 감지가 둔해진다. • 잘못 보거나 잘못 듣는다.	• 신호・표지를 잘못 본다. • 경적이나 위험신호에 민감하지 못하다.
운동기관	• 손・눈썹 등이 가늘게 떨린다. • 많은 근육을 협동시켜서 움직이는 능력이 둔하다.	• 동작이 느리게 된다. • 기민한 활동이 안 된다.	급한 경우에는 손발이 말을 잘 듣지 아니하고 신속히 움직여지지 않는다.
졸 음	단조로운 도로에서 시계가 없으면 졸음이 온다.	아무리 노력하여도 쏟아지는 졸음을 없앨 수가 없다.	졸음이 올 때는 심신피로 시의 기능 저하가 한층 현저해지고 최후에 잠을 자게 된다.

② 피로와 정신

구 분	가벼운 피로	심한 피로	운전동작에 미치는 영향
주의력	• 주의가 산만해진다. • 집중력이 없어진다.	주의력이 감퇴되고 강한 자극에도 반응이 잘 되지 않는다.	교통표지를 보지 못하거나 보행자에게 주의를 하지 못하게 된다.
사고력 판단력	• 깊이 생각하는 것이 구차스럽게 되고 잘못 생각하게 된다. • 정신적 활동이 약해진다.	• 어려운 것을 생각하는 힘이 없어진다. • 틀리는 것이 많아진다.	긴급한 때 취하는 조치를 틀리게 한다.
지구성	긴장이나 주의가 오래 계속되지 않는다.	지구력의 저하가 가일층 현저해지고 일의 능률이 대단히 저하한다.	운전에 필요한 심신컨디션을 오랫동안 확보할 수 없게 된다.
감 정	조그마한 것으로도 화를 내게 되고 슬퍼하게 된다.	역으로 감정이 둔해져서 감격성이 없어지고 모든 것이 어떻게 되든 모르게 된다.	• 처음으로 깜짝 놀라게 되고 판단을 잘못한다. • 다음에 책임감이 둔해져서 사고의 두려움도 둔해진다.
의 지	자기 스스로 하고자 하는 마음이 없어진다.	모든 것이 귀찮게 된다.	엄연히 하여야 할 조치를 하지 않게 되고 방향지시기를 사용하지 않고 급회전을 하게 된다.

2. 자동차의 특성과 안전관리

(1) 자동차사고 충돌역학

① 힘과 운동

㉠ 어떤 물체의 외부에서 힘을 가하면 정지했던 물체는 움직이고 움직이던 물체는 속도가 더 빨라지거나 느려진다.

㉡ 힘은 물체의 운동상태를 변화시키는 원인이다.

② 운동의 법칙

㉠ 제1법칙(관성의 법칙) : 물체에 외력이 작용하지 않으면 정지한 물체는 영원히 정지하여 있고, 운동하고 있던 물체는 영원히 등속도 직선운동을 계속한다.

㉡ 제2법칙(가속도의 법칙) : 물체에 외력이 작용하면 작용하는 힘에 비례하여 가속도가 그 물체에 속한다.

㉢ 제3법칙(작용과 반작용의 법칙) : 물체에 힘을 가하면 작용한 힘과 크기가 같고 방향이 반대인 반작용의 힘이 작용한 물체에 미치게 되는 것을 말한다.

(2) 충돌형태

① 1차원 충돌

㉠ 정면충돌이나 추돌과 같이 차량의 종축상에서 발생하는 사고는 1차원 충돌이라고 한다.

㉡ 차가 부딪혔을 때 상대방에게 주는 충격이나 자신이 받는 충격력의 크기는 그때의 속도와 중량의 크기에 관계된다.

㉢ 단단한 물체에 부딪힐 때와 같이 충격작용이 단시간에 이루어질수록 그의 힘은 커진다.

② **2차원 충돌** : 교행충돌이나 측면충돌은 자동차의 회전을 가져오고 2차원 충돌이 된다.

(3) 제동장치의 결함

① 제동력의 전달 불량

② 물기에 의한 제동 저하

③ 증기폐쇄

④ 제동력의 치우침

⑤ 모닝효과

⑥ 페이드

⑦ 제동 라이닝의 마모

⑧ 제동액의 부족이나 누설로 인한 에어록 현상

⑨ 마스터 실린더의 제동 컵 고무가 마모된 경우

⑩ 바퀴 실린더의 제동 컵 고무가 마모된 경우

3. 도로의 특성과 안전관리

(1) 도로의 안전표시(도로교통법 시행규칙 제8조제1항)

① **주의표지** : 도로 상태가 위험하거나 도로 또는 그 부근에 위험물이 있는 경우에 필요한 안전조치를 할 수 있도록 이를 도로 사용자에게 알리는 표지

② **규제표지** : 도로교통의 안전을 위하여 각종 제한・금지 등의 규제를 하는 경우에 이를 도로 사용자에게 알리는 표지

③ **지시표지** : 도로의 통행방법・통행구분 등 도로교통의 안전을 위하여 필요한 지시를 하는 경우에 도로 사용자가 이에 따르도록 알리는 표지

④ **보조표지** : 주의표지・규제표지 또는 지시표지의 주 기능을 보충하여 도로 사용자에게 알리는 표지

⑤ **노면표시** : 도로교통의 안전을 위하여 각종 주의・규제・지시 등의 내용을 노면에 기호・문자 또는 선으로 도로 사용자에게 알리는 표지

(2) 신호등의 성능과 신호의 뜻(도로교통법 시행규칙 제7조, [별표 2])

① 신호등의 성능

㉠ 등화의 밝기는 낮에 150[m] 앞쪽에서 식별할 수 있도록 한다.

㉡ 등화의 빛의 발산각도는 사방으로 각각 45° 이상으로 한다.

㉢ 태양광선이나 주위의 다른 빛에 의하여 그 표시가 방해받지 아니하도록 한다.

② 녹색의 등화

㉠ 보행자는 횡단보도를 횡단할 수 있다.

㉡ 차마는 직진 또는 우회전할 수 있다.

㉢ 비보호좌회전표지 또는 비보호좌회전표시가 있는 곳에서는 좌회전할 수 있다.

③ 황색의 등화

㉠ 차마는 정지선이 있거나 횡단보도가 있을 때에는 그 직전이나 교차로 직전에서 정지하여야 하며, 이미 교차로에 차마의 일부라도 진입한 경우에는 신속히 교차로 밖으로 진행하여야 한다.

㉡ 차마는 우회전을 할 수 있고 우회전하는 경우에는 보행자의 횡단을 방해하지 못한다.

④ 적색의 등화

㉠ 보행자는 횡단보도를 횡단하여서는 아니 된다.

㉡ 차마는 정지선, 횡단보도 및 교차로의 직전에서 정지하여야 한다.

㉢ 차마는 우회전하려는 경우 정지선, 횡단보도 및 교차로의 직전에서 정지한 후 신호에 따라 진행하는 다른 차마의 교통을 방해하지 않고 우회전할 수 있다.

㉣ ㉢에도 불구하고 차마는 우회전 삼색등이 적색의 등화인 경우 우회전할 수 없다.

(3) 안전표지 설치운영의 원칙

① **주요 표지의 우선화** : 특정도로 및 교통상황에 중요한 표지는 우선적으로 그 위치에 세워져야 하며 중요도가 낮은 표지와 혼재하여서는 안 된다.

② **안전표지의 분산화** : 안전표지를 적절히 분산시킴으로써 운전자의 정보포착을 위한 주의집중이 평준화되도록 배려하여야 한다.

③ **안전표지의 유사 특성화** : 유사 특성화란 동일한 정보를 여러 개의 다른 형태로 제공하는 원칙을 말하는데, 이러한 유사 특성화는 많은 운전자들에게 특정 형태로 알려질 수 있을 뿐만 아니라 무엇을 의미하는지도 확실히 전달되는 장점이 있다.

④ **안전표지의 기대화** : 안전표지는 충분한 거리 전방에 신호등이 있다는 표지를 설치함으로써 운전자가 이에 충분히 대비토록 해야 한다.

⑤ **안전표지의 반복화** : 주행에 필요한 충분한 정보는 반복하여 제공해 줌으로써 포착할 기회를 주거나 완전히 이해할 수 있도록 해야 한다.

⑥ **반응시간을 고려한 설치 위치** : 안전표지는 운전자가 정보를 포착하고 판독하여 이해하고 이에 적절히 대응하는 일련의 정보포착 및 처리시간을 설치 위치의 기본으로 하고 있다.

(4) 안전표지 설계원칙

① **중요도의 부각** : 전달되는 정보는 가능한 한 오역과 애매모호함을 최소화하면서 중요도가 부각되어야 한다.

② 조화비 : 운전자는 정보를 이해하기에 앞서 포착해야 하며 포착성은 조화비가 가장 중요하다. 조화비는 표지판의 밝기와 표지판 주변의 밝기의 비율로 나타내며 조화비가 클수록 포착성이 높다.

(5) 안전표지판의 점검사항

① 필요한 정보가 제공되고 있는지의 여부
② 정보가 미비하거나 부적절한가의 여부
③ 정보가 잘못 전달되고 있는지의 여부
④ 정보가 애매모호하거나 혼란을 주는지의 여부
⑤ 정보가 운전자가 최선으로 이용할 수 있는 형태인지의 여부
⑥ 정보가 최적 위치에 설치되어 있는지의 여부
⑦ 너무 많은 정보가 한곳에 편재되어 있는지의 여부
⑧ 많은 수목이나 장애물에 의해 정보 전달이 방해받고 있는지의 여부

4. 교통환경의 특성과 안전관리

(1) 속도 규제가 교통안전에 미치는 영향

① 교통사고는 자동차의 속도가 100[km/h]의 속도 이상일 때 크게 증가하며 동시에 치사율도 높아진다.
② 사고빈도와 치사율을 함께 고려해 볼 때 보행거리에 기준을 둔 사상자의 수는 속도가 70~80[km/h] 사이에 있을 때 최소이다.

(2) 속도 규제에 대한 정당한 근거

① 운전자들은 운행 시 도로상에서 표지판으로 지시된 속도 규제에 의해서가 아니라 교통조건이나 도로조건에 따라 그들에게 합리적이고 안전한 속도를 선택한다.
② 속도 제한이 효과적으로 이루어지기 위해서는 반드시 강제로 실시・강요되어야 한다.
③ 속도 제한이란 어떤 것이든 그것이 필요로 하는 도로조건이나 교통조건하에서만 타당하다.
④ 운행상의 보편적인 속도와 도로 또는 도로변의 조건 그리고 그 도로에서의 사고자료에 관한 연구에 기초를 둔 속도 제한은 속도의 분포를 균일하게 하는 효과를 나타낸다.

(3) 거친 날씨에서의 운행 속도(도로교통법 시행규칙 제19조제2항)

① 최고속도의 20/100을 줄인 속도
㉠ 비가 내려 노면이 젖어 있는 경우
㉡ 눈이 20[mm] 미만 쌓인 경우

② 최고속도의 50/100을 줄인 속도
ㄱ 폭우, 폭설, 안개 등으로 가시거리가 100[m] 이내인 때
ㄴ 노면이 얼어붙은 경우
ㄷ 눈이 20[mm] 이상 쌓인 경우

제3절 교통사고조사 및 사고관리

1. 사고의 조사

(1) 조사의 목적

① 교통사고의 경감과 교통안전을 확보하기 위해서는 필요한 교통사고분석을 위한 자료를 갖추어야 한다.
② 조사의 목적은 적절한 도로 또는 교통공학적 치료 및 예방조치가 취해질 수 있도록 사고에 관련된 인자를 결정하는 것이다.

(2) 사고조사 시 유의사항

① 사고조사는 사고발생 직후 그 현장에서 실시하는 경우가 많기 때문에 조사에 앞서 사고발생 직후의 상황을 보존하기 위해 필요한 조치, 즉 교통차단, 교통정리, 사고당사자 및 목격자를 확보해야 한다.
② 충돌지점, 당사자 및 해당차량의 정지위치와 상태, 사고조사에 필요한 물건 등의 위치를 명확히 하기 위해 줄자, 필기구, 사진기 등을 사용한다.
③ 사고로 인한 부상자의 구호, 조사로 인한 교통지체 및 그로 인하여 연쇄적으로 사고가 일어나지 않도록 유의하여야 한다.

(3) 조사항목

① 사고발생 연월일시, 주야, 요일, 일기
② 사고발생 장소, 도로모양, 도로선형, 노면상태, 교통통제설비, 교통통제상태, 시거상태, 주위의 환경
③ 당사자의 이름, 성별, 나이, 주소, 직업, 행동상황, 사고당시까지의 운전시간, 과로여부, 알코올 및 약물 사용여부, 일상적인 운전빈도, 운전면허의 종류와 운전경험, 동승자 유무, 동반자 유무, 차량등록번호, 제조회사, 연식, 자전거의 종류, 구조
④ 사고유형, 피해 정도와 같은 사고의 종류 및 정도
⑤ 사고원인

⑥ 상대방을 발견한 위치, 상대방의 상황・회피행동 유무・종류・위치・충돌 또는 추돌・접촉 등의 위치, 최종정지위치, 차량 등의 피해 상황, 사람의 피해 상황
⑦ 혈흔, 슬립흔, 활흔, 유리파편 등의 상황, 안전벨트・헬멧착용 여부, 차량검사, 보험, 건널목 종류

(4) 사고조사단계

① **1단계** : 대량의 사고자료, 즉 주로 경찰의 통상적인 사고보고에 기초하여 수집한 자료의 분석과 관계된다. 이 자료를 조사함으로써 도로망상의 문제지점이 밝혀질 수 있으며, 특정지점이나 일련의 지점들에게 걸쳐 광범위한 특성이 설정될 수 있다.
② **2단계** : 보완적 자료, 즉 경찰에 의해서 통상적으로 수집되지 않는 자료의 수집 및 분석과 관련된다. 보완적 자료는 특정유형의 사고, 특정유형의 도로 사용자 또는 특정유형의 차량과 관련된 것들을 포함한 특정사고 문제의 보다 나은 이해를 얻는 것을 목적으로 할 수 있다.
③ **3단계** : 사고현장과 다방면의 전문가에 의해 수집된 심층자료의 분석을 요구하는 심층 다방면 조사와 관련된다. 그 목적은 충돌 전, 충돌 중 및 충돌 후 상황에 관련된 인자 및 얼개의 이해를 돕는 것이다. 그 팀은 의학, 인간공학, 차량공학, 도로 또는 교통공학, 경찰 등 일련의 전문 분야로부터의 전문가들로 구성된다.

(5) 사고조사 자료의 사용 목적

① 사고 많은 지점을 정의하고 이를 파악하기 위함
② 어떤 교통통제대책이 변경되었거나 도로가 개선된 곳에서 사전・사후조사를 하기 위함
③ 교통통제설비를 설치해 달라는 주민들의 요구 타당성을 검토하기 위함
④ 서로 다른 기하설계를 평가하고 그 지역의 상황에 가장 적합한 도로, 교차로, 교통통제설비를 설계하거나 개발하기 위함
⑤ 사고 많은 지점을 개선하는 순위를 정하고 프로그램 및 스케줄화하기 위함
⑥ 효과적인 사고감소 대책 비용의 타당성 검토
⑦ 교통법규 및 용도지구의 변경을 검토
⑧ 경찰의 교통감시 개선책의 필요성을 판단하기 위함
⑨ 인도나 자전거도로건설의 필요성을 판단하기 위함
⑩ 주차제한의 필요성이나 타당성을 검토하기 위함
⑪ 가로조명 개선책의 타당성을 검토하기 위함
⑫ 사고를 유발하는 운전자 및 보행자의 행동 중에서 교육으로 효과를 볼 수 있는 행동이 무엇인지를 파악하기 위함
⑬ 종합적인 교통안전프로그램의 소요되는 기금을 획득하는 데 도움을 주기 위함

2. 교통사고 조사결과의 기록

(1) 용어의 정의

① **교통사고** : 「도로교통법」상의 정의로는 차 또는 노면전차의 운전 등 교통으로 인하여 사람을 사상하였거나 물건을 손괴한 것을 말한다. 따라서 보행자 상호 간 사고 또는 열차 상호 간 사고는 「도로교통법」에 의한 교통사고로 취급되지는 않는다.

② **사망** : 교통사고가 발생하여 30일 이내에 사망한 경우를 말한다.

③ **중상** : 교통사고로 인하여 부상하여 3주 이상의 치료를 요하는 경우를 말한다.

④ **경상** : 5일~3주 미만의 치료를 요하는 경우이며, 5일 미만의 치료를 요하는 경우도 부상신고를 한다.

⑤ **사고건수** : 교통사고통계원표에서 말하는 사고건수란 하나의 사고유발행위로 인하여 시간적·공간적으로 근접하며, 연속성이 있고 상호 관련하여 발생한 사고를 포괄하여 1건의 사고로 정의한다. 한 대의 차량이 다른 한 대의 차량 또는 한 사람의 보행자 혹은 도로상의 시설물에 충돌한 사고라도 사고 상황에 따라 한 건의 사고로 취급될 수 있고 경우에 따라서는 여러 건의 사고로 취급할 수 있다.

⑥ **사고당사자** : 사고에 연루된 당사자 중에서 사고발생에 관한 과실이 큰 운전자를 제1당사자, 과실이 비교적 가벼운 운전자를 제2당사자라 한다. 만약 과실이 비슷한 경우 신체상 피해가 적은 쪽을 제1당사자, 많은 쪽을 제2당사자라 한다. 차량 단독사고인 경우에는 차량 운전자가 항상 제1당사자가 되며 그 대상물을 제2당사자로 하고 신체 손상을 수반한 동승자는 제3당사자 또는 다른 동승자가 있을 때 제4·5… 당사자라 한다.

⑦ **교통사고통계원표** : 본표란 교통사고자료의 기본적인 사항인 사고발생일시, 장소, 일기, 도로종류, 도로형상, 사고유형 등과 제1 및 제2당사자에 관한 사항을 기록한 표이고, 보충표는 제3당사자 이상의 당사자가 있는 경우에 사용된다.

(2) 사고의 기록체계

① **자동차사고 발생형태별 분류**

㉠ 일탈사고 : 추락·이탈

㉡ 비충돌사고 : 전복, 전도사고, 기타 비충돌사고

㉢ 충돌사고 : 보행자, 다른 차량, 주차된 차량, 열차, 자전거, 동물, 고정물체, 기타 물체와의 충돌

② **차량 간 충돌사고의 분류**

㉠ 각도충돌 : 다른 방향으로 움직이는 차량 간 충돌로서 주로 직각충돌

㉡ 추돌 : 같은 방향으로 움직이는 차량 간 충돌

㉢ 측면충돌 : 같은 방향 혹은 반대방향에서 움직이는 차량 간에 측면으로 스치는 사고

㉣ 정면충돌 : 반대방향에서 움직이는 차량 간 충돌

㉤ 후진충돌

(3) 사고자료의 집계

① 지점별 집계

㉠ 단일지점 : 사고가 집중적으로 발생하는 특정지점이나 도로의 단구간의 처리

㉡ 노선조치 : 비정상적으로 사고가 많이 발생하는 도로에 치료적 조치의 적용

㉢ 지역조치 : 비정상적으로 사고가 많이 발생하는 지역에 치료적 조치의 적용

㉣ 일반조치 : 일반적 사고 특성을 가진 지점들에서 치료적 조치의 적용

② 사고의 어떤 공통적 특성의 집계

㉠ 정면충돌, 차도이탈 등 사고의 유형

㉡ 노견, 교량접근 등 도로특성

㉢ 트럭, 자전거, 오토바이의 차량유형

㉣ 과속, 피로, 음주 또는 마약 같은 일반적 특성

㉤ 버스와 관련된 사고, 위험물 운반차량, 다중사고 또는 다수의 사망사고 같은 대형사고

제4절 인간의 욕구

1. 매슬로(Maslow)의 욕구 5단계

매슬로는 행동의 동기가 되는 욕구를 다섯 단계로 나누어, 인간은 하위의 욕구가 충족되면 상위의 욕구를 이루고자 한다고 주장하였다. 1~4단계의 하위 네 단계는 부족한 것을 추구하는 욕구라 하여 결핍욕구(Deficiency Needs), 가장 상위의 자아실현의 욕구는 존재욕구(Being Needs)라고 부르며 이것은 완전히 달성될 수 없는 욕구로 그 동기는 끊임없이 재생산된다.

구 분	특 징
생리적 욕구 (제1단계)	• 의식주, 종족 보존 등 최하위 단계의 욕구 • 인간의 본능적 욕구이자 필수적 욕구
안전에 대한 욕구 (제2단계)	• 신체적 · 정신적 위험에 의한 불안과 공포에서 벗어나고자 하는 욕구 • 추위 · 질병 · 위험 등으로부터 자신의 건강과 안전을 지키고자 하는 욕구
애정과 소속에 대한 욕구 (제3단계)	• 가정을 이루거나 친구를 사귀는 등 어떤 조직이나 단체에 소속되어 애정을 주고받고자 하는 욕구 • 사회적 욕구로서 사회구성원으로서의 역할 수행에 전제조건이 되는 욕구
자기존중 또는 존경의 욕구 (제4단계)	• 소속단체의 구성원으로서 명예나 권력을 누리려는 욕구 • 타인으로부터 자신의 행동이나 인격이 승인을 얻음으로써 자신감, 명성, 힘, 주위에 대한 통제력 및 영향력을 느끼고자 하는 욕구
자아실현의 욕구 (제5단계)	• 자신의 재능과 잠재력을 발휘하여 자기가 이룰 수 있는 모든 것을 성취하려는 최고 수준의 욕구 • 사회적 · 경제적 지위와 상관없이 어떤 분야에서 최대의 만족감과 행복감을 느끼고자 하는 욕구

CHAPTER

02 적중예상문제

01 다음 중 교통시설이 아닌 것은?

㉮ 수 로 ㉯ 어 항

㉰ 어업무선국 ㉱ 비행장

해설 **교통시설**

교통안전법에서는 교통시설을 도로・철도・궤도・항만・어항・수로・공항・비행장 등 교통수단의 운행・운항 또는 항행에 필요한 시설과 그 시설에 부속되어 사람의 이동 또는 교통수단의 원활하고 안전한 운행・운항 또는 항행을 보조하는 교통안전표지・교통관제시설・항행안전시설 등의 시설 또는 공작물로 정의하고 있다. 즉, 교통기관의 통로에 해당하는 것을 모두 교통안전시설이라고 한다.

교통안전보조시설

- 도로 : 교통신호등, 교통안전표시, 중앙분리대, 방책, 반사경, 가드레일, 육교, 지하도, 도로표시 등
- 철도 : 교량, 터널, 철도신호, 전기시설, 각종 제어시설, 건널목 시설
- 항만 : 부두, 안벽, 방파제, 등대, 항로표시
- 비행장 : 활주로, 유도로, 계류장, 격납고
- 항공보안시설 : 활주로등, I.L.S, VOR/TAC, NDB

02 교통기관의 기술개발을 통하여 안전도를 향상시키고 운반구 및 동력제작기술의 발전을 도모하는 것은?

㉮ 관리적 접근방법 ㉯ 제도적 접근방법

㉰ 기술적 접근방법 ㉱ 선택적 접근방법

해설 **사고예방을 위한 접근방법**

- 기술적 접근방법
  - 교통기관의 기술개발을 통하여 안전도를 향상시키는 것이다.
  - 하드웨어의 개발을 통한 안전의 확보라고 할 수 있다.
  - 운반구 및 동력제작 기술발전의 교통수단 안전도를 향상시킨다.
  - 교통수단을 조작하는 교통종사원의 기술숙련도 향상을 위한 안전운행 역시 기술적 접근방법이라 볼 수 있다.
- 관리적 접근방법
  - 소프트웨어
  - 교통기술면에서 교통기관을 효율적으로 관리하고 통제할 수 있도록 이간을 적합시키는 방법론이다.
  - 경영관리기법을 통한 전사적 안전관리, 통계학을 이용한 사고유형 또는 원인의 분석, 품질관리기법을 원용한 통계적 관리기법, 인간형태학적・인체생리학적 접근방법 등이다.
- 제도적 접근방법
  - 제도적 접근방법은 기술적 접근방법이나 관리적 접근방법을 통하여 개발된 기법의 효율성을 제고하기 위하여 제도적 장치를 마련하는 행위이다.
  - 법령의 제정을 통한 안전기준의 마련이나 안전수칙 또는 원칙을 정하여 준수토록 하면서 제도적으로 안전을 확보하고자 하는 것이다.
  - 제도적 접근방법은 기술적, 관리적인 면에서 개발된 기법을 효율성 있게 제고하기 위한 행위이다.

1 ㉰ 2 ㉰ 정답

중요

03 정지시거에 대한 설명 중 틀린 것은?

㉮ 정지시거는 공주거리와 제동거리로 이루어진다.
㉯ 공주거리는 물체를 본 시간부터 브레이크를 밟아 브레이크가 작동하기까지 달린 거리이다.
㉰ 제동거리는 브레이크가 작동되고부터 정지할 때까지 미끄러진 거리이다.
㉱ 반사시간은 통상 2.5초를 설계목적으로 사용한다.

해설 공주거리는 차량의 속도와 운전자의 능력에 따라 달라지나 설계목적으로 통상 2.5초를 사용한다. 이 중에서 1.5초는 반사시간으로서 지각, 식별, 행동판단 시간이며, 1초는 근육반응 및 브레이크 반응시간으로 본다.

04 정지시거에 대한 설명 중 틀린 것은?

㉮ 오르막길에서 정지시거는 짧아진다.
㉯ 설계목적으로 시거를 계산할 때에는 건조노면을 기준으로 한다.
㉰ 제동거리는 타이어-노면의 마찰계수와 속도 및 도로에 적용된다.
㉱ 정지시거는 정지에 필요한 거리로서 모든 도로에 적용된다.

해설 설계목적으로 시거를 계산할 때 젖은 노면상태를 기준으로 한다.

05 설계목적을 위한 최소 추월시거를 계산하는 데 필요한 가정이 아닌 것은?

㉮ 추월차량이 본 차선을 복귀했을 때 뒤차와는 적절한 안전거리를 필요로 한다.
㉯ 피추월차량은 일정한 속도를 주행한다.
㉰ 추월차량의 운전자는 추월행동을 개시할 때까지 행동판단 및 반응시간을 필요로 한다.
㉱ 추월차량은 추월할 기회를 찾으면서 피추월차량과 같은 속도로 안전거리를 유지하며 앞차를 따른다.

해설 추월차량이 본 차선을 복귀했을 때 대향차량과의 적절한 안전거리를 필요로 한다.

06 운전자가 진행로 상에 산재해 있는 예측하지 못한 위험요소를 발견하고 그 위험가능성을 판단하며 적절한 속도와 진행방향을 선택하여 필요한 안전조치를 효과적으로 취하는 데 필요한 거리는?

㉮ 정지시거 ㉯ 추월시거
㉰ 피주시거 ㉱ 안전시거

해설 피주시거는 운전자의 판단착오를 시정할 여유를 주고 정지하는 대신 동일한 속도로 또는 감속하면서 안전한 행동을 취할 수 있기 때문에 정지시거보다 훨씬 큰 값을 갖는다.

정답 3 ㉱ 4 ㉯ 5 ㉮ 6 ㉰

07 완화곡선에 대한 설명 중 틀린 것은?

㉮ 완화곡선은 직선부와 곡선부를 원활하게 연결시켜주기 위한 것이다.
㉯ 편구배 변화구간은 완화곡선 구간에 놓인다.
㉰ 설계속도에 대해서 곡선반경이 매우 크면 완화곡선을 생략할 수 있다.
㉱ 완화곡선의 길이는 운전자가 편구배를 느끼면서 최소한 5초 동안 주행할 수 있는 거리가 확보되어야 한다.

해설 2초 동안 주행할 수 있는 거리가 확보되어야 한다.

08 평면선형과 종단선형의 조합원칙으로 틀린 것은?

㉮ 선형이 시각적으로 연속성을 확보할 것
㉯ 선형의 시각적, 심리적 균형을 확보할 것
㉰ 종단구배가 급한 곳에 평면곡선을 삽입할 것
㉱ 도로환경과의 조화를 고려할 것

해설 종단구배가 급한 구간에 작은 평면곡선이 삽입되면 구배가 과대하게 보여 주행상 안전성이 확보되지 못한다.

09 노변지역에 포함되는 것이 아닌 것은?

㉮ 갓 길　　㉯ 배수구
㉰ 측 도　　㉱ 연 석

해설 측도는 고속도로나 주요 간선도로에 평행하게 붙어있는 국지도로로서 교통분리시설에 포함된다.

10 운전자의 핸들조작에 지장을 주지 않는 범위에서 배수를 고려할 때 노면의 최대 횡단구배는 얼마인가?

㉮ 2[%]　　㉯ 3[%]
㉰ 4[%]　　㉱ 5[%]

해설 **노면구배**
- 노면의 횡단구배는 도로 중심선에서부터 노면 끝까지의 횡단면 구배로서 배수의 목적으로 사용된다.
- 운전자의 핸들조작에 지장을 주지 않는 범위에서 배수를 고려한 바람직한 경사는 최대 4[%]까지이다.

7 ㉱ 8 ㉰ 9 ㉰ 10 ㉰ **정답**

11 갓길에 대한 설명 중 틀린 것은?

㉮ 갓길은 차도부보다 경사가 급해야 한다.
㉯ 갓길의 색채는 차도부와 같게 해야 한다.
㉰ 포장된 갓길의 경사는 3~5[%], 비포장의 경우는 4~6[%]가 적당하다.
㉱ 갓길을 포장하는 것은 경제적이다.

해설 갓길의 색깔이나 질감은 차도와 적절한 대비를 이루도록 하는 것이 좋다.

12 배수구의 깊이는 도로중심선 높이로부터 최소 얼마 이상이어야 하는가?

㉮ 15[cm]
㉯ 30[cm]
㉰ 45[cm]
㉱ 60[cm]

해설 배수구의 깊이는 도로중심선 높이로부터 최소 60[cm] 이상은 되어야 하며 기층의 배수를 돕기 위하여 노반보다 최소 15[cm] 이상 낮아야 한다.

13 연석의 기능이 아닌 것은?

㉮ 배수유도
㉯ 차도의 경계구분
㉰ 차량의 이탈방지
㉱ 고장차량의 대피소

해설 연석은 배수를 유도하고 차도의 경계를 명확히 하며 차량의 차도이탈을 방지하는 역할을 하는 것으로 주로 도시부 도로에 설치한다.

14 중앙분리대의 기능이 아닌 것은?

㉮ 좌회전 혹은 횡단하는 차량을 보호
㉯ 보행자에게 통행로 제공
㉰ 배수나 제설작업을 위한 공간
㉱ 고장 난 차량의 대피소

해설 통행로보다는 대피장소를 제공할 수 있다.

정답 11 ㉯ 12 ㉱ 13 ㉱ 14 ㉯

15 측도의 기능이 아닌 것은?

㉮ 주요 도로에의 출입제한
㉯ 주요 도로에서 인접지역으로의 접근성 제공
㉰ 인터체인지 기능 대체
㉱ 원활한 도로체계 유지

해설 인터체인지의 기능을 다양화시키는 데 기여하며 전체 도로체계의 일부분을 이룬다.

16 사고발생 요인 중 가장 많은 비중을 차지하고 있는 것은?

㉮ 인적 요인
㉯ 환경 요인
㉰ 횡단보도 요인
㉱ 교통수단의 요인

해설 인적 요인이 84.8[%]로 가장 많은 비중을 차지하고, 환경 요인, 차량 요인이 그 뒤를 잇는다.

17 자동차의 안전운행을 위해서는 인간-자동차-도로의 계가 안전하지 않으면 안 된다. 그런데 자동차와 도로는 어느 정도까지는 고정시킬 수 있지만, 다음의 요소 중 변동되기 쉬운 것은?

㉮ 관리적 요소
㉯ 차량적 요소
㉰ 인간적 요소
㉱ 연속적 요소

18 운전자의 면허취득, 종별 면허취득, 면허취득 후의 실제운전경력, 운전차종, 사고의 종류 · 횟수 정도에 대한 진단을 무엇이라고 하는가?

㉮ 운전기술진단
㉯ 운전기능진단
㉰ 운전태도진단
㉱ 운전경력진단

19 자동차속도에 대한 결정은 가장 먼저 무엇을 고려해야 하는가?

㉮ 교통로
㉯ 동력용구
㉰ 안전시설
㉱ 운전경력진단

15 ㉰ 16 ㉮ 17 ㉰ 18 ㉱ 19 ㉮ 정답

중요

20 정지거리란 무엇인가?

㉮ 반응거리에 제동거리를 합친 것

㉯ 위험인지거리에 반응거리와 제동거리를 합친 거리

㉰ 위험인지거리에 제동거리를 합친 것

㉱ 반응거리에 제동거리를 합치고 위험인지거리를 뺀 것

해설 정지시거(정지거리)는 물체를 본 시간부터 브레이크를 밟아 브레이크가 작동하기까지 달린 공주거리와 브레이크가 작동되고부터 정지할 때까지의 미끄러진 제동거리로 이루어진다.

21 교통사고의 요인 중 가정환경의 불합리, 직장인간관계의 잘못은 무슨 원인이라 하겠는가?

㉮ 직접원인　　㉯ 간접원인

㉰ 잠재원인　　㉱ ㉮, ㉯, ㉰와 관계없음

22 교통사고 원인 중 간접적 원인이자 직접적 원인에 해당될 수 있는 것은?

㉮ 차선 및 신호위반　　㉯ 중앙선 침범

㉰ 앞지르기 위반　　㉱ 음 주

중요

23 교통사고의 위험요소를 제거하기 위해서는 몇 가지 단계를 거쳐야 하는데 안전점검, 안전진단, 교통사고 원인의 규명, 종사원의 교통활동, 태도분석, 교통환경 등에서 위험요소를 적출하는 행위는 다음 중 어느 단계인가?

㉮ 위험요소의 분석　　㉯ 위험요소의 탐지

㉰ 위험요소의 제거　　㉱ 개 선

해설 **위험요소의 제거 6단계**

- 조직의 구성 : 안전관리업무를 수행할 수 있는 조직을 구성, 안전관리책임자 임명, 안전계획의 수립 및 추진이다.
- 위험요소의 탐지 : 안전점검 또는 진단사고, 원인의 규명, 종사원 교통활동 및 태도분석을 통하여 불안전행위와 위험한 환경조건 등 위험요소를 발견한다.
- 분석 : 발견된 위험요소는 면밀히 분석하여 원인을 규명한다.
- 개선대안 제시 : 분석을 통하여 도출된 원인을 토대로 효과적으로 실현할 수 있는 대안을 제시한다.
- 대안의 채택 및 시행 : 당해 기업이 실행하기에 가장 알맞은 대안을 선택하고 시행한다.
- 환류(피드백) : 과정상의 문제점과 미비점을 보완하여야 한다.

정답 20 ㉯ 21 ㉰ 22 ㉱ 23 ㉯

24 교통사고의 주요 원인에 포함되지 않는 것은?

㉮ 인적 요인
㉯ 환경 요인
㉰ 운반구 요인
㉱ 적성 요인

25 인간행동을 규제하는 환경요인이 아닌 것은?

㉮ 자연적 조건
㉯ 심 리
㉰ 물 리
㉱ 시 간

26 교통사고 요인이 배열되어 있는 형태를 보아 그 형을 분류할 경우 다음 중에서 적당하지 않은 것은?

㉮ 교차형
㉯ 복합형
㉰ 집중형
㉱ 연쇄형

27 교통사고에 영향을 미치는 인간행위의 가변적 요소로서 적합하지 않은 것은?

㉮ 자연적 요소
㉯ 기능적 요소
㉰ 생리적 요소
㉱ 심리적 요소

28 사고원인 조사에서 운행 중 여유시간을 4초 이상 유지한 운전을 무엇이라고 하는가?

㉮ 과속운전
㉯ 서행운전
㉰ 정상운전
㉱ 준사고운전

29 도로교통운전자들의 운전 여유시간을 기초로 운전을 서행 · 정상 · 과속운전 등으로 나눌 때 정상운전에 해당하는 여유시간은 다음 중 어느 것인가?

㉮ 1초
㉯ 2초
㉰ 3초
㉱ 4초

정답 24 ㉱ 25 ㉯ 26 ㉮ 27 ㉮ 28 ㉯ 29 ㉯

30 다음 운전행동상의 사고요인분석 중에서 사고발생률이 가장 낮은 것은?

㉮ 인식지연　　　　㉯ 판단착오
㉰ 불가항력　　　　㉱ 조작착오

해설 ㉮를 제외한 나머지 요인은 사고발생률이 지극히 높은 사유이다.

31 다음은 위험요소를 제거하기 위하여 거쳐야 할 일반적 단계이다. 해당하지 않는 것은?

㉮ 평 가　　　　㉯ 조직의 구성
㉰ 위험요소의 탐지　　　　㉱ 피드백

해설 **위험요소의 제거 단계** : 조직의 구성, 위험요소의 탐지, 분석, 개선대안 제시, 대안의 채택 및 시행, 피드백

32 교통 종사원, 안전관리, 일반원칙 등은 어디에 포함되는가?

㉮ 안전관리기법　　　　㉯ 안전운행관리기법
㉰ 통계적 관리기법　　　　㉱ 사례적 안전관리법

33 안전관리의 목적이라고 할 수 없는 것은?

㉮ 경영상의 안전　　　　㉯ 인적・물적 재산피해의 감소
㉰ 교통환경의 개선　　　　㉱ 자동차 기술의 개선

34 교통사고를 주요 요인별로 분류할 때 이에 해당하지 않는 것은?

㉮ 적성 요인　　　　㉯ 인적 요인
㉰ 환경 요인　　　　㉱ 운반구 요인

35 새로운 교육이나 지도 및 규칙 등을 제때에 이해시키고 납득시킬 수 있다면 사고발생의 위험률을 저하시킬 수가 있는데 이를 위해서는 다음 중 어느 것이 기본적으로 선행되어야 하는가?

㉮ 교통환경　　　　㉯ 사고분석
㉰ 상해부위　　　　㉱ 주행거리

정답 30 ㉮ 31 ㉮ 32 ㉮ 33 ㉱ 34 ㉮ 35 ㉯

36 최근 운수업체에서 교통안전관리자 제도를 도입하는 이유는 무엇 때문인가?

㉮ 운수수익　　㉯ 교통사고
㉰ 환경관리　　㉱ 운행계획

37 다음의 보기가 설명하고 있는 것은 어느 경우인가?

복합원인의 연쇄반응에서 생기고 있는 것이므로 원인이나 유발 특성에 대해 고찰할 필요가 있다.

㉮ 교통사고　　㉯ 교통환경
㉰ 교통조직　　㉱ 정보관리

38 교통사고 장기적인 예측모형 설정 시의 기본요건으로 적합하지 않은 것은?

㉮ 사고위험 지점별 위험도 평가
㉯ 사고발생의 지역 간 격차 및 연도별 추이분석
㉰ 모형 구성요인의 장래치 추정
㉱ 샘플링 작업

39 다음 문항 중 틀린 것은?

㉮ 정보관리란 제반정보의 수집, 분류, 정리, 분석, 평가, 축적, 이용 등에 의한 정보이다.
㉯ 정보관리의 핵심 3단계는 수집, 분석, 평가이다.
㉰ 데이터란 특정한 현상 내지 사실에서 끄집어내어진 현상 그 자체이다.
㉱ 기상상황을 알기 위해 모아진 풍속, 기압, 기온 등은 정보에 해당한다.

40 교통단속 시 발생하는 단속의 파급효과가 일정기간 지속되고 인접지역에까지 영향을 미치는 것을 무엇이라 하는가?

㉮ 경제효과　　㉯ 인적효과
㉰ 파동효과　　㉱ 할로효과

정답 36 ㉯ 37 ㉮ 38 ㉱ 39 ㉱ 40 ㉱

41 다음은 교통사고 현장조사 시 관찰착안점이다. 연결이 잘못된 것은?

㉮ 도로 및 교통조건 – 타이어 흔, 노면상태, 노면경사 및 시계
㉯ 교통통제설비 – 신호기 작동이 정상인가, 황색신호에서 상충관찰, 시인성 점검
㉰ 이면도로 이용실태 – 버스정거장 위치, 주·정차, 연도상점, 차고, 차량출입 빈도
㉱ 도로이용자 형태 – 회전 차량의 회전궤적, 정지위치, 보행자 횡단 특성, 자전거 이용 특성

해설 **현장조사**
- 도로 및 교통조건 : 타이어 흔, 노면상태, 노면경사 및 시계
- 교통통제설비 : 신호기 작동이 정상적인가, 황색신호에서의 상충관찰, 시인성 점검
- 이면도로의 이용실태 : 이면도로를 이용하는 교통실태, 이에 대응하는 교통통제방법관찰
- 도로주변 토지이용실태 : 버스정거장 위치, 주·정차, 연도상점, 차량출입 빈도
- 도로이용자 형태 : 회전 차량의 회전궤적, 정지위치, 보행자 횡단 특성, 자전거 이용 특성

중요
42 다음 마찰계수 중 타이어가 고정되어 미끄러지고 있을 때의 경우는?

㉮ 세로 미끄럼 마찰계수　　㉯ 가로 미끄럼 마찰계수
㉰ 제동 시의 마찰계수　　㉱ 자유구름 마찰계수

해설 **마찰계수의 정리**
- 세로 미끄럼 마찰계수 : 타이어가 고정되어 미끄러지고 있을 때의 마찰계수(노면의 상태, 노면의 거친 정도, 타이어 상태, 제동속도 등에 의한 차이)
- 가로 미끄럼 마찰계수 : 일반적으로 가로 미끄럼 마찰계수는 세로 미끄럼 마찰계수보다 약간 크다.
- 제동 시의 마찰계수 : 브레이크 작동 시 노면에 대해 미끄러지는 정도
- 자유구름 마찰계수 : 차량의 속도나 타이어의 공기압에 따라 영향

43 인간행동의 환경적 요소로서 적당한 것은?

㉮ 인간관계　　㉯ 일반심리
㉰ 심신상태　　㉱ 소 질

44 교통사고를 좌우하는 요소가 아닌 것은?

㉮ 도로 및 교통조건　　㉯ 교통통제조건
㉰ 차량을 운전하는 운전자　　㉱ 차량의 이용자

해설 교통사고는 차량을 운전하는 운전자와 도로 및 교통조건, 교통통제조건에 따라 크게 좌우된다. 따라서 이들 세 가지 요인들의 교통사고와 관련된 특성을 분석하면 사고방지 대책을 수립하는 데 도움이 된다.

정답 41 ㉰ 42 ㉮ 43 ㉮ 44 ㉱

45 도로선형에서의 사고특성에 대한 다음 설명 중 틀린 것은?

㉮ 한 방향으로 진행하는 일방도로에서 왼쪽으로 굽은 도로에서의 사고가 오른쪽으로 굽은 도로에서보다 많다.

㉯ 곡선부가 종단경사와 중복되는 곳은 사고 위험성이 훨씬 더 크다.

㉰ 종단선형이 자주 바뀌면 종단곡선의 정점에서 시거가 단축되어 사고가 일어나기 쉽다.

㉱ 긴 직선구간 끝에 있는 곡선부는 짧은 직선구간 다음의 곡선부에 비해 사고율이 높다.

해설 오른쪽으로 굽은 도로에서의 사고가 왼쪽으로 굽은 도로에서보다 많다.

46 다음 중 사고율이 가장 높은 노면은?

㉮ 건조노면 ㉯ 습윤노면

㉰ 눈덮인 노면 ㉱ 결빙노면

해설 노면의 사고율은 결빙노면 > 눈덮인 노면 > 습윤노면 > 건조노면의 순이다.

47 운전자의 정보처리과정이 옳은 것은?

㉮ 식별 – 지각 – 반응 – 행동판단

㉯ 지각 – 반응 – 식별 – 행동판단

㉰ 지각 – 식별 – 행동판단 – 반응

㉱ 식별 – 지각 – 행동판단 – 반응

해설 운전자뿐만 아니라 보행자 및 모든 인간은 주위의 자극에 대하여 지각 – 식별 – 행동판단 – 반응의 과정을 거치면서 행동을 한다. 이러한 과정은 거의 대부분 운전경력과 훈련에 의해서 그 능력이 향상된다.

48 정보처리과정 중 착오가 생기는 경우 결정적인 사고가 발생하게 되는 것은?

㉮ 지 각 ㉯ 식 별

㉰ 행동판단 ㉱ 반 응

해설 위해요소에 대해서 취해야 할 적절한 행동을 결심하는 의사결정 과정으로서 그 능력은 운전경험에 크게 좌우된다. 이 과정에서 착오가 생기면 결정적인 사고가 발생한다.

45 ㉮ 46 ㉱ 47 ㉰ 48 ㉰ 정답

49 다음 중 교통사고에 영향을 주는 운전자의 육체적 능력이 아닌 것은?

㉮ 현혹회복력 ㉯ 시 야
㉰ 주의력 ㉱ 지 능

해설 주의력은 후천적 능력이다.

50 다음 중 교통사고에 영향을 주는 후천적 능력이 아닌 것은?

㉮ 성 격 ㉯ 시 력
㉰ 도로조건 인식능력 ㉱ 차량조작 능력

해설 시력은 후천적 능력이 아니라 선천적 능력이다.

51 다음은 사고를 특히 많이 내는 사람의 특징이다. 틀린 것은?

㉮ 지나치게 동작이 빠르거나 늦다. ㉯ 충동 억제력이 부족하다.
㉰ 상황판단력이 뒤떨어진다. ㉱ 지식이나 경험이 풍부하다.

해설 사고를 많이 내는 사람은 지식이나 경험이 부족한 경우가 많다.

52 음주운전자의 특성으로 틀린 것은?

㉮ 시각적 탐색능력이 현저히 감퇴된다.
㉯ 주위환경에 과민하게 반응한다.
㉰ 속도에 대한 감각이 둔화된다.
㉱ 주위환경에 반응하는 능력이 크게 저하된다.

해설 음주운전자는 차량 조작에만 온 정신을 집중하기 때문에 주위 환경에 반응하는 능력이 크게 저하된다.

53 다음 중 사고방지를 위한 지속적인 운전자 대책은?

㉮ 운전면허의 취소 및 정지 ㉯ 운전면허의 자격 제한
㉰ 안전교육 ㉱ 교통지도 단속

정답 49 ㉰ 50 ㉯ 51 ㉱ 52 ㉯ 53 ㉰

54 교통사고의 인적요인에 대한 다음 설명 중 틀린 것은?

㉮ 주의표시에 운전자가 취해야 할 행동을 구체적으로 명시하면 행동판단 시간을 현저히 줄일 수 있다.

㉯ 지각 - 반응과정에서 착오를 줄이고 경과시간을 단축하는 것이 사고방지의 요체이다.

㉰ 젊은 운전자는 회전, 추월 및 통행권 양보위반이 많고 나이든 운전자는 속도위반이 많다.

㉱ 중추신경계통의 능력을 저하시키는 요인으로는 알코올이나 약물복용, 피로 등이 있다.

해설 젊은 층에서 속도위반이 많다.

55 교통안내표지에 대한 다음 설명 중 틀린 것은?

㉮ 노선을 명확히 나타내야 한다.

㉯ 도로변 표지가 가공식 표지보다 사고율이 훨씬 낮다.

㉰ 교차로의 부도로 접근로에 양보 표지를 설치하면 사고예방에 도움이 된다.

㉱ 양보 표지는 램프를 사용하여 고속도로에 진입하는 유입램프 쪽에서 설치해도 큰 효과가 있다.

해설 가공식 표지가 사고율이 낮다.

56 다음 중 사고감소를 위해 속도제한구간을 설정하는 근거로 부적합한 것은?

㉮ 사고는 속도 그 자체보다도 속도분포, 즉 차량들 상호 간의 속도 차이에 의해 발생한다.

㉯ 속도제한은 어떠한 도로조건과 교통조건에 대해서도 타당성을 갖는다.

㉰ 속도제한이 효과적으로 이루어지기 위해서는 단속 가능할 정도이어야 한다.

㉱ 운전자는 표시된 제한속도보다는 교통이나 도로조건에 따라 합리적이며 안전하게 그들의 속도를 선택한다.

해설 어떠한 속도제한도 그것이 시행되는 도로조건과 교통조건에 대해서만 타당성을 갖는다. 즉, 제한속도는 일반적으로 좋은 기상조건과 비첨두 시간에 대한 것이기 때문에 이와 다른 조건에서는 적절치가 않다.

57 다음 중 곡선부에서 사고를 감소시키는 방법으로 부적합한 것은?

㉮ 시거를 확보한다.

㉯ 편경사를 감소시킨다.

㉰ 선형을 개선한다.

㉱ 속도표지와 시선유도표를 포함한 주의표지와 노면표지를 잘 설치한다.

해설 Tanner의 연구에 의하면 편경사를 증가시켜 60[%]의 사고감소율을 보였다.

54 ㉰ 55 ㉯ 56 ㉯ 57 ㉯ 정답

58 교통의 기능에 대한 설명이 가장 바른 것은?

㉮ 공간적 이동을 그 기능으로 하여 사회적 교류를 높인다.
㉯ 공간적 이동을 그 기능으로 하여 문화수준을 향상시킨다.
㉰ 물자 이동을 그 기능으로 하여 인간유대를 증진시킨다.
㉱ 시간적 효용을 그 기능으로 하여 문화수준을 향상시킨다.

해설 교통은 공간적 효용과 시간적 효용을 증대시킨다.

59 종단곡선에 대한 설명으로 틀린 것은?

㉮ 종단구배는 작을수록 좋다.
㉯ 배수에 관계가 있다.
㉰ 종단곡선에는 원과 포물선이 사용된다.
㉱ 아스팔트, 콘크리트 포장에 특히 많이 사용된다.

60 차량 등의 정비를 요청해야 하는 경우와 거리가 먼 것은?

㉮ 결함부품 또는 불량부품정비가 필요한 경우
㉯ 안전시설의 결함으로 교환이 필요한 경우
㉰ 차량 등의 장비나 기구의 정비 또는 교환이 필요한 경우
㉱ 일상점검·정비 외의 특별정비가 필요한 경우

해설 **차량 등의 정비를 요청해야 하는 경우**
- 일상점검·정비 외에 특별한 정비가 필요한 때
- 결함부품·불량부품의 교환 또는 대체가 필요한 때
- 차량 등의 장비나 기구의 정비 또는 교환이 필요한 때

61 다음에서 교통안전정책의 전개방향에 관한 기술로서 적합한 것은?

㉮ 법적 차원에서 질서확립운동으로 전개되어야 한다.
㉯ 운수관련업체의 안전관리 정착운동이 전개되어야 한다.
㉰ 교통종사원의 자질향상운동으로 전개되어야 한다.
㉱ 교통안전의 생활화 차원에서 전개되어야 한다.

해설 교통안전정책은 교통안전의 생활화 또는 사회정화운동 차원에서 전개되어야 한다.

정답 58 ㉮ 59 ㉮ 60 ㉯ 61 ㉱

62 계획 – 조사 – 검토 – 독려 – 보고 등의 업무를 관장하는 조직은?

㉮ 참모형 조직
㉯ 라인형 조직
㉰ 위원회 조직
㉱ 라인–스탭 혼합형 조직

63 다음 중 교육훈련 목적의 하나인 것은?

㉮ 조직협력
㉯ 조직정비
㉰ 지휘계통의 확립
㉱ 조직의 통계

해설 교육훈련의 목적에는 기술의 축적, 조직의 협력, 동기유발 등이 있다.

중요

64 교통안전교육에 의해서 안전화를 이루는 데 필요한 교육이 아닌 것은?

㉮ 안전지식에 대한 교육
㉯ 안전기능에 대한 교육
㉰ 안전태도에 대한 교육
㉱ 안전연습에 대한 교육

65 교통안전의 목적에 해당하는 것은?

㉮ 수송효율의 향상
㉯ 교통시설의 확충
㉰ 교통법규의 준수
㉱ 교통단속의 강화

해설 교통안전의 목적은 수송효율의 향상, 인명의 존중, 사회복지의 증진, 경제성의 향상 등이다.

66 다음 중 교통안전관리조직에서 고려해야 할 요소로서 적합하지 않은 사항은?

㉮ 교통안전관리 목적달성에 지장이 없는 한 단순할 것
㉯ 구성원을 능률적으로 조절할 수 있을 것
㉰ 운영자에게 통계상의 정보를 제공할 수 있을 것
㉱ 비공식적인 조직일 것

62 ㉮ 63 ㉮ 64 ㉱ 65 ㉮ 66 ㉱ **정답**

67 **차량의 결함, 정비, 불량, 적재물 사항, 복장, 보호구의 착용사항, 도로사항 등이 문제가 되는 것은?**

㉮ 사회적 환경
㉯ 불안전상태
㉰ 유전적 요소
㉱ 개인적인 결함

68 **운전자가 빨간 신호를 보고 위험을 인지하고 브레이크를 밟을 경우에 빨간 신호를 보았을 때부터 브레이크가 작동할 때까지의 시간을 보통 무엇이라고 하는가?**

㉮ 통과시간
㉯ 생각시간
㉰ 여유시간
㉱ 반응시간

해설 **반응시간**

- 자극과 반응의 사이에는 시간적인 관계가 존재하며 이를 반응시간이라고 한다.
- 자극을 주는 감각의 종류에 따라 반응시간이 달라진다.
- 신체 부위에 따라 반응시간이 달라진다.
- 선택반응 시간은 반응을 일으키기 전에 판별을 필요로 하는 자극 수에 따라 다르다. 자극이 복잡해질수록 반응시간은 길어진다.
- 반응시간은 제시된 자극의 성질에 따라 다르게 나타난다.
- 연령과 성별에 따라 차이가 있어서 어린이, 고령자, 여자 등의 반응시간이 길다.
- 피로, 음주 등이 반응시간을 길게 한다.

69 **사람에게는 여러 가지 감각기관이 있으나 운전 중에 약 80[%]를 점유하는 감각기관은 무엇인가?**

㉮ 후 각
㉯ 미 각
㉰ 촉 각
㉱ 시 각

해설 **시 각**

- 시각의 중요성 : 운전 시에 필요한 정보의 80[%] 이상은 시각을 통해서 들어온다.
- 시력 : 시력은 지시문이 기입된 교통안전표지판을 잘못 읽어 발생한 사고와 관련이 깊다.
- 야간시력 : 야간시력 저하현상은 노년층에 많이 나타나는데 전면유리가 착색되어 있거나 선글라스를 착용했을 때 가중된다.
- 현혹회복시력 : 눈부심에서 회복되는 시간도 노인에게는 길게 나타난다. 특히 야간에 대형차의 전조등 불빛을 똑바로 쳐다보는 경우에 현혹현상이 생겨 사고를 내기 쉽다.
- 시야 : 시야는 얼굴과 눈을 정면으로 두었을 때 주위를 볼 수 있는 범위를 말하는데 시야가 좁은 경우에는 주간의 직각 마주침 충돌, 끼어들기 사고, 측면 충격사고 등과 관련되기 쉽다.
- 색약 : 색약의 경우 운전하게 되면 적색신호에서 주행하거나 교통안전표지판의 지시표지와 규제표지를 혼동하여 사고를 일으킬 우려가 있다.

정답 67 ㉯ 68 ㉱ 69 ㉱

70 야간 주행 중 식별은 밝은 색에 비하여 어두운 색은 얼마 정도인가?

㉮ 10[%]　　㉯ 30[%]
㉰ 50[%]　　㉱ 80[%]

해설 야간 주행 중 식별범위(전조등이 하향등인 경우)

구 분	밝은 색	어두운 색
물체확인 가능 거리	80[m]	43[m]
사람의 확인	42[m]	20[m]

중요

71 암순응 혹은 암조응에 관한 설명으로 알맞은 것은?

㉮ 암순응은 밤눈을 말한다.
㉯ 암순응은 밤에 적응을 하는 것이다.
㉰ 암순응은 밤눈과는 관계없다.
㉱ 암조응은 밤눈을 말한다.

해설 암순응과 명순응
- 암순응이란 밝은 장소에서 어두운 곳으로 들어갔을 때, 어둠에 눈이 익숙해져서 시력을 회복하는 것을 말한다.
- 명순응이란 어두운 장소에서 밝은 곳으로 들어갔을 때 밝은 빛에 익숙해져서 시력을 회복하는 것을 말한다.
- 암순응에 걸리는 시간은 일반적으로 명순응에 걸리는 시간보다 길어서 완전한 암순응에는 30분 혹은 그 이상이 걸리기도 한다.
- 암순응은 밤눈과는 관계없다.

72 일반적으로 운전자들이 초기에 아주 신중한 운전을 하지만 차츰 시간이 경과함에 따라 무확인 운전 등을 하게 되는 까닭은 무엇이 무시되는 것이라 하겠는가?

㉮ 안전태도　　㉯ 안전행동
㉰ 안전운전　　㉱ 안전성격

73 안정된 정서, 건강하고 건전한 생활태도, 건강의 유지 등은 다음 어디에서 조성되어 교통안전에 이바지하게 되는가?

㉮ 가정환경　　㉯ 학원환경
㉰ 차량환경　　㉱ 법규환경

70 ㉰ 71 ㉰ 72 ㉮ 73 ㉮ 정답

74 도로교통환경의 특성과 관계없는 것은?

㉮ 차선 폭, 시선유도
㉯ 거리 판단
㉰ 조명 정도
㉱ 신호나 표시

해설 거리 판단은 운전자의 특성에 관계있는 것이다.

75 다음 문장 중 틀린 것은?

㉮ 아무리 훌륭한 교통기관이라 할지라도 인간의 행동특성에 적합하지 않다면 안전한 교통기관이라고 할 수 없다.

㉯ 인적 요인에 의한 교통사고의 상관성을 인간행동의 법칙에서 알아보면 인간의 행동=인적 요인+환경 요인 공식이 성립한다.

㉰ 인간행동을 규제하는 인적 요인에는 인간관계요인 등이 포함되어 있다.

㉱ 인간행동을 규제하는 요인에는 내적 요인과 외적 요인이 있다.

해설 **인간행동을 규제하는 요인**

- 인적 요인(내적 요인)
  - 소질 : 지능지각(운동기능), 성격, 태도
  - 일반심리 : 착오, 부주의, 무의식적 조건반사
  - 경력 : 연령, 경험, 교육
  - 의욕 : 지위, 대우, 후생, 흥미
  - 심신상태 : 피로, 질병, 수면, 휴식, 알코올, 약물
- 환경요인(외적 요인)
  - 인간관계 : 가정, 직장, 사회, 경제, 문화
  - 자연조건 : 온도, 습도, 기압, 환기, 기상, 명암
  - 물리적 조건 : 교통공간 배치
  - 시간적 조건 : 근로시간, 시각, 교대제, 속도

76 인간은 항상 동일 상태로 유지할 수가 없고 늘 변화하기 마련이다. 다음 중 교통사고와 연결될 수 있는 인간행위의 가변요인이 아닌 것은?

㉮ 생체기능의 저하
㉯ 작업효율의 저하
㉰ 불안요인의 저하
㉱ 작업의욕의 저하

해설 **인간행위의 가변요인**

- 기능상 : 시력, 반사신경의 저하 등 생체기능의 저하가 발생
- 작업능률 : 객관적으로 측정할 수 있는 효율의 저하
- 생리적 : 긴장수준의 저하
- 심리적 : 심적 포화, 피로감, 위화감에 의한 작업의욕의 저하
- 인간의 행동은 인간과 환경과의 관계에 의해서 결정된다는 법칙

정답 74 ㉯ 75 ㉰ 76 ㉰

77 교통사고 다발자 등의 일반적 특징에 관한 내용으로 적합하지 않은 것은?

㉮ 억압적 경향과 막연한 불안감
㉯ 비협조적인 인간관계
㉰ 주관적 판단력과 자기통찰력 미약
㉱ 만성적 반응 경향

해설 **교통사고 다발자의 특성**

- 비협조적인 인간관계
- 주관적 판단력과 자기통찰력 미약
- 반응촉진 근육동작에 대한 충돌을 제어하지 못하여 조기반응 경향이 있다.
- 중복 작업면에 있어서 자극을 정확하게 지각하고 그것에 기준해서 통제된 반응동작을 하는 데 곤란함을 나타내 보인다.
- 충동적이며 자극에 민감, 흥분을 잘한다.
- 긴장과도로 억압적인 경향이 강하며 막연한 불안감을 가지고 있다.

78 다음에서 보행자의 심리에 관한 내용으로 적합하지 않은 것은?

㉮ 급히 서두르는 경향이 있다.
㉯ 현 위치에서 횡단하고자 한다.
㉰ 자동차가 양보할 것으로 믿는다.
㉱ 차량중심적으로 행동한다.

해설 **보행자의 심리**

- 급히 서두르는 경향이 있다.
- 자동차의 통행이 적다고 해서 신호를 무시하고 횡단하는 경향이 있다.
- 횡단보도를 이용하기보다는 현 위치에서 횡단하고자 한다.
- 자동차가 모든 것을 양보해 줄 것으로 믿고 있다.

중요

79 다음은 반응시간에 관한 설명이다. 가장 알맞은 것은?

㉮ 정보의 인지에서 차의 조작까지 걸리는 시간이다.
㉯ 정보의 인지에서 종합 판단까지 걸리는 시간이다.
㉰ 정보의 판단에서 차의 조작까지 걸리는 시간이다.
㉱ 정보의 종합판단에 소요되는 시간이다.

해설 **반응시간**

- 자극과 반응의 사이에는 시간적인 관계가 존재한다. 이를 반응시간이라고 한다.
- 자극을 주는 감각의 종류에 따라 반응시간이 달라진다.
- 신체 부위에 따라 반응시간이 달라진다.
- 선택반응 시간은 반응을 일으키기 전에 판별을 필요로 하는 자극 수에 따라 다르다. 자극이 복잡해질수록 반응시간은 길어진다.
- 반응시간은 제시된 자극의 성질에 따라 다르게 나타난다.
- 연령과 성별에 따라 차이가 있어서 어린이, 고령자, 여자 등의 반응시간이 길다.
- 피로, 음주 등이 반응시간을 길게 한다.

77 ㉱ 78 ㉱ 79 ㉮ **정답**

80 다음 중 인간행동을 규제하는 환경적 조건이 아닌 것은?

㉮ 자연적 조건 ㉯ 심리적 조건

㉰ 물리적 조건 ㉱ 시간적 조건

해설 **인간행동을 규제하는 환경적 조건**

- 인간관계 : 가정, 직장, 사회, 경제, 문화
- 자연적 조건 : 온도, 습도, 기압, 환기, 기상, 명암
- 물리적 조건 : 교통공간 배치
- 시간적 조건 : 근로시간, 시각, 교대제, 속도

81 다음 중 어린이의 행동특성이 아닌 것은?

㉮ 사물을 이해하는 방법이 단순하다.

㉯ 응용력이 부족하다.

㉰ 감정의 변화가 심하다.

㉱ 어른의 행동을 모방하려 하지 않는다.

해설 **어린이의 행동특성**

- 한 가지 일에 열중하면 주위의 일이 눈이나 귀에 들어오지 않는다.
- 사물을 이해하는 방법이 단순하다.
- 감정에 따라 행동의 변화가 심하게 달라진다.
- 추상적인 말을 잘 이해하지 못한다.
- 응용력이 부족하다.
- 어른에게 의지하기 쉽고 어른의 흉내를 잘 낸다.
- 숨기를 좋아하고 신기한 것에 대한 호기심을 가진다.
- 위험상황에 대한 대처능력이 부족하고 동일한 충격에도 큰 피해를 입는다.

82 인간의 행동을 규제하는 요인은 인적 요인과 환경요인으로 대별할 수 있다. 다음에서 인적 요인이 아닌 것은?

㉮ 지능지각 ㉯ 교육경력

㉰ 가정생활 ㉱ 근무의욕

해설 **인간의 행동을 규제하는 인적 요인**

- 소질 : 지능지각(운동기능), 성격, 태도
- 일반심리 : 착오, 부주의, 무의식적 조건반사
- 경력 : 연령, 경험, 교육
- 의욕 : 지위, 대우, 후생, 흥미
- 심신상태 : 피로, 질병, 수면, 휴식, 알코올, 약물

정답 80 ㉯ 81 ㉱ 82 ㉰

중요

83 다음에서 인간행위의 가변성 요인을 분류한 것으로서 옳지 못한 것은?

㉮ 기능상의 요인 ㉯ 직능상의 요인
㉰ 생리적인 요인 ㉱ 심리적인 요인

해설 **인간행위의 가변성 요인**
- 기능상 : 시력, 반사신경의 저하 등 생체기능의 저하가 발생
- 작업능률 : 객관적으로 측정할 수 있는 효율의 저하
- 생리적 : 긴장수준의 저하
- 심리적 : 심적 포화, 피로감, 위화감에 의한 작업의욕의 저하
- 인간의 행동은 인간과 환경과의 관계에 의해서 결정된다는 법칙

84 피로하여 사고가 일어나는 요인이 아닌 것은?

㉮ 연속 운전으로 피로가 생길 경우
㉯ 운전 전의 작업피로가 운전에 영향을 미치는 경우
㉰ 작업 이외에 의한 운전 전 피로가 운전에 영향을 미치는 경우
㉱ 운전 후 피로가 생길 경우

85 거의 본능적·무의식적 반응으로 최단시간을 필요로 하는 반응을 무엇이라 하는가?

㉮ 시간적 반응 ㉯ 직감적 반응
㉰ 육감적 반응 ㉱ 반사적 반응

해설 **반사적 반응**
- 반사반응은 거의 본능에 의한 반응으로서 생각을 하지 않기 때문에 최단시간을 요하는 무의식적인 반응이다.
- 운전 중 반사반응을 요하는 경우는 거의 없으며, 자극이 너무 갑작스럽고 강하여 발생하는 반사반응은 행동의 착오를 일으켜 잘못된 행동으로 이어지는 경우가 있으며 반사반응에 걸리는 시간은 0.1초 정도로 극히 짧다.

86 정상적인 사람의 시각(시야)은?

㉮ 100° ㉯ 120°
㉰ 200° ㉱ 360°

해설 **시각(시야)**
- 시야란 정지되어 있는 상태에서 한 물체에 눈을 고정시킨 자세에서 양쪽 눈으로 볼 수 있는 좌우의 범위를 말한다.
- 정상적인 시력을 가진 사람의 시야는 180~200° 정도이고 한쪽 눈의 시야는 좌우 각각 160°이고, 색채를 식별할 수 있는 범위는 약 70°이다.

83 ㉯ 84 ㉱ 85 ㉱ 86 ㉰ 정답

87 움직이는 물체를 보거나 움직이면서 물체를 볼 때의 시력을 무엇이라고 하는가?

㉮ 정지시력

㉯ 동체시력

㉰ 정체시력

㉱ 주행시력

해설 **동체시력**

- 동체시력이란 주행 중 운전자의 시력을 말한다.
- 동체시력은 자동차의 속도가 빨라지면 그 정도에 따라 점차 떨어진다.
- 동체시력은 연령이 많아질수록 저하율이 크다.
- 일반적으로 동체시력은 정지시력에 비해 30[%] 정도 낮다.

88 눈의 위치를 바꾸지 않고 좌우를 볼 수 있는 범위를 무엇이라고 하는가?

㉮ 시 야 ㉯ 시 력

㉰ 시 각 ㉱ 시 선

해설 시야란 정지되어 있는 상태에서 한 물체에 눈을 고정시킨 자세에서 양쪽 눈으로 볼 수 있는 좌우의 범위를 말한다.

89 야간에 대향차의 불빛을 직접 받으면 한 순간에 시력을 잃게 되는데 이를 무슨 현상이라고 하는가?

㉮ 증발현상

㉯ 터널현상

㉰ 현혹현상

㉱ 자각현상

90 주행속도와 시각 특성과의 관계가 맞게 설명된 것은?

㉮ 속도가 빠를수록 시야가 넓어진다.

㉯ 운전하는 데 중요시되는 시력은 동체시력이다.

㉰ 운전 중에는 한곳을 집중적으로 주시하면서 운전해야 한다.

㉱ 주행속도와 시력과는 상관성이 없다.

정답 87 ㉯ 88 ㉮ 89 ㉰ 90 ㉯

91 자동차에 작용하는 마찰의 힘에 대한 설명 중 틀린 것은?

㉮ 타이어와 노면과의 마찰저항이 작용하면서 차는 정지한다.

㉯ 자동차가 앞으로 달려 나가려고 하는 운동에너지는 속도의 제곱에 비례하여 커진다.

㉰ 노면이 젖거나 얼어붙으면 타이어와 노면과의 마찰저항이 커져 제동거리가 길어진다.

㉱ 고속주행 중에 급제동하면 순간적으로 핸들이 돌지 않고 이상한 미끄러짐 현상이 일어나므로 조심해야 한다.

92 커브길을 주행하는 자동차는 커브 바깥쪽으로 미끄러지려고 하는 힘을 받게 되는데 이 힘을 무엇이라고 하는가?

㉮ 구심력　　㉯ 원심력

㉰ 마찰력　　㉱ 충격력

93 교통사고 원인분석 과정이 옳은 것은?

㉮ 현황조사 → 자료정리 → 충돌도 및 현황도 → 문제점 인식

㉯ 자료정리 → 충돌도 및 현황도 → 현황조사 → 문제점 파악

㉰ 현황조사 → 자료정리 → 문제점 파악 → 충돌도 및 현황도

㉱ 현황조사 → 문제점 파악 → 자료정리 → 충돌도 및 현황도

94 물이 고여 있는 도로 위를 고속으로 달릴 경우, 자동차가 수상스키를 타는 것과 같은 상태가 되는데 이것을 무슨 현상이라고 하는가?

㉮ 베이퍼록 현상

㉯ 페이드 현상

㉰ 수막현상

㉱ 스탠딩 웨이브 현상

해설 수막현상을 하이드로플레이닝 현상이라고도 한다.

91 ㉰ 92 ㉯ 93 ㉯ 94 ㉰ **정답**

95 수막현상을 예방하기 위한 대책이 아닌 것은?

㉮ 과마모 타이어를 장착하지 않는다.

㉯ 과속하지 않는다.

㉰ 급제동하지 않는다.

㉱ 엔진브레이크를 사용하지 않는다.

96 내리막길에서 브레이크 페달을 너무 자주 밟을 경우에 마찰열로 인해 발생한 기포로 브레이크가 듣지 않게 되는 현상을 무엇이라고 하는가?

㉮ 베이퍼록 현상

㉯ 페이드 현상

㉰ 수막현상

㉱ 스탠딩 웨이브 현상

해설 **운행 중의 각종 현상**

- 수막현상 : 물이 고여 있는 도로 위를 고속으로 달릴 경우 자동차가 수상스키를 타는 것과 같은 상태가 되는 현상
- 베이퍼록 현상 : 내리막길에서 브레이크 페달을 너무 자주 밟을 경우에 마찰열로 인해 발생한 기포로 브레이크가 듣지 않게 되는 현상
- 페이드 현상 : 마찰열로 인해 브레이크 라이닝의 재질이 변화되어 마찰계수가 떨어지면서 브레이크가 밀리거나 듣지 않게 되는 현상
- 스탠딩 웨이브 현상 : 타이어의 공기압이 부족한 상태에서 고속 주행할 경우 타이어의 접지면 뒷부분이 변형되어 물결 모양으로 나타나는 현상
- 모닝 록 현상 : 습기가 높은 날에 브레이크 드럼과 디스크에 녹이 슬면서 마찰계수가 커져서 다음날 아침에 제동이 잘 되는 현상

중요

97 스탠딩 웨이브 현상에 대한 설명으로 틀린 것은?

㉮ 타이어의 공기압을 높여주면 예방할 수 있다.

㉯ 타이어 내부의 온도가 높아지게 되어 위험하다.

㉰ 저속주행에서는 발생하지 않는다.

㉱ 브레이크 페달을 너무 자주 사용할 때 발생한다.

해설 브레이크 페달을 너무 자주 사용할 때 발생하는 현상은 베이퍼록 현상이다.

정답 95 ㉱ 96 ㉮ 97 ㉱

98 다음 반응 중 거의 본능적인 반응으로 최단시간을 요하는 무의식적 반응은?

㉮ 반사반응 ㉯ 단순반응
㉰ 복합반응 ㉱ 식별반응

해설 **반응의 종류 및 내용**
- 반사반응 : 거의 본능적인 반응, 최단시간을 요하는 무의식적 반응(0.1초 정도)
- 단순반응 : 자극이 있는 경우나 자극이 예상되는 경우(약 0.25초 정도)
- 복합반응 : 반응선택 다양성, 운전자의 경험 적용(0.5~2초 정도)
- 식별반응 : 상황은 복잡하나 긴급을 요하지 않을 경우 1분까지 걸리는 경우도 있다.

99 다음 시각 중 얼굴과 눈을 정면으로 두었을 때 주위를 볼 수 있는 범위는?

㉮ 색 약 ㉯ 시 야
㉰ 현혹회복력 ㉱ 시 력

해설 **시각에 대한 정리**
- 시력 : 운전에 필요한 외계의 인식은 대부분 시신경을 통해서 가능하다. 자동차의 고속도화 교통이 복잡해짐에 따라 시력의 강약이 운전에 점하고 있는 위치는 더욱 중요하다.
- 시야 : 머리와 눈의 위치를 고정시켜 놓고 볼 수 있는 범위를 시야라고 한다. 즉, 주위를 볼 수 있는 범위이다.
- 현혹회복력 : 누구든지 광도가 강한 빛에 정면으로 전사되면 그 빛에 현혹되어 일시 시력을 잃게 되는 것이다. 그때 시력이 원상상태로 회복하기까지 갖게 되는 시간에는 상당한 개인차가 있다. 이 시력회복이 빠르고 늦은 것을 그 사람의 대현혹시력이라고 부른다. 보통의 사람으로서는 3초에서 8초까지 소요된다고 한다.
- 야간시력 : 밝은 곳으로부터 급히 어두운 곳으로 들어가면 누구든지 한참 동안 시력을 잃게 된다. 그러나 시간이 경과됨에 따라 점점 회복된다. 이것을 암순응이라고 한다.
- 동체시력 : 움직이고 있는 물체에 대한 시력을 말한다.

100 곡률 및 곡률반경에 대한 설명으로 틀린 것은?

㉮ 곡률과 곡률반경은 개념이 상반된 용어이다.
㉯ 양자의 의미는 곡선의 굽은 정도를 나타낸다.
㉰ 곡률반경이 크면 커브가 급하다.
㉱ 곡률이 크면 커브가 크다.

해설 곡률반경이 크면 커브가 완만하다.

98 ㉮ 99 ㉯ 100 ㉰ **정답**

101 **습기가 많은 날에 브레이크 드럼과 디스크가 녹슬면서 마찰계수가 커져 다음날 제동이 잘되는 현상은?**

㉮ 스탠딩 웨이브 현상
㉯ 페이드 현상
㉰ 모닝 록 현상
㉱ 수막현상

102 **시각특성과 주행속도의 관계를 설명한 것이다. 틀린 것은?**

㉮ 운전 중에는 한곳을 집중적으로 주시하면서 운전해야 한다.
㉯ 주행속도와 시력은 매우 밀접한 상관성이 있다.
㉰ 운전하는 데 중요시되는 시력은 동체시력이다.
㉱ 속도가 빠를수록 시야가 좁아진다.

103 **지각반응 시간동안 주행한 거리를 무엇이라 하는가?**

㉮ 지각거리
㉯ 제동거리
㉰ 정지거리
㉱ 공주거리

104 **다음 중 자동차에 작용하는 마찰의 힘에 대한 설명으로 맞는 것은?**

㉮ 고속주행 중에 급제동을 하면 순간적으로 핸들이 돌지 않고 이상한 미끄러짐 현상이 일어나므로 조심해야 한다.
㉯ 자동차가 앞으로 달려 나가려고 하는 운동에너지는 속도의 제곱에 반비례한다.
㉰ 노면이 젖거나 얼어붙으면 타이어와 노면과의 마찰저항이 커져 제동거리가 길어진다.
㉱ 타이어와 노면과의 마찰저항이 작용하면 차는 가속이 붙게 된다.

105 **다음 중 운전자의 경험이 적용되고 반응 선택이 다양하게 나타날 수 있는 반응은?**

㉮ 단순반응
㉯ 복합반응
㉰ 반사반응
㉱ 식별반응

정답 101 ㉰ 102 ㉮ 103 ㉱ 104 ㉮ 105 ㉯

106 음주가 운전에 미치는 영향이 아닌 것은?

㉮ 알코올은 대뇌를 침해하여 이성을 잃게 하고 판단력을 떨어뜨린다.
㉯ 감정의 불안정으로 자제력을 잃게 된다.
㉰ 신경을 자극하여 운동능력이 민첩해진다.
㉱ 자기중심적인 운전을 하게 된다.

107 다음 중 앞차가 급히 정지하였을 경우에 그 앞차와의 추돌을 피할 수 있을 정도의 안전한 거리는?

㉮ 정지거리
㉯ 제동거리
㉰ 공주거리
㉱ 차간거리

해설 차간거리는 정지거리보다 약간 긴 정도이다.

108 비 오는 날 운전 시 주의사항으로 옳지 않은 것은?

㉮ 비가 내리기 시작한 직후가 가장 미끄러우므로 조심해야 한다.
㉯ 보행자에게 흙탕물이 튀지 않도록 감속해야 한다.
㉰ 비 오는 날 물웅덩이를 지난 직후에는 브레이크 기능이 현저하게 떨어지기 때문에 특히 조심한다.
㉱ 타이어와 노면과의 마찰계수가 커져서 위험하다.

해설 비 오는 날은 오히려 타이어와 노면과의 마찰계수가 작아진다.

중요

109 다음 중 운전자가 위험을 느끼고 브레이크를 밟았을 때 자동차가 제동되기 시작하기까지의 사이에 주행하는 거리는?

㉮ 정지거리
㉯ 제동거리
㉰ 공주거리
㉱ 차간거리

해설 **거리의 종류 및 내용**

- 차간거리 : 정지거리보다 약간 긴 정도
- 정지거리 : 공주거리+제동거리
- 공주거리 : 운전자가 위험을 느끼고 브레이크를 밟았을 때 자동차가 제동되기 시작하기까지의 사이에 주행하는 거리(0.7~1초 간의 진행거리)
- 제동거리 : 제동되기 시작하여 정지하기까지의 거리

106 ㉰ 107 ㉱ 108 ㉱ 109 ㉰ 정답

110 다음 중 교통경찰이 교통사고를 조사하는 목적은?

㉮ 교통법규 및 용도지구의 변경을 검토하기 위하여
㉯ 경찰의 교통감시 개선책의 타당성을 검토하기 위하여
㉰ 주차제한의 필요성이나 타당성을 검토하기 위하여
㉱ 사고발생에 대한 추궁 및 범죄를 입증하기 위하여

해설 **교통사고조사의 주체**

• 경 찰
- 사고발생에 대한 책임의 추궁 및 범죄를 입증하는 데 있다. 이는 범죄수사이기 때문에 형사소송법에 의거하여 경찰 및 검찰에서 하며, 필요한 경우에는 사고당사자의 체포, 증거물의 압수 등 강제수단이 동원되기도 한다.
- 사고발생의 직접적 또는 간접적인 원인을 규명하여 사고발생의 실태를 파악함과 동시에 사고방지대책을 수립하기 위한 기초자료를 수집한다.

• 교통안전공학자
통상 한 사고에 관련되는 많은 인자들이 있다는 것을 상기하면서 한 개인의 부분적 행동에 관련된 것이 아닌 그 사고로 유도한 상황 및 과정에 관심을 갖는다.

111 다음은 교통전문가가 사고자료를 사용하는 목적이다. 틀린 것은?

㉮ 사고 많은 지점을 정의하고 이를 파악하기 위하여
㉯ 사고발생에 대한 보험료 산정에 정확을 기하기 위하여
㉰ 교통통제설비를 설치해 달라는 주민들의 요구 타당성을 검토하기 위하여
㉱ 종합적인 교통안전 프로그램에 소요되는 기금을 획득하는 데 도움을 주기 위하여

해설 보험료 산정은 보험기관이나 그 관계인의 업무사항이다.

112 다음 중 종합된 사고 통계자료의 사용목적에 해당하지 않는 것은?

㉮ 차량검사　　㉯ 단 속
㉰ 차량구입　　㉱ 응급의료서비스

해설 종합된 통계자료는 단속, 교육, 정비, 차량검사, 응급의료서비스 및 도로개선을 위한 기술적인 목적 등에 사용된다.

정답 110 ㉱ 111 ㉯ 112 ㉰

113 다음 중 개개의 사고자료를 사용하지 않는 사람은?

㉮ 경 찰 ㉯ 차량제조업자
㉰ 변호사 ㉱ 차량운전자

해설 개개의 사고자료는 경찰, 차량등록기관, 보험회사, 변호사, 법정, 차량제조업자들이 사용한다.

114 다음 사고에 연루된 당사자 중 제1당사자가 아닌 사람은?

㉮ 사고에 과실이 큰 운전자
㉯ 과실이 비슷한 경우 피해가 적은 쪽
㉰ 과실이 비슷한 경우 피해가 많은 쪽
㉱ 차량단독사고인 경우 차량운전자

해설 **사고당사자**
사고에 연루된 당사자 중에서 사고발생에 관한 과실이 큰 운전자를 제1당사자, 과실이 비교적 가벼운 운전자를 제2당사자라 한다. 만약 과실이 비슷한 경우 신체상 피해가 적은 쪽을 제1당사자, 많은 쪽을 제2당사자라 한다. 차량단독사고인 경우에는 차량운전자가 항상 제1당사자가 되며 그 대상물을 제2당사자로 하고 신체 손상을 수반한 동승자는 제3당사자 또는 다른 동승자가 있을 때 제4・5… 당사자라 한다.

중요

115 교통사고로 인한 인명피해에 대한 다음 설명 중 틀린 것은?

㉮ 사망사고는 교통사고가 발생하여 30일 이내에 사망한 것을 말한다.
㉯ 중상은 교통사고로 인하여 부상하여 3주 이상의 치료를 요하는 경우를 말한다.
㉰ 경상은 교통사고로 인하여 부상하여 5일 ~ 3주 미만의 치료를 요하는 경우를 말한다.
㉱ 교통사고로 인하여 부상하여 5일 미만의 치료를 요하는 경우에는 부상신고를 하지 않는다.

해설 **경상** : 5일~3주 미만의 치료를 요하는 경우이며, 5일 미만의 치료를 요하는 경우도 부상신고를 한다.

116 다음 중 도로교통법에 의한 교통사고로 취급되지 않는 것은?

㉮ 자동차 상호 간 사고 ㉯ 자동차와 보행자 간 사고
㉰ 열차 상호 간 사고 ㉱ 자동차와 자전거 간 사고

해설 도로교통법에서 교통사고란 차 또는 노면전차의 운전 등 교통으로 인하여 사람을 사상하였거나 물건을 손괴한 경우를 말한다. 따라서 보행자 상호 간 사고 또는 열차 상호 간 사고는 도로교통법에 의한 교통사고로 취급되지 않는다.

113 ㉱ 114 ㉰ 115 ㉱ 116 ㉰ **정답**

117 교통사고로 인한 인명피해에 있어서 사망이란 교통사고가 발생하여 얼마 이내에 사망한 것을 말하는가?

㉮ 24시간 이내 ㉯ 30일 이내
㉰ 5일 이내 ㉱ 3주 이내

해설 사망이란 교통사고가 발생하여 30일 이내에 사망한 경우를 말한다.

118 사고에 연루된 당사자 중 항상 제1당사자가 되는 경우는?

㉮ 신체상 피해가 적은 쪽
㉯ 신체손상을 수반한 동승자
㉰ 과실이 비교적 가벼운 운전자
㉱ 차량 단독사고인 경우 차량운전자

해설 차량 단독사고인 경우에는 차량운전자가 항상 제1당사자가 되며, 그 대상물을 제2당사자라 한다.

중요

119 다음 중 교통사고통계원표의 본표에 기록하지 않는 것은?

㉮ 사고발생일시 ㉯ 제3당사자에 관한 사항
㉰ 도로의 종류 ㉱ 사고유형

해설 교통사고통계원표의 본표에 기록하여야 할 사항

- 본표에 기재하여야 할 사항
  - 사고발생일시
  - 장 소
  - 일 기
  - 도로의 종류
  - 도로의 형상
  - 사고의 유형
  - 제1 및 제2당사자에 관한 사항
- 보충표의 기재사항
  제3당사자 이상의 당사자가 있는 경우에 사용된다.

120 사고율 산정 시 교차로에서 일반적으로 사용되는 기준 차량대수는?

㉮ 10만 대의 진입차량 ㉯ 50만 대의 진입차량
㉰ 100만 대의 진입차량 ㉱ 1억 대의 진입차량

해설 교차로의 경우 일반적으로 사용되는 단위는 100만 대의 진입차량이다.

정답 117 ㉯ 118 ㉱ 119 ㉯ 120 ㉰

121 사고지점도에 대한 다음 설명 중 틀린 것은?

㉮ 사고의 집중 정도를 나타낸다.

㉯ 보행자 사고나 주차된 차량에 대한 사고 및 경찰순찰구역 등을 나타내는 데 사용된다.

㉰ 지도상에 사고의 종류 또는 지명도에 따라 색깔이 다른 핀을 사용한다.

㉱ 사고방지대책을 수립하는 데 중요한 기초자료로 사용된다.

해설 **사고지점도**

- 사고지점도는 사고가 집중적으로 발생하는 지점의 신속한 시각적 색인을 제공한다.
- 가장 일반적인 지점도는 지도상에 핀, 색종이를 붙이거나 표시를 하여 사고지점을 나타낸다.
- 보고받은 사고는 즉시 지점도에 표시되며, 상이한 모양, 크기 또는 색채가 사고의 유형이나 정도를 나타내는 데 사용된다.
- 다수의 희생자를 포함하는 대형사고에 의한 왜곡을 피하기 위하여 지점도는 희생자 수 대신 사고건수를 나타내는 것이 일반적이다.
- 범례는 가능한 한 단순해야 하며 4~5가지 이하의 유형, 크기 및 색채가 사용되도록 한다.
- 가로의 지형적인 특성을 나타내는 축척 1 : 5,000의 간단한 가로도가 사고지점도로 적합하다.

122 다른 방향으로 움직이는 차량 간 충돌로서 주로 직각충돌인 것은?

㉮ 측면충돌

㉯ 각도충돌

㉰ 정면충돌

㉱ 추 돌

해설 **차량 간 충돌사고의 유형**

- 각도충돌 : 다른 방향으로 움직이는 차량 간 충돌로서 주로 직각충돌
- 추돌 : 같은 방향으로 움직이는 차량 간 충돌
- 측면충돌 : 같은 방향 혹은 반대방향에서 움직이는 차량 간에 측면으로 스치는 사고
- 정면충돌 : 반대방향에서 움직이는 차량 간 충돌
- 후진충돌

123 다음 중 사고가 집중적으로 발생하는 지점의 신속한 시각적 색인을 제공하는 것은?

㉮ 대상도

㉯ 사고지점도

㉰ 충돌도

㉱ 현황도

121 ㉱ 122 ㉯ 123 ㉯ **정답**

124 **장소별 교통사고자료 파일링 시스템 중에서 교통안전을 위한 개선대책을 강구하는 데 가장 적합한 것은?**

㉮ 인접교차로별 파일

㉯ 노선[km] Post별 파일

㉰ 기여요인별 파일

㉱ 링크와 노드를 이용하는 법

해설 사고발생에 기여하는 요인별로 파일한다.

125 **충돌도의 작도에 대한 다음 설명 중 틀린 것은?**

㉮ 사고다발지점 간의 거리는 축소되기도 한다.

㉯ 충돌의 원인이 되는 차도와 다른 물리적인 것들을 나타내는 것이 매우 중요하다.

㉰ 교차로나 구간에 대하여 작도된다.

㉱ 각 사고를 나타내는 화살표 위에는 날짜와 시간단위의 시각을 나타낼 수 있다.

해설 **충돌도**

- 화살표와 기호로 사고에 관련된 차량이나 보행자의 경로, 사고의 유형 및 정도를 도식적으로 나타낸다.
- 교차로나 구간에 대하여 작도된다.
- 예방책을 결정하기 위한 사고의 패턴과 예방책의 시행에 따른 결과를 연구하기 위해 사용된다.
- 개시 시행 전후와 같은 기간 동안의 충돌도들이 비교될 때, 제거된 사고의 유형, 계속적으로 발생하는 유형 및 새로이 발생하는 유형을 알 수 있다.
- 거의 축척을 무시한다.
- 충돌의 원인이 되는 차도와 다른 물리적인 것들을 나타내는 것이 매우 중요하다.
- 각 사고를 나타내는 화살표 위에는 날짜와 시간단위의 시각을 나타낼 수 있다.
- 음주운전자나 결빙 등과 같은 비정상적인 상황은 별도로 표시되며, 충돌하는 고정물체가 나타나도록 한다.

126 **다음 중 교차로에서 사고발생에 기여하는 요인이 아닌 것은?**

㉮ 교통통제설비　　㉯ 주차된 차량

㉰ 회전이동류　　㉱ 급작스런 선형변화

해설 ㉯의 경우는 블록 중간에서 사고발생에 기여하는 요인이다.

정답 124 ㉰ 125 ㉮ 126 ㉯

127 교통사고 다발지점에서의 중요한 물리적 현황을 축척에 맞추어 그린 것은?

㉮ 충돌도
㉯ 대상도
㉰ 사고지점도
㉱ 현황도

해설 **현황도**
- 교통사고 다발지점에서의 중요한 물리적 현황을 축척에 맞추어 그린 것이다.
- 충돌도와 함께 사고패턴을 해석하는 보조자료로서 사용된다.
- 현황도의 일반적인 축척은 1 : 100에서 1 : 250의 범위이다.
- 차량의 이동에 영향을 미치는 모든 중요한 것들이 나타내어진다.

128 다음 중 현황도의 표시사항이 아닌 것은?

㉮ 시야장애
㉯ 인접 건축물선
㉰ 사고건수
㉱ 교통안전표지 및 교통통제설비

해설 **현황도의 표시사항**
- 연석과 차도의 경계
- 인접 건축물선
- 도류화, 노면표시 등의 차도 및 보도
- 교통안전표지 및 교통통제설비
- 시야장애
- 도로 가까이 또는 도로 내의 물리적 장애물

중요
129 현황도에 대한 다음 설명 중 틀린 것은?

㉮ 사고패턴을 해석하는 보조자료로 사용된다.
㉯ 차량의 이동에 영향을 미치는 모든 중요한 것들이 나타내어진다.
㉰ 거의 축척을 무시하고 작도된다.
㉱ 교통사고 다발지점에서의 중요한 물리적 현황을 축척에 맞추어 그린 것이다.

해설 현황도의 일반적인 축척은 1 : 100에서 1 : 250의 범위이다.

127 ㉱ 128 ㉰ 129 ㉰ 정답

130 다음 중 수마일 연장의 균일한 도로구간에 대해서 작도되는 것은?

㉮ 충돌도
㉯ 사고지점도
㉰ 현황도
㉱ 대상도

해설 **대상도**
- 대상도는 충돌도와 유사하나 수마일 연장의 균일한 도로구간에 대해서 작도된다.
- 사고다발지점 간 거리는 축소되기도 한다.

131 사고지점도의 특성에 대한 다음 설명 중 틀린 것은?

㉮ 보고받은 사고는 즉시 지점도에 표시되며 상이한 모양, 크기 또는 색채가 사고의 유형이나 정도를 나타내는 데 사용된다.
㉯ 다수의 희생자를 포함하는 대형사고에 의한 왜곡을 피하기 위하여 지점도는 희생자 수를 나타내는 것이 일반적이다.
㉰ 범례는 가능한 한 단순해야 하며 4~5가지 이하의 유형, 크기 및 색채가 사용되도록 한다.
㉱ 가로와 지형적인 특성을 나타내는 축척 1 : 5,000의 간단한 가로도가 사고지점도로 적합하다.

해설 사고지점도는 희생자 수 대신 사고건수를 나타내는 것이 일반적이다.

132 다음 중 교통사고분석의 일반적 목적이 아닌 것은?

㉮ 사고 많은 장소 선별
㉯ 구입할 차량의 안전기준 결정
㉰ 사고원인을 분석하여 사고방지책을 수립하거나 사고책임을 규명
㉱ 사고에 기여하는 요인을 찾아내어 교통안전대책을 수립하고 소요예산을 책정하는 기초자료로 활용

해설 자동차 구입을 위해서 교통사고를 분석하지 않는다.

133 특정사고의 사고유발 책임소재를 규명하는 데 사용하는 교통사고 분석방법은?

㉮ 위험도 분석
㉯ 사고요인 분석
㉰ 사고원인 분석
㉱ 기본적인 사고통계 비교분석

해설 사고 많은 지점 또는 특정한 사고에 대해서 그 원인을 분석하거나 규명하는 미시적 분석방법이다.

정답 130 ㉱ 131 ㉯ 132 ㉯ 133 ㉰

134 **화살표와 기호로 사고에 관련된 차량이나 보행자의 경로, 사고의 유형 및 정도를 도식적으로 나타내는 것은?**

㉮ 충돌도
㉯ 대상도
㉰ 현황도
㉱ 사고지점도

135 **교통사고분석으로부터 얻을 수 있는 운전자 및 보행자에 대한 정보가 아닌 것은?**

㉮ 사고경력이 많은 운전자
㉯ 거주지별 운전자 운전형태
㉰ 차량사고와 관련된 인명피해 정도, 피해부위
㉱ 육체적 및 심리검사결과와 사고의 관계

해설 **교통사고분석으로부터 얻어지는 안전정책이나 안전대책을 수립하는 데 필요한 정보**

- 운전자 및 보행자
  - 사고경력이 많은 운전자
  - 육체적 및 심리검사 결과와 사고의 관계
  - 연령별 사고 발생률
  - 거주지별 운전자 운전형태
- 차량조건
  - 차량손상의 심각도
  - 차량특성과 사고발생의 관계
  - 차량사고와 관련된 인명피해 정도, 피해부위
- 도로조건 및 교통조건
  - 도로조건변화의 효과
  - 도로의 특성과 사고발생 및 심각도와의 관계
  - 교통안전시설의 효과
  - 교통운영 방법, 차종 구성비와 사고율의 관계

136 **도로, 교통, 차량, 교통안전시설, 교통운영방법과 사고율의 관계를 분석하는 것은?**

㉮ 기본적인 사고통계 비교분석
㉯ 사고요인 분석
㉰ 사고원인 분석
㉱ 위험도 분석

해설 사고요인 분석은 교통사고 방지대책의 수립 및 소요예산 책정의 근거자료로 사용한다.

134 ㉮ 135 ㉰ 136 ㉯ 정답

137 **사고 많은 구간 또는 지점을 판별하는 데 사용하는 교통사고 분석은?**

㉮ 위험도 분석　　㉯ 기본적인 사고통계 비교분석
㉰ 사고원인 분석　　㉱ 사고요인 분석

해설 위험도 분석을 통해 사고 많은 구간 또는 지점을 판별할 수 있다.

138 **다음 중 사고율을 계산할 때 사용되는 사고피해의 종류에 해당하지 않는 것은?**

㉮ 사망자 수　　㉯ 사망사고 건수
㉰ 재산피해　　㉱ 부상사고 건수

해설 사고율을 계산할 때 사용되는 사고피해의 종류에는 상당한 기간 동안 조사된 사고건수, 사망자 수, 부상자 수, 사망사고 건수, 재산피해 등이다.

139 **다음 중 교통사고분석에 가장 많이 사용되는 사고율로 맞는 것은?**

㉮ 차량 10,000대당 사고　　㉯ 인구 10만 명당 사고
㉰ 진입차량 100만 대당 사고　　㉱ 통행량 1억 대/[km]당 사고

해설 문제의 내용 중 차량 10,000대당 사고가 가장 많이 사용된다.

중요
140 **도로 종류별 또는 도로구간 분석에 사용되는 사고율은?**

㉮ 인구 10만 명당 사고　　㉯ 차량 10,000대당 사고
㉰ 진입차량 100만 대당 사고　　㉱ 통행량 1억 대/[km]당 사고

해설 **사고율의 사용**
- 차량 10,000대당 사고 : 일반적으로 교통사고 분석에 가장 많이 사용
- 인구 10만 명당 사고 : 국가 또는 지역 간의 기본적인 사고통계 비교분석에 주로 사용
- 진입차량 100만 대당 사고 : 교차로 사고분석에 사용
- 통행량 1억 대/[km]당 사고 : 도로 종류별 또는 도로구간 분석에 사용

정답 137 ㉮ 138 ㉱ 139 ㉮ 140 ㉱

141 국가 또는 지역 내 사고특성 분석에 대한 다음 설명 중 틀린 것은?

㉮ 도로 및 교통행정, 사고방지대책 수립의 기초자료가 된다.

㉯ 지역 내의 사고특성을 파악하기 위한 분석은 전국 또는 시・도별로 교통사고 발생건수의 추이 및 사고발생특성을 파악하기 위한 것이다.

㉰ 사고의 평가척도로는 사고건수, 사망사고 건수, 사망자 수 등을 사용한다.

㉱ 교통사고 통계원표에 있는 조사항목 가운데 컴퓨터에 입력되어 있는 통계를 분석하는 것이 주가 된다.

해설 국가 또는 지역 내 사고특성 분석

- 지역 내의 사고특성을 파악하기 위한 분석은 전국 또는 시・도별로 교통사고 발생건수의 추이 및 사고발생 특성을 파악하기 위한 것으로서 여기서 얻은 결과는 도로 및 교통행정의 기초자료가 된다.
- 교통사고 통계원표에 있는 조사항목 가운데 컴퓨터에 입력되어 있는 통계를 분석하는 것이 주가 된다.

142 다음 위험도 분석방법 중에서 품질관리이론을 적용하여 위험도를 평가하는 것은?

㉮ 교통상충법　　㉯ Rate-Quality Control법

㉰ 회귀분석모형법　　㉱ 사고율법

해설 Rate-Quality Control법은 어느 도로구간 또는 교차로에서의 교통사고가 발생할 확률은 다른 장소와 같다는 가정하에서 품질관리이론을 적용하여 위험도를 평가하는 것이다.

143 다음 중 우리나라에서 교통사고 사망자를 예측하기 위한 모델을 만들기 어려운 이유가 아닌 것은?

㉮ 자동차화가 완결되지 않아 인구 증가에 비해 자동차보유대수의 변화가 불규칙하다.

㉯ 경찰의 교통단속 정도에 의해 교통사고 사망자 수가 크게 영향을 받는다.

㉰ 운전자의 운전행태가 정착되지 않았다.

㉱ 자동차보유대수와 교통사고 사망자의 상관관계가 크다.

해설 자동차화가 미완성인 우리나라는 인구 수와 교통사고 사망자의 상관관계가 크다. ㉱의 내용은 선진국의 경우이다.

144 도로의 단위길이당 사고건수를 평가척도로 사용하는 위험도 분석방법은?

㉮ 사고건수법　　㉯ 사고율법

㉰ 통계적 방법　　㉱ 교통상충법

해설 주어진 어떤 값의 최소 사고건수보다 사고발생건수가 많은 장소를 위험도가 높다고 판정한다. 이때 사용되는 평가척도는 도로의 단위길이당 사고건수이다. 주로 같은 종류의 도로를 비교할 때 사용한다.

141 ㉮ 142 ㉯ 143 ㉱ 144 ㉮ **정답**

145 과거의 사고자료를 사용하지 않고 현재의 잠재적인 사고 가능성을 조사하여 위험도를 판정하는 방법은?

㉮ 사고건수법　　㉯ 통계적 방법
㉰ 교통상충법　　㉱ 사고율법

해설 **교통상충법**
- 과거의 사고자료를 사용하지 않고 현재의 잠재적인 사고가능성을 조사하여 위험도를 판정한다.
- 충돌 가능 기회가 높은 곳에서 교통사고가 많이 발생한다는 가정하에 어떤 장소에서 짧은 시간 동안 수시로 충돌에 근접하는 교통현상을 관측하여 그 장소의 사고 위험성을 평가할 수 있다.

146 기본적인 사고통계 비교분석에 대한 다음 설명 중 틀린 것은?

㉮ 지역 간의 사고특성을 비교・평가하기 위하여 행해지는 사고분석은 교통사고 발생에 영향을 주는 요인을 기준으로 하여 상대적인 평가를 한다.
㉯ 도로의 사고분석에서 구간의 도로조건 및 교통조건의 특성을 명확하게 하기 위해서는 구간을 길게 한다.
㉰ 교차로당 사고건수가 적기 때문에 유의한 분석을 할 수 없는 경우에는 유사한 교차로를 한 그룹으로 묶어 많은 사고건수를 대상으로 분석하는 수도 있다.
㉱ 보행자 횡단사고와 같이 진입차량대수만을 그 척도로 사용할 수 없는 경우에는 진입차량대수와 횡단보행자수를 곱하여 얻은 값을 기준으로 사용하는 수도 있다.

해설 구간을 분할할 때 구간을 길게 하면 도로조건 및 교통조건의 특성이 불명확해지지만 분석대상이 되는 사고건수가 많아지고, 구간을 짧게 하면 그 특성이 명확해지지만 사고건수가 줄어든다.

147 다음 중 기피행동은?

㉮ 진로변경
㉯ 교통규칙 위반행위
㉰ 횡단보행자를 위한 경광등 작동
㉱ 적색신호

해설 충돌을 피하기 위한 브레이크 작동 또는 진로변경 등이 가장 일반적인 기피행동이다.

정답 145 ㉰ 146 ㉯ 147 ㉮

148 관련된 교통단위의 수에 의한 비중을 주는 방법에 대한 설명 중 틀린 것은?

㉮ 사고건수 대신에 차량, 보행자, 자전거 등의 관련자의 수를 사용한다.

㉯ 두 차량 간 충돌도 단독차량사고와 같이 계산한다.

㉰ 사고 보고의 변경이 요구되지 않는다.

㉱ 관련자들 중 보행자 및 자전거를 생략한 사고에 관련된 차량의 수가 사고의 심각성을 더욱 잘 나타낼 수도 있다.

해설 **관련된 교통단위의 수에 의한 비중**

- 사고건수 대신에 차량, 보행자, 자전거 등의 관련자의 수를 사용한다.
- 두 차량 간 충돌은 단독차량사고의 2배로 계산되나 한 건의 보행자-차량사고와 같다.
- 사고보고의 변경이 요구되지 않으며, 사고건수보다 실제의 위험을 더 잘 나타낼 수 있는 관련자들의 수를 나타낸다.
- 관련자들 중 보행자 및 자전거를 생략한 사고에 관련된 차량의 수가 사고의 심각성을 더욱 잘 나타낼 수도 있다.

149 다음 중 교차로가 아닌 것은?

㉮ 간선도로와 이면도로의 교차부
㉯ 건물 유출입로의 교차부
㉰ 이면도로 간의 교차부
㉱ 철도 평면 교차부

해설 건물 유출입로의 교차부는 교차로로 간주되지 않는다.

150 지방부에서 권장되는 표준 구간장은?

㉮ 0.2[km]
㉯ 1[km]
㉰ 2[km]
㉱ 10[km]

해설 표준 구간장으로는 도시지역에서는 0.2[km], 지방부에서는 2[km]가 권장된다.

151 곡선부 일탈사고에 대한 다음 설명 중 틀린 것은?

㉮ 차량이 옆으로 미끄러져 생기는 미끄럼 흔적은 나선형을 이룬다.

㉯ 뒷바퀴 자국이 앞바퀴 자국의 바깥쪽에 위치한다.

㉰ 미끄럼 흔적의 끝부분의 곡선반경이 사고 조사에 중요한 요소이다.

㉱ 앞바퀴와 뒷바퀴의 궤적이 달라지는 지점이 미끄럼 흔적의 시작점으로 볼 수 있다.

해설 미끄럼 흔적 끝부분의 곡선반경은 속도가 줄어든 상태의 것이므로 별로 중요하지 않다.

148 ㉯ 149 ㉯ 150 ㉰ 151 ㉰ 정답

중요

152 다음 중 교통사고에 비중을 주는 방법이 아닌 것은?

㉮ 가장 심한 부상에 의한 비중

㉯ 사고비용에 의한 비중

㉰ 관련된 교통단위의 수에 의한 비중

㉱ 도로의 종류에 의한 비중

해설 **교통사고에 비중을 주는 방법**

- 가장 심한 부상에 의한 비중
  - 부상의 정도 : 사망사고, 불구 부상사고, 비불구 부상사고, 가벼운 부상사고, 물적 피해사고
  - 부상의 정도에 의해 비중을 두는 것은 부상의 각 수준에 수치적인 무게를 정하는 것을 포함한다.
- 사고비용에 의한 비중
  - 사고지점에서 그 사고의 비용을 추정하는 방법
  - 사고에 관련된 사상자에 대해 화폐가치를 적용함으로써 이루어진다.
- 관련된 교통단위의 수에 의한 비중
  - 사고건수 대신에 차량, 보행자, 자전거 등 관련자의 수를 사용
  - 두 차량 간 충돌은 단독차량사고의 2배로 계산되나 한 건의 보행자-차량사고와 같다.

153 다음 중 도로구간의 설정방법이 아닌 것은?

㉮ 노면의 상태

㉯ 교통신호

㉰ 도로변의 유출입 빈도

㉱ 일방향 또는 이방향 교통 운영

해설 **도로구간의 설정방법**

- 특성상의 균질성
  - 차선수, 차선폭, 중앙분리대, 길어깨 같은 횡단면의 특성
  - 도로변의 유출입 빈도
  - 평면곡선과 종단경사의 정도와 빈도
  - 일방향 또는 이방향 교통 운영
  - 노면의 상태
  - 인접지역의 토지이용
- 표준 구간장
  - 도시지역 : 0.2[km]
  - 지방부 : 2[km]

정답 152 ㉱ 153 ㉯

154 **사고의 보고에 대한 다음 설명 중 틀린 것은?**

㉮ 정상적으로 수집되는 보고는 사고현장에서의 정보의 전부라고 가정할 수 있다.

㉯ 단독차량사고의 불충분한 보고는 비교차지점에서 예방책에 심각한 영향을 미칠 수 있다.

㉰ 전산처리를 위해서는 각 사고의 지점이 잘못 이해되지 않도록 해야 하며 표준용어로 표현하여야 한다.

㉱ 가벼운 사고가 수적으로 많기 때문에 이들의 생략은 공학적 판단을 위한 데이터베이스를 심각히 감소시킬 수 있다.

해설 정상적으로 수집되는 어떠한 보고라도 사고현장에서의 정보의 전부라고 가정하지 않도록 해야 한다.

155 **교통상충 조사방법에 대한 다음 설명 중 틀린 것은?**

㉮ 충돌에 근접하는 정도에 따라 상충의 심각도를 구분한다.

㉯ 차량과 차량 또는 차량과 보행자가 그대로 진행하면 충돌이 일어나는 경우 이를 피하기 위하여 어떤 행동을 할 때 이를 상충이라고 한다.

㉰ 상충 조사는 상충을 이용하여 사고의 위험성을 평가하기 위한 것이다.

㉱ 어떤 장소에서 짧은 시간 동안 수시로 충돌에 근접하는 교통상황을 관측하여 그 장소의 사고위험성을 평가하는 방법이다.

해설 ㉯의 경우는 기피행동이다.

154 ㉮ 155 ㉯ 정답

156 다음 중 사고 당시의 속도추정에 가장 중요한 자료는?

㉮ 편주 흔적
㉯ 차량의 최종 위치
㉰ 미끄럼 흔적
㉱ 가속 흔적

해설 미끄럼 흔적의 모양이나 길이는 교통사고 재현에서 가장 중요한 요소이다. 특히 미끄럼 흔적의 길이는 사고 당시의 속도를 추정하는 데 없어서는 안 될 자료이다.

중요

157 다음 중 충돌도에 기록되는 사항이 아닌 것은?

㉮ 도로폭원
㉯ 노면상태
㉰ 충돌형태
㉱ 진행방향

해설 **충돌도와 현황도**

- 충돌도
  - 사고 많은 장소의 어느 부분에서 언제 어떠한 형태로 사고가 발생하는가를 검토하고 이에 적합한 사고방지 대책을 수립하는 데 중요한 기초자료로서 작성한다.
  - 사고발생장소의 사고현황을 전체적이며 구체적으로 나타내는 것이기 때문에 사고발생장소의 모양, 발생지점, 피해종류, 차종, 진행방향, 행동형태, 충돌형태, 발생일시, 발생 시의 일기, 노면상태 등을 기록하여야 하며 이를 위해 여러 가지 부호가 사용되고 있다.
- 현황도
  - 교통사고는 도로 및 교통조건에 의해 크게 영향을 받으므로 충돌도를 작성할 때와 마찬가지로 이러한 주위의 여건을 종합하여 현황도를 작성할 필요가 있다.
  - 현황도에는 교차로의 정확한 모양, 도로폭원 등과 같은 도로의 기하구조, 교통통제설비의 위치, 교통통제방법, 교차로 주변의 상황 등을 기록하며 마찬가지로 여러 가지 부호를 사용한다.

정답 156 ㉰ 157 ㉮

158 매슬로(Maslow)가 주장한 욕구의 단계를 옳은 순서로 나열한 것은?

㉮ 생리적 욕구 → 안전욕구 → 사회적 욕구 → 존경의 욕구 → 자아실현의 욕구
㉯ 생리적 욕구 → 안전욕구 → 사회적 욕구 → 자아실현의 욕구 → 존경의 욕구
㉰ 안전욕구 → 생리적 욕구 → 존경의 욕구 → 사회적 욕구 → 자아실현의 욕구
㉱ 사회적 욕구 → 생리적 욕구 → 안전욕구 → 자아실현의 욕구 → 존경의 욕구

해설 **매슬로의 욕구 5단계**

구 분	특 징
생리적 욕구 (제1단계)	• 의식주, 종족 보존 등 최하위 단계의 욕구 • 인간의 본능적 욕구이자 필수적 욕구
안전에 대한 욕구 (제2단계)	• 신체적·정신적 위험에 의한 불안과 공포에서 벗어나고자 하는 욕구 • 추위·질병·위험 등으로부터 자신의 건강과 안전을 지키고자 하는 욕구
애정과 소속에 대한 욕구 (제3단계)	• 가정을 이루거나 친구를 사귀는 등 어떤 조직이나 단체에 소속되어 애정을 주고 받고자 하는 욕구 • 사회적 욕구로서 사회구성원으로서의 역할 수행에 전제조건이 되는 욕구
자기존중 또는 존경의 욕구 (제4단계)	• 소속단체의 구성원으로서 명예나 권력을 누리려는 욕구 • 타인으로부터 자신의 행동이나 인격이 승인을 얻음으로써 자신감, 명성, 힘, 주위에 대한 통제력 및 영향력을 느끼고자 하는 욕구
자아실현의 욕구 (제5단계)	• 자신의 재능과 잠재력을 발휘하여 자기가 이룰 수 있는 모든 것을 성취하려는 최고 수준의 욕구 • 사회적·경제적 지위와 상관없이 어떤 분야에서 최대의 만족감과 행복감을 느끼고자 하는 욕구

158 ㉮ 정답

PART 02

자동차정비

CHAPTER 01 자동차기관 정비

CHAPTER 02 자동차 섀시 장치 정비

CHAPTER 03 자동차 전기 장치 정비

CHAPTER 04 자동차 정비용 장비 및 시험기사용법

적중예상문제

CHAPTER

01 자동차기관 정비

제1절 기관본체 정비

1. 기 관

(1) 내연 기관의 분류

내연 기관이란 기관 안에서 연료와 공기를 혼합하여 연소시켜 에너지를 획득하는 기관을 말한다. 기관 밖에서 연료와 공기를 혼합하여 연소시키는 증기기관이나 증기터빈과 같은 외연 기관과 구별된다.

① 가솔린 기관

㉠ 연료와 공기의 혼합기를 압축하여 점화플러그의 전기적인 불꽃으로 연소하는 기관으로 LPG엔진도 포함한다.

㉡ 열역학적 기관분류로 가솔린 기관은 오토(Otto) 사이클, 정적 사이클 기관이라고도 한다.

㉢ 가솔린(휘발유)을 연료로 한다.

② 디젤 기관

㉠ 공기를 압축한 후 압축할 때 생기는 압축열을 이용하여 자기착화 연소하는 기관을 말한다.

㉡ 열역학적 기관분류로는 정압 사이클 기관에 해당한다.

㉢ 디젤(경유)을 연료로 한다. 단, 고속 디젤기관은 복합(사바테) 사이클 기관에 해당한다.

(2) 열역학적 기관 분류

① 정적 사이클(오토 사이클)

㉠ 연료와 공기의 혼합기가 일정한 체적(2~3단계)에서 연소하는 사이클로 연소실에 가솔린을 직접 분사하는 스파크 점화기관의 열역학적 기본 사이클이다. 불꽃 점화엔진의 원형으로 기체를 피스톤으로 압축하고(1~2단계), 상사점(2~3단계)에서 점화플러그에 의한 불꽃 점화를 통해 팽창하면서 피스톤을 눌러 내리고(3~4단계), 하사점(4~1단계)에 있어서 순간적으로 열을 버리는 방식의 이론 사이클이다.

㉡ 대표적인 정적 사이클은 가솔린 기관이다.

㉢ 등엔트로피(단열) 압축 → 정적가열 → 등엔트로피 팽창 → 정적방열 과정을 거친다.

㉣ 이론 열효율(Theoretical Thermal Efficiency)식

$$\eta_{otto} = 1 - \left(\frac{1}{\text{압축비}}\right)^{k-1}$$

• k : 비열비

오토 사이클의 이론 열효율은 압축비와 비열비에 의해서 결정된다.

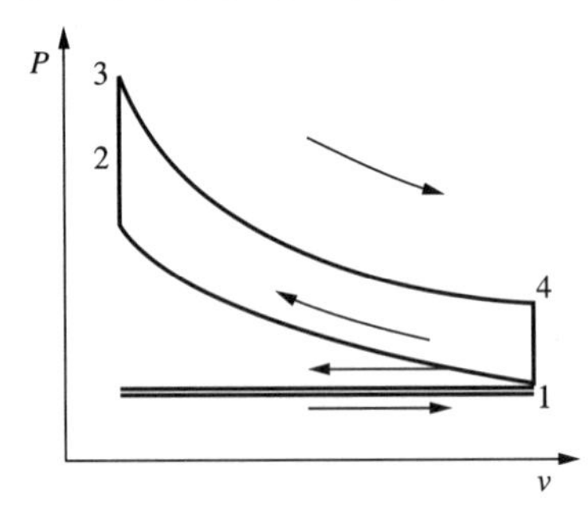

[오토 사이클의 압력과 체적의 관계를 나타내는 $P-v$선도]

② 정압 사이클(디젤 사이클)

㉠ 공기를 흡입하다가 일정한 압력이 되면 연료를 분사, 연소하는 디젤기관의 이론적인 사이클이다.

㉡ 대표적인 정압 사이클은 저속 디젤 기관이다.

㉢ 등엔트로피 압축 → 정압 가열 → 등엔트로피 팽창 → 정적방열의 과정을 거친다.

㉣ 이론 열효율(Theoretical Thermal Efficiency)식

$$\eta_d = 1 - \left(\frac{1}{\text{압축비}}\right)^{k-1} \times \frac{\delta^k - 1}{k(\delta - 1)}$$

• k : 비열비 • δ : 체적비

정압 사이클의 이론 열효율은 체적비가 작을수록 열효율은 증가한다.

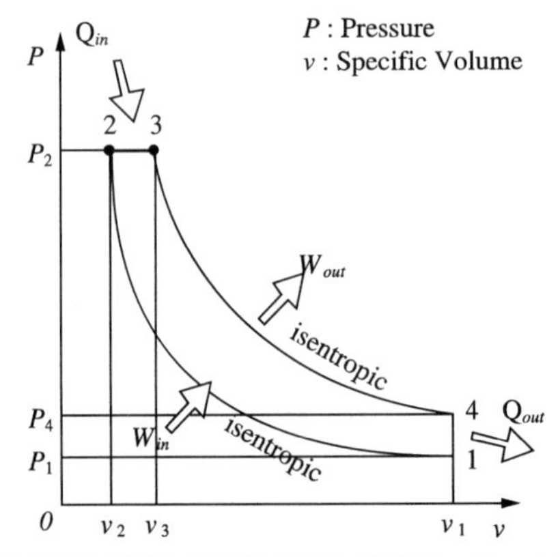

[정압 사이클의 압력과 체적의 관계를 나타내는 $P-v$선도]

③ 복합 사이클(사바테 사이클)

㉠ 일정한 체적(2~3단계)과 일정한 압력(3~4단계)하에서 연소하는 혼합된 형태의 사이클이다.

㉡ 고속 디젤 엔진의 이론적 사이클에 해당한다.

㉢ 등엔트로피 압축 → 정적가열 → 정압가열 → 등엔트로피 팽창 → 정적방열의 과정을 거친다.

㉣ 이론 열효율(Theoretical Thermal Efficiency)식

$$\eta_d = 1 - \left(\frac{1}{\text{압축비}}\right)^{k-1} \times \frac{\alpha\delta^k - 1}{(\alpha - 1) + k\alpha(\delta - 1)}$$

- k : 비열비
- α : 압력비
- δ : 체적비

사바테 사이클은 압력비(폭발비)가 1이 되면 정압사이클이 되고, 체적비(단절비)가 1이 되면 정적사이클이 된다.

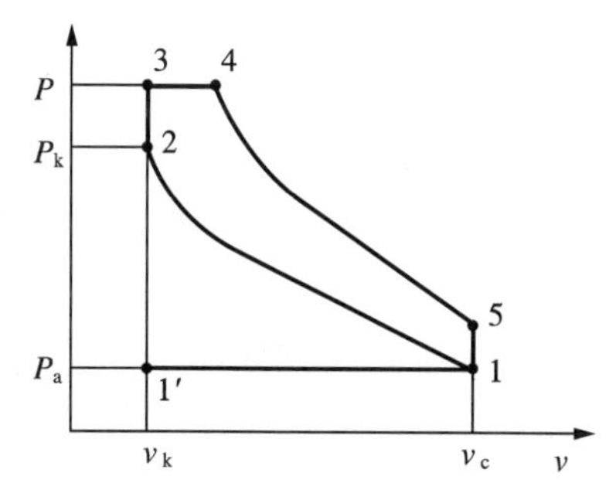

[복합 사이클의 압력과 체적의 관계를 나타내는 $P-v$선도]

④ 오토, 디젤, 복합(사바테) 사이클 간 관계

㉠ 이론 사이클 모두 압축비 증가에 따라 열효율이 증가한다.

㉡ 오토 사이클은 압축비의 증가만으로 열효율을 높일 수 있으나 노킹으로 인해 제한된다.

㉢ 디젤 및 사바테 사이클의 열효율은 공급 열량의 증감에 따른다.

㉣ 공급열량 및 압축비가 일정할 때는 오토(정적) 사이클>사바테(합성) 사이클>정압(저속디젤) 사이클 순으로 열효율이 높다.

㉤ 공급열량 및 최대압력이 일정할 때는 디젤(정압) 사이클>사바테(합성) 사이클>오토(정적) 사이클 순으로 실제 열효율이 높다.

㉥ 열량의 공급과 기관 수명 및 최고압력의 억제시에는 사바테 사이클>디젤 사이클>오토 사이클 순으로 열효율이 높다.

중요 CHECK

- 열효율이란 열기관에서 열원으로부터 받은 열량을 얼마만큼 유효한 일로 변환하였는가의 비율을 말한다. 즉, 일로 변환된 에너지와 엔진에서 공급된 에너지의 비율이다.

  $$열효율 = \frac{마력 \times 632.3}{연료소비량 \times 저위발열량} \times 100$$ 으로 구한다.

  632.3을 곱하는 이유는 1마력이 632.3[kcal/h]와 같기 때문이다.
- 마력이란 일률의 단위, 즉 일정한 시간 동안 할 수 있는 일의 양을 의미한다.
  1마력[PS] = 75[kg · m/s] = 735.5[W] = 632.3[kcal/h]와 같다.
- 디젤 엔진과 가솔린 엔진의 비교
  디젤 엔진은 자기착화를 통해 폭발하는데 이를 위해서는 압축비가 높아야 한다.

구 분	디젤 엔진	가솔린 엔진
열효율	32~38[%]	25~28[%]
기동전동기 마력	3~10[PS]	0.5~2[PS]
압축비	15~22 : 1	7~11 : 1
최대폭발압력	55~65[kgf/cm^2]	35~45[kgf/cm^2]

(3) 기관 본체의 구성과 역할

① 기관 본체는 실린더, 실린더 헤드, 피스톤, 커넥팅 로드, 크랭크축, 크랭크 케이스, 플라이 휠 등으로 구성된다.

② 기관 본체는 엔진이 일을 하기 위하여 준비된 연료와 공기를 혼합하여 폭발시켜 에너지를 생성시키는 부분이다.

(4) 기관의 작동원리

① **피스톤 행정(Stroke)** : 실린더 내에 존재하는 피스톤은 직선왕복운동하면서 크랭크축에 에너지를 전달하는데, 이때 피스톤의 위치가 가장 위로 올라갔을 때의 지점을 상사점(TDC ; Top Dead Center)이라고 하며, 가장 아래로 내려갔을 때의 지점을 하사점(BDC ; Bottom Dead Center)이라고 한다. 피스톤의 상사점과 하사점 사이를 행정이라고 한다.

② **4행정 사이클의 작동** : 4행정 사이클(Cycle)이란 기관이 에너지를 발생하기 위해 수행하는 작업단계를 말하는데, 연료와 공기를 실린더 내에 받아들이는 단계인 흡입행정, 이 혼합기를 압축하는 압축행정, 혼합기가 폭발하면서 에너지를 발생시키는 폭발행정, 연소된 배기가스를 실린더 외부로 배출하는 배기행정으로 이루어진다. 1사이클을 완성하기 위해서는 피스톤이 2회의 왕복운동을 수행하며, 크랭크축은 2회전을 한다.

㉠ 흡입행정(Intake Stroke) : 혼합기를 실린더의 연소실로 흡입하는 단계이며 피스톤은 하강한다. 크랭크축은 1/2회전 즉, 180° 회전한다. 이때 흡기밸브는 열려 있고, 배기밸브는 닫혀 있다.

㉡ 압축행정(Compression Stroke) : 혼합기를 피스톤이 상승하면서 압축하는 단계이다. 혼합기를 압축함으로써 혼합기의 온도를 높여 쉽게 연소할 수 있도록 연소가스의 압력을 증대하는 것이다. 크랭크축은 1회전, 360° 회전한다. 이때 흡기밸브와 배기밸브 모두 닫혀 있어야 한다.

㉢ 폭발행정(Power Stroke) : 혼합기가 폭발하면서 피스톤을 아래로 밀어내면서 에너지가 발생하는 단계이다. 크랭크축은 3/2회전 540° 회전한다. 이때 흡기밸브와 배기밸브는 모두 닫혀 있어 힘의 누설이 방지되고 에너지의 손실이 적게 된다.

㉣ 배기행정(Exhaust Stroke) : 연소된 배기가스를 피스톤이 상승하면서 외부로 배출하는 단계이다. 크랭크축은 2회전, 즉 720° 회전한다. 이때 흡기밸브는 닫혀 있고, 배기밸브는 열려 있다.

③ **2행정 사이클의 작동** : 2행정 사이클은 1회의 피스톤 상하운동, 즉 크랭크축 1회전만으로 하나의 사이클이 완성되는 기관을 말한다. 흡입 및 배기포트를 두고 피스톤이 상하운동 중에 개폐하여 흡입 및 배기행정을 수행하도록 하고 있다. 경자동차 및 2륜차, 디젤 엔진에서 주로 사용되는 기관이다.

㉠ 피스톤 상승행정 : 혼합기의 흡입과 압축 그리고 연소된 배기가스의 배출이 동시에 이뤄진다.

㉡ 피스톤 하강행정 : 압축 혼합기의 연소를 통한 폭발과 함께 혼합기의 흡입, 연소가스의 배출이 동시에 이뤄진다.

구 분	장 점	단 점
4행정 사이클	• 각 행정이 완전히 구분되어 있다. • 냉각효과와 함께 열적 부하가 적다. • 회전속도의 범위가 넓다. • 연료 소비율이 적다. • 체적 효율이 높다. • 기동이 쉽다. • 윤활유 소모량이 적다.	• 밸브 기구가 복잡하다. • 충격이나 기계적 소음이 크다. • 마력당 중량이 무겁다. • 실린더수가 적을 경우 사용이 곤란하다.
2행정 사이클	• 출력이 4행정에 비해 1.6배 정도 크다. • 회전력의 반동이 적고 회전이 원활하다. • 소음이 적고 마력당 중량이 적다. • 값이 싸다.	• 흡・배기가 불완전하다. • 유효행정이 짧으며 연료소비율이 높다. • 저속이 어렵고 역화 현상이 생긴다. • 피스톤과 피스톤 링의 손실이 빠르다. • 평균유효압력과 효율을 높이기 어렵다.

④ 기관의 압축비

$$\varepsilon = \frac{\text{실린더 체적}}{\text{연소실 체적}} = \frac{\text{연소실 체적+행정 체적(배기량)}}{\text{연소실 체적}} = 1 + \frac{\text{행정 체적(배기량)}}{\text{연소실 체적}}$$ 이다.

(5) 실린더 수와 엔진 배열에 의한 가솔린 엔진

① 단기통 및 2기통

㉠ 실린더 수가 1개 혹은 2개인 엔진으로 주로 원동기 및 2륜 자동차의 엔진으로 이용된다.

㉡ 가볍고 구조가 간단하다.

② 4기통 직렬형 엔진

㉠ 4개의 실린더가 일렬, 수직으로 배열되어 있는 엔진으로 주로 소형 승용차에 사용된다.

㉡ 크랭크핀의 위상각은 180°이고, 실린더의 폭발순서는 우수식은 1-3-4-2, 좌수식은 1-2-4-3이다.

㉢ 주로 우수식을 많이 사용하며 3압축행정일 때 2번 실린더는 배기행정이다.

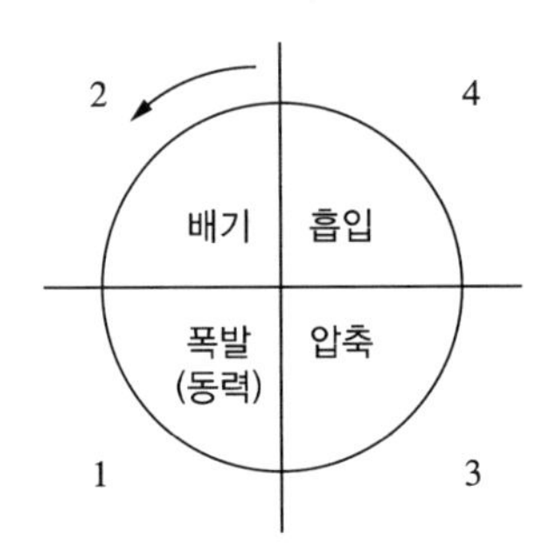

점화순서 : 반시계 방향
[4기통 우수식 엔진]

중요 CHECK

엔진에서 있어서 크랭크 풀리 쪽에서 보았을 때 3번과 4번의 크랭크핀이 왼쪽에 위치한 형식을 좌수식이라 하고, 오른쪽에 위치한 형식을 우수식이라 한다.

③ 6기통 직렬형 엔진

㉠ 6개의 실린더가 일렬, 수직으로 배열되어 있는 엔진으로 주로 승합자동차, 화물자동차에 사용된다.

㉡ 크랭크핀의 위상각은 120°이고, 실린더의 폭발순서는 우수식은 1-5-3-6-2-4, 좌수식은 1-4-2-6-3-5이다.

④ V-6기통 엔진

㉠ 3기통 직렬형 엔진을 2조로 편성하여 V자 형으로 배열한 엔진이다.

㉡ 1개의 크랭크핀에 2개의 피스톤을 연결하여 작동시킨다.

㉢ 크랭크핀의 위상각은 120°이고, 실린더 블록의 V각도는 90°이다.

⑤ V-8기통 엔진

㉠ 4기통 직렬형 엔진을 2조로 편성하여 V자 형으로 배열한 엔진이다.

㉡ 1개의 크랭크핀에 2개의 피스톤을 연결하여 작동시킨다.

㉢ 크랭크핀의 위상각은 90°이고, 실린더 블록의 V각도는 90°이다.

(6) 기관본체 정비

① 실린더

㉠ 실린더 마멸은 피스톤 링의 호흡작용으로 인한 마멸(가장 대표적), 흡입가스 중 이물질 유입, 연소 생성물에 의한 부식, 하중변동 등으로 인해 일어난다.

㉡ 실린더 벽이 마멸된 경우 피스톤 슬랩 현상이 발생하고, 압축압력 저하로 인한 엔진 출력 저하 및 블로바이가스 발생, 엔진오일과 연료의 희석 및 소모가 심해진다.

중요 CHECK

블로바이가스(미연소가스)란 압축행정 과정에서 실린더와 피스톤 헤드 사이에서 누설되는 가스를 말한다.

㉢ 실린더가 정상 마모를 할 때는 실린더 윗부분이 가장 마모량이 크다. 이는 실린더 윗부분이 최대 폭발력의 발생지점, 피스톤 링의 호흡작용, 그리고 압착력이 최대가 되는 지점이자 유막이 끊기는 곳이기 때문이다.

㉣ 기관의 실린더(Cylinder) 마멸량이란 실린더 안지름의 최대 마멸량과 최소 마멸량의 차이 값을 말한다.

㉤ 실린더 벽 마모량 측정기기에는 실린더 보어 게이지, 내측 마이크로미터, 텔레스코핑 게이지와 외측 마이크로미터 등이 있다.

㉥ 실린더가 마모되었을 때 일체식은 보링작업을 하여 실린더를 수정하여 주며, 삽입식은 실린더 라이너를 교환하고 정비한다.

중요 CHECK

- 보링이란 일체식 실린더에서 실린더의 면이 마모되어 정비 시에 피스톤 오버사이즈에 맞추어 진원으로 절삭하는 작업을 말한다. 이때 수정 절삭량 값은 0.2[mm]이다.
- 실린더 내경이 70[mm] 이하의 경우는 0.15[mm] 이상 마멸된 경우, 실린더 내경이 70[mm] 이상인 경우 0.2[mm] 이상 마멸된 경우 보링을 한다.
- 피스톤 오버사이즈는 STD를 기준으로 0.25, 0.5, 0.75, 1.0, 1.25, 1.5[mm]까지 6단계로 구성된다.
- 예를 들어 규정값이 내경 78[mm]인 실린더를 실린더 보어 게이지로 측정한 결과 0.35[mm]가 마모되었다. 이때 수정될 실린더 내경은 78.35+0.2(수정 절삭량) = 78.55보다 큰 오버사이즈 STD는 0.75이므로 78.75[mm]가 되어야 한다.

② 실린더 헤드

㉠ 소형 승용차 엔진의 실린더 헤드를 대부분 알루미늄 합금으로 만드는 이유는 가볍고 열전달이 좋기 때문이다.

㉡ 실린더 헤드는 냉각수의 동결, 볼트 조임 토크의 분균일, 열처리 불량, 기관의 과열 등의 이유로 변형된다.

㉢ 실린더 블록이나 헤드의 평면도(변형도) 측정에는 직각자와 필러게이지가 적당하며 6개소를 측정하며, 한계값 이상이면 평면 연삭기로 연삭한다(연삭수정 한계값은 0.2[mm] 이하이다).

㉣ 실린더 헤드의 평면도를 점검할 때는 실린더 헤드를 3개 방향으로 측정 점검한다.

㉤ 실린더 헤드를 떼어낼 때 볼트는 복스렌치를 사용하여 바깥에서 안쪽으로 향하여 대각선으로 풀도록 한다. 조일 때는 토크렌치 중앙부에서 밖으로 대각선 방향으로 2~3회 나눠서 조인다.

㉥ 전자제어 가솔린 기관의 실린더 헤드 볼트를 규정대로 조이지 않았을 때는 냉각수의 누출, 실린더 헤드의 변형, 압축가스의 누설 등이 발생할 수 있다.

㉦ 실린더 헤드 볼트를 풀고 실린더 헤드가 분리되지 않을 때는 플라스틱 해머 혹은 나무 해머로 두드리거나, 호이스트(자중)를 이용해 떼어내거나 압축압력을 이용해 떼어낸다.

③ 연소실

㉠ 기관 연소실 설계 시 고려할 사항에는 화염전파에 요하는 시간을 가능한 한 짧게 하고, 가열되기 쉬운 돌출부를 두지 않으며, 연소실의 표면적이 최소가 되게 하며, 압축행정에서 혼합기에 와류를 일으키게 해야 하는 것들이 있다.

㉡ 디젤 연소실의 구비조건에는 연소시간이 짧을 것, 열효율이 높을 것, 디젤노크가 적을 것 등이 있다.

㉢ 디젤기관의 연소실 형식 중 연소실 표면적이 작아 냉각손실이 작은 특징이 있고, 시동성이 양호한 형식은 직접분사실식으로 피스톤 헤드부의 요철에 의해 생성되는 연소실이다.

㉣ 연소실 내에 카본이 다량 부착되면 연소실 압축압력이 규정 압축압력보다 높아진다.

④ 피스톤

㉠ 피스톤에 오프셋(Offset)을 두는 이유는 피스톤의 측압을 작게 하기 위함이다.

㉡ 피스톤 헤드 부분에 있는 홈의 한 종류인 Heat Dam은 열의 전도를 방지하는 홈으로 헤드부의 열이 스커트부에 전달되는 것을 방지한다.

㉢ 내연기관 피스톤의 구비조건에는 가벼울 것, 열팽창이 적을 것, 열전도율이 높을 것, 높은 온도와 폭발력에 견딜 것 등이 있다.

㉣ 피스톤 간극은 열팽창을 고려해서 0.01~0.03[mm] 이내에 둔다. 간극이 크면 블로바이(미연소가스)의 흔들림이 있다. 가스 증대 및 HC 현상이 발생한다. 간극이 작을 때는 소결과 스틱 현상이 발생한다.

㉤ 피스톤 간극이 클 때 발생하는 슬랩 방지의 목적으로 오프셋 피스톤을 사용(커넥팅 로드 소단부 오프셋 치수 1.0~25[mm])한다.

중요 CHECK

행정별 피스톤 압축 링의 호흡작용
- 흡입 : 피스톤의 홈과 링의 윗면이 접촉하여 홈에 있는 소량의 오일의 침입을 막는다.
- 압축 : 피스톤이 상승하면 링은 아래로 밀리게 되어 위로부터의 혼합기가 아래로 누설되지 않게 한다.
- 동력 : 피스톤 헤드부의 열을 실린더 벽으로 전달한다.
- 배기 : 피스톤이 상승하면 링은 아래로 밀리게 되어 위로부터의 연소가스가 아래로 누설되지 않게 한다.

⑤ 피스톤 링

㉠ 피스톤 링의 구비조건은 고온에서도 탄성을 유지할 것, 오래 사용하여도 링 자체나 실린더 마멸이 작을 것, 열팽창률이 작을 것 등이다.

㉡ 피스톤 링의 3대 작용은 기밀작용, 열전도 작용(1, 2번 압축링), 오일 제어작용(오일링)이다.

㉢ 피스톤 링은 원심주조법으로 만든다.

㉣ 엔진 조립 시 피스톤 링 절개구 방향은 피스톤 사이드 스러스트 방향을 피하는 것이 좋다.

㉤ 기관정비 작업 시 피스톤 링의 이음 간극을 측정할 때는 시크니스 게이지가 가장 적당하다.

㉥ 피스톤 링 이음(절개구) 간극은 0.2[mm] 이하 시 종목줄을 수정하며, 측정은 실린더 하단부에서 측정 후 한계값 1.0[mm] 이상일 때 피스톤 링 플라이어를 사용하여 교환한다.

⑥ 피스톤 핀

㉠ 피스톤 핀은 피스톤과 커넥팅 로드를 연결하는 핀으로 피스톤이 받는 압력을 커넥팅 로드에 전달한다.

㉡ 피스톤 핀의 고정방법에는 전 부동식(양쪽에 스냅링 설치 고정), 반 부동식(커넥팅 로드에 작은 클램프 볼트 고정), 고정식(커넥팅 로드 소단부에 고정볼트 고정) 등이 있다.

⑦ 커넥팅 로드

㉠ 커넥팅 로드의 비틀림이 엔진에 미치는 영향에는 압축압력의 저하, 회전 시에 무리한 회전을 초래하고, 저널 베어링의 마멸을 불러온다.

㉡ 피스톤과 크랭크축을 연결하는 것으로 길면 측압이 작고, 짧으면 측압이 크다.

㉢ 재질은 니켈크롬강, 크롬-몰리브덴강을 사용한다.

㉣ 휨과 비틀림 측정에는 커넥팅 로드 얼라이너를 이용한다.

⑧ 크랭크 축

㉠ 일반적으로 발전기를 구동하는 축이다.

㉡ 크랭크축 메인 저널, 핀 저널, 오일 구멍, 평형추, 플랜지부(엔진 플라이휠 연결부)로 구성된다.

㉢ 크랭크축 베어링에 대한 구비조건에는 하중 부담 능력이 있을 것, 매립성이 있을 것, 내식성이 있을 것, 내 피로성이 클 것 등이 있다.

㉣ 크랭크축 메인 저널 베어링 마모를 점검하는 방법에는 플라스틱 게이지 방법이 사용된다.

㉤ 크랭크축의 축방향 흔들림이 한계값(0.25[mm]) 이상이 되면 운전 중 소음과 타이밍 기어가 마멸되는데, 이때 크랭크축 스러스트 3번 메인 베어링을 교환한다. 이때 사용하는 측정기기는 다이얼 게이지 또는 시크니스 게이지이며, 오일 간극은 0.03~0.05[mm]이다.

㉥ 크랭크축 축방향 메인 저널 마모량 한계값(0.15[mm]) 이상 마모 시 크랭크축을 교환한다. 엔진 평면 베어링이 찌그러지는 것은 베어링 크러시가 크기 때문이다. 구비조건에서 가장 중요한 것은 베어링 마찰 저항이 작아야 한다.

중요 CHECK

크랭크축 휨 측정

- 중앙부에서 다이얼 게이지 90° 각도 설치 후 시계방향으로 1회전하였을 때 총 움직임량 값의 1/2이 휨 값이다(0.15[mm] → 0.075[mm]).
- 휨 측정은 메인저널 중앙부 오일구멍이 없는 곳에서 측정한다.
- 휨 한계값
  - 축 길이가 500[mm] 이하(0.03[mm] 이내)
  - 축 길이가 500[mm] 이상(0.05[mm] 이내)

⑨ 엔진 베어링

㉠ 엔진 베어링의 재료 종류에는 배빗 메탈, 화이트 메탈, 켈밋 메탈, 알루미늄 합금메탈이 있다.
- 배빗 메탈은 저온 저압축 엔진 베어링을 사용(주석 80~90[%] + 안티몬 3~12[%] + 구리 3~7[%])하며, 배빗 합금층 두께는 0.1~0.3[mm] 정도이고 켈밋 합금은 0.2~0.5[mm] 정도이다.
- 화이트 메탈은 주석 + 납으로 구성된다.
- 켈밋 메탈은 구리 60~70[%], 납(Pb) 30~40[%](고온 고압축 엔진)로 구성된다.
- 알루미늄 합금메탈은 주석(Sn)과 알루미늄으로 되어 있다.

㉡ 베어링 스프레드는 베어링을 캡에 끼우지 않았을 때, 베어링 외경과 하우징 내경의 차이를 말한다.

⑩ 플라이휠

㉠ 엔진이 맥동적인 출력을 원활하게 하기 위해서 설치되며, 중앙부는 가볍고 기통수가 늘어나면 작고 가볍게 된다.

㉡ 플라이휠의 링 기어가 불량할 때 교환 방법은 플라이휠을 오일통에 넣고 오일을 가열하여 플라이휠의 링 기어를 빼낸 후 플라이휠을 꺼내고 새로운 링 기어를 오일통에 넣고 가열 후 링 기어를 플라이휠에 프레스로 장착한다.

㉢ 열박음 온도는 링 기어 탈착 시 130~150[℃], 링 기어를 끼울 때 200~250[℃]가 적당하다.

㉣ 바이브레이션(토셔널) 댐퍼는 엔진의 맥동적인 출력으로 인하여 생기는 진동과 크랭크축 열처리 과정 시 결함 등을 보호하기 위하여 크랭크축이나 캠축 스프로킷 앞쪽에 설치한다.

㉤ 기관의 토크 변동을 억제시키기 위해 실린더 수를 많게 하고, 크랭크 배열을 점화순서에 맞도록 하며, 플라이휠을 붙인다.

⑪ 밸 브

㉠ LPG 기관의 연료장치에서 냉각수의 온도가 낮을 때 시동성과 출력을 유지하기 위해 작동되는 밸브는 기상밸브이다.

㉡ 내연 기관 밸브 장치에서 밸브 스프링의 점검과 관련되는 것은 스프링 장력, 자유높이, 직각도 등이다.

㉢ 전자제어엔진의 연료펌프 내부에 있는 체크밸브(Check Valve)가 하는 역할은 인젝터에 가해지는 연료의 잔압을 유지시켜 베이퍼록 현상을 방지한다.

㉣ 기관에서 흡입밸브의 밀착이 불량할 때 나타나는 현상에는 압축압력 저하, 가속 불량, 공회전 불량 등이 있다.

㉤ 엔진의 밸브 간극을 조정할 때는 안전을 고려하여 엔진을 완전히 정지한 상태에서 조정하도록 한다.

㉥ 일반적으로 배기밸브보다 흡기밸브를 더 크게 만들어야 한다.

(7) 밸브의 형식

① 밸브 배치에 의한 실린더 형식 종류

㉠ I 헤드형 : 흡기·배기밸브가 모두 실린더 헤드에 설치. 고출력 가솔린 엔진에 많이 사용한다.

㉡ L 헤드형 : 실린더 블록에 설치된 형식. 잘 사용하지 않는다.

㉢ F 헤드형 : 흡기밸브는 실린더 헤드, 배기밸브는 실린더 블록에 설치

㉣ T 헤드형 : 실린더 블록 양쪽 끝에 설치된 형식

② 밸브 개폐 형식

㉠ OHC(Over Head Camshaft)

- 오버헤드 캠축 형식은 캠축에 의해 직접 밸브를 개폐하는 형식이다.
- OHC엔진은 흡기, 배기밸브의 캠축이 실린더 헤드 위쪽에 설치되어 있다.
- 밸브기구는 간단하나 실린더 헤드의 구조나 캠축의 구동방식은 복잡해진다.
- 캠이 직접 로커암을 작동한다.
- 고출력 엔진을 사용한다.

㉡ 실린더 행정의 종류와 특징

- 장행정 엔진은 $L > D$(내경) 1.0 이상으로 단행정 엔진보다 회전력이 우수하다. 회전수는 낮다.
- 정방행정 엔진은 L(행정)과 D가 같은 성형 엔진이다.
- 오버스퀘어 엔진(단행정 엔진)은 $L < D$이다. 장행정 엔진보다 회전속도는 빠르나, 회전력(토크)은 낮다(1.0 이하). 단행정 엔진은 피스톤 평균속도를 올리지 않고 엔진 회전수(RPM)를 높일 수 있고, 단위 체적당 출력을 크게 할 수 있다.

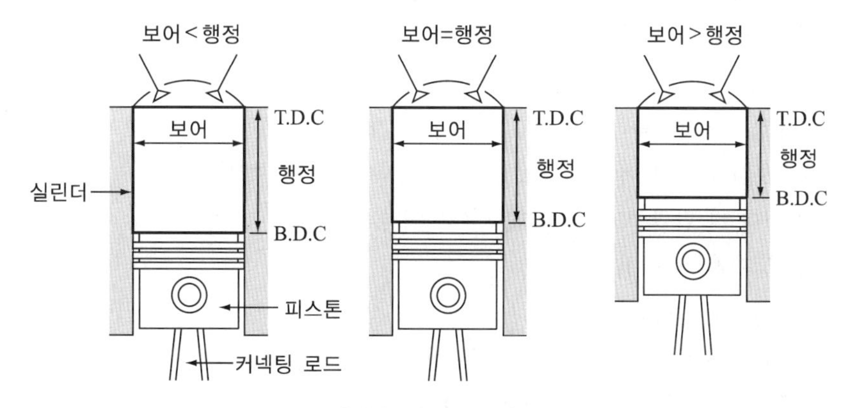

[실린더 행정의 종류]

㉢ OHV(Over Head Valve)

- 오버헤드 밸브 기구로 캠축이 실린더 블록에 설치된 형식이다.
- 밸브는 실린더 헤드에 설치된다.
- 캠축은 실린더 블록에 설치된다.
- 밸브의 가속도를 크게 할 수 있다.

③ 밸브 개폐 시기

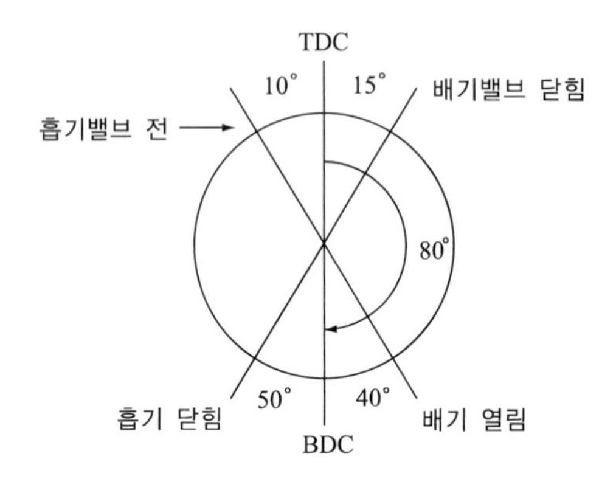

㉠ 밸브 오버랩 기간은 상사점 전후에서 흡기・배기밸브를 모두 개방하여 엔진 충진효율 향상으로 열효율 증대가 목적이다.

TDC 전후 각도 : 10°+15°=25°

㉡ 흡기밸브 작동기간 : 10°+180°+50°=240°

㉢ 배기밸브 작동기간 : 40°+180°+15°=235°

㉣ 압축행정 각도 : 180°−흡기밸브 닫힘 각 50°=130°

(8) 가솔린 엔진의 점검정비

① 가솔린 엔진 압축압력 시험

㉠ 엔진 해체 정비시기를 결정하는 시험이다.

㉡ 크랭킹 상태(10~15초 이내)에서 실시한다.

㉢ 공기청정기, 점화 플러그(모두), 연료 공급 차단, 점화 1차 분리 상태에서 측정한다.

㉣ 기준값보다 110[%] 이상 : 연소실에 퇴적된 카본을 제거한다.

㉤ 각 실린더 간 압력 차이는 10[%] 이내이어야 한다.

㉥ 판정 후 엔진 해체 정비시기

- 규정된 표준압력의 70[%] 이하
- 윤활유 소모량이 기준값의 50[%] 이상
- 표준연료소모량이 기준값의 60[%] 이상
- 실린더간의 편차가 10[%] 이상

중요 CHECK

자동차에 쓰이는 압력 단위

- $\left[\frac{kgf}{cm^2}\right]$: 단위면적당 가해지는 힘으로 무게(중력)에 의한 힘의 단위를 사용한다.
- [psi] : Pound Per Square Inch로 $\left[\frac{lb}{in^2}\right]$와 같다.
- [bar] : $\left[\frac{10^6 dyne}{cm^2}\right]$와 같은 값을 갖는다.
- [Pa] : 국제표준단위계인 SI Unit에서 사용하는 압력단위이다. 파스칼이라고 읽는다. $\left[\frac{N}{m^2}\right]$과 같은 값을 갖는다.

※ 1[kgf/cm^2] = 14.2[psi]
760[mmHg] = 30[inHg]
−40[℃] = −40[°F]
−273[℃] = 0[K]

② 가솔린 엔진 진공도 측정

㉠ 진공도 측정은 엔진 워밍업 후에 흡기다기관 또는 공회전 상태의 서지 탱크 쪽에서 측정하며 기준값은 45~55[cmHg](450~550[mmHg])이다.

- 밸브 밀착, 가이드 손상, 마멸 상태 여부
- 점화 플러그 실화 상태
- 배기 장치 막힘과 흡기 진공 누설
- 피스톤 링, 실린더 벽 손상 파악
- 밸브 타이밍이 맞지 않을 때 20~40[cmHg] 정지
- 실린더 헤드 개스킷 파손 : 13~45[cmHg] 흔들림이 있다.

㉡ 진공도 측정 시 안전관리

- 기관의 벨트에 손이나 옷자락이 닿지 않도록 주의한다.
- 작업 시 주차브레이크를 걸고 고임목을 괴어둔다.
- 화재 위험이 있을 수 있으니 소화기를 준비한다.

㉢ 전자제어 엔진의 흡입 공기량 검출에 사용되는 MAP센서 방식에서 진공도가 크면 출력 전압값은 낮아진다.

③ 엔진성능을 향상시키기 위한 방안

㉠ 흡기 및 배기 저항을 적게 한다.
㉡ 기계적 손실을 적게 한다.
㉢ 연소효율을 높인다.
㉣ 주기적인 소모품 점검 및 교환
㉤ 점화시기를 최적의 상태로 조정
㉥ 연료의 혼합을 좋게 한다.

제2절 윤활 및 냉각장치 정비

1. 윤활장치 정비

윤활장치(Lubricating System)는 기계의 효율을 향상시키기 위해 기관의 운동 마찰부위에 유막을 형성하여 마찰 손실과 마멸을 최소화하기 위해 기관 오일을 공급하는 장치로 오일펌프, 스트레이너, 오일여과기, 유압조절기, 유면표시기, 유압계 및 유압경고등으로 구성되어 있다.

(1) 윤활유의 6대 기능

① **마찰마멸 방지 기능** : 인접하여 운동하는 마찰부위에 유막을 형성하여 마찰을 방지한다.

② **세척 기능** : 공기 중 미세먼지 혹은 연소생성물, 금속분말 등을 오일의 유동 시 흡수하여 윤활부위를 세척하는 작용을 한다.

③ **응력분산 기능** : 윤활이 이뤄지는 기계부위에 순간적인 고압이 부여되면 유막이 파손되면서 소결현상이 일어나는데 윤활유가 이 고압을 분산시키는 작용을 한다.

④ **냉각 기능** : 마찰열이 일어나는 운동부위에 윤활유가 유동하면서 열을 방출시켜 주는 역할을 한다.

⑤ **산화부식 방지 기능** : 기계부위에 윤활막을 형성하여 주면 산화물질이나 부식성 가스가 직접적으로 기계부위에 접촉할 수 없어 산화부식을 방지하는 기능을 한다.

⑥ **밀봉 기능** : 접촉하는 기계 부위에 존재하는 윤활막은 틈새를 통해 유입되는 공기를 막아주고 가스누출 역시 막아주어 동력손실을 적게 한다.

(2) 윤활유의 구비조건

① 인화점과 자연 발화점이 높을 것

② 응고점이 낮을 것

③ 온도 변화에 따른 점도변화가 적고 비중이 적당할 것

중요 CHECK

- 점도란 윤활유의 끈적끈적한 정도를 나타내는 척도이다.
- 점도지수는 온도변화에 대한 점도의 변화 정도를 표시한 것이다.
- 온도변화에 의한 점도가 적을 경우 점도지수가 높다. 일반적인 엔진오일의 점도지수는 120~140 정도이다.

④ 베이퍼록 발생이 적을 것

⑤ 카본 생성이 적으며, 강인한 유막을 형성할 것

⑥ 열과 산에 대하여 안정성이 있을 것

(3) 윤활유 공급방식 종류

① 비산식 : 커넥팅 로드에서 윤활유를 뿌려서 공급하는 방식

② 압력식 : 오일펌프가 오일에 압력을 가하여 윤활유를 공급하는 방식

③ 비산압력식 : 특정부위에는 비산식을, 그 외의 부분에는 압력식을 이용하여 윤활유를 공급하는 방식

(4) 엔진오일의 분류

① SAE(신분류)

㉠ 미국 자동차 기술협회에서 오일의 점도에 따라 분류한 방식이다. SAE 번호로 표시되며 번호값이 클수록 점도가 높다.

㉡ 가솔린용 : SA(환경양호), SB(환경보통), SC, SD(환경열악)

㉢ 디젤용 : CA(환경양호), CB, CC(환경보통), CD(환경열악)

중요 CHECK

4계절용 엔진 윤활유

- 가솔린 엔진은 10W-35, 디젤 엔진은 20W-40을 사용한다.
- 여름철에는 점도지수가 높은 것, 겨울철에는 점도지수가 낮은 것을 사용한다.
- 서로 다른 등급의 엔진오일을 섞어서 사용하면 열화가 촉진되므로 피해야 한다.

② API(구분류)

㉠ 미국석유협회에서 엔진의 운전조건에 따라 분류한 방식이다.

㉡ 가솔린용 : ML(환경양호), MM(환경보통), MS(환경열악)

㉢ 디젤용 : DG(환경양호), DM(환경보통), DS(환경열악)

(5) 엔진오일의 점검

① 엔진오일의 점검 내용은 오일의 색깔, 점도지수, 오일양 등이다.

② 엔진오일은 엔진을 사용할수록 소비되는데 소비 증대의 원인은 연소와 누설이다.

③ 엔진오일이 연소되는 원인에는 피스톤과 실린더 사이의 간극이 클 경우, 밸브 가이드 셀 손상과 마멸 등이다.

④ 오일양은 자동차를 수평지면에 주차시킨 상태에서 MAX선과 MIX선 중간에 있으면 양호하다.

⑤ 오일색이 검은색에 가까울수록 불순물에 많이 오염된 경우이므로 교환해야 하는 경우이다. 붉은 색에 가까우면 유연휘발유가 유입된 경우이고, 노란색에 가까우면 무연휘발유가 유입된 경우이다. 만약 우윳빛깔이 난다면 냉각수가 유입된 경우이며, 회색에 가까울 경우 4에틸납이 유입된 경우이다.

(6) 오일여과 방식

① 오일여과기는 오일 속에 희석된 수분이나 연소 생성물, 금속 분말 등의 불순물 0.01[mm] 이상을 여과지나 여과포를 이용하여 걸러주는 장치이다.

② 오일여과기에서 오일을 여과하는 방식에는 분류식, 전류식, 샨트식(혼기식)이 있다. 그중 전류식이 가장 깨끗한 오일을 공급하는 방식으로 주로 사용되고 있다.

(7) 엔진오일 펌프

① 오일팬에 있는 오일을 흡입 가압하여 윤활부위에 송출하는 기능을 수행한다.

② 오일펌프의 종류에는 내접기어 펌프, 로터리 펌프, 베인 펌프, 플런저 펌프가 있다.

㉠ 기어 펌프 : 내접기어펌프와 외접기어펌프가 있다.

㉡ 로터리 펌프 : 아웃 로터와 인너 로터로 구성되어 있다.

㉢ 베인 펌프 : 날개의 구동을 이용한 형식이다.

㉣ 플런저 펌프 : 고회전 엔진에 사용한다.

③ 유압조절 밸브(Oil Pressure Relief Valve) : 윤활장치 회로 내의 압력이 2.0~3.0[kgf/cm^2]가 넘지 않도록 일정하게 유지하는 안전밸브이다.

중요 CHECK

유압이 높아지는 원인

- 엔진 온도가 낮아서 점도가 높을 경우
- 오일파이프 막힘, 필터 막힘
- 유압조정 밸브 스프링의 장력이 클 경우

(8) 유압계 형식

① **밸런싱 코일식** : 두 코일에 흐르는 전류의 크기를 저항에 의해서 가감하는 형식

② **부르동 튜브식** : 부르동 튜브를 통하여 섹터기어를 움직여서 지시하는 형식

③ **바이메탈식(현재)** : 병렬연결(가변 저항식). 엔진 유닛의 다이어프램이 서모스탯 블레이드를 움직여서 계기부를 작동하는 형식

④ 유압 경고등식

(9) 윤활유의 열화 현상

① 윤활유가 일정 온도 이상으로 유지되면 열적으로 대단히 불안정하게 되어 윤활유가 분해되는 현상이 나타나고, 윤활유가 높은 온도에서 사용되면 수명이 크게 단축되는 데 이를 열화현상이라고 한다. 가솔린 기관보다 디젤 기관이 심하다.

② 열화로 인해 발생되는 현상

㉠ 윤활유의 윤활작용 저해

㉡ 피스톤 링의 고착화, 융착 발생

㉢ 피스톤 및 실린더의 마멸 촉진

㉣ 베어링부의 부식 및 마멸 촉진

㉤ 오일여과기의 폐쇄 및 오일 청정기능 상실

③ 열화의 방지책

㉠ 유황성분이 적은 연료 사용

㉡ 완전연소로 그을음을 줄일 것

㉢ 이물질 혼입 방지

㉣ 주기적인 오일 교환

2. 냉각장치 정비

냉각장치(Cooling System)는 기관 작동 중 기관이 과열되지 않도록 과열 배기연소가스 온도를 적당한 온도(2,000[°C])로 유지하는 장치로 물 통로, 물 펌프, 벨트, 냉각 팬, 방열기(Radiator), 시라우드, 수온조절기, 수온계 등으로 구성되어 있다.

(1) 냉각 방식

① 기관을 냉각시키는 방식에는 공랭식과 수랭식이 있다.

② 공랭식은 냉각핀 혹은 냉각팬을 설치하여 공기와 직접 접촉시켜 냉각효과를 내는 방식으로 냉각핀이 냉각 효과를 높여준다.

③ 수랭식은 물펌프(원심식)를 이용하여 냉각수 순환하는 강제순환식 중 압력 순환식이 많이 사용된다.

중요 CHECK

냉각팬은 엔진과 라디에이터 사이에 존재하면서 공기를 강제로 빨아들여 기관의 냉각효과를 증가시키는 장치로 가솔린 기관에서는 바이메탈식으로 자동 조절하여 소비 동력을 줄여 준다.

(2) 방열기(Radiator)

① 넓은 방열면적과 다량의 냉각수를 이용해 공기와 접촉시켜 냉각시키는 장치이다.

② 방열기 압력식 캡은 냉각수 비점을 112[℃]로 높이기 위해서 설치되어 있고, 캡 압력은 0.2~1.05[kgf/cm^2] 정도 규정압력을 두며, 누설압력 1.53[kgf/cm^2]에서 2분 이상 유지하면 양호하다.

㉠ 방열기 누설시험 : 0.5~2.0[kgf/cm^2]

㉡ 방열기 캡 누설시험 : 0.2~0.9[kgf/cm^2]

㉢ DOHC : 0.3~0.05[kgf/cm^2]

③ 라디에이터 코어 막힘률이 20[%] 이상 시 엔진 과열의 원인이 되므로 교환한다.

$$\text{코어 막힘률} = \frac{\text{신품[L]} - \text{구품 주수량[L]}}{\text{신품 주수량[L]}} \times 100[\%]$$

④ 화학세척제를 사용하여 방열기(라디에이터)를 세척하는 방법

㉠ 방열기의 냉각수를 완전히 뺀다.

㉡ 세척제 용액을 냉각장치 내에 가득히 넣는다.

㉢ 기관을 기동하고 온도를 80[℃] 이상으로 한다.

㉣ 기관을 정지하고 세척제 용액을 배출한다.

㉤ 위의 작업을 세척제 대신 맑은 물이나 중성제 용액을 넣어 계속 반복하는데 맑은 물이 나오면 세척작업을 완료한다.

⑤ 압력식 라디에이터 캡 사용으로 얻어지는 장점

㉠ 라디에이터를 소형화할 수 있다.

㉡ 비등점을 올려 냉각효율을 높일 수 있다.

㉢ 냉각장치 내의 압력을 0.3~0.7[kgf/cm^2] 정도 올릴 수 있다.

(3) 수온 조절기(Thermostat)

① 냉각수 통로에 실린더 블록 물재킷부가 설치되어 있고, 냉각수 온도 65[℃] 이상에서 열리고 85[℃] 이상에서 완전 개방되어 라디에이터(방열기) 코어에서 냉각(보통 5~10[℃])되어 순환된다.

② 현재는 압력 순환식이 자동차에 많이 사용된다.

③ 수온조절기의 역할

㉠ 엔진의 온도를 일정하게 유지하여 성능을 향상시킨다.

㉡ 엔진오일의 노화를 방지하고 엔진의 수명을 향상시킨다.

㉢ 난방효과를 높이고 연료 소모를 줄인다.

④ 바이메탈식(87±3[℃])은 온도에 따라 접점식으로 자동적으로 팬 릴레이 신호로 냉각팬이 작동된다(현재 많이 적용).

⑤ 종 류

㉠ 벨로스형(에틸+알코올) : 잘 사용하지 않는 형식

㉡ 펠릿형(왁스+합성수지) : 현재 많이 사용

㉢ 바이메탈식 : 현재 많이 사용

(4) 부동액

① 엔진 동파 방지를 위해 냉각수의 응고점을 낮추어 주기 위해 에틸렌글리콜, 메탄올, 글리세린, 알코올 등의 성분을 이용한 부동액을 사용한다.

② **영구 부동액** : 에틸렌글리콜 부동액으로 가장 많이 사용되는데 비등점은 197.2[℃], 응고점은 -50[℃]로서 물에 잘 용해되는 성분으로 보충 시에는 증류수만 보충하면 된다.

③ **반영구 부동액** : 메탄올 부동액으로 비등점은 82[℃], 응고점은 -30[℃]이고, 보충 시에는 혼합액(냉각수(연수) + 부동액)을 보충한다.

④ 빗물, 수돗물, 증류수와 같은 연수를 냉각수로 사용해야 하며, 바닷물이나 우물물과 같은 경수는 사용하지 못한다. 특히 우물물은 녹을 발생시킨다.

(5) 기타 정비

① **기관의 냉각장치를 점검, 정비할 때의 안전 및 유의사항**
㉠ 방열기 코어가 파손되지 않도록 한다.
㉡ 워터 펌프 베어링은 세척하지 않는다.
㉢ 방열기 캡을 열 때는 압력을 서서히 제거하며 연다.

② **엔진 과열 시 발생하는 증상**
㉠ 기관 부품 변형된다.
㉡ 윤활유 유막 파괴 및 엔진 수명 단축의 원인이 된다.
㉢ 엔진 출력 저하의 원인이 된다.

③ **엔진 과랭 시 결과**
㉠ 연료 소비량이 증대된다.
㉡ 엔진 출력이 저하된다.
㉢ 오일이 희석되고 엔진베어링이 마멸된다.

④ 자동차 주행 중 냉각수 경고등이 점등되면 엔진을 냉각시킨 후 라디에이터 캡을 열고 냉각수를 보충해야 한다.

⑤ 오버플로 파이프가 막히게 되면 라디에이터의 코어 튜브가 파열된다.

⑥ **엔진이 작동 중 과열되는 원인**
㉠ 냉각수의 부족
㉡ 라디에이터 코어의 막힘, 통풍 불량
㉢ 전동 팬 모터 릴레이의 고장

제3절 연료공급장치 정비

1. 장치 정비

기관이 필요한 공기와 연료를 혼합한 혼합기를 공급하는 장치이다.

(1) 휘발유 · 디젤 연료공급장치

연료탱크, 연료여과기, 연료펌프, 기화기, 연료파이프 등으로 구성되어 있다.

① **연료탱크** : 연료를 저장하는 용기로 연료의 양을 표시하는 연료계 유닛과 탱크 내 대기압을 형성하기 위한 대기압 호스가 있으며, 부식방지를 위해 내부는 아연도금이 되어 있다.

② **연료펌프**

㉠ 내장식 연료펌프는 연료통 속에 설치되어 있어 작동 소음과 베이퍼록 방지 효과가 있고 현재는 직류 전동 모터를 이용한 전동 모터식(1~5[kgf/cm^2])이 많이 사용된다. 연료펌프는 시동이 걸린 상태에서만 작동되고 연료 맥동을 방지하기 위해서 사일런스를 둔다.

㉡ 연료탱크 내장형 연료펌프(어셈블리)의 구성 부품에는 체크밸브, 릴리프 밸브, DC모터 등이 있다.

㉢ 전자제어 가솔린 분사장치의 연료펌프에서 체크밸브의 역할은 잔압 유지와, 고온 시 베이퍼록 현상을 방지하고, 재시동이 용이하게 한다.

중요 CHECK

베이퍼록(Vapor-lock)이란 연료파이프 내부에 흐르는 액체가 파이프 내에서 가열 · 기화되어 펌프의 작동을 방해하거나 운동을 전달하지 않는 기포현상을 말한다.

㉣ 연료펌프 점검은 연료펌프 모터의 작동음 확인, 연료 압력 측정, 연료펌프 송출 여부를 확인한다.

③ 기화기(Carburetor)

㉠ 베르누이 정리를 응용하여 벤투리 관의 압력이 가장 낮은 부분 - 단면적이 가장 작은 곳에 진공현상이 발생되고 이를 이용해 연료가 분출되면 공기와 혼합하여 미립화시켜 연소실로 공급하는 장치를 말한다.

㉡ 엔진 작동상태에 따른 혼합기의 혼합비

- 혼합기의 이론적 완전연소 혼합비 - 15 : 1
- 연소실 내 연소가능 혼합비 - 8~20 : 1
- 최대회전력을 얻을 수 있는 혼합비 - 13 : 1
- 최소연료소비율을 얻을 수 있는 경제 혼합비 - 16~17 : 1
- 엔진 회전상태를 고르게 하는 부하 없는 저속 시 혼합비 - 12 : 1

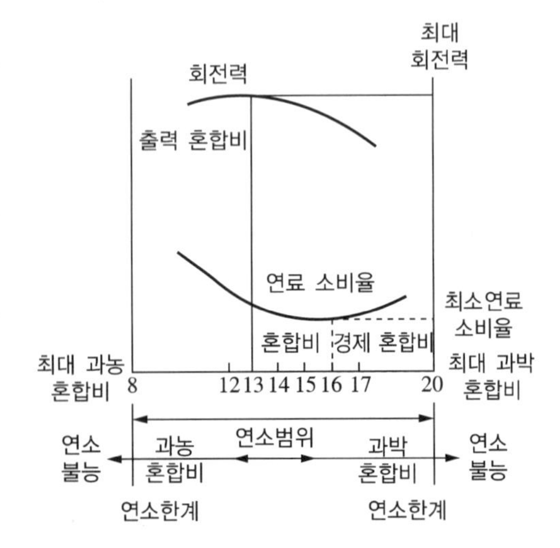

• 가속 시 혼합비 - 8~12 : 1

ⓒ 기화기의 구성요소

• 기화기는 벤투리관, 뜨개실, 스로틀 밸브, 초크밸브 등으로 구성되어 있다.
• 벤투리관은 유속을 빠르게 하여 뜨개실 내의 연료를 유출하는 곳이다.
• 뜨개실은 연료의 유면을 항상 일정하게 유지하는 곳이다.
• 스로틀 밸브는 실린더 내에 들어가는 혼합기를 조절하는 곳이다.
• 초크밸브는 에어혼(Air Horn)에 들어오는 공기량을 조절하는 곳이다.

ⓓ 공전 및 저속회로

• 가속 페달을 밟지 않아도 무부하상태에서 엔진이 정지하지 않고 유지시켜 주는 회로이다.
• 공전회로는 스로틀 밸브가 완전히 닫혀 혼합기가 공급되지 않는 상태에서 역할한다.
• 저속회로는 스로틀 밸브가 약간 열린상태에서 역할한다.

ⓔ 고속 부분부하회로

• 저속회로와 겹쳐져서 작용하면서 일반적인 주행 중에 역할을 하는 회로이다.
• 스로틀 밸브는 열려 있고, 열리는 정도는 변화한다.

ⓕ 고속 전부하회로

• 스로틀 밸브가 완전히 열린상태로 역할하여 고출력을 만들어내는 회로이다.
• 힘이 요구되는 등판 주행이나 속도가 요구되는 고속 주행에서 역할한다.

ⓖ 가속 펌프 회로

• 일반적인 주행 중에 가속 페달을 급격하게 밟아 스로틀 밸브를 갑자기 열게 되면 공기의 이동속도는 증가하지만, 연료는 그만큼 적절히 공급되지 못하여 혼합비가 일시적으로 희박해진다. 이를 보완하기 위해 만들어진 회로이다.
• 가속 펌프와 펌프 제트로 구성된다.

중요 CHECK

혼합기가 희박해진 기관의 경우

• 저속 및 고속 회전이 어려워진다.
• 기동이 어렵고, 동력이 감소된다.
• 노킹이 발생하기 쉬워진다.

ⓞ 초크회로

• 주로 겨울철과 같은 외부온도가 낮을 때 작동하는 회로로 공기의 온도가 낮아 유출된 연료가 제대로 기화되지 않으므로 혼합비가 높은 혼합기를 계속 공급해야 한다. 이를 위해 초크밸브를 임의적으로 닫음으로써 엔진이 필요한 높은 비율의 혼합기를 공급해 준다.
• 초크밸브를 지나치게 닫으면 연료가 과다하게 분출되어 시동불능이 되는데 이런 현상을 플로딩 현상, 오버 초크라고 한다. 이를 방지하기 위해 초크밸브는 축에 편심 설치되어 벤투리부에 큰 진공이 작용하게 한다.

④ 노킹(Knocking)

㉠ 노킹은 엔진이 작동하는 중에 연소실이 가열되어 혼합기가 점화시기 전에 스스로 자기착화되어 이로 인한 화염파가 연소실벽을 때려서 발생하는 소음을 말한다.

㉡ 노킹의 발생이 잦아지면 열효율이 저하되고 이로 인해 기관의 출력이 저하된다. 피스톤과 실린더 균열 손상되고, 미연소 블로바이가스가 증대하며 심해지면 기관이 정지된다.

중요 CHECK

가솔린 연료의 연료 구비 조건

- 단위 중량당 발열량이 클 것(우수)
- 완전연소가 가능할 것
- 연소 후 유해 가스를 남기지 말 것
- 폭발 위험이 적고 가격이 저렴할 것

㉢ 가솔린 기관의 노킹

- 가솔린 기관의 노킹 발생의 원인에는 구조상 화염 진행거리가 너무 멀거나 엔진의 과열, 점화시기가 늦게 설정되거나, 엔진의 회전속도(rpm)가 낮을 때, 흡기온도가 높을 때 주로 발생한다.
- 가솔린 기관의 노킹을 방지하기 위해서는 화염 진행거리를 단축시키고, 자연착화 온도가 높은 연료를 사용하거나, 점화시기를 적절히 조정하고 기관의 부하를 적게 하거나 화염전파 속도를 빠르게 하고 와류를 증가시키는 등의 대책이 필요하다. 옥탄가(옥테인값)가 높은 휘발유를 사용하는 것도 좋은 대책이다.

중요 CHECK

- 옥탄가는 가솔린에서는 연료의 내폭성 지수로 옥탄가가 높을수록 노크현상의 발생이 줄어든다. 즉, 가솔린 연료에서 노크를 일으키기 어려운 성질인 내폭성을 나타내는 수치이다.
- 옥탄가는 $\frac{\text{이소옥탄(아이소옥테인)}}{(\text{이소옥탄} + \text{노말헵탄})} \times 100[\%]$으로 구한다.

㉣ 디젤 기관의 노킹

- 디젤 기관에서의 노킹은 화염의 전파 중에 다량의 연료가 분사되어 이것이 연소되면서 실린더 내의 압력이 급격히 상승하여 피스톤 헤드가 실린더 벽을 때려서 소음이 발생하는 경우이다. 주로 화염전파에 의한 노크와 기계적인 노크로 구분한다.
- 디젤 기관의 노킹을 방지하기 위해서는 흡기온도 및 압력을 높이거나 연료의 착화온도를 높게 한다. 분사노즐의 분사시기 조정, 세탄가(세테인값)가 높은 경유를 사용하거나 연소실벽의 온도를 높게 하는 등의 대책이 필요하다.

중요 CHECK

- 디젤 경유의 발열량은 약 10,000~10,700[kcal/kg] 정도이며, 경유는 착화성이 우수하고 협작물이 없으며, 점도가 적당하고 황(S) 성분이 적은 것이 좋다.
- 세탄가는 디젤 엔진에서 연료의 착화성 지수로 기관성능에 큰 영향을 주는 지수이다. 높을수록 착화지연시간을 단축시켜 노크현상의 발생이 줄어든다.
- 세탄가는 $\frac{\text{세탄(세테인)}}{(\text{세탄} + \alpha\text{메틸나프탈렌})} \times 100[\%]$으로 구한다.

  경유 세탄가는 일반적으로 45~60[%] 정도이다.

(2) LPG 연료공급장치

LPG를 연료로 사용하는 기관에서 사용하는 연료공급장치는 LPG 봄베, 솔레노이드 밸브, 베이퍼라이저, 믹서 등으로 구성된다.

① LPG 봄베탱크

㉠ 10[kgf/cm^2] 압력에 견디고, 탄소강의 원통으로 되어 있다.

㉡ 안전밸브가 설치되어 있어 24[kgf/cm^2] 이상 시 압력 조절을 일정하게 유지시켜 폭발 위험을 방지한다.

㉢ LPG 주입량은 충전압력의 85[%]를 충만시켜 주입한다.

㉣ 연료펌프 라인에 고압이 걸린 경우 연료 누출이나 연료 배관 파손 방지 밸브는 안전밸브(릴리프밸브)이다.

② 솔레노이드(Solenoid, 전자석) 밸브

㉠ 운전석에서 조작하는 연료 차단 밸브로 상황에 맞게 기체 LPG와 액체 LPG를 선택하여 차단 · 공급 · 조절하는 기능을 수행하며 수온 스위치에 의해 이를 작동한다.

㉡ 냉각수 수온이 낮을 때는 액체 LPG로 시동이 어려우므로 봄베 내에 기화되어 있는 LPG연료를 이용하고, 시동 후에는 액체 LPG를 사용하는 것이 주행성능을 양호하게 가져올 수 있다.

㉢ 기상 솔레노이드 밸브가 LPG기관의 연료장치에서 냉각수의 온도가 낮을 때 시동성을 좋게 하기 위해 작동되는 밸브이다.

③ 베이퍼라이저(Vaporizer)

㉠ LPG 기관에서 액체 LPG를 기체 LPG로 전환시키는 장치이다.

㉡ 봄베에서 공급되는 연료의 감압, 기화, 압력을 조절하여 믹스(공기 + LPG)에 공급하는 장치이다.

㉢ 수온스위치, 스타트 솔레노이드 밸브, 1차 감압실, 2차 감압실(공연비 제어기구), 진공 로크 체임버 등으로 구성된다.

④ 믹서(Mixer)

㉠ 기화된 LPG를 공기와 혼합하여 연소실에 공급하는 장치이다.

㉡ 이론적 완전 연소 혼합비는 LPG : 공기가 15.6 : 1이며 믹서가 가솔린 엔진의 기화기와 같은 역할을 한다.

㉢ 메인회로, 공전저속회로, 동력회로 등으로 구성되어 있다.
- LPG기관 피드백 믹서 장치에서 ECU의 출력 신호에 해당하는 것은 메인 듀티 솔레노이드이다.
- LPG 기관에서 믹서의 스로틀 밸브 개도량을 감지하여 ECU에 신호를 보내는 것은 스로틀 위치 센서이다.
- LPG기관 중 피드백 믹서 방식의 특징은 경제성이 좋고, 대기 오염이 적으며, 엔진오일의 수명이 길다.

㉣ 예혼합(믹서)방식 LPG기관의 장점
- 점화플러그의 수명이 연장된다.
- 연료펌프가 불필요하다.
- 베이퍼록 현상이 없다.

㉤ LPG 기관에서 연료공급 경로는 봄베 → 솔레노이드 밸브 → 베이퍼라이저 → 믹서이다.

⑤ LPG자동차 관리에 대한 주의 사항

㉠ LPG가 누출되는 부위를 손으로 막으면 안 된다.

㉡ 가스 충전 시에는 합격 용기인가를 확인하고, 과충전 되지 않도록 해야 한다.

㉢ LPG는 온도상승에 의한 압력상승이 있기 때문에 용기는 직사광선 등을 피하는 곳에 설치하고 과열되지 않아야 한다.

중요 CHECK

액화석유가스(LPG)와 액화천연가스(LNG)
- LNG는 공기보다 가벼워 날아가기 쉬우나, LPG는 공기보다 무거워 가라앉는 성질로 인해 누설 시 위험성이 크다.
- 장 점
  - 경제성이 좋다.
  - 연소 효율이 우수하고 엔진이 정숙하다.
  - 엔진오일 수명이 길다.
  - 대기 오염이 적다.
  - 퍼컬레이션과 베이퍼록 현상이 없다.
  - 점화 플러그 수명이 길다.
  - 휘발유 차량 엔진보다 노킹 유발이 적다(옥탄가 100~120 가솔린보다 높으므로).

제4절 흡기 및 배기장치의 정비

1. 흡기 및 배기장치

(1) 흡기 및 배기장치의 정의

① 흡기장치(Intake System)

㉠ 흡기장치는 흡입하는 공기 중에 포함되어 있는 모래나 먼지 등을 제거 분리하여 깨끗한 공기가 엔진에 공급될 수 있도록 하여 공기 흡입 시 발생하는 소음을 억제하는 효과를 낸다.

㉡ 흡기장치는 공기청정기와 흡기 매니폴드, 서지탱크, 레조네이터(Resonator) 등으로 구성된다.

② 배기장치(Exhaust System)

㉠ 배기장치는 실린더에서 연소된 배기가스를 모아서 외부로 방출하는 장치이다.

㉡ 배기가스를 모으는 배기 매니폴드와 배기 파이프, 소음을 줄여주는 소음기 등으로 구성된다.

(2) 공기청정기

① 역할 : 공기 중 모래나 먼지 등 이물질이 흡입되면 실린더와 피스톤의 마멸을 초래하고, 윤활유를 오염시켜 베어링 등의 마멸을 촉진시키므로 이를 걸려내면서 동시에 흡기 계통에서 발생하는 소음을 억제하는 기능을 수행한다.

② 종 류

㉠ 건식 청정기와 습식 청정기가 있다.

㉡ 습식 청정기는 입자가 큰 불순물은 와류에 의해 여과되고, 작은 불순물은 엘리먼트에서 여과된다. 여과성능이 우수하다.

(3) 흡기매니폴드(Intake Manifold, 흡입다기관)

① 역할 : 혼합기를 실린더 내로 전달하는 통로로 각 실린더로 균일한 혼합기가 공급되도록 하며 혼합기에 와류를 형성시키는 역할을 수행한다.

② 흡기다기관 진공도 시험

㉠ 밸브 작동의 불량

㉡ 점화 시기의 틀림

㉢ 흡・배기밸브의 밀착 상태를 확인할 수 있다.

중요 CHECK

흡기다기관의 진공시험 결과 진공계의 바늘이 20~40[cmHg] 사이에서 정지되었다면 밸브 타이밍이 맞지 않은 경우이다.

③ 흡기매니폴드 내의 압력은 스로틀 밸브의 개도에 따라 달라진다.

④ 흡입 공기량을 계량하는 센서는 에어플로 센서이다.

⑤ 흡입 공기 계측 방식

㉠ 칼만와류식 : 공기 체적 검출 방식(기둥 뒤에 소용돌이를 일으켜 소밀음파를 디지털 펄스신호로 검출하는 것)으로 공기유량 센서에서 이용된다.

㉡ 핫 와이어(열선식) : 흡입 공기량을 직접 가는 백금선 열선망을 통과되면 전류 변화를 이용하는 질량 검출방식이다.

㉢ 열막식 : 반도체 세라믹 소자를 이용하며, 열선식과 비슷하다. MAP을 이용한 질량 유량 검출방식이다.

㉣ 베인식(미저링 플레이트식) : 체적 질량 유량 검출식이며, 플레이트 움직임 개도량을 퍼텐셔미터가 전압비를 검출하여 제어하는 체적 질량 유량 검출식이다.

중요 CHECK

- 흡입공기량을 간접적으로 검출하기위해 흡기매니폴드의 압력변화를 감지하는 센서는 MAP 센서이다. MAP(Manifold Absolute Pressure) 센서는 흡기다기관 절대압력센서로 엔진 회전수에 따라 간접계측(D-J) 방식으로 인젝터 기본 분사량과 점화시기를 자동 제어하는 센서로서 출력 전압 Key ON일 때 4.0~5.0[V]이며, 피에조 저항형 센서이다.
- 흡입다기관 내 압력의 변화를 측정하여 흡입공기량을 간접적으로 검출하는 방식은 D-jetronic이다.

(4) 배기매니폴드(Exhaust Manifold, 배기다기관)

① 역할 : 각 실린더에서 발생하여 배출되는 배기가스를 모으는 역할을 하는 장치이다.

② 소음기(Muffler)

㉠ 배기가스를 배출하기 전에 배기가스의 온도와 압력을 낮추어 배기소음을 절감하는 역할을 하는 장치이다.

㉡ 배기가스의 배출온도는 600~900[°C] 정도이며, 압력은 3~5[kgf/cm^2], 소음은 45° 각도 0.5[m] 떨어진 지상 20[cm] 높이에서 100~103[dB] 정도이다.

(5) 배기가스 3원 촉매장치

① 역할과 원리

㉠ 연소실에서 완전연소되지 못한 배기가스에는 일산화탄소와 탄화수소, 질소산화물의 세 유해물질이 포함되는데, 이를 화학반응을 통해 무해한 물질로 변환시키는 장치를 말한다.

㉡ 삼원 촉매 변환장치 재질은 알루미나에 도금 물질 Pt, Rh, Pd로 되어 있어서 산화·환원 반응으로 유해 가스가 무해 가스로 환원된다.

㉢ 배기 연소 가스 온도 320~700[℃] 이하에서 작동한다.

② 무연휘발유를 이용하는 장치에 설치되며 유연휘발유를 사용하면 촉매장치가 막힐 수 있다.

③ 3원 촉매장치의 촉매 컨버터에서 정화 처리하는 배기가스

㉠ CO와 HC는 산화되어 CO_2와 H_2O로 된다.

㉡ NOx는 환원되어 N_2로 변한다.

④ 삼원 촉매 컨버터 장착차량에 2차 공기를 공급하는 목적은 배기매니폴드 내의 HC와 CO의 산화를 돕기 위해서이다.

⑤ 주의사항

㉠ 차량을 밀거나 끌어서 시동하면 농후한 혼합기가 촉매장치 내에서 점화할 수 있다.

㉡ 비포장도로를 주행할 때 배기파이프와 노면의 충돌로 손상이 생길 수 있으므로 주의해야 한다.

(6) 과급장치(Turbo)

① 역할과 구성

㉠ 강제적으로 많은 공기량을 실린더 내로 공급하여 엔진의 출력을 45[%] 이상 상승시키는 장치를 말한다.

㉡ 흡입공기량을 대폭 증가시키기 위해 설치된 배기터보차저와 강제적으로 공기를 실린더에 압송시키는 수퍼차저로 구성된다.

② 디젤기관에서 과급기의 사용 목적

㉠ 엔진의 출력이 증대된다.

㉡ 평균유효압력이 향상된다.

㉢ 회전력이 증가한다.

(7) 배기가스 재순환장치(EGR ; Exhaust Gas Recirculation)

① 역할과 구성

㉠ 배기가스 중의 일부를 흡기다기관으로 재순환시킴으로써 연소온도를 낮춰 NOx의 배출량을 감소시키는 역할을 수행한다.

㉡ EGR 파이프, EGR 밸브 및 서모밸브로 구성

② 특 징

㉠ 가속성능의 향상을 위해 급가속 시에는 차단된다.

㉡ 동력 행정 시 연소온도가 낮아지게 된다.

㉢ 탄화수소와 일산화탄소량은 저감되지 않는다.

③ 전자제어기관에서 배기가스가 재순환되는 EGR 장치의 EGR율[%]

$$\text{EGR율} = \frac{\text{EGR가스량}}{\text{흡입공기량} + \text{EGR가스량}} \times 100$$

중요 CHECK

- 블로바이 가스 환원 장치는 실린더와 피스톤 사이의 틈새로 가스가 누출되어 크랭크실로 유입된 가스를 연소실로 유도하여 재연소시키는 배출가스 정화장치이다.
- 연료증발가스 제어장치는 연료탱크와 기화기의 뜨개실에서 발생한 연료증발가스를 PCSV(Purge Control Solenoid Valve)의 유도에 따라 연소실에서 재연소시키는 장치이다.

제5절 전자제어장치 정비

1. 전자제어장치 정비 및 개요

(1) 디젤 엔진

① 기계식 디젤 엔진

㉠ 최대 폭발 압력 : 55~65[kgf/cm^2]

㉡ 압축비 : 15~22 : 1

㉢ 압축열 : 500~600[℃]

㉣ 연소방식 : 자기착화방식

② 디젤 엔진 연소과정(4단계)

착화지연기간(A~B) → 화염전파기간(B~C)→ 제어연소기간(C~D) → 후기연소기간(D~E)

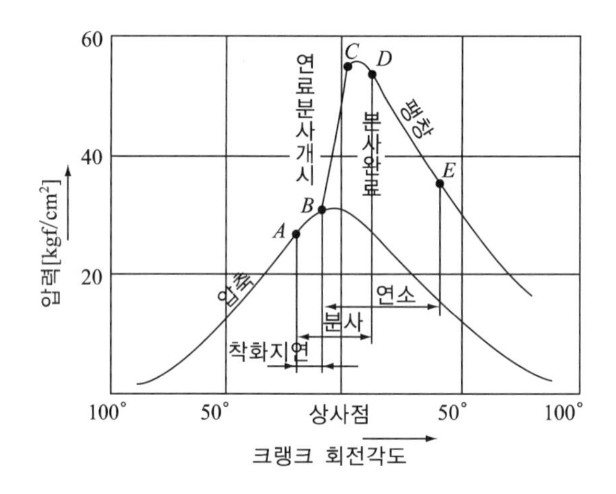

㉠ 착화지연기간은 연소준비기간에 해당하는데 연료분사 후 연소를 일으킬 때까지의 기간을 말한다.

㉡ 화염전파기간은 분사된 연료가 착화되어 폭발적으로 연소하는 데 소요되는 기간을 말한다.

㉢ 제어연소기간 혹은 직접연소기간은 발생된 화염에 의해 연료가 분사 즉시 연소하는 기간을 말하는데 디젤 기관에서 실린더 내의 연소압력이 최대가 되는 기간이기도 하다.

㉣ 연소 분사가 끝난 D점에서 연소되지 않은 상태의 연료가 E점까지 연소하는 데 걸리는 기간을 말한다.

중요 CHECK

노크현상의 억제

- 초기 분사량을 줄이고, 분사 후에 분사량을 늘린다.
- 실린더 연소실의 온도, 압력, 압축비를 높여준다.
- 착화지연기간을 짧게 해야 한다.

③ 디젤 기관의 연소실

㉠ 디젤 연소실의 구비조건

- 연소시간이 짧을 것
- 열효율이 높을 것
- 평균유효 압력이 높을 것
- 디젤노크가 적을 것
- 시동이 용이하고 연료를 완전 연소시킬 수 있어야 한다.

㉡ 연소실의 분류

단실식 —— 직접분사식(Direct Injection Type)

복실식 ┬ 예연소실식(Pre-combustion Chamber Type)
├ 와류실식(Swirl Chamber Type)
└ 공기실식(Air Chamber Type)

㉢ 직접분사식

- 연소실은 실린더 헤드와 피스톤 헤드부의 요철에 의해 형성된다.
- 기계식 디젤 엔진 연소실 중 가장 분사압력이 높아서 노즐수명이 짧고 디젤 노크의 원인이 된다.
- 사용 연료에 민감하나 열효율이 좋다.
- 예열플러그가 없고 냉시동이 용이하다.
- 연소실이 1개이고 연소실 구조가 간단하다.
- 연소실 표면적이 작아 냉각손실이 작은 특징이 있고, 시동성이 양호한 형식이다.

㉣ 예연소실식(복실식) : 기계식 디젤 엔진에서 디젤 노크를 일으키기 어려운 연소실이다.

중요 CHECK

기계식 디젤 엔진 시동보조장치
- 예열플러그(코일형 → 직렬결선과 실드형 → 병렬결선)
- 감압장치
- 히트레인지

※ 예열발열부 온도 : 950~1,050[℃]

④ 예열플러그(Preheater Plug)

㉠ 개 요

- 시동 전의 연소실은 냉각상태에 있으므로 즉각적인 시동이 어렵다. 이에 연소실 내의 공기를 별도로 가열하여 연료의 자기착화 온도에 빠르게 접근하여 시동을 용이하게 할 필요가 있는데 이런 목적으로 설치된 장치가 예열장치이다.
- 예열플러그식은 디젤 기관의 예열장치에서 연소실 내의 압축공기를 직접 예열하는 형식이다.

㉡ 히트릴레이 : 히트릴레이는 예열 회로에 흐르는 전류가 크기 때문에 기동전동기 스위치 소손 원인을 방지하기 위해 설치한다.

㉢ 예열플러그 단선 원인
- 과대전류 흐르는 경우
- 예열시간이 긴 경우(30초 이내)
- 정격이 다른 예열플러그 사용한 경우

⑤ 연료장치

중요 CHECK

디젤 연료의 발화 촉진제에는 아질산아밀, 질산에틸, 질산아밀, 초산에틸, 아초산에틸, 아초산아밀 등이 있다.

㉠ 디젤 기관의 연료장치는 연료탱크, 연료공급펌프, 여과기, 분사펌프, 분사노즐 등으로 구성되어 있다.

㉡ 연료공급펌프(Feed Pump)
- 탱크 내의 연료를 일정한 압력을 가하여 분사펌프에 공급하는 역할을 수행한다.
- 연료 여과장치 설치 장소는 연료공급펌프 입구, 연료탱크와 연료공급펌프 사이, 연료분사펌프 입구 등이다.

㉢ 연료 여과기(Fuel Filter) : 연료 중에 포함되어 있는 불순물과 수분을 제거하는 역할을 수행한다.

㉣ 분사펌프(Injection Pump)
- 연료를 고압으로 압축하여 플런저의 왕복운동에 의해 실린더의 분사노즐로 압송하는 역할을 수행하는 장치이다.
- 플런저(Plunger) : 태핏과 푸시로드에 의해 왕복운동을 하면서 연료를 연료분사 펌프에 압송하는데 플런저의 유효 행정을 크게 하면 연료 송출량이 많아진다. 이때 유효행정이란 플런저 윗면이 연료의 공급통로를 막은 다음부터 바이패스 홈이 연료공급구멍에 이를 때까지의 행정을 의미한다.
- 조속기(Governor) : 분사펌프에서 최고회전을 제어하며 과속(Over Run)을 방지하는 장치이다. 엔진의 회전속도 등에 따라 자동적으로 랙을 움직여 분사량을 조절한다.
- 분사노즐 : 연료펌프로부터 전달되어 온 연료를 균일하게 혼합하여 미세한 입자로 분해하여 분사하는 장치이다. 분사가 끝나면 완전히 차단하여 후적이 일어나지 않도록 하여야 하는데 분사개시 압력이 낮으면 연소실 내에 카본 퇴적이 생기기 쉽다.

㉤ 분사펌프식 연료장치의 연료공급순서

연료탱크 – 연료공급펌프 – 연료 여과기 – 분사 펌프 – 고압파이프 – 연소실

중요 CHECK

> **디젤 분사 펌프 시험기로 시험하는 내용**
> - 연료 분사량 시험
> - 조속기 작동시험
> - 분사시기 조정시험

⑥ 직접 고압 분사방식(CRDI ; Common Rail Direct Injection) 디젤 엔진

㉠ 개 요

- 독일에서 개발한 커먼레일 디젤 엔진으로 고압에서 디젤 연료를 분사하는데 소음과 진동을 줄이고 출력을 높인 엔진이다.
- 분사펌프를 사용하지 않고 연료를 1,350[bar] 정도로 압축한 후 인젝터를 사용하여 직접 분사하는 전자제어식 디젤 엔진이다.
- 연료탱크, 연료필터, 저압펌프, 고압펌프, 커먼레일, 인젝터 등으로 구성된다.

㉡ 연료공급 경로

기계식 저압펌프의 경우 연료탱크 - 연료필터 - 저압펌프 - 고압펌프 - 커먼레일 - 인젝터 순이다.

㉢ 연소과정

- 예비분사 : 메인 분사 전에 미리 연료를 분사하여 소음과 진동을 저하시킨다.
- 사후분사 : 메인 분사가 끝난 후에 연료를 분사하는 것으로 촉매변환기에 공급하여 촉매의 효율을 증대시킨다.
- 예비분사를 실시하지 않는 경우는 엔진 회전수가 고속인 경우, 연료 압력이 너무 낮은 경우, 예비 분사가 주 분사를 너무 앞지르는 경우 등이다.

㉣ 전자제어식 고압펌프의 특징

- 동력성능의 향상
- 쾌적성 향상
- 가속 시 스모그 저감

㉤ 커먼레일 디젤 엔진 차량의 계기판에서 경고등 및 지시등의 종류

- DPF 경고등
- 예열 회로 작동지시등
- 연료수분 감지경고등

㉥ 연료의 분사량과 분사시기는 ECU에 의해 계산되어 인젝트 솔레노이드 밸브를 통해 분사되는데 연료 분사시기가 과도하게 빠를 경우 발생할 수 있는 현상

- 노크를 일으킨다.
- 배기가스가 흑색이다.
- 기관의 출력이 저하된다.

⑦ 기 타

㉠ 디젤 기관에서 냉각장치로 흡수되는 열은 연료 전체 발열량의 약 30~35[%]에 해당한다.

㉡ 디젤 엔진 진동 원인

- 크랭크축의 무게 불평형
- 분사시기 틀림과 연료 계통 공기 유입
- 분사 노즐 고장 또는 막힘

㉢ 기계식 디젤 엔진 연료장치 공기빼기 순서

연료공급펌프 → 연료여과기 → 연료분사펌프(인젝션펌프) → 분사노즐 순이다.

(2) 가솔린 전자제어기관

기존의 기화기 방식과는 달리 각종 센서들의 전기적인 신호를 ECU(Electronic Control Unit)가 종합적으로 제어하여 정밀하게 혼합기를 공급하는 방식으로 엔진효율 및 주행성능, 연비 등을 향상시키고 유해한 가스의 배출을 감소시키는 장치이다.

① 전자제어기관의 구성

입력센서		처 리		출력신호
공기유량 센서(AFS) 흡기온도 센서(ATS) 대기압 센서(BPS) 수온 센서(CTS) 스로틀 위치 센서(TPS) 크랭크각 센서(CAS) 모터포지션센서(MPS) 차속 센서 산소 센서	→	E.C.U(M) 액추에이터(작동기)를 구동시킴	→	인젝터 신호 ISC(공전 속도 제어) 모터신호 산소 센서 신호 점화시기제어 신호 (파워 T/R, 점화 코일) 연료분사량 제어 신호 에어컨 릴레이 제어 신호

중요 CHECK

전자제어 가솔린 분사장치의 특성

- 배기가스 유해성분이 감소된다.
- 냉각수 온도를 감지하여 냉각 시 시동성이 향상된다.
- 엔진의 응답성능이 좋다.

② 연료펌프(Fuel Pump)

㉠ 내장형과 외장형이 있으며 엔진 소음 억제와 베이퍼록 현상을 방지하기 위해 내장형을 많이 사용한다.

㉡ 릴리프밸브 : 유압식 동력전달장치에서 최고 유압을 규제하는 역할을 한다.

㉢ 체크밸브 : 연료의 압송이 정지될 때 체크밸브가 닫혀 연료 라인 내의 잔압을 유지시키고 고온 시 베이퍼록 현상을 방지하고 재시동성을 향상시킨다.

③ 인젝터(Injector)

㉠ 개 요

- ECU의 통제에 따라 연료를 직접 분사하는 장치가 인젝터이다.
- ECU의 니들 밸브 통전시간 또는 솔레노이드 통전시간으로 작동하여 흡기밸브 전(前)에 무연 휘발유 연료를 2.50~2.55[kgf/cm^2] 정도 분사된다.
- 저항은 13~16[Ω] 정도이다.

㉡ 인젝터 분사시간 : 1/1,000[s]=1[ms](보통 2.1~3.3[ms])

- 산소 센서 전압이 높으면 분사시간이 짧아진다.
- 축전지 전압이 낮으면 무효분사 시간이 길어져서 분사량이 증대된다.
- 급가속할 경우에는 순간적으로 분사시간이 길어져서 인젝터 분사량이 증대된다.
- 급감속할 경우 일시적으로 연료 공급이 차단된다.

중요 CHECK

- 시동 인젝터는 ECU 명령을 받지 않고, 한랭 시동 시 농후한 혼합비를 형성하여 시동성을 좋게 하기 위해서 서모타임 스위치 신호로 인젝터 작동 시간이 결정된다.
- 전자제어 차량에서 시동할 때 가장 기본이 되는 센서는 크랭크각 센서(CAS) 또는 크랭크축 위치 센서(CPS)이다.
- 시동할 때 ECU가 입력받는 신호 : 크랭킹 신호

㉢ 인젝터 분사 방식

- 동기(순차, 독립) 분사 : 1TDC와 크랭크각 센서의 신호에 동기되어 분사된다.
- 동시 분사 : 전 실린더 동시에 1사이클당 2회씩 분사한다.
- 그룹 분사 : 경주용 차량 사용 방식은 1/2씩 짝을 지어 분사된다.

㉣ 인젝터 점검 방법

- 저항 검사(멀티시험기)
- 분사량(분사량 시험기)
- 작동음(청진기) 또는 긴 드라이버
- 오실로스코프(분사 시간)
- 가장 정확한 진단방법은 전류 파형기를 이용하는 방법이다.

㉤ 인젝터 분사량을 증량하는 경우

- 흡기 온도가 20[℃] 이하일 때
- 냉각수 온도가 80[℃] 이하일 때
- 스로틀 센서(TPS)의 파워 접점이 ON일 때
- 엔진 시동 중일 때(ST)

중요 CHECK

MPI(Multi Point Injection) : ECU(M) 명령으로 각 실린더의 흡기밸브 앞에 개별적인 인젝터를 설치하여 연료를 분사하는 방식으로 K-jetronic과 L-jetronic방식(직접계측분사)이 이에 해당한다.

④ 연료분사량 계측 형식 종류

㉠ K-J : 기계식 분사 방식(독일 보시사 1세대 최초 연료 분사 방식)

㉡ KE-J : 기계식 연속 분사 방식(ECU 장착 연속 분사 방식)

㉢ D-J

- 간접 계측 연료 분사 방식이다.
- MAP센서 설치하여 엔진 회전수와 흡기다기관 절대 진공 부압으로 인젝터 기본 분사량과 점화시기를 자동제어한다.

㉣ L-jetronic : 직접 계측 방식으로 공기량 계량기가 체적질량유량을 계량한다.

㉤ LH-jetronic : 직접 계측 방식

㉥ Mono-jetronic

- SPI(인젝터가 스로틀 보디 쪽에 1개 설치 형식) 방식
- 간헐적으로 연료를 분사하는 방식

㉦ 모트로닉(Motronic) : 점화장치와 연료장치를 결합한 방식

⑤ 연료 압력 조절기

㉠ 연료 압력을 일정하게(2.0~3.0[kgf/cm^2]) 유지되도록 하여 인젝터가 분사 압력이 2.50~2.55[kgf/cm^2] 정도로 분사할 수 있도록 한다.

㉡ 흡기다기관 진공도가 높으면, 연료라인의 기준 압력보다 낮게 된다.

㉢ 인젝터 및 연료 압력 조절기 교환할 경우 O-ring이 손상되므로 스핀들유 또는 휘발유에 담근 후 조립한다.

중요 CHECK

연료 압력 측정

- 높아지는 원인
  - 연료 압력 조절기 릴리프 밸브 고착
  - 리턴호스 막힘과 진공호스 누설
  - 인젝터 막힘 및 연료 라인 막힘
- 낮아지는 원인
  - 체크 밸브 고장
  - 인젝터 누설(필터 누설)
  - 연료 압력 조절기 고장
  - 급격한 압력 저하 원인(엔진 정지) : 연료공급펌프 고장
- 공회전 상태 : 2.75~2.95[kgf/cm^2]
  가속 상태(2,000[rpm]) : 3.26~3.47[kgf/cm^2]

⑥ **컨트롤 릴레이(Control Relay)** : 운전석 커버 밑에 설치되어 배터리 전원을 ECU, 인젝터, 연료펌프, AFS, 점화스위치 공급하는 메인 릴레이다. 고장 시 크랭킹되고 시동이 걸리지 않는다(점검은 멀티 아날로그 시험기).

⑦ **흡기계통**

㉠ 공기 유량 센서(AFS ; Air Flow Sensor)

- 공기 체적 질량 유량을 검출하여 '디지털 펄스 신호'로 바꾸어 ECU에 보낸다. ECU는 이 자료를 연산 제어하여 기관의 회전수와 엔진 유입 공기량을 결정한다.
- 인젝터의 기본분사량과 점화시기를 결정한다.
- 출력 전압 : 2.7~3.2[V]
- 저항 : 3.5~6.5[kΩ](멀티시험기)

중요 CHECK

공기량 검출 센서 중에서 초음파를 이용하는 센서는 칼만와류식 에어플로 센서이다.

㉡ 대기압 센서(BPS ; Barometric Pressure Sensor)

- 차량 고도 높낮이에 따라서 연료분사량과 점화시기를 보정하는 센서이다.
- 출력전압은 3.8~4.0[V] 정도이고, 스트레인 게이지 저항값이 압력에 비례하여 변화되는 것을 이용한다.
- 피에조 저항형 센서이며 고지대에서 고장 시 검정색 매연이 미연소 상태로 배출된다.

㉢ 흡입 공기 온도 센서(ATS ; Air Temperature Sensor) : NTC서미스터(가변저항기)의 일종으로 엔진이 흡입되는 공기 온도(ATS)를 검출하여 ECU에 보내 인젝터 기본 분사량을 보정한다.

㉣ 스로틀 보디(Throttle Body) : 엔진 공기량 조절을 하며, TPS 센서는 가변 저항형 센서로서 액셀러레이터 슬랩 궤도 움직임량을 검출한다.

- 엔진 출력 제어
- 대시포트 기능(시동 꺼짐 방지)
- 자동변속기 차량 변속 시점 제어

중요 CHECK

대시포트 기능이란 차량 주행 중 급감속 시 스로틀 밸브가 급격히 닫히는 것을 방지하여 운전성을 좋게 하는 기능을 말한다.

㉤ 스로틀 포지션 센서(TPS ; Throttle Position Sensor)

- 스로틀 보디의 스로틀 밸브축과 같이 회전하는 가변저항기형 센서이다.
- 스로틀 밸브의 슬랩 궤도를 검출한다.
- 공기유량센서(AFS) 고장 시 TPS 신호에 의해 분사량을 결정한다.
- 자동 변속기에서는 변속시기를 결정해 주는 역할도 한다.

- 전자제어 자동변속기 차량에서 스로틀 포지션 센서의 출력이 60% 정도밖에 나오지 않은 경우는 킥다운이 불량하기 때문이다.

중요 CHECK

스로틀 위치 가변저항형 TPS 기준값 조정은 공회전 상태 또는 Key ON에서 실시하며 전압 400~600[mV], 저항 3.5~6.5[kΩ] 정도이다.

※ 불량인 경우

- 대시포트 기능 불량
- 급가속력 저하 원인
- 연료소모량 증대와 회전수 헌팅 발생

ⓑ 공회전(ISC)서보(Servo)

- MPS(모터위치 센서), 웜 휠, 플런저, 웜기어, 공전스위치로 구성되어 있다.
- ECU(M) 명령으로 공회전 속도를 조절 보정하는 조절기구 스위치이다.
- 저항 : 5~35[Ω]

ⓢ 크랭크축 위치 센서(CPS ; Crank Shaft Position Sensor) : 플라이휠 링 기어 부근에 장착되어 검출용 센서에 사용하며, 고장 시 크랭킹만 가능하고, 시동은 걸리지 않는다.

ⓞ CAS(크랭크각 센서) : LED(발광 다이오드) 가시광선, 적외선까지 발산하는 것을 이용하여 자동차 점화시기를 자동제어하는 센서로 엔진 회전수 및 크랭크축의 위치를 검출한다.

ⓩ MAP 센서 : 흡입공기량을 간접적으로 검출하기 위해 흡기매니폴드(다기관)의 압력변화를 감지하는 센서이다.

ⓒ 1TDC(1번 실린더 상사점 센서)

- 포토다이오드에 의해서 점화 순서를 결정하는 센서이다.
- 출력 전압 : 0.2~1.0[V] 미만이고, 불량일 경우 공회전 헌팅이 발생된다.
- 전자 엔진 차량에서 페일세이프가 적용되지 않는 센서이다.

중요 CHECK

- 전자분사엔진에서 페일세이프가 적용되지 않는 센서 : 1TDC, CAS
- 가솔린 분사엔진에서 점화시기 제어에 필요한 입력신호 : 기관 회전수, 1TDC, TPS센서 신호

ⓚ 산소센서

- 재질이 지르코니아(0.2[V](희박), 0.9[V](농후)), 최대 기전력 1.0[V] 이상의 경우 특수공구를 교환하며, 배기연소가스 온도 400[℃] 이상 800[℃] 미만에서 산소 농도를 검출하여 14.7 : 1 ECU가 공연비를 제어하는 출력신호 센서이다.
- 고장 시 공회전 헌팅 발생, 매연 증가, 가속력 저하 및 연료소모량 증대한다.

중요 CHECK

> **산소센서 피드백 제어가 해제되는 조건**
> - 시동 후 증량 작동할 경우
> - 삼원촉매장치 과열
> - 배기온도 경고등이 점등될 경우

⑧ 점화장치 계열

㉠ 반도체를 이용한 점화장치 종류

- 무접점식 콘덴서형
- 접점식 트랜지스터형
- 무접점식 트랜지스터형

㉡ 전자제어 점화장치 점화시기 제어 순서

CAS → ECU → 파워트랜지스터 → 점화코일

㉢ 점화시기 측정은 타이밍 라이트기 : 크랭크축 풀리 T자에 비춰서 공회전 상태에서 측정한다(가솔린 전자엔진 : BTDC 5° ±1~2° 이내).

㉣ 전자엔진에서 점화장치 진각을 위한 정보 제공

- ATS 신호
- TPS 개도량 신호
- WTS 신호

⑨ 배출가스 제어

㉠ HC(탄화수소) 생성 원인

- 농후한 연료가 불완전 연소 시
- 희박한 혼합기에서 점화 실화 원인
- 화염 전파 후 연소실 냉각작용으로 타다 남은 혼합기

중요 CHECK

> - 가솔린 완전연소 시 발생되는 것 : 이산화탄소와 물
> - 가솔린 불완전연소 시 가장 인체에 해로운 유해가스 : 일산화탄소

㉡ EGR 장치

- EGR 밸브는 고온 고압축 연소 시 많이 배출되는 질소산화물가스(NOx)와 광화학 스모그현상을 방지하기 위해서 흡기다기관쪽 스로틀 보디 부근에 장착되어 있다.
- 점검 : 헤드 진공펌프(0.07[kgf/cm^2] 이하 : 진공 유지, 0.23[kgf/cm^2] 이상 : 진공 해제)
- EGR 전자석 밸브 저항 : 36~44[Ω]
- 12[V] 배터리 전원 점검 시 헤드 진공펌프의 진공을 유지(양호)한다.
- EGR 가스량 $= \dfrac{\text{EGR가스량}}{\text{EGR가스량} + \text{흡입가스량}} \times 100[\%]$

중요 CHECK

서모 밸브는 수온 물통로 부근에 장착되어 엔진 정지 시 흡기다기관쪽 미연소 가스를 포집하여 시동을 걸면 EGR 밸브와 연결되어 진공 형성으로 재연소하므로 HC가 저감된다.

㉢ PCV 밸브 : 엔진 로커암 쪽에 설치된 PCV 밸브는 미연소 가스를 저감시키며, 경・중부하 상태에서 작동하여 흡기다기관의 절대 진공 압력으로 작동하여 엔진 내부 블로바이가스를 저감 재연소하여 HC를 저감시켜 준다.

㉣ 차콜 캐니스터(Charcoal Canister)

- 연료 계통에서 가솔린 증발 가스 저감 장치를 차콜 캐니스터라고 부르고 활성탄이 내장되어 있어 연료탱크, 기화기, 인젝터 연료 증발가스를 포집한 뒤에 엔진 기동 시 ECU 명령으로 PCSV가 작동하여 재연소되어 HC가 저감된다.
- PCSV 저항 : 36~44[Ω] 이내(양호)

중요 CHECK

PCSV(Purge Control Solenoid Valve)
캐니스터에서 포집된 유증기를 흡기 쪽으로 전달하는 라인에 설치되는 일종의 조절밸브이다.

㉤ 유해가스 저감 연료 개선 방법

- 연료분사 방식 채택
- 전자제어 기화기 채택
- 2차 공기 공급장치 부착
- 삼원 촉매장치
- 산소 센서 장착
- PCV 밸브 장착
- PCSV와 캐니스터 장치

⑩ **노크 제어 시스템** : 노크 센서는 실린더 블록 중앙부에 설치된 피에조 저항형 센서이며, 연소실 압력을 기전력으로 ECU에 알려주면 점화시기를 지각시켜 엔진 노킹을 억제시키는 센서이다.

⑪ **전자제어방식의 정비**

㉠ 전자분사방식 엔진에서 시동이 걸리지 않는 원인

- 인젝터 작동 불량
- 타이밍 벨트 끊어짐
- 연료펌프 배선 단선
- 연료 압력
- 흡기다기관 개스킷 불량
- CAS 또는 CPS 고장
- ECU 고장

- 파워 T/R 고장
- 점화시기 틀림
- 컨트롤 릴레이 또는 시동 릴레이 고장

㉡ 연료펌프가 연속적으로 작동할 수 있는 상태

- 급가속할 경우
- 공회전 상태
- 크랭킹할 때

CHAPTER

01 적중예상문제

01 기동 전동기가 정상 회전하지만 엔진이 시동되지 않는 원인과 관련이 있는 사항은?

㉮ 밸브 타이밍이 맞지 않을 때

㉯ 조향 핸들 유격이 맞지 않을 때

㉰ 현가장치에 문제가 있을 때

㉱ 산소 센서의 작동이 불량일 때

해설 크랭크축의 회전에 맞추어 밸브의 개폐를 정확히 유지하는 것을 밸브 개폐시기(Valve Timing)라고 하는데 밸브 타이밍이 맞지 않게 되면 엔진의 부조 및 출력부족의 원인이 될 수 있다.

02 실린더 벽이 마멸되었을 때 나타나는 현상 중 틀린 것은?

㉮ 엔진오일의 희석 및 소모

㉯ 피스톤 슬랩 현상 발생

㉰ 압축압력 저하 및 블로바이 가스 발생

㉱ 연료소모 저하 및 엔진 출력저하

해설 실린더 벽이 마멸되면 오일 소모량이 증가하고 압축 및 폭발 압력이 감소하고, 연료소모량은 증대된다.

03 자동차 전조등 주광축의 진폭 측정 시 10[m] 위치에서 우측 우향진폭 기준은 몇 [cm] 이내이어야 하는가?

㉮ 10 ㉯ 20

㉰ 30 ㉱ 39

해설
- 전조등 우진폭 : 30[cm] 이내
- 운전석 좌진폭 : 15[cm] 이내
- 상향진폭 : 10[cm] 이내
- 하향진폭 : 30[cm] 이내

정답 1 ㉮ 2 ㉱ 3 ㉰

04 밸브 오버랩에 대한 설명으로 옳은 것은?

㉮ 밸브 스프링을 이중으로 사용하는 것
㉯ 밸브 시트와 면의 접촉 면적
㉰ 흡·배기밸브가 동시에 열려 있는 상태
㉱ 로커 암에 의해 밸브가 열리기 시작할 때

해설 밸브 오버랩(Valve Overlap)은 상사점 근처에서 흡기·배기밸브가 동시에 열려 있는 기간을 말하며, 흡·배기가스의 유동 관성을 이용하여 흡·배기 효율을 향상시키기 위한 것이다.

05 연소실 압축압력이 규정 압축압력보다 높을 때 원인으로 옳은 것은?

㉮ 연소실 내 카본 다량 부착
㉯ 연소실 내에 돌출부 없어짐
㉰ 압축비가 작아짐
㉱ 옥탄가가 지나치게 높음

해설 압축압력이 규정값보다 높은 경우는 연소실에 카본이 쌓여 있기 때문이다. 규정값보다 10[%] 높을 때에는 실린더 헤드를 떼어내고, 연소실 안의 탄소를 긁어내야 한다.

06 센서 및 액추에이터 점검·정비 시 적절한 점검 조건이 잘못 짝지어진 것은?

㉮ AFS – 시동상태
㉯ 컨트롤 릴레이 – 점화 스위치 ON 상태
㉰ 점화코일 – 주행 중 감속 상태
㉱ 크랭크각 센서 – 크랭킹 상태

해설 ③ 점화코일 – 시동키 OFF 상태

07 다음은 엔진에 사용되는 윤활유의 구비 조건을 나열한 것이다. 맞지 않는 것은?

㉮ 인화점 및 발화점이 낮을 것
㉯ 온도 변화에 따른 점도 변화가 적을 것
㉰ 열전도가 좋고, 응고점이 낮을 것
㉱ 카본을 생성하지 말며, 강인한 유막을 형성할 것

해설 윤활유는 인화점과 발화점이 높아야 한다.

정답 4 ㉰ 5 ㉮ 6 ㉰ 7 ㉮

08 엔진오일의 유압이 낮아지는 원인으로 틀린 것은?

㉮ 베어링의 오일 간극이 크다.

㉯ 유압조절밸브의 스프링 장력이 크다.

㉰ 오일팬 내의 윤활유 양이 적다.

㉱ 윤활유 공급 라인에 공기가 유입되었다.

해설 유압조절밸브의 스프링 장력이 작을 때 엔진오일의 유압이 낮아진다.

09 가솔린 엔진의 작동 온도가 낮을 때와 혼합비가 희박하여 실화 되는 경우에 증가하는 유해 배출가스는?

㉮ 산소(O_2)

㉯ 탄화수소(HC)

㉰ 질소산화물(NO_x)

㉱ 이산화탄소(CO_2)

해설 탄화수소는 엔진 자체 부조나 특정조건하의 불완전 연소 시 많이 나온다.

10 가솔린 자동차로부터 배출되는 유해물질 또는 발생부분과 규제 배출가스를 짝지은 것으로 틀린 것은?

㉮ 블로바이가스 – HC

㉯ 로커 암 커버 – NO_x

㉰ 배기가스 – CO, HC, NO_x

㉱ 연료탱크 – HC

해설 로커 암 커버(엔진의 상부커버)에서는 HC성분의 블로바이가스가 배출된다.

11 배출가스 정밀검사에서 휘발유 사용 자동차의 부하검사 항목은?

㉮ 일산화탄소, 탄화수소, 엔진 정격회전수

㉯ 일산화탄소, 이산화탄소, 공기과잉률

㉰ 일산화탄소, 탄화수소, 이산화탄소

㉱ 일산화탄소, 탄화수소, 질소산화물

해설 **배출가스검사**

- 휘발유, 가스
  - 부하검사대상 : 일산화탄소(CO), 탄화수소(HC), 질소산화물(NO_x)
  - 무부하검사대상 : 일산화탄소(CO), 탄화수소(HC), 공기과잉률
- 경 유
  - 부하검사대상 : 매연, 엔진정격출력, 엔진정격회전수
  - 무부하검사대상 : 매연

8 ㉯ 9 ㉯ 10 ㉯ 11 ㉱ **정답**

12 다음 중 EGR(Exhaust Gas Recirculation) 밸브의 구성 및 기능 설명으로 틀린 것은?

㉮ 배기가스 재순환 장치

㉯ EGR 파이프, EGR 밸브 및 서모밸브로 구성

㉰ 질소화합물(NO_x) 발생을 감소시키는 장치

㉱ 연료 증발가스(HC) 발생을 억제시키는 장치

해설 배기가스재순환장치(EGR)는 배기가스의 일부를 엔진의 혼합가스에 재순환시켜 가능한 출력감소를 최소로 하면서 연소온도를 낮추어 질소산화물(NO_x)의 배출량을 감소시킨다.

13 산소센서 출력전압에 영향을 주는 요소가 아닌 것은?

㉮ 연료온도

㉯ 혼합비

㉰ 산소센서의 온도

㉱ 배출가스 중 산소농도

해설 산소센서는 배기가스 중 함유된 산소의 양을 측정하여 그 출력전압을 컴퓨터(ECU)로 전달하는 역할을 한다. 따라서 산소센서 출력전압에 영향을 주는 요소로는 배출가스 중 산소농도, 혼합비, 산소센서의 온도 등이다.

14 각종 센서의 내부 구조 및 원리에 대한 설명으로 거리가 먼 것은?

㉮ 냉각수 온도 센서 : NTC를 이용한 서미스터 전압값의 변화

㉯ 맵 센서 : 진공으로 저항(피에조)값을 변화

㉰ 지르코니아 산소센서 : 온도에 의한 전류값을 변화

㉱ 스로틀(밸브)위치 센서 : 가변저항을 이용한 전압값 변화

해설 산소 센서는 배기연소가스 중 산소농도를 기전력 변화로 검출된다.

15 바이너리 출력방식의 산소센서 점검 및 사용 시 주의사항으로 틀린 것은?

㉮ O_2센서의 내부저항을 측정치 말 것

㉯ 전압 측정 시 디지털미터를 사용할 것

㉰ 출력전압을 쇼트시키지 말 것

㉱ 유연가솔린을 사용할 것

해설 배기가스 중의 유해물을 감소시키기 위하여 산소센서, 촉매컨버터를 사용하는 엔진에서 산소센서 및 촉매컨버터의 성능을 유지하려면 납화합물이 첨가되지 않는 가솔린(무연가솔린)을 사용하여야 한다.

정답 12 ㉱ 13 ㉮ 14 ㉰ 15 ㉱

16 주행 중 기관이 과열되는 원인이 아닌 것은?

㉮ 워터 펌프가 불량하다.

㉯ 서모스탯이 열려 있다.

㉰ 라디에이터 캡이 불량하다.

㉱ 냉각수가 부족하다.

해설 서모스탯이 열려 있으면 과랭상태가 지속되어 엔진이 작동하는 적정온도까지 온도가 미치지 않게 된다. 반대로 서모스탯이 닫혀 있는 상태로 고장이 나면 냉각수의 온도가 뜨거워져 과열의 원인이 된다.

17 주행 중 기관이 과열되는 원인과 대책으로 틀린 것은?

㉮ 냉각수가 부족하므로 보충한다.

㉯ 팬벨트 이완이므로 규정 값으로 조정한다.

㉰ 수온센서 값이 실제 온도보다 높으므로 교환한다.

㉱ 방열기 캡 결함이므로 신품으로 교환한다.

해설 수온센서는 연소식 히터 내에 흐르는 냉각수의 온도를 감지하는 것이 아니라 히터 몸체의 온도를 감지하기 때문에 실제 냉각수 온도는 약 5~7[℃] 정도 높다.

18 다음 중 특히 여름철에 자동차 운행 중 냉각수 온도가 갑자기 비정상적으로 높게 올라갔을 경우에 발생 가능한 고장 원인과 거리가 가장 먼 것은?

㉮ 냉각수량이 부족하다.

㉯ 서모스탯이 불량하다.

㉰ 피스톤의 압축링이 심하게 마멸되었다.

㉱ 냉각수 펌프의 구동 벨트가 헐겁다.

해설 피스톤 링(압축링과 오일링)이 마멸되면 피스톤 링의 3가지 작용, 즉 기밀유지작용(밀봉작용), 오일 제어작용, 냉각작용 등이 원활하게 이루어지지 못해 엔진오일이 연소실로 올라와 여러 가지 장해를 일으키고, 윤활유 소비가 증가하게 된다.

엔진과열의 원인

- 냉각수 부족(냉각수 파이프에서의 누설, 라디에이터에서의 누설, 냉각수 미보충 등)
- 엔진냉각수를 순환시키는 냉각수펌프의 고장
- 냉각수펌프 구동용 벨트의 헐거움, 서모스탯의 고장, 냉각팬의 고장, 라디에이터 오염에 따른 냉각 불충분
- 엔진오일의 열화, 차량과적, 전자제어장치의 오작동 등

16 ㉯ 17 ㉰ 18 ㉰ 정답

19 냉각수 온도센서 고장 시 엔진에 미치는 영향으로 틀린 것은?

㉮ 공회전상태가 불안정하게 된다.

㉯ 워밍업 시기에 검은 연기가 배출될 수 있다.

㉰ 배기가스 중에 CO 및 HC가 증가된다.

㉱ 냉간 시동성이 양호하다.

해설 NTC 수온센서 고장 시 냉간 시동성이 좋지 않다.

20 전자제어 가솔린 엔진에서 인젝터의 고장으로 발생될 수 있는 현상으로 가장 거리가 먼 것은?

㉮ 연료소모 증가

㉯ 배출가스 감소

㉰ 가속력 감소

㉱ 공회전 부조

해설 인젝터에 문제가 발생하면 연료의 소모가 증가하게 되고 혼합비가 맞지 않아 출력이 감소한다. 또한 가속력 감소와 공회전 시 부조현상이 발생할 수 있다.

21 전자제어 가솔린 기관 인젝터에서 연료가 분사되지 않는 이유 중 틀린 것은?

㉮ 크랭크각 센서 불량

㉯ ECU 불량

㉰ 인젝터 불량

㉱ 파워 TR 불량

해설 파워 TR(트랜지스터) 불량 시 고출력 엔진 제어가 되지 않는다.

22 가솔린 기관에서 밸브 개폐시기의 불량 원인으로 거리가 먼 것은?

㉮ 타이밍 벨트의 장력감소

㉯ 타이밍 벨트 텐셔너의 불량

㉰ 크랭크축과 캠축 타이밍 정렬 틀림

㉱ 밸브면의 불량

해설 밸브 면은 밸브 시트에 접촉되어 기밀을 유지하고 밸브 헤드의 열을 시트에 전달하는 역할을 한다.

정답 19 ㉱ 20 ㉯ 21 ㉱ 22 ㉱

23 오실로스코프에서 듀티 시간을 점검한 결과 다음과 같은 파형이 나왔다면, 주파수는?

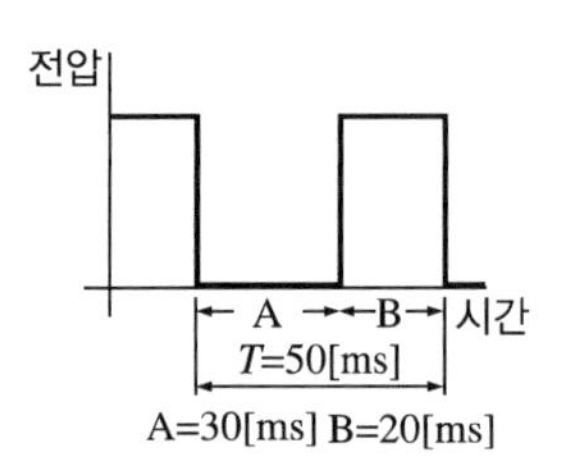

㉮ 20[Hz]　　㉯ 25[Hz]
㉰ 30[Hz]　　㉱ 50[Hz]

해설 $\text{주파수} = \frac{1}{\text{주기}[s]} = \frac{1,000}{50[ms]} = 20[Hz]$ ∵ 1[s] = 1,000[ms]

24 노킹(Knocking)과 조기점화(Pre-Ignition)에 대한 설명 중 가장 틀린 것은?

㉮ 조기점화는 연료의 종류에 의해서만 억제된다.
㉯ 디젤 노크는 연료의 착화지연이 긴 경우에 나타난다.
㉰ 가솔린 엔진에서 혼합기가 점화 플러그 이외의 방법에 의해 점화되는 것을 조기점화라고 한다.
㉱ 노킹과 조기점화는 서로 관계가 있으나, 현상은 서로 다르다.

해설 조기점화는 가솔린 엔진에서 압축된 혼합기가 점화플러그에서 스파크가 발생되기 전에 열점에 의해 연소되는 현상이다.

조기점화의 원인
- 과열된 배기밸브
- 퇴적된 카본의 과열
- 윤활작용이 제대로 되지 않을 경우
- 엔진 온도가 일정하지 않을 경우
- 전극부분의 온도가 높아질 때
- 연소실의 온도가 높을 때

25 디젤 노크를 일으키는 원인과 관련이 없는 것은?

㉮ 기관의 부하　　㉯ 기관의 회전속도
㉰ 점화플러그의 온도　　㉱ 압축비

해설 **디젤 노크를 일으키는 원인**
- 세탄가 낮은 연료(착화지연기간이 길어짐)
- 연소실의 낮은 압축비
- 연소실의 낮은 압축온도
- 기관의 낮은 회전속도
- 과다 연료분사량

23 ㉮ 24 ㉮ 25 ㉰ 정답

26 디젤 기관에서 연료분사 시기가 과도하게 빠를 경우 발생할 수 있는 현상으로 틀린 것은?

㉮ 노크를 일으킨다.
㉯ 배기가스가 흑색이다.
㉰ 기관의 출력이 저하된다.
㉱ 분사압력이 증가한다.

해설 **연료분사 시기가 빠를 경우 일어나는 현상**
- 노크현상이 발생한다.
- 연소가 불량하여 배기가스가 흑색이다.
- 저속에서 회전이 불량하여 기관의 출력이 저하된다.

27 크랭크핀 축받이 오일 간극이 커졌을 때 나타나는 현상으로 옳은 것은?

㉮ 유압이 높아진다.
㉯ 유압이 낮아진다.
㉰ 실린더 벽에 뿜어지는 오일이 부족해진다.
㉱ 연소실에 올라가는 오일의 양이 적어진다.

해설 크랭크핀과 축받이의 간극이 커지면 오일의 유출이 증가하고, 유압이 낮아지며, 운전 중 타음이 난다.

28 가솔린 기관의 유해 배출물 저감에 사용되는 차콜 캐니스터(Charcoal Canister)의 주 기능은?

㉮ 연료 증발가스의 흡착과 저장
㉯ 질소산화물의 정화
㉰ 일산화탄소의 정화
㉱ PM(입자상 물질)의 정화

해설 차콜 캐니스터(Charcoal Canister)는 활성탄이 채워져 있어 엔진이 정지되어 있을 때 연료 탱크 및 기화기로부터 발생하는 가솔린 증기를 흡착하는 데 사용된다.

29 겨울철 기관의 냉각수 순환이 정상으로 작동되고 있는데, 히터를 작동시켜도 온도가 올라가지 않을 때 주 원인이 되는 것은?

㉮ 워터 펌프의 고장이다.
㉯ 서모스탯이 열린 채로 고장이다.
㉰ 온도 미터의 고장이다.
㉱ 라디에이터 코어가 막혔다.

해설 서모스탯(수온조절기)은 냉각수의 온도를 조절하는 장치이다. 서모스탯이 고장 나서 열린 채로 있다면 엔진의 냉각수 온도가 적정온도로 올라가지 않게 된다.

정답 26 ㉱ 27 ㉯ 28 ㉮ 29 ㉯

30 크랭크축 메인베어링 저널의 오일 간극 측정에 가장 적합한 것은?

㉮ 필러 게이지를 이용하는 방법

㉯ 플라스틱 게이지를 이용하는 방법

㉰ 시염을 이용하는 방법

㉱ 직각자를 이용하는 방법

해설 **크랭크축 오일 간극 측정(규정값 : 0.02~0.07[mm])**
- 플라스틱 게이지를 베어링 가로 방향으로 놓는다.
- 베어링 캡을 규정 토크로 조인다.
- 베어링 캡을 풀고 플라스틱 게이지의 가장 넓게 퍼진 폭을 측정한다.

31 산소센서의 튜브에 카본이 많이 끼었을 때의 현상으로 맞는 것은?

㉮ 출력전압이 낮아진다.

㉯ 피드백제어로 공연비를 정확하게 제어한다.

㉰ 출력신호를 듀티제어하므로 기관에 미치는 악영향은 없다.

㉱ 공회전 시 기관 부조현상이 일어날 수 있다.

해설 기관 부조현상이란 공기와 연료의 혼합비가 맞지 않아 실린더 내의 폭발이 원할하지 못한 것을 말한다. 산소센서의 불량으로 기관 부조현상이 일어날 수 있다.

32 압축상사점에서 연소실체적 V_1 = 0.1[L], 이때의 압력은 P_1 = 30[bar]이다. 체적이 1.1[L]로 커지면 압력은 몇 [bar]가 되는가?(단, 동작유체는 이상기체이며, 등온 과정으로 가정한다)

㉮ 약 2.73[bar]

㉯ 약 3.3[bar]

㉰ 약 27.3[bar]

㉱ 약 33[bar]

해설 $P_1 \cdot V_1 = P_2 \cdot V_2$ 에서

$$P_2 = \frac{P_1 \cdot V_1}{V_2} = \frac{30 \times 0.1}{1.1} \fallingdotseq 2.73[\text{bar}]$$

30 ㉯ 31 ㉱ 32 ㉮ 정답

33 기계식 밸브 기구가 장착된 기관에서 밸브 간극이 없을 때 일어나는 현상은?

㉮ 밸브에서 소음이 발생한다.

㉯ 밸브가 닫힐 때 밸브 면과 밸브 시트가 서로 밀착되지 않는다.

㉰ 밸브 열림 각도가 작아 흡입효율이 떨어진다.

㉱ 실린더 헤드에 열이 발생한다.

해설 밸브 간극은 온도가 상승함에 따라 밸브 기구가 팽창하여 밸브면과 밸브 시트가 밀착되지 않는 것을 방지한다. 따라서 밸브 간극이 없으면 밸브가 닫힐 때 밸브 면과 밸브 시트가 서로 밀착되지 않게 된다.

34 밸브 스프링의 점검 항목 및 점검 기준으로 틀린 것은?

㉮ 장력 : 스프링 장력의 감소는 표준값의 10[%] 이내일 것

㉯ 자유고 : 자유고의 낮아짐 변화량은 3[%] 이내일 것

㉰ 직각도 : 직각도는 자유높이 100[mm]당 3[mm] 이내일 것

㉱ 접촉면의 상태는 2/3 이상 수평일 것

해설 밸브 스프링 장력은 표준장력의 15[%] 이내일 때 양호하다.

35 자동차가 주행 중 스티어링 휠이 흔들리는 원인이 아닌 것은?

㉮ 휠 얼라인먼트 불량

㉯ 허브 너트의 풀림

㉰ 쇽업소버의 작동 불량

㉱ 브레이크 라이닝의 간극 과다

해설 브레이크 라이닝의 간극이 과다하게 되면 브레이크 페달을 밟을 때 제동거리가 길어진다.

36 흡기다기관의 진공시험 결과 진공계의 바늘이 20~40[cmHg] 사이에서 정지되었다면 가장 올바른 분석은?

㉮ 엔진이 정상일 때

㉯ 피스톤 링이 마멸되었을 때

㉰ 밸브가 소손되었을 때

㉱ 밸브 타이밍이 맞지 않을 때

해설 밸브 타이밍이 맞지 않을 때 진공계 바늘이 20~40[cmHg] 사이에서 정지된다.

㉮ 엔진이 정상일 때 진공계 바늘이 45~50[cmHg] 사이에서 정지하거나 조용히 움직인다.

㉯ 피스톤 링이 마멸되었을 때 진공계 바늘이 정상보다 낮은 30~40[cmHg] 정지되어 있으며 스로틀 밸브를 급격히 여닫으면 바늘이 0까지 내려갔다가 55[cmHg]까지 상승 후 다시 30~40[cmHg]에 머무른다.

㉰ 밸브가 소손되었을 때 진공계 바늘이 정상보다 5~10[cmHg] 정도 낮게 나타나며 바늘이 규칙적으로 움직인다.

정답 33 ㉯ 34 ㉮ 35 ㉱ 36 ㉱

37 사용 중인 라디에이터에 물을 넣으니 총 14[L]가 들어갔다. 이 라디에이터와 동일한 제품의 신품 용량은 20[L]라고 한다면 이 라디에이터의 코어 막힘은 몇 [%]인가?

㉮ 20　　㉯ 25
㉰ 30　　㉱ 35

해설

$$\text{라디에이터 코어막힘률} = \frac{\text{규정용량}-\text{주입용량}}{\text{규정용량}} \times 100[\%]$$

$$= \frac{20-14}{20} \times 100 = 30[\%]$$

38 라디에이터(Radiator)의 코어 튜브가 파열되었다면 그 원인은?

㉮ 물 펌프에서 냉각수 누수일 때
㉯ 팬 벨트가 헐거울 때
㉰ 수온 조절기가 제 기능을 발휘하지 못할 때
㉱ 오버플로 파이프가 막혔을 때

해설 방열기 코어 튜브 파열 원인은 오버플로 파이프가 막혔을 때이다.

39 전자제어 가솔린 기관의 실린더헤드 볼트를 규정대로 조이지 않았을 때 발생하는 현상으로 틀린 것은?

㉮ 냉각수의 누출　　㉯ 스로틀 밸브의 고착
㉰ 실린더헤드의 변형　　㉱ 압축가스의 누설

해설 **실린더헤드 볼트를 규정대로 조이지 않았을 때 발생하는 현상**
- 실린더헤드 변형으로 헤드개스킷 파손
- 냉각수 누수로 엔진 과열원인
- 엔진 압력가스와 엔진 오일누유로 엔진 출력저하

40 배출가스 전문정비업자로부터 정비를 받아야 하는 자동차는?

㉮ 운행차 배출가스 정밀검사 결과 배출허용기준을 초과하여 2회 이상 부적합 판정을 받은 자동차
㉯ 운행차 배출가스 정밀검사 결과 배출허용기준을 초과하여 3회 이상 부적합 판정을 받은 자동차
㉰ 운행차 배출가스 정밀검사 결과 배출허용기준을 초과하여 4회 이상 부적합 판정을 받은 자동차
㉱ 운행차 배출가스 정밀검사 결과 배출허용기준을 초과하여 5회 이상 부적합 판정을 받은 자동차

해설 정밀검사 결과(관능 및 기능검사는 제외) 2회 이상 부적합 판정을 받은 자동차의 소유자는 전문정비사업자에게 정비・점검을 받은 후 전문정비사업자가 발급한 정비・점검 결과표를 지정을 받은 종합검사대행자 또는 종합검사 지정정비사업자에게 제출하고 재검사를 받아야 한다(대기환경보전법 제63조제4항).

37 ㉰ 38 ㉱ 39 ㉯ 40 ㉮ 정답

CHAPTER

02 자동차 섀시 장치 정비

제1절 동력전달장치 정비

동력전달장치는 기관(엔진)에서 발생된 동력을 구동바퀴에 전달하기 위한 장치이다.

1. 동력전달장치

(1) 클러치(Clutch)

① 클러치의 필요성

㉠ 엔진이 스스로 기동할 수 없으므로 무부하 상태로 할 필요가 있다.

㉡ 엔진 동력을 일시에 차단하여 변속을 쉽게 할 수 있도록 해야 한다.

㉢ 관성 운전을 위해서 필요하다.

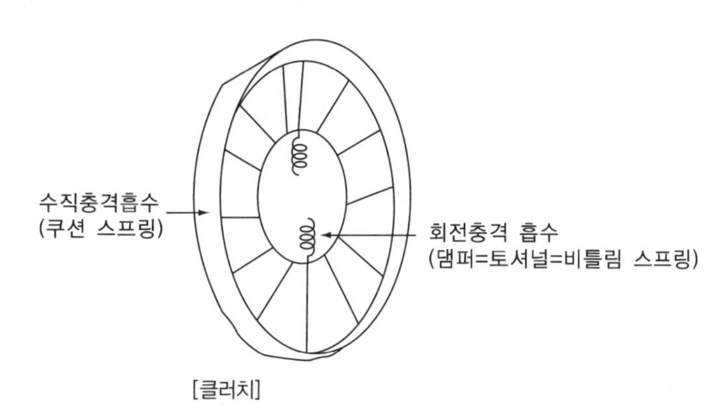

[클러치]

② 클러치 종류

㉠ 마찰 클러치 : 플라이휠과 클러치판의 마찰력에 의해 동력을 전달하는 클러치

㉡ 유체 클러치 : 자동 클러치의 한 종류로 오일을 이용하여 힘을 전달하는 클러치

㉢ 전자 클러치 : 자동 클러치의 한 종류로 자기성분의 결합력을 이용하여 힘을 전달하는 클러치

③ 클러치의 구비조건

㉠ 동력차단이 신속하고 확실하게 이뤄져야 한다.

㉡ 회전 관성이 작아야 된다.

㉢ 무게평형이 좋고 과열되지 않아야 한다.

④ 클러치의 구성과 기능

㉠ 클러치 판

• 원형의 강판으로 라이닝, 비틀림 스프링, 쿠션스프링 등으로 구성되어 있다.
• 라이닝은 마찰계수가 높고 내마멸성이 우수한 재료를 이용한다.
• 라이닝의 마찰계수는 0.3~0.5[μ]이다.

㉡ 클러치 스프링

• 플라이휠에 클러치판과 압력판을 일정한 압력으로 누르는 스프링으로 코일 스프링이나 원판 스프링이 사용된다.
• 클러치 코일 스프링 장력이 작아지면 용량이 작게 되어 동력전달의 경우 클러치판이 미끄러지는 원인이 된다.

중요 CHECK

스프링 점검사항 3가지
• 장력 : 15[%] 이내
• 직각도 : 3[%] 이내
• 자유고 : 3[%] 이내

㉢ 릴리스 베어링

• 릴리스 포크에 의해 축방향으로 움직여 회전중인 릴리스 레버를 눌러 클러치를 개방하는 일을 한다.
• 클러치 릴리스 베어링은 영구 주유식이며, 종류에는 볼 베어링, 앵귤러 접속형, 카본형이 있다.

⑤ 클러치의 성능

㉠ 클러치 용량은 엔진 회전력의 1.5~2.5배 정도이다(용량이 크면 엔진 플라이휠에 접속 시 엔진이 정지되기 쉽다).

중요 CHECK

클러치 유격
• 기계식 : 20~30[mm](유격 조정 스크루를 풀거나 조여서 조정한다)
• 유압식 : 9~13[mm](푸시로드 길이로 늘리거나 줄여서 조정한다)

㉡ 클러치가 미끄러지지 않을 등식 : $T \cdot f \cdot r \geq C$

(단, T는 스프링 장력, f는 마찰계수, r은 평균반경일 때, C는 엔진회전력)

엔진회전력을 크게 하려면 평균반경을 크게 하거나 마찰계수를 증가시키거나 스프링 장력을 높여야 한다. 평균반경을 크게 하는 것은 클러치 전체가 커지므로 효율성이 떨어진다. 마찰면을 증가시켜야 하는 이유가 여기에 있다.

㉢ 클러치가 접속할 때 비틀림, 회전 충격 흡수 기능은 댐퍼 토셔널 스프링이고, 수직 충격 흡수는 쿠션 스프링이다.

중요 CHECK

자동변속기 차량의 토크 컨버터 내부에서 고속회전 시 터빈과 펌프를 기계적으로 직결시켜 슬립을 방지하는 것은 댐퍼 클러치이다.

⑥ 클러치의 정비

㉠ 클러치가 미끄러지는 원인

- 유격이 작다.
- 디스크 마멸이 심하다.
- 클러치 디스크에 오일이 묻었다.
- 스프링 장력이 약하거나, 자유고가 감소되었다.

㉡ 클러치 차단 불량 원인

- 유격이 크다.
- 릴리스 베어링이 손상되었다.
- 유압 라인 공기 침입으로 베이퍼록이 발생했다.
- 클러치 디스크의 런 아웃(흔들림) 0.5[mm] 이상 크다.
- 클러치 각 부분이 헐겁다.

(2) 변속기(Transmission)

자동차의 주행환경에 맞춰 기관의 동력을 회전력과 속도로 바꾸어 전달하는 장치이다.

① 변속기의 필요성

㉠ 엔진 회전력을 증대하기 위해서

㉡ 무부하 상태(중립)를 위해서

㉢ 차량을 후진하기 위해서

② 수동변속기

㉠ 수동변속기의 종류

- 점진기어식 : 2륜자동차, 트랙터 등에서 사용되는 변속기로 기어 변속이 점진적으로만 가능하다(1 → 2 → 3단 기어 변속).
- 상시 치합식(물림식) : 주축기어와 부축기어가 항상 맞물려 공전하면서 클러치 기어를 이용해서 축상과 고정시키는 변속기 형식
- 동기 물림식 : 현재 많이 사용되는 방식으로 변속 시 소음이 없고 쉬우며 하중부담능력이 크다.
- 활동치합식 : 구조가 간단하고 다루기 쉽지만 소음이 나는 단점이 있다.

㉡ 싱크로 메시 기구 : 기어가 물릴 때 원활하게 변속하기 위한 것으로 싱크로 메시기구(허브, 슬리브, 고정키)가 있다.

- 싱크로나이저 슬리브 : 시프트 레버의 조작에 의해 전후방향으로 섭동하여 기어 클러치의 역할을 수행한다.
- 싱크로나이저 허브 : 주축을 회전시킨다.
- 싱크로나이저 키 : 클러치 슬리버를 고정시켜 기어물림이 빠지지 않게 하는 역할을 수행한다.

중요 CHECK

- 기어 물림 빠짐 방지 목적으로 로킹볼(Locking Ball)이 사용되고, 기어의 2중 치합 방지 목적은 인터록(Inter Lock)볼의 기능이다.
- 수동변속기 장치에서 클러치 압력판의 역할은 클러치판을 밀어서 플라이휠에 압착시키는 역할을 한다.
- 수동변속기에서 싱크로 메시(Synchro Mesh) 기구의 기능이 작용하는 시기는 변속기어가 물릴 때이다.

㉢ 변속비

- 변속비 $= \dfrac{\text{엔진 회전수}}{\text{추진축 회전수}}$

  변속비가 1 이상인 경우는 저단기어의 특성으로 속도는 감속되나 회전력이 증가하고, 변속비가 1 이하의 경우는 고단기어의 특성으로 속도는 증가하고 회전력은 감소한다.

- 최종 감속비 $= \dfrac{\text{링 기어 잇수}}{\text{구동 피니언 잇수}}$
- 총 감속비 = 변속비 × 최종 감속비이다. 감속비는 자동변속기보다 수동변속기 차량이 크다.

㉣ 수동변속기 정비

- 수동변속기 입력축 또는 부축기어 흔들림 유격 조정은 심 또는 스러스트 두께로 조정된다.
- 수동변속기 입력축 탈거 시 스냅링은 스냅링 플라이어 특수 공구가 필요하다.
- 수동변속기 자동차에서 변속이 어려운 이유는 클러치의 끊김 불량, 컨트롤 케이블의 조정불량, 싱크로 메시 기구의 불량에 의해서 발생한다.

③ **자동변속기**(Automatic Transmission) : 수동변속기의 기능을 자동으로 수행하는 것이다. 토크 컨버터와 유성기어 세트를 이용한 유압식 변속기가 가장 많이 사용되고 있다.

㉠ 자동 변속기의 구성과 특징

- 자동변속기는 토크 컨버터, 유성기어 세트, 유압 제어기구로 구성된다.
- 자동변속기 변속을 위해서 필요한 기본적인 정보에는 변속 레버의 위치, 엔진부하(스로틀 개도), 차량 속도 등이 있다.
- 충격이 적고 엔진 보호에 의한 엔진 수명이 길다.
- 연료소비율이 커서 비경제적인 단점을 가진다.

㉡ 유체 클러치

- 유체의 운동에너지를 동력으로 바꾸어 변속기에 전달하는 클러치이다.
- 펌프임펠러 크랭크축에 연결되어 유압을 발생시킨다.

• 터빈러너 : 변속기 입력축 설치
• 가이드링 : 유체 전달 와류(98[%]) 감소 및 유체 흐름 안내 기능

중요 CHECK

자동변속기 원웨이(일방향) 클러치
• 한쪽 방향으로만 회전이 가능하다.
• 토크 컨버터 스테이터 안쪽에 장착되어 있다.

㉢ 토크 컨버터
• 엔진의 동력을 자동변속기에 전달하는 일방향 클러치로 회전력을 증대시킨다.
• 펌프임펠러와 터빈러너, 스테이터 등으로 구성된다.
• 스테이터 : 작동유체의 방향을 변환시키며 토크 증대를 위한 것으로 터빈의 회전력을 증대시킨다.
• 토크 컨버터의 성능은 속도 비, 전달 효율, 토크 비로 나타낸다.
• 토크 컨버터의 회전력 변환율은 2~3 : 1 정도이다.
• 토크 컨버터 내부에서 고속회전 시 터빈과 펌프를 기계적으로 직결시켜 미끄럼에 의한 손실을 최소화하는 것은 댐퍼 클러치이다.
• 토크 컨버터의 터빈축이 연결되는 곳은 변속기 입력부분이다.
• 토크 컨버터에서 터번 러너의 회전 속도가 펌프 임펠러의 회전속도에 가까워져서 스테이터가 공전하기 시작하는 시점을 클러치점이라 한다. 이때는 속도비가 거의 같으므로 공전한다.

중요 CHECK

자동변속기 스톨시험
D, R 위치에서 3~5[s] 실시하며 최고회전속도 2,200~2,450[rpm] 실시한다.
• 엔진의 출력
• 토크 컨버터의 동력 전달상태 파악
• 토크 컨버터의 미끄러짐과 디스크 손상 유무 파악
• 결 과
  - 스톨 회전수가 낮으면 엔진 출력 부족과 토크 컨버터의 고장이다.
  - 스톨 회전수가 높으면
    ⓐ 변속 라인 압력 저하
    ⓑ 밴드 브레이크 슬립
    ⓒ 변속기 내부 클러치 슬립

㉣ 유성기어장치의 구성
• 선기어, 링기어, 유성기어, 유성기어 캐리어이며 변속 시 변속비를 결정하는 장치이고, 출력축 쪽에 장착되어 평지 길에서 오버드라이브 주행을 하기 위한 장치이다.
• 유성기어 캐리어를 한 방향으로만 회전하게 하는 것은 원웨이 클러치이다.
• 유성기어장치에서 선기어는 유성기어와 맞물려 있다.

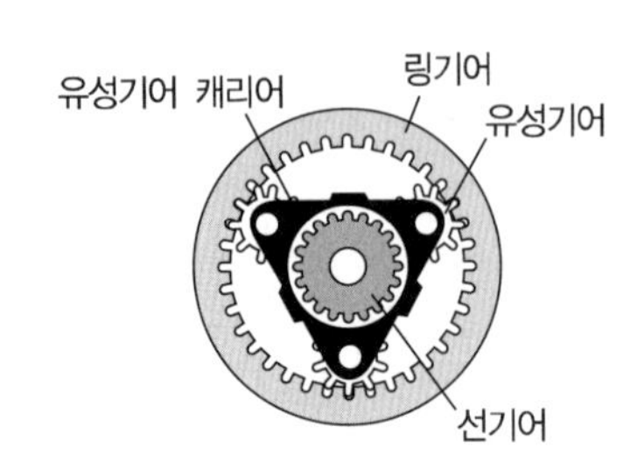

[유성기어 구성부품]

- 선기어를 고정하고 유성 피니언 캐리어를 구동시키면 링기어는 증속된다.
- 유성 기어 캐리어를 고정하고, 선기어를 회전시키면 링기어가 역전 감속된다.
- 유성 기어 캐리어를 고정하고, 링기어를 회전시키면 선기어가 역전 증속된다.
- 선기어, 유성 기어 캐리어, 링기어의 3요소 중에서 2요소를 고정하면 동력은 직결된다.

ⓜ 오버 드라이브(Over Drive) : 엔진의 여유구동력을 이용한 것으로 엔진의 출력축 회전수보다 자동변속기 추진축의 회전속도를 더 빠르게 한다.

- 차속 30[%] 증속 효과
- 엔진 수명 연장 효과
- 연료 10~20[%] 절감 효과

ⓑ 기타 장치

- 매뉴얼밸브 : 변속레버의 위치(P, R, N, D)에 따라 유압회로를 제어 유로를 변경한다.
- 레귤레이터 밸브 : 자동변속기 오일펌프에서 발생한 라인압력을 일정하게 조정한다.
- 전자제어식 자동변속기에서 사용되는 센서는 펄스 제너레이터, 스로틀 포지션 센서, 차속 센서 등이 있다.
- 스로틀 포지션 센서 : 차속센서와 함께 연산하여 변속시기를 결정하는 주요 입력신호
- 압력조절밸브는 자동변속기에서 기관속도가 상승하면 오일펌프에서 발생되는 유압도 상승하는데 이를 적절한 압력으로 조절하는 밸브이다.
- 오일펌프는 자동변속기 유압제어에 작용하는 압력을 발생시킨다.
- 자동변속기를 제어하는 TCU(Transaxle Control Unit)에 입력되는 신호는 인히비터 스위치, 스로틀 포지션 센서, 엔진 회전수이다.
- 유압제어장치의 구성은 오일펌프, 거버너 밸브, 밸브 보디이다.

중요 CHECK

자동변속기 차량에서 시동이 가능한 변속레버 위치는 P, N이다.

ⓢ 자동변속기에 사용되는 센서

- TPS
- 펄스(DC) A, B 센서
- 인히비터 스위치(각 변속레버 위치 검출)
- 점화 코일
- 수온 센서(WTS)
- 오버 드라이브 스위치
- 차속 센서
- 킥다운 서보 스위치
- 유온 센서
- 가속 스위치

중요 CHECK

자동변속기 댐퍼 클러치가 작동을 자동적으로 제어하는 데 직접적으로 관련된 센서

- 엔진 회전수
- TPS
- WTS
- 유온 센서
- 에어컨 릴레이
- 액셀러레이터 스위치
- 펄스 제너레이터 B센서(DC B센서)

ⓞ 자동변속기 오일(ATF)

- 자동변속기 오일의 구비조건으로는 기포 발생이 없고 방청성이 있을 것, 점도지수의 유동성이 좋을 것, 내열 및 내산화성이 좋을 것 등이 있다.
- 자동변속기는 유온 센서에 의해서 오일 정상온도 범위(70~80[℃])이며, 미션오일의 점도지수를 참조하여 변속 패턴에 따른 원활한 작동을 한다.
- 오일 점검은 시동을 걸고 P, N 위치에서 점검할 때 HOT 범위에 있도록 조정한다. 이때 오일의 양뿐 아니라 색깔(오염도)과 점도지수도 체크하도록 한다.

중요 CHECK

자동변속기에서 작동유의 흐름은 오일펌프 → 밸브보디 → 토크 컨버터 순이다.

④ 드라이브 라인(동력 전달) : 추진축, 자재이음, 슬립이음 등으로 구성되어 있다.

㉠ 자재 이음은 각도 변화를 위해서 등속(CV) 자재 이음은 전륜 구동식 사용, 설치경사각 29~45° 정도이다.

- 후륜 구동식 : 십자형 자재 이음전달각(12~18°)
- 플렉시블 자재 이음 전달각 : 3~5° 이내 → 이상(진동과 소음 발생)

㉡ 슬립 이음은 추진축의 길이 방향에 변화를 주기 위함이다.

- 추진축 스플라인 연결부가 마모되며 주행 중 소음과 진동이 발생한다.

㉢ 추진축의 토션 댐퍼 기능은 추진축 비틀림 진동을 방지하는 부품이다.

⑤ 킥다운(Kick Down)

㉠ 가속페달을 전 스로틀 부근까지 갑자기 밟았을 때 강제적으로 다운 시프트(4속 → 3속)되는 현상으로 스로틀 개도를 갑자기 증가시키면(약 85[%] 이상) 감속 변속되어 큰 구동력을 얻을 수 있는 변속형태를 말한다.

㉡ 전자 자동변속기 출력이 80[%] 밖에 나오지 않는다면 킥다운 고장이다.

⑥ 자동변속기의 정비

㉠ 자동변속기 분해 조립 시 유의사항

- 작업 시 청결을 유지하고 작업한다.
- 클러치판, 브레이크 디스크는 자동변속기 오일로 세척한다.
- 조립 시 개스킷, 오일 실 등은 새것으로 교환한다.

㉡ 자동변속기와 같이 무거운 물건을 운반할 때 안전사항

- 인력으로 운반 시 다른 사람과 협조하여 조심성 있게 운반한다.
- 체인 블록이나 리프트를 이용한다.
- 작업장에 내려놓을 때에는 충격을 주지 않도록 주의한다.

㉢ 자동변속기 유압시험을 하는 방법

- 오일온도가 약 70~80[℃]가 되도록 워밍업한다.
- 잭으로 들고 앞바퀴 쪽을 들어 올려 차량 고정용 스탠드를 설치한다.
- 엔진 태코미터를 설치하여 엔진 회전수를 선택한다.

㉣ 자동변속기 유압시험 시 주의할 사항

- 오일온도가 규정온도에 도달 되었을 때 실시한다.
- 측정하는 항목에 따라 유압이 클 수 있으므로 유압계 선택에 주의한다.
- 규정 오일을 사용하고, 오일양을 정확히 유지하고 있는지 여부를 점검한다.

㉤ 변속기 내부에 설치된 증속장치에 대한 설명

- 기관의 회전속도를 일정수준 낮추어도 주행속도를 그대로 유지한다.
- 기관의 회전속도가 같으면 증속장치가 설치된 자동차 속도가 더 빠르다.
- 기관의 수명이 길어지고 운전이 정숙하게 된다.

㉥ 자동변속기 차량에서 토크 컨버터 내부의 오일 압력이 부족한 원인

- 오일펌프 누유
- 오일쿨러 막힘
- 입력축의 실링 손상

㉦ 댐퍼 클러치가 작동하지 않는 범위는 다음과 같다.

- 제1속 및 후진 시
- 엔진 회전수 속도가 800[rpm] 이하

• 냉각수 온도가 50[℃] 이하 시
• 엔진 회전속도가 2,000[rpm] 이하 시 스로틀 밸브 열림량이 클 경우
• 제3속에서 제2속으로 변속 시

중요 CHECK

자동변속기 차량이 공회전 상태에서 작동하지 않는 것은 토크 컨버터의 댐퍼 클러치 작동이다.

ⓞ 자동변속기 TCU 컴퓨터 출력 신호로 받는 것
• 압력제어 솔레노이드 밸브
• 댐퍼 클러치 제어밸브
• 변속 시프트 제어압력 전자석 밸브

ⓩ 자동변속기 제어의 종류
• 변속단 제어
• 댐퍼 클러치 제어
• 라인 압력 가변 제어

ⓒ 자동변속기 점검사항
• 시동을 걸고 각 레버를 3초 정도 작동한 후에 오일양을 점검한다(HOT 범위).
• TPS 조정 및 액셀러레이터 케이블의 유격 상태를 점검한다.
• 자동변속기 매뉴얼 정비 개소 외관을 점검 및 조정한다.

제2절 조향장치 정비

1. 조향장치

(1) 개 요

① 조향장치란 자동차의 진행방향을 운전자가 임의대로 조종하기 위한 장치를 말한다.

② 조향 휠(Steering Wheel), 조향 축(Steering Shaft), 조향 기어(Steering Gear), 피트먼 암(Pitman Arm), 드래그 링크(Drag Link), 타이 로드(Tie Rod), 너클 암(Steering Knuckle Arm), 너클(Steering Knuckle) 등으로 구성된다.

③ 안쪽 바퀴의 조향각이 바깥 바퀴의 조향각보다 크게 되어 뒤 차축 연장선의 한 점을 중심으로 동심원을 그리며 선회하는 애커먼장토식의 원리를 이용한 시스템이다.

(2) 조향장치의 구조

① 조향장치의 구비조건

㉠ 조향 조작이 주행 중 충격에 영향을 받지 않을 것

㉡ 선회 시 회전 반경이 작을수록 좋음

㉢ 조작하기 쉽고 방향 전환이 원활할 것

㉣ 선회 시 저항이 작고 선회 후 복원성이 좋을 것

② 조향장치 일반

㉠ 조향장치의 동력전달 순서는 핸들 - 조향기어 박스 - 섹터 축 - 피트먼 암이다.

㉡ 조향 기어비

- 조향 휠의 움직임 양과 피트먼 암의 움직임 양을 비율로 표시한 것은 조향 기어비이다.
- 조향 기어비가 크면 휠의 조작은 가벼우나 조향조작이 늦어 고속주행 시 위험하고, 조향 기어비가 작으면 조향휠의 조작은 신속하나 큰 회전력이 필요하다.
- 보통 조향비는 10~20 : 1 정도를 유지한다.
- 조향 기어비 = $\frac{\text{조향 휠 회전각도}}{\text{피트먼 암 선회각도}}$

㉢ 조향장치에서 많이 사용되는 조향기어의 종류

- 랙-피니언(Rack and Pinion)형식
- 웜-섹터 롤러(Worm and Sector Roller)형식
- 볼-너트(Ball and Nut)형식

㉣ 가변 기어비형은 조향기어비가 직진 영역에서 크게 되고 조향각이 큰 영역에서 작게 되는 형식을 말한다.

㉤ 조향할 때 조향 방향 쪽으로 구심력이 작용하는 힘을 코너링 포스라 한다.

③ 조향장치에서 차륜정렬

㉠ 조향 휠의 조작안정성을 준다.

㉡ 조향 휠의 주행안정성을 준다.

㉢ 타이어의 수명을 연장시켜 준다.

(3) 동력조향장치(Power Steering System)

차량의 대형화 등의 이유로 앞바퀴의 접지저항이 증대됨에 따라 조향 조작력이 증대되고 이로 인해 신속한 조향조작이 힘들어졌다. 이에 오일 펌프를 구동하여 발생한 유압을 이용하여 조향 휠의 조작력을 가볍게 하는 장치를 말한다.

① 동력조향장치의 구조 : 작동부, 제어부, 동력부, 안전체크밸브 등으로 구성되어 있다.

㉠ 제어부

- 조향 휠을 조작하여 오일회로를 개폐하거나 동력 실린더의 작동 방향과 작동 상태를 제어한다.

• 안전체크밸브(Safety Check Valve)를 이용해 유압이 발생하지 않을 때 수동조작으로 대처할 수 있도록 한다.

㉡ 동력부 : 유압을 발생시키는 역할을 하며, 유압펌프, 유압제어밸브, 압력조절 밸브 등으로 구성한다.

중요 CHECK

유압식 동력조향장치에서 사용되는 오일펌프 종류
• 베인 펌프
• 로터리 펌프
• 슬리퍼 펌프

② 동력조향장치의 종류

㉠ 링키지형 : 동력실린더를 조향 링키지 중간에 설치한 형식
• 조합형 : 제어 밸브와 동력 실린더가 일체로 결합된 것으로 대형트럭이나 버스 등에서 사용
• 분리형 : 제어 밸브와 동력 실린더가 분리된 것으로 승용자동차에서 사용

㉡ 일체형 : 동력실린더를 조향기어 박스 내부에 설치한 형식, 인라인형과 오프셋형이 있다.

③ **앞바퀴 얼라인먼트** : 차륜의 진동 및 조향 시의 어려움을 제거하여 효과적인 주행을 하기 위해 앞바퀴의 기하학적인 각도관계를 맞추는 것을 말한다.

중요 CHECK

앞차륜 정렬은 공차상태에서 점검하고, ECS 점검은 점화스위치 ON 상태에서 점검한다.

㉠ 캠버(Camber) : 앞바퀴의 윗부분이 아랫부분보다 약간 바깥쪽으로 벌어져 있는 상태를 말한다.
• 조향조작을 가볍게 하며, 앞 차축의 휨을 방지할 수 있다.
• 캠버가 과도하면 타이어 모서리가 마멸된다.
• 캠버 각은 0.5°~1.5° 정도를 유지한다.

㉡ 캐스터(Caster) : 앞바퀴를 옆에서 볼 때 앞바퀴를 차축에 고정시키는 킹핀이 수직으로 존재하지 않고 일정한 각도를 갖고 있는 상태를 말한다.
• 주행 중 바퀴에 방향성을 부여하고 앞바퀴에 복원력을 부여하여 직진 위치로 쉽게 돌아오게 한다.
• 캐스터 각은 1.5°~3° 정도를 유지한다.

㉢ 킹핀 경사각(Kingpin Angle) : 앞바퀴를 앞에서 볼 때 킹핀이 바퀴의 수직선에 일정한 각도를 두고 설치된 상태를 말한다.
• 핸들의 조작력을 경쾌하게 하며, 시미현상을 방지한다. 복원성과도 관련이 있다.
• 킹핀 경사각은 2°~8° 정도를 유지한다.

중요 CHECK

• 시미(Shimmy)현상
 – 스티어링 너클핀을 중심으로 앞바퀴가 좌우로 회전하는 진동을 말한다.
 – 타이어에 동적 불평형이 존재하면 타이어가 한쪽으로 치우치게 되고 이로 인해 핸들에 진동을 가져온다.
• 시미현상의 발생 원인
 – 타이어 변형과 공기압이 부적당할 때
 – 앞바퀴 정렬이 불량할 때
 – 조향기어가 마모될 때

㉣ 토인(Toe-in) : 앞바퀴를 위에서 볼 때 좌우 타이어의 중심선의 거리가 앞부분이 뒷부분보다 약간 좁게 설정되어 있는 상태를 말한다.
 • 앞바퀴를 평행하게 회전시키며, 타이어 마멸을 방지한다. 토아웃 현상을 방지한다.
 • 토인 값은 승용차의 경우 2~3[mm], 대형차의 경우 4~8[mm] 정도를 유지한다.

㉤ 세트 백 : 앞차축과 뒤차축의 평행도를 말한다.

중요 CHECK

자동차 앞차륜 정렬에서 킹핀의 연장선과 캠버의 연장선이 지면에서 만나게 되는 것을 스크러브 레디어스라고 한다.

④ 동력조향장치의 정비

㉠ 유압식 동력조향장치에서 주행 중 핸들이 한쪽으로 쏠리는 원인
 • 토인 조정불량
 • 좌우 타이어의 이종사양
 • 타이어 편 마모

㉡ 동력조향장치에서 오일펌프에 걸리는 부하가 기관 아이들링 안정성에 영향을 미칠 경우 오일펌프 압력 스위치는 기관 아이들링 회전수를 증가시킨다.

㉢ 동력조향장치 정비 시 안전 및 유의 사항
 • 공간이 좁으므로 다치지 않게 주의한다.
 • 제작사의 정비 지침서를 참고하여 점검・정비한다.
 • 각종 볼트 너트는 규정 토크로 조인다.

㉣ 동력 조향장치의 스티어링 휠 조작이 무거울 때 의심되는 고장부위
 • 랙 피스톤 손상으로 인한 내부 유압 작동 불량
 • 오일탱크 오일 부족
 • 오일펌프 결함

(4) 전자제어 파워 스티어링(Electronic Power Steering)

주행조건 및 환경에 맞도록 센서의 신호를 이용해 조향력 등을 전자제어하는 시스템을 말한다.

① EPS의 특징

㉠ 제어방식에서 차속감응과 엔진회전수 감응방식이 있다.

㉡ 급조향 시 조향 방향으로 잡아당기는 현상을 방지하는 효과가 있다.

㉢ 공전과 저속에서 핸들 조작력이 작다.

㉣ 저속 주행에서는 조향력을 가볍게 고속주행에서는 무겁게 되도록 한다.

㉤ 중속 이상에서는 차량속도에 감응하여 핸들 조작력을 변화시킨다.

㉥ 차량속도가 고속이 될수록 큰 조작력을 필요로 한다.

㉦ 유량제어 밸브를 이용해 차속과 조향각 신호를 기초로 최적상태의 유량을 제어하여 조향 휠의 조향력을 적절히 변화시킨다.

중요 CHECK

전자제어 동력조향장치의 요구조건

- 저속 시 조향 휠의 조작력이 적을 것
- 긴급 조향 시 신속한 조향 반응이 보장될 것
- 직진 안정감과 미세한 조향 감각이 보장될 것

② ECU 입력 요소

㉠ 스로틀 포지션 센서 : 스로틀 밸브의 열림 정도를 전압의 형태로 전달하는 센서

㉡ 차속센서(Vehicle Speed Sensor) : 조향력을 조절하고 공회전 속도조정, 부하여부를 감지한다.

㉢ 조향각 센서 : 운전자가 핸들에 가하는 회전각도, 방향 및 회전속도를 감지해 변하는 주행 환경에 맞춰 최적의 핸들 조작을 제공하고 서스펜션 및 헤드라이트의 방향을 조정하는 센서

③ 전동식 전자제어 조향장치

㉠ 구성품 : 모터, 컨트롤유닛, 조향각센서 등으로 구성된다.

㉡ 유압식 동력조향장치와 비교하여 전동식 동력조향장치 특징

- 유압제어를 하지 않으므로 오일이 필요 없다.
- 유압제어 방식 전자제어 조향장치보다 부품 수가 적다.
- 유압제어를 하지 않으므로 오일펌프가 필요 없다.

㉢ 토크센서 : 비접촉 광학식 센서를 사용하여 운전자의 조향 휠 조작력을 검출하는 센서로 조향 휠을 돌릴 때 조향력을 연산할 수 있도록 기본 신호를 컨트롤 유닛에 보낸다.

제3절 현가장치 정비

현가장치는 차축과 프레임을 연결하여 주행 중에 발생하는 진동이나 충격을 흡수하여 승차감과 자동차의 안전성을 향상시키는 장치이다.

1. 현가장치

(1) 현가장치의 구성

현가장치는 스프링, 쇽(쇼크)업소버, 스태빌라이저 등으로 구성된다.

① 현가장치의 구비조건

㉠ 승차감 향상을 위해 상하 움직임에 적당한 유연성이 있어야 한다.

㉡ 주행 안정성이 있어야 한다.

㉢ 구동력 및 제동력 발생 시 적당한 강성이 있어야 한다.

② 스프링 : 스프링의 종류에는 판 스프링, 코일 스프링, 토션 바 스프링, 공기 스프링, 고무 스프링 등이 있다.

㉠ 판 스프링(Leaf Spring)

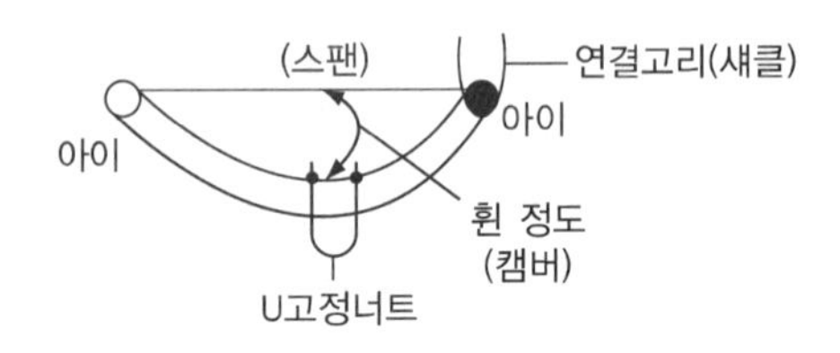

[판 스프링]

- 비틀림에 강하고 진동 흡수능력이 뛰어나 주로 일체식 현가장치에 많이 사용된다.
- 구조가 간단하나 승차감이 좋지 못한 단점이 있다.
- 판 스프링은 섀클핀에 의해서 프레임에 설치된다.
- 섀클(Shackle)은 스팬의 길이를 변화시켜 주기 위해 판 스프링에서만 사용하는 장치이다.

㉡ 토션 바 스프링(Torsion Bar Spring)

- 스프링 강으로 만든 가늘고 긴 막대 모양으로 비틀림 탄성을 이용하여 완충 작용을 하는 스프링이다.
- 현가 높이를 조정할 수 없고, 좌우가 구분되어 있다.
- 단위 무게에 대한 에너지 흡수율이 다른 스프링에 비해 크며 가볍고 구조도 간단하다.
- 구조가 간단하고 가로 또는 세로로 자유로이 설치할 수 있다.
- 진동의 감쇠 작용이 없어 쇽업소버를 병용하여야 한다.

㉢ 공기 스프링(Air Spring)
- 공기의 압축 탄성을 이용한 스프링이다.
- 승차감이 우수하여 대형 버스에서 주로 사용되고 있다.

③ 쇽업소버(Shock Absorber)

㉠ 상하 수직 자유진동을 흡수하여 섀시 부품 손상을 방지하는 장치이다.

㉡ 스프링의 고유진동을 흡수하여 승차감을 향상시키는 역할을 담당한다.

㉢ 오버 댐핑은 감쇠력이 클 경우 발생하는 현상으로 승차감이 딱딱한 형태를 말한다.

㉣ 언더 댐핑은 댐퍼의 감쇠력이 스프링의 경도보다 작아 발생하는 현상으로 통통 튀는 느낌의 승차감을 느끼게 한다.

중요 CHECK

- 드가르봉식 쇽업소버는 구조가 간단하고, 방열효과가 좋다. 내부 질소가스 압력이 있으므로 분해 시 위험하다.
- 전자제어 현가장치에 사용되는 쇽업소버 내부에서 상하로 이동하는 작은 오일구멍을 오리피스라 한다.

④ 스태빌라이저(Stabilizer)

㉠ 차체의 기울임을 방지하는 장치로서 자동차가 선회할 때 차체의 좌우 진동을 억제하고 롤링을 감소시키는 역할을 수행한다.

㉡ 독립현가장치에서 자동차 앞뒤에 모두 토션 바를 사용하는데 앞쪽에 스태빌라이저를 부착하면 언더스티어가 증가하고, 뒤쪽에 스태빌라이저를 부착하면 오버스티어된다.

㉢ 오버스티어란 선회 주행 시 뒷바퀴 원심력이 작용하여 일정한 조향 각도로 회전해도 자동차의 선회 반지름이 작아지는 현상을 말한다.

㉣ 스태빌라이저 바(Bar)는 현가장치에서 좌우 기울기와 롤링 방지 목적으로 자동차 앞차축 부근에 설치된다.

(2) 현가장치의 구조상 분류

일체차축식, 독립현가식, 공기현가식, 전자제어현가식이 있다.

중요 CHECK

전륜 구동식의 특징
- 엔진이 횡으로 설치되어 실내 공간이 넓어진다.
- 직진성이 후륜 구동식보다 우수하다.
- 차량 경량화가 가능하다.

① 일체차축식

㉠ 차축의 양쪽 끝에 바퀴가 달려 있고, 차축이 스프링으로 연결하여 차체에 설치된 형태를 말한다.

㉡ 특징 : 스프링으로는 판 스프링이 주로 사용된다.

㉢ 장단점

- 장점 : 부품수가 적어 구조가 간단하고, 선회 시 차체의 기울기가 적다.
- 단점 : 로드 홀딩과 승차감이 좋지 않다.

② 독립현가식

㉠ 프레임에 컨트롤 암을 설치하고 이것을 조향너클에 결합한 것으로 양쪽 바퀴가 따로 단독으로 움직이게 하여 안정감을 향상시킨 방식으로 승용자동차에 주로 이용된다.

㉡ 특 징

- 바퀴의 시미현상이 잘 일어나지 않는다.
- 스프링 밑 질량이 작아 승차감이 우수하다.
- 로드 홀딩이 우수하고, 스프링 정수가 작은 코일 스프링도 사용할 수 있다.

㉢ 장단점

- 장점 : 승차감이 우수하며, 안정성이 향상된다.
- 단점 : 구조가 복잡하고 타이어 마멸이 촉진된다.

㉣ 앞 차륜 독립현가장치의 종류

- 위시본 형식(Wishbone Type) : 평행사변형 형식과 SLA 형식이 있다. 스프링이 피로하거나, 약해지면, 부(−) 캠버가 된다.

중요 CHECK

SLA(Short Long Arm)식

- 컨트롤 암의 길이는 아래 컨트롤 암이 위 컨트롤 암보다 길다.
- SLA 형식에서 과부하가 발생하면 더욱 더 부(−)의 캠버가 된다.

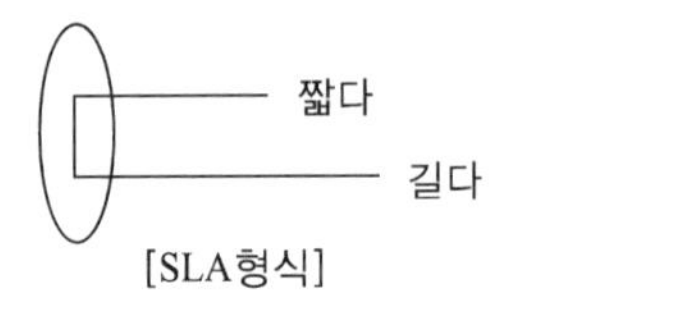

[SLA형식]

- 맥퍼슨 형식(Macpherson Type) : 스트럿 형식이라고도 한다. 현가장치와 조향 너클이 일체로 되어 있다. 장점으로는 위시본형에 비하여 구조가 간단하고, 로드 홀딩이 좋으며 엔진 룸의 유효공간을 넓게 할 수 있다.
- 트레일링 암 형식(Trailing Arm Type) : 타이어 마멸이 적으나 제동 시 노스다운이 일어나기 쉽다.

중요 CHECK

노스다운이란 자동차가 급제동 시 앞으로 내려앉은 다음 정지하는 현상을 말한다.

③ 공기현가식

㉠ 구성 : 공기 스프링, 레벨링 밸브, 공기 저장 탱크, 공기 압축기로 구성된다.

㉡ 특 징

- 스프링 정수가 자동적으로 조정되므로 하중의 증감에 관계없이 고유 진동수를 거의 일정하게 유지할 수 있다.

- 공기 스프링 자체에 감쇠성이 있으므로 작은 진동을 흡수하는 효과가 있다.
- 하중 증감에 관계없이 차체 높이를 일정하게 유지하며 앞뒤, 좌우의 기울어짐을 방지할 수 있다.

㉢ 공기 스프링 현가장치에서 차량의 높이를 일정하게 유지시켜주는 부품은 레벨링 밸브이다.

중요 CHECK

- 피칭은 자동차가 앞뒤로 움직이는 진동이다.
- 롤링은 차체가 좌우로 흔들리는 고유 진동으로 윤거의 영향을 많이 받는다.

(3) 스프링의 질량 진동

① 스프링 진동 중 위 질량 진동의 종류

㉠ 바운싱 : Z축 방향의 상하 평행 진동

㉡ 피칭 : Y축 중심으로 회전하는 앞뒤 진동

㉢ 롤링 : X축 중심으로 회전하는 좌우 진동

㉣ 요잉 : Z축 중심으로 회전하는 수평 진동

② 스프링 진동 중 아래 질량 진동의 종류

㉠ 휠 홉 : Z축 방향의 상하 평행 진동

㉡ 휠 트램프 : X축 중심으로 회전하는 좌우 진동

㉢ 와인드업 : Y축 중심으로 회전하는 앞뒤 진동

중요 CHECK

뒤차축 구동 방식
- 호치키스 구동(Hotchkiss Drive) : 판 스프링 사용 시
- 토크튜브 구동(Torque Tube Drive) : 코일 스프링 사용 시
- 레디어스 암(Radius Arm Drive) : 코일 스프링 사용 시

(4) 전자제어현가식(ECS ; Electronic Control Suspension)

노면 상태, 주행 조건, 운전자 선택에 따라 각종 센서를 통해 승차감 및 안정성을 전자적으로 제어하는 방식을 말한다.

① 전자제어현가장치의 개요

㉠ 기 능
- 급제동 시 노스다운 현상 방지 기능
- 노면으로부터 차고 조정 기능
- 노면에 따라 승차감 조절 기능
- 급커브 선회할 때 원심력에 의한 차체 기울어짐 방지 기능

㉡ 특 징

- 조향 조종성 안정을 향상시킨다.
- 스프링 상수 및 댐핑력을 제어한다.
- 고속 주행 시 차체 높이를 낮춰서 공기저항을 줄인다.

㉢ 장 점

- 고속 주행 시 안정성이 있다.
- 승차감이 좋다.
- 지면으로부터의 충격을 감소한다.

㉣ 구성부품

- 헤드라이트 릴레이 : 엔진의 시동여부를 감지한다.
- 발전기 L단자 : 엔진의 시동여부를 감지한다.
- 도어 스위치 : 도어의 열림상태를 감지한다.
- 중력(G 센서) : 차체의 상하 진동 폭 등을 감지한다.
- 제동등 스위치 : 운전자의 브레이크 페달 조작여부를 감지한다.
- 전자제어 현가장치(ECS) 지시등 : ECS 모드(오토, 스포츠 등)를 표시한다.
- 차속 센서 : 차량의 주행속도를 검출한다.
- 차고 센서(2개) : 구성부품은 발광다이오드와 광트랜지스터이며 액슬축과 차체 사이에 앞뒤 총 2개가 장착된다. 차량 높이를 높이는 방법은 공기 체임버와 쇽업소버의 길이를 증가시키면 가능하다.
- 조향 휠 각속도 센서 : 핸들 밑에 설치되어 급커브길 주행 시와 같은 핸들의 회전속도와 회전각을 검출한다.
- TPS(스로틀 위치 센서) : 가속 페달을 밟은 양과 변화속도를 검출한다.
- 액추에이터 : 공기 스프링 상수와 쇽업소버의 감쇠력을 조절한다.

중요 CHECK

액추에이터

- 전기 신호에 응답하여 어떤 동작으로 이행하는 것(유체에너지 → 열에너지)
- 전자제어 현가장치(ECS)에서 액추에이터는 쇽업소버에 장착되어 컨트롤 로드를 회전시켜 오일 통로가 변화되면 Hard나 Soft로 감쇠력 제어를 가능하게 한다.

㉤ 운전자가 선택가능한 ECS 모드

- Auto(자동) 모드와 Sport(스포츠) 모드가 있다.
- Auto(자동) 모드에서는 주행조건과 노면상태에 따라 미끄러운 노면 길에서는 Hard 모드, 비포장길 주행에서는 Soft 모드, 일반적인 환경에서 Medium 모드로 조절된다.
- 스포츠 모드에서는 주행조건과 노면상태에 따라 일반적인 환경에서 Medium 모드와 Hard 모드로 선택 변환된다.

② 전자제어 현가장치 이론

㉠ ECS에서 차고 조정이 정지되는 조건 3가지

- 급커브길을 선회할 때
- 급가속할 때
- 급제동할 때

㉡ ECS 공기압축기 저장 탱크 내의 구성 부품

- 잔압 체크밸브
- 드라이어
- 어큐뮬레이터(축압기)

㉢ 안티 롤 제어

- 조향 휠 각도센서와 차속정보에 의해 ROLL 상태를 조기에 검출해서 일정시간 감쇠력을 높여 차량이 선회 주행 시 ROLL을 억제하도록 한다.
- 안티 롤 자세제어 시 입력신호로 사용되는 것 조향 휠 각센서 신호이다.

중요 CHECK

전자제어현가장치(ECS)에서 감쇠력 제어 상황

- 고속 주행하면서 좌회전할 경우
- 정차 중 급출발할 경우
- 고속 주행 중 급제동한 경우

㉣ 전자제어 현가장치(ECS) 입력신호에는 차고센서, 조향휠 가속도 센서, 차속센서, 브레이크 스위치, 감쇠력 모드 전환 스위치, 스로틀 포지션 센서 등이다.

㉤ 전자제어 현가장치의 출력부에 해당하는 것은 지시등, 경고등, 액추에이터, 고장코드 등이다.

③ **정속 주행장치** : 차량의 속도가 40[km/h] 이상에서 일정 속도로 주행하기 위한 장치로서 오토 크루즈 컨트롤 유닛의 입력신호는 클러치 스위치, 브레이크 스위치, 크루즈 컨트롤 스위치 신호를 받아서 가속 페달을 밟지 않고도 일정 속도로 주행이 가능한 장치이다.

㉠ 장 점

- 엔진 수명 연장
- 연료 절감 10 ~ 20[%] 정도
- 운전자 피로 경감

㉡ ECU 차량 정보 신호

- 엔진 회전수
- 차량 속도
- 스로틀 밸브 열림

㉢ 해제되는 조건
- 40[km/h] 이하 주행 시
- 브레이크 작동 시
- 변속기 N(중립)시켰을 때

④ ECS 정비 시 안전작업 방법
㉠ 차고조정은 공회전 상태로 평탄하고 수평인 곳에서 한다.
㉡ 배터리 접지단자를 분리하고 작업한다.
㉢ 공기는 드라이어에서 나온 공기를 사용한다.

제4절 제동장치 정비

제동장치(Brake System)는 주행 중인 자동차의 속도를 감소시키거나 정지시키며, 정차 중인 자동차의 경우 움직이지 않도록 하는 시스템이다.

1. 제동장치

(1) 제동장치의 종류

① 용도에 따른 분류
㉠ 주차 브레이크
- 주차할 때, 내리막길에서 주로 사용한다.
- 뒷바퀴를 일시 제동시키는 역할을 수행한다.

㉡ 풋 브레이크
- 가장 일반적으로 사용하는 브레이크로 발로 밟아서 작동시킨다.
- 작동원리에 따라 기계식, 유압식, 공기식, 배력식 등으로 분류된다.

㉢ 감속 브레이크
- 과도한 부하로 인한 브레이크 장치 보호하고 제동력을 좀 더 향상시키기 위해 고속도로 주행이나 경사로를 내려갈 때 속도를 감속하는 브레이크
- 배기 브레이크, 와전류 브레이크(배터리), 하이드롤릭 브레이크, 엔진 브레이크 등이 있다.

㉣ 비상 브레이크 : 압축공기를 사용하는 브레이크 시스템에서 공기계통에서 이상 발생 시 자동적으로 스프링 장력을 이용하여 제동되도록 한 브레이크

② 작동방식에 따른 분류

㉠ 기계식 브레이크 : 브레이크 페달이나 핸드 브레이크를 이용하여 제동력을 케이블 등에 의하여 마찰부에 전달하는 방식이다.

㉡ 유압식 브레이크

- 파스칼의 유압 원리를 이용하는데 파이프 내경이 동일한 밀폐 상태에서 브레이크 작동 시 4바퀴의 휠 실린더에 작용하는 유압의 힘은 동일하게 작용하는 원리를 이용한 것이다.
- 유압식 제동장치에서 브레이크 라인 내에 잔압(0.6~0.8[kgf/cm^2])을 두는 목적은 베이퍼록의 방지, 신속한 브레이크 동작, 유압회로에 공기 침입 방지, 휠 실린더 내에서 브레이크 액 누출 방지를 위해서이다.

㉢ 배력식 브레이크 : 엔진 흡입 행정에서 발생하는 진공부압(0.7[kgf/cm^2])과 공기의 압력 차를 이용하는 진공 배력식(하이드로 백, 마스터 백)이 있고 압축 공기의 압력과 대기압 차를 이용한 공기 배력식이 있다.

(2) 제동장치의 구성

① 마스터 실린더(Master Cylinder)

㉠ 마스터 실린더는 마스터 실린더 보디, 피스톤, 피스톤 컵, 체크밸브, 리턴 스프링, 휠 실린더 등으로 구성되어 페달의 힘을 받아 유압을 발생시키는 역할을 수행한다.

㉡ 탠덤마스터 실린더는 앞뒤 바퀴의 제동 안전성을 높이기 위한 안전장치이며, 브레이크 페달을 밟으면 1차 피스톤 컵에서 유압이 발생하고 2차 피스톤 컵 실(Seal)은 오일 누출을 방지하는 기능을 한다.

㉢ 마스터 실린더 체크밸브는 리턴 스프링과 함께 브레이크 파이프 내의 잔압을 유지한다.

㉣ 리턴 스프링은 피스톤의 신속한 복원과 잔압을 유지시키는 역할을 수행한다. 리턴스프링 장력이 약해지면 브레이크 풀림이 늦어진다.

㉤ 휠 실린더는 브레이크를 드럼에 압착시키는 역할을 수행한다.

㉥ 마스터 실린더의 리턴구멍 막히면 브레이크가 풀리지 않는다.

중요 CHECK

리미팅 밸브(Limiting Valve)는 급제동 시 마스터 실린더에 발생된 유압이 일정압력 이상이 되면 휠 실린더 쪽으로 전달되는 유압상승을 제어하여 차량의 쏠림을 방지하는 장치이다.

② 브레이크 슈(Brake Shoe)

㉠ 브레이크 슈는 웨브, 슈 리턴 스프링, 홀드다운스프링크립 등으로 구성되어 휠 실린더로부터 제동력을 전달받아 회전하는 브레이크 드럼을 강제하는 역할을 수행한다.

㉡ 브레이크 슈는 몰드라이닝에 비석면이 마찰재가 사용되며, 매 20,000[km] 점검, 교환한다.

㉢ 작동형식에 따라 리딩 트레일링 슈 형식, 서보 형식, 듀오 서보식 등으로 구분된다.

㉣ 슈 리턴스프링의 작용
- 오일이 휠 실린더에서 마스터 실린더로 되돌아가게 한다.
- 슈와 드럼 간의 간극을 유지해 준다.
- 슈의 위치를 확보한다.

㉤ 슈 리턴스프링의 관리
- 슈 리턴스프링이 약하면 드럼을 과열시키는 원인이 될 수도 있다.
- 슈 리턴스프링이 강하면 드럼과 라이닝의 접촉이 신속히 해제된다.
- 슈 리턴스프링이 약하면 브레이크슈의 마멸이 촉진될 수 있다.

③ 드 럼

㉠ 브레이크 드럼은 바퀴와 함께 회전운동을 하는 장치로 브레이크 슈와 접착하여 두 장치의 마찰로 제동력을 발생시키는 역할을 한다.

㉡ 브레이크 드럼의 구비조건
- 가볍고 강성이 우수할 것
- 정적과 동적 평형이 잡혀 있을 것
- 내마멸성이 우수한 특수주철을 사용할 것
- 방열이 잘되고 과열되지 말 것

㉢ 드럼과 라이닝
- 드럼과 라이닝의 간극은 0.3~0.4[mm]가 적당하다.
- 간극이 너무 작으면 브레이크 끌림 현상과 페이드 현상이 발생한다.
- 간극이 너무 크면 브레이크의 작동이 늦어진다.

중요 CHECK

페이드 현상
- 빈번한 브레이크 조작으로 인해 온도가 상승하여 마찰계수 저하로 제동력이 떨어지는 현상
- 응급처치 방법 : 자동차를 세우고 열이 식도록 한다.

④ 브레이크 오일

㉠ 주성분 : 알코올과 피마자 기름

㉡ 관리법 : 브레이크 오일은 광화학유이므로 장갑 착용 후 정비하고, 공기 중 수분이 흡수되면 비점이 낮아져서 베이퍼록 현상이 발생하여 제동력이 저하된다.

㉢ 브레이크 오일의 구비조건
- 점도가 알맞고, 점도 지수가 클 것
- 윤활성이 있고 침전물이 생기지 않을 것
- 빙점은 낮고, 비등점은 높을 것

- 화학적 안정성이 높을 것
- 금속제품을 부식, 팽창시키지 말 것

(3) 디스크 브레이크

① 디스크 브레이크는 유압에 의해 작동하는 패드로 회전하는 디스크를 압착하여 제동력을 발생시키는 장치로 승용자동차의 주제동 브레이크로 많이 사용된다.

② **디스크 브레이크의 장점**

㉠ 대기 중에 패드가 노출되어 있어 방열성이 우수하여 제동 안정성이 크다.

㉡ 자기 작동이 없어서 제동력 변화가 적다.

㉢ 부품의 평형성이 우수하며, 한쪽만 제동되는 일이 없다.

㉣ 디스크에 이물질이 묻어도 이탈이 쉽고, 구조가 간단하여 정비가 쉽다.

㉤ 드럼 방식과 비교했을 때 패드의 교환이 용이하다.

③ **디스크 브레이크의 종류** : 대향 피스톤 형식, 플로팅 캘리퍼형, 뒷바퀴용 등이 있다.

중요 CHECK

디스크 브레이크에서 패드 접촉면에 오일이 묻으면 브레이크가 잘 듣지 않으므로 주의해야 한다.

(4) 공기식 브레이크

① 공기식 브레이크는 공기압축기를 이용하여 만든 압축공기로 제동력을 발생시키는 브레이크로 공기압축기, 공기탱크, 드레인 콕, 체크 밸브, 안전 밸브, 릴레이 밸브, 브레이크 체임버, 브레이크 밸브, 퀵 릴리스 밸브, 언로더 밸브, 저압 표시기 등으로 구성된다.

② **구성 및 기능**

㉠ 브레이크 밸브는 페달에 의해서 개폐되며, 페달을 밟는 양에 따라서 압축공기를 앞뒤 릴레이 밸브로 보내서 브레이크 체임버로 가는 공기량을 제어한다.

㉡ 언로더 밸브는 공기탱크 압력이 규정값(5.0~7.0[kgf/cm^2]) 이상이 되면 압력조정밸브를 통하여 언로더 밸브에 가해지게 되고 흡기밸브가 열려서 공기 압축기 작동이 정지된다.

㉢ 제동력을 크게 하기 위해서는 언로더 밸브를 조절한다.

㉣ 캠은 최종적으로 몰드라이닝 슈를 확대・수축하는 기능을 한다.

㉤ 공기 브레이크장치에서 약간의 공기 누설은 제동력에 영향을 주지 않는다.

㉥ 레벨링 밸브는 좌우 기울기 조절을 담당한다.

㉦ 압력조정밸브는 브레이크장치에 일정한 압력을 유지하도록 제어하며, 조정량에 따라서 제동력의 크기가 달라진다.

㉧ 브레이크 체임버는 공기압을 기계적 운동으로 바꾸어 준다.

ⓩ 릴레이밸브는 브레이크 페달을 밟으면 브레이크 체임버로 공기가 들어가게 하고 페달을 놓으면 체임버 내의 압축공기를 신속하게 방출시켜 브레이크가 풀리게 한다.

ⓧ 앞바퀴로 압축공기가 공급되는 순서는 공기탱크-브레이크 밸브-퀵 릴리스밸브-브레이크 체임버 순이다.

ⓚ 드레인 콕은 공기 압축기 탱크 내부에 있는 수분을 제거한다. 차종에 따라서 공기 드라이어를 설치한다.

중요 CHECK

- 진공식 브레이크 배력장치
  - 흡기 다기관의 부압을 이용한다.
  - 기관의 진공과 대기압을 이용한다.
  - 배력장치가 고장 나면 일반적인 유압 제동 장치로 작동된다.
- 브레이크 배력장치에서 브레이크를 밟았을 때 하이드로백 내의 작동
  - 진공 밸브는 닫힌다.
  - 동력 피스톤이 하이드로릭 실린더 쪽으로 움직인다.
  - 동력 피스톤 앞쪽은 진공상태이다.

(5) 베이퍼록 현상

① **개념** : 기관을 오래 운용하다보면 기관의 열이 브레이크 계통에 전달되어 브레이크 액이 가열되는데, 이때 끓는 기포로 인해 브레이크를 밟더라도 그 힘이 전달되지 않는 현상이 발생한다. 이를 베이퍼록이라고 한다.

② **브레이크 장치에서 베이퍼록 현상(기포 발생)이 생기는 원인**

㉠ 긴 내리막길에서 과도한 발 브레이크 사용

㉡ 드럼과 몰드라이닝 패드 마찰

㉢ 마스터 실린더, 슈리턴 스프링 장력 느슨함

㉣ 비점이 낮은 브레이크 액 사용

㉤ 브레이크슈 리턴 스프링의 쇠손에 의한 잔압 저하

(6) ABS(Anti-lock Brake System)

① **개 요**

㉠ ABS 브레이크는 제동 시 또는 록업 시 미끄러짐 방지와 조향의 방향 안전성과 전복이나 스핀을 방지하여 최소거리에서도 제동 효과가 우수하며 타이어 마멸을 최소로 하는 안전 브레이크 시스템이다.

㉡ ABS 브레이크의 사용 목적

- 차량의 방향성 확보
- 차량의 조종성 확보

• 제동 시 스핀과 전복 방지
• 제동 시 옆 방향 미끄러짐 방지
• 조향의 안전성 우수
• 제동거리가 짧다.

중요 CHECK

전자제어 제동 시스템(ABS)에서 입력신호
• 스피드 센서
• 브레이크 스위치
• 축전지 전원

② **구성과 기능** : ABS는 ECU(전자제어 유닛), HCU(하이드로릭 컨트롤 유닛), 휠 스피드 센서, 하이드롤릭 모터, 딜레이 밸브, 유압 모듈레이터 등으로 구성된다.

㉠ ECU(전자제어 유닛)
• 센서 정보를 받아서 ABS를 제어하는 컴퓨터이다.
• ABS 차량의 유압 조정기는 ECU에 의해서 조정되는 전기 모터이다.

㉡ HCU(하이드롤릭 유닛, 유압 조정 장치) : ECU 신호에 따라서 마스터 실린더 작동압력 범위에서 각 바퀴 휠 실린더의 유압을 조정한다.

㉢ 휠 스피드 센서는 바퀴가 고정(잠김)되었는지 여부와 휠의 회전속도를 검출하는 센서로 전자유도 작동 원리로 4바퀴에 장착되어 4센서 3채널 방식이 주로 사용된다.
• 톤 휠과 폴피스 간격은 0.3~0.9[mm] 정도이고 불량 시 ABS 경고등이 점등된다.
• ABS 슬립률 계산식 $= \frac{\text{차체 속도} - \text{바퀴 속도}}{\text{차체 속도}} \times 100$이고, 보통 10~20[%] 정도이다.

㉣ 딜레이 밸브 : 급제동 시 후부 휠 실린더로 전달되는 유압을 지연시켜 차량 쏠림을 방지하는 밸브

㉤ 유압 모듈레이터 : ECU로부터 신호를 받아 각 휠 실린더의 유압을 조절하는 장치이다.
• 체크 밸브
• 어큐뮬레이터
• 솔레노이드 밸브

중요 CHECK

유압$(P) = \frac{F[\text{kgf}]}{A(\text{단면적})} = \frac{\pi \times D^2}{4}$

D : 내경

㉥ 프로포셔닝 밸브는 ABS 브레이크 페달을 밟았을 때 뒷바퀴가 조기 고착되지 않도록 뒷바퀴 휠 실린더 유압을 조정하는 밸브이다. 후륜의 잠김으로 인한 스핀을 방지하기 위해 사용된다.

㉧ 페일 세이프는 ECU 신호계통, 유압계통 이상 발생 시 솔레노이드 밸브 전원공급 릴레이를 "OFF" 함과 동시에 제어 출력신호를 정지시키는 기능을 말한다.

(7) 제동장치의 정비

① **휠 실린더의 세척과 정비** : 휠 실린더 내 세척은 알코올로 하고 최종적으로 브레이크 액을 도포 후 조립하고 공기 빼기 작업을 한다.

② **제동관련 정비**

㉠ 제동장치에서 편제동의 원인

- 타이어 공기압 불 평형
- 브레이크 패드의 마찰계수 저하
- 브레이크 디스크에 기름 부착
- 앞바퀴의 정렬이 불량
- 한쪽 브레이크 라이닝 간격 조정 불량, 접촉 불량, 기름 부착
- 드럼의 편 마모
- 휠 실린더 오일 누설

㉡ 일반 브레이크장치에서 브레이크가 제동 후에 풀리지 않는 원인

- 마스터 실린더 푸시로드 길이가 길게 조정된 경우
- 마스터 실린더 리터 보상 구멍이 막힌 경우
- 리턴 스프링 장력 부족 및 휠 실린더, 마스터 실린더 피스톤 컵이 부푼 경우

㉢ 유압식 브레이크 정비

- 패드는 안쪽과 바깥쪽을 세트로 교환한다.
- 패드는 좌우 어느 한쪽이 교환시기가 되면 좌우 동시에 교환한다.
- 패드교환 후 브레이크 페달을 2~3회 밟아준다.

③ **브레이크 페달 관련 정비**

㉠ 배력장치가 장착된 자동차에서 브레이크 페달의 조작이 무겁게 되는 원인

- 진공용 체크밸브의 작동이 불량하다.
- 릴레이 밸브 피스톤의 작동이 불량하다.
- 하이드로릭 피스톤 컵이 손상되었다.

㉡ 브레이크 페달의 유격이 과다한 이유

- 드럼브레이크 형식에서 브레이크 슈의 조정 불량
- 브레이크 페달의 조정 불량
- 마스터 실린더 피스톤과 브레이크 부스터 푸시로드의 간극 불량

④ 기타 정비

㉠ 브레이크 계통을 정비한 후 공기빼기 작업을 해야 하는 경우
- 브레이크 파이프나 호스를 떼어 낸 경우
- 베이퍼록 현상이 생긴 경우
- 휠 실린더를 분해 수리한 경우

제5절 주행장치 정비

주행장치에는 휠, 타이어 등이 있다.

1. 주행장치

(1) 휠(Wheel)

휠은 휠 허브, 디스크, 림 등으로 구성된다.

① 휠의 종류에는 디스크 휠, 스파이더 휠, 스포크 휠 등이 있다.

㉠ 디스크 휠 : 디스크를 림과 리벳 혹은 용접으로 연결한 것으로 가장 많이 이용되는 휠이다.

㉡ 스파이더 휠 : 방사선 모양의 림 지지대를 설치한 것으로 대형차나 중장비에서 많이 이용된다.

㉢ 스포크 휠 : 허브와 림을 강선의 스포크로 연결한 것으로 이륜자동차나 스포츠카에서 많이 이용된다.

② 휠 밸런스 조정

㉠ 휠 밸런스 조정기는 휠의 수평상태를 잡아주어 조향 시 바퀴의 안정성과 떨림을 잡아준다.

㉡ 저속 주행 시 상하 흔들림 현상 : 휠 트램핑(정적 평형 불량 시 발생)

㉢ 고속 주행 시 좌우 흔들림 현상 : 시미 현상(동적 평형 불량 시 발생)

(2) 타이어

타이어는 직접 도로면과 접촉하는 부분으로 트레드, 브레이커, 카커스, 비드로 구성된다.

① 타이어의 구조

㉠ 카커스 : 타이어 골격을 이루고 있으며, 고무로 된 코드를 여러 겹층으로 만든 부분

㉡ 트레드 : 타이어에서 직접 노면과 접촉하고 적은 슬립으로 견인력 증대시키는 것

㉢ 브레이커 : 카커스와 트레드의 접합부로 노면에서 충격을 완화하며, 카커스의 손상을 방지한다.

㉣ 비 드

- 림에 부착시킬 수 있도록 만들어진 돌출부이다.
- 타이어 내부에는 고탄소강의 강선 피아노선을 묶음으로 넣고, 고무로 피복된 링 상태의 보강 부위로 타이어림에 견고하게 고정하는 부분

중요 CHECK

전자제어 제동장치에서 차량의 속도와 바퀴의 속도 비율은 15~25[%]가 적당하다.

② 타이어 트레드 패턴

㉠ 트레드 패턴의 필요성

- 구동력과 선회능력 향상
- 타이어 트레드 절상 확대 방지
- 타이어 내부 열 발산
- 타이어 열, 전진방향 미끄럼 방지

㉡ 트레드 패턴 종류

- 리브 패턴 : 고속 주행에 알맞은 승용차에서 사용한다.
- 라그 패턴 : 제동력 및 구동력이 우수하다. 트럭에서 사용한다.
- 리브 라그 패턴 : 모든 노면에 적용가능하며, 승합버스에서 사용한다.
- 블록 패턴 : 눈, 모래 위에서 노면 다지면서 주행하기에 적합하다.
- 오프 더 로더 패턴 : 습지대에서 견인력 우수하다.
- 수퍼 트랙션 패턴 : 습지대 견인력 우수하여 트랙터에서 사용한다.

③ 광폭 타이어(레이디얼)

㉠ 레이디얼 타이어의 장점

- 미끄럼과 견인력 우수
- 선회 시 안정성 우수
- 조향핸들 조정 안정성 우수

㉡ 타이어의 호칭 치수 : 타이어 호칭 225/70 R(14)

- 225 – 타이어의 폭[mm]
- 70 – 편평비[%]
- R – 레이디얼 타이어 표시
- (14) – 림의 직경[inch] 표시

중요 CHECK

- 사이드 월은 카커스를 보호하며 각종 타이어 정보, 규격이 표시되는 부분이다.
- 타이어 편평비 = $\frac{\text{타이어 높이}}{\text{타이어 너비}} \times 100$

(3) 주행 저항

① 자동차 주행 저항의 종류

㉠ 구동 저항

- 타이어가 노면 위를 구르는 마찰 저항(중량과 관계가 있다)
- 구동력(F)은 바퀴가 구르는 힘을 말하며, 구동력은 바퀴의 반경에 반비례한다.

$$F = \frac{T(\text{회전력}[\mathrm{kgf}])}{r(\text{반경})}$$

㉡ 공기 저항 : 주행 상태에서 반대되는 공기력 저항(투영 면적과 관계가 있다)

㉢ 구배(등판) 저항 : 등판 길에서 노면과 반대되는 중량 저항

㉣ 전체 주행 저항 : 구름+공기+구배

㉤ 가속 저항 : 주행 속도를 변화시키는 데 필요한 힘

중요 CHECK

가속 성능을 향상시키는 방법
- 여유 구동력을 크게 해 준다.
- 차량 총중량을 감소시킨다.
- 총감속비를 크게 하고, 주행저항을 작게 한다.

(4) TCS(구동력 조절 장치)

미끄러운 노면에서 가속성과 선회 안정성 향상, 횡가속도 과다로 언더 및 오버스티어링 현상을 방지하여 조향 성능을 향상시키는 장치

① 필요성

㉠ 트레이스 제어가 필요

㉡ 슬립 제어를 위해

㉢ 선회 안정성 향상을 위해

② 구동력 조절장치의 종류

㉠ 기관의 회전력 조절 방식

㉡ 구동력 브레이크 조절 방식

㉢ 기관과 브레이크 병용 조절 방식

③ TCS의 컨트롤 유닛에 입력되는 신호

㉠ TPS(스로틀 위치 센서)

㉡ 브레이크 스위치

㉢ 휠 속도센서

㉣ 엔진 회전 수신호

중요 CHECK

제동력 시험기 형식

- 단순형 제동 시험기
- 판정형 제동 시험기
- 차륜 구동형 제동 시험기

CHAPTER

02 적중예상문제

01 동력전달장치에서 추진축이 진동하는 원인으로 가장 거리가 먼 것은?

㉮ 요크 방향이 다르다.
㉯ 밸런스 웨이트가 떨어졌다.
㉰ 중간 베어링이 마모되었다.
㉱ 플랜지부를 너무 조였다.

해설 **추진축이 진동하는 원인**
- 요크의 방향이 다를 때
- 밸런스 웨이트가 떨어졌을 때
- 십자축 베어링이 마모되었을 때
- 추진축이 휘었을 때
- 플랜지부가 헐거울 때

02 유압식 동력조향장치에서 안전밸브(Safety Check Valve)의 기능은?

㉮ 조향 조작력을 가볍게 하기 위한 것이다.
㉯ 코너링 포스를 유지하기 위한 것이다.
㉰ 유압이 발생하지 않을 때 수동조작으로 대처할 수 있도록 하는 것이다.
㉱ 조향 조작력을 무겁게 하기 위한 것이다.

해설 안전밸브는 유압식 동력조향장치 고장 시 핸들을 수동으로 조작할 수 있도록 하는 기능을 한다.

03 자동차 앞바퀴 정렬 중 캐스터에 관한 설명으로 올바른 것은?

㉮ 자동차의 전륜을 위에서 보았을 때 바퀴의 앞부분이 뒷부분보다 좁은 상태를 말한다.
㉯ 자동차의 전륜을 앞에서 보았을 때 바퀴의 중심선의 윗부분이 약간 벌어져 있는 상태를 말한다.
㉰ 자동차의 전륜을 옆에서 보면 킹핀의 중심선이 수직선에 대하여 어느 한쪽으로 기울어져 있는 상태를 말한다.
㉱ 자동차의 전륜을 앞에서 보면 킹핀의 중심선이 수직선에 대하여 약간 안쪽으로 설치된 상태를 말한다.

해설 캐스터는 주행 중 앞바퀴의 방향성을 주고 선회하였을 때 다시 돌아오려는 복원력을 발생시키게 한다.
㉮ 토인(Toe-In)
㉯ 캠버(Camber)
㉱ 킹핀 경사각

정답 1 ㉱ 2 ㉰ 3 ㉰

04 유압식 동력조향장치에서 주행 중 핸들이 한쪽으로 쏠리는 원인으로 틀린 것은?

㉮ 토인 조정불량

㉯ 타이어 편마모

㉰ 좌우 타이어의 이종사양

㉱ 파워 오일펌프 불량

해설 **핸들이 한쪽으로 쏠리는 원인**
- 타이어 공기압의 불균형
- 토인 조정불량
- 타이어 편 마모
- 좌우 타이어의 이종사양
- 휠 얼라인먼트(앞바퀴 정렬) 불량 등

05 클러치판이 마멸되었을 경우 일어나는 현상으로 틀린 것은?

㉮ 클러치가 슬립한다.

㉯ 클러치 페달의 유격이 커진다.

㉰ 가속주행 시 클러치가 미끄러진다.

㉱ 클러치 릴리스 레버의 높이가 높아진다.

해설 클러치판이 마멸되면 클러치 페달의 유격이 작아진다.

06 클러치 디스크의 런아웃(Run-out)이 클 때 나타날 수 있는 현상으로 가장 적합한 것은?

㉮ 클러치의 단속이 불량해진다.

㉯ 클러치 페달의 유격에 변화가 생긴다.

㉰ 주행 중 소리가 난다.

㉱ 클러치 스프링이 파손된다.

해설 클러치의 런아웃(0.5[mm] 이상)이 크면 단속이 불량해진다.

4 ㉱ 5 ㉯ 6 ㉮ 정답

07 클러치페달을 밟을 때 무겁고 자유간극이 없다면 나타나는 현상으로 거리가 먼 것은?

㉮ 연료 소비량이 증대된다.

㉯ 기관이 과랭된다.

㉰ 주행 중 가속 페달을 밟아도 차가 가속되지 않는다.

㉱ 등판 성능이 저하된다.

해설 유격이 작을 경우 차가 가속이 되지 않고 엔진이 과열된다.

08 브레이크 장치(Brake System)에 관한 설명으로 틀린 것은?

㉮ 브레이크 작동을 계속 반복하면 드럼과 슈에 마찰열이 축적되어 제동력이 감소되는 것을 페이드 현상이라 한다.

㉯ 공기 브레이크에서 제동력을 크게 하기 위해서는 언로더 밸브를 조절한다.

㉰ 브레이크 페달의 리턴스프링 장력이 약해지면 브레이크 풀림이 늦어진다.

㉱ 마스터 실린더의 푸시로드 길이를 길게 하면 라이닝이 수축하여 잘 풀린다.

해설 마스터 실린더의 푸시로드 길이를 길게 하면 라이닝이 팽창하여 풀리지 않을 수 있다.

09 제동력이 350[kgf]이다. 이 차량의 차량중량이 1,000[kgf]이라면 제동저항계수는?(단, 노면의 마찰계수 등 기타 조건은 무시한다)

㉮ 0.25 ㉯ 0.35

㉰ 2.5 ㉱ 4.0

해설 제동저항계수 = 제동력 / 차량중량

= 350 / 1,000 = 0.35

10 마찰면의 바깥지름이 300[mm], 안지름 150[mm]인 단판 클러치가 있다. 작용하중이 800[kgf]일 때 클러치 압력판의 압력은?

㉮ 0.51[kgf/cm²] ㉯ 1.51[kgf/cm²]

㉰ 2.51[kgf/cm²] ㉱ 3.51[kgf/cm²]

해설

$$P = \frac{\text{작용하중}}{\text{단면적}A - \text{단면적}B} = \frac{800}{\frac{\pi}{4}\times 30^2 - \frac{\pi}{4}\times 15^2} = 1.51[\text{kgf/cm}^2]$$

정답 7 ㉯ 8 ㉱ 9 ㉯ 10 ㉯

11 **자동차 수동변속기에 있는 단판 클러치에서 마찰면의 외경이 24[cm], 내경이 12[cm]이고, 마찰계수가 0.3이다. 클러치 스프링이 9개이고, 1개의 스프링에 각각 313.6[N]의 장력이 작용하고 있다면 클러치가 전달 가능한 토크는?**

㉮ 약 75.2[N·m]
㉯ 약 152.4[N·m]
㉰ 약 380.8[N·m]
㉱ 약 660.6[N·m]

해설 $T=\mu \cdot P \cdot r_m \cdot n$

여기서, μ : 마찰계수, P : 클러치에 작용하는 장력
r_m : 평균반경, n : 마찰면의 수(단판 : 2)

$r_m = \dfrac{24+12}{2\times 2} = 9[\text{cm}] = 0.09[\text{m}]$

$T=\mu \cdot P \cdot r_m \cdot n$
$= 0.3\times(313.6\times 9)\times 0.09\times 2 ≒ 152.4[\text{N}\cdot\text{m}]$

12 **중량이 2,400[kgf]인 화물자동차가 80[km/h]로 정속주행 중 제동을 하였더니 50[m]에서 정지하였다. 이때 제동력은 차량 중량의 몇 [%]인가?(단, 회전부분 상당중량 7[%])**

㉮ 46
㉯ 54
㉰ 62
㉱ 71

해설 제동거리 $= \dfrac{V^2}{254}\times\dfrac{W+W'}{\text{총제동력}}[\text{m}]$

여기서, V : 제동초속도[km/h], W : 차량중량[kgf]
W' : 회전부분상당중량[kgf]

제동력 $= \dfrac{80^2\times(2,400+2,400\times 0.07)}{254\times 50} = 1,294[\text{kgf}]$

따라서, $\dfrac{1,294}{2,400}\times 100 = 54[\%]$

13 **자동변속기 차량에서 토크 컨버터 내부의 오일 압력이 부족한 이유 중 틀린 것은?**

㉮ 오일펌프 누유
㉯ 오일쿨러 막힘
㉰ 입력축의 실링 손상
㉱ 킥다운 서보스위치 불량

해설 킥다운 서보스위치 작동이 불량하면 1-2단, 3-4단 변속 시 과도한 충격진동이 발생한다.

11 ㉯ 12 ㉯ 13 ㉱ 정답

14 자동차 타이어의 수명을 결정하는 요인으로 관계없는 것은?

㉮ 타이어 공기압의 고저에 대한 영향
㉯ 자동차 주행속도의 증가에 따른 영향
㉰ 도로의 종류와 조건에 따른 영향
㉱ 기관의 출력 증가에 따른 영향

해설 **자동차 타이어의 수명을 결정하는 요인**
- 타이어의 공기압
- 운전자의 운전습관
- 자동차 주행속도
- 도로의 종류와 조건
- 적재하중
- 타이어의 정렬상태

15 브레이크 장치의 유압회로에서 발생하는 베이퍼록의 원인이 아닌 것은?

㉮ 긴 내리막길에서 과도한 브레이크 사용
㉯ 비점이 높은 브레이크액을 사용할 때
㉰ 드럼과 라이닝의 끌림에 의한 가열
㉱ 브레이크슈 리턴스프링의 쇠손에 의한 잔압 저하

해설 **베이퍼록의 원인**
- 긴 내리막길에서 과도한 브레이크 사용 시
- 드럼과 라이닝의 끌림에 의한 과열
- 마스터 실린더, 브레이크슈 리턴 스프링의 쇠손에 의한 잔압 저하
- 불량한 브레이크 오일 사용
- 브레이크 오일의 변질에 의한 비점의 저하

16 빈번한 브레이크 조작으로 인해 온도가 상승하여 마찰계수 저하로 제동력이 떨어지는 현상은?

㉮ 베이퍼록 현상　　㉯ 페이드 현상
㉰ 피칭 현상　　㉱ 시미 현상

해설 ㉮ 베이퍼록 현상 : 브레이크 오일 속에 기포가 형성되어 브레이크가 잘 작동되지 않는 현상
㉰ 피칭 현상 : 자동차의 가로축(좌/우 방향 축)을 중심으로 하는 전/후 회전진동
㉱ 시미 현상 : 타이어의 동적 불평형으로 인한 바퀴의 좌우 진동현상

정답 14 ㉱ 15 ㉯ 16 ㉯

17 브레이크 장치에서 베이퍼록(Vapor Lock)이 생길 때 일어나는 현상으로 가장 옳은 것은?

㉮ 브레이크 성능에는 지장이 없다.
㉯ 브레이크 페달의 유격이 커진다.
㉰ 브레이크액을 응고시킨다.
㉱ 브레이크액이 누설된다.

해설 긴 내리막길 등에서 짧은 시간에 풋 브레이크를 지나치게 자주 사용하여 마찰열이 발생하게 되면 브레이크 오일 속에 기포가 형성되어 브레이크가 잘 작동되지 않는 베이퍼록 현상이 일어난다. 베이퍼록 현상은 브레이크 페달의 유격이 커지는 원인이 된다.

18 제동장치에서 편제동의 원인이 아닌 것은?

㉮ 타이어 공기압 불평형
㉯ 마스터 실린더 리턴포트의 막힘
㉰ 브레이크 패드의 마찰계수 저하
㉱ 브레이크 디스크에 기름 부착

해설 마스터 실린더 리턴포트의 막힘은 브레이크를 작동시키다 페달을 놓았을 때 브레이크가 풀리지 않는 원인이다.

19 제동 이론에서 슬립률에 대한 설명으로 틀린 것은?

㉮ 제동 시 차량의 속도와 바퀴의 회전속도와의 관계를 나타내는 것이다.
㉯ 슬립률이 0[%]라면 바퀴와 노면과의 사이에 미끄럼 없이 완전하게 회전하는 상태이다.
㉰ 슬립률이 100[%]라면 바퀴의 회전속도가 0으로 완전히 고착된 상태이다.
㉱ 슬립률이 0[%]에서 가장 큰 마찰계수를 얻을 수 있다.

해설 슬립률이 0[%]에서 제동 마찰계수는 0이다.

$$\text{슬립률} = \frac{\text{자동차 속도} - \text{바퀴 속도}}{\text{자동차 속도}} \times 100$$

20 브레이크슈의 리턴스프링에 관한 설명으로 거리가 먼 것은?

㉮ 리턴스프링이 약하면 휠 실린더 내의 잔압이 높아진다.
㉯ 리턴스프링이 약하면 드럼을 과열시키는 원인이 될 수도 있다.
㉰ 리턴스프링이 강하면 드럼과 라이닝의 접촉이 신속히 해제된다.
㉱ 리턴스프링이 약하면 브레이크슈의 마멸이 촉진될 수 있다.

해설 리턴스프링이 약하면 휠 실린더 내의 잔압이 낮아진다.
※ 브레이크 슈 리턴스프링은 브레이크 압력 해제 시 드럼과의 압착 상태에서 슈를 제자리로 돌아오게 하여 드럼과 슈의 간극을 항상 일정하게 유지시켜 주는 스프링이다.

17 ㉯ 18 ㉯ 19 ㉱ 20 ㉮ 정답

21 주행 중 브레이크 드럼과 슈가 접촉하는 원인에 해당하는 것은?

㉮ 마스터 실린더의 리턴 포트가 열려 있다.

㉯ 슈의 리턴 스프링이 소손되어 있다.

㉰ 브레이크액의 양이 부족하다.

㉱ 드럼과 라이닝의 간극이 과대하다.

해설 브레이크 슈 리턴스프링은 브레이크 압력 해제 시 드럼과의 압착 상태에서 슈를 제자리로 돌아오게 하여 드럼과 슈의 간극을 항상 일정하게 유지시켜 주는 스프링이다. 따라서 슈의 리턴스프링이 소손되어 있으면 브레이크 드럼과 슈가 접촉하는 원인이 된다.

22 브레이크 테스트(Brake Tester)에서 주 제동장치의 제동능력 및 조작력 기준을 설명한 내용으로 틀린 것은?

㉮ 측정 자동차의 상태는 공차 상태에서 운전자 1인이 승차한 상태이어야 한다.

㉯ 최고속도가 매시 80[km/h] 미만이고 차량총중량이 차량중량의 1.5배 이하인 자동차에서 각 축의 제동력 합은 차량 총중량의 40[%] 이상이어야 한다.

㉰ 좌, 우 바퀴의 제동력 차이는 해당 축하중의 6[%] 이하이어야 한다.

㉱ 제동력 복원은 브레이크 페달을 놓을 때에 제동력이 3초 이내에 축하중의 20[%] 이하로 감소되어야 한다.

해설 좌, 우 바퀴의 제동력 차이는 해당 축하중의 8[%] 이하이어야 한다(「자동차 및 자동차부품의 성능과 기준에 관한 규칙」 [별표 4]).

23 스로틀 포지션 센서(TPS)의 설명 중 틀린 것은?

㉮ 공기유량센서(AFS) 고장 시 TPS 신호에 의해 분사량을 결정한다.

㉯ 자동 변속기에서는 변속시기를 결정하는 역할도 한다.

㉰ 검출하는 전압의 범위는 약 0~12[V]까지이다.

㉱ 가변저항기이고 스로틀 밸브의 개도량을 검출한다.

해설 전압의 범위는 400~600[mV](0.4~0.6[V]) 정도이다.

정답 21 ㉯ 22 ㉰ 23 ㉰

24 타이어의 공기압에 대한 설명으로 틀린 것은?

㉮ 공기압이 낮으면 일반 포장도로에서 미끄러지기 쉽다.
㉯ 좌, 우 공기압에 편차가 발생하면 브레이크 작동 시 위험을 초래한다.
㉰ 공기압이 낮으면 트래드 양단의 마모가 많다.
㉱ 좌, 우 공기압에 편차가 발생하면 차동 사이드 기어의 마모가 촉진된다.

해설 공기압이 높으면 일반 포장도로에서 더 미끄러지기 쉽다.

25 타이어의 스탠딩 웨이브 현상에 대한 내용으로 옳은 것은?

㉮ 스탠딩 웨이브를 줄이기 위해 고속주행 시 공기압을 10[%] 정도 줄인다.
㉯ 스탠딩 웨이브가 심하면 타이어 박리현상이 발생할 수 있다.
㉰ 스탠딩 웨이브는 바이어스 타이어보다 레이디얼 타이어에서 많이 발생한다.
㉱ 스탠딩 웨이브 현상은 하중과 무관하다.

해설 스탠딩 웨이브 현상이 계속되면 타이어가 과열되고 소재가 변질됨으로써 갑작스러운 타이어의 파열이나 박리 현상이 발생할 수 있다.
㉮ 스탠딩 웨이브를 줄이기 위해 고속주행 시 공기압을 10[%] 정도 높여준다.
㉰ 스탠딩 웨이브는 레이디얼 타이어보다 바이어스 타이어에서 많이 발생한다.
㉱ 스탠딩 웨이브 현상은 하중과 상관이 있다.

26 주행 중인 차량에서 트램핑 현상이 발생하는 원인으로 적당하지 않은 것은?

㉮ 앞 브레이크 디스크의 불량
㉯ 타이어의 불량
㉰ 휠 허브의 불량
㉱ 파워펌프의 불량

해설 트램핑 현상은 타이어가 상하진동하는 현상이므로 파워펌프 불량은 관계가 없다. 파워펌프는 핸들을 돌릴 때 엔진에 힘을 공급해 주는 장치이다.

27 자동차의 전자제어 제동장치(ABS) 특징으로 올바른 것은?

㉮ 바퀴가 로크되는 것을 방지하여 조향 안정성 유지
㉯ 스핀 현상을 발생시켜 안정성 유지
㉰ 제동 시 한쪽 쏠림 현상을 발생시켜 안정성 유지
㉱ 제동거리를 증가시켜 안정성 유지

해설 ABS(Anti-lock Brake System)는 바퀴의 회전 속도를 감지하여 그 변화에 따라 제동력을 제어하는 방식으로 어떠한 주행조건에서도 바퀴의 잠김현상이 일어나지 않도록 제동 유압을 제어하는 장치이다.

24 ㉮ 25 ㉯ 26 ㉱ 27 ㉮ **정답**

28 **ABS(Anti-lock Brake System)의 구성 요소 중 휠의 회전속도를 감지하여 컨트롤 유닛으로 신호를 보내주는 것은?**

㉮ 휠 스피드 센서 ㉯ 하이드로릭 유닛
㉰ 솔레노이드 밸브 ㉱ 어큐뮬레이터

해설 **휠 스피드 센서**
휠 스피드 센서는 자동차 바퀴의 회전속도를 검출하여 컴퓨터(ECU)에 신호를 보내는 역할을 하며, ABS 하이드로릭 모듈을 제어하여 ABS가 작동하도록 한다.

29 **4센서 4채널 ABS에서 하나의 휠 스피드 센서(Wheel Speed Sensor)가 고장일 경우의 현상 설명으로 옳은 것은?**

㉮ 고장 나지 않은 나머지 3바퀴만 ABS가 작동한다.
㉯ 고장 나지 않은 바퀴 중 대각선 위치에 있는 2바퀴만 ABS가 작동한다.
㉰ 4바퀴 모두 ABS가 작동하지 않는다.
㉱ 4바퀴 모두 정상적으로 ABS가 작동한다.

해설 휠 스피드 센서 1개가 고장 나면 ABS 시스템은 작동하지 않고, 일반적인 브레이크만 작동한다.

30 **브레이크 계통을 정비한 후 공기빼기 작업을 하지 않아도 되는 경우는?**

㉮ 브레이크 파이프나 호스를 떼어낸 경우
㉯ 브레이크 마스터 실린더에 오일을 보충한 경우
㉰ 베이퍼록 현상이 생긴 경우
㉱ 휠 실린더를 분해・수리한 경우

해설 **공기빼기 작업을 필요로 하는 경우**
- 브레이크 파이프나 호스를 분리한 경우
- 브레이크 오일을 교환한 경우
- 오일탱크에 오일이 없는 상태에서 공기가 파이프나 호스로 유입되어 베이퍼록 현상이 생긴 경우
- 마스터 실린더 및 휠 실린더를 분해한 경우

정답 28 ㉮ 29 ㉰ 30 ㉯

31 오버 드라이브(Over Drive)장치에 대한 설명으로 틀린 것은?

㉮ 기관의 여유출력을 이용하였기 때문에 기관의 회전속도를 약 30[%] 정도 낮추어도 그 주행속도를 유지할 수 있다.

㉯ 자동변속기에서도 오버 드라이브가 있어 운전자의 의지(주행속도, TPS개도량)에 따라 그 기능을 발휘하게 된다.

㉰ 속도가 증가하기 때문에 윤활유의 소비가 많고 연료 소비가 증가하기 때문에 운전자는 이 기능을 사용하지 않는 것이 유리하다.

㉱ 기관의 수명이 향상되고 또한 운전이 정숙하게 되어 승차감도 향상된다.

해설 오버 드라이브는 평탄한 도로를 주행할 때 엔진의 여유 출력을 이용하여 추진축의 회전 속도를 엔진의 회전 속도보다 빠르게 하는 장치이다. 오버 드라이브를 설치한 자동차는 속도를 30[%] 정도 빠르게 할 수 있고, 평탄한 도로를 주행할 때에는 연료를 약 20[%] 절약할 수 있다.

32 전자제어 동력조향장치의 특성으로 틀린 것은?

㉮ 공전과 저속에서 조향 휠의 조작력이 작다.

㉯ 중속 이상에서는 차량속도에 감응하여 조향 휠의 조작력을 변화시킨다.

㉰ 솔레노이드밸브는 스풀밸브 오리피스를 변화시켜 오일탱크로 복귀하는 오일양을 제어한다.

㉱ 동력조향장치는 조향기어가 필요 없다.

해설 전자제어 동력 조향장치는 조향기어 박스의 입력축에 설치된 반력 플런저에 작용하는 유압을 제어하여 조향력에 대한 유압 특성을 주행속도에 따라 변화시킴으로써 주행속도 및 조향상태에 따라 적절한 조향 특성을 얻을 수 있도록 한 장치이다.

33 동력 조향장치의 스티어링 휠 조작이 무겁다. 고장원인으로 거리가 먼 것은?

㉮ 랙 피스톤 손상으로 인한 내부 유압 작동 불량

㉯ 스티어링 기어박스의 과다한 백래시

㉰ 오일탱크 오일 부족

㉱ 오일펌프 결함

해설 스티어링 기어박스의 백래시가 과다하면 소음이 증대하고 핸들유격이 크게 되어 핸들이 가벼워진다.

31 ㉰ 32 ㉱ 33 ㉯ 정답

34 차동장치에서 차동 피니언과 사이드 기어의 백래시 조정은?

㉮ 축받이 차축의 왼쪽 조정심을 가감하여 조정한다.

㉯ 축받이 차축의 오른쪽 조정심을 가감하여 조정한다.

㉰ 차동 장치의 링기어 조정 장치를 조정한다.

㉱ 스러스트 와셔의 두께를 가감하여 조정한다.

해설 차동기어장치 백래시 조정은 스러스트 와셔의 두께를 가감시켜 한다.

35 추진축 스플라인 부의 마모가 심할 때의 현상으로 가장 적절한 것은?

㉮ 차동기의 드라이브 피니언과 링기어의 치합이 불량하게 된다.

㉯ 차동기의 드라이브 피니언 베어링의 조임이 헐겁게 된다.

㉰ 동력을 전달할 때 충격 흡수가 잘된다.

㉱ 주행 중 소음을 내고 추진축이 진동한다.

해설 가속 시 후차축 진동과 소음이 커진다.

36 주행 중 조향 휠의 떨림 현상 발생 원인으로 틀린 것은?

㉮ 휠 얼라인먼트 불량

㉯ 허브 너트의 풀림

㉰ 타이로드 엔드의 손상

㉱ 브레이크 패드 또는 라이닝 간격 과다

해설 브레이크 패드 또는 라이닝 간격이 과다하면 제동력이 저하된다.

37 디스크 브레이크에서 패드 접촉면에 오일이 묻었을 때 나타나는 현상은?

㉮ 패드가 과랭되어 제동력이 증가 된다.

㉯ 브레이크가 잘 듣지 않는다.

㉰ 브레이크 작동이 원활하게 되어 제동이 잘된다.

㉱ 디스크 표면의 마찰력이 증대된다.

해설 몰드 라이닝 패드에 오일이 묻었을 때 브레이크 성능이 저하된다.

정답 34 ㉱ 35 ㉱ 36 ㉱ 37 ㉯

38 제동 안전장치 중 프로포셔닝 밸브의 역할은 무엇인가?

㉮ 앞바퀴와 뒷바퀴의 제동압력을 분배하기 위하여
㉯ 앞바퀴의 제동압력을 감소시키기 위하여
㉰ 뒷바퀴의 제동압력을 증가시키기 위하여
㉱ 무게중심을 잡기 위하여

해설 프로포셔닝 밸브(Proportioning Valve)는 브레이크를 밟을 때 생기는 유압을 조절하여 앞바퀴와 뒷바퀴의 제동압력을 분배시켜 주는 장치이다.

39 수동변속기 내부에서 싱크로나이저 링의 기능이 작용하는 시기는?

㉮ 변속기 내에서 기어가 빠질 때
㉯ 변속기 내에서 기어가 물릴 때
㉰ 클러치 페달을 밟을 때
㉱ 클러치 페달을 놓을 때

해설 싱크로나이저 링은 엔진에서 미션으로 가는 동력을 클러치를 밟아 차단하고 기어가 순조롭게 들어가게 하기 위하여 기어와 기어가 물리기 전에 원활히 물리도록 서로 동기화하는 기구이다.

40 싱크로나이저 슬리브 및 허브 검사에 대한 설명이다. 가장 거리가 먼 것은?

㉮ 싱크로나이저와 슬리브를 끼우고 부드럽게 돌아가는지 점검한다.
㉯ 슬리브의 안쪽 앞부분과 뒤쪽 끝이 손상되지 않았는지 점검한다.
㉰ 허브 앞쪽 끝부분이 마모되지 않았는지를 점검한다.
㉱ 싱크로나이저 허브와 슬리브는 이상 있는 부위만 교환한다.

해설 이상 변형 및 손상이 발생되면 전체 부품을 교환한다.

38 ㉮ 39 ㉯ 40 ㉱ **정답**

CHAPTER

03 자동차 전기 장치 정비

제1절 시동, 점화장치 정비

1. 시동, 점화장치

(1) 기동장치

자동차를 동작하기 위해서는 최초의 기관행정을 위하여 외부로부터 에너지를 공급받아야 하는데, 이때 필요한 장치가 기동장치이다.

① 기동장치의 개요 : 기동장치는 크게 기동전동기, 축전기, 점화스위치 등으로 구성된다.

㉠ 기동전동기의 주요 부분

- 회전력을 발생하는 부분(전동기부)
- 회전력을 기관에 전달하는 부분(동력전달기구)
- 피니언을 링기어에 물리게 하는 부분
- 솔레노이드의 작동에 의해 B단자와 F단자를 연결하는 부분

㉡ 기동전동기의 형식 : 직권형, 분권형, 복권형이 있다.

㉢ 부하시험은 기관에 설치된 상태에서 시동 시(크랭크 시) 기동전동기에 흐르는 전류와 회전수를 측정하는 시험이다.

중요 CHECK

- 엔진시동을 위해 필요한 기관의 회전수
  - 가솔린 엔진 : 100[rpm] 이상(표준 50~60[rpm])
  - 디젤 엔진 : 180[rpm] 이상(표준 70~80[rpm])
- 기동전동기의 출력
  - 기동 전동기의 작동원리는 플레밍의 왼손 법칙이다.
  - 가솔린 엔진 : 0.5~2[PS]
  - 디젤 엔진 : 3~10[PS]

② 오버러닝 클러치

㉠ 필요성

- 엔진 기동 후 엔진 회전력이 기동 전동기에 전달되면 링 기어가 기동 전동기를 고속으로 회전시켜 전기자 및 베어링, 브러시 등이 파손된다.

- 엔진이 기동된 후에 피니언이 공전하여도 엔진의 회전력이 기동 전동기에 전달되지 않도록 하는 장치이다.

㉡ 종 류
- 롤러식
- 스프래그식
- 다판클러치식

㉢ 오버러닝 클러치 형식의 기동 전동기에서 기관이 시동된 후에도 계속해서 키 스위치를 작동시키면 기동 전동기의 전기자는 무부하 상태로 공회전한다.

(2) 점화장치

디젤 기관은 일정한 온도와 압력이 형성되면 자기착화하는 것과 달리 가솔린, LPG 기관에서는 전기불꽃을 점화시켜 연소실 내의 압축 혼합기를 연소시켜야 한다. 이때 필요한 장치가 점화장치이다.

① **점화장치의 개요** : 점화장치는 점화코일, 배전기, 축전지, 점화플러그, 고압 케이블 등으로 구성된다.

㉠ 점화코일
- 점화코일은 1차 코일, 2차 코일, 철심 등으로 구성된다.
- 점화코일은 실린더 내의 압축 혼합기를 연소시킬 수 있을 만큼의 높은 전압의 전류를 발생시키는 승압 변압기이다.
- 점화코일에서 1차 전압 유도작용은 자기유도작용이고, 2차 전압은 상호유도작용으로 30,000[V] 이상이다(재질 : 규소).
- 점화코일의 2차 쪽에서 발생되는 불꽃전압의 크기에 영향을 미치는 요소에는 점화플러그의 전극형상, 전극의 간극, 혼합기 압력 등이다.
- 점화코일의 특성에는 절연 특성, 온도 특성, 속도 특성이 있다.
- 가솔린 기관의 점화코일

구 분	1차 코일	2차 코일
저 항	작다.	크다.
굵 기	굵다.	가늘다.
유도전압	낮다.	높다.
권 수	적다.	많다.

- 점화코일의 1차 저항을 측정할 때 사용하는 측정기는 회로 시험기이다.
- 점화코일 절연 저항 시험은 메가 옴 시험기로 측정한다(10[MΩ] 이상이면 양호).

중요 CHECK

- 자기유도작용이란 회로에 흐르는 전류에 의해 다시 그 회로에 기전력이 발생하는 작용을 말한다.
- 상호유도작용이란 두 개의 회로가 근접해 있을 때 그중 하나의 전기회로에 자력선의 변화가 생기면 그 변화에 저항하여 다른 전기회로에 기전력이 발생하는 현상을 말한다.
- 상호유도작용에 의해 2차 전압을 유도할 때 2차 전압 유도식은 다음과 같다.

$E_2 = \frac{N_2(\text{2차 코일 감은 횟수})}{N_1(\text{1차 코일 감은 횟수})} \times E_1$ E_2는 2차 전압, E_1은 1차 전압이다.

㉡ 배전기

- 배전기는 점화코일에서 발생된 고압의 전류를 점화순서에 맞게 점화플러그에 분배하는 장치이다.
- 배전기 내의 캠은 1차 전류의 흐름을 단속하는 역할을 수행하는 장치이다. 캠은 회전운동을 하며, 캠의 회전각도에 의해 접점 간극이 생기는데 접점이 닫힐 때 1차 전류는 흘러간다. 이를 캠 각(Cam Closing Angle)이라 한다.

중요 CHECK

$$\text{캠각} = \frac{360}{\text{실린더 수}} \times \frac{\text{접점이 닫혀 있는 파형의 길이}}{\text{총 파형의 길이}}$$

㉢ 축전기(Condenser)

- 정전유도 작용을 이용하여 많은 전기량을 보관하기 위해 만든 장치이다.
- 가솔린 엔진의 축전기 용량은 0.22[μF]을 사용한다.

㉣ 축전지(Storage Battery)

- 축전지를 오래 방치하여 과방전 상태로 오래두면 영구 황산납($PbSO_4$)이 된다.
- 배터리(축전지)는 화학적 에너지를 전기적 에너지로 변환시키는 장치이다. 셀당 전압차가 0.5[V] 이내(양호)이다. 6개의 셀로 구성되어 있고 셀당 기전력은 2.1~2.3[V] 정도이고 1.95[V] 정도가 양호상태이다.

중요 CHECK

축전지 용량 표시 방법

- 25[A]율
- 냉간율
- 20시간율

㉤ 점화플러그(Spark Plug)

- 점화코일 2차 코일에서 발생한 고압전류를 이용해 불꽃 방전을 일으켜 실린더 내의 압축 혼합기를 연소시키는 역할을 한다.
- 점화 플러그의 전극부분 온도가 자기 청정 온도 450~800[℃]보다 높으면 조기 점화로 엔진 노킹이 유발된다.
- 플러그의 종류에는 프로젝트 코어 노즈 플러그, 저항 플러그, 보조간극 플러그, 냉형, 중형, 열형 플러그 등이 있다.
- 열발산의 정도에 따라 열발산이 잘되는 플러그에 해당하는 냉형 플러그는 고온 고압축 엔진에 사용되고, 열발산이 잘 되지 않는 플러그에 해당하는 열형은 저온 저압축 엔진 사용한다. 저항 플러그는 유도 불꽃의 기간을 짧게 하기 위하여 중심 전극에 약 10[kΩ] 정도의 저항을 설치한 것이다.

중요 CHECK

점화 플러그 품번 : BP6ES

B : 나사부 지름
P : 자기돌출형
6 : 열 값
E : 나사부 길이
S : 신제품

② 전자제어식 점화장치

㉠ 개 요

- 트랜지스터를 이용하여 1, 2차 전류를 단속함으로써 전류의 차단이 확실하고 2차 코일에서도 안정된 고전압을 얻을 수 있다. 즉, 저속, 고속에서의 성능이 안정된다.
- 점화코일의 1차 전류를 파워트랜지스터가 단속한다.
- 전자장치를 이용하므로 점화장치의 신뢰성, 정확성이 향상된다.
- 점화시기를 제어하는 순서는 각종센서(CAS) – ECU – 파워 트랜지스터 – 점화코일 순이다. 이때 CAS(크랭크각 센서)는 LED를 이용하여 자동 점화시기 검출용 센서이며, 배전기 내부에 장착된다. CPS(크랭크축 위치센서)는 플라이휠 링 기어 잇수를 LED를 통해 검출하여 ECU에 의해서 엔진 회전수와 함께 자동으로 점화시기를 제어한다.
- 진공식 및 원심식 진각장치가 없다.

중요 CHECK

점화장치에서 파워 트랜지스터에 대한 설명

파워 트랜지스터는 NPN형 역방향에 사용되며 다음과 같이 구성된다.

- 베이스 신호는 ECU에서 받는다(즉, ECU에 의해 제어).
- 점화코일 1차 전류를 단속한다.
- 이미터 단자는 접지되어 있다.
- 컬렉터 단자는 점화코일(–)에 연결되어 있다.
- 논리 게이트, 증폭기, OP엠프(역방향으로 흐름 : IB → G, 순방향으로 흐름 : G → IB) 등에 사용된다.
- ECU에서 베이스(IB) 전류가 흐르면 점화 코일 1차 전류가 컬렉터 OC → G(이미터)로 흐른다.

㉡ CDI(콘덴서 방전식) 점화장치

- 콘덴서에 충전된 전압이 1차 코일에 급격히 방전시키고 이 방전으로 인해 2차 코일에 고전압이 발생하는 원리를 이용한 점화장치이다.
- CDI에서 스위치는 사이리스터(SCR)을 사용하여 전자적으로 On/Off한다.

중요 CHECK

사이리스터(SCR ; Silicon Controled Rectifier) – 실리콘 제어 정류기

- 순방향 흐름 : A → K
- 제어단자 : G(게이트)
- 자동차 사용처 : 연료 잔고량 게이지, 흡입공기온도 센서, 각종 오일온도 센서

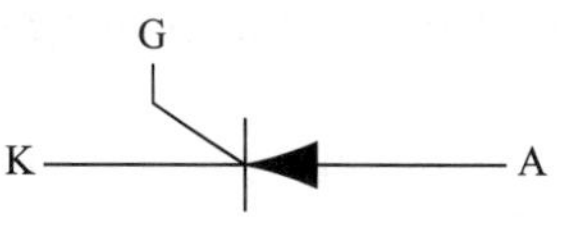

A : 애노드
G : 제어단자 게이트
K : 캐소드

㉢ HEI(High Energy Ignition) 점화장치

- HEI 점화장치는 ECU 내에서 점화시기를 자동으로 조절하여 1차 전류를 파워트랜지스터에 보내주는 점화장치이다.
- 기존 점화장치에 비해 간단하고, 원심진각장치와 진공진각장치가 없으며, 진각작용은 ECU에 의해서 이루어진다. 점화코일은 폐자로 형식의 특수코일을 이용한다.
- HEI코일(폐자로형 코일)은 유도작용에 의해 생성되는 자속이 외부로 방출되지 않으며, 1차 코일을 굵게 하면 큰 전류가 통과할 수 있고, 1차 코일과 2차 코일은 연결되어 있다.

③ DLI(Distributor Less Ignition) – **전자배전 점화장치**

㉠ 개 요

- 기존의 배전기(Distributor)를 제거하고 컴퓨터(ECU)를 이용한 전자 배전방식으로 고전압을 점화코일에서 점화플러그로 직접 배전하여 점화효율을 증대시킨 시스템이다.
- 기존 방식은 1개의 점화코일에 의하여 높은 전압을 유도시켜 배전기 축에 설치한 로터와 고압케이블을 통하여 점화플러그로 공급한다. 그러나 이 높은 전압을 기계적으로 배분하기 때문에 전압강하와 누전이 발생한다. 또 배전기의 로터와 캡의 세그먼트 사이의 에어 갭을 뛰어 넘어야 하므로 에너지 손실이 발생하고 전파 잡음의 원인이 되기도 한다. 이와 같은 결점을 보완한 점화방식인 DLI이다.
- 코일 분배방식과 다이오드 분배방식이 있다.
- 독립점화방식과 동시점화방식이 있다.
- 기통 판별 센서가 필요하다.

㉡ DLI 시스템의 장점

- 신뢰성이 높고, 배전기 누전이 없다.
- 고전압 에너지 손실이 적다.
- 점화에너지를 크게 할 수 있다.

• 내구성이 크고 전파방해가 적다.
• 점화 진각 폭에 제한이 없다.

㉢ DLI에 사용되는 구성품

• 파워트랜지스터, 점화코일, 크랭크각센서 등이 있다.

중요 CHECK

DLI에서 전자제어모듈(ECM)에 입력되는 정보
• 엔진회전수 신호
• 흡기매니폴드 압력센서
• 수온 센서

(3) 시동, 점화장치의 점검

① 기동 전동기 시험 항목 종류

㉠ 부하(토크) 시험(9.6[V] 이상)
㉡ 무부하시험(10.5[V] 이상)
㉢ 저항 시험

② 점화플러그 시험 항목

㉠ 절연 시험
㉡ 기밀 유지 시험
㉢ 불꽃 시험 : 적색(교환), 청색(양호)

③ 기 타

㉠ 토크 시험은 정지 회전력을 측정하는 시험이다.
㉡ 배선점검 측정기기는 멀티 시험기와 테스터 램프이다.
㉢ 파워 T/R 점검 시험에 필요한 것은 멀티 시험기와 DC 건전지이다(도통시험과 저항 점검).
㉣ 1차 점화 파형 측정 시 검침봉 위치는 점화 코일 ⊖ 또는 트랜지스터 : OC

제2절 충전장치 정비

충전장치(Charging System)는 자동차의 기관을 구성하고 있는 각종 전기장치에 전력을 공급함과 동시에 축전지의 충전전류를 공급하는 장치이다. 발전기, 전류계, 충전경고등 등으로 구성된다.

1. 충전장치

(1) 교류발전기

외부 도체를 고정하고 내부 자계를 회전시켜 전류를 발생시키는 장치로 실리콘 다이오드를 정류기로 사용하여 직류 출력을 얻는다.

① 개 요

㉠ 특 징

- 자동차용으로 주로 사용되는 발전기는 3상 교류발전기이다.
- 발전원리는 플레밍의 오른손 법칙 또는 렌츠의 법칙을 응용한 것이다.
- 일반적으로 발전기를 구동하는 축은 크랭크축이다.
- 교류발전기에서 축전지의 역류를 방지하는 컷아웃 릴레이가 없는 이유는 실리콘 다이오드가 그 역할을 수행한다. 따라서 정류 특성이 좋다.
- 소형 경량이고 저속에서의 충전 성능이 좋다.
- 속도 변동에 따른 적응 범위가 넓다.
- 접점이 없기 때문에 조정 전압의 변동이 없다.
- 접점방식에 비해 내진성, 내구성이 크다.
- 접점 불꽃에 의한 노이즈가 없다.
- 회전수 제한을 받지 않는다.

중요 CHECK

플레밍의 오른손 법칙에서 엄지손가락은 도선의 운동 방향이다. 그리고 스테이터 3상 스타결선에서 교류 전류가 발생하여 실리콘 다이오드에 의해서 AC → DC 정류작용과 배터리 전류가 AC발전기 쪽으로 역류 방지된다. 6개의 다이오드로 구성되어 있다(+3, −3).
※ DC발전기에서는 전기자 코일에서 전류가 발생된다.

㉡ 구성요소

- 회전운동으로 자계를 발생(자속을 만든다)시키는 로터
- 3상 교류 전압을 유도하는 스테이터
- 교류를 직류로 정류하며, 축전지의 역류를 방지하는 실리콘 다이오드(정류기)
- 발전기의 전압을 조정하여 축전지 및 전기장치를 보호하는 전압 조정기

중요 CHECK

- 자동차용 AC발전기의 내부구조와 밀접한 관계를 갖는 슬립링(Slipring)은 회전하는 장비에 전원 또는 신호라인을 공급할 시에 전선의 꼬임 없이 전달가능한 일종의 회전형 커넥터이다.
- AC발전기 스테이터는 DC(직류) 발전기의 전기자와 같다.
- AC발전기는 실리콘 다이오드(DC발전기의 컷아웃 릴레이 기능과 같다)가 있으므로 전압 조정기, 전류 제한기(DC발전기에 장착)가 필요 없다.

㉢ 기전력 발생
- 로터의 회전이 빠르면 기전력은 커진다.
- 로터코일을 통해 흐르는 여자 전류가 크면 기전력은 커진다.
- 코일의 권수와 도선의 길이가 길면 기전력은 커진다.

㉣ 다이오드의 종류와 기능
- 실리콘 다이오드 : 교류를 직류로 정류하며, 축전지의 역류를 방지하는 역할을 수행한다.
- 제너 다이오드 : 실리콘 다이오드의 일종으로 어떤 전압에 도달하면 역방향으로 큰 전류가 흐르도록 하여 반도체 보호, 정류기 등에 사용된다.
- LED(발광다이오드) : 가시광선, 적외선 및 레이저까지 빛을 발산하는 다이오드이며, CAS와 CPS에 사용되어 점화 시기를 자동제어한다.
- 포토 다이오드는 자동차에서 CAS, 1TDC(점화순서결정 센서), 휠 각속도 센서, ECS 차고 센서에 사용된다.

중요 CHECK

발전기의 3상 교류
- 3조의 코일에서 생기는 교류 파형이다.
- Y결선을 스타결선, Δ결선을 델타 결선이라 한다.
- Δ결선은 코일의 각 끝과 시작점을 서로 묶어서 각각의 접속점을 외부 단자로 한 결선 방식이다.

(2) 축전지

자동차에 있어서 엔진이 정지된 상태에서나 시동 시에는 축전지(Battery)를 통해서 전원이 공급된다. 즉, 축전지는 화학적 에너지를 전기적 에너지로, 전기적 에너지를 화학적 에너지로 변환하는 장치임과 동시에 엔진 정지 시 자동차의 각종 전기장치에 전원을 공급하는 장치이다.

① 개 요

㉠ 축전지의 종류 : 축전지는 납산 축전지와 알칼리 축전지가 있으나 현재는 가격이 저렴한 납산 축전지가 주로 사용되고 있다.

㉡ 축전지의 역할
- 기동장치의 전기적 부하를 담당한다.
- 컴퓨터(ECU)를 작동시킬 수 있는 전원을 공급한다.

• 주행상태에 따른 발전기의 출력과 부하의 불균형을 조정한다.

㉢ 납산 축전지의 특성

• 전해액의 황산 비율이 증가하면 비중은 높아진다.
• 온도 하강 시 전압이 떨어지고, 용량이 적어지며, 동결되기 쉽다.
• 축전지는 양극판, 음극판, 전해액으로 구성되는데 납산 축전지의 경우 양극판에 과산화납(PbO_2), 음극판에 납(Pb), 전해액으로는 묽은 황산(H_2SO_4)이 사용된다.
• 완전 충전된 납산 축전지에서 양극판의 성분(물질) 과산화납(PbO_2)이다.
• 급속충전 후 완충전 전압은 15.0~15.5[V] 미만이 양호 범위이다.
• 음극판 수가 양극판보다 1장 더 많은 이유는 양극판의 화학적 평형 때문이다.

㉣ 축전지의 충방전시의 화학반응

• 배터리 방전 시 (+)극판의 과산화납은 점점 황산납으로 변화한다.
• 배터리 충전 시 (+)극판의 황산납은 점점 과산화납으로 변화한다.
• 배터리 충전 시 물은 묽은 황산으로 변한다.
• 충전 시 (+)극판에서는 산소가 발생하고 (−)극판에서는 수소가스를 발생한다.

중요 CHECK

축전지의 충전상태를 측정하는 계기는 비중계이다.

㉤ 축전지 충전 시 주의사항

• 배터리 단자에서 터미널을 분리시킨 후 충전하나 급속충전 시 배터리를 자동차에 연결한 채 충전해야 할 경우, 접지(−) 터미널을 떼어 놓을 것
• 급속 충전할 때 축전지 접지단자 케이블을 떼어 내는 이유는 AC발전기 실리콘 다이오드를 보호하기 위함이다.
• 통풍이 잘 되는 곳에서 충전한다.
• 축전지 각 셀(Cell)의 플러그를 열어 놓는다.
• 축전지 가까이에서 불꽃이 튀지 않도록 한다.
• 될 수 있는 대로 짧은 시간에 실시할 것
• 충전 중 전해액 온도가 45[℃] 이상 되지 않도록 할 것
• 충전 중 축전지에 충격을 가하지 않는다.
• 축전지의 보충전은 해당 배터리 용량의 1/10 ~ 1/20, 급속 충전은 1/2, 초충전은 1/10로 70시간 이내 충전한다(15일마다 보충전을 실시한다. 1일 0.3~1.5[%] 자기방전된다).

중요 CHECK

격리판

격리판은 음극판과 양극판 사이에 단락 방지 목적으로 설치하며, 구비조건은 다음과 같다.

- 다공성일 것
- 비전도성일 것
- 전해액(묽은 황산) 확산이 잘 될 것
- 이물질을 내뿜지 말 것(축전지 내부에서 단락되면 사이클링 쇠약으로 '브리지 현상'이 발생한다)

ⓗ 전해액 만들기

- 비중 : 1.254~1.280
- 온도 : 45[℃] 이하
- 증류수에 묽은 황산을 넣는다(나무젓가락, 온도계, 비중계를 준비한다).
- 환산비중 계산식

$$S_{20} = S_t + 0.0007(t - 20)$$

- S_t : 실측한 비중
- 0.0007 : 1[℃] 변화에 대한 계수값
- t : 측정 온도

ⓢ 납산 축전지 취급 시 주의사항

- 배터리 접속 시 (+)단자부터 접속한다.
- 전해액이 옷에 묻지 않도록 주의한다.
- 배터리 분리 시 (−)단자부터 분리한다.

중요 CHECK

MF(무보수 배터리)의 특징

- 자기방전 비율이 적다.
- 장기간 보관이 용이하다.
- 증류수나 전해액을 보충하지 않아도 된다.
- 물을 전기분해할 때 (+)에서는 산소가스가 발생하고 (−)에서는 수소가스가 발생하므로 촉매를 사용하여 다시 증류수로 환원시키는 촉매 마개를 사용하고 있다.
- 1년 6개월 사용 후 점검·교환한다(청색 → 흰색 → 교환).

제3절 냉난방 장치 정비

1. 냉난방 장치

(1) 냉방장치(Air-con System)

① 자동차에 실내에 작용되는 외부의 열

㉠ 인체 발열량 : 인체에서 발생하는 열량

㉡ 복사 발열량 : 태양으로부터 복사되는 열에너지로 유리를 통하여 복사된다.

㉢ 대류열 : 차체 부근의 대류에 의한 열량, 특히 엔진 발열량이 가장 크게 작용한다.

㉣ 자연 환기열 : 실내 환기 시 대기 공기와 실내공기의 교환 시 작용한다.

② 냉방 사이클은 다음 4가지 작용을 순환한다. 이는 등온 팽창, 단열 팽창, 등온 압축, 단열 압축으로 이루어지는 카르노 사이클(Carnot's Cycle)을 이용한 것이다.

㉠ 증발 : 냉매가 액체에서 기체로 변화한다. 이때 차 내의 열을 흡수한다.

㉡ 압축 : 냉매를 흡입하여 압축시킨다. 이때 냉매는 계속 증발하려는 성질을 갖고 있다.

㉢ 응축 : 냉매는 응축기 내에서 액체로 응축된다. 이때 발생하는 고온고압가스는 외기에 의해 식혀져 리시버드라이어로 보내진다. 이때 방출된 열을 응축열이라 한다.

㉣ 팽창 : 냉매는 팽창 밸브에 의해 다시금 증발되기 쉬운 상태까지 압력이 낮아진다. 냉매를 증발되기 쉬운 상태의 낮은 압력으로 만드는 작용을 팽창이라 한다.

③ 냉 매

㉠ 냉동 시 냉동효과를 얻기 위해 사용하는 물질로 1차 냉매와 2차 냉매로 구분된다.

㉡ 1차 냉매는 프레온, 암모니아 등과 같이 저온액체상태에서 열을 흡수하여 기체상태로 변화하고, 압축하면 고온에서 다시 액체로 변화하는 성질을 갖는 물질이다.

㉢ 2차 냉매는 염화나트륨, 브라인 등과 같이 저온의 액체를 순환시켜 냉각시키고자 하는 물질과의 접촉을 통해 냉각작용을 하는 물질이다.

㉣ R134a는 지구 환경문제로 인한 오존층 파괴 방지 목적으로 대체 사용하는 냉매가스이다. 무색, 무취, 무미이며, 화학적으로 안정되고 내열성이 좋다. 온난화지수가 R-12 보다 낮다.

④ 작 동

㉠ 자동차 에어컨 순환 경로 : 공기 압축기(컴프레서) → 응축기(콘덴서) → 건조기(리시버드라이어) → 팽창 밸브(익스텐션 밸브) → 증발기(에버포레이터) → 송풍기를 거친다.

- 공기 압축기 : 냉매를 고압으로 압축하여 응축기로 보낸다. 크랭크식과 사판식, 베인식이 있다.
- 응축기(Condenser) : 고온고압의 기체 냉매를 냉각시켜 액화하여 건조기로 보낸다.
- 건조기(Receiver Drier) : 냉매를 저장, 팽창밸브로 공급, 냉매 속의 수분흡수 역할을 한다.
- 팽창밸브(Expansion Valve) : 고온고압의 액체 냉매를 저압의 액체 냉매로 변환하여 증발기로 보낸다.

- 증발기(Evaporator) : 공기의 온도가 급강하하는 곳이다. 낮은 온도의 공기를 강제적으로 차 내로 보낸다.
- 송풍기(Blower) : 증발기에 공기를 불어넣어 새로운 저온 제습된 공기가 차 내로 유입되도록 하는 장치이다.

㉡ 전자동 에어컨에서 ECU(M)에 입력 센서

- 실내 온도 센서(내기 온도 센서)
- 외기 온도 센서
- 서모핀 센서
- 일사 센서
- WTS(수온 센서)
- 차속 센서
- AQS(공기 정화 감지 센서)
- 공기 조절 액추에이터

중요 CHECK

냉방장치와 관련하여 ECU에 의해서 제어되는 항목
- 송풍기 속도
- 컴프레서 클러치
- 엔진 회전 수 제어
- 히터 밸브

⑤ 냉방장치의 정비

㉠ 자동차 에어컨 가스 냉매용기의 취급사항

- 냉매 용기는 직사광선이 비치는 곳에 방치하지 않는다.
- 냉매 용기의 보호 캡을 항상 씌워 둔다.
- 냉매가 피부에 접촉되지 않도록 한다.

㉡ 기관의 냉각장치를 점검, 정비할 때 안전 및 유의사항

- 방열기 코어가 파손되지 않도록 한다.
- 워터 펌프 베어링은 세척하지 않는다.
- 방열기 캡을 열 때는 압력을 서서히 제거하며 연다.

㉢ 에어컨 매니폴드 게이지(압력게이지) 접속 시 주의사항

- 매니폴드 게이지를 연결할 때에는 모든 밸브를 잠근 후 실시한다.
- 냉매가 에어컨 사이클에 충전되어 있을 때에는 충전호스, 매니폴드 게이지 밸브를 전부 잠근 후 분리한다.
- 황색 호스를 진공펌프나 냉매 회수기 또는 냉매 충전기에 연결한다.

(2) 난방장치(Heater)

① 엔진의 냉각수가 기관을 냉각시킨 후 보유한 열을 이용하여 차량의 실내온도를 상승케하는 장치를 말한다.

② 방열기(Radiator), 송풍기, 밸브 등으로 구성된다.

제4절 계기 및 보안장치정비

1. 계기 · 보안장치

(1) 계기장치(Instrument System)

자동차를 운전할 때 관련 상황을 운전자가 쉽게 판단할 수 있도록 각종 상황을 제공하는 장치를 말한다. 속도계, 유압계, 수온계, 연료계 등이 대표적이다.

① **속도계** : 시간당 주행거리를 표시하는 속도계는 크게 아날로그 자석식과 디지털식으로 구분된다.

㉠ 아날로그 자석식 : 아날로그 자석식은 맴돌이 전류와 영구 자석의 상호 작용으로 지침이 움직이는 계기이다.

㉡ 디지털식

- 디지털식 속도계는 차속을 검출하는 차속 센서와 속도계 표시장치로 구성되어 있다.
- 차속센서는 케이블의 회전속도를 전기신호로 변환시켜 속도계 표시장치로 전달한다.
- 계기판의 속도계가 작동하지 않을 때 차속센서를 점검한다.

② **유압계**

㉠ 오일의 압력을 표시하는 표시장치이다.

㉡ 밸런싱 코일식 : 코일에 형성되는 자력값으로 가동철편을 당겨 유압을 표시

㉢ 바이메탈 서모스탯식(Bimetal Thermostat Type) : 열팽창을 이용하여 유압을 표시

㉣ 인디케이트 전구식 : 전구의 점등을 이용하여 유압을 표시

③ **수온계**

㉠ 냉각수의 온도를 표시하는 표시장치이다.

㉡ 밸런싱 코일식 : 코일에 형성되는 자력값으로 가동철편을 당겨 수온을 표시

㉢ 바이메탈식 : 열팽창을 이용하여 수온을 표시

㉣ 계기판 온도계가 작동 불량하면 WTS(냉각 수온 센서)를 점검

④ **연료계**

㉠ 연료탱크 내의 연료의 양을 표시하는 표시장치이다.

㉡ 밸런싱 코일식 : 코일에 형성되는 자력값으로 가동철편을 당겨 연료의 양을 표시

㉢ 바이메탈 저항식 : 탱크유닛에는 연료의 양에 따라 저항값이 변화하는 가변저항을 사용하는 저항식을, 표시부에는 바이메탈식을 사용한다(가장 많이 사용되고 있다).

㉣ 서모스탯 바이메탈식 : 탱크유닛부에 있는 뜨개의 상하운동으로 연료의 양을 표시

중요 CHECK

배선에 있어서 G는 녹색, Gr은 회색, B는 검정, Br은 갈색, Y는 노란색을 의미한다.
※ 0.85RW에서 R – 밑 바탕색, W – 줄색

(2) 안전장치(Safety System)

자동차의 안전 운행을 위해 필요한 장치로 경음기, 에어백, 윈드 실드 와이퍼, 윈드 실드 와셔 등이 있다.

① 경음기(Horn)

㉠ 개 요

- 진동판을 진동시켜 공기의 진동에 의해 음을 발생시켜 위험상황을 알리거나 주위를 환기시키는 역할을 담당하는 장치이다.
- 공기식 경음기는 대형차에 사용되고, 전기식 경음기는 그 외의 차량에 사용된다.

㉡ 음질 불량의 원인

- 다이어프램의 균열이 발생하였다.
- 전류 및 스위치 접촉이 불량하다.
- 가동판 및 코어의 헐거운 현상이 있다.

② 에어백 시스템(Air Bag System)

㉠ 개 요

- 에어백은 외부의 충격에 대하여 차량 내부의 운전자나 탑승자를 보호하기 위한 충격완화 장치(안전벨트 보조장치, SRS)이다.
- 가속도 G센서는 충돌 시 가속도・감속도를 감지하기 위해서 에어백(SRS)에 장착되어 작동 유무를 판정한다.
- 에어백은 질소가스가 내장되어 있고, 탈거 시 배터리 ⊖분리시킨 후 탈거한다.
- 에어백(SRS) 재료는 나일론, 폴리에스테르, 폴리우레탄을 사용한다.
- 에어백 모듈(가스발생기, 에어백, 패트 커버)와 회전 접점 스위치, 충격센서 등으로 구성된다.

㉡ 에어백 컨트롤 유닛의 진단

- SRS 부품에 이상이 있을 대 경고등 점등
- SRS 장치 내 구성품 및 배선 단선, 단락
- SRS 장치에 이상이 있을 때 경고등 점등

㉢ 에어백 장치를 점검, 정비할 때 주의사항

- 조향 휠을 장착할 때 클록 스프링의 중립 위치를 확인한다.
- 에어백 장치는 축전지 전원을 차단하고 일정시간 지난 후 정비한다.
- 인플레이터의 저항은 절대 측정하지 않는다.

③ 윈드실드 와이퍼(Windshield Wiper)

㉠ 와이퍼 전동기, 링크 기구, 와이퍼 암, 와이퍼 블레이드로 구성된다.

㉡ 와이퍼 모터 고장, 릴레이 고장, 와이어 링 접지 불량이면 작동하지 않는 원인이 된다.

㉢ 복권식 와이퍼 모터가 자동차에 사용된다.

④ 윈드실드 와셔(Windshield Washer)

㉠ 윈드실드 와셔는 원심식 펌프가 전동기에 의해 구동되어 와셔액(세정액)을 분사시키는 장치이다.

㉡ 와셔 스위치는 와셔액의 작동 여부를 감지하는 스위치이다.

⑤ 기타 편의시설 관련

㉠ 내비게이션 장치에 사용되는 센서

- 지자기 센서
- 진동 자이로
- 광섬유 자이로
- 가스레이트 자이로

㉡ 편의장치(ETACS) 제어

- 와이퍼 간헐적 제어
- 안전벨트 경보음 제어
- 각종 도어 스위치 자동 제어
- 열선 스위치 제어
- 파워 윈도 제어
- 실내등 제어
- 와셔 연동 와이퍼 제어
- 점화 스위치 홀 조명 제어

㉢ 라디오 글래스 안테나는 AM 수신감도 좋고, 폴형 안테나에 비해서 간단하고, 가격도 저렴하다.

제5절 등화 장치 정비

1. 등화 장치

(1) 전조등(Head Light)

야간 운행 시 안전을 위해 사용하는 조명등이다.

① 개 요

㉠ 전조등의 3요소는 렌즈, 반사경, 필라멘트이다.

㉡ 실드빔식은 고장 시 전체 교환하고 세미실드빔식은 전구만 교환하는 형식이다.

㉢ 자동 점등과 소등 장치는 포토다이오드를 이용한 것이고 복선식을 사용한다.

㉣ 전조등 회로는 라이트 스위치, 전조등 릴레이, 딤머 스위치 등으로 구성된다.

㉤ 전조등에는 하이빔(High Beam)과 로 빔(Low Beam)이 병렬로 구성되는데 이를 선택하는 스위치가 딤머 스위치이다.

② 조도, 광도, 거리의 관계

$$조도[lx] = \frac{광도[cd]}{거리^2}$$

㉠ 조도는 단위면적당 광속 밀도이다. 즉, 빛이 비춰지는 대상공간의 밝기를 표시하며 단위는 룩스[lx]이다.

㉡ 광도는 빛의 강도를 나타낸다. 빛의 세기를 표시하며 단위는 칸델라[cd]이다.

㉢ 조도는 거리의 제곱에 반비례하고, 광도에 비례한다.

③ 전조등의 조정 및 점검 시험 시 유의사항

㉠ 광도는 안전기준에 맞아야 한다.

㉡ 광도를 측정할 때는 헤드라이트를 깨끗이 닦아야 한다.

㉢ 퓨즈는 항상 정격용량의 것을 사용해야 한다.

CHAPTER

03 적중예상문제

01 기관에 설치된 상태에서 시동 시(크랭킹 시) 기동전동기에 흐르는 전류와 회전수를 측정하는 시험은?

㉮ 단선시험 ㉯ 단락시험

㉰ 접지시험 ㉱ 부하시험

해설 부하시험은 기동전동기를 차량에서 장착한 상태에서 점검하는 것으로 기동전동기에 흐르는 전류 값과 회전수를 측정하여 기동전동기의 고장 유무를 판단하는 시험이다.

02 트랜지스터(TR)의 설명으로 틀린 것은?

㉮ 증폭 작용을 한다.

㉯ 스위칭 작용을 한다.

㉰ 아날로그 신호를 디지털 신호로 변환한다.

㉱ 이미터, 베이스, 컬렉터의 리드로 구성되어 있다.

해설 트랜지스터는 전류의 증폭작용과 스위칭 역할을 하는 반도체 소자이다. 아날로그 신호를 중앙처리장치에 의해서 디지털 신호로 변환하는 장치는 A/D변환기이다.

03 온도와 저항의 관계를 설명한 것으로 옳은 것은?

㉮ 일반적인 반도체는 온도가 높아지면 저항이 적어진다.

㉯ 도체의 경우는 온도가 높아지면 저항이 적어진다.

㉰ 부특성 서미스터는 온도가 낮아지면 저항이 적어진다.

㉱ 정특성 서미스터는 온도가 높아지면 저항이 적어진다.

해설 ㉯ 금속과 같은 도체의 경우는 온도가 높아지면 전기저항이 증가한다.
㉰ 부특성 서미스터는 온도가 높아지면 저항이 적어진다.
㉱ 정특성 서미스터는 온도가 높아지면 저항이 증가한다.

정답 1 ㉱ 2 ㉰ 3 ㉮

04 온도에 따라 전기 저항값이 변하는 반도체 소자로서 연료 잔량 경고등, 흡입 공기 온도 센서, 오일 온도 센서 등에 쓰이는 것은?

㉮ 압전소자　　　　㉯ 다이오드
㉰ 트랜지스터　　　㉱ 부특성 서미스터

해설 부특성 서미스터는 온도가 상승하면 이에 따라 저항값이 감소하는 서미스터로 연료 잔량 경고등, 흡입 공기 온도 센서, 오일 온도 센서 등에 쓰인다. 예컨대 연료가 없으면 서미스터가 공기 중에 노출되므로 온도가 상승하고 저항값이 감소하면 경고등에 불이 켜지게 된다.

05 제너 다이오드에 대한 설명으로 틀린 것은?

㉮ 순방향으로 가한 일정한 전압을 제너 전압이라고 한다.
㉯ 역방향으로 가해지는 전압이 어떤 값에 도달하면 급격히 전류가 흐른다.
㉰ 정전압 다이오드라고도 한다.
㉱ 발전기의 전압 조정기에 사용하기도 한다.

해설 제너 다이오드(Zener Diode)는 일반 다이오드와 다르게 낮은 역방향 전압에서도 역전류가 흐르도록 만든 소자이다. 제너 다이오드에 역방향 바이어스 전압을 걸면 역방향 전류가 흐르는데 이 전류를 '제너 전류(Zener Current)'라고 하고, 이때 걸리는 전압을 '제너 전압(Zener Voltage)'이라고 한다.

06 발광 다이오드의 특징을 설명한 것이 아닌 것은?

㉮ 배전기의 크랭크 각 센서 등에서 사용된다.
㉯ 발광할 때는 10[mA] 정도의 전류가 필요하다.
㉰ 가시광선으로부터 적외선까지 다양한 빛을 발생한다.
㉱ 역방향으로 전류를 흐르게 하면 빛이 발생한다.

해설 LED는 순방향으로 전압을 가할 때 발광하는 반도체 소자이다. 발광 다이오드를 이용한 센서에는 크랭크각센서가 있다.

07 교류발전기에서 축전지의 역류를 방지하는 컷아웃 릴레이가 없는 이유는?

㉮ 트랜지스터가 있기 때문이다.
㉯ 점화스위치가 있기 때문이다.
㉰ 실리콘 다이오드가 있기 때문이다.
㉱ 전압릴레이가 있기 때문이다.

해설 교류(AC) 발전기에는 실리콘 다이오드가 있어서 정류작용과 역류방지작용을 한다.

4 ㉱ 5 ㉮ 6 ㉱ 7 ㉰ 정답

08 전조등시험기 중에서 시험기와 전조등이 1[m] 거리로 측정되는 방식은?

㉮ 스크린　　　　㉯ 집광식

㉰ 투영식　　　　㉱ 조도식

해설 **전조등시험기의 형식**

- 수동형 : 사람의 힘으로 전조등시험기를 전조등의 정면에 위치하도록 하여 광도 및 광축을 측정하는 형식
- 자동형 : 전조등시험기가 전조등의 광축을 스스로 추적하여 광도 및 광축을 측정하는 형식
- 집광식 : 전조등의 빛을 수광부 중앙의 집광렌즈로 모아 광전지에 비추어 광도 및 광축을 측정하는 방식
- 투영식 : 수광부 중앙의 집광렌즈와 상하좌우 4개의 광전지를 설치하고 투영스크린에 전조등의 모양을 비추어 광도 및 광축을 측정하는 방식

09 자동차 전조등의 광도 및 광축을 측정(조정)할 때 유의사항 중 틀린 것은?

㉮ 시동을 끈 상태에서 측정한다.

㉯ 타이어 공기압을 규정 값으로 한다.

㉰ 차체의 평형상태를 점검한다.

㉱ 축전지와 발전기를 점검한다.

해설 시동이 걸려 있는 상태에서 측정한다.

10 계기판의 주차브레이크등이 점등되는 조건이 아닌 것은?

㉮ 주차브레이크가 당겨져 있을 때

㉯ 브레이크 액이 부족할 때

㉰ 브레이크 페이드 현상이 발생했을 때

㉱ EBD 시스템에 결함이 발생했을 때

해설 페이드 현상은 마찰열이 축적되어 제동력이 저하되는 현상이다.

※ 주차브레이크등 점등 조건

- 주차브레이크 레버를 작동시켰을 때
- 브레이크 액이 수준 이하일 때
- 점화 스위치 ON일 때(충전 경고등과 연결되어 있음)
- EBD 시스템이 결함일 때

정답 8 ㉯ 9 ㉮ 10 ㉰

11 계기판의 충전경고등은 어느 때 점등되는가?

㉮ 배터리 전압이 10.5[V] 이하일 때

㉯ 알터네이터에서 충전이 안 될 때

㉰ 알터네이터에서 충전되는 전압이 높을 때

㉱ 배터리 전압이 14.7[V] 이상일 때

해설 알터네이터(발전기)에서 충전이 안 되거나 자체 성능이 떨어질 때 충전경고등이 켜지게 된다.

12 운행 자동차의 전조등 시험기 측정 시 광도 및 광축을 확인하는 방법으로 틀린 것은?

㉮ 적차 상태로 서서히 진입하면서 측정한다.

㉯ 타이어 공기압을 표준공기압으로 한다.

㉰ 4등식 전조등의 경우 측정하지 않는 등화는 발산하는 빛을 차단한 상태로 한다.

㉱ 엔진은 공회전 상태로 한다.

해설 공차 상태의 자동차에 운전자 1인이 승차한 상태로 측정한다.

13 방향지시등 회로에서 점멸이 느리게 작동되는 원인으로 틀린 것은?

㉮ 전구용량이 규정보다 크다.

㉯ 퓨즈 또는 배선의 접촉이 불량하다.

㉰ 축전지 용량이 저하되었다.

㉱ 플래셔 유닛에 결함이 있다.

해설 전구의 용량이 규정보다 크면 전구에서 필요로 하는 전류량이 증가되기 때문에 점멸이 빠르게 되고, 반대로 전구의 용량이 규정보다 적으면 점멸이 느려진다.

14 가솔린 엔진에서 기동전동기의 소모전류가 90[A]이고, 축전지 전압이 12[V]일 때 기동전동기의 마력은?

㉮ 약 0.75[PS]

㉯ 약 1.26[PS]

㉰ 약 1.47[PS]

㉱ 약 1.78[PS]

해설 $P = E \cdot I$[W]

여기서, P : 전력

E : 전압

I : 전류

P=12×90=1,080[W]=1.08[kW]

1[PS]는 0.736[kW]이므로 $= \frac{1.08}{0.736} \fallingdotseq 1.47$[PS]

11 ㉯ 12 ㉮ 13 ㉮ 14 ㉰ **정답**

15 자동차 발전기의 출력신호를 측정한 결과이다. 이 발전기는 어떤 상태인가?

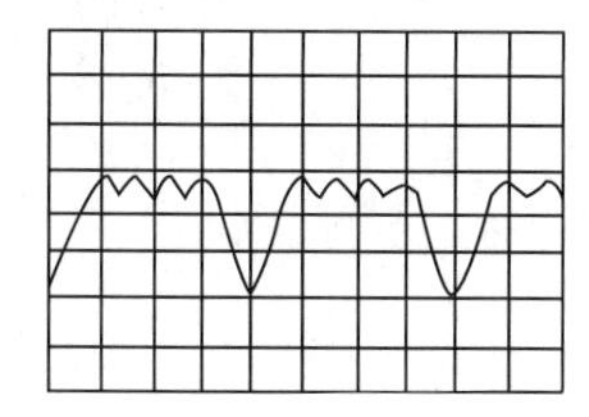

㉮ 정상 다이오드 파형
㉯ 다이오드 단선 파형
㉰ 스테이터 코일단선 파형
㉱ 로터코일 단락파형

해설 문제의 출력신호는 다이오드 1개가 단선되었을 때 나타나는 파형이다.

16 다음 직렬회로에서 저항 R_1에 5[mA]의 전류가 흐를 때 R_1의 저항값은?

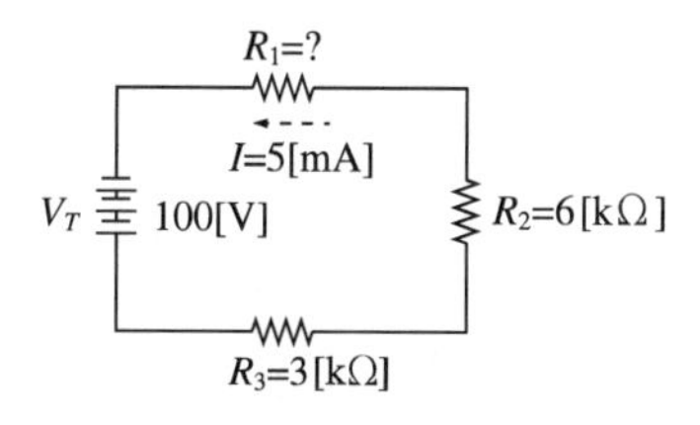

㉮ 7[kΩ] ㉯ 9[kΩ]
㉰ 11[kΩ] ㉱ 13[kΩ]

해설

$$\text{합성저항} = \frac{\text{전압}}{\text{전류}} = \frac{100[\text{V}]}{5[\text{mA}]} = 20[\text{k}\Omega]$$

합성저항 $= k_1 + k_2 + k_3$에서

$20 = k_1 + 6 + 3$

$k_1 = 11[\text{k}\Omega]$

정답 15 ㉯ 16 ㉰

17 브레이크등 회로에서 12[V] 축전지에 24[W]의 전구 2개가 연결되어 점등된 상태라면 합성저항은?

㉮ 2[Ω] ㉯ 3[Ω]
㉰ 4[Ω] ㉱ 5[Ω]

해설

$P = V \times I = I^2 \times R = \frac{V^2}{R}$

$24 = \frac{12^2}{R}$

$R = 6[\Omega]$

여기서, P : 전력[Watt] V : 전압[V]
I : 전류[A] R : 저항[Ω]

직렬 합성저항 = 6+6 = 12[Ω]

병렬 합성저항 $= \frac{(R_1 R_2)}{(R_1 + R_2)} = \frac{6 \times 6}{6+6} = \frac{36}{12} = 3[\Omega]$

18 전기회로에서 전압강하의 설명으로 틀린 것은?

㉮ 불완전한 접촉은 저항의 증가로 전장품에 인가되는 전압이 낮아진다.
㉯ 저항을 통하여 전류가 흐르면 전압강하가 발생하지 않는다.
㉰ 전류가 크고 저항이 클수록 전압강하도 커진다.
㉱ 회로에서 전압강하의 총합은 회로에 공급전압과 같다.

해설 전압강하는 전기저항 R을 지나면서 소비되는 전기 에너지($V = IR$)를 말한다. 즉, 전류가 두 전위 사이를 흐를 때 저항을 직렬로 여러 개 연결하면 전류가 각 저항을 통과할 때마다 옴의 법칙($V = IR$)만큼 전압이 작아져 나타나는 현상을 말한다.

19 가솔린기관의 점화코일에 대한 설명으로 틀린 것은?

㉮ 1차 코일의 저항보다 2차 코일의 저항이 크다.
㉯ 1차 코일의 굵기보다 2차 코일의 굵기가 가늘다.
㉰ 1차 코일의 유도전압보다 2차 코일의 유도전압이 낮다.
㉱ 1차 코일의 권수보다 2차 코일의 권수가 많다.

해설 1차 코일에 300~500[V]의 전압이 발생하고, 2차 코일은 상호유도작용에 의해 25,000~35,000[V]의 고전압이 발생한다.

17 ㉯ 18 ㉯ 19 ㉰ 정답

20 점화코일의 1차 저항을 측정할 때 사용하는 측정기로 옳은 것은?

㉮ 진공 시험기
㉯ 압축압력 시험기
㉰ 회로 시험기
㉱ 축전지용량 시험기

해설 회로 시험기는 전기기기의 부품 및 회로의 이상 유무를 점검한다. 즉 저항, 직류 전압, 교류 전압, 직류 전류 등을 측정한다.

21 자동차용 발전기 점검사항 및 판정에 대한 설명으로 틀린 것은?

㉮ 스테이터 코일 단선 점검 시 시험기의 지침이 움직이지 않으면 코일이 단선된 것이다.
㉯ 다이오드 점검 시 순방향은 ∞[Ω] 쪽으로 역방향은 0[Ω] 쪽으로 지침이 움직이면 정상이다.
㉰ 슬립링과 로터 축 사이 절연 점검 시 시험기의 지침이 움직이면 도통된 것이다.
㉱ 로터코일 단선 점검 시 시험기의 지침이 움직이지 않으면 코일이 단선된 것이다.

해설 다이오드 점검 시 순방향은 0[Ω] 쪽으로, 역방향은 ∞[Ω] 쪽으로 지침이 움직이면 정상이다.

22 20[℃]에서 납산 축전지 전해액의 정상 비중으로 올바른 것은?

㉮ 0.96~0.98
㉯ 1.26~1.28
㉰ 1.96~1.98
㉱ 2.26~2.28

해설 축전지 전해액의 비중은 20[℃]를 기준으로 우리나라의 경우 1.280이다.

23 자동차의 납산 축전지에서 방전 시 일어나는 현상으로 틀린 것은?

㉮ 양극판(과산화납)은 황산납으로 변한다.
㉯ 음극판(해면상납)은 황산납으로 변한다.
㉰ 배터리의 전해액 비중은 떨어진다.
㉱ 전해액의 묽은 황산은 산화납으로 변한다.

해설 전해액의 묽은 황산은 극판의 활물질과 반응하여 물로 변하여 비중이 떨어진다.

정답 20 ㉰ 21 ㉯ 22 ㉯ 23 ㉱

24 축전지의 자기 방전에 대한 설명으로 틀린 것은?

㉮ 자기 방전량은 전해액의 온도가 높을수록 커진다.
㉯ 자기 방전량은 전해액의 비중이 낮을수록 커진다.
㉰ 자기 방전량은 전해액 속의 불순물이 많을수록 커진다.
㉱ 자기 방전은 전해액 속의 불순물과 내부 단락에 의해 발생한다.

해설 자기 방전량은 전해액의 비중과 온도가 높을수록 커진다.

25 납산 축전지의 온도가 낮아졌을 때 발생되는 현상이 아닌 것은?

㉮ 전압이 떨어진다.
㉯ 용량이 적어진다.
㉰ 전해액의 비중이 내려간다.
㉱ 동결하기 쉽다.

해설 전해액은 온도가 상승하면 비중이 작아지고, 온도가 하강하면 비중은 커진다.

26 납산 축전지 취급 시 주의사항으로 틀린 것은?

㉮ 배터리 접속 시 (+)단자부터 접속한다.
㉯ 전해액이 옷에 묻지 않도록 주의하다.
㉰ 전해액이 부족하면 시냇물로 보충한다.
㉱ 배터리 분리 시 (−)단자부터 분리한다.

해설 전해액이 부족하면 증류수로 보충해야 한다.

27 축전지의 점검 시 육안점검 사항이 아닌 것은?

㉮ 케이스 외부 전해액 누출상태
㉯ 전해액의 비중측정
㉰ 케이스 균열점검
㉱ 단자의 부식상태

해설 전해액 비중을 측정하기 위해서는 흡입식 비중계나 광선굴절식 비중계를 사용해야 한다.

24 ㉯ 25 ㉰ 26 ㉰ 27 ㉯ 정답

28 점화플러그에 불꽃이 튀지 않는 이유 중 틀린 것은?

㉮ 파워 TR 불량　　㉯ 점화코일 불량
㉰ TPS 불량　　㉱ ECU 불량

해설 TPS(스로틀 위치센서)는 스로틀 개도를 검출하여 기본 연료분사량 및 운전자의 가·감속을 제어하는 가변저항형 센서이다.

29 점화플러그의 방전전압에 직접적으로 영향을 미치는 요인이 아닌 것은?

㉮ 전극의 틈새모양, 극성
㉯ 혼합가스의 온도, 압력
㉰ 흡입공기의 습도와 온도
㉱ 파워 트랜지스터의 위치

해설 점화플러그의 방전전압에 영향을 주는 요인에는 점화플러그 전극의 형상, 전극의 간극, 혼합가스의 온도와 압력, 흡입공기의 습도와 온도, 혼합가스의 유량 등이 있다.

30 기동전동기의 피니언기어 잇수가 9, 플라이휠의 링기어 잇수가 113, 배기량 1,500[cc]인 엔진의 회전저항이 8[kgf·m]일 때 기동 전동기의 최소회전토크는?

㉮ 약 0.48[kgf·m]　　㉯ 약 0.55[kgf·m]
㉰ 약 0.38[kgf·m]　　㉱ 약 0.64[kgf·m]

해설

$$\text{기동전동기 회전토크} = \frac{\text{피니언 잇수} \times \text{엔진회전저항}}{\text{링기어 잇수}}$$

$$= \frac{(9 \times 8)}{113} \fallingdotseq 0.64[\text{kgf}\cdot\text{m}]$$

31 그롤러 시험기의 시험 항목으로 틀린 것은?

㉮ 전기자 코일의 단선시험
㉯ 전기자 코일의 단락시험
㉰ 전기자 코일의 접지시험
㉱ 전기자 코일의 저항시험

해설 그롤러 시험기는 전기자 코일의 단선, 단락, 접지시험을 하기 위한 테스터이다.

정답 28 ㉰ 29 ㉱ 30 ㉱ 31 ㉱

32 시정수(시상수)가 2초인 콘덴서를 충전하고자 한다. 충전 종료까지 예상되는 소요시간은?

㉮ 3초

㉯ 6초

㉰ 8초

㉱ 10초

해설 시정수(Time Constant)는 콘덴서 충전시간의 척도로서 시정수 1이란 콘덴서가 인가전압의 63[%]로 충전될 때까지 소요된 시간이 1초라는 의미이다.
시정수는 이론적으로는 무한대의 시간이지만 실제로는 시정수 $T_c = 5t$ 이후면 완전 충전된다.
$T_c = 5 \times 2 = 10$초

33 오버 러닝 클러치 형식의 기동 전동기에서 기관이 시동이 된 후에도 계속해서 키 스위치를 작동시키면?

㉮ 기동 전동기의 전기자가 타기 시작하여 소손된다.

㉯ 기동 전동기의 전기자는 무부하상태로 공회전한다.

㉰ 기동 전동기의 전기자가 정지된다.

㉱ 기동 전동기의 전기자가 기관회전보다 고속회전한다.

해설 기동 전동기의 전기자는 무부하상태로 공회전하고 피니언 기어는 고속회전하거나 링기어와 미끄러지면서 소음을 발생한다.

34 계기판의 속도계가 작동하지 않을 때 고장부품으로 추정되는 것은?

㉮ 차속 센서

㉯ 크랭크각 센서

㉰ 흡기매니폴드 압력 센서

㉱ 냉각수온 센서

해설 차속 센서는 속도계에 내장되어 있으며 주행속도를 체크한다.
㉯ 크랭크각 센서(CAS)는 엔진 회전수 및 크랭크축의 위치를 검출한다.
㉰ 흡기매니폴드 압력 센서는 흡기매니폴드 내의 진공도에 따라 실린더로 흡입되는 공기량을 간접 검출하는 센서이다.
㉱ 냉각수온 센서는 엔진의 냉각수 온도를 검출한다.

32 ㉱ 33 ㉯ 34 ㉮ 정답

35 0[℃]에서 양호한 상태인 100[Ah]의 축전지는 200[A]의 전기를 얼마 동안 발생시킬 수 있는가?

㉮ 1시간　　㉯ 2시간

㉰ 20분　　㉱ 30분

해설 축전지의 용량[Ah]=방전전류[A]×방전시간[h]

100=200 × x

x=0.5시간 → 30분

36 발전기의 기전력 발생에 관한 설명으로 틀린 것은?

㉮ 로터의 회전이 빠르면 기전력은 커진다.

㉯ 로터코일을 통해 흐르는 여자 전류가 크면 기전력은 커진다.

㉰ 코일의 권수와 도선의 길이가 길면 기전력은 커진다.

㉱ 자극의 수가 많아지면 여자되는 시간이 짧아져 기전력이 작아진다.

해설 자극의 수가 많을수록 기전력이 커진다.

37 전자배전 점화장치(DLI)의 내용으로 틀린 것은?

㉮ 코일 분배방식과 다이오드 분배방식이 있다.

㉯ 독립점화방식과 동시점화방식이 있다.

㉰ 배전기 내부 전극의 에어 갭 조정이 불량하면 에너지 손실이 생긴다.

㉱ 기통 판별 센서가 필요하다.

해설 전자배전 점화장치(DLI)는 배전기가 없기 때문에 누전이 없으며, 배전기의 로터와 캡 사이의 높은 전압의 에너지 손실도 없다.

38 회로시험기로 전기회로의 측정 점검 시 주의사항으로 틀린 것은?

㉮ 테스터 리드의 적색은 (+)단자에, 흑색은 (−)단자에 연결한다.

㉯ 전류 측정 시는 테스터를 병렬로 연결해야 한다.

㉰ 각 측정 범위의 변경은 큰 쪽에서 작은 쪽으로 한다.

㉱ 저항 측정 시에는 회로 전원을 끄고 단품은 탈거한 후 측정한다.

해설 전류 측정 시는 테스터를 직렬로 연결해야 한다.

정답 35 ㉱ 36 ㉱ 37 ㉰ 38 ㉯

39 등화장치에 대한 설치기준으로 틀린 것은?

㉮ 차폭등의 등광색은 백색, 황색, 호박색으로 하고 양쪽의 등광색을 동일하게 하여야 한다.

㉯ 번호등의 바로 뒷쪽에서 광원이 직접 보이지 아니하는 구조여야 한다.

㉰ 번호등의 등록번호표 숫자 위의 조도는 어느 부분에서도 5[lx] 이상이어야 한다.

㉱ 후미등의 1등당 광도는 2[cd] 이상 25[cd] 이하이어야 한다.

해설 번호등의 등록번호표 숫자 위의 조도는 어느 부분에서도 8[lx] 이상이어야 한다.

40 운행자동차의 2등식과 4등식 전조등의 주행빔 1등당 광도 기준으로 안전기준에 적합한 것은?

㉮ 2등식 : 12,000[cd] 이상~112,000[cd] 이하
4등식 : 15,000[cd] 이상~112,500[cd] 이하

㉯ 2등식 : 15,000[cd] 이상~112,000[cd] 이하
4등식 : 15,000[cd] 이상~112,500[cd] 이하

㉰ 2등식 : 12,000[cd] 이상~112,500[cd] 이하
4등식 : 12,000[cd] 이상~112,000[cd] 이하

㉱ 2등식 : 15,000[cd] 이상~112,500[cd] 이하
4등식 : 12,000[cd] 이상~112,500[cd] 이하

해설 **광도기준**

- 2등식 : 15,000[cd] ~ 112,500[cd] 이하
- 4등식 : 12,000[cd] ~ 112,500[cd] 이하

39 ㉰ 40 ㉱ **정답**

CHAPTER 04

자동차 정비용 장비 및 시험기사용법

제1절 정비용 장비와 시험기

1. 정비용 장비 및 공구 사용법

(1) 사이드슬립 측정기

① 자동차 타이어의 토인을 측정하는 기계로서 자동차의 떨림과 한쪽으로 쏠리는 이상유무를 체크하는 기계로 앞바퀴의 정렬상태를 검사한다.

② 시험기에 대하여 직각방향으로 진입시킨다.

③ 시험기의 답판 및 타이어에 부착된 수분, 기름, 흙 등을 제거한다.

④ 시험기의 운동부분은 항상 청결하여야 한다.

(2) 제동력 시험기

① 타이어 트레드의 표면에 습기를 제거한다.

② 브레이크 페달을 확실히 밟은 상태에서 측정한다.

③ 시험 중 타이어와 가이드롤러와의 접촉이 없도록 한다.

(3) 다이얼 게이지 사용 시 유의사항

① 게이지를 설치할 때에는 지지대의 암을 될 수 있는 대로 짧게 하고 확실하게 고정해야 한다.

② 분해 청소나 조정은 하지 않는다.

③ 다이얼 인디케이터에 충격을 가해서는 안 된다.

④ 측정 시는 측정 물에 스핀들을 직각으로 설치하고 무리한 접촉은 피한다.

(4) 회로 시험기로 전기회로의 측정 점검 시 주의사항

① 점화코일의 1차 저항을 측정할 때 사용하는 측정기이다.

② 전류 측정 시는 테스터를 직류로 연결하여야 한다.

③ 각 측정 범위의 변경은 큰 쪽에서 작은 쪽으로 한다.

④ 저항 측정 시엔 회로전원을 끄고 단품은 탈거한 후 측정한다.

⑤ 테스트 리드의 적색은 (+)단자에, 흑색은 (-)단자에 연결한다.

(5) 실린더의 마멸량 및 내경 측정에 사용되는 기구

① 내측 마이크로미터

② 실린더 게이지

③ 외측 마이크로미터와 텔레스코핑 게이지

(6) 압축 압력계를 사용하여 실린더의 압축 압력을 점검 시 유의사항

① 점화계통과 연료계통을 차단시킨 후 크랭킹 상태에서 점검한다.

② 시험기는 밀착하여 누설이 없도록 한다.

③ 측정값이 규정값보다 낮으면 엔진 오일을 약간 주입 후 다시 측정한다.

(7) 스패너

① 볼트와 너트에 접하는 헤드의 한쪽 끝이 열려 있는 것으로 오픈 엔드 렌치라고도 한다.

② 볼트이면 폭과 동일한 크기의 스패너를 사용하여야 한다. 그렇지 않으면 볼트의 육각 부분의 정점이 무뎌지고 둥글게 되고, 이후 적당한 크기의 공구를 사용할 수 없게 되거나 공구가 빠져 부상을 입을 수도 있다.

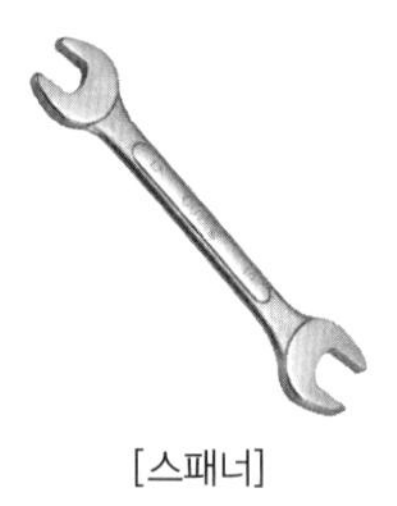

[스패너]

(8) 오프셋 렌치

① 볼트와 너트에 접하는 부분이 모두 연결되어 있는 것이 오프셋 렌치이다. 메가네렌치라고도 한다.

② 볼트와 너트의 육각 부분의 모든 정점에 공구가 접촉하여 스패너보다 큰 힘을 추가하기 위하여 적합하게 되어 있다.

③ 큰 토크를 전달할 수 있기 때문에 브레이크와 차축 샤프트 등 단단히 조여야 하는 곳에 주로 사용된다.

[오프셋 렌치]

(9) 콤비네이션 렌치

1개의 렌치 양쪽에 스패너와 오프셋 렌치를 가지는 것이 콤비네이션 렌치이다.

[콤비네이션 렌치]

(10) 임팩트 렌치(Calibrated Wrench)

① 고장력볼트를 조이는 전동 기계

② 기계가 조절된 토크값에 달하면 자동적으로 작동이 정지되고, 조이는 작업에 숙련을 요하지 않으므로 잘 조정된 기계를 사용하면 토크값의 오차를 ±5[%] 이내로 제어할 수 있다.

③ 굉음을 수반하는 결점이 있다.

(11) 스패너 · 렌치 작업 주의사항

① 스패너의 조(Jaw)는 너트 폭과 맞는 것을 사용하며, 너트의 크기가 맞지 않다고 쐐기 등을 끼워 쓰지 않는다.
② 스패너의 자루가 짧다고 자루에 파이프를 끼우거나 해머로 두들겨서 무리한 힘으로 돌리지 않는다.
③ 스패너는 몸 앞으로 잡아 당겨서 작업한다.
④ 너트에 스패너를 깊이 올리고 조금씩 앞으로 당기는 식으로 풀고 조인다.
⑤ 파이프 렌치의 주 용도는 둥근 물체 조립용이다.
⑥ 조정 렌치는 조정너트를 돌려 조(Jaw)가 볼트에 꼭 끼게 하고 고정 조(Jaw)에 힘이 걸리도록 사용한다.
⑦ 임팩트 렌치 사용 시 가급적 회전 부에 떨어져서 작업하고, 작업복은 헐겁지 않은 옷을 착용하며, 에어호스는 몸에 감지 않도록 한다.
⑧ 몸의 중심을 유지하게 한 손은 작업물을 지지한다.

(12) 자동차 정비 시의 해머

① 자동차의 정비를 할 경우에는 플라스틱 해머, 구리 해머 및 테스트 해머 등이 사용된다.
② 한 손 해머는 작업할 때의 타격용으로서 사용된다.
③ 플라스틱 해머, 구리 해머, 고무 및 나무 해머는 표면에 상처가 나기 쉬운 물체나 변형되기 쉬운 물체의 작업 시에 주로 사용된다.
④ 연질 해머는 금속 해머와 부품 등에 손상을 주지 않고 충격만 가한다.
⑤ 테스트 해머는 볼트나 너트의 풀림 여부의 점검용으로 사용되며 점검 작업이 용이하도록 보통 해머보다 자루가 긴 것이 특징이다.

(13) 해머 작업 주의사항

① 해머 자루의 꼭지에 쐐기를 박아 자루가 작업 중 빠지지 않게 한다.
② 녹슨 공작물에는 보호 안경을 착용하며, 장갑 낀 손으로 자루를 잡지 않는다.
③ 작업에 맞는 해머의 크기를 선택하고 처음부터 힘을 주어서 때리지 않는다.
④ 해머 작업 시 타격 가공하려는 곳에 눈을 고정시키도록 한다.
⑤ 해머의 사용면이 부서진 것, 기타 심하게 변형된 것은 사용하지 않는다.
⑥ 담금질된 재료는 해머 작업을 하지 않는다.

(14) 정 작업 시 주의사항

① 정 작업을 할 때에는 보호 안경을 쓰며 절단시 철편이 튀는 방향에 주의한다.
② 담금질된 재료는 깎아내지 않는다.
③ 자르기 시작할 때나 끝날 무렵에는 세게 치지 않는다.
④ 정의 머리가 찌그러진 것은 연삭 작업을 하여 머리를 고른 후 사용한다.
⑤ 정 작업을 할 때에는 손의 힘을 빼고 가볍게 정을 잡는다.

(15) 줄 작업 시 주의사항

① 줄은 자루를 끼워서 사용해야 하며, 사용 중에 자루가 빠지지 않도록 한다.
② 줄 작업 후 칩은 입으로 불거나 맨손으로 털지 말고 반드시 브러시로 턴다.
③ 해머 대용으로 사용하지 않는다.

(16) 공기 공구 작업

① 공구 교체 시에는 반드시 밸브를 꼭 잠그고 해야 한다.
② 활동 부분은 항상 윤활유 또는 그리스를 급유한다.
③ 사용 시에는 반드시 보호구를 착용해야 한다.
④ 에어 그라인더는 회전 시 소음과 진동의 상태를 점검한 후 사용한다.
⑤ 규정 공기압력을 유지한다.
⑥ 압축공기 중의 수분을 제거한다.

(17) 연삭작업

[연마기]

① 숫돌 보호덮개를 튼튼한 것을 사용한다.
② 정상적일 플랜지를 사용한다.
③ 단단한 지석(砥石)을 사용한다.
④ 나무 해머로 연삭숫돌을 가볍게 두들겨 맑은 음이 나면 정상이다.
⑤ 연삭숫돌의 표면이 심하게 변형된 것은 반드시 수정한다.
⑥ 연삭숫돌과 받침대와의 간격은 3[mm] 이내로 유지한다.
⑦ 작업 시 연삭숫돌의 측면을 사용하여 작업하지 말 것
⑧ 연삭기의 덮개 노출각도는 90°이거나 전체 원주의 1/4을 초과하지 말 것
⑨ 연삭숫돌의 교체시는 3분 이상 시운전할 것
⑩ 사용 전에 연삭숫돌을 점검하여 균열이 있는 것은 사용하지 말 것
⑪ 작업시는 연삭숫돌 정면으로부터 150° 정도 비켜서서 작업할 것
⑫ 가공물은 급격한 충격을 피하고 점진적으로 접촉시킬 것
⑬ 소음이나 진동이 심하면 즉시 점검할 것

(18) 드릴 작업

① 시동 전에 드릴이 올바르게 고정되어 있는지 확인한다.
② 장갑을 끼고 작업하지 않는다.
③ 드릴을 회전시킨 후 테이블을 고정하지 않도록 한다.
④ 드릴 회전 중에는 칩을 입으로 불거나 손으로 털지 않도록 하며, 회전을 중지시킨 후 솔로 제거하도록 한다.
⑤ 큰 구멍을 뚫을 때에는 먼저 작은 구멍을 뚫은 다음에 뚫도록 한다.
⑥ 얇은 판에 구멍을 뚫을 때에는 나무판을 밑에 받치고 뚫도록 한다.
⑦ 이송레버를 파이프에 걸고 무리하게 돌리지 않는다.
⑧ 전기드릴을 사용할 때는 반드시 접지하도록 한다.
⑨ 드릴의 탈부착은 회전이 완전히 멈춘 다음 행한다.
⑩ 작은 물건은 바이스를 사용하여 고정한다.

(19) 보안경 착용 업무

① 클러치 탈착 작업
② 점화 플러그의 청소 시
③ 차량 밑에서 작업할 때에는 반드시 보안경을 착용한다.

(20) 귀마개 착용 업무

① 단조작업
② 제관작업
③ 공기압축기가 가동되는 기계실 내에서 작업

(21) 차량 밑에서 정비할 경우 안전조치

① 차량은 반드시 평지에 받침목을 사용하여 세운다.
② 차를 들어 올리고 작업할 때에는 반드시 잭으로 들어 올린 다음 스탠드로 지지해야 한다.
③ 차량 밑에서 작업할 때에는 반드시 보안경을 착용한다.

(22) 호이스트 안전수칙

① 사람은 절대로 호이스트 탑승을 금한다.
② 무게 중심 바로 위에서 달아 올린다.
③ 호이스트 운전자에 대한 신호는 단 한 사람만 해야 하고, 신호는 명확하고 확실하게 해야 하며, 운전자 이외에는 취급을 제한한다.
④ 작업시작 전 기계의 고장유무를 확인하고 필히 시운전을 실시한다.

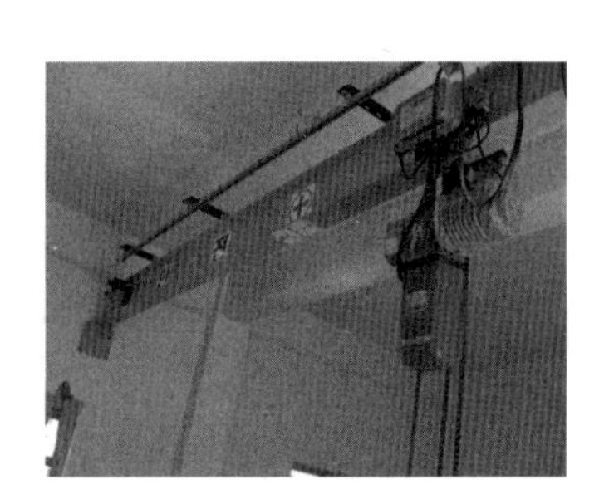

⑤ 와이어로프는 급격하게 감아올리거나 내려서는 안 된다.
⑥ 체인이나 로프가 비뚤어진 채로 매달아 올리지 않는다.
⑦ 물건 중심부에 훅을 위치시켜 확인한 후 권상신호를 해야 한다.
⑧ 규격 이상의 하중을 걸지 않는다.
⑨ 운전 중에 청소, 주유 또는 정비를 하지 말아야 한다.
⑩ 호이스트 작업반경 내에는 사람의 접근을 금하며 작업자 머리 위나 통로 위에 위치하지 않아야 한다.
⑪ 호이스트 고장 시에는 운전을 즉시 중지하고 해당 부서에 통보하여 조치를 받아야 한다.

(23) 기타 운반기계 안전수칙

① 무거운 물건을 운반할 경우에는 반드시 경종을 울린다.
② 기중기는 규정 용량을 초과하지 않는다.
③ 무거운 물건을 상승시킨 채 오랫동안 방치하지 않는다.
④ 화물을 고정하기 위해 사람이 탑승하거나 하지 않도록 한다.
⑤ 무거운 것은 밑에, 가벼운 것은 위에 쌓는다.

(24) 전동 공구 작업

① 사용 시 전원이 차단되었을 경우 전동공구 스위치는 OFF상태로 전환한다.
② 전동기의 코드선은 접지선이 설치된 것을 사용한다.
③ 회로시험기로 절연상태를 점검한다.
④ 감전방지용 누전차단기를 접속하고 동작 상태를 점검한다.

(25) 선반 작업 안전수칙

① 선반 위에 공구를 올려놓은 채 작업하지 않는다.
② 돌리개는 적당한 크기의 것을 사용한다.
③ 공작물을 고정한 후 렌치류는 제거해야 한다.
④ 칩 제거는 기계를 멈춘 후 브러시를 사용할 것
⑤ 절삭작업 중에는 보안경을 착용할 것
⑥ 바이트는 가급적 짧고 단단히 조일 것
⑦ 가공물이나 척에 휘말리지 않도록 작업자는 옷 소매를 단정히 할 것
⑧ 긴 물체를 가공할 때는 반드시 방진구를 사용할 것

(26) 단조 작업 안전수칙

① 형(Die) 공구류는 사용 전에 예열한다.

② 재료를 자를 때에는 정면에 서지 않아야 한다.

③ 물품에 열이 있기 때문에 화상에 주의한다.

④ 판재, 찌꺼기 등의 제거는 보조도구를 사용한다.

⑤ 기계를 청소할 때는 반드시 기계를 정지시킨 다음 청소용구를 사용한다.

(27) 기타 수공구 작업

① 공구를 청결한 상태에서 보관할 것

② 공구를 취급할 때에 올바른 방법으로 사용할 것

③ 공구는 지정된 장소에 보관할 것

④ 서피스 게이지는 사용한 후 즉시 스크라이버 끝이 아래로 향하게 하여 둔다.

⑤ 드라이버는 홈에 맞는 것을 사용하고 끝이 상한 것을 사용하지 않는다.

⑥ 전기 작업 시 드라이버는 절연 드라이버를 쓴다.

⑦ 녹이 생긴 볼트나 너트에는 오일을 넣어 스며들게 한 다음 돌린다.

⑧ 플라이어는 끝이 닫혔을 때 손바닥이 다치지 않도록 주의한다.

⑨ 바이스대에 재료 공구 등을 올려 놓지 않는다.

⑩ 바이스 조의 중심에 공작물이 오도록 고정하며, 핸들을 밑으로 내려 둔다.

⑪ 파편이 튀길 위험이 있는 작업에는 보안경을 착용할 것

(28) 지렛대 사용 시 유의사항

① 깨진 부분이나 마디 부분에 결함이 없어야 한다.

② 손잡이가 미끄러지지 않도록 조치를 취한다.

③ 화물의 치수나 중량에 적합한 것을 사용한다.

(29) 화재예방 및 소화방법

① 화재 예방

㉠ 휘발유 - B급 화재 물질

㉡ 가솔린기관의 진공도 측정 등 정비 시 화재발생 위험이 있으므로 주의한다.

② 소화방법

㉠ 점화원을 차단한다.

㉡ 가연 물질을 제거한다.

㉢ 산소를 차단한다.

㉣ 점화원을 냉각시킨다.

(30) 안전관리

① 산업안전 표시 기준

색 채	용 도
빨 강	금지/경고
노 랑	경 고
파 랑	지 시
녹 색	안 내

㉠ 제2종 유기용제 취급장소 - 노랑

㉡ 제3종 유기용제 취급장소 - 파랑

㉢ 화학물질 취급 장소에서의 유해·위험 경고 용도 - 빨강

㉣ 재해나 상해가 발생하는 장소의 위험 표시 - 주황

② 작업장에서 작업자의 자세

㉠ 작업장 환경 조성을 위해 노력한다.

㉡ 자신의 안전과 동료의 안전을 고려한다.

㉢ 작업안전 사항을 준수한다.

㉣ 가급적 폭이 넓지 않은 긴바지가 좋다.

③ 전기용접 시 안전수칙

㉠ 용접작업 시 물기있는 장갑, 작업복, 신발을 절대 착용하지 않는다.

㉡ 용접작업 시 안전보호구를 착용한다.

㉢ 용접기 주변에 물을 뿌리지 않는다.

㉣ 용접기를 사용하지 않을 때는 스위치를 차단시키고 전선을 정리해 둔다.

㉤ 용접기 접지선의 접속상태를 확인한다.

㉥ 용접작업 중단 시 전원을 차단시킨다.

㉦ 용접작업장 주위에는 기름, 나무조각, 도료, 헝겊 등 타기 쉬운 물건을 두지 않는다.

㉧ 전압이 걸려 있는 홀더에 용접봉을 끼운 채 방치하지 않는다.

㉨ 절연커버가 파손되지 않은 홀더를 사용한다.

④ 산소용접 시 안전수칙

㉠ 아세틸렌 밸브를 먼저 연다.

㉡ 기관을 들어낼 때 체인 및 리프팅 브래킷은 무게 중심부에 튼튼히 걸어야 한다.

(31) 정비용 기계의 검사, 유지, 수리

① 동력기계의 급유는 정지상태에서 진행한다.

② 동력기계의 이동장치에는 동력 차단장치를 설치한다.

③ 동력 차단장치는 작업자 가까이에 설치한다.

④ 청소할 때는 운전을 정지한다.

제2절 자동차 기관 및 장치 정비 시 주의사항

1. 기관본체 정비

(1) 기관 정비작업 시 일반적인 안전수칙

① 기관 운전 시 일산화탄소가 생성되므로 환기장치를 해야 한다.

② 기름 등 오물이 묻지않은 깨끗한 복장으로 작업한다.

③ TPS, ISC Servo 등은 솔벤트로 세척하지 않는다.

④ 공기압축기를 사용하여 부품세척 시 눈에 이물질이 튀지 않도록 한다.

⑤ 배기가스 시험 시 환기가 잘되는 곳에서 측정한다.

⑥ 실린더 헤드볼트는 바깥쪽에서 안쪽을 향하여 대각선 방향으로 푼다.

(2) 기관 점검 시 운전상태에서 점검해야 하는 것

① 클러치의 상태

② 기어의 소음이나 엔진의 이상음을 관찰하는 일

③ 매연이나 배기가스의 색을 관찰하는 일

④ 오일압력 경고등을 관찰하는 일

(3) 가솔린 기관의 진공도 측정 시 주의사항

① 기관의 벨트에 손이나 옷자락이 닿지 않도록 주의한다.

② 작업 시 주차브레이크를 걸고 고임목을 괴어둔다.

③ 화재 위험이 있을 수 있으니 소화기를 준비한다.

(4) LPG자동차 관리에 대한 주의 사항

① LPG가 누출되는 부위를 손으로 막으면 안 된다.

② 가스 충전 시에는 합격 용기인가를 확인하고, 과충전 되지 않도록 해야 한다.

③ 엔진실이나 트렁크 실 내부에서 화기를 사용해서는 안 된다.

④ LPG는 온도상승에 의한 압력상승이 있기 때문에 용기는 직사광선 등을 피하는 곳에 설치하고 과열되지 않아야 한다.

(5) 하이브리드 자동차 관리에 대한 주의 사항

① 하이브리드 자동차 관리

㉠ 하이브리드 모터 작업 시 휴대폰, 신용카드 등은 휴대하지 않는다.

㉡ 고전압 케이블(U, V, W상)의 극성은 올바르게 연결한다.

㉢ 엔진 룸은 고압 세차하지 않는다.

② 고전압 배터리 취급 시

㉠ 고전압 배터리 점검, 정비 시 절연 장갑을 착용한다.

㉡ 고전압 배터리 점검, 정비 시 점화 스위치는 OFF한다.

㉢ 고전압 배터리 점검, 정비 시 12[V] 배터리 접지선을 분리한다.

2. 윤활 및 냉각장치 정비

(1) 부동액 사용 시 주의사항

① 부동액의 점검은 비중계로 측정한다.

② 부동액은 원액으로 사용하지 않는다.

③ 품질 불량한 부동액은 사용하지 않는다.

④ 부동액이 도료 부분에 떨어지지 않도록 주의해야 한다.

(2) 냉각장치 점검, 정비 시 안전 및 유의사항

① 방열기 코어가 파손되지 않도록 한다.

② 워터 펌프 베어링은 세척하지 않는다.

③ 방열기 캡을 열 때는 압력을 서서히 제거하며 연다.

④ 주행 중 냉각수 경고등이 점등되면 엔진을 냉각시킨 후 라디에이터 캡을 열고 냉각수를 보충한다.

(3) 화학세척제 이용 방열기(라디에이터) 세척 방법

① 방열기의 냉각수를 완전히 뺀다.

② 세척제 용액을 냉각장치 내에 가득히 넣는다.

③ 기관을 기동하고, 냉각수 온도를 80[℃] 이상으로 한다.

3. 전자제어장치 정비

(1) 전자제어 시스템을 정비할 때 점검 방법

① 배터리 전압이 낮으면 고장진단이 발견되지 않을 수도 있으므로 점검하기 전에 배터리 전압상태를 점검한다.

② 배터리 또는 ECU커넥터를 분리하면 고장항목이 지워질 수 있으므로 고장진단 결과를 완전히 읽기 전에는 배터리를 분리시키지 않는다.

③ 점검 및 정비를 완료한 후에는 배터리 (-)단자를 15초 이상 분리시킨 후 다시 연결하고 고장 코드가 지워졌는지를 확인한다.

4. 동력전달장치 정비

(1) 자동변속기 점검, 정비 시 안전 및 유의사항

① 자동변속기 전자제어장치

㉠ 컨트롤 케이블을 점검할 때는 브레이크 페달을 밟고, 주차브레이크를 완전히 채우고 점검한다.

㉡ 차량을 리프트에 올려놓고 바퀴 회전 시 주위에 떨어져 있어야 한다.

㉢ 부품센서 교환 시 점화 스위치 off 상태에서 축전지 접지 케이블을 탈거한다.

② 자동변속기 분해조립 시

㉠ 작업 시 청결을 유지하고 작업한다.

㉡ 클러치판, 브레이크 디스크는 자동변속기 오일로 세척한다.

㉢ 조립 시 개스킷, 오일 실 등은 새것으로 교환한다.

5. 주행장치 정비

(1) 타이어 공기압 점검, 정비

① 타이어 공기압 점검, 정비

㉠ 좌, 우 공기압에 편차가 발생하면 브레이크 작동 시 위험을 초래한다.

㉡ 공기압이 낮으면 트레드 양단의 마모가 많다.

㉢ 좌, 우 공기압에 편차가 발생하면 차동 사이드 기어의 마모가 촉진된다.

② 타이어 압력 모니터링 장치(TPMS)의 점검

㉠ 타이어 압력센서는 공기 주입 밸브와 일체로 되어 있다.

㉡ 타이어 압력센서 장착용 휠은 일반 휠과 다르다.

㉢ 타이어 분리 시 타이어 압력센서가 파손되지 않게 한다.

(2) 휠 밸런스 점검 시 안전 수칙

① 점검 후 테스터 스위치를 끄고 자연히 정지하도록 한다.

② 휠 얼라인먼트 조정 작업 전 타이어 공기압 조정 및 하체 손상 점검(쇽업소버 · 허브 베어링)을 우선 한다.

③ 과도하게 속도를 내지 말고 점검한다.

④ 회전하는 휠에 손을 대지 않는다.

(3) 캠버, 캐스터 측정 시 유의사항

① 수평인 바닥에서 한다.

② 타이어 공기압을 규정치로 한다.

③ 섀시스프링은 안정 상태로 한다.

6. 시동, 점화장치 정비

(1) 기동전동기 분해조립 시 주의사항

① 배터리 단자에서 터미널을 분리시킨 후 작업할 것

② 기동전동기를 고정시킨 후 배터리 단자를 접속할 것

③ 관통볼트 조립 시 브러시 선과의 접촉에 주의할 것

④ 레버의 방향과 스프링, 홀더의 순서를 혼동하지 말 것

⑤ 마그네틱 스위치의 B단자와 M(또는 F)단자의 구분에 주의할 것

7. 충전장치 정비

(1) 축전지(배터리) 교환 및 충전작업 시 주의사항

① 축전지(배터리) 교환

㉠ 케이블 연결 시 접지 케이블을 나중에 연결한다.

㉡ 접지 터미널을 먼저 푼다.

② 배터리 충전 시 주의사항

㉠ 배터리 단자에서 터미널을 분리시킨 후 충전한다.

㉡ 충전을 할 때는 환기가 잘되는 장소에서 실시한다.

㉢ 충전 시 배터리 주위에 화기(불꽃)를 가까이 해서는 안 된다.

㉣ 축전지 각 셀(Cell)의 플러그를 열어 놓는다.

㉤ 전해액 온도가 45[℃]를 넘지 않도록 한다.

(2) 전기장치의 배선연결부 점검작업

① 배선연결부 점검

㉠ 연결부의 풀림이나 부식을 점검한다.

㉡ 배선 피복의 절연, 균열 상태를 점검한다.

㉢ 배선이 고열 부위로 지나가는지 점검한다.

㉣ 배선이 날카로운 부위로 지나가는지 점검한다.

② 배선 커넥터 분리 및 연결 시 주의사항

㉠ 배선을 분리할 때는 잠금장치를 누른 상태에서 커넥터를 분리한다.

㉡ 배선 커넥터 접속은 커넥터 부위를 잡고 커넥터를 끼운다.

㉢ 배선 커넥터는 딸깍 소리가 날 때까지는 확실히 접속한다.

(3) 감전방지 및 점검

① 점 검

㉠ 위험에 대한 방지장치를 한다.

㉡ 스위치에 안전장치를 한다.

㉢ 필요한 곳에 통전금지 기간에 관한 사항을 게시한다.

㉣ 감전방지용 누전차단기를 접속하고 동작 상태를 점검한다.

② 충전작업 시

㉠ 충전부가 노출되지 않도록 한다.

㉡ 충전부에 방호망 또는 절연 덮개를 설치한다.

㉢ 발전소, 변전소 및 개폐소에 관계근로자 외 출입을 금지한다.

③ 갑작스런 정전 대책

㉠ 퓨즈를 점검한다.

㉡ 공작물과 공구를 떼어 놓는다.

㉢ 즉시 스위치를 끈다.

④ 개인대책

㉠ 반드시 절연 장갑을 착용한다.

㉡ 물기가 있는 손으로 작업하지 않는다.

㉢ 고압이 흐르는 부품에는 표시를 한다.

8. 냉 · 난방 장치 정비

(1) 에어컨 가스 냉매용기의 취급사항

① 냉매 용기는 직사광선이 비치는 곳에 방치하지 않는다.

② 냉매 용기의 보호 캡을 항상 씌워 둔다.

③ 냉매가 피부에 접촉되지 않도록 한다.

9. 계기 및 보안장치정비

(1) 에어백 장치를 점검, 정비 시 유의사항

① 조향 휠을 장착할 때 클럭 스프링의 중립 위치를 확인한다.

② 에어백 장치는 축전지 전원을 차단하고 일정시간 지난 후 정비한다.

③ 인플레이터의 저항은 절대 측정하지 않는다.

(2) 계기판 점검

① 정비 시 안전사항

㉠ 센서의 단품 점검 시 배터리 전원을 직접 연결하지 않는다.

㉡ 충격이나 이물질이 들어가지 않도록 주의한다.

㉢ 회로 내의 규정치보다 높은 전류가 흐르지 않도록 한다.

② 온도계 미작동 시 점검사항

㉠ 공기유량센서

㉡ 크랭크포지션센서

㉢ 에어컨 압력센서

(3) 와이퍼 장치 정비 시 안전 및 유의사항

① 전기회로 정비 후 단자결선은 사전에 회로 시험기로 측정 후 결선한다.

② 블레이드가 유리면에 닿지 않도록 하여 작동 시험을 할 수 있다.

③ 겨울철에는 동절기용 세정액을 사용한다.

10. 등화 장치 정비

(1) 전조등의 조정 및 점검 시험 시 유의사항

① 광도는 안전기준에 맞아야 한다.

② 광도를 측정할 때는 헤드라이트를 깨끗이 닦아야 한다.

③ 퓨즈는 항상 정격용량의 것을 사용해야 한다.

CHAPTER

04 적중예상문제

01 기관을 점검 시 운전상태로 점검해야 할 것이 아닌 것은?

㉮ 클러치의 상태
㉯ 매연 상태
㉰ 기어의 소음 상태
㉱ 급유 상태

해설 급유는 엔진 정지상태에서 해야 한다.

02 부품을 분해 정비 시 반드시 새것으로 교환하여야 할 부품이 아닌 것은?

㉮ 오일 실
㉯ 볼트 및 너트
㉰ 개스킷
㉱ 오링(O-ring)

해설 볼트, 너트는 재사용할 수 있다.

03 제동력시험기 사용 시 주의할 사항으로 틀린 것은?

㉮ 타이어 트레드의 표면에 습기를 제거한다.
㉯ 롤러 표면은 항상 그리스로 충분히 윤활시킨다.
㉰ 브레이크 페달을 확실히 밟은 상태에서 측정한다.
㉱ 시험 중 타이어와 가이드롤러와의 접촉이 없도록 한다.

해설 제동력시험기 사용 전에 롤러 표면과 타이어에 묻은 오일이나 흙 등을 제거해야 한다. 윤활유는 롤러 베어링에 주유하여 충분히 윤활시킨다.

1 ㉱ 2 ㉯ 3 ㉯ 정답

04 사이드슬립 시험기 사용 시 주의할 사항 중 틀린 것은?

㉮ 시험기의 운동부분은 항상 청결하여야 한다.
㉯ 시험기의 답판 및 타이어에 부착된 수분, 기름, 흙 등을 제거한다.
㉰ 시험기에 대하여 직각방향으로 진입시킨다.
㉱ 답판 위에서 차속이 빠르면 브레이크를 사용하여 차속을 맞춘다.

해설 측정기에 진입속도는 3~5[km/h]로 하며, 답판 통과 시 급발진, 급제동을 삼간다.

05 ECS(전자제어현가장치) 정비 작업 시 안전 작업방법으로 틀린 것은?

㉮ 차고조정은 공회전 상태로 평탄하고 수평인 곳에서 한다.
㉯ 배터리 접지단자를 분리하고 작업한다.
㉰ 부품의 교환은 시동이 켜진 상태에서 작업한다.
㉱ 공기는 드라이어에서 나온 공기를 사용한다.

해설 부품의 교환은 시동을 끈 상태에서 작업한다.

06 타이어 압력 모니터링 장치(TPMS)의 점검 및 정비 시 잘못된 것은?

㉮ 타이어 압력센서는 공기 주입밸브와 일체로 되어 있다.
㉯ 타이어 압력센서 장착용 휠은 일반 휠과 다르다.
㉰ 타이어 분리 시 타이어 압력센서가 파손되지 않게 한다.
㉱ 타이어 압력센서용 배터리 수명은 영구적이다.

해설 타이어 압력센서용 배터리 수명은 약 10년이다.

07 자동차 정비 작업 시 작업복 상태로 가장 적합한 것은?

㉮ 가급적 주머니가 많이 붙어 있는 것이 좋다.
㉯ 가급적 소매가 넓어 편한 것이 좋다.
㉰ 가급적 소매가 없거나 짧은 것이 좋다.
㉱ 가급적 폭이 넓지 않은 긴바지가 좋다.

해설 폭이 넓지 않은 활동하기에 편리성 있는 작업복을 입고 작업을 한다.

정답 4 ㉱ 5 ㉰ 6 ㉱ 7 ㉱

08 산소용접에서 안전한 작업수칙으로 옳은 것은?

㉮ 기름이 묻은 복장으로 작업한다.

㉯ 산소밸브를 먼저 연다.

㉰ 아세틸렌 밸브를 먼저 연다.

㉱ 역화하였을 때는 아세틸렌 밸브를 빨리 잠근다.

해설 아세틸렌 밸브를 열어 점화한 후 산소밸브를 연다.

09 동력조향장치 정비 시 안전 및 유의사항으로 틀린 것은?

㉮ 자동차 하부에서 작업할 때는 시야확보를 위해 보안경을 벗는다.

㉯ 공간이 좁으므로 다치지 않게 주의한다.

㉰ 제작사의 정비지침서를 참고하여 점검 정비한다.

㉱ 각종 볼트 너트는 규정 토크로 조인다.

해설 차량 밑에서 작업하는 경우, 즉 클러치나 변속기 등을 떼어 낼 때에는 반드시 보안경을 착용한다.

10 자동변속기 유압시험을 하는 방법으로 거리가 먼 것은?

㉮ 오일온도가 약 70~80[℃]가 되도록 워밍업시킨다.

㉯ 잭으로 들고 앞바퀴 쪽을 들어 올려 차량 고정용 스탠드를 설치한다.

㉰ 엔진 태코미터를 설치하여 엔진 회전수를 선택한다.

㉱ 선택 레버를 'D' 위치에 놓고 가속페달을 완전히 밟은 상태에서 엔진의 최대 회전수를 측정한다.

해설 선택 레버를 'D' 위치에 놓고 약 2,500[rpm]에서 유압시험을 한다.

11 기관의 압축 압력 측정시험 방법에 대한 설명으로 틀린 것은?

㉮ 기관을 정상 작동온도로 한다.

㉯ 점화플러그를 전부 뺀다.

㉰ 엔진오일을 넣고도 측정한다.

㉱ 기관의 회전을 1,000[rpm]으로 한다.

해설 건식 압축압력 시험의 경우 기관을 크랭킹시켜 4~6회 정도 압축압력이 발생하게 하여 압축압력을 측정한다. 이때 기관의 회전수는 200~300[rpm] 정도이고, 처음압력과 맨 나중압력을 판독한다. 규정압력에 대하여 70[%] 미만 시 습식 압축압력시험을 시행한다.

8 ㉰ 9 ㉮ 10 ㉱ 11 ㉱ **정답**

12 공기압축기 및 압축공기 취급에 대한 안전수칙으로 틀린 것은?

㉮ 전기배선, 터미널 및 전선 등에 접촉될 경우 전기쇼크의 위험이 있으므로 주의하여야 한다.
㉯ 분해 시 공기압축기, 공기탱크 및 관로 안의 압축공기를 완전히 배출한 뒤에 실시한다.
㉰ 하루에 한 번씩 공기탱크에 고여 있는 응축수를 제거한다.
㉱ 작업 중 작업자의 땀이나 열을 식히기 위해 압축공기를 호흡하면 작업효율이 좋아진다.

해설 압축공기는 인명에 심한 피해를 줄 수 있으므로 압축공기로 장난을 하지 않는다.

13 공기압축기에서 공기필터의 교환 작업 시 주의사항으로 틀린 것은?

㉮ 공기압축기를 정지시킨 후 작업한다.
㉯ 고정된 볼트를 풀고 뚜껑을 열어 먼지를 제거한다.
㉰ 필터는 깨끗이 닦거나 압축공기로 이물을 제거한다.
㉱ 필터에 약간의 기름칠을 하여 조립한다.

해설 에어필터나 부품의 세척 시 인화성 또는 독성이 있는 솔벤트, 시너 등의 사용을 금지한다.

14 배기장치(머플러) 교환 시 안전 및 유의사항으로 틀린 것은?

㉮ 분해 전 촉매가 정상 작동온도가 되도록 한다.
㉯ 배기가스 누출이 되지 않도록 조립한다.
㉰ 조립할 때 개스킷은 신품으로 교환한다.
㉱ 조립 후 다른 부분과의 접촉여부를 점검한다.

해설 분해 전 촉매의 온도가 충분히 떨어진 후에 작업한다.

15 계기 및 보안장치의 정비 시 안전사항으로 틀린 것은?

㉮ 엔진이 정지 상태이면 계기판은 점화스위치 ON 상태에서 분리한다.
㉯ 충격이나 이물질이 들어가지 않도록 주의하다.
㉰ 회로 내에 규정치보다 높은 전류가 흐르지 않도록 한다.
㉱ 센서의 단품 점검 시 배터리 전원을 직접 연결하지 않는다.

해설 전자전기회로 보호를 위해 점화스위치와 모든 전기 장치를 끈 상태에서 배터리 케이블을 분리해야 한다.

정답 12 ㉱ 13 ㉱ 14 ㉮ 15 ㉮

16 브레이크에 페이드 현상이 일어났을 때 운전자가 취할 응급처치로 가장 옳은 것은?

㉮ 자동차의 속도를 조금 올린다.
㉯ 자동차를 세우고 열이 식힌다.
㉰ 브레이크를 자주 밟아 열을 발생시킨다.
㉱ 주차 브레이크를 대신 사용한다.

해설 자동차를 세우고 브레이크 드럼 등의 열을 식혀야 한다.

17 기관정비 시 안전 및 취급주의 사항에 대한 내용으로 틀린 것은?

㉮ TPS, ISC Servo 등은 솔벤트로 세척하지 않는다.
㉯ 공기압축기를 사용하여 부품세척 시 눈에 이물질이 튀지 않도록 한다.
㉰ 캐니스터 점검 시 흔들어서 연료증발가스를 활성화시킨 후 점검한다.
㉱ 배기가스 시험 시 환기가 잘되는 곳에서 측정한다.

해설 캐니스터는 엔진 정지 중 연료탱크에서 증발된 연료를 저장하였다가 엔진이 작동될 때 엔진으로 보내는 장치이다. 즉, 연료펌프, 기화기 등에서 미연소증발가스를 활성탄에 의해서 포집하여 재연소시키므로 HC(탄화수소)가 저감된다.

18 하이브리드 자동차의 정비 시 주의사항에 대한 내용으로 틀린 것은?

㉮ 하이브리드 모터 작업 시 휴대폰, 신용카드 등은 휴대하지 않는다.
㉯ 고전압 케이블(U, V, W상)의 극성은 올바르게 연결한다.
㉰ 도장 후 고압 배터리는 헝겊으로 덮어두고 열처리한다.
㉱ 엔진 룸은 고압 세차하지 않는다.

해설 하이브리드 자동차는 고전압을 사용하므로 고전압을 차단시키지 않아야 한다.

19 유압식 브레이크 정비에 대한 설명으로 틀린 것은?

㉮ 패드는 안쪽과 바깥쪽을 세트로 교환한다.
㉯ 패드는 좌우 어느 한 쪽이 교환시기가 되면 좌우 동시에 교환한다.
㉰ 패드교환 후 브레이크 페달을 2~3회 밟아준다.
㉱ 브레이크액은 공기와 접촉 시 비등점이 상승하여 제동성능이 향상된다.

해설 브레이크액은 공기와 접촉하면 수분을 흡수하여 비등점이 낮아진다. 즉, 사용하고 남은 브레이크액은 사용할 수 없으며 남은 것은 버려야 한다.

정답 16 ㉯ 17 ㉰ 18 ㉰ 19 ㉱

20 자동차의 기동전동기 탈부착 작업 시 안전에 대한 유의사항으로 틀린 것은?

㉮ 배터리 단자에서 터미널을 분리시킨 후 작업한다.
㉯ 차량 아래에서 작업 시 보안경을 착용하고 작업한다.
㉰ 기동전동기를 고정시킨 후 배터리 단자를 접속한다.
㉱ 배터리 벤트플러그는 닫은 후 작업한다.

해설 배터리 충전 시 벤트플러그를 열고 작업한다.

21 기동전동기의 분해 조립 시 주의할 사항이 아닌 것은?

㉮ 관통 볼트 조립 시 브러시 선과의 접촉에 주의할 것
㉯ 레버의 방향과 스프링, 홀더의 순서를 혼동하지 말 것
㉰ 브러시 배선과 하우징과의 배선을 확실히 연결할 것
㉱ 마그네틱 스위치의 B단자와 M단자의 구분에 주의할 것

해설 **기동전동기 분해 조립 시 주의 사항**

- 시프트 레버의 방향과 스프링, 홀더의 순서에 주의한다.
- 솔레노이드 S/W의 B단자와 M단자의 식별에 주의한다.
- 관통 볼트 조립 시 브러시 배선과의 간섭에 주의하여 조립한다.
- 전기자의 뒷면에 와셔가 있는 것이 있으므로 주의한다.

22 실린더의 마멸량 및 내경 측정에 사용되는 기구와 관계없는 것은?

㉮ 버니어 캘리퍼스
㉯ 실린더 게이지
㉰ 외측 마이크로미터와 텔레스코핑 게이지
㉱ 내측 마이크로미터

해설 버니어 캘리퍼스는 부품의 바깥지름, 안지름, 길이, 깊이 등을 측정할 수 있는 측정기구이다.

23 차량에서 축전지를 교환할 때 안전하게 작업하려면 어떻게 하는 것이 제일 좋은가?

㉮ 두 케이블을 동시에 함께 연결한다.
㉯ 점화스위치를 넣고 연결한다.
㉰ 케이블 연결 시 접지케이블을 나중에 연결한다.
㉱ 케이블 탈착 시 (+) 케이블을 먼저 떼어낸다.

해설 케이블 연결 시 접지케이블을 나중에 연결하고, 탈착 시에는 먼저 떼어내어야 한다.

정답 20 ㉱ 21 ㉰ 22 ㉮ 23 ㉰

24 자동차 배터리 충전 시 주의사항으로 틀린 것은?

㉮ 배터리 단자에서 터미널을 분리시킨 후 충전한다.
㉯ 충전을 할 때는 환기가 잘 되는 장소에서 실시한다.
㉰ 충전 시 배터리 주위에 화기를 가까이 해서는 안 된다.
㉱ 배터리 벤트플러그가 잘 닫혀 있는지 확인 후 충전한다.

해설 납산 축전지 벤트플러그를 모두 개방 후 전해액을 극판 위 10~13[mm] 정도 보충 후에 충전한다.

25 축전지를 차에 설치한 채 급속충전을 할 때의 주의사항으로 틀린 것은?

㉮ 축전지 각 셀(Cell)의 플러그를 열어 놓는다.
㉯ 전해액 온도가 45[℃]를 넘지 않도록 한다.
㉰ 축전지 가까이에서 불꽃이 튀지 않도록 한다.
㉱ 축전지의 양(+, -) 케이블을 단단히 고정하고 충전한다.

해설 축전지를 자동차에 설치한 상태로 급속충전 할 때에는 축전지 양(+, -) 케이블을 떼어낸 상태로 충전한다.

26 가솔린기관의 진공도 측정 시 안전에 관한 내용으로 적합하지 않은 것은?

㉮ 기관의 벨트에 손이나 옷자락이 닿지 않도록 주의한다.
㉯ 작업 시 주차브레이크를 걸고 고임목을 괴어둔다.
㉰ 리프트를 눈높이까지 올린 후 점검한다.
㉱ 화재 위험이 있을 수 있으니 소화기를 준비한다.

해설 엔진을 공회전상태로 운전하면서 진공계의 눈금을 판독한다.

27 전기장치의 배선 커넥터 분리 및 연결 시 잘못된 작업은?

㉮ 배선을 분리할 때는 잠금장치를 누른 상태에서 커넥터를 분리한다.
㉯ 배선 커넥터 접속은 커넥터 부위를 잡고 커넥터를 끼운다.
㉰ 배선 커넥터를 딸깍 소리가 날 때까지 확실히 접속시킨다.
㉱ 배선을 분리할 때는 배선을 이용하여 흔들면서 잡아당긴다.

해설 커넥터 고정키를 눌러서 해제시킨다.

24 ㉱ 25 ㉱ 26 ㉰ 27 ㉱ 정답

28 화학세척제를 사용하여 방열기(라디에이터)를 세척하는 방법으로 틀린 것은?

㉮ 방열기의 냉각수를 완전히 뺀다.

㉯ 세척제 용액을 냉각장치 내에 가득히 넣는다.

㉰ 기관을 기동하고, 냉각수 온도를 80[℃] 이상으로 한다.

㉱ 기관을 정지하고 바로 방열기 캡을 연다.

해설 바로 방열기 캡을 열면 뜨거운 냉각수가 분출하여 위험하므로 엔진이 냉각된 후에 캡을 서서히 개방한다.

29 부동액 사용 시 주의할 점으로 틀린 것은?

㉮ 부동액은 원액으로 사용하지 않는다.

㉯ 품질 불량한 부동액은 사용하지 않는다.

㉰ 부동액이 도료 부분에 떨어지지 않도록 주의해야 한다.

㉱ 부동액은 입으로 맛을 보아 품질을 구별할 수 있다.

해설 부동액은 입으로 맛을 보아서는 안 된다.

30 에어백 장치를 점검, 정비할 때 안전하지 못한 행동은?

㉮ 조향 휠을 탈거할 때 에어백 모듈 인플레이터 단자는 반드시 분리한다.

㉯ 조향 휠을 장착할 때 클록 스프링의 중립 위치를 확인한다.

㉰ 에어백 장치는 축전지 전원을 차단하고 일정 시간 지난 후 정비한다.

㉱ 인플레이터의 저항은 절대 측정하지 않는다.

해설 에어백 모듈은 분해하거나 저항을 측정해서는 안 된다. 테스터기기의 전류가 에어백 인플레이터로 흘러 에어백이 전개될 수 있기 때문이다.

정답 28 ㉱ 29 ㉱ 30 ㉮

교육은 우리 자신의 무지를 점차 발견해 가는 과정이다.

– 윌 듀란트 –

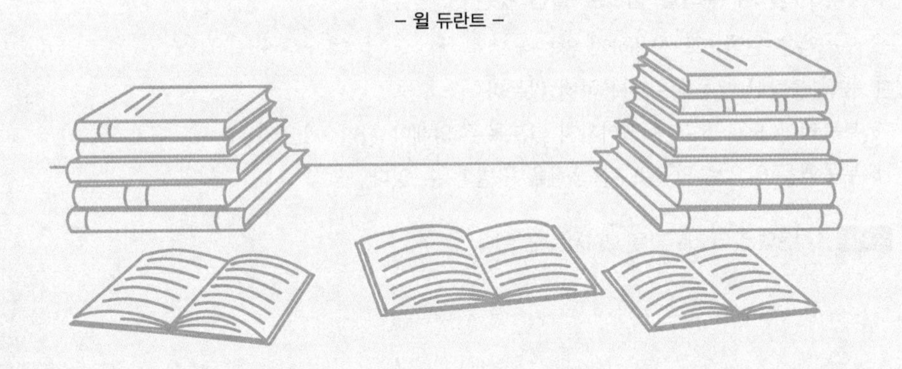

PART 03

자동차공학

CHAPTER 01 차체구조

CHAPTER 02 엔진구조와 엔진공학

CHAPTER 03 연료의 연소와 배출가스

CHAPTER 04 기동시스템 및 전자제어 엔진시스템

CHAPTER 05 현가시스템 및 조향시스템

CHAPTER 06 앞바퀴 정렬 및 제동시스템

CHAPTER 07 섀시공학 · 휠 및 타이어

적중예상문제

CHAPTER

01 차체구조

제1절 차체구조

1. 차체와 프레임

(1) 차체(Body)

차체는 섀시의 프레임 위에 설치되거나 현가장치에 직접 연결되어 사람이나 화물을 실을 수 있는 부분이다. 일반승용차의 경우 엔진룸, 승객실, 트렁크로 구성되고 프레임과 별도로 차체를 구성한 프레임 형식과 프레임과 차체를 일체화시킨 프레임 리스 형식이 있다.

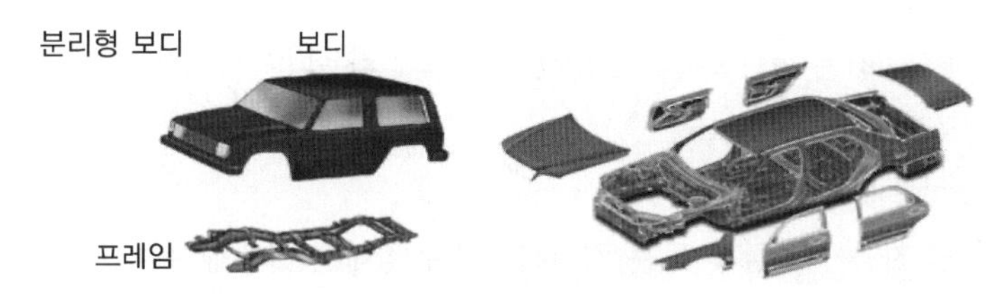

[프레임 형식과 프레임 리스 형식]

(2) 섀시(Chassis)

섀시는 차체를 제외한 나머지 부분을 말하며 자동차의 핵심장치인 동력발생장치(엔진), 동력전달장치, 조향장치, 제동장치, 현가장치, 프레임, 타이어 및 휠 등이 여기에 속한다. 자동차의 골격에 해당하는 보디에 기관, 주행장치 동력전달장치를 장착한 섀시만으로도 자동차는 주행이 가능하다.

① 동력발생장치(Power Generation)

㉠ 자동차에서 동력발생장치는 엔진을 말하며 자동차의 주행에 필요한 동력을 발생시키는 장치로서 엔진본체와 부속장치로 구성되어 있다.

㉡ 자동차의 사용연료별 동력발생장치로는 가솔린엔진(Gasoline Engine), 디젤엔진(Diesel Engine), 가스엔진(LPG, LNG, CNG 등), 로터리 엔진(Rotary Engine) 등이 있으며 일반적인 승용차에는 가솔린 및 LPG 엔진을 사용하고 트럭이나 버스와 같은 대형차에는 디젤엔진을 주로 사용하고 있다.

㉢ 엔진에 관련된 부속장치로는 연료장치, 냉각장치, 윤활장치, 흡・배기장치, 시동 및 점화 장치, 배기가스 정화장치 등이 있다.

② 동력전달장치(Power Train System)

㉠ 엔진에서 발생된 구동력을 자동차의 주행, 부하조건에 따라 구동 바퀴까지 전달하는 계통의 장치이다.

㉡ 클러치(Clutch), 변속기(Transmission), 종감속 및 차동기어(Final Reduction&Differential Gear), 추진축(Drive Shaft), 차축(Axle), 휠(Wheel) 등으로 구성되어 있다.

③ 조향장치(Steering System)

㉠ 자동차의 진행방향을 운전자의 의도에 따라 바꾸어 주는 장치이다.

㉡ 조향핸들(Steering Wheel), 조향축(Steering Shaft), 조향 기어(Steering Gear), 조향 링키지(Steering Linkage)의 계통을 거쳐 조타력이 전달되며 운전자의 힘을 보조하기 위한 동력 조향장치 등이 있다.

④ 현가장치(Suspension System)

㉠ 자동차가 주행 중 노면으로부터의 전달되는 진동이나 충격을 흡수하기 위하여 차체(또는 프레임)와 차축 사이에 설치한 장치로서 쇽업소버(Shock Absorber), 코일스프링(Coil Spring), 판 스프링(Leaf Spring) 등으로 구성되어 있다.

㉡ 자동차의 승차감은 현가장치의 성능에 따라 크게 좌우되며 충격에 의한 자동차 각 부분의 변형이나 손상을 방지할 수 있다.

⑤ 제동장치(Brake System)

㉠ 주행 중인 자동차를 감속 또는 정지시키거나 정지된 상태를 유지하기 위한 장치이다.

㉡ 마찰력을 이용하여 자동차의 운동에너지를 열에너지로 변환한 뒤 공기 중으로 발산시키는 마찰방식의 브레이크가 대부분이다.

⑥ 휠 및 타이어(Wheel And Tire)

㉠ 자동차가 진행하기 위한 구름운동을 유지하고, 구동력과 제동력을 전달하며, 노면으로부터 발생되는 1차 충격을 흡수하는 역할을 한다.

㉡ 자동차의 하중을 부담하며, 양호한 조향성과 안정성을 유지하도록 한다.

⑦ 기타 장치 : 기타 조명이나 신호를 위한 등화 장치(Lamp), 엔진의 운전 상태나 차량의 주행속도를 운전자에게 알려주는 인스트루먼트 패널(Instrument Panel, 계기류), 윈드 실드 와이퍼(Wind Shield Wiper) 등이 있다.

2. 프레임과 프레임 리스 보디

프레임은 자동차의 뼈대가 되는 부분으로 엔진을 비롯한 동력전달장치 등의 섀시 장치들이 조립된다. 프레임은 비틀림 및 굽힘 등에 대한 뛰어난 강성과 충격 흡수 구조를 가져야 하며 가벼워야 한다.

(1) 보통 프레임

보통 프레임은 2개의 사이드 멤버(Side Member)와 사이드 멤버를 연결하는 몇 개의 크로스 멤버(Cross Member)를 조합한 것으로, 사이드 멤버와 크로스 멤버를 수직으로 결합한 것이 H형 프레임이고, 크로스 멤버를 X형으로 배열한 것이 X형 프레임이다.

① **H형 프레임의 특징** : H형 프레임은 제작이 용이하고 굽힘에 대한 강도가 크기 때문에 많이 사용되고 있으나 비틀림에 대한 강도가 X형 프레임에 비해 약한 결점이 있어 크로스 멤버의 설치 방법이나 단면형상 등에 대한 보강 및 설계가 고려되어야 한다.

② **X형 프레임의 특징** : X형 프레임은 비틀림을 받았을 때 X멤버가 굽힘 응력을 받도록 하여 프레임 전체의 강성을 높이도록 한 것이며 X형 프레임은 구조가 복잡하고 섀시 각 부품과 보디 설치에 어려운 공간상 단점이 있다.

(2) 특수형 프레임

보통 프레임은 굽힘에 대해서는 알맞은 구조로 되어 있으나 비틀림 등에 대해서는 비교적 약하며 경량화하기 어렵다. 따라서 무게를 가볍게 하고 자동차의 중심을 낮게 할 목적으로 특수형 프레임을 제작한다.

① 백본형(Back Bone Type)

㉠ 백본형 프레임은 1개의 두꺼운 강철 파이프를 뼈대로 하고 여기에 엔진이나 보디를 설치하기 위한 크로스 멤버나 브래킷(Bracket)을 고정한 것이며 뼈대를 이루는 사이드 멤버의 단면은 일반적으로 원형으로 되어 있다.

㉡ 이 프레임을 사용하면 바닥 중앙 부분에 터널(Tunnel)이 생기는 단점이 있으나 사이드 멤버가 없기 때문에 바닥을 낮게 할 수 있어 자동차의 전고 및 무게 중심이 낮아진다.

② 플랫폼형(Platform Type)

㉠ 플랫폼형 프레임은 프레임과 차체의 바닥을 일체로 만든 것이다.

㉡ 외관상으로는 H형 프레임과 비슷하나 차체와 조합되면 상자 모양의 단면이 형성되어 차체와 함께 비틀림이나 굽힘에 대해 큰 강성을 보인다.

③ 트러스형(Truss Type)

㉠ 트러스형 프레임은 스페이스 프레임(Space Frame)이라고도 하며 강철 파이프를 용접한 트러스 구조로 되어 있다.

㉡ 무게가 가볍고 강성도 크나 대량생산에는 부적합하여 스포츠카, 경주용 자동차와 같이 고성능이 요구되는 분야에서 소량생산하고 있다.

(3) 프레임 리스 보디

① 프레임 리스 보디의 구조

㉠ 프레임 리스 보디는 모노코크 보디(Monocoque Body)라고도 하고, 프레임과 차체를 일체로 제작한 것으로 프레임의 멤버를 두지 않고 차체 전체가 하중을 분담하여 프레임 역할을 동시에 수행하도록 한 구조이다.

㉡ 모노코크 방식은 차체의 경량화 및 강도를 증가시키며 차체의 바닥높이를 낮출 수 있어 현재 대부분의 승용자동차에서 사용하고 있다. 프레임 리스 보디에서는 차체 단면이 상자형으로 제작되며 곡면을 이용하여 강도가 증가하도록 조립되어 있다.

㉢ 또한 현가장치나 엔진 설치 부분과 같이 하중이 집중되는 부분은 작은 프레임을 두어 하중이 차체 전체로 분산되는 단체 구조로 되어 있다.

② 모노코크 보디의 특징

㉠ 일체구조로 되어 있기 때문에 경량이다.

㉡ 별도의 프레임이 없기 때문에 차고를 낮게 하고, 차량의 무게중심을 낮출 수 있어 주행안전성이 우수하다.

㉢ 프레임과 같은 후판의 프레스나 용접가공이 필요 없고, 작업성이 우수한 박판 가공과 열변형이 거의 없는 스폿 용접으로 가공하여 정밀도가 높고 생산성이 좋다.

㉣ 충돌 시 충격에너지 흡수율이 좋고 안전성이 높다.

㉤ 엔진이나 서스펜션 등이 직접적으로 차체에 부착되어 소음이나 진동의 영향을 받기 쉽다.

㉥ 일체구조이기 때문에 충돌에 의한 손상의 영향이 복잡하여, 복원수리가 비교적 어렵다.

㉦ 박판강판을 사용하고 있기 때문에 부식으로 인한 강도의 저하 등에 대한 대책이 필요하다.

3. 차체 경량화 구조 및 재료

(1) 차체 경량화

① 최근의 자동차 개발 추세를 살펴보면 소형화, 경량화, 연비향상, 고성능화 등을 목표로 하고 있다.

② 이러한 추세는 대기오염과 관련된 유해 배출가스의 배출, 지구온난화의 주범인 CO_2의 배출, 화석연료의 고갈 등의 문제에 대응하기 위해 적용된 것이다.

③ 특히 환경에 대한 관심이 증가함에 따라 저공해 자동차 개발과 자동차의 연비향상 및 유해 배기가스 저감에 대한 획기적인 기술들이 적용되고 있다.

④ 위와 같은 사회적, 환경적 측면과 기술적 수준으로 현재 자동차의 경량화가 지속적으로 발전하고 있다.

(2) 자동차에 적용하는 경량화 및 연비 향상 기술

① **경량화 재료 적용** : 알루미늄과 마그네슘 또는 플라스틱 제품으로 전환시키는 경량재료 사용방법과 철판 재료의 두께를 얇게 하여 경량화시키는 고장력 강판 등의 적용이 있다.

② **성능 및 효율 향상** : 성능 및 효율 향상은 엔진, 동력전달 및 보조기능 등의 효율 향상으로 구분할 수 있다. 엔진효율 향상은 마찰 손실절감이나 배기 연소법 개선, 구동계와 엔진의 접촉성 등과 같은 구조개선이 되고 있다.

③ 주행 저항 감소 : 주행 저항 감소대책에는 차체의 공기저항, 타이어의 구름마찰 저항 및 기타 저항감소 등의 개선방안이 있다. 이를 위해서 차체, 휠, 타이어 등 구조설계의 최적화 모델링이 있다.

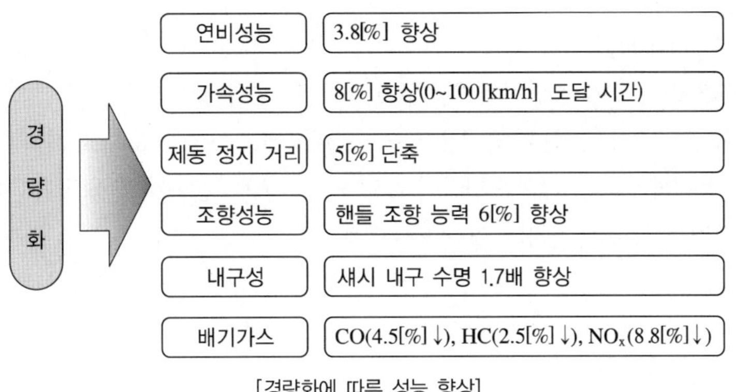

[경량화에 따른 성능 향상]

이러한 여러 가지 연비향상 대책 중에서 재료경량화에 의한 연비개선의 기여율이 가장 높으며 차량의 연비를 개선하고 배출가스를 효과적으로 줄일 수 있다.

중요 CHECK

경량화와 연비향상

- 이산화탄소가 없거나 줄어든 대체연료를 사용하는 무공해 자동차 또는 전기 자동차를 개발한다.
- 엔진의 효율성을 증가시킨다.
- 공기의 저항을 감소시킨다.
- 차량의 중량을 감소시킨다.

④ 차량의 경량화의 장점

㉠ 차량의 각 부위에 작용하는 힘의 감소로 유지 보수비용의 절감, 중량 감소분에 비례한 에너지의 절감, 동일한 에너지로 구동력 및 속도의 향상 등의 여러 가지 효과를 거둘 수 있다.

㉡ 차체의 중량은 차량 총중량의 1/3의 수준이다. 또한, 차체의 무게가 감소되고 나면 섀시, 브레이크, 엔진 및 변속기와 같은 다른 시스템들도 보다 작으면서 가볍게 제작될 수 있다.

㉢ 결과적으로 차량의 전체 중량은 차체의 중량 감소와 다른 시스템의 중량 감소가 추가되면서 더 큰 효과를 기대할 수 있다.

㉣ 차체 경량화는 단순히 무게만을 낮추는 것이 아니고 중량의 저감을 목적함수로 하고 구조, 강도, 강성, 내구 및 충돌 변형 등의 사항들을 구속조건으로 하는 다목적 최적설계로 접근되어야 하며 이러한 최적설계는 고장력강 및 다재료(Multi-material)의 적용, 구조 최적화, 생산 공법 합리화 등의 기술을 통해 지속적으로 발전하고 있다.

(3) 경량화 재료

자동차의 경량화 재료로서 알루미늄(Al), 마그네슘(Mg), 고장력 강판 등의 금속재료와 플라스틱, 세라믹 등이 많이 사용되고 있다.

① 알루미늄(Aluminium)

㉠ 알루미늄(Al)은 1827년 발견된 원소로서 규소(Si) 다음으로 지구상에 다량으로 존재하는 원소이다. 비중은 2.7이며, 현재 공업용 금속 중 마그네슘(Mg) 다음으로 가벼운 금속이다.

㉡ 주조가 용이하며 다른 금속과 합금이 잘되고, 상온 및 고온에서 가공이 용이하다. 또한 대기 중에서 내식력이 강하며 전기와 열의 양도전체이다.

㉢ 이러한 알루미늄은 경량화 재료로서 엔진블록, 트랜스미션, 브레이크 부품, 보디 부품, 열교환기 등에 사용되며 이중 알루미늄 주조품의 사용량이 현재까지 압도적으로 많다.

㉣ 알루미늄은 경량화뿐만 아니라 비강도, 내식성, 열전도도 등이 우수하여 자동차용 재료로 사용되면 최고 40[%]가량 경량화를 이룰 수 있으며, 종래 자동차 생산라인의 설비를 그대로 사용할 수 있다는 장점으로 자동차 경량화를 위한 대체 재료로 주목받고 있다.

중요 CHECK

철강 재료와 알루미늄의 특징 비교
- 비중이 낮아 경량화가 가능하다.
- 재활용성이 우수하다.
- 탄성계수가 낮아 스프링 백 현상이 심하다.
- 국부변형률이 작아(4[%]) 헤밍 등의 이차가공이 불리하다.
- 소성변형비가 낮아 성형이 불리하다.
- 반사율이 높아 레이저 용접이 불리하다.
- 도전율이 높아 스폿 용접이 불리하다.

② 마그네슘(Magnesium)

㉠ 마그네슘(Mg)은 실용금속 중 가장 가벼운 금속이다(비중 1.79~1.81).

㉡ 리사이클이 용이하고 전자파 차폐 기능이 우수하여 최근 수지부품을 대신하여 유럽, 미국에서는 자동차, 일본에서는 휴대용 전자기기에 적용이 증가해 왔다.

㉢ 자동차의 진동 흡수성이 높다는 점을 살려 스티어링 휠의 합금으로 사용되고 있다.

㉣ 마그네슘은 실린더 헤드커버, 스티어링 칼럼 키, 실린더 하우징, 휠, 클러치나 트랜스미션의 하우징 등에 사용되고, 휠은 주조품이지만 기타는 거의 다이캐스팅(Die Casting)에 의한 것이다.

[마그네슘과의 물성 비교]

항 목	마그네슘	알루미늄	철
밀도[Mg/m^2]	1.74	2.7	7.87
융점[℃]	650	660	1,539
비점[℃]	1,110	2,060	2,740
융해잠열[J/g]	372	397	312
비열[J/g], [℃]	1.045	0.899	0.528
결정구조	조밀육방	면심육방	체심입방
영률[N/mm^2]	45,000	70,000	200,000
선열 팽창계수 10-6[/℃], 20-200[℃]	27.0	24.0	12.3
열전도율[J/cm · S · ℃]	1.59	2.22	0.86
표준단극전위[V], 25[℃]	-2.39	-1.66	-0.44

③ 철강(Steel)

㉠ 자동차의 재료로서 철(Fe)의 요구조건은 일반적으로 자동차의 구조상 또는 기능상으로부터 기계 가공성 및 열처리성 등이 좋아야 하는 내구성, 소성 표면 처리성 등과 양호한 외관성, 경량화, 안정성 및 경제성 등이 있다.

㉡ 자동차의 철강 재료의 요구 조건

- 강인성, 내식성 내마모성 및 내열성이 있어야 하며 특별히 피로한계가 높은 재료이어야 한다.
- 프레스 성형성이 우수하고 도장성, 도금성이 좋아야 한다.
- 비중이 작은 철강재료 및 두께를 줄인 고장력 강판을 적용한다.
- 인성, 열처리성 등이 우수하고 잔류응력이 없는 재료여야 한다.
- 가격이 저렴하고 절삭성 및 가공성이 우수해야 한다.

㉢ 자동차에 쓰이는 철강제품

- 냉연강판(용접성과 도장성이 우수하여 가장 일반적으로 사용되는 소재)
- 전기아연도금강판(도장 후 내식성 및 외관이 미려하여 자동차 외판에 사용)
- 용융아연도금강판(내식성이 우수하여 내판 및 부품류에 사용)
- 유기피복강판(수지피막을 코팅한 것으로 가공부위의 내식성이 가장 우수하여 자동차 내 · 외판에 사용) 등이 있다.

④ 플라스틱(Plastics)

㉠ 플라스틱의 특징

- 플라스틱이 자동차 1대에 차지하는 구성 비율은 약 8[%] 정도이다.
- 플라스틱에는 다양한 종류가 있으며 여러 가지 용도로 사용되고 있다.
- 플라스틱의 공통된 특성으로서 가볍고, 부식되지 않으며, 가공하기 쉽다는 것을 들 수 있다.

㉡ 플라스틱의 사용
- 엔진부품으로서 실린더헤드커버, 흡기 매니폴드, 라디에이터 탱크 등이, 외장 부품에는 범퍼, 휠 커버, 헤드램프렌즈, 도어 핸들, 퓨얼 리드(Fuel Lead) 등이 수지화되어 있다.
- 플라스틱은 일반적으로 강도에 있어 금속에 비해 떨어지므로 강도가 필요한 보디 셸에는 아직 응용되고 있지 않다.
- 이러한 플라스틱의 강도를 향상시키는 방법으로는 강도가 높은 소재와 조합시킨 복합재료가 있다.
- 대표적인 것이 유리 섬유로 강화한 GFRP(Glass Fiber Reinforced Plastics), 탄소섬유로 강화시킨 CFRP(Carbon Fiber Reinforced Plastics)이다.
- CFRP는 강도가 스틸의 4배, 비중은 철의 1/4로 F-1 등의 레이싱카 모노코크나 브레이크에 채용되고 있다.

⑤ **세라믹(Ceramics)** : 자동차용 세라믹스는 고온성, 고강도성, 내마모성, 화학적 안정성, 경량성 등으로 신소재로서 개발이 확대되고 있으며, 그 용도로는 기능성 세라믹스와 구조용 세라믹스로 대별되고 있다.

㉠ 기능성 세라믹스 : 세라믹스의 전자기적 혹은 광학적 특성을 이용하여 자동차용 각종 센서나 표시장치에 적용되고 있다.

㉡ 구조용 세라믹스 : 경량으로 고온 강도나 내마모성 등의 특징으로 디젤엔진부품으로 사용되고 있다.

제2절 공조시스템

1. 자동차의 공기조화시스템

자동차용 공기조화(Car Air Conditioning)란 운전자가 쾌적한 환경에서 운전하고 승차원도 보다 안락한 상태에서 여행할 수 있는 차 실내의 환경을 만드는 것이다. 이러한 공기조화는 온도, 습도, 풍속, 청정도의 4요소를 제어하여 쾌적한 실내 공조시스템을 실현한다.

(1) 열 부하

자동차 실내에는 외부 및 내부에서 여러 가지 열이 가해진다. 이러한 열들을 차실의 열 부하라 한다. 차량의 열 부하는 보통 4가지의 요소로 분류된다.

① **인적 부하(승차원의 발열)** : 인체의 피부 표면에서 발생되는 열로서 실내에 수분을 공급하기도 한다. 일반 성인이 인체의 바깥으로 방열하는 열량은 1시간당 100[kcal] 정도이다.

② **복사 부하(직사광선)** : 태양으로부터 복사되는 열 부하로서 자동차의 외부 표면에 직접 받게 된다. 이 복사열은 자동차의 색상, 유리가 차지하는 면적, 복사 시간, 기후에 따라 차이가 있다.

③ **관류 부하(차실 벽, 바닥 또는 창면으로부터의 열 이동)** : 자동차의 패널(Panel)과 트림(Trim)부, 엔진룸 등에서 대류에 의해 발생하는 열 부하이다.

④ **환기 부하(자연 또는 강제의 환기)** : 주행 중 도어(Door)나 유리의 틈새로 외기가 들어오거나 실내의 공기가 빠져나가는 자연 환기가 이루어진다. 이러한 환기 시 발생하는 열 부하로서 최근 대부분의 자동차에는 강제 환기장치가 부착되어 있다.

자동차의 냉방시스템은 위와 같은 열 부하가 실내에 발생할 때 증발기에서 열을 흡수하여 응축기에서 열을 방출하는 냉각 작용을 한다.

(2) 냉방능력

주위의 온도에 비해서 낮은 온도의 환경을 만들어 내는 것을 냉방, 냉장 또는 냉동이라 한다. 냉방 능력은 단위시간당 냉동기가 얼마만큼의 열량을 빼앗을 수 있는가 하는 능력으로 단위는 [kcal/h]를 사용한다. 실용적인 단위로서 냉동톤이라 하는데 24시간 동안에 0[℃]의 물 1톤(ton)을 0[℃]의 얼음으로 만드는 데 필요한 열량을 일본 냉동톤이라 하고, 24시간 동안 물 2,000[lb]를 32[°F](0[℃])의 얼음으로 만드는 데 필요한 열량을 미국 냉동톤이라 한다.

- 1(일본)냉동톤 = 3,320[kcal/h]
- 1(미국)냉동톤 = 3,024[kcal/h]

냉동기는 열을 저온에서 고온으로 이동시키는 것이므로 그 능력을 단위시간에 운반하는 열량으로 표시한다. 이러한 열량을 구하기 위해서는 저온측과 고온측의 온도를 알아야 한다.
냉동기가 흡열하는 열량, 즉 냉동능력은 단위시간 동안의 냉각열량인데 24시간에 0[℃]의 물 1[ton]을 냉동하여 0[℃] 얼음으로 만들 때의 열량을 말하며 3,320[kcal/h]에 상당한다. 물의 응고잠열을 79.68[kcal/kg]라고 하면 다음과 같은 식이 성립한다.

$$1\text{냉동톤} = \frac{79.68 \times 1{,}000}{24} = 3{,}320[\text{kcal/h}]$$

구 분	표준 능력	냉동톤
자동차의 냉방 능력	3,600~4,000[kcal/h]	1.0~1.5
가정의 냉방 능력	1,600~2,200[kcal/h]	0.5~0.7

냉방성능의 양, 불량의 판단기준의 항목은 다음과 같다.

- 증발기 입구 건구 온도
- 증발기 입구 습구 온도
- 증발기 출구 건구 온도

• 증발기 출구 습구 온도
• 증발기를 통과하는 풍량[m^3/h]

(3) 냉동이론(4행정 카르노 사이클)

1824년 프랑스의 카르노(Sadi Carnot)는 이상적인 열기관의 효율은 동작유체의 종류에 관계없이 고온열원과 저온열원과의 온도에 의해서만 결정된다는 사실을 발견하였으며 동일한 고, 저열원 사이에 작동하는 열기관 중 최고의 효율을 갖는 이상적인 사이클로서 2개의 등온과정과 2개의 단열과정을 가진 사이클을 주장하였는데 이 사이클을 카르노 사이클이라고 한다.

엄밀하게 말해서 카르노 사이클을 실현한다는 것은 불가능하지만 이론상으로는 가능하며 각종 사이클을 고찰하는 경우에 이론상 기본이 되는 중요한 사이클이다. 카르노 기관은 가역과정으로 이루어진 이상적인 열기관으로, 고온과 저온 열원 간에 가역사이클을 행하기 위해서는 등온흡열, 등온방열이 필수조건이다.

① **가역 등온 팽창** : 고온에서 열을 흡수한다.
② **가역 단열 팽창** : 고온에서 저온으로 온도가 떨어진다.
③ **가역 등온 압축** : 저온에서 열을 방출한다.
④ **가역 단열 압축** : 저온에서 고온으로 온도가 올라간다.

이 사이클에서 실제 받은 열량은 $Q_1 - |Q_2|$이며 가역사이클이므로 실제 받은 열량전부가 W가 된다. 따라서 카르노 사이클의 열효율은 다음과 같다.

$$\eta_c = \frac{W}{Q_1} = \frac{Q_1 - |Q_2|}{Q_1} = 1 - \frac{|Q_2|}{Q_1}$$

$$\eta_c = \frac{T_1 - T_2}{T_1} = 1 - \frac{T_2}{T_1}$$

2. 냉 매

(1) 냉매의 개요

① 냉매는 냉동효과를 얻기 위해 사용되는 물질이며 저온부의 열을 고온부로 옮기는 역할을 하는 매체이다.
② 저온부에서는 액체 상태에서 기체 상태로, 고온부에서는 기체 상태에서부터 액체 상태로 상변화를 하며 냉방효과를 얻는다. 냉매로서 가장 중요한 특징은 저압에서 쉽게 응축되어야 하며 쉽게 액체 상태로 되어야 효율이 우수한 냉방능력을 발휘할 수 있다.
③ 냉매 주입 시 컴프레서 작동의 윤활을 돕기 위하여 윤활유를 첨가하여 냉매가스를 충전한다.

④ 예전에 자동차용 냉매로 사용된 R-12 냉매 속에 포함되어 있는 염화불화탄소(CFC : R-12 프레온 가스의 분자 중 Cl)는 대기의 오존층을 파괴한다. CFC는 성층권의 오존과 반응하여 오존층의 두께를 감소시키거나 오존층에 홀을 형성함으로써 지표면에 다량의 자외선을 유입하여 생태계를 파괴하게 된다.

⑤ CFC의 열 흡수 능력이 크기 때문에 대기 중 CFC가스로 인한 지표면의 온도상승(온실효과)을 유발하는 물질로 판명되었다.

⑥ 현재 냉매의 생산과 사용을 규제하여 오존층을 보호하고 지구의 환경을 보호하기 위해 단계별로 R-12냉매의 사용 및 생산을 규제하고 있다. 2000년부터는 신 냉매인 R-134a를 전면 대체 적용하고 있는 추세이다.

(2) 냉매의 구비 조건

① 무색, 무취 및 무미일 것

② 가연성, 폭발성 및 사람이나 동물에 유해성이 없을 것

③ 저온과 대기 압력 이상에서 증발하고, 여름철 뜨거운 외부 온도에서도 저압에서 액화가 쉬울 것

④ 증발 잠열이 크고, 비체적이 적을 것

⑤ 임계 온도가 높고, 응고점이 낮을 것

⑥ 화학적으로 안정되고, 금속에 대하여 부식성이 없을 것

⑦ 사용 온도 범위가 넓을 것

⑧ 냉매 가스의 누출을 쉽게 발견할 수 있을 것

(3) R-134a의 장점

① 오존을 파괴하는 염소(Cl)가 없다.

② 다른 물질과 쉽게 반응하지 않는 안정된 분자 구조로 되어있다.

③ R-12와 비슷한 열역학적 성질을 지니고 있다.

④ 불연성이고 독성이 없으며, 오존을 파괴하지 않는 물질이다.

3. 냉방장치의 구성

자동차용 냉방장치는 일반적으로 압축기(Compressor), 응축기(Condenser), 리시버 드라이어(Receiver Drier), 팽창밸브(Expansion Valve), 증발기(Evaporator) 등으로 구성되어 있다.

(1) 압축기(Compressor)

① 증발기 출구의 냉매는 거의 증발이 완료된 저압의 기체 상태이므로 이를 상온에서도 쉽게 액화시킬 수 있도록 냉매를 압축기로 고온고압(약 70[℃], 15[MPa])의 기체 상태로 만들어 응축기로 보낸다.

② 압축기에는 크랭크식, 사판식, 베인식 등이 있으며 어느 형식이나 크랭크축에 의해 구동된다.

③ 압축기는 엔진의 크랭크축 풀리에 V벨트로 구동되므로 회전 및 정지 기능이 필요하다. 이 기능을 원활히 하기 위해 크랭크축 풀리와 V벨트로 연결되어 회전하는 로터 풀리가 있고, 압축기의 축(Shaft)은 분리되어 회전한다. 따라서 압축이 필요할 때 접촉하여 압축기가 회전할 수 있도록 하는 장치이다. 작동은 냉방이 필요할 때 에어컨 스위치를 ON으로 하면 로터 풀리 내부의 클러치 코일에 전류가 흘러 전자석을 형성한다. 이에 따라 압축기 축과 클러치판이 접촉하여 일체로 회전하면서 압축을 시작한다.

(2) 응축기(Condenser)

① 라디에이터 앞쪽에 설치되며, 압축기로부터 공급된 고온, 고압의 기체 상태의 냉매의 열을 대기 중으로 방출시켜 액체 상태의 냉매로 변화시킨다.

② 응축기에서는 기체 상태의 냉매에서 어느 만큼의 열량이 방출되는가를 증발기로 외부에서 흡수한 열량과 압축기에서 냉매를 압축하는 데 필요한 작동으로 결정된다.

③ 응축기에서 방열 효과는 그대로 쿨러(Cooler)의 냉각 효과에 큰 영향을 미치므로 자동차 앞쪽에 설치하여 냉각팬에 의한 냉각 바람과 자동차 주행에 의한 공기 흐름에 의해 강제 냉각된다.

(3) 건조기(리시버 드라이어, Receiver Drier)

① 건조기는 용기, 여과기, 튜브, 건조제, 사이트 글라스 등으로 구성되어 있다.

② 건조제는 용기 내부에 내장되어 있고, 이물질이 냉매회로에 유입되는 것을 방지하기 위해 여과기가 설치되어 있다.

③ 응축기의 냉매입구로부터 공급되는 액체 상태의 냉매와 약간의 기체 상태의 냉매는 건조기로 유입되고 액체는 기체보다 무거워 액체냉매는 건조기 아래로 떨어져 건조제와 여과기를 통하여 냉매출구 튜브 쪽으로 흘러간다.

중요 CHECK

건조기의 기능

- 저장 기능 : 열 부하에 따라 증발기로 보내는 액체 냉매를 저장
- 수분 제거 기능 : 냉매 중에 함유되어 있는 약간의 수분 및 이물질을 제거
- 압력 조정 기능 : 건조기 출구 냉매의 온도나 압력이 비정상적으로 높을 때(90~100[℃], 압력 28[kgf/cm^2]) 냉매를 배출
- 냉매량 점검 기능 : 사이트 글라스를 통하여 냉매량을 관찰
- 기포 분리 기능 : 응축기에서 액화된 냉매 중 일부에 기포가 발생하므로 기체상태의 냉매가 있으며 이 기포(기체냉매)를 완전히 분리하여 액체 냉매만 팽창밸브로 보냄

(4) 팽창밸브(Expansion Valve)

① 팽창밸브는 증발기 입구에 설치되며, 냉방장치가 정상적으로 작동하는 동안 냉매는 중간 정도의 온도와 고압의 액체 상태에서 팽창밸브로 유입되어 오리피스 밸브를 통과함으로써 저온, 저압의 냉매가 된다.

② 이때 액체 상태의 냉매가 팽창밸브로 인하여 기체 상태로 되어 열을 흡수하고 증발기를 통과하여 압축기로 나간다.

③ 팽창밸브를 지나는 액체 상태의 냉매량은 감온 밸브(감온통)와 증발기 내부의 냉매 압력에 의해 조절되며 팽창밸브는 증발기로 들어가는 냉매의 양을 필요에 따라 조절하여 공급한다.

(5) 증발기(Evaporator)

① 증발기는 팽창밸브를 통과한 냉매가 증발하기 쉬운 저압으로 되어 안개 상태의 냉매가 증발기 튜브를 통과할 때 송풍기에 의해서 불어지는 공기에 의해 증발하여 기체상태의 냉매로 된다.

② 이때 기화열에 의해 튜브 핀을 냉각시키므로 차의 실내 공기가 시원하게 되며 공기 중에 포함되어 있는 수분은 냉각되어 물이 되고, 먼지 등과 함께 배수관을 통하여 밖으로 배출된다.

③ 냉매와 공기 사이의 열 교환은 튜브(Tube) 및 핀(Fin)을 사용하므로 핀과 공기의 접촉면에 물이나 먼지가 닿지 않도록 하여야 한다. 증발기의 결빙 및 서리 현상은 이 핀 부분에서 발생한다. 따뜻한 공기가 핀에 닿으면 노점 온도 이하로 냉각되면서 핀에 물방울이 부착되고, 이때 핀의 온도가 0[℃] 이하로 냉각되면 부착된 물방울이 결빙되거나 공기 중 수증기가 서리로 부착하여 냉방 성능을 현저하게 저하시킨다. 이러한 증발기의 빙결을 방지하기 위해 온도 조절 스위치나 가변 토출 압축기를 사용하여 조절한다.

④ 증발기를 나온 기체상태의 냉매는 다시 압축기로 흡입되어 상기와 같은 작용을 반복 순환함으로써 연속적인 냉방작용을 하게 된다.

(6) 냉매 압력스위치

압력스위치는 리시버 드라이어에 설치되어 에어컨 라인 압력을 측정하며 에어컨 시스템의 냉매 압력을 검출하여 시스템의 작동 및 비작동의 신호로서 사용된다. 종류로는 기존의 냉방시스템에 적용되고 있는 듀얼 압력 스위치와 냉각팬의 회전속도를 제어하기 위한 트리플 압력 스위치가 있다.

① 듀얼 압력 스위치

㉠ 일반적으로 고압측의 리시버 드라이어에 설치되며 두 개의 압력 설정치(저압 및 고압)를 갖고 한 개의 스위치로 두 가지 기능을 수행한다.

㉡ 에어컨 시스템 내에 냉매가 없거나 외기온도가 0[℃] 이하인 경우, 스위치를 “Open”시켜 컴프레서 클러치로의 전원 공급을 차단하여 컴프레서의 파손을 예방한다.

㉢ 고압측 냉매 압력을 감지하여 압력이 규정치 이상으로 올라가면 스위치의 접점을 “Open”시켜 전원 공급을 차단하여 A/C 시스템을 이상고압으로부터 보호한다.

② 트리플 압력 스위치

㉠ 세 개의 압력 설정치를 갖고 있으며, 듀얼 스위치 기능에 팬 스피드 스위치를 고압 스위치 기능에 접목시킨 것이다.

㉡ 고압측 냉매 압력을 감지하며 압력이 규정치 이상으로 올라가면 스위치의 접점을 "Close"시켜, 스피드용 릴레이로 전환시켜 팬이 고속으로 작동한다.

(7) 핀서모 센서(Fin Thermo Sensor)

① 증발기의 빙결로 인한 냉방능력의 저하를 막기 위해 증발기 표면의 평균 온도를 측정하여 압축기의 작동을 제어하는 신호로 사용된다.

② 증발기 표면온도가 낮아져 냉방성능 저하가 발생할 수 있는 경우 핀서모 센서의 측정온도를 기반으로 압축기의 마그네틱 클러치를 비 작동시켜 냉방 사이클의 작동을 일시 중단시켜 증발기의 빙결을 방지한다.

(8) 블로어유닛(Blower Unit)

블로어유닛은 공기를 증발기의 핀 사이로 통과시켜 차 실내로 공기를 불어 넣는 기능을 수행하며 난방장치 회로에서도 동일한 송풍역할을 수행한다.

① 레지스터(Resister)

㉠ 자동차용 히터 또는 블로어유닛에 장착되어, 블로어모터의 회전수를 조절하는 데 사용한다.

㉡ 레지스터는 몇 개의 회로를 구성하며, 각 저항을 적절히 조합하여 각 속도단별 저항을 형성한다.

㉢ 저항에 따른 발열에 대한 안전장치로 방열핀과 휴즈 기능을 내장하여 회로를 보호하고 있다.

② 파워 트랜지스터(Power Transistor)

㉠ N형 반도체와 P형 반도체를 접합시켜서 이루어진 능동소자이다. 정해진 저항값에 따라 전류를 변화시켜 블로어모터를 회전시키는 레지스터와 달리 FATC(Full Auto Temperature Control)의 출력에 따라 입력되는 베이스 전류로 블로어모터에 흐르는 대전류를 제어함으로써 모터의 스피드를 조절할 수 있다. 그러므로 레지스터의 스피드 단수보다 세분화하여 스피드 단수를 나눌 수 있다. 또한 모터가 회전할 때 여러 변수에 따라서 세팅된 스피드와 다르게 회전하는 현상을 막기 위하여 컬렉터 전압을 검출하여 사용자가 세팅한 전압값과 적절히 연산하여 파워 T/R의 베이스로 출력함으로써 일정한 스피드를 유지할 수 있다.

㉡ 모터가 회전할 때 파워 T/R에서 열이 발생한다. 정상적으로 모터가 회전할 때에는 파워 T/R의 열을 식힐 수 있지만 모터가 구속될 경우에 더 많은 전류와 그에 따른 열이 발생한다. 이때 콜렉터와 직렬로 연결된 온도 퓨즈가 세팅된 온도에서 단선되어 흐르는 전류를 차단하므로 파워 T/R의 소손을 방지할 수 있다.

4. 전 자동 에어컨(Full Auto Temperature Control)

(1) 전 자동 에어컨의 개요

① 전 자동 에어컨은 FATC(Full Automatic Temperature Control) 탑승객이 희망하는 설정 온도 및 각종 센서(내기 온도 센서, 외기 온도 센서, 일사 센서, 수온 센서, 덕트 센서, 차속 센서 등)의 상태가 컴퓨터로 입력되면 컴퓨터(ACU)에서 필요한 토출량과 온도를 산출하여 이를 각 액추에이터에 신호를 보내어 제어하는 방식이다.

② 전 자동 에어컨은 희망온도에 따라 눈 일사량, 내외기 온도변화 등에 대해 실내 온도를 설정 온도로 일정하게 유지한다. 즉, 공기 흡입구, 토출구, 토출 온도, 냉각팬의 회전 속도, 압축기의 ON-OFF 등을 자동화하여 적용한 시스템이다. 이러한 자동 제어는 수동 에어컨에 논리 제어(Logical Control) 자동 에어컨 제어 기구를 부착하여 실내외 환경 검출 센서를 사용하여 자동차 실내외 온도를 정확히 감지하여 그 정보를 컴퓨터에 입력하여 실내온도, 토출 풍량, 압축기 등을 제어한다.

(2) 전 자동 에어컨의 구성

① **토출 온도 제어** : 설정 온도 및 각종 센서 입력에 따른 필요 토출 온도에 따라 온도 조절 액추에이터, 내외기 액추에이터, 송풍기용 전동기 및 압축기를 자동 제어하여 자동차 실내를 쾌적하게 유지한다.

② **센서 보정** : 센서의 감지량이 급격히 상승하거나 또는 하강하는 경우에 변화량을 천천히 인식하도록 보정하는 기능이다.

③ **온도 도어(Door)의 제어** : 설정 온도 및 각종 센서들로부터의 신호를 연산처리하여 항상 최적의 온도, 도어 제어 온도, 도어 열림 각도(0~100[%])를 유지하도록 자동으로 제어한다.

④ **송풍기용 전동기(Blower Motor) 속도 제어** : 설정 온도 및 각종 센서들로부터의 신호를 연산 처리하여 목표 풍량을 결정한 후 전동기의 속도를 자동으로 제어한다.

⑤ **기동 풍량 제어** : 송풍기용 전동기의 인가전압을 천천히 증가시켜 쾌적 감각을 향상시키도록 제어한다.

⑥ **일사 보상** : 감지된 일사량에 따라 요구 토출 온도에 따른 보상을 실행한다.

⑦ **모드 도어 보상** : 설정 온도 및 각종 센서들로부터의 신호를 연산 처리하여 필요 토출 온도를 결정한 후 이에 따라 토출모드의 자동제어를 실행한다.

⑧ **최대 냉·난방 기능** : AUTO 상태에서 설정 온도를 17~32[℃]로 선택할 때 최대 냉, 난방 기능을 실행한다.

⑨ **난방 기동 제어** : 겨울철에 온도가 낮은 경우 엔진을 시동할 때 갑자기 찬바람이 토출되는 것을 방지하기 위해 엔진의 냉각수 온도가 50[℃] 이상으로 상승될 때까지 송풍기용 전동기의 작동을 정지시킨다.

⑩ **냉방 기동 제어** : 여름철에 온도가 높은 경우 엔진을 시동할 때 자동차 실내로 갑자기 뜨거운 바람이 토출되는 것을 방지하기 위하여 송풍기용 전동기를 저속에서 고속으로 서서히 증가시킨다.

⑪ **자동차 실내의 습도 제어** : 외기 온도와 자동차 실내의 습도가 맞지 않아 유리에 김 서림 현상이 발생할 경우 에어컨을 작동시켜 이를 방지한다.

(3) 전 자동 에어컨의 구성부품

① **컴퓨터(ACU) :** 컴퓨터는 각종 센서들로부터 신호를 받아 연산 비교하여 액추에이터 팬 변속 및 압축기 ON, OFF를 종합적으로 제어한다.

② **외기온도 센서 :** 외기 센서는 외부의 온도를 검출하는 작용을 한다.

③ **일사 센서 :** 일사에 의한 실온 변화에 대하여 보정값 적용을 위한 신호를 컴퓨터로 입력시킨다.

④ **파워 트랜지스터 :** 파워 트랜지스터는 컴퓨터로부터 베이스 전류를 받아서 팬 전동기를 무단 변속시킨다.

⑤ **실내온도 센서 :** 실내온도 센서는 자동차 실내의 온도를 검출하여 컴퓨터로 입력시킨다.

⑥ **핀서모 센서 :** 핀서모 센서는 압축기의 ON, OFF 및 흡기 도어(Intake Door)의 내・외기 변환에 의해 발생하는 증발기 출구쪽의 온도 변화를 검출하는 작용을 한다.

⑦ **냉각수온 센서 :** 냉각수온 센서는 히터코어의 수온을 검출하며, 수온에 따라 ON, OFF되는 바이메탈 형식의 스위치이다.

5. 차량 난방시스템

자동차 난방시스템은 일반적으로 엔진에서 발생한 열에 의해 따뜻해진 냉각수를 순환하여 자동차 실내의 히터코어를 통해 난방을 한다. 수랭식 기관이 장착된 자동차용 난방장치는 기관 냉각수 열원을 이용한 온수식, 기관의 배기 열을 이용한 배기식, 독립된 연소장치를 가진 연소식이 있으며 일부 국부적 난방을 위한 보조히터로 전기저항 발열을 이용한 전기식 등이 있다. 그리고 난방용 공기를 도입시키는 방법에 따라 외기식, 내기식, 내・외기 변환식으로 분류된다. 대부분의 자동차용 난방장치로는 온수식 히터장치를 사용하고 있다.

(1) 온수식 히터

온수식은 승용차 등 중소형 차량에 주로 적용하는 난방 방식이고, 그 작동원리는 다음과 같다.

① 열원인 엔진 냉각수는 실린더 내 연소열에 의해 약 85[℃]까지 상승한다.

② 가열된 냉각수는 온수배관을 통해 히터코어로 유입된다.

③ 냉각수가 히터코어를 통과할 때 블로어에 의해 강제 유입된 공기와 히터코어 사이에서 열 교환이 발생하여 공기의 온도를 약 65[℃]까지 상승시킨다.

④ 가열된 공기가 차 실내로 유입되어 난방이 된다.

이러한 온수식 히터장치는 블로어모터와 히터코어가 일체로 된 일체형과 블로어모터와 히터코어가 분리된 분리형 히터로 나눌 수 있다.

(2) 온수식 히터의 구성

① 히터코어(Heater Core) : 엔진에서 발생한 열로 인해 온도가 상승한 냉각수와 차 실내의 찬 공기를 열 교환하여 차 실내를 따뜻하게 해 주는 방열기 역할을 한다. 방열효과를 높이기 위해 방열핀이 부착되어 있으며 히터코어 사이를 통과한 더운 공기는 실내 및 디프로스터에 보내진다. 히터코어는 열전달이 우수한 경량의 알루미늄 합금재를 사용하고 있으며 연결 튜브와 코어를 동시에 브레이징(Brazing)하여 생산하는 방법을 많이 사용하며 성능 및 내구성을 중요시한다.

이러한 히터코어를 구성하는 핀 형식으로는 크게 플레이트핀형과 코루게이트핀형으로 나눌 수 있다.

㉠ 플레이트핀(Plate Fin Type) : 냉각 면적이 큰 평판 모양의 핀을 수관에 붙인 것으로 오래전부터 적용한 형식 중 하나이다. 이것은 평면핀을 일정한 간격으로 용접해 붙여 제작한 것이다.

㉡ 코루게이트핀(Corrugated Fin Type) : 냉각핀의 모양을 물결 모양으로 만든 것으로서 플레이트 핀에 비해 방열량이 크고 방열기를 경량화할 수 있어서 현재 널리 적용되고 있다.

② 워터밸브(Water Valve) : 히터코어로 유입하는 엔진냉각수의 유량을 제어하는 역할을 하며, 이 온수량의 제어에 의해 차 실내의 공기온도가 조정된다. 차 실내 공기의 온도제어방식에는 에어 믹스방식과 리히터 방식이 있으며, 각 방식에 적합한 워터밸브를 사용하여야 한다. 다음 그림은 엔진 냉각수 계통도를 나타낸 것이다. 워터밸브는 통상 히터코어의 상류부(뜨거운 냉각수의 입구, 히터코어 입구)에 설치되어 있다.

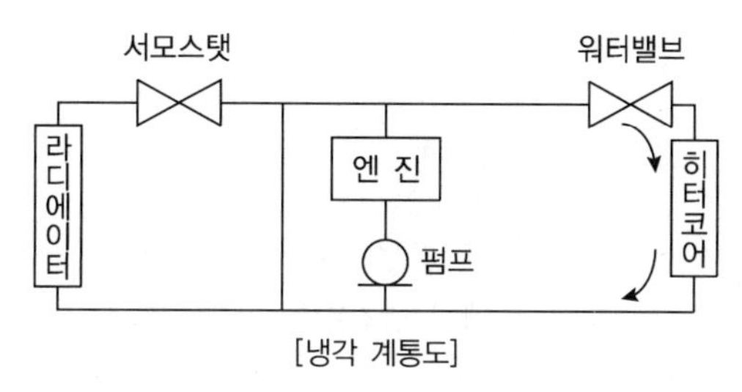

[냉각 계통도]

워터밸브는 ON/OFF 제어방식이 가장 많이 사용되며 레버의 ON/OFF는 매뉴얼 에어컨에서는 수동으로 작동하고 오토 에어컨에서는 진공 스위치(Vacuum Switch) 또는 서보모터로 제어한다.

③ 블로어시스템(송풍기)

㉠ 송풍기 모터는 공기를 증발기의 핀 사이로 통과시켜 냉각한 후 자동차의 실내로 보내기 위해 사용되는 소형 모터이며, 송풍기 스위치와 레지스터를 조합하여 송풍기 모터의 회로를 제어하고 풍량을 3단계 또는 4단계로 변환할 수 있다.

㉡ 레지스터는 자동차용 히터 또는 송풍기 유닛에 장착되어 송풍기 모터의 회전수를 조절하는 역할을 하며, 레지스터는 몇 개의 저항으로 회로를 구성한다. 레지스터의 각 저항을 적절히 조합하여 각 속도 단별 저항을 형성하며, 저항에 따른 발열에 대한 안전 장치로 방열핀과 퓨즈가 내장되어 있다.

㉢ 송풍기는 송풍기를 구동하는 모터와 바람을 일으키는 팬으로 구성되며 팬은 공기의 흐름 방식에 따라 축류식과 원심식으로 분류한다. 축류식은 축에 프로펠러 모양의 베인이 달린 형식이고, 팬에 흡입된 공기는 회전축과 평행하게 바람을 일으킨다. 또한 원심식에는 터보팬, 원통형(Sirocco) 팬, 레이디얼팬이 있으며 증발기형으로는 원통형 팬을 쓰고 있다. 원통형 팬은 송풍 효과가 높기 때문에 소형으로 할 수 있고, 회전수도 낮게 할 수 있어 소음이 작다.

④ **내・외기 액추에이터** : 증발기와 송풍기 유닛의 내・외기 도입부 덕트에 부착되어 있으며, 내・외기 선택 스위치에 의해 내・외기 도어를 구동시킨다.

⑤ **온도조절 액추에이터** : 히터 유닛 케이스 아래쪽에 위치하며, 컨트롤러로부터 신호를 받아 소형 DC 모터를 사용하여 온도 및 도어의 위치를 조절하며 액추에이터 내의 전위차계는 도어의 현재 위치를 컨트롤러로 피드백시켜, 컨트롤러가 요구하는 위치에 도달할 때 컨트롤러로부터 나가는 신호를 Off 시켜 액추에이터의 DC 모터가 작동을 멈추도록 한다.

⑥ **풍량 및 풍향조절 액추에이터**

㉠ 바람의 양 제어는 송풍기 팬의 회전수를 제어하여 덕트로 나오는 바람의 세기를 조절하는 것으로 저항변환 방식, 파워 트랜지스터 전압제어 방식, 파워 트랜지스터 PWM 제어(Pulse Width Modulation Control)방식이 있다.

㉡ 바람의 방향 제어는 각 취출구에서 최적의 공조 바람이 나올 수 있도록 제어하는 것으로 대시패널 내의 통풍 덕트에 장착된 여러 개의 도어(Door)를 작동시킴으로써 이루어진다.

(3) 연소식 히터

① 연소식 히터는 엔진의 냉각수 온도가 낮아 충분한 난방능력이 확보되지 않을 경우 연료의 연소에 의해 발생하는 고온의 연소가스로 엔진 냉각수를 가열하여 차 실내의 난방효과를 얻는다. 이러한 연소식 히터는 엔진냉각수를 가열하는 온수식과 공기를 가열하는 온기식의 2종류가 있다. 일반적으로 연소식 히터는 연료를 연소시키기 때문에 유해배출가스를 배출하고 연료분사장치, 배기관 등이 필요하기 때문에 시스템이 복잡한 반면 큰 난방능력을 얻을 수 있다.

② 연소식 히터는 시동 시 먼저 글로 플러그를 가열하여 연소실 내를 예열한 후 연료펌프로 연료를 기화하여 연소실 내로 공급한다. 이때 연소팬으로 연소에 필요한 공기를 연소실에 동시에 공급하고 가열된 예열 플러그로 점화시킨다.

③ 그 후 연료와 연소용 공기의 양을 증가시켜 연소가 안정된 후에는 연소열에 의해 연료가 기화하여 연소가 계속되기 때문에 글로 플러그의 가열은 필요하지 않다. 정상 시에는 적정한 공연비 상태에서 연소를 하게 되며 고온의 연소가스가 발생한다. 이 연소 가스는 연소실 하류에 설치된 열교환기를 통과하면서 엔진냉각수와 열 교환을 하여 냉각수를 가열한다. 통상 냉각수의 온도에 따라서 연소식 히터의 연소량 즉, 연료량과 공기량이 조정된다. 따라서 항상 적정한 냉각수온도를 유지하도록 자동적으로 제어된다. 만약 어떤 이유로 냉각수온도 또는 열 교환기의 온도가 비정상적으로 상승하면 온도센서로 검출하여 소화시키거나 작동을 정지시키도록 제어한다.

(4) 비스커스 히터

① 비스커스 히터는 고점도 오일의 마찰에 의한 발열을 이용하여 냉각수를 가열하는 난방장치이다. 비스커스 히터는 마그넷 클러치에 연결된 샤프트에 원판형 로터가 고정되어 있다.

② 로터는 사이드 플레이트 내에 봉입되어 있는 고점도 오일 안에 설치되어 있으며 로터가 회전할 때 고점도 오일을 전단함으로써 발생하는 전단열을 이용하여 엔진냉각수를 가열한다.

(5) 전기식 히터

① 차량용 전기히터는 PTC 서미스터(Positive Temperature Coefficient Thermistor)라 하는 세라믹 소자를 사용하여 메인히터코어 후측에 별도의 전기 가열 장치를 설치하여 히터측으로 유입되는 공기의 온도를 상승시켜 차량의 난방 성능을 보완해 주기 위한 난방 시스템이다.

② PTC 히터는 전류가 흐르면 신속하게 온도가 상승하여 큐리(Curie)점에 도달하면 저항치가 급격히 상승하여 발열을 억제함으로써 PTC 히터 자체의 온도를 일정하게 유지하는 특성을 가지고 있다. 이러한 장점 때문에 자동차용 전기히터뿐만 아니라 가정용 전기히터로도 널리 이용되고 있다.

(6) 히트 펌프(Heat Pump)

① 최근 들어 대기환경 보호 및 에너지 효율적 측면에서 개발되고 있는 하이브리드 및 전기 자동차가 있다. 이러한 자동차 중 특히 순수 전기 자동차는 기존 난방시스템의 열원인 엔진이 없기 때문에 다른 방식의 난방시스템이 필요하다. 따라서 엔진이 없는 전기 자동차는 히트펌프를 장착하여 냉난방시스템을 구현하고 있다.

② 히트펌프는 냉매의 발열 또는 응축열을 이용해 저온의 열원을 고온으로 전달하거나 고온의 열원을 저온으로 전달하는 냉난방장치로, 구동 방식에 따라 전기식과 엔진식으로 구분되는데, 현재 대부분이 냉방과 난방을 겸용하는 구조로 되어 있다.

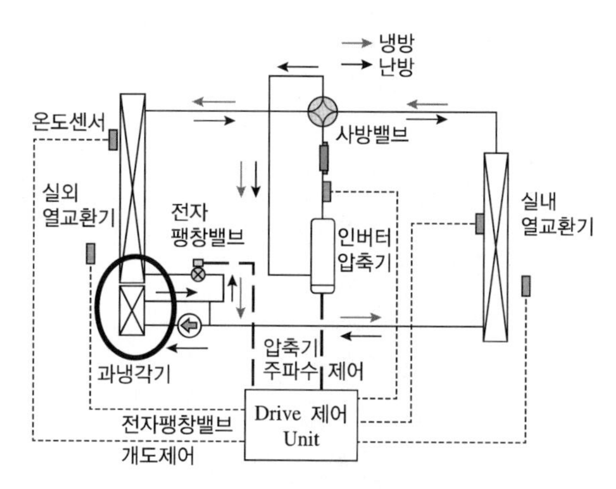

[히트펌프 사이클 구성도]

③ 열은 높은 곳에서 낮은 곳으로 이동하는 성질이 있는데, 히트펌프는 반대로 낮은 온도에서 높은 온도로 열을 끌어 올린다. 초기에는 냉장고, 냉동고, 에어컨과 같이 압축된 냉매를 증발시켜 주위의 열을 빼앗는 용도로 개발되었다. 그러나 지금은 냉매의 발열 또는 응축열을 이용해 저온의 열원을 고온으로 전달하는 냉방장치, 고온의 열원을 저온으로 전달하는 난방장치, 냉·난방 겸용장치를 포괄하는 의미로 쓰인다.

CHAPTER

01 적중예상문제

01 가솔린기관 차량에서 전동팬이 회전하지 않을 때 예상되는 고장 내용으로 거리가 먼 것은?

㉮ 전동팬 릴레이 작동 불량
㉯ 수온 스위치 불량
㉰ 냉각팬 퓨즈 단선
㉱ 온도 게이지 불량

해설 구형 차량의 경우 라디에이터 부분에 바이메탈 형식의 수온 스위치를 장착하여 냉각수 온도가 일정온도에 이르면 자동으로 스위치가 ON되어 냉각팬을 작동시키고 온도가 하강하면 자동적으로 스위치가 OFF되어 냉각팬을 정지시켰다. 그러나 현재 차량의 경우 냉각 수온 센서의 값을 받아 PWM(펄스폭 변조)제어를 하여 냉각팬을 구동시킨다.

02 다음 그림과 같은 에어컨 스위치 회로에 대한 설명으로 옳은 것은?(단, 배터리 전압은 12[V]이다)

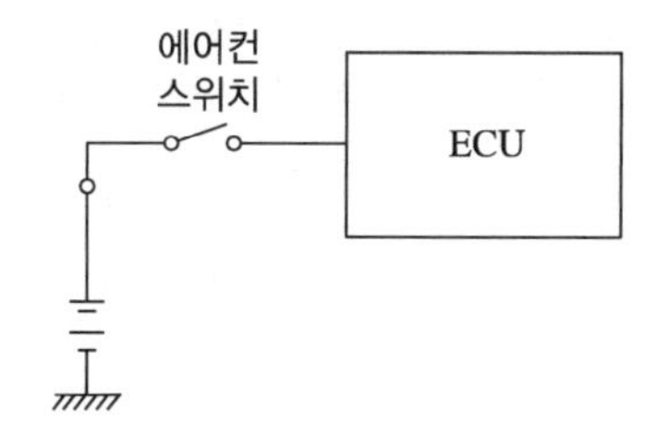

㉮ ECU 내는 풀업 저항이 걸려 있다.
㉯ ECU 내는 TTL 회로이다.
㉰ 이 회로는 아날로그 회로이다.
㉱ ECU 내는 CMOS 방식이다.

해설 TTL IC는 0.8[V] 이하의 전압은 0으로 인식하고 2.5[V] 이상의 전압은 1로 인식한다. 또한 CMOS IC는 4[V] 이하의 전압은 0으로 인식하고 8[V] 이상의 전압은 1로 인식한다. 그림의 경우 배터리 전압을 ON/OFF시켜 ECU에 공급하므로 CMOS 방식이라 할 수 있다.

정답 1 ㉱ 2 ㉱

03 충분한 강성과 강도가 요구되며, 자동차의 기본 골격이 되는 부분은?

㉮ 패널(Panel) ㉯ 엔진(Engine)
㉰ 프레임(Frame) ㉱ 범퍼(Bumper)

해설 자동차의 기본 골격이 되는 부분은 프레임이다.

04 범퍼의 재료에 쓰이지 않는 플라스틱의 재료는?

㉮ ABS ㉯ PC
㉰ PUR(그릴, 램프, 미러하우징) ㉱ TPU

해설 자동차의 외장 플라스틱(그릴, 램프, 미러하우징)을 구성하는 일반적인 재료는 ABS 수지이다. 범퍼는 일반적으로 PP, PC, TPU, PUR(PU) 등의 소재로 제작한다.

05 알루미늄의 특성으로 틀린 것은?

㉮ 용융점이 철보다 높다.
㉯ 무게는 철의 약 1/3이다.
㉰ 열전달이 철보다 높다.
㉱ 전기 도전율이 구리보다 낮다.

해설 철의 용융점은 약 1,534[℃]이고 알루미늄의 용융점은 약 660[℃] 정도이다. 알루미늄의 비중은 2.7 정도이며 합금 성질이 우수하고 가벼워 자동차 경량화 재료로 사용되고 있다.

06 금속재료의 기계적 성질을 옳게 설명한 것은?

㉮ 금속재료가 가지고 있는 물리적 성질
㉯ 금속재료가 가지고 있는 화학적 성질
㉰ 금속재료가 가지고 있는 각 원소의 성질
㉱ 외부로부터 힘을 가했을 때 나타나는 성질

해설 금속재료의 기계적 성질은 외부로부터 힘을 받았을 때 나타나는 성질로 강도, 연성, 전성, 취성, 인성, 소성, 탄성, 가소성 등이 있다.

3 ㉰ 4 ㉮ 5 ㉮ 6 ㉱ **정답**

07 자동차의 차체는 철 금속의 어떤 성질을 이용한 것인가?

㉮ 가공경화 ㉯ 소 성
㉰ 탄 성 ㉱ 취 성

해설
- 가공경화 : 금속 재료가 가공을 거쳐 원래보다 단단해지는 현상
- 시효경화 : 시간의 경과에 따라 원래보다 단단해지는 현상(두랄루민)
- 소성 : 물체에 외력을 가하다 해제 시 물체가 원형으로 복귀되지 못하는 성질
- 탄성 : 물체에 외력을 가하다 해제 시 물체가 원형으로 복귀되는 성질
- 인성 : 재료의 질긴 성질
- 취성 : 재료의 깨지는 성질
- 전성 : 재료가 넓게 퍼지는 성질
- 연성 : 재료가 파괴되지 않고 늘어나는 성질

08 금속의 냉간가공 특징 설명으로 틀린 것은?

㉮ 경도 및 인장강도가 증가된다.
㉯ 연신율 및 충격치가 감소한다.
㉰ 가공면이 아름답고 정밀한 모양으로 만들 수 있다.
㉱ 도전율이 감소한다.

해설 냉간가공(=상온가공)은 표면이 매끄럽고 정밀한 모양으로 만들 수 있고 경도 및 인장강도가 증가되나 가공압력이 강해야 하는 단점이 있다. 열간가공은 표면이 거칠고 정밀한 모양을 제작할 수 없으나 가공압력이 적어도 된다.

09 외력을 제거하면 원래의 상태로 돌아가는 것을 무엇이라 하는가?

㉮ 탄성변형 ㉯ 소성변형
㉰ 항복점 ㉱ 인장강도

10 앞엔진 뒷바퀴 구동식 자동차에 비하여 앞엔진 앞바퀴 구동식 자동차의 장점이 아닌 것은?

㉮ 연료소비율이 향상된다.
㉯ 차실 바닥이 편평하므로 거주성이 좋다.
㉰ 차량중량이 감소된다.
㉱ 자동차 앞뒤 중량배분이 균일하다.

해설
- FF차량 : 엔진 및 각종 구동에 필요한 장치들이 프론트부에 집중되어 차량 전체의 무게 배분에서 불리하고 구조가 복잡하나 빙판 등에서 등판능력은 우수하다.
- FR차량 : 엔진과 구동부품들이 차량 전체에 대하여 골고루 분포되어 무게 배분이 우수하고 고속주행에 유리하나 거주공간이 좁아지고 빙판 등에서 등판능력이 저하된다.

정답 7 ㉯ 8 ㉱ 9 ㉮ 10 ㉱

11 차체(Body)에서 측면 충돌 시 안전성을 증가시키기 위해 도어(Door) 내부에 설치한 보강재는?

㉮ 스트라이커(Striker)
㉯ 힌지(Hinge)
㉰ 도어 레귤레이터(Regulator)
㉱ 임팩트바(Impact Bar)

12 다음 중 모노코크 보디를 틀리게 설명한 것은?

㉮ 충격 흡수 구조이다.
㉯ 트럭에 많이 사용하는 프레임 구조이다.
㉰ 라멘 구조이다.
㉱ 차체를 일체형으로 용접한 구조이다.

해설 모노코크 프레임은 프레임 리스 타입으로 보디(차체)가 프레임의 역할을 수행한다. 단체 구조로 충격력 분산효과가 뛰어나고 차고를 낮출 수 있어 주행 성능이 우수하여 일반적으로 승용차에 많이 적용된다.

13 모노코크 보디의 구조 설명으로 가장 적합한 것은?

㉮ 각 부위가 상자형의 조립으로 되어 있어 전체의 연결된 힘으로 강성이 유지된다.
㉯ 프레임 붙임 구조와 다르며, 튼튼하고 긴 골격형이다.
㉰ 각부의 강도에 큰 차이가 없고 전체 부위로 충격력을 흡수한다.
㉱ 강성 및 휨성이 대단히 양호하고 좌굴 변형이 생기지 않는다.

14 차체부품 제작 시 강판을 선택할 때 제일 먼저 고려해야 할 것은?

㉮ 강판의 크기
㉯ 강판의 두께
㉰ 강판의 모양
㉱ 강판의 재질

해설 차체 제작 시 강판의 재질이 매우 중요한 요소이며 차량에는 부위에 따라 고장력 강판을 적용하고 있다.

15 알루미늄 합금 중에서 열팽창계수가 가장 작은 것은?

㉮ 실루민
㉯ 두랄루민
㉰ Y합금
㉱ 로엑스

11 ㉱ 12 ㉯ 13 ㉰ 14 ㉱ 15 ㉮ **정답**

16 다음 중 일반적인 프레임의 종류가 아닌 것은?

㉮ X형 프레임

㉯ 회전(Rotary)형 프레임

㉰ 페리미터(Perimeter)형 프레임

㉱ 플랫폼(Platform)형 프레임

해설 프레임은 일반적으로 H형, X형, 백본형, 페리미터형, 플랫폼형, 트러스형이 있다.

17 차체 측면부에서 가장 큰 강성이 요구되는 부분은?

㉮ 후 드 ㉯ 패 널

㉰ 필 러 ㉱ 트렁크

18 2개의 사이드멤버에 여러 개의 크로스 멤버, 보강판, 서스펜션 범퍼 등의 설치용 브래킷류를 볼트나 아크용접으로 결합하여 사다리 모양으로 제작한 프레임은 무엇인가?

㉮ H형 프레임

㉯ X형 프레임

㉰ 백본형 프레임

㉱ 스러스트형 프레임

19 자동차의 구조 중 주로 차의 내부 패널용으로 사용되는 강판은?

㉮ 열간압연 강판

㉯ 열간압연 고장력 강판

㉰ 냉간압연 강판

㉱ 알루미늄 강재

20 다음 중 차체(Body)가 갖추어야 할 일반적인 조건이 아닌 것은?

㉮ 방청성능이 우수할 것

㉯ 진동이나 소음이 작을 것

㉰ 강도와 강성이 우수할 것

㉱ 프레임과 차체가 반드시 일체로 된 구조일 것

정답 16 ㉯ 17 ㉰ 18 ㉮ 19 ㉰ 20 ㉱

21 냉동 사이클에서 중온저압의 기체 냉매를 고온고압의 기체 냉매로 만드는 장치는?

㉮ 압축기
㉯ 응축기
㉰ 증발기
㉱ 팽창밸브

해설
- 압축기 : 증발기로부터 나온 중온저압의 기체를 고온고압의 기체로 응축기로 보냄
- 응축기 : 압축기로부터 나온 고온고압의 기체를 냉각하여 저온고압의 액체로 리시버 드라이어로 보냄
- 리시버 드라이어 : 고압 액체상태의 냉매의 수분 및 이물질을 여과 후 팽창밸브로 보냄
- 팽창밸브 : 고압의 액체 냉매를 압력을 낮추어 저온상태로 기화하여 증발기로 보냄
- 증발기 : 팽창밸브를 통해 나온 저온으로 형성된 냉매를 통해 실내 냉방 후 저압의 기체상태로 압축기로 보냄

22 에어컨 시스템에서 작동 유체가 흐르는 순서로 맞는 것은?

㉮ 압축기 → 응축기 → 팽창밸브 → 증발기
㉯ 압축기 → 팽창밸브 → 증발기 → 응축기
㉰ 압축기 → 증발기 → 팽창밸브 → 응축기
㉱ 압축기 → 증발기 → 응축기 → 팽창밸브

해설 냉방회로의 냉매 순환 시스템은 압축기 → 응축기 → 팽창밸브 → 증발기로 이루어진다.

23 자동차 에어컨의 고장 현상과 원인을 설명한 것으로 틀린 것은?

㉮ 시원하지 않음 - 냉매 부족
㉯ 풍량 부족 - 벨트 헐거움
㉰ 압축기가 회전 안 됨 - 저압 스위치 불량
㉱ 마그네틱 클러치 미끄러짐 - 에어컨 릴레이 불량

해설 ㉯ 풍량 부족은 블로어시스템과 관련 있음
컴프레서의 풀리 벨트가 헐거울 경우 냉매압축 작용이 원활하지 못하여 냉방능력이 저하된다.

21 ㉮ 22 ㉮ 23 ㉯ **정답**

24 냉각장치에서 바이패스(By-pass) 회로 중 보텀 바이패스 방식이 인라인 방식에 비해 가지는 장점이 아닌 것은?

㉮ 수온 조절기가 민감하게 작동하여 오버슈트(Overshoot)가 크다.
㉯ 수온 조절기가 열렸을 때 바이패스(By-pass) 회로를 닫기 때문에 냉각효과가 좋다.
㉰ 수온 조절기의 이상 작동이 적기 때문에 기관 내부의 온도가 안정되고, 한랭 시에 히터성능의 안정에 효과가 있다.
㉱ 기관이 정지했을 때 냉각수의 보온 성능이 좋다.

해설 보텀 바이패스 방식은 냉각효과가 우수하고 한랭 시에 히터성능을 안정적으로 할 수 있다.

25 공조장치에서 외부 공기유입 자동 차단장치에 대한 설명으로 가장 거리가 먼 것은?

㉮ AQS의 감지대상 가스는 NO_x, SO_2, CO 등이다.
㉯ 운전 중의 피로, 졸음, 두통, 무기력의 원인이 되는 유해가스의 유입을 차단한다.
㉰ AQS의 입력요소는 AQS 스위치와 출력요소는 AQS 인디케이터 등이다.
㉱ 외기온도 센서 및 핀 서모 센서와 일체로 되어 프런트 범퍼 뒤측에 장착되는 것이 일반적이다.

해설 AQS 시스템은 외부로부터 실내로 유입되는 유해가스를 차단하여 쾌적한 실내공간을 조성하는 기능을 하며 감지대상 가스는 NO_2, SO_2, CO 등이 있다. AQS 센서는 단독으로 프론트 범퍼 뒤에 장착되어 외부의 유해가스를 검출한다.

26 유해가스 감지센서(AQS)가 차단하는 가스가 아닌 것은?

㉮ SO_2
㉯ NO_2
㉰ CO_2
㉱ CO

해설 AQS 시스템의 감지대상 가스는 NO_2, SO_2, CO 등이 있다.

27 자동온도 조절장치(FATC)의 센서 중에서 포토다이오드를 이용하여 변환 전류를 컨트롤하는 센서는?

㉮ 일사량 센서
㉯ 내기온도 센서
㉰ 외기온도 센서
㉱ 수온 센서

해설 풀 오토에어컨 시스템에서 일사량 센서는 일사량을 검출하여 실내 온도를 조절하는 기능을 한다. 일사 센서는 포토다이오드를 이용하여 태양광량을 검출하여 풀 오토에어컨 제어부로 신호를 보내며 이를 통해 풀 오토에어컨 유닛은 실내온도를 제어한다. 내기온도 센서 및 외기온도 센서는 부특성 서미스터를 적용한 타입의 센서이다.

정답 24 ㉮ 25 ㉱ 26 ㉰ 27 ㉮

28 자동공조장치와 관련된 구성품이 아닌 것은?

㉮ 컴프레서, 습도 센서
㉯ 콘덴서, 일사량 센서
㉰ 에바포레이터, 실내온도 센서
㉱ 차고 센서, 냉각수온 센서

해설 자동공조시스템의 구성품은 컴프레서, 습도 센서, 실내외 온도 센서, 콘덴서, 일사량 센서, 증발기, 핀서모 센서 등이 있으며 차고 센서 및 냉각수온 센서는 각각 섀시 및 엔진에 적용되는 센서이다.

29 에어컨 구성품 중 핀서모 센서에 대한 설명으로 옳지 않은 것은?

㉮ 에바포레이터 코어의 온도를 감지한다.
㉯ 부특성 서미스터로 온도에 따른 저항이 반비례하는 특성이 있다.
㉰ 냉방 중 에바포레이터가 빙결되는 것을 방지하기 위하여 장착된다.
㉱ 실내 온도와 대기온도 차이를 감지하여 에어컨 컴프레서를 제어한다.

해설 핀서모 센서는 증발기(에바포레이터) 중심부에 설치되어 온도를 측정하며 저온 냉매의 영향으로 발생할 수 있는 증발기의 빙결로 인한 냉방능력 저하를 막아주는 역할을 한다. 빙결이 발생할 수 있는 온도에 도달 시 컴프레서의 작동을 중단시키는 신호로 사용된다.

30 냉방장치의 정기점검 항목에 속하지 않는 것은?

㉮ 콘덴서(Condenser)점검
㉯ 풀리 V 벨트(Pulley V-belt)의 장력 점검
㉰ 냉각팬 점검
㉱ 냉매 충전량 점검

해설 일반적으로 냉방장치는 콘덴서, 풀리벨트, 냉매 충전량 등을 점검한다.

31 냉각핀(또는 방열핀)에서 방열량을 결정하는 요소들이 있다. 다음 요소 중 방열량을 결정하는 데 관계가 없는 사항은 어느 것인가?

㉮ 냉각핀의 재질 ㉯ 냉각핀의 형상
㉰ 냉각핀의 회전방향 ㉱ 냉각핀의 피치

해설 냉각핀의 방열량을 결정하는 요소는 재질, 형상 및 피치가 있다.

28 ㉱ 29 ㉱ 30 ㉰ 31 ㉰ **정답**

32 다음은 방열기 코어의 종류이다. 맞지 않는 것은?

㉮ 코루게이트형
㉯ 인서트형
㉰ 리본셀룰러형
㉱ 플레이트형

해설 방열기의 핀형식으로는 코루게이트형, 리본셀룰러형, 플레이트형이 있다.

33 에어컨이나 히터에서 블로어모터가 1단(저속)은 작동되는데 2단이 작동하지 않을 때 결함 가능성이 있는 부품은 어느 것인가?

㉮ 블로어스위치　㉯ 블로어저항
㉰ 블로어모터　㉱ 퓨 즈

해설 블로어모터가 회전은 하나 특정 단수에서 회전하지 못하는 것은 스위치의 문제일 가능성이 가장 크다. 단, 풀 오토에어컨에서 최고 단수는 풀 오토에어컨의 파워 트랜지스터를 통하지 않고 블로어하이릴레이를 통하여 작동되므로 최고단수로 블로어가 작동되지 않을 경우 블로어하이릴레이가 고장일 경우가 있다.

34 에어컨 컴프레서 기능 중 틀린 것은?

㉮ 냉매의 온도를 상승시킨다.
㉯ 컴프레서에 표기된 "S"는 고압측을 말한다.
㉰ 냉매 압력을 상승시킨다.
㉱ 냉매와 오일을 순환시킨다.

해설 에어컨 컴프레서는 냉매를 압축하는 기능을 하며 고압측라인은 일반적으로 'H'로 표기하고 저압측라인은 'L'로 기한다.

35 자동차의 냉방회로에 사용되는 기본 부품의 구성으로 옳은 것은?

㉮ 압축기, 리시버 드라이어, 히터, 증발기, 블로어모터
㉯ 압축기, 응축기, 리시버 드라이어, 팽창밸브, 증발기
㉰ 압축기, 냉온기, 솔레노이드밸브, 응축기, 리시버 드라이어
㉱ 압축기, 응축기, 리시버 드라이어, 팽창밸브, 히터

해설 냉방회로를 구성하는 부품은 압축기, 응축기, 리시버 드라이어, 팽창밸브, 증발기이다.

정답 32 ㉯ 33 ㉮ 34 ㉯ 35 ㉯

36 자동차의 에어컨에서 냉방효과가 저하되는 원인이 아닌 것은?

㉮ 냉매량이 규정보다 부족할 때
㉯ 압축기의 작동시간이 짧을 때
㉰ 압축기의 작동시간이 길 때
㉱ 냉매주입 시 공기가 유입되었을 때

해설 냉방효과가 저하되는 원인은 냉매량의 부족, 압축기의 작동시간이 짧을 경우, 냉매에 공기 등이 유입되었을 때 등이 있다.

37 자동차 에어컨에서 익스팬션밸브(Expansion Valve)는 어떤 역할을 하는가?

㉮ 냉매를 팽창시켜 고온고압의 기체로 만들기 위한 밸브이다.
㉯ 냉매를 급격히 팽창시켜 저온저압의 에어플(무화) 상태의 냉매로 만든다.
㉰ 냉매를 압축하여 고압으로 만든다.
㉱ 팽창된 기체 상태의 냉매를 액화시키는 역할을 한다.

해설 팽창밸브는 고압 액체상태의 냉매를 급격하게 팽창하여 저압의 기체상태로 변화시켜 저온의 냉매가스를 증발기로 보내는 역할을 한다.

38 전자동 에어 컨디셔닝 시스템의 구성부품 중 응축기에서 보내 온 냉매를 일시 저장하고 수분과 먼지를 걸러 항상 액체 상태의 냉매를 팽창밸브로 보내는 역할을 하는 것은?

㉮ 익스팬션밸브　　㉯ 리시버 드라이어
㉰ 컴프레서　　㉱ 에바포레이터

해설 리시버 드라이어는 냉매 중의 수분, 이물질 및 기포를 분리하고 액체냉매를 일시저장하며 팽창밸브로 보내는 역할을 한다.

39 압축기로부터 들어온 고온고압의 기체 냉매를 냉각시켜 액화시키는 기능을 하는 것은?

㉮ 컴프레서　　㉯ 응축기
㉰ 리시버 드라이어　　㉱ 듀얼프레서 스위치

해설 컴프레서 측의 고온고압의 기체상태의 냉매를 응축기에서 방열핀 및 콘덴서 팬을 통하여 냉각시키면 내부에서 냉매가 응결되어 액체 냉매로 바뀌게 된다.

36 ㉰ 37 ㉯ 38 ㉯ 39 ㉯ **정답**

40 최근 자동차에 의한 환경문제가 심각하게 대두되고 있다. 그중 에어컨의 냉매에 쓰이는 가스가 우리 인체에 영향을 미친다고 한다. 이것을 방지하기 위하여 최근 사용되고 있는 에어컨 냉매는 어느 것인가?

㉮ R-11　　㉯ R-12
㉰ R-134a　　㉱ R-13

해설 현재에는 인체 및 동물에 무해하고 오존층을 파괴하는 염소성분이 없는 R-134a가스를 냉매로 쓰고 있다.

41 전자동에어컨(FATC) 시스템에서 블로어모터가 4단까지는 작동이 되나 5단만 작동이 되지 않는다. 점검해야 할 부품은?

㉮ 블로어릴레이
㉯ 블로어하이릴레이
㉰ 파워 TR
㉱ 에어믹스 도어 모터

해설 풀 오토에어컨에서는 1단부터 4단까지는 파워 TR를 이용하여 스텝제어를 하나 최고속단은 파워 TR를 거치지 않고 블로어하이릴레이를 통하여 직접 블로어모터를 구동시킨다.

42 냉방장치에서 냉매가스 저압라인의 압력이 너무 높은 원인은?

㉮ 리시버 탱크 막힘
㉯ 팽창밸브 막힘
㉰ 팽창밸브 감온통 가스 누출
㉱ 팽창밸브의 온도감지밸브 밀착 불량

해설 팽창밸브의 감온통에서 발생한 온도와의 차이를 통하여 팽창밸브의 냉매유로를 압력에 비례하여 가변적으로 작동시키나 온도감지부의 밸브 등의 고장 시 저압측으로 높은 압력의 냉매가 토출될 수 있다.

정답 40 ㉰　41 ㉯　42 ㉱

43 전자제어 자동 에어컨 장치에서 전자제어 컨트롤 유닛에 의해 제어되지 않는 것은?

㉮ 냉각수온 조절밸브

㉯ 블로어모터

㉰ 컴프레서 클러치

㉱ 내·외기 전환댐퍼 모터

해설 냉각수온 조절밸브는 엔진의 냉각수온도에 따라 작동되는 수온조절기이며 왁스를 봉입한 펠릿형, 알코올을 봉입한 벨로스형, 열팽창률이 다른 두 금속을 삽입한 바이메탈형이 있으며 온도에 따라 자동으로 작동하는 형식이다.

44 에어컨 압축기에서 마그넷(Magnet) 클러치의 설명으로 맞는 것은?

㉮ 고정형은 회전하는 풀리가 코일과 정확히 접촉하고 있어야 한다.

㉯ 고정형은 최대한의 전자력을 얻기 위해 최소한의 에어 갭이 있어야 한다.

㉰ 회전형 클러치는 몸체의 샤프트를 중심으로 마그넷 코일이 설치되어 있다.

㉱ 고정형은 풀리 안쪽에 있는 슬립링과 접촉하는 브러시를 통해 전류를 코일에 전달하는 방법이다.

해설 컴프레서의 마그넷 클러치는 전자석 형태이며 기전력 공급 시 작동하여 엔진의 크랭크축과 컴프레서 내부의 압축기를 연결하여 냉매압축작용을 하며 비작동 시 기전력을 차단하여 벨트와 연결된 컴프레서 풀리만 공회전을 하도록 제어하는 부품이다. 따라서 최대의 전자력을 얻기 위해서는 최소한의 에어 간극이 있어야 한다.

45 에어컨의 건조기(Receiver-drier)의 기능이 아닌 것은?

㉮ 저장 기능

㉯ 수분 제거 기능

㉰ 압력 조정 기능

㉱ 흡입 기능

해설 리시버 드라이어는 수분제거, 먼지 등의 이물질 제거, 냉매 일시 저장하여 냉매압력을 조정, 기포분리 등의 기능이 있다.

43 ㉮ 44 ㉯ 45 ㉱ 정답

CHAPTER

02 엔진구조와 엔진공학

제1절 엔진의 구조

1. 열기관

열에너지를 기계적 에너지로 변환하는 기관을 말하며 고온과 저온의 열원 사이에서 순환과정을 반복하며 열에너지를 역학적 에너지로 바꾸는 장치를 말한다.

(1) 외연기관

열기관의 형태 중 하나로 외부의 보일러 또는 가열기를 통하여 작동유체를 가열시키고 가열된 작동유체의 열과 압력을 이용하여 동력을 얻는 기관으로 증기기관과 스털링기관 등이 있다.

(2) 내연기관

공기와 화학적 에너지를 갖는 연료의 혼합물을 기관 내부에서 연소시켜 에너지를 얻는 기관으로서 기관의 작동부(연소실)에서 혼합물을 직접 연소시켜 압력과 열에너지를 갖는 가스를 이용하여 동력을 얻는 열기관이다. 가솔린 기관과 디젤 기관으로 분류할 수 있다.

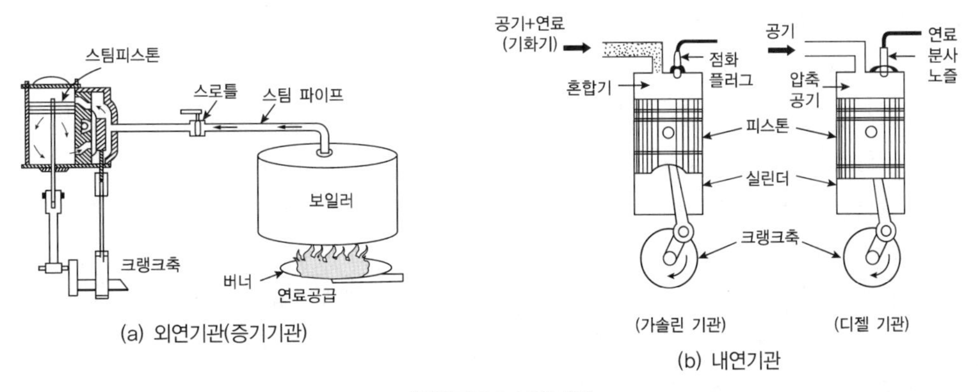

[외연기관과 내연기관]

2. 자동차용 내연기관의 분류

(1) 작동방식에 의한 분류

① **왕복형 엔진(피스톤 엔진)** : 피스톤의 왕복 운동을 크랭크축에 의해 회전운동으로 변환하여 동력을 얻는 엔진으로 가솔린 엔진, 디젤엔진, LPG 엔진, CNG 엔진 등이 있다.

② **회전형 엔진(로터리 엔진)** : 엔진 폭발력을 회전형 로터에 의하여 직접 회전력으로 변환시켜 동력을 얻는 엔진이다.

③ **분사 추진형 엔진** : 연소 배기가스를 고속으로 분출시킬 때 그 반작용으로 추진력이 발생하여 동력을 얻는 엔진으로 제트엔진 등이 있다.

(2) 점화방식에 의한 분류

① **전기점화 엔진** : 압축된 혼합기에 점화플러그로 고압의 전기불꽃을 발생시켜서 점화 연소시키는 엔진으로 가솔린 엔진, LPG 엔진, CNG 엔진 등이 있다.

② **압축착화 엔진(자기착화 엔진)** : 공기만을 흡입하여 고온(500~600[℃]), 고압(30~35[kgf/cm^2])으로 압축한 후 고압 연료를 무화 분사하여 자기착화시키는 엔진으로 디젤 엔진이 있다.

중요 CHECK

엔진의 작동 사이클에 의한 분류
- 4행정 1사이클 엔진 : 흡입-압축-폭발(동력)-배기의 4개의 행정이 1번 동작한다.
- 2행정 1사이클 엔진 : (소기 · 압축)-(폭발 · 배기)의 2개의 행정이 1번 동작 시 크랭크축이 1회전(360°)하여 1사이클을 완성하는 엔진이다.

(3) 열역학적 사이클에 의한 분류

① 오토 사이클(Otto Cycle, 정적 사이클)

㉠ 전기 점화 엔진의 기본 사이클이며 급열이 일정한 체적에서 형성되고 2개의 정적변화와 2개의 단열변화로 사이클이 구성된다. 대표적으로 가솔린 엔진이 이에 속한다.

㉡ 단열압축 → 정적가열 → 단열팽창 → 정적방열의 과정으로 구성된다.

② 디젤 사이클(Diesel Cycle, 정압 사이클)

㉠ 급열이 일정한 압력 하에서 이루어지며 중 · 저속 디젤엔진에 적용된다.

㉡ 단열압축 → 정압가열 → 단열팽창 → 정적방열의 과정으로 구성(1사이클)된다.

③ 사바테 사이클(Sabathe Cycle, 복합 사이클)

㉠ 급열은 정적과 정압 하에서 이루어지며 고속 디젤엔진이 여기에 속한다.

㉡ 단열압축 → 정적가열 → 정압가열 → 단열팽창 → 정적방열의 과정으로 구성(1사이클)된다.

(4) 연료에 따른 분류

① **가솔린 엔진** : 엔진 동작유체로 가솔린을 사용하는 엔진을 말하며 가솔린과 공기의 혼합물을 전기적인 불꽃으로 연소시키는 엔진이다.

② **디젤 엔진** : 엔진의 동작유체로 경유를 사용하는 엔진을 말하며 공기를 흡입한 후 압축하여 발생한 압축열에 의해 연료를 자기 착화하는 엔진이다.

③ **LPG 엔진** : 엔진 동작유체로 액화석유가스(LPG)를 사용하는 엔진을 말하며 공기를 흡입한 후 액화석유가스와 혼합하여 전기적인 불꽃으로 연소시키는 엔진이다.

④ **CNG 엔진** : 엔진 동작유체로 천연가스를 사용하는 엔진을 말하며 공기를 흡입한 후 CNG와 혼합하여 전기적인 불꽃으로 연소시키는 엔진이다.

⑤ **소구(열구) 엔진** : 연소실에 열원인 소구(열구) 등을 장착하여 연소하여 동력을 얻는 형식의 엔진을 말하며 세미디젤엔진(Semi Diesel Engine) 또는 표면 점화 엔진이라 한다.

중요 CHECK

엔진의 구비 조건
- 공기와 화학적 에너지를 갖는 연료를 연소시켜 열에너지를 발생시킬 것
- 연소 가스의 폭발동력이 직접 피스톤에 작용하여 열에너지를 기계적 에너지로 변환시킬 것
- 연료소비율이 우수하고 엔진의 소음 및 진동이 적을 것
- 단위 중량당 출력이 크고 출력변화에 대한 엔진성능이 양호할 것
- 경량, 소형이며 내구성이 좋을 것
- 사용연료의 공급 및 가격이 저렴하며 정비성이 용이할 것
- 배출가스에 인체 또는 환경에 유해한 성분이 적을 것

(5) 4행정 사이클 엔진의 작동

① **흡입행정** : 흡입행정은 배기밸브는 닫고 흡기밸브는 열어 피스톤이 상사점에서 하사점으로 이동할 때 발생하는 부압을 이용하여 공기 또는 혼합기를 실린더로 흡입하는 행정이다.

② **압축행정** : 흡기와 배기밸브를 모두 닫고 피스톤이 하사점에서 상사점으로 이동하며 혼합기 또는 공기를 압축시키는 행정이다. 압축작용으로 인하여 혼합가스의 체적은 작아지고 압력과 온도는 높아진다.

구 분	가솔린 엔진	디젤 엔진
압축비	7~12 : 1	15~22 : 1
압축압력	7~13[kgf/cm^2]	30~55[kgf/cm^2]
압축온도	120~140[℃]	500~550[℃]

③ **폭발행정(동력행정)** : 흡기와 배기밸브가 모두 닫힌 상태에서 혼합기를 점화하여 고온고압의 연소가스가 발생하고 이 작용으로 피스톤은 상사점에서 하사점으로 이동하는 행정이다. 실제 기관의 동력이 발생하기 때문에 동력행정이라고도 한다.

구 분	가솔린 엔진	디젤 엔진
폭발압력	35~45[kgf/cm^2]	55~65[kgf/cm^2]

④ **배기행정** : 흡기밸브는 닫고 배기밸브는 열린 상태에서 피스톤이 하사점에서 상사점으로 이동하며 연소된 가스를 배기라인으로 밀어내는 행정이며 배기행정 말단에서 흡기밸브를 동시에 열어 배기가스의 잔류압력으로 배기가스를 배출시켜 충진 효율을 증가시키는 블로다운 현상을 이용하여 효율을 높인다.

(6) 2행정 사이클 엔진의 작동

① **소기, 압축행정(피스톤 상승)** : 소기, 압축행정은 피스톤이 하사점에 있을 때 기화기에서 형성된 혼합기를 소기펌프(Scavenging Pump)로 압축하여 실린더 내로 보내면서 피스톤이 상사점으로 이동하는 행정이다.

② **폭발, 배기행정(피스톤 하강)** : 피스톤이 팽창압력으로 인하여 상사점에서 하사점으로 이동하는 행정으로 연소가스는 체적이 증가하고 압력이 떨어진다. 또한 혼합기의 강한 와류형성 및 압축비를 증대시키기 위해 피스톤 헤드부를 돌출시킨 디플렉터를 두어 제작하는 경우도 있다.

(7) 4행정 사이클 기관과 2행정 사이클 기관의 비교

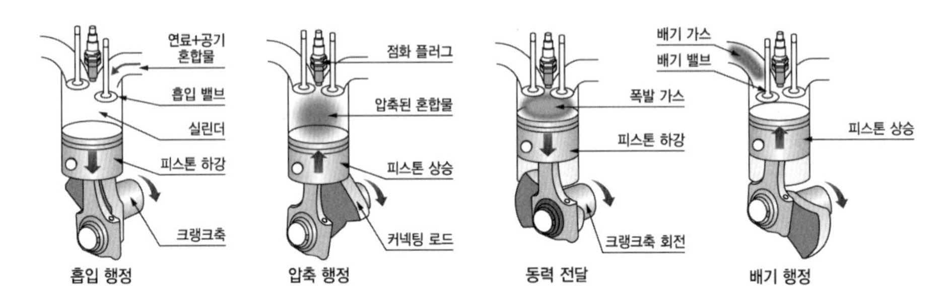

[4행정 엔진의 작동]

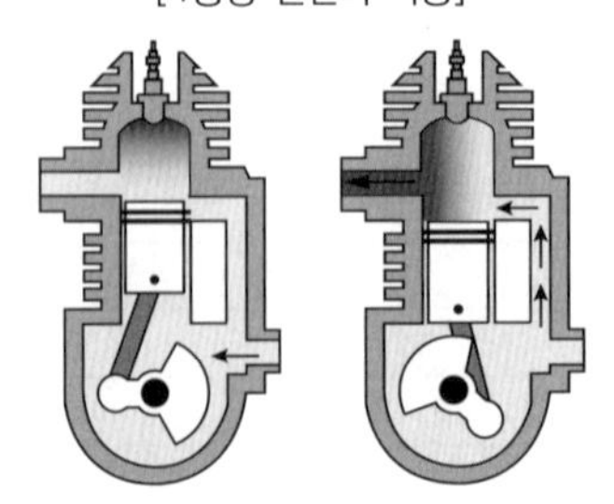

[2행정 엔진의 작동]

구 분	4행정	2행정
행정 및 폭발	크랭크축 2회전(720°)에 1회 폭발행정	크랭크축 1회전(360°)에 1회 폭발행정
기관 효율	4개 행정의 구분이 명확하고 작용이 확실하며 효율이 우수함	행정의 구분이 명확하지 않고 흡기와 배기 시간이 짧아 효율이 낮음
밸브 기구	밸브기구가 필요하고 구조가 복잡	밸브기구가 없어 구조는 간단하나 실린더 벽에 흡기구가 있어 피스톤 및 피스톤링의 마멸이 큼
연료 소비량	연료소비율 비교적 좋음 (크랭크축 2회전에 1번 폭발)	연료소비율 나쁨 (크랭크축 1회전에 1번 폭발)
동 력	단위 중량당 출력이 2행정 기관에 비해 낮음	단위 중량당 출력이 4행정 사이클에 비해 높음
엔진 중량	무거움(동일한 배기량 조건)	가벼움(동일한 배기량 조건)

① 4행정 사이클 엔진의 장점

㉠ 각 행정이 명확히 구분되어 있다.

㉡ 흡입행정 시 공기(공기+연료)의 냉각효과로 각 부분의 열적 부하가 적다.

㉢ 저속에서 고속까지 엔진회전속도의 범위가 넓다.

㉣ 흡입행정의 구간이 비교적 길고 블로 다운 현상으로 체적효율이 높다.

㉤ 블로바이 현상이 적어 연료 소비율 및 미연소가스의 생성이 적다.

㉥ 불완전연소에 의한 실화가 발생되지 않는다.

② 4행정 사이클 엔진의 단점

㉠ 밸브기구가 복잡하고 부품수가 많아 충격이나 기계적 소음이 크다.

㉡ 가격이 고가이고 마력당 중량이 무겁다(단위중량당 마력이 적다).

㉢ 2행정에 비해 폭발횟수가 적어 엔진 회전력의 변동이 크다.

㉣ 탄화수소(HC)의 배출량은 적으나 질소산화물(NO_X)의 배출량이 많다.

③ 2행정 사이클 엔진의 장점

㉠ 4사이클 엔진에 비하여 이론상 약 2배의 출력이 발생된다.

㉡ 크랭크 1회전 당 1번의 폭발이 발생되기 때문에 엔진 회전력의 변동이 적다.

㉢ 실린더 수가 적어도 엔진구동이 원활하다.

㉣ 마력당 중량이 적고 값이 싸며, 취급이 쉽다(단위중량당 마력이 크다).

④ 2행정 사이클 엔진의 단점

㉠ 각 행정의 구분이 명확하지 않고, 유해배기가스의 배출이 많다.

㉡ 흡입 시 유효 행정이 짧아 흡입 효율이 저하된다.

㉢ 소기 및 배기 포트의 개방시간이 길어 평균 유효 압력 및 효율이 저하된다.

㉣ 피스톤 및 피스톤링이 손상되기 쉽다.

㉤ 저속 운전이 어려우며, 역화가 발생된다.

㉥ 흡배기가 불완전하여 열 손실이 크며, 미연소가스(HC)의 배출량이 많다.

㉦ 연료 및 윤활유의 소모율이 높다.

3. 실린더 헤드(Cylinder Head)

(1) 실린더 헤드의 구성

① 실린더 헤드는 헤드개스킷을 사이에 두고 실린더 블록의 상부에 결합되며 실린더 및 피스톤과 더불어 연소실을 형성하며 엔진 출력을 결정하는 주요 부품 중 하나이다.

② 실린더 헤드 외부에는 밸브기구, 흡・배기 매니폴드, 점화플러그 등이 장착되어 있으며 내부에는 기관의 냉각을 위한 냉각수 통로가 설치되어 있고 상부에는 로커암 커버가 장착된다.

③ 실린더 헤드의 하부에는 연소실이 형성되어 연소 시 발생하는 높은 열부하와 충격에 견딜 수 있도록 내열성, 고강성, 냉각효율 등이 요구되며 재질은 보통 주철과 알루미늄합금이 많이 사용된다. 알루미늄합금의 경우 열전도성이 우수하므로 연소실의 온도를 낮추어 조기점화(Preignition) 방지와 엔진의 효율 등을 향상시킬 수 있다.

④ 실린더 블록과 실린더 헤드 사이에 실린더 헤드 개스킷을 조립하여 실린더 헤드와 실린더 블록 사이의 연소가스 누설 및 오일, 냉각수 누출을 방지하고 있다.

(2) 연소실의 구비 조건

연소실은 피스톤의 상사점에서 발생하는 피스톤 상부의 실린더 헤드에서 형성되는 연소공간으로 연료와 공기의 혼합물을 연소시켜 동력을 얻는 중요한 요소 중 하나이다. 따라서 연소실에는 연소를 위한 밸브 및 점화플러그가 설치되어 있으며, 혼합가스를 연소시킬 때 높은 효율을 얻을 수 있는 연소실의 형상으로 설계되어야 한다.

① 화염전파에 소요되는 시간을 짧게 하는 구조일 것

② 이상연소 또는 노킹을 일으키지 않는 형상일 것

③ 열효율이 높고 배기가스에 유해한 성분이 적도록 완전연소하는 구조일 것

④ 가열되기 쉬운 돌출부(조기점화원인)를 두지 말 것

⑤ 밸브 통로면적을 크게 하여 흡기 및 배기 작용을 원활히 되도록 할 것

⑥ 연소실 내의 표면적은 최소가 되도록 할 것

⑦ 압축행정 말에서 강력한 와류를 형성하는 구조일 것

(3) 실린더 헤드 개스킷(Cylinder Head Gasket)

실린더 헤드 개스킷은 연소가스 및 엔진오일, 냉각수 등의 누설을 방지하는 기밀 작용을 해야 하며 고온과 폭발압력에 견딜 수 있는 내열성, 내압성, 내마멸성을 가져야 한다. 이에 따른 실린더 헤드 개스킷의 종류는 다음과 같다.

① **보통 개스킷(Common Gasket)** : 석면을 중심으로 강판 또는 동판으로 석면을 싸서 만든 것으로 고압축비, 고출력용 엔진에 적합하지 못한 개스킷으로 현재 사용되지 않고 있다.

② **스틸 베스토 개스킷(Steel Besto Gasket)** : 강판을 중심으로 흑연을 혼합한 석면을 강판의 양쪽면에 압착한 다음 표면에 흑연을 발라 만든 것으로 고열, 고부하, 고압축, 고출력 엔진에 많이 사용된다.

③ **스틸 개스킷(Steel Gasket)** : 금속의 탄성을 이용하여 강판만으로 만든 것으로 복원성이 우수하고 내열성, 내압성, 고출력엔진에 적합하여 현재 많이 사용되고 있다.

4. 실린더 블록(Cylinder Block)

(1) 실린더 블록의 구성

① 실린더 블록은 피스톤이 왕복운동을 하는 실린더와 각종 부속장치가 설치될 수 있도록 만들어진 기관 본체를 말한다.

② 실린더 블록에는 냉각수가 흐르는 통로(Water Jacket)와 엔진오일이 순환하는 윤활통로로 구성되며 실린더 블록의 상부에는 실린더 헤드가 조립되고 하부에는 크랭크축과 윤활유실(Lubrication Chamber)이 조립된다.

③ 실린더 블록의 실린더는 피스톤이 왕복운동을 하는 부분으로 정밀가공을 해야 하고 압축가스가 누설되지 않도록 기밀성을 유지해야 한다.

(2) 실린더 블록의 재질

실린더 블록의 재질은 내마멸성, 내식성이 우수하고 주조와 기계가공이 쉬운 주철을 사용하나 Si, Mn, Ni, Cr 등을 포함하는 특수주철 또는 알루미늄합금으로 된 것도 있다.

(3) 실린더 블록의 구비조건

① 엔진 부품 중에서 가장 큰 부분이므로 가능한 한 소형, 경량일 것

② 엔진의 기초 구조물이므로 충분한 강도와 강성을 지닐 것

③ 구조가 복잡하므로 주조성 및 절삭성 등이 우수할 것

④ 실린더(또는 라이너) 안쪽벽면의 내마멸성이 우수할 것

⑤ 실린더(또는 라이너)가 마멸된 경우 분해 정비가 용이할 것

(4) 실린더 블록의 재료

실린더 블록을 만드는 재료는 내열성과 내마모성이 커야 하고, 고온강도가 있어야 하며 열팽창계수가 작아야 한다.

① **보통주철**

㉠ FC25가 많이 사용

㉡ 내마모성, 절삭성, 강도, 주조성이 양호하다.

㉢ 인장강도가 10~20[kg/cm^2] 정도이고, 비중이 7.2 정도로 경량화에 알맞지 않다.

② 특수주철

㉠ 보통 주철에 몰리브덴(Mo), 니켈(Ni), 크롬(Cr), 망간(Mn) 등을 첨가한 것이다.

㉡ 강도, 내열성, 내식성, 내마멸성 등이 우수하다.

③ 알루미늄 합금

㉠ 알루미늄(Al)-규소(Si)계 합금으로 소량의 망간(Mn), 마그네슘(Mg), 구리(Cu), 철(Fe), 아연(Zn) 등을 첨가한 실루민(Silumin)을 사용한다.

㉡ 기계적 성질이 우수하고 비중이 작고, 가볍다.

㉢ 수축이 비교적 적고 절삭성이 우수하며, 주조성이 우수하여 주물에 적합하다.

㉣ 열팽창이 크고 내마모성, 강도, 부식성이 저하한다.

④ **포러스 크롬 도금** : 다공질 크롬 도금으로 오일을 유지함이 좋고, 윤활성, 내마모성, 내부식성이 좋다. 길들이기 운전의 시간이 길며, 초기에 오일의 소비량이 많다.

⑤ **질화** : 주철 실린더 내면에 질소를 투입, 내마모성이 좋고, 길들이기 운전 시간이 단축된다.

(5) 실린더의 기능

① 피스톤의 상하 왕복운동의 통로역할과 피스톤과의 기밀유지를 하면서 열에너지를 기계적 에너지로 바꾸어 동력을 발생시키는 것

② 실린더와 피스톤 사이에 블로바이 현상이 발생되지 않도록 할 것

③ 물재킷에 의한 수랭식과 냉각핀에 의한 공랭식이 있음

④ 마찰 및 마멸을 적게 하기 위해서 실린더 벽에 크롬 도금한 것도 사용

(6) 행정과 내경의 비(Stroke-bore Ratio)

① **장행정 엔진(Under Square Engine)** : 행정이 실린더 내경보다 긴 실린더(행정>내경) 형태를 말하며 특징은 다음과 같다.

㉠ 피스톤 평균 속도(엔진 회전속도)가 느리다.

㉡ 엔진회전력(토크)이 크고 측압이 작아진다.

㉢ 내구성 및 유연성이 양호하나 엔진의 높이가 높아진다.

㉣ 탄화수소(HC)의 배출량이 적어 유해배기가스 배출이 적다.

② **단행정 엔진(Over Square Engine)** : 행정이 실린더 내경보다 짧은 실린더(행정<내경) 형태를 말하며 특징은 다음과 같다.

㉠ 피스톤 평균속도(엔진회전속도)가 빠르다.

㉡ 엔진회전력(토크)이 작아지고 측압이 커진다.

㉢ 행정구간이 짧아 엔진의 높이는 낮아지나 길이가 길어진다.

㉣ 연소실의 면적이 넓어 탄화수소(HC) 등의 유해 배기가스 배출이 비교적 많다.

㉤ 폭발압력을 받는 부분이 커 베어링 등의 하중부담이 커진다.

㉥ 피스톤이 과열하기 쉽다.

③ **정방형 엔진(Square Engine)** : 행정과 실린더 내경이 같은(행정=내경) 형태를 말하며 장행정 엔진과 단행정 엔진의 중간의 특성을 가지고 있다.

5. 크랭크 케이스(Crank Case)

크랭크 케이스는 실린더 블록 하단에 설치된 것으로 윤활유실(Lubrication Chamber) 또는 오일팬(Oil Pan)이라고 말하며 기관에 필요한 윤활유를 저장하는 공간이다. 엔진오일팬은 내부에 오일의 유동을 막아주는 배플(격벽)과 오일의 쏠림현상으로 발생할 수 있는 윤활유의 급유 문제점을 방지하는 섬프 기능이 적용되어 있다.

6. 피스톤(Piston)

(1) 피스톤의 역할과 재질

① 피스톤은 실린더 내를 왕복운동하며 연소가스의 압력과 열을 일로 바꾸는 역할을 한다.

② 실린더 내에서 고온, 고압의 연소가스와 접촉하므로 피스톤을 구성하는 재료는 열전달이 우수하며 가볍고 견고해야 하기 때문에 알루미늄 합금인 Y합금이나 저 팽창률을 가진 로엑스(Lo-Ex)합금을 사용한다.

③ 이 합금의 특성은 비중량이 작고 내마모성이 크며 열팽창계수가 작은 특징이 있다.

④ 피스톤에서는 상부를 피스톤 헤드(Piston Head)라 하고 하부를 스커트(Skirt)부라 한다. 열팽창률을 고려하여 피스톤 헤드의 지름을 스커트부보다 작게 설계한다.

⑤ 피스톤 상부에는 피스톤링(Piston Ring)이 조립되는 홈이 있는데 이 홈을 링 그루브(Ring Groove) 또는 링 홈이라 한다.

⑥ 상단에 압축링이 조립되고 하단에는 오일 링이 조립되어 오일제어 작용을 한다. 또한 링 홈에서 링 홈까지의 부분을 랜드(Land)라 말한다. 피스톤의 상단에 크랭크축과 같은 방향으로 피스톤핀(Piston Pin)을 설치하는 핀 보스(Pin Boss)부가 있고 이 부분에 커넥팅로드(Connecting Rod)가 조립되며 이를 커넥팅로드 소단부라 말한다.

(2) 피스톤의 구비조건

① 관성력에 의한 피스톤 운동을 방지하기 위해 무게가 가벼울 것

② 고온고압 가스에 견딜 수 있는 강도가 있을 것

③ 열전도율이 우수하고 열팽창률이 적을 것

④ 블로바이 현상이 적을 것

⑤ 각 기통의 피스톤 간의 무게 차이가 적을 것

(3) 피스톤 간극(Piston Clearance)

피스톤 간극은 실린더 내경과 피스톤 최대 외경과의 차이를 말하며 피스톤의 재질, 피스톤의 형상, 실린더의 냉각상태 등에 따라 정해진다.

① 피스톤 간극이 클 때의 영향

㉠ 압축행정 시 블로바이 현상이 발생하고 압축압력이 떨어진다.

㉡ 폭발행정 시 엔진출력이 떨어지고 블로바이 가스가 희석되어 엔진오일을 오염시킨다.

㉢ 피스톤링의 기밀작용 및 오일제어 작용 저하로 엔진오일 연소실로 유입되어 연소하여 오일 소비량이 증가하고 유해 배출가스가 많이 배출된다.

㉣ 피스톤의 슬랩(피스톤과 실린더 간극이 너무 커 피스톤이 상·하사점에서 운동 방향이 바뀔 때 실린더 벽에 충격을 가하는 현상) 현상이 발생하고 피스톤링과 링 홈의 마멸을 촉진시킨다.

② 피스톤 간극이 작을 때 영향

㉠ 실린더 벽에 형성된 오일 유막 파괴로 마찰 증대

㉡ 마찰에 의한 고착(소결) 현상 발생

(4) 피스톤링(Piston Ring)

피스톤링(Piston Ring)은 고온, 고압의 연소가스가 연소실에서 크랭크실로 누설되는 것을 방지하는 기밀작용과 실린더 벽에 윤활유막(Oil Film)을 형성하는 작용, 실린더 벽의 윤활유를 긁어내리는 오일제어 작용 및 피스톤의 열을 실린더 벽으로 방출시키는 냉각작용을 한다.

(5) 피스톤링의 구비 조건

① 높은 온도와 폭발압력에 견딜 수 있는 내열성, 내압성, 내마모성이 우수할 것

② 피스톤링의 제작이 쉬우며 적당한 장력이 있을 것

③ 실린더 면에 가하는 압력이 일정할 것

④ 열전도율이 우수하고 고온에서 장력의 변화가 적을 것

(6) 압축링의 플러터 현상

① 플러터(Flutter) 현상 : 기관의 회전속도가 증가함에 따라 피스톤이 상사점에서 하사점으로 또는 하사점에서 상사점으로 방향을 바꿀 때 피스톤링의 떨림 현상으로서 피스톤링의 관성력과 마찰력의 방향도 변화되면서 링 홈에 누출 가스의 압력에 의하여 면압이 저하된다. 따라서 피스톤링과 실린더 벽 사이에 간극이 형성되어 피스톤링의 기능이 상실되므로 블로바이 현상이 발생하기 때문에 기관의 출력이 저하, 실린더의 마모 촉진, 피스톤의 온도 상승, 오일 소모량의 증가되는 영향을 초래하게 된다.

㉠ 흡입행정 : 피스톤의 홈과 링의 윗면이 접촉하여 홈에 있는 소량의 오일의 침입을 막는다.

㉡ 압축행정 : 피스톤이 상승하면 링은 아래로 밀리게 되어 위로부터의 혼합기가 아래로 새지 않도록 한다.

㉢ 동력행정 : 가스가 링을 강하게 가압하고, 링의 아래면으로부터 가스가 새는 것을 방지한다.

㉣ 배기행정 : 압축행정과 비슷한 움직임 이상에서 피스톤의 움직임에 영향을 받지 않는 것은 ㉢뿐이다.

② **플러터 현상에 따른 장애**

㉠ 엔진의 출력 저하

㉡ 링, 실린더 마모 촉진

㉢ 열전도가 적어져 피스톤의 온도 상승

㉣ 슬러지(Sludge) 발생으로 윤활부분에 퇴적물이 침전

㉤ 오일 소모량 증가

㉥ 블로바이 가스 증가

③ **플러터 현상의 방지법** : 피스톤링의 장력을 증가시켜 면압을 높게 하거나, 링의 중량을 가볍게 하여 관성력을 감소시키며, 엔드 갭 부근에 면압의 분포를 높게 한다.

(7) 피스톤핀(Piston Pin)

피스톤핀(Piston Pin)은 커넥팅로드 소단부와 피스톤을 연결하는 부품으로 피스톤에 작용하는 폭발 압력을 커넥팅로드에 전달하는 역할을 하고 압축과 팽창행정에 충분한 강도를 가져야 하며 피스톤핀의 고정방식에 따라 고정식(Stationary Type), 반부동식(Semi-floating Type), 전부동식(Full-floating Type)으로 구분한다.

① **피스톤핀의 구비조건**

㉠ 피스톤이 고속 운동을 하기 때문에 관성력 증가억제를 위하여 경량화 설계

㉡ 강한 폭발압력과 피스톤의 운동에 따라 압축력과 인장력을 받기 때문에 충분한 강성이 요구

㉢ 피스톤핀과 커넥팅로드의 소단부에서 미끄럼마찰 운동을 하기 때문에 내마모성이 우수해야 함

② **피스톤핀 재질**

㉠ 니켈-크롬강 : 내식성 및 경도가 크고 내마멸성이 우수한 특성이 있다.

㉡ 니켈-몰리브덴강 : 내식성 및 내마멸성, 내열성 우수한 특성이 있다.

③ **피스톤핀의 설치 방법**

㉠ 고정식(Stationary Type) : 피스톤핀이 피스톤 보스부에 볼트로 고정되고 커넥팅로드는 자유롭게 움직여 작동하는 방식이다.

㉡ 반부동식(Semi-floating Type) : 피스톤핀을 커넥팅로드 소단부에 클램프 볼트로 고정 또는 압입하여 조립한 방식이다. 피스톤 보스부에 고정 부분이 없기 때문에 자유롭게 움직일 수 있다.

㉢ 전부동식(Full-floating Type) : 피스톤핀이 피스톤 보스부 또는 커넥팅로드 소단부에 고정되지 않는 방식이다.

7. 커넥팅로드(Connecting Rod)

(1) 커넥팅로드의 역할

① 커넥팅로드는 팽창행정에서 피스톤이 받은 동력을 크랭크축으로 전달하고 다른 행정 때에는 역으로 크랭크축의 운동을 피스톤에 전달하는 역할을 한다.

② 커넥팅로드의 운동은 요동운동이므로 무게가 가볍고 기계적 강도가 커야 한다. 재료로는 니켈-몰리브덴강이나 크롬-몰리브덴강을 주로 사용하고 단조가공으로 만든다.

③ 커넥팅로드는 크랭크축과 연결되는 대단부(Big End)와 피스톤과 연결되는 소단부(Small End), 본체(Body)로 구성된다. 커넥팅로드는 콘로드(Con Rod)라고도 하며 일반적으로 행정의 1.5~2.5배로 제작하여 조립한다.

(2) 커넥팅로드의 길이

① 커넥팅로드의 길이가 길면 측압이 감소되어 실린더의 마멸을 감소시키고, 정숙한 구동을 구현할 수 있으나 커넥팅로드의 길이 증가로 엔진의 높이가 높아질 수 있고, 무게가 무거워지며, 커넥팅로드의 강도가 저하될 수 있다.

② 커넥팅로드의 길이가 짧을 경우 엔진의 높이가 낮아지고, 커넥팅로드의 강성이 확보되며 가볍게 제작할 수 있어 고속회전 엔진에 적합하나 측압이 증가하여 실린더의 마멸을 촉진할 수 있다.

8. 크랭크축(Crank Shaft)

(1) 크랭크축

크랭크축(Crank Shaft)은 피스톤의 직선 왕복운동을 회전운동으로 변화시키는 장치이며 회전동력이 발생하는 부품이다. 또한 크랭크축에는 평형추(Balance Weight)가 장착되어 크랭크축 회전 시 발생하는 회전 진동 발생을 억제하고 원활한 회전을 가능하게 한다. 최근에는 크랭크축의 진동방지용 사일런트 축을 설치하는 경우도 있다.

(2) 크랭크축의 구비조건

① 고하중을 받으면서 고속회전운동을 하므로 동적평형성 및 정적평형성을 가질 것

② 강성 및 강도가 크며 내마멸성이 커야 함

③ 크랭크저널 중심과 핀저널 중심 간 거리를 짧게 하면 피스톤의 행정이 짧아지므로 엔진 고속운동에 따른 크랭크축의 강성을 증가시키는 구조여야 함

(3) 크랭크축의 재질

① **단조용 재료 :** 고탄소강(S45C~S55C), 크롬-몰리브덴강, 니켈-크롬강 등

② **주조용 재료 :** 미하나이트주철, 펄라이트 가단주철, 구상흑연주철 등

③ 핀 저널 및 크랭크 저널은 강성, 강도 및 내마멸성 증대

(4) 크랭크축의 점화 순서

4행정 사이클 4실린더 엔진의 경우 흡입, 압축, 동력(폭발), 배기의 4행정이 각각의 실린더에서 이루어지기 때문에 크랭크축이 180° 회전마다 1사이클을 완성한다.

크랭크축이 2회전 즉, 720° 회전하면 4사이클을 완료하고 점화 순서는 크랭크핀(핀 저널)의 위치, 엔진의 내구성, 혼합가스의 분배에 따라 엔진의 회전을 원활하게 이루어지도록 1번 실린더를 첫 번째로 하여 점화 순서를 정하며 점화시기 결정 시 고려해야 할 사항은 다음과 같다.

① 각 실린더별 동력 발생 시 동력의 변동이 적도록 동일한 연소간격을 유지해야 함

② 크랭크축의 비틀림 진동을 방지하는 점화시기일 것

③ 연료와 공기의 혼합가스를 각 연소실에 균일하게 분배하도록 흡기다기관에서 혼합기의 원활한 유동성을 확보

④ 하나의 메인 베어링에 연속해서 하중이 집중되지 않도록 인접한 실린더에 연이어 폭발되지 않도록 함(1-3-4-2)

(5) 토셔널 댐퍼(Torsional Damper, 비틀림 진동 흡수)

크랭크축 풀리와 일체로 제작되어 크랭크축 앞부분에 설치되며 크랭크축의 비틀림 진동을 흡수하는 장치로 마찰판과 댐퍼 고무로 되어 있다. 엔진 작동 중 크랭크축에 비틀림 진동이 발생하면 댐퍼 플라이휠이나 댐퍼 매스는 일정 속도로 회전하려 하기 때문에 마찰 판에서 미끄러짐이 발생하고 댐퍼 고무가 변형되어 진동이 감쇠되어 비틀림 진동을 감소시킨다.

9. 플라이 휠(Fly Wheel)

플라이 휠(Fly Wheel)은 크랭크축 끝단에 설치되어 클러치로 엔진의 동력을 전달하는 부품이며 초기 시동 시 기동전동기의 피니언기어와 맞물리기 위한 링기어가 열 박음으로 조립되어 있다. 플라이휠은 기관의 기통수가 많을수록 작아지며 간헐적인 피스톤의 힘에 대해 회전관성을 이용하여 기관 회전의 균일성을 이루도록 설계되어 있다.

10. 베어링(Bearing)

엔진의 회전운동부에 적용된 베어링은 회전축을 지지하며 운동부품의 마찰 및 마멸을 방지하여 출력의 손실을 적게 하는 역할을 한다. 크랭크축과 커넥팅로드의 회전부에 적용되는 베어링은 평면 베어링으로서 크랭크축의 하중을 지지하는 메인 저널(크랭크 저널)과 커넥팅로드와 연결되어 동력행정에서 가해지는 하중을 받는 크랭크핀 저널 베어링이 있으며 마찰 및 마멸을 감소시켜 엔진 출력에 대한 손실을 감소시킨다.

(1) 엔진 베어링의 종류

① 축의 직각 방향에 가해지는 하중을 지지하는 레이디얼 베어링

② 축 방향의 하중을 지지하는 스러스트 베어링

(2) 베어링의 윤활

베어링의 윤활방식은 베어링의 홈을 통하여 저널과 베어링 면 사이를 윤활하며 오일은 유막을 형성하여 금속과 금속의 직접적인 접촉을 방지하고 윤활 부분에서 발생한 열을 흡수하는 냉각 작용도 한다.

① 베어링과 저널부의 오일 간극이 클 경우

㉠ 엔진오일 누출량 증가

㉡ 윤활 회로의 유압이 떨어짐

㉢ 소음 및 진동이 발생하고 엔진오일이 연소실로 유입되어 연소됨

② 베어링과 저널부의 오일 간극이 적을 경우

㉠ 저널과 베어링 사이에 유막 형성이 잘 안 되고 금속간 접촉으로 인한 소결 또는 고착현상 발생

㉡ 엔진 실린더 윤활이 원활하지 못하고 마찰 및 마멸 증가

(3) 베어링 크러시(Bearing Crush)

베어링 크러시는 베어링의 바깥둘레와 하우징 둘레와의 차이를 말한다.

(4) 베어링 스프레드(Bearing Spread)

베어링 스프레드는 베어링 하우징의 안지름과 베어링을 하우징에 끼우지 않았을 때의 베어링 바깥지름과의 차이를 말한다. 베어링 스프레드는 베어링과 저널의 밀착성이 향상되고 안쪽으로 찌그러지는 현상을 방지할 수 있다.

(5) 베어링의 구비조건

① 고온 하중부담 능력이 있을 것

② 지속적인 반복하중에 견딜 수 있는 내피로성이 클 것

③ 금속이물질 및 오염물질을 흡수하는 매입성이 좋을 것

④ 축의 회전운동에 대응할 수 있는 추종 유동성이 있을 것
⑤ 산화 및 부식에 대해 저항할 수 있는 내식성이 우수할 것
⑥ 열전도성이 우수하고 밀착성이 좋을 것
⑦ 고온에서 내마멸성이 우수할 것

(6) 베어링의 재질

① **배빗메탈(화이트메탈)** : 배빗베탈은 화이트메탈이라고도 하며 주석과 납 합금의 베어링으로서 길들임성, 내식성, 매입성은 우수하나 고온강도가 낮고 열전도율 및 피로강도가 좋지 않다. 배빗메탈의 구성은 다음과 같다.

㉠ 주석 합금 배빗메탈 : 주석(Sn) 80~90[%], 납(Pb) 1[%] 이하, 안티몬(Sb) 3~12[%], 구리(Cu) 3~7[%]

㉡ 납 합금 배빗메탈 : 주석(Sn) 1[%], 납(Pb) 83[%], 안티몬(Sb) 15[%], 구리(Cu) 1[%]

② **켈밋메탈** : 켈밋메탈은 열전도율이 양호하여 베어링의 온도를 낮게 유지할 수 있고 고온 강도가 좋고 부하 능력 및 반융착성이 좋아 고속, 고온, 고하중용 기관에 사용된다. 그러나 경도가 높기 때문에 내식성, 길들임성, 매입성이 작고 열팽창이 크기 때문에 베어링의 윤활 간극을 크게 설정해야 하는 단점이 있다.

- 구리(Cu) 67~70[%]
- 납(Pb) 23~30[%]

③ **트리메탈** : 동합금의 셀에 아연(Zn) 10[%], 주석(Sn) 10[%], 구리(Cu) 80[%]를 혼합한 연청동을 중간층에 융착하고 연청동 표면에 배빗을 0.02~0.03[mm] 정도로 코팅한 베어링으로, 열적 및 기계적 강도가 크고 길들임성, 내식성, 매입성이 좋다.

④ **알루미늄 합금메탈** : 알루미늄(Al)에 주석(Sn)을 혼합한 베어링으로 배빗메탈과 켈밋메탈의 장점을 가지는 우수한 베어링이나, 길들임성과 매입성은 켈밋메탈과 배빗메탈의 중간 정도로 좋지 않다.

11. 밸브기구(Valve Train)

밸브기구는 엔진의 4행정에 따른 흡기계와 배기계의 가스(혼합기)흐름 통로를 각 행정에 알맞게 열고 닫는 제어역할을 수행하는 일련의 장치를 말하며 밸브 작동 기구인 캠축의 장착 위치에 따라 다음과 같이 구분한다.

(1) 오버헤드 밸브(OHV ; Over Head Valve)

캠축이 실린더 블록에 설치되고 흡・배기밸브는 실린더 헤드에 설치되는 형식으로 캠축의 회전운동을 밸브 리프터, 푸시로드 및 로커암을 통하여 밸브를 개폐시키는 방식의 밸브 기구이다.

(2) 오버헤드 캠축(OHC ; Over Head Cam Shaft)

캠축과 밸브 기구가 실린더 헤드에 설치되는 형식으로 밸브 개폐 기구의 운동 부분의 관성력이 작아 밸브의 가속도를 크게 할 수 있고 고속에서도 밸브개폐가 안정되어 엔진성능을 향상시킬 수 있다. 또한 푸시로드가 없기 때문에 밸브의 설치나 흡・배기 효율 향상을 위한 흡・배기 포트 형상의 설계가 가능하나 실린더 헤드의 구조와 캠축의 구동방식이 복잡해지는 단점이 있다.

① SOHC(Single Over Head Cam Shaft) : SOHC 형식은 하나의 캠축으로 흡기와 배기밸브를 작동시키는 구조로 로커암축을 설치하여 구조가 복잡해진다.

② DOHC(Double Over Head Cam Shaft) : DOHC 형식은 흡기와 배기밸브의 캠축이 각각 설치되어 밸브의 경사각도, 흡배기 포트형상, 점화 플러그 설치 등이 양호하여 엔진의 출력 및 흡입효율이 향상되는 장점이 있다.

(3) 밸브 오버랩(Valve Over Lap)

일반적으로 상사점에서 엔진의 밸브 개폐 시기는 흡입 밸브는 상사점 전 10~30°에서 열리고 배기밸브는 상사점 후 10~30°에 닫히기 때문에 흡입 밸브와 배기밸브가 동시에 열려 있는 구간이 형성된다. 이 구간을 밸브 오버랩이라 하며 밸브 오버랩은 배기가스 흐름의 관성을 이용하며 흡입 및 배기 효율을 향상시키기 위함이다.

12. 밸브(Valve)

(1) 밸브의 기능

① 엔진의 밸브는 공기 또는 혼합가스를 실린더에 유입하고 연소 후 배기가스를 대기 중에 배출하는 역할을 수행하며 압축 및 동력행정에서는 밸브 시트에 밀착되어 가스누출을 방지하는 기능을 가지고 있다.

② 밸브의 작동은 캠축 등의 기구에 의해 열리고 밸브 스프링 장력에 의해 닫히는 구조로 되어 있다.

(2) 밸브의 구비 조건

① 고온고압에 충분히 견딜 수 있는 고강도일 것

② 혼합가스에 이상연소가 발생되지 않도록 열전도가 양호할 것

③ 혼합가스나 연소가스에 접촉되어도 부식되지 않을 것

④ 관성력 증대를 방지하기 위하여 가능한 가벼울 것

⑤ 충격과 항장력에 잘 견디고 내구력이 있을 것

(3) 밸브의 주요부

① 밸브 헤드(Valve Head)

㉠ 고온고압 가스의 환경에서 작동하므로 흡기 밸브는 400~500[℃], 배기밸브는 600~800[℃]의 온도를 유지하고 있기 때문에 반복하중과 고온에 견디고 변형을 일으키지 않으며, 흡입 또는 배기가스의 통과에 대해서 유동 저항이 적은 통로를 형성하여야 한다.

㉡ 내구성이 크고 열전도가 잘되며, 경량이어야 하고 엔진의 출력을 높이기 위해 밸브 헤드의 지름을 크게 해야 하므로 흡입 밸브 헤드의 지름은 흡입 효율(체적 효율)을 증대시키기 위해 배기밸브 헤드의 지름보다 크게 설계한다.

㉢ 밸브 설치각도를 크게 하면 밸브 헤드 지름을 크게 할 수 있어 흡입 효율이 향상되나 연소실 체적이 증가하여 압축비를 높이기 힘든 문제가 있다.

② 밸브 마진(Valve Margin)

㉠ 밸브 헤드와 페이스 사이에 형성된 부분으로 기밀 유지를 위하여 고온과 충격에 대한 지지력을 가져야 하므로 두께를 보통 1.2[mm] 정도로 설계한다.

㉡ 마진의 두께가 감소할 경우 열과 압력에 의하여 시트에 접촉되었을 때 마진이 변형되기 때문에 기밀유지가 어려워 엔진의 성능에 영향을 미칠 수 있다.

③ 밸브 페이스(Valve Face)

㉠ 밸브 시트에 밀착되어 혼합가스 누출을 방지하는 기밀작용과 밸브 헤드의 열을 시트에 전달하는 냉각작용을 한다.

㉡ 밸브 페이스의 접촉 면적이 넓으면 열의 전달 면적이 크기 때문에 냉각은 양호하나 접촉압력이 분산되어 기밀유지가 어려우며 반대로 접촉 면적이 작으면 접촉압력이 집중되어 기밀 유지는 양호하나 열전달 면적이 작아지기 때문에 냉각성능은 떨어지게 된다. 따라서 밸브 페이스의 각도가 중요하며 일반적으로 45°의 밸브 페이스 각도를 적용한다.

④ 밸브 스템(Valve Stem)

㉠ 밸브 가이드에 장착되고 밸브의 상하 운동을 유지하고 냉각기능을 갖는다. 흡입 밸브 스템의 지름은 혼합가스의 압력도 낮고 흐름에 대한 유동 저항을 감소시키며 혼합가스에 의해서 냉각되므로 배기밸브 스템의 지름보다 약간 작게 설계한다.

㉡ 배기밸브 스템의 지름은 배기가스의 압력 및 온도가 높기 때문에 열전달 면적을 증가시키기 위하여 흡입 밸브 스템의 지름보다 크게 설계하여야 한다. 밸브 스템의 열방출 능력을 향상시키기 위해 스템부에 나트륨을 봉입한 구조도 적용되고 있다.

㉢ 구비 조건

- 왕복운동에 대한 관성력이 발생하지 않도록 가벼울 것
- 냉각효과 향상을 위해 스템의 지름을 크게 할 것
- 밸브 스템부의 운동에 대한 마멸을 고려하여 표면경도가 클 것

• 스템과 헤드의 연결부분은 가스흐름에 대한 저항이 적고 응력집중이 발생하지 않도록 곡률반경을 크게 할 것

⑤ 밸브 시트(Valve Seat)

㉠ 밸브 페이스와 접촉하여 연소실의 기밀작용과 밸브 헤드의 열을 실린더 헤드에 전달하는 작용을 한다.

㉡ 밸브 시트는 연소가스에 노출되고 밸브 페이스와의 접촉 시 충격이 발생하기 때문에 충분한 경도 및 강도가 필요하다.

㉢ 밸브 시트의 각은 30°, 45°의 것이 있으며, 작동 중에 열팽창을 고려하여 밸브 페이스와 밸브 시트 사이에 1/4~1° 정도의 간섭각을 두고 있다.

⑥ 밸브 가이드(Valve Guide)

㉠ 밸브 스템의 운동에 대한 안내 역할을 수행하며 실린더 헤드부의 윤활을 위한 윤활유의 연소실 침입을 방지한다.

㉡ 밸브 가이드와 스템부의 간극이 크면 엔진오일이 연소실로 유입되고, 밸브 페이스와 시트면의 접촉이 불량하여 압축압력이 저하되며 블로백 현상이 발생할 수 있다.

⑦ 밸브 스프링(Valve Spring)

㉠ 엔진 작동 중에 밸브의 닫힘과 밸브가 닫혀 있는 동안 밸브 시트와 밸브 페이스를 밀착시켜 기밀을 유지하는 역할을 수행한다.

㉡ 밸브 스프링은 캠축의 운동에 따라 작동되는데 밸브 스프링이 가지고 있는 고유진동수와 캠의 작동에 의한 진동수가 일치할 경우 캠의 운동과 관계없이 스프링의 진동이 발생하는 서징현상이 발생된다.

중요 CHECK

서징현상의 방지책
• 원추형 스프링의 사용
• 2중 스프링의 적용
• 부등피치 스프링 사용

⑧ 유압식 밸브 리프터(Hydraulic Valve Lifter)

㉠ 밸브개폐 시기가 정확하게 작동하도록 엔진의 윤활장치에서 공급되는 엔진오일의 유압을 이용하여 작동되는 시스템이다.

㉡ 유압식 밸브 리프터는 밸브 간극을 조정할 필요가 없고 밸브의 온도 변화에 따른 팽창과 관계없이 항상 밸브 간극을 0으로 유지시키는 역할을 하며 엔진의 성능 향상과 작동소음의 감소, 엔진오일의 충격흡수 기능 등으로 내구성이 증가되나 구조가 복잡하고 윤활회로의 고장 시 작동이 불량한 단점이 있다.

⑨ 밸브 간극(Valve Clearance)

㉠ 기계적인 밸브 구동 장치에서 밸브가 연소실의 고온에 의하여 열팽창되는 양만큼 냉간 시에 밸브 스템과 로커암 사이의 간극을 주는 것을 말한다.

㉡ 밸브 간극이 크면 밸브의 개도가 확보되지 않아 흡·배기 효율이 저하되고 로커암과 밸브 스템부의 충격이 발생되어 소음 및 마멸이 발생된다.

㉢ 반대로 밸브 간극이 너무 작으면 밸브의 열팽창으로 인하여 밸브 페이스와 시트의 접촉 불량으로 압축압력의 저하 및 블로백(Blow Back) 현상이 발생하고 엔진출력이 저하되는 문제가 발생한다.

13. 캠축(Cam Shaft)

캠축은 크랭크축 풀리에서 전달되는 동력을 타이밍 벨트 또는 타이밍 체인을 이용하여 밸브의 개폐 및 고압 연료펌프 등을 작동시키는 역할을 한다.

(1) 캠축의 재질 및 구성

캠은 캠축과 일체형으로 제작되며 캠의 표면곡선에 따라 밸브 개폐시기 및 밸브 양정이 변화되어 엔진의 성능을 크게 좌우하기 때문에 엔진 성능에 따른 양정의 설계와 내구성이 중요한 요소로 작용된다.

캠축은 일반적으로 내마멸성이 큰 특수주철, 저탄소강, 크롬강을 사용하고 표면 경화를 통하여 경도를 향상시키며 캠은 기초 원, 노즈부, 플랭크, 로브, 양정 등으로 구성되어 있다.

(2) 캠축의 구동방식

① 기어 구동식(Gear Drive Type)

㉠ 크랭크축에서 캠축까지의 구동력을 기어를 통하여 전달하는 방식이다.

㉡ 기어비를 이용하기 때문에 회전비가 정확하여 밸브개폐 시기가 정확하고, 동력전달 효율이 높다.

㉢ 기어의 무게가 무겁고 설치가 복잡해지는 단점이 있다.

② 체인 구동식(Chain Drive Type)

㉠ 크랭크축에서 캠축까지의 구동력을 체인을 통하여 전달하는 방식이다.

㉡ 설치가 자유로우며 미끄럼이 없어 동력전달 효율이 우수하다. 또한 내구성이 뛰어나고 내열성, 내유성, 내습성이 크며, 유지 및 수리가 용이한 특징이 있다.

㉢ 진동 및 소음을 저감하는 구조를 적용해야 한다.

③ 벨트 구동식(Belt Drive Type)

㉠ 크랭크축에서 캠축까지의 구동력을 고무 벨트(타이밍 벨트)를 통하여 전달하는 방식으로 설치가 자유롭고 무게가 가벼우며 소음과 진동이 매우 적은 장점이 있다.

㉡ 내열성, 내유성이 떨어지고 내구성이 짧으며 주행거리에 따라 정기적으로 교체해야 하는 유지보수가 필요하다.

14. 냉각장치

(1) 냉각장치의 개요

① 냉각장치의 특성

㉠ 연소를 통하여 동력을 얻는 내연기관의 특성상 엔진에서 매우 높은 열(약 2,000~2,200[℃])이 발생하며 발생한 열은 지속적으로 축적되고 엔진의 각 부분에 전달되어 부품의 재질변형 및 열변형을 초래한다.

㉡ 반대로 너무 냉각되어 엔진이 차가운 경우(과랭)에는 열효율이 저하되고, 연료소비량이 증가하여 엔진의 기계적 효율 및 연료소비율이 나빠지는 문제가 발생한다.

② 냉각방식 및 구성

㉠ 냉각장치는 엔진의 전 속도 범위에 걸쳐 엔진의 온도를 정상 작동온도(80~95[℃])로 유지시키는 역할을 하여 엔진의 효율 향상과 열에 의한 손상을 방지한다.

㉡ 냉각방식에는 크게 공랭식(Air Cooling Type)과 수랭식(Water Cooling Type)으로 분류하며 현재 자동차에는 일반적으로 수랭식 냉각시스템을 적용하고 있다.

㉢ 냉각장치는 방열기(라디에이터), 냉각팬, 수온조절기, 물재킷, 물펌프 등으로 구성된다.

(2) 엔진의 온도에 따른 영향

엔진 과열 시	엔진 과랭 시
• 냉각수 순환이 불량해지고, 금속의 부식이 촉진된다. • 작동 부분의 고착 및 변형이 발생하며 내구성이 저하된다. • 윤활이 불량하여 각 부품이 손상된다. • 조기점화 또는 노크가 발생한다.	• 연료의 응결로 연소가 불량해진다. • 연료가 쉽게 기화하지 못하고 연비가 나빠진다. • 엔진오일의 점도가 높아져 시동할 때 회전 저항이 커진다.

15. 엔진의 냉각방식

(1) 공랭식 엔진(Air Cooling Type)

엔진의 열을 공기를 이용하여 냉각하는 방식으로 구조가 간단하고 냉각수가 없기 때문에 냉각수의 누출 또는 동결이 발생하지 않는다. 그러나 가혹한 운전조건 및 외부 공기의 높은 온도 등에 따라 냉각 효율이 떨어질 수 있고 엔진 각부의 냉각이 불균일하여 내구성이 저하될 수 있다. 공랭식 냉각시스템은 엔진 용량이 적은 엔진에 적용된다.

① **자연통풍식** : 실린더 헤드와 블록과 같은 부분에 냉각핀(Cooling Fin)을 설치하여 주행에 따른 공기의 유동에 의하여 냉각하는 방식이다.

② **강제 통풍식** : 자연 통풍식에 냉각팬(Cooling Fan)을 추가로 사용하여 냉각팬의 구동을 통하여 강제로 많은 양의 공기를 엔진으로 보내어 냉각하는 방식이다. 이때 냉각팬의 효율 및 엔진의 균일한 냉각을 위한 시라우드가 장착되어 있다.

(2) 수랭식 엔진(Water Cooling Type)

별도의 냉각시스템을 장착하고 엔진 및 관련 부품의 내부에 냉각수를 흘려보내 엔진의 냉각을 구현하는 방식으로 냉각수의 냉각 성능 향상을 위한 라디에이터와 물펌프, 물재킷(물통로), 수온조절기(서모스탯) 등이 설치된다.

① **자연 순환식** : 냉각수의 온도 차이를 이용하여 자연 대류에 의해 순환시켜 냉각하는 방식으로 고부하, 고출력 엔진에는 적합하지 못한 방식이다.

② **강제 순환식** : 냉각계통에 물펌프를 설치하여 엔진 또는 관련 부품의 물재킷 내에 냉각수를 순환시켜 냉각시키는 방식으로 고부하, 고출력 엔진에 적합한 방식이다.

③ **압력 순환식** : 냉각 계통을 밀폐시키고 냉각수가 가열되어 팽창할 때의 압력으로 냉각수를 가압하여 냉각수의 비등점을 높여 비등에 의한 냉각손실을 줄일 수 있는 형식이다. 냉각회로의 압력은 라디에이터 캡의 압력밸브로 자동 조절되며 기관의 효율이 향상되고 라디에이터를 소형으로 제작할 수 있는 장점이 있다.

④ **밀봉 압력식** : 압력순환식과 같이 냉각수를 가압하여 비등온도를 상승시키는 방식이며 압력 순환식에서는 냉각회로 내의 압력은 라디에이터 캡의 압력밸브로 조절을 하지만 팽창된 냉각수가 오버플로 파이프를 통하여 외부로 유출된다.

이러한 결점을 보완하기 위하여 라디에이터 캡을 밀봉하고 냉각수의 팽창에 대하여 보조 탱크를 오버플로 파이프와 연결하여 냉각수가 팽창할 경우 외부로 냉각수가 유출되지 않도록 하는 형식이다. 이와 같은 형식은 냉각수 유출손실이 적어 장시간 냉각수의 보충을 하지 않아도 되며 최근의 자동차용 냉각장치는 대부분 이 방식을 채택하고 있다.

(3) 수랭식 냉각장치의 구조 및 기능

① **물재킷(Water Jacket)** : 실린더블록과 실린더헤드에 설치된 냉각수 순환 통로이며, 물펌프로 공급한 냉각수는 먼저 실린더의 물재킷으로 흐른 후 실린더헤드 부위의 물재킷을 지나 라디에이터로 되돌아 오며 그동안에 실린더 벽, 밸브 시트, 연소실, 밸브가이드 등의 열을 흡수한다.

② **물펌프(Water Pump)** : 엔진의 크랭크축을 통하여 구동되며 실린더 헤드 및 블록의 물재킷 내로 냉각수를 순환시키는 펌프이다. 물펌프의 효율은 냉각수의 압력에 비례하고 온도에 반비례하며 냉각수에 압력을 가하면 물펌프의 효율이 향상된다.

③ **냉각팬(Cooling Fan)** : 라디에이터의 뒷면에 장착되는 팬으로서 팬의 회전으로 라디에이터의 냉각수를 강제 통풍, 냉각시키는 장치이다. 이때 공기의 흐름을 효율적으로 이용하기 위하여 시라우드가 장착되며 일반적으로 팬 클러치 타입과 전동기 방식이 있고 현재 승용자동차의 경우 전동기 방식이 많이 적용되고 있다. 전동식 팬은 배터리 전압으로 작동되며 수온 센서로 냉각수의 온도를 감지하고 일정온도(85[℃]/ON, 75[℃]/OFF)에서 작동시킨다. 또한 라디에이터의 장착 위치가 자유롭고, 일정한 풍량이 확보되며, 자동차의 정차 시에도 충분한 냉각효과를 얻을 수 있다.

④ 라디에이터(Radiator) : 엔진으로부터 발생한 열을 흡수한 냉각수를 냉각시키는 방열기이다. 라디에이터는 냉각팬, 물펌프와 같이 냉각시스템의 효율을 결정하는 중요한 요소이다. 또한 라디에이터는 열전도성이 우수해야 하고 가벼워야 하며 내식성이 우수해야 한다.

중요 CHECK

라디에이터의 구비조건
- 단위 면적당 방열량 클 것
- 경량 및 고강도를 가질 것
- 냉각수 및 공기의 유동저항이 적을 것

※ 라디에이터의 재질은 가벼우며 강도가 우수한 알루미늄을 적용하여 제작한다.

⑤ 냉각핀의 종류 : 라디에이터의 냉각핀은 냉각 효율을 증대시키는 역할을 하며 단위 면적당 방열량을 크게 하는 기능을 갖는다. 핀의 종류로는 플레이트핀(Plate Fin), 코루게이트핀(Corrugate Fin), 리본셀룰러핀(Ribbon Cellular Fin) 등이 있으며 현재 코루게이트핀 형식을 많이 적용하고 있다.

⑥ 라디에이터 캡(Radiator Cap)

㉠ 냉각장치 내 냉각수의 비등점(비점)을 높이고 냉각 범위를 넓히기 위해 압력식 캡을 사용한다.

㉡ 압력식 캡은 냉각회로의 냉각수 압력을 약 1.0~1.2[kgf/cm^2]을 증가하여 냉각수의 비등점을 약 112[℃]까지 상승시키는 역할을 한다.

㉢ 냉각회로 내의 압력이 규정 이상일 경우 압력캡의 오버 플로 파이프(Over Flow Pipe)로 냉각수가 배출되고 반대로 냉각회로 내의 압력이 낮은 경우 보조 물탱크 내의 냉각수가 유입되어 냉각회로를 보호한다.

⑦ 수온조절기(Thermostat) : 라디에이터와 엔진 사이에 장착되며 엔진의 냉각수 온도에 따라 개폐되고 엔진의 냉각수 출구에 설치된다. 수온조절기는 엔진의 과랭 시 닫힘 작용으로 엔진의 워밍업 시간을 단축시키고, 냉각수 온도가 85[℃] 정도에 이르면 완전 개방되어 냉각수를 라디에이터로 보낸다. 결국 전 속도 영역에서 엔진을 정상 작동온도로 유지할 수 있도록 하는 장치이다. 수온조절기 고장 시 발생하는 현상은 다음과 같다.

수온조절기가 열린 채로 고장 시	수온조절기가 닫힌 채로 고장 시
• 엔진의 워밍업시간이 길어지고 정상작동온도에 도달하는 시간이 길어진다. • 연료소비량이 증가한다. • 엔진 각 부품의 마멸 및 손상을 촉진시킨다. • 냉각수온 게이지가 정상범위보다 낮게 표시된다.	• 엔진이 과열되고 각 부품의 손상이 발생한다. • 냉각수온 게이지가 정상범위보다 높게 출력된다. • 엔진의 성능이 저하되고 냉각 회로가 파손된다. • 엔진의 과열로 조기점화 또는 노킹이 발생한다.

이러한 수온조절기의 종류는 다음과 같다.

㉠ 펠릿형 : 수온조절기 내에 왁스를 넣어 냉각수 온도에 따른 왁스의 팽창 및 수축에 의해 통로를 개폐하는 작용을 하며 내구성이 우수하여 현재 많이 적용되고 있다.

㉡ 벨로스형 : 수온조절기 내에 에테르, 알코올(고휘발성) 등의 비등점이 낮은 물질을 넣어 냉각수 온도에 따라 팽창 및 수축을 통하여 냉각수 통로를 개폐한다.

㉢ 바이메탈형 : 열팽창률이 다른 두 금속을 접합하여 냉각수 온도에 따른 통로의 개폐역할을 한다.

⑧ 냉각수와 부동액

㉠ 냉각수 : 자동차 냉각시스템의 냉각수는 연수(수돗물)를 사용하며 지하수나 빗물 등은 사용하지 않는다.

㉡ 부동액 : 냉각수는 0[℃]에서 얼고 100[℃]에서 끓는 일반적인 물이다. 이러한 냉각수는 겨울철에 동결의 위험성이 있으므로 부동액을 첨가하여 냉각수의 빙점(어는점)을 낮춰야 한다. 부동액의 종류에는 에틸렌글리콜, 메탄올, 글리세린 등이 있으며 각각의 종류별 특징은 다음과 같다.

에틸렌글리콜	메탄올	글리세린
• 향이 없고 비휘발성, 불연성 • 비등점이 197[℃], 빙점 -50[℃] • 엔진 내부에서 누설 시 침전물 생성 • 금속을 부식하며 팽창계수가 큼	• 알코올이 주성분으로 비등점이 80[℃], 빙점이 -30[℃] • 가연성이며 도장막 부식	• 비중이 커 냉각수와 혼합이 잘 안 됨 • 금속 부식성이 있음

또한 부동액의 요구 조건은 비등점이 물보다 높아야 하고 빙점(어는점)은 물보다 낮아야 하며 물과 잘 혼합되어야 한다. 또한 휘발성이 없고 내부식성이 크고, 팽창계수가 작으며 침전물이 생성되지 않아야 하는 특징이 있다.

16. 윤활장치

(1) 윤활장치의 작동

① 자동차 엔진에는 크랭크축, 캠축, 밸브 개폐기구, 베어링 등의 각종 기계장치가 각각의 운동 상태를 가지고 작동하게 된다.

② 기계장치들의 작동 시 기계적인 마찰이 발생하며 그 마찰 현상들 또한 매우 다양한 형태로 나타난다.

③ 기계적인 마찰이 발생하면 마찰에 의한 열이 발생하게 되고 이 열이 과도하게 축적되면 각각의 기계 부품의 열팽창 또는 손상으로 인하여 엔진의 작동에 큰 영향을 미치게 된다.

(2) 윤활장치의 구성

① 윤활장치는 이러한 각 마찰요소에 윤활유를 공급하여 마찰로 발생할 수 있는 문제점을 방지하는 장치로서 엔진의 작동을 원활하게 하고 엔진의 내구수명을 길게 할 수 있다.

② 윤활장치는 오일펌프(Oil Pump), 오일 여과기(Oil Filter), 오일팬(Oil Pan), 오일 냉각기(Oil Cooler) 등으로 구성된다.

③ 감마작용, 밀봉작용, 냉각작용, 응력 분산작용, 방청작용, 청정작용 등의 역할을 수행한다.

17. 엔진오일의 작용과 구비조건

(1) 엔진오일의 작용

① **감마작용(마멸방지)** : 엔진의 운동부에 유막을 형성하여 마찰부분의 마멸 및 베어링의 마모 등을 방지하는 작용

② **밀봉작용** : 실린더와 피스톤 사이에 유막을 형성하여 압축, 폭발 시 연소실의 기밀을 유지(블로바이 가스 발생 억제)

③ **냉각작용** : 엔진의 각부에서 발생한 열을 흡수하여 냉각하는 작용

④ **청정 및 세척작용** : 엔진에서 발생하는 이물질, 카본 및 금속 분말 등의 불순물을 흡수하여 오일팬 및 필터에서 여과하는 작용

⑤ **응력분산 및 완충작용** : 엔진의 각 운동부분과 동력행정 또는 노크 등에 의해 발생하는 큰 충격압력을 분산시키고 엔진오일이 갖는 유체의 특성으로 인한 충격 완화 작용

⑥ **방청 및 부식방지작용** : 엔진의 각부에 유막을 형성하여 공기와의 접촉을 억제하고 수분 침투를 막아 금속의 산화 방지 및 부식 방지 작용

(2) 엔진오일의 구비 조건

① 점도지수가 커 엔진온도에 따른 점성의 변화가 적을 것

② 인화점 및 자연 발화점이 높을 것

③ 강인한 유막을 형성할 것(유성이 좋을 것)

④ 응고점이 낮을 것

⑤ 비중과 점도가 적당할 것

⑥ 기포 발생 및 카본 생성에 대한 저항력이 클 것

18. 엔진오일의 윤활 방식

(1) 비산식

① 비산 주유식이라고도 하며 윤활유실에 일정량의 윤활유를 넣고 크랭크축의 회전운동에 따라 오일디퍼의 회전운동에 의하여 윤활유실의 윤활유를 비산시켜 기관의 하부를 윤활시키는 방식을 말한다.

② 구조는 간단하나 오일의 공급이 일정하지 못하여 다기통 엔진에 적합하지 못하다.

(2) 압송식

① 강제주유식이라고도 하며 윤활유펌프를 설치하여 펌프의 압송에 따라 윤활유를 강제 급유 및 윤활하는 방식을 말한다.

② 펌프의 압력을 이용하여 일정한 유압을 유지시키고 기관 내부를 순환시켜 윤활하는 방식이며 오일압력을 제어하는 장치들과 유량계 등에 적용되어 있다.

③ 베어링 접촉면의 공급유압이 높아 완전한 급유가 가능하고 오일팬 내 오일양이 적어도 윤활이 가능하나 오일필터나 급유관이 막히면 윤활이 불가능한 단점이 있다.

(3) 비산 압송식

① 비산식과 압송식을 동시에 적용하는 윤활방식을 말하며 자동차 기관의 윤활방식은 대부분 여기에 속한다.

② 크랭크축의 회전운동으로 오일 디퍼를 사용하여 기관의 하부에 해당하는 크랭크 저널 및 커넥팅로드 등의 부위에 윤활유를 비산하여 윤활시키고 별도의 오일펌프를 장착하여 윤활유를 압송시켜 기관의 실린더 헤드에 있는 캠축이나 밸브계통 등에 윤활작용을 한다.

(4) 혼기식

① 혼기 주유식이라고도 하며 연료에 윤활유를 15~20 : 1의 비율로 혼합하여 연료와 함께 연소실로 보내는 방법이다.

② 주로 소형 2사이클 가솔린기관에 적용하며 기관의 중량을 줄이고 소형으로 제작할 경우 채택하는 윤활방식이다.

③ 연료와 윤활유가 혼합되어 연소실로 보내질 때 연료와 윤활유의 비중 차이에 의해 윤활유는 기관의 각 윤활부로 흡착하여 윤활하고 연료는 연소실로 들어가 연소하는 방식으로 일부 윤활유는 연소에 의해 소비가 이루어진다. 따라서 혼기식은 윤활유를 지속적으로 점검, 보충하여 사용해야 하는 단점이 있다.

19. 윤활회로의 구조와 기능

(1) 오일팬(Oil Pan)

오일팬의 구조는 급제동 및 급출발 또는 경사로 운행 시 등에서 발생할 수 있는 오일의 쏠림현상을 방지하는 배플과 섬프를 적용한 구조로 만들어지며 자석형 드레인 플러그를 적용하여 엔진오일 내의 금속분말 등을 흡착하는 기능을 한다.

(2) 펌프 스트레이너(Pump Strainer)

오일팬 내부에는 오일 스트레이너가 있어 엔진오일 내의 비교적 큰 불순물을 여과하여 펌프로 보낸다.

(3) 오일펌프(Oil Pump)

오일펌프는 엔진 크랭크축의 회전동력을 이용하여 윤활 회로의 오일을 압송하는 역할을 한다. 오일펌프의 종류에는 기어펌프, 로터리펌프, 플런저펌프, 베인펌프 등의 종류가 있으며 현재 내접형 기어펌프를 많이 사용하고 있다.

(4) 오일 여과기(Oil Filter)

오일 필터는 엔진오일 내의 수분, 카본, 금속 분말 등의 이물질을 걸러주는 역할을 하며 여과 방식에 따라 다음과 같이 분류한다.

① **전류식**(Full-flow Filter) : 오일펌프에서 나온 오일이 모두 여과기를 거쳐서 여과된 후 엔진의 윤활부로 보내는 방식이다.

② **분류식**(By-pass Filter) : 오일펌프에서 나온 오일의 일부만 여과하여 오일팬으로 보내고, 나머지는 그대로 엔진 윤활부로 보내는 방식이다.

③ **션트식**(Shunt Flow Filter) : 오일펌프에서 나온 오일의 일부만 여과하는 방식으로 여과된 오일이 오일팬으로 되돌아오지 않고, 나머지 여과되지 않은 오일과 함께 엔진 윤활부에 공급되는 방식이다.

(5) 유압 조절 밸브(Oil Pressure Relief Valve)

엔진 윤활회로 내의 유압을 일정하게 유지시켜주는 역할을 하며 릴리프 밸브라 한다. 릴리프 밸브 내의 스프링 장력에 의해 윤활 회로의 유압이 결정되며 스프링 장력이 너무 강할 경우 유압이 강해져 윤활 회로의 누설 등의 문제가 발생할 수 있고 스프링 장력이 너무 약해지면 엔진의 각부에 윤활유의 공급이 원활하지 못하여 각 부의 마멸 및 손상을 촉진시킨다.

유압이 상승하는 원인	유압이 낮아지는 원인
• 엔진의 온도가 낮아 오일의 점도가 높다. • 윤활 회로의 일부가 막혔다(오일 여과기). • 유압 조절 밸브 스프링의 장력이 크다.	• 크랭크축 베어링의 과다 마멸로 오일 간극이 크다. • 오일펌프의 마멸 또는 윤활 회로에서 오일이 누출된다. • 오일팬의 오일양이 부족하다. • 유압 조절 밸브 스프링 장력이 약하거나 파손되었다. • 오일이 연료 등으로 현저하게 희석되었다. • 오일의 점도가 낮다.

20. 오일의 색깔에 따른 현상

(1) 검은색 : 심한 오염

(2) 붉은색 : 오일에 가솔린이 유입된 상태

(3) 회색 : 연소가스의 생성물 혼입(가솔린 내의 4에틸납)

중요 CHECK

엔진오일의 마모 및 오염원인

엔진오일의 과다소모 원인	엔진오일의 조기오염 원인
• 저질 오일 사용 • 오일실 및 개스킷의 파손 • 피스톤링 및 링홈의 마모 • 피스톤링의 고착 • 밸브 스템의 마모	• 오일여과기 결함 • 연소가스의 누출 • 질이 낮은 오일 사용

21. 흡·배기시스템

(1) 공기 청정기(에어클리너)

① 엔진은 연료와 공기를 적절히 혼합하여 연소시켜 동력을 얻는다. 이때 엔진으로 유입되는 대기 중 공기에는 이물질이나 먼지 등을 포함하고 있으며 이러한 먼지 등은 실린더 벽, 피스톤링, 피스톤 및 흡·배기밸브 등에 마멸을 촉진시키며, 엔진오일에 유입되어 각 윤활부의 손상을 촉진시킨다.

② 공기 청정기는 흡입 공기의 먼지 등을 여과하는 작용을 하며 이외에도 공기 유입속도 등을 저하시켜 흡기 소음을 감소시키는 기능도 함께 하고 있다.

③ 공기 청정기의 종류에는 엔진으로 흡입되는 공기 중 이물질을 천 등의 물질로 만들어진 엘리먼트를 통하여 여과하는 건식과 오일이 묻어 있는 엘리먼트를 통과시켜 여과하는 습식이 있으며 일반적으로 건식 공기 청정기가 많이 사용되고 있다.

(2) 흡기 다기관

① 엔진의 각 실린더로 유입되는 혼합기 또는 공기의 통로이며 스로틀 보디로부터 균일한 혼합기가 유입될 수 있도록 설계하여 적용하고 있고 연소가 촉진되도록 혼합기에 와류를 일으키도록 해야 한다.

② 일반적으로 알루미늄 경합금 재질로 제작하며 최근에 들어서는 강화 플라스틱을 적용하여 무게를 감소시키는 추세이다.

③ 공기 유동 저항을 감소시키기 위해 내부의 표면을 매끄럽게 가공하여 적용하고 있다.

(3) 가변흡기시스템

① 엔진은 가변적인 회전수를 구현하며 동력을 발생시킨다. 이러한 엔진에서 흡입효율은 고속 시와 저속 시에 각기 다른 특성을 나타내며 각각의 조건에 맞는 최적의 흡입효율을 적용하도록 개발된 시스템이 가변흡기시스템이다. 일반적으로 엔진은 고속 시에는 짧고 굵은 형상의 흡기관이 더욱 효율적이고 저속 시에는 가늘고 긴 흡기관이 효율적이다. 따라서 가변흡기 시스템은 엔진 회전속도에 맞추어 저속과 고속 시 최적의 흡기 효율을 발휘할 수 있도록 흡기 라인에 액추에이터를 설치하고 엔진의 회전속도에 대응하여 흡기다기관의 통로를 가변하는 장치이다.

② 일반적인 작동원리는 엔진 저속 시에는 제어 밸브를 닫아 흡기다기관의 길이를 길게 적용함으로써 흡입 관성의 효과를 이용하여 흡입 효율을 향상시켜 저속에서 회전력을 증가시키고 고속 회전에서 제어 밸브를 열면 흡기다기관의 길이가 짧아지며, 이때 흡입 공기의 흐름 속도가 빨라져 흡입 관성이 강한 압축행정에 도달하도록 흡입 밸브가 닫힐 때까지 충분한 공기를 유입시켜 효율을 증가시킨다.

(4) 배기 다기관

배기 다기관은 연소된 고온, 고압의 가스가 배출되는 통로로 내열성과 강도가 큰 재질로 제조한다.

(5) 소음기

① 엔진에서 연소된 후 배출되는 배기가스는 고온(약 600~900[℃])이고 가스의 속도가 거의 음속에 가깝게 배기된다.

② 이때 발생하는 소음을 감소시켜 주는 장치가 소음기이며 공명식, 격벽식 등의 종류가 있고 배기소음과 배기압력과의 관계를 고려하여 설계한다.

제2절 엔진공학

1. 압축비(Compression Ratio)

① 엔진 실린더의 연소실 체적에 대한 실린더 총체적(Total Volume)을 말하며 엔진의 출력 성능과 연료 소비율, 노킹 등에 영향을 주는 매우 중요한 요소이다. 일반적으로 디젤기관의 압축비가 가솔린기관보다 높다.

② 엔진의 운동에서 피스톤이 가장 높은 위치에 있을 때를 상사점(TDC ; Top Dead Center)이라 하고 반대로 피스톤이 가장 아래에 위치할 때를 하사점(BDC ; Bottom Dead Center)이라 한다. 또한 상사점과 하사점의 구간을 행정(Stroke)이라 하며 피스톤이 상사점에 위치할 때 피스톤 윗부분의 실린더 헤드의 공간을 연소실이라 한다. 그때의 체적을 연소실 체적 또는 간극체적(Clearance Volume)이라 한다. 압축비를 구하는 공식은 다음과 같다.

$$\varepsilon = \frac{\text{실린더 최대체적}(V_{max})}{\text{실린더 최소체적}(V_{min})} = \frac{\text{총체적}}{\text{연소실체적}} = \frac{\text{연소실체적 + 행정체적}}{\text{연소실체적}}$$

$$= \frac{V_c + V_h}{V_c} = 1 + \frac{V_h}{V_c}$$

$$V_h = V_c(\varepsilon - 1),\ V_c = \frac{V_h}{\varepsilon - 1}$$

2. 배기량(Piston Displace)

피스톤이 1사이클을 마치고 배기라인을 통하여 배출한 가스의 용적을 말하며 이론상 상사점에서 하사점까지 이동한 실린더 원기둥의 체적이 여기에 해당된다. 단일 실린더의 배기량과 총배기량, 분당배기량으로 산출한다.

(1) 실린더 배기량

$$V = A \times L = \frac{\pi d^2}{4} \times L$$

- V: 배기량[cc]
- A : 단면적[cm^2]
- L : 행정[cm]
- Z: 실린더 수
- N: 엔진 회전수[rpm]

(2) 총배기량

$$V = A \times L \times Z = \frac{\pi d^2}{4} \times L \times Z$$

(3) 분당 배기량

① 2행정기관 : N

② 4행정기관 : $N/2$

$$V = A \times L \times Z \times N = \frac{\pi d^2}{4} \times L \times Z \times N$$

- d : 실린더 내경
- N : 회전수
- L : 행정
- Z : 실린더 수

분당 배기량의 산출에서는 실제 배기된 양을 계산하여야 하므로 4행정기관의 경우 크랭크축 2회전에 1번의 배기를 하고 2행정기관의 경우는 크랭크축 1회전당 1번의 배기를 하기 때문에 rpm 대입 시 4행정은 $N/2$으로 대입하고 2행정인 경우에는 N으로 대입한다.

3. 일과 동력

일반적으로 75[kg]의 물체를 1초[s] 동안 1[m] 옮기는 마력을 1마력이라 하며 영마력과 불마력이 있다. 일반적으로 PS 단위를 쓰며 SI 단위계의 [kW]와 동일한 개념이다. 동력은 위와 같이 단위 시간당 행한 일의 양을 말하며 어떠한 물체에 힘을 가하여 일정한 변위가 발생할 경우에 일이라고 한다.

(1) 일(Work)

$$W = F \times s$$

- W : 일[kg · m]
- F : 힘[kgf]
- s : 변위[m]

(2) 동력(Power)

$$P = \frac{W}{t} = \frac{F \times s}{t}$$

- P : 동력[kgf · m/s]

(3) 회전력(Torque)

회전하는 물체의 토크를 말하며 회전체의 힘과 암의 곱을 회전체의 모멘트, 즉 회전력(토크)이라 한다.

$$T = F \times r$$

- T : 토크[kgf · m]
- F : 힘[kgf]
- r : 회전체의 반지름[m]

(4) 마력(Horse Power)

$$\mathrm{PS} = \frac{F \times V}{75} = \frac{P \times Q}{75}$$

- F : 힘[kgf]
- V : 속도[m/s]
- P : 압력[kgf/cm²]
- Q : 유량[cm³/s]

$1[\mathrm{PS}] = 75[\mathrm{kg \cdot m/s}]$(불마력)

$1[\mathrm{HP}] = 76[\mathrm{kg \cdot m/s}]$(영마력)

$1[\mathrm{kW}] = 102[\mathrm{kg \cdot m/s}]$

$1[\mathrm{PS}] = 0.736[\mathrm{kW}] = 736[\mathrm{W}]$

또한 엔진공학에서 지시마력(IPS ; 도시마력)은 엔진의 연소가스 자체의 폭발 동력을 말하며 엔진에서의 폭발동력이 크랭크축에 전달되는 과정에서 손실되는 마력을 손실마력(FPS)이라 한다. 또한 최종적으로 사용되는 크랭크축 동력을 제동마력(BPS ; 축마력, 실마력, 정미마력)이라 한다. 따라서 지시마력과 제동마력의 관계는 다음과 같은 식이 성립한다.

$\mathrm{IPS} = \mathrm{FPS} + \mathrm{BPS} \rightarrow \mathrm{BPS} = \mathrm{IPS} - \mathrm{FPS}$이며,

엔진의 기계효율은 $\eta_m = \dfrac{\mathrm{BPS}}{\mathrm{IPS}}$이고, $\mathrm{BPS} = \eta_m \times \mathrm{IPS}$이다.

① **지시마력(도시마력, 실제 발생마력, Indicated PS ; IPS)** : 실린더 내에 공급된 연료가 연소하여 나타나는 압력과 피스톤의 왕복운동으로 변화된 체적의 관계를 지압계로 측정하여 지압선도에서 계산한 마력이다. 엔진실린더 내부에서 실제로 발생한 마력, 즉 혼합기가 연소할 때 폭발압력으로 도시마력이라고도 한다. 지시마력을 측정하는 것은 실린더 내 출력, 연료의 연소상태, 밸브 타이밍의 적부 및 회전속도에 대한 점화시기의 양부 등을 연구하는 데 이용한다.

$$IPS = \frac{P_{mi} \times \nu}{75} = \frac{P_{mi} \times A \times L \times Z \times N(/2)}{75[kg \cdot m/s]} = \frac{P_{mi} \times A \times L \times Z \times N}{75 \times 60 \times 100 \times (2)}$$

- P_{mi} : 지시평균유효압력[kg/cm²]
- A : 실린더단면적[cm²]
- L : 행정[cm]
- Z: 실린더수
- N: 엔진 회전수(4행정의 경우 N/2, 2행정의 경우 N)
- ν : 분당 배기량($A \times L \times Z \times N$)

또한 지시평균유효압력(P_{mi}[kg/cm²])은 피스톤에 가해지는 유효 압력의 평균값으로 실제 자동차 엔진과 같은 고속용 엔진에서는 실측하기가 곤란하지만 엔진의 지압선도에서 산출할 수 있다. 이론적 지압선도를 구해서 평균 유효압력을 알아내고 그것에 의하여 지금까지의 경험에 의해 얻어진 실제의 것과의 비(선도계수라 함)를 곱해서 실제에 가까운 평균유효압력을 산출할 수 있다.

② **마찰 손실 마력(FPS)** : 폭발 동력이 크랭크축까지 전달되는 과정에서 마찰로 손실되는 마력을 말하며 일반적으로 다음과 같이 구한다.

$$FPS = \frac{F \times V}{75} = \frac{F_r \times Z \times N \times V_p}{75}, \quad V_p = \frac{2 \times L \times N}{60} = \frac{L \times N}{30}$$

- F: 실린더 내 피스톤링의 마찰력 총합
- F_r : 링 1개당 마찰력
- V_p : 피스톤 평균속도

③ **정미마력(제동마력, 실마력, 축마력, 실제사용마력, Brake PS ; BPS)** : 기계적 에너지로 변화된 열에너지 중에서 마찰에 의해 손실된 손실마력을 제외한 크랭크축에서 실제 활용될 수 있는 마력으로 엔진의 정격속도에서 전달할 수 있는 동력의 양을 말한다. 즉 크랭크축에서 직접 측정하므로 축마력이라고도 한다.

$$BPS = \frac{P_{mb} \times \nu}{75} = \frac{P_{mb} \times A \times L \times Z \times N}{75 \times 60 \times 100 \times (2)}$$

또한 토크와 엔진 회전수에 대한 식은 $PS = \frac{T \times N}{716}$와 같다.

- P_{mb} : 제동평균유효압력[kg/cm²]
- A : 실린더 단면적[cm²]
- L : 행정[cm]
- Z: 실린더 수
- N: 엔진회전수(4행정의 경우 N/2, 2행정의 경우 N)
- ν : 분당 배기량($A \times L \times Z \times N$)

④ **연료마력(PPS)** : 엔진의 성능을 시험할 때 소비되는 연료의 연소과정에서 발생된 열에너지를 마력으로 환산한 것으로 시간당 연료 소모에 의하여 측정되고 최대출력으로 산출한다.

$$\text{PPS}=\frac{60\times C\times W}{632.3\times t}=\frac{C\times W}{10.5\times t}$$

- C : 저위 발열량[kcal/kg]
- W : 사용연료 중량[kg]
- t : 시험시간[분]

$$\begin{aligned}1\text{PS} &= 75[\text{kg}\cdot\text{m/s}] = 75\times 9.8[\text{N}\cdot\text{m/s}]\\ &= 75\times 9.8[\text{J/s}]\\ &= 75\times 9.8\times 0.24[\text{cal/s}]\\ &= 75\times 9.8\times 0.24\times\left[\frac{\text{cal}}{\text{s}}\right]\times\frac{3,600[\text{s}]}{1[\text{h}]}\times\frac{1[\text{kcal}]}{1,000[\text{cal}]}\\ &= 75\times 9.8\times 0.24\times 3,600\times\frac{1}{1,000}[\text{kcal/h}]\\ &= 632.3[\text{kcal/h}]\end{aligned}$$

⑤ **과세마력(공칭마력, SAE 마력)** : 단순하게 실린더 직경과 기통수에 대하여 설정하는 마력으로 인치계와 미터계로 나눈다.

$$\text{SAE PS} = \frac{D^2\times N}{2.5}(\text{인치계}) = \frac{D^2\times N}{1,613}(\text{미터계})$$

- D : 직경(실린더)
- N : 기통수

4. 엔진의 효율

효율은 공급과 수급의 비이며 이론상 발생하는 동력에 대한 실제 얻은 동력과의 비이다. 엔진에서 열효율은 크게 열역학적 사이클에 의한 열 효율과 정미 열효율, 기계효율 등에 대하여 산출한다.

(1) 이론 열효율

엔진의 이론 열효율은 열역학적 사이클의 분류별로 산출하는 열효율이며 공식은 다음과 같다.

① 오토 사이클(Otto Cycle)의 이론 열효율

$$\eta_o = 1-\frac{1}{\varepsilon^{k-1}}$$

- ε : 압축비
- k : 공기비열비

② 디젤 사이클(Diesel Cycle)

$$\eta_D = 1 - \frac{1}{\varepsilon^{k-1}} \times \frac{\sigma^{k-1}}{k(\sigma-1)}$$

- ε : 압축비
- k : 공기비열비
- σ : 체절비(단절비)

③ 복합 사이클(Sabathe Cycle)

$$\eta_s = 1 - \frac{1}{\varepsilon^{k-1}} \times \frac{\rho\sigma^{k-1}}{(\rho-1)+k\rho(\sigma-1)}$$

- ε : 압축비
- k : 공기비열비
- σ : 체절비(단절비)
- ρ : 폭발비

중요 CHECK

열역학적 사이클의 비교

- 기본 사이클은 모두 압축비 증가에 따라 열효율이 증가한다.
- 오토 사이클은 압축비의 증가만으로 열효율을 높일 수 있으나, 노킹으로 인하여 제한된다.
- 디젤 사이클은 열효율은 공급 열량의 증감에 따른다.
- 사바테 사이클의 열효율 증가도 역시 디젤 사이클과 같이 공급 열량의 증감에 따른다.
  - 공급 열량 및 압축비가 일정할 때의 열효율 비교
    $\eta_o > \eta_s > \eta_d$
  - 공급 열량 및 최대압력이 일정할 때의 열효율 비교
    $\eta_o < \eta_s < \eta_d$
  - 열량 공급과 기관수명 및 최고 압력 억제에 의한 열효율 비교
    $\eta_o < \eta_d < \eta_s$

(2) 정미 열효율

$$\eta_b = \frac{\text{수급}}{\text{공급}} = \frac{\text{실제}}{\text{이론}} = \frac{\text{실제일로 변환된 에너지}}{\text{공급된 에너지}} \times 100$$

$$= \frac{\mathrm{BPS}}{\mathrm{Fuel}} = \frac{\mathrm{BPS} \times 632.3}{B \times C} \times 100 \text{(1PS=632.3[kcal/h])}$$

- BPS : 제동마력
- B : 연료의 저위발열량[kcal/kg]
- C : 연료소비량[kg/h]

(3) 기계효율

엔진의 운전 중 각 부의 마찰 등에 의하여 손실되어 발생한 제동마력과의 상호 관계이다.

$$\eta_m = \frac{\text{BPS}}{\text{IPS}} = \frac{\dfrac{P_{mb} \times A \times L \times N \times Z}{75 \times 60 \times 100}}{\dfrac{P_{mi} \times A \times L \times N \times Z}{75 \times 60 \times 100}} = \frac{P_{mb}}{P_{mi}}$$

5. 연소 공학

엔진의 혼합비는 완전연소조건으로 볼 때 이론상 14.7~15 : 1 정도의 혼합비를 이뤄야 한다. 연소촉진에 도움을 주는 공기의 요소는 산소이며, 액체연료 1[kg]을 완전연소시키기 위해서는 $\frac{8}{3}$C+8H+S−O[kg/kg] 만큼의 산소를 공급해야 한다. 따라서 연소에 필요한 이론 공기량은 공기 중 산소 비율 $L \times 0.232 = \frac{8}{3}$C+8H+S−O이다.

(1) 가솔린의 완전연소식

가솔린(kg) : 산소(kg) = 212 : 736

$C_{15}H_{32} + 23O_2 \rightarrow 15CO_2 + 16H_2O$

완전연소, 즉 효율 100[%]라면 CO_2와 H_2O만 배기가스로서 발생하지만 실제에 있어서는 CO, HC, NO_X라는 유해 배기가스가 발생한다. 혼합비를 14.7 : 1(이론 혼합비)에 맞추면 CO, HC는 어느 정도 제어가 되나 NO_X는 다량 발생한다. 이때 NO_X를 저감시키는 장치가 EGR(Exhaust Gas Recirculation) 밸브이다. 이 밸브는 배기가스 일부를 다시 흡기측에 보내고 연소 시 연소온도를 낮추어 NO_X를 저감시킨다. 또한 배기라인에 장착되어 배기가스를 정화시키는 3원 촉매장치가 있다.

(2) 옥탄가(Octane Number)

가솔린 연료의 내폭성을 수치로 나타낸 것(표준 옥탄가=80)으로 가솔린기관에서 이소옥탄을 옥탄가 100으로, 노멀 헵탄(정헵탄)을 옥탄가 0으로 하여 제정한 앤티 노크성의 척도이다.

$$\text{ON} = \frac{\text{이소옥탄}}{\text{이소옥탄} + \text{정헵탄}} \times 100$$

① 옥탄가를 측정할 수 있는 엔진 : CFR기관(압축비를 조절할 수 있음)

② 내폭성 향상제

㉠ 4 에틸납(Tetra Ethyl Lead ; TEL)

㉡ 에틸 아이오다이드(Ethyle Iodide)

㉢ 벤 젠

㉣ 티탄 테트라클로라이드

㉤ 알코올

㉥ 테트라 에틸 주석

㉦ 크실롤(Xylol)

㉧ 니켈 카보닐

㉨ 아닐린

㉩ 철 카보닐

(3) 세탄가(Cetane Number)

디젤연료의 착화성을 나타내는 수치, 정확히 측정한 디젤연료의 앤티 노크성의 척도이다.

$$\mathrm{CN} = \frac{\text{노말}(n)\ \text{세탄}}{\text{노말}(n)\ \text{세탄} + \alpha\ \text{메틸나프탈렌}} \times 100$$

① 착화성 향상제 : 초산 에틸($C_2H_5NO_3$), 초산 아밀($C_5H_{11}NO_3$), 아초산 에틸($C_2H_5NO_2$), 아초산 아밀($C_5H_{11}NO_2$) 등의 NO_3 또는 NO_2의 화합물이 있다.

6. 연료 소비율

연료소비율은 시간 마력당 연료 소비율과 주행거리에 대한 연료 소모량으로 산출하며 다음과 같다.

(1) 시간 마력당 연료소비율(SFC ; Specific Fuel Consumption)

$$\mathrm{SFC} = \frac{B}{PS}[\mathrm{kg/ps \cdot h}][\mathrm{g/ps \cdot h}]$$

(2) 공인 연비

$$[\mathrm{km/L}] = \frac{\text{주행거리}}{\text{소모연료}}$$

7. 압 력

압력은 단위 면적당 작용하는 힘이며 일반적으로 엔진에서 발생하는 압력은 엔진의 압축압력과 연소 시 폭발 압력, 흡기 다기관의 진공압 등이 있다. 절대압력과 대기압에 관계에 대하여 정리하면 다음과 같다.

$$P = \frac{F}{A}$$

- P: 압력[kgf/cm^2]
- F: 힘[kg]
- A : 단면적[cm^2]

1[atm](표준대기압)=760[mmHg]=1.0332[kg/cm^2]=10.332[mAq]=1.01325[bar]=101,325[Pa]

(1) 공학 기압(ata)

1[ata]=1[kgf/cm^2]=735.3[mmHg]=10[mAq]

(2) 절대압력

절대압력=대기압+계기압=대기압−진공압

8. 라디에이터 코어 막힘률

라디에이터 코어는 냉각수가 흐르는 통로이며 엔진의 열을 흡수하여 라디에이터에서 냉각시켜 다시 엔진으로 순환하는 시스템이다. 이러한 라디에이터는 알루미늄으로 제작하며 내부의 냉각수 통로에 스케일 등이 쌓여 라디에이터의 신품 용량 대비 20[%] 이상의 막힘률이 산출되면 라디에이터를 교환한다. 또한 라디에이터의 입구와 출구의 온도 차이는 5~7[℃] 내외이다.

$$\text{라디에이터 코어 막힘률} = \frac{\text{신품용량} - \text{구품용량}}{\text{신품용량}} \times 100$$

9. 밸브 및 피스톤

(1) 밸브양정

밸브양정은 캠축의 노즈부에 의해서 밸브 리프터를 통하여 밸브가 작동하는 양을 말하며 다음과 같이 산출한다.

$$h = \frac{\alpha \times l'}{l} - \beta$$

- h : 밸브의 양정
- α : 캠의 양정
- l' : 로커암의 밸브쪽 길이
- l : 로커암의 캠쪽 길이
- β : 밸브 간극

(2) 밸브지름

$$d = D\sqrt{\frac{V_p}{V}}$$

- D: 실린더 내경[mm]
- V_p : 피스톤 평균속도[m/s]
- V: 밸브공을 통과하는 가스 속도[m/s]

(3) 피스톤 평균속도

크랭크축이 상하 왕복 운동함에 따라 상사점과 하사점에서는 운동의 방향이 바뀌어 속도가 0인 지점이 생기며 그때 피스톤의 평균속도를 구하는 방법은 다음과 같다.

$$S = \frac{2LN}{60} = \frac{LN}{30}$$

- S: 피스톤 평균속도[m/s]
- L : 행정[m]
- N: 엔진회전수[rpm]

10. 실린더 벽 두께

엔진의 폭발압력에서 발생하는 응력에 대하여 파괴가 발생하지 않는 실린더의 벽 두께를 산출하는 것을 말하며 일반적으로 다음과 같이 구한다.

$$t = \frac{P \times D}{2\sigma}$$

- t : 실린더 벽 두께[cm]
- P: 폭발압력[kgf/cm^2]
- D: 실린더 내경[cm]
- σ : 실린더 벽 허용응력[kgf/cm^2]

11. 크랭크 회전속도

일반적으로 원형의 물체가 회전하는 속도를 구하는 일반식으로 차륜의 속도, 크랭크축의 회전속도, 공작기계의 회전속도 등을 구할 때 적용된다.

$$V[\mathrm{m/s}] = \pi D \cdot N = \frac{\pi D \cdot N}{1,000 \times 60} = \frac{\pi D \cdot N}{1,000}[\mathrm{m/min}]$$

- $D[\mathrm{mm}]$: 크랭크 핀의 회전직경=피스톤 행정=크랭크 암 길이×2
- $N[\mathrm{rpm}]$: 크랭크축 회전수

12. 점화시기

엔진의 크랭크축 운동은 연소실의 폭발압력이 전달되는 각도에 의해서 결정된다. 따라서 엔진의 출력성능은 상사점 후(ATDC) 13~15° 지점에서 연소실의 폭발 압력이 강력하게 피스톤에 작용하여 크랭크축을 회전시켜야 한다. 이 압력 발생점을 최고폭발 압력점이라 하고 엔진회전속도와 관계없이 항상 ATDC 13~15°를 유지해야 하므로 엔진의 스파크 플러그에서 불꽃이 발생하는 점화시점을 변경하여 최고 폭발 압력점에 근접하도록 하는 것이 점화 시기이다. 따라서 엔진의 회전수가 빨라지면 피스톤의 운동속도도 증가하게 되어 점화시기를 빠르게(진각) 하여야 하고 엔진의 회전속도가 늦을 경우에는 점화시기를 늦추어(지각) 항상 최고 폭발 압력점에서 연소가 일어나도록 제어한다.

(1) 크랭크 각도(Crank Angle)

점화되어 실린더 내 최대 연소압에 도달하기까지 소요된 각도

$$CA = 360° \times \frac{R}{60} \times T = 6RT$$

- R : 회전수(rpm)
- T : 화염전파 시간(초)

(2) 점화시기(Ignition Timming)

점화를 하는 시기(각도)

$$IT = 360° \times \frac{R}{60} \times T - F = CA - F$$

- F : 최대폭발압이 가해지는 때의 크랭크 각도

CHAPTER 02 적중예상문제

01 전자제어분사 차량의 경우 공회전 상태에서 연료압력 조절기(레귤레이터)의 진공호스를 막았을 때 나타나는 현상은?

㉮ 연료압력이 상승한다.
㉯ 시동이 꺼진다.
㉰ 기관 회전수가 계속 올라간다.
㉱ 연료 펌프가 멈춘다.

해설 연료압력 레귤레이터는 흡기 다기관의 진공도(엔진 부하변동)에 따라 연료라인의 압력을 항상 일정하게 유지시키는 역할을 한다. 고장 시 시동지연 및 연비악화, 유해배기가스 등의 배출이 많아지며 진공호스가 막히면 연료압력이 상승하고 연료리턴양이 줄게 되어 기준량보다 많은 연료가 연소실로 유입된다.

02 가솔린 연료 분사장치에서 연료계통에 대한 다음 설명 중 틀린 것은?

㉮ 연료펌프는 DC모터를 많이 사용한다.
㉯ 인젝터에는 솔레노이드 코일을 사용한다.
㉰ 엔진 회전속도에 따라 연료펌프 회전속도를 변화시킨다.
㉱ 연료펌프의 체크밸브는 연료라인에 잔압을 형성시킨다.

해설 연료펌프는 내부에 릴리프밸브(안전밸브)와 연료 잔압을 유지하는 체크밸브 등이 있으며 DC모터 타입으로 항상 일정한 회전수로 회전한다.

03 어떤 가솔린 기관의 점화순서가 1-3-4-2이다. 이때 3번 실린더가 배기행정일 때 2번 실린더는 어떤 행정을 하는가?

㉮ 압축행정　　㉯ 폭발행정
㉰ 흡입행정　　㉱ 배기행정

해설 원 안쪽은 행정(시계방향), 원 바깥쪽은 점화순서(반시계 방향)이다.
그러므로 3번 실린더가 배기행정일 때, 2번 실린더는 압축행정을 한다.

1 ㉮ 2 ㉰ 3 ㉮ 정답

04 다음 중 자동차용 엔진의 피스톤 재료로서 사용되고 있는 것은?

㉮ 켈밋(Kelmit)
㉯ Y-합금(Y-alloy)
㉰ 바이메탈(Bimetal)
㉱ 화이트메탈

05 다음 중 배전기에서 크랭크각과 1번 실린더 상사점을 감지하는 방식이 아닌 것은?

㉮ 다이오드(Diode) 방식
㉯ 옵티컬(Optical) 방식
㉰ 인덕션(Induction) 방식
㉱ 홀 센서(Hall Sensor) 방식

06 기화기 방식을 비교할 때 전자제어 연료분사장치의 특징이 아닌 것은?

㉮ 운행 연료비의 절감
㉯ 출력 성능의 향상
㉰ 저온 시동성의 향상
㉱ 강한 압축성의 향상

해설 강한 압축성 향상은 연소실 체적변경 및 과급효과에 따른 향상효과이다.

07 전자제어 연료 분사장치의 연료 인젝터는 무엇에 의해서 연료를 분사하는가?

㉮ 플런저의 하강
㉯ 로커암의 하강
㉰ 연료의 규정압력
㉱ 컴퓨터의 분사신호

08 윤활유의 유압계통에서 유압이 저하하는 원인이 아닌 것은?

㉮ 윤활유 저장량의 부족
㉯ 윤활유 통로의 파손
㉰ 윤활부분의 마멸량 증대
㉱ 윤활유 송출량의 과다

해설 유압계통에서 유압이 저하되는 원인은 펌프의 불량, 윤활부 오일간극의 과다, 유압의 누설, 유압유의 부족 등을 들 수 있다.

정답 4 ㉯ 5 ㉰ 6 ㉱ 7 ㉱ 8 ㉱

09 피스톤의 1왕복으로 1사이클을 완성하는 것은?

㉮ 4행정 1사이클 기관
㉯ 정압사이클 기관
㉰ 2행정 1사이클 기관
㉱ 정적사이클 기관

해설
- 4행정 1사이클 기관 : 피스톤의 2왕복(크랭크축 2회전)에 1사이클을 완성
- 2행정 1사이클 기관 : 피스톤의 1왕복(크랭크축 1회전)에 1사이클을 완성

10 밸브 스프링에서 공진 현상을 방지하는 방법이 아닌 것은?

㉮ 스프링 강도, 스프링 정수를 크게 한다.
㉯ 부등피치 스프링을 사용한다.
㉰ 스프링 고유진동을 같게 하든지 정수비로 한다.
㉱ 2중 스프링을 사용한다.

해설 밸브 스프링 서징 현상은 밸브의 진동이 스프링의 고유 진동수와 같거나 정수비가 될 때 발생하며 엔진 작동에 악영향을 미치게 된다. 따라서 밸브 스프링의 서징 현상의 방지법으로는 스프링상수가 다른 이중스프링을 사용하거나 스프링의 지름이 틀린 원추형 스프링, 피치가 다른 부등 피치 스프링을 사용하여 방지할 수 있다.

11 다음 중 2행정 사이클 기관과 비교할 때 4행정 사이클 기관의 장점으로 틀린 것은?

㉮ 구조가 간단하고 제작이 용이하다.
㉯ 흡・배기를 위한 시간이 충분히 주어진다.
㉰ 저속에서 고속까지 넓은 범위의 속도 변화가 가능하다.
㉱ 각 행정의 작동이 확실하고 특히 흡기행정의 냉각효과로서 실린더 각 부분의 열적 부하가 적다.

해설

구 분	4행정	2행정
행정 및 폭발	크랭크축 2회전(720°)에 1회 폭발행정	크랭크축 1회전(360°)에 1회 폭발행정
기관효율	4개의 행정의 구분이 명확하고 작용이 확실하며 효율 우수	행정의 구분이 명확하지 않고 흡기와 배기 시간이 짧아 효율이 낮음
밸브기구	밸브기구가 필요하고 구조가 복잡	밸브기구가 없어 구조는 간단하나 실린더 벽에 흡기구가 있어 피스톤 및 피스톤링의 마멸이 큼
연료소비량	연료소비율 비교적 좋음 (크랭크축 2회전에 1번 폭발)	연료소비율 나쁨 (크랭크축 1회전에 1번 폭발)
동 력	단위중량당 출력이 2행정 기관에 비해 낮음	단위중량당 출력이 4행정 사이클에 비해 높음
엔진중량	무거움(동일한 배기량 조건)	가벼움(동일한 배기량 조건)

9 ㉰ 10 ㉰ 11 ㉮ 정답

12 엔진 크랭크축 메인 저널 베어링의 재료로 사용되는 것은?

㉮ 배빗메탈, 켈밋합금, 알루미늄 합금
㉯ 배빗메탈, 은합금, 고속도강
㉰ 배빗메탈, 켈밋합금, 고속도강
㉱ 배빗메탈, 알루미늄, 고속도강

13 조기점화에 대한 설명 중 틀린 것은?

㉮ 조기점화가 일어나면 연료 소비량이 적어진다.
㉯ 점화플러그 전극에 카본이 부착되어도 일어난다.
㉰ 과열된 배기밸브에 의해서도 일어난다.
㉱ 조기점화가 일어나면 응력이 증대한다.

해설 조기점화가 일어나면 엔진에서 노킹이 발생되며 연소실 내의 카본, 과열된 밸브에 의해서 점화플러그가 아닌 다른 열원으로 혼합가스가 착화하는 현상을 말하며 노킹 발생 시 연비악화, 각부품의 응력 증가, 유해 배기가스 증가 등 매우 좋지 못한 영향이 발생되며 점화시기를 지각하거나 연료를 농후하게 분사하여 노킹을 억제한다.

14 가솔린 기관에서 블로바이가스의 발생 원인으로 맞는 것은?

㉮ 엔진 부조에 의해 발생된다.
㉯ 실린더 헤드 개스킷의 조립불량에 의해 발생된다.
㉰ 흡기밸브의 밸브시트면의 접촉 불량에 의해 발생된다.
㉱ 엔진의 실린더와 피스톤링의 마멸에 의해 발생된다.

해설 블로바이(Blow By) 현상은 압축행정 시 혼합기 일부가 실린더와 피스톤 틈새를 통해 오일팬으로 새는 현상으로 주로 미연소 가스(탄화수소)가 대부분이다.

15 4행정 사이클 기관에서 블로다운(Blow Down)현상이 일어나는 행정은?

㉮ 배기행정 말~흡입행정 초
㉯ 흡입행정 말~압축행정 초
㉰ 폭발행정 말~배기행정 초
㉱ 압축행정 말~폭발행정 초

해설 블로다운은 폭발행정 말에 배기밸브가 열리면서 실린더 내부의 자체압력에 의해 배기가스가 배출되고 연소실 내 압력이 급격히 저하되어 흡입효율을 증가시키는 역할을 한다.

정답 12 ㉮ 13 ㉮ 14 ㉱ 15 ㉰

16 기관오일에 캐비테이션이 발생할 때 나타나는 현상이 아닌 것은?

㉮ 진동, 소음 증가

㉯ 펌프 토출압력의 불규칙한 변화

㉰ 윤활유의 윤활 불안정

㉱ 점도지수 증가

해설 캐비테이션은 공동현상으로 오일에 기포가 발생되는 현상으로 점도지수는 감소한다.

17 가솔린 엔진의 노크 발생을 억제하기 위하여 엔진을 제작할 때 고려해야 할 사항에 속하지 않는 것은?

㉮ 압축비를 낮춘다.

㉯ 연소실 형상, 점화장치의 최적화에 의하여 화염전파거리를 단축시킨다.

㉰ 급기 온도와 급기 압력을 높게 한다.

㉱ 와류를 이용하여 화염전파속도를 높이고 연소기간을 단축시킨다.

해설 가솔린 노크 방지를 위해 가급적 연소실 온도를 낮추어야 한다.

18 내연기관에서 장행정 기관과 비교할 경우 단행정 기관의 장점으로 틀린 것은?

㉮ 흡·배기 밸브의 지름을 크게 할 수 있어 흡·배기 효율을 높일 수 있다.

㉯ 피스톤의 평균속도를 높이지 않고 기관의 회전속도를 빠르게 할 수 있다.

㉰ 직렬형 기관인 경우 기관의 높이를 낮게 할 수 있다.

㉱ 직렬형 기관인 경우 기관의 길이가 짧아진다.

해설 단행정 기관(Over Square Engine)은 행정은 짧고 내경이 큰 엔진으로 길이는 길어진다.

19 가솔린 기관의 노크에 대한 설명으로 틀린 것은?

㉮ 실린더 벽을 해머로 두들기는 것과 같은 음이 발생한다.

㉯ 기관의 출력을 저하시킨다.

㉰ 화염전파속도를 늦추면 노크가 줄어든다.

㉱ 억제하는 연료를 사용하면 노크가 줄어든다.

해설 노크를 방지하려면 화염전파속도를 빠르게 하여 말단가스(End Gas)가 자동착화할 틈을 주지 말아야 한다.

16 ㉱ 17 ㉰ 18 ㉱ 19 ㉰ **정답**

20 점화장치에서 점화 1차 코일의 끝부분 (-)단자에 시험기를 접속하여 측정할 수 없는 것은?

㉮ 노킹의 유무　　㉯ 드웰 시간

㉰ 엔진의 회전속도　　㉱ TR의 베이스 단자 전원공급 시간

해설 점화코일의 (-)단자에서 파형을 측정하며 드웰(캠각) 시간, RPM, TR베이스 전원공급 시간, 서지전압, 점화전압, 점화시간 등을 알 수 있으나 노킹 유무는 별도로 설치된 노크 센서에서 측정한다.

21 점화플러그의 구비조건 중 틀린 것은?

㉮ 전기적 절연성이 좋아야 한다.

㉯ 내열성이 작아야 한다.

㉰ 열전도성이 좋아야 한다.

㉱ 기밀이 잘 유지되어야 한다.

해설 점화플러그는 고온의 연소실에 직접 장착되므로 내열 특성이 우수해야 한다.

22 내연기관에서 연소에 영향을 주는 요소 중 공연비와 연소실에 대해 옳은 것은?

㉮ 가솔린 기관에서 이론 공연비보다 약간 농후한 15.7~16.5 영역에서 최대 출력 공연비가 된다.

㉯ 일반적으로 엔진 연소기간이 길수록 열효율이 향상된다.

㉰ 연소실의 형상은 연소에 영향을 미치지 않는다.

㉱ 일반적으로 가솔린 기관에서 연료를 완전히 연소시키기 위하여 가솔린 1에 대한 공기의 중량비는 14.7이다.

해설 가솔린 기관의 이론공연비는 14.7 : 1이다.

23 유효 분사시간에 대한 설명 중 맞는 것은?

㉮ 전류가 가해지고 나서 인젝터가 닫힐 때까지 소요된 총시간

㉯ 인젝터에 전류가 가해지고 나서 분사하기 직전까지 전부 소요된 시간

㉰ 전체 분사시간 중 인젝터 핀틀이 완전히 열릴 때까지 도달하는 데 걸린 시간을 뺀 나머지 시간

㉱ 인젝터에 가해진 분사시간이 끝나고 나서 인젝터 자력선이 완전히 소모될 때까지 걸리는 시간

해설 인젝터의 유효 분사시간은 전체 분사시간 중 인젝터 핀틀이 완전히 열릴 때까지 도달하는 데 걸린 시간을 뺀 나머지 시간을 말한다.

정답 20 ㉮ 21 ㉯ 22 ㉱ 23 ㉰

24 전자제어 기관에서 아이들 상태가 좋지 않을 때 흡기계통의 점검사항으로 적합하지 않은 것은?

㉮ 흡기계통의 공기누설
㉯ 스로틀 보디 및 에어 밸브
㉰ 에어 플로 미터
㉱ 수온 센서

해설 수온 센서는 흡기계통이 아니라 냉각계통에 속한다.

25 엔진의 크랭킹이 안 되거나 혹은 크랭킹이 천천히 되는 원인이 아닌 것은?

㉮ 기동장치 결함
㉯ 한랭 시 오일 점도가 높은 때
㉰ 축전지 혹은 케이블 결함
㉱ 연소실에 연료가 과다하게 분사

해설 엔진의 크랭킹 성능에 영향을 주는 요소는 엔진오일의 점도, 기동전동기의 결함 및 축전지의 결함이다.

26 자동차 기관의 피스톤과 실린더와의 간극이 클 때 일어나는 현상이 아닌 것은?

㉮ 오일이 연소실로 올라간다.
㉯ 피스톤과 실린더의 소결이 일어난다.
㉰ 피스톤 슬랩 현상이 생긴다.
㉱ 압축압력이 저하한다.

해설 피스톤과 실린더의 간극이 클 때 압축가스의 누설로 압축압력이 저하되고 블로 바이가스가 증가하며 피스톤 슬랩 현상이 발생하고, 실린더 벽의 오일제어를 하지 못하여 엔진오일이 연소실로 유입 연소된다.

27 기관 본체의 크랭크축 베어링 정비 시에 참고해야 할 다음의 설명 중 '이것'에 해당되는 것은?

> '이것'은 베어링의 바깥 둘레와 하우징 안둘레와의 차이를 두는 것을 말하며, '이것'이 너무 크면 베어링의 안쪽 면이 찌그러져 저널에 긁힘이 생기고 너무 작으면 엔진 작동 중 온도의 변화로 헐거워져서 베어링 저널을 따라 움직이게 되고 베어링의 열전도성이 떨어지게 된다.

㉮ 베어링 스프레드(Bearing Spread)
㉯ 베어링 크러시(Bearing Crush)
㉰ 베어링 러그(Bearing Lug)
㉱ 베어링 스러스트(Bearing Thrust)

해설
- 베어링 크러시 : 베어링의 둘레 차이
- 베어링 스프레드 : 베어링의 지름 차이

24 ㉱ 25 ㉱ 26 ㉯ 27 ㉯ **정답**

28 반도체 점화장치 중 트랜지스터(Transistor) 점화장치의 특성 설명으로 틀린 것은?

㉮ 점화시기가 가장 적당하여 NO_X가 감소한다.

㉯ 고속성능이 향상된다.

㉰ 엔진성능 개선을 위한 전자제어가 가능하다.

㉱ 착화성이 향상된다.

29 전자제어 가솔린 연료분사 엔진에서 연료압력 조정기의 리턴호스가 꺾였을 때의 현상을 설명한 것으로 가장 적합한 것은?

㉮ 주행 중 시동이 즉시 꺼지게 된다.

㉯ 과도한 연료압력상승 시 체크밸브가 작동하여 연료압력을 조정한다.

㉰ 연료압력 상승억제를 위해 릴리프밸브가 열린다.

㉱ 시동이 전혀 걸리지 않는다.

30 동력전달장치의 자재이음 중 등속 자재이음의 종류가 아닌 것은?

㉮ 트랙터형

㉯ 벤딕스형

㉰ 제파형

㉱ 삼중 자재이음

해설 **등속자재이음 종류** : 트랙터형, 벤딕스형, 제파형, 버필드형, 파르빌레형 등이 있다.

31 기관의 연료장치 고장진단을 위하여 연료압력을 측정한 결과 압력이 너무 높게 측정되었다. 이 경우의 고장원인이라고 추정되는 것은?

㉮ 연료펌프의 공급압이 누설됨

㉯ 연료펌프의 체크밸브 고장

㉰ 연료압력 조정기의 막 고착

㉱ 연료필터의 막힘

정답 28 ㉮ 29 ㉰ 30 ㉱ 31 ㉰

32 4행정 4실린더 전자제어 가솔린 기관의 캠축에 설치된 크랭크 앵글 센서(CAS)의 출력파형에서, 크랭크 앵글신호의 소요시간이 37[ms]였다. 이때 기관의 회전수는 얼마인가?

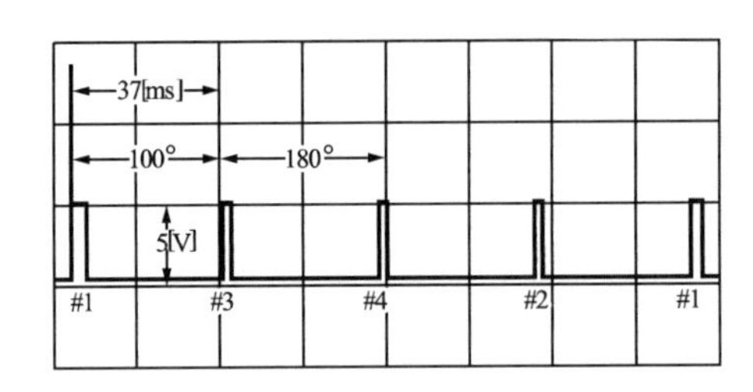

㉮ 710[rpm]
㉯ 810[rpm]
㉰ 910[rpm]
㉱ 610[rpm]

33 자동차 기관의 점화순서가 1-5-3-6-2-4인 직렬형 6기통 기관에서 2번 실린더가 배기행정 말일 때 5번 실린더는 어떤 행정을 하는가?

㉮ 흡입행정 중
㉯ 압축행정 말
㉰ 폭발행정 중
㉱ 배기행정 초

해설

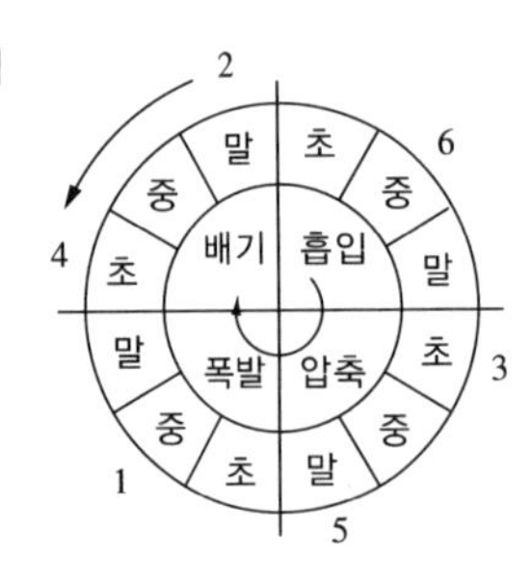

34 내연기관에서 피스톤과 실린더의 마멸 원인으로 거리가 먼 것은?

㉮ 실린더와 피스톤 링의 접촉 때문에
㉯ 흡입공기 중의 먼지 및 이물질 때문에
㉰ 피스톤 랜드부의 히트댐 때문에
㉱ 연소 생성물에 의한 부식 때문에

해설 피스톤 랜드의 히트댐은 헤드부의 높은 열이 피스톤 링으로 전달되는 것을 억제하는 기능이다.

32 ㉯ 33 ㉯ 34 ㉰ 정답

35 가솔린 엔진에서 점화시기가 너무 늦을 때 일어나는 현상이 아닌 것은?

㉮ 엔진의 출력이 저하된다.

㉯ 연료의 소비량이 증대된다.

㉰ 배기 다기관 통로에 카본 퇴적이 많아진다.

㉱ 엔진이 과랭될 우려가 있다.

해설 점화시기가 늦어지면 배기가스의 온도가 상승하여 엔진이 과열될 우려가 있다.

36 캐니스터에 저장되어 있던 연료증발 가스를 서지탱크로 유입시키는 장치는?

㉮ PCV(Positive Crankcase Ventilation)

㉯ PCSV(Purge Control Solenoid Valve)

㉰ EGR(Exhaust Gas Recirculation Valve)

㉱ 리드밸브(Reed Valve)

37 어떤 기관의 회전수가 2,500[rpm]일 때 최대 토크가 8[m · kgf]이고 행정×내경이 85[mm]×85[mm]인 기관의 피스톤 평균속도[m/s]를 구하면?

㉮ 70.8 ㉯ 35.4

㉰ 7.08 ㉱ 3.54

해설 피스톤의 평균속도$=\frac{2LN}{60}=\frac{LN}{30}=\frac{0.085\times 2,500}{30}=7.08[m/s]$

38 어떤 디젤 기관의 회전수가 2,400[rpm], 분사지연과 착화지연시간은 모두 합쳐 $\frac{1}{600}$ 초라면 크랭크 각도로 몇 도 전(상사점)에 연료를 분사하여야 하는가?(단, 최대폭발 압력은 상사점에서 발생한다)

㉮ 6° ㉯ 12°

㉰ 18° ㉱ 24°

해설 $CA=6RT$

CA : Crank Angle(°)

R : RPM

T : 착화지연시간

$6\times 2,400\times \frac{1}{600}=CA$

$\therefore CA=24°$

정답 35 ㉱ 36 ㉯ 37 ㉰ 38 ㉱

39 어떤 가솔린 기관의 실린더 간극체적이 행정체적의 15[%]일 때 오토사이클의 열효율은 몇 [%]인가? (단, 비열비=1.4)

㉮ 39.23[%]
㉯ 45.23[%]
㉰ 51.73[%]
㉱ 55.73[%]

해설

$$압축비(\varepsilon)=\frac{연소실\ 체적(V_c)+행정\ 체적(V_i)}{연소실\ 체적(V_c)}=1+\frac{V_l}{V_c}=\frac{15+100}{15}=7.66$$

오토사이클의 이론 열효율[%]은

$\eta_{otto}=1-\dfrac{1}{\varepsilon^{k-1}}$ 이므로 $1-\dfrac{1}{7.66^{1.4-1}}$ 이 된다.

여기서, k : 공기비열비

$\therefore\ \eta_{otto}=55.7[\%]$

40 비열비 k=1.4의 공기를 작업물로 하는 디젤기관에서 압축비 ε=15, 단절비 σ=2일 때 이론적 열효율은?

㉮ 38[%]
㉯ 48[%]
㉰ 60.4[%]
㉱ 77.4[%]

해설 디젤기관의 이론 열효율[%]

$$\eta_D=1-\frac{1}{\varepsilon^{k-1}}\times\frac{\sigma^k-1}{k(\sigma-1)}$$

여기서, ε : 압축비
σ : 단절비
k : 공기비열비

$$\therefore \eta_D=1-\frac{1}{15^{1.4-1}}\times\frac{2^{1.4}-1}{1.4(2-1)}$$
$$=60.4[\%]$$

41 오토사이클에서 압축비 7.5일 때 열효율은 얼마인가?(단, 비열비 k=1.25)

㉮ 39.6[%]
㉯ 64.3[%]
㉰ 72.5[%]
㉱ 80.2[%]

해설 오토사이클의 이론 열효율[%]

$$\eta_{otto}=\left(1-\frac{1}{\varepsilon^{k-1}}\right)\times100=\left(1-\frac{1}{7.5^{1.25-1}}\right)\times100=39.57[\%]$$

여기서, k : 공기비열비

정답 39 ㉱ 40 ㉰ 41 ㉮

42 평균유효압력 16[kg/cm^2], 배기량 0.05[L], 회전속도 2,500[rpm]인 단기통 2사이클 가솔린 기관의 지시마력[PS]은 얼마인가?

㉮ 7.2[PS]

㉯ 6.8[PS]

㉰ 5.6[PS]

㉱ 4.4[PS]

해설

$$\text{IPS} = \frac{P_{mi} \times A \times L \times N \times Z}{75 \times 60 \times 100} = \frac{16 \times 50 \times 2{,}500}{75 \times 60 \times 100} = 4.44[\text{PS}]$$

$$\text{IPS} = 4.4[\text{PS}]$$

43 스프링 장력을 T, 클러치판과 압력판 사이의 마찰계수를 f, 평균반경을 r이라 할 때 클러치가 미끄러지지 않으려면 다음의 어느 조건이 만족되어야 하는가?

㉮ $Tfr \geq c$

㉯ $Tfr \leq c$

㉰ $Tfc \geq T$

㉱ $Tfc \leq T$

해설 클러치 디스크 용량은 엔진의 용량(c)보다 크거나 최소한 같아야 한다.

44 실린더 안지름 85[mm], 행정이 100[mm]인 4기통 디젤기관의 SAE 마력은?

㉮ 22.38

㉯ 18.94

㉰ 17.92

㉱ 16.29

해설

$$\text{SAE 마력} = \frac{D^2 \cdot N}{1{,}613} = \frac{85^2 \times 4}{1{,}613} = 17.92[\text{PS}]$$

정답 42 ㉱ 43 ㉮ 44 ㉰

45 6실린더 기관의 점화장치를 엔진 스코프로 점검한 결과 그림과 같은 제1실린더 파형이 나타났다. 캠각은 몇 도인가?

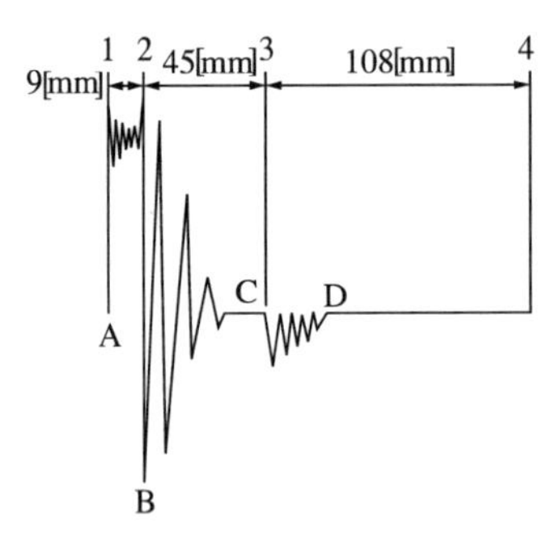

㉮ 30°　　㉯ 40°

㉰ 45°　　㉱ 50°

해설

캠각 $= \frac{108}{9+45+108} \times \frac{360}{6} = 40°$

점화 1차 전류가 흐르는 구간이 이 캠각이므로 108[mm] 구간이 된다.

따라서, $\frac{\text{캠각구간}}{\text{전체구간}} \times \frac{360}{\text{기통수}}$ 으로 계산한다.

46 피스톤 행정이 75[mm]인 기관이 1,500[rpm]의 속도로 회전하고 있다. 이때의 피스톤의 평균속도는 몇 [m/s]인가?

㉮ 2.75　　㉯ 3.75

㉰ 4.75　　㉱ 5.75

해설

$\frac{2LN}{60} = \frac{LN}{30} = \frac{0.075 \times 1{,}500}{30} = 3.75[\text{m/s}]$

47 4행정 사이클 가솔린 기관에서 점화 후 최고압력에 달할 때까지 1/400초 소요된다. 이 기관이 2,000[rpm]으로 운전될 때의 점화시기를 결정하면?(단, 이 기관의 최고 폭발압력에 달하는 시기는 상사점 후방 12°로 한다)

㉮ 상사점 전방 18°　　㉯ 상사점 전방 15°

㉰ 상사점 전방 12°　　㉱ 상사점 후방 30°

해설

$CA° = 6RT = 6 \times 2{,}000 \times \frac{1}{400} = 30°$

최고폭발 압력점은 상사점 후 12°이므로 $30 - 12 = 18°$

그러므로 점화시기는 상사점 전 18°이다.

정답 45 ㉯ 46 ㉯ 47 ㉮

48 4실린더 기관에서 실린더의 지름이 100[mm], 행정이 50[mm]인 가솔린 기관에서 압축비를 10 : 1로 하면 연소실의 체적은?

㉮ 28.7[cc]　　㉯ 37.6[cc]
㉰ 43.6[cc]　　㉱ 58.7[cc]

해설 $\varepsilon = 10$

$$\varepsilon = \frac{V_C + V_L}{V_C} = \frac{V_C + \frac{\pi \cdot 10^2}{4} \times 5}{V_C}$$

여기서, V_C : 연소실 체적
V_L : 행정 체적

$V_L = \frac{\pi \cdot 10^2}{4} \times 5$이므로

$$1 + \frac{392.5}{V_C} = 10$$

$V_C = 43.6[cc]$

49 전자제어 MAP센서 방식에서 분사밸브의 분사(지속)시간 계산식으로 옳은 것은?

㉮ 기본분사시간×보정계수+무효분사시간
㉯ 1/2×기본분사시간+무효분사시간
㉰ (무효분사시간−기본분사시간)×보정계수
㉱ 1/4×기본분사시간×보정계수

50 피스톤 저널의 폭이 75[mm], 폭발압력이 80[kgf/cm²], 실린더 지름이 100[mm]일 때 실린더 벽의 두께가 20[mm]라면 실린더 벽의 허용압력은?

㉮ 190[kgf/cm²]　　㉯ 190[kgf/mm²]
㉰ 200[kgf/mm²]　　㉱ 200[kgf/cm²]

해설 $\frac{Pd}{2\sigma} = t$

여기서, P : 폭발압력[kgf/cm²]
d : 실린더 지름[cm]
σ : 허용압력[kgf/cm²]
t : 벽두께[cm]

$$\therefore \sigma = \frac{80 \times 10}{2 \times 2} = 200[kgf/cm^2]$$

정답 48 ㉰ 49 ㉮ 50 ㉱

CHAPTER

03 연료의 연소와 배출가스

제1절 연료의 연소

1. 연 료

(1) 연료의 성질

① 엔진의 동작유체는 연료와 공기를 혼합하여 연소시킨 고온, 고압의 연소가스이다.

② 공기를 압축시키고 여기에 연료를 분사하여 연소시키거나, 공기와 연료를 혼합시킨 후 압축하여 연소시키므로 단시간 내에 연료가 연소한다. 이와 같이 짧은 시간에 연소하는 것을 폭발이라 하며 이 폭발동력을 이용하여 자동차를 구동시키고 동력을 얻는다.

③ 일반적인 연료는 액체연료, 기체연료를 사용하며, 이 연료의 성분은 대부분 석유계 연료이고 일부는 알코올계 연료를 사용한다. 기체연료 중에는 LPG, LNG, 석탄가스 및 수소 등을 사용한다.

(2) 연료의 구비조건

① 기화성이 좋을 것

② 적당한 점도를 가질 것

③ 인화점이 낮을 것

④ 착화점이 낮고 연소성이 좋을 것

⑤ 내폭성이 클 것

⑥ 부식성이 없을 것

⑦ 발열량이 크고 연소퇴적물이 없을 것

⑧ 부유물이나 고형물질이 없을 것

⑨ 저장에 위험이 없고 경제적일 것

(3) 고체연료

고체연료는 석탄이나 나무에서 제조한 숯 등을 말하며, 이 고체연료를 직접 내연기관에 사용할 수는 없다. 그러나 기관 밖에 연소실을 설치하고 연소실에서 고체연료를 연소시켜 불완전연소 시 발생하는 일산화탄소를 이용하여 내연기관의 연료로 이용할 수가 있다.

(4) 기체연료

기체연료는 상온, 즉 35[℃] 이하에서 기체로 존재하는 연료이며 상온에서 기체이므로 체적을 작게 하기 위하여 고압의 저온으로 액화시킨 후 고압용기에 넣어 사용한다.

① 주로 사용하는 기체연료

㉠ 액화석유가스(LPG ; Liquified Petroleum Gas)

㉡ 액화천연가스(LNG ; Liquified Natural Gas)

㉢ 압축천연가스(CNG ; Compressed Natural Gas)

㉣ 수소가스(H_2, Hydrogen Gas)

㉤ 석탄가스 및 용광로가스

② 기체연료의 성질

㉠ 기체연료는 상온에서 기체이므로 가볍고 기화가 잘되어 다기통 실린더 기관에 공급 시 각 실린더로 비교적 균등하게 분배되고, 연소가 잘되는 특징이 있다.

㉡ 기체이므로 체적이 크기 때문에 자동차와 같이 이동형 엔진에서는 체적을 작게 하기 위하여 액화시켜 고압 용기에 넣어야 한다.

③ LPG의 장단점

㉠ 옥탄가가 높고 앤티 노크성이 크다.

㉡ 연료의 발열량이 약 12,000[kcal/kg]으로 높다.

㉢ 4에틸납이 없어 유해물질에 대하여 비교적 유리하다.

㉣ 황성분이 없어 부식이 적다.

㉤ 기체연료이므로 윤활유의 오염이 적다.

㉥ 경제적이다.

㉦ 고압가스이므로 위험성이 있다.

㉧ 고압용기의 무게가 무겁다.

㉨ 충전소가 한정되어 충전에 불편하다.

(5) 액체연료

내연기관에서 사용하는 연료의 대부분은 액체연료로서 이 액체연료를 구분하면 다음과 같다.

① **석탄계** : 석탄계 연료는 석탄을 가열할 때 나오는 타르(Tar)나 석탄가스로 제조하는 것으로 액화가솔린과 액화등유 등이 있다.

② **석유계** : 석유계 연료는 원유를 증류기에 넣고 비등점의 차이로 분류한 것이다. 원유를 비등점의 차이로 분류하면 가솔린(Gasoline), 등유(Kerosene), 제트연료, 경유(Light Oil/Diesel Oil), 중유(Heavy Oil/Bunker-C Oil) 등이 석출된다.

③ **식물계** : 식물계 연료는 나무와 같은 식물에서 제조한 메탄올(Methanol)과 곡물을 발효시켜 제조한 에탄올(Ethanol) 및 식물성 기름 등이다.

④ **혈암계** : 혈암계 연료는 원유 성분이 함유된 다공성 혈암에서 채취한 연료이다. 이 연료를 셰일유(Shale Oil)라고 한다.

(6) 연료의 특성

내연기관에서 사용되는 석유계 연료와 알코올계 연료의 특성을 살펴보면 다음과 같다.

① **가솔린** : 가솔린은 무색의 특유한 냄새가 나는 액체로서 기화성이 크다.

㉠ 엔진의 노킹(Knocking)을 억제할 수 있어야 하는 성질이 요구되며 엔진의 노킹 발생에 대한 저항을 나타내는 수치로 옥탄가(Octane Number)를 사용하고 있다.

㉡ 가솔린은 옥탄가를 향상시켜 노킹을 억제하기 위하여 첨가제를 넣었는데 초기의 가솔린에는 테트라에틸납[$(CH_3CH_2)_4Pb$]을 첨가하여 옥탄가를 높인 유연휘발유를 사용하였다. 유연휘발유는 납 성분의 배출로 인하여 자동차 배기계통에 장착되어 있는 촉매장치의 손상을 초래하고 중금속을 배출하여 기존 옥탄가 향상제인 테트라에틸납 대신 MTBE(Methyl Tertiary Butyl Ether)를 대체물질로서 첨가하며 무연휘발유라 부르게 되었다.

㉢ 현재에는 MTBE의 환경문제가 제기되면서 에탄올을 첨가하여 옥탄가를 높이기도 한다.

② **등유** : 등유는 무색이며 특유한 냄새가 나는 액체로서 기화가 어렵고 연소속도가 느리며 완전연소가 불가능하다. 상온에서 위험성이 적고, 난방용 연료와 등유기관 및 디젤기관의 연료로도 사용된다.

③ **제트연료** : 제트연료의 특성은 등유와 비슷하나 대기온도가 낮은 고공에서 연료를 분사시켜 연소시키므로 응고점이 -60[℃]로 낮고 비중도 낮으며 발열량이 큰 특징이 있다. 램제트(Ram Jet)기관과 펄스제트(Pulse Jet)기관에 사용된다.

④ **경유** : 경유는 거의 무색 또는 엷은 청색을 띠며 특유의 냄새가 나는 연료이다. 착화온도가 낮아 고속 디젤기관인 디젤자동차의 연료로 사용되고 있으며 순수 경유는 황 성분의 함량이 높아 현재 저 유황 경유나 바이오 디젤과 같은 황 함량이 적거나 없는 경유로 대체하여 디젤 자동차에 사용하고 있다. 자동차용 경유의 품질은 우수한 착화성, 적당한 점도와 휘발성, 저온유동성 및 윤활성 등이 우수해야 하며 특히 세탄가의 특성이 중요하다.

중요 CHECK

세탄가(Cetane Number)

연료의 압축착화의 판단기준으로 사용되며 냉시동성, 배출가스 및 연소소음 등 자동차의 성능이나 대기환경에 영향을 미치는 중요한 수치이다. 따라서 경유의 중요한 특성은 연료가 얼마나 쉽게 자발점화하는가를 나타내주는 세탄가이다. 디젤엔진에 너무 낮은 세탄가의 연료를 사용하여 운전할 경우 디젤 노크(Knock)가 발생하는데 이는 너무 빠른 연소시기 때문에 일어난다. 세탄가가 클수록 연료 분사 후 착화지연이 짧아지고 소음저감과 연비를 향상시킨다. 이러한 세탄가를 증가시키기 위해 경유에 첨가하는 물질을 착화 촉진제라 한다.

⑤ **중유** : 중유는 검정색을 띠고 특유한 냄새가 나며 점성이 크고 유동성이 나쁘다. 회분 성분과 황 함량이 많고 저급 중유는 벙커C유라 하여 보일러용 연료로 사용되고 있다.

⑥ **메틸알코올(Methyl Alcohol)** : 메틸알코올은 메탄올(Methanol)이라고 하며 목재의 타르(Tar)를 분류하면 생성되어 목정이라고도 한다. 현재에는 원유에서 정제하여 제조하고 있으며 또한 메탄올은 알루미늄(Aluminum) 금속을 부식시키는 성질이 있다.

⑦ **에틸알코올(Ethyl Alcohol)** : 에틸알코올은 곡물류를 발효시켜 정제한 것으로 주정이라고도 한다. 또한 원유에서 정제하여 얻은 공업용 알코올을 에탄올(Ethanol)이라 하며 메탄올과 마찬가지로 알루미늄 금속을 부식시키는 성질이 있다.

⑧ **LPG** : 액화석유가스(LPG)는 석유나 천연가스의 정제 과정에서 얻어지며 한국, 일본 등의 나라에서 수송용 연료로 사용이 점차 확대되고 있다.

㉠ LPG는 프로판(Propane)과 부탄(Butane)이 주성분으로 이루어져 있고, 프로필렌(Propylene)과 부틸렌(Butylene) 등이 포함된 혼합가스로 상온에서 압력이 증가하면 쉽게 기화되는 특성이 있다.

㉡ 국내에서 수송용으로 사용되는 LPG는 부탄을 주로 사용하지만 겨울철에는 증기압을 높여주기 위해서 프로판 함량을 증가시켜 보급한다.

㉢ LPG는 다른 연료에 비해 열량이 높고 냄새나 색깔이 없으나 누설될 때 쉽게 인지하여 사고를 예방할 수 있도록 불쾌한 냄새가 나는 메르캅탄(Mercaptan)류의 화학 물질을 섞어서 공급한다.

㉣ 안전성 측면에서 LPG는 CNG보다 낮은 압력으로 보관, 운반할 수 있다는 장점이 있으나 공기보다 밀도가 커서 대기 중에 누출될 경우 공중으로의 확산이 어려워 누출된 지역에 화재 및 폭발의 위험성 있다. 또한 가솔린이나 경유에 비해 에너지 밀도가 70~75[%] 정도로 낮아 연료의 효율이 낮은 단점이 있다.

구 분	비 중	착화점[℃]	인화점[℃]	증류온도[℃]	저위발열량[kcal/kg]
가솔린	0.69~0.77	400~450	-50~-43	40~200	11,000~11,500
경 유	0.84~0.89	340	45~80	250~300	10,500~11,000
등 유	0.77~0.84	450	40~70	200~250	10,700~11,300
중 유	0.84~0.99	400	50~90	300~350	10,000~10,500
LPG	0.5~0.59	470~550	-73	-	11,850~12,050
에틸알코올	0.8	423	9~13	-	6,400
메틸알코올	0.8	470	9~12	-	4,700

(7) 불꽃 점화기관의 연료

① 불꽃 점화기관의 연료는 기화성이 우수해야 하고, 기관에서 요구하는 정확한 혼합비가 구성되어야 하며, 연료 입자가 잘 무화되어야 한다.

② 실린더 내에 있는 혼합기는 점화 플러그에서 점화하면 순간적인 불꽃에 의하며 정상적으로 연소되어야 한다. 만일 연소 말기에 말단가스가 스스로 착화되면 이상 연소가 일어나 기관이 과열되고 진동과 소음이 발생하는 노킹이 발생하게 된다.

③ 또한 연료가 실린더 내의 고온고압하에서 연소하므로 불완전연소되기 쉽고 성능이 저하한다. 그러므로 스파크 점화기관의 연료는 기화성(휘발성)과 연소성 및 인화성과 착화성이 중요하다.

중요 CHECK

일반적인 스파크 점화기관인 가솔린기관의 연료 구비조건
- 기화성이 양호하고 연소성이 좋을 것
- 착화온도가 높고 노크가 일어나지 않을 것
- 안정성이 좋고 부식성이 없을 것
- 발열량이 크고 경제적일 것

④ 스파크 점화기관

㉠ 기화성 : 기화성은 액체가 기체로 되는 매우 중요한 성질이며, 기체로 빨리 될수록 기화성이 우수하다. 연료의 기화성 측정방법은 연료에 온도를 가열하여 연료를 증발시키는 ASTM(America Society for Testing Material) 증류법으로 기화성을 측정한다.

㉡ 연소성 : 단시간에 연료가 완전연소하면 연소성이 우수한 연료라고 말한다. 연료가 연소한다는 것은 산소와 화학적으로 결합하는 것을 말하며 연료는 탄소와 수소가 규칙적으로 결합되어 있는데, 이 결합이 붕괴되며 산소와 결합하는 것이다. 낮은 온도에서 이 결합의 붕괴가 일어나면 그만큼 산소와 쉽게 결합할 수 있고 짧은 시간에 연소할 수 있다.

㉢ 인화성 : 스파크 점화기관에서는 혼합기를 흡입·압축한 후 스파크 플러그로 점화시키므로 인화점이 낮아야 한다. 인화점이란 연료에 열을 가하면 연료증기가 발생하고 이 연료증기가 불씨에 의해서 불붙는 최저온도를 말한다. 석유계 연료에서는 −15~80[℃] 정도이고, 가솔린의 인화점은 −13~−10[℃] 정도이다.

㉣ 착화점 : 착화점은 불씨 없이 연료에 열을 가하여 그 열에 의해서 불붙는 최저온도를 말하며 이를 자연발화점이라고도 하는데, 디젤기관에서는 매우 중요한 성질이다.

- 석유계 연료의 착화점은 250~500[℃]이고, 가솔린은 400~500[℃]이며, 경유는 340[℃] 정도이다.
- 스파크 점화기관에서 연료의 착화온도가 높을수록 좋고, 디젤기관에서는 착화온도가 낮을수록 좋다. 즉, 스파크 점화기관에서 착화온도가 낮으면 연료의 연소 말기에 말단가스가 자발화(Self−ignition)하여 노킹의 원인이 된다.

(8) 디젤엔진의 연료

① 디젤엔진은 공기만 실린더 내로 흡입하고 고압축비로 압축하여 이때 상승한 공기의 온도에 연료를 분사하여 자기 착화시키는 엔진이다. 연료는 석유계 연료 중에서 착화온도가 낮은 경유나 중유를 사용하며 연료가 실린더 내에서 연소하는 연소속도와 피스톤의 속도 때문에 일반적으로 연료는 상사점 전 5°(BTDC 5°)에서 분사하여 상사점 후 30°(ATDC 30°)까지 분사된다.

② 분사가 시작되는 크랭크 각도를 분사시기(Injection Timing)라고 하며, 분사되는 기간을 연료분사기간이라 한다.

③ 고속 디젤엔진일수록 분사시기를 빨리해야 하는데 이것을 분사시기진각(Advance)이라 한다. 고속일수록 진각량이 커진다.

④ 또한 연료를 분사하면 분사 즉시 연료가 착화되어야 한다. 연료가 분사 즉시 착화하려면 착화온도가 낮아야 하며, 분사할 때 연료입자가 미세하게 무화되어야 한다.

⑤ 무화가 양호하려면 연료의 점성이 작아야 하나, 너무 작으면 연료입자의 관통력이 약해져 연소실의 압력을 이기고 분사되지 못한다.

⑥ 디젤기관에서 사용하는 연료는 증류 온도가 높은 곳에서 분류되므로 황 성분과 회분(Ash)이 많이 포함되어 있다.

⑦ 황 성분이 연소하면 아황산가스가 되고, 이 아황산가스는 배기계통을 부식시키며 대기 중에 배출되어 공해문제가 된다. 또한 연료 중의 회분은 실린더와 피스톤링의 마모를 촉진시킨다.

중요 CHECK

디젤기관용 연료의 구비 조건
- 점도(점성)가 적당하고 착화온도가 낮아야 한다.
- 기화성이 양호하고 발열량이 커야 한다.
- 부식성이 없고 안정성이 양호해야 한다.
- 내한성이 양호하고 황 성분과 회분 성분이 적어야 한다.

(9) 디젤기관 연료의 주요 성질

① 점 성

㉠ 점성(Viscosity)은 디젤기관의 연료에서 중요한 성질이다.

㉡ 점성(점도)이란 유동할 때 저항하는 성질로 내부응력의 크기, 즉 응집력의 크기를 수치적으로 나타낸 것으로 연료의 점성이 너무 크면 노즐에서 분사할 때 연료입자의 지름이 커지므로 불완전연소되고, 액체상태의 연료가 실린더 벽을 통하여 윤활유실로 유입되므로 윤활유에 희석되어 윤활유를 오염시킨다.

㉢ 반대로 점성이 너무 작으면 연료의 무화가 잘되고 연소는 양호하나, 관통력이 부족하여 연료가 실린더의 연소실 내에서 균일하게 분포되지 못하여 불완전연소가 된다. 그러므로 디젤기관의 연료는 점성이 적당해야 한다.

㉣ 중유를 사용하는 기관에서는 연료탱크에서 연료분사펌프까지 연료가 흘러가는 유동성이 중요하며 이 유동성도 점성에 관계되므로 점성이 너무 크면 유동성이 나빠진다.

② 착화성 : 착화성은 연료를 불씨 없이 가열하여 스스로 불이 붙는 최저온도이며 디젤기관에서는 공기의 단열 압축열로 연료를 착화시키므로 중요한 성질이다. 디젤기관 연료에서 착화 온도가 너무 높거나 착화 지연기간이 너무 길면 디젤 노크가 발생한다.

③ 황성분

㉠ 디젤 연료는 증류 온도가 높은 곳에서 분류되므로 황 성분(Sulfur Content)이 2~4[%] 정도 함유되어 있다.

㉡ 황성분이 있는 연료를 연소시키면 황이 연소하여 SO_3으로 되고, SO_2이 팽창 중에 일부는 SO_3으로 된다.

㉢ 이 가스가 연소할 때 생긴 수증기, 특히 수증기가 배기계통에서 응축한 물에 흡수되어 H_2SO_3이나 H_2SO_4으로 되고, 배기계통에 부착되어 배기계통을 부식시키며 대기 중에 배출되어 공해 문제가 생긴다.

㉣ 이러한 공해 문제를 줄이기 위해서 세계 각국에서는 연료 중의 황 성분 함량을 법규로 규제하고 있다.

④ **회분(Ash)** : 회분은 연료가 연소할 때 타고 남은 재를 말한다. 이 재가 실린더와 피스톤링 사이의 마모를 촉진시키고, 실린더 내에 쌓여 조기점화 현상을 일으키며 배기밸브의 가이드에 누적되어 밸브를 마모시킨다. 그러므로 회분이 적은 연료를 사용해야 한다.

2. 연 소

(1) 가솔린기관의 정상 연소

① 가솔린기관에서는 혼합기를 실린더 내에 흡입・압축한 후 피스톤이 상사점 전(BTDC) 5~30°에 있을 때 스파크 플러그에서 점화 및 화염이 발생하여 화염면을 형성한다.

② 화염면은 스파크 플러그에서 출발하여 일정한 속도로 말단가스, 즉 플러그에서 가장 멀리 있는 가스 쪽으로 진행되며 이 속도를 화염전파속도라고 한다. 화염전파속도는 정상연소일 때 15~25[m/s] 정도이고 기관의 회전수, 연료의 종류, 혼합비 등에 따라 다르다.

③ 또한 기관 회전수가 빠르면 실린더 내에 들어오는 혼합기가 빠르고, 혼합기가 실린더 내에서 강한 와류를 일으키므로 화염전파속도가 빠르다.

④ 혼합기가 농후하거나 희박하면 화염 전파속도가 느려지고, 혼합비 12.5 : 1에서 최대출력이 발생하면서 화염전파속도가 가장 빠르다.

⑤ 최대출력이 나오면 폭발력이 커지므로 압력이 급격히 상승하여 노크가 발생하는 경우가 있다. 즉, 화염면이 말단가스로 진행되는 기간에 일부 가스가 연소되어 압력이 높아지고 화염면에서 열이 전달되므로, 플러그 쪽에 있는 기연가스나 말단가스의 미연소가스의 온도가 높아진다.

⑥ 미연소가스의 온도가 높아져서 연료의 착화점 이상이 되면 미연소가스가 스스로 착화되어 실린더 내의 연료가 순간적으로 연소하고 큰 압력이 발생하여 노크가 발생한다.

⑦ 연료가 연소할 때 실린더 내의 온도분포는 스파크 플러그 쪽의 온도가 가장 높고, 피스톤이 하사점으로 이동하면 압력이 떨어지므로 온도가 낮아진다.

⑧ 스파크 점화기관에서는 화염면에 의해서 말단가스가 점화되면 정상연소(Normal Combustion)라 하고, 그 밖에 말단가스 스스로 연소되는 것, 즉 말단가스의 자발화(노킹 현상)나 실린더 내의 과열점에 의해서 점화되는 것(조기점화)을 이상연소(Abnormal Combustion)라고 한다.

(2) 가솔린기관의 노킹

① **노크(Knock)** : 가솔린기관에서 압축비가 높거나 기관이 과열되었을 때 또는 흡기온도가 높을 때, 정상연소와는 아주 다른 이상연소가 일어나 배기관으로 흑연과 불꽃을 토출하고 연소실 온도가 상승하고 유해배출가스가 배출되며 엔진 출력이 저하되고 진동과 굉음(노킹음)이 발생한다.

② **노크의 원인**

㉠ 화염면이 말단가스로 진행되는 동안에 말단가스 쪽의 미연소가스가 압축되어 온도가 높아지고 실린더 벽 및 화염면에서 열이 전달되어 말단가스의 온도가 높아지면서 연료의 착화점 이상이 되어 자연발화가 일어나 착화되므로 실린더 내의 연료가 순간적으로 연소된다.

㉡ 실린더 내의 연료가 순간적으로 연소되므로 커다란 압력과 충격적인 압력파가 발생한다.

㉢ 이 압력파를 데토네이션파(Detonation Wave)라고 한다. 이 데토네이션파가 실린더 내를 왕복하면서 진동을 일으키고 실린더 벽을 강타하므로 노킹음, 즉 금속음이 발생한다.

㉣ 노킹이 발생하면 급격한 연소가 일어나므로 연료가 불완전연소되고, 이 불완전연소 가스가 압력이 낮은 배기관으로 나올 때 일부는 배기관의 산소와 결합하여 불꽃이 되어 나오고, 일부는 흑연이 되어 나온다. 연료가 불완전연소되므로 기관의 출력이 저하되고, 피스톤이 하사점으로 이동하여 실린더 내의 압력이 낮아질 때 연료의 일부가 연소되므로 기관이 과열된다.

㉤ 이와 같이 연소가스가 팽창 도중에 연소하는 것을 후기점화(Post Ignition)라 하고, 후기점화가 일어나면 유효일로 열량이 전환되는 것이 아니라 기관을 과열시켜 냉각수의 온도만 증가시키는 원인이 된다.

㉥ 노크가 발생할 때 화염 전파속도는 300~2,000[m/s]이다. 이러한 상태로 기관을 계속 운전하면 피스톤 헤드와 배기밸브 등 과열되기 쉬운 곳에서 국부적으로 녹아버린다.

㉦ 또한 기관이 과열되면 혼합기가 흡입될 때 과열점, 즉 배기밸브, 탄소퇴적물, 플러그의 돌출부 등에 접촉되어 점화되므로 조기점화가 발생한다.

(3) 조기점화

① **조기점화(Pre-ignition) 현상** : 이상연소가 발생하여 기관이 과열되면 실린더 내로 흡입되는 혼합기가 실린더 내의 과열점, 즉 배기밸브, 플러그의 돌출부, 탄소퇴적물에 의해서 점화된다. 이것은 연료가 스파크 플러그로 점화하기 전에 점화되므로 조기점화(Pre-ignition) 현상이라고 한다.

② **런온(Run On) 현상**

㉠ 조기점화 현상이 일어나면 점화를 빨리시킨 결과가 되므로 노크가 발생하게 되며 점화장치가 아닌 다른 열원에 의해서 연료가 점화되므로 점화장치를 차단해도 기관이 계속 운전된다. 이것을 런온(Run On) 현상이라고 한다.

㉡ 런온 현상이 일어났을 때 기관을 멈추려면 연료계통을 차단해야 하며 조기점화가 일어나면 기관이 과열되므로 노크가 발생한다.

③ 노크 발생 시에도 기관이 과열되므로 조기점화가 일어나며 노크와 조기점화는 일어나는 원인은 다르나 결과는 같아진다.

④ **와일드 핑(Wild Ping)** : 조기점화 현상이 일어나면 기관이 과열되어 노크가 일어나는데, 간혹 노크가 일어나지 않고 불규칙적으로 날카로운 핑음, 즉 고주파 음이 발생하는데 이것을 와일드 핑(Wild Ping)이라고 한다. 이것은 탄소퇴적물이 원인이며 와일드 핑은 실린더 내의 탄소퇴적물을 제거하면 없어진다.

⑤ 또한 압축비가 10 이상인 기관에서 규칙적인 저주파 음을 들을 수 있는데, 이것을 럼블(Rumble)현상이라고 한다. 이것 역시 실린더 내의 탄소퇴적물을 제거하면 방지되며, 가끔 기관을 전개 상태로 운전하여 실린더 내의 탄소퇴적물을 연소시켜 제거해야 한다.

⑥ 압축비가 12 이상인 경우에도 저주파 음을 들을 수 있는데, 이것을 서드(Thud) 현상이라고 한다. 서드 현상은 탄소퇴적물과는 관계가 없고, 점화지각을 함으로써 제거할 수 있다. 압축비가 높으면 실린더 내의 온도가 높아지는데 이 때문에 일어나기도 한다.

(4) 가솔린 노크의 방지법

가솔린기관에서 노크가 일어나면 소음과 진동이 심하고 출력이 저하된다. 이러한 상태로 운전을 계속하면 기관이 과열되어 피스톤헤드와 배기밸브가 국부적으로 열부하를 받고 커넥팅로드의 대단부와 크랭크축의 연결 부분에 있는 베어링 등이 손상된다. 또한 기관이 과열되어 윤활유의 점성이 낮아져 유막 형성이 어렵고 마찰열이 증가하여 실린더와 피스톤링 사이가 고착되는 문제점이 발생한다.

이러한 가솔린 노킹 방지법은 다음과 같다.

① **연료에 의한 방지법** : 내폭성이 큰 연료, 즉 옥탄가가 높은 연료를 사용한다. 옥탄가가 높은 연료는 착화온도가 높으므로 말단가스의 자발화를 지연시킬 수 있어서 노킹이 방지된다.

② **기관의 운전 조건에 의한 방지법** : 노크가 일어나는 것은 말단가스의 온도가 높아져서 말단가스가 자발화하여 순간적으로 실린더 내의 연료를 연소시키기 때문에 발생하므로 말단가스의 온도를 낮추고 화염전파속도를 빠르게 하여 화염면에 의하여 말단가스를 연소시키면 정상연소가 된다.

㉠ 흡기온도를 낮춘다. 흡기온도가 낮으면 그만큼 말단가스의 온도가 낮으므로 노크가 방지된다.

㉡ 실린더 벽의 온도를 낮춘다. 수랭식 기관에서는 워터재킷의 온도 또는 냉각수의 온도를 낮추어 말단가스의 온도를 저하시켜 노크를 방지한다.

㉢ 회전수를 증가시킨다. 회전수가 증가되면 화염전파속도가 빨라지므로 노크가 방지된다.

㉣ 혼합비를 농후하게 하거나 희박하게 한다. 혼합비 12.8에서 화염전파속도가 가장 빠르고 최대출력이 나오므로 폭발력이 증가하여 노크도 증가한다. 그러므로 혼합비를 농후하게 하거나 희박하게 하여 노크를 방지해야 한다.

㉤ 점화시기를 지각시킨다. 점화시기를 너무 진각시키면 노크가 증가하므로 점화시기를 상사점 가까이로 지각시켜야 한다. 점화시키는 연료의 연소 최고 압력이 상사점 후(ATDC) 10~13° 사이에서 발생하도록 조정되어야 한다.

ⓗ 화염전파거리를 단축한다. 실린더 지름을 작게 하거나 점화플러그의 위치를 적정하게 선정하여 화염전파거리를 단축시킨다. 점화플러그에서 말단가스까지 거리가 길면 화염전파속도가 말단가스까지 통과되는 시간이 오래 걸리고 말단가스가 자발화를 일으켜 노킹이 발생한다. 그러므로 가솔린기관에서는 실린더 지름을 작게 해야 하고 점화플러그를 2개 이상 설치하면 화염전파거리가 단축되므로 노크가 감소된다.

ⓢ 흡기압력을 낮게 한다. 흡기압력을 대기압 이상으로 높이면 화염전파 속도가 빨라져서 좋으나, 흡입공기를 압축하면 말단가스의 온도가 더 증가되어 노크가 발생되므로 흡기압력을 낮추어야 한다.

ⓞ 스로틀 밸브 개도를 작게 한다. 스로틀 밸브를 전개시키면 기관 출력이 최대가 되어 노크가 커지므로 스로틀 밸브 개도를 감소시켜야 한다.

(5) 앤티 노크성

가솔린연료에서 연료가 노크를 일으키지 않는 성질, 즉 착화가 잘되지 않는 성질이 큰 것을 앤티 노크성(Anti-knock)이 크다고 한다. 가솔린기관에서 노크가 일어나는 것은 연료의 일부가 자발화되어 일어나므로 자발화를 억제시키면 노크가 감소된다. 이 억제시키는 성질을 수치적으로 나타낸 것을 앤티 노크성 혹은 항 노크성이라고 한다.

① 옥탄가

ⓐ 옥탄가(Octane Number ; ON)는 가솔린 연료의 앤티 노크성을 수치적으로 표시한 것으로 옥탄가가 높으면 그만큼 노크를 일으키기 어렵다는 의미이다.

ⓑ 옥탄가를 측정할 때는 압축비를 변화시킬 수 있는 CFR기관으로 먼저 공시연료를 사용하여 압축비를 변화시키면서 운전하여 공시연료의 노크 한계를 찾고, 다음에는 표준연료를 사용하여 운전한다.

ⓒ CFR기관으로 운전할 때는 공시연료에서 찾은 노크의 한계에서 압축비를 고정하고, 표준연료 속에 있는 이소옥탄과 정헵탄의 양을 변화시키면서 운전한다. 옥탄가를 공식으로 표시하면 다음과 같다.

$$\text{옥탄가(ON)} = \frac{\text{이소옥탄}}{\text{이소옥탄} + \text{정헵탄}} \times 100$$

ⓓ 표준연료 속에 있는 이소옥탄(Iso-octane, C_8H_{18})은 노크가 일어나기 어려운 연료이므로 옥탄가를 100으로 하고, 정헵탄(Normal Heptane, C_7H_{16})은 노크가 잘 일어나므로 옥탄가를 0으로 하여 각각의 체적비로 혼합하면 옥탄가 0부터 100까지의 표준연료를 만들 수 있다.

ⓔ CFR기관(Cooperative Fuel Research Engine)은 옥탄가나 세탄가를 측정할 수 있는 특수한 기관으로 운전 중에 압축비를 바꿀 수 있다. 회전수는 900[rpm] 정도로 단기통이고, 실린더헤드를 특수하게 만들어 진동을 감지할 수 있다.

ⓗ 실린더헤드에는 바운싱핀(Bouncing Pin)을 두어 진동을 감지하고, 바운싱핀에 있는 전기 접점에 네온램프를 연결하여 섬광과 노크미터기로 노크의 크기를 알 수 있게 되어 있는 기관이다.

② 퍼포먼스 수

㉠ 공시연료로 운전하여 노크의 한계에서 나오는 최대 도시마력(IPS)과 이소옥탄으로 운전하여 노크의 한계에서 나오는 최대 도시마력의 비를 백분율로 나타낸 것이 퍼포먼스수(Performance Number ; PN)이다. 이것을 공식으로 나타내면 다음과 같다.

$$퍼포먼스\ 넘버(PN) = \frac{공시연료의\ 도시마력}{이소옥탄의\ 도시마력} \times 100$$

㉡ 퍼포먼스 수는 0에서부터 무한대까지 측정할 수 있는 앤티 노크성의 표시 방법이다. 옥탄가와 퍼포먼스 수는 모두 연료의 앤티 노크성을 표시하므로 다음과 같은 관계가 있다.

$$퍼포먼스\ 넘버(PN) = \frac{2,800}{128 - ON}$$

(6) 디젤기관의 연소

압축 점화기관은 고속 디젤기관, 저속 디젤기관 및 소구기관을 뜻하고, 여기서는 디젤기관이라고 한다. 디젤기관에서의 연소는 공기만 실린더 내에 흡입하고 고압축비(12~22 : 1)로 압축하면 공기 온도가 500~600[℃]로 높아지고, 여기에 연료를 분사하면 연료가 착화된다. 화염이 발생하면 실린더 내의 여러 곳에서 화염이 발생하여 분사되는 연료를 계속 연소시킨다. 고속 디젤기관에서는 경유를 사용하고, 저속 디젤기관에서는 중유를 사용한다.

① **디젤기관의 연료분사시기** : 연료분사 시기는 상사점 전에서 분사하기 시작하여 상사점 후, 즉 팽창행정 초기까지 분사되므로 이 기간을 연료분사 기간이라고 한다. 가솔린기관에서 사용되는 혼합비는 의미가 없으며, 극히 소량의 연료가 실린더 내에 분사되어도 연소가 일어나고, 다량의 연료가 분사되어도 연소가 일어난다. 다량의 연료가 분사되면 초기에 분사된 연료는 공기가 충분하여 연소되지만, 뒤에 분사된 연료는 공기가 부족하므로 불완전연소가 된다. 즉, 매연으로 변화하여 배출된다. 그러므로 디젤기관에서는 전부하와 과부하에서 매연이 심하다.

디젤기관의 연료분사 시기는 기관 성능에 커다란 영향을 미치고, 연료를 차단하는 시기 역시 기관 성능에 커다란 영향을 미치게 된다. 그러므로 분사 초기부터 분사 말까지, 즉 분사기간 동안을 몇 구역으로 나누어 해석해야 한다.

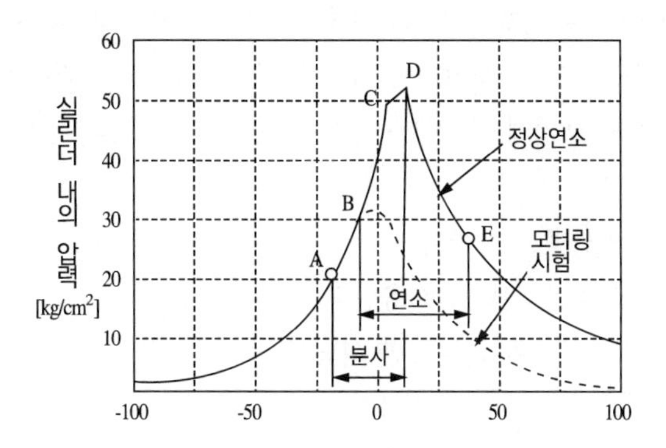

㉠ 착화 지연 구간(A~B 구간) : A점에서 연료를 분사하기 시작하면 연료입자가 증발하고 공기와 혼합하여 착화되기 쉬운 입자가 먼저 착화되어 화염이 형성되는 기간이다. 분사초기에는 분사량이 적으므로 연료가 연소되어도 온도와 압력 상승은 작고, 피스톤의 관성력으로 상사점으로 압축되어 간다.

㉡ 급격 연소 구간(B~C 구간) : 피스톤이 상사점에 있을 때 실린더 내의 압력과 온도가 가장 높고, 분사 초기에 분사된 연료가 연소되어 화염이 형성되어 있으므로 연료가 분사되면 분사 즉시 연소되는 기간으로 연료의 착화 지연기간이 매우 짧아진다. 또한 연료분사 펌프에서도 연료분사 중간이므로 분사량이 가장 많으며 많은 연료가 급격히 연소하므로 압력이 급상승하는 정상연소 구간이다. 이 구간에 너무 많은 연료가 있으면 연료가 상사점에서 동시에 연소되면 정상연소보다 압력 상승이 더욱 높아진다. 이 압력 때문에 일어나는 현상이 디젤 노크이다.

㉢ (주)제어 연소 구간(C~D 구간) : 제어 연소 구간은 피스톤이 상사점을 지나서 하사점으로 이동할 때, 즉 연소가스가 팽창하고 있을 때의 기간이다. 연료의 분사 말이므로 연료량은 적으나 연료가 계속 일정한 방향으로 분사되므로 공기가 부족하여 불완전연소되는 기간이다. 이와 같이 불완전하게 연소된 연료는 피스톤이 더욱 하사점으로 이동할 때 공기와 만나 후기 연소되며 연료는 D점에서 차단된다.

㉣ 후기 연소 구간(D~E 구간) : 제어 기간 동안에 공기 부족으로 불완전연소된 연료와 연소하지 못한 연료가 실린더 내에서 와류를 일으키면서 공기와 만나 연소하는 기간이다. 이 기간에 산소와 접촉되지 못한 연료는 매연이 배출된다.

② **디젤기관의 노크** : 디젤기관에서 압축비가 낮거나 또는 실린더 내의 온도가 낮고 분사 초기에 연료의 분사량이 많으면 분사 초기에 분사된 연료가 연소되지 않고, 피스톤이 상사점으로 올라가면 연료가 상사점으로 밀려가 상사점 부근에서 정상연소 때보다 많은 연료가 있게 된다. 이 많은 연료가 급격 연소기간에 동시에 연소하므로 연소압력이 급격히 높아져 정상연소 때의 압력보다 더욱 높아진다. 이 높은 압력 때문에 압력파가 발생하고 진동과 소음이 발생하는 것을 디젤 노크라 한다. 디젤기관의 노크는 정상연소보다 진동과 소음이 심하므로 방지해야 한다.

③ **디젤 노크의 방지법** : 분사 초기에 연료가 착화되지 않아서 일어나는 현상이므로, 분사 초기에 연료가 신속하게 착화하도록 하면 노크가 방지된다. 즉, 실린더 내의 온도를 상승시키고 연료의 착화지연이 짧도록 하며, 분사 초기에 연료량을 감소시키면 디젤 노크를 방지시킬 수 있다. 디젤기관의 노크 방지법은 다음과 같다.

㉠ 세탄가가 높은 연료를 사용한다.

㉡ 착화 지연기간이 짧은 연료를 사용한다.

㉢ 압축비를 높인다. 압축비가 높으면 실린더 내의 온도가 상승하여 착화지연이 짧아진다.

㉣ 분사 초기에 연료 분사량을 감소시킨다.

㉤ 흡기온도를 높인다. 흡기온도를 올리면 실린더 내 온도가 상승하므로 노크가 경감된다.

㉥ 회전수를 낮춘다. 회전수가 낮으면 피스톤의 속도가 낮으므로 분사 초기에 분사한 연료가 충분히 착화할 수 있는 시간이 있으므로 노크가 방지된다.

㉦ 흡기압력을 높인다. 과급기를 사용하여 흡기를 과급하면 그만큼 압이 증가하므로 실린더 내의 온도가 상승하고 연료의 착화 지연이 짧아져서 노크가 방지된다.

㉧ 실린더 벽의 온도를 올린다. 수랭식 기관에서 냉각수의 온도를 올리면 그만큼 실린더 내의 온도가 상승하므로 노크가 방지된다.

㉨ 실린더 내에서 와류가 일어나도록 한다. 실린더 내에서 연료의 와류가 일어나면 그만큼 연료입자의 증발이 빨라져서 착화가 잘 되므로 노크가 경감되고 연료도 완전연소 된다.

[가솔린기관과 디젤기관의 노크 방지 대책]

항목기관	연료의 착화점	연료성질	착화지연	압축비	흡기온도	실린더 온도	흡기압력	회전수
가솔린기관	높게	옥탄가를 높인다.	길게	낮게	낮게	낮게	낮게	높게
디젤기관	낮게	세탄가를 높인다.	짧게	높게	높게	높게	높게	낮게

④ 디젤기관 연료의 앤티 노크성

㉠ 세탄가

• 압축비를 변화시킬 수 있는 CFR기관으로 측정하며 연료 속에 있는 세탄의 양을 백분율로 표시한 것을 세탄가(Cetane Number ; CN)라고 한다. 이것을 공식으로 나타내면 다음과 같다.

$$\text{세탄가(CN)} = \frac{\text{노말}(n)\ \text{세탄}}{\text{노말}(n)\ \text{세탄} + \alpha\,\text{메틸나프탈렌}} \times 100$$

• 표준연료 속에 있는 세탄(Cetane, $C_{16}H_{34}$)은 착화성이 우수하여 노크가 일어나기 어려운 연료이므로, 세탄가를 100으로 하고, α-메틸나프탈렌(α-Methyl Napthalene, $C_{10}H_7-CH_3$)은 노크가 잘 일어나므로 세탄가를 0으로 하여 각각의 체적비로 혼합하면 세탄가 0부터 100까지의 표준연료를 만들 수 있다. 이 표준연료와 공시연료를 서로 비교하여 세탄가를 결정한다. 즉, 세탄가가 55인 연료는 세탄 55[%]와 α-메틸나프탈렌 45[%]를 체적비로 혼합한 표준연료와 같은 크기의 노크를 일으키는 연료이다.

㉡ 디젤지수 : 세탄가를 측정하려면 CFR기관이 있어야 한다. 그러나 이와 같이 세탄가를 측정하지 않고 실험실에서 간단하게 연료의 앤티 노크성을 측정하는 것이 디젤지수(Diesel Index ; DI)인데, 디젤지수는 거의 세탄가와 일치한다.

제2절 배출가스

1. 자동차의 배출가스

가솔린 엔진에서 배출되는 가스는 크게 배기 파이프에서 배출되는 배기가스, 엔진 크랭크 실의 블로바이 가스(Blow-by Gas), 연료 탱크와 연료 공급 계통에서 발생하는 증발가스 등 3가지가 있으며 이외에도 디젤엔진에서 주로 발생하는 입자상 물질과 황 성분 등이 있다.

(1) 유해 배출가스

가솔린기관의 경우 연료의 구성 화합물이 대부분 탄소와 수소로 이루어져 있고 이러한 연료가 공기와 함께 연소하여 발생하는 가스로서 인체에 유해한 배기가스가 많이 배출된다. 다음은 유해 배출가스와 그 특징이다.

① **일산화탄소(CO)** : 일산화탄소(Carbon Monoxide)는 배기가스 중에 포함되어 있는 유해 성분의 일종으로 인체에 치명적인 장애를 일으킨다. 일산화탄소는 석탄과 석유의 주성분인 탄화수소가 산소가 부족한 상태에서 연소할 때 발생하는 가스이다. 주로 밀폐된 장소인 석탄 연소 장치 내연기관의 연소실에서 다량 발생한다. 이 가스가 인체에 흡수되면 혈액 중의 헤모글로빈(Hemoglobin)과 결합하여 헤모글로빈의 산소 운반 기능을 저하시킨다.

② **탄화수소(HC)** : 탄화수소(Hydro Carbon)는 미연소가스라고도 하며 탄소와 수소가 화학적으로 결합한 것을 총칭한 것이다. 이 가스는 연료 탱크에서 자연 증발하거나 배기가스 중에도 포함되어 나온다. 이 가스를 접촉하면 호흡기에 강한 자극을 주고 눈과 점막에 자극을 일으키며 광학 스모그를 일으킨다.

③ **질소산화물(NO_X)** : 질소산화물(NO_X)은 산소와 질소가 화학적으로 결합한 NO, NO_2, NO_3 등을 말하며, 이것을 총칭하여 NO_X라고 한다. 이 질소산화물은 내연기관처럼 고온고압에서 연료를 연소시킬 때 공기 중 질소와 산소가 화학적으로 결합하여 생긴 것이다. 공기의 성분은 대부분 질소와 산소가 혼합되어 있는데, 이 공기가 고온고압에서 NO로 되어, 공기 자체를 촉매로 하여 NO_2가 된다. 이 가스는 인체에 매우 큰 장애를 일으키며 HC와 같이 광학 스모그의 원인이 된다.

④ **블로바이 가스** : 블로바이 가스란 실린더와 피스톤 간극에서 미연소가스가 크랭크 실(Crank Case)로 빠져 나오는 가스를 말하며, 주로 탄화수소이고 나머지가 연소가스 및 부분 산화된 혼합가스이다. 블로바이 가스가 크랭크 실 내에 체류하면 엔진의 부식, 오일 슬러지 발생 등을 촉진한다.

⑤ **연료 증발 가스** : 연료 증발 가스는 연료 탱크나 연료 계통 등에서 가솔린이 증발하여 대기 중으로 방출되는 가스이며, 미연소가스이다. 주성분은 탄화수소(HC)이다.

(2) 배기가스 생성 과정

가솔린은 탄소와 수소의 화합물인 탄화수소이므로 완전연소하였을 때 탄소는 무해성 가스인 이산화탄소로, 수소는 수증기로 변화한다.

$$C + O_2 = CO_2 \qquad 2H_2 + O_2 = 2H_2O$$

그러나 실린더 내에 산소의 공급이 부족한 상태로 연소하면 불완전연소를 일으켜 일산화탄소가 발생한다.

$$2C + O_2 = 2CO \qquad 2CO + O_2 = 2CO_2$$

따라서 배출되는 일산화탄소의 양은 공급되는 공연비의 비율에 좌우하므로 일산화탄소 발생을 감소시키려면 희박한 혼합가스를 공급하여야 한다. 그러나 혼합가스가 희박하면 엔진의 출력 저하 및 실화의 원인이 된다.

(3) 탄화수소의 생성 과정

탄화수소가 생성되는 원인은 다음과 같다.

① 연소실 내에서 혼합가스가 연소할 때 연소실 안쪽 벽은 저온이므로 이 부분은 연소 온도에 이르지 못하며, 불꽃이 도달하기 전에 꺼지므로 이 미연소가스가 탄화수소로 배출된다.

② 밸브 오버랩(Valve Over Lap)으로 인하여 혼합가스가 누출된다.

③ 엔진을 감속할 때 스로틀 밸브가 닫히면 흡기다기관의 진공이 갑자기 높아져 그 결과 혼합가스가 농후해져 실린더 내의 잔류가스가 되어 실화를 일으키기 쉬워지므로 탄화수소 배출량이 증가한다.

④ 혼합가스가 희박하여 실화할 경우 연소되지 못한 탄화수소가 배출된다. 탄화수소의 배출량을 감소시키려면 연소실의 형상, 밸브 개폐시기 등을 적절히 설정하여 엔진을 감속시킬 때 혼합가스가 농후해지는 것을 방지하여야 한다.

(4) 질소산화물 생성 과정

질소는 잘 산화하지 않으나 고온, 고압의 연소조건에서는 산화하여 질소산화물을 발생시키며 연소 온도가 2,000[℃] 이상인 고온 연소에서는 급증한다. 또한 질소산화물은 이론 혼합비 부근에서 최댓값을 나타내며, 이론 혼합비보다 농후해지거나 희박해지면 발생률이 낮아지며, 배기가스를 적당히 혼합가스에 혼합하여 연소 온도를 낮추는 등의 대책이 필요하다.

2. 배기가스의 배출 특성

(1) 혼합비와의 관계

① 이론 공연비(14.7 : 1)보다 농후한 혼합비에서는 NO_x 발생량은 감소하고, CO와 HC의 발생량은 증가한다.

② 이론 공연비보다 약간 희박한 혼합비를 공급하면 NO_x 발생량은 증가하고, CO와 HC의 발생량은 감소한다.

③ 이론 공연비보다 매우 희박한 혼합비를 공급하면 NO_x와 CO 발생량은 감소하고, HC의 발생량은 증가한다.

(2) 엔진과 온도와의 관계

① 엔진이 저온일 경우에는 농후한 혼합비를 공급하므로 CO와 HC는 증가하고, 연소 온도가 낮아 NO_x의 발생량은 감소한다.

② 엔진이 고온일 경우에는 NO_x의 발생량이 증가한다.

(3) 엔진을 감속 또는 가속할 때

① 엔진을 감속할 때 NO_x 발생량은 감소하지만, CO와 HC의 발생량은 증가한다.

② 엔진을 가속할 때는 일산화탄소, 탄화수소, NO_x 모두 발생량이 증가한다.

3. 배출가스 제어장치

(1) 블로바이 가스 제어 장치

① 경부하 및 중부하 영역에서 블로바이 가스는 PCV(Positive Crank case Ventilation) 밸브의 열림 정도에 따라서 유량이 조절되어 서지 탱크(흡기다기관)로 들어간다.

② 급가속을 하거나 엔진의 고부하 영역에서는 흡기다기관 진공이 감소하여 PCV 밸브의 열림 정도가 작아지므로 블로바이 가스는 서지 탱크(흡기다기관)로 들어가지 못한다.

(2) 연료 증발가스 제어장치

연료 탱크 및 연료계통 등에서 발생한 증발가스(HC)를 캐니스터(활성탄 저장)에 포집한 후 퍼지컨트롤 솔레노이드 밸브(PCSV)의 조절에 의하여 흡기다기관을 통해 연소실로 보내어 연소시킨다.

① **캐니스터(Canister)** : 연료 계통에서 발생한 연료 증발 가스를 캐니스터 내에 흡수 저장(포집)하였다가 엔진이 작동하면 PCSV를 통하여 서지 탱크로 유입한다.

② **퍼지 컨트롤 솔레노이드 밸브(Purge Control Solenoid Valve)** : 캐니스터에 포집된 연료 증발 가스를 조절하는 장치이며, ECU에 의해 작동된다. 엔진의 온도가 낮거나 공전할 때에는 퍼지 컨트롤 솔레노이드 밸브가 닫혀 연료 증발 가스가 서지 탱크로 유입되지 않으며, 엔진이 정상 온도에 도달하면 퍼지 컨트롤 솔레노이드 밸브가 열려 저장되었던 연료 증발 가스를 서지 탱크로 보내어 연소시킨다.

(3) 배기가스 재순환 장치(EGR ; Exhaust Gas Recirculation)

① 배기가스 재순환 장치는 흡기다기관의 진공에 의하여 배기가스 중 일부를 배기다기관에서 빼내어 흡기다기관으로 순환시켜 연소실로 다시 유입시킨다.

② 배기가스를 재순환시키면 새로운 혼합가스의 충진율은 낮아지고 흡기에 다시 공급된 배기가스는 더 이상 연소 작용을 할 수 없기 때문에 동력행정에서 연소 온도가 낮아져 높은 연소온도에서 발생하는 질소산화물의 발생량이 감소한다.

③ 엔진에서 배기가스 재순환 장치를 적용하면 질소산화물의 발생률은 낮출 수 있으나 착화성 및 엔진의 출력이 감소하며, 일산화탄소 및 탄화수소 발생량은 증가하는 경향이 있다.

④ 이에 따라 배기가스 재순환 장치가 작동되는 것은 엔진의 지정된 운전 구간(냉각수 온도가 65[℃] 이상이고, 중속 이상)에서 질소산화물이 다량 배출되는 운전 영역에서만 작동하도록 하고 있다.

⑤ 또한 공전운전을 할 때, 난기운전을 할 때, 전부하 운전 영역, 그리고 농후한 혼합가스로 운전되어 출력을 증대시킬 경우에는 작용하지 않도록 한다.

⑥ 구성 부품

㉠ EGR 밸브 : 스로틀 밸브의 열림 정도에 따른 흡기다기관의 진공에 의하여 서모 밸브와 진공 조절 밸브에 의해 조절된다.

㉡ 서모 밸브(Thermo Valve) : 엔진 냉각수 온도에 따라 작동하며, 일정 온도(65[℃] 이하)에서는 EGR 밸브의 작동을 정지시킨다.

- 진공 조절 밸브 : 엔진의 작동 상태에 따라 EGR밸브를 조절하여 배기가스의 재순환되는 양을 조절한다.

(4) 산소센서

① **산소센서의 종류** : 촉매 컨버터를 사용할 경우 촉매의 정화율은 이론 공연비(14.7 : 1) 부근일 때가 가장 높다. 공연비를 이론 공연비로 조절하기 위하여 산소센서를 배기다기관에 설치하여 배기가스 중 산소 농도를 검출하여 피드백을 통한 연료 분사 보정량의 신호로 사용된다. 종류에는 크게 지르코니아 형식과 티타니아 형식이 있다.

㉠ 지르코니아 형식 : 지르코니아 소자(ZrO_2) 양면에 백금 전극이 있고, 이 전극을 보호하기 위해 전극의 바깥쪽에 세라믹으로 코팅하며, 센서의 안쪽에는 산소 농도가 높은 대기가 바깥쪽에는 산소 농도가 낮은 배기가스가 접촉한다.

지르코니아 소자는 정상작동온도(약 350[℃] 이상)에서 양쪽의 산소 농도 차이가 커지면 기전력을 발생하는 성질이 있다. 즉, 대기 쪽 산소 농도와 배기가스 쪽의 산소 농도가 큰 차이를 나타내므로 산소 이론은 분압이 높은 대기 쪽에서 분압이 낮은 배기가스 쪽으로 이동하며, 이때 기전력을 발생하고 이 기전력은 산소 분압에 비례한다.

㉡ 티타니아 형식 : 세라믹 절연체의 끝에 티타니아 소자(TiO_2)가 설치되어 있어 전자 전도체인 티타니아가 주위의 산소 분압에 대응하여 산화 또는 환원되어 그 결과 전기저항이 변화하는 성질을 이용한 것이다. 이 형식은 온도에 대한 저항 변화가 커서 온도 보상 회로를 추가하거나 가열 장치를 내장시켜야 한다.

② 산소센서의 작동

㉠ 산소센서는 배기가스 중 산소 농도와 대기 중 산소농도 차이에 따라 출력 전압이 급격히 변화하는 성질을 이용하여 피드백 기준 신호를 ECU로 공급한다.

㉡ 이때 출력 전압은 혼합비가 희박할 때는 지르코니아의 경우 약 0.1[V], 티타니아의 경우 약 4.3~4.7[V], 혼합비가 농후하면 지르코니아의 경우 약 0.9[V], 티타니아의 경우 약 0.3~0.8[V]의 전압을 발생시킨다.

③ 산소센서의 특성

㉠ 산소센서의 바깥쪽은 배기가스와 접촉하고, 안쪽은 대기 중의 산소와 접촉하게 되어 있어 이론 혼합비를 중심으로 혼합비가 농후해지거나 희박해짐에 따라 출력 전압이 즉각 변화하는 반응을 이용하여 인젝터 분사시간을 ECU가 조절할 수 있도록 한다.

㉡ 산소센서가 정상적으로 작동할 때 센서 부분의 온도는 400~800[℃] 정도이며, 엔진이 냉각되었을 때와 공전운전을 할 때는 ECU 자체의 보상 회로에 의해 개방 회로(Open Loop)가 되어 임의보정된다.

(5) 촉매 컨버터

① **촉매 컨버터의 기능** : 배기다기관 아래쪽에 설치되어 배기가스가 촉매 컨버터를 통과할 때 산화·환원작용을 통하여 유해 배기가스(CO, HC, NO_X)의 성분을 정화하는 장치이다.

② 촉매 컨버터의 구조

㉠ 촉매 컨버터의 구조는 벌집 모양의 단면을 가진 원통형 담체(Honeycomb Substrate)의 표면에 백금(Pt), 팔라듐(Pd), 로듐(Rh)의 혼합물을 균일한 두께로 바른 것이다.

㉡ 담체는 세라믹(Al_2O_3), 산화실리콘(SiO_2), 산화마그네슘(MgO)을 주원료로 하여 합성된 코디어라이트(Cordierite)이며, 그 단면은 [cm^2]당 60개 이상의 미세한 구멍으로 되어 있다.

CHAPTER

03 적중예상문제

01 삼원촉매장치의 역할 중 틀린 것은?

㉮ 유해가스를 저하시킨다.

㉯ CO_2를 저하시킨다.

㉰ NO_x를 저하시킨다.

㉱ HC를 저하시킨다.

해설 삼원촉매장치는 백금, 로듐, 팔라듐의 귀금속을 이용하여 연소 배기가스 중의 일산화탄소, 탄화수소, 질소산화물 등을 정화시켜 이산화탄소, 물, 질소 등의 상태로 변화하여 배출시키는 역할을 한다. 이러한 촉매 컨버터는 약 350[℃] 이상의 온도에서 정상 작동을 하며 산화 환원 작용을 통하여 유해배기가스를 무해가스로 변환시킨다.

02 전자제어 가솔린 연료분사장치의 인젝터에서 분사되는 연료의 양은 무엇으로 조정하는가?

㉮ 인젝터 개방시간

㉯ 연료압력

㉰ 인젝터의 유량계수와 분구의 면적

㉱ 니들밸브의 양정

해설 인젝터의 연료량은 ECU 내부의 인젝터 구동TR의 베이스 전류를 단속하여 인젝터 솔레노이드밸브를 제어한다. 즉, 베이스에 전류를 통전하는 시간동안 인젝터의 솔레노이드밸브는 인젝터를 개방하여 연료를 분사한다.

03 정상으로 작동되고 있는 기관의 윤활장치 내의 유압은?

㉮ 1~2[kg/cm^2]

㉯ 3~5[kg/cm^2]

㉰ 10~15[kg/cm^2]

㉱ 15~20[kg/cm^2]

1 ㉯ 2 ㉮ 3 ㉯ 정답

04 연료펌프에서 릴리프밸브는 얼마의 압력으로 조정되어 연료누설 및 파손을 방지하는가?

㉮ 1~2[kg/cm^2]
㉯ 4.5~6[kg/cm^2]
㉰ 10~15[kg/cm^2]
㉱ 20~30[kg/cm^2]

05 다음 중 3원 촉매기의 분류에 속하지 않는 것은?

㉮ 1상 산화 촉매기
㉯ 2상 촉매기
㉰ 1상 3원 촉매기
㉱ 2상 3원 촉매기

해설
- 1상 산화 촉매기 : 산화 촉매기는 공기 과잉상태에서 일산화탄소(CO)와 탄화수소(HC)를 물(H_2O)과 이산화탄소(CO_2)로 산화
- 2상 촉매기 : 2상 촉매기는 2개의 촉매기가 연이어 설치된 형식
- 1상 3원 촉매기 : 1상 3원 촉매기는 1개의 촉매기 내에서 3가지의 유해물질(HC, CO, NO_X)이 동시에 산화 또는 환원 반응하며 정화

06 가솔린 기관의 배기가스 중 NO_X, CO성분이 많이 발생되는 운전 조건은?

㉮ NO_X는 저속으로 감속 시에, CO는 고속으로 증속 시에
㉯ NO_X는 고속 희박 혼합비일 때, CO는 저속 농후 혼합비일 때
㉰ NO_X, CO 모두 저속 농후 혼합비일 때
㉱ NO_X, CO 모두 고속 희박 혼합비일 때

07 가솔린 연료의 기화성에 대한 설명으로 틀린 것은?

㉮ 연료 라인이 과열하면 베이퍼록(Vapor Lock) 현상이 발생한다.
㉯ 냉간 상태에서 시동 시에는 기화성이 좋아야한다.
㉰ 더운 날 기화기 내의 연료가 비등할 수 있다.
㉱ 연료펌프가 불량하면 퍼콜레이션(Percolation) 현상이 발생한다.

해설 퍼콜레이션은 기화기 내의 연료가 열을 받아 부피가 팽창하여 혼합기가 농후해진다.

08 전자제어 가솔린 기관의 연료분사 방식 중 각 실린더의 인젝터마다 최적의 분사 타이밍이 되도록 하는 방식은?

㉮ 무효 분사
㉯ 그룹 분사
㉰ 독립 분사
㉱ 동시 분사

정답 4 ㉯ 5 ㉱ 6 ㉯ 7 ㉱ 8 ㉰

09 엔진에서 발생되는 유해 배기가스 중 질소산화물의 배출을 줄이기 위한 장치는?

㉮ 퍼지 컨트롤 밸브
㉯ PCV 장치
㉰ 캐니스터
㉱ EGR 장치

10 희박연소(Lean Burn) 엔진에 대한 설명 중 올바른 것은?

㉮ 기존 엔진보다 연료사용을 적게 하기 위해 실린더로 들어가는 공기와 연료량을 모두 줄인다.
㉯ 모든 운전영역에서 터보 장치가 작동될 수 있는 기관이다.
㉰ 실린더로 들어가는 공기량을 줄이기 위해 매니폴드 스로틀 밸브를 사용하기도 한다.
㉱ 이론 공연비보다 더 희박한 공연비 상태에서도 양호한 연소가 가능한 기관이다.

11 배출가스 정화 계통이 아닌 것은?

㉮ EGR 밸브
㉯ 캐니스터
㉰ 삼원촉매
㉱ 대기압 센서

해설
- EGR : 질소산화물 저감
- PCV : 블로바이 가스 재순환[탄화수소(미연소가스) 연소]
- PCSV : 증발 가스 재순환[캐니스터에 저장된 연료 증발가스(탄화수소) 연소]
- 삼원촉매 : 배기가스 정화

12 하이드로 백이 브레이크에 배력 작용을 하게 하는 작동 원리는?

㉮ 배기가스 압력
㉯ 대기압과 흡기다기관의 압력차
㉰ 대기 압력
㉱ 흡기다기관의 압력

13 희박연소엔진에서 스월(Swirl)을 일으키는 밸브에 해당하는 것은?

㉮ 매니폴드 스로틀 밸브(MTV)
㉯ 어큐뮬레이터
㉰ EGR 밸브
㉱ 과충전 밸브(OCV)

해설 스월은 연소실에서 발생하는 횡방향의 와류를 말하며 매니폴드 스로틀 밸브 등에 의하여 발생된다. 또한 텀블은 연소실에서 세로방향의 와류를 형성하고, 스퀴시는 압축행정 시 혼합가스를 점화플러그 주위로 집중하는 와류를 형성한다.

9 ㉱ 10 ㉱ 11 ㉱ 12 ㉯ 13 ㉮ **정답**

14 삼원촉매의 기능 중 틀린 것은?

㉮ 일산화탄소를 감소시킨다.

㉯ 유해가스를 무해한 가스로 환원시킨다.

㉰ 이산화탄소를 감소시킨다.

㉱ 탄화수소를 감소시킨다.

해설 삼원촉매에서 정화된 배기가스는 이산화탄소와 물, 질소로 정화되어 배출된다.

15 공기과잉률(λ)이란?

㉮ 이론공연비

㉯ 실제공연비

㉰ 실제공연비/이론공연비

㉱ 공기흡입량/연료소비량

해설 공기과잉률은 실제공연비를 이론공연비로 나눈 것을 말한다.

16 가솔린 기관의 연료 옥탄가에 대한 설명으로 옳은 것은?

㉮ 옥탄가의 수치가 높은 연료일수록 노크를 일으키기 쉽다.

㉯ 옥탄가 90 이하의 가솔린은 4-에틸납을 혼합한다.

㉰ 노크를 일으키지 않는 기준연료를 이소옥탄으로 하고 그 옥탄가를 0으로 한다.

㉱ 탄화수소의 종류에 따라 옥탄가가 변화된다.

해설 파라핀계, 올레핀계, 방향족계, 나프텐계 함량에 따라 옥탄가가 달라진다.
파라핀계는 옥탄가가 낮고, 방향족계는 옥탄가가 높다.

17 배출가스 저감 및 정화를 위한 장치에 속하지 않는 것은?

㉮ EGR밸브 ㉯ PCV

㉰ PCSV ㉱ 대기압 센서

해설 대기압 센서는 점화시기 및 연료보정에 이용된다.
- PCV(블로바이 가스 재순환)
- PCSV(증발 가스 재순환)

정답 14 ㉰ 15 ㉰ 16 ㉱ 17 ㉱

18 배기가스 중에 산소량이 많이 함유되어 있을 때 지르코니아 산소 센서의 상태는 어떻게 나타나는가?

㉮ 희박하다.

㉯ 농후하다.

㉰ 농후하기도 하고 희박하기도 하다.

㉱ 아무런 변화도 일어나지 않는다.

해설 배기가스 중에 산소가 많을 경우 엔진의 혼합가스 상태는 희박하다고 할 수 있다. 가솔린은 탄소와 수소로 이루어져 있으며 공기 중에는 질소와 산소가 대부분이다. 이러한 물질이 연소실에서 연소 후 결합되어 배기가스로 배출되는데 만일 배기가스 중 산소의 농도가 많다는 것은 그만큼 연료와 화합하는 산소가 적은 것을 말하며 이는 혼합가스가 희박하다는 것을 의미한다.

19 가솔린 기관 배출가스 중 CO의 배출량이 규정보다 많을 경우 가장 적합한 조치방법은?

㉮ 이론공연비와 근접하게 맞춘다.

㉯ 공연비를 농후하게 한다.

㉰ 이론공연비(λ)값을 1 이하로 한다.

㉱ 배기관을 청소한다.

해설 일산화탄소의 다량 배출은 연소실의 혼합기가 농후하거나 에어클리너의 막힘 등에 의하여 발생되며, 이론공연비 근처로 공연비를 제어하여 완전연소에 가깝게 하여 일산화탄소의 배출을 저감한다.

20 가솔린 기관의 배기가스 정화장치의 3원 촉매기에서 산화반응과 환원반응을 일으키는 대표적인 유해가스는?

㉮ CO, HC, NO_X

㉯ SO_X, N_2, H_2O

㉰ H_2O, H_2S, O_2

㉱ SO_X, H_2SO_4, NO_4

해설 가솔린 기관의 유해 배출 가스는 대표적으로 CO, HC, NO_X가 있다.

21 가솔린 기관에 사용되는 연료의 발열량에 대한 설명 중 증발열이 포함되지 않은 경우의 발열량으로 가장 적합한 것은?

㉮ 연료와 산소가 혼합하여 완전연소할 때 발생하는 저위발열량을 말한다.

㉯ 연료와 산소가 혼합하여 예연소할 때 발생하는 고위발열량을 말한다.

㉰ 연료와 수소가 혼합하여 완전연소할 때 발생하는 저위발열량을 말한다.

㉱ 연료와 질소가 혼합하여 완전연소할 때 발생하는 열량을 말한다.

해설 연료의 저위발열량은 증발잠열을 제외한 연료와 산소가 결합하여 연소할 때의 열량을 말한다.

18 ㉮ 19 ㉮ 20 ㉮ 21 ㉮ **정답**

22 자동차 기관의 연소에 의한 유해 배출가스 성분이 아닌 것은?

㉮ CO
㉯ R-134a
㉰ HC
㉱ NO_X

해설 R-134a는 에어컨 냉매 가스이다.

23 3원 촉매기에서 촉매물질로 사용되는 것으로 알맞은 것은?

㉮ Pt, Pd, Rh
㉯ Sn, Pt, S
㉰ Al, Pt, Mn
㉱ Mn, Ph, S

해설 3원 촉매장치는 백금, 로듐, 팔라듐의 귀금속 물질로 코팅되어 산화환원작용을 한다.

24 배출가스 시험기의 표준가스 조정시기에 대한 설명이다. 잘못 설명된 것은?

㉮ 미리 농도를 알고 있는 표준가스를 분석기에 주입하여 표준가스에 명기한 농도와 분석기 지시농도 사이에 오차가 발생할 경우
㉯ 배출가스 측정 시 육안 감각으로 진단 시 자동차에서 배기하는 배출가스 농도와 많은 차이를 발생하는 경우
㉰ 적외선 발생기 작동온도 약 60[℃] 범위를 벗어난 경우와 샘플 셀을 통과하는 적외선이 충분하지 않을 때 적외선 투과율이 감소하여 배출가스 측정 농도 오차를 발생할 경우
㉱ 적외선 필터 작동온도 약 70[℃]를 벗어나 측정오차가 발생한 경우 또는 샘플 셀 내부 벽에 붙어 있는 카본, 수분에 의해 측정 오차를 발생하는 경우

25 가솔린 기관의 연소실 안이 고온고압이고 공기 과잉일 때 주로 발생되는 가스로 광화학 스모그의 원인이 되는 것은?

㉮ NO_X
㉯ CO
㉰ HC
㉱ CO_2

정답 22 ㉯ 23 ㉮ 24 ㉰ 25 ㉮

CHAPTER 04

기동시스템 및 전자제어 엔진시스템

제1절 기동시스템

1. 기동시스템 개요

(1) 기동장치

자동차 엔진은 흡입, 압축, 동력, 배기의 4행정으로 작동되고 있다. 엔진은 네 행정 중 동력행정에서 에너지를 얻고, 동력행정에서 발생한 에너지를 플라이 휠의 관성을 이용하여 연속적인 엔진의 작동이 이루어지도록 되어 있다. 그러나 엔진을 초기시동하려고 할 때 최초의 흡입과 압축행정에 필요한 힘을 외부에서 제공하여 크랭크축을 회전시켜야 한다. 엔진은 자력기동이 힘들기 때문에 초기 엔진 시동 시 외부로부터의 동력공급원이 필요하며 배터리를 이용한 전동기를 사용하고 있다. 이러한 전동기시스템을 기동장치라 한다. 기동 장치의 동작을 위해서는 배터리, 기동전동기, 점화스위치, 배선 등이 필요하다.

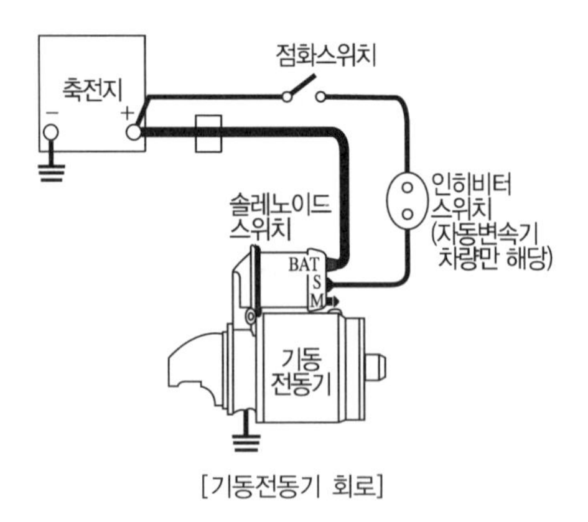

[기동전동기 회로]

(2) 전동기의 원리와 종류

① **직류 전동기의 원리** : 자계 내에서 자유롭게 회전할 수 있는 도체(전기자)를 설치하고 전류를 공급하기 위하여 정류자를 두고, 정류자와 항상 접촉하여 도체에 전류를 공급하는 브러시(Brush)를 부착한 다음 전류를 공급하면 플레밍의 왼손 법칙에 따르는 방향의 힘을 받으며 회전을 시작한다.

② **직류 전동기의 종류** : 직류 전동기에는 전기자코일과 계자 코일의 연결 방법에 따라 직권식, 분권식, 복권식 등이 있으며, 전기자코일, 계자코일, 정류자와 브러시 등의 주요 부품으로 구성되어 있다. 그리고 최근에는 페라이트 자석식 전동기도 사용되고 있다.

㉠ 직권식 전동기 : 직류 직권식 전동기는 전기자코일과 계자 코일이 직렬로 연결된 것으로 각 코일에 흐르는 전류는 일정하고 회전력이 크고 부하 변화에 따라 자동적으로 회전속도가 증감하므로 이러한 특성을 이용하여 기동전동기에서 주로 사용하고 있다.

㉡ 분권식 전동기 : 분권식 전동기는 전기자코일과 계자 코일이 병렬로 연결된 것이다. 각 코일에는 전원 전압이 가해져 있고 부하 변화에 대하여 회전속도 변화가 적으나 계자 코일에 흐르는 전류를 변화시키면 회전속도를 넓은 범위로 쉽게 바꿀 수 있어 부하 변화 시 회전속도가 유지되어 일정 속도를 요구하는 회전운동 부분에 작동용 전동기로 이용된다. 이 전동기는 주로 냉각팬, 파워 윈도 등에서 적용되고 있다.

㉢ 복권식 전동기 : 복권식 전동기는 전기자코일과 계자 코일이 직렬과 병렬로 연결된 것으로 계자 코일의 자극의 방향이 같으며 직권과 분권의 중간적인 특성을 나타낸다. 즉, 기동할 때에 직권 전동기와 같이 회전력이 크고, 기동 후에는 분권 전동기와 같이 일정 속도 특성을 나타낸다. 그러나 직권 전동기에 비해 구조가 복잡한 결점이 있다. 이 전동기는 윈드 실드 와이퍼 등에서 사용되고 있다.

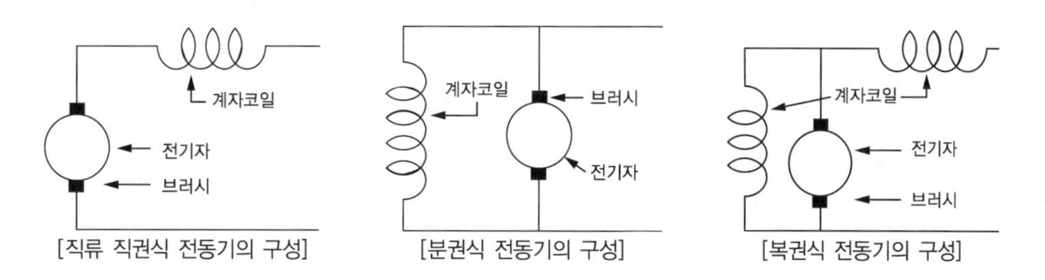

[직류 직권식 전동기의 구성] [분권식 전동기의 구성] [복권식 전동기의 구성]

㉣ 페라이트 자석식 전동기 : 페라이트 자석은 바륨과 철 등의 산화분말을 압축성형하여 고온에서 소결시킨 자석(영구자석)으로 특징은 가볍고 자력을 유지하는 힘이 매우 크다. 이 자석은 전동기의 계자 코일과 계자 철심의 대용으로 사용한다.

즉, 전기자코일에만 전류를 공급하여 회전시키므로 전원 전류의 공급 방향이 바뀌게 되면 회전 방향도 바뀌게 된다. 여기서 회전 방향이 바뀌는 이유는 페라이트 자석은 극성이 바뀌지 않지만 전기자는 인공 자석이므로 전류의 공급 방향이 바뀌면 극성도 바뀌게 되어 회전 방향이 바뀌게 된다. 이 형식은 윈드 실드 와이퍼 전동기, 전자 제어 엔진의 공전 속도 조절 서보 모터, 스텝 모터, 연료펌프 등에서 사용된다.

(3) 기동전동기의 작동

자동차 엔진에서는 배터리를 전원으로 하는 직류 직권식 전동기를 사용하고 있다. 직권식 전동기는 부하가 걸릴 경우 회전속도는 낮으나 회전력이 크고, 부하가 작아지면 회전력은 감소하나 회전수는 점차로 빨라지는 특성이 있다. 또한 기동전동기는 엔진 실린더의 압축 압력이나 각부의 마찰력을 이기고 초기 시동 시 가능한 회전속도로 구동하여야 하므로 기동 회전력이 커야 한다. 이러한 요구에 가장 적합한 것이 직류 직권식 전동기이다.

① 엔진 시동 시

㉠ Start 스위치를 ON시킨다.

㉡ 마그네틱 스위치의 기동전동기 St단자로부터 풀인 코일과 홀드인 코일에 전류가 흐른다.

㉢ 풀인 코일에 흐르는 전류는 기동전동기 M단자를 거쳐 기동전동기의 계자 코일, 브러시, 정류자, 전기자코일로 흘러 전기자가 천천히 회전하기 시작한다.

㉣ 마그네틱 스위치의 플런저는 전자력의 힘으로 안쪽으로 이동되어 시프트 레버를 잡아당기고, 시프트 레버에 의해 기동전동기의 피니언이 밀려나가 플라이 휠 링기어에 맞물리게 된다. 풀인 코일에 흐르던 전류는 접촉 판이 닫히면 플런저에 작용하는 자력은 감소하게 된다. 이때 피니언이 리턴 스프링의 장력에 의하여 본래의 위치로 복귀하지 못하도록 하여 피니언과 링기어의 맞물림이 풀리는 것을 방지해 주기 위해 홀드인 코일에 발생하는 자력은 차체 접지로 유지된다.

㉤ 플런저의 흡인에 의해 솔레노이드 스위치의 접점판이 닫히고 B단자의 대전류가 M(F)단자로 흘러 들어가 계자 코일로 흐른다.

㉥ 계자 철심을 자화시킨 후 (+)브러시를 통하여 전기자코일로 전류가 흘러 전기자 철심을 자화시키고 기동전동기는 강력한 회전을 시작하여 엔진을 크랭킹한다.

㉦ 전기자코일을 통과한 전류는 (−)브러시를 통하여 차체에 접지된다.

② 엔진 시동 후

㉠ 기동전동기 피니언이 플라이 휠 링기어에 의해 과다 회전하면 오버 러닝 클러치에 의해 전기자가 회전하지 못하게 하여 전기자를 보호한다.

㉡ 기동 스위치를 여는 순간 접촉 판은 아직 닫혀 있는 상태이므로 배터리에서 공급되는 전류는 마그네틱 스위치 기동전동기 단자에서 풀인 코일에 역방향으로 흘러 홀드인 코일로 흐르게 한다.

㉢ 풀인 코일의 자력은 역방향으로 되어 홀드인 코일의 자력은 상쇄되고 흡입력은 감소한다. 이에 따라 플런저와 피니언은 리턴 스프링의 장력에 의하여 복귀하여 링기어로부터 이탈되고 접촉판이 열려 축전지에서 기동전동기로 흐르는 전류가 차단되므로 기동전동기의 작동이 정지된다.

(4) 기동 전동기 구성부품의 주요역할

① **기동전동기** : 엔진을 시동하기 위해 최초로 흡입과 압축행정에 필요한 에너지를 외부로부터 공급받아 엔진을 회전시키는 장치이다. 일반적으로 축전지 전원을 이용하는 직류 직권식 전동기를 이용한다.

② **마그네틱 스위치** : 전자석 스위치로 풀인 코일과 홀드인 코일에 전류가 흘러 플런저를 잡아당기고 플런저는 시프트 레버를 잡아당겨 피니언 기어를 링기어에 물린다.

③ **풀인코일(Pull-in Coil)** : 플런저와 접촉판을 닫힘 위치로 하며 당기는 전자력을 형성하고 기동 전동기 마그네틱의 B단자와 M단자를 접촉시킨다.

④ **홀드인코일(Hold-in Coil)** : 마그네틱의 st단자를 통하여 에너지를 받아 기동 전동기로 흐르고 시스템 전압이 떨어질 때 접촉판을 접촉시킨 채 있도록 전자력을 유지시킨다.

⑤ **계자코일(Field Coil)** : 계자철심에 감겨져 전류가 흐르면 전자력이 발생하여 계자철심을 자화한다. 계자코일과 전기자코일은 직류 직권식이기 때문에 전기자 전류와 같은 크기의 큰 전류가 계자코일에도 흐른다. 따라서 계자코일도 전기자코일과 같은 모양의 평각동선을 사용한다.

⑥ **전기자코일(Armature Coil)** : 전기자코일은 큰 전류가 흐를 수 있도록 평각 동선을 운모, 종이, 파이버, 합성수지 등으로 절연하여 코일의 한쪽은 N극 쪽에 다른 한쪽 끝은 S극이 되도록 철심의 홈에 끼워져 있다. 코일의 양끝은 정류자편에 납땜되어 모든 코일에 동시에 전류가 흘러 각각에 생기는 전자력이 합해져서 전기자를 회전시킨다. 전기자코일은 하나의 홈에 2개씩 설치되어 있다.

⑦ **정류자** : 정류자는 브러시에서 전류를 일정한 방향으로만 흐르게 하는 것으로 경동판을 절연체로 싸서 원형으로 제작한 것이다. 정류자 편 사이는 1[mm] 정도 두께의 운모로 절연되어 있고 운모의 언더컷은 0.5~0.8[mm](한계치 0.2[mm])이다.

정류자 편의 아랫부분은 V형 링으로 조여져 있어 회전 중 원심력에 의해 빠져 나오지 않게 하였다.

⑧ **브러시** : 브러시는 정류자에 미끄럼 접촉을 하면서 전기자코일에 흐르는 전류의 방향을 바꾼다. 브러시는 구리분말과 흑연을 원료로 하는 금속물질이 50~90[%] 정도로서 윤활성과 도전성이 우수하고 고유저항, 접촉저항 등이 다른 것에 비해 적다. 브러시는 브러시 홀더에 조립되어 끼워진다.

2. 점화 장치의 개요

(1) 점화 장치

점화 장치는 가솔린기관의 연소실 내에 압축된 혼합가스에 고압의 전기적 불꽃으로 스파크를 발생하여 연소를 일으키는 일련의 장치들을 말한다.

(2) 점화장치의 종류

① 점화장치에는 축전지를 전원으로 하는 축전지 점화 방식(직류 전원 사용)과 고압 자석 발전기를 전원으로 하는 고압 자석 점화 방식(교류 전원 사용)이 있다.

② 자동차에는 주로 축전지 점화 방식을 사용하며 최근에는 반도체의 발달로 전 트랜지스터 점화 방식, 고 강력 점화 방식(HEI ; High Energy Ignition), 전자 배전 점화 방식(DLI ; Distributor Less Ignition) 등이 사용되고 있다.

(3) 점화방식

① 트랜지스터 점화방식은 점화 코일의 1차 코일에 흐르는 전류를 트랜지스터의 스위칭 작용으로 차단하여 2차 코일에 고전압을 유도시키는 방식이다.

② 단속기 접점방식은 점화 코일의 1차 전류를 직접 접점으로 단속하므로 접점이 열릴 때 불꽃(Arc)이 발생한다. 이것을 방지하기 위하여 단속기 접점과 축전기(콘덴서)를 병렬로 접속하고 있지만, 저속 회전에서는 접점이 열리는 속도가 늦어 불꽃이 발생하기 쉬운 상태가 되기 때문에 2차 전압 발생이 불안정하여 실화의 원인이 되기 쉽다.

③ 이에 따라 트랜지스터 방식에서는 1차 전류를 트랜지스터에 의하여 전기적으로 단속하기 때문에 저속 회전에서도 전류의 단속 작용이 확실하며 2차 코일에 안정된 고전압을 얻을 수 있다.

④ 최근에는 배기가스 대책으로 저속에서 고속까지 실화가 없는 확실한 점화가 형성되도록 하기 위해 점화 플러그의 불꽃 에너지를 증대시키는 것이 요구되어 왔으며, 여기에는 1차 전류의 증대가 필요하다.

⑤ 단속기 접점 방식에서는 1차 전류의 증가가 어려우나 트랜지스터 방식에서는 이것이 가능하다. 또한 고속 성능을 향상시키는 데 점화 코일 1차 쪽의 권수를 감소시켜 1차 코일의 인덕턴스와 저항을 적게 하는 것으로 인하여 1차 전류의 증대를 빨리 할 필요성이 있다. 즉, 점화 1차 회로 쪽의 공급 에너지는 인덕턴스를 적게 하면서 불꽃 에너지를 감소시키지 않도록 하기 위해 1차 전류를 크게 하여야 한다.

⑥ 단속기 접점 방식에서는 접점의 불꽃에 의한 제약으로 1차 전류의 크기에 한계가 따르나 트랜지스터 방식에서는 1차 전류의 대폭적인 증대가 가능하다. 따라서 1차 코일의 인덕턴스가 적고, 권수비가 큰 점화 코일을 사용할 수 있어 외부저항 점화 코일을 사용한 경우보다 더욱 우수한 고속 성능을 얻을 수 있다.

⑦ 전 트랜지스터 방식과 같이 기계적인 단속 기구를 없애는 것으로 점화장치의 신뢰성을 향상시키고 전기적인 점화 시기 제어 및 회전속도에 따른 캠각 제어 등도 가능하게 된다.

중요 CHECK

트랜지스터 방식 점화장치의 특징

- 저속 성능이 안정되고 고속 성능이 향상된다.
- 불꽃 에너지를 증가시켜 점화 성능 및 장치의 신뢰성이 향상된다.
- 엔진 성능 향상을 위한 각종 전자 제어 장치의 부착이 가능해진다.
- 점화 코일의 권수비를 적게 할 수 있어 소형 경량화가 가능하다.

3. 컴퓨터 제어방식 점화장치

(1) 컴퓨터 제어방식 점화장치

① 엔진의 작동 상태(회전속도·부하 및 온도 등)를 각종 센서로 검출하여 컴퓨터(ECU)에 입력하면, 컴퓨터는 점화시기를 연산하여 1차 전류의 차단 신호를 파워 트랜지스터로 보내어 점화 2차 코일에서 고전압을 유기하는 방식이다.

② 배전기에 설치되었던 원심 및 진공 진각 장치를 없애고 컴퓨터가 점화시기를 제어하며, 점화 코일도 몰드형(폐자로형)을 사용한다.

③ 점화 방식은 고강력 점화 방식(HEI)과 전자 배전 점화 방식(DLI, DIS)이 있다.

(2) 컴퓨터 제어방식 점화장치의 장점

① 저속, 고속에서 매우 안정된 점화 불꽃을 얻을 수 있다.

② 노크가 발생할 때 점화시기를 자동으로 늦추어 노크 발생을 억제한다.

③ 엔진의 작동 상태를 각종 센서로 감지하여 최적의 점화시기로 제어한다.

④ 고출력의 점화 코일을 사용하므로 완벽한 연소가 가능하다.

4. HEI(High Energy Ignition, 고에너지 점화 방식)

(1) 점화스위치(IG Switch)

점화스위치는 일반적으로 키 스위치라고도 하며 점화 1차 전류를 운전석에서 개폐하기 위한 것이며, 연료펌프 작동전원, 인젝터 전원 등이 공급된다. 점화스위치에는 축전지 양극(+)단자와 연결되는 B단자, 기동전동기 마그네틱 스위치와 연결되는 St단자, 점화 코일 (+)단자와 연결되는 R단자, 점화 코일의 외부 저항과 연결되는 IG단자, 라디오, 카세트 등으로 축전지 전류를 공급하는 ACC단자 등이 있다. 각 단자와 축전지와의 개폐 작용은 다음과 같다.

① **엔진을 크랭킹할 때** : 이때는 점화스위치의 B단자, R단자, St단자가 축전지 (+)단자와 연결된다. 또 라디오를 켠 상태에서 크랭킹할 때에는 기동전동기로 전류를 많이 보내기 위해 ACC단자는 일시 차단한다.

② **엔진 시동 후** : 이때는 점화스위치의 B단자, IG단자가 축전지 또는 발전기와 연결되어 차량에 필요한 전력을 공급한다.

(2) 몰드형 점화 코일(Ignition Coil)

점화 코일은 점화 플러그에 불꽃 방전을 일으킬 수 있는 높은 전압(약 20,000~25,000[V])의 전류를 발생시키는 승압기이다.

① 점화 코일의 원리

㉠ 점화 코일의 원리는 자기 유도 작용과 상호 유도 작용을 이용한 것이다.

㉡ 철심에 감겨져 있는 2개의 코일에서 입력 쪽을 1차 코일, 출력 쪽을 2차 코일이라 부른다. 1차 코일은 축전지로부터 저압 전류가 흘러서 자화되지만 직류(DC)이므로 유도 전압에 의한 전압은 발생하지 못한다. 그러나 파워 트랜지스터로 저압 전류를 차단하면 자기 유도 작용으로 1차 코일에 축전지 전압보다 높은 순간전압(300~400[V])이 발생된다. 1차 쪽에 발생한 전압은 1차 코일의 권수, 전류의 크기, 전류의 변화 속도 및 철심의 재질에 따라 달라진다. 또한 2차 코일에는 상호 유도 작용으로 거의 권수비에 비례하는 전압(약 20,000~25,000[V])이 발생한다.

② 점화 코일의 구조

㉠ 점화 코일은 몰드형 철심을 이용하여 자기 유도 작용에 의하여 생성되는 자속이 외부로 방출되는 것을 방지하기 위해 철심을 통하며 자속이 흐르도록 하였으며, 1차 코일의 지름을 굵게 하여 저항을 감소시켜 큰 자속이 형성될 수 있도록 하여 고전압을 발생시킨다.

㉡ 몰드형은 구조가 간단하고 내열성이 우수하므로 성능 저하가 없다.

③ 점화 코일의 성능 : 점화 코일의 성능상 중요한 것은 속도 특성, 온도 특성, 절연 특성 등이다.

㉠ 속도 특성 : 점화코일 불꽃시험에서 배전기 축을 1,800[rpm]으로 회전시킬 때 방전간극은 6[mm] 이상되어야 한다.

㉡ 온도 특성 : 엔진 작동 중 전류로 인해 열이 발생하여 온도가 상승한다. 온도가 상승하면 1차 코일의 저항이 증대되어 1차 차단 전류가 감소한다. 이에 따라 2차 쪽의 방전 간극이 작게 되므로 80[℃]에서의 성능을 규정하고 있다.

㉢ 절연 특성 : 절연저항과 내압은 온도상승에 따라 저하되나 80[℃]에서 10[MΩ] 이상, 상온(20[℃])에서 50[MΩ] 이상이어야 한다.

(3) 파워 트랜지스터(Power TR)

① 파워 트랜지스터는 ECU로부터 제어 신호를 받아 점화 코일에 흐르는 1차 전류를 단속하는 역할을 하며 구조는 컴퓨터에 의해 제어되는 베이스, 점화 코일 1차 코일의 (-)단자와 연결되는 컬렉터, 그리고 접지되는 이미터로 구성된 NPN형이다.

② 파워 트랜지스터의 작용

㉠ 점화스위치를 ON으로 하면 축전지 전압이 점화 1차 코일에 흐른다.

㉡ 크랭크 각 센서의 점화 신호가 ECU에서 파워 트랜지스터를 통하여 단락과 접지를 반복한다.

㉢ ECU의 점화 신호는 파워 트랜지스터의 베이스 전류를 단속시켜 점화 1차 코일에 흐르는 파워 트랜지스터를 통하여 단락과 접지를 반복한다.

㉣ 점화 시기는 컴퓨터가 연산하며 파워 트랜지스터 베이스의 전류 흐름이 차단되면 점화 1차 전류가 차단되며 이 작동으로 점화 2차 코일에 고전압이 유기되며 이 고전압은 점화 플러그로 보내진다.

(4) 점화 플러그(Spark Plug)

점화 플러그는 실린더 헤드의 연소실에 설치되어 점화 코일의 2차 코일에서 발생한 고전압에 의해 중심 전극과 접지 전극 사이에서 전기 불꽃을 발생시켜 실린더 내의 혼합가스를 점화하는 역할을 한다.

① **점화 플러그의 구조** : 점화 플러그는 전극 부분(Electrode), 절연체(Insulator) 및 셀(Shell)의 3주요부로 구성되어 있다.

㉠ 전극 부분 : 중심 전극과 접지 전극으로 구성되어 있다. 점화 코일에서 유도된 고전압이 중심축을 통하여 중심 전극에 도달하여 바깥쪽의 접지 전극과의 간극에서 불꽃이 발생하며 이들 사이에 0.7~1.1[mm]의 간극이 있다. 전극의 재료는 불꽃에 의한 손상이 적고, 내열성 및 내부식 성능이 우수해야 하므로 일반적으로 니켈 합금이나 백금, 이리듐을 사용하는 경우도 있다. 또한 중심 전극은 방열 성능 등을 고려하여 구리를 주입한 것도 있다. 중심 전극의 지름은 일반적으로 2.5[mm] 정도이지만 최근에는 불꽃 발생 전압의 저하 방지 및 점화 성능의 향상을 목적으로 중심 전극의 지름을 1[mm] 정도까지 가늘게 하거나 접지 전극의 안쪽 면에 U자형의 홈을 둔 것도 있다.

㉡ 절연체 : 중심축 및 중심전극을 둘러싸서 고전압의 누전을 방지하는 것으로, 점화플러그 성능을 좌우하는 중요한 부분이다. 따라서 전기절연이 우수하고, 열전도성능 및 내열성능이 우수하며 화학적으로 안정되고 기계적 강도가 커야 한다. 절연체는 절연성이 높은 세라믹(Ceramic)으로 되어 있고 윗부분에는 고압 전류의 플래시 오버(Flash Over)를 방지하기 위한 리브(Rib)가 있다.

㉢ 셀 : 절연체를 에워싸고 있는 금속 부분이며, 실린더 헤드에 설치하기 위한 나사 부분이 있고, 나사의 끝 부분에 접지 전극이 용접되어 있다. 나사의 지름은 10[mm], 12[mm], 14[mm], 18[mm]의 4종류가 있으며, 나사 부분의 길이(리치)는 나사의 지름에 따라 다르나 지름 14[mm]의 점화 플러그는 9.5[mm], 12.7[mm], 19[mm]의 3종류가 있다. 그리고 절연체와 중심축 및 셀 사이의 기밀은 특수 실런트의 충전이나 글라스 실에 의한 녹여 붙임, 스파크(Spark)열에 의한 코킹 등의 방법으로 유지되고 있다.

② **점화 플러그의 구비 조건** : 점화 플러그는 점화 회로에서 방전을 위한 전극을 마주보게 한 것뿐이나 사용되는 주위의 조건이 매우 가혹하여 다음과 같은 조건을 만족시키는 성능이 필요하다.

㉠ 내열성이 크고 기계적 강도가 클 것

㉡ 내부식 성능이 크고 기밀 유지 성능이 양호할 것

㉢ 자기청정온도를 유지하고 전기적 절연 성능이 양호할 것

㉣ 강력한 불꽃이 발생하고 점화 성능이 좋을 것

③ 점화 플러그의 자기청정온도와 열값

㉠ 엔진작동 중 점화 플러그는 혼합가스의 연소에 의해 고온에 노출되므로 전극부분은 항상 적정온도를 유지하는 것이 필요하다. 점화 플러그 전극 부분의 작동 온도가 400[℃] 이하로 되면 연소에서 생성되는 카본이 부착되어 절연 성능을 저하시켜 불꽃 방전이 약해져 실화를 일으키게 되며, 전극 부분의 온도가 800~950[℃] 이상이면 조기점화를 일으켜 노킹이 발생하고 엔진의 출력이 저하된다. 이에 따라 엔진이 작동되는 동안 전극 부분의 온도는 400~600[℃]를 유지하여야 한다. 이 온도를 점화 플러그의 자기청정온도(Self Cleaning Temperature)라고 한다.

㉡ 점화 플러그는 사용 엔진에 따라 열방산 성능이 다르므로 엔진에 적합한 것을 선택하여야 한다. 점화 플러그의 열방산 정도를 수치로 나타낸 것을 열값(Heat Value)이라 하고 일반적으로 절연체 아랫부분의 끝에서부터 아래 실(Lower Seal)까지의 길이에 따라 정해진다. 따라서 저속, 저부하 엔진은 열형 점화 플러그를 장착하고 고속, 고부하 엔진으로 갈수록 냉형 점화 플러그를 장착하여 자기청정온도 및 엔진의 작동성능을 최적으로 유지할 수 있다.

5. DLI(Distributor Less Ignition, 전자 배전 점화 장치)

(1) DLI의 개요

트랜지스터 점화 방식을 포함한 모든 점화 방식에서는 1개의 점화 코일에 의하여 고전압을 유도시켜 배전기 축에 설치한 로터와 고압 케이블을 통하여 점화 플러그로 공급한다. 그러나 이 고전압을 기계적으로 배분하기 때문에 전압 강하와 누전이 발생한다. 또 배전기의 로터와 캡의 세그먼트 사이의 에어 갭(Air Gap : 0.3~0.4[mm] 정도)을 뛰어 넘어야 하므로 에너지 손실이 발생하고 전파 잡음의 원인이 되기도 한다. 이와 같은 결점을 보완한 점화 방식이 DLI(전자 배전 점화 방식)이다.

(2) DLI의 종류와 특징

DLI를 전자 제어 방법에 따라 분류하면 점화 코일 분배방식과 다이오드 분배방식이 있다. 점화 코일 분배방식은 고전압을 점화 코일에서 점화 플러그로 직접 배전하는 방식이며, 그 종류에는 동시점화방식과 독립점화방식이 있다.

① **동시점화방식** : 1개의 점화 코일로 2개의 실린더에 동시에 배분하는 방식이다. 즉, 1번과 4번 실린더를 동시에 점화시킬 경우 1번 실린더가 압축 상사점인 경우에는 점화되고, 4번 실린더는 배기 중이므로 무효 방전된다.

② **독립점화방식** : 각 실린더마다 1개의 점화 코일과 1개의 점화 플러그가 연결되어 직접 점화시키는 방식이다. 다이오드 분배방식은 고전압의 방향을 다이오드로 제어하는 동시점화방식이다.

중요 CHECK

DLI의 장점
- 배전기에서 누전이 없다.
- 배전기의 로터와 캡 사이의 고전압 에너지 손실이 없다.
- 배전기 캡에서 발생하는 전파 잡음이 없다.
- 점화 진각 폭에 제한이 없다.
- 고전압의 출력이 감소되어도 방전 유효에너지 감소가 없다.
- 내구성이 크다.
- 전파 방해가 없어 다른 전자 제어장치에도 유리하다.

(3) 동시점화방식

DLI 동시 점화방식은 2개의 실린더에 1개의 점화 코일을 이용하여 압축 상사점과 배기 상사점에서 동시에 점화시키는 장치이다. 즉, 1번 실린더와 4번 실린더에 동시 점화할 경우 1번 실린더는 압축 상사점이기 때문에 연소가 이루어지지만, 4번 실린더는 배기 상사점에 있기 때문에 무효 방전된다. 이러한 DLI의 동시점화방식은 다음과 같은 특징이 있다.

① 배전기에 의한 배전 누전이 없다.
② 배전기가 없기 때문에 로터와 접지전극 사이의 고전압 에너지 손실이 없다.
③ 배전기 캡에서 발생하는 전파잡음이 없다.
④ 배전기식은 로터와 접지전극 사이로부터 진각 폭의 제한을 받지만 DLI는 진각폭에 따른 제한이 없다.

이와 같은 DLI장치는 배전기 방식에 비해 배전기 캡과 로터 등의 고전압 배전 부품이 없기 때문에 에너지 손실을 줄일 수 있다. 따라서 배전기식의 에너지 손실량만큼 고전압 출력을 작게 하여도 방전유효에너지는 감소되지 않는 장점이 있으며 내구성, 신뢰성, 전파방해가 없기 때문에 자동차의 다른 전자제어 장치에도 유리하다.

(4) 독립점화방식

이 방식은 각 실린더마다 하나의 코일과 하나의 스파크 플러그 방식에 의해 직접 점화하는 장치이며, 이 점화방식도 동시점화의 특징과 같고, 특징이 추가된다.

① 중심고압 케이블과 플러그 고압 케이블이 없기 때문에 점화 에너지의 손실이 거의 없다.
② 각 실린더별로 점화시기의 제어가 가능하기 때문에 연소 조절이 아주 쉽다.
③ 탑재성 자유도 향상된다.
④ 점화 진각 범위에 제한이 없다.
⑤ 보수유지가 용이하고 신뢰성이 높다.
⑥ 전파 및 소음이 저감된다.

(5) 동시점화방식(다이오드 분배)

다이오드 분배식 점화방식의 경우에는 고압전류의 방향을 다이오드에 의해 제어하는 방식을 말한다. 즉, 제어장치부의 컬렉터 측과 코일로부터의 각 기통부에 고압의 다이오드를 내장하여 전류의 방향을 다이오드로 제어하여 각 전극에 고압을 배분하는 점화방식이다.

다음은 점화 장치의 형식별 특징을 나타낸다.

접점식	무접점식	전자제어식
• 고속에서 채터링 현상으로 인한 부조 현상 • 스파크 발생으로 인한 포인트 훼손으로 잦은 간극 조정 • 원심 진각장치의 비정상적인 동작으로 인한 기관성능의 부조화 • 엔진상태에 따른 적절한 점화시기 부여 불가능	• 고속 저속에서 안정 • 간극조정 불가능(단, 초기 조정은 필요) • 원심 진각장치의 비정상적인 동작으로 인한 기관성능의 부조화 • 엔진상태에 따른 적절한 점화시기 부여 불가능	• 고속, 저속 성능의 탁월한 안정성 • 조정이 불필요 • 각종 진각 장치가 컴퓨터에 의하여 자동으로 진각됨 • 엔진의 상태를 항상 감지하여 최적의 점화시기를 자동적으로 조정

제2절 전자제어 엔진시스템

1. 전자제어 엔진시스템의 개요

(1) 전자제어 엔진시스템의 종류

① 전자제어 엔진시스템은 출력향상 및 유해배기가스 저감을 위해 개발된 장치이다.

② 연료를 연소실 내 직접 분사하는 연소실 내 직접 분사방식(GDI)과 흡기다기관 내 연료를 분사하는 흡기다기관 분사방식(MPI, SPI)이 있다.

(2) 전자제어 연료의 공급

① 엔진에 설치되어 있는 각종의 센서에 의해 엔진의 상태를 전기적 신호로 출력한다.

② 이 신호를 입력받은 ECU(Electronic Control Unit)는 최적의 엔진상태를 유지하기 위한 연료의 양을 결정한 후 인젝터를 통해 연료를 공급한다.

(3) 전자제어 시스템의 적용

① 연료 분사량, 연료 분사시기, 점화시기, 공회전 속도제어 등

② 다양한 제어를 함께하는 시스템에 적용되고 있다.

2. 전자제어 시스템의 분류

엔진 내 흡입되는 공기량을 측정하는 것은 정확한 공연비를 형성하기 위한 매우 중요한 요소 중 하나이다. 따라서 전자제어 엔진시스템을 분류하는 방법 중에는 흡입 공기량의 측정방법에 따라 분류하기도 한다.

흡입 공기량에 의한 엔진의 분류는 엔진 내 흡입되는 공기량을 어떤 방식으로 측정하느냐에 따라 여러 가지로 세분화할 수 있으며 크게 K-제트로닉, L-제트로닉, D-제트로닉으로 분류한다.

(1) K-제트로닉

K-제트로닉은 기계식으로 엔진 내 흡입되는 공기량을 감지한 후 흡입공기량에 따른 연료분사량을 연료 분배기에 의해 인젝터를 통하여 연료를 연속적으로 분사하는 장치이다.

(2) D-제트로닉

흡기다기관의 진공압력을 측정할 수 있는 센서를 통하여 진공도를 전기적 신호로 변환하여 ECU로 입력함으로써 그 신호를 근거로 ECU는 엔진 내 흡입되는 공기량을 간접계측하여 엔진에서 분사되는 연료량을 결정한다.

현재 D-제트로닉 방식에서 흡기다기관 내의 진공도를 측정하는 센서로는 맵센서(Manifold Absolute Pressure Sensor)를 많이 사용하고 있다.

(3) L-제트로닉

L-제트로닉은 D-제트로닉과 같이 흡기다기관의 진공도로 흡입되는 공기량을 간접적으로 측정하는 것이 아니라 흡입공기 통로상에 공기유량센서를 설치하여 이때 통과한 공기량을 검출하여 전기적 신호로 변환한 후 ECU로 입력하여 이 신호를 근거로 엔진에 분사되는 연료 분사량을 결정하는 방식을 L-제트로닉이라 한다.

3. 전자제어 기관시스템의 구성

(1) 엔진 전자제어 시스템의 구성

센서 및 스위치(입력부), ECU(제어부), 액추에이터(동작부)로 구분된다(엔진까지 포함한 전체 시스템을 다루어야 한다).

(2) 전자제어 회로의 구성

마이크로컴퓨터, 전원부, 입력처리회로, 출력처리회로 등으로 구성된다.

4. 센서(Sensor)

(1) 센서의 개요

센서는 압력, 온도, 변위 등 측정된 물리량을 마이크로컴퓨터나 전기·전자 회로에서 다루기 쉬운 형태의 전기신호로 변환시키는 역할을 한다. 특히 자동차에 사용되고 있는 센서는 그 신호 형태 및 특성 자체가 광범위하며, 전기적으로도 서로 다른 특성을 보이고 있다. 따라서 0~5[V] 범위의 전압만을 다루는 마이크로컴퓨터로부터 센서 신호를 받아 처리하기 위해서는 별도의 회로가 필요하며 이 기능을 하는 것이 입력처리회로이다.

(2) 센서의 종류와 기능

① **스로틀 밸브 개도 센서(Throttle Position Sensor)** : 스로틀 밸브 개도 위치 검출(액셀러레이터 페달을 밟은 정도)

② **MAP 센서(Manifold Absolute Pressure Sensor)** : 흡입 공기량 계측(간접)

③ **핫 필름 타입 공기 유량 센서(Hot Film Air Flow Sensor)** : 흡입 공기량 계측(직접)

④ **냉각수온 센서(Water Temperature Sensor)** : 엔진의 냉각수 온도계측

⑤ **흡입공기 온도 센서(Air Temperature Sensor)** : 흡입 공기 온도계측

⑥ **산소 센서(O_2 Sensor)** : 배기가스 중의 산소 농도계측

⑦ **크랭크 위치 센서(Crank Position Sensor/Hall Sensor)** : 엔진회전수와 1번 실린더 피스톤 위치검출

⑧ **차속 센서(Vehicle Speed Sensor)** : 차속검출

⑨ **노크 센서(Knock Sensor)** : 노킹(Knocking) 발생 유무 판단

(3) 스로틀 밸브 개도 센서(Throttle Position Sensor ; TPS)

① TPS는 스로틀 밸브 개도, 물리량으로는 각도의 변위를 전기 저항의 변화로 바꾸어 주는 센서이다. 즉, 운전자가 액셀러레이터 페달을 밟은 양을 감지하는 센서이다. ECU는 TPS를 통해 운전자의 가속 또는 감속 상태를 판단할 수 있다.

② 스로틀 밸브의 개도량을 전압으로(200~5,000[mV]) 변환시켜 ECU로 보내주는 역할을 한다. ECU는 이 신호에 의해 엔진의 부하량과 운전자의 의지를 알게 되며, 흡입공기량을 계측하는 보정신호로 사용한다. TPS의 출력 특성은 스로틀 밸브의 개도가 커짐에 따라 5[V]에 가까워지고, 반대로 스로틀 밸브가 닫혀 있을 때 Idle 접점은 On되어 약 0.5[V]가 된다.

(4) 맵센서(Manifold Absolute Pressure Sensor ; MAP Sensor)

① **공기흡입 시작** : 1[V] 이하

② **흡입 맥동 파형** : 흡입되는 공기의 맥동이 나타난다(밸브 서징현상 등에 의해 파형증가). 약 5[V]의 전압이 출력되며 대기압에 가깝다.

③ **스로틀 밸브 닫힘** : 감속 속도에 따라 파형 변화

④ **공회전상태** : 0.5[V] 이하

MAP 센서는 흡입매니폴드의 압력변화를 전압으로 변화시켜 ECU로 보낸다. 즉, 급가속 시에는 매니폴드 내의 압력이 대기압과 동등한 압력으로 상승하게 되므로 MAP 센서의 출력전압은 5[V]로 높아지고, 급감속 시에는 매니폴드 내의 압력이 급격히 떨어지므로 MAP 센서의 출력값은 낮아지게 된다. ECU는 이 신호에 의해서 엔진의 부하상태를 판단할 수 있고, 흡입공기량을 간접 계측할 수 있으므로 연료분사 시간을 결정하는 주 신호로 사용한다.

(5) 열선식(Hot Wire Type) 또는 열막식(Hot Film Type)

① 이 방식은 공기 중에 발열체를 놓으면 공기에 의해 냉각되므로 발열체의 온도가 변화하며, 이 온도의 변화는 공기의 흐름 속도에 비례한다.

② 이러한 발열체와 공기와의 열전달 현상을 이용한 것이 열선 또는 열막식 공기유량 센서이다.

③ 열선 또는 열막식은 흡입 공기 온도와 열선(약 0.07[mm]의 백금선) 또는 열막과의 온도 차이를 일정하게 유지하도록 하이브리드 IC가 제어한다. 따라서 흡입 공기량의 출력은 공기의 밀도 변화에도 상응될 수 있으므로 온도나 압력에 의한 컴퓨터 보정이 필요 없다.

④ **열선 열막식의 작동**

㉠ 통과 공기 유량이 증가하면 열선 또는 열막이 냉각되어 저항값이 감소하므로 제어회로에서는 즉시 전류량을 증가시킨다.

㉡ 이 전류의 증가는 열선 또는 열막의 온도가 원래의 설정 온도(약 100[℃])가 될 때까지 계속된다.

㉢ ECU는 이 전류의 증감을 감지하여 흡입 공기량을 계측한다.

㉣ 질량 유량에 대응하는 출력을 직접 얻을 수 있기 때문에 보정 등의 뒤처리가 필요 없다.

㉤ 열선식은 엔진이 흡입하는 공기 질량을 직접 계측하므로 공기 밀도의 변화와는 관계없이 정확한 계측을 할 수 있다.

⑤ **열선 열막식의 장점**

㉠ 공기 질량을 정확하게 계측할 수 있다.

㉡ 공기 질량 감지 부분의 응답성이 빠르다.

㉢ 대기 압력 변화에 따른 오차가 없다.

㉣ 맥동 오차가 없다.

㉤ 흡입 공기의 온도가 변화하여도 측정상의 오차가 없다.

(6) 냉각수 온도 센서(Water Temperature Sensor ; WTS)

① 냉각수 온도 센서(WTS)는 냉각수의 온도를 전압으로 변환시키는 센서로서 냉각수가 흐르는 실린더 블록의 냉각수 통로에 서미스터 부분이 냉각수와 접촉할 수 있도록 장착되어 있다.

② 기관의 냉각수 온도를 측정한다. 또한 부특성 서미스터를 적용하여 온도와 저항이 반비례하는 특성이 있다.

③ 냉각수 온도는 기관의 제어 시 연료보정을 위해 가장 널리 쓰이는 변수이기 때문에 이 냉각수 온도 센서는 측정방법은 간단하지만 매우 중요한 센서이다.

(7) 흡기 온도 센서(Air Temperature Sensor ; ATS)

① 흡기 온도 센서(ATS)는 냉각수 온도 센서(WTS)처럼 실린더에 흡입되는 공기의 온도를 전압으로 변환하는 센서로서 MAP 센서와 동일한 위치인 서지 탱크 내에 ATS의 서미스터 부분이 흡입 공기와 접촉할 수 있도록 장착되어 있다.

② ATS와 MAP 센서는 장착 위치가 같고 상호 기능적인 연계성 때문에 최근에는 이 두 센서를 하나의 어셈블리로 만들어 공급하기도 한다.

③ 온도 센서는 서미스터가 온도에 따라 저항값이 변화하는 특성을 이용하고, 서미스터를 구성하는 물질에 따라 측정 가능한 온도 범위와 특성이 달라진다.

④ 온도가 높아지면 저항값이 감소하는 특성을 NTC(Negative Temperature Coefficient)라 하며, 증가하는 경우를 PTC(Positive Temperature Coefficient)라 한다.

⑤ 엔진에서 사용하는 센서는 NTC 특성을 갖고 있으나 ECU 내부 계산에서는 수온에 해당하는 변수가 최댓값일 때 120[℃]를 나타내는 PTC형 변수를 사용하므로 A/D 변환 후 NTC를 PTC로 바꾸는 선형화 작업이 필요하다.

(8) 산소센서(O_2 Sensor)

① O_2 센서는 배기가스 중의 산소의 농도를 측정하여 전압값으로 변환시키는 센서로서 흔히 λ센서라고도 하는데, 그 이유는 공기 과잉률을 나타내는 λ값이 1인 부분에서 센서의 출력 전압이 급격히 변하는 특성을 보이기 때문이다.

② λ=1인 상태가 기준이 되는 이유는 이때 3원 촉매기(Three Way Catalyst ; TWC)의 배기가스 정화율이 가장 좋기 때문에 배기가스의 농도가 이 값 주위로 유지되면 유해한 배기가스 성분을 최대로 줄일 수 있다.

③ ECU의 λ 또는 공연비 피드백 제어의 목적도 크게는 배기가스 저감에 있고, 작게는 O_2 센서의 출력을 λ=1로 유지하는 데 있다.

④ O_2 센서는 배기매니폴드와 3원 촉매장치 사이에 센서의 감지부분이 배기가스 중에 노출되도록 장착되어 있다.

⑤ 출력 특성은 농후(Rich)와 희박(Lean)의 2가지 상태만을 감지하며 출력 전압의 범위도 다른 센서(0~5[V])와는 달리 0~1[V]의 출력전압을 나타낸다.

⑥ Rich는 λ<1(Air<Fuel : 전압 1[V] 부근)인 상태를 Lean은 λ>1(Air>Fuel : 전압 0[V] 부근)인 상태를 나타내며, 얼마만큼 농후한지 또는 얼마만큼 희박한지에 대한 정보는 알 수 없다.

㉠ MAX 전압 : 약 1,000[mV](1[V])

㉡ MIN 전압 : 약 100[mV](0.1[V])

(9) 크랭크각 센서(Crank Position Sensor ; CPS)

① 크랭크각 센서는 엔진 회전수와 현재의 피스톤의 위치를 감지하는 센서이다. 엔진 회전수는 ECU에서 가장 중요한 변수이며 신호처리 자체도 상당히 어렵다.

② CPS 센서는 마그네틱 픽업(Magnetic Pickup)방식과 홀 센서 타입이 대표적이며 마그네틱 타입의 경우 엔진 회전 시 톤 휠과 센서 사이에 발생하는 자력선 변화에 의해 AC 전압을 발생시키는데, 이 AC 전압은 톤 휠과 센서 사이의 간극이 크면 클수록, 엔진회전수가 높으면 높을수록 더 크게 된다. 따라서, 최소 20[rpm]은 되어야 엔진 회전수를 감지할 수 있는 AC 전압 Level을 얻을 수 있다.

③ CPS 센서는 크랭크축 옆에 장착되는데 보통 4실린더 기관에는 크랭크각(CA ; Crank Angle) 360°에 60개의 이빨을 가공한 톤 휠을 사용하고, 이 60개 이빨의 기준위치(1번 실린더의 BTDC 114° CA)에 위치한 이빨 2개는 빼고(Missing Tooth) 가공한다.

④ 홀 센서 방식은 캠축에 장착되며(크랭크축에도 적용) 캠의 각도로 360°, 즉 크랭크축의 각도로 720° 마다 톤 휠(실제 형상으로는 원통에 Pin을 박아 놓은 것과 같은 형상)이 기준위치(1번 실린더의 BTDC 114° CA)에 있다.

⑤ 홀 센서에는 Hall Effect IC가 내장되어 있으며 이 IC에 전류가 흐르는 상태에서 자계를 인가하면 전압이 변하는 원리로 작동된다. 즉, 엔진 회전에 의해 톤 휠도 회전하고 톤 휠이 있는 곳과 없는 곳에서는 간극의 차이가 있으므로 자계도 차이가 있으며 따라서 출력 전압도 다르게 나오게 된다.

㉠ 크랭크 센서 신호(마그네틱 타입)

㉡ 캠축 센서 신호(홀 센서 타입)

⑥ 광전식(옵티컬) 센서의 경우는 배전기 안에 발광다이오드와 수광다이오드를 설치하고 배전기 디스크의 회전에 따른 수광다이오드의 신호를 받아 크랭크 위치를 검출하는 센서를 내장하고 있다.

(10) 차속 센서(Vehicle Speed Sensor)

차속 센서는 차속을 측정하는 센서로 클러스터 패널에 장착된 리드 스위치 또는 변속기 출력축에 장착된 차속 신호를 측정한다.

(11) 노크 센서(Knock Sensor)

① 노크 센서는 노킹이 발생하였는지의 유무를 판단하는 센서로 내부에 장착된 압전 소자와 진동판을 이용하여 압력의 변화를 기전력으로 변화시킨다.

② 엔진의 이상 연소로 인해 노킹이 발생하면 엔진 출력이 떨어지고 심한 경우 피스톤의 손상까지도 유발될 수 있기 때문에 엔진 제어에서는 노킹 발생 유무를 판단하고 점화시기를 지각하여 엔진 출력을 향상시키고 엔진을 보호하는 노크 제어를 하고 있다.

③ 노크 센싱을 위한 압력 측정은 Accelerometer를 실린더 내부에 장착하여 직접 실린더 내압을 측정하는 방법도 있지만 대부분의 상용화된 엔진 제어시스템에서는 실린더 블록에 장착하여 노킹을 감지하는 저렴한 공진형 노크 센서를 사용하고 있다.

④ 공진형 노크 센서의 특성은 특정 주파수에서만 큰 출력을 나타내는 특성이 있다.

⑤ 노킹이 발생할 때 엔진의 진동 주파수와 동일한 공진 주파수를 갖는 노크 센서를 선정하면 노킹이 발생할 때 큰 값의 진폭을 센서 출력에서 얻을 수 있게 된다.

5. 컴퓨터(ECU ; Electronic Control Unit)

EMS(Engine Management System)는 ECU 센서와 스위치 및 액추에이터들로 구성된다. 이 중 센서와 스위치는 입력신호이고 액추에이터는 출력장치이며 이것을 통합 연산 및 제어하는 것이 ECU이다.

(1) 컴퓨터의 기능

① 연료 분사량의 조정

㉠ 컴퓨터는 각종 센서 신호를 기초로 하여 엔진 가동 상태에 따른 연료 분사량을 결정하고, 이 분사량에 따라 인젝터 분사 시간(분사량)을 조절한다.

㉡ 먼저 엔진의 흡입 공기량과 회전속도로부터 기본 분사 시간을 계측하고, 이것을 각 센서로부터의 신호에 의한 보정을 하여 총 분사 시간(분사량)을 결정하는 일을 한다.

② 분사 시간(분사량)을 결정

㉠ 이론 혼합비를 14.7 : 1로 정확히 유지시킨다.

㉡ 유해 배출가스의 배출을 제어한다.

㉢ 주행 성능을 향상시킨다.

㉣ 연료 소비율 감소 및 엔진의 출력을 향상시킨다.

(2) ECU의 구조 및 작용

① ECU의 구조 : ECU는 중앙처리장치(CPU), 기억장치(Memory), 입·출력장치(I/O) 등으로 구성되어 있으며, 디지털 제어(Digital Control)와 아날로그 제어(Analog Control)를 수행한다.

② ECU의 작동

㉠ ECU의 기본 작동 : 각 센서로부터의 신호들을 기반으로 연료 소비율, 배기가스 수준, 자동차 작동 등이 최적화되도록 결정한다.

㉡ ECU의 페일 세이프(Fail Safe) 작동 : 페일 세이프 작동의 목적은 모든 조건하에서 자동차의 안전하고 신뢰성 있는 작동을 보장하기 위하여 결함이 발생할 때 엔진 가동에 필요한 케이블을 연결하거나 또는 정보 값을 바이패스시켜 대체 값에 의한 엔진 가동이 이루어지도록 한다. 예를 들면 수온 센서에 결함이 있으면 ECU는 흡입공기 온도 센서의 신호에 따라 대체 값을 적용하여 연산한다.

㉢ 센서 입력 신호의 종류

- 센서 입력 신호에는 아날로그 신호와 디지털 신호 2가지가 있다.

[아날로그 신호] [디지털 신호]

- 아날로그 신호는 시간에 대하여 연속적으로 변화한다.
- 디지털 신호는 시간에 대하여 간헐적으로 변화하는 신호이다. 디지털 회로에서 일반적으로 2가지 값의 디지털 신호를 취급한다. 즉 전압을 높고 낮음으로 나누어 이것을 디지털 변수 1과 0(또는 HIGH와 LOW)으로 대응시키며, 신호가 다소 변동되어도 1과 0밖에는 구별하지 않으므로 잡음에 강한 회로가 된다.
- 아날로그 제어회로와 디지털 제어회로의 비교 : 아날로그 입력 신호 그대로는 ECU에서 처리할 수 없으므로 A/D 컨버터에서 아날로그 신호를 디지털 신호로 바꾸어 ECU로 보낸다.

㉣ ECU의 작용

- RAM(Random Access Memory, 일시 기억장치) : RAM은 임의의 기억저장장치에 기억되어 있는 데이터를 읽거나 기억시킬 수 있다. 그러나 RAM은 전원이 차단되면 기억된 데이터가 소멸되므로 처리 도중에 나타나는 일시적인 데이터의 기억저장에 사용된다.
- ROM(Read Only Memory, 영구 기억장치) : ROM은 읽어내기 전문의 메모리이며, 한 번 기억시키면 내용을 변경할 수 없다. 또 전원이 차단되어도 기억이 소멸되지 않으므로 프로그램 또는 고정 데이터의 저장에 사용된다.
- I/O(In Put/Out Put, 입·출력장치) : I/O는 입력과 출력을 조절하는 장치이며, 입·출력포트라고도 한다. 입·출력포트는 외부 센서들의 신호를 입력하고 중앙처리장치(CPU)의 명령을 액추에이터로 출력시킨다.
- 중앙처리장치(CPU ; Central Processing Unit) : CPU는 데이터의 산술 연산이나 논리 연산을 처리하는 연산부, 기억을 일시 저장해 놓는 장소인 일시 기억부, 프로그램 명령, 해독 등을 하는 제어부로 구성되어 있다.

(3) ECU에 의한 제어

ECU에 의한 제어는 분사시기 제어와 분사량 제어로 나누어진다. 분사시기 제어는 점화 코일의 점화 신호와 흡입 공기량 신호를 자료로 기본 분사시간을 만들고 동시에 각 센서로부터의 신호를 자료로 분사시간을 보정하여 인젝터를 작동시키는 최종적인 분사시간을 결정한다.

① **연료 분사시기 제어** : 연료 분사는 모든 실린더가 동시에 크랭크축 1회전에 1회 분사하는 동시분사방식과, 점화 순서에 동기하여 그 실린더의 배기행정 끝 무렵에 분사하는 동기분사방식이 있다. 동기분사방식도 엔진을 시동할 때 및 고부하 영역 등에는 동시분사방식으로 전환하여 분사한다.

㉠ 동기분사(독립분사 또는 순차분사) : 1사이클에 1실린더만 1회 점화시기에 동기하여 배기행정 끝 무렵에 분사하는 방식이다. 즉, 각 실린더의 배기행정에서 인젝터를 구동시키며, 크랭크각 센서의 신호에 동기하여 구동된다. 1번 실린더 상사점 신호는 동기분사의 기준 신호로 이 신호를 검출한 곳에서 크랭크각 센서의 신호와 동기하여 분사가 시작된다.

㉡ 그룹(Group)분사 : 각 실린더에 그룹(1번과 3번 실린더, 2번과 4번 실린더)을 지어 1회 분사할 때 2실린더씩 짝을 지어 분사하는 방식이다.

㉢ 동시분사(또는 비동기분사) : 1회에 모든 실린더에 분사하는 방식이다. 즉, 전 실린더에 동시에 1사이클(크랭크축 1회전에 1회 분사)당 2회 분사한다. 동시분사는 수온 센서, 흡기 온도 센서, 스로틀 위치 센서 등 각종 센서에서 검출한 신호를 ECU로 입력시키면 ECU는 이 신호를 기초로 하여 인젝터 제어 신호를 보냄과 동시에 연료를 분사한다.

② **연료 분사량 제어** : 분사량 제어는 점화 코일의 (−)단자 신호 또는 크랭크각 센서의 신호를 기초로 회전속도 신호를 검출하여 이 신호와 흡입 공기량 신호에 의해 작동시킨다.

㉠ 기본 분사량 제어 : 인젝터는 크랭크각 센서의 출력 신호와 공기 유량 센서의 출력 등을 계측한 ECU의 신호에 의해 인젝터가 구동되며, 분사 횟수는 크랭크각 센서의 신호 및 흡입 공기량에 비례한다.

㉡ 엔진을 크랭킹할 때 분사량 제어 : 엔진을 크랭킹할 때는 시동 성능을 향상시키기 위해 크랭킹 신호(점화스위치 St, 크랭크각 센서, 점화 코일 1차 전류)와 수온 센서의 신호에 의해 연료 분사량을 증량시킨다.

㉢ 엔진 시동 후 분사량 제어 : 엔진을 시동한 직후에는 공전속도를 안정시키기 위해 시동 후에도 일정한 시간 동안 연료를 증량시킨다. 증량비는 크랭킹할 때 최대가 되고, 엔진 시동 후 시간이 흐름에 따라 점차 감소하며, 증량 지속 시간은 냉각수 온도에 따라서 다르다.

㉣ 냉각수 온도에 따른 제어 : 냉각수 온도 80[℃]를 기준(증량비 1)으로 하여 그 이하의 온도에서는 분사량을 증량시키고, 그 이상에서는 기본 분사량으로 분사한다.

㉤ 흡기 온도에 따른 제어 : 흡기 온도 20[℃](증량비 1)를 기준으로 그 이하의 온도에서는 분사량을 증량시키고, 그 이상의 온도에서는 분사량을 감소시킨다.

ⓑ 축전지 전압에 따른 제어 : 인젝터의 분사량은 ECU에서 보내는 분사신호의 시간에 의해 결정되므로 분사시간이 일정하여도 축전지 전압이 낮은 경우에는 인젝터의 기계적 작동이 지연되어 실제 분사시간이 짧아진다. 즉, 축전지 전압이 낮아질 경우에는 ECU는 분사신호의 시간을 연장하여 실제 분사량이 변화하지 않도록 한다.

ⓢ 가속할 때 분사량 제어 : 엔진이 냉각된 상태에서 가속시키면 일시적으로 공연비가 희박해지는 현상을 방지하기 위해 냉각수 온도에 따라서 분사량이 증가하는데 공전스위치가 ON에서 OFF로 바뀌는 순간부터 시작되며, 증량비와 증량 지속시간은 냉각수 온도에 따라서 결정된다. 가속하는 순간에 최대의 증량비가 얻어지고, 시간이 경과함에 따라 증량비가 낮아진다.

ⓞ 엔진의 출력을 증가할 때 분사량 제어 : 엔진의 고부하 영역에서 운전 성능을 향상시키기 위하여 스로틀 밸브가 규정값 이상 열릴 때 분사량을 증량한다. 엔진의 출력을 증가할 때 분사량 증량은 냉각수 온도와는 관계없으며, 스로틀 포지션 센서의 신호에 따라서 조절된다. 즉, 스로틀 포지션 센서의 파워 접점(Power Point)이 ON상태이거나 출력 전압이 높은 경우에는 연료 분사량을 증량한다.

ⓩ 감속할 때 연료분사차단(대시포트 제어) : 스로틀 밸브가 닫혀 공전 스위치가 ON이 될 때 엔진 회전속도가 규정값일 경우에는 연료 분사를 일시 차단한다. 이것은 연료 절감과 탄화수소(HC) 과다 발생 및 촉매 컨버터의 과열을 방지하기 위함이다.

③ 피드백 제어(Feed back Control)

ⓖ 촉매 컨버터가 가장 양호한 정화 능력을 발휘하는 데 필요한 혼합비인 이론 혼합비(14.7 : 1) 부근으로 정확히 유지하여야 한다.

ⓝ 이를 위해서 배기다기관에 설치한 산소센서로 배기가스 중 산소 농도를 검출하고 이것을 ECU로 피드백시켜 연료 분사량을 증감하여 항상 이론 혼합비가 되도록 분사량을 제어한다.

중요 CHECK

피드백 보정

피드백 보정은 운전성, 안전성을 확보하기 위해 실시하며 필요한 경우에는 제어를 정지한다.

- 냉각수 온도가 낮을 때
- 엔진을 시동할 때
- 엔진 시동 후 분사량을 증가시킬 때
- 엔진의 출력을 증대시킬 때
- 연료 공급을 차단할 때(희박 또는 농후 신호가 길게 지속될 때)

④ 점화시기 제어 : 파워 트랜지스터로 ECU에서 공급되는 신호에 의해 점화 코일 1차 전류를 ON, OFF 시켜 점화시기를 제어한다.

⑤ 연료펌프 제어

ⓖ 점화스위치가 ST위치에 놓이면 축전지 전류는 컨트롤 릴레이를 통하여 연료펌프로 흐르게 된다.

ⓝ 엔진 작동 중에는 ECU가 연료펌프 구동 트랜지스터 베이스를 ON으로 유지하여 컨트롤 릴레이 코일을 여자시켜 축전지 전원이 연료펌프로 공급된다.

⑥ **공전속도 제어** : 각 센서의 신호를 기초로 ECU에서 ISC-서보의 구동 신호를 공급하여 ISC-서보가 스로틀 밸브의 열림량을 제어한다.

㉠ 엔진을 시동할 때 제어 : 이때 스로틀 밸브의 열림은 냉각수 온도에 따라 엔진을 시동하기에 가장 적합한 위치로 제어한다.

㉡ 패스트 아이들 제어(Fast Idle Control) : 이때 공전 스위치가 ON되면 엔진 회전 속도는 냉각수 온도에 따라 결정된 회전속도로 제어되며, 공전 스위치가 OFF되면 ISC-서보가 작동하여 스로틀 밸브를 냉각수 온도에 따라 규정된 위치로 제어한다.

㉢ 공전속도 제어 : 이때는 에어컨 스위치가 ON이 되거나 자동 변속기가 N레인지에서 D레인지로 변속될 때 등 부하에 따라 공전속도를 ECU의 신호에 의해 ISC-서보를 확장 위치로 회전시켜 규정 회전속도까지 증가시킨다. 또 동력 조향장치의 오일 압력 스위치가 ON이 되어도 마찬가지로 증속시킨다.

㉣ 대시 포트 제어(Dash Port Control) : 이 장치는 엔진을 감속할 때 연료 공급을 일시 차단시킴과 동시에 충격을 방지하기 위해서 감속 조건에 따라 대시 포트를 제어한다.

㉤ 에어컨 릴레이 제어 : 엔진이 공회전할 때 에어컨 스위치가 ON되면 ISC-서보가 작동하여 엔진의 회전속도를 증가시킨다. 그러나 엔진의 회전속도가 실제로 증가되기 전에 약간의 지연이 있다. 이렇게 지연되는 동안에 에어컨 부하에서 엔진 회전속도를 적절히 유지시키기 위해 ECU는 파워 트랜지스터를 약 0.5초 동안 OFF시켜 에어컨 릴레이 회로를 개방한다. 이에 따라 에어컨 스위치가 ON이 되더라도 에어컨 압축기가 즉시 구동되지 않으므로 엔진 회전속도 강하가 일어나지 않는다.

(4) 자기 진단 기능

① ECU는 엔진의 여러 부분에 입·출력 신호를 보내게 되는데 비정상적인 신호가 처음 보내질 때부터 특정 시간 이상이 지나면 ECU는 비정상이 발생한 것으로 판단하고 고장 코드를 기억한 후 신호를 자기진단 출력 단자와 계기판의 엔진 점검 램프로 보낸다.

② 점화스위치를 ON으로 한 후 15초가 경과하면 ECU에 기억된 내용이 계기판에 엔진 점검 램프로 출력되며, 정상이면 점화스위치를 ON으로 한 후 5초 후에 점검 램프가 소등된다.

③ 이때 비정상(고장)인 항목이 있으면 점화스위치를 ON으로 한 후 15초 동안 점등되어 있다가 3초 동안 소등된 후 고장 코드가 순차적으로 출력된다.

(5) ECU로 입력되는 신호(각종 센서와 신호 장치)

① **공기유량센서(AFS)** : 흡입 공기량을 검출하여 ECU로 흡입 공기량 신호를 보내면 ECU는 이 신호를 기초로 하여 기본 연료 분사량을 결정한다.

② **흡기 온도 센서(ATS)** : 흡입되는 공기 온도를 ECU로 입력하면 ECU는 흡기 온도에 따라 필요한 연료 분사량을 조절한다.

③ **수온 센서(WTS, CTS)** : 엔진의 냉각수 온도 변화에 따라 저항값이 변화하는 부특성(NTC)서미스터이다. 냉각수 온도가 상승하면 저항값이 낮아지고, 냉각수 온도가 낮아지면 저항값이 높아진다.

④ **스로틀 위치 센서(TPS)** : 스로틀 밸브축이 회전하면 출력 전압이 변화하여 ECU로 입력하면 ECU는 이 전압 변화를 기초로 하여 엔진 회전 상태를 판정하고 감속 및 가속 상태에 따른 연료 분사량을 결정한다.

⑤ **공전 스위치** : 엔진의 공전 상태를 검출하여 ECU로 입력한다.

⑥ **1번 실린더 TDC 센서** : 1번 실린더의 압축 상사점을 검출하여 이를 펄스 신호로 변환하여 ECU로 입력하면 ECU는 이 신호를 기초로 하여 연료 분사순서를 결정한다.

⑦ **크랭크각 센서(CAS)** : 각 실린더의 크랭크각(피스톤 위치)의 위치를 검출하여 이를 펄스 신호로 변환하여 ECU로 보내면 ECU는 이 신호를 기초로 하여 엔진 회전속도를 계측하고 연료 분사시기와 점화시기를 결정한다.

⑧ **산소센서(O_2 센서)** : 배기가스 내의 산소 농도를 검출하여 이를 전압으로 변환하여 ECU로 입력하면 ECU는 이 신호를 기초로 하여 연료 분사량을 조절하여 이론 공연비로 유지하고 EGR밸브를 작동시켜 피드백시킨다.

⑨ **차속센서(VSS)** : 리드 스위치를 이용하여 트랜스 액슬 기어의 회전을 펄스 신호로 변환하여 ECU로 보내면 ECU는 이 신호를 기초로 하여 공전속도 등을 조절한다.

⑩ **모터 포지션 센서(MPS)** : ISC-서보의 위치를 검출하여 ECU로 보내면 ECU는 이 신호를 기초로 하여 엔진의 공전속도를 조절한다.

⑪ **동력 조향장치 오일 압력 스위치** : 동력 조향장치의 부하 여부를 전압의 고저로 바꾸어 ECU로 보내면 ECU는 이 신호를 이용하여 ISC-서보를 작동시켜 엔진의 공전속도를 조절한다.

⑫ **점화장치 St와 인히비터 스위치** : 점화스위치 St는 엔진이 크랭킹되고 있는 동안 높은 신호를 ECU로 입력하며, ECU는 이 신호에 의하여 엔진을 시동할 때의 연료 분사량을 조절한다. 즉, 점화스위치가 St 위에 놓이면 크랭킹할 때 축전지 전압이 점화스위치와 인히비터 스위치를 통하여 ECU로 입력되며, ECU는 엔진이 크랭킹 중인 것을 검출한다. 또 자동변속기의 변속 레버가 P 또는 N 레인지 이외에 있는 경우 축전지 전압은 ECU로 입력되지 않는다. 인히비터 스위치는 변속 레버의 위치를 전압의 고저로 변환하여 ECU로 입력시키면 ECU는 이 신호를 이용해 ISC-서보를 작동시켜 엔진의 공전속도를 조절한다.

⑬ **에어컨 스위치와 릴레이** : 점화스위치가 ON되면 에어컨 스위치는 ECU에 축전지 전압이 가해지도록 하며 ECU는 ISC-서보를 구동시키며, 동시에 에어컨 릴레이를 작동시켜 에어컨 압축기 클러치로 전원을 공급한다.

⑭ **컨트롤 릴레이와 점화스위치 IG** : 점화스위치가 ON이 되면 축전지 전압은 점화스위치에서 ECU로 흐르게 되며, 또 컨트롤 릴레이 코일에도 공급되어 컨트롤 릴레이 스위치가 ON으로 되어 ECU에 전원이 공급된다.

6. 액추에이터(Actuator)

액추에이터는 센서와 반대로 유량, 구동 전류, 전기 에너지 등 물리량을 마이크로 ECU의 출력인 전기 신호를 이용하여 발생시키는 것이다. 자동차에서 쓰이는 액추에이터 종류 역시 다양한 형태의 물리량을 요구하며 이를 위해 출력처리회로가 필요한 것이다.

(1) 액추에이터의 구성

ECU에서 사용하는 기본적인 액추에이터는 다음과 같이 연료 인젝터, 점화 시기 및 공회전을 조절 기능 등으로 크게 구별할 수 있다.

① **연료 인젝터** : 연료 공급량을 조절한다.

② **점화장치(코일)** : 혼합기의 연소가 제대로 되도록 점화시기를 조절한다.

③ **공전속도 조절 장치** : 공회전 시 공기량을 제어한다.

④ **퍼지컨트롤 솔레노이드 밸브(PCSV)** : 캐니스터 내의 연료증발가스를 적절한 시기에 연소실로 보내 연소시킨다.

⑤ **EGR 컨트롤 솔레노이드 밸브** : 배기가스를 적절한 시기에 흡기라인으로 재순환하여 연소 시 연소온도를 낮추어 NO_X의 생성을 억제한다.

(2) 연료 인젝터(Fuel Injector)

① 연료 인젝터

㉠ 연료 인젝터는 전기적 신호(Injection Pulse Width)만큼의 연료량을 공급하는 역할을 한다.

㉡ 연료 인젝터를 이해하기 위해서는 전자 제어 엔진의 연료 공급계(Fuel Supply System)에 대해 먼저 알아야 한다.

② 연료계의 경로

㉠ 연료는 연료계를 구성하는 다음의 경로에 따라 엔진 작동 중 계속 회전한다.

연료탱크 → 연료펌프 → 연료여과기 → 연료레일(딜리버리 파이프) → 인젝터 → 연료압력 레귤레이터 → 리턴라인 → 연료탱크

- 전원 전압 : 발전기에서 발생되는 전압(13.8~14.4[V] 정도)이다.
- 접지하는 순간 : ECU 내부의 있는 인젝터 구동 TR이 작동하여 접지시키는 순간(0~1[V])이며 인젝터 내의 코일이 자화되어 니들밸브가 열리기 위해 준비하고 있는 상태이다.
- 접지 전압 : 인젝터에서 연료가 분사되고 있는 구간(0.8[V] 이하)으로 접지 전압이 상승하면 인젝터에서 ECU까지 저항이 있는 것으로 판단하고 커넥터의 접촉상태를 점검한다.
- 서지 전압 : 서지 전압 발생구간으로 서지 전압(60~80[V])이 낮으면 전원과 접지의 불량, 인젝터 내부의 문제로 볼 수 있다.

③ 연료레일

㉠ 연료레일은 딜리버리 파이프라고도 하며 인젝터와 연료 압력 조정기(Fuel Regulator)가 장착되는 곳이다.

㉡ 연료압력 레귤레이터는 정확한 연료 공급을 위해 연료압을 일정 압력(300[kPa]) 정도로 유지하는 역할을 한다.

(3) 점화 장치(Ignition System)

① 점화계의 역할

㉠ 엔진 상태에 따른 최적의 점화 시기에 혼합기의 연소가 이루어지도록 하여 최고의 출력을 얻는다(점화시기제어).

㉡ 정상적인 연소가 가능한 전기 에너지를 확보한다(드웰시간 제어).

② 점화계의 액추에이터의 구성

㉠ 점화계의 액추에이터 부분은 배터리, 파워트랜지스터(ECU로부터 점화 시기 및 Dwell 제어 신호를 받는 부분), 점화코일, 배전기, 점화플러그 등으로 구성된다.

㉡ 최근에는 배전기 없이 각각의 실린더를 직접 제어하는 DLI(Distributer Less Ignition) System이 보편화되고 있다.

(4) 공전속도 조절기(Idle Speed Controller) : 공전속도 조절기는 엔진이 공전 상태일 때 부하에 따라 안정된 공전속도를 유지하게 하는 장치이며, 그 종류에는 ISC-서보 방식, 스텝 모터 방식, 에어 밸브 방식 등이 있다.

① ISC-SERVO : 공전속도 조절 모터, 웜기어(Worm Gear), 웜휠(Worm Wheel) 모터 포지션 센서(MPS), 공전 스위치 등으로 구성되어 있다. 작동은 공전속도 조절 모터 축에 설치되어 있는 공전속도 조절 모터가 ECU의 신호에 의해서 회전하면 모터의 회전 방향에 따라 웜휠이 회전하여 플런저를 상하 직선 운동으로 바꾸어 공전속도 조절 레버를 작동시켜 스로틀 밸브의 열림 정도를 변화시켜 공전 속도를 조절한다.

㉠ 모터 포지션 센서(MPS ; Motor Position Sensor) : 가변 저항식이며, ISC-서보 내에 설치되어 있다. 모터 포지션 센서의 슬라이딩 핀(Sliding Pin)은 플런저 끝부분에 접촉되어 플런저가 작동할 때 센서의 내부 저항이 변화하므로 출력 전압이 변화한다. 모터 포지션 센서에서 ISC-서보 플런저의 위치를 검출한 신호를 ECU로 보내면 ECU는 공전 신호, 냉각수 온도, 부하 신호(에어컨), 모터 포지션 센서의 신호 및 주행속도 신호를 연산하여 스로틀 밸브의 개도를 엔진 가동 조건에 알맞은 공전속도로 조절한다.

㉡ 공전 스위치 : 엔진이 공전 상태임을 검출한 신호를 ECU로 보내어 ISC-서보를 작동시킨다. 공전 스위치는 접점 방식이며, ISC-서보의 끝부분에 설치되어 스로틀 밸브가 닫혀 공전 상태가 되면 공전 속도 조절 레버에 의해 푸시핀(Push Pin)이 눌려 접점이 ON상태가 되고, 스로틀 밸브가 열려 엔진 회전속도가 증가하면 스프링 장력에 의해 OFF되므로 공전 여부를 감지하게 된다.

② 스텝 모터 방식(Step Motor Type)

㉠ 스로틀 밸브를 바이패스하는 통로에 설치되어 흡입 공기량을 제어하여 공전속도를 조절하도록 되어 있다. 즉, 엔진이 공전하는 상태에서 부하에 의한 엔진 부조 현상을 방지하기 위해 흡입되는 공기량을 증가시켜 주는 것이며, 엔진의 부하에 따라 단계적으로 스텝 모터가 작동되어 엔진을 최적의 상태로 유지한다.

㉡ 전체 구성은 스텝 모터를 비롯하여 FIAV(Fast Idle Air Valve) 및 SAS(Speed Adjust Screw) 등으로 구성되어 있다.

③ 아이들 스피드 액추에이터(ISA ; Idle Speed Actuator)

㉠ 엔진에 부하가 가해지면 ECU는 안정성을 확보하기 위해 아이들 스피드 액추에이터의 솔레노이드 코일에 흐르는 전류를 듀티 제어하여 밸브 내의 솔레노이드 밸브에 발생하는 전자력과 스프링 장력이 서로 평형을 이루는 위치까지 밸브를 이동시켜 공기 통로의 단면적을 제어하는 전자 밸브이다.

㉡ 내부에는 전기자와 서로 반대 방향으로 2개의 코일을 감아 통전될 때 열고, 닫힘을 조정할 수 있도록 구성되어 있으며, 제어하지 않을 때에는 스프링 장력에 의해 항상 일정량의 열림 정도를 유지한다.

㉢ ECU에서 열림 및 닫힘 신호가 아이들 스피드 액추에이터에 전달되면 밸브 축을 중심으로 하여 로터리 밸브가 회전하며, 그 회전량에 따라 바이패스되는 공기량이 결정된다. 이때 ECU는 다음 표에 나타낸 것과 같이 각종 엔진의 상태를 고려하여 듀티량을 계산한다.

[각종 엔진 상태에 따른 ISA의 듀티양]

제어 기능	듀티율[%]
공전할 때	30~23
미등 ON일 때	32~33
에어컨 스위치 ON일 때	33~35
대시 포트일 때	최대 55
패스트 아이들(냉각수 온도 20[℃])일 때	45~47

④ 에어 밸브 방식(Air Valve Type)

㉠ 바이메탈형 에어 밸브(Bimetal Type Air Valve)

- 엔진이 가동되어 난기 운전이 되기 전까지 에어 밸브 내에 설치된 게이트 밸브(Gate Valve)가 바이메탈의 수축 작용으로 열려 있기 때문에 엔진의 흡입행정에 의한 메저링 플레이트에 진공이 크게 작용한다.

• 메저링 플레이트가 많이 열려 흡입 공기량이 증가하고, 동시에 ECU에서도 연료 분사량이 증가하므로 엔진 회전속도가 증가한다.
• 엔진이 난기 운전이 완료된 후 게이트 밸브와 연결된 열선에 전원이 연결되어 가열되면 바이메탈이 팽창하여 게이트 밸브가 닫히므로 엔진은 공전 상태로 회복된다.

ⓛ 서모 왁스형 에어 밸브(Thermo Wax Type Air Valve)

• 엔진의 냉각수 온도에 의해 수축 및 팽창하는 특성을 이용하는 것이다.
• 냉각수 온도가 낮을 때는 서모 왁스가 수축되어 있으며, 게이트 밸브는 스프링의 장력으로 열려 흡입 공기가 바이패스 통로를 통하여 흡입되므로 엔진 회전속도가 상승한다.
• 엔진의 회전속도가 상승함에 따라 서모 왁스가 팽창하여 게이트 밸브는 천천히 닫혀 엔진 회전속도가 공전 상태로 된다.
• 엔진의 난기 운전이 완료된 후에는 게이트밸브가 완전히 닫히므로 공전 속도를 유지한다.

CHAPTER

04 적중예상문제

01 직류 전동기에서 전기차코일과 계자코일을 병렬로 연결하여 사용하는 것은 다음 중 무엇인가?

㉮ 직권식 전동기
㉯ 분권식 전동기
㉰ 복권식 전동기
㉱ 페라이트 자석식 전동기

02 전자제어 연료분사장치가 설치된 엔진에서 아이들 중 흡입구를 손으로 일부 폐쇄하면 O_2 센서의 출력은 순간적으로 어떻게 되는가?

㉮ 출력이 증가한다.
㉯ 출력이 감소한다.
㉰ 출력이 변화없다.
㉱ 출력이 순간적으로 감소하다가 상승한다.

해설 지르코니아 타입의 산소 센서는 배기가스 중 산소농도와 대기 중 산소농도의 분압차를 이용하여 자체 기전력을 발생하는 센서로 연소실의 혼합기가 농후할 경우 1[V]에 가까운 기전력을, 연소실의 혼합기가 희박할 경우 0.1[V]에 가까운 기전력을 출력하며 이 값을 피드백을 통하여 연료분사 보정량의 신호로 사용된다.
티타니아 타입의 산소 센서는 산소농도에 따른 내부저항의 변화를 통하여 출력되는 기전력으로 혼합기를 판단하며 연소실이 농후할 경우 1[V]에 가까운 전압이, 희박할 경우 5[V]에 가까운 전압이 출력된다.

03 라디에이터에 부은 물의 양은 1.96[L]이고 동형의 신품 라디에이터에 2.8[L]의 물이 들어갈 수 있다면, 이때 라디에이터 코어의 막힘은 몇 [%]인가?

㉮ 42[%] ㉯ 20[%]
㉰ 25[%] ㉱ 30[%]

해설 라디에이터 코어 막힘률[%]$=\dfrac{\text{신품용량}-\text{구품용량}}{\text{신품용량}}\times100$으로 산출하며 막힘률이 20[%] 이상 시 신품으로 교체한다.

$\therefore \dfrac{2.8-1.96}{2.8}\times100=30[\%]$

1 ㉯ 2 ㉮ 3 ㉱ 정답

04 1,500[rpm]일 때 혼합기가 점화하여 폭발할 때까지 1/600초 걸리면 상사점에서 폭발시키기 위해서는 상사점 몇 도에 도달하기 전에 점화하면 되는가?

㉮ 10° ㉯ 15°
㉰ 20° ㉱ 25°

해설 $CA = 6RT = 6 \times 1{,}500 \times \frac{1}{600} = 15°$

05 다음 중 전자제어 연료 분사장치의 페일세이프(Fail Safe)기능이 적용되지 않는 부품은?

㉮ O_2 센서
㉯ 냉각수온 센서
㉰ 흡기온 센서
㉱ TDC 센서

해설 페일세이프 기능은 고장 시 대체값을 사용하거나 임의로 센서 값을 고정하여 시스템에 큰 이상이 발생하지 않도록 제어하는 고장 시 대체 기능이다. 산소 센서, 흡기온 센서, 냉각수온 센서 등은 페일세이프 기능이 있으나 크랭크축 위치센서 및 TDC 센서 등은 이러한 기능이 없다. 따라서 이러한 센서 고장 시 시동이 불가능하다.
그러나 현재 양산되는 차종은 크랭크 포지션 센서가 고장 시 캠 위치 센서로 대체값을 입력 받아 시동이 가능하도록 되어 있다. 이러한 고장 시 시동이 약간 지연되어 걸리게 된다.

06 CDI(Condenser Discharge Ignition) 점화장치에 대한 설명 중 옳은 것은?

㉮ 점화코일의 1차 전압을 바로 점화불꽃으로 이용한다.
㉯ 점화코일의 2차 전압을 축전기에서 다시 점화 불꽃으로 이용한다.
㉰ 직류 전압을 축전기에 충전하였다가 SCR에 의해 순간적으로 점화코일의 1차에 가해 2차 측에 고압을 일으키게 한다.
㉱ 트랜지스터를 이용하여 축전기의 전압을 2차의 유도전압에 가하여 50,000[V] 이상의 전압을 일으키게 한다.

해설 CDI 점화장치는 콘덴서 충전방식으로 직류 전압을 축전기에 충전하였다가 SCR에 의해 순간적으로 점화코일의 1차에 가해 2차 측에 고압을 일으키게 한다.

정답 4 ㉯ 5 ㉱ 6 ㉰

07 고에너지 점화방식(HEI ; High Energy Ignition)에서 점화시기의 진각은 무엇에 의해 이루어지는가?

㉮ 원심진각 장치
㉯ 진공진각 장치
㉰ ECU(Electric Control Unit)
㉱ 파워 트랜지스터

해설 고에너지식 점화장치는 폐자로형 점화코일을 이용하여 엔진제어 유닛(ECU)으로부터 점화시기를 제어받는다.

08 연료가 자기착화하는 최저온도를 무엇이라 하는가?

㉮ 연소점
㉯ 가연한계
㉰ 인화점
㉱ 발화점

해설 연료가 외부의 온도로부터 스스로 발화되는 것을 자기착화점 또는 발화점이라 하고, 점화원에 의해서 발화가 되는 점을 인화점이라 한다.

09 점화플러그의 자기청정온도의 범위는?

㉮ 200 ~ 600[℃]
㉯ 400 ~ 850[℃]
㉰ 600 ~ 1,000[℃]
㉱ 900 ~ 1,200[℃]

10 점화시기를 정하는 데 있어 고려하여야 할 사항으로 틀린 것은?

㉮ 연소가 등간격으로 일어나야 한다.
㉯ 크랭크축에 비틀림진동이 일어나지 않게 한다.
㉰ 혼합기가 각 실린더에 균일하게 분배되게 한다.
㉱ 인접한 실린더가 연이어 점화되게 한다.

해설 점화시기를 정하는 경우 고려할 사항은 실린더 간 연소가 같은 간격으로 일어나야 하고, 비틀림 진동이 일어나지 않아야 하며 인접한 실린더가 연이어 점화되지 않도록 설계한다. 인접한 실린더가 연이어 점화할 경우 이상 진동 및 동력 발생 측면에서 좋지 못한 영향을 초래한다.

11 DLI(Distributor Less Ignition) 점화방식에서 점화시기를 결정하는 데 기본이 되는 것은?

㉮ 파워트랜지스터
㉯ 크랭크각 감지기
㉰ 발광다이오드
㉱ 시그널로터

해설 전자제어 DLI 점화방식에서 점화시기는 크랭크 위치 센서의 신호를 기반으로 설정된다.

7 ㉰ 8 ㉱ 9 ㉯ 10 ㉱ 11 ㉯ **정답**

12 기본 점화시기 및 연료 분사시기와 밀접한 관계가 있는 센서는?

㉮ 수온 센서

㉯ 대기압 센서

㉰ 크랭크각 센서

㉱ 흡기온 센서

해설 기본연료량과 분사시기 및 점화시기는 크랭크 포지션 센서와 흡입공기량 센서의 신호를 기반으로 설정된다.

13 전자제어 연료분사 차량의 센서 중에서 기관 작동 중일 때 기본연료 분사시간과 관계가 없는 것은?

㉮ 수온 센서(Water Thermo Sensor)

㉯ 엔진회전수(rpm)

㉰ 공기량 센서(Air Flow Sensor)

㉱ 산소 센서(O_2 Sensor)

해설 산소 센서는 배기가스 중의 산소농도를 파악하여 연료 분사량 보정신호로 사용된다.

14 점식 점화장치와 비교한 트랜지스터 점화방식의 장점이다. 관계가 없는 것은?

㉮ 접점의 소손이나 전기손실이 없다.

㉯ 점화코일이 없어 비교적 구조가 간단하다.

㉰ 고속에서도 비교적 점화에너지 확보가 쉽다.

㉱ 고속에서도 2차 전압이 급격히 저하되는 일이 없다.

해설 모든 점화장치에는 점화코일이 있다.

15 무배전기 점화장치(DLI)에서 동시점화 방식에 대한 설명으로 틀린 것은?

㉮ 압축과정 실린더와 배기과정 실린더가 동시에 점화된다.

㉯ 배기되는 실린더에 점화되는 불꽃은 압축하는 실린더의 불꽃에 비해 약하다.

㉰ 두 실린더에 병렬로 연결되어 동시 점화되므로 불꽃에 차이가 나면 고장난 것이다.

㉱ 점화코일이 2개이므로 파워 트랜지스터도 2개로 구성되어있다.

해설 무배전기 점화장치는 위상이 같은 두 개의 실린더 동시에 점화불꽃이 형성되며 압축행정에 해당하는 실린더의 점화불꽃이 더 강하게 일어난다. 또한 점화코일의 개수에 따라 파워 TR의 개수도 정해지며 점화플러그에 스파크 저항특성이 강한 백금점화플러그 등을 사용하여 수명을 연장시킨다.

정답 12 ㉰ 13 ㉱ 14 ㉯ 15 ㉰

16 점화플러그에 대한 설명으로 틀린 것은?

㉮ 열가는 점화플러스의 열방산 정도를 수치로 나타내는 것이다.

㉯ 방열효과가 낮은 특성의 플러그를 열형 플러그라고 한다.

㉰ 전극의 온도가 자기청정온도 이하가 되면 실화가 발생한다.

㉱ 고부하 고속회전이 많은 기관에서는 열형 플러그를 사용하는 것이 좋다.

해설 점화플러그는 자기청정온도(400~800[℃])를 유지하기 위해 엔진의 부하에 따라 각각 다른 열가의 점화플러그를 장착해야 한다. 저속저부하 엔진의 경우 열형 점화플러그를 적용하고 고속고부하 엔진의 경우 냉각 성능이 우수한 냉형 점화플러그를 적용해야 한다.

17 타이밍 라이트를 사용하여 초기 점화시기를 확인하는 방법에 대한 설명으로 옳은 것은?

㉮ 공회전 상태에서 타이밍 표시를 확인한다.

㉯ 점화시기 점검은 1,500[rpm] 부근에서 한다.

㉰ 3번 플러그 케이블에 타이밍 라이트를 설치한다.

㉱ 크랭크 풀리의 타이밍 표시가 일치하지 않을 때는 타이밍 벨트를 교환한다.

18 엔진 온도가 규정온도 이하일 때 배기가스에 나타나는 현상으로 올바른 것은?

㉮ CO와 HC 발생량이 증가한다.

㉯ NO_x 발생량이 증가한다.

㉰ CO와 HC 발생량이 감소한다.

㉱ CO, HC, NO_x 모두 증가한다.

해설 엔진온도가 규정 이하일 경우 엔진의 웜업 시간을 단축하기 위하여 연료가 증량 공급되며, 이에 따라 CO, HC가 증가한다.

19 가솔린 자동차에서 연료 증발가스 제어장치 중 차콜 캐니스터의 역할은?

㉮ 질소산화물의 배출량을 감소시킨다.

㉯ 공전 시 및 워밍업 시에 원활하게 작동하는 장치다.

㉰ 연료 증발가스를 대기로 방출시키는 장치다.

㉱ 연료탱크 내의 증발가스를 포집한다.

해설 **차콜 캐니스터** : 활성탄 저장 방식으로 연료 탱크의 증발가스를 포집

16 ㉱ 17 ㉮ 18 ㉮ 19 ㉱ **정답**

20 전자제어식 가솔린 엔진의 점화시기 제어에 대한 설명 중 옳은 것은?

㉮ 연소에 의한 최대 연소압력 발생점이 상사점 직후에 있도록 제어한다.
㉯ 점화시기와 노킹 발생은 무관하다.
㉰ 연소에 의한 최대 연소압력 발생점이 상사점 직전에 있도록 제어한다.
㉱ 연소에 의한 최대 연소압력 발생점은 하사점과 일치하도록 제어한다.

해설 연소에 의한 최대 폭발압력점은 상사점 후(ATDC) 13~15° 부근이며, 이 지점을 가변적인 RPM에서 맞추기 위해 점화시기를 제어한다. 즉, RPM이 상승하여 피스톤의 운동이 빨라지면 점화시기를 진각시키고 RPM이 낮아지면 점화시기를 지각시켜 항상 최대폭발 압력점에서 크랭크축이 폭발 에너지를 받도록 제어한다.

21 전자제어 엔진에서 흡입하는 공기량 측정 방법이 아닌 것은?

㉮ 스로틀 밸브 열림각
㉯ 피스톤 직경
㉰ 흡기 다기관 부압
㉱ 엔진 회전속도

해설 전자제어 엔진에서 흡입공기량의 결정방법은 스로틀 밸브의 개도율, 흡기 다기관의 진공부압, 엔진의 RPM이다.

22 전자제어 기관의 연료분사 제어방식 중 점화순서에 따라 순차적으로 분사되는 방식은?

㉮ 동시분사 방식
㉯ 그룹분사 방식
㉰ 독립분사 방식
㉱ 간헐분사 방식

해설 ㉰ 동기분사(독립분사, 순차분사) : 크랭크 축이 2회전할 때마다 점화순서에 의하여 배기 행정 시에 연료를 분사
㉮ 동시분사(비동기 분사) : 모든 인젝터에 연료 분사 신호를 동시에 공급하여 연료를 분사
㉯ 그룹분사 : 인젝터 수의 1/2씩 짝을 지어 분사

정답 20 ㉮ 21 ㉯ 22 ㉰

23 전자제어 가솔린 분사장치에서 인젝터밸브의 기본 개변시간을 결정하는 데 이용되는 정보가 아닌 것은?

㉮ 유온 센서 ㉯ 흡입공기량 신호
㉰ 수온 신호 ㉱ 엔진 회전수

해설 엔진의 연료 분사량에 관여하는 센서는 흡입공기량 센서, 수온 센서, RPM, 스로틀 위치 센서, 산소 센서 등이 있으며, 기본연료 분사량의 중요한 신호는 흡입공기량 센서와 엔진 회전수 신호이다.

24 전자제어 엔진의 흡입 공기량 검출에서 MAP센서를 사용하고 있다. 진공도가 크면 출력 전압값이 어떻게 변하는가?

㉮ 낮아진다. ㉯ 높아진다.
㉰ 낮아지다 갑자기 높아진다. ㉱ 높아지다 갑자기 낮아진다.

해설 MAP 센서는 흡기 다기관의 진공도를 계측하여 흡입공기량을 간접계측 하는 D-제트로닉 방식으로 진공도가 클수록 전압이 낮아지며(1[V]), 대기압에 가까울수록 높은 전압(4.9[V])을 출력한다.

25 전자제어식 가솔린 분사장치에서 운전조건에 따른 연료 보정량을 결정하는 데 가장 관계가 적은 장치는?

㉮ 에어플로미터 ㉯ 흡기온 센서
㉰ 수온 센서 ㉱ 스로틀 포지션 센서

해설 연료분사 보정량의 신호로는 스로틀 위치 센서, 수온 센서, 흡기온 센서, 대기압 센서, 산소 센서 등이 있으며, 기본분사량의 신호로는 흡입공기량 센서(에어플로 센서), 크랭크 위치 센서(RPM)가 있다.

26 전자제어 연료분사장치 엔진의 특성에 관한 설명으로서 관계가 없는 것은?

㉮ 엔진의 응답성이 좋다.
㉯ 실린더의 혼합기 분배가 균일하다.
㉰ 연료계통의 제어 구조가 간단하다.
㉱ 컴퓨터를 사용하기 때문에 출력이 좋다.

해설 전자제어 연료분사장치는 엔진 운전조건에 따른 정밀한 연료 제어를 실현하기 위해 부품 및 제어장치들이 복잡하다.

23 ㉮ 24 ㉮ 25 ㉮ 26 ㉰ **정답**

27 전자제어 엔진에서 냉각수온이 20[℃] 이하일 때 냉각수온값으로 대치되지만 냉각수온이 20[℃] 이상일 때 ECU에서 흡기온도를 20[℃]로 고정시키는 기능은?

㉮ 자기진단　　㉯ 고장진단
㉰ 페일세이프　　㉱ 피드백

해설 페일세이프 기능은 센서의 고장 시 대체값을 적용하거나 기준값을 설정하여 적용하는 것으로 시스템의 작동에 큰 문제가 발생하지 않도록 제어하는 기능을 말한다. 예를 들어 초기 냉간시동 시 냉각수온 센서가 고장이라면 흡기온 센서의 신호를 기반으로 냉각수온을 설정하고 시동 후 일정시간이 경과되면 ECU의 로직에 따라 냉각수온을 정상적으로 판단하게 된다.

28 전자제어 가솔린 기관에서 사용되는 센서 중 흡기온도 센서에 대한 내용으로 틀린 것은?

㉮ 온도에 따라 저항값이 보통 1~15[kΩ] 정도 변화되는 NTC형 서미스터를 주로 사용한다.
㉯ 엔진 시동과 직접 관련되며 흡입공기량과 함께 기본 분사량을 결정하게 해 주는 센서이다.
㉰ 온도에 따라 달라지는 흡입 공기밀도 차이를 보정하여 최적의 공연비가 되도록 한다.
㉱ 흡기온도가 낮을수록 공연비는 증가된다.

해설 흡기온도가 낮으면 분사량은 증가(공연비 감소)한다.

29 전자제어 가솔린 기관에서 급가속 시 연료를 분사할 때 어떻게 하는가?

㉮ 동기분사　　㉯ 순차분사
㉰ 비동기분사　　㉱ 간헐분사

해설 급가속 시에는 동시분사를 하는데 동시분사는 비동기분사(동시, 그룹)에 속한다.

30 다음 중 전자제어 가솔린엔진에서 EGR 제어영역으로 가장 타당한 것은?

㉮ 공회전 시
㉯ 냉각수 온도 약 65[℃] 미만, 중속, 중부하 영역
㉰ 냉각수 온도 약 65[℃] 이상, 중속, 중부하 영역
㉱ 냉각수 온도 약 65[℃] 이상, 고속, 고부하 영역

해설 EGR 시스템은 배기가스를 재순환하여 흡기로 보내 연소 시 연소실의 온도를 저하시켜 질소산화물의 생성을 억제하는 기능을 갖는다. 이러한 EGR 제어는 엔진의 웜업이 끝나고 토크 특성이 우수한 중속영역에서 작동하게 된다. 만일 저속 및 고속영역에서 열려 배기가스를 재순환시키면 엔진의 부조 및 출력 성능의 저하를 초래할 수 있다.

정답 27 ㉰ 28 ㉱ 29 ㉰ 30 ㉰

31 전자제어 가솔린 연료 분사장치에서 흡입공기량과 엔진회전수의 입력만으로 결정되는 분사량은?

㉮ 부분부하 운전 분사량　　㉯ 기본 분사량

㉰ 엔진시동 분사량　　㉱ 연료차단 분사량

해설 전자제어 엔진에서 흡입공기량과 엔진회전수로 결정되는 것은 연료 기본 분사량이다.

32 MPI 전자제어 엔진에서 연료분사 방식에 의한 분류에 속하지 않는 것은?

㉮ 독립분사 방식　　㉯ 동시분사 방식

㉰ 그룹분사 방식　　㉱ 혼성분사 방식

해설 연료의 분사방식에는 독립분사, 그룹분사, 동시분사가 있다.

33 전자제어 엔진의 목적으로 가장 부적합한 것은?

㉮ 필요한 만큼의 출력 발생

㉯ 압축비의 증대

㉰ 불안전 연소를 없애고 운전성 향상

㉱ 노킹 상태를 회피

해설 압축비의 증대는 연소실의 체적 변화 및 과급 등을 통하여 이루어지는 것으로 전자제어 엔진의 목적이 아니다.

34 전자제어 기관에서 급가속 시 점화시기는 어떻게 변하는가?

㉮ 초기 점화시기로 된다.　　㉯ 지각되다가 곧바로 진각된다.

㉰ 페일세이프를 제어한다.　　㉱ ECU가 고정시킨다.

해설 전자제어 점화장치는 엔진회전수에 따라 점화시기를 제어하며 RPM이 높아질수록 점화시기를 진각시킨다.

35 전자제어 연료분사 방식의 연료압력 조절에 관한 사항 중 틀린 것은?

㉮ 연료압력 조절기는 흡기 다기관의 진공에 의해 조정된다.

㉯ 연료압력 조정은 규정 압력을 기준으로 하여 기관의 운전 영역에 따라 조정한다.

㉰ 연료압력 조절기는 흡기 다기관의 진공이 커지면 연료 라인의 분사압을 낮춘다.

㉱ 연료압력은 기관의 어떤 운전 영역에서나 동일하므로 연료압력 조정은 불필요하다.

해설 연료압력 조절기는 엔진의 부하(회전수)에 따라 흡기 다기관의 진공압을 이용하여 연료의 리턴 양을 결정하고 연료 파이프 내의 압력을 조절하여 항상 일정한 압력이 형성될 수 있도록 제어한다.

31 ㉯ 32 ㉱ 33 ㉯ 34 ㉯ 35 ㉱ **정답**

36 **전자제어 차량의 ECU에서 연료분사 신호를 출력하면 인젝터에서는 바로 연료를 분사하지 못하고 약간의 지연시간을 거쳐 연료를 분사하게 되는데 이것을 무효 분사시간이라 한다. 이 무효 분사시간의 발생 요인이 아닌 것은?**

㉮ 배터리 전압 크기 ㉯ 인젝터 코일의 인덕턴스
㉰ 인젝터 니들 밸브 무게 ㉱ 연료 분사시간

해설 무효 분사시간은 배터리 전압, 솔레노이드 코일의 인덕턴스, 인젝터의 니들 밸브의 무게의 영향을 받는다.

37 **전자제어 연료분사 엔진에서 수온 센서가 보정하는 영역에서 특히 중요한 역할을 하는 시기는?**

㉮ 냉간 시동에서 웜업까지 ㉯ 웜업 이후
㉰ 고속 고부하 시 ㉱ 가감속 시

해설 수온 센서는 냉간 시동 시 엔진의 냉각수 온도를 측정하여 빠른 웜업이 진행될 수 있도록 하는 역할을 한다.

38 **전자제어 연료분사 방식 중 연료의 증량보정에 직접 관계되지 않는 부품은?**

㉮ 대기압 센서 ㉯ 수온 센서
㉰ 공회전 조절장치 ㉱ 흡기온도 센서

해설 공회전 속도 조절장치는 액추에이터로 ECU의 신호에 따라 공전 회전수를 제어하는 역할을 한다.

39 **전자제어 MPI 엔진에서 ECU가 인젝터의 연료분사량을 제어하기 위하여 인젝터의 개폐시간을 제어한다. 다음 중 인젝터 제어회로의 설명으로 옳은 것은?**

㉮ 인젝터에 공급되는 전원(+)은 키 스위치에서 공급하고 ECU는 인젝터의 접지(−)를 제어한다.
㉯ 인젝터에 공급되는 전원(+)은 축전지에서 공급하고 ECU는 인젝터의 접지(−)를 제어한다.
㉰ 인젝터에 공급되는 전원(+)은 컨트롤 릴레이에서 공급하고 ECU는 인젝터의 접지(−)를 제어한다.
㉱ ECU는 인젝터의 전원(+)을 공급하고 인젝터 접지(−)는 축전지(−)와 연결된다.

해설 인젝터에 공급되는 전원(+)은 메인 컨트롤 릴레이에서 공급하고 ECU는 인젝터의 접지(−)를 인젝터 구동 TR의 베이스 전류의 통전 시간으로 제어한다.

정답 36 ㉱ 37 ㉮ 38 ㉰ 39 ㉰

40 전자제어 가솔린 연료분사 엔진에서 흡입공기 온도는 20[℃], 냉각수 온도는 80[℃]를 기준으로 분사량이 보정된다고 할 때 현재 엔진의 흡입공기 온도는 15[℃], 냉각수 온도는 60[℃] 라면 연료분사량은 각각 어떻게 보정되는가?

㉮ 흡기온도 보정-증량, 냉각수온 보정-증량
㉯ 흡기온도 보정-증량, 냉각수온 보정-감량
㉰ 흡기온도 보정-감량, 냉각수온 보정-증량
㉱ 흡기온도 보정-감량, 냉각수온 보정-감량

해설 흡기온도가 기준보다 낮으므로 연료량을 증량, 냉각수온도가 기준보다 낮으므로 빠른 웜업을 위해 연료량 증량

41 전자제어 연료 분사장치 엔진의 블로바이가스 제어와 관계있는 것은?

㉮ 차콜 캐니스터(Charcoal Canister)
㉯ P.C.S.V(Purge Control Solenoid Valve)
㉰ P.C.V(Positive Crankcase Ventilation)
㉱ E.G.R(Exhaust Gas Recirculation)

해설 ㉰ P.C.V : 크랭크 케이스 내의 미연소 가스(블로바이 가스)를 엔진의 조건에 따라 연소시킴
㉮ 차콜 캐니스터 : 활성탄 저장 방식으로 연료 탱크의 증발 가스를 포집시킴
㉯ P.C.S.V : 캐니스터에 저장된 증발 가스를 엔진의 조건에 따라 연소시킴
㉱ E.G.R : 배기가스를 재순환하여 연소실의 온도를 낮추어 NO_x 생성을 억제

42 가솔린 전자제어 기관의 연료펌프 설명 중 맞지 않는 것은?

㉮ 체크밸브는 재시동성 향상을 위해 시동정지 후에도 압력을 유지한다.
㉯ 연료탱크 내장형은 소음, 증발가스 억제작용을 한다.
㉰ 연료펌프는 점화스위치가 IG(ON) 상태에서는 계속 회전한다.
㉱ 릴리프밸브는 라인 내 압력이 규정값 이상으로 상승되는 것을 방지한다.

해설 연료펌프는 시동이 ON되어야 지속적으로 작동한다.

40 ㉮ 41 ㉰ 42 ㉰ **정답**

43 크랭킹은 가능하지만 엔진 시동이 어렵다면 그 원인은?

㉮ 크랭크각 센서 불량
㉯ 흡입공기량 센서 불량
㉰ 산소 센서 불량
㉱ 흡기온도 센서 불량

해설 크랭크각 센서의 고장 시 크랭킹은 되나 피스톤의 위치 파악이 되지 않아 점화시기와 연료 분사시기를 결정하지 못하여 시동이 걸리지 않는다.

44 전자제어 가솔린 기관에서 배기가스 재순환장치에 사용되는 EGR 밸브의 작동 설명으로 틀린 것은?

㉮ 배출가스의 일부를 흡기계통으로 재순환시켜 NO_X의 발생을 억제한다.
㉯ 공회전 시에는 엔진 부조 방지를 위해 작동되지 않는다.
㉰ 가속성능 향상을 위해 급가속 시에 작동된다.
㉱ 스로틀 밸브 개도에 따라 EGR밸브의 작동으로 배출가스가 일부 흡기 다기관에 유입된다.

해설 EGR 시스템은 엔진의 공전 및 가・감속 시 작동되지 않는다.

45 전자제어 가솔린 기관의 연료 펌프장치에서 연료 라인이 막혔을 때 연료압력이 높아지는 것을 방지하는 것은?

㉮ 체크밸브
㉯ 레귤레이터밸브
㉰ 릴리프밸브
㉱ 3-way밸브

해설 릴리프밸브는 안전밸브로서 연료라인의 압력이 상승하는 것을 막아준다.

46 전자제어 가솔린 기관에서 센서에 의해 흡기온도를 감지하는 목적으로 가장 적합한 것은?

㉮ 흡기온도에 따른 밀도 변화를 보정하는 역할을 한다.
㉯ 점화시기 제어에 기준이 되는 역할을 한다.
㉰ 수온 센서 고장 시에 대체 역할을 한다.
㉱ 흡기유량 센서 고장 시 연료분사를 조절하는 역할을 한다.

정답 43 ㉮ 44 ㉰ 45 ㉰ 46 ㉮

47 전자제어 가솔린 기관의 인젝터 분사량에 영향을 주는 것 중 컴퓨터에 의해 제어되는 것은?

㉮ 분사 구멍의 크기에 대한 변화
㉯ 인젝터 저항요소
㉰ 인젝터 서지전압
㉱ 인젝터 분사시간

해설 ECU는 인젝터의 분사시간을 제어하여 분사량을 조절한다.

48 다음 전자제어 무배전기 점화장치(DLI)에서 필요하지 않은 구성 부품은?

㉮ 크랭크각 센서
㉯ 상사점 센서
㉰ 배전로터
㉱ 점화플러그

해설 무배전기 타입은 배전기가 없으므로 배전로터가 없다.

49 전자제어 연료분사장치의 공기비 제어(λ-Closed Loop Control)에 대한 설명 중 틀린 것은?

㉮ 질소산화물(NO_X), 탄화수소(HC), 일산화탄소(CO) 등의 유해가스를 3원 촉매장치를 통해 가장 효율적으로 정화할 수 있는 공기비(λ)는 1이다.
㉯ 산소 센서는 공기비(λ)의 기준 값을 기준으로 하여 급격히 변화하는 출력 전압을 ECU에 입력하고 인젝터를 통해 연료량을 제어한다.
㉰ 정화율을 높이기 위해 시동 시, 가속 시, 전부하 시에도 ECU의 공기비(λ) 제어 기능은 계속된다.
㉱ 공기비(λ)의 제어가 활발한 영역은 산소 센서의 작동온도가 약 600[℃] 정도일 때이다.

50 전자제어식 가솔린 분사장치에서 O_2 센서 사용 시 공연비에 대한 피드백(Feed-back)제어가 작용하여서는 안 되는 경우가 있다. 이때 피드백 제어의 해제조건이 아닌 것은?

㉮ 출력증량 시
㉯ 수온증량 작동 시
㉰ 시동증량 작동 시
㉱ 흡입공기량 감지 시

47 ㉱ 48 ㉰ 49 ㉰ 50 ㉱ **정답**

CHAPTER

05 현가시스템 및 조향시스템

제1절 현가시스템

1. 현가장치

(1) 현가장치는 자동차가 주행 중 노면으로부터 바퀴를 통하여 받게 되는 충격이나 진동을 흡수하여 차체나 화물의 손상을 방지하고 승차감을 좋게 하며, 차축을 차체 또는 프레임에 연결하는 장치이다.

(2) 현가장치는 일반적으로 스프링과 쇽업소버(Shock Absorber)의 조합으로 이루어지며 노면에서 발생하는 1차 충격을 스프링에서 흡수하게 되고 충격에 의한 스프링의 자유진동을 쇽업소버가 감쇠시켜 승차감을 향상시킨다.

(3) 최근에는 자동차의 주행속도 및 노면의 상태를 인식하여 감쇠력을 조절하는 전자제어식 현가장치가 적용되고 있다.

2. 현가이론

자동차의 주행에서 비롯되는 운동은 여러 종류의 힘과 모멘트로 표현된다. 이러한 여러 운동에 대한 승차감 및 주행 안정성 등의 측면에서 현가 이론은 매우 중요한 요소이다. 자동차의 주행 시 승차감이 좋은 진동수는 60~120[cycle/min]이며 자동차에서 일반적으로 발생하는 진동 및 움직임은 크게 스프링 위 질량의 진동(차체, 구동계, 승객, 짐 등)과 스프링 아래 질량(타이어, 휠, 차축 등)의 진동으로 나누며 각각의 특징은 다음과 같다.

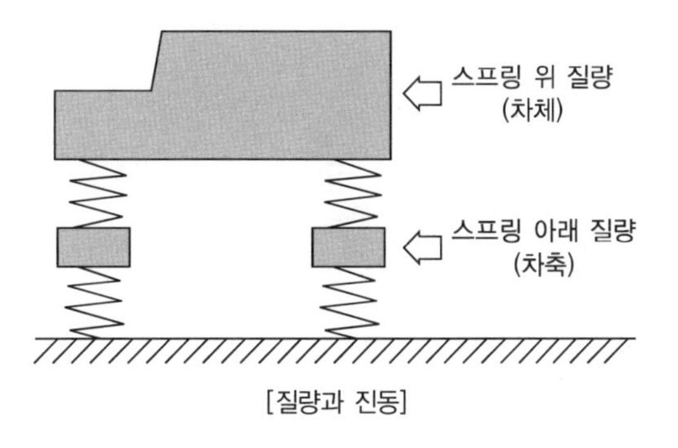

[질량과 진동]

(1) 스프링 위 질량의 진동(차체의 진동)

일반적으로 현가장치의 스프링을 기준으로 스프링 위 질량이 아래 질량보다 클 경우 노면의 진동을 완충하는 능력이 향상되어 승차감이 우수해지는 특성이 있고, 현재의 승용차에 많이 적용되는 방식이다. 그러나 스프링 위 질량이 지나치게 무거우면 연비, 조종성, 제동성능 등의 전반적인 주행성능이 저하될 수 있다.

① **바운싱** : 차체가 수직축을 중심으로 상하방향으로 운동하는 것을 말하며 타이어의 접지력을 변화시키고 자동차의 주행 안정성과 관련이 있다.

② **롤링** : 자동차 정면의 가운데로 통하는 앞뒤축을 중심으로 한 회전 작용의 모멘트를 말하며 항력방향 축을 중심으로 회전하려는 움직임이다. 측면으로 작용하는 힘에 의하여 발생되고 자동차의 선회운동 및 횡풍의 영향을 받으며 주행안정성과 관련이 있다.

③ **피칭** : 자동차의 중심을 지나는 좌우 축 옆으로의 회전 작용의 모멘트를 말하며 횡력(측면) 방향축을 중심으로 회전하려는 움직임이다. 피칭모멘트는 일반적으로 노면의 진동에 의해 자동차의 전륜측과 후륜측의 상하운동으로 발생되며 타이어의 접지력을 변화시키고 자동차의 고속 주행 안정성과 관련이 있다.

④ **요잉** : 자동차 상부의 가운데로 통하는 상하 축을 중심으로 한 회전 작용의 모멘트로서 양력(수직)방향 축을 중심으로 회전하려는 움직임이다. 자동차의 선회, 원심력과 같은 차체의 회전운동과 관련된 힘에 의하여 발생되고 횡풍의 영향을 받으며 주행안정성과 관련이 있다.

(2) 스프링 아래 질량의 진동(차축의 진동)

스프링 아래 질량의 진동은 승차감 및 주행 안전성과 관계가 깊으며 스프링 아래 질량이 무거울 경우 승차감이 떨어지는 현상이 발생한다. 스프링 아래 질량의 운동은 다음과 같다.

① **휠홉** : 차축에 대하여 수직인 축(Z축)을 기준으로 상하 평행 운동을 하는 진동을 말한다.

② **휠 트램프** : 차축에 대하여 앞뒤 방향(X축)을 중심으로 회전 운동을 하는 진동을 말한다.

③ **와인드 업** : 차축에 대하여 좌우 방향(Y축)을 중심으로 회전 운동을 하는 진동을 말한다.

④ **스키딩** : 차축에 대하여 수직인 축(Z축)을 기준으로 기어가 슬립하며 동시에 요잉 운동을 하는 것을 말한다.

3. 현가장치의 구성

(1) 스프링

스프링은 노면에서 발생하는 충격 및 진동을 완충시켜 주는 역할을 하며 그 종류에는 판 스프링, 코일 스프링, 토션 바 스프링 등의 금속제 스프링과 고무 스프링, 공기 스프링 등의 비금속제 스프링 등이 있다.

① 판 스프링

㉠ 스프링 강을 적당히 구부린 뒤 여러 장을 적층하여 탄성효과에 의한 스프링 역할을 할 수 있도록 만든 것으로 강성이 강하고 구조가 간단하다.

㉡ 스프링의 강성이 다른 스프링보다 강하므로 차축과 프레임을 연결 및 고정 장치를 겸할 수 있으므로 구조가 간단해지나 판 사이의 마찰로 인해 진동을 억제하는 작용을 하여 미세한 진동을 흡수하기가 곤란하고 내구성이 커서 대부분 화물 및 대형차에 적용하고 있다.

② 코일스프링

㉠ 스프링 강선을 코일 형으로 감아 비틀림 탄성을 이용한 것이다. 판 스프링보다 탄성도 좋고, 미세한 진동흡수가 좋지만 강도가 약하여 주로 승용차의 앞·뒤차축에 사용된다.

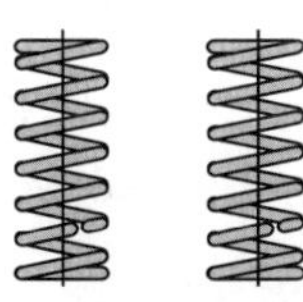

[코일스프링의 구조]

㉡ 단위 중량당 에너지 흡수율이 크고, 제작비가 저렴하고 스프링의 작용이 효과적이며 다른 스프링에 비하여 손상률이 적은 장점이 있으나 코일 강의 지름이 같고 스프링의 피치가 같을 경우 진동감쇠 작용과 옆방향의 힘에 대한 저항이 약한 단점이 있다.

③ 토션 바 스프링

㉠ 스프링 강으로 된 막대를 비틀면 강성에 의해 원래의 모양으로 되돌아가는 탄성을 이용한 것으로, 다른 형식의 스프링보다 단위 중량당 에너지 흡수율이 크므로 경량화할 수 있고, 구조도 간단하므로 설치공간을 작게 차지할 수 있다.

㉡ 스프링의 힘은 바의 길이와 단면적 그리고 재질에 의해 결정되며, 진동의 감쇠작용이 없으므로 쇽업소버를 병용하여야 한다.

④ 에어 스프링 : 압축성 유체인 공기의 탄성을 이용하여 스프링 효과를 얻는 것으로 금속 스프링과 비교하면 다음과 같은 특징이 있다.

㉠ 스프링 상수를 하중에 관계없이 임의로 정할 수 있으며 적차 시나 공차 시 승차감의 변화가 거의 없다.

㉡ 하중에 관계없이 스프링의 높이를 일정하게 유지할 수 있다.

㉢ 서징현상이 없고 고주파진동의 절연성이 우수하다.

㉣ 방음효과와 내구성이 우수하다.

㉤ 유동하는 공기에 교축을 적당하게 줌으로써 감쇠력을 줄 수 있다.

⑤ 고무 스프링

㉠ 고무를 열가소성형하여 이것을 금속과 접착시켜 사용하고 내유성이 필요한 곳은 합성고무를 사용한다.

㉡ 금속과는 달리 변형하더라도 체적이 변하지 않는 성질이 있고, 탄성계수도 변형률과 더불어 변화하고 스프링 상수도 정확하게 결정하기 어려우나 소형 경량화가 가능하고 간단히 설치할 수 있어 엔진 및 변속기 마운트와 각종 댐퍼에 적용된다.

⑥ 스태빌라이저

㉠ 토션 바 스프링의 일종으로서 양끝이 좌우 컨트롤 암에 연결된다.

㉡ 중앙부는 차체에 설치되어 커브 길을 선회할 때 차체가 롤링(좌우 진동)하는 것을 방지하며, 차체의 기울기를 감소시켜 평형을 유지하는 장치이다.

(2) 쇽업소버

쇽업소버는 완충기 또는 댐퍼(Damper)라고도 하며 자동차가 주행 중 노면으로부터의 충격에 의한 스프링의 진동을 억제, 감쇠시켜 승차감 향상, 스프링의 수명을 연장시킴과 동시에 주행 및 제동할 때 안정성을 높이는 장치로서 차체와 바퀴 사이에 장착된다.

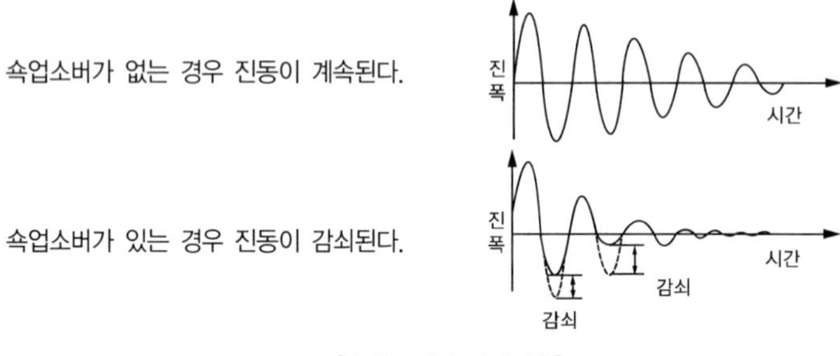

[쇽업소버의 감쇠작용]

① 유압식 쇽업소버

㉠ 텔레스코핑형과 레버형이 있으며 일반적으로 실린더와 피스톤, 오일통로로 구성되어 감쇠작용을 한다.

㉡ 피스톤부의 오일 통로(오리피스)를 통과하는 오일의 작용으로 감쇠력을 조절하며 피스톤의 상승과 하강에 따라 압력이 가해지는 복동식과 한쪽 방향으로만 압력이 가해지는 단동식으로 나눌 수 있다.

② 가스봉입 쇽업소버(드가르봉식)

㉠ 유압식의 일종이며 프리 피스톤을 장착하여 프리 피스톤의 위쪽에는 오일이, 아래쪽에는 고압 30[kgf/cm^2]의 불활성 가스(질소가스)가 봉입되어 내부에 압력이 형성되어 있는 타입이다.

㉡ 작동 중 오일에 기포가 생기지 않으며, 부식이나 오일유동에 의한 문제(에이레이션 및 캐비테이션)가 발생하지 않고 진동흡수성능 및 냉각성능이 우수하다.

③ 가변 댐퍼

㉠ 일반적인 쇽업소버와 달리 속도, 노면조건, 하중, 운전 상황에 따라 쇽업소버의 감쇠력을 변환하는 장치로서, 수동식과 ECU 제어에 의한 자동식이 있다.

㉡ 가변 댐퍼시스템은 오일이 지나는 통로의 면적을 조절하여 운행 상태와 노면의 조건에 알맞은 감쇠력을 발생시켜 최적의 조건으로 진동을 흡수하고 차체의 안정성을 확보하는 시스템이다.

㉢ 오일 통로의 면적을 조절하는 방식은 액추에이터를 이용하여 제어하며 현재 고급승용차에서 에어 스프링과 함께 조합하여 적용하고 있다.

4. 현가시스템의 분류

현가장치는 일반적으로 일체 차축식 현가 방식, 독립 차축 현가 방식, 공기 스프링 현가 방식 등이 있다.

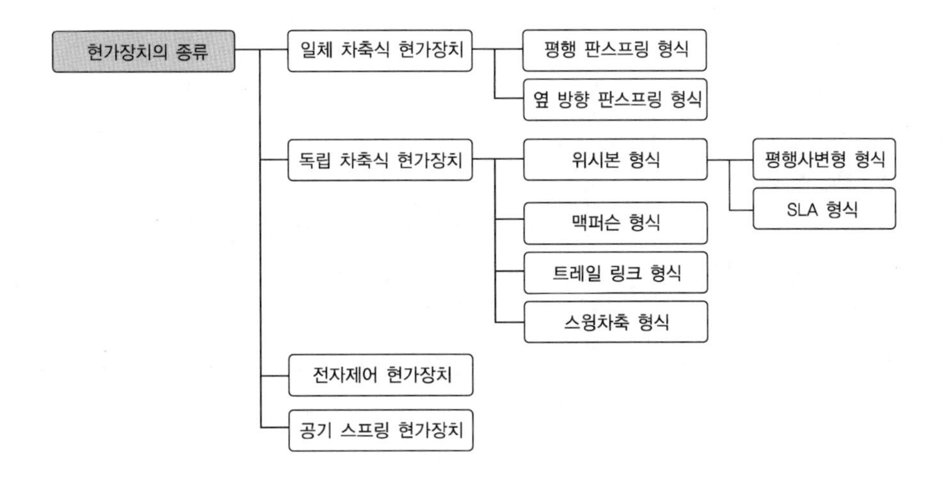

(1) 일체 차축식 현가 방식

① 일체 차축식은 좌우의 바퀴가 1개의 차축에 연결되며 그 차축이 스프링을 거쳐 차체에 장착하는 형식으로, 구조가 간단하고 강도가 크므로 대형트럭이나 버스 등에 많이 적용되고 있다. 사용되는 스프링은 판 스프링이 많이 사용되며 조향 너클의 장착방법은 엘리옷형(Elliot Type), 역 엘리옷형(Reverse Elliot Type), 마몬형(Mar Mon Type), 르모앙형(Lemonine Type) 등이 있으나, 그중에서 역 엘리옷형이 일반적으로 많이 사용된다.

② 특 징

㉠ 부품 수가 적어 구조가 간단하며 휠 얼라인먼트의 변화가 적다.

㉡ 커브길 선회 시 차체의 기울기가 적다.

㉢ 스프링 아래 질량이 커 승차감이 불량하다.

㉣ 앞바퀴에 시미발생이 쉽고 반대편 바퀴의 진동에 영향을 받는다.

㉤ 스프링 정수가 너무 적은 것은 사용이 어렵다.

(2) 독립 차축 현가 방식

① 차축이 연결된 일체 차축식 방식과는 달리 차축을 각각 분할하여 양쪽 휠이 서로 관계없이 운동하도록 설계한 것이며, 승차감과 주행 안정성이 향상되게 한 것이다. 이러한 독립 차축 현가 방식은 맥퍼슨 형과 위시본 형식으로 나눌 수 있다.

② 특 징

㉠ 차고를 낮게 할 수 있으므로 주행 안전성이 향상된다.

㉡ 스프링 아래 질량이 가벼워 승차감이 좋아진다.

㉢ 조향바퀴에 옆 방향으로 요동하는 진동(Shimmy)발생이 적고 타이어의 접지성(Road Holding)이 우수하다.

㉣ 스프링 정수가 적은 스프링을 사용할 수 있다.

㉤ 구조가 복잡하게 되고, 이음부가 많아 각 바퀴의 휠 얼라인먼트가 변하기 쉽다.

㉥ 주행 시 바퀴가 상하로 움직임에 따라 윤거나 얼라인먼트가 변하여 타이어의 마모가 촉진된다.

③ 종 류

㉠ 위시본 형식

- 위아래 컨트롤 암이 설치되고 암의 길이에 따라 평행사변형 형식과 SLA 형식으로 구분되며 평행사변형 형식은 위아래 컨트롤암의 길이가 같고 SLA 형식은 아래 컨트롤 암이 위 컨트롤 암보다 길다.
- 위시본 형식은 스프링이 약해지거나 스프링의 장력 및 자유고가 낮아지면 바퀴 윗부분이 안쪽으로 이동하여 부의 캠버를 만든다.
- SLA 형식은 바퀴의 상·하진동 시 위 컨트롤 암보다 아래 컨트롤 암의 길이가 길어 캠버의 변화가 발생한다.

㉡ 맥퍼슨 형식

- 맥퍼슨 형은 위시본 형식으로부터 개발된 것으로, 위시본 형식에서 위 컨트롤 암은 없으며 그 대신 쇽업소버를 내장한 스트럿의 하단을 조향 너클의 상단부에 결합시킨 형식으로 현재 승용차에 가장 많이 적용되고 있는 형식이다.
- 스트럿 상단은 고무 마운팅 인슐레이터 내에 있는 베어링과 위 시트(Upper Seat)를 거쳐 차체에 조립되어 있다. 마운팅 인슐레이터에서 고무의 탄성으로 타이어의 충격이 차체로 전달되는 것을 최소화하며 동시에 조향 시 스트럿이 자유롭게 회전할 수 있다. 코일 스프링은 위 시트와 스트럿 중간부에 조립되어 있는 아래 시트(Lower Seat) 사이에 설치된다.

• 특 징
  - 위시본형에 비해 구조가 간단하고 부품이 적어 정비가 용이하다.
  - 스프링 아래 질량을 가볍게 할 수 있고 로드 홀딩 및 승차감이 좋다.
  - 엔진룸의 유효공간을 크게 제작할 수 있다.

(3) 뒤차축 지지 방식

뒤차축은 종감속기어와 차동장치를 거쳐 전달되는 동력을 구동바퀴로 전달하는 축으로 차축 하우징 내부에 있으며, 한쪽 끝은 차동 사이드 기어와 스플라인으로 결합되어 있고, 다른 한 끝은 구동휠과 결합된다. 뒤차축과 차축 하우징과의 하중 지지 방식에 따라 다음의 3가지 방식이 있다.

① **전부동식** : 차축은 바퀴에 동력을 전달하는 역할만 하고, 차량의 중량과 지면의 반력 등은 전혀 받지 않도록 되어 있다. 그리고 구동바퀴를 탈거하지 않고도 차축을 분리시킬 수 있으며, 주로 대형 버스나 트럭 등에 적용된다.

② **반부동식** : 차축은 차량중량에 의한 수직력, 제동력, 구동력 및 기타 바퀴에 작용하는 측면방향 힘을 받는 구조이다. 이 형식은 구조가 간단하여 승용차 및 소형 화물자동차에 사용되며 차축을 탈거하기 위해서는 바퀴를 탈거 후 내부 고정 장치를 분리하여야 가능하다.

③ **3/4 부동식** : 차축 바깥 선단 부에 바퀴 허브(Hub)와 결합되고, 차축 하우징 바깥쪽의 1개의 베어링으로 허브를 지지하는 형식이다. 수직 및 수평하중의 대부분은 차축 하우징이 받지만 차체가 좌우로 경사지는 경우 차축에 하중의 일부가 걸리도록 되어 있는 구조로 전부동식과 반부동식의 중간 형태의 차축지지방식이다.

(4) 에어 스프링 현가장치

① 구 성

㉠ 공기 현가장치는 공기 스프링, 서지탱크, 레벨링 밸브(Leveling Valve) 등으로 구성되어 있으며, 하중에 따라 스프링상수를 변화시킬 수 있고, 차고 조정이 가능하다. 승차감과 차체 안정성을 향상시킬 수 있어 대형 버스 등에 많이 사용된다.

㉡ 공기 압축기, 공기탱크 등의 부속장치가 필요하고 시스템이 복잡하고 무거워지며 측면방향의 힘에 버티는 저항력이 약하나, 시스템의 개선으로 현재에는 고급승용차를 비롯한 여러 차종에 적용되고 있다.

㉢ 공기 현가장치는 하중이 감소하여 차고가 높아지면 레벨링 밸브가 작동하여 공기 스프링 안의 공기를 방출하고, 하중이 증가하여 차고가 낮아지면 공기탱크에서 공기를 보충하여 차고를 일정하게 유지하도록 되어 있다.

② 특 징

㉠ 차체의 하중 증감과 관계없이 차고가 항상 일정하게 유지되며 차량이 전후, 좌우로 기우는 것을 방지한다.

㉡ 공기 압력을 이용하여 하중의 변화에 따라 스프링상수가 자동적으로 변한다.

㉢ 항상 스프링의 고유진동수는 거의 일정하게 유지된다.

㉣ 고주파 진동을 잘 흡수한다(작은 충격도 잘 흡수).

㉤ 승차감이 좋고 진동을 완화하기 때문에 자동차의 수명이 길어진다.

(5) 에어 스프링 현가장치의 구성

① **공기 압축기(Air Compressor)** : 엔진에 의해 벨트로 구동되며 압축 공기를 생산하여 저장 탱크로 보낸다.

② **서지 탱크(Surge Tank)** : 공기 스프링 내부의 압력 변화를 완화하여 스프링 작용을 유연하게 하는 장치이며, 각 공기스프링마다 설치되어 있다.

③ **공기 스프링(Air Spring)** : 공기 스프링에는 벨로스형과 다이어프램형이 있으며, 공기 저장 탱크와 스프링 사이의 공기 통로를 조정하여 도로 상태와 주행속도에 가장 적합한 스프링 효과를 얻도록 한다.

④ **레벨링 밸브(Leveling Valve)** : 공기 저장 탱크와 서지 탱크를 연결하는 파이프 도중에 설치된 것이며, 자동차의 높이가 변화하면 압축 공기를 스프링으로 공급하여 차고를 일정하게 유지시킨다.

5. 전자제어 현가장치(ECS)

ECS(Electronic Control Suspension System)는 ECU, 각종 센서, 액추에이터 등을 설치하고 노면의 상태, 주행 조건 및 운전자의 조작 등과 같은 요소에 따라서 차고와 현가특성(감쇠력 조절)이 자동적으로 조절되는 현가장치이다.

자동차의 기계적인 현가시스템은 승차감과 주행 안정성의 특성을 동시에 만족할 수 없다. 승차감을 향상시켜 서스펜션의 감쇠력을 부드럽게 할 경우 비포장 도로에서 저속주행에는 유리하나 고속 주행 시 선회 성능은 매우 나빠지게 된다. 또한 현가특성을 강하게 만들어 주행 안정성을 확보하면 진동흡수성이 저하되어 승차감이 나빠지게 된다. 이러한 특성에 대하여 주행 조건 및 노면의 상태에 따라 감쇠력 및 현가특성을 조절하는 것이 전자제어 현가장치이며 이러한 현가시스템은 차고조절 기능도 함께 수행한다.

(1) 전자제어 현가장치 특징

① 선회 시 감쇠력을 조절하여 자동차의 롤링 방지(앤티 롤)

② 불규칙한 노면 주행 시 감쇠력을 조절하여 자동차의 피칭 방지(앤티 피치)

③ 급 출발 시 감쇠력을 조정하여 자동차의 스쿼트 방지(앤티 스쿼트)

④ 주행 중 급 제동 시 감쇠력을 조절하여 자동차의 다이브 방지(앤티 다이브)
⑤ 도로의 조건에 따라 감쇠력을 조절하여 자동차의 바운싱 방지(앤티 바운싱)
⑥ 고속 주행 시 감쇠력을 조절하여 자동차의 주행 안정성 향상(주행속도 감응제어)
⑦ 감쇠력을 조절하여 하중변화에 따라 차체가 흔들리는 쉐이크 방지(앤티 셰이크)
⑧ 적재량 및 노면의 상태에 관계없이 자동차의 자세 안정
⑨ 조향 시 언더스티어링 및 오버스티어링 특성에 영향을 주는 롤링제어 및 강성배분 최적화
⑩ 노면에서 전달되는 진동을 흡수하여 차체의 흔들림 및 차체의 진동 감소

(2) 전자제어 현가장치의 구성

① **차속 센서** : 스피드미터 내에 설치되어 변속기 출력축의 회전수를 전기적인 펄스 신호로 변환하여 ECS ECU에 입력한다. ECU는 이 신호를 기초로 선회할 때 롤(Roll)량을 예측하며, 앤티 다이브, 앤티 스쿼트제어 및 고속 주행 안정성을 제어할 때 입력 신호로 사용한다.

② **G 센서(중력 센서)** : 엔진 룸 내에 설치되어 있고 바운싱 및 롤(Roll) 제어용 센서이며, 자동차가 선회할 때 G 센서 내부의 철심이 자동차가 기울어진 쪽으로 이동하면서 유도되는 전압이 변화한다. ECU는 유도되는 전압의 변화량을 감지하여 차체의 기울어진 방향과 기울기를 검출하여 앤티 롤(Anti Roll)을 제어할 때 보정 신호로 사용된다.

③ **차고 센서** : 차량의 전방과 후방에 설치되어 있고 차축과 차체에 연결되어 차체의 높이를 감지하며 차체의 상하 움직임에 따라 센서의 레버가 회전하므로 레버의 회전량을 센서를 통하여 감지한다. 또한 ECS ECU는 차고 센서의 신호에 의해 현재 차고와 목표 차고를 설정하고 제어한다.

④ **조향 핸들 각속도 센서** : 핸들이 설치되는 조향 칼럼과 조향축 상부에 설치되며 센서는 핸들 조작 시 홀이 있는 디스크가 회전하게 되고 센서는 홀을 통하여 조향 방향, 조향 각도, 조향속도를 검출한다. 또한 ECS ECU는 조향 핸들 각도 센서 신호를 기준으로 롤링을 예측한다.

⑤ **자동변속기 인히비터 스위치** : 자동변속기의 인히비터 스위치(Inhibitor Switch)는 운전자가 변속 레버를 P, R, N, D 중 어느 위치로 선택·이동하는지를 ECS ECU로 입력시키는 스위치이다. ECU는 이 신호를 기준으로 변속 레버를 이동할 때 발생할 수 있는 진동을 억제하기 위해 감쇠력을 제어한다.

⑥ **스로틀 위치 센서** : 가속페달에 의해 개폐되는 엔진 스로틀개도 검출 센서로서 운전자의 가·감속의지를 판단하기 위한 신호로 사용된다. 운전자의 가속페달 밟는 양을 검출하여 ECS ECU로 입력한다. ECS ECU는 이 신호를 기준으로 운전자의 가·감속의지를 판단하여 앤티 스쿼트를 제어하는 기준 신호로 이용한다.

⑦ **전조등 릴레이** : 전조등 스위치를 작동하면 전조등을 점등하는 역할을 한다. 전조등 릴레이의 신호에 따라 ECS ECU는 고속 주행 중 차고 제어를 통하여 적재물 또는 승차 인원 하중으로 인한 전조등의 광축 변화를 억제하여 항상 일정한 전조등의 조사 각도를 유지한다.

⑧ **발전기 L 단자** : 엔진의 작동여부를 검출하여 차고를 조절하는 신호로 사용된다.

⑨ **모드 선택 스위치** : 운전자가 주행 조건이나 노면 상태에 따라 쇽업소버의 감쇠력 특성과 차고를 선택할 때 사용한다.

⑩ **도어 스위치** : 자동차의 도어가 열리고 닫히는 것을 감지하는 스위치로 ECS ECU는 도어 스위치의 신호로 자동차에 승객의 승차 및 하차 여부를 판단하여 승하차를 할 때 차체의 흔들림 및 승하차 시 탑승자의 편의를 위해 쇽업소버의 감쇠력 제어 및 차고조절 기능을 수행한다.

⑪ **스텝 모터(모터드라이브방식)** : 각각의 쇽업소버 상단에 설치되어 있으며, 쇽업소버 내의 오리피스 통로면적을 ECS ECU에 의해 자동 조절하여 감쇠력을 변화시키는 역할을 한다.

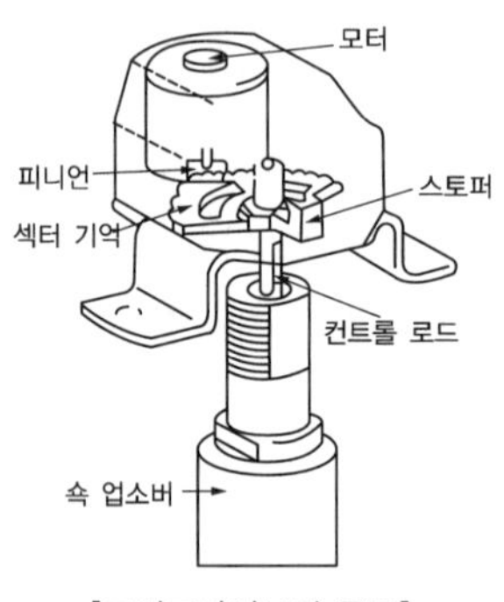

[모터드라이브의 구조]

⑫ **제동등 스위치** : 운전자의 브레이크 페달 조작 여부를 판단하며 ECS ECU는 이 신호를 기준으로 앤티 다이브를 실행한다.

⑬ **급・배기 밸브** : 차고조절을 위해 현가시스템에 설치된 공기주머니에 공기를 급기 또는 배기하는 역할을 수행하는 밸브이다. ECS ECU의 명령에 따라 앞뒤 제어 및 좌우 제어를 통하여 차량의 운전조건 및 노면상태에 따른 차고조절을 제어한다.

6. 에어식 전자제어 현가시스템

에어식 전자제어 현가시스템은 기존의 유압식 전자제어 현가장치시스템에서 더욱 발전된 형태로서 기존 유압식 ECS시스템이 가지고 있는 단점을 보완하여 승차감과 핸들링 성능을 더욱 향상시키고 차고조절 또한 신속하게 이루어 주행 안전성을 확보하는 신기술 현가시스템이라 할 수 있다. 또한 기존의 코일 스프링을 제거하고 공기식 스프링을 적용하여 노면과 운전 조건에 따른 신속한 스프링 상수의 변화를 통하여 승차감 및 안전성 확보에 기여하고 있다.

(1) 에어식 ECS의 특징

에어식 ECS는 차고조절 및 유지기능과 감쇠력 조절 기능을 가지고 있다. 이러한 기능은 주행상태에 따른 최적의 차고와 감쇠력을 제어하므로 저속에서는 승차감이 향상되고 고속에서 주행안정성을 유지할 수 있다.

① **차고조절과 유지기능** : 에어 급·배기를 통한 차고 조정(유지/상승/하강)

② **감쇠력 조절기능** : Soft부터 Hard 영역의 감쇠력 연속 대응이 가능하여 승차감 및 안정성이 향상

(2) 에어식 ECS 구조

전자제어 에어 서스펜션은 기존 코일스프링 대신 에어 스프링을 장착한 것으로 에어압력을 형성하는 컴프레서와 에어를 공급하는 밸브블록, 에어를 저장할 수 있는 리저버 탱크 그리고 각 센서와 그 정보를 입력 받아 제어하는 ECS ECU로 구성되어 있다.

① **컴프레서(Compressor)** : 공압시스템에 에어를 공급 또는 빼내는 기능을 하며 내부에는 시스템의 안전을 위하여 압력을 배출할 수 있는 릴리프 밸브가 장착되어 있다. 에어포트는 3개가 있으며, 리저버 탱크, 밸브블록 및 외부공기와 연결된다.

② **리버싱 밸브(Reversing Valve)** : 컴프레서 내부에 장착되어 있으며 에어 스프링에 에어를 공급 또는 배출 시 내부 밸브의 작동을 달리하여 그 과정을 수행하는 밸브이다.

③ **압력해제 밸브(Relief Pressure Valve)** : 컴프레서에 장착되어 있으며, 컴프레서 내부 압력이 규정 압력 이상이 되면 밸브가 열려 에어를 배출하는 안전밸브이다.

④ **에어주입밸브(Air Filling Valve)** : 좌측 헤드램프 뒤쪽 엔진룸 내에 장착되어 있으며, 시스템 내 에어를 주입하기 위한 밸브이다. 밸브는 리저버 탱크와 연결되고 진단장비를 통하여 에어를 주입할 수 있다.

⑤ **에어 드라이어(Air Dryer)** : 공기 중 수분을 흡수하여 시스템 내에 수분 등이 공급되지 않도록 한다. 대기압 밸브를 통해 내부공기가 외부로 방출될 때, 내부 습기도 배출된다.

⑥ **밸브블록(Valve Block)** : 밸브블록에는 솔레노이드 밸브가 장착되어 있으며 공기스프링과 컴프레서 사이에서 에어 압력을 공급 또는 배출하는 역할을 한다.

⑦ **압력 센서(Pressure Sensor)** : 밸브블록 내부에 장착되며 시스템의 압력을 감지한다.

⑧ **리저버 탱크(Reservoir Tank)** : 에어 저장 탱크로 컴프레서와 에어 스프링에 에어압력을 공급하고 압력 해제 시 에어를 저장하는 기능을 한다.

(3) 유압식 ECS와 에어식 ECS의 성능 비교

항 목	유압식 ECS	에어식 ECS
시스템	Open Loop(개회로)	Closed Loop(폐회로)
차고제어반응속도(25[mm] 상승 시)	약 25초	약 3초
감쇠력 제어모드	Soft, Auto Soft, Medium, Hard	무단제어
차고제어 모드	Low, Normal, High, Ex-high	Low, Normal, High
감쇠력 제어장치	Step Motor	가변제어 솔레노이드
에어 스프링	• 코일+에어 스프링 조합 • 내압 6[bar](차고조정 느림)	• 에어스프링 단독 장착 • 내압 10[bar](쾌속 차고조정)
에어 공급	Open Loop System(저 응답성)	Closed Loop System(신속)
차고조정 기능	고속도로 및 험로주행 기능	고속도로 및 험로주행 기능
스프링 형상	스텝 모터 에어스프링 코일스프링 댐퍼	에어스프링 -고강도 bag -알루미늄 가이드 솔레노이드 밸브 (외장형)

(4) 차고제어

① 기준 레벨(Normal Level) : ECS 기능이 작동되지 않은 차량 기준 레벨로 수동 또는 자동으로 각 레벨로의 전환이 가능하다.

② 하이 레벨(High Level) : 프론트 및 리어 에어 스프링의 에어압력으로 차량 보디가 상승되어 차량 보디와 하체간의 간섭을 피하고 노면으로부터 충격과 진동을 최소화하기 위한 레벨이다.

③ 로레벨(Highway Level) : 차량이 고속으로 일정시간 이상 주행할 경우, 진입하는 레벨로 이때는 차량 보디가 기준 레벨로부터 약 15[mm] 하강하여 주행저항을 줄이고, 무게 중심점을 아래로 이동하여 보다 안정감 있는 고속 주행이 가능한 레벨로 차속 및 속도 유지시간에 따라 자동변환이 이루어진다.

차고모드	앞차고	뒤차고
High	+30[mm]	+30[mm]
Normal	0[mm]	0[mm]
Highway	15[mm]	15[mm]

제2절 조향시스템

1. 조향장치

(1) 조향장치 일반

① 조향장치의 구성

㉠ 조향장치는 운전자의 의도에 따라 자동차의 진행 방향을 바꾸기 위한 장치로서 조작기구, 기어기구, 링크기구 등으로 구성된다.

㉡ 운전자가 조향 핸들을 돌리면 조향축을 따라 전달된 힘은 조향 기어에 의해 회전수는 감소되고 토크는 증가되어 조향 링크장치를 거쳐 앞바퀴에 전달된다.

㉢ 조작기구는 운전자가 조작한 조작력을 전달하는 부분으로 조향 핸들, 조향축, 조향칼럼 등으로 이루어진다.

㉣ 기어기구는 조향축의 회전수를 감소함과 동시에 조작력을 증대시키며 조작기구의 운동방향을 바꾸어 링크기구에 전달하는 부분이다.

㉤ 링크기구는 기어기구의 움직임을 앞바퀴에 전달함과 동시에 좌우바퀴의 위치를 올바르게 유지하는 부분이며 피트먼 암, 드래그 링크, 타이 로드, 너클 암 등으로 구성된다.

② 조향장치의 구비조건

㉠ 조향 조작 시 주행 중 바퀴의 충격에 영향을 받지 않을 것

㉡ 조작이 쉽고, 방향 변환이 용이할 것

㉢ 회전 반경이 작아서 협소한 도로에서도 방향 변환을 할 수 있을 것

㉣ 진행 방향을 바꿀 때 섀시 및 보디 각 부에 무리한 힘이 작용되지 않을 것

㉤ 고속 주행에서도 조향 핸들이 안정적일 것

㉥ 조향 핸들의 회전과 바퀴 선회 차이가 크지 않을 것

㉦ 수명이 길고 다루기가 쉽고 정비가 쉬울 것

(2) 선회 특성

조향 핸들을 어느 각도까지 돌리고 일정한 속도로 선회하면, 일정의 원주상을 지나게 되며 다음과 같은 특성이 나타난다.

① **언더 스티어** : 일정한 방향으로 선회하여 속도가 상승할 때, 선회반경이 커지는 것으로 원운동의 궤적으로부터 벗어나 서서히 바깥쪽으로 커지는 주행상태가 나타난다.

② **오버 스티어** : 일정한 조향각으로 선회하여 속도를 높일 때 선회반경이 적어지는 것으로 언더 스티어의 반대의 경우로서 안쪽으로 서서히 적어지는 궤적을 나타낸다.

③ **뉴트럴 스티어** : 차륜이 원주상의 궤적을 거의 정확하게 선회한다.

④ **리버스 스티어** : 처음엔 언더 스티어로 밖으로 커지는데 도중에 갑자기 안쪽으로 적어지는 오버 스티어의 주행법을 나타낸다.

(3) 애커먼 장토식 조향원리

조향 각도를 최대로 하고 선회할 때 선회하는 안쪽 바퀴의 조향각이 바깥쪽 바퀴의 조향각보다 크게 되며, 뒤 차축 연장선상 한 점을 중심으로 동심원을 그리면서 선회하여 사이드슬립 방지와 조향 핸들 조작에 따른 저항을 감소시킬 수 있는 방식이다.

(4) 조향기구

① 조향 휠(조향 핸들)

㉠ 림(Rim), 스포크(Spoke) 및 허브(Hub)로 구성되어 있으며, 스포크나 림 내부에는 강철이나 알루미늄 합금 심으로 보강되고, 바깥쪽은 합성수지로 성형되어 있다.

㉡ 조향 핸들은 조향축을 테이퍼(Taper)나 세레이션(Serration) 홈에 끼우고 너트로 고정시킨다.

㉢ 허브에는 경음기(Horn)를 작동 시키는 스위치가 부착되며, 최근에는 에어 백(Air Bag)을 설치하여 충돌할 때 센서에 의해 질소 가스 압력으로 팽창하는 구조로 된 것도 있다.

② 조향축

㉠ 조향 핸들의 회전을 조향 기어의 웜(Worm)으로 전달하는 축이며 웜과 스플라인을 통하여 자재 이음으로 연결되어 있다.

㉡ 조향기어 축을 연결할 때 오차를 완화하고 노면으로부터의 충격을 흡수하여 조향 핸들에 전달되지 않도록 하기 위해 조향 핸들과 축 사이에 탄성체 이음으로 되어 있다.

㉢ 조향축은 조향하기 쉽도록 35~50°의 경사를 두고 설치되며 운전자 요구에 따라 알맞은 위치로 조절할 수 있다.

③ 조향 기어 박스

㉠ 조향 기어는 조향 조작력을 증대시켜 앞 바퀴로 전달하는 장치이며, 종류에는 웜 섹터형, 볼 너트형, 랙과 피니언형 등이 있다.

㉡ 현재 주로 사용되고 있는 형식은 볼 너트 형식과 랙과 피니언형식이다.

④ 피트먼 암

㉠ 피트먼 암은 조향 핸들의 움직임을 일체 차축 방식 조향 기구에서는 드래그 링크로, 독립 차축 방식 조향 기구에서는 센터 링크로 전달하는 것이다.

㉡ 한쪽 끝에는 테이퍼의 세레이션(Serration)을 통하여 섹터 축에 설치되고, 다른 한쪽 끝은 드래그 링크나 센터 링크에 연결하기 위한 볼 이음으로 되어 있다.

⑤ 타이로드

㉠ 독립 차축 방식 조향 기구에서는 랙과 피니언형식의 조향 기어에서는 직접 연결되며, 볼트 너트 형식 조향 기어 상자에서는 센터 링크의 운동을 양쪽 너클 암으로 전달하며, 2개로 나누어져 볼 이음으로 각각 연결되어 있다.

㉡ 일체 차축 방식 조향 기구에서는 1개의 로드로 되어 있고, 너클 암의 움직임을 반대쪽의 너클 암으로 전달하여 양쪽 바퀴의 관계를 바르게 유지시킨다.

㉢ 타이로드의 길이를 조정하여 토인(Toe-in)을 조정할 수 있다.

⑥ **너클 암** : 일체 차축 방식 조향 기구에서 드래그 링크의 운동을 조향 너클에 전달하는 기구이다.

(5) 조향장치의 종류

① 웜 섹터형

㉠ 조향축과 연결된 웜, 그리고 웜에 의해 회전운동을 하는 섹터기어로 구성되어 있다.

㉡ 조향축을 돌리면 웜이 회전하고 웜은 섹터 축에 붙어 있는 섹터기어를 돌린다. 따라서 섹터 축이 회전하면서 섹터 축 끝에 붙어 있는 피트먼 암을 회전시켜 조향이 된다.

㉢ 비가역식이며, 웜과 섹터기어 간에 마찰이 크게 작용한다.

② 볼 너트형

㉠ 웜과 볼 너트 사이에 여러 개의 강구를 넣어 웜과 볼 너트 사이의 접촉이 볼에 의한 구름접촉이 되도록 한 것이다. 즉, 웜 축을 회전시키면 웜 축 주위의 강구가 웜 축의 홈을 따라 이동하면서 볼 너트도 이동시킨다.

㉡ 볼 너트가 이동되면서 섹터 축의 섹터기어를 회전시키므로 섹터 축 아래 끝에 있는 피트먼 암을 회전시켜 조향된다.

③ 랙과 피니언형

㉠ 랙과 피니언형은 조향축 끝에 피니언을 장착하여 랙과 서로 물리도록 한 것이다.

㉡ 조향축이 회전하면 피니언기어가 회전하면서 랙을 좌우로 이동한다. 이때 랙의 양끝에 부착되어 있는 타이로드를 거쳐 방향을 제어하는 방식이다.

2. 유압식 동력조향장치

대형차량이나 전륜 구동형 승용차의 경우 앞 차축에 가해지는 하중이 무겁고, 광폭 타이어 장착 등으로 인하여 앞바퀴의 접지저항이 증가하여 조향핸들의 조작력도 크게 필요하게 되었다. 동력조향장치는 엔진에 의해 구동되는 오일펌프의 유압을 이용하여 조향 시 핸들의 조작력을 가볍게 하는 장치이다.

(1) 동력조향장치의 구조

동력조향장치는 동력부, 작동부, 제어부의 3주요부로 구성되며 유량제어밸브 및 유압제어밸브와 안전 체크밸브 등으로 구성되어 있다.

① **동력부** : 오일펌프는 엔진의 크랭크축에 의해 벨트를 통하여 유압을 발생시키며 오일펌프의 형식은 주로 베인펌프(Vane Pump)를 사용한다. 베인펌프의 작동은 로터(Rotor)가 회전하면 베인이 방사선 상으로 미끄럼 운동을 하여 베인 사이 공간을 증감시켜 공간이 증가할 때에는 오일이 펌프로 유입되고 감소하면 출구를 거쳐 배출되는 구조로 압력을 형성한다.

② **작동부** : 동력 실린더는 오일펌프에서 발생한 유압을 피스톤에 작용시켜서 방향을 변환하는 쪽으로 힘을 적용하는 장치이다. 동력 실린더는 피스톤에 의해 2개의 체임버로 분리되어 있으며, 한쪽 체임버에 유압유가 들어오면 반대쪽 체임버에서는 유압유가 저장 탱크로 복귀하는 형식의 복동형 실린더이다.

③ **제어부** : 제어밸브는 조향 핸들의 조작에 대한 유압통로를 조절하는 기구이며, 조향 핸들을 회전시킬 때 오일펌프에서 보낸 유압유를 해당 조향 방향으로 보내 동력 실린더의 피스톤이 작동하도록 유로를 변환시킨다.

④ **안전체크밸브** : 안전체크밸브는 제어밸브 내에 들어 있으며 엔진이 정지되거나 오일 펌프의 고장, 또는 회로에서의 오일 누설 등의 원인으로 유압이 발생하지 못할 때 조향 핸들의 조작을 수동으로 전환할 수 있도록 작동하는 밸브이다.

⑤ **유량조절밸브** : 오일펌프의 로터 회전은 엔진 회전수와 비례하므로 주행 상황에 따라 회전수가 변화하며 오일의 유량이 다르게 토출된다. 오일펌프로부터 오일 토출량이 규정 이상이 되면, 오일 일부를 저장 탱크(리저버)로 빠져나가게 하여 유량을 유지하는 역할을 한다.

⑥ **유압조절밸브** : 조향 핸들을 최대로 돌린 상태를 오랫동안 유지하고 있을 때 회로의 유압이 일정 이상이 되면 오일을 저장 탱크로 되돌려 최고 유압을 조정하여 회로를 보호하는 역할을 한다.

(2) 동력조향장치의 장단점

장 점	단 점
• 조향 조작력이 경감된다. • 조향 조작력에 관계없이 조향 기어비를 선정할 수 있다. • 노면의 충격과 진동을 흡수한다(킥 백 방지). • 앞바퀴의 시미운동이 감소하여 주행안정성이 우수해진다. • 조향 조작이 가볍고 신속하다.	• 유압장치 등의 구조가 복잡하고 고가이다. • 고장이 발생하면 정비가 어렵다. • 엔진출력의 일부가 손실된다.

3. 전자제어식 동력조향장치(EPS)

① EPS(Electronic Power Steering)는 기존의 유압식 조향장치시스템에 차속감응 조타력 조절 등의 기능을 추가하여 조향 안전성 및 고속 안전성 등을 구현하는 시스템이다.

② 기존의 유압식 조향장치는 자동차의 저속주행 및 주차 시 운전자가 조향핸들에 가하는 조향력을 덜어 주기 위해 유압에너지를 이용하는 방식을 사용하였다.

③ 즉, 기존의 일반 조향장치에서 발생되었던 저속주행 및 주차 시 조향력 증가문제는 해결하였으나 고속주행 중 노면과의 접지력 저하에 따른 조향 휠의 답력이 가벼워지는 문제는 해결할 수 없었다.

④ 이와 같은 고속주행 중 노면과의 접지력 저하로 인해 발생되는 조향휠의 조향력 감소문제를 해결하고자 전자제어 조향장치(EPS ; Electronic Control Power Steering)가 개발되었다.

⑤ EPS는 차량의 주행속도를 감지하여 동력실린더로 유입 또는 By Pass되는 오일의 양을 적절히 조절함으로써 저속 주행 시는 적당히 가벼워지고 고속주행 시는 답력을 무겁게 한다. 따라서 고속주행 시 핸들이 가벼워짐으로써 발생할 수 있는 사고를 방지하여 안전운전을 도모하였다.

(1) EPS의 특징

① 기존의 동력조향장치와 일체형이다.

② 기존의 동력조향장치에는 변경이 없다.

③ 컨트롤밸브에서 직접 입력회로 압력과 복귀회로 압력을 By Pass시킨다.

④ 조향회전각 및 횡가속도를 감지하여 고속 시 또는 급조향 시(유량이 적을 때) 조향하는 방향으로 잡아당기려는 현상을 보상한다.

(2) EPS 구성요소

① 입력요소

㉠ 차속 센서 : 계기판 내의 속도계에 리드 스위치식으로 장착되어 차량속도를 검출하여 ECU로 입력하기 위한 센서이다.

㉡ TPS(Throttle Position Sensor) : 스로틀보디에 장착되어 있고 운전자가 가속페달을 밟는 양을 감지하여 ECU에 입력함으로써 차속 센서 고장 시 조향력을 적절하게 유지한다.

㉢ 조향각 센서 : 조향핸들의 다기능 스위치 내에 설치되어 조향속도를 측정하며 기존 동력조향장치의 Catch Up 현상을 보상하기 위한 센서이다.

② 제어부

㉠ 컴퓨터(ECU) : ECU는 입력부의 조향각 센서 및 차속 센서의 신호를 기초로 하여 출력요소인 유량제어밸브의 전류를 적절히 제어한다. 저속 시 많은 전류를 보내고 고속 시 적은 전류를 보내어 유량제어밸브의 상승 및 하강을 제어한다.

③ 출력요소

㉠ 유량제어밸브 : 차속과 조향각 신호를 기초값으로 하여 최적상태의 유량을 제어하는 밸브이다. 정차 또는 저속 시는 유량제어밸브의 플런저에 가장 큰 축력이 작용하여 밸브가 상승하고 고속 시는 밸브가 하강하여 입력 및 ByPass 통로의 개폐를 조절한다. 유량제어밸브에서 유량을 제어함으로써 조향휠의 답력을 변화시킨다.

㉡ 고장진단 신호 : 전자제어 계통의 고장발생 시 고장진단장비로 차량의 컴퓨터와 통신할 수 있는 신호이다.

4. 전동식 동력조향장치

엔진의 구동력을 이용하지 않고 전기 모터의 힘을 이용해서 조향 핸들의 작동 시에만 조향 보조력을 발생시키는 구조로 더욱 효율적이고 능동적인 시스템이다. 이 장치는 전기모터로 유압을 발생시켜 조향력을 보조하는 EHPS 장치와 순수 전기 모터의 구동력으로 조향력을 보조하는 MDPS 형식이 있다. MDPS의 경우 토션 바의 비틀림으로부터 핸들에 가한 힘을 토크 센서가 검출하고, ECU가 움직임량을 제어하여 모터에 전류를 보낸다. 주로 랙과 피니언식에 사용되고 있다.

(1) 전동 유압식 동력조향장치(EHPS)

① EHPS(Electronic Hydraulic Power Steering)는 엔진의 동력으로 유압펌프를 작동시켜 조타력을 보조하는 기존의 유압식 파워 스티어링과 달리 전동모터로 필요시에만 유압펌프를 작동시켜 차속 및 조향 각속도에 따라 조타력을 보조하는 전동 유압식 파워 스티어링이다.

② EHPS는 배터리의 전원을 공급받아서 전기 모터를 작동시켜 전기모터의 회전에 의해 유압펌프가 작동되고 펌프에서 발생되는 유압을 조향 기어박스에 전달하여 운전자의 조타력을 보조하도록 되어 있다.

③ 따라서 엔진과 연동되는 소음과 진동이 근본적으로 개선되고 조타 시에만 에너지가 소모되기 때문에 연비도 향상되는 장점이 있다.

(2) 모터 구동식 동력조향장치(MDPS)

① 모터 구동식 동력조향장치(MDPS ; Motor Driven Power Steering)는 전기 모터를 구동시켜 조향 핸들의 조향력을 보조하는 장치로서 기존의 전자제어식 동력조향장치보다 연비 및 응답성이 향상되어 조종 안전성을 확보할 수 있으며, 전기에너지를 이용하므로 친환경적이고 구동소음과 진동 및 설치위치에 대한 설계의 제약이 감소되었다.

② 그러나 모터 구동 시 진동이 조향핸들로 전달되며 작동 시 비교적 큰 구동전류가 소모되어 ECU는 공전속도를 조절하는 기능을 추가로 설계해야 한다.

중요 CHECK

MDPS(모터 구동식 동력조향장치)의 특징
- 전기모터 구동으로 인해 이산화탄소가 저감된다.
- 핸들의 조향력을 저속에서는 가볍고 고속에서는 무겁게 작동하는 차속 감응형 시스템이다.
- 엔진의 동력을 이용하지 않으므로 연비 향상과 소음, 진동이 감소된다.
- 부품의 단순화 및 전자화로 부품의 중량이 감소되고 조립 위치에 제약이 적다.
- 차량의 유지비감소 및 조향성이 증가된다.

③ **MDPS의 종류** : MDPS는 컴퓨터에 의해 차속과 조향핸들의 조향력에 따라 전동모터에 흐르는 전류를 제어하여 운전자의 조향방향에 대해서 적절한 동력을 발생시켜 조향력을 경감시키는 장치로서 MDPS의 종류로는 모터의 장착위치에 따라서 C-MDPS(칼럼구동 방식), P-MDPS(피니언구동 방식), R-MDPS(랙구동 방식)가 있다. 또한 엔진정지 및 고장 시에 동력을 얻을 수 없으므로 페일 세이프 기능으로 일반 기계식 조향시스템에 의해 조향할 수 있는 구조로 되어 있다.

㉠ C-MDPS : 전기 구동모터가 조향칼럼에 장착되며 조향축의 회전에 대해 보조동력을 발생시킨다. 모터의 초기 구동 및 정지 시 조향칼럼을 통해 진동과 소음이 조향핸들로 전달되나 경량화가 가능하여 소형 자동차에 적용하고 있다.

㉡ P-MDPS : 전기 구동모터가 조향기어박스에 장착되며 피니언의 회전에 대해서 보조 동력을 발생시킨다. 엔진룸에 설치되며 공간상 제약이 있어 설계 시 설치 공간을 고려해야 한다.

㉢ R-MDPS : 전기 구동모터가 랙기어부에 장착되어 랙의 좌우 움직임에 대해서 보조 동력을 발생시킨다. 엔진룸에 설치되며 공간상 제약이 있어 설계 시 설치 공간을 고려해야 한다.

(3) 유압식 동력조향장치와 MDPS의 비교

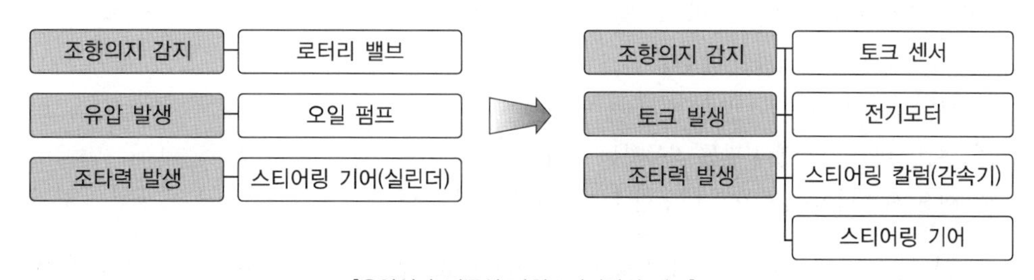

[유압식과 전동식 파워스티어링의 비교]

CHAPTER

05 적중예상문제

01 전자제어 현가장치에서 차고 높이는 무엇에 의해 조절되는가?

㉮ 공기압

㉯ 플라스틱류 액추에이터

㉰ 진 공

㉱ 특수한 고무류

02 진동을 흡수하고 진동시간을 단축시키고 스프링의 부담을 감소시키기 위한 장치는?

㉮ 스테빌라이저

㉯ 공기 스프링

㉰ 쇽업소버

㉱ 비틀림 막대 스프링

03 전자제어식 현가장치의 효과라고 할 수 있는 것은?

㉮ 조종안정성과 승차감의 불균형 해소 효과

㉯ 구동력 증대 효과

㉰ 쇽업소버와 스프링의 단독 작동가능 효과

㉱ 회전 시 내측의 상승효과로 인한 타이어 마모방지 효과

해설 선회 시 좌우 현가장치의 댐핑력의 차이를 발생시켜 차체의 기울어짐을 방지하고 그로 인해 타이어 마모를 방지하는 효과를 발생시킨다.

04 자동차의 앞 현가장치의 분류 중 일체식 차축 현가장치의 장점을 설명한 것은?

㉮ 차축의 위치를 점하는 링크나 로드가 필요치 않아 부품수가 적고 구조가 간단하다.

㉯ 스프링 정수가 너무 적은 스프링은 사용할 수 없다.

㉰ 스프링 질량이 크기 때문에 승차감이 좋지 않다.

㉱ 앞바퀴에 시미 현상이 일어나기 쉽다.

1 ㉮ 2 ㉰ 3 ㉱ 4 ㉮ 정답

05 다음 중 독립 현가장치의 장점이 아닌 것은?

㉮ 앞바퀴에 시미가 잘 일어나지 않는다.
㉯ 스프링 정수가 작은 스프링도 사용할 수 있다.
㉰ 스프링 아래 질량이 작기 때문에 승차감이 좋다.
㉱ 일체차축 현가장치에 비해 구조가 간단하다.

해설 **독립 현가장치 특징**

- 장 점
  - 바퀴의 시미 현상이 작아 로드홀딩 우수하다.
  - 스프링 아래 질량이 작기 때문에 승차감이 우수하다.
  - 스프링 정수가 적은 스프링을 사용할 수 있다.
  - 차고를 낮게 설계할 수 있기 때문에 차량 안정성이 향상된다.
  - 작은 진동에 대한 흡수율이 좋기 때문에 승차감이 향상된다.
- 단 점
  - 바퀴의 상하 운동에 따른 얼라인먼트가 틀어져 타이어의 마모가 촉진된다.
  - 볼 이음주가 많아 마모에 의한 얼라인먼트가 틀어진다.
  - 일체차축 현가장치에 비하여 구조가 복잡하고 정비가 어렵다.

06 전자제어 현가장치의 제어 중 앤티 다이브(Anti-dive) 기능을 설명한 것 중 맞는 것은?

㉮ 급발진, 급가속 시 어큐뮬레이터의 감쇠력을 소프트(Soft)로 하여 차량의 뒤쪽이 내려앉는 현상
㉯ 급제동 시 어큐뮬레이터의 감쇠력을 하드(Hard)로 하여 차체의 앞부분이 내려가는 것을 방지하는 기능
㉰ 회전주행 시 원심력에 의해 차량의 롤링을 최소로 유지하는 기능
㉱ 급발진 시 가속으로 인한 차량의 흔들림을 억제하는 기능

07 일체식 차축의 현가 스프링이 피로해지면 바퀴의 캐스터(Caster)는?

㉮ 더 정(+)이 된다.
㉯ 더 부(-)가 된다.
㉰ 변화가 없다.
㉱ 정(+)이 되었다가 부(-)가 된다.

해설 캐스터는 차량이 노면에서 받는 충격에 의해 변화되지 않는다.

정답 5 ㉱ 6 ㉯ 7 ㉰

08 전자제어 현가장치에 대한 다음 설명 중 틀린 것은?

㉮ 스프링상수를 가변시킬 수 있다.
㉯ 쇽업쇼버의 감쇠력 제어가 가능하다.
㉰ 차체의 자세제어가 가능하다.
㉱ 고속주행 시 현가특성을 부드럽게 하므로 주행안전성이 확보된다.

해설 전자제어 현가장치는 고속주행 시 현가특성을 하드하게 하여 주행안전성을 확보한다.

09 전자제어 현가장치에서 조작스위치를 Auto로 할 경우 여러 가지로 기능이 변환하게 되는데, 그 기능에 속하지 않는 것은?

㉮ Anti-dive 기능
㉯ Anti-squat 기능
㉰ Anti-roll 기능
㉱ Anti-sport 기능

10 자동차가 고속으로 달릴 때 일어나는 앞바퀴의 진동으로 차의 앞부분이 상하 또는 옆으로 진동되는 현상을 무엇이라 하는가?

㉮ 완더(Wander)
㉯ 트램핑(Tramping)
㉰ 로드 스웨이(Road Sway)
㉱ 다팅(Darting)

11 토션 바 스프링에 대한 설명 중 적당하지 않은 것은?

㉮ 스프링의 힘은 바의 길이와 단면적에 따라 결정된다.
㉯ 단위 무게에 대한 에너지 흡수율이 다른 스프링에 비하여 크다.
㉰ 진동에 의한 감쇠작용을 하지 못하므로 쇽업소버를 사용한다.
㉱ 다른 스프링에 비해 무겁고 구조가 복잡하다.

12 전자제어 현가장치에서 자동차가 선회 시 원심력에 의한 차체의 흔들림을 최소로 제어하는 기능은?

㉮ 앤티 롤링
㉯ 앤티 다이브
㉰ 앤티 스쿼트
㉱ 앤티 드라이브

해설 롤링방지를 위하여 스테빌라이저를 설치한다.

8 ㉱ 9 ㉱ 10 ㉮ 11 ㉱ 12 ㉮ **정답**

13 다음 중 전자제어 현가장치를 작동시키는 데 관련된 센서가 아닌 것은?

㉮ 파워오일압력 센서
㉯ 차속 센서
㉰ 차고 센서
㉱ 조향각 센서

14 차량의 안정성 향상을 위하여 적용된 전자제어주행 안정장치(VDC, ESP)의 구성요소가 아닌 것은?

㉮ 횡 가속도 센서
㉯ 충돌 센서
㉰ 요-레이터 센서
㉱ 조향각 센서

해설 충돌 센서는 에어백 장치를 구동하는 데 필요한 센서이다.

15 현가장치에서 하중 변화에 따른 차고를 일정하게 할 수 있으며, 승차감이 그다지 변하지 않는 장점이 있는 스프링은?

㉮ 고무 스프링
㉯ 공기 스프링
㉰ 토션 바 스프링
㉱ 코일스프링

16 쇽업소버(Shock Absorber)를 부착할 때 최대경사각도의 범위는?

㉮ 15° 이내
㉯ 30° 이내
㉰ 45° 이내
㉱ 60° 이내

17 자동차의 전자제어 현가장치에서 자세제어에 관련된 항목이 아닌 것은?

㉮ 앤티 롤(Anti-roll)
㉯ 앤티 다이브(Anti-dive)
㉰ 앤티 스쿼트(Anti-squat)
㉱ 앤티 스키드(Anti-skid)

정답 13 ㉮ 14 ㉯ 15 ㉯ 16 ㉰ 17 ㉱

18 자동차의 전자제어 현가장치에서 차고조정의 정지조건으로 부적합한 것은?

㉮ 커브길 급선회 시
㉯ 급정지 시
㉰ 가속 시
㉱ 주행 중

19 드가르봉식 쇽업소버의 특징이 아닌 것은?

㉮ 순수 유압식에 비해 구조가 간단하다.
㉯ 작동 시 오일에 기포가 거의 발생하지 않는다.
㉰ 복동식에 비해 방열 효과가 크다.
㉱ 분해 시 가스 압력에 의한 위험이 있다.

해설 **드가르봉식 쇽업소버의 특징**
- 가스봉입식으로 내부압력이 존재하기 때문에 분해하면 위험하다.
- 실린더가 하나로 되어 있기 때문에 방열효과가 우수하다.
- 장시간 사용해도 감쇠효과가 저하되지 않는다.

20 자동차 현가장치에서 판스프링의 장점이 아닌 것은?

㉮ 비틀림 진동에 강하다.
㉯ 에너지 흡수율이 크다.
㉰ 구조가 간단하다.
㉱ 작은 진동도 흡수한다.

해설 **판스프링의 특징**
- 장 점
  - 큰 진동 흡수에 적합하다.
  - 자체 강성에 의해 액슬 하우징을 정위치로 유지할 수 있다.
  - 구조가 간단하다.
- 단 점
  - 마찰에 의해 진동을 흡수하기 때문에 소음 및 진동이 발생한다.
  - 승차감이 떨어진다.
  - 작은 진동을 흡수하지 못한다.

21 차체의 높이를 일정하게 유지하는 데 유리한 현가장치의 스프링은?

㉮ 고무스프링
㉯ 판스프링
㉰ 공기스프링
㉱ 코일스프링

18 ㉱ 19 ㉮ 20 ㉱ 21 ㉰ 정답

22 전자제어 현가장치(ECS)에서 쇽업소버 내 오리피스의 지름을 조절하면 변화되는 것은?

㉮ 감쇠력
㉯ 스프링 상수
㉰ 마찰 계수
㉱ 스프링 상하중

23 전자제어 현가장치에서 차량전방의 노면을 검출하여 감쇠력이나 공기스프링의 공기압 조정 등을 통해 승차감을 향상시키는 제어는?

㉮ 스카이 훅 제어
㉯ 앤티 다이브 제어
㉰ 프리뷰 제어
㉱ 앤티 셰이크 제어

24 전자제어 현가장치에서 회전주행 시 원심력에 의한 차체의 흔들림을 최소로 하여 안전성을 개선하는 제어기능은?

㉮ 앤티 스쿼트(Anti Squat)
㉯ 앤티 다이브(Anti Dive)
㉰ 앤티 롤(Anti Roll)
㉱ 앤티 드라이브(Anti Drive)

25 자동차 현가장치에 이용되고 있는 공기 스프링의 장점이 아닌 것은?

㉮ 하중에 관계없이 차고가 일정하게 유지되어 차체의 기울기가 적다.
㉯ 공기 자체의 감쇠성에 의해 고주파 진동을 흡수한다.
㉰ 하중에 관계없이 고유진동이 거의 일정하게 유지된다.
㉱ 제동 시 관성력을 흡수하므로 제동거리가 짧아진다.

해설 **공기스프링의 특징**

- 공기 자체의 감쇠성으로 인해 작은 진동을 흡수할 수 있다.
- 스프링의 세기가 하중에 비례하여 변화한다.
- 하중에 변화와 무관하게 차체의 높이를 일정하게 유지할 수 있다.
- 고유진동이 작아 충격흡수효과가 유연하다.
- 승차감이 좋다.

정답 22 ㉮ 23 ㉰ 24 ㉰ 25 ㉱

26 전자제어 동력조향장치의 특성으로 틀린 것은?

㉮ 공전과 저속에서 핸들조작력이 작다.
㉯ 중속 이상에서는 차량속도에 감응하여 핸들조작력을 변화시킨다.
㉰ 솔레노이드밸브로 스로틀 면적을 변화시켜 오일탱크로 복귀되는 오일양을 제어한다.
㉱ 동력조향장치이므로 조향기어는 필요 없다.

27 전자제어 파워스티어링 장치에 대한 다음 설명 중 틀린 것은?

㉮ 회전수 감응식은 엔진 회전수에 따라 조향력을 변화시킨다.
㉯ 고속 시 스티어링 휠의 조작을 가볍게 하여 운전자의 피로를 줄인다.
㉰ 차속 감응식은 차속에 따라 조향력을 변화시킨다.
㉱ 파워스티어링의 조향력은 파워 실린더에 걸리는 압력에 의하여 결정된다.

해설 전자제어 동력조향장치는 저속 시 조향핸들의 조작력을 가볍게 하여 운전자의 조향성을 향상시키고 고속 시 조향핸들의 조작력을 무겁게 하여 주행안전성을 확보한다.

28 자동차가 선회 시 조향각을 일정하게 하여도 선회반경이 커지는 현상을 무엇이라 하는가?

㉮ 코너링 포스
㉯ 오버 스티어링
㉰ 언더 스티어링
㉱ 차축조향

해설
- 언더 스티어링 : 선회반경이 커지는 현상
- 오버 스티어링 : 선회반경이 작아지는 현상

29 다음은 동력조향장치의 장점을 든 것이다. 맞지 않는 것은?

㉮ 작은 조작력으로 조향 조작을 할 수 있다.
㉯ 조향 기어비를 조작력에 관계없이 선정할 수 있다.
㉰ 굴곡이 있는 노면에서의 충격을 흡수하여 조향 핸들에 전달되는 것을 방지할 수 있다.
㉱ 엔진의 동력에 의해 작동하므로 구조가 간단하다.

해설 동력조향장치는 엔진의 동력을 이용하여 구동하기 때문에 동력조향 펌프와 오일탱크와 같은 추가적인 부품이 설치되어 일반적인 동력장치에 비하여 구조가 복잡하다.

26 ㉱ 27 ㉯ 28 ㉰ 29 ㉱ **정답**

30 동력조향장치에서 조향핸들을 회전시켜 압력이 상승되는 순간 이 정보를 전압으로 변환하여 ECU가 공전속도를 제어하도록 하는 신호를 발생시키는 것은?

㉮ 인히비터 스위치
㉯ 파워스티어링 압력 스위치
㉰ 전기부하 스위치
㉱ 공전속도제어 서보

31 동력조향장치에서 직진할 경우 동력피스톤의 운동상태는?

㉮ 동력피스톤이 왼쪽으로 움직여서 왼쪽으로 조향한다.
㉯ 동력피스톤이 오른쪽으로 움직여서 오른쪽으로 조향한다.
㉰ 동력피스톤은 리액션 스프링을 압축하여 왼쪽으로 이동한다.
㉱ 동력피스톤은 좌·우실의 유압이 같으므로 정지하고 있다.

32 운전 중 조향핸들이 무겁다. 그 원인은?

㉮ 타이어 공기압이 높다.
㉯ 부의 캐스터가 심하다.
㉰ 드래그 링크 볼이음 스프링이 강하다.
㉱ 타이어 공기압이 낮다.

33 다음 중 조향 기어 기구로 사용되지 않는 것은?

㉮ 랙 피니언형
㉯ 웜 섹터형
㉰ 볼 너트형
㉱ 랙 헬리컬형

해설 **조향기어의 종류** : 랙 피니언형, 웜 섹터형, 웜 섹터 롤러형, 웜핀형, 볼 너트 웜핀형, 볼 너트형, 스크루 너트형, 스크루 볼형 등이 있다.

34 전동모터식 전자제어 동력 조향시스템(ECPS)을 설명한 것 중 틀린 것은?

㉮ 비상시를 위해 오일펌프의 유압을 일부 이용한다.
㉯ ECU를 이용하여 모터를 정밀 제어하므로 조향력을 정밀하게 제어할 수 있다.
㉰ 전동모터가 구동 시 전류소비가 크므로 배터리 방전에 대한 대책을 해야 한다.
㉱ 차속센서, 조향각 센서, 토크 센서의 신호를 기준으로 컴퓨터는 전기모터를 구동 제어한다.

해설 전동모터식 전자제어 동력조향장치는 기존의 동력조향장치와는 다르게 엔진의 동력을 사용하지 않고 조향축에 모터를 설치하여 운전상태와 조건에 따라 조향력을 조절한다.

정답 30 ㉯ 31 ㉱ 32 ㉱ 33 ㉱ 34 ㉮

35 전동모터식 전자제어 동력조향장치(ECPS)의 제어가 아닌 것은?

㉮ 모터전류제어
㉯ 관성보상제어
㉰ 댐핑보상제어
㉱ 정지보상제어

36 조향핸들을 2바퀴 돌릴 때 피트먼암이 80° 움직였다. 이때 조향기어비는 얼마인가?

㉮ 4.5 : 1　　㉯ 9 : 1
㉰ 12 : 1　　㉱ 8 : 1

해설

$$\text{조향기어비}(i) = \frac{\text{조향핸들 회전각도}}{\text{피트먼암 각도}} = \frac{2 \times 360}{80} = 9$$

37 전동식 동력조향장치의 설명으로 틀린 것은?

㉮ 유압식 동력조향장치에 필요한 유압유를 사용하지 않아 친환경적이다.
㉯ 유압 발생장치나 파이프 등의 부품이 없어 경량화를 할 수 있다.
㉰ 파워스티어링 펌프의 유압을 동력원으로 사용한다.
㉱ 전동기를 운전조건에 맞추어 제어함으로써 정확한 조향력 제어가 가능하다.

38 조향장치의 구비 조건으로 틀린 것은?

㉮ 조향휠의 조작력은 저속 시에는 무겁게 하고, 고속 시에는 가볍게 한다.
㉯ 조향핸들의 회전과 바퀴 선회 차이가 크지 않게 한다.
㉰ 선회 시 저항이 적고, 선회 후 복원성이 좋게 한다.
㉱ 조작이 쉽고 방향 변환이 원활하게 한다.

해설 조향핸들의 조작력은 저속에서 가볍고 고속에서 무거워야 한다.

35 ㉱ 36 ㉯ 37 ㉰ 38 ㉮ **정답**

39 조향이론에 관한 설명으로 틀린 것은?

㉮ 자동차가 선회할 때 발생되는 원심력과 평행되는 힘을 코너링 포스(Cornering Force)라 한다.
㉯ 앞바퀴에 발생되는 코너링 포스(Cornering Force)가 크게 되면 언더 스티어링 현상이 일어난다.
㉰ 스윙 차축을 뒤 차축으로 사용하면 언더 스티어링이 되기 쉽다.
㉱ 현가장치와 조향장치는 서로 독립성을 가지고 있어야 한다.

40 애커먼 장토식(Ackerman-Jeantaud Type) 조향장치의 회전 조향각도로 맞는 것은?

㉮ 바깥쪽 바퀴각도가 안쪽 바퀴 각도보다 크다.
㉯ 바깥쪽 바퀴각도와 안쪽 바퀴 각도는 같다.
㉰ 안쪽 바퀴각도가 바깥쪽 바퀴 각도보다 크다.
㉱ 경우에 따라서 클 때도 있고 작을 때도 있다.

41 동력 조향장치의 구조 중에서 동력부가 고장 났을 때 수동 조작을 가능하게 해 주는 것은?

㉮ 릴리프밸브
㉯ 유량조절밸브
㉰ 압력조절밸브
㉱ 안전체크밸브

42 동력 조향장치가 고장 났을 때 수동조작을 가볍게 할 수 있도록 하는 것은?

㉮ 안전체크밸브
㉯ 압력조절밸브
㉰ 흐름제어밸브
㉱ 밸브스플

정답 39 ㉯ 40 ㉰ 41 ㉱ 42 ㉮

43 유압식 전자제어 동력조향장치의 입력 요소와 관계없는 것은?

㉮ 차속 센서
㉯ 차고 센서
㉰ 스로틀 포지션 센서
㉱ 조향휠 각속도 센서

해설 차고 센서는 전자제어 현가장치의 입력신호이다.

44 조향장치에서 조향기어의 백래시가 클 때 발생할 수 있는 현상은?

㉮ 조향휠의 축방향 유격이 작아진다.
㉯ 조향기어비가 커진다.
㉰ 조향각도가 커진다.
㉱ 조향휠의 좌우 유격이 커진다.

45 조향장치에서 4WS의 제어 목적으로 적합하지 않은 것은?

㉮ 주행 시 안정성을 증대시킨다.
㉯ 저속에서 더 좋은 조종성을 유지시킨다.
㉰ 주행 시 요잉 현상을 증대시킨다.
㉱ 선회 안정성을 증대시킨다.

해설 4WS : 사륜조향을 의미하며, 앞・뒤바퀴를 동일한 방향으로 한 동위상 조향은 요잉 발생을 줄여 고속주행 시 안전성을 향상시키고, 앞・뒤바퀴를 역방향으로 한 역위상 조향은 중・저속 주행 시 조향성을 향상시킨다.

43 ㉯ 44 ㉱ 45 ㉰ 정답

CHAPTER

06 앞바퀴 정렬 및 제동시스템

제1절 앞바퀴 정렬

1. 휠 얼라인먼트

(1) 종 류

① 자동차를 지지하는 바퀴는 기하학적인 관계를 두고 설치되어 있는데 휠 얼라인먼트는 바퀴의 기하학적인 각도 관계를 말하며, 일반적으로 캠버, 캐스터, 토인, 킹핀 경사각 등이 있다.

② 구 성

㉠ 캐스터 : 직진성과 복원성, 안전성을 준다.

㉡ 캐스터와 킹핀 경사각 : 조향 핸들에 복원성을 준다.

㉢ 캠버와 킹핀 경사각 : 앞 차축의 휨 방지 및 조향 핸들의 조작력을 가볍게 한다.

㉣ 토인 : 타이어의 마멸을 최소로 하고 로드홀딩 효과가 있다.

(2) 역 할

연료절감, 타이어 수명 연장, 안정성 및 안락성, 현가장치 관련부품 수명 연장, 조향장치 관련부품 수명 연장 등의 역할을 하며, 자동차의 주행에 대하여 노면과 타이어의 저항을 감소시키는 중요한 요소이다.

2. 휠 얼라인먼트의 구성요소

(1) 캠버(Camber)

자동차를 앞에서 볼 때 앞바퀴가 지면의 수직선에 대해 어떤 각도를 두고 장착되어 있는데 이 각도를 캠버각이라 한다. 캠버각은 일반적으로 +0.5~1.5° 정도를 주며 바퀴의 윗부분이 바깥쪽으로 기울어진 상태를 정 캠버, 바퀴의 중심선이 수직일 때를 0(Zero)캠버 그리고 바퀴의 윗부분이 안쪽으로 기울어진 상태를 부 캠버라 한다. 캠버의 역할은 다음과 같다.

첫째, 수직방향 하중에 의한 앞차축의 휨을 방지한다.

둘째, 조향핸들의 조작을 가볍게 한다.

셋째, 하중을 받았을 때 앞바퀴의 아래쪽 부 캠버가 벌어지는 것을 방지한다.

① 정(+) 캠버

㉠ 정 캠버는 바퀴의 위쪽이 바깥쪽으로 기울어진 상태를 말하며 정 캠버가 클수록 선회할 때 코너링 포스가 감소하고 방향 안전성 및 노면의 충격을 감소시킨다.

㉡ 일반적으로 앞바퀴에 적용되며 0°30′~1°를 적용한다.

② 부(−) 캠버

㉠ 부 캠버는 바퀴의 위쪽이 안쪽으로 기울어진 상태를 말하며 승용차에서는 뒷바퀴에 −0°30′~1.5° 정도 두고 있다.

㉡ 스포츠카 등의 특수한 경우 부 캠버를 사용하며 부 캠버는 선회할 때 코너링 포스를 증가시키며 고정부분 및 너클에 응력이 집중되고 바퀴의 트레드 안쪽의 마모를 촉진시킨다.

(2) 캐스터(Caster)

자동차의 앞바퀴를 옆에서 볼 때 너클과 앞 차축을 고정하는 스트럿이 수직선과 어떤 각도를 두고 설치되는데 이를 캐스터 각이라 한다. 캐스터 각은 일반적으로 1~3° 정도이다. 그리고 스트럿이 자동차의 뒤쪽으로 기울어진 상태를 정의 캐스터, 스트럿이 수직선과 일치된 상태를 0(Zero)캐스터, 스트럿이 앞쪽으로 기울어진 상태를 부의 캐스터라 한다.

① 정(+)의 캐스터

㉠ 정 캐스터는 자동차를 옆에서 볼 때 스트럿이 자동차의 뒤쪽으로 기울어져 있는 상태이다.

㉡ 주행할 때 직진성이 유지되며 시미 현상을 감소시킨다. 정 캐스터는 선회 후 바퀴가 직진 위치로 복귀하도록 하는 복원력을 발생시킨다.

② 부(−)의 캐스터

㉠ 부 캐스터는 자동차를 옆에서 볼 때 스트럿이 자동차의 앞쪽으로 기울어져 있는 상태이다.

㉡ 부의 캐스터를 사용하면 선회 후 바퀴의 복원력이 감소하고 직진성능은 감소하나 사이드 포스에 대한 저항력은 증대된다.

(3) 토인(Toe-in)

① 자동차 앞바퀴를 위에서 내려다 볼 때 양 바퀴의 중심선 거리가 앞쪽이 뒤쪽보다 약간 작게 되어 있는데 이것을 토인이라고 하며 일반적으로 2~5[mm] 정도이다.

② 역 할

㉠ 앞바퀴를 평행하게 회전시킨다.

㉡ 앞바퀴의 사이드슬립과 타이어 마멸을 방지한다.

㉢ 조향링키지 마멸에 따라 토 아웃이 되는 것을 방지한다.

㉣ 토인은 타이로드의 길이로 조정한다.

(4) 킹핀 경사각

① 자동차를 앞에서 보면 독립 차축 방식에서는 위, 아래 볼이음, 일체 차축 방식에서는 킹핀의 중심선이 지면의 수직에 대하여 어떤 각도를 두고 설치되는데 이를 킹핀 경사각라고 한다. 킹핀 경사각은 일반적으로 7~9° 정도 준다.

② 역 할

㉠ 캠버와 함께 조향 핸들의 조작력을 가볍게 한다.

㉡ 캐스터와 함께 앞바퀴에 복원성을 부여한다.

㉢ 앞바퀴가 시미 현상을 일으키지 않도록 한다.

제2절 제동시스템

1. 제동장치의 분류

(1) 제동장치

제동장치(Brake System)는 주행 중인 자동차를 감속 또는 정지시키고 주차상태를 유지하기 위하여 사용되는 장치이고, 마찰력을 이용하여 자동차의 운동 에너지를 열에너지로 바꾸어 제동을 한다.

(2) 제동장치의 구비조건

① 작동이 명확하고 제동효과가 클 것

② 신뢰성과 내구성이 우수할 것

③ 점검 및 정비가 용이할 것

(3) 제동장치의 분류

제동장치는 기계식과 유압식으로 분류되며 기계식은 핸드 브레이크에 유압식은 풋 브레이크로 주로 적용된다. 또한 제동력을 높이기 위한 배력장치는 흡기다기관의 진공을 이용하는 하이드로 백(진공서보식)과 압축공기 압력을 이용하는 공기 브레이크 등이 있으며, 감속 및 제동장치의 과열방지를 위하여 사용하는 배기브레이크, 엔진브레이크, 와전류 리타더, 하이드롤릭 리타더 등의 감속 브레이크가 있다.

① 장착 위치에 따른 분류

㉠ 휠 브레이크 : 마스터 실린더의 유압을 받아서 브레이크슈 또는 패드를 드럼 또는 디스크에 압착시켜 제동력을 발생시키는 것이다.

㉡ 센터 브레이크 : 센터 브레이크는 대형차에서 변속기 출력축이나 추진축에 브레이크 드럼을 설치하여 주차 브레이크로 많이 적용된다.

② 조작 방법에 따른 분류

㉠ 핸드 브레이크 : 핸드 브레이크는 브레이크 레버에 의해 와이어가 당겨질 때 장력에 의해 브레이크 슈가 확장되어 브레이크 드럼을 압착하여 제동작용을 하는 장치이다.

㉡ 풋 브레이크 : 주행 중인 자동차를 감속시키거나 정지시킬 경우에 사용되는 브레이크로서 브레이크 페달을 밟아 제동작용을 한다.

③ 작동 방식에 따른 분류

㉠ 내부 확장식 : 브레이크 페달을 밟아 마스터 실린더의 유압이 휠 실린더에 전달되면 브레이크 슈가 드럼을 밖으로 밀면서 압착되어 제동작용을 하는 방식이다.

㉡ 외부 수축식 : 레버를 당길 때 브레이크 밴드를 브레이크 드럼에 강하게 조여서 제동하는 형식이다.

㉢ 디스크식 : 마스터 실린더에서 발생한 유압을 캘리퍼로 보내어 바퀴와 같이 회전하는 디스크를 패드로 압착시켜 제동하는 방식이다.

④ 기구에 따른 분류

㉠ 기계식 : 브레이크 페달이나 브레이크 레버의 조작력을 케이블 또는 로드를 통하여 브레이크 슈를 브레이크 드럼에 압착시켜 제동작용을 한다.

㉡ 유압식 : 파스칼의 원리를 이용하여 브레이크 페달에 가해진 힘이 마스터 실린더에 전달되면 유압을 발생시켜 제동작용을 하는 형식이다.

㉢ 공기식 : 압축공기의 압력을 이용하여 브레이크 슈를 드럼에 압착시켜 제동작용을 하는 방식이다.

㉣ 진공배력식 : 유압브레이크에서 제동력을 증가시키기 위하여 엔진의 흡기다기관(서지탱크)에서 발생하는 진공압과 대기압의 차이를 이용하여 제동력을 증대시키는 브레이크 장치이다.

㉤ 공기배력식 : 엔진의 동력으로 구동되는 공기 압축기를 이용하여 발생되는 압축공기와 대기와의 압력차를 이용하여 제동력을 발생하는 장치이다.

2. 유압식 브레이크

(1) 유압 브레이크의 개요

① 유압식 브레이크는 파스칼의 원리를 이용한 것이다.

② **유압식 브레이크의 구성** : 유압을 발생시키는 마스터 실린더, 휠 실린더, 캘리퍼 유압 파이프, 플렉시블 호스 등으로 구성되어 있다.

(2) 유압 브레이크의 특징

① 제동력이 각 바퀴에 동일하게 작용한다.

② 마찰에 의한 손실이 적다.

③ 페달 조작력이 작아도 작동이 확실하다.

④ 유압회로에서 오일이 누출되면 제동력을 상실한다.

⑤ 유압회로 내에 공기가 침입(베이퍼록)하면 제동력이 감소한다.

(3) 유압브레이크의 구조와 작용

① 제동 시 유압브레이크의 페달을 밟으면 마스터 실린더에서 유압이 발생하여 유압라인을 통해 각 바퀴의 휠 실린더로 압송된다.

② 휠 실린더에서는 발생한 유압으로 내부의 피스톤이 좌우로 확장되어 브레이크슈가 드럼에 압착되어 제동작용을 한다.

③ 제동력 해제 시 페달을 놓으면 마스터 실린더 내의 유압이 떨어지고 브레이크 슈는 리턴 스프링의 장력으로 원위치로 복귀되고 휠 실린더 내의 오일은 마스터 실린더의 오일저장 탱크로 복귀되어 제동력이 해제된다.

(4) 마스터 실린더(Master Cylinder)

브레이크 페달을 밟는 힘에 의하여 유압을 발생시키며 마스터 실린더의 형식에는 피스톤이 1개인 싱글 마스터 실린더와 피스톤이 2개인 탠덤마스터 실린더가 있으며 현재는 탠덤마스터 실린더를 사용하고 있다.

① 마스터 실린더의 구성

㉠ 실린더 보디 : 실린더 보디의 재질은 주철이나 알루미늄 합금을 사용하며 위쪽에는 리저버 탱크가 설치되어 있다.

㉡ 피스톤 : 피스톤은 실린더 내에 장착되며 페달을 밟으면 푸시 로드가 피스톤을 운동시켜 유압을 발생시킨다.

㉢ 피스톤 컵 : 피스톤 컵에는 1차 컵과 2차 컵이 있으며 1차 컵은 유압 발생이고 2차 컵은 마스터 실린더 내의 오일이 밖으로 누출되는 것을 방지한다.

㉣ 체크밸브 : 브레이크 페달을 밟으면 오일이 마스터 실린더에서 휠 실린더로 나가게 하고 페달을 놓으면 파이프 내의 유압과 피스톤 리턴 스프링이 장력에 의해 일정량만을 마스터 실린더 내로 복귀하도록 하여 회로 내에 잔압을 유지시켜 준다. 잔압을 유지시키는 이유는 다음 브레이크 작동 시 신속한 작동과 회로내의 공기가 침투하는 것을 방지하기 위함이다.

㉤ 피스톤 리턴 스프링 : 페달을 놓았을 때 피스톤이 제자리로 복귀하도록 하고 체크밸브와 함께 잔압을 형성하는 작용을 한다.

② 탠덤마스터 실린더의 작동

㉠ 탠덤마스터 실린더는 유압브레이크에서 제동 안전성을 높이기 위해 전륜측과 후륜측에 대하여 독립적으로 작동하는 2개의 회로를 두는 형식으로 실린더 내에 피스톤이 2개가 들어 있다.

㉡ 각각의 피스톤은 리턴 스프링과 스토퍼에 의해 위치가 결정되며 전륜측과 후륜측의 피스톤에는 리턴 스프링이 설치되어 있다.

㉢ 제동 시 페달을 밟으면 후륜 제동용 피스톤이 푸시로드에 의해 리턴 스프링을 압축시키면서 피스톤 사이의 오일에 압력을 가하여 뒷바퀴를 제동시킨다. 이와 동시에 앞바퀴쪽 피스톤도 뒷바퀴쪽 제동 피스톤에 의해 발생한 유압으로 앞바퀴에 제동력을 발생시킨다.

(5) 파이프(Pipe)

① 브레이크 파이프는 강철 파이프와 유압용 플렉시블 호스를 사용한다.

② 파이프는 진동에 견디도록 클립으로 고정하고 연결부에는 금속제 피팅이 설치되어 있다.

(6) 휠 실린더(Wheel Cylinder)

① 휠 실린더는 마스터 실린더에서 압송된 유압에 의하여 브레이크슈를 드럼에 압착시키는 기능을 한다.

② 구조는 실린더 보디, 피스톤 스프링, 피스톤 컵, 공기빼기 작업을 하기 위한 에어 블리더가 있다.

(7) 브레이크 슈(Brake Shoe)

① 브레이크 슈는 휠 실린더의 피스톤에 의해 드럼과 마찰을 일으켜 제동력을 발생하는 부분으로 리턴 스프링을 두어 제동력 해제 시 슈가 제자리로 복귀하도록 하며 홀드다운 스프링에 의해 슈와 드럼의 간극을 유지시킨다.

② 라이닝의 구비조건

㉠ 내열성이 크고 열 경화(페이드) 현상이 없을 것

㉡ 강도 및 내마멸성이 클 것

㉢ 온도에 따른 마찰계수 변화가 적을 것

㉣ 적당한 마찰계수를 가질 것

(8) 브레이크 드럼(Brake Drum)

① 드럼은 휠 허브에 볼트로 장착되어 바퀴와 함께 회전하며 슈와의 마찰로 제동을 발생시키는 부분이다.

② 냉각성능을 크게 하고 강성을 높이기 위해 원주방향에 핀이나 리브를 두고 있으며 제동 시 발생한 열은 드럼을 통하여 발산되므로 드럼의 면적은 마찰면에서 발생한 열 방출량에 따라 결정된다.

③ 드럼의 구비조건

㉠ 가볍고 강도와 강성이 클 것

㉡ 정적・동적 평형이 잡혀 있을 것

㉢ 냉각이 잘되어 과열하지 않을 것
㉣ 내마멸성이 클 것

(9) 베이퍼록

베이퍼록 현상은 브레이크액 내에 기포가 차는 현상으로 패드나 슈의 과열로 인해 브레이크 회로 내에 기포가 차게 되어 제동력이 전달되지 못하는 상태를 말한다.

① 원 인
㉠ 한여름에 매우 긴 내리막길에서 브레이크를 지속적으로 사용한 경우
㉡ 브레이크 오일을 교환한지 매우 오래된 경우
㉢ 저질 브레이크 오일을 사용한 경우

② 방지법
㉠ 내리막길 주행 시 엔진 브레이크를 사용
㉡ 브레이크액의 점검 및 교환
㉢ 비등점이 높은 브레이크 오일을 사용

3. 슈의 자기작동

자기작동이란 회전 중인 브레이크 드럼에 제동력이 작용하면 회전 방향 쪽의 슈는 마찰력에 의해 드럼과 함께 회전하려는 힘이 발생하여 확장력이 스스로 커져 마찰력이 증대되는 작용이다. 또한 드럼의 회전반대 방향 쪽의 슈는 드럼으로부터 떨어지려는 특성이 발생하여 확장력이 감소된다. 이때 자기작동작용을 하는 슈를 리딩슈, 자기작동작용을 하지 못하는 슈를 트레일링슈라고 한다.

4. 자동 간극조정

브레이크라이닝이 마멸되면 라이닝과 드럼의 간극이 커지게 된다. 이러한 현상으로 인해 브레이크슈와 드럼의 간극조정이 필요하며 후진 시 브레이크 페달을 밟으면 자동적으로 조정되는 장치이다.

5. 브레이크 오일

브레이크 오일은 알코올과 피마자유의 화합물이며 식물성 오일이다.

(1) 구비조건

① 점도가 알맞고 점도 지수가 클 것

② 적당한 윤활성이 있을 것
③ 빙점이 낮고 비등점이 높을 것
④ 화학적 안정성이 크고 침전물 발생이 적을 것
⑤ 고무 또는 금속제품을 부식시키지 않을 것

6. 디스크 브레이크

(1) 개 요

① 디스크 브레이크는 마스터 실린더에서 발생한 유압을 캘리퍼로 보내어 바퀴와 함께 회전하는 디스크를 양쪽에서 패드로 압착시켜 제동작용을 하는 장치이다.

② 디스크 브레이크는 디스크가 노출되어 있으므로 열 경화(페이드) 현상이 작고 브레이크 간극이 자동 조정되는 브레이크 형식이다.

③ 장단점

㉠ 디스크가 노출되어 열방출능력이 크고 제동성능이 우수하다.
㉡ 자기작동작용이 없어 고속에서 반복적으로 사용하여도 제동력 변화가 적다.
㉢ 평형성이 좋고 한쪽만 제동되는 일이 없다.
㉣ 디스크에 이물질이 묻어도 제동력의 회복이 빠르다.
㉤ 구조가 간단하고 점검 및 정비가 용이하다.
㉥ 마찰면적이 작아 패드의 압착력이 커야 하므로 캘리퍼의 압력을 크게 설계해야 한다.
㉦ 자기작동작용이 없기 때문에 페달 조작력이 커야 한다.
㉧ 패드의 강도가 커야 하며 패드의 마멸이 크다.
㉨ 디스크가 노출되어 이물질이 쉽게 부착된다.

(2) 분 류

① **고정 캘리퍼형** : 캘리퍼의 양쪽에 설치된 실린더가 브레이크 패드를 디스크에 접촉시켜 제동력을 발생하는 형식이다.

② **부동 캘리퍼형** : 실린더가 한쪽에 설치되어 캘리퍼 전체가 이동하여 제동력을 발생하는 형식이다.

(3) 구 조

① **디스크** : 디스크는 휠 허브에 설치되어 바퀴와 함께 회전하는 원판으로 제동 시 발생하는 마찰열을 발산시키기 위하여 내부에 냉각용 통기구멍이 설치되어 있는 벤틸레이티드 디스크로 제작되어 있다.

② **캘리퍼** : 캘리퍼는 내부에 피스톤과 실린더가 조립되어 있으며 제동력의 반력을 받기 때문에 너클이나 스트럿에 견고하게 고정되어 있다.

③ **실린더 및 피스톤** : 실린더 및 피스톤은 디스크에 끼워지는 캘리퍼 내부에 설치되어 있고 실린더의 끝부분에는 이물질이 유입되는 것을 방지하기 위하여 유연한 고무의 부츠가 설치되어 있다. 안쪽에는 피스톤실이 실린더 내벽의 홈에 설치되어 실린더 내의 유압을 유지함과 동시에 디스크와 패드 사이의 간극을 조절하는 자동조정장치의 역할도 가지고 있다.

④ **패드** : 패드는 두께가 약 10[mm] 정도의 마찰제로 피스톤과 디스크 사이에 조립되어 있다. 패드의 측면에는 사용한계를 나타내는 인디케이터가 있으며 캘리퍼에 설치된 점검홈에 의해서 패드가 설치된 상태에서 마모상태를 점검할 수 있도록 되어 있다.

7. 배력식 브레이크

(1) 배력식 브레이크

배력식 브레이크는 유압식 브레이크에서 제동력을 증가시키기 위해 흡기다기관에서 발생하는 진공압과 대기압의 차이를 이용하는 진공배력식 하이드로 백과 압축공기의 압력과 대기압력 차이를 이용하는 공기배력식 하이드로 백이 있다.

(2) 진공배력식의 유형

① **진공배력식** : 흡기다기관의 진공과 대기압력의 차이를 이용한 것으로 페달 조작력을 약 8배 증가시켜 제동성능을 향상시키는 장치이다. 또한 배력장치에 이상이 발생하여도 일반적인 유압브레이크로 작동할 수 있는 구조로 되어 있다.

② **공기배력식** : 구조상 공기 압축기와 공기 저장 탱크를 별도로 장착하여야 하기 때문에 대형차량에 많이 적용된다.

(3) 진공배력식 브레이크의 종류

진공배력식 브레이크의 종류에는 마스터 실린더와 배력장치를 일체로 한 일체형 진공배력식과 하이드로 백과 마스터 실린더를 별도로 설치한 분리형 진공배력식이 있다.

① **일체형 진공배력식**

㉠ 진공 배력장치가 브레이크 페달과 마스터 실린더 사이에 장착되며, 기관의 흡기다기관 내에서 발생하는 부압과 대기압과의 압력차를 이용하여 배력작용을 발생하는 것으로 브레이크 부스터(Brake Booster) 또는 마스터 백이라고도 하며, 주로 승용차와 소형 트럭에 주로 사용되고 있다.

㉡ 동력전달은 브레이크 페달 밟는 힘, 브레이크 페달, 푸시로드, 플런저, 리액션 패드, 리액션 피스톤, 마스터 실린더를 거쳐 유압이 발생한다. 이 과정에서 진공압과 대기압차에 의한 압력이 파워 피스톤에 작용하여 이 힘이 마스터 실린더 푸시로드에 작용하므로 배력작용이 일어난다.

㉢ 특 징

- 구조가 간단하고 무게가 가볍다.
- 배력장치 고장 시 페달 조작력은 로드와 푸시로드를 거쳐 마스터 실린더에 작용하므로 유압식 브레이크로 작동을 할 수 있다.
- 페달과 마스터 실린더 사이에 배력장치를 설치하므로 설치 위치에 제한이 있다.

② **분리형 진공배력식**

㉠ 마스터 실린더와 배력장치가 서로 분리되어 있는 형으로, 이때의 배력장치를 하이드로 마스터(Hydro Master)라고도 한다.

㉡ 구조와 작동원리는 일체형 진공식 배력장치와 비슷하다.

㉢ 분리형 진공식 배력장치는 대기의 공기가 통하는 곳에 압축공기가 유입되어 파워 피스톤 양쪽의 압력차가 더욱 커지므로 강력한 제동력을 얻을 수 있다.

㉣ 특 징

- 배력장치가 마스터 실린더와 휠 실린더 사이를 파이프로 연결하므로 설치 위치가 자유롭다.
- 구조가 복잡하다.
- 회로 내의 잔압이 너무 크면 배력장치가 항상 작동하므로 잔압의 관계에 주의하여야 한다.

8. 공압식 브레이크

(1) 공압식 브레이크

① 공기압축 장치의 압력을 이용하여 모든 바퀴의 브레이크슈를 드럼에 압착시켜서 제동 작용을 하는 것이며, 브레이크 페달에 의해 밸브를 개폐시켜 브레이크 체임버에 공급되는 공기량으로 제동력을 조절한다.

② **장단점**

㉠ 차량 중량에 제한을 받지 않는다.

㉡ 공기가 다소 누출되어도 제동성능이 현저하게 저하되지 않는다.

㉢ 베이퍼록의 발생 염려가 없다.

㉣ 페달 밟는 양에 따라 제동력이 조절된다.

㉤ 공기 압축기 구동으로 인해 엔진의 동력이 소모된다.

㉥ 구조가 복잡하고 값이 비싸다.

(2) 압축계통 장치

① 공기 압축기(Air Compressor)

㉠ 엔진의 크랭크축에 의해 구동되며 압축공기를 생산하는 역할을 한다.

㉡ 공기 압축기 입구에는 언로더 밸브가 설치되어 있고 압력조정기와 함께 공기 압축기가 필요 이상 작동하는 것을 방지하고 공기 저장 탱크 내 공기 압력을 일정하게 조정한다.

② 압력조정기와 언로더 밸브(Air Pressure Regulator & Unloader Valve)

㉠ 압력조정기는 공기 저장 탱크 내의 압력이 약 7[kgf/cm^2] 이상되면 공기탱크에서 공기 입구로 유입된 압축공기가 압력조정 밸브를 밀어 올린다.

㉡ 이에 따라 언로더 밸브를 열어 압축기의 압축작용이 정지된다.

㉢ 공기 저장 탱크 내의 압력이 규정값 이하가 되면 언로더 밸브가 다시 복귀되어 공기 압축작용이 다시 시작된다.

③ 공기탱크와 안전밸브

㉠ 공기 저장 탱크는 공기 압축기에서 보내온 압축공기를 저장한다.

㉡ 탱크 내 공기 압력이 규정값 이상이 되면 공기를 배출시키는 안전밸브와 공기 압축기로 공기가 역류하는 것을 방지하는 체크밸브 및 탱크 내의 수분 등을 제거하기 위한 드레인콕이 있다.

(3) 브레이크 계통 장치

① 브레이크 밸브(Brake Valve)

㉠ 페달에 의해 개폐되며 페달을 밟는 양에 따라 공기 탱크 내의 압축공기량을 제어하여 제동력을 조절한다.

㉡ 페달을 놓으면 플런저가 제자리로 복귀하여 배출 밸브가 열리며 브레이크 체임버 내의 공기를 대기 중으로 배출시켜 제동력을 해제한다.

② 퀵 릴리스 밸브(Quick Release Valve) : 페달을 밟아 브레이크 밸브로부터 압축공기가 입구를 통하여 공급되면 밸브가 열려 브레이크 체임버에 압축공기가 작동하여 제동된다.

③ 릴레이밸브(Relay Valve) : 페달을 밟아 브레이크 밸브로부터 공기 압력이 들어오면 다이어프램이 아래쪽으로 내려가 배출 밸브를 닫고 공급밸브를 열어 공기 저장 탱크 내의 공기를 직접 브레이크 체임버로 보내어 제동시킨다.

④ 브레이크 체임버(Brake Chamber) : 페달을 밟아 브레이크 밸브에서 조절된 압축공기가 체임버 내로 유입되면 다이어프램은 스프링을 누르고 이동하며 푸시로드가 슬랙 조정기를 거쳐 캠을 회전시킴으로써 브레이크 슈가 확장되어 드럼에 압착되어 제동 작용을 한다.

⑤ 슬랙조정기 : 캠축을 회전시키는 역할과 브레이크 드럼 내부의 브레이크 슈와 드럼 사이의 간극을 조정하는 역할을 한다.

⑥ 저압표시기 : 브레이크용 공기탱크 압력이 규정보다 낮은 경우 적색 경고등을 점등하고 동시에 경고음을 울려 운전자에게 알려주는 역할을 한다.

9. 주차 브레이크

(1) 외부 수축식 센터 브레이크

브레이크 드럼을 변속기 출력축이나 추진축에 설치하여 레버를 당기면 로드가 당겨지며 작동 캠의 작용으로 밴드가 수축하여 드럼을 강하게 조여서 제동이 된다.

(2) 내부 확장식 센터 브레이크

레버를 당기면 와이어가 당겨지며 이때 브레이크슈가 확장되어 제동작용을 한다.

(3) 전자식 주차브레이크 시스템(EPB ; Electric Parking Brake)

① 기존 대부분의 차량의 주차제동장치는 운전자에 의해 주차브레이크 페달을 밟거나 레버를 당김으로서 주차제동력을 얻는 시스템이었다.

② 그러나 EPB 시스템은 간편한 스위치 조작으로 주차제동력을 확보할 수 있으며, VDC ECU(AVH), 엔진 ECU, TCU 등과 연계하여 자동으로 주차브레이크를 작동시키거나 해제하고 긴급한 상황에서는 비상제동기능을 통하여 안전성을 확보할 수 있도록 구성된 전자식 주차브레이크 시스템이다.

③ EPB 시스템은 주차 케이블의 장력이 항상 일정하게 유지되어 케이블의 장력 조정 등이 불필요하게 되었으며 시스템에 고장이 발생될 때에는 비상 해제레버를 조작함으로써 주행이 가능하도록 되어 있다.

(4) EPB 시스템의 특징

① 편의성 증대(작은 조작력, 변속레버 전환 시 자동해제)

② 거주성 증대(기존레버 및 풋페달 없음)

③ 안전성 증대(비상제동 시 안정적 자세유지, 자체결함 점검)

(5) EPB 시스템의 기능

① **정차 기능** : 차량 정지 상태에서의 EPB 작동 및 해제하는 기능

② **비상제동 기능** : 차량 주행 상태에서의 EPB 작동 및 해제하는 기능

③ **자동 해제 기능** : EPB 작동 상태에서 운전자가 D, R, 스포츠단 상태에서 운전자가 가속페달을 작동시키면 자동으로 EPB ECU가 파킹 브레이크를 해제하는 기능

④ **비상해제 기능** : EPB가 정상적인 절차를 통해 해제되지 못할 경우, 비상해제 케이블을 당김으로써 강제로 해제하는 기능

⑤ **재연결 기능** : 비상 해제 후, EPB가 정상 작동될 수 있도록 재연결하는 기능

⑥ **안전 클러치 기능** : EPB가 최대 허용 스트로크 이상 작동될 경우 기어박스와 모터를 보호하기 위해 안전 클러치가 작동함

⑦ **베딩 기능** : 주차 브레이크 패드(라이닝) 교환 후 후 EPB의 초기 작동성능을 최적화하기 위한 기능

⑧ **자동정차 기능(AVH)** : 정차 시 자동으로 유압 브레이크를 작동하여 브레이크 페달을 밟지 않더라도 차량 정지 상태를 유지할 수 있도록 지원하는 모드

㉠ AVH 작동 조건

- 엔진 작동 상태일 것
- AVH 스위치 On
- 후드가 닫혀 있을 것
- 트렁크가 닫혀 있을 것
- 기어가 "P"단이지 않을 것
- 운전자가 브레이크 페달을 작동하여 차량이 완전 정지상태가 될 것

㉡ AVH에서 EPB로 자동 전환 기능 : AVH가 작동 중인 상태에서 다음 조건 중 어느 하나라도 만족되면 자동으로 EPB 기능으로 전환된다.

- 안전벨트 해제, 운전석 측 도어 열림(운전자의 운전석 이탈로 간주함)
- 후드가 열릴 경우
- 트렁크가 열릴 경우
- AVH 작동시간이 5분이 경과한 경우
- 기어가 "P"단일 경우
- Engine Off
- 23[%] 이상 HILL에 정차할 경우

⑨ **시동 Off 작동기능** : IG가 Off 될 때, EPB가 자동으로 작동하는 기능

(6) EPB 시스템의 구성

① **EPB 유닛의 구성** : EPB ECU, 기어박스, 케이블 구동모터, 케이블, 포스센서로 구성된다.

② **EPB 유닛의 제동력** : 모터의 구동력 및 감속기어를 이용하여 주차제동력을 발생시키며 케이블을 통하여 양쪽 바퀴에 제동력을 전달한다. 또한 주차브레이크 작동력을 측정하기 위해 포스센서를 장착하고 있어 브레이크 디스크 상태와 관계없이 일정한 힘으로 주차브레이크의 제동력을 인가할 수 있다.

10. 보조 감속 브레이크

(1) 보조 감속 브레이크

마찰식 브레이크는 연속적인 제동을 하게 되면 마찰에 의한 온도 상승으로 페이드 현상이나 베이퍼록(증기폐쇄) 현상이 일어날 수 있다. 따라서 긴 경사길을 내려갈 때에는 상용브레이크와 더불어 엔진브레이크를 작동시켜 주 브레이크를 보호하는 역할을 한다. 그러나 버스나 트럭의 대형화 및 고속화에 따라 상용브레이크 및 엔진브레이크만으로는 요구하는 제동력을 얻을 수 없으므로 보조 감속 브레이크를 장착시킨다. 즉, 감속 브레이크는 긴 언덕길을 내려갈 때 풋 브레이크와 병용되며 풋 브레이크 혹사에 따른 페이드 현상이나 베이퍼록을 방지하여 제동장치의 수명을 연장한다.

(2) 보조 감속 브레이크의 종류

① **엔진 브레이크** : 변속기 기어단수를 저단으로 놓고 엔진회전에 대한 저항을 증가시켜 감속하는 보조 감속 브레이크이다.

② **배기 브레이크** : 배기라인에 밸브 형태로 설치되어 작동 시 배기 파이프의 통로 면적을 감소시켜 배기압력을 증가시키고 엔진 출력을 감소시키는 보조 감속 브레이크이다.

③ **와전류 리타더** : 이 브레이크는 변속기 출력축 또는 추진축에 설치되며 스테이터, 로터, 계자 코일로 구성되어 계자 코일에 전류가 흐르면 자력선이 발생하고 이 자력선속에서 로터를 회전시키면 맴돌이 전류가 발생하여 자력선과의 상호작용으로 로터에 제동력이 발생하는 형태의 보조 감속브레이크 장치이다.

④ **유체식 감속 브레이크(하이드롤릭 리타더)** : 물이나 오일을 사용하여 자동차 운동 에너지를 액체마찰에 의해 열에너지로 변환시켜 방열기에서 감속시키는 방식의 보조 감속 브레이크이다.

11. 전자제어 제동장치(ABS)

(1) ABS의 개요

일반적인 자동차의 급제동 또는 노면의 악조건 상태에서 제동할 때 바퀴의 잠김 현상으로 인하여 자동차가 제어불능 상태로 진행되어 조향안정성 및 제동성능의 악영향을 초래하며 제동거리 또한 길어지게 된다.

ABS는 바퀴의 고착현상을 방지하여 노면과 타이어의 최적의 마찰을 유지하며 제동하여 제동성능 및 조향 안전성을 확보하는 전자제어식 브레이크 장치이다.

(2) ABS의 목적

① 조향안정성 및 조종성을 확보한다.

② 노면과 타이어를 최적의 그립력으로 제어하여 제동 거리를 단축시킨다.

(3) ABS 구성 부품

① 휠 스피드 센서(Wheel Speed Sensor)

㉠ 자동차의 각 바퀴에 설치되어 해당 바퀴의 회전상태를 검출하며 ECU는 이러한 휠 스피드 센서의 주파수를 인식하여 바퀴의 회전 속도를 검출한다.

㉡ 휠 스피드 센서는 전자유도 작용을 이용한 것이며 톤 휠의 회전에 의해 교류 전압이 발생한다.

㉢ 교류 전압은 회전 속도에 비례하여 주파수 변화가 나타나기 때문에 이 주파수를 검출하여 바퀴의 회전 속도를 검출한다.

② ECU(Electronic Control Unit) : ABS ECU는 휠 스피드 센서의 신호에 의해 들어온 바퀴의 회전 상황을 인식함과 동시에 급제동 시 바퀴가 고착되지 않도록 하이드롤릭 유닛(유압조절장치) 내의 솔레노이드 밸브 및 전동기 등을 제어한다.

③ 하이드롤릭 유닛(유압조절장치)

㉠ 하이드롤릭 유닛은 내부 전동기에 의해 작동되며 제어펌프에 의해 공급된다. 또한 밸브 블록에는 각 바퀴의 유압을 제어하기 위해 각 채널에 대한 2개의 솔레노이드 밸브가 들어 있다. ABS 작동 시 ECU의 신호에 따라 리턴 펌프를 작동시켜 휠 실린더에 가해지는 유압을 증압, 유지, 감압 등으로 제어한다.

㉡ 구 성

- 솔레노이드 밸브 : ABS 작동 시 ECU에 의해 ON, OFF되어 휠 실린더로의 유압을 증압, 유지, 감압시키는 기능을 한다.
- 리턴 펌프 : 하이드롤릭 유닛의 중심부에 설치되어 있으며 전기 신호로 구동되는 전동기가 편심으로 된 풀리를 회전시켜 증압 시 추가로 유압을 공급하는 기능과 감압할 때 휠 실린더의 유압을 복귀시켜 어큐뮬레이터 및 댐핑체임버에 보내어 저장하도록 하는 기능이 있다.
- 어큐뮬레이터 : 어큐뮬레이터 및 댐핑체임버는 하이드롤릭 유닛의 아랫부분에 설치되어 있으며 ABS 작동 중 감압 작동할 때 휠 실린더로부터 복귀된 오일을 일시적으로 저장하는 장치이며 증압 사이클에서는 신속한 오일 공급으로 리턴 펌프가 작동되어 ABS가 신속하게 작동하도록 한다. 또한 이 과정에서 발생되는 브레이크 오일의 맥동 및 진동을 흡수하는 기능도 있다.

12. 전자제어 구동력 제어장치(TCS)

(1) TCS의 개요

① TCS는 마찰 계수가 낮은 도로(빙판길 및 눈길) 또는 바퀴의 마찰 계수가 적고 미끄러지기 쉬운 도로를 주행 시 자동차의 바퀴는 스스로 미끄러져 구동력이 상실되는 경우가 발생하며 자동차의 조종안정성에도 영향을 준다.

② TCS는 이러한 구동 및 가속에 대한 미끄러짐 발생 시 엔진의 출력을 감소시키고 ABS 유압 시스템을 통하여 바퀴의 미끄러짐을 억제하여 구동력을 노면에 최적으로 전달할 수 있다.

③ 또한 빠른 속도로 선회 시 자동차의 뒷부분이 밖으로 밀려나가는 테일 아웃 현상이 발생하는데 이런 경우에도 TCS는 엔진의 출력을 제어하여 안전한 선회가 가능하다.

④ 즉, TCS는 가속 및 구동 시 부분적 제동력을 발생하여 구동 바퀴의 슬립을 방지하고 엔진 토크를 감소시켜 노면과 타이어의 마찰력을 항상 일정한계 내에 있도록 자동적으로 제어하는 것이다.

(2) TCS의 종류

① **FTCS** : 최적의 구동을 위해 엔진 토크의 감소 및 브레이크제어를 동시에 구현하는 시스템이다. 브레이크 제어는 ABS ECU가 제어하며 TCS 제어를 함께 수행한다. 즉, ABS ECU가 앞바퀴 구동 바퀴와 뒷바퀴의 제동력을 발생시키고 감소시키면서 최적의 구동력을 수행하며 동시에 엔진 토크를 감소시켜 안정적인 구동제어를 구현한다.

② **BTCS** : TCS를 제어할 때 브레이크 제어만을 수행하며 ABS 하이드롤릭 유닛 내부 모터펌프에서 발생하는 유압으로 구동 바퀴의 제동을 제어한다.

(3) TCS 작동 원리

① **슬립 제어** : 뒷바퀴 휠 스피드 센서의 신호와 앞바퀴 휠 스피드 센서의 신호를 비교하여 구동바퀴의 슬립률을 계산하여 구동바퀴의 유압을 제어한다.

② **트레이스 제어** : 트레이스 제어는 운전자의 조향 핸들 조작량과 가속페달 밟는 양 및 비 구동 바퀴의 좌측과 우측의 속도 차이를 검출하고 구동력을 제어하여 안정된 선회가 가능하도록 한다.

13. 전자제어제동력 배분 장치(EBD)

제동 시 앞바퀴측과 뒷바퀴측의 발생유압 시점을 뒷바퀴가 앞바퀴와 같거나 또는 늦게 고착되도록 ABS ECU가 제동배분을 제어하는 것을 EBD라 한다.

(1) EBD의 제어 원리

EBD는 ABS ECU에서 뒷바퀴의 제동유압을 이상적인 제동배분 곡선에 근접 제어하는 원리이다. 제동할 때 각각의 휠 스피드 센서로부터 슬립률을 연산하여 뒷바퀴 슬립률이 앞바퀴보다 항상 작거나 동일하게 유압을 제어한다.

(2) EBD 제어의 효과

① 후륜의 제동기능 및 제동력을 향상시키므로 제동거리가 단축된다.

② 뒷바퀴 좌우의 유압을 각각 독립적으로 제어하므로 선회 시 안전성이 확보된다.

③ 브레이크 페달의 작동력이 감소된다.

④ 제동 시 후륜의 제동 효과가 커지므로 전륜측 브레이크 패드의 온도 및 마멸 등이 감소되어 안정된 제동 효과를 얻을 수 있다.

14. 차량 자세제어시스템(VDC)

(1) VDC의 개요

① VDC(Vehicle Dynamic Control System)은 스핀(Spin), 또는 오버 스티어(Over Steer), 언더 스티어(Under Steer) 등의 발생을 억제하여 이로 인한 사고를 미연에 방지할 수 있는 시스템이다.

② 차량에 미끌림 발생 상황을 초기에 감지하여 각 바퀴를 적당히 제동함으로써 차량의 자세를 제어한다.

③ 이로써 차량은 안정된 상태를 유지하며(ABS연계제어) 스핀한계 직전에 자동 감속한다(TCS연계제어).

④ 이미 미끌림이 발생된 경우에는 각 휠에 각각의 제동력을 가하여 스핀이나 언더 스티어의 발생을 미연에 방지(요 모멘트 제어)하여 안정된 운행을 도모한다.

(2) VDC의 효과

① VDC는 요 모멘트 제어, 자동 감속제어, ABS 및 TCS 제어 등에 의하여 스핀방지, 오버 스티어 방지, 요잉 발생 방지, 조정안정성 향상 등의 효과가 있다.

② VDC는 브레이크 제어방식의 BTCS에 요 레이트 센서, 횡가속도(G) 센서, 마스터 실린더 압력 센서 등을 추가한 시스템이며 차량의 주행속도, 조향각속도 센서, 마스터 실린더 압력 센서 등으로부터 운전자의 의지를 검출하고 요 레이트 센서, 횡가속도(G) 센서로부터 차체의 거동을 분석하여 위험한 차체 거동 시 운전자가 별도로 제동을 하지 않아도 4바퀴를 개별적으로 자동 제동하여 자동차의 자세를 제어함으로써 자동차의 모든 방향에 대한 안정성을 확보한다.

(3) VDC의 구성

① **휠 스피드 센서** : 휠 스피드 센서는 각 바퀴 별로 1개씩 설치되어 있으며 바퀴 회전 속도 및 바퀴의 가속도 슬립률 계산 등은 ABS, TCS에서와 같다.

② **조향휠 각속도 센서** : 조향휠 각속도 센서는 조향 핸들의 조작 속도를 검출하는 것이며 3개의 포토 트랜지스터로 구성되어 있다.

③ **요 레이트 센서** : 요 레이트 센서는 센터콘솔 아래쪽에 횡G센서와 함께 설치되어 있다.

④ **횡가속도(G) 센서** : 횡G센서는 센터콘솔 아래쪽에 요 레이트 센서와 함께 설치되어 있다.

⑤ **하이드롤릭 유닛(Hydraulic Unit)** : 하이드롤릭 유닛은 엔진룸 오른쪽에 부착되어 있으며 그 내부에는 12개의 솔레노이드 밸브가 들어 있다.

⑥ 유압 부스터(Hydraulic Booster)

㉠ 흡기다기관의 부압을 이용한 기존의 진공배력식 부스터 대신 유압 모터를 이용한 것이며 유압 부스터는 액추에이터와 어큐뮬레이터에서 전동기에 의하여 형성된 중압 유압을 이용한다.

㉡ 유압 부스터의 효과

- 브레이크 압력에 대한 배력 비율이 크다.
- 브레이크 압력에 대한 응답속도가 빠르다.
- 흡기 다기관 부압에 대한 영향이 없다.

⑦ **마스터 실린더 압력센서** : 유압 부스터에 설치되어 있으며 스틸 다이어프램으로 구성되어 있다.

⑧ **제동등 스위치** : 브레이크 작동 여부를 ECU에 전달하여 VDC, ABS 제어의 판단여부를 결정하는 역할을 하며 ABS 및 VDC 제어의 기본적인 신호로 사용된다.

⑨ **가속페달위치센서** : 가속페달의 조작 상태를 검출하는 것이며 VDC 및 TCS의 제어 기본 신호로 사용된다.

(4) 요 모멘트(Yaw Moment)

요 모멘트란 차체의 앞뒤가 좌, 우측 또는 선회할 때 안쪽, 바깥쪽 바퀴쪽으로 이동하려는 힘을 말한다. 요 모멘트로 인하여 언더 스티어, 오버 스티어, 횡력 등이 발생한다. 이로 인하여 주행 및 선회할 때 자동차의 주행 안정성이 저하된다. 자동차 동적제어 장치는 주행 안정성을 저해하는 요 모멘트가 발생하면 브레이크를 제어하여 반대 방향의 요 모멘트를 발생시켜 서로 상쇄되도록 하여 자동차의 주행 및 선회안정성을 향상시키며 필요에 따라서 엔진의 출력을 제어하여 선회안정성을 향상시키기도 한다.

(5) VDC 제어

조향각속도 센서, 마스터 실린더 압력 센서, 차속 센서, G 센서 등의 입력값을 연산하여 자세제어의 기준이 되는 요 모멘트와 자동감속제어의 기준이 되는 목표 감속도를 산출하여 이를 기초로 4바퀴의 독립적인 제동압, 자동감속제어, 요 모멘트 제어, 구동력 제어, 제동력 제어와 엔진 출력을 제어한다.

(6) VDC제어의 종류

① **ABS/EBD제어** : 4개의 휠 스피드의 가·감속을 산출하여 ABS/EBD작동여부를 판단하여 제동 제어를 한다.

② **TCS제어** : 브레이크 압력제어 및 CAN 통신을 통해 엔진 토크를 저감시켜 구동 방향의 휠 슬립을 방지한다.

③ **요(AYC) 제어** : 요 레이트 센서, 횡가속도 센서, 마스터 실린더 압력 센서, 조향휠 각속도 센서, 휠 스피드 센서 등의 신호를 연산하여 차량 자세를 제어한다.

④ VDC 제어조건

㉠ 주행속도가 15[km/h] 이상 되어야 한다.

㉡ 점화 스위치 ON 후 2초가 지나야 한다.

㉢ 요 모멘트가 일정값 이상 발생하면 제어한다.

㉣ 제동이나 출발할 때 언더 스티어나 오버 스티어가 발생하면 제어한다.

㉤ 주행속도가 10[km/h] 이하로 떨어지면 제어를 중지한다.

㉥ 후진할 때에는 제어하지 않는다.

㉦ 자기 진단기기 등에 의해 강제구동 중일 때에는 제어하지 않는다.

(7) 제동압력 제어

① 요 모멘트를 기초로 제어 여부를 결정한다.

② 슬립률에 의한 자세제어에 따라 제어 여부를 결정한다.

③ 제동압력 제어는 기본적으로 슬립률 증가 측에는 증압을 시키고 감소 측에는 감압제어를 한다.

(8) ABS 관련 제어

ABS의 관련 제어는 뒷바퀴 제어의 경우 셀렉터 로 제어에서 독립 제어로 변경되었으며 요 모멘트에 따라서 각 바퀴의 슬립률을 판단하여 제어한다. 또한 언더 스티어나 오버 스티어 제어일 때에는 ABS 제어에 제동압력의 증·감압을 추가하여 응답성을 향상시켰다.

또한 ABS 제어 중에 슬립률이 제동력 최대의 위치에 있으면 슬립률을 증대하더라도 제동력은 증대되지 않는다. 따라서 일반적으로 복원제어의 효과가 높은 앞 바깥쪽 바퀴에 제동을 가하더라도 슬립률 증대효과가 작아진다. 그래서 뒤안쪽 바퀴에 제동압력을 가하여 뒤 바깥쪽 바퀴의 슬립률이 작아지도록 제어를 한다.

(9) 자동 감속 제어(제동 제어)

선회할 때 횡값에 대하여 엔진의 가속을 제한하는 제어를 실행함으로써 과속의 경우에는 제동제어를 포함하여 선회 안정성을 향상시킨다. 목표 감속도와 실제 감속도의 차이가 발생하면 뒤 바깥쪽 바퀴를 제외한 세 바퀴에 제동압력을 가하여 감속 제어한다.

(10) TCS 관련제어

슬립 제어는 제동 제어에 의해 LSD(Limited Slip Differential) 기능으로 미끄러운 도로에서 가속성능을 향상시키며 트레이스 제어는 운전 상황에 대하여 엔진의 출력을 감소시킨다. 또한 자동감속제어는 엔진의 출력을 제어하며 제어주기는 16[ms]이다.

(11) 선회 시 제어

① **오버 스티어 발생 :** 오버 스티어는 앞바퀴 대비 뒷바퀴의 횡 슬립이 커져 과다 조향현상이 발생하며 시계 방향의 요 컨트롤이 필요하다.

② **언더 스티어 발생 :** 언더 스티어는 뒷바퀴 대비 앞바퀴의 횡 슬립이 커져 조향 부족현상이 발생하며 반시계 방향의 요 컨트롤이 필요하다.

(12) 요 모멘트 제어(Yaw Moment Control)

요 모멘트 제어는 차체의 자세제어이며 선회할 때 또는 주행 중 차체의 옆 방향 미끄러짐 요잉 또는 횡력에 대하여 안쪽 바퀴 또는 바깥쪽 바퀴에 브레이크를 작동시켜 차체제어를 실시한다.

① **오버 스티어 제어(Over Steer Control) :** 선회할 때 VDC ECU에서는 조향각과 주행속도 등을 연산하여 안정된 선회 곡선을 설정한다. 설정된 선회 곡선과 비교하여 언더 스티어가 발생되면 오버 스티어 제어를 실행한다.

② **언더 스티어 제어(Under Steer Control) :** 설정된 선회 곡선과 비교하여 오버 스티어가 발생하면 언더 스티어 제어를 실행한다.

③ **자동감속제어(트레이스 제어) :** 자동차의 운동 중 요잉은 요 모멘트를 변화시키며 운전자의 의도에 따라 주행하는 데 있어서 타이어와 노면과 마찰 한계에 따라 제약이 있다. 즉, 자세제어만으로는 선회 안정성에 맞지 않는 경우가 있다. 자동감속제어는 선회 안정성을 향상시키는 데 그 목적이 있다.

CHAPTER

06 적중예상문제

01 앞바퀴 구동 승용차의 경우 드라이브 샤프트가 변속기축과 차바퀴축에 2개의 조인트로 구성되어 있다. 변속기축에 있는 조인트를 무엇이라 하는가?

㉮ 더블 오프셋 조인트(Double Offset Joint)

㉯ 버필드 조인트(Birfield Joint)

㉰ 유니버설 조인트(Universal Joint)

㉱ 플렉시블 조인트(Flexible Joint)

02 일반적으로 사용되고 있는 사이드슬립 시험기에서 지시값 5라고 하는 것은 주행 1[km]에 대해 앞바퀴와 앞방향 미끄러짐이 얼마라는 뜻인가?

㉮ 5[km]

㉯ 5[m]

㉰ 5[cm]

㉱ 5[mm]

해설 사이드 슬립량은 ±5[m/km]가 정상이다.

03 다음 중 앞바퀴 얼라인먼트의 요소가 아닌 것은?

㉮ 캠 버

㉯ 캐스터

㉰ 섀시다이나모미터

㉱ 토 인

해설 앞바퀴 정렬의 요소는 토 인, 캠버, 캐스터, 킹핀 경사각이 있다.

정답 1 ㉮ 2 ㉯ 3 ㉰

04 FR 방식의 자동차가 주행 중 디퍼렌셜 장치에서 많은 열이 발생한다면 고장원인으로 거리가 먼 것은?

㉮ 추진축의 밸런스 웨이트 이탈
㉯ 기어의 백래시 과소
㉰ 프리로드 과소
㉱ 오일양 부족

05 앞바퀴 얼라인먼트의 직접적인 역할이 아닌 것은?

㉮ 조향휠의 조작을 쉽게 한다.
㉯ 조향휠에 알맞은 유격을 준다.
㉰ 타이어의 마모를 최소화한다.
㉱ 조향휠에 복원성을 준다.

06 다음 보기에서 맞는 내용은 모두 몇 개인가?

- ABS는 마찰계수의 회복을 위해 자동차 바퀴의 회전속도를 검출하여 바퀴가 잠기지 않도록 유압을 제어하는 것이다.
- EBD는 기계적 밸브인 P밸브를 전자적인 제어로 바꾼 것이다.
- TCS는 구동륜에서 발생하는 슬립을 억제하여 출발 시나 선회 시 원활한 주행을 유도하는 것이다.
- VDC는 주행 중 차량이 긴박한 상황에서 자세를 능동적으로 변화시키는 장치이다.

㉮ 1개
㉯ 2개
㉰ 3개
㉱ 4개

해설 **EBD(전자식 제동력 분배시스템)**
적재상태나 승차인원과 같은 차량중량의 변화에 따라 각 바퀴의 제동력을 자동으로 배분하여 제동성능을 향상시키는 장치

07 뒷바퀴에 장착된 ABS의 경우 셀렉트 로 방식을 많이 채용한다. 셀렉트 로 방식이란?

㉮ 정지 시 제동성능을 향상시키기 위하여 유압을 최대로 상승시키는 시스템
㉯ 4바퀴의 속도를 감지하여 유압을 고르게 분배하는 시스템
㉰ 바퀴의 감속도를 비교하여 먼저 미끄러지는 바퀴를 기준으로 유압을 제어하는 시스템
㉱ 급정지 시 자동차의 선회를 막기 위하여 뒷바퀴를 고정하는 시스템

해설 셀렉트 로(Select Low) 방식은 좌우 타이어의 마찰계수가 다를 때 좌우 제동력을 같게 하여 제동 안전성을 향상시킨다.

4 ㉮ 5 ㉯ 6 ㉰ 7 ㉰ **정답**

08 킹핀 오프셋(King Pin Offset)에 영향을 미치는 바퀴 정렬 요소로 가장 밀접하게 짝을 이루고 있는 것은?

㉮ 캐스터와 캠버
㉯ 캠버와 토 인
㉰ 캠버와 킹핀 경사각
㉱ 킹핀 경사각과 캐스터

09 LSPV(Load Sensing Proportioning Valve)의 기능에 대한 설명 중 옳은 것은?

㉮ 앞바퀴 브레이크 안전장치로 피시테일 현상을 방지하는 기구이다.
㉯ 앞바퀴 디스크 브레이크에서 배력작용을 할 수 있게 한 장치이다.
㉰ 뒤 차축의 하중에 따라 뒷바퀴 브레이크 회로의 압력을 조정하여 피시테일 현상을 방지하는 기구이다.
㉱ 브레이크 압력을 엔진의 회전속도와 차속에 맞추어 조정하여 제동 안정성을 주는 기구이다.

해설 LSPV(Load Sensing Proportioning Valve)
자동차의 중량에 따라 앞바퀴와 뒷바퀴에 인가되는 유압을 변화시켜 제동력을 균형적으로 배분하여 제동력을 향상시키고 제동장치의 수명을 연장한다.

10 앞바퀴에 캠버(Camber)를 두는 이유가 아닌 것은?

㉮ 앞바퀴가 수직하중을 받을 때 아래로 벌어지는 것을 방지한다.
㉯ 노면의 충격으로 인해 바퀴로부터 핸들에 전달되는 충격을 방지할 수 있다.
㉰ 핸들 조작을 가볍게 한다.
㉱ 스핀들이나 너클을 굽히려고 하는 힘이 작아진다.

해설 **캠버의 필요성**
- 수직방향의 하중에 대하여 앞차축의 처짐을 방지한다.
- 바퀴의 아래쪽이 벌어지는 부의 캠버를 방지한다.
- 바퀴가 허브 스핀들에서 이탈되는 현상을 방지한다.
- 조향핸들의 조작력을 경감시킨다.

정답 8 ㉰ 9 ㉰ 10 ㉯

11 전자제어 브레이크 장치에 대한 다음 설명 중 적당치 않은 것은?

㉮ 컨트롤 유닛은 휠의 감속·가속을 계산한다.
㉯ 컨트롤 유닛은 자동차 각 바퀴의 속도를 비교분석한다.
㉰ 컨트롤 유닛이 작동하지 않으면 브레이크가 작동되지 않는다.
㉱ 컨트롤 유닛은 미끄럼 비를 계산하여 ABS 작동여부를 결정한다.

해설 전자제어 브레이크 장치의 컨트롤 유닛은 각 바퀴의 회전속도를 검출하여 제동 시 각 바퀴에 적합한 제동력을 공급하고 바퀴의 슬립비를 계산하여 ABS를 작동한다. 컨트롤 유닛의 고장 시 브레이크는 정상적으로 작동되지만 이러한 기능은 수행되지 않는다.

12 ABS의 제동 특성을 잘못 설명한 것은?

㉮ 제동 시 차체의 안정성을 확보한다.
㉯ 제동 시 조향능력을 유지한다.
㉰ 미끄러운 노면에서 주행 방향성을 확보한다.
㉱ 최대 마찰계수를 이용하여 바퀴의 슬립률이 0이 되게 한다.

해설 ABS는 제동 시 1초에 10회 이상 패드가 디스크를 잡았다 놓았다를 반복하여 바퀴가 고착되어 차량이 미끄러지는 현상이 발생되지 않고 차량의 조향성을 확보하며, 제동거리를 단축한다.

13 디스크 브레이크에 관한 설명 중 옳은 것은?

㉮ 드럼 브레이크에 비하여 페이드 현상이 일어나기 쉽다.
㉯ 드럼 브레이크에 비하여 베이퍼록이 일어나기 쉽다.
㉰ 드럼 브레이크에 비하여 한쪽만 제동되기 쉽다.
㉱ 드럼 브레이크에 비하여 브레이크의 평형이 좋다.

해설 디스크 브레이크는 드럼 브레이크에 비하여 방열성이 우수하여 제동력이 향상된다.

14 브레이크 장치에서 베이퍼록(Vapor Lock)이 생길 때 어떤 현상이 일어나는가?

㉮ 브레이크 장치에는 지장이 없다.
㉯ 브레이크 페달의 유격이 커진다.
㉰ 브레이크 오일을 응고시킨다.
㉱ 브레이크 오일이 누설된다.

해설 **베이퍼록 현상**
내리막길과 같은 경사진 도로에서 제동장치의 무리한 사용으로 브레이크 오일이 기화되면서 기포가 브레이크 라인에 유입되어 제동성능이 떨어지는 현상

11 ㉰ 12 ㉱ 13 ㉱ 14 ㉯ 정답

15 공기브레이크에서 제동력을 크게 하기 위해서 조정하여야 할 밸브는?

㉮ 압력조정밸브
㉯ 안전밸브
㉰ 체크밸브
㉱ 언로더밸브

16 브레이크 드럼이 갖추어야 할 조건이 아닌 것은?

㉮ 방열이 잘되고 가벼울 것
㉯ 충분한 강성이 있을 것
㉰ 충분한 점성을 가질 것
㉱ 정적·동적 균형이 잡혀있을 것

17 E.C.S의 기능이 아닌 것은?

㉮ 급제동 시 노즈다운(Nose Down) 방지
㉯ 급커브 또는 급회전 시 원심력에 의한 차량의 기울어짐 현상 방지
㉰ 노면으로부터 차의 높이 조정
㉱ 차량 주행 중 일정한 속도로 주행

18 파워스티어링 오일압력 스위치는 무엇을 조절하기 위하여 있는가?

㉮ 공연비 조절
㉯ 점화시기 조절
㉰ 공회전 속도 조절
㉱ 연료펌프 구동 조절

해설 동력조향장치는 엔진동력을 이용하여 조향핸들의 조작력을 가볍게 하기 때문에 공회전 시 조향핸들을 조작하면 파워스티어링 오일압력 스위치가 작동되어 공회전 속도를 조절한다.

정답 15 ㉱ 16 ㉰ 17 ㉱ 18 ㉰

19 다음 중 ABS(Anti-lock Brake System)장치의 장점으로 맞지 않는 것은?

㉮ 브레이크 라이닝 마모를 감소시킨다.

㉯ 자동차의 방향에 대한 안전성을 유지할 수 있다.

㉰ 조향성을 확보한다.

㉱ 제동력을 최대한 발휘하여 제동거리를 단축한다.

20 주행 중 급제동 시 ABS(Anti-lock Brake System)의 작동에 대한 설명으로 틀린 것은?

㉮ 건조한 노면에 위치한 바퀴의 작용하는 유압을 감압시킨다.

㉯ 미끄러운 노면에 위치한 바퀴의 휠실린더에 작용하는 유압을 감압시킨다.

㉰ 뒷바퀴의 조기 고착을 방지하여 옆방향 미끄러짐을 방지한다.

㉱ 뒷바퀴의 고착을 방지하여 차체의 스핀으로 인한 전복을 방지한다.

21 다음은 ABS 효과를 설명한 것이다. 가장 적당한 것은?

㉮ 차량의 제동 시 바퀴가 미끄러지지 않는다.

㉯ 차량의 코너링 상태에서만 작동한다.

㉰ ABS 차량은 급제동 시 바퀴가 미끄러진다.

㉱ 눈길, 빗길 등의 미끄러운 노면에서는 작동되지 않는다.

22 다음 제동장치에 대한 설명 중 잘못된 것은?

㉮ 브레이크의 마스터 실린더 체크밸브는 브레이크 페달의 되돌림을 좋게 하는 역할을 한다.

㉯ 마스터 실린더의 체크밸브는 파이프 내의 잔압을 보존시키기 위한 것이다.

㉰ 마스터 실린더 피스톤 머리 부분의 구멍은 피스톤의 되돌림을 좋게 하는 역할을 한다.

㉱ 탠덤마스터 실린더는 보통 마스터 실린더 2개를 직렬로 연결하는 구조로 되어있다.

23 ABS(Anti-lock Brake System)가 설치된 차량에서 휠스피드 센서의 설명으로 맞는 것은?

㉮ 리드 스위치 방식의 차속센서와 같은 원리이다.

㉯ 휠스피드 센서는 앞바퀴에만 설치된다.

㉰ 휠스피드 센서는 뒷바퀴에만 설치된다.

㉱ 차바퀴의 속도를 감지하여 컨트롤 유닛으로 입력하는 역할을 한다.

19 ㉮ 20 ㉮ 21 ㉮ 22 ㉮ 23 ㉱ **정답**

24 **디스크 브레이크에 관한 설명으로 틀린 것은?**

㉮ 브레이크 페이드 현상이 드럼 브레이크보다 현저하게 높다.
㉯ 회전하는 디스크에 패드를 압착시키게 되어 있다.
㉰ 대개의 경우 자기 작동 기구로 되어 있지 않다.
㉱ 캘리퍼가 설치된다.

25 **종감속 기어비가 자동차의 성능에 영향을 미치는 인자가 아닌 것은?**

㉮ 자동차의 최고속도
㉯ 추월 가속성능
㉰ 연료소비율 및 배출가스
㉱ 제동 능력

해설 종감속 기어는 동력의 최종 출력부로 설정된 기어비에 따라 차량의 속도 및 구동력에 영향을 미친다.

26 **브레이크 파이프에 베이퍼록이 생기는 원인으로 가장 적합한 것은?**

㉮ 페달의 유격이 크다.
㉯ 라이닝과 드럼의 틈새가 크다.
㉰ 과도한 브레이크 사용으로 인해 드럼이 과열되었다.
㉱ 비점이 높은 브레이크 오일을 사용했다.

27 **전자제어 제동장치(Anti-lock Brake System)에 대한 설명으로 틀린 것은?**

㉮ 제동 시 차량의 스핀을 방지한다.
㉯ 제동 시 조향안정성을 확보한다.
㉰ 선회 시 구동력 과도로 발생되는 슬립을 방지한다.
㉱ 노면 마찰계수가 가장 높은 슬립률 부근에서 작동된다.

정답 24 ㉮ 25 ㉱ 26 ㉰ 27 ㉰

28 승용자동차의 제동력에 관한 내용으로 옳은 것은?

㉮ 일반적으로 앞바퀴의 제동력을 뒷바퀴의 제동력보다 약하게 한다.
㉯ 일반적으로 앞바퀴의 제동력과 뒷바퀴의 제동력을 같이 한다.
㉰ 일반적으로 뒷바퀴의 제동력을 앞바퀴의 제동력보다 약하게 한다.
㉱ 일반적으로 왼쪽 바퀴의 제동력보다 오른쪽 바퀴의 제동력을 약하게 한다.

해설 뒷바퀴의 제동력이 앞바퀴보다 클 경우 조향력이 상실되어 사고의 위험이 따른다.

29 자동차의 ECS 제어 기능을 설명한 것으로 틀린 것은?

㉮ 승차감 제어
㉯ 차고 제어
㉰ 조정 안정성 제어
㉱ 제동 안정성 제어

30 ABS의 4S(Sensor) 3C(Channel) 방식을 가장 적합하게 표현한 것은?

㉮ 앞바퀴의 양 바퀴에 4개씩 센서를 부착한 형식이다.
㉯ 뒷바퀴의 양 바퀴에 3개의 회로가 연결되어 있는 형식이다.
㉰ 앞바퀴는 복합제어, 뒷바퀴는 셀렉트 로(Select Low) 형식이다.
㉱ 4바퀴가 각각 독립적으로 3가지로 변조되는 형식이다.

31 듀어 서보형 브레이크 설명으로 맞는 것은?

㉮ 전진 시 브레이크를 작동할 때만 2개의 브레이크 슈가 자기배력작용을 한다.
㉯ 후진 시 브레이크를 작동할 때만 1개의 브레이크 슈가 자기배력작용을 한다.
㉰ 전·후진 모두 브레이크가 작동할 때 2개의 브레이크 슈가 자기배력작용을 한다.
㉱ 후진 시 브레이크를 작동할 때만 2개의 브레이크 슈가 자기배력작용을 한다.

28 ㉰ 29 ㉱ 30 ㉰ 31 ㉰ **정답**

32 브레이크 제동력 시험과 관련된 설명 중 틀린 것은?

㉮ 측정할 차량의 타이어 공기압력을 점검하고 차량에는 운전자 1인이 탑승한다.

㉯ 변속기는 1단으로 위치하고 배력식 브레이크의 경우 엔진은 2,000[rpm]으로 유지시킨다.

㉰ 차량의 고유저항이 클 경우에는 차축 베어링 프리로드, 타이어 공기압, 라이닝의 끌림 등을 점검한다.

㉱ 제동력을 판정하기 위해서는 차량중량, 앞축중, 뒤축중 등을 알아야 한다.

해설 제동력 시험은 운전자 1인이 탑승하여 타이어의 표준공기압 상태로 기어는 중립에 놓고 아이들 상태에서 브레이크 페달을 밟아 제동력을 측정한다.

33 현재 사용되고 있는 유압식 브레이크의 안전장치 중 휠의 스키드 방지를 위한 안전장치가 아닌 것은?

㉮ PB 밸브

㉯ ABS

㉰ 탠덤마스터 실린더

㉱ 로드센싱 프로포셔닝밸브

34 공기식 브레이크 장치에서 캠축을 회전시키는 역할과 브레이크 드럼 내부의 브레이크슈와 드럼 사이의 간극을 조정하는 역할을 하는 것은?

㉮ 브레이크 체임버

㉯ 슬랙 어저스터

㉰ 브레이크 릴레이밸브

㉱ 브레이크밸브

35 디스크 브레이크 형식에서 캘리퍼(Caliper) 내의 피스톤은 제동이 끝난 후 무엇에 의해 리턴되는가?

㉮ 디스크의 회전 원심력에 의해

㉯ 피스톤 실의 탄성에 의해

㉰ 진공압에 의해

㉱ 리턴 스프링에 의해

36 전자제어 브레이크 장치의 작동에 대한 설명으로 옳은 것은?

㉮ 펌프의 작동으로 유압이 증압 제어된다.

㉯ 펌프의 강력한 토출압력에 의해 유압이 감압 제어된다.

㉰ 어큐뮬레이터와 펌프의 작동에 의해 유압이 정압 제어된다.

㉱ 정지 상태에서 원활한 급출발제어는 ABS의 기본이다.

정답 32 ㉯ 33 ㉰ 34 ㉯ 35 ㉯ 36 ㉮

37 **제동장치에서 브레이크 안전장치에 사용되고 있는 밸브가 아닌 것은?**

㉮ 리미팅밸브 ㉯ P밸브

㉰ PB밸브 ㉱ 리듀싱밸브

38 **전자제어 제동장치(ABS)에서 펌프 모터에 의해 압송되는 오일의 노이즈 및 맥동을 감소시키는 동시에 감압모드 시 발생하는 페달의 킥백(Kick Back)을 방지하기 위한 것은?**

㉮ HPA(High Pressure Accumulator)

㉯ NO(Normal Open) 솔레노이드밸브

㉰ NC(Normal Close) 솔레노이드밸브

㉱ LPA(Low Pressure Accumulator)

해설 킥백(Kick Back)은 노면에서 발생되는 충격이 조향핸들로 전달되는 현상이다.

39 **ABS(Anti-lock Brake System)의 필요조건으로 적당하지 않은 것은?**

㉮ 어떠한 도로조건(건조/빙판)에서도 제동 시 차륜의 궤적 유지성과 조향성이 보장되어야 한다.

㉯ 제어는 자동차 전속도 영역(최고속도/보행속도)에 걸쳐서 이루어져야 한다.

㉰ 브레이크 이력현상과 엔진 브레이크 현상에 가능한 한 신속하게 대처할 수 있어야 한다.

㉱ 페일 세이프(Fail Safe) 기능은 없어도 좋으나 노면과 차륜간의 마찰계수 변화에는 신속하게 대응할 수 있어야 한다.

해설 페일 세이프 기능은 만약의 고장상황 발생 시 다른 기계적 부품에 피해가 확산되지 않기 위한 부품으로 ABS 장치에 반드시 필요하다.

40 **브레이크에 페이드 현상이 일어났을 때의 조치 방법으로 적절한 것은?**

㉮ 브레이크를 자주 밟아 열을 발생시킨다.

㉯ 속도를 조금 올려 준다.

㉰ 작동을 멈추고 열이 식도록 한다.

㉱ 주차 브레이크를 대신 사용한다.

37 ㉱ 38 ㉮ 39 ㉱ 40 ㉰ 정답

CHAPTER

07 섀시공학 · 휠 및 타이어

제1절 섀시공학

1. 자동차의 주행저항과 속도

(1) 자동차의 주행저항

자동차의 주행 시 노면과의 마찰, 경사로의 등판, 공기에 의한 저항 및 가속 시 발생하는 저항 등을 자동차의 주행저항이라 하며, 각각의 모든 저항의 합을 전 주행저항(총 주행저항)이라 한다.

$$R_t(\text{전체 주행저항}) = R_1 + R_2 + R_3 + R_4$$

$$R_1(\text{구름저항}) = f_1 \times W = f_1 \times W \times \cos\theta$$

- W: 차량중량[kg]
- f_1 : 구름저항계수
- θ : 도로경사각(°)

$$R_2(\text{공기저항}) = f_2 \times A \times V^2$$

- f_2 : 공기저항계수
- A : 자동차 전면 투영 면적[m^2]
- V: 속도[m/s]

$$R_3(\text{구배저항}) = W \times \sin\theta = W \times \tan\theta = W \times \frac{G}{100}$$

- W: 차량중량[kg]
- θ : 경사각(°)
- G: 도로구배율[%]

$$R_4(\text{가속저항}) = ma = \frac{w}{g}a = \frac{w + w'}{g}a$$

- a : 가속도[m/s^2]
- w : 차량중량
- g : 중력가속도[m/s^2]
- w' : 회전부분 관성 상당중량

(2) 자동차의 주행속도

$$V[\text{km/h}] = \pi \cdot D \cdot N_w = \pi \cdot D \cdot N_w \times \frac{1}{100} \times 60$$

$$\frac{V[\text{km/h}]}{3.6} = V[\text{m/s}]$$

- D: 바퀴의 직경[m]
- πD: 바퀴가 1회전할 때 진행거리
- N_w : 바퀴의 회전수[rpm]

2. 변속비와 조향 기어비

(1) 변속비

엔진의 회전력을 주행조건에 맞도록 적절하게 감속 또는 증속하는 장치를 변속장치라 하며, 변속비(감속비)란 변속장치에 기어 또는 풀리를 이용하여 감속·증속비를 얻는 것을 말한다. 또한 자동차에서는 변속장치를 통하여 나온 출력을 종감속기어 장치를 통하여 최종 감속하여 더욱 증대된 감속비를 얻어 구동능력을 향상시킨다.

① 변속비(r_t)

$$r_t = \frac{\text{피동잇수}}{\text{구동잇수}} = \frac{\text{구동회전수}}{\text{피동회전수}} = \frac{Z_2}{Z_1} \times \frac{Z_4}{Z_3}$$

$$= \frac{\text{입력축 카운터기어 잇수}}{\text{변속기 입력축 잇수}} \times \frac{\text{출력축기어 잇수}}{\text{출력축 카운터기어 잇수}}$$

② 종감속비(r_f)

$$r_f = \frac{\text{링기어 잇수}}{\text{피니언기어 잇수}} = \frac{\text{피니언의 회전수}}{\text{링기어의 회전수}}$$

③ 총감속비(R_t)

$$R_t = r_t \times r_f$$

- r_t : 변속기의 변속비
- r_f : 종감속기어의 감속비

(2) 최소회전반경

조향각도를 최대로 하고 선회할 때 바퀴에 의해 그려지는 동심원 가운데 가장 바깥쪽 원의 반경을 자동차의 최소회전반경이라 한다.

$$T_f \fallingdotseq L\left(\frac{1}{\tan\alpha} - \frac{1}{\tan\beta}\right)$$

- T_f : 실측 전륜거
- L : 축거
- α : 외측륜 조향각
- β : 내측륜 조향각

위 조건에 90[%] 이상 맞으면(애커먼 장토식에 따르는 자동차는 대부분 맞음)

$$R = \frac{L}{\sin\alpha} + r$$

- L : 축거(Wheel Base)
- α : 외측륜 조향각
- r : 캠버오프셋(Scrub Radius)

위 식을 적용하여 조건에 맞지 않으면

$R = \frac{L}{2}\sqrt{\left(\frac{1}{\tan\alpha} + \frac{1}{\tan\beta} + \frac{T_f}{L}\right)^2 + 4}$ 로 최소회전반경을 산출한다.

(3) 조향기어비

조향핸들이 움직인 각과 바퀴, 피트먼 암, 너클 암이 움직인 각도와의 관계이다.

$$\text{조향기어비} = \frac{\text{조향 핸들 회전각[°]}}{\text{피트먼 암, 너클 암, 바퀴 선회각[°]}}$$

3. 자동차 브레이크와 정지거리

(1) 자동차 브레이크

① 마스터 실린더에 작용하는 힘(F')

$$F' = \frac{B}{A} \times F$$

- B : 전체 암의 길이
- A : 푸시로드에서 고정지점까지의 거리
- F : 브레이크를 밟는 힘

② 작동압

$$P_1 = \frac{F'}{A} = \frac{F'}{\frac{\pi d^2}{4}}$$

- d : 마스터 실린더의 직경

③ 제동압

$$P_2 = \frac{W}{A} = \frac{W}{S \cdot t}$$

- W: 슈를 드럼에 미는 힘
- S : 라이닝의 길이
- t : 라이닝의 폭

④ 제동토크

$$T = \mu \times F \times r$$

⑤ 드럼 브레이크의 제동공학

㉠ 슈의 제동력 : $T_s = F \times \frac{L}{2}$

㉡ 드럼의 제동력 : $T_D = W_L + \mu F_r$

㉢ $T_s = F \times \frac{L}{2}$

㉣ $T_D = WL - \mu F_r$

⑥ 핸드 브레이크

이완 측 : $F = f_1 \frac{a}{l} \frac{1}{e^{\mu\theta} - 1}$, 긴장 측 : $F = f_2 \frac{a}{l} \frac{e^{\mu\theta}}{e^{\mu\theta} - 1}$

- $e^{\mu\theta} = e^{\mu \times \theta \times \frac{\pi}{180}}$

(2) 자동차의 정지거리

정지거리 = 공주거리 + 제동거리

① **공주거리** : 장애물을 발견하고 브레이크 페달로 발을 옮겨 힘을 가하기 전까지의 자동차 진행거리를 말한다. 보통사람의 공주시간은 $\frac{1}{10}$초

$$S_L = \frac{V}{3.6}[\text{km/h}] \times \frac{1}{10}[\text{s}] = \frac{V}{36}[\text{m}]$$

② **제동거리** : 브레이크 페달에 힘을 가하여 제동시켜 자동차가 완전 정지할 때까지의 진행거리를 말한다. 자동차가 주행할 때는 운동에너지 E_k를 갖는다. 이 자동차를 정지시키기 위해서는 E_k를 상쇄시킬 일(W)이 필요하다.

즉, 자동차가 정지될 조건은 최솟값을 $\frac{W \geq E_k}{W = E_k}$로 놓고 제동거리를 구하면,

㉠ $W = E_k \cdots$ ⓐ이고, $FS = \frac{1}{2}mv^2 \cdots$ ⓑ이므로 ⓐ를 ⓑ에 대입하면,

$\mu WS = \frac{1}{2}mv^2$가 되고 ($\because F = \mu W$)

$\mu mgS = \frac{1}{2}mv^2$가 된다. ($\because W = mg$)

이항하여 정리하면 $S = \frac{v^2}{2 \times g \times \mu} = \frac{\left(\frac{v}{3.6}\right)^2}{2 \times 9.8 \times \mu} = \frac{v^2}{254\mu}$

㉡ $W = E_k \cdots$ ⓐ이고, $FS = \frac{1}{2}mv^2 \cdots$ ⓑ이므로 ⓐ를 ⓑ에 대입하면,

$FS = \frac{1}{2}mv^2$에서 $m = \frac{w}{g}$이므로 $FS = \frac{1}{2} \cdot \frac{W}{g}v^2$이 된다.

이항하여 정리하면 $S = \frac{v^2}{2g} \times \frac{W + W'}{F}$($W'$는 관성 상당중량)

$W' \rightarrow W \times 0.05$(승용차), $W \times 0.07$(화물차)

㉢ 법적제동거리 : $S = \frac{v^2}{100} \times 0.88$

제2절 휠 및 타이어

휠과 타이어는 자동차가 진행하기 위한 구름운동을 유지하며, 구동력과 제동력을 전달함과 동시에, 노면으로부터 발생되는 충격을 1차적으로 완충하는 역할을 한다. 또한 자동차의 선회 시 옆 방향 힘을 지지하며, 양호한 조향성과 안정성을 유지하도록 한다.

휠은 타이어를 지지하는 림(Rim)과 휠을 허브에 지지하는 디스크(Disc)로 되어 있으며 타이어는 림 베이스(Rim Base)에 끼워진다. 타이어는 구조상 솔리드 타이어(Solid Tire)와 공기 타이어로 나누어지나 자동차용 타이어는 대부분 공기 타이어를 사용하고 있다.

1. 휠의 구성

(1) 휠과 타이어의 작용

① 휠은 타이어와 함께 자동차의 중량을 지지하고, 구동력 또는 제동력을 지면에 전달하는 역할을 한다. 따라서 휠은 스프링 아래 질량을 작게 하여 승차감을 좋게 하기 위하여 가벼울수록 좋으며, 자동차의 무게중심을 낮추고 조향각을 크게 하기 위하여 직경이 작을수록 유리하다.

② 노면의 충격력과 횡력에 견딜 수 있도록 충분한 강성을 가져야 하며, 타이어에서 발생하는 열이나 제동할 때 발생하는 제동열을 흡수하여 대기 중으로 방출이 쉬운 구조로 되어야 한다. 휠은 타이어를 지지하는 림(Rim)부분과 휠을 차축의 허브에 장착하기 위한 디스크(Disc) 부분으로 구성된다.

(2) 휠의 종류

휠의 종류에는 연강판을 프레스로 가공성형하고 디스크(Disc)부와 림(Rim)부를 리벳이나 용접으로 결합한 디스크 휠(Disc Wheel), 림과 허브를 강선으로 연결한 스포크 휠(Spoke Wheel), 알루미늄이나 마그네슘 합금을 디스크부와 림부 일체로 주조 또는 단조 제작한 경합금 휠이 있다.

2. 타이어의 구조와 종류

(1) 타이어의 구조

① 트레드(Tread)

㉠ 타이어의 노면과 접촉되는 부분을 말하며, 내부의 카커스를 보호할 뿐만 아니라 직접 노면과 접촉하여 견인력, 제동력, 선회할 때의 코너링포스 등을 발생시키는 역할을 한다.

㉡ 따라서 내마모성이 우수하여야 하고, 타이어와 노면 사이의 점착성을 양호하게 유지시킬 필요가 있어 트레드부의 표면에 여러 가지 무늬를 만드는데 이를 트레드 패턴이라고 한다.

② 브레이커(Breaker)

㉠ 트레드와 카커스 사이에 끼워 넣는 코드층으로, 고무만으로 되어 있는 트레드와 코드를 함유하는 카커스는 구조가 서로 다르고 양자 사이에는 큰 강성의 차이가 있다.

㉡ 따라서 트레드와 카커스 사이에 완충역할을 하고, 트레드부를 보강하기 위하여 넣는 것이다.

③ 카커스(Carcass)

㉠ 타이어의 골격을 형성하는 부분으로 타이어가 받는 하중, 충격 및 타이어의 공기압을 유지시켜 주는 역할을 한다.

㉡ 플라이(Ply)라고 하는 섬유층으로 구성되어 있으며 강도가 강한 합성섬유를 사용하여 가로방향으로 연결하여 고무를 얇게 피복한 것이다.

㉢ 이 포층을 타이어의 사용용도에 따라 필요한 매수로 포개어 카커스부를 만들며, 이 매수를 플라이 수라고 한다.

④ 사이드 월(Side Wall)

㉠ 트레드와 비드 사이의 타이어 측면부를 말하며, 카커스를 보호하고 댐퍼역할을 하며 승차감을 좋게 한다.

㉡ 따라서 재질은 유연하고, 내노화성 및 내피로성이 뛰어나야 한다.

⑤ 러빙 스트레이크(Rubbing Strake) : 사이드 월부의 중앙부 바깥쪽에 두터운 고무 돌출부를 만들어 타이어의 사이드 월부가 다른 물질에 의해 마모 또는 손상되는 것을 방지한다.

⑥ 튜브(Tube)

㉠ 타이어 내부의 공기압을 유지시키는 역할을 하며, 두께가 균일하고 공기 투과가 잘 되지 않아야 하며, 내열성과 내파열성 그리고 내노화성이 우수한 천연고무 및 부틸 고무를 사용한다.

㉡ 현재 승용차용 타이어에서는 대부분 튜브를 따로 사용하지 않고 타이어의 카커스층 안쪽에 튜브의 기능을 하는 얇은 고무막을 직접 접착시키고 비드부를 림과 밀착시켜 공기가 새지 않도록 특수하게 설계하여 튜브가 없는 타이어(Tubeless Tire)를 사용하고 있다.

⑦ 비드(Bead) 및 비드 와이어

㉠ 비드는 타이어의 귀라고도 하며, 카커스 끝부분을 림에 고정하여 공기압을 유지시키는 역할을 한다.

㉡ 비드만으로는 타이어를 림에 고정시키는 강도가 약하므로 비드의 내부에 몇 줄의 강성이 강한 고탄소 강선을 넣어 강도를 증가시키고, 비드와 림의 밀착력을 향상시키는 역할을 한다.

(2) 타이어의 종류

① 보통 타이어(바이어스 타이어)

㉠ 카커스 코드가 타이어의 원주방향 중심선에 대하여 일정한 각도(25~40°)를 가지고 결합된 타이어를 말한다.

㉡ 접지된 면에서 중첩된 플라이가 고무를 매개로 충격을 흡수하므로 코드 각이 작은 타이어일수록 코드가 겹치는 점이 많아져 카커스가 잘 움직이지 않게 되고 타이어는 단단해진다.

㉢ 바이어스 타이어는 타이어 회전방향과 측면방향의 두 힘을 카커스 코드로 받으므로 주행 중에는 타이어의 카커스 코드 각도가 상대적으로 변형이 많으므로 유연하고 승차감이 좋다.

㉣ 트레드면이 수축되기 쉽고 횡력에 대한 저항이 작고 내마모성이 약하다.

② 레이디얼 타이어(Radial Tire)

㉠ 타이어의 원주방향 중심선에 대하여 약 90°의 방향으로 배치된 플라이 위에 15~20°의 코드 각을 가진 강성이 높은 벨트 층을 가지는 구조이다.

㉡ 카커스 코드는 레이온, 나일론 및 폴리에스테르가 사용되고, 벨트에는 레이온, 폴리에스테르 또는 강선이 사용된다.

㉢ 트레드부의 강성이 크고 또 수축이 거의 없으므로 내마모성이 우수하다.

㉣ 구름 저항이 적고 타이어의 발열이 적으며 노면과의 접촉성이 향상되어 선회성능이 우수해 현재는 강철 벨트를 사용한 스틸 레이디얼이 주류를 이루고 있다.

㉤ 특 징

- 타이어의 단면비(편평비)를 적게 할 수 있다.
- 브레이커가 타이어의 둘레를 띠 모양으로 죄고 있으므로 트레드의 변형이 적다. 따라서 고속주행에서 브레이크 효과가 좋고 선회할 때 옆방향의 미끄럼도 적다.
- 고속주행에서 스탠딩 웨이브가 잘 일어나지 않는다.
- 고속에서 구름저항이 적다.
- 내마모성이 좋다.
- 브레이커가 단단하여 충격이 잘 흡수되지 않는다.

③ 튜브리스 타이어(Tubeless Tire)

㉠ 튜브가 있는 타이어는 튜브로 공기압과 기밀을 유지하므로 노면의 못 등에 의하여 튜브가 손상되면 공기가 빠져 공기압력이 저하된다. 또 심한 충격이나 과대한 하중으로 튜브가 파손되면 급격한 공기 누출로 인하여 조향 불능상태가 된다.

㉡ 튜브리스 타이어는 튜브가 없고 타이어의 내면에 공기 투과성이 적은 특수 고무층을 붙이고 다시 비드부에 공기가 누설되지 않는 재료를 사용하여 림과의 밀착을 확실하게 하기 위하여 비드부분의 내경을 림의 외경보다 약간 작게 하고 있다.

㉢ 특 징
- 못 등에 찔려도 공기가 급격히 새지 않는다.
- 펑크 수리가 쉽다.
- 림의 일부분이 타이어 속의 공기와 접속하기 때문에 주행 중 방열이 잘 된다.
- 림이 변형되면 공기가 새기 쉽다.
- 공기압력이 너무 낮으면 공기가 새기 쉽다.

④ 스노타이어(Snow Tire)

㉠ 스노타이어는 일반 타이어와는 고무질과 트레드를 다르게 하여 눈 위에서 슬립이 생기지 않고 주행하도록 한 것이다.

㉡ 접지면적을 크게 하기 위하여 트레드부의 폭을 10~20[%] 넓히고, 패턴은 리브와 블록을 적절하게 배치하며, 승용차 타이어는 일반 타이어보다 50~70[%], 트럭용은 10~40[%] 정도 트레드부의 홈을 깊게 하고 있다.

㉢ 그 이외에 트레드 부분에 철심을 설치하여 빙판길 등에서 미끄럼을 방지하는 스파이크 타이어, 비상시 사용하는 예비 타이어 등이 있다.

(3) 타이어의 특성

① 스탠딩 웨이브(Standing Wave)

㉠ 회전하고 있는 타이어는 접지부에서 하중에 의해 변형되었다가 그 뒤에 내압에 의하여 원래의 형으로 복원하려고 한다. 그러나 자동차가 고속으로 주행하여 타이어의 회전수가 빨라지면 접지부에서 받은 타이어의 변형은 접지상태가 지나도 바로 복원되지 않고 타이어 회전방향 뒤쪽으로 넘어간다. 또 트레드부에 작용하는 원심력은 회전수가 증가할수록 커지므로 복원력도 커진다. 이들이 상호작용하면서 타이어의 원둘레상에 진동의 파도가 발생하는데, 이 진동의 파도 전달속도와 타이어의 회전수가 일치하면 외부의 관측자가 볼 때 정지하여 있는 것처럼 보여 스탠딩 웨이브라고 한다.

㉡ 스탠딩 웨이브가 발생하면 타이어의 구름저항이 급격히 증가하고, 타이어 내부에서 열로 변환되므로 타이어 온도는 급격히 상승하며 이 상태로 주행을 계속하면 타이어는 파손된다.

㉢ 스탠딩 웨이브 방지법
- 타이어의 편평비가 적은 타이어를 사용한다.
- 타이어의 공기압을 10~20[%] 높여준다.
- 레이디얼 타이어를 사용한다.
- 접지부의 타이어 두께를 감소시킨다.

② 하이드로플레이닝(Hydro Planing)

㉠ 하이드로플레이닝은 일반적으로 수막현상이라 하며 젖은 노면과 타이어 트레드 간에 발생하는 현상이다.

㉡ 트레드의 마모가 심하거나 젖은 노면을 고속으로 주행 시 타이어와 노면 사이의 얇은 수막에 의해 트레드와 노면이 접촉하지 못하는 현상이며 조향성능과 제동성능을 상실하여 큰 사고로 연결될 수 있다.

㉢ 수막현상은 타이어의 공기압이 너무 적거나 트레드의 마모가 많은 타이어에서 주로 발생한다.

㉣ 하이드로플레이닝 방지법

- 트레드의 마모가 적은 타이어를 사용한다.
- 타이어의 공기압을 높인다.
- 배수성이 좋은 타이어를 사용한다.

3. 휠 밸런스와 TPMS

(1) 휠 밸런스

① 바퀴(타이어 포함)에 중량의 불균형한 부분이 있으면 회전에 따른 원심력으로 인하여 진동이 발생하고 이로 인해 소음 및 타이어의 편마모 그리고 핸들이 떨리는 원인이 된다.

② 원심력은 회전수에 비례하기 때문에 특히 고속으로 주행할 때에는 휠 밸런스(Wheel Balance)가 정확해야 한다.

(2) 휠 밸런스의 성격상 분류

① 정적 밸런스(Static Balance)

㉠ 바퀴를 자유로이 회전하도록 설치하고 일부분에 무게를 두면 무게가 무거운 부분이 언제나 아래로 와서 정지된다. 이와 같은 상태를 정적 밸런스가 잡혀 있지 않다고 한다. 이러한 상태로 바퀴를 고속주행시키면 무게가 무거운 부분이 가속과 감속을 하며 이동한다.

㉡ 이러한 회전운동으로 내려올 때에는 지면에 충격을 주고 위로 향할 때는 원심력에 의해 바퀴를 들어올린다. 따라서 바퀴는 상하로 진동(Tramping 현상)하며 조향핸들도 떨리게 된다.

② 동적 밸런스(Dynamic Balance)

㉠ 바퀴의 정적 밸런스가 잡혀 있어도 회전 중 진동을 일으키는 때가 있는데, 이 경우는 동적 밸런스가 잡혀있지 않기 때문이다.

㉡ 정적 밸런스가 잡혀있지 않으면 바퀴가 상하로 진동하는 데 비해 동적 밸런스가 잡혀 있지 않으면 옆 방향의 흔들림(Shimmy)이 일어난다.

(3) TPMS(Tire Pressure Monitoring System)

타이어 공기압 경고시스템(TPMS)은 차량 주행에 영향을 줄 수 있는 타이어 내부의 압력변화를 경고하기 위하여 장착되며 규정 압력 이하로 타이어 압력 저하 시 경고해 주는 시스템이다. 이러한 TPMS는 간접 방식과 직접방식으로 나눌 수 있다.

① TPMS 특성에 따른 분류

㉠ 간접방식 : 각 바퀴의 휠 스피드센서의 신호를 받아 그 변화를 계산하여 타이어의 압력상태를 간접적으로 측정하는 방법을 말한다. 따라서 실제 타이어의 압력과 차이가 발생할 수 있으며 계산 값 또한 직접 방식에 비해 정확하지 않은 단점이 있으며 특히, 오프로드나 비포장도로 주행 시 타이어의 압력을 유추하기란 더욱 어렵다.

㉡ 직접방식 : 타이어에 장착된 압력센서로부터 타이어 압력을 직접 계측하고 이를 바탕으로 운전자에게 경고하는 방식이다. 간접방식에 비하여 고가이며 계측이 정확하고 시스템이 안정적이어서 현재 많이 사용하고 있다.

② 구성부품에 따른 분류

㉠ 하이라인(High Line) : TPMS 리시버, 타이어 압력센서, 경고등(저압경고등, 고장경고등, 타이어 위치 경고등), 이니시에이터로 구성되며, 타이어의 압력이 낮아질 경우 어느 위치의 타이어의 압력이 낮은지를 이니시에이터와 타이어 위치 경고등을 이용하여 운전자에게 알려줄 수 있는 시스템이다.

㉡ 로라인(Low Line) : TPMS 리시버, 타이어 압력센서, 경고등(저압경고등, 고장경고등)으로 구성되며, 단지 타이어의 압력이 낮다는 것만 알려줄 뿐 어느 타이어의 압력이 낮은지는 운전자에게 알려줄 수 없다.

③ 시스템의 구성

㉠ 리시버(Receiver), TPMS ECU : 리시버는 이니시에이터와 시리얼 데이터 통신을 하며 TPMS 시스템의 주된 구성품으로 TPMS 리시버는 TPMS의 ECU로서 다음의 기능을 수행한다.

- 타이어 압력 센서로부터 RF(Radio Frequency) Data를 수신한다(압력, 온도, 센서 내부 배터리 전압 등).
- 수신된 데이터를 분석하여 경고등을 제어한다.
- LF 이니시에이터를 제어하여 센서를 Sleep 또는 Wake Up시킨다.
- IG ON이 되면 LF 이니시에이터를 통하여 압력센서들을 정상모드 상태로 변경시킨다.
- 차속 20[km/h] 이상으로 연속 주행 시, 센서를 자동으로 학습(Auto Learning)한다.
- 차속이 20[km/h] 이상이 되면 매 시동 시마다 LF 이니시에이터를 통하여 자동 위치확인(Auto Location)과 자동학습(Auto Learning)을 수행한다.
- 자기진단 기능을 수행하여 고장코드를 기억하고 K-라인을 통하여 진단장비와 통신을 하지만 차량 내 다른 ECU들과 데이터 통신을 하지는 않는다.

㉡ 이니시에이터(Initiator) : 이니시에이터는 TPMS 리시버와 타이어 압력센서를 연결하는 무선통신의 중간 중계기 역할을 하며 리시버로부터 신호를 받아 타이어 압력센서를 제어하는 기능을 한다. 압력센서는 이 LF신호를 받아 RF로 응답하고 이니시에이터는 타이어 압력센서를 Wake Up시키는 기능과 타이어의 위치를 판별하기 위한 도구로서 사용된다. 일반적으로 각 휠의 상부, 즉 휠 가드 내측에 장착되며 차종에 따라 4개소 또는 3개소가 장착된다.

④ 타이어 압력 센서(Tire Sensor)

㉠ 타이어 안쪽에 설치되어 타이어 압력과 온도를 측정하고 리시버모듈에 데이터를 전송시키는 기능을 한다.

㉡ 타이어의 위치 감지를 위해 이니시에이터로부터 LF(Low Frequency) 신호를 받는 수신부가 센서 내부에 내장되어 있다.

㉢ 압력 센서는 타이어의 압력뿐 아니라 타이어 내부 온도를 측정하여 TPMS 리시버로 RF전송한다.

CHAPTER 07 적중예상문제

01 다음은 모든 바퀴가 고정되어 있을 경우 제동거리를 산출하는 식으로 맞는 것은?

㉮ $L = \frac{V^2}{2\mu g}$

㉯ $L = \frac{V}{2\mu g}$

㉰ $L = \frac{g}{2\mu V}$

㉱ $L = \frac{\mu}{2Vg}$

해설 제동거리는 속도의 제곱에 비례한다.

02 주행속도 72[km/h]의 자동차에 브레이크를 작용할 때 제동거리는 얼마인가?(단, 바퀴와 도로면의 마찰계수는 0.4이다)

㉮ 31[m]
㉯ 41[m]
㉰ 51[m]
㉱ 61[m]

해설

$$S_2 = \frac{v^2}{2\mu g} = \frac{\left(\frac{72}{3.6}\right)^2}{2\times0.4\times9.8} = 51[\text{m}]$$

03 주행속도 80[km/h]의 자동차에 브레이크를 작용할 때 제동거리는 얼마인가?(단, 바퀴와 도로면의 마찰계수는 0.2이다)

㉮ 80[m]
㉯ 126[m]
㉰ 156[m]
㉱ 160[m]

해설

$$S_2 = \frac{v^2}{2\mu g} = \frac{\left(\frac{80}{3.6}\right)^2}{2\times0.2\times9.8} = 126[\text{m}]$$

정답 1 ㉮ 2 ㉰ 3 ㉯

04 다음 중 공주거리를 바르게 나타내고 있는 것은?

㉮ 정지거리에서 제동거리를 뺀 거리
㉯ 제동거리에서 정지거리를 뺀 거리
㉰ 정지거리에서 제동거리를 더한 거리
㉱ 제동거리에서 정차거리를 뺀 거리

해설
- 공주거리 : 운전자가 장애물을 인식하고 브레이크를 조작하여 브레이크가 작동되기 직전까지의 거리
- 제동거리 : 브레이크가 작동되어 자동차가 완전히 정지한 거리
- 정지거리 : 공주거리 + 제동거리

05 공기 브레이크의 압력은?

㉮ 0.5~0.7[kg/cm^2]
㉯ 5~7[kg/cm^2]
㉰ 50~70[kg/cm^2]
㉱ 500~700[kg/cm^2]

06 자동차의 제동성능을 논할 때 정지거리는 다음 중 어느 것으로 표시되는가?

㉮ 공주거리+공전거리
㉯ 공주거리+제동거리
㉰ 제동거리+주행거리
㉱ 제동거리+가속거리

07 현가장치에서 코일스프링의 스프링상수(G)가 35,000[N/m]이고 바퀴당 자동차 질량(m)이 500[kg]일 때 고유진동수(f)는?

㉮ 약 1.33[Hz] ㉯ 약 2.67[Hz]
㉰ 약 4.18[Hz] ㉱ 약 8.37[Hz]

해설

진동주기 $T_n = 2\pi\sqrt{\frac{m}{k}} = 2\pi\sqrt{\frac{500}{35,000}} = 0.75[s]$

진동수 $f = \frac{1}{T_n} = \frac{1}{0.75} = 1.33[Hz]$

4 ㉮ 5 ㉯ 6 ㉯ 7 ㉮ 정답

08 유압식 브레이크에서 15[kg]의 힘을 마스터 실린더의 피스톤에 작용할 때 제동력은 얼마인가?(단, 마스터 실린더의 피스톤 단면적 10[cm^2], 휠 실린더의 피스톤 단면적 20[cm^2])

㉮ 7.5[kg] ㉯ 20[kg]

㉰ 25[kg] ㉱ 30[kg]

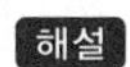

파스칼의 원리에 의해 $\frac{15}{10}=\frac{x}{20}$

$\therefore x = 30$[kg]

09 그림과 같은 유압식 브레이크에서 페달을 밟을 때 수평으로 25[N]의 힘이 작용하는 경우 마스터 실린더 피스톤의 단면적이 4[cm^2]이면 마스터 실린더에 작용하는 유압은?

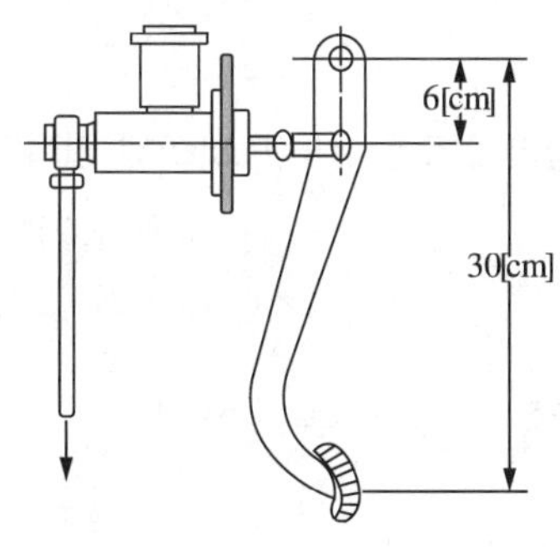

㉮ 125.5[kPa] ㉯ 305.5[kPa]

㉰ 312.5[kPa] ㉱ 1,250[kPa]

해설

지렛대비 → $\frac{30}{6}=5$배 증가하므로

$25[N] \times 5 = 125[N]$이 마스터 실린더에 작용한다.

$125[N]/4[cm^2] = 31.25[N/cm^2]$이므로

$312,500[N/m^2]$이 되고 $1[N/m^2] = 1[Pa]$이므로

작용유압 = 312.5[kPa]

10 어떤 자동차에서 축거가 2.5[m]이고, 바퀴 접지면과 킹핀과의 거리가 20[cm], 바깥쪽 앞바퀴의 조향각이 30도일 때 이 차의 최소 회전반경은?

㉮ 5[m] ㉯ 5.2[m]

㉰ 7.5[m] ㉱ 12[m]

해설

최소 회전반경 $R=\frac{L}{\sin\alpha}+r=\frac{2.5}{\sin 30°}+0.2=5.2$[m]

정답 8 ㉱ 9 ㉰ 10 ㉯

11 **차량 주행 중 물이 고인 도로를 고속 주행 시 타이어 트레드가 물을 완전히 배출시키지 못해 물 위를 슬라이딩하여 노면과 타이어의 마찰력이 상실되는 현상을 무엇이라 하는가?**

㉮ 스탠딩 웨이브
㉯ 하이드로플레이닝
㉰ 타이어 동적 밸런스
㉱ 타이어 매치 마운팅

12 **ABS에서 ECU 출력신호에 의해 각 휠 실린더 유압을 직접 제어하는 것은?**

㉮ ECU
㉯ 휠스피드센서
㉰ 하이드롤릭 유닛
㉱ 페일 세이프

13 **전자제어식 서스펜션 차량의 컨트롤 유닛(E.C.U)에 입력되는 신호가 아닌 것은?**

㉮ 차량속도
㉯ 핸들조향 각도
㉰ 휠속도 센서
㉱ 브레이크등 스위치

해설 휠스피드 센서는 ABS장치의 입력신호로 사용된다.

14 **저속 시미 현상의 원인이 아닌 것은?**

㉮ 쇽업소버의 작동이 불량하다.
㉯ 타이어의 공기압이 너무 높다.
㉰ 바퀴에 변형이 생겼다.
㉱ 앞 현가스프링이 쇠약하다.

해설 **저속 시미 현상의 원인**

- 링키지 연결부가 마모된 경우
- 타이어 공기압이 낮은 경우
- 앞바퀴 정렬이 불량할 경우
- 볼 조인부가 마모된 경우
- 스프링정수가 작은 경우
- 조향기어가 마모된 경우
- 휠 및 타이어가 변형된 경우
- 좌우 타이어의 공기압 차이가 발생된 경우

고속 시미 현상 원인

- 바퀴의 동적 불평형이 발생할 경우
- 엔진고정 보트가 헐거울 경우
- 타이어가 변형될 경우
- 자재이음이 마모되었거나 오일이 부족할 경우
- 추진축에 진동이 발생할 경우

11 ㉯ 12 ㉰ 13 ㉰ 14 ㉯ 정답

15 튜브리스 타이어의 장점이 아닌 것은?

㉮ 못 같은 것이 박혀도 공기가 잘 새지 않는다.
㉯ 펑크 수리가 간단하다.
㉰ 고속주행에도 잘 발열하지 않는다.
㉱ 림이 변형되어도 타이어와 밀착이 좋아서 공기가 잘 새지 않는다.

16 주행 중 타이어에서 나타나는 하이드로플레이닝 현상을 방지하기 위한 방법으로 틀린 것은?

㉮ 승용차의 타이어는 가능한 리브 패턴을 사용할 것
㉯ 트레드 패턴은 카프모양으로 세이빙 가공한 것을 사용할 것
㉰ 타이어 공기압을 규정보다 낮추고 주행속도를 높일 것
㉱ 트레드 패턴의 마모가 규정 이상 마모된 타이어는 고속 주행 시 교환할 것

해설 **하이드로플레이닝 현상(수막현상)**
차량 주행 중 물이 고인 도로를 고속 주행 시 타이어 트레드가 물을 완전히 배출시키지 못해 물 위를 슬라이딩하여 노면과 타이어의 마찰력이 상실되는 현상

17 마스터 실린더의 단면적이 10[cm^2]인 자동차의 브레이크에 20[N]의 힘으로 브레이크 페달을 밟았다. 휠 실린더의 단면적이 20[cm^2]라고 하면 이때의 휠 실린더에 작용되는 힘은?

㉮ 20[N]
㉯ 30[N]
㉰ 40[N]
㉱ 50[N]

파스칼의 원리에 의해 $\frac{20}{10} = \frac{x}{20}$

$\therefore\ x = 40$[N]

18 승용차 타이어는 트레드 홈 깊이가 몇 [mm] 이하이면 교환해야 안전한가?

㉮ 2.0[mm] 이하
㉯ 1.6[mm] 이하
㉰ 2.4[mm] 이하
㉱ 3.2[mm] 이하

정답 15 ㉱ 16 ㉰ 17 ㉰ 18 ㉯

19 자동차의 앞바퀴 윤거가 1,500[mm], 축간거리가 3,500[mm], 킹핀과 바퀴접지면의 중심거리가 100[mm]인 자동차가 우회전할 때, 왼쪽 앞바퀴의 조향각도가 32°이고 오른쪽 앞바퀴의 조향각도가 40°라면 이 자동차의 선회 시 최소 회전반지름은?

㉮ 6.7[m]　　㉯ 7.2[m]

㉰ 7.8[m]　　㉱ 8.2[m]

해설

$$T_f \fallingdotseq L\left(\frac{1}{\tan\alpha} - \frac{1}{\tan\beta}\right) \fallingdotseq 3,500\left(\frac{1}{\tan 32°} - \frac{1}{\tan 40°}\right)$$

1,430[mm]이므로 T_f의 약 95[%]가 된다.

최소 회전반지름 $R = \frac{3,500}{\sin 32°} + 100 = 6,705[\text{mm}]$ 이므로

$\therefore R = 6.7[\text{m}]$

20 구동력을 크게 하기 위해서는 축의 회전토크 T와 구동바퀴의 반경 R을 어떻게 해야 하는가?

㉮ T와 R 모두 크게 한다.

㉯ T는 크게, R은 작게 한다.

㉰ T는 작게, R은 크게 한다.

㉱ T와 R 모두 작게 한다.

21 일반적으로 ABS(Anti-lock Brake System)에 장착되는 마그네틱 방식 휠스피드 센서와 톤 휠의 간극은?

㉮ 약 0.1~0.2[mm]　　㉯ 약 0.2~1[mm]

㉰ 약 3~5[mm]　　㉱ 약 5~6[mm]

22 자동 차동 제한장치(LSD ; Limited Slip Differential)의 장점이 아닌 것은?

㉮ 좌우 바퀴에 걸리는 토크에 맞게 배분하여 직진 안정성이 향상된다.

㉯ 미끄러운 노면에서 바퀴가 공회전 현상이 작아지므로 타이어 수명이 길어진다.

㉰ 전후 디퍼렌셜 기어 사이를 직결시켜 구동륜과 노면과의 접지력을 상승시킨다.

㉱ 거친 노면에서 직진성, 주행성이 향상된다.

해설 **자동 차동 제한장치**

구동륜이 헛도는 상황이나 발진할 시와 가속 시에 차동 제한율을 제어하여 차량의 견인능력과 구동능력을 향상시킨다.

19 ㉮ 20 ㉯ 21 ㉯ 22 ㉰ **정답**

23 제동을 걸었을 때 바퀴와 노면의 마찰력이 가장 클 때는?

㉮ 브레이크 페달을 밟는 힘이 가장 클 때
㉯ 타이어가 노면에서 슬립을 일으키며 끌릴 때
㉰ 타이어가 노면에서 슬립을 일으키기 직전일 때
㉱ 브레이크 페달을 밟기 시작할 때

24 고속도로 주행 시 타이어의 공기압을 10~15[%] 높이는 이유로 타당한 것은?

㉮ 타이어의 방열을 좋게 하기 위해
㉯ 제동력을 크게 하기 위해
㉰ 승차감을 좋게 하기 위해
㉱ 스탠딩 웨이브 현상을 방지하기 위해

25 후크식 자재이음을 설치하는 방법으로 옳은 것은?

㉮ 추진축 양단의 2개 요크는 동일 평면상에 있어야 한다.
㉯ 추진축 상의 2개 요크는 45°를 유지하여야 한다.
㉰ 입력축과 추진축 간의 경사각은 추진축과 출력축 간의 경사각과 달라야 한다.
㉱ 입력축과 추진축 간의 경사각은 추진축과 출력축 간의 경사각과 90° 차이가 있어야 한다.

26 자동차 파워스티어링 장치의 점검 및 공기빼기 작업에 대한 설명으로 옳은 것은?

㉮ 파워스티어링을 점검할 때 공회전 시 스티어링 휠을 빨리 돌리면 순간적으로 무거워지는 것은 정상이다.
㉯ 파워스티어링 오일의 양을 점검할 때 공회전 상태나 시동이 꺼진 상태나 그 양은 변함이 없다.
㉰ 공기빼기 작업은 차량을 리프트에 올리고 2,000[rpm]을 유지한 채 보조자와 함께 실시한다.
㉱ 공회전 상태에서 공기빼기 작업을 실시하는 이유는 공기가 분해되어 오일에 흡수되기 때문이다.

정답 23 ㉰ 24 ㉱ 25 ㉮ 26 ㉮

27 브레이크 드럼과 슈의 마찰열이 축적되어 마찰계수 저하로 제동력이 감소되어 제동 시 라이닝과 드럼이 미끄러지는 현상을 무엇이라 하는가?

㉮ 베이퍼록 현상
㉯ 슬립 현상
㉰ 홀드 현상
㉱ 페이드 현상

해설 **페이드 현상**
내리막길과 같은 경사진 도로에서 제동장치의 무리한 사용으로 브레이크 장치에 마찰열이 발생해 마찰계수가 저하되어 제동장치의 제동력이 저하되는 현상

28 트랙션 컨트롤 시스템(TCS)에 대한 설명 중 가장 올바른 것은?

㉮ 선회 시 타이어의 고착을 방지하여 코너링 포스를 유지하도록 슬립 제어하는 제동장치의 일종이다.
㉯ 제어방법이 ABS와 유사하게 슬립률을 통해 제어하는 것으로 제동효과가 크다.
㉰ ABS와 유사한 제어로직을 가지지만 가속 시 타이어가 슬립하는 것을 방지하는 장치이다.
㉱ 좌우 바퀴의 노면 상태가 다를 때 각각 노면에 적당한 제동을 통해 제동력을 좋게 하는 제어장치이다.

29 주행 중 핸들이 한쪽으로 쏠리는 원인이 아닌 것은?

㉮ 좌우 타이어의 압력이 같지 않다.
㉯ 뒤 차축이 차의 중심선에 대하여 직각이 되지 않는다.
㉰ 앞차축 한쪽의 현가 스프링이 절손되었다.
㉱ 조향 핸들축의 축방향 유격이 크다.

30 전자제어 브레이크 장치의 구성부품 중 휠스피드 센서의 기능으로 가장 적당한 것은?

㉮ 휠의 회전속도를 감지하여 컨트롤 유닛으로 보낸다.
㉯ 하이드로닉 유닛을 제어한다.
㉰ 휠실린더의 유압을 제어한다.
㉱ 페일 세이프 기능을 발휘한다.

정답 27 ㉱ 28 ㉰ 29 ㉱ 30 ㉮

PART 04

교통사고조사 분석개론

CHAPTER 01 현장조사
CHAPTER 02 인적조사
CHAPTER 03 차량조사
CHAPTER 04 탑승자 및 보행자의 거동분석
CHAPTER 05 차량의 속도분석 및 운동특성
CHAPTER 06 충돌현상의 이해
적중예상문제

CHAPTER

01 현장조사

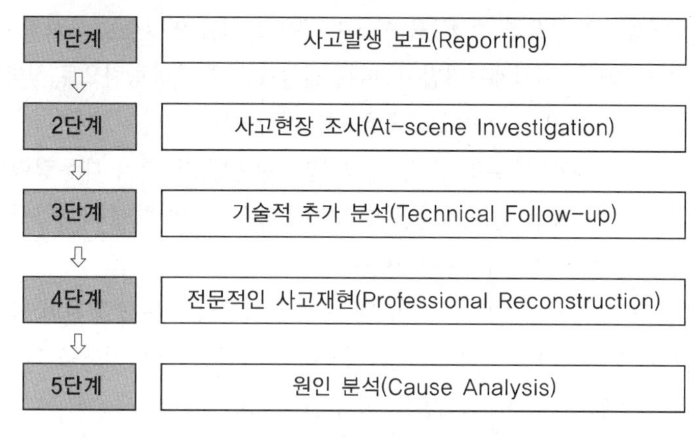

[교통사고 조사활동 5단계]

제1절 도로의 구조적 특성 이해

1. 도로의 개념

(1) 정 의

도로라 함은 「도로법」에 따른 도로, 「유료도로법」에 따른 유료도로, 「농어촌도로 정비법」에 따른 농어촌도로, 그 밖에 현실적으로 불특정 다수의 사람 또는 차마(車馬)가 통행할 수 있도록 공개된 장소로서 안전하고 원활한 교통을 확보할 필요가 있는 장소를 말한다.

(2) 도로의 성립요건

① **형태성** : 차선의 설치, 도장, 노면의 균일성 유지 등 자동차, 기타 운송수단의 통행이 가능한 형태를 구비한 경우

② **이용성** : 사람의 왕복, 화물의 수송, 자동차 운행 등 공중의 교통영역으로 이용되고 있는 경우

③ **공개성** : 공중의 교통에 이용되고 있는 불특정 다수인 및 예상할 수 없을 정도로 바뀌는 숫자의 사람을 위하여 이용이 허용되고 실제 이용되고 있는 경우

④ **교통경찰권** : 공공의 안전과 질서유지를 위하여 교통경찰권이 발동될 수 있는 경우

2. 도로의 분류

(1) 법령(「도로법」)에 의한 분류

도로란 차도, 보도(步道), 자전거도로, 측도(側道), 터널, 교량, 육교 등 대통령령으로 정하는 시설로 구성된 것(고속국도, 일반국도, 특별시도·광역시도, 지방도, 시도, 군도, 구도)을 말하며, 도로의 부속물을 포함한다.

① **고속국도** : 도로교통망의 중요한 축(軸)을 이루며 주요 도시를 연결하는 도로로서 자동차(「자동차관리법」에 따른 자동차와 「건설기계관리법」에 따른 건설기계 중 대통령령으로 정하는 것) 전용의 고속교통에 사용되는 도로 노선을 정하여 고속국도를 지정·고시한다.

② **일반국도** : 국토교통부장관은 주요 도시, 지정항만(「항만법」에 따라 대통령령으로 정하는 항만), 주요 공항, 국가산업단지 또는 관광지 등을 연결하여 고속국도와 함께 국가간선도로망을 이루는 도로 노선을 정하여 일반국도를 지정·고시한다.

③ **특별시도·광역시도** : 특별시장 또는 광역시장은 해당 특별시 또는 광역시의 관할구역에 있는 도로 중 다음 어느 하나에 해당하는 도로 노선을 정하여 특별시도·광역시도를 지정·고시한다.

㉠ 해당 특별시·광역시의 주요 도로망을 형성하는 도로

㉡ 특별시·광역시의 주요 지역과 인근 도시·항만·산업단지·물류시설 등을 연결하는 도로

㉢ ㉠ 및 ㉡에 따른 도로 외에 특별시 또는 광역시의 기능을 유지하기 위하여 특히 중요한 도로

④ **지방도**

㉠ 도지사 또는 특별자치도지사는 도(道) 또는 특별자치도의 관할구역에 있는 도로 중 해당 지역의 간선도로망을 이루는 다음의 어느 하나에 해당하는 도로 노선을 정하여 지방도를 지정·고시한다.

1. 도청 소재지에서 시청 또는 군청 소재지에 이르는 도로
2. 시청 또는 군청 소재지를 연결하는 도로
3. 도 또는 특별자치도에 있거나 해당 도 또는 특별자치도와 밀접한 관계에 있는 공항·항만·역을 연결하는 도로
4. 도 또는 특별자치도에 있는 공항·항만 또는 역에서 해당 도 또는 특별자치도와 밀접한 관계가 있는 고속국도·일반국도 또는 지방도를 연결하는 도로
5. 1.부터 4.까지의 규정에 따른 도로 외의 도로로서 도 또는 특별자치도의 개발을 위하여 특히 중요한 도로

㉡ 국토교통부장관은 주요 도시, 공항, 항만, 산업단지, 주요 도서(島嶼), 관광지 등 주요 교통유발시설을 연결하고 국가간선도로망을 보조하기 위하여 필요한 경우에는 지방도 중에서 도로 노선을 정하여 국가지원지방도를 지정·고시할 수 있다. 이 경우 국토교통부장관은 교통 연결의 일관성을 유지하기 위하여 필요한 경우에는 특별시도·광역시도, 시도, 군도 또는 노선이 지정되지 아니한 신설 도로의 구간을 포함하여 국가지원지방도를 지정·고시할 수 있다.

⑤ **시도** : 특별자치시장 또는 시장(행정시의 경우에는 특별자치도지사를 말한다)은 특별자치시, 시 또는 행정시의 관할구역에 있는 도로 노선을 정하여 시도를 지정·고시한다.

⑥ **군도** : 군수는 해당 군(광역시의 관할 구역에 있는 군을 포함한다. 이하 이 조에서 같다)의 관할구역에 있는 도로 중 다음 어느 하나에 해당하는 도로 노선을 정하여 군도를 지정·고시한다.

㉠ 군청 소재지에서 읍사무소 또는 면사무소 소재지에 이르는 도로

㉡ 읍사무소 또는 면사무소 소재지를 연결하는 도로

㉢ ㉠ 및 ㉡에 따른 도로 외의 도로로서 군의 개발을 위하여 특히 중요한 도로

⑦ **구도** : 구청장은 관할구역에 있는 특별시도 또는 광역시도가 아닌 도로 중 동(洞) 사이를 연결하는 도로 노선을 정하여 구도를 지정·고시한다.

(2) 「도로의 구조·시설 기준에 관한 규칙」에 의한 분류

구 분	지방지역	도시지역
자동차전용도로	고속도로	도시고속도로
일반도로	주간선도로	주간선도로
	보조간선도로	보조간선도로
	집산도로	집산도로
	국지도로	국지도로

① 기능별 구분

도로의 기능별 구분	도로의 종류
주간선도로	고속국도, 일반국도, 특별시도·광역시도
보조간선도로	일반국도, 특별시도·광역시도, 지방도, 시도
집산도로	지방도, 시도, 군도, 구도
국지도로	군도, 구도

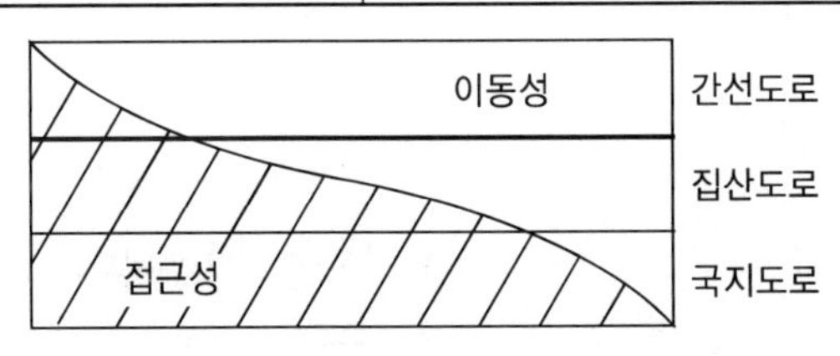

[도로 기능과 이동성 및 접근성과의 관계]

② 종 류

㉠ 지방지역도로의 구분

- 고속도로 : 지방지역에 존재하는 자동차전용도로로서, 대량의 교통을 빠른 시간 내에 안전하고 효율적으로 이동시키기 위한 도로
- 주간선도로 : 전국 도로망의 주골격을 형성하는 주요도로로서, 인구 50,000명 이상의 주요도시를 연결하며 통행의 길이가 비교적 길며 통행밀도가 높은 도로

- 보조간선도로 : 지역 도로망의 골격을 형성하는 도로로서, 주간선도로를 보완하거나 군 상호간의 주요지점을 연결하는 도로
- 집산도로 : 군 내부의 주요지점을 연결하는 도로로서, 군 내부의 주거단위에서 발생하는 교통량을 흡수하여 간선도로에 연결시키는 도로
- 국지도로 : 군 내부의 주거단위에 접근하기 위한 도로로서, 통행거리가 짧고 기능상 최하위의 도로

㉡ 도시지역도로의 구분

- 도시고속도로 : 도시지역에 존재하는 자동차전용도로
- 주간선도로 : 도시지역 도로망의 주골격을 형성하는 도로로서, 도시 내 광역수송기능을 담당하고, 지역 간 간선도로의 도시 내 통과를 주기능으로 하는 도로
- 보조간선도로 : 지구 내 집산도로를 통해 유출입되는 교통을 흡수하여 주간선도로에 연계시키는 도로로서, 접근성보다는 이동성이 상대적으로 높음
- 집산도로 : 지구 내에서 국지도로를 통해 유출입되는 교통을 간선도로에 연계시키는 기능을 하며 간선도로에 비해 이동성보다 접근성이 높은 도로
- 국지도로 : 주거단위에 직접 접근하는 도로로서 통과교통을 배제하고 접근성을 주기능으로 하는 도로

(3) 「도시 · 군계획시설의 결정 · 구조 및 설치기준에 관한 규칙」에 의한 분류

① 도로의 사용 및 형태에 따른 구분

㉠ 일반도로
㉡ 자동차전용도로
㉢ 보행자전용도로
㉣ 보행자우선도로
㉤ 자전거전용도로
㉥ 고가도로
㉦ 지하도로

② 도로의 규모별 구분

㉠ 광로 : 40[m] 이상
㉡ 대로 : 25~40[m]
㉢ 중로 : 12~25[m]
㉣ 소로 : 12[m] 미만

③ 도로의 기능에 따른 구분

㉠ 주간선도로
㉡ 보조간선도로
㉢ 집산도로
㉣ 국지도로
㉤ 특수도로

(4) 노면재료에 의한 분류

토사도, 자갈도, 쇄석도, 역청 포장도, 시멘트 콘크리트 포장도, 블록 포장도 등

(5) 도로접근 규제에 의한 분류

고속도로, 공원도로, 고속화도로 등

3. 도로의 구조 · 시설 기준에 관한 규칙

교통사고의 주원인이 되는 3요소는 사람 · 차량 · 도로환경인데, 이 중 도로요소에서 도로환경의 구조적 결함, 도로 기하구조의 불량, 운전자의 인간공학적 측면을 고려하지 않은 구조적 조건 등에 의한 사고도 적지 않다. 도로결함을 최소화하기 위해서는 도로구조와 교통사고를 연관시킬 수 있는 지역, 즉 평면선형의 곡선부, 경사구간, 횡단폭이 좁거나 교통조건에 부합하지 못하는 불합리한 지역, 시거불량 지역의 기하구조와 교통사고 자료를 분석하여 그 상호관계를 규명하는 것이 필요하다.

도로의 기하구조는 직접적으로 운전자에게 영향을 미치는 사항인데, 기하구조의 요소로는 도로의 구배 · 선형 · 교차로(평면교차의 입체교차) 등이 있으며, 특히 설계기준자동차의 구분에 따른 도로를 설치하여야 한다.

(1) 설계기준 자동차

① 도로의 기능별 구분에 따른 설계기준 자동차

도로의 구분	설계기준 자동차
주간선도로	세미트레일러
보조간선도로 및 집산도로	세미트레일러 또는 대형자동차
국지도로	대형자동차 또는 승용자동차

② 우회할 수 있는 도로(해당 도로의 기능이나 그 상위 기능을 갖춘 도로만 해당)가 있는 경우에는 도로의 기능별 구분에 관계없이 대형자동차나 승용자동차 또는 소형자동차를 설계기준 자동차로 할 수 있다.

중요 CHECK

자동차의 용도 산정

- 주로 설계속도에 의하여 교차로의 회전반경과 하중에 따른 포장구조결정, 도로시설, 교통량 등을 산정하여야 한다.
- 자동차의 치수, 성능과 도로의 폭, 곡선 부착폭, 동단 경사, 시거 등이 영향을 줄 수 있다.
- 소형차량은 시거 등 기준이 필요하다.
- 대형자동차 및 트레일러는 폭원 곡선부의 확보, 종단경사, 교차로 선계 등을 고려하여 결정하여야 한다.

③ 설계기준 자동차의 종류별 제원(단위 : [m])

구 분	폭	높이	길이	축간거리	앞내민길이	뒷내민길이	최소회전반지름
승용자동차	1.7	2.0	4.7	2.7	0.8	1.2	6.0
소형자동차	2.0	2.8	6.0	3.7	1.0	1.3	7.0
대형자동차	2.5	4.0	13.0	6.5	2.5	4.0	12.0
세미트레일러	2.5	4.0	16.7	앞축간거리 4.2 뒤축간거리 9.0	1.3	2.2	12.0

㉠ 축간거리 : 앞바퀴 차축의 중심으로부터 뒷바퀴 차축의 중심까지의 길이

㉡ 앞내민길이 : 자동차의 앞면으로부터 앞바퀴 차축의 중심까지의 길이

㉢ 뒷내민길이 : 뒷바퀴 차축의 중심으로부터 자동차의 뒷면까지의 길이

(2) 설계속도

① 설계속도는 도로의 기능별 구분 및 지역별 구분(도시지역 및 지방지역 구분)에 따라 다음 표의 속도 이상으로 한다. 다만, 지형상황 및 경제성 등을 고려하여 필요한 경우에는 다음 표의 속도에서 시속 20[km] 범위 안의 속도를 뺀 속도를 설계속도로 할 수 있다.

도로의 기능별 구분		설계속도[km/h]			
		지방지역			도시지역
		평 지	구릉지	산 지	
주간선도로	고속국도	120	110	100	100
	그 밖의 도로	80	70	60	80
보조간선도로		70	60	50	60
집산도로		60	50	40	50
국지도로		50	40	40	40

② 설계속도란 자동차의 주행에 영향을 미치는 도로의 외관형상을 설계하고 또 그것을 구성하는 여러 요소를 상호 관련지우기 위하여 정해지는 속도이며, 기상상태가 좋고 교통밀도가 낮은 경우에 평균적인 운전자가 안전하고도 쾌적성을 잃지 않고 유지할 수 있는 최고속도를 의미한다.

(3) 차로폭

① 차로의 폭은 차선의 중심선에서 인접한 차선의 중심선까지로 한다.

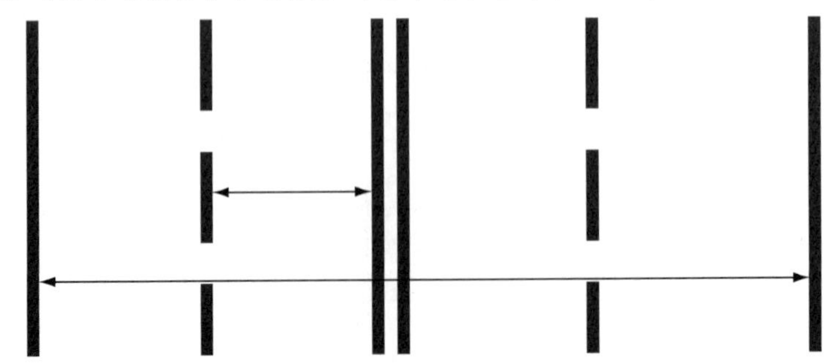

② 설계속도 및 지역에 따라 다음 표의 폭 이상으로 한다.

설계속도[km/h]	차로의 최소 폭[m]		
	지방지역	도시지역	소형차도로
100 이상	3.50	3.50	3.25
80 이상	3.50	3.25	3.25
70 이상	3.25	3.25	3.00
60 이상	3.25	3.00	3.00
60 미만	3.00	3.00	3.00

③ 다만, 다음의 어느 하나에 해당하는 경우에는 그 구분에 따른 차로폭 이상으로 해야 한다.

㉠ 설계기준자동차 및 경제성을 고려하여 필요한 경우 : 3[m]

㉡ 접경지역에서 전차, 장갑차 등 군용차량의 통행에 따른 교통사고의 위험성을 고려하여 필요한 경우 : 3.5[m]

④ ③에도 불구하고 통행하는 자동차의 종류·교통량, 그 밖의 교통 특성과 지역 여건 등을 고려하여 불가피한 경우에는 회전차로의 폭과 설계속도가 시속 40[km] 이하인 도시지역 차로의 폭은 2.75[m] 이상으로 할 수 있다.

⑤ 도로에는 「도로교통법」 제15조에 따라 자동차의 종류 등에 따른 전용차로를 설치할 수 있다. 이 경우 간선급행버스체계 전용차로의 차로폭은 3.25[m] 이상으로 하되, 정류장의 앞지르기차로 등 부득이 한 경우에는 3[m] 이상으로 할 수 있다.

(4) 중앙분리대

① 도로에는 차로를 통행의 방향별로 분리하기 위하여 중앙선을 표시하거나 중앙분리대를 설치하여야 한다. 다만, 4차로 이상인 도로에는 도로기능과 교통 상황에 따라 안전하고 원활한 교통을 확보하기 위하여 필요한 경우 중앙분리대를 설치하여야 한다.

② 중앙분리대의 분리대 내에는 노상시설을 설치할 수 있으며 중앙분리대의 폭은 설계속도 및 지역에 따라 다음 표의 값 이상으로 한다. 다만, 자동차전용도로의 경우는 2[m] 이상으로 한다.

설계속도[km/h]	중앙분리대의 최소 폭[m]		
	도시지역	지방지역	소형차도로
100 이상	2.0	3.0	2.0
100 미만	1.0	1.5	1.0

③ 중앙분리대에는 측대를 설치하여야 한다. 이 경우 측대의 폭은 설계속도가 시속 80[km] 이상인 경우는 0.5[m] 이상으로, 시속 80[km] 미만인 경우는 0.25[m] 이상으로 한다.

④ 중앙분리대의 분리대에 노상시설을 설치하는 경우 중앙분리대의 폭은 제18조의 규정에 따른 시설한계가 확보되도록 정하여야 한다.

⑤ 차로를 왕복방향별로 분리하기 위하여 중앙선을 두 줄로 표시하는 경우 각 중앙선의 중심 사이의 간격은 0.5[m] 이상으로 한다.

(5) 길어깨(갓길)

① 도로에는 가장 바깥쪽 차로와 접속하여 길어깨를 설치하여야 한다. 다만, 보도 또는 주정차대가 설치되어 있는 경우에는 이를 설치하지 않을 수 있다.

② 차도의 오른쪽에 설치하는 길어깨의 폭은 설계속도 및 지역에 따라 다음 표의 폭 이상으로 해야 한다. 다만, 오르막차로 또는 변속차로 등의 차로와 길어깨가 접속되는 구간에서는 0.5[m] 이상으로 할 수 있다.

설계속도[km/h]	오른쪽 길어깨의 최소 폭[m]		
	지방지역	도시지역	소형차도로
100 이상	3.00	2.00	2.00
80 이상 100 미만	2.00	1.50	1.00
60 이상 80 미만	1.50	1.00	0.75
60 미만	1.00	0.75	0.75

③ 일방통행도로 등 분리도로의 차로 왼쪽에 설치하는 길어깨의 폭은 설계속도 및 지역에 따라 다음 표의 폭 이상으로 한다.

설계속도[km/h]	차도 왼쪽 길어깨의 최소 폭[m]	
	지방지역 및 도시지역	소형차도로
100 이상	1.00	0.75
80 이상 100 미만	0.75	0.75
80 미만	0.50	0.50

④ ② 및 ③에도 불구하고 터널, 교량, 고가도로 또는 지하차도에 설치하는 길어깨의 폭은 설계속도가 시속 100[km] 이상인 경우에는 1[m] 이상으로, 그 밖의 경우에는 0.5[m] 이상으로 할 수 있다. 다만, 길이 1,000[m] 이상의 터널 또는 지하차도에서 오른쪽 길어깨의 폭을 2[m] 미만으로 하는 경우에는 750[m] 이내의 간격으로 비상주차대를 설치해야 한다.

⑤ 길어깨에는 측대를 설치하여야 한다. 이 경우 측대의 폭은 설계속도가 시속 80[km] 이상인 경우에는 0.5[m] 이상으로, 80[km] 미만이거나 터널인 경우에는 0.25[m] 이상으로 한다.

⑥ 길어깨에 접속하여 노상시설을 설치하는 경우 노상시설의 폭은 길어깨의 폭에 포함하지 않는다.

⑦ 길어깨에는 긴급구난차량의 주행 및 활동의 안전성 향상을 위한 시설의 설치를 고려해야 한다.

(6) 보 도

① 보행자의 안전과 자동차 등의 원활한 통행을 위하여 필요하다고 인정되는 경우에는 도로에 보도를 설치해야 한다. 이 경우 보도는 연석이나 방호울타리 등의 시설물을 이용하여 차도와 물리적으로 분리하여야 하고, 필요하다고 인정되는 지역에는 이동편의 시설을 설치해야 한다.

② 차도와 보도를 구분하는 경우의 기준

㉠ 차도에 접하여 연석을 설치하는 경우 그 높이는 25[cm] 이하로 할 것

㉡ 횡단보도에 접한 구간으로서 필요하다고 인정되는 지역에는 이동편의시설을 설치하여야 하며, 자전거도로에 접한 구간은 자전거의 통행에 불편이 없도록 할 것

③ 보도의 유효폭은 보행자의 통행량과 주변 토지 이용 상황을 고려하여 결정하되, 최소 2[m] 이상으로 하여야 한다. 다만, 지방지역의 도로와 도시지역의 국지도로는 지형상 불가능하거나 기존 도로의 증설·개설 시 불가피하다고 인정되는 경우에는 1.5[m] 이상으로 할 수 있다.

④ 보도는 보행자의 통행 경로를 따라 연속성과 일관성이 유지되도록 설치하며, 보도에 가로수 등 노상시설을 설치하는 경우 노상시설 설치에 필요한 폭을 추가로 확보하여야 한다.

(7) 평면곡선 반지름

차도의 평면곡선 반지름은 설계속도와 편경사에 따라 다음 표의 길이 이상으로 한다.

설계속도[km/h]	최소평면곡선 반지름[m]		
	적용 최대 편경사		
	6[%]	7[%]	8[%]
120	710	670	630
110	600	560	530
100	460	440	420
90	380	360	340
80	280	265	250
70	200	190	180
60	140	135	130
50	90	85	80
40	60	55	50
30	30	30	30
20	15	15	15

(8) 평면곡선부 편경사

① 차도의 평면곡선부에는 도로가 위치하는 지역, 적설 정도, 설계속도, 평면곡선 반지름 및 지형상황 등에 따라 다음 표의 비율 이하의 최대 편경사를 두어야 한다.

구 분		최대 편경사[%]
지방지역	적설·한랭지역	6
	기타 지역	8
도시지역		6
연결로		8

② **편경사를 두지 아니할 수 있는 경우**

㉠ 평면곡선 반지름을 고려하여 편경사가 필요없는 경우

㉡ 설계속도가 시속 60[km] 이하인 도시지역의 도로에서 도로주변과의 접근과 다른 도로와의 접속을 위하여 부득이하다고 인정되는 경우

③ 편경사의 회전축으로부터 편경사가 설치되는 차로수가 2개 이하인 경우의 편경사의 접속설치길이는 설계속도에 따라 다음 표의 편경사 최대 접속설치율에 의하여 산정된 길이 이상이 되어야 한다.

설계속도[km/h]	편경사 최대 접속설치율
120	1/200
110	1/185
100	1/175
90	1/160
80	1/150
70	1/135
60	1/125
50	1/115
40	1/105
30	1/95
20	1/85

④ 편경사의 회전축으로부터 편경사가 설치되는 차로수가 2개를 초과하는 경우의 편경사의 접속설치길이는 ③에 따라 산정된 길이에 다음 표의 보정계수를 곱한 길이 이상이 되어야 하며, 노면의 배수가 충분히 고려되어야 한다.

편경사가 설치되는 차로수	접속설치길이의 보정계수
3	1.25
4	1.50
5	1.75
6	2.00

(9) 평면곡선부의 확폭

① 차도 평면곡선부의 각 차로는 평면곡선 반지름 및 설계기준자동차에 따라 다음 표의 폭 이상을 확보하여야 한다.

세미트레일러		대형자동차		소형자동차	
평면곡선 반지름 [m]	최소 확폭량 [m]	평면곡선 반지름 [m]	최소 확폭량 [m]	평면곡선 반지름 [m]	최소 확폭량 [m]
150 이상 ~ 280 미만	0.25	110 이상 ~ 200 미만	0.25	45 이상 ~ 55 미만	0.25
90 이상 ~ 150 미만	0.50	65 이상 ~ 110 미만	0.50	25 이상 ~ 45 미만	0.50
65 이상 ~ 90 미만	0.75	45 이상 ~ 65 미만	0.75	15 이상 ~ 25 미만	0.75
50 이상 ~ 65 미만	1.00	35 이상 ~ 45 미만	1.00		
40 이상 ~ 50 미만	1.25	25 이상 ~ 35 미만	1.25		
35 이상 ~ 40 미만	1.50	20 이상 ~ 25 미만	1.50		
30 이상 ~ 35 미만	1.75	18 이상 ~ 20 미만	1.75		
20 이상 ~ 30 미만	2.00	15 이상 ~ 18 미만	2.00		

② 차도 평면곡선부의 각 차로가 다음에 해당하는 경우에는 확폭을 하지 아니할 수 있다.
  ㉠ 도시지역도로(고속국도는 제외)에서 도시·군관리계획이나 주변지장물 등으로 인하여 부득이하다고 인정되는 경우
  ㉡ 설계기준자동차가 승용자동차인 경우

(10) 완화곡선 및 완화구간

① 설계속도가 시속 60[km] 이상인 도로의 평면곡선부에는 완화곡선을 설치하여야 한다. 완화곡선의 길이는 설계속도에 따라 다음 표의 값 이상으로 하여야 한다.

설계속도[km/h]	완화곡선의 최소 길이[m]
120	70
110	65
100	60
90	55
80	50
70	40
60	35

② 설계속도가 시속 60[km] 미만인 도로의 평면곡선부에는 다음 표의 길이 이상의 완화구간을 두고 편경사를 설치하거나 확폭하여야 한다.

설계속도[km/h]	완화곡선의 최소 길이[m]
50	30
40	25
30	20
20	15

(11) 종단경사

① 종단경사란 도로의 진행방향으로 설치하는 경사로서 중심선의 길이에 대한 높이의 변화 비율을 말한다.

② 차도의 종단경사는 도로의 기능별 구분, 지형상황과 설계속도에 따라 다음 표의 비율 이하로 해야 한다. 다만, 지형상황, 주변지장물 및 경제성을 고려하여 필요하다고 인정되는 경우에는 다음의 비율에 1[%]를 더한 값 이하로 할 수 있다.

설계속도 [km/h]	최대종단경사[%]							
	주간선도로 및 보조간선도로				집산도로 및 연결로		국지도로	
	고속국도		그 밖의 도로					
	평 지	산지 등	평 지	산지 등	평 지	산지 등	평 지	산지 등
120	3	4						
110	3	5						
100	3	5	3	6				
90	4	6	4	6				
80	4	6	4	7	6	9		
70			5	7	7	10		
60			5	8	7	10	7	13
50			5	8	7	10	7	14
40			6	9	7	11	7	15
30					7	12	8	16
20							8	16

(12) 종단곡선

① 차도의 종단경사가 변경되는 부분에는 종단곡선을 설치하여야 한다. 이 경우 종단곡선의 길이는 ②에 따른 종단곡선의 변화비율에 의하여 산정한 길이와 ③에 따른 종단곡선의 길이 중 큰 값의 길이 이상이어야 한다.

② 종단곡선의 변화비율은 설계속도 및 종단곡선의 형태에 따라 다음 표의 비율 이상으로 한다.

설계속도[km/h]	종단곡선의 형태	종단곡선 최소 변화비율[m/%]
120	볼록곡선	130
	오목곡선	60
110	볼록곡선	100
	오목곡선	50
100	볼록곡선	75
	오목곡선	40
90	볼록곡선	55
	오목곡선	35
80	볼록곡선	40
	오목곡선	30
70	볼록곡선	25
	오목곡선	25
60	볼록곡선	20
	오목곡선	20
50	볼록곡선	10
	오목곡선	11

설계속도[km/h]	종단곡선의 형태	종단곡선 최소 변화비율[m/%]
40	볼록곡선	5
	오목곡선	7
30	볼록곡선	3
	오목곡선	4
20	볼록곡선	1
	오목곡선	2

③ 종단곡선의 길이는 설계속도에 따라 다음 표의 길이 이상이어야 한다.

설계속도[km/h]	종단곡선의 최소 길이[m]
120	100
110	90
100	85
90	75
80	70
70	60
60	50
50	40
40	35
30	25
20	20

(13) 횡단경사

① 차로의 횡단경사는 배수를 위하여 포장의 종류에 따라 다음 표의 비율로 하여야 한다. 다만, 편경사가 설치되는 구간은 편경사 설치기준에 의한다.

포장의 종류	횡단경사[%]
아스팔트콘크리트 포장 및 시멘트콘크리트 포장	1.5 이상~2.0 이하
간이포장	2.0 이상~4.0 이하
비포장	3.0 이상~6.0 이하

② 보도 또는 자전거도로의 횡단경사는 2[%] 이하로 한다. 다만, 지형 상황 및 주변 건축물 등으로 인하여 부득이하다고 인정되는 경우에는 4[%]까지 할 수 있다.

③ 길어깨의 횡단경사와 차로의 횡단경사의 차이는 시공성, 경제성 및 교통안전을 고려하여 8[%] 이하로 하여야 한다. 다만, 측대를 제외한 길어깨폭이 1.5[m] 이하인 도로, 교량 및 터널 등의 구조물 구간에서는 그 차이를 두지 아니할 수 있다.

4. 도로선형

(1) 도로선형의 개요

① **개념** : 도로에서 선형이라 함은 도로의 중심선이 입체적으로 그리는 연속된 형상으로서 평면적으로 본 도로중심선의 형성을 평면선형, 종단적으로 본 도로중심선의 형상을 종단선형이라 한다.

② **도로선형의 요소** : 도로선형을 구성하고 있는 요소로 평면선형은 직선, 원곡선, 완화곡선 등으로 구성되며 종단선형은 직선 및 2차 포물선 등으로 구성된다.

③ **도로선형의 영향** : 선형은 자동차의 안전한 주행에 영향을 주고 교통류의 원활한 소통에 기여하며 도로의 건설비에도 많은 영향을 준다.

④ **도로선형의 결정 시 검토사항** : 지형 및 지역의 토지이용과의 조화, 선형의 연속성 및 평면, 종단 양 선형의 조화, 그리고 시공 및 유지관리, 경제성, 교통운행상의 득실에 대해 충분히 검토해야 한다.

중요 CHECK

선형의 설계 시 고려사항
- 선형의 연속성
- 지형 및 연도환경과의 조화
- 선형의 시각적인 면 검토

(2) 평면선형

평면상에서 어느 정도의 곡선으로 된 도로인가를 나타내는 척도로 지형적인 여건으로 인해 발생하는 것으로 도로가 직선에 가까우면 선형이 좋고, 꼬불꼬불하면 선형이 좋지 못하다. 이는 곡선반경으로 나타내며 숫자가 크면 선형이 좋다.

① 곡선반경(Radius)

㉠ 자동차의 주행속도는 도로의 곡선반경이나 편구배 및 노면의 마찰계수 등에 좌우되며 곡선반경은 설계속도 및 노면마찰계수의 값에 따라 지정된다.

㉡ 곡선부의 주행시 차량에 미치게 되는 원심력은 곡선반경과 주행속도의 관계가 된다.

㉢ 관계식

$$F = \frac{w}{g} \times \left(\frac{v}{3.6}\right)^2 \frac{1}{R} \fallingdotseq \frac{wv^2}{127R}$$

- F : 원심력[kg]
- w : 차량의 중량[kg]
- g : 중력가속도 9.8[m/s^2]
- v : 차량속도[km/h]
- R : 곡선반경[m]

※ 커브각도(Degree of Curve)는 원주상에 있는 약 30[m]의 원호에 대한 중심각의 각도로 표시되며 1,720[m]를 커브각도로 나누면 곡선반경이 된다. 즉, 곡선반경을 알면 커브각도를 계산할 수 있다.

② 편구배(Superelevation)

㉠ 곡선반경 R을 가진 곡선부에서 차량이 횡유동하지 않도록 하기 위하여는 적정 편구배를 설치하도록 하여야 하며 요마크로부터의 속도 추정 시 사용되는 공식이다.

$$S=\frac{v^2}{127R}-f$$

- S : 편구배[%]
- v : 주행[km/h]
- R : 곡선반경[m]
- f : 견인계수

㉡ 편구배는 커브길에서의 요(Sideslip) 현상과 관련된다.

③ 곡선장(CL ; Curve Length) : 곡선의 시점부터 종점까지의 길이로, 이 값이 적정하지 못하면 핸들조작 실패 및 곡선반경이 실제보다 작게 보이고 곡선이 직선같이 보여 다른 차선으로 침범하기 쉽다.

$$C \cdot L = R \cdot IA(\text{라디안}) = R \cdot IA \cdot \frac{\pi}{180} = 0.01745R\theta$$

④ 완화구간

㉠ 자동차가 도로의 직선부에서 곡선부로 또는 곡선부의 대원부에서 소원부로 안전하게 주행하기 위해서는 완화구간을 설치할 필요가 있다.

㉡ 이 구간에는 완화곡선이 점차적으로 변화하도록 설치되어야 한다.

㉢ 완화구간에는 곡선반경의 크기에 따라 정하고, 이 구간에는 완화곡선이 필요한데 클로소이드(Clothoid), 렘니스케이트(Lemniscate), 3차 포물선(Parabola)이 있다. 대개는 클로소이드곡선을 사용한다.

$$L = V \cdot t = \frac{V}{3.6} \cdot t$$

- L : 완화곡선길이
- t : 주행시간(t = 2초)
- V : 주행속도([km/h]

◆ Tip 완화곡선에는 렘니스케이드, 클로소이드, 3차 포물선, 이중 클로소이드를 주로 사용한다. 시험에서는 완화곡선에 해당되지 않는 것을 묻는 문제가 출제되고 있으므로, 알아두자. 또한 평면선형과 종단선형의 구분은 반드시 알고 있어야 한다.

(3) 종단선형(Vertical Alignment)

도로가 진행방향으로 어느 정도 기울어져 있느냐(즉, 얼마나 오르막이거나 내리막이냐)를 나타내는 척도로 지형상 여건으로 인해 발생하며, 종단경사의 숫자로 나타내는데 숫자가 크면 종단선형이 좋지 못하고 작으면 종단선형이 좋다.

① 종단곡선

㉠ 종단곡선에는 원과 포물선이 있으나 일반적으로 포물선이 사용되며, 이에는 철형(Convex)곡선과 요형(Concane)곡선 2가지가 있다.

㉡ 종단곡선은 길수록 좋으며, 곡선장은 시거의 길이로 결정된다.

㉢ 2개의 다른 종단구배구간을 주행하는 차량의 운동량 변화에 따른 충격의 완화와 시거를 확보할 수 있도록 서로 적당한 변화율로 접속시켜야 하며, 도로의 배수를 원활히 할 수 있도록 설치한다.

중요 CHECK

요형곡선과 철형곡선

- 요형곡선 : 그림처럼 구배가 변하는 곳에는 다음 사항을 고려한 요형곡선을 넣는 것이 좋다.
  - 야간에 자동차의 전조등에 의해 시거가 충분히 보장되어야 한다.
  - 승차감이 좋아야 한다.
  - 배수가 잘 되도록 해야 하고 모양이 아름다워야 한다.
- 철형곡선 : 그림과 같이 구배가 변하는 곳에 철형곡선을 넣어서 시거를 보장해 주고 자동차의 운행이 원활하도록 해 준다.

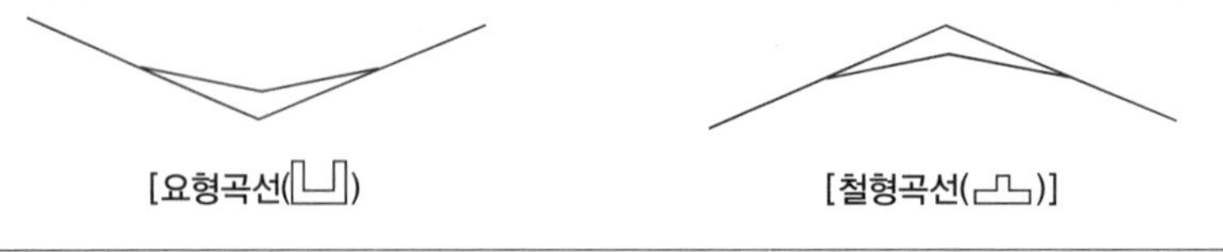

[요형곡선(⊔)] [철형곡선(⊓)]

② 종단구배

㉠ 종단구배 구간은 각 차량 간 속도편차에 의해 고속차량의 주행을 방해하여 교통용량 감소요인 및 추월 등 안정성 저하를 가져온다(오르막차선의 추가설치 필요성 대두).

㉡ 설계속도, 지형여건 및 경제성, 구배구간에 가장 영향을 받는 트럭의 오르막 능력을 감안하여 적정구배를 결정하여야 한다.

㉢ 스키드마크로부터의 속도 추정 시 종단구배가 내리막인가, 오르막인가에 따른 마찰계수는 다음과 같이 정한다.

$$v = \sqrt{254fd} = \sqrt{254 \times (\mu \pm i)d}\,[\text{km/h}]$$

- μ : 마찰계수
- i : 종단 구배
- 오르막길에서의 사고 시 : 마찰계수에 종단구배 값을 더한다.
- 내리막길에서의 사고 시 : 마찰계수에 종단구배 값을 뺀다.

5. 시거(Sight Distance)

(1) 시거의 개념

① 운전자가 자동차 진행 방향의 전방에 있는 장애물 또는 위험요소를 인지하고 제동을 걸어 정지 또는 장애물을 피해서 주행할 수 있는 길이를 말한다.

② 시거는 주행상의 안전이나 쾌적성의 확보에 중요한 요소이며 차로 중심의 연장선을 따라 측정한 길이이다.

③ 시거에는 정지시거, 앞지르기시거가 있으나 우리나라에서는 정지시거가 설계의 기본이 된다(차선 주의).

(2) 정지시거

① 정지시거란 운전자가 같은 차로 위에 있는 고장차 등의 장애물을 인지하고 안전하게 정지하기 위하여 필요한 거리로서 차로 중심선 위 1[m]의 높이에서 그 차로의 중심선에 있는 높이 15[cm]의 물체의 맨 윗부분을 볼 수 있는 거리를 그 차로의 중심선에 따라 측정한 길이를 말한다.

㉠ 도로 중심선상 1[m] 높이에서 15[cm] 장애물의 가시거리

㉡ 운전자가 앞쪽의 장애물을 인지하고 위험하다고 판단하여 제동장치를 작동시키기까지의 주행거리(반응시간 동안의 주행거리)와 운전자가 브레이크를 밟기 시작하여 자동차가 정지할 때까지의 거리(제동정지거리)를 합산한다.

② 정지시거는 교통사고 조사 시 모든 제동거리 및 속도 추정 시에 참고가 되며, 반응시간, 타이어의 조건, 노면조건, 제동조건, 도로구조, 도로장애물에 따라 크게 영향을 받는다.

③ 도로에는 그 도로의 설계속도에 따라 다음 표에 따른 거리 이상의 정지시거를 확보해야 한다. 다만, 종단경사 구간의 경우에는 종단경사를 고려한 길이를 가감하여 정지시거를 확보해야 한다.

설계속도[km/h]	최소 정지시거[m]
120	225
110	195
100	170
90	145
80	120
70	100
60	80
50	60
40	45
30	30
20	20

중요 CHECK

정지시거의 계산

$$D = d_1 + d_2 = \frac{V}{3.6}t + \frac{V^2}{254f} = 0.694\,V + \frac{V^2}{254f}$$

- D : 정지시거[m]
- d_1 : 반응시간 동안의 주행거리
- d_2 : 제동정지거리
- V : 설계속도[km/h]
- t : 반응시간(2.5초)
- f : 노면습윤상태의 종방향 견인계수

(3) 앞지르기시거

① 앞지르기시거란 2차로 도로에서 저속 자동차를 안전하게 앞지를 수 있는 거리로서 차로의 중심선상 1.0[m]의 높이에서 반대쪽 차로의 중심선에 있는 높이 1.2[m]의 반대쪽 자동차를 인지하고 앞차를 안전하게 앞지를 수 있는 거리를 도로 중심선에 따라 측정한 길이를 말한다.

② 차마의 운전자가 다른 차마를 앞지르기 시작한 후에 마주오는 차마가 감속하지 않고도 안전하고 용이하게 앞지르기를 완료할 수 있는 최소시거를 말한다.

③ 2차로 도로에서 앞지르기를 허용하는 구간에서는 설계속도에 따라 다음 길이 이상의 앞지르기시거를 확보하여야 한다.

> ◆ Tip 정지시거의 의의, 정지시거의 3요소는 알고 있어야 한다.
> **정지시거의 3요소**
> - 위험요소판단시간
> - 제동장치를 작동시킨 후 자동차가 정지하는 데 걸리는 시간
> - 반응시간

④ 앞지르기시거의 가정사항

㉠ 앞지르기 당하는 차량은 등속 주행한다.

㉡ 앞지르기하는 차량은 앞지르기할 때까지는 앞지르기 당하는 차량과 등속으로 주행한다.

㉢ 앞지르기가 가능하다는 것을 인지한다.

㉣ 앞지르기할 때에는 최대가속도 및 설계속도로 주행한다.

㉤ 대향차량은 설계속도로 주행하는 것으로 하고, 앞지르기가 완료된 경우 대향차량과 앞지르기하는 차량 사이에는 적절한 여유거리가 있으며 서로 엇갈려 지나간다.

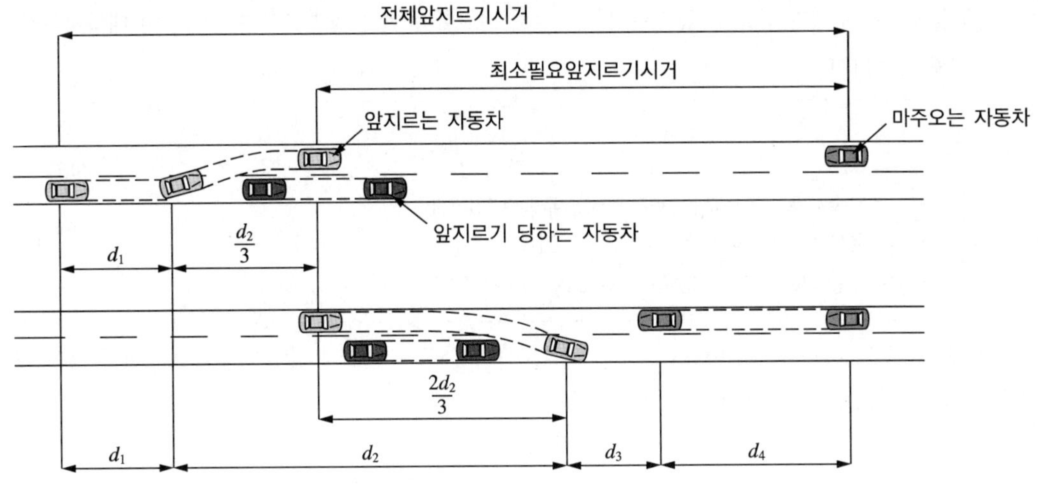

[앞지르기시거의 산정]

$$d = d_1 + d_2 + d_3 + d_4$$

- d : 전 추월시거($d_1 + d_2 + d_3 + d_4$)
- d_1 : 추월차량이 추월을 위해 대향차선으로 진입하기까지의 거리
- d_2 : 추월차량이 대향차선을 주행하여 원래차선으로 돌아오기까지 거리
- d_3 : 추월 완료 후 추월차량과 대향차량과의 거리
- d_4 : 추월을 완료할 때까지 대향차량이 주행한 거리

⑤ 앞지르기시거의 계산

㉠ 반대차로 진입거리(d_1) : 앞지르기하려는 차량이 앞지르기가 가능하다고 판단하고 가속하면서 대향차로로 진입하기 직전까지의 주행하는 거리

$$d_1 = \frac{V_0}{3.6}t_1 + \frac{1}{2}at_1^2$$

- V_0 : 앞지르기 당하는 차량의 속도[km/h]
- t_1 : 가속시간
- a : 평균가속도[m/s^2]
- 실측에 의하여 t_1을 2.7~4.3초 사이로 한다.

㉡ 앞지르기 주행거리(d_2) : 앞지르기 개시부터 완료할 동안에 앞지르기하는 차량이 대향차로를 주행하는 거리

$$d_2 = \frac{V}{3.6} t_2$$

- V : 고속자동차의 반대편 차로에서의 주행속도[km/h]
- t_2 : 앞지르기 시작에서 완료까지의 시간[초]
- t_2는 주행속도에 따라 다른데 대략 8.2~10.4초로 한다.

㉢ 마주 오는 자동차와의 여유거리(d_3) : 앞지르기 완료한 경우에 있어서 앞지르기한 차량과 대향차량의 차도 간 여유거리

$$d_3 = 15 \sim 70[\mathrm{m}]$$

㉣ 마주오는 자동차와의 주행거리(d_4) : 앞지르기하는 자동차가 반대편 차로에 진입하여 앞지르기를 완료할 때까지 마주오는 자동차가 주행하는 거리는 고속자동차가 앞지르기한 거리의 2/3 정도로서, 이때 자동차의 속도는 앞지르기하는 자동차와 같은 설계속도이다.

$$d_4 = \frac{2}{3} \cdot d_2 = \frac{2}{3} \cdot \frac{V}{3.6} \cdot t_2 = \frac{V}{5.4} \cdot t_2$$

제2절 사고원인과 관련한 도로의 상황

1. 도로의 기하구조와 교통안전시설 요인

(1) 도로의 기하구조 요인

① 주행안전을 위한 곡선반경의 적정설치 여부
② 곡선의 길이가 핸들조종에 무리가 없도록 설치되어 있는지의 여부
③ 위험회피 등 안전성을 위한 충분한 시거가 확보되어 있는지의 여부
④ 곡선부의 확폭 및 편경사의 설치가 적정한지의 여부
⑤ 평면선형과 종단선형 또는 그 조합이 운전자에게 착각을 일으킬 수 있는 구조인지의 여부
⑥ 교차로의 교차각 및 종단구배의 설치가 적정한지의 여부
⑦ 기타 도로의 기하구조에 문제점이 있는지의 여부

(2) 도로의 교통안전시설 요인

① 빙판길, 빗길의 미끄럼에 대한 방지요인의 사전인지 가능성 여부 및 미끄럼제거의 신속성 여부
② 중앙분리대, 가드레일, 콘크리트옹벽 등 방호울타리의 적정설치 여부
③ 갈매기표지, 반사체, 유도봉 등 시선유도시설의 적정설치 여부
④ 미끄럼방지시설, 충격흡수시설, 과속방지시설 등의 적정설치 여부
⑤ 도로안전표지, 노면표시 등의 적정설치 여부
⑥ 기타 교통안전을 위한 도로안전시설의 적정설치 여부

2. 교통사고 발생 시 기본적인 조사항목

조사항목	조사내용	세부조사내용		
위치파악	사고발생지점 파악	• 도로의 이름과 번호(예 1번 국도)		
		• 도로의 지점 및 지번표기(예 경부고속도로 하행선 60[km]지점)		
도로의 특징 파악	도로의 형태	• 도로의 종류	• 합 · 분류 상황	• 진 · 출입 위치
	기하구조	• 차로수 • 보도 유무 • 곡선반경 • 횡단구배 • 종단곡선	• 차로폭 • 길가장자리 • 도로확폭 • 완화구간 • 정지시거	• 중앙분리대 • 포장 여부 • 편구배 • 종단구배 • 노변장애물
	포장재질	• 아스팔트포장상태	• 미끄럼방지포장 여부	• 콘크리트상태
	교통안전시설 및 도로부대시설	• 교통안전표지 • 표지병 • 가드레일 • 충격완화시설	• 노면표지 • 시설유도봉 · 유도표지 • 장애물 표적표시 • 경보등	• 가로등 • 방호벽 • 도로안내표지 • 가변표지판
	도로구조물	• 교 량 • 지하차도	• 터널 유무	• 고가도로
	교통통제 및 운영상태	• 가변차로제 • 속도제한구역	• 버스전용차로	• 공사구역
사고 당시 조건	기상조건	• 맑 음 • 안 개	• 강 설 • 강 우	• 흐 림
	노면조건	• 모 래 • 습 윤	• 자 갈 • 빙 설	• 흙의 노상산재
	일광조건	• 일출(새벽) • 밤	• 낮	• 일몰(저녁)
	가변성 장애(사진촬영)	• 관 목 • 잡 초 • 노상적재물 • 안내판	• 울타리 • 눈더미 • 주정차	• 작 물 • 건석자재 • 차량임시
	시계, 섬광, 태양 및 기타	–		

조사항목	조사내용	세부조사내용		
도로상의 사고결과	사고차량 및 탑승자의 최종위치	• 이동되지 않은 위치 • 이동된 위치		
	타이어 자국	• 스키드마크 : 미끄러진 타이어 자국 • 스커프마크 : 끌린 타이어 자국 • 임프린트 : 새겨진 타이어 자국 • 요마크 : 바퀴가 돌면서 옆으로 미끄러진 타이어 자국, 금속성 물체에 의한 흔적		
	금속성 물체에 의한 흔적	• 파인 홈 자국(Gouges) • 긁힌 자국(Scratch)		
	충돌 후 잔존물	• 하체 잔존물 • 차량 부품조각	• 차체 패널조각 • 차량 적재물	• 차량용 액체 • 도로재질
	고정물체에 나타난 자국	• 가드레일 • 고정된 시설물	• 가로수	• 전신주
	자동차가 도로를 이탈한 자국	• 추 락	• 전 복	• 전 도

제3절 사고흔적의 용어와 특성

1. 사고현장조사

(1) 노상에서 발견되는 흔적들

① 차량 및 사상자의 최종위치

㉠ 사고차량들의 최종정지위치(Final Position)

- 충돌사고 후 사고차량이 최종적으로 멈춰선 위치로 양차량이 최종적으로 멈춰선 위치와 방향, 자세각 등을 통해 충돌 후 진행궤적, 충돌 후 속도 등을 역추리할 수 있는 자료로 활용된다.
- 사고차량의 최종정지위치를 결정할 때에는 이것이 사고 후 운전자 또는 제3자 등에 의해 인위적으로 옮겨진 것인지의 여부를 명확히 해야만 한다.

㉡ 보행자 또는 차 내 승차자의 전도위치

- 충돌 후 튕겨나간 보행자 또는 충돌 후 앞유리 등을 통해 밖으로 방출된 승차자의 최종전도위치이다.
- 보행자의 최종위치는 보행자의 충돌 후 거동(擧動)특성이나 튕겨나간 속도 등을 추정할 수 있는 자료로 활용될 수 있다.
- 승차자의 전도위치는 충돌 후 차량의 회전방향 및 운동경로를 해석하는 데 유용한 자료가 된다.

② 타이어 자국(Tire Mark)

㉠ 스키드마크(Skid Mark) : 교통사고를 해석하는 데 가장 중요한 자료 중 하나로 타이어 자국은 보통 노면 위에서 타이어가 잠겨 미끄러질 때 나타난다.

㉡ 스커프마크(Scuff Mark) : 타이어가 잠기지 않고 구르면서 옆으로 미끄러지거나 짓눌리면서 끌린 형태로 나타난다.

㉢ 프린트마크(Print Mark) : 타이어가 정상적으로 구르면서 타이어접지면(Tread) 형상이 그대로 나타난다.

㉣ 타이어 자국은 길이, 방향, 문양 등을 통해 차량의 속도, 충돌지점, 차량의 운동형태 등을 파악할 수 있다.

③ **금속 자국** : 패인 자국, 긁힌 자국

④ **낙하물**

㉠ 하체 부착물 : 진흙, 녹, 페인트, 눈, 자갈 등

㉡ 차량용 액체 : 냉각수, 연료, 배터리용액 등

㉢ 차량의 부속

㉣ 차량적재물

㉤ 도로재질

⑤ **파손된 고정대상물** : 도로상의 고정물체 파손 정도 등

⑥ **차량의 도로 이탈 흔적** : 추락, 전도, 전복 등

중요 CHECK

종 류	내 용	
Skid Mark (미끄러진 자국)	Skip.SM Gap.SM	자동차의 바퀴가 구르지 않고 정지한 채 미끄러지며 형성된 타이어 흔적
Scuff Mark (끌린 자국)	Yaw Mark	자동차 바퀴가 구르면서 옆으로 미끄러지며 형성된 흔적
	Flat Tire Mark	바퀴 접지면이 넓어져 노면에 생긴 흔적
	가속 Mark(Acceleration)	바퀴가 제자리에서 구르면서 형성된 흔적
Tire Print		비포장 진흙길이나 눈길, 잔디나 풀로 덮인 노면에 타이어 트레드가 프린트(찍힌) 흔적
Scar Mark	Scratches(긁힌 자국) Gouge(패인 자국)	차량의 금속부위가 노면과 접하며 생기는 흔적

(2) 곡률반경

① 곡률과 곡률반경은 그 개념이 상반된 용어이다.

② 양자 모두 곡선의 굽은 정도를 나타낸다.

③ 곡률이 크다는 것은 커브가 급하다는 말이고, 곡률반경이 크다라는 말은 커브가 완만하다는 것을 의미한다.

2. 교통사고의 물리적 흔적

교통사고의 현장에는 파손된 사고차량, 보행자 또는 차 안에서 튕겨나간 승차자, 파손잔존물, 액체잔존물, 타이어 자국과 노면의 패이고, 긁힌 흔적 등의 물리적 흔적이 복잡하게 뒤엉켜 나타나게 되고, 이러한 물리적 흔적들은 사고를 보다 구체적으로 파악하고 종합적으로 재구성(Reconstruction)하는 데 중요한 물적 증거가 된다.

(1) 타이어 흔적

① **스키드마크(Skid Mark)** : 스키드마크는 타이어가 노면 위에서 잠겨(Lock) 미끄러질 때 나타나는 자국으로 운전자의 브레이크조작(차량의 제동)과 관련된 흔적이다. 스키드마크는 차량의 중량특성, 운전조작특성, 도로의 형상, 타이어의 마모, 공기압 등의 구조적 특성과 외란의 작용 여부, 충돌유형 등에 따라 다양한 형태로 나타나며 주요발생형태는 다음과 같다.

[스키드마크]

사진출처 : 도로교통관리공단 교통사고조사매뉴얼

㉠ 스키드마크 일반

- 활주흔으로 바퀴가 고정된 상태에서 미끄러진 경우에 생기는 것이다.
- 바퀴는 구르지 않고 타이어가 미끄러질 때 생성된다.
- 마크의 수는 대체로 4개 또는 3·2·1개이고 좌우타이어는 동일하게 뚜렷하다.
- 앞쪽 타이어가 뚜렷하고 마크의 폭은 직선인 경우 타이어의 폭과 동일하다.
- 스키드마크의 시작은 대체로 급격히 시작되고 끝은 대체로 급격히 끝난다.
- 항상 타이어의 리브(Rib)마크와 같고, 타이어 가장자리 쪽이 가끔 진하다.

• 마크의 길이는 수십[cm]에서 150[m]까지이다.

㉡ 스키드마크의 종류

전형적인 스키드마크	자동차가 주행 중에 급제동을 하게 되면 바퀴의 회전이 멈추면서 타이어가 노면에 미끄러져 거의 일직선으로 자국을 남기게 되는 것
스킵(Skip) 스키드마크	• 스키드마크가 진했다 엷어지는 현상 • 차바퀴 제동흔적이 직선(실선)으로 연결되지 않고 흔적의 중간중간이 규칙적으로 끊어져 점선과 같이 보이는 흔적이다. • 연속적인 제동흔적으로 파악하여 스키드마크와 같이 흔적 전 길이를 속도산출에 적용한다. • 타이어 흔적은 크게 3가지 요인(제동 중 바운싱, 노면상의 융기물 또는 구멍, 충돌)에 의해 만들어진다.
갭(Gap, 중간이 끊긴) 스키드마크	• 이격거리가 형성된 현상을 가리킨다. • 스키드마크의 중간부분(통상 3[m] 내외)이 끊어지면서 나타난다. • 운전자가 전방의 위급상황을 발견하고 브레이크를 작동하여 자동차의 바퀴가 회전을 멈춘 상태로 노면에 미끄러지는 과정에서 브레이크를 중간에 풀었다가 다시 제동할 때 발생하는 타이어 자국이다. • 주로 주행하던 차량이 보행자 혹은 자전거와 충돌할 경우 흔히 발생한다.
측면으로 구부러진 스키드마크	• 전형적인 스키드마크는 대체로 직선으로 나타나지만, 간혹 직선으로 나타나던 스키드마크가 끝날 무렵에 급격하게 방향이 바뀌며 꺾이면서 구부러진 형태로 나타나는 현상이다. • 차량의 한쪽 바퀴에 제동이 더 크게 걸렸을 때도 구부러지며, 한쪽 바퀴는 마찰계수가 크고 한쪽 바퀴는 마찰계수가 작은 경우에도 마찰계수가 높은 노면으로 스키드마크가 심하게 구부러진다.
곡선형태를 이룬 스키드마크	• 차량이 회전하려고 하거나 위험상황이 돌출하여 피하려고 핸들을 과조작하며, 브레이크를 제동하게 되면 주로 발생하게 된다. • 한쪽 바퀴는 포장도로 등의 높은 마찰력의 노면상에 있고 다른 한쪽의 바퀴는 자갈, 잔디, 눈 등 낮은 마찰력의 노면상에 있을 경우, 즉 노면마찰력의 차이가 생길 경우 곡선형태를 이룬 스키드마크가 발생한다.
충돌 스키드마크	• 차량에 제동이 걸려 바퀴가 잠길 때 생성되는 것이 아니라 차량이 파손되었을 때 갑작스럽게 생성되는 것으로 이 마크가 선명하게 나타나는 경우는 차량 충돌 시 노면에 미치는 타이어의 압력이 순간적으로 크게 증가하기 때문이다. • 자동차가 심하게 충돌하게 되면 차량의 손괴된 부품이 타이어를 꽉눌러 그 회전을 방해하고 동시에 충돌에 의해 지면을 향한 큰 힘이 작용한다. 이때, 타이어와 노면 사이에 순간적으로 강한 마찰력이 발생되면서 나타나는 현상으로 최초접촉지점을 알려주는 최고의 증거이다.
토잉 스키드마크	견인 시 견인되는 차량에 의해 생기는 스키드마크이다.
가열된 타이어마크	젖은 노면에서 생기는 타이어 흔적이다.
임펜딩 스키드마크	시작과 끝이 구별하기 힘들거나 잘 보이지 않는 타이어 흔적이다.

중요 CHECK

사고 직전의 속력 추정과 진행방향

- 스키드마크의 속력을 계산하는 근거는 에너지 보존의 법칙과 속도-가속도 이론에 의해서이다. 그러나 스키드마크의 시작점은 사람의 눈으로 식별하기 어려운 흔적을 남기면서 형성되므로 실제 나타난 흔적만을 계산하면 실제 속력보다 적은 수치의 속력이 산출됨을 유의해야 한다.
- 스키드마크의 방향에 따라 사고차량 진행방향을 추정할 수 있는데 11시, 1시 방향의 경우는 진로변경으로 추정한다.
- 12시 방향으로 스키드마크가 난 경우는 곧바로 진행한 것으로 추정하고 12시 방향으로 진행하다 좌우로 급변한 경우는 급제동하며 피하는 중 사고가 난 것으로 간주한다.
- 사고차량의 사고 당시의 속력을 추정하는 방법은 크게 두 가지가 있다.
  - 사고충격으로 인한 차량의 변형상태로 추정속력을 산출하는 것이다.
  - 최근에 많이 활용되고 있는 방법은 노면에 나타난 스키드마크를 이용하는 것이다. 즉, 노면에 나타난 타이어 흔적의 길이가 얼마인가로 사고당시의 속도를 추정하는 것이다.
- 스키드마크의 길이를 통해 제동직전의 속도를 추정할 수 있는데 그 공식은 아래와 같다.

$$v(\text{제동직전속도}) = \sqrt{2 \cdot \mu \cdot g \cdot d}[\text{m/s}]$$

(μ : 마찰계수, g : 중력가속도, d : 스키드마크의 길이)

㉢ 스키드마크의 특성

- 스키드마크는 직선형태(Straight)이다. 하지만, 낮은 도로면 쪽으로 기울어질 수 있다.
- 좌우 타이어가 같은 폭과 같은 어둡기(Dark)를 나타낸다.
- 앞바퀴의 스키드마크가 일반적으로 뒷바퀴보다 현저하다.
- 어디에서 시작되었던 간에 스키드마크는 타이어트레드(Tread) 너비이며, 때때로 타이어 폭보다 조금 넓다. 그러나 결코 좁지는 않다.
- 스키드마크의 끝은 거의 갑작스러우며, 자동차가 정지한 위치나 사고 발생지점을 알 수 있다.
- 두 타이어의 마크가 평행하며, 종종 타이어 자국 사이에 줄(Striations)을 볼 수 있다.
- 타이어 바깥쪽이 타이어의 중간 부분보다 때때로 짙게 나타나지만 대부분 모든 부분이 거의 같게 나타난다.

㉣ 스키드마크의 길이를 다르게 만드는 4요소

- 온도 : 높은 온도의 타이어나 포장도로는 낮은 온도일 때보다 쉽게 미끄러질 수 있다. 짙은 스키드마크를 남긴다.
- 무게 : 하중이 많이 작용한 타이어는 짙은 마크를 만들며, 또한 마찰열의 발생이 많다. 이것은 표면의 온도를 증가시킨다.
- 타이어의 재질 : 몇몇 타이어는 부드러운 재질로 되어 있으며 이것은 미끄러질 때 타이어마크를 발생하기 쉽다.
- 타이어트레드 설계 : 같은 하중과 같은 압력하에서 좁은 그루브(Groove)를 가진 타이어는 스노(Snow)타이어보다 도로표면에 많은 면적을 차지하게 된다. 이것은 넓은 트레드(Tread)를 가진 타이어와 같다.

㉤ 스키드마크의 수명에 영향을 주는 요소 : 흔적의 종류, 도로구조 및 보수, 날씨, 타이어의 특성, 교통량

㉥ 스키드마크의 적용방법

- 스키드마크의 색깔이 진했다 엷어질 경우 이는 연속된 스키드마크로 간주한다.
- 스키드마크의 좌우 길이가 각각 다른 경우에는 좌우 길이 중 긴 것으로 적용(편제동 시는 좌우 길이를 더하여 1/2로 적용)한다.
- 스키드마크의 수가 바퀴수와 다를 때는 가장 긴 스키드마크를 적용(편제동 시는 길이를 전부 더하여 바퀴수로 나누어 적용)한다.
- 스키드마크가 중간에 끊어진 경우는 차량진동에 의해 생긴 경우와 제동을 풀었다 건 경우에 따라 각각 적용이 달라진다. 전자는 이격거리에 포함하여 적용하고 후자는 이격거리를 빼고 적용한다.
- 스키드마크가 한쪽에만 나거나, 길이가 다른 경우는 보통 다음의 두 가지 이유 때문이다.
  - 사고차량의 타이어 모두가 갑자기 멈추면서 차체의 무게중심이 한쪽 타이어로 전이되어 한쪽 면의 타이어에 하중이 집중되었을 시 한 개의 타이어 흔적만 발생(이 경우에는 타이어 흔적이 거의 직선에 가깝게 나타나며)하는 경우이다. 그러나 이 경우에도 모든 타이어가 정상적으로 미끄러진 것으로 간주하여 긴 스키드마크로 계산속도를 추정하게 된다.
  - 편제동(사고차량의 타이어가 한쪽만 제동된 경우), 즉 제동된 바퀴만 미끄러지고 제동되지 않은 바퀴는 굴러가게 됨으로써 제동된 바퀴쪽으로 타이어 흔적이 구부러져서 나타나게 되는 것이다. 이 경우 속도의 추정은 스키드마크의 길이를 둘로 나눈 평균값을 통해 얻어진다.

중요 CHECK

Tire Over Deflection

- 브레이크를 작동 시 자동차의 무게는 이동하게 된다. 이러한 무게이동의 결과로 자동차 앞바퀴의 스프링은 압축이 되고 자동차의 앞쪽의 높이가 낮아지게 되며, 뒤의 스프링은 무게 감속의 결과로 팽창되며, 자동차의 높이도 높아지게 된다.
- Over Deflection의 결과로 트레드의 가장자리가 더욱더 많은 하중을 받게 되며 이러한 이유로 많은 마찰과 열이 가장자리에 발생하게 된다. 만약 타이어마크를 남기게 되면 가장자리가 중앙보다 짙게 나타난다.
- 가장자리의 마크가 중앙 부분보다 현저하게 나타나 있다면 이것은 스키드마크가 앞 타이어인지 뒤 타이어인지 구별할 수 있는 좋은 표본이다. 일반적으로 뒤 타이어가 Over Deflected 스키드마크를 발생하는데, 이것은 뒤 타이어에 과도한 하중이 작용했거나 타이어의 공기압이 적기 때문이다.

② **스커프마크(Scuff Mark, 차량의 급핸들 조작 시 발생되는 흔적)** : 타이어가 잠기지 않고 구르면서 옆으로 미끄러지거나 끌린 형태로 나타나는 타이어 자국으로 요마크(Yaw Mark), 가속타이어 자국(Acceleration Scuff), 플랫타이어 자국(Flat Tire Mark) 등이 이에 속한다.

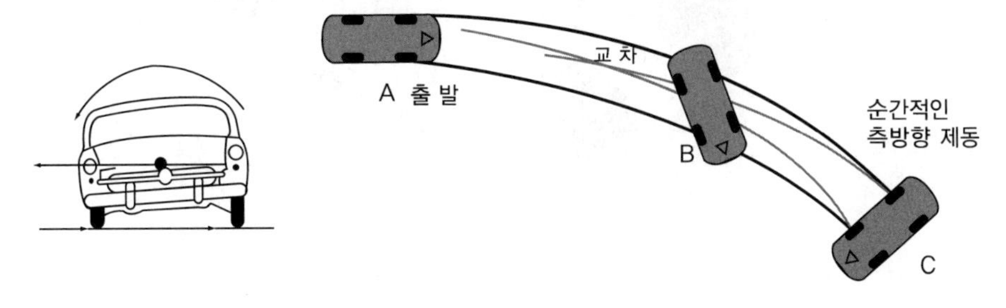

㉠ 요마크(Yaw Mark)

- 요마크는 바퀴가 구르면서 차체가 원심력의 영향에 의해 바깥쪽으로 미끄러질 때 타이어의 측면이 노면에 마찰되면서 발생되는 자국으로 운전자의 급핸들조작 또는 무리한 선회주행(고속주행) 등의 원인에 의해 생성된다.
- 요마크는 보통 타이어 자국이 곡선형으로 나타나며, 내부의 줄무늬 문양(사선형, 빗살무늬)에 따라 등속선회, 감속선회, 가속선회 등의 주행특성을 판단할 수 있다.
- 요마크의 곡선반경을 통하여 주행속도를 추정할 수 있으며 그 공식은 다음과 같다.

$$v = \sqrt{\mu' \cdot g \cdot R}\,[\mathrm{m/s}]$$

- v : 선회속도[m/s]
- μ' : 횡방향마찰계수
- g : 중력가속도(9.8[m/s²])
- R : 선회반경[m]

[요마크]

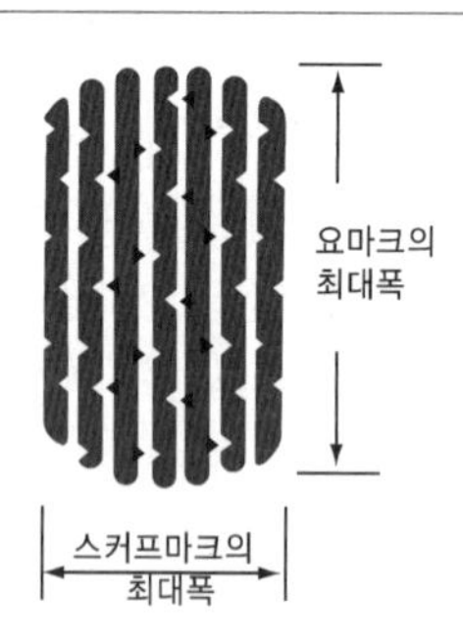

[요마크에 의한 타이어 접지면]

사진출처 : 도로교통관리공단 교통사고조사매뉴얼

중요 CHECK

Yaw(요)

원래 항해술 용어로서, 차량의 3가지 운동에는 피치(Pitch, 액슬축의 가로방향으로 상하운동), 롤(Roll, 액슬의 세로방향으로 측면운동), 요(Yaw, 액슬축의 수직방향으로 좌우운동)가 있다.

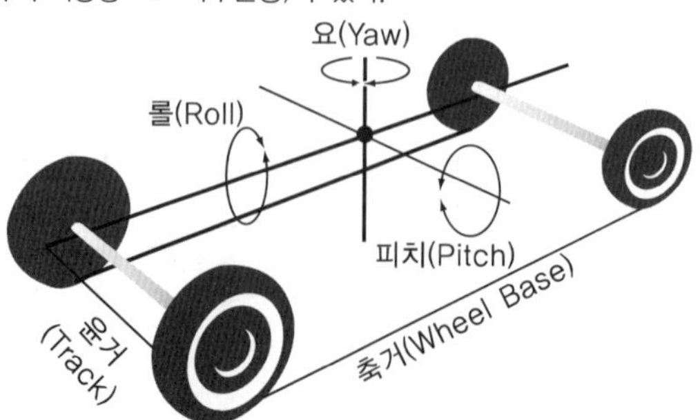

㉡ 가속스커프(Acceleration Scuff, 가속타이어 자국)

- 휠이 도로표면 위를 최소 1바퀴 이상 돌거나 회전하는 동안 충분한 힘이 공급되어 만들어지는 스커프마크이다.
- 자동차가 정지된 상태에서 급가속・급출발 시 타이어가 노면에 대하여 슬립(Slip)하면서 헛바퀴를 돌 때 나타나는 타이어 자국으로 주로 교차로에서의 급출발, 자갈길・진흙탕길에서의 슬립주행 시 생성된다.
- 타이어 자국의 문양은 주로 시작부에서 진한 형태로 나타나다가 끝 지점에서 다소 희미하게 사라진다.

[요마크 형태에 따른 차량상태]

요마크 형태 및 줄모양	설 명
요마크의 내부줄무늬 / 차축 중앙선 / 타이어 / 차 축 / 타이어 / 자연스러운 회전상태 / 요마크	• 차량이 자연스럽게 회전하면서 미끄러지는 상태의 차륜 흔적 • 줄무늬 모양은 대부분 진행차량의 차축과 거의 평행 • 차량의 브레이크나 가속페달을 밟지 않은 경우
요마크의 내부줄무늬 / 차축 중앙선 / 타이어 / 차 축 / 타이어 / 감속상태 (브레이크 작동) / 요마크	• 차량이 감속되면서 미끄러지는 상태의 차바퀴 흔적(브레이크 조작) • 줄무늬 모양은 차축과 평행하지 않고 상당한 예각을 이루며 - 좌커브 경우 : 우측 상향 형태 - 우커브 경우 : 좌측 상향 형태
요마크의 내부줄무늬 / 차축 중앙선 / 타이어 / 차 축 / 타이어 / 가속상태 (가속페달작동) / 요마크	• 차량이 가속되면서 미끄러지는 상태의 차바퀴 흔적(가속페달 조작) • 줄무늬 모양은 차축과 평행하지 않고 감속상태와 정반대의 상당한 예각을 가짐 - 좌커브 경우 : 좌측 상향 형태 - 우커브 경우 : 우측 상향 형태

[가속타이어 자국]

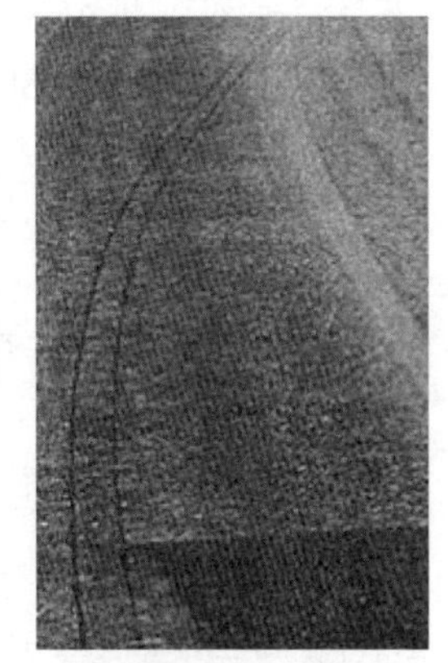

[플랫타이어 자국]

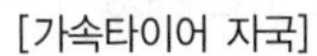

[바람빠진 타이어 흔적]

사진출처 : 도로교통관리공단 교통사고조사매뉴얼

㉢ 플랫타이어 자국(Flat Tire Mark)

• 타이어의 공기압이 지나치게 낮거나 상대적으로 적재하중이 커 타이어가 변형되면서 나타나는 타이어 자국이다.

• 일반적으로 타이어의 가장자리부분에서 보다 진하게 나타나고 중앙부분은 다소 희미하게 나타난다.

• 이 흔적은 비교적 길게 이어질 수 있기 때문에 자동차의 주행궤적을 아는 데 유용하며, 특히 충돌 전후 타이어의 이상 여부를 확인하는 데도 중요한 자료로 활용된다.

㉣ 프린트마크(Print Mark)

• 타이어의 접지면 형상이 노면상에 그대로 구르면서 나타나는 자국이다.

• 액체잔존물(오일, 냉각수 등)을 밟고 지나갈 때, 눈길 또는 진흙길을 밟고 지나갈 때 타이어의 트레드(Tread) 모양이 노상에 찍혀 나타나게 된다.

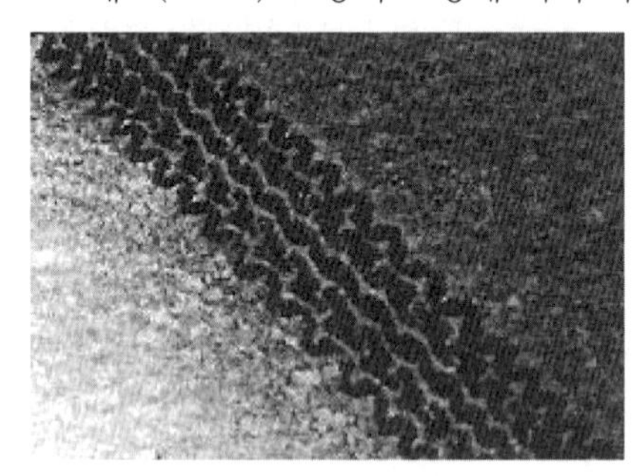

[프린트마크]

사진출처 : 도로교통관리공단 교통사고조사매뉴얼

③ 노면에 패인 자국(Gouge Mark) : 패인 자국은 비교적 강성이 크고 단단한 재질의 프레임(Frame), 변속기하우징, 멤버(Member), 타이어 휠(Wheel) 등이 큰 압력으로 노면에 부딪칠 때 생성되며 주로 최대접촉 시 또는 충돌 직후 생성되는 경우가 많다. 패인 흔적의 깊이, 궤적, 형상에 따라 칩(Chip), 찹(Chop), 그루브(Groove)로 구분하기도 한다.

중요 CHECK

사고현장에 나타나는 노면마찰 흔적

일반적으로 작은 압력에 의해 스치면서 생성되는 긁힌 자국(Scratches)과 상대적으로 큰 압력에 의해 나타나는 패인 자국(Gouge)으로 구분할 수 있다.

㉠ 칩(Chip)

• 마치 호미로 노면을 판 것과 같이 짧고 깊게 패인 가우지마크이다.

• 매우 부드럽고 느슨한 도로를 제외하고는 칩은 차량의 차체의 무게로는 발생하지 않고, 차량충돌 시 충돌되는 힘에 의해서 금속부분이 노면과 부딪힐 때 발생하므로 차량 간 최대 접촉 시에 만들어진다.

㉡ 찹(Chop)

- 마치 도끼로 노면을 깎아낸 것같이 넓고 얕은 가우지마크로서 프레임이나 타이어 림에 의해 만들어진다.
- 찹은 최대접촉 시에 발생할 가능성이 높으며, 흔적이 발생하는 방향성은 깊고 날카로운 쪽에서 얕고 거친 쪽으로 만들어진다.

㉢ 그루브(Groove)

- 깊고 좁은 홈자국으로 직선일 수도 있고 곡선일 수도 있다.
- 구동샤프트나 다른 부품의 돌출한 너트나 못 등이 노면 위를 끌릴 때 생기며 최대접촉지점을 벗어난 곳까지도 계속된다.

중요 CHECK

가우지(Gouge)

큰 중량의 금속성분이 도로상에 이동하면서 나타낸 흔적

- 칩(Chip) : 짧고 깊게 폭이 좁은 상태로 생성된다.
- 찹(Chop) : 스크레이프(Scrape)보다 깊고 폭이 넓다.
- 그루브(Groove) : 폭이 좁고 길게 생성된다.

④ **노면에 긁힌 자국** : 차체의 금속부위가 작은 압력으로 노면에 작용하면서 끌리거나 스쳐지나갈 때 생성되는 흔적으로 차량의 전도지점이나 충돌 후 진행궤적을 확인하는 데 좋은 자료가 된다.

㉠ 스크래치(Scratch) : 가벼운 금속성 물질이 이동한 흔적

- 큰 압력 없이 미끄러진 금속물체에 의해 단단한 포장노면에 가볍게 불규칙적으로 좁게 나타나는 긁힌 자국이다.
- 충돌 후 차량의 회전방향이나 이동경로를 판단하는 데 유용하다.

㉡ 스크레이프(Scrape)

- 넓은 구역에 걸쳐 나타난 줄무늬가 있는 여러 스크래치 자국이다.
- 스크래치에 비해 폭이 다소 넓고 때때로 최대충돌지점을 파악하는 데 도움을 준다.

㉢ 견인 시 긁힌 흔적(Towing Scratch) : 파손된 차량을 견인차량에 매달기 위해 끌고가거나 다른 장소로 끌고갈 때 파손된 금속부분에 의해서 긁힌 자국이다.

중요 CHECK

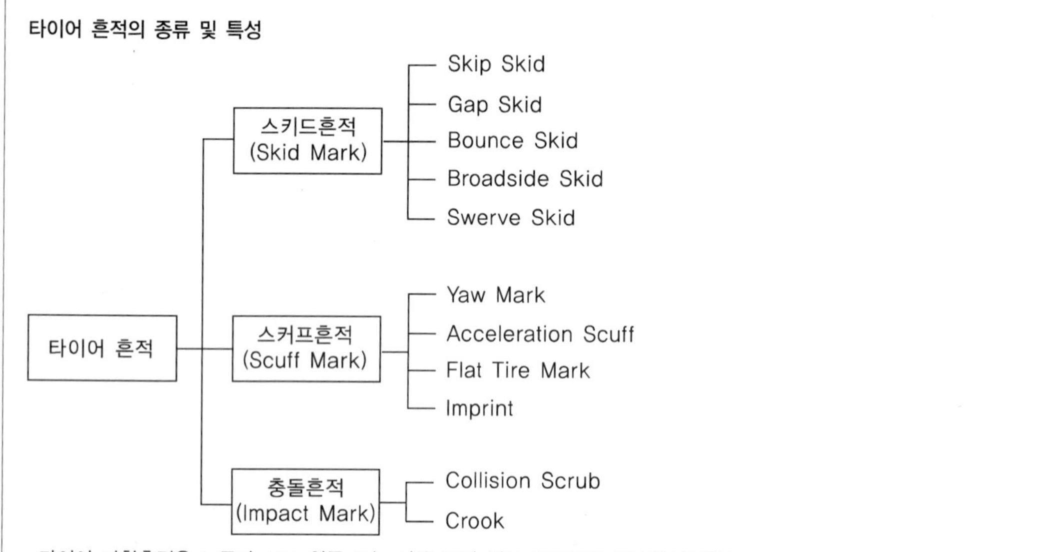

- 타이어 마찰흔적은 고무가 도로 위를 또는 다른 표면 위를 미끄러질 때 만들어진다.
- 스키드마크는 마찰흔적이고 타이어가 구름 없이 도로 위를 또는 다른 표면 위를 미끄러질 때 만들어진다. 차량의 미끄러짐은 브레이킹 또는 충돌에 의해 스키드마크와 비슷한 뭉게진 차바퀴 흔적이 발생되고 드물게는 다른 이유에 의해 만들어진다.
- 스커프(Scuff)마크는 끌린 흔적으로서 도로 위를 타이어가 구르면서 끌리거나 미끄러질 때 만들어진다.
- 임프린트(Imprint)는 타이어가 구르는 상태에서 노면에 새겨지면서 만들어진다.

(2) 차량파편물(Debris)

① 자동차가 충돌하면 차량은 서로 맞물리면서 최대접촉하게 되고 이때 충격부위의 차량부품들이 파손되면서 충돌지점에 떨어지기도 하고, 차량의 충돌 후 진행상황에 따라 흩어져 떨어지기도 한다.

② 파손잔존물은 한곳에 집중적으로 낙하되어 떨어질 수도 있고 광범위하게 흩어져 분포되기도 한다.

③ 보통 파손된 잔존물은 상대적으로 운동량(무게×속도)이 큰 차량방향으로 튕겨나가 떨어지는 것이 일반적이며, 무게와 속도가 같고 동형(同形)의 자동차가 각도 없이 정면충돌한 경우 파손물은 충돌지점부근에 집중적으로 떨어지게 된다.

④ 양차가 충돌 후 분리되어 회전하면서 진행한 경우 파손물은 회전방향으로 흩어지기도 하기 때문에 파손물의 위치만으로 충돌지점을 특정하는 것은 용이하지 않다.

⑤ 파손잔존물은 다른 물리적 흔적(타이어 자국, 노면마찰 흔적 등)의 위치 및 궤적, 형상 등과 상호비교하여 해석하는 것이 효과적이다.

(3) 액체잔존물

사고현장에는 파손된 자동차의 각종 용기 내에서 흘러내린 다양한 액체잔존물이 노상에 떨어지기도 한다. 냉각수, 엔진오일, 배터리액, 파워스티어링오일(Power Steering Oil), 브레이크오일(Brake Oil), 변속기 오일, 와셔액 등이 충돌 시·충돌 후 이동과정에서 떨어지기도 하는데, 이와 같은 액체잔존물을 면밀히 관찰하고 위치와 궤적을 파악함으로써 자동차의 충돌 전후의 과정을 이해하는 데 중요한 자료로 활용할 수 있다. 일반적으로 액체잔존물은 형상에 따라 튀김(Spatter), 방울짐(Dribble), 고임(Puddle), 흘러내림(Run-off), 흡수(Soak-in), 밟고 지나간 자국(Tracking)으로 구분하기도 한다.

① **Spatter(튀김)** : 충돌 시 용기가 터지거나 그 안에 있던 액체들이 분출되면서 도로주변과 차량의 부품에 묻어 발생한다. 예를 들어, 충돌 시 라디에이터 안에 있던 액체가 엄청난 압력에 의해 밖으로 분출되는 경우가 있다. 일반적으로 액체잔존물의 튀김은 검은색 젖은 얼룩들이 반점같은 형태로 나타난다.

② **Dribble(방울짐)** : 손상된 차량의 파열된 용기로부터 액체가 뿜어져 나오는 것이 아니라 흘러내리는 것이다. 만약 차량이 계속 움직이고 있었다면 이 흔적은 충돌지점에서 최종위치 쪽으로 이어져 나타나기도 한다.

③ **Puddle(고임)** : 흘러내린 액체가 차량 밑바닥에 고이는 것으로 차량의 최종위치지점에 나타난다.

④ **Run-off(흘러 내림)** : 노면경사 등에 의해 고인 액체가 흘러내린 흔적이다.

⑤ **Soak-in(흡수)** : 흘러내린 액체가 노면의 균열 등의 틈새로 흡수된 자국이다.

⑥ **Tracking(밟고 지나간 자국)** : 액체잔존물이 흘러내린 지점을 차량의 타이어가 밟고 지나가면서 남긴 흔적이다. 이 흔적의 문양은 타이어의 트레드(Tread) 형상과 같다.

구 분	스키드마크 (Skid Mark)	요마크 (Yaw Mark)	가속 스커프마크 (Acceleration Scuff Mark)	바람 빠진 타이어 자국 (Flat Tire Mark)	타이어 새겨진 자국(Imprint)
바퀴운동	회전하지 않고 미끄러짐	회전하며 옆으로 미끄러짐	회전(헛돌며)하며 미끄러짐	회전하며 미끄러지지 않음	회전하며 미끄러지지 않음
조작상태	제 동	핸들 조향	속도 증가	없 음	없 음
흔적 발생수 (4바퀴 차량)	대부분 4개	대부분 2개	대부분 1개, 때론 2개	1개 또는 2개	대부분 1개
좌우 타이어	좌우 동일	바깥쪽이 강하게 발생	둘이면 같음	부분적으로 2개가 같음	보통 같음
전·후륜 자동차	전륜이 강하게 나타남	보통 같음	구동바퀴만 나타남	-	정확하게 같음
좌우 바퀴의 발생 폭	곧다면 같음	다양함	타이어 트레드 폭 만큼 발생	-	타이어 트레드 폭 만큼 발생
시작부분	갑자기 시작 (순간적)	항상 희미함	강하게 또는 점차적	항상 희미함	항상 진함
끝부분	갑자기 끝남	강하게 끝남	아주 점진적	강하게	보통 점진적

구 분	스키드마크 (Skid Mark)	요마크 (Yaw Mark)	가속 스커프마크 (Acceleration Scuff Mark)	바람 빠진 타이어 자국 (Flat Tire Mark)	타이어 새겨진 자국(Imprint)
줄무늬	줄무늬 흔적과 평행	항상 사선 또는 대각선	흔적과 평행	없 음	있다면 흔적과 평행
세부적으로 볼 때	외측 가장자리가 가끔 진함	엿골 흔적이 보임	외측 가장자리가 가끔 진함	외측 가장자리가 항상 진함	트레드 형상에 따라 다름
길 이	1~100[m]	3~60[m]	15[cm]~15[m]	15[m]~18[km]	18[cm]~15[m]

제4절 사고현장의 측정방법

1. 사고현장측정의 개요

(1) 사고현장측정의 개념과 요소

① **측량과 측정** : 측량이란 물리적 흔적에 대한 상대적 위치관계를 구하는 것이고, 측정이란 상대적 위치관계를 줄자, 측량기 등 도구를 이용하여 수치로 나타나는 것을 말한다.

② **사고현장에 대한 측량·측정요소** : 첫째는 사고현장의 도로선형이나 차선, 차로, 신호기, 횡단보도 등의 도로구조나 상태이고, 둘째는 사고로 인해 발생한 각종 물리적 흔적의 측량과 측정이다.

㉠ 도로의 구조나 상태

- 사고지점부근이 직선인지 곡선로인지 여부, 곡선로인 경우 곡선의 반경은 어느 정도인지의 여부
- 양차량 진행방향의 시야거리, 평탄한 도로인지 구배(경사)가 있는지 여부
- 단일로 또는 교차로인지 여부, 교차로의 교차각과 교차거리
- 신호교차로인 경우 신호등의 작동순서 및 시간
- 도로안전시설의 설치상태 및 위치, 차로폭, 측대, 보도 등의 간격
- 중앙선, 차선, 길가장자리구역선, 정지선 등 사고지점도로의 상황과 조건을 사실대로 측정하고 기록해야 함

㉡ 물리적 흔적

- 교통사고의 충돌현장에는 사고차량 또는 보행자의 최종정지위치
- 스키드마크, 요마크, 충돌 시 나타나는 문질러진 타이어 자국, 바람빠진 타이어 자국, 가속 타이어 자국 등의 여러 타이어 자국
- 노면의 파인 흔적과 긁힌 흔적, 파손잔존물이나 혈흔
- 오일, 냉각수, 배터리액 등 각종 액체잔존물의 물리적 흔적 등

(2) 사고현장의 측정목적

① **법적 책임소재 규명을 위한 현장스케치의 정확성 여부** : 사고 당시 사상자의 위치, 타이어마크(스키드마크, 요마크 등)의 길이와 위치, 사고차량이 도로에 벗어난 거리, 도로파손부위의 정확한 위치, 차량 또는 보행자의 최종위치, 운전자와 보행자를 최초로 인지할 수 있었던 위치 등이 시비의 대상이 되지 않도록 하는 것이다.

② **차후 불필요한 추정이나 재조사의 필요성 제거** : 이러한 위치 등에 대해서 사고현장에서 정확하게 측정하고 기록해 두면 사고현장에 대한 정확한 상황설명과 증명의 자료가 되고, 사고재현의 기초자료로 활용할 수 있기 때문에 추정의 오류나 재조사를 면할 수 있게 된다.

(3) 약도작성을 위한 측정절차

① 필요한 약도의 종류를 결정하고 작성해야 할 위치를 확인한다.

② 기본적인 도로구조를 그린 다음 필요한 세부사항을 추가한다.

③ 각도측정을 준비하고 구부러진 구간(커브)측정을 준비한다.

④ 필요하다면 수직거리측정을 준비한다.

⑤ 현장스케치 등 기록용지상에 측정이 필요한 사항을 표시한다.

⑥ 측정하고 기록한 다음 측정 · 기록지를 확인한다.

중요 CHECK

약도작성을 위한 측정

교통사고 결과의 위치를 나타내기 위해서 측정은 사고 후 현장상황 보존이 가능할 때(사고흔적들이 소멸되기 이전) 시행되어야 한다. 현장사고 조사단계에서 수립된 자료는 일단 사용될 경우 사고 후 상황 약도의 형태로 제출되고 이용되는 것이 통례이다.

2. 도로측정

(1) 각도측정

① 도로(교차로, 횡단보도, 단일로, 커브로, 복합도로)에서 각도를 측정하기 위해서는 1개의 꼭짓점을 중심으로 정하고 빗변의 적당한 2개 지점의 기준점을 정하여 2개 지점 간의 거리를 현장에서 실측하면 삼각형이 형성된다. 이것을 축척하면 각도를 측정할 수 있다.

② 실제 측정의 예

㉠ 측정하고자 하는 각은 교차로에서 2개의 도로 가장자리선 사이에 끼어 있는 경우가 일반적이며, 이 2개의 가장자리선은 실제로 서로 만난다기보다는 원호형태로 연결되는 경우가 보통이다.

㉡ 이러한 원호의 경우 각을 측정하기 위해서는 도로의 가장자리선을 연장하여 2개의 선이 서로 만나는 지점을 확인하고 스프레이 페인트 등으로 표시한다.

③ **각도측정방법** : 제2코사인 법칙 이용, 축척에 의해 각도(분도기), 일반 삼각함수를 이용 방법이 있다.

㉠ 코사인 법칙 이용

공식 1. 제1코사인 법칙

$a = b\cos C + c\cos B$

공식 2. 제2코사인 법칙

$a^2 = b^2 + c^2 - 2bc\cos A$

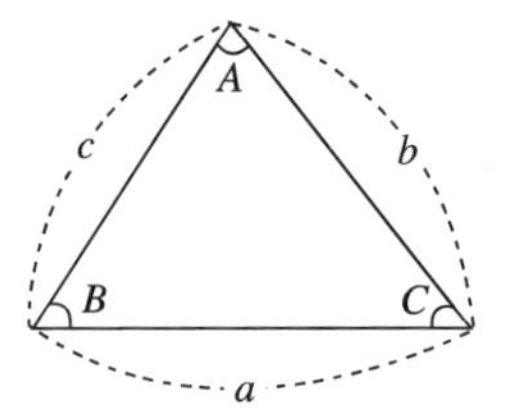

사례 사고#1차량은 '가'도로를 따라 똑바로 진행하였고, #2차량은 '나'도로를 따라 똑바로 진행 중 교차로 중간에서 충돌하였을 때 '가', '나' 도로의 교차각도 혹은 #1, #2차량의 충돌 각도를 계산하면? **답** 56.6°

- 각도 산출 방법
  - 사고관련 차량들이 차량전면각의 변화없이 도로를 따라 일정하게 진행하다가 충돌했을 시 두 도로의 교차각도와 차량의 충돌 각도는 일치한다고 가정함
  - '가'도로의 도로 연석선을 따라 일정거리 지점(9[m]로 가정) 선정
  - '나'도로의 임의지점 선택(13[m]로 가정)
  - 두 지점의 연장거리를 측정함(11[m]로 가정)
- 계산식

$$a^2 = b^2 + c^2 - 2bc\cos A$$

$$\therefore \cos A = \frac{b^2 + c^2 - a^2}{2bc}$$

$$\cos A = \frac{(9)^2 + (13)^2 - (11)^2}{2 \times 9 \times 13} = 0.551$$

$$A = \cos^{-1}(0.551) = 56.6°$$

㉡ 일반 삼각함수 이용 : 사고현장에서 측정하고자 하는 각도를 포함한 2개의 빗변거리를 같게 선정할 때 일반 삼각함수법을 이용한다.

공식 : $\sin\alpha = \frac{b}{a}$, $\cos\alpha = \frac{c}{a}$, $\tan\alpha = \frac{b}{c}$

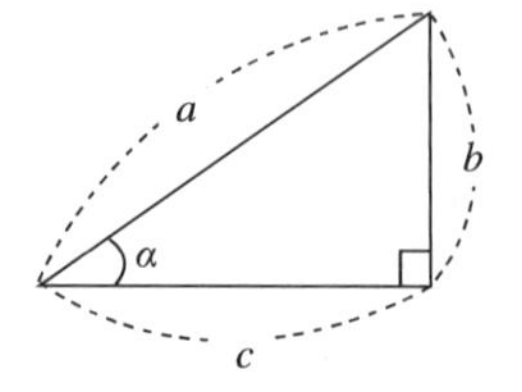

사례 '가', '나' 도로가 예각을 가지고 만나는 3지교차로에서 '가', '나' 도로 간의 각도는? **답** 35.8°

- 각도 산출 방법
  - ‘가’, ‘나’ 도로상 연석선을 따라 가상 연장선을 그어 만나는 교차점(Apex)를 지정
  - 교차점 x를 기준으로 ‘가’, ‘나’ 도로의 연석선을 따라 일정거리 되는 지점을 선택하여 표시(임의로 13[m] 선택)
  - 표시된 두 지점(A, B) 간 거리를 측정(8[m]로 가정함)
  - 선택된 삼각형의 두 빗변 거리와 1개의 측정거리를 이용하여 일반 삼각함수 공식을 적용하여 각도 산출

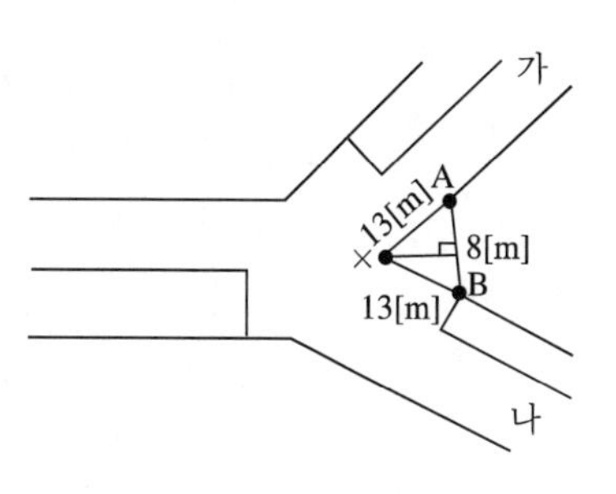

- 계산식

$$\sin\frac{a}{2} = \frac{4}{13} \qquad \cos\left(90° - \frac{a}{2}\right) = \frac{4}{13}$$

$$\therefore \frac{a}{2} = \sin^{-1}\left(\frac{4}{13}\right) = 17.9° \qquad \therefore 90° - \frac{a}{2} = \cos^{-1}\left(\frac{4}{13}\right) = 72.1°$$

$$a = 35.8° \qquad a = 35.8°$$

※ 이등변 삼각형의 경우 길이가 같은 두 변이 만나는 꼭짓점에서 맞은편 변에 직각선을 그으면 밑변의 길이가 같은 직각 삼각형이 2개 생김

㉢ 축척에 의해 각도기(분도기) 이용 : 삼각함수 공식을 이용하여 계산하지 않고 측정된 3개의 변 거리를 실내에서 종이(특히 모눈종이)에 축척하여 작은 삼각형으로 도시한 후 측정하고자 하는 각 변 간의 각도는 분도기를 이용하여 직접 측정한다.

사례 **노면상에 교통사고로 인하여 차바퀴 흔적이 직선으로 발생하다가 중간에 충격으로 꺾였을 때 그 차바퀴 흔적의 꺾인 각도, 즉 사고차량의 충돌 후 이동각도는?** **답 69°**

- 각도 산출 방법

  계산에 의한 방법(제2코사인 법칙 이용)

$$\cos C = \frac{11^2 + 7^2 - 15^2}{2 \times 11 \times 7} = -0.36$$

$$C = \cos^{-1}(-0.36) \fallingdotseq 111°$$

  따라서, 이동각도 $\theta = 180° - 111° = 69°$

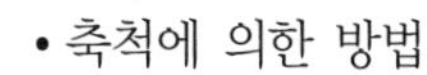

- 축척에 의한 방법
  - 사고현장에서 차량진행 방향으로 차륜 직선길이를 먼저 측정함(AC 간 거리 : 11[m]로 가정)
  - 타 차량과의 충돌로 인하여 노면차륜흔적이 약 1시 방면으로 꺾인 흔적의 길이를 추정(BC 간 거리 : 7[m]로 가정)
  - 두 끝점 AB 간 가상연장선상 거리를 측정(15[m]로 가정)
  - 현장에서 측정한 ABC 세 점 간 거리를 실내에서 1/100~1/200 축척으로 종이에 나타내어 축척된 삼각형 A′B′C′를 도시해야 함
  - 먼저 기준선 AC를 축척에 의하여 표시

- BC선 거리만큼 축척에 의하여 컴퍼스로 축소한 후 C′점을 기준으로 원을 그림
- AB 간의 거리를 축척에 의하여 컴퍼스로 잰 다음 A′점을 기준으로 원을 그림
- A′B′ 간 원과 B′C′ 간 원이 만나는 점을 지정
- A′B′ 간 점을 연장하여 각 BAC(∠BAC)를 측정하면 사고현장에서의 노면차륜 흔적의 시작 각도가 됨
- 마지막으로 분도기를 이용하여 ∠BAC를 직접 측정하면 약 25°임
- 따라서 ∠ACB는 약 111°이며, 차륜흔적의 꺾인 각도는 180°에서 111°를 빼면 약 69°가 됨

(2) 곡선부 측정

교통사고 분석에 있어 곡선부 측정은 매우 중요한 부분으로 요마크 발생 시에는 노면에 나타난 곡선 노면흔적이 반드시 측정되어야 한다. 곡선부 측정에서는 원호 자체의 측정도 중요하지만, 곡선부의 완급을 수치로 나타내는 지수인 곡선반경값(R) 측정이 더욱 중요하다.

교통사고 조사와 관련하여 교차로에서 가각 곡선부와 도로자체의 커브로 빚 비정규 곡선구간 혹은 차량 자체의 회전에 의한 타이어 흔적의 3가지가 있다.

① **교차로 가각 곡선부** : 각도측정에서와 같이 각도 측정 후 2개의 접점에서 수직선을 그어 교차하는 점까지의 거리가 곡선반경이 되는 것이다. 측정방법에는 일반 삼각함수에 의해 곡선반경값을 구하거나 혹은 실측 및 축척에 의하여 값을 구하면 된다.

> **사례** 교차로 가각부에서 두 도로의 직선 연석선 끝점을 기준으로 가상연장선들이 만나는 꼭짓점까지 거리는 13[m]로 같으며, 또한 두 경계석 끝점 간 거리는 8[m]일 때 그 교차로 가각부의 곡선반경 (R) 값은? **답** 4.16[m]

㉠ 각도계산 방법에 의하여 먼저 각도 산출

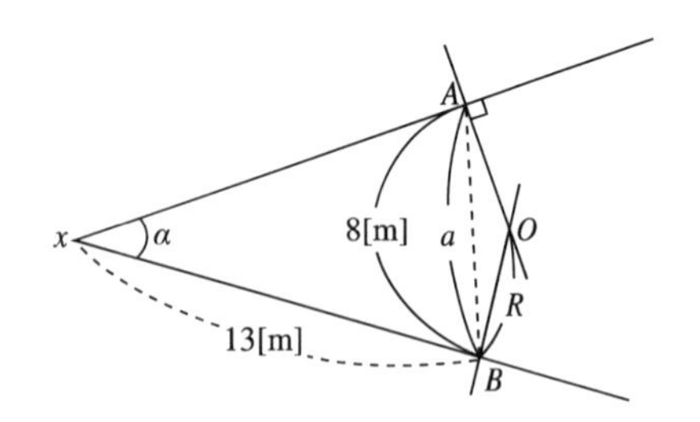

$$\cos\left(90° - \frac{a}{2}\right) = \frac{4}{13},\ a = 35.8°$$

$$\tan\frac{a}{2} = \frac{R}{13}(a = 35.8°)$$

$$\tan\frac{35.8°}{2} = \frac{R}{13}$$

$$R = 13 \times \tan\frac{a}{13} = 13 \times \tan\frac{35.8°}{2}$$

$$\therefore 13 \times 0.32 = 4.16[\mathrm{m}]$$

② **단일 커브로의 곡선부** : 도로관리청인 시・도청이나 국도유지관리사무소 및 한국도로공사에서는 관할 도로에 대한 모든 도로제원 및 설계도면을 대부분 가지고 있다. 그러므로 이들 기관과의 상호협조에 의하여 각종 도로제원 및 곡선반경값 등 정확한 자료를 구할 수 있다. 일반적으로 간단하게 커브로의 곡선반경이나 정규 요마크를 계산하기 위해서는 현(C)과 원의 중심에서부터 현까지 수직선을 그어 만난 지점에서부터 원호까지 연장선을 그어 만난 지점까지의 거리를 중앙종거(M)라고 하는데 이 현과 중앙종거 값을 알면 곡선반경은 피타고라스 정리에 의해 $R^2 = \left(\frac{C}{2}\right)^2 + (R-M)^2$에서 유도하여 정리하면 곡선반경값을 구할 수 있다.

이것을 공식으로 나타내면

$R = \frac{C^2}{8M} + \frac{M}{2}$ 이다.

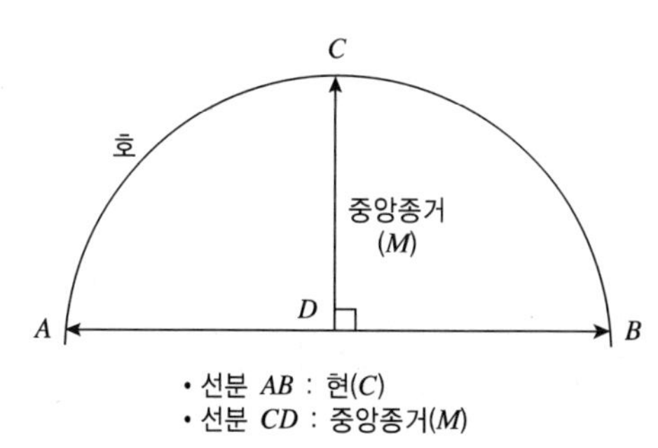

커브도로의 형태에 따라 다르나 보통 2종류의 단일 곡선부로 나타내며, 이때 곡선반경값을 구하기 위하여 현거리 적용에 주의를 기하여야 한다.

(3) 거리 측정(요마크(Yaw Mark)로부터 곡선반경 구하기)

노면에 발생된 요마크를 이용하여 속도를 분석하기 위해서는 첫째 요마크의 곡선반경을 측정하여야 하고, 둘째 요마크 발생 시 노면 마찰계수를 알아야 한다.

① 곡선반경 측정

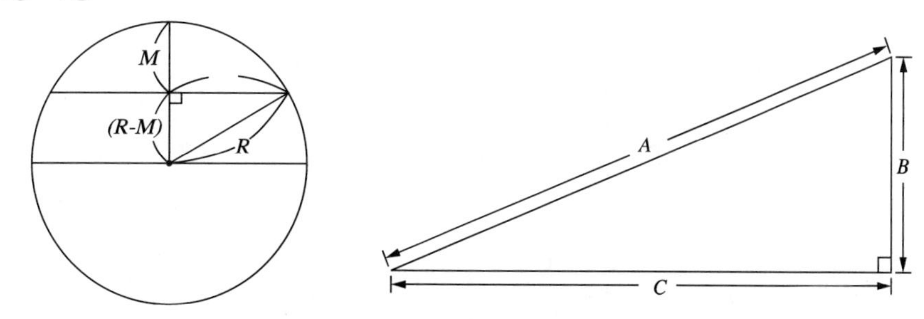

㉠ 요마크의 곡선반경을 측정할 때는 도로의 곡선부를 측정할 때와 같은 방법으로 반경 값을 측정한다. 일반적으로 곡선은 단일 정규곡선과 복합적인 비정규곡선으로 나뉜다. 단일 정규곡선의 곡선반경값을 측정할 때는 곡선부의 현거와 현거의 중앙점에서 종거 값을 측정하여 삼각함수의 피타고라스 정리를 이용한 방법이 있다.

㉡ 피타고라스의 정리 : 직각 삼각형의 빗변 A의 길이는 B^2+C^2으로 표현되는 것으로, 이 식은 $A^2=B^2+C^2$이다.

㉢ 피타고라스 정리를 이용하면 곡선반경 R은 빗변이 되고, B는 현거의 1/2이며, C는 곡선반경 R에서 중앙종거 값을 뺀 나머지 길이로, 곡선반경 R은 $R^2=\left(\frac{C}{2}\right)^2+(R-M)^2$으로 나타낼 수 있고, 이 식을 다시 풀어쓰면

$$R^2=\left(\frac{C^2}{4}\right)+R^2-2MR+M^2$$

$$2MR=\frac{C^2}{4}+M^2$$

$$R=\frac{C^2}{8M}+\frac{M}{2}$$

㉣ 위와 같이 곡선반경 R값은 $\frac{현거^2}{8\times 종거}+\frac{종거}{2}$로 나타낼 수 있다.

일반적으로 이 식에서 $\frac{종거}{2}$의 값이 현저하게 적은 값이므로 무시하고 사용하는 경우도 있는데 이런 경우는 곡선반경값은 $R=\frac{C^2}{8M}$이다.

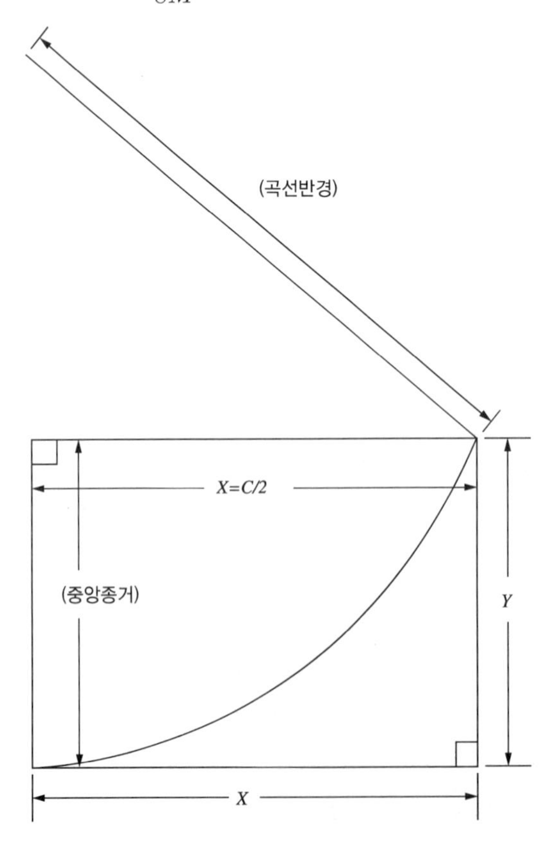

ⓜ 또한 위 식은 측정하고자 하는 곡선부가 정규곡선일 때 정확한 값을 나타내고 있어 요마크나 도로의 곡선부 진입 전 완화곡선구간과 같이 비정규곡선상에서는 전체적인 평균값만을 나타낼 뿐이므로 곡선부 진행단계별로 정확한 반경값을 측정하는 데 한계가 있어 탄젠트 오프셋(Tangent Offset) 값을 이용한 지점별 곡선반경값을 측정하는 방법을 이용하는 것이 보다 더 정확한 반경값을 측정할 수 있다.

ⓑ 정규곡선의 반경값을 측정하는 수식 $R=\dfrac{C^2}{8M}+\dfrac{M}{2}$에서 $2X=C$이고, $M=Y$이므로 다시 쓰면 $R=\dfrac{(2X)^2}{8Y}+\dfrac{Y}{2}=\dfrac{4X^2}{8Y}+\dfrac{Y}{2}$이고, 이것은 $R=\dfrac{X^2}{2Y}+\dfrac{Y}{2}$가 되고, 이 또한 $\dfrac{Y}{2}$가 매우 작은 수치이므로 무시하면 $R=\dfrac{X^2}{2Y}$으로 사용하기도 한다.

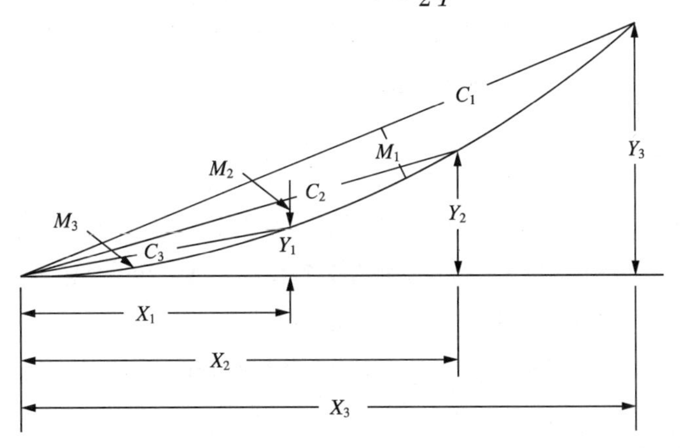

ⓢ 그러나 탄젠트 오프셋법을 이용할 경우 노면상에 발생된 요마크의 시작점에서 그 원의 접선이 X가 되므로 기준점에서 접선을 찾아야만 현장에서 곧바로 곡선반경값을 계산할 수 있고 기준선 X를 찾았을 때에 현장에서 Y의 값을 측정하는 것이 가능하므로 상당한 어려움이 따른다. 즉, 커브 시작점에서의 접선을 찾기가 어려운 문제점을 안고 있다. 도로에서 곡선부 선형을 측정하는 데 있어서는 곡선부 진입 전 직선부의 연장이 곡선부 시작점의 접선이 되므로 크게 문제될 것이 없으나 노면에 차량이 진행 중 요마크를 발생한 경우에는 직선부 궤적이 동시에 발생되지 않은 경우가 대부분이므로 단독으로 발생된 요마크의 시작점에서의 접선을 찾기는 아주 힘들게 된다. 결국 단독으로 발생된 요마크의 곡선반경은 구간을 나누어 여러 번 단일 정규곡선반경을 측정하여 이용하는 것이 최선의 방법이 될 것이다.

ⓞ 위 2가지 방법으로 요마크의 곡선반경을 측정할 때 주의할 사항은 요마크는 특성상 요마크의 시점보다는 종점으로 갈수록 그 반경값이 작아지므로, 피타고라스정리를 응용한 곡선반경값이나 탄젠트 오프셋을 이용한 곡선반경값을 구하고자 할 때 차량이 요마크를 발생하기 시작할 때의 속도를 추정코자 한다면 요마크의 시점 부근에서 측정하는 것이 가장 바람직하다는 것이다.

사례 다음 사진에서와 같이 사고차량이 도로를 이탈하여 비탈진 언덕 아래 강 낮은 곳에 추락했을 때 언덕끝으로부터 강에 있는 사고차량까지의 거리는? **답** 5.2[m]

- 측정하고자 하는 우후륜 바퀴로부터 직각(90°)을 유지하는 언덕지점을 표시함(사진상 B지점)
- B지점으로부터 적당한 길이 20[m]를 줄자로 수평되게 재어 지점 D를 표시(각 지역 여건에 따라 길이를 달리함)
- 선 BD 간 중간지점, 즉 B지점으로부터 10[m] 되는 C점을 표시
- 점 D에서 언덕을 따라 직각(90°)을 이루는 선을 설정한 후 그 선상의 적당 지점에서 BD선상 10[m] 되는 중간점(C)과 측정지점 A를 연결하는 가상 연장선상 E지점 선택
- 점 D에서 E까지의 거리를 측정하니 5.2[m]임
- 즉, 언덕끝에서 강에 빠져있는 사고차량 우후륜까지는 5.2[m]가 됨

(4) 비정규곡선구간 측정

교통사고조사와 관련하여 요마크에 의한 비정규곡선이나 아주 복잡한 비정규곡선도로일 경우의 측정은 좌표법이나 삼각법에 의하여 측정하면 될 것이다(혹은 복합형 이용). 만약, 좌표법을 이용 시에는 도로의 직선부 연석선 및 도로끝선을 연장하여 짧은 구간(10[m] 미만)일 때는 약 1[m] 간격, 중간구간(10~30[m])에서는 2~3[m] 간격, 긴 구간(30[m] 이상)일 때는 약 5[m] 간격 등으로 기준선을 여러 점으로 나누어 그 점들을 반드시 표시한 다음 그 기준점들에서 각 수직선을 그어 각 측점까지의 거리를 측정하여 도면을 작성한다.

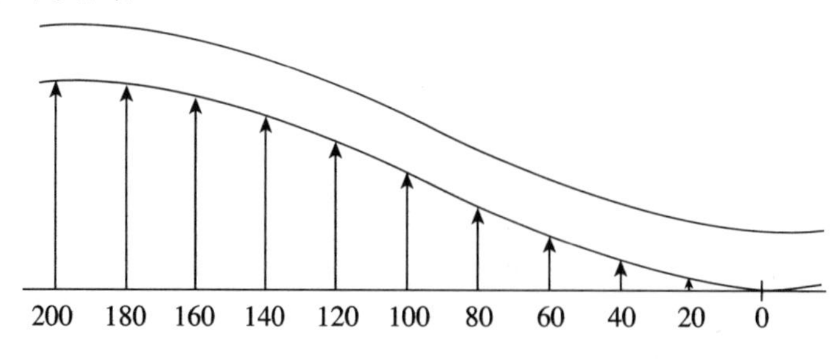

① 비정규곡선구간에서 기초선(Base Line)과 좌표법을 이용하여 커브구간을 측정하는 방법

㉠ 사고현장에서 도로형태와 비슷하게 스케치(Free-hand)로 나타냄

㉡ 커브의 시작점과 두 도로가 만나는 교차점을 기준점으로 설치

㉢ 도로의 형태에 따라 일직선의 가상 기초선(Base-line)을 설정하고 50[m]줄자를 가상 기초선을 따라 길게 연장시킴

㉣ 가상기초선을 일정간격으로 나눈 후 각 누적간격에 따른 비정규 곡선도로까지의 거리(Offset) 값들을 측정함

㉤ 도로폭 및 차로폭, 기타 필요사항을 측정함

이러한 가상기초선인 접선으로부터 커브의 Offset값을 이용하여 곡선반경을 계산하는 공식은

$y = \frac{x^2}{2R}$에서

$\therefore\ R = \frac{x^2}{2y}$ (기본공식)

여기서, R : 곡선반경

x : 시작점에서 측점까지의 거리

y : Offset값

※ 곡선반경 유도공식에서 x대신 $\frac{C}{2}$, y대신 M을 대입하여 정리 및 일부항목 삭제

사례 도로곡선 구간의 커브시작 지점에서 커브 원호에 접선을 그어서 각 일정 측점에서 도로 중앙선까지 거리를 측정한 바 아래 그림과 같을 때 그 곡선구간의 곡선반경은? **답** 500[m]

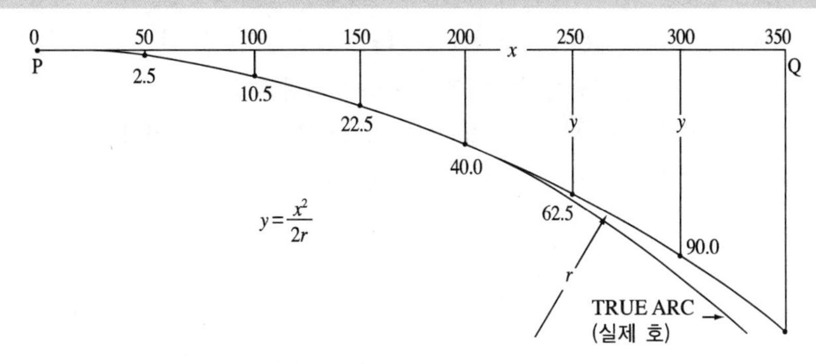

• 접선으로부터의 Offset값을 이용한 공식을 이용

$R = \frac{x^2}{2y}$

$x = 50,\ 100,\ 150,\ 200\cdots$

$y = 2.5,\ 10.0,\ 22.5,\ 40.0\cdots$ 대입

$$\therefore\ R_1 = \frac{(50)^2}{2\times 2.5} = \frac{2,500}{5} = 500[\mathrm{m}]$$

$$\therefore\ R_2 = \frac{(100)^2}{2\times 10} = \frac{10,000}{20} = 500[\mathrm{m}]$$

$$\therefore\ R_3 = \frac{(150)^2}{2\times 22.5} = \frac{22,500}{45} = 500[\mathrm{m}]$$

② 비정규곡선구간에서 기초선(Base Line)과 좌표법을 이용하여 커브구간을 측정하는 요령

㉠ 일직선상 도로경계석 혹은 그 가상연장선을 따라 일정 간격마다 곡선도로까지 수직거리를 매 간격마다 측정

㉡ 급커브, 합・분류지점 등은 측정간격을 좁게, 완만한 구간은 넓게 선정하며 도로형태 및 길이에 따라 간격을 1[m], 3[m], 5[m], 10[m], 20[m] 등 중에서 가변적으로 선택

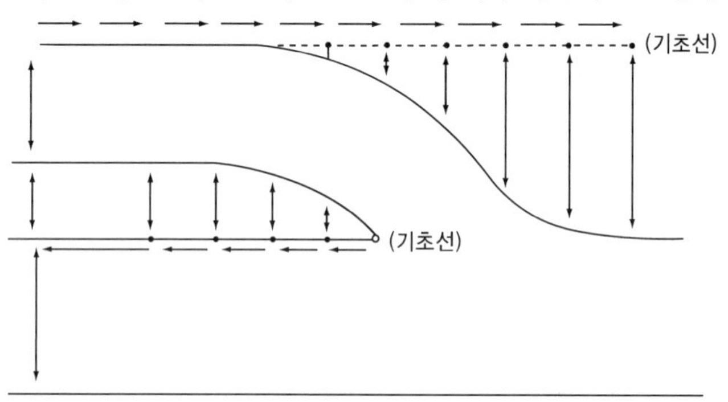

③ 복잡한 비정규곡선구간의 도로측정

㉠ 매우 복잡한 도로형태의 측정에서 3개의 빗변거리에 의한 삼각법을 이용하여 측정하면 편리하고 보다 정확한 축척도면을 확보할 수 있다.

㉡ 즉, 삼각법을 이용하여 복잡한 비정규곡선부를 측정하고자 할 경우는 곡선부의 길이를 감안하여 적당한 간격으로 세분하여 조사하고자 하는 도로에 측점을 설정하여야 한다. 심한 곡선부에서는 측점거리를 짧게 완만한 곡선부에서는 길게 거리를 잡아 각 측점 간 거리를 측정하면 되나 각 측점 간 각도는 약 30° 이상 유지되는 삼각형을 갖추도록 함이 좋다.

㉢ 삼각법에 의해 측정된 비정규곡선구간에 대한 도면작성을 할 때 컴퍼스를 이용해야 한다.

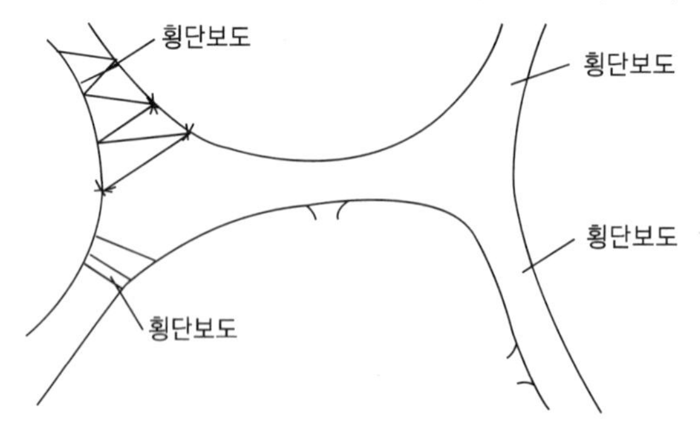

(5) 경사도(구배도)측정

① 교통사고와 관련 구배측정에는 횡단구배, 종단구배, 편구배 및 법면 경사도측정 등이 있다.

② 경사(구배)는 가파른 정도를 나타내는 것으로 반드시 백분율[%]로 나타낸다.

③ 경사도는 수평거리분의 수직거리로 계산된다. 단, 각도(° : Degree)로 산출되었다면 다음 각도와 경사도의 관계를 이용하여 백분율[%]로 나타낸다.

[각도와 그에 따른 구배값]

각(°)	수직/수평비	구배[%]	계산식
1	0.0175	1.75	경사도[%] $= \tan\theta \times 100$
2	0.0349	3.49	
3	0.0524	5.24	
4	0.0699	6.99	
5	0.0875	8.75	
6	0.1051	10.51	
7	0.1228	12.28	
8	0.1405	14.05	
9	0.1584	15.84	
10	0.1763	17.63	
45	1.0000	100.00	

3. 사고위치의 측정

(1) 측점수의 설정

① 1점의 측점을 필요로 하는 대상 : 주로 1[m] 이하의 작은 증거물의 측정 시

㉠ 사상자의 위치 : 허리를 중심으로 한 점 측정

㉡ 1[m] 이하 길이의 패인 자국, 긁힌 자국, 타이어 자국

㉢ 1[m] 이하 직경으로 패인 자국 : 패인 자국을 중심으로 한 점 측정

㉣ 도로상 고정물체와 사소한 충돌흔적(가로수 및 수목, 가로등, 승강장 등에 생긴 자국)

㉤ 소규모 파편물 및 1[m^2] 이하의 차량 액체 낙하물

㉥ 충돌로 인해 차량 본체와 분리된 각종 차량 부품

② 2점의 측점을 필요로 하는 대상

㉠ 사고차량 : 피해가 적은 동일 측면 2개 모서리를 측점으로 이용하거나 차량이 타이어 자국의 끝에 있을 경우에는 바퀴를 측점으로 한다.

㉡ 직선으로 길게 나타난 긴 타이어 자국 : 시작점과 끝점을 측점으로 한다.

㉢ 1[m] 이상 길게 나타난 노면상의 파인 흔적(Groove) : 양끝을 측정점으로 이용

㉣ 길게 비벼지거나 파손된 가드레일

㉤ 길게 뿌려진 파편 흔적 및 차량용 액체 자국

※ 주로 1[m] 이상의 길게 나타난 자국의 시작점과 끝점에 하나씩 나타내야 하므로 2점이 필요하다.

③ 3점 이상의 측점을 필요로 하는 대상

㉠ 곡선으로 나타난 타이어 자국(특히 요마크) : 발생 길이나 굽은 정도에 따라 1[m], 3[m], 5[m] 간격으로 측점을 설정하여 자국의 시점, 종점뿐만 아니라 노면표시(중앙선, 차로경계선, 노측선)와 교차하는 점을 측점으로 한다.

㉡ 직선으로 길게 나타나다가 마지막 부분에 휘어지거나 변형이 있는 타이어 자국 : 휘어지는 지점이 갑자기 변하는 지점에 측점을 설정한다.

㉢ 파편이 집중적으로 떨어진 지역 : 파편을 중심으로 외곽선을 긋고 그 외곽선의 굴절 부분을 측점으로 한다.

㉣ 낙하물 지역 : 낙하물의 형태에 따라 적정수의 측점을 설정한다.

※ 3점은 대부분 직선에서 휘어지거나 일정 면적을 나타낼 때 주로 사용된다.

(2) 기준점 설정

① 기준점 설정의 개념

㉠ 측정 대상과 측점 수가 설정되면 물리적 흔적의 위치를 표시하기 위해서 우선 측정의 기준점(RP)이나 기준선(RL)을 설정하여야 한다.

㉡ 기준점은 일반적으로 변경가능성이 없는 고정대상물로 정하는데, 예를 들면 전신주나 신호 등기둥 등 간단히 움직일 수 없는 것으로 하는 것이 좋다.

㉢ 기준점을 설정한 후에는 기준점으로부터 각 흔적위치까지의 거리를 측정한다.

② 기준점의 종류

㉠ 고정기준점(접촉가능기준점)

- 의의 : 기존의 고정도로시설로서 손쉽게 접근(접촉)할 수 있으며, 가장자리가 불규칙하거나 진흙이나 눈 등으로 덮혀 노측선이 불분명할 때 주로 삼각측정법에서 기준점으로 많이 활용된다.
- 고정기준점으로 활용할 수 있는 대상 : 가로등, 전신주, 안내표지판 및 각종 표지판 지주, 신호등 지주, 소화전, 건물의 모서리, 교량과 고가도로 및 지하차도의 입·출구에 설치되어 있는 입석 등(수목은 여타 이용할 만한 기준점이 없을 때 사용한다)을 들 수 있다.

㉡ 반(준)고정기준점(일부 접촉가능기준점)

- 의의 : 차도 가장자리나 연석 또는 보도 위에 표시한 마크를 뜻한다. 즉, 도로 가장자리나 경계 또는 보도 위에 표시하거나 기존의 영구적인 표지물과 관련해서 설정하는 것으로 포장도로상 교차점과 교차로 사이 구간에서 주로 활용된다.
- 반고정기준점으로 활용할 수 있는 대상 : 각종 지주·교량의 양단·건물모서리·우체함과 바로 마주보는 지점이나, 하수 배출구, 포장면 이음새 등에 크레용, 스프레이페인트, 분필 또는 금속핀 등으로 표시한다.

㉢ 비고정기준점(접촉불가능기준점)

- 의의 : 교차로 등에서와 같이 2개의 차도 가장자리선이 만나는 점(곡선으로 연결되는 부분이 짧은 경우) 등의 차도상에 표시한 기준점을 말한다.
- 대상 : 대부분 교차로의 모서리에서와 같이 2개의 차도 가장자리선을 연장하여 서로 교차하는 점을 선택하여 도로상에 크레용, 분필, 스프레이페인트 등으로 표시한다.

※ 대체로 고정기준점은 삼각측정법에 알맞고 나머지는 평면좌표법에 적절하다.

(3) 특정지점의 확정

사고지점 등 특정지점을 확정하기 위해서는 2점방식(2개소)과 3점방식(3개소)가 있다.

① 2점방식(2개소)

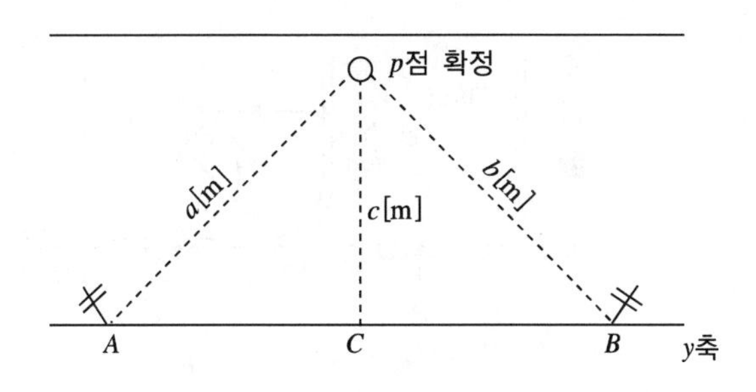

② 3점방식(3개소)

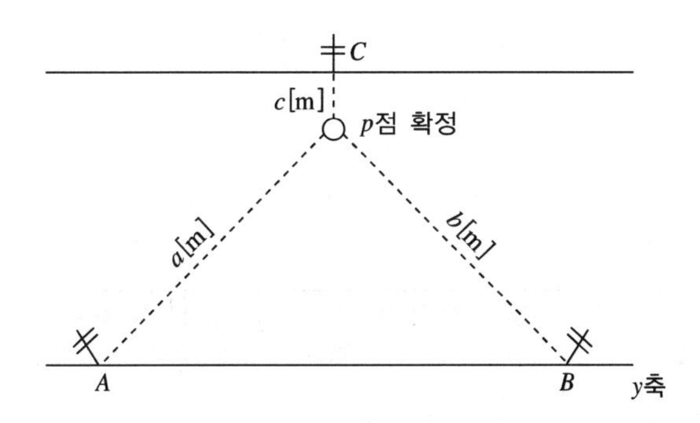

(4) 위치측정법

① 개 념

㉠ 측점들이 설정되었으면 이들의 위치를 나타내는 측정방법을 결정해야 한다.

㉡ 측점이 몇 개가 설정되든 간에 1개의 측점은 반드시 2개의 기준점으로부터 거리가 측정되어 표시되어야 한다.

㉢ 기준점 및 기준선으로부터 조사・분석에 측점까지의 위치측정을 위해서는 반드시 거리측정을 필요로 한다.

㉣ 거리측정에는 좌표법과 삼각법 등 2가지가 있으나, 일반적으로 삼각법은 고정기준점을 이용하고 좌표법은 반고정 및 비고정기준점을 이용한다.

② **평면좌표법**

㉠ 기준선(도로끝선, 연장선 등)으로부터 조사 분석에 필요한 측점까지의 최단거리(직선거리)를 측정한다.

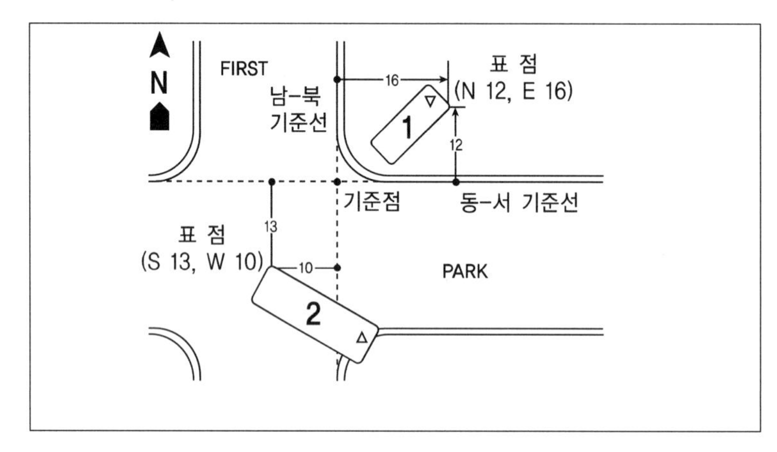

[기준선을 연장하여 직각거리를 측정하는 경우]

㉡ 장단점

장 점	최단거리를 측정하기 때문에 소요시간의 단축 및 측정에 의한 소통장애를 최소화하며 간단하게 자 하나만으로 도면을 작성할 수 있다(삼각측정법에서는 컴퍼스를 사용해야만 약도를 제대로 작성할 수 있다).
단 점	기준선과 측점 간 직각선을 그을 수 없는 경우는 기준선을 연장하여 직각거리를 측정하면 되나 이는 정확성이 떨어진다.

㉢ 도로의 구조가 직각이 아닌 경우에는 도로 경계석선 및 도로 끝선의 연장을 기준선으로 이용하여 측점까지의 직각거리를 측정하면 된다.

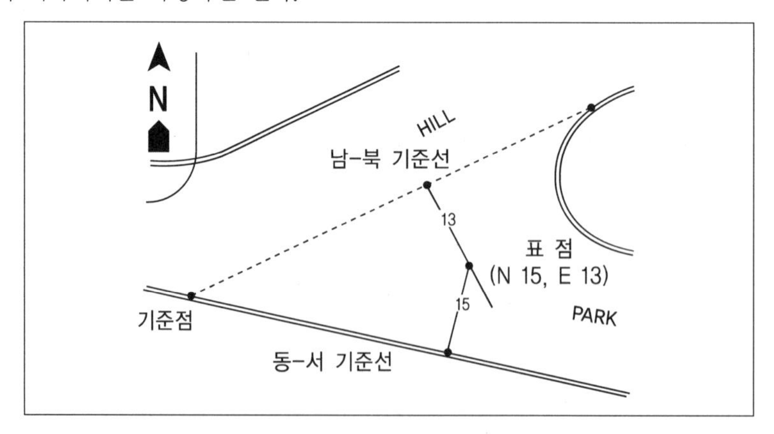

[기준선이 직각이 아닌 경우 도로끝선을 연장선으로 이용한 경우]

㉣ 평면좌표법에서는 기준선이 2개가 필요하다. 1개는 차도 가장자리선을 활용하고 나머지 1개는 가상기준선(남북방향)을 설정, 활용할 수도 있다(기준선으로 이용할 만한 실제 선(차도 가장자리선, 중앙선 등)이 없을 때).

㉤ 가장기준선을 설정하는 방식은 차도 가장자리선 근처의 적절한 고정대상물(전주, 각종 지주, 배수로입·출구)을 확인하고, 대상과 차도 가장자리선이 직각으로 교차되는 지점을 기준점으로 삼고, 이 기준점에서 차도 가장자리선과 직각으로 차도를 가로지르는 선을 가상기준선으로 삼으면 된다.

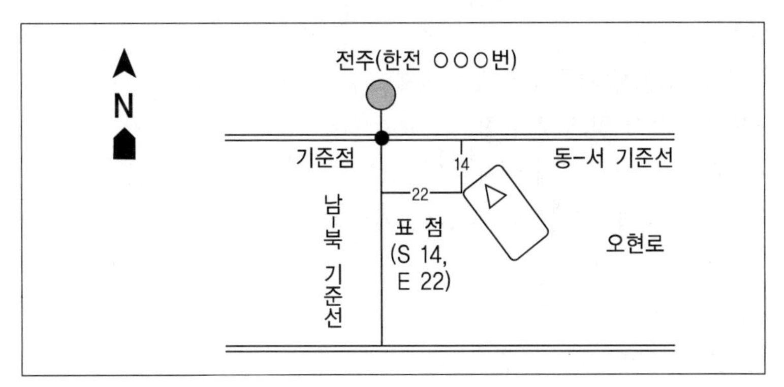

③ **삼각측정법**(Tri-angulation)

㉠ 삼각측정법의 측정원리는 두 기준점과 각종 측정점이 삼각형을 형성하도록 하고 그 거리를 측정하는 것이다.

㉡ 기준점의 위치는 각도가 적은 너무 납작한 형태의 삼각형이 생기지 않도록 해야 정확한 측정을 할 수 있다.

㉢ 도면상에 표시할 때는 측정점에서 두 측정점까지의 거리를 각각 측정하고, 이 거리를 축척에 맞추어 자와 컴퍼스를 이용하여 도면에 옮겨 그린다.

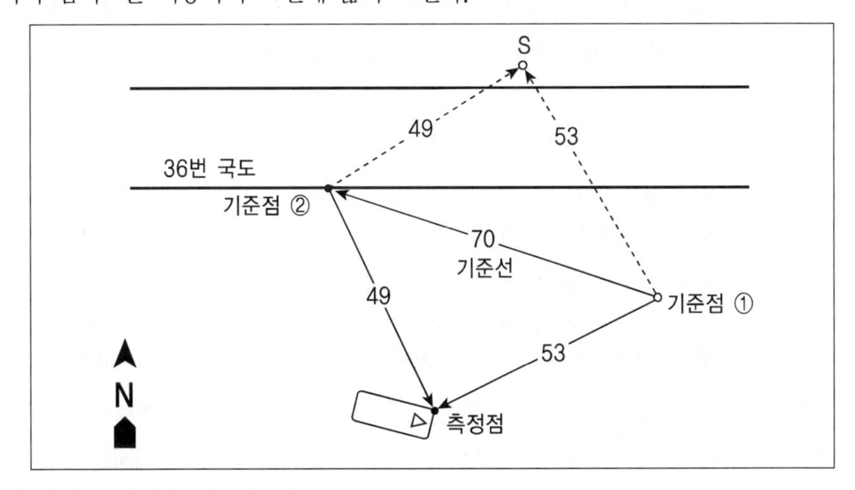

㉣ 삼각측정법이 편리한 경우의 예

- 도로 경계석선 및 도로 끝선이 명확하지 않은 경우
- 측점이 기준선 혹은 도로 끝선으로부터 10[m] 이상 벗어난 경우
- 로터리형 교차로와 같이 교차로의 기하구조가 불규칙하여 직각선을 긋기 어려울 정도로 불규칙할 때

• 비포장도로이거나 도로가 눈에 덮여 차도 가장자리선(도로 끝선)이 불분명할 때
• 측점이 늪지나 숲속에 위치한 경우

㉤ 삼각측정법에서는 2개의 기준점을 이용한다. 기준점은 고정시설물을 대상으로 하나 적절한 대상이 없을 경우는 적어도 1개는 고정시설을 이용하고 그 외 기준점은 첫 번째 기준점을 중심으로 설정할 수 있다.

㉥ 삼각측정법에서 기준점이 되는 물체
• 도로 경계석 및 도로 끝점
• 신호등 및 각종 표지의 지주
• 우체통, 소화전, 전신주, 체신주, 가로등
• 각종 기둥과 모서리
• 교량 또는 건물의 모서리
• 노면시설물인 배수, 맨홀, 측구

4. 현장스케치 및 도면 작성요령

(1) 현장스케치

① 현장스케치의 의의

㉠ 사고결과의 위치를 나타내는 측정기록이다.

㉡ 측정기록은 측정만큼이나 중요하다. 단, 좁은 지면 속에 너무 복잡하게 측정결과를 기록할 필요는 없으며, 기록해야 할 사항이 많을 때는 번호를 매긴다.

② 현장스케치 요령

㉠ 현장스케치 용지상에 손으로 개략적인 도로배치상태를 그린다.

㉡ 용지 한쪽 모퉁이에 방향을 나타내기 위해서 화살표 등으로 북쪽을 표시한다.

㉢ 관련 차량의 최종위치를 그리고, 각 차량의 전면을 화살표 등으로 나타낸다.

㉣ 노상이나 노변의 관련 타이어마크와 기타 흔적을 그린다.

※ 타이어 자국이나 노면마찰흔적 등 궤적이 크고 복잡하게 나타난 흔적의 경우에는 상세 스케치를 작성하고 여러 개의 측정점을 선정해 측정함으로써 보다 상세한 곡선이나 각도를 구할 수 있도록 해야 한다.

㉤ 현장에 설정한 표점과 스케치상의 표점을 확인한다(개개의 차량에 대해서 2개의 표점, 각 타이어마크에 대해서는 1개의 표점, 분포범위가 넓은 낙하물 지역에 대해서는 3개 이상의 표점 등).

㉥ 평면좌표법, 삼각측정법 또는 양자의 병용법(결합법) 중 어느 방법을 이용할 것인지 결정한다.

※ 표준적인 차도 및 차도 가장자리선으로부터 10[m] 이내의 표점에 대해서는 평면좌표법을 이용하고, 불규칙적인 차도 및 차도 가장자리선으로부터 10[m] 이상되는 일부 표점에 대해서는 삼각측정법을 이용하는 것이 좋다. 또 평면좌표법 이용 시에는 적어도 1개의 기준점, 삼각측정법을 이용할 때는 최소 2개의 기준점을 설정한다.

㉦ 개개의 기준점의 특징을 간략하게 기술하고, 주요지점 간에 점검측정을 한다.

ⓞ 측정한 지점(기준점, 표점)에 대해서 측정・기록하고, 필요시 도로상에 스프레이페인트나 크레용 등으로 측정할 지점을 표시한다.

ⓩ 관련 차량(예 차량 1 – 승용차 2, 차량 2 – 화물차 등) 및 차도 폭을 측정・기록하고 도로명을 기재한다. 필요시 주변에 있는 기존의 주요 표지물에 대한 방향과 표지물의 거리를 기록한다.

ⓧ 기본스케치 이외에 별지에 Gouge, Scrub, Debris 등에 관한 내역을 기록한다.

ⓚ 사고발생일시, 스케치상에 측정일시 및 측정자의 성명을 기재한다.

중요 CHECK

측정의 구체적 기술

사고형태를 고려하여 측정・기술한다.

- 중앙선침범사고의 경우에는 중앙선을 기준선으로 정해 각종 물리적 흔적의 위치관계를 측정한다.
- 진로변경사고의 경우에는 차로경계선을 기준하여 측정하는 것이 필요하다.
- 선진입 여부를 규명하기 위한 교차로사고의 경우에는 각 진행방향의 정지선으로부터의 진입거리나 위치관계가 중요하다.

(2) 도면 작성요령

사고현장에 대한 상황을 그대로 측정하여 축척 도면으로 옮기고, 그것을 차량의 손상상태에 따른 충돌 시 자세와 도로상에 나타난 여러 물리적 흔적의 위치, 궤적과 비교・검토하는 작업은 사고조사의 기본과정이다.

① 사고실황도면에 사고현장의 도로구조를 축척에 의해 표기하고 방위표 및 축척비율을 표기한다.

② 각도별 방향 및 지명, 도로 폭, 차로 폭, 길가장자리 폭 및 필요한 도로 제원을 기록하고 도로주변 여건 및 랜드마크(Land Mark)를 표기한다.

③ 기준선 및 기준점을 정하고 상호 간 간격을 나타낸다.

④ 사고 관련 차량 및 사람들의 최초 충돌예상위치, 최종 정지위치를 표시한다.

⑤ 각 위치 간 직선거리를 표시하며 차량의 전면부, 오토바이 및 인체의 방향을 표시한다(가능한 한 중앙선, 차로경계선 및 길가장자리 노면표시선 등으로부터 거리를 표기한다).

⑥ 노면상에 발생된 각종 차륜 흔적 등을 축척에 의해 정확히 나타낸다.

⑦ 차륜 흔적이 사고차량의 차륜 흔적과 일치하는지를 먼저 판단한 후 차륜 흔적이 제동 시, 충돌 시 및 충돌 후 이동과정에서 발생되는지의 여부 등을 도면에 정확하게 작성한다.

⑧ 중앙선 및 차로경계선과 이격거리, 간격, 길이, 폭 등의 차륜 흔적과 비스듬한 각도를 진행한 경우, 진행각도 및 진행방향, 비틀어진 양 등을 정확하게 나타낸다.

⑨ 노면 긁힌 자국 및 패인 자국은 시・종점, 진행방향 및 각도, 자국의 간격, 길이, 폭 등을 도면에 표시한다.

⑩ 충돌로 인한 차량 액체잔존물, 파손품 등의 위치, 거리를 표기한다.

(3) 교통사고 조사용 자

① 용 도

㉠ 교통사고 현장의 차량

㉡ 주차장

㉢ 차고 등의 위치 표시

㉣ 제동 및 활주거리의 추정

㉤ 활주 거리에 의한 속도의 계산

㉥ 시속과 초속의 환산

㉦ 도로의 곡선(각도)

㉧ 경사도 등을 그리거나 측량하는 데 사용

② 축척표시

㉠ 자의 양쪽 곧은 면은 선을 그릴 때 사용하며, 여기에 표시된 눈금에는 일반자[cm]의 눈금도 있다.

㉡ 축척은 1/100, 1/150, 1/200, 1/300, 1/400, 1/600으로 그림을 그릴 수 있다. 특히, 1/200, 1/400 축척에 맞는 자동차를 그릴 수 있도록 모형이 뚫려 있다.

㉢ 1/400 축척으로 그릴 경우에는 작은 자동차 모형을 이용하고, 1/200 축척으로 그릴 때에는 큰 자동차 모형을 이용하면 전차륜까지 그릴 수 있다. 만일 보다 정확한 자동차 그림이 필요한 때에는 그 자동차의 제원표에 의하여 축척에 맞는 크기를 측정하여 그려야 한다.

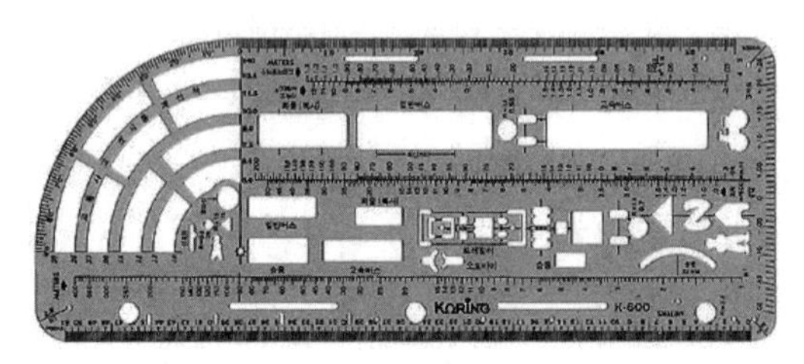

[교통사고 조사용 자]

③ 각도표시

㉠ 자의 한쪽 모서리에는 90°의 눈금이 표시되어 있어 각도를 표시할 수 있다.

㉡ 도로의 중앙선이나 곡선부분과 자동차의 각도를 재거나 그리는 데 아주 유용하다.

㉢ 각도를 표시하려면 각도를 이루는 한 변이 될 직선을 긋고, 그 선상에서 각도의 정점 또는 각도기의 중심이 될 지점을 찾아 맞추어 그린다.

④ 원, 호 그리기

㉠ 교통사고 조사용 자를 이용하면 컴퍼스 없이도 원이나 호를 다 그릴 수 있다. 특히, 호는 입체로를 그리거나 회전 중에 발생한 교통사고를 그리는 데도 매우 편리하다.

㉡ 자에 있는 여러 가지의 커브형이나, 원형 모형은 각도기에 표시되어 있는 1/200, 1/400 축척을 이용하면 된다.

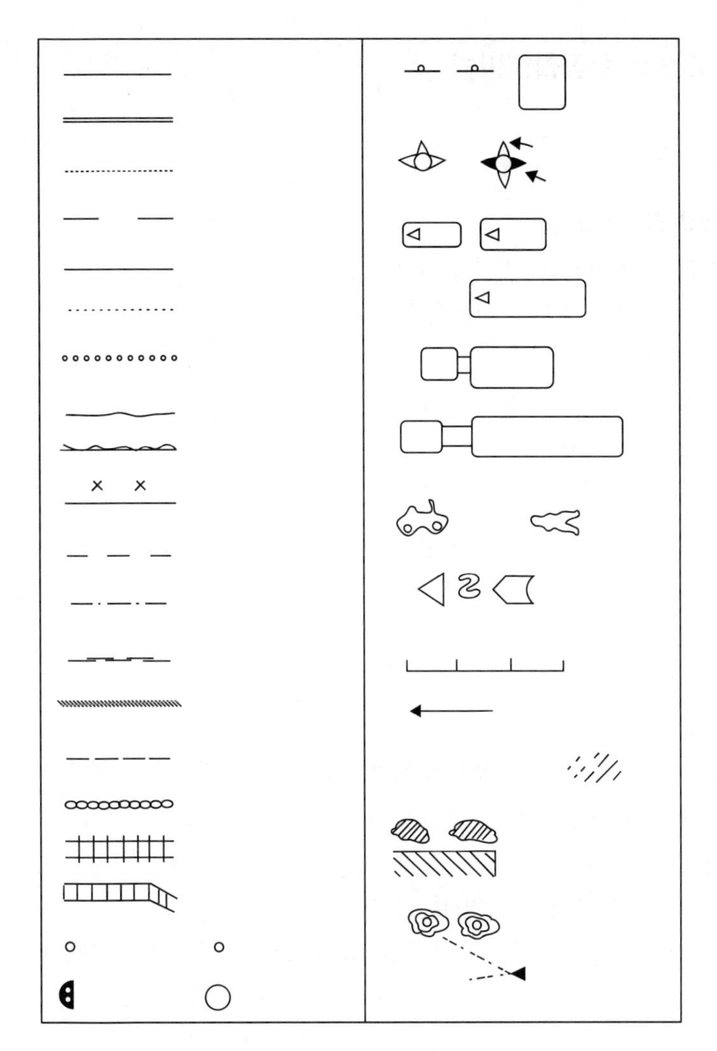

[교통사고 도면에 사용되는 각종 기호]

제5절 사고현장 사진촬영방법

1. 사진촬영의 개요

(1) 사고현장 사진촬영의 필요성

① 교통사고 분석 시 사고현장기억의 단서가 된다.

② 현장조사분석의 기본 자료로 활용된다.

③ 법적 증거자료이다.

④ 항구적 보관능력과 증거가 불변성이다.

⑤ 가장 용이한 증거보전방법이다.

⑥ 사고상황의 진실성을 증명하는 데 용이하다.

⑦ 사고조사 시 흥분과 혼잡으로 누락된 사항을 기록할 수 있다.

⑧ 자신이 관찰한 사항을 기억하기가 용이하고 타인에게 쉽게 사고의 상황설명을 할 때도 좋은 자료로 활용할 수 있다.

(2) 사진촬영의 시기

① 원칙적으로는 사고현장에 어떤 변화가 일어나기 전에 촬영하는 것이 바람직하다. 즉, 시간이 경과함에 따라 상황이 변하여 그 사진이 진실을 빠뜨리는 경우가 있으므로 사고현장에 도착한 즉시 촬영을 하여야 한다.

② 기회를 놓치지 않고 사진을 촬영하는 요령

㉠ 촬영은 상황 긴급성에 따르고 오래 보존되지 않는 증거를 먼저 촬영한다.

㉡ 일단 촬영을 시작했다고 해서 전체 촬영대상을 한 번에 계속적으로 촬영할 필요는 없다.

㉢ 가급적 사고현장에서 많이 촬영하고 야간사고일 경우, 일부 사진은 다음날 다시 와서 찍는다.

㉣ 일부 대상에 대해서는 촬영을 연기할 필요가 있을 수 있고, 그것이 바람직할 때도 있다.

㉤ 일기조건 등에 따라서는 맨 나중에 찍는 것이 좋을 수 있다.

㉥ 현장사정으로 파손된 차량의 사진촬영을 뒤로 미루는 것이 바람직한 경우도 있다.

중요 CHECK

사진의 한계성

- 사진촬영은 교통사고를 조사하는 데 있어서 보조수단이지 대체수단은 아니므로 제반측정을 대체해서는 안 된다.
- 사진촬영으로 사고에 대한 조사자의 서면기록을 대체할 수 없다.
- 사진촬영은 사고에 대한 조사자의 서면기록을 뒷받침하는 데 있어야 한다.

(3) 사진촬영의 대상

① 도로상황

㉠ 운전자 시야 및 시야 장애물(특히, 시간이 경과함에 따라 변하는 것)

㉡ 안개, 매연 등과 같은 시계조건

㉢ 사고지점 도로의 기하구조 및 교통제어 시설물의 위치와 상태

㉣ 적설, 강우, 비정상적인 노면상태 등과 같은 노면조건

② 노상의 교통사고결과

㉠ 타이어 자국(길이, 너비 및 여타 물리적 특성과 도로와의 관련성에 주안점을 두고 촬영)

㉡ 노면상의 흔적(패인 자국, 충돌자국, 스키드마크상 불규칙적인 형태 등)

㉢ 파손된 고정대상물, 도로의 낙하물, 이탈된 차량부속품 등

③ 관련 차량의 교통사고결과

㉠ 차량의 최종위치, 차량의 자세

㉡ 사고차량의 직・간접 파손상태, 마찰흔적

㉢ 파손된 등화, 타이어, 차량 내외의 핏자국 등

2. 대상별 촬영기법

(1) 도로의 기하구조

① 사고 전 차량이 진행한 방향으로부터 도로 전체의 전경을 촬영한다.

② 사고지점을 향하여 접근하며 촬영한다.

③ 고공에서 촬영하면 사고현장 도로의 기하구조를 한눈에 파악할 수 있다.

④ 원거리 촬영 시 특정지점을 강조하고자 할 경우 막대를 세워 표시한다.

⑤ 도로의 경사는 전주나 건물 등과 비교하여 경사가 확인되도록 촬영한다.

(2) 도로상태 및 도로조건의 촬영

① 사고당시 운전자의 인지상황을 나타내기 위하여 촬영하는 경우에는 카메라를 운전자의 눈높이에 두고 촬영한다.

② 거울, 수목 등과 같은 시계장애물은 당해 운전자의 위치에서 촬영함으로써 사고 당시 운전자의 시계를 나타낼 수 있다.

③ 야간사고인 경우 촬영대상(예를 들면, 야간사고에 있어서의 보행자)에 대한 대략적인 가시도를 사진으로 나타낼 수 있다.

④ 사고현장에 대해서 항공촬영이 이루어질 수 있으나, 이는 보도용 사진을 제외하고 기록으로서는 전혀 실용성이 없다.

⑤ 도로의 조건들은 가급적 신속하게 촬영하는 것이 바람직하다. 왜냐하면 안개 등은 금새 사라질 수도 있기 때문이다.

⑥ 도로조건과 관련하여 촬영의 대상은 눈이나 얼음덩어리, 패인 구멍이나 기타 포장면상 이상부위, 도로 정비나 도로 공사가 시행되는 경우 공사내용, 차단장치, 노면표시 등과 같은 교통제어시설이 있다.

[사고현장 도로 환경 촬영 예]

사진출처 : 도로교통관리공단 교통사고조사매뉴얼

(3) 자동차와 사상자 등의 최종위치

① 상대적인 자동차의 최종위치, 사상자 및 노상 흔적 등을 나타낼 수 있는 사진을 촬영해야 한다.

② 고속도로 등지에서의 사고인 경우, 낙하물, 사고자동차 등이 150[m] 이상의 구간에 전개되어 있을 수도 있다. 이러한 경우에는 최소전경을 나타낼 수 있도록 한다.

③ 노상의 모든 흔적에 대해 추가적인 사진을 찍어야 한다. 추가적인 사진에 의해서 차량의 사진 한 장으로 나타낼 수 없는 세부사항을 나타낼 수 있다.

④ 야간사고인 경우, 전체 배경 속 자동차 위치나 여타 흔적을 촬영하고자 하면 여러 개의 플래시 사용이 필요하며, 이는 전문적인 기법이 요구된다.

⑤ 자동차의 위치를 남-북방향, 연석선과 관련된 사진으로 나타내려고 할 경우에는 카메라의 시선을 연석선과 평행으로 두고 촬영하는 것이 바람직하다.

(4) 운전자 시야 및 차량 자세

① 사고 관련 차량의 운전자 관점에서의 시야 상태를 촬영한다.

② 운전자의 시야 상태 조사 시 운전자가 사고차량 운전석에 탑승한 상태를 생각하며 촬영한다.

③ 운전자의 인지상황을 나타내기 위하여 광각렌즈를 사용하는 경우가 있으며, 그럴 경우에는 반드시 부기해 두도록 한다.

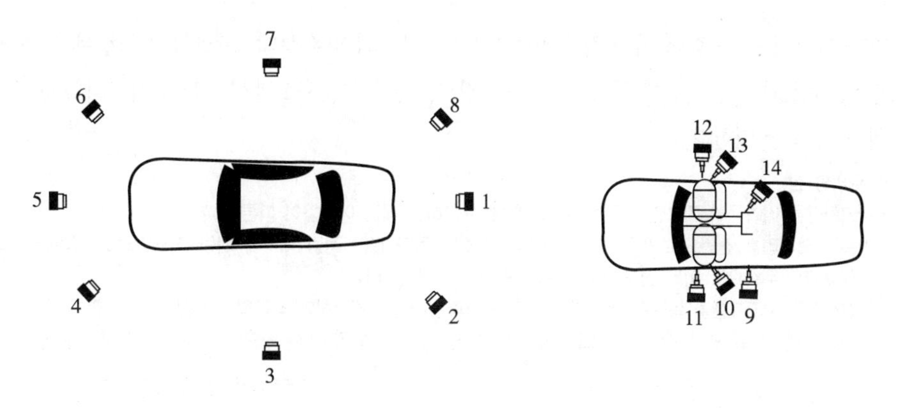

[사고차량 외부 및 내부 촬영방법]

(5) 노면 흔적

① 노면 흔적은 도로의 종 방향, 직각 방향으로 기본 촬영한다.

② 희미한 흔적, 유류흔, 훼손되기 쉬운 파편물 등을 우선 촬영한다.

③ 희미한 타이어 흔적 등은 흔적 발생 방향에서 자세를 낮추고 촬영한다.

④ 거리가 나타나도록 흔적의 옆에 줄자를 펴놓고 촬영한다.

⑤ 타이어 자국의 촬영

㉠ 한 장의 사진으로 타이어 자국의 전체 길이를 나타낼 수 있도록 한다.

㉡ 타이어 자국이 너무 긴 경우에는 고정대상물, 자동차, 낙하물 등에 대한 타이어 자국의 상대적인 위치를 잘 나타내도록 연속사진을 찍어두는 것이 바람직하다.

㉢ 많은 경우 타이어마크의 사진 속에 스키드마크의 리브(Rib)형태, 타이어가 미끄러질 때 스며나온 아스팔트 흔적 등을 나타내는 것이 필요하다.

㉣ 대체적으로 카메라의 거리는 1~2[m]이면 적당하다.

㉤ 바퀴자국은 진행방향으로 촬영하는 것이 최상이며, 전체 모습을 촬영하도록 한다.

⑥ **패인 흔적, 긁힌 흔적의 촬영** : 상대적인 위치를 쉽사리 판정할 수 있도록 촬영해야 한다. 따라서 고정대상물, 자동차의 최종위치, 분리된 자동차부위 등과 관련해서 흔적의 위치를 나타내는 것이 바람직하다.

(6) 차량 파손상태

① 차량 파손 유무에 관계없이 사고차량을 사진촬영해 두는 것이 좋다.

② 차량의 정면, 정후면, 정측면 등 4방향에서 촬영한다.

③ 가능한 앞뒤 번호판이 선명하게 촬영한다.

④ 파손 특성이 가장 잘 나타나는 방향에서 프로필 사진을 촬영한다.

⑤ 고공에서 촬영된 차량사진은 파손의 정합성 파악이 용이하고 충격자세를 찾는 데 유용하다.

⑥ 사고로 이탈한 범퍼, 문짝, 전조등 등에 사고 관련 흔적이 있을 경우 원래 위치에 대고 촬영한다.

⑦ 기타 차량이 충돌 후 정지한 장소 및 그 자세, 차량의 파손상태, 도로상의 차량에 의한 낙하물 또는 흔적, 충돌되기 전·후에 차량이 진행한 경로, 운전자가 사고발생지점에 접근하였을 때의 가시거리 위치 등을 촬영한다.

※ 주의할 점

- 사고차량을 비스듬히 찍으면 사진을 사고재현에 활용하는 데는 어려움이 따른다.
- 파손된 모서리를 전면으로 찍은 경우, 바퀴나 전조등 등과 같은 차량 내부가 차량 직후방으로 얼마나 밀려들어 갔는지, 그리고 좌·우측으로 어느 정도 밀려났는지 판단하기가 어렵다.
- 통상적으로 사고재현을 목표로 한 경우 4장의 차량파손사진의 필요하며 각각의 사진은 차량의 한 면을 다 나타내야 한다.
- 파손이 심한 경우, 면에 직각방향으로 찍을 경우 파손 정도가 왜곡될 수 있으므로 차량의 경심축을 잘 잡아야 한다.

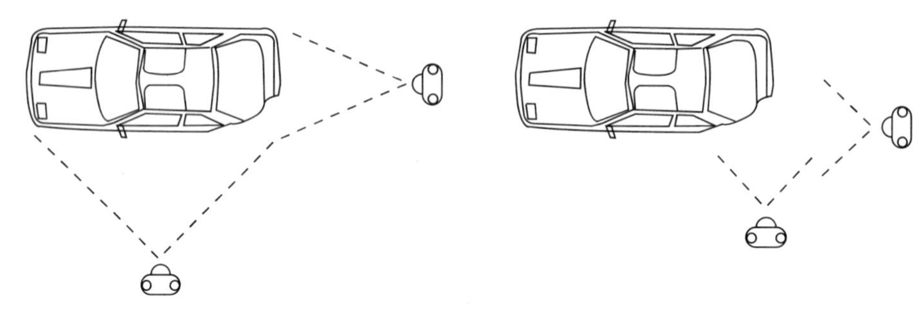

[사고차량 파손면 촬영방법]

(7) 인체의 상해상태

① 사상자의 멍든 형태, 긁힘, 혈액의 유출부위 등 외상을 가해물체의 특징과 형상을 생각하며 조사 촬영한다.

② 차 대 보행자 사고에 있어, 경골의 골절 높이가 차량 진행 상태 규명의 실마리가 될 수 있다.

③ X-ray 사진을 통해 무릎관절과 발목관절로부터 골절부분까지의 거리를 확인하고 부상이 없는 다른 다리에 이 지점을 표시하고 줄자를 옆에 세우고 이를 사진에 담는다.

(8) 기타 사고 관련 사항

① 직접적인 사고와 관련이 없이 견인, 구조과정에서 차량 및 노면에 흔적이 발생하는 경우는 그 상황을 촬영해 둔다.

② 구난과정에서 견인차량이 사고차량을 끌고 급격히 선회하는 경우 발생하는 타이어 흔적, 대형차량을 견인하기 위하여 구동 차축을 분리하며 노면에 기어오일과 그리스가 흐르면서 새로운 액체흔을 만들거나 사고 관련 흔적을 훼손시키는 경우에 이를 입증할 수 있는 자료를 사진으로 촬영해 둔다.

③ 목격자가 있으면 목격자의 위치에서 목격대상을 촬영하여 목격이 가능한지를 증명하고, 사고 전 운전자의 관점에서 안전시설이나 교통신호가 식별 가능한지도 사진촬영을 통하여 확보해둔다.

(9) 고의사고의 유형과 촬영 주안점

① 추락사고의 경우 추락지점의 흔적, 추락과정 및 경로를 추정할 수 있는 수목의 눌림이나 경사면 상의 흔적, 추락 상태(차량의 방향) 등을 촬영한다.

② 차량 내부에서는 운전석은 얼마나 앞으로 당겨져 있는지, 룸미러나 사이드미러는 운전자의 입장에서 볼 때 조정이 된 상태인지 등 운전자의 탑승 여부를 확인할 수 있는 차량 실내의 증거를 촬영한다.

③ 조향 핸들 및 운전장치 스위치나 기어의 위치상태는 어떠한지, 혈액은 어디에 어떤 형상으로 묻어있는지 등 사고 전 차량의 운행상태를 추정할 수 있는 실내의 증거를 채집 촬영한다.

④ 사고 직후 운전자나 탑승자는 어떻게 차량으로부터 빠져 나왔는지, 발자국 등은 차량 주변에 남아있지 않은지, 차량 주변 정황을 폭넓게 사진에 담는다.

CHAPTER 01

적중예상문제

01 다음 중 도로법상 도로에 속하지 않는 것은?

㉮ 고속국도
㉯ 일반국도
㉰ 지방도
㉱ 도시고속도로

해설 **법령(「도로법」)에 의한 도로의 분류**
도로란 차도, 보도(步道), 자전거도로, 측도(側道), 터널, 교량, 육교 등 대통령령으로 정하는 시설로 구성된 것(고속국도, 일반국도, 특별시도·광역시도, 지방도, 시도, 군도, 구도)을 말하며, 도로의 부속물을 포함한다.

02 사고 조사자가 사고의 원인을 찾아내기 위한 가장 좋은 방법은?

㉮ 목격자 인터뷰
㉯ 사고현장 답사(차량, 당사자 조사)
㉰ 주변 사고목격자
㉱ 탑승자

해설 교통사고의 원인을 찾아내는 가장 좋은 방법은 사고현장을 답사하여 도로의 각종 타이어자국, 노면의 패인 흔적, 잔존물 등과 두 차량의 접촉된 파손 흔적과 사고 당사자를 조사하는 것이다.

03 도로의 성립요건으로 적당하지 않은 것은?

㉮ 형태성
㉯ 이용성
㉰ 폐쇄성
㉱ 교통경찰권

해설 **도로의 성립요건**
- 형태성 : 차선의 설치, 포장, 노면의 균일성 유지 등 자동차, 기타 운송수단의 통행이 가능한 형태를 구비한 경우
- 이용성 : 사람의 왕복, 화물의 수송, 자동차 운행 등 공중의 교통영역으로 이용되고 있는 경우
- 공개성 : 공중의 교통에 이용되고 있고 불특정 다수인 및 예상할 수 없을 정도로 바뀌는 숫자의 사람을 위하여 이용이 허용되고 실제 이용되고 있는 경우
- 교통경찰권 : 공공의 안전과 질서유지를 위하여 교통경찰권이 발동될 수 있는 경우

정답 1 ㉱ 2 ㉯ 3 ㉰

04 도로의 구조 · 시설 기준에 관한 규칙상 지방지역도로에 대한 다음 설명 중 틀린 것은?

㉮ 고속도로 – 전국 도로망의 주골격을 형성하는 주요도로로서, 인구 50,000명 이상의 주요도시를 연결하며 통행의 길이가 비교적 길며 통행밀도가 높은 도로

㉯ 국지도로 – 군 내부의 주거단위에 접근하기 위한 도로로서, 통행거리가 짧고 기능상 최하위의 도로

㉰ 보조간선도로 – 지역 도로망의 골격을 형성하는 도로로서, 주간선도로를 보완하거나 군 상호 간의 주요지점을 연결하는 도로

㉱ 집산도로 – 군 내부의 주요지점을 연결하는 도로로서, 군 내부의 주거단위에서 발생하는 교통량을 흡수하여 간선도로에 연결시키는 도로

해설 ㉮는 주간선도로에 대한 설명이다.

고속도로

지방지역에 존재하는 자동차전용도로, 대량의 교통을 빠른 시간 내에 안전하고 효율적으로 이동시키기 위한 기능이 있다.

05 다음 중 도로의 구조 · 시설 기준에 관한 규칙상 도시지역도로를 설명한 것으로 옳지 않은 것은?

㉮ 도시고속도로 – 도시지역에 존재하는 자동차전용도로

㉯ 주간선도로 – 도시지역 도로망의 주골격을 형성하는 도로로서 도시 내 광역수송기능을 담당하고, 지역 간 간선도로의 도시 내 통과를 주기능으로 하는 도로

㉰ 보조간선도로 – 지구 내 집산도로를 통해 유출입되는 교통을 흡수하여 주간선도로에 연계시키는 도로로서, 접근성보다는 이동성이 상대적으로 높음

㉱ 집산도로 – 주거단위에 직접 접근하는 도로로서, 통과교통을 배제하고 접근성을 주기능으로 하는 도로

해설 ㉱는 국지도로에 대한 설명이다.

집산도로

간선도로에 비해 이동성보다 접근성이 높은 도로로 지구 내에서 국지도로를 통해 유출입되는 교통을 간선도로에 연계시키는 기능을 한다.

06 도로의 구분에 따른 설계기준자동차의 연결이 옳지 않은 것은?

㉮ 주간선도로 – 세미트레일러

㉯ 보조간선도로 – 대형자동차

㉰ 집산도로 – 소형자동차

㉱ 국지도로 – 대형자동차

정답 4 ㉮ 5 ㉱ 6 ㉰

07 도로의 구조 · 시설 기준에 관한 규칙상 용어의 설명 중 바르지 않은 것은?

㉮ 축간거리 – 뒷바퀴 차축의 중심으로부터 자동차의 뒷면까지의 길이이다.

㉯ 앞내민길이 – 자동차의 앞면으로부터 앞바퀴 차축의 중심까지의 길이이다.

㉰ 차로의 폭 – 차선의 중심선에서 인접한 차선의 중심선까지로 한다.

㉱ 설계속도 – 자동차의 주행에 영향을 미치는 도로의 외관형상을 설계하고 또 그것을 구성하는 여러 요소를 상호 관련 지우기 위하여 정해지는 속도이다.

해설 ㉮는 뒤오버행에 대한 설명이다.
축간거리 : 앞바퀴 차축의 중심으로부터 뒷바퀴 차축의 중심까지의 길이이다.

08 도로의 구조 · 시설 기준에 관한 규칙상 중앙분리대에 대한 설명으로 옳지 않은 것은?

㉮ 도로에는 차로를 통행의 방향별로 분리하기 위하여 중앙선을 표시하거나 중앙분리대를 설치하여야 한다.

㉯ 설계속도 100[km/h] 미만 도로에 중앙분리대를 설치할 경우 도시지역은 1[m] 이상이다.

㉰ 중앙분리대의 분리대 내에는 노상시설을 설치할 수 있다.

㉱ 중앙분리대의 측대 폭은 설계속도가 시속 80[km] 이상인 경우는 0.25[m] 이상으로 한다.

해설 ㉱ 중앙분리대에는 측대를 설치하여야 한다. 이 경우 측대의 폭은 설계속도가 시속 80[km] 이상인 경우는 0.5[m] 이상으로, 시속 80[km] 미만인 경우는 0.25[m] 이상으로 한다.

09 도로의 구조 · 시설 기준에 관한 규칙상 길어깨(갓길)에 대한 설명으로 옳지 않은 것은?

㉮ 보도 또는 주정차대가 설치되어 있는 경우에도 길어깨를 설치하여야 한다.

㉯ 오르막차로 또는 변속차로 등의 차로와 길어깨가 접속되는 구간에서는 0.5[m] 이상으로 할 수 있다.

㉰ 터널, 교량, 고가도로 또는 지하차도의 길어깨의 폭은 설계속도가 100[km/h] 이상인 경우에는 1[m] 이상으로 한다.

㉱ 길이 1,000[m] 이상의 터널 또는 지하차도에서 오른쪽 길어깨의 폭을 2[m] 미만으로 하는 경우에는 최소 750[m] 이내의 간격으로 비상 주차대를 설치하여야 한다.

해설 ㉮ 도로에는 가장 바깥쪽 차로와 접속하여 길어깨를 설치해야 한다. 다만, 보도 또는 주정차대가 설치되어 있는 경우에는 이를 설치하지 않을 수 있다.

7 ㉮ 8 ㉱ 9 ㉮ 정답

10 도로의 구조·시설 기준에 관한 규칙상 보도에 대한 설명으로 틀린 것은?

㉮ 차도에 접하여 연석을 설치하는 경우 그 높이는 25[cm] 이상으로 할 것

㉯ 보도는 연석이나 방호울타리 등의 시설물을 이용하여 차도와 물리적으로 분리해야 한다.

㉰ 횡단보도에 접한 구간으로서 필요하다고 인정되는 지역에는 이동편의시설을 설치해야 한다.

㉱ 자전거도로에 접한 구간은 자전거의 통행에 불편이 없도록 할 것

해설 ㉮ 차도에 접하여 연석을 설치하는 경우 그 높이는 25[cm] 이하로 하여야 한다.

11 도로의 구조·시설 기준에 관한 규칙상 평면곡선부의 편경사 및 확폭에 대한 설명으로 옳지 않은 것은?

㉮ 적설·한랭 지역의 최대 편경사는 6[%]이다.

㉯ 평면곡선 반지름을 고려하여 편경사가 필요없는 경우에는 편경사를 두지 아니할 수 있다.

㉰ 설계속도가 시속 60[km] 이하인 도시지역의 도로에서 도로주변과의 접근과 다른 도로와의 접속을 위하여 부득이하다고 인정되는 경우에는 반드시 편경사를 두어야 한다.

㉱ 차도 평면곡선부의 각 차로는 평면곡선 반지름 및 설계기준자동차에 따라 폭을 더 넓게 해 주어야 한다.

해설 ㉰ 설계속도가 시속 60[km] 이하인 도시지역의 도로에서 도로주변과의 접근과 다른 도로와의 접속을 위하여 부득이하다고 인정되는 경우에는 편경사를 두지 아니할 수 있다.

12 도로선형에 관한 다음 설명 중 옳지 않은 것은?

㉮ 도로에서 선형이라 함은 도로의 중심선이 입체적으로 그리는 연속된 형상이다.

㉯ 도로의 종단선형요소에는 직선, 원곡선, 완화곡선 등이 있다.

㉰ 선형은 자동차의 안전한 주행에 영향을 주고 교통류의 원활한 소통에 기여하며 도로의 건설비에도 많은 영향을 준다.

㉱ 평면선형이란 평면상에서 어느 정도의 곡선으로 된 도로인가를 나타내는 척도이다.

해설 ㉯ 도로선형을 구성하고 있는 요소로 평면선형은 직선, 원곡선, 완화곡선 등으로 구성되며 종단선형은 직선 및 2차 포물선 등으로 구성된다.

정답 10 ㉮ 11 ㉰ 12 ㉯

13 편구배(Super Elevation) 및 완화구간에 대한 설명으로 옳지 않은 것은?

㉮ 곡선반경 R을 가진 곡선부에서 차량이 횡유동하지 않도록 하기 위하여는 적정 편구배를 설치하여야 한다.

㉯ 편구배는 요마크로부터의 속도 추정 시 사용된다.

㉰ 편구배는 커브길에서의 요(Yaw)현상과 관련된다.

㉱ 완화구간은 자동차가 곡선부의 소원부에서 대원부로 안전하게 주행하기 위해서 설치한다.

해설 자동차가 도로의 직선부에서 곡선부로 또는 곡선부의 대원부에서 소원부로 안전하게 주행하기 위해서는 완화구간을 설치할 필요가 있다.

14 다음 중 종단선형(Vertical Alignment)에 관한 설명으로 옳지 않은 것은?

㉮ 도로가 진행방향으로 어느 정도 기울어져 있는가를 나타내는 척도이다.

㉯ 종단선형은 종단경사의 숫자로 나타내는데, 숫자가 크면 종단선형이 좋지 못하고 작으면 종단선형이 좋다.

㉰ 종단곡선에는 원과 포물선이 있으나, 일반적으로 원이 사용된다.

㉱ 종단곡선은 길수록 좋으며, 곡선장은 시거의 길이로 결정된다.

해설 ㉰ 종단곡선에는 원과 포물선이 있으나 일반적으로 포물선이 사용되며, 이에는 철형(Convex)곡선과 요형(Concave)곡선 2가지가 있다.

15 시거(Sight Distance)에 대한 설명으로 옳지 않은 것은?

㉮ 시거란 운전자가 자동차 진행 방향의 전방에 있는 장애물 또는 위험요소를 인지하고 제동을 걸어 정지 또는 장애물을 피해서 주행할 수 있는 길이를 말한다.

㉯ 시거는 주행상의 안전이나 쾌적성의 확보에 중요한 요소이다.

㉰ 시거는 차로 중심의 연장선을 따라 측정한 길이이다.

㉱ 우리나라에서는 앞지르기시거가 설계의 기본이 된다.

해설 ㉱ 시거에는 정지시거·앞지르기시거가 있으나, 우리나라에서는 정지시거가 설계의 기본이 된다.

13 ㉱ 14 ㉰ 15 ㉱ **정답**

16 다음 정지시거에 대한 설명으로 옳지 않은 것은?

㉮ 정지시거란 운전자가 같은 차로상에 고장차 등의 장애물을 인지하고 안전하게 정지하기 위하여 필요한 거리이다.

㉯ 정지시거의 거리는 차로 중심선상 1[m] 높이에서 15[cm] 장애물의 가시거리이다.

㉰ 정지시거의 거리는 차로의 중심선에 따라 측정한 길이를 말한다.

㉱ 정지시거의 거리는 운전자가 앞쪽의 장애물을 인지하고 위험하다고 판단하여 제동장치를 작동시키기까지의 주행거리(반응시간 동안의 주행거리)이다.

해설 ㉱ 운전자가 앞쪽의 장애물을 인지하고 위험하다고 판단하여 제동장치를 작동시키기까지의 주행거리(반응시간 동안의 주행거리)와 운전자가 브레이크를 밟기 시작하여 자동차가 정지할 때까지의 거리(제동정지거리)를 합산한다.

17 정지시거 계산 시 영향을 주는 요소가 아닌 것은?

㉮ 반응시간 동안의 주행거리

㉯ 노면 습윤 상태의 종 방향 견인계수

㉰ 제동정지거리

㉱ 앞지르기 주행거리

해설 **정지시거의 계산**

$$D = d_1 + d_2 = \frac{V}{3.6}t + \frac{V^2}{254f} = 0.695V + \frac{V^2}{254f}$$

- D : 정지시거[m]
- d_1 : 반응시간 동안의 주행거리
- d_2 : 제동정지거리
- V : 설계속도[km/h]
- t : 반응시간(2.5초)
- f : 노면 습윤 상태의 종 방향 견인계수

18 앞지르기시거를 산정하는 데 있어 해당하지 않는 것은?

㉮ 추월차량이 추월을 위해 대향차선으로 진입하기까지의 거리

㉯ 추월차량이 대향차선을 주행하여 원래 차선으로 돌아오기까지의 거리

㉰ 추월완료 후 추월차량과 대향차량과의 거리

㉱ 대향차량이 정지해 줄 수 있는 거리

해설 앞지르기시거 계산 시 요소는 ㉮ · ㉯ · ㉰과 전추월 시거, 추월을 완료할 때까지 대향차량이 주행한 거리가 있다.

정답 16 ㉱ 17 ㉱ 18 ㉱

19 앞지르기시거에 대한 설명으로 옳지 않은 것은?

㉮ 앞지르기시거란 2차로 도로에서 저속 자동차를 안전하게 앞지를 수 있는 거리이다.

㉯ 차로의 중심선상 1[m]의 높이에서 반대쪽 차로의 중심선에 있는 높이 1.2[m]의 반대쪽 자동차를 인지하고 앞차를 안전하게 앞지를 수 있는 거리를 도로 중심선에 따라 측정한 길이를 말한다.

㉰ 차마의 운전자가 다른 차마를 앞지르기 시작한 후에 마주오는 차마가 감속하지 않고도 안전하고 용이하게 앞지르기를 완료할 수 있는 최소시거를 말한다.

㉱ 2차로 도로에서 80[km] 주행 시 앞지르기시거는 400[m]이다.

해설 2차로 도로에서 앞지르기를 허용하는 구간에서는 설계속도에 따라 다음의 길이 이상의 앞지르기시거를 확보하여야 한다.

설계속도[km/h]	앞지르기시거[m]
80	540
70	480
60	400
50	350
40	280
30	200
20	150

20 사고원인과 관련한 도로 환경조사 시 도로의 교통안전시설 요인이 아닌 것은?

㉮ 빙판길, 빗길의 미끄럼에 대한 방지요인의 사전인지 가능성 여부 및 미끄럼제거의 신속성 여부

㉯ 중앙분리대, 가드레일, 콘크리트옹벽 등 방호울타리의 적정설치 여부

㉰ 주행안전을 위한 곡선반경의 적정설치 여부

㉱ 미끄럼방지시설, 충격흡수시설, 과속방지시설 등의 적정설치 여부

해설 ㉰는 도로의 기하구조 요인에 속한다.

도로의 교통안전시설 요인

㉮ · ㉯ · ㉱와 갈매기표지, 반사체, 유도봉 등 시선유도시설의 적정설치 여부, 도로안전표지, 노면표시 등의 적정설치 여부, 기타 교통안전을 위한 도로안전시설의 적정설치 여부 등이 있다.

21 다음 중 교통사고의 피해에 들지 않는 것은?

㉮ 타인의 신체　　㉯ 타인의 생명

㉰ 자기의 신체　　㉱ 타인의 재산

해설 교통사고의 피해라 함은 타인의 신체 · 생명 · 재산에 대한 것을 말한다.

19 ㉱ 20 ㉰ 21 ㉰ 정답

22 교통사고 조사의 원칙에 속하지 않는 것은?

㉮ 가해자의 형사상 책임과 피해자의 과실상계

㉯ 신뢰의 원칙

㉰ 원인과 결과의 무관

㉱ 채증의 원칙

해설 **교통사고 조사의 원칙**
- 가해자의 형사상 책임과 피해자의 과실상계
- 신뢰의 원칙(운전자의 신뢰보호 및 무과실 피해자의 보호)
- 원인과 결과 간의 인과관계
- 상상적 경합과 실체의 경합
- 긴급피난(비접촉사고)
- 경험법칙
- 채증의 원칙
- 최신판례 추세연구

23 교통사고현장 조사에서 도로환경을 조사하는 이유는 무엇인가?

㉮ 원칙적으로 하여야 하기 때문이다.

㉯ 교통사고가 도로에서 일어나기 때문이다.

㉰ 도로여건이 교통사고에 미치는 영향을 분석하기 위해서이다.

㉱ 도로가 얼마나 잘 만들어졌는지 확인하기 위해서이다.

해설 도로환경을 조사하여 그 도로여건이 교통사고에 미치는 영향을 분석하기 위해서이다.

24 교통사고현장 조사에 대한 설명으로 옳지 않은 것은?

㉮ 사고차량의 최종정지위치를 결정할 때에는 이것이 사고 후 운전자 또는 제3자 등에 의해 인위적으로 옮겨진 것인지 여부를 명확히 해야만 한다.

㉯ 보행자의 최종위치는 보행자의 충돌 후 거동(擧動)특성이나 튕겨나간 속도 등을 추정할 수 있는 자료로 활용될 수 있다.

㉰ 승차자의 전도위치는 충돌 후 차량의 회전방향 및 운동경로를 해석하는 데 유용한 자료가 된다.

㉱ 곡률과 곡률반경은 그 개념이 같은 용어이다.

해설 **곡률반경**
- 곡률과 곡률반경은 그 개념이 상반된 용어이다.
- 양자 모두 곡선의 굽은 정도를 나타낸다.
- 곡률이 크다는 것은 커브가 급하다는 말이고, 곡률반경이 크다라는 말은 커브가 완만하다는 것을 의미한다.

정답 22 ㉰ 23 ㉰ 24 ㉱

25 다음 중 타이어 자국(Tire Mark)에 대한 설명으로 옳지 않은 것은?

㉮ 스키드마크(Skid Mark) - 타이어 자국은 보통 노면 위에서 타이어가 잠겨 미끄러질 때 나타난다.
㉯ 스커프마크(Scuff Mark) - 교통사고를 해석하는 데 가장 중요한 자료이며 타이어가 잠기지 않고 구르면서 옆으로 미끄러지거나 짓눌리면서 끌린 형태로 나타난다.
㉰ 프린트마크(Print Mark) - 타이어가 정상적으로 구르면서 타이어접지면(Tread) 형상이 그대로 나타난다.
㉱ 타이어 자국은 길이, 방향, 문양 등을 통해 차량의 속도, 충돌지점, 차량의 운동형태 등을 파악할 수 있다.

해설 ㉯ 교통사고를 해석하는 데 가장 중요한 자료는 스키드마크이다.

26 차체의 앞부분이 상하로 진동하는 운동으로 급제동을 하였을 때 발생하는 현상으로 계속되지 아니하고 곧 없어지는 현상은?

㉮ 바운싱
㉯ 피 칭
㉰ 롤 링
㉱ 요 잉

해설 차체진동의 종류

- 바운싱(Bouncing) : 수직축(z축)을 따라 차체가 전체적으로 균일하게 상하 직진하는 진동
- 러칭(Lurching) : 가로축(y축)을 따라 차체 전체가 좌우 직진하는 진동
- 서징(Surging) : 세로축(x축)을 따라 차체 전체가 전후 직진하는 진동
- 피칭(Pitching) : 가로축(y축)을 중심으로 차체가 전후로 회전하는 진동
- 롤링(Rolling) : 세로축(x축)을 중심으로 차체가 좌우로 회전하는 진동
- 요잉(Yawing) : 수직축(z축)을 중심으로 차체가 좌우로 회전하는 진동
- 시밍(Shimmying) : 너클핀을 중심으로 앞바퀴(조향륜)가 좌우로 회전하는 진동
- 트램핑(Tramping) : 판 스프링에 의해 현가된 일체식 차축이 세로축(x축)에 나란한 회전축을 중심으로 좌우 회전하는 진동

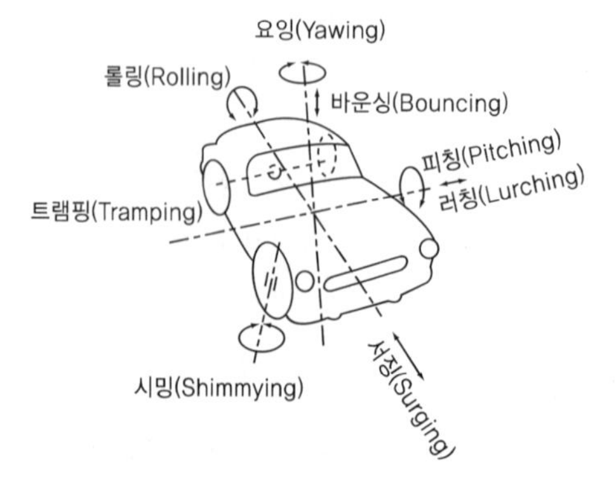

25 ㉯ 26 ㉯ 정답

27 바퀴는 구르지 않고 타이어가 미끄러질 때 생성되는 타이어마크는?

㉮ 스키드마크

㉯ 타이어프린트

㉰ 스커프마크 중 요마크

㉱ 스커프마크 중 플랫마크

해설 **스키드마크(Skid Mark)**

스키드마크는 타이어가 노면 위에서 잠겨(Lock) 미끄러질 때 나타나는 자국으로 운전자의 브레이크조작(차량의 제동)과 관련된 흔적이다. 스키드마크는 차량의 중량특성, 운전조작특성, 도로의 형상, 타이어의 마모, 공기압 등의 구조적 특성과 외란의 작용 여부, 충돌유형 등에 따라 다양한 형태로 나타난다.

28 사고 당시 노면상에 사고차량에 의해 발생된 차바퀴 제동흔적(Skid Mark)이 평탄한 도로상에서 직선으로 우측 21[m], 좌측 19[m] 발생되었으나, 현장조사 시 사고차량으로 스키드마크 발생실험을 사고지점에서 실시한 결과, 정상적인 스키드마크가 발생되었다. 사고 당시 차량의 제동 전 속도는 얼마인가?(단, 마찰계수값은 0.8이다)

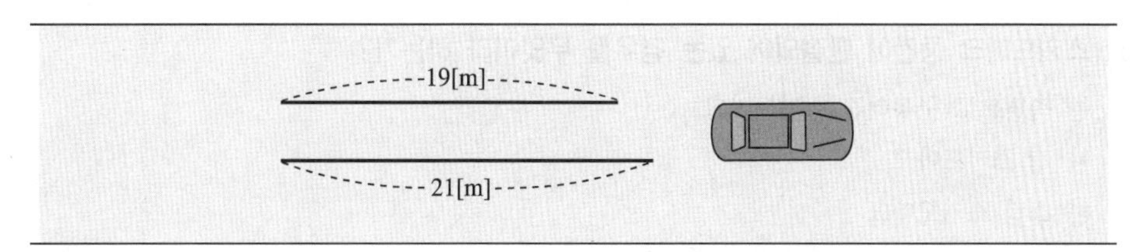

㉮ 65.3[km/h]

㉯ 66.3[km/h]

㉰ 67.6[km/h]

㉱ 68.6[km/h]

해설 $V_2^2 - V_1^2 = 2ad,\qquad V = \sqrt{2ad}$

$a = f \cdot g = 0.8 \times 9.8[\text{m/s}^2]$

$V = \sqrt{2 \times 0.8 \times 9.8 \times 21} = 18.14[\text{m/s}]$

$18.14[\text{m/s}] \times 3.6 = 65.32[\text{km/h}]$

정답 27 ㉮ 28 ㉮

29 사고차량은 평탄한 도로상에서 차바퀴제동흔적(Skid Mark)을 직선으로 좌·우측 모두 11.4[m] 발생시킨 후 7[m]를 스키드마크를 발생시키지 않고 그대로 진행하다가 다시 스키드마크를 15[m] 발생시키고 최종정지를 하였다. 스키드마크는 갭 스키드마크이다. 사고 당시 차량은 제동 직전에 얼마의 속도로 진행 중이었는가?(단, 마찰계수는 0.8이다)

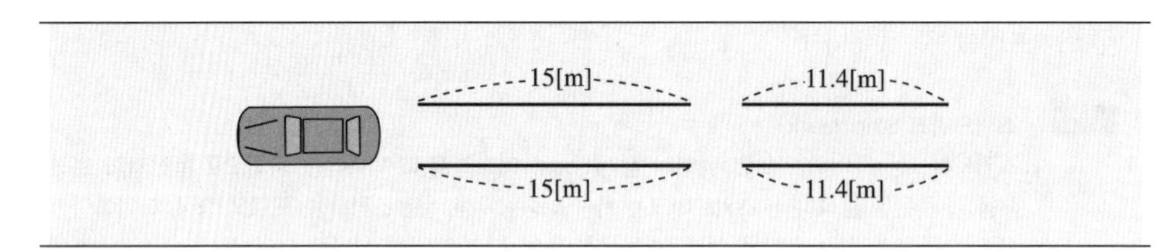

㉮ 70.2[km/h]

㉯ 73.2[km/h]

㉰ 82.3[km/h]

㉱ 83.3[km/h]

해설 $V=\sqrt{254f\cdot d}=\sqrt{254\times0.8\times(15+11.4)}=73.2[\text{km/h}]$

$f=0.8$, $d=26.4[\text{m}]$(갭 스키드마크의 경우 앞뒤 스키드마크를 모두 더한 값으로 한다)

또는 $V=\sqrt{2ad}=\sqrt{2fgd}=\sqrt{2\times0.8\times9.8\times(15+11.4)}$

$=20.3[\text{m/s}]=73.2[\text{km/h}]$

30 스키드마크 중간이 단절되어 있는 경우를 무엇이라 하는가?

㉮ 측면으로 구부러진 스키드마크

㉯ 갭 스키드마크

㉰ 스킵 스키드마크

㉱ 충돌 스키드마크

해설 **스키드마크**

- 일반적 의미 : 제동 스키드마크
- 종 류
  - 측면으로 구부러진 스키드마크
  - 차량제동 시 중량 전이 : 급제동 시 앞바퀴로 중량 전이
  - 스키드마크가 나타나지 않은 경우 : 바퀴가 미끄러지기 직전에 마찰력이 최대로 발생하는 경우
  - 갭 스키드마크 : 스키드마크 중간이 단절되어 있는 구간
  - 스킵 스키드마크 : 중간 중간이 규칙적으로 단절되어서 점선으로 나타나는 경우
  - 충돌 스키드마크 : 차량이 파손되었을 때 갑작스럽게 생성되는 경우

29 ㉯ 30 ㉯ **정답**

31 차량이 평탄한 도로에서 4륜이 모두 제동된 일직선의 형태로 약 10[m]의 스키드마크가 발생한 후 흔적의 끝 지점에 충돌 없이 그대로 정지한 경우, 차량의 제동 직전 주행속도는?(단, f=0.7)

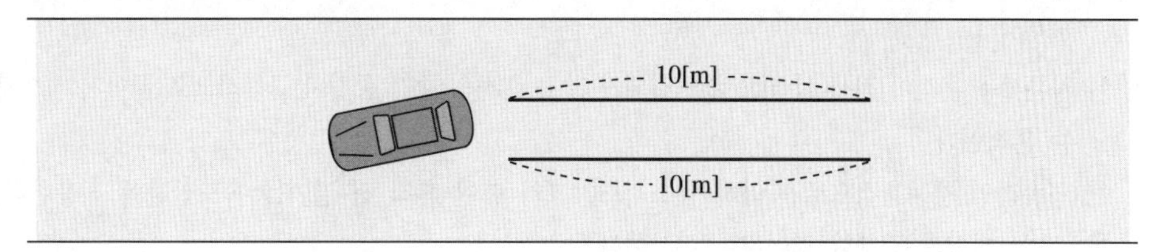

㉮ 약 38[km/h]
㉯ 약 42[km/h]
㉰ 약 48[km/h]
㉱ 약 52[km/h]

해설 $V=\sqrt{254f \cdot d}=\sqrt{254 \times 0.7 \times 10}=42.1[\text{km/h}]$
$f=0.7,\ d=10[\text{m}]$

32 마찰계수 중 타이어가 고정되어 미끄러지고 있을 때의 경우는?

㉮ 세로 미끄럼 마찰계수
㉯ 회전 미끄럼 마찰계수
㉰ 제동 시의 마찰계수
㉱ 자유구름 마찰계수

해설 **마찰계수에 대한 정리**

- 세로 미끄럼 마찰계수 : 타이어가 고정되어 미끄러지고 있을 때의 마찰계수(노면의 상태, 노면의 거친 정도, 타이어 상태, 제동속도 등에 의해 차이)
- 가로 미끄럼 마찰계수 : 일반적으로 가로 미끄럼 마찰계수는 세로 미끄럼 마찰계수보다 약간 크다.
- 제동 시의 마찰계수 : 브레이크 작동 시 노면에 대해 미끄러지는 정도
- 자유구름 마찰계수(차량의 속도나 타이어의 공기압에 따라 영향)

33 직선도로에서 사고차량에 의해 요마크가 발생되었는데 현의 길이는 35[m], 중앙종거는 3[m]였다. 곡선반경은 얼마인가?

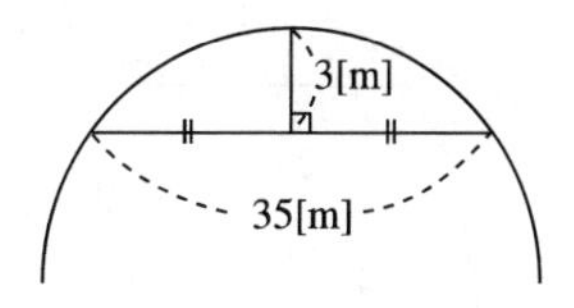

㉮ 52.5[m]
㉯ 53.5[m]
㉰ 54.5[m]
㉱ 55.5[m]

해설 $R=\frac{C^2}{8M}+\frac{M}{2}=\frac{35^2}{8 \times 3}+\frac{3}{2}$
$=52.5[\text{m}]$ (C : 현의 길이, M : 중앙종거)

정답 31 ㉯ 32 ㉮ 33 ㉮

34 스킵(Skip) 스키드마크에 대한 설명으로 틀린 것은?

㉮ 직선으로 나타나던 스키드마크가 끝날 무렵에 급격하게 방향이 바뀌며 꺾이면서 부러진 형태로 나타나는 현상이다.

㉯ 차륜제동 흔적이 직선(실선)으로 연결되지 않고 흔적의 중간 중간이 규칙적으로 끊어져 점선과 같이 보이는 흔적이다.

㉰ 연속적인 제동흔적으로 파악하여 스키드마크와 같이 흔적 전 길이를 속도산출에 적용한다.

㉱ 스키드마크가 진행다 옮어지는 현상이다.

해설 ㉮는 측면으로 구부러진 스키드마크의 현상이다.

35 충돌 스키드마크에 대한 설명으로 틀린 것은?

㉮ 차량에 제동이 걸려 바퀴가 잠길 때 생성되는 것이 아니라 차량이 파손되었을 때 갑작스럽게 생성되는 것이다.

㉯ 타이어 흔적은 크게 3가지 요인(제동 중 바운싱, 노면상의 융기물 또는 구멍, 충돌)에 의해 만들어진다.

㉰ 이 마크가 선명하게 나타나는 경우는 차량 충돌 시 노면에 미치는 타이어의 압력이 순간적으로 크게 증가하기 때문이다.

㉱ 자동차가 심하게 충돌하게 되면 차량의 손괴된 부품이 타이어를 꽉 눌러 그 회전을 방해하고 동시에 충돌에 의해 지면을 향한 큰 힘이 작용한다. 이때 타이어와 노면 사이에 순간적으로 강한 마찰력이 발생되면서 나타나는 현상이다.

해설 ㉯는 스킵(Skip) 스키드마크에 대한 설명이다.

36 평탄한 도로에서 사고차량운전자가 순수 급핸들조작하여 사고차량이 횡방향으로 미끄러지며 요마크를 발생시켰는데, 이때 요마크의 현(C)은 62[m], 중앙종거(M)는 5.2[m]였다. 사고차량이 횡방향으로 미끄러지기 전의 속도는 얼마인가?(단, 마찰계수값은 0.8이다)

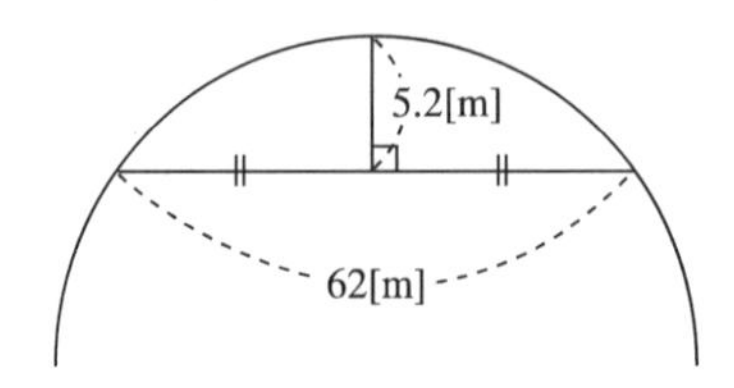

㉮ 98.2[km/h]
㉯ 110.6[km/h]
㉰ 120.6[km/h]
㉱ 125.6[km/h]

해설

$R=\frac{C^2}{8M}+\frac{M}{2}=\frac{62^2}{8\times5.2}+\frac{5.2}{2}=95[\text{m}]$ (C : 현의 길이, M : 중앙종거)

$V=\sqrt{127R\cdot f}=\sqrt{127\times95\times0.8}=98.2[\text{km/h}]$

34 ㉮ 35 ㉯ 36 ㉮ **정답**

37 다음 중 스키드마크의 특성에 대한 설명으로 옳지 않은 것은?

㉮ 스키드마크의 끝은 거의 갑작스러우며, 자동차가 정지한 위치나 사고 발생지점을 알 수 있다.

㉯ 좌우 타이어가 같은 폭과 같은 어둡기(Dark)를 가진다.

㉰ 뒷바퀴의 스키드마크가 일반적으로 앞바퀴보다 현저하다.

㉱ 어디에 시작되었던 간에 스키드마크는 타이어 트레드(Tread) 너비이며, 때때로 타이어 폭보다 조금 넓다. 그러나 결코 좁지는 않다.

해설 ㉰ 앞바퀴의 스키드마크가 일반적으로 뒷바퀴보다 현저하다.

38 스키드마크(Skid Mark)의 길이를 다르게 만드는 네 가지 요소가 아닌 것은?

㉮ 날 씨

㉯ 무 게

㉰ 타이어 재질

㉱ 타이어 트레드(Tread) 설계

해설 **스키드마크의 길이를 다르게 만드는 4요소**

- 온도 : 높은 온도의 타이어나 포장도로는 낮은 온도일 때 보다 쉽게 미끄러질 수 있다. 짙은 스키드마크를 남긴다.
- 무게 : 하중이 많이 작용한 타이어는 짙은 마크를 만들며, 또한 마찰열의 발생이 많다. 이것은 표면의 온도를 증가시킨다.
- 타이어 재질 : 몇몇 타이어는 부드러운 재질로 되어 있으며 이것은 미끄러질 때 타이어마크를 발생하기 쉽다.
- 타이어 트레드 설계 : 같은 하중과 같은 압력하에서 좁은 그루브(Groove)를 가진 타이어는 스노(Snow)타이어보다 도로 표면에 많은 면적을 차지하게 된다. 이것은 넓은 트레드(Tread)를 가진 타이어와 같다.

39 스커프마크(Scuff Mark)에 대한 설명으로 옳지 않은 것은?

㉮ 차량의 급핸들 조작 시 발생되는 흔적이다.

㉯ 타이어가 잠기지 않고 구르면서 옆으로 미끄러지거나 끌린 형태로 나타나는 타이어 자국이다.

㉰ 요마크(Yaw Mark), 가속타이어 자국(Acceleration Scuff), 플랫타이어 자국(Flat Tire Mark) 등이 이에 속한다.

㉱ 타이어 흔적은 크게 3가지 요인(제동 중 바운싱, 노면상의 융기물 또는 구멍, 충돌)에 의해 만들어진다.

해설 ㉱는 스킵(Skip) 스키드마크에 대한 설명이다.

정답 37 ㉰ 38 ㉮ 39 ㉱

40 요마크(Yaw Mark)에 대한 다음 설명 중 바르지 않은 것은?

㉮ 자동차가 정지된 상태에서 급가속·급출발 시 발생한다.

㉯ 요마크는 바퀴가 구르면서 차체가 원심력의 영향에 의해 바깥쪽으로 미끄러질 때 타이어의 측면이 노면에 마찰되면서 발생되는 자국이다.

㉰ 요마크는 보통 타이어 자국이 곡선형으로 나타나며, 내부의 줄무늬 문양(사선형, 빗살무늬)에 따라 등속선회, 감속선회, 가속선회 등의 주행특성을 판단할 수 있다.

㉱ 요마크의 곡선반경을 통하여 주행속도를 추정할 수 있다.

해설 ㉮는 가속타이어 자국에 관한 설명이며, 마크는 운전자의 급핸들조작 또는 무리한 선회주행(고속주행) 등의 원인에 의해 생성된다.

41 다음 중 플랫타이어 자국(Flat Tire Mark)에 대한 설명으로 옳지 않은 것은?

㉮ 타이어의 공기압이 지나치게 낮거나 상대적으로 적재하중이 커 타이어가 변형되면서 나타나는 타이어 자국이다.

㉯ 이 흔적은 비교적 길게 이어질 수 있기 때문에 자동차의 주행궤적을 아는 데 유용하다.

㉰ 액체잔존물(오일, 냉각수 등)을 밟고 지나갈 때, 눈길 또는 진흙길을 밟고 지나갈 때 타이어의 Tread 모양이 노상에 찍혀 나타나게 된다.

㉱ 일반적으로 타이어의 가장자리부분에서 보다 진하게 나타나고 중앙부분은 다소 희미하게 나타난다.

해설 ㉰는 프린트마크(Print Mark)에 대한 설명이다.

42 노면에 패인 자국(Gouge Mark)에 대한 설명으로 옳지 않은 것은?

㉮ 충돌 직후 생성되는 경우가 많다.

㉯ 패인 흔적의 깊이, 궤적, 형상에 따라 Chip, Chop, Groove로 구분하기도 한다.

㉰ 패인 자국은 비교적 작은 압력에 스치면서 생성된다.

㉱ 주로 프레임(Frame), 변속기하우징, 멤버(Member), 타이어 휠(Wheel) 등이 큰 압력으로 노면에 부딪칠 때 생성된다.

해설 ㉰ 사고현장에 나타나는 노면마찰 흔적은 일반적으로 작은 압력에 의해 스치면서 생성되는 긁힌 자국(Scratches)과 상대적으로 큰 압력에 의해 나타나는 패인 자국(Gouge)으로 구분할 수 있다.

40 ㉮ 41 ㉰ 42 ㉰ 정답

43 노면에 긁힌 자국에 대한 다음 설명 중 틀린 것은?

㉮ 스크래치는 큰 압력 없이 미끄러진 금속물체에 의해 단단한 포장노면에 가볍게 불규칙적으로 좁게 나타나는 긁힌 자국이다.

㉯ 스크레이프는 충돌 후 차량의 회전방향이나 진행방향에 대해 알 수 있는 흔적이다.

㉰ 견인 시 긁힌 흔적은 파손된 차량을 견인차량에 매달기 위해 또는 다른 장소로 끌려갈 때 파손된 금속부분에 의해서 긁힌 자국이다.

㉱ 노면에 긁힌 자국은 차체의 금속부위가 작은 압력으로 노면에 작용하면서 끌리거나 스쳐지나갈 때 생성되는 흔적으로 차량의 전도지점이나 충돌 후 진행궤적을 확인하는 데 좋은 자료가 된다.

해설 ㉯는 스크래치에 대한 설명이다. 스크레이프는 넓은 구역에 걸쳐 나타난 줄무늬가 있는 여러 스크래치 자국으로 스크래치에 비해 폭이 다소 넓고 때때로 최대접촉지점을 파악하는 데 도움을 준다.

44 다음 중 파편물(Debris)에 대한 설명으로 옳지 않은 것은?

㉮ 무게와 속도가 같고 동형의 자동차가 각도 없이 정면충돌한 경우 파손물은 흩어져 분포한다.

㉯ 파손잔존물은 한곳에 집중적으로 낙하되어 떨어질 수도 있고 광범위하게 흩어져 분포되기도 한다.

㉰ 보통 파손된 잔존물은 상대적으로 운동량(무게×속도)이 큰 차량방향으로 튕겨나가 떨어지는 것이 일반적이다.

㉱ 파손잔존물은 다른 물리적 흔적(타이어 자국, 노면마찰 흔적 등)의 위치 및 궤적, 형상 등과 상호 비교하여 해석하는 것이 효과적이다.

해설 ㉮ 무게와 속도가 같고 동형의 자동차가 각도 없이 정면충돌한 경우 파손물은 충돌지점부근에 집중적으로 떨어지게 된다.

45 다음 중 액체잔존물에 대한 설명으로 옳지 않은 것은?

㉮ 냉각수, 엔진오일, 배터리액, 파워스티어링오일(Power Steering Oil), 브레이크오일(Brake Oil), 변속기오일, 와셔액 등이 충돌 시·충돌 후 이동과정에서 떨어지는 것이다.

㉯ 액체잔존물을 면밀히 관찰하고 위치와 궤적을 파악함으로써 자동차의 충돌전·후 과정을 이해하는데 중요한 자료로 활용할 수 있다.

㉰ 일반적으로 액체잔존물은 형상에 따라 튀김(Spatter), 흐름(Dribble), 고임(Puddle), 흘러내림(Run-Off), 흡수(Soak-In), 밟고 지나간 자국(Tracking)으로 구분하기도 한다.

㉱ 흘러내림이란 흘러내린 액체가 노면의 균열 등의 틈새로 흡수된 자국이다.

해설 ㉱는 Soak-In(흡수)에 대한 설명이다. Run-Off(흘러내림)란 노면경사 등에 의해 고인 액체가 흘러내린 흔적이다.

정답 43 ㉯ 44 ㉮ 45 ㉱

46 타이어에 의한 노면흔적 중 시작부분과 끝부분에 관한 설명으로 가장 옳지 않은 것은?

㉮ 스키드마크(Skid Mark) - 시작부분은 갑자기 시작하고 끝부분은 갑자기 끝난다.

㉯ 요마크(Yaw Mark) - 시작부분은 항상 희미하게 시작하고 끝부분은 강하게 끝난다.

㉰ 가속스커프(Acceleration Mark) - 시작부분은 항상 강하게 시작하고 끝부분은 갑자기 끝난다.

㉱ 바람 빠진 타이어 자국 - 시작부분은 희미하게 시작하고 끝부분은 강하게 끝난다.

해설 ㉰ 가속스커프(Acceleration Mark)의 경우 시작부분은 강하게 또는 점차적으로 시작하고 끝부분은 아주 천천히 희미해지며 끝난다.

47 교통사고 발생 시 노면에 관한 측정은 언제가 가장 좋은가?

㉮ 교통사고 발생 후 즉시

㉯ 교통사고 후 사고차량이 모두 정리된 때

㉰ 교통사고가 발생한 다음날

㉱ 교통경찰관이 조사를 허락한 뒤 즉시

해설 사고흔적이나 파편물은 사라지기 쉽기 때문에 조사는 빠르면 빠를수록 좋다.

48 다음 중 도로측정 시 각도측정에 관한 내용으로 옳지 않은 것은?

㉮ 도로에서 각도를 측정하기 위해서는 1개의 꼭짓점을 중심으로 정해야 한다.

㉯ 한 개의 중심점을 정하고 빗변의 적당한 2개 지점의 기준점을 정하여 2개 지점 간의 거리를 현장에서 실측하면 삼각형이 형성된다. 이것을 축척하면 각도를 측정할 수 있다.

㉰ 꼭짓점에서 2개 지점을 선정할 시 되도록 같은 거리의 지점을 선정하는 것이 좋다.

㉱ 도로의 각도측정 시 교통사고 조사용 자는 각도를 측정하지 못한다.

해설 ㉱ 교통사고 조사용 자는 교통사고 현장의 차량, 주차장, 차고 등의 위치 표시, 제동 및 활주거리의 추정, 활주거리에 의한 속도의 계산, 시속과 초속의 환산, 도로의 곡선(각도), 경사도 등을 그리거나 측량하는 데 사용된다.

46 ㉰ 47 ㉮ 48 ㉱ **정답**

49 다음 중 거리측정에 관한 내용으로 옳지 않은 것은?

㉮ 거리측정은 일반적으로 삼각측정법이나 직교좌표법을 주로 사용한다.

㉯ 직교좌표법이란 하나의 흔적위치와 기준점의 간격을 수평 또는 직각교차된 직선거리로 측정하는 방법이다.

㉰ 직교좌표법은 강이나 호수 등에 있는 차량의 위치나 어떤 장애로 인하여 어떤 지점의 거리측정이 어려운 경우에 사용된다.

㉱ 삼각측정법이란 하나의 흔적위치를 2개의 기준점으로부터 각각 삼각형으로 측정하여 표시하는 방법이다.

해설 강이나 호수 등에 있는 차량의 위치나 어떤 장애로 인하여 어떤 지점의 거리측정이 어려운 경우에 삼각형법을 이용하여 거리를 측정한다.

50 경사도(구배도)측정에 대한 설명으로 옳지 않은 것은?

㉮ 경사(구배)는 가파른 정도를 나타내는 것으로 반드시 백분율[%]로 나타낸다.

㉯ 교통사고와 관련 구배측정에는 횡단구배, 종단구배, 편구배 및 법면 경사도측정 등이 있다.

㉰ 경사도는 수평거리분의 수직거리로 계산된다.

㉱ 경사도가 각도(° : Degree)로 산출되었다면 백분율[%]로 나타내지 않아도 된다.

해설 ㉱ 경사도가 각도(° : Degree)로 산출되었다면 각도와 경사도와의 관계표를 이용하여 백분율[%]로 나타내어야 한다.

51 사고위치측정 시 2점의 측점을 필요로 하는 대상과 거리가 먼 것은?

㉮ 직선으로 길게 나타난 긴 타이어 자국

㉯ 1[m] 이상 길게 나타난 노면상의 파인 흔적(Groove)

㉰ 길게 비벼지거나 파손된 가드레일

㉱ 파편이 집중적으로 떨어진 지역

해설 ㉱는 3점의 측점을 필요로 하는 대상이다.
2점의 측점을 필요로 하는 대상은 주로 1[m] 이상 길게 나타난 자국의 시작점과 끝점에 하나씩 나타내야 한다.

정답 49 ㉰ 50 ㉱ 51 ㉱

52 사고위치측정 시 측점의 설정에 대하여 옳지 않은 것은?

㉮ 직선으로 길게 나타난 긴 타이어 자국은 바퀴를 측점으로 한다.

㉯ 요마크는 발생 길이나 굽은 정도에 따라 1[m], 3[m], 5[m] 간격으로 측점을 설정하여 자국의 시점, 종점뿐만 아니라 노면표시(중앙선, 차로경계선, 노측선)와 교차하는 점을 측점으로 한다.

㉰ 직선으로 길게 나타나다가 마지막 부분에 휘어지거나 변형이 있는 타이어 자국은 휘어지는 지점이나 갑자기 변하는 지점에 측점을 설정한다.

㉱ 파편이 집중적으로 떨어진 지역은 파편을 중심으로 외곽선을 긋고 그 외곽선의 굴절 부분을 측점으로 한다.

해설 ㉮ 직선으로 길게 나타난 긴 타이어 자국은 시작점과 끝점을 측점으로 한다.

53 다음 중 고정기준점(접촉가능기준점)에 대한 설명으로 옳지 않은 것은?

㉮ 기존의 고정도로시설로서 손쉽게 접근할 수 있어야 한다.

㉯ 가장자리가 불규칙하거나 진흙이나 눈 등으로 덮여 노측선이 불분명할 때 주로 삼각측정법에서 기준점으로 많이 활용된다.

㉰ 전주, 각종 표지판 지주, 소화전 등 중심부 또는 중심부에 대한 점으로부터 측정한다.

㉱ 수목은 기준점으로 이용할 수 없다.

해설 ㉱ 수목은 양호한 기준점이라고는 볼 수 없으나, 여타 이용할 만한 기준점이 없을 때 사용한다.

54 반(준)고정기준점(일부 접촉가능기준점)에 대한 설명으로 가장 거리가 먼 것은?

㉮ 포장도로상의 교차점과 교차로 사이 구간에서 주로 활용된다.

㉯ 교차로 등에서와 같이 2개의 차도 가장자리선이 만나는 점 등의 차도상에 표시한 기준점을 말한다.

㉰ 기존의 영구적인 표지물과 관련해서 설정한다.

㉱ 차도 가장자리나 연석 또는 보도 위에 표시한 마크를 뜻한다.

해설 ㉯는 비고정기준점(접촉불가능기준점)에 대한 설명이다.

52 ㉮ 53 ㉱ 54 ㉯ **정답**

55 비고정기준점(접촉불가능기준점)에 대한 설명으로 옳지 않은 것은?

㉮ 측정당사자가 차도상에 표시한 기준점을 의미한다.

㉯ 곡선으로 연결되는 부분이 짧은 경우 등의 차도상에 표시한 기준점을 말한다.

㉰ 대체로 삼각측정법에 알맞다.

㉱ 대상은 대부분 교차로의 모서리에서와 같이 2개의 차도 가장자리선을 연장하여 서로 교차하는 점이다.

해설 ㉰ 대체로 고정기준점은 삼각측정법에 알맞고 나머지는 평면좌표법에 적절하다.

56 삼각측정법(Triangulation)에 대한 설명이다. 사실과 거리가 먼 것은?

㉮ 기준선이 2개 필요하다.

㉯ 삼각측정법의 측정원리는 두 기준점과 각종 측정점이 삼각형을 형성하도록 하고 그 거리를 측정하는 것이다.

㉰ 기준점의 위치는 각도가 적은 너무 납작한 형태의 삼각형이 생기지 않도록 해야 정확한 측정을 할 수 있다.

㉱ 도면상에 표시할 때는 측정점에서 두 측정점까지의 거리를 각각 측정하고, 이 거리를 축척에 맞추어 자와 컴퍼스를 이용하여 도면에 옮겨 그린다.

해설 평면좌표법에서는 기준선이 2개 필요하나, 삼각측정법에서는 2개의 기준점을 이용한다. 기준점은 고정시설물을 대상으로 하나 적절한 대상이 없을 경우 적어도 1개는 고정시설을 이용하고 그 외 기준점은 첫 번째 기준점을 중심으로 설정할 수 있다.

57 다음 중 현장스케치에 대한 설명으로 옳지 않은 것은?

㉮ 현장스케치는 사고결과의 위치를 나타내는 측정기록이다.

㉯ 관련 차량의 최종위치를 그리고, 각 차량의 전면을 화살표 등으로 나타낸다.

㉰ 삼각측정법 이용 시 적어도 1개의 기준점, 평면좌표법을 이용할 때는 최소 2개의 기준점을 설정한다.

㉱ 표준적인 차도 및 차도 가장자리선으로부터 10[m] 이내의 표점에 대해서는 평면좌표법을 이용하고, 불규칙적인 차도 및 차도 가장자리선으로부터 10[m] 이상 되는 일부 표점에 대해서는 삼각측정법을 이용하는 것이 좋다.

해설 ㉰ 평면좌표법 이용 시 적어도 1개의 기준점, 삼각측정법을 이용할 때는 최소 2개의 기준점을 설정한다.

정답 55 ㉰ 56 ㉮ 57 ㉰

58 도면 작성요령에 대한 설명으로 옳지 않은 것은?

㉮ 노면상에 발생된 각종 차륜 흔적 등을 축척에 의해 정확히 나타낸다.

㉯ 충돌로 인한 차량 액체잔존물, 파손품 등의 위치, 거리를 표기한다.

㉰ 각 위치 간 직선거리를 표시하며 차량의 후면부를 표시한다.

㉱ 중앙선 및 차로경계선과 이격거리, 간격, 길이, 폭 등의 차륜흔적과 비스듬한 각도를 진행한 경우, 진행각도 및 진행방향, 비틀어진 양 등을 정확하게 나타낸다.

해설 ㉰ 차량의 전면부를 표시한다.

59 사진촬영의 시기에 대한 설명으로 거리가 먼 것은?

㉮ 촬영은 상황 긴급성에 따르고 오래 보존되지 않는 증거를 먼저 촬영한다.

㉯ 야간사고일 경우라도 사고현장에 도착한 즉시 촬영을 하여야 한다.

㉰ 일기조건 등에 따라서는 맨 나중에 찍는 것이 좋을 수 있다.

㉱ 원칙적으로는 사고현장에 아무 변화가 일어나기 전에 촬영하는 것이 바람직하다.

해설 ㉯ 가급적 사고현장에서 많이 촬영하고, 야간사고일 경우 일부 사진은 다음날 다시 와서 찍는다.

60 도로상태 및 도로조건의 촬영에 대한 설명으로 옳지 않은 것은?

㉮ 사고 당시 운전자의 인지상황을 나타내기 위하여 촬영하는 경우에는 카메라를 피해자의 눈높이에 두고 촬영한다.

㉯ 거울, 수목 등과 같은 시계장애물은 당해 운전자의 위치에서 촬영함으로써 사고 당시 운전자의 시계를 나타낼 수 있다.

㉰ 사고현장에 대해서 항공촬영이 이루어질 수 있으나, 이는 보도용 사진을 제외하고 기록으로서는 전혀 실용성이 없다.

㉱ 도로의 조건들은 가급적 신속하게 촬영하는 것이 바람직하다. 왜냐하면 안개 등은 금새 사라질 수도 있기 때문이다.

해설 ㉮ 사고 당시 운전자의 인지상황을 나타내기 위하여 촬영하는 경우에는 카메라를 운전자의 눈높이에 두고 촬영한다.

58 ㉰ 59 ㉯ 60 ㉮ 정답

61 다음 중 사진촬영 방법으로 옳지 않은 것은?

㉮ 증거의 특징을 명확히 부각시킬 수 있도록 촬영한다.
㉯ 목격자가 있는 경우 목격자 시야위치에서 촬영한다.
㉰ 사진촬영 시 가급적 촬영하고자 하는 부위보다 높은 곳에서 촬영한다.
㉱ 사고 전체를 볼 수 있는 구도의 한 장의 사진이 필요하다.

해설 ㉰ 촬영하고자 하는 흔적발생 시작점에서부터 자세를 낮추어 촬영한다.

62 타이어 자국의 촬영 시에 대한 설명으로 옳지 않은 것은?

㉮ 대체적으로 카메라의 거리는 1~2[m]면 적당하다.
㉯ 한 장의 사진으로 타이어 자국의 전체 길이를 나타낼 수 있도록 한다.
㉰ 타이어 자국이 너무 긴 경우에는 고정대상물, 자동차, 낙하물 등에 대한 타이어 자국의 상대적인 위치를 한 장의 사진으로 찍어두는 것이 바람직하다.
㉱ 바퀴자국은 진행방향으로 촬영하는 것이 최상이며, 전체 모습을 촬영하도록 한다.

해설 ㉰ 타이어 자국이 너무 긴 경우에는 고정대상물, 자동차, 낙하물 등에 대한 타이어 자국의 상대적인 위치를 잘 나타내도록 연속사진을 찍어두는 것이 바람직하다.

정답 61 ㉰ 62 ㉰

CHAPTER

02 인적조사

제1절 인터뷰 조사의 개념

1. 인터뷰의 의의

교통사고로 인한 인터뷰는 사고의 진정성을 확보하기 위해 사고 당사자 또는 목격자를 상대로 당시 상황에 대해서 조사를 하는 성격을 띠고 있다.

2. 인터뷰 조사 전의 현장 조사

(1) 교통사고 현장 조사 일반항목

① 교통사고 현장의 도로구조 및 도로환경, 노면흔적 등 사고 관련 자료 수집은 사고원인을 정확히 분석하기 위한 가장 기초적인 단계이다.

② 일반적인 조사항목

㉠ 타이어 흔적의 종류, 길이, 위치, 비틀어진 정도

㉡ 사고차량 도로이탈 흔적 및 거리

㉢ 차량 및 보행자 등의 최초 충돌위치 및 최종 정지위치

㉣ 도로 노면의 파손지점 및 정도, 차량부품 및 유류품 비산위치

㉤ 보행자 및 사고차량의 최초 인지 가시거리 및 차량위치

㉥ 차량속도, 중앙선 침범 등 도로교통법 위반 사항 여부

㉦ 기타 전반적인 특징, 노면조건, 각종 교통안전표지 설치 여부, 사고 당시의 각종 조건 등을 정확하게 파악

(2) 사고현장의 전반적인 조사항목

① **도로형태** : 도로의 종류 및 등급, 교차로 상태, 합·분류상황, 교차수, 토지이용 현황, 주변도로 여건 및 연계성 등

② **포장재질** : 아스팔트, 콘크리트, 미끄럼방지 포장시설 설치 여부, 포장면의 마모성 여부, 포장여부 등

③ **교통안전시설** : 신호등, 교통안전표지, 노면표시 등

④ **도로부대시설** : 가로등, 표지병, 시선유도봉 및 유도표지, 장애물표시, 방호벽, 가드레일, 도로안내표지, 충격완화시설, 과속방지시설, 경보등, 가변표시판 등

⑤ **도로구조물** : 교량, 고가도로, 지하차도, 터널의 유무 등

⑥ **교통통제 및 운영상태** : 일방통행제, 가변차로제, 버스전용차로제, 좌회전금지구역, 진입금지구역, 주・정차금지구역, 공사구역, 속도제한 등

(3) 사고 당시의 각종 조건

① **기상조건** : 사고 당일의 기상조건, 사고 시간대 운전자의 섬광으로 인한 신호등 및 기타 교통통제시설, 장애물 등의 인지방해 여부

② **노면조건** : 건조, 습윤, 빙설 등

③ **가변성 장애물** : 관목, 울타리, 작물, 잡초, 눈더미, 건설자재, 노상적재물, 주・정차 차량, 임시안내판 및 돌출간판 높이 등

제2절 인터뷰 조사의 방법

1. 사고 당사자 조사

(1) 교통사고 발생에 대해서 운전자의 과실 정도를 특정하는 요인

① 기상조건, 노면조건, 일광조건, 시계, 가변성 장애물, 섬광(눈부심) 등에 대하여 질문을 해야 한다.

② 사고 당시 시간대에 운전자가 시설물 등의 인지상태, 즉 태양에 의하여 신호등 및 기타 교통통제시설, 장애물 등의 인지에 방해를 받았는지에 대해 질문한다.

(2) 교통사고 당시의 상황 요인

① 사고차량의 속도(감・가속상태)

② 충돌위치

③ 운전자의 위험인지 예상 상태

④ 핸들 조향 여부 등

2. 목격자 등에 대한 조사

(1) 목격자

① 차량 동승자나 제3자인 목격자를 말한다.

② 사고 현장에 목격자가 있을 때는 즉석에서 그 주소, 성명, 직업, 전화번호 등을 확인하고 인터뷰 조사에 협조를 의뢰한다.

③ 목격자는 가능한 다수를 확보하여야 한다.

(2) 목격자 조사 내용

① 사고 당시 목격자가 사고차량을 목격한 위치에 대하여 질문한다.

② 사고차량의 충돌 후 최종 정지위치에 대하여 질문한다.

③ 사고차량 및 탑승자의 최종 위치에 대하여 질문한다.

④ 가해차의 상황(진로속도, 경음기취명, 파괴상황, 충돌상황, 피해자구호상황 등)을 질문한다.

⑤ 피해차의 상황(진로, 자세, 휴대품, 전도지점, 방향, 부상상황 등)에 대해 질문한다.

⑥ 기타 충돌 후 파편물의 낙하위치 등에 대하여 질문한다.

3. 교통사고 3단계 조사법

교통사고 발생과정을 사고 전, 사고 당시, 사고 후로 진행과정을 3단계로 구분 조사하여야 사고원인을 밝혀낼 수 있다.

4. 사고당사자 및 목격자 사고조사 7대 기본원칙

(1) 사고에 관해 무엇을 알고 있는지 단계별로 밝힌다.

(2) 선입관(편견) 없이 객관적이 되어야 한다.

(3) 긍정적인 사고와 질문으로 조사에 임해야 한다.

(4) 정확한 답변을 얻기 위하여 명확하고 특별하게 질문하여야 한다.

(5) 질문에 대한 답변에 관하여 논쟁하지 말아야 한다.

(6) 질문은 요령있게, 이해하기 쉽게, 부드럽게 하여야 한다.

(7) 사고에 적합하고 논리적으로 질문하여야 한다.

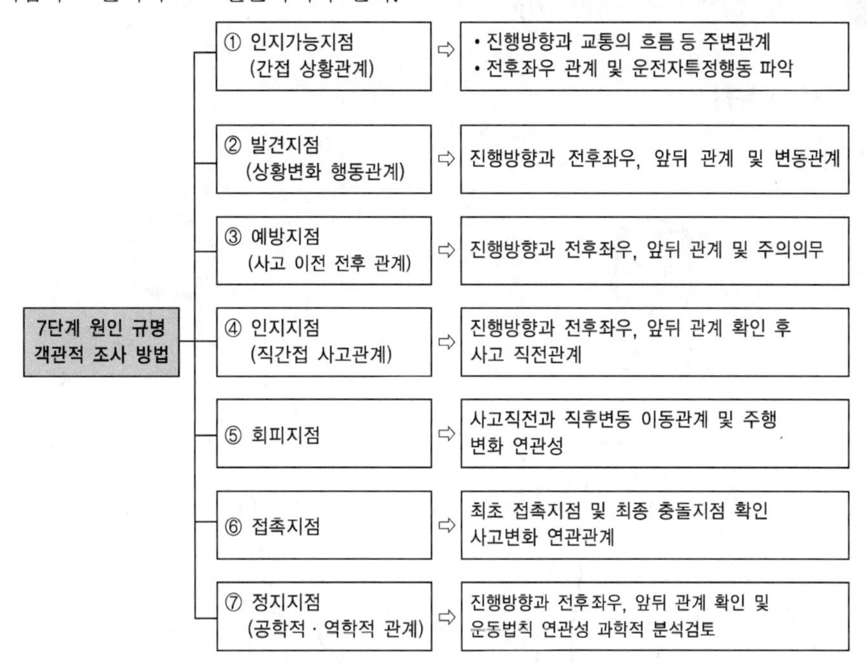

제3절 인체 상해도에 대한 이해

1. 인체 손상 부위

(1) 신체부위

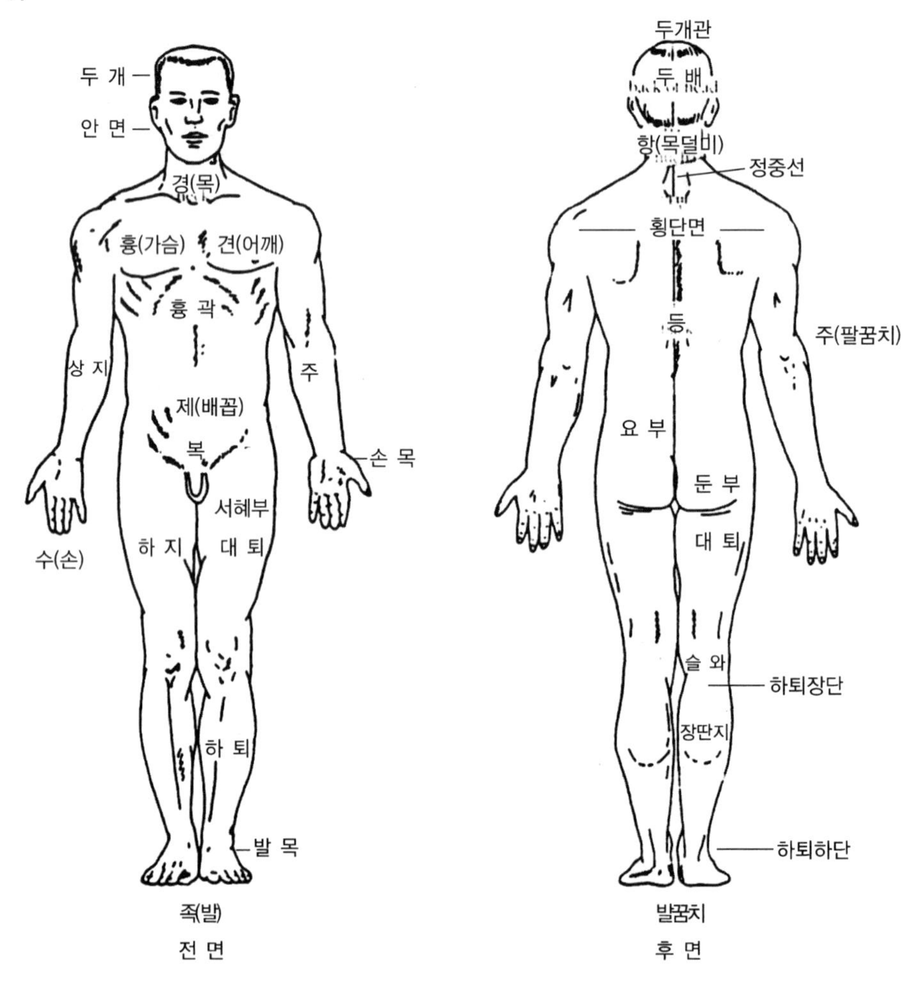

[신체부위의 명칭]

(2) 인체골격

① 인체가 특유한 형태를 이루고 있는 것은 내부에 다수의 뼈가 연결되어 골격을 형성하기 때문이며, 이 전체를 골격계(Skeletal System)라고 한다.

② 골격은 인체를 지지하고 있으며, 뇌 및 내장 기타의 기관을 보호하고, 수동적인 운동기관으로서 중요하다. 뼈는 어느 정도의 탄력성이 있는 딱딱한 구조물이나 생체에서는 아주 활성이 있으며 조혈기능과 칼슘 및 인산염 등의 대사에 큰 역할을 하는 조직이다.

③ 성인의 골격은 206개의 뼈로 되어 있고, 체간골격에는 척추 26개, 두개 22개, 설골 1개, 늑골 및 흉골 25개 등 74개로 구분되고, 체지골격에는 상지골 64개, 하지골 62개로 총 126개로 구성되고, 마지막으로 이소골에는 6개로 구분되어 있다.

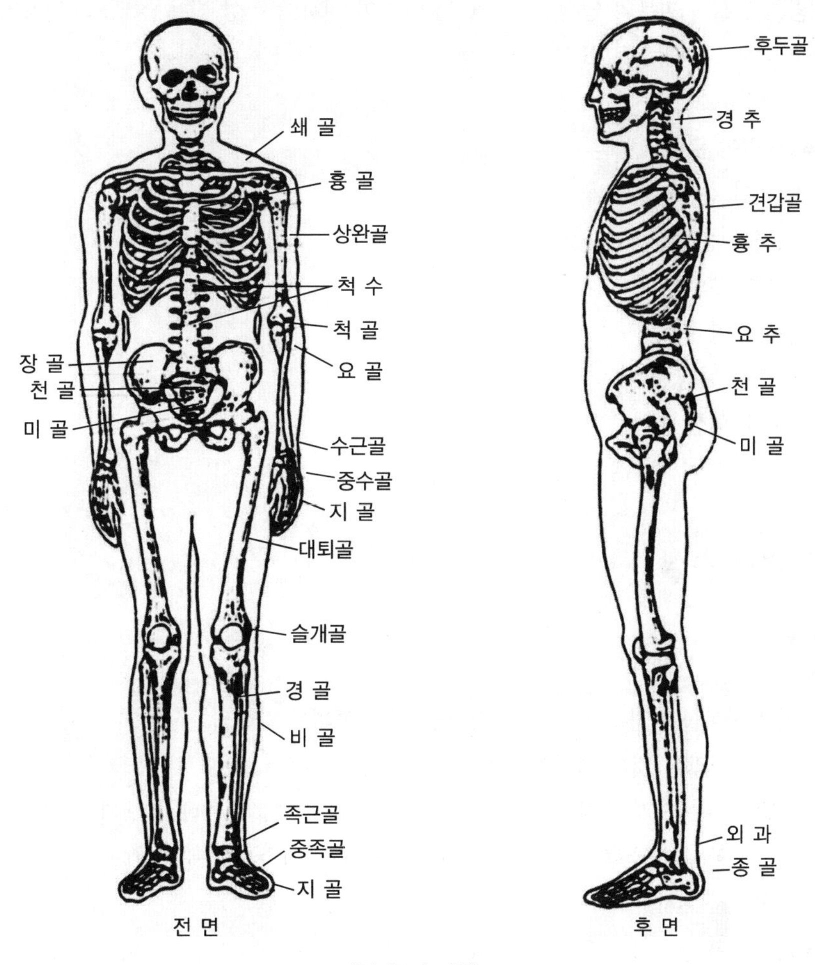

[인체골격 명칭]

2. 손상 및 상해

(1) 손상 및 상해의 개념

① 손상 : 외부적인 원인(물리적 또는 화학적)이 인체에 작용하여 형태적 변화 또는 기능적인 장애를 초래한 것을 말한다.

② 상해 : 외부적 원인으로 건강상태를 해치고, 그 생리적 기능에 장애를 준 모든 가해 사실을 말한다.

(2) 손상의 형태학적 분류

① **개방성 손상** : 손상 받은 결과로 피부의 연속성이 파괴되어 그 연속성이 단리된 상태의 손상을 말하며, 임상에서는 창이라는 어미를 갖는 손상명으로 표시된다.

② **비개방성 손상** : 피부의 연속성이 단리됨이 없이 피하에 손상 받은 상태로, 임상에서는 상이라는 어미를 갖는 손상명으로 표시된다.

(3) 성상물체에 의한 분류

① 둔기에 의한 손상

② 예기에 의한 손상

③ 총기에 의한 손상

④ 폭발물에 의한 손상

⑤ 추락에 의한 손상

⑥ 교통사고에 의한 손상

3. 둔기에 의한 손상

(1) 표피박탈

① **개 념**

㉠ 둔체가 피부를 찰과・마찰・압박 및 타박하여 표피가 박리되고, 진피가 노출된 손상으로 진피까지 달하지 않은 것은 출혈이 없다.

㉡ 표피박탈은 반드시 물체가 작용한 면의 크기와 방향에 일치해서 생기는 것이 특징이다.

② **종류** : 작용된 흉기의 종류 및 작용기전에 따라 다음 4종으로 구분한다.

㉠ 찰과상(Abrasion)

- 의의 : 표면이 거친 둔체가 찰과(단 1회)되기 때문에 야기되는 표피박탈로 자전거를 타고가다 지면에 쓰러질 때 보는 표피박탈은 좋은 예이다.
- 특징 : 물체가 작용하기 시작한 부위의 표피박탈은 점차 깊어지기 시작한 경사진 연변을 가지고 있으며 물체가 피부에서 떨어진 부위의 표피박탈은 박리된 표피가 판상을 이루고 있다.

㉡ 마찰성 표피박탈(Friction Excoriation)

- 의의 : 둔체가 마찰(반복찰과)되기 때문에 야기되는 표피박탈이다.
- 특징 : 작용한 물체의 면이 거칠고 딱딱할 경우 선상의 표피박탈이 형성되며, 작용한 면이 부드럽고 연한 경우에는 각질층의 표피만이 박리된다. 또한, 강한 압박이 가하여지면서 마찰된 경우에는 압박성 표피박탈의 성상을 지닌 표피박탈도 함께 보게 된다.

㉢ 압박성 표피박탈(Imprint Excoriation)

- 의의 : 피부가 둔체로 압박되어 야기되는 표피박탈로 교흔이 좋은 예이다.
- 특징 : 그 형태는 작용한 물체의 면과 일치되는 표피박탈이 형성된다. 예를 들어 역과 시에 보는 자동차의 타이어흔을 들 수 있다.

㉣ 할퀴기(Scratch)

- 의의 : 첨단이 비교적 예리하고 가벼운 흉기, 예를 들어 손톱 등으로 할퀴어 야기되는 표피박탈을 말한다.
- 특징 : 손톱에 의하여 반월상의 표피박탈이 형성되며 긴 손톱의 경우는 꼬리가 긴 표피박탈이 형성되는 것이 특징이다.

③ 법의학적 의의

㉠ 표피박탈은 가피가 형성되었다가 7~10일 후에는 자연 탈락되기 때문에 임상적으로는 치료의 대상이 거의 되지 않는 손상이다.

㉡ 외력의 작용 시발점을 알 수 있다.

㉢ 외력의 작용 방향을 알 수 있다.

㉣ 성상물체의 작용면의 형상을 알 수 있다.

㉤ 사인을 설명해 준다(액사의 경우).

㉥ 가해자의 습관을 나타낸다(액사 때 왼손잡이의 경우는 이에 해당하는 액흔을 보인다).

㉦ 표피박탈 내의 이물은 작용 흉기를 표시해 준다.

(2) 피하출혈

① 개 념

㉠ 둔체가 작용한 경우 피부의 단리됨이 없이 피하에 야기된 출혈을 말하며, 일명 좌상(Contusion) 또는 타박상(Bruise)이라고도 한다.

㉡ 외상성으로 야기되는 경우가 가장 많으며 개인에 따라, 신체 부위에 따라, 연령(어린이와 노인은 혈관이 약하여 출혈되기 쉽다)에 따라 그 정도의 차가 있다.

㉢ 병적으로 괴혈병, 자반병 등에 있어서는 외상이 없어도 피하출혈을 본다.

② 특 징

㉠ 형태 : 피하출혈은 그 크기에 따라 점상으로 출혈된 것을 점상출혈이라고 하며, 직경 약 1[cm]까지의 것을 일혈, 그 이상의 것을 일혈반(Ecchymosis)이라고 하며, 출혈량이 많아서 피부면이 융기할 정도의 것을 혈종이라고 한다.

㉡ 발생 부위

- 피하출혈은 외력이 가하여진 부위에 야기되는 것이 대부분의 경우이다.

- 외력이 가하여진 양측 부위에 형성되는 경우도 있다. 즉, 일정한 폭을 지니고 중량이 가벼운 물체, 예를 들어 혁대 · 대나무자 또는 알루미늄관 등이 작용되면 표재성인 모세혈관만이 파열되어 출혈되며 이때 받은 압력 때문에 출혈된 혈액은 가해받은 양측에 밀리게 되어 피하출혈이 형성되는데, 이것을 중선출혈(Double Line Hemorrhage)이라고 한다.
- 때로는 외력이 가하여진 부위와는 전혀 관계없는 다른 부위에서 출혈을 보는 경우도 있다. 피하조직이 치밀한 부위에서는 비록 출혈이 야기되어도 그 부위에 고일 수가 없어서 조직 간격이 성근 부위로 이동하게 되는데 이러한 현상이 잘 일어나는 부위는 안와부 · 음낭 등이다.

ⓒ 빛깔의 변화 : 신선한 피하출혈은 암적색 또는 자청색을 나타내다가 시간이 경과됨에 따라 피부의 빛깔도 갈색, 녹색, 황색조를 띠다가 소실된다.

③ **법의학적 의의** : 피하출혈이 증명된다는 것은 생활반응이 양성이라는 의미이며 그 손상은 생전에 이루어졌다는 법의학적으로 매우 중요한 의의를 지니게 된다.

> ◆ Tip **박피상(Avulsion), 데콜만(Decollement)**
> 좌상을 일으킬 수 있는 둔기가 시각을 이루거나 회전되면서 인체에 작용될 때 피부가 단열됨이 없이 피부의 피하조직이 박리되는 것을 박피상 또는 '데콜만'이라고 하며 사지가 역과될 때 자주 본다.

(3) 좌열창

① 개 념

㉠ 좌창과 열창이 혼합되어 있는 손상 또는 좌창과 열창의 명확한 구별이 곤란한 손상을 좌열창이라 한다.

㉡ 모든 둔기(돌 · 망치 · 삽 · 각목 · 주먹 등)가 작용한 부위, 작용각도 및 방향에 따라 이루어진 손상의 형태에는 차가 생긴다.

② 좌 창

㉠ 피부를 포함하는 연조직(근육)이 피해자의 골격과 작용한 둔체 사이에서 좌멸되어 야기되는 창을 말한다.

㉡ 체표면에 작용된 둔기가 골격의 방향으로 힘이 전도되는 경우, 피부 및 피하의 연조직은 강압 때문에 좌멸되는 것이다. 따라서 복벽과 같이 하층에 골격이 없거나 또는 둔부와 같이 하층에 골격이 있다 해도 근육과 피하조직이 많은 부분에서는 작용된 힘이 흡수되어 좌창이 형성되는 일은 거의 없다.

ⓒ 좌창은 어느 정도 성상둔기의 형과 관계되며 많은 것은 성상형 · 분화구형을 보이며 창연 자체는 불규칙하고 분지를 지니는 것이 많으며 창각은 언제나 둔하며 2개 이상인 경우가 많다.

③ 열 창

㉠ 창을 야기하는 성상둔기가 하나이거나 또는 두 개라 할지라도 그중 하나가 되는 인체 골격이 둔기작용 부위보다 먼 거리에 있는 경우 또는 많은 연조직이 있어 작용된 힘이 흡수되거나 작용된 둔체의 방향이 사각을 이루어 그 힘이 골격 방향으로 전달되지 않은 상태에서 피부가 과잉하게 견인되므로 그 탄력성의 한계를 넘으면 단열되는데, 이때 피부의 할선을 따라 단열되는 것을 열창이라 한다.

㉡ 열창은 언제나 창연이 피부의 할선과 일치, 즉 평행한 관계를 갖고 형성되는 것이다.

(4) 내장파열

① 신체에 강한 외력이 작용할 경우에 두개강 내, 흉강 내 혹은 복강 내의 장기가 손상을 입는 것을 말한다.

② 이때에는 둔력이 작용한 부위에 있는 장기가 파열될 뿐 아니라 때로는 다른 부위에 있는 장기가 파열할 수도 있다.

(5) 골절(Fracture)

① 외력의 작용이 강하여 뼈가 부분적 또는 완전히 이단된 상태를 말한다.

② 외력이 크고 일시에 가해질 때는 외상성 골절, 만성적인 가압에 의할 때는 지속골절 또는 피로 골절, 병적으로 조직이 침해되어 생기는 것은 병적 골절이라 한다. 골절은 장관골, 예를 들면 대퇴골이나 척골 등 외에 편평골, 두개골 등에도 일어난다.

(6) 두내강 내 손상(Intracranial Injury)

① 뇌진탕(Cerebral Concussion)

㉠ 뇌진탕은 머리에 비교적 광범위하게 심한 둔력이 작용했을 경우에 야기되는 대뇌의 기능장애를 말한다.

㉡ 의식상실이 주징후이며 구토와 서맥(徐脈)이 따르고, 그 최대의 특징은 충격을 받은 후 즉시 나타나는 의식상실이다.

㉢ 중증일 경우 의식이 상실된 채로 회복되지 않고 사망하나 단순한 뇌진탕일 경우에는 대개는 의식상실 상태가 손상을 받은 직후에 야기되었다가 비교적 단시간 내에 회복되는 것이 특징이다.

② 뇌좌상(Cerebral Contusion)

㉠ 뇌좌상은 둔적외력에 의하여 두개강 내에서 뇌실질이 손상되는 것으로서 흔히 골절을 수반한다.

㉡ 뇌손상의 결과로서 그 부위에 따라 운동마비 또는 장애, 경련, 언어장애, 각 뇌신경장애, 정신작용의 장애 등 소위 대뇌의 탈락 현상을 초래한다.

㉢ 뇌좌상은 뇌진탕, 뇌압증과 겹쳐서 오는 수가 많기 때문에 손상을 입은 초기에는 이것들의 감별이 곤란하나 시간이 경과함에 따라 용이해지고 뇌국소(腦局所) 증상이 있는 것, 고열이 지속되는 것, 요추천자(腰椎穿刺) 등으로 감별할 수도 있다.

③ 뇌압증(Cerebral Compression)

㉠ 머리 손상에 의해서 두개강 내에 이물이 침입되거나 혹은 두개강 내의 혈관이 파열되어 혈액이 두개강 내에 저류될 때, 외상 후 2차적으로 오는 뇌부종으로 뇌압박 증상이 발현된다.

㉡ 그 증상은 두통, 구토, 유두부종(乳頭浮腫, Papill Edema)의 3대 증상이 오고, 이 외에 한쪽의 동공산대(散大), 의식장애, 호흡수 감소와 국소 증상이 나타난다.

4. 예기로 인한 손상

(1) 절창(Incised Wounds)

① 개 념

㉠ 날을 지녔거나 또는 날에 비길만한 예리한 연변을 지닌 흉기를 장축으로 당기거나 밀면 절창이 야기된다. 수술 시 가하는 절개가 전형적인 절창이다.

㉡ 면도, 나이프 등은 물론이고 도자기, 유리 등의 파편의 예리한 가장자리, 예리하고 얇은 금속 등이 작용해도 절창이 형성된다.

② 특징 : 창연은 직선상으로 규칙적이며, 창각은 예리하고, 창저는 대체적으로 얕으며, 창면은 평활하고 가교상 조직이 없으며, 창강은 쐐기모양이며 이물이 없는 것이 통례이다.

③ 법의학적 의의

㉠ 의견상 작은 절창이지만 부위에 따라서는 사인이 되는 경우가 있다.

㉡ 사인이 되는 것은 절창을 통한 출혈로 인한 실혈, 공기전색, 흡인성 질식(출혈된 혈에 의한) 및 감염이다.

㉢ 시체의 다른 부위에 절창 또는 자창이 있고 수장부에 절창이 있다면 이것은 방어손상(Defense Injury)으로 간주하여야 한다.

㉣ 절창 중에서 법의학상 주요한 것은 목 부위의 절창이다. 목 부위의 대혈관이 절단되었을 때에는 실혈사를 일으키고, 목 정맥이 절단되었을 때에는 그 창구에서 공기가 흡인되어 공기전색을 일으켜 사망하는 수가 많다. 또 후두 혹은 기관이 잘리면, 혈액이 흡입되어 질식사하는 수가 있다. 미주신경이 한쪽만 잘리면 사망하는 일은 없으나 양측이 모두 손상을 받으면 성대문 폐색으로 인하여 질식사망한다.

(2) 자창(Stab Wounds)

① **개념** : 끝이 뾰족한 흉기의 장축이 인체 내에 자입되어 형성되는 것으로 그 종류에 따라 유첨무인기(송곳・바늘・못・나뭇가지・양산 끝 등), 유첨편인기(과도・식도 등의 칼 종류), 유첨양인기(양측에 날이 있는 칼 또는 비수 등)에 의하는 경우에는 각각 그 자창의 종류가 달라진다.

② **특징** : 창연의 길이보다 창면의 길이가 긴 것이 특징이며, 때로는 자출구가 있는 경우가 있다. 그러나 대부분은 자출구가 없는 경우가 많다.

㉠ 유첨무인기의 경우 : 자기의 단면이 원형인 경우에는 자입구는 방추형을 보이며 그 방추형의 장경은 피부할선과 평행한 방향으로 흐르게 된다. 단면이 3각추의 자기에 의하여 3방사선상, 4각추에 의하여 4방사선, 5각추에 의하여 별모양의 자입구가 형성된다.

㉡ 유첨편인기의 경우 : 날이 있는 측의 창각은 예각을 보이는 데 비하여 도배부에 의한 창각은 전자보다 둔한 창각을 이룬다. 또, 편인기에 의한 경우에는 인측의 창각이 두 개 형성되는 것이 통례이다. 그 이유는 자입 때 형성되고 자출 때 또 다른 창각을 형성하게 된다. 즉, 자기를 회전시키는 방향으로 휘두르면서 자입되었던 것을 자출하는 경우에는 인측 창각의 분기가 더욱 떨어져 마치 2회 자입한 것 같은 양상을 보인다.

㉢ 유첨양인기의 경우 : 양창각이 예각을 이루는 것이 특징이며 때로는 양창각에 분기된 창각을 지니는 경우가 있는데 이것은 자입, 자출 때 각각 형성되는 것이다.

㉣ 자기에 자루가 있는 경우 : 자기에 자루가 달린 경우에는 이에 해당하는 표피박탈을 창연 주위에서 보게 된다.

㉤ 실질장기의 자창 : 비록 피부의 자창으로 그 자기의 종류 판정이 곤란한 경우라 할지라도 간・신・연골 등은 피부와 같은 탄력성을 지니지 않았기 때문에 인측과 배측, 편인과 양인의 관계가 비교적 명료하게 감별될 수 있고 성상자기의 단면도 충실히 표현해 준다.

③ **법의학적 의의** : 자창은 외견상 비록 작은 창이나 심부장기조직이 손상되기 때문에 치명상이 되는 경우가 많다. 사인으로는 실혈・공기전색・흡인성 질식・양측 기흉 및 감염 등이다.

(3) 할창(Chop Wounds)

① **개념** : 날을 지녔고 비교적 중량이 있고 자루가 부착된 흉기, 예를 들어 도끼・손도끼・대검 등에 의하여 형성된다.

② **특 징**

㉠ 절창과 좌열창의 중간성상을 보이는 것으로 창연은 비교적 규칙적이며, 그 주위에서 표피박탈을 보는데, 양창연의 표피박탈의 폭을 재는 것은 흉기의 작용방향 및 각도를 결정하는 데 결정적인 근거가 된다.

㉡ 만일에 좌우창연 주위의 표피박탈의 폭이 같으면 흉기는 창에 대하여 수직으로 작용한 것이며, 폭이 넓을수록 그쪽으로 더욱 더 경사진 것을 의미하는 것이다. 창면에는 가교상 조직이 없으며 대검에 의한 창은 절창과 유사한 성상을 보인다.

㉢ 중량 때문에 골절이 동반되는 경우가 많으며 심한 경우, 특히 수지 및 사지에서는 절단되기도 한다.

③ **법의학적 의의** : 두부의 할창이 사인으로 되는 것은 뇌의 손상을 동반하는 경우이며 그 외 부위에서는 실혈·감염 등이 사인으로 작용한다. 할창이 있는 시체는 타살체인 경우가 많다.

[인체 상해 조사표(1인 1매)]

<table>
<tr><td colspan="2">발생일시</td><td colspan="2">년도 월 일 시 분</td><td>발생장소</td><td colspan="2"></td><td colspan="2">보고서번호</td><td></td></tr>
<tr><td colspan="2">차 종</td><td colspan="3">상해자</td><td colspan="2">보행자 여부</td><td colspan="3">조사자</td></tr>
<tr><td colspan="2">성 명 (남·여)</td><td>연 령</td><td colspan="2">신 장 cm</td><td colspan="2">체 중 kg</td><td colspan="3">조사일시</td></tr>
<tr><td colspan="2">차량번호</td><td colspan="3">좌석위치 번째 좌석(좌, 우, 중)</td><td colspan="5">안전벨트 (착용, 미착용)</td></tr>
<tr><td>구 분</td><td>상해부위</td><td colspan="3">상해부위의 진단명</td><td>너 비</td><td>폭</td><td>깊 이</td><td colspan="2">추정가해물</td></tr>
<tr><td></td><td></td><td colspan="3"></td><td></td><td></td><td></td><td colspan="2"></td></tr>
<tr><td></td><td></td><td colspan="3"></td><td></td><td></td><td></td><td colspan="2"></td></tr>
<tr><td></td><td></td><td colspan="3"></td><td></td><td></td><td></td><td colspan="2"></td></tr>
<tr><td colspan="10">〈인체상해〉

〈골격상해〉</td></tr>
</table>

5. 자동차보험에서 사용하는 AIS(표준간이 상해도)지표

(1) 표준간이 상해도의 개념

AIS코드는 자동차보험 의료비 통계분석 및 상해에 관한 조사 분석을 위해 1991년 미국 및 일본의 자동차 사고 표준간이 상해도(AIS코드)를 기초로 우리 실정에 맞게 수정한 것으로 우리나라의 경우 상해 정도를 5단계로 구분하여 두안부, 경부, 배요부, 흉부, 복부, 상지, 하지, 전신, 기타 9단계 상해부위와 좌상, 염좌, 창상, 인대파열, 골절 등 상해의 형태에 따라 구분한다.

(2) 상해도의 분류

① **상해도 1** : 상해가 가볍고 그 상해를 위한 특별한 대책이 필요 없는 것으로 생명의 위험도가 1~10[%]인 것(경미)

② **상해도 2** : 생명에 지장이 없으나 어느 정도 충분한 치료를 필요로 하는 것으로 생명의 위험도가 11~30[%]인 것(경도)

③ **상해도 3** : 생명의 위험은 적지만 상해 자체가 충분한 치료를 필요로 하는 것으로 생명의 위험도가 31~70[%]인 것(중증도)

④ **상해도 4** : 생명의 위험은 있으나 현재 의학적으로 적절한 치료가 이루어지면 구명의 가능성이 있는 것으로 생명의 위험도가 71~90[%]인 것(고도)

⑤ **상해도 5** : 의학적으로 치료의 범위를 넘어서 구명의 가능성이 불확실한 것으로 생명의 위험도가 91~100[%]인 것(극도)

⑥ **상해도 9** : 원인 및 증상을 자세히 알 수 없어서 분류가 불가능한 것(불명)

[AIS 상해코드]

AIS 기준	상해구분
1	Minor : 경상(輕傷)
2	Moderate : 중상(中傷)
3	Serious : 중상(重傷)
4	Severe : 중태
5	Critical : 빈사
6	• Maximum Injury : 최대부상 • Virtually Unsurvivable : 사실상 생존불능
9	Unknown : 불상(不詳)

6. 자동차사고 시 인체손상

(1) 자동차에 의한 인체손상의 해석

① 자동차사고는 그 발생과정으로 보아 차량과 차량의 충돌, 차량과 다른 물체와의 충돌, 그리고 차량과 사람의 충돌 또는 역과 등으로 나눌 수 있으며, 이때 그 방향과 위치에 따라 세분할 수 있다.

② 제일 먼저 차체와 충돌되어 생긴 손상을 제1차 충돌손상(Primary Impact Injury)이라 하고, 제1차 충돌손상 후 신체가 차체에 부딪히거나 또는 땅에 쓰러져 생기는 손상을 제2차 충돌손상(Secondary Impact Injury)이라고 한다.

③ 피해자가 대지에 부딪히거나 차체에 충돌 후 공중에 날렸다가 대지에 떨어지는 손상을 제3차 충돌손상(Tertiary Impact Injury) 또는 전도손상(Overturn Injury)이라고 하며, 차량에 역과되어서 발생되는 손상을 역과손상(Runover Injury)이라고 한다.

(2) 보행자 손상

사륜차는 그 차종을 막론하고 대체적으로 일정한 외부 구조를 지녔으며, 손상 형성에 관여하는 부분인 외부로 돌출된 특정된 부분에 의해서 보행자의 특정한 부위에 국한된다는 것이 특징이라 하겠다. 즉, 차체의 범퍼, 보닛, 펜더, 백미러, 도어, 핸들, 라디오 안테나, 앞창유리에 의해서 충돌손상이 야기된다.

① 제1차 범퍼손상

㉠ 범퍼는 차종을 막론하고 차체의 최전방에 있기 때문에 사람과 충돌 시에는 보행자의 하지에 손상을 주게 된다. 트럭 또는 버스 등과 같은 대형차에 의해서는 대퇴부, 승용차와 보통 소형 화물차에 의해서는 하퇴의 상부에, 그리고 소형 승용차에 의해서는 하퇴의 하부에 각각 피하출혈, 표피박탈, 좌창 등의 손상을 보인다.

㉡ 범퍼손상은 대체로 좌상, 표피박탈, 좌열창, 박피손상, 심부근육내출혈, 심한 경우에는 골절과 연조직의 광범한 파괴 등과 때로는 골절단에 의한 천파상 등의 소견을 보인다.

㉢ 시속 50[km] 내외의 사륜차와 충돌 시 그 충돌이 피해자의 전방 또는 측방일 때 골절을 동반하지만, 후방으로부터의 충돌일 때는 골절은 거의 야기되지 않는다. 그러나 시속 100[km] 이상일 때는 후방에서의 충돌이라 할지라도 골절이 야기된다.

㉣ 골절은 주로 비골에서 많이 보는데, 골절은 충격이 가하여진 방향의 반대측으로 이동되며 심한 경우에는 열창이 형성된다. 따라서 범퍼손상 때 열창을 본다면 충격은 그 반대에서 가하여졌다는 것을 알 수 있다.

㉤ 배골절의 특징은 설상(Wedge Shape)을 보이며, 그 형성된 3각의 저면에 해당되는 부위가 충격이 가하여진 부위이며, 즉 저면에서 첨부로 향하는 힘에 의해서 골절이 야기된 것을 의미한다. 이런 골절을 메세레르 골절(Messerer's Fracture)이라고 한다.

㉥ 양하퇴의 측면에서 보는 충돌손상은 보행자가 보행 중 야기된 것을 의미한다.

ⓢ 범퍼의 형상 및 높이는 차량 고유의 것이기 때문에 이것으로 야기하는 손상의 형상 및 족척으로부터의 거리는 차종 추정에 도움이 된다.

ⓞ 1차 충돌이 강한 때는 피해자의 경부가 후방으로 과신전되며, 경추골의 탈구 또는 골절, 즉 척추의 손상으로 사인이 되는 수가 있다.

ⓩ 어린이의 1차 충돌손상은 상반신 때로는 경부에서 보는 경우도 있다.

중요 CHECK

보닛(Bonnet) · 프런트 라이트(Front Light) 및 펜더(Fender)에 의한 제1차 충돌손상의 특징

- 보닛 및 펜더 전단은 대퇴상부에서 둔부, 요부 또는 하복부 높이에 해당하는데, 이런 부위는 외부는 연조직이 많고, 내부는 골이라는 경조직이 적기 때문에 외력흡수가 좋아 외표손상이 경한 것 같이 관찰되지만, 내부손상은 심하여, 심부근육의 단열, 고도의 출혈, 복강장기의 파열, 골반골 및 요추골의 골절을 보게 된다.
- 프런트 라이트에 의한 손상은 윤상 또는 반월상의 피하출혈 또는 표피박탈을 보는 것이 특징이다.

② 제2차 충돌손상

㉠ 자동차의 제1차 충격부위는 대체로 성인의 무게중심보다 낮다. 따라서 충돌부위의 고저 영향을 받기는 하나 시속 40~50[km] 정도라면 보행자는 보닛 위로 떠올려져 보닛의 상면이나 전면 유리창 및 와이퍼(Wiper) 또는 후사경 등에 의하여 팔꿈치, 어깨와 두부를 비롯하여 흉부, 배부 및 안면부에 손상이 형성된다.

㉡ 표피박탈은 국소적인 것부터 광범한 것까지 다양하나 심부조직에는 거의 손상을 주지 않는 표재성인 것이 특징이다.

㉢ 차량의 속도가 시속 약 70[km] 이상 되면 차체의 상방보다는 측방으로 뜬 후 떨어지며 상방으로 뜨더라도 차량의 지붕이나 짐칸(Trunk) 또는 차량 뒤쪽의 지면에 직접 떨어진다. 따라서 제2차 충격손상이 없을 수도 있다. 반면 시속 약 3[km] 이하의 저속에서는 인체가 뜨기보다는 차량의 전면이나 측면으로 직접 전도되어 제2차 충격손상이 생기지 않는다.

㉣ 화물차나 버스와 같은 차종은 전면이 높고 수직이기 때문에 인체는 1차로 충격된 후 차량의 전면이나 측면으로 직접 전도되어 제2차 충격손상이 발생하지 않으며 역과되기 쉽다.

㉤ 소형차량에 의한 경우라도 어린이는 무게중심의 상방을 최초로 충격받기 때문에 어른이 화물차에 충격된 것과 같은 기전으로 이해하면 될 것이다. 그러나 강하게 급제동하였을 때는 어린이라도 무게중심의 하방을 충격할 수도 있다.

③ 제3차 충돌손상 또는 전도손상

㉠ 보행자의 자동차사고에 있어서 전도손상은 반드시 형성된다. 즉, 충돌 후에는 어떤 경과를 취한다 할지라도 최후에는 지상에 전도되기 때문인 것으로 이때 지면과 부딪쳐 야기하는 손상을 제3차 충돌손상 또는 전도손상이라고 한다.

㉡ 전도손상이 많이 형성되는 부위는 두부, 안면, 견봉, 후주, 수배, 슬개, 족배 등의 신체의 돌출부 또는 노출부에 손상을 보는데, 이때 손상의 심한 정도는 차속도에 비례해서 심한 결과를 가져온다.

㉢ 특징적인 것은 손상 내에서 토사 등의 이물을 보는 것이다. 그 후에 충돌차량 자체 또는 뒤에서 오던 차량에 의해 역과되는 경우가 있다.

④ **역과손상** : 지상에 전도된 후 충격을 가한 차량이나 제2, 제3차량에 의하여 역과될 수 있다. 역과손상은 바퀴와 차량의 하부구조에 의한다. 바퀴에 의하여 역과되었을 때, 항상 그렇지는 않으나 매우 심각한 손상이 일어난다. 즉, 바퀴와 접촉된 부분에는 바퀴흔을, 그 하방의 골격 또는 실질장기는 차량의 무게에 의한 손상을, 지면에 닿아 있는 반대편 피부에서는 지면과 마찰되어 생긴 손상을 본다. 어린이는 골격의 탄력성이 상당히 크기 때문에 골절이 일어나지 않을 수도 있다.

㉠ 바퀴흔

- 바퀴가 인체를 역과하면 차의 중량이 국소적으로 작용하여 바퀴의 모양이 체표면에 피하출혈 또는 표피박탈로 인상될 때가 있는데 이를 바퀴흔(Tire Mark)이라고 한다.
- 바퀴흔은 차량의 중량이 무거울수록 잘 생기며 가벼울 때에는 안 생기는 경우가 더 많다. 또한 체표면에서는 보지 못하나 의복에 형성될 수 있으므로 이에 대한 검토가 필요하다.
- 바퀴흔은 개시부와 종지부가 가장 심하며 개시부가 종지부보다 더 심하다.
- 바퀴의 모양은 기본적으로 Lug형, Rib형, Block형 및 이상의 혼합형(Rib-Lug형) 등 4형으로 크게 대별된다. 또한 같은 형이라도 사용하는 차량, 제조회사나 제조연도, 사용 정도 등에 따라 그 형태가 각양각색이므로 바퀴흔은 차량을 식별하는 데 큰 도움을 준다.
- 바퀴흔이 있으면 자를 대고 사진을 찍는 것은 물론 투명지를 대고 복사하여 두는 것이 좋다.

㉡ 장기손상(臟器損傷) 및 골절(骨折) : 역과시는 인체가 차량의 무게를 받는 바퀴와 지면 사이에서 압착되어 두개골 파열 및 두부의 변형이나 평편화, 늑골의 골절 및 흉부장기의 파열, 복부장기의 파열 및 탈출, 사지골절과 같은 심각한 손상이 초래된다.

㉢ 박피손상(剝皮損傷)

- 박피손상(Avulsion)이란 사각(斜角)으로 작용하거나 회전하는 둔력에 의하여 피부와 피하조직이 하방의 근막과 박리되는 것을 말하며 개방성일 때는 박피창, 비개방성일 때는 박피상이라고도 한다.
- 손상은 자동차의 바퀴가 역과할 때 가장 흔히 일어난다. 사지, 특히 대퇴부에 잘 형성되며 두부나 복부 및 요부 등을 역과할 때에도 본다.
- 두부에서는 피부가 모상건막과 더불어 박리된다. 외표에서 바퀴흔을 보는 경우도 있으나 경미하거나 없을 수도 있다. 그러나 역과 외에 자동차에 의한 직접적인 충격이나 추락 시에도 나타나므로 역과의 진단적 소견은 되지 못한다.

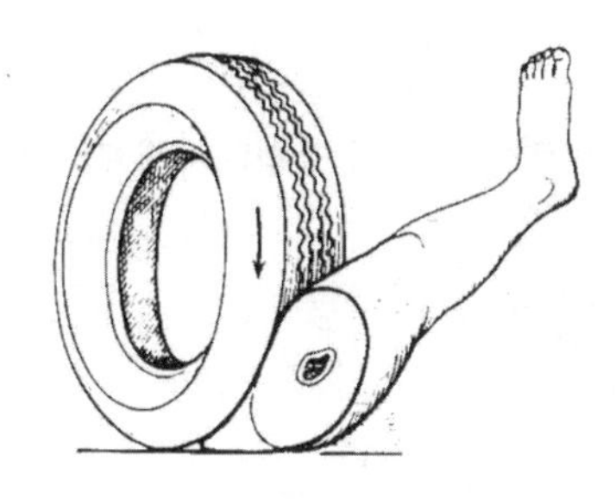

[박피손상의 발생기전(Ponsoid)]

[역과에 의한 하지의 박피손상(절개 후)]

중요 CHECK

이개(耳介)

이개부를 역과하면 이개는 바퀴의 회전력에 의하여 잡아당겨지므로 열창이 형성된다. 후방에서 전방으로 진행할 때는 이개의 전면에, 그 반대방향일 때는 후면에 열창이 일어난다.

㉣ 신전손상(伸展損傷)

- 역과와 같은 거대한 외력이 작용하면 외력이 작용한 부위에서 떨어진 피부가 신전력에 의하여 피부할선을 따라 찢어지는데 이를 신전손상이라 한다.
- 신전손상은 대게 얕고 짧으며 서로 평행한 표피열창이 무리를 이루어 나타나고 외력이 더욱 거대하면 열창의 형태로 나타난다.
- 두부, 안면부 및 흉부를 역과하였을 때는 주로 전경부 및 겨드랑이에, 복부와 대퇴부를 역과하였을 때는 사타구니, 하복부, 드물게는 슬와부에 형성되며 다른 부위에서는 거의 보지 못한다.
- 신전손상은 역과에서 가장 많이 보나 차가 둔부쪽을 강하게 충격하면 반대편의 피부가 과신전되어 하복부 또는 사타구니에 생기는 경우도 드물지 않으며 속력이 더욱 빠르면 열창이 생길 수도 있다. 따라서 충격에 의한 것인지 또는 역과에 의한 것인지는 옷이나 인체에서 바퀴흔의 유무를 관찰하여 판별한다. 차 이외에도 무거운 물체에 압착되던지 또는 추락에서도 볼 수 있다.

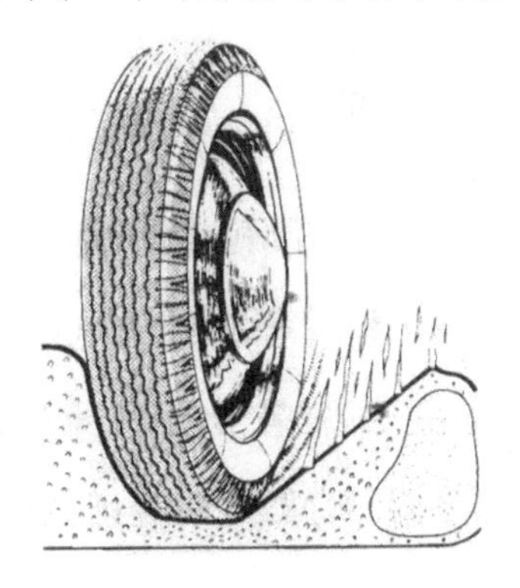

[신전손상의 발생기전]

(3) 탑승자(운전자 및 동승자) 손상

① 자동차 또는 오토바이(Motorcycle) 등의 손상

㉠ 이륜차의 사고일 때는 충돌흔이 자체 또는 앞바퀴에 형성되고 피해자에게는 제1차 충돌손상이 흉부(양측흉부) 및 복부에 형성된다.

㉡ 전도손상이 두부, 안면부 및 견갑부에 형성되고, 자전거, 이륜차사고 때 옆으로 쓰러져 생기는 손상으로 대퇴골에 골절을 보는 것이 특징이다.

② 삼륜차 또는 사륜차 사고 시는 운전자 손상

㉠ 주로 전흉복부 및 하지에 제1차 충돌손상이 형성되는 것이 특징인데, 이때 차의 작용면은 주로 핸들(Streeing Wheel & Column) 및 계기반(Dashboard)에 해당된다.

㉡ 제2차 충돌손상은 앞창유리(Windshield)에 의해 두부 및 안면부의 손상이 형성된다.

③ 핸들에 의한 손상

㉠ 특징은 전흉부에 윤상의 표피박탈 또는 좌상을 보는데, 겨울철과 같이 옷을 두텁게 입는 경우에는 외표손상이 전혀 없는 수도 있다.

㉡ 흉골 또는 늑골의 골절을 보이며 이로 인해서 심장 및 폐, 때로는 간 및 비장에 좌상에서 장기파열에까지 이르는 다양한 손상을 보게 된다.

㉢ 이때 보는 장기파열은 특정한 부위에서 자주 보는데, 심장의 경우는 우심방 후벽, 간의 경우에는 좌엽상연, 비장의 경우는 내측상연, 폐의 경우는 상하엽 내면에서 파열창을 많이 본다.

④ 경부의 손상

㉠ 차체가 전방 또는 후방에서 충돌될 때 잘 야기된다.

㉡ 경부의 지나친 신전 또는 굴곡 때문에 야기되는 것으로 제6 및 7경추골 높이에서 골절, 탈구 또는 출혈 및 연조직의 손상 등을 본다. 또 때로는 환추후두관절에 손상, 특히 탈구를 가져오기도 한다.

⑤ 편타손상(Whiplash Injury)

㉠ 체간부와 두부의 심한 전단현상이 일어나면 경부는 과도한 신전과 굴곡이 전후로 일어나서 마치 채찍질을 하여 마차가 갑자기 출발할 때처럼 두부가 전후로 과신전 및 굴곡되는 것을 편타손상이라 한다.

㉡ 때로는 같은 기전에 의해서 야기되는 경추의 탈구·골절 및 척수손상과 같이 손상이 심한 것은 편타손상이라 하지 않고 단순한 경추의 염좌만을 협의로 편타손상이라고 하는 경우도 있다.

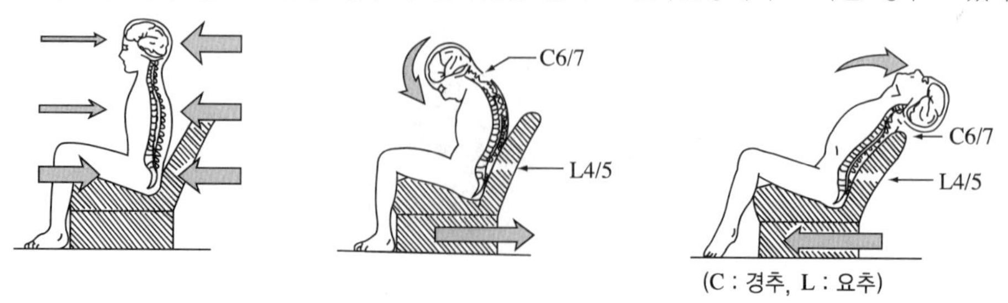

[편타손상의 발생기전]

⑥ 앞유리에 의한 손상

㉠ 안면·두부 및 경부에서 보는데, 최근에 와서는 안전유리가 개발되어 손상의 양상이 점차 달라지고 있다.

㉡ 안전유리(Safety Tempered Glass)를 사용한 경우에는 그 손상에 주사위 모양(Dicing Pattern)을 보이기 때문에 주사위 손상(Dicing Injury)이라고 한다.

⑦ 계기반에 의한 골절

㉠ 주로 대퇴골 하단에 설상의 골절을 보는 것이 특징인데, 이것은 좌위에서 슬개골 대퇴하단과 계기반 사이에서 골절이 야기되기 때문이다.

㉡ 그 외에 운전석에 있는 브레이크 또는 클러치 페달 등에 의해서 피해자의 하퇴 및 족관절부에 손상이 야기된다.

⑧ **동승자의 손상** : 동승자, 즉 승객의 손상은 핸들에 의한 손상 이외의 것은 운전자와 대동소이 하다.

CHAPTER

02 적중예상문제

01 다음 중 목격자 등의 조사에 관한 설명으로 옳지 않은 것은?

㉮ 피해차의 상황(진로속도, 경음기취명, 파괴상황, 충돌상황, 피해자구호상황 등)을 질문한다.
㉯ 사고차량 및 탑승자의 최종 위치에 대하여 질문한다.
㉰ 사고 당시 목격자가 사고차량을 목격한 위치에 대하여 질문한다.
㉱ 사고차량의 충돌 후 최종 정지위치에 대하여 질문한다.

해설 ㉮는 가해차의 상황에 대한 질문이며, 피해차의 상황 질문은 진로, 자세, 휴대품, 전도지점, 방향, 부상상황 등이다.

02 교통사고 조사로부터 얻을 수 있는 운전자 및 보행자에 대한 정보가 아닌 것은?

㉮ 사고경력이 많은 운전자
㉯ 거주지별 운전자 운전형태
㉰ 차량사고와 관련된 인명피해 정도와 피해부위
㉱ 육체적 및 심리검사결과와 사고의 관계

해설 교통사고분석으로부터 얻을 수 있는 정보

운전자 및 보행자	차량조건	도로조건 및 교통조건
• 사고경력이 많은 운전자 • 육체적 및 심리검사결과와 사고의 관계 • 연령별 사고발생률 • 거주지별 운전자 운전행태	• 차량손상의 심각도 • 차량특성과 사고발생의 관계 • 차량사고와 관련된 인명피해 정도, 피해부위	• 도로의 특성과 사고발생 및 심각도와의 관계 • 도로조건 변화의 효과 • 교통안전시설의 효과 • 교통운영방법, 차종구성비와 사고율의 관계

03 운전자가 위험을 인지하고 브레이크 페달을 밟아 브레이크가 듣기 시작하기까지 걸리는 시간을 무엇이라고 하는가?

㉮ 지각반응시간
㉯ 제동시간
㉰ 인지시간
㉱ 정지시간

해설 지각반응시간은 운전자가 동작의 필요함을 인지한 시간으로부터 실제 동작에 옮길 때까지 걸리는 시간이다.

1 ㉮ 2 ㉰ 3 ㉮ 정답

04 지각반응시간 동안 주행한 거리를 무엇이라 하는가?

㉮ 지각거리 ㉯ 제동거리
㉰ 정지거리 ㉱ 공주거리

05 다음 시각 중 얼굴과 눈을 정면으로 두었을 때 주위를 볼 수 있는 범위는?

㉮ 색 약 ㉯ 시 야
㉰ 현혹회복력 ㉱ 시 력

해설 시각에 대한 정리 – 시각(운전 시 필요한 정보의 80[%] 이상)
- 시력 – 교통표지판 인식에 어려움
- 야간시력 – 야간주행에 어려움
- 현혹회복력 – 눈부심
- 시야 – 주위를 볼 수 있는 범위
- 색약 – 신호등 파악

06 손상과 상해에 대한 설명으로 옳지 않은 것은?

㉮ 손상이란 외부적인 원인(물리적 또는 화학적)이 인체에 작용하여 형태적 변화 또는 기능적인 장애를 초래한 것이다.
㉯ 손상이란 외부적 원인으로 건강상태를 해치고, 그 생리적 기능에 장애를 준 모든 가해 사실이다.
㉰ 개방성 손상이란 손상 받은 결과로 피부의 연속성이 파괴되어 그 연속성이 단리된 상태의 손상을 말한다.
㉱ 비개방성 손상이란 피부의 연속성이 단리됨이 없이 피하에 손상 받은 상태이다.

해설 ㉯는 상해에 대한 설명이다.

07 특정 사고의 사고 유발 책임 소재를 규명하는 데 사용하는 교통사고분석 방법은?

㉮ 위험도분석
㉯ 사고요인분석
㉰ 사고원인분석
㉱ 기본적인 사고통계 비교분석

해설 ㉰의 사고다발지역, 특정사고분석 등은 미시적 분석방법이다.

정답 4 ㉱ 5 ㉯ 6 ㉯ 7 ㉰

08 표피박탈에 대한 설명으로 옳지 않은 것은?

㉮ 표피박탈은 반드시 물체가 작용한 면의 크기와 방향에 일치해서 생기는 것이 특징이다.

㉯ 둔체가 피부를 찰과・마찰・압박 및 타박하여 표피가 박리되고, 진피가 노출된 손상으로 진피까지 달하지 않은 것은 출혈이 없다.

㉰ 종류는 찰과상, 마찰성 표피박탈, 압박성 표피박탈, 할퀴기의 4종으로 구분한다.

㉱ 표피박탈은 임상적으로 치료의 대상이 된다.

해설 ㉱ 표피박탈은 가피가 형성되었다가 7~10일 후에는 자연 탈락되기 때문에 임상적으로는 치료의 대상이 거의 되지 않는 손상이다.

09 피하출혈에 대한 설명으로 옳지 않은 것은?

㉮ 둔체가 작용한 경우 피부의 단리됨이 없이 피하에 야기된 출혈을 말하며, 일명 좌상(Contusion) 또는 타박상(Bruise)이라고도 한다.

㉯ 외상성으로 야기되는 경우가 가장 많으며 개인에 따라, 신체 부위에 따라, 연령(어린이와 노인은 혈관이 약하여 출혈되기 쉽다)에 따라 그 정도의 차가 있다.

㉰ 병적으로 괴혈병, 자반병 등에 있어서는 외상이 없어도 피하출혈을 본다.

㉱ 피하출혈은 그 크기에 따라 점상으로 출혈된 것을 점상출혈이라고 하며, 직경 약 1[cm]까지의 것을 일혈반(Ecchymosis)이라고 한다.

해설 ㉱ 피하출혈은 그 크기에 따라 점상으로 출혈된 것을 점상출혈이라고 하며, 직경 약 1[cm]까지의 것을 일혈, 그 이상의 것을 일혈반(Ecchymosis)이라고 하며, 출혈량이 많아서 피부면이 융기할 정도의 것을 혈종이라고 한다.

10 좌열창에 대한 설명으로 옳지 않은 것은?

㉮ 좌창과 열창이 혼합되어 있는 손상 또는 좌창과 열창의 명확한 구별이 곤란한 손상을 좌열창이라 한다.

㉯ 좌창은 피부를 포함하는 연조직(근육)이 피해자의 골격과 작용한 둔체 사이에서 좌멸되어 야기되는 창을 말한다.

㉰ 좌창은 언제나 창연이 피부의 할선과 일치, 즉 평행한 관계를 갖고 형성된다.

㉱ 좌창은 어느 정도 성상둔기의 형과 관계되며 많은 것은 성상형・분화구형을 보이며 창연 자체는 불규칙하고 분지를 지니는 것이 많으며 창각은 언제나 둔하며 2개 이상인 경우가 많다.

해설 ㉰는 열창에 대한 설명이다.

8 ㉱ 9 ㉱ 10 ㉰ **정답**

11 두내강 내 손상(Intracranial Injury)에 대한 설명으로 옳지 않은 것은?

㉮ 뇌진탕은 머리에 비교적 광범위하게 심한 둔력이 작용했을 경우에 야기되는 대뇌의 기능장애를 말한다.

㉯ 뇌진탕의 증상은 두통, 구토, 유두부종(Papill Edema)의 3대 증상이 온다.

㉰ 뇌좌상은 둔적 외력에 의하여 두개강 내에서 뇌실질이 손상되는 것을 말하는 것으로서 흔히 골절을 수반한다.

㉱ 뇌압증은 머리 손상에 의해서 두개강 내에 이물이 침입되거나 혹은 두개강 내의 혈관이 파열되어 혈액이 두개강 내에 저류될 때, 외상 후 2차적으로 오는 뇌부종으로 뇌압박 증상이 발현된다.

해설 ㉯는 뇌압증의 증상이다. 이외에 한 쪽의 동공산대(散大), 의식장애, 호흡수 감소와 국소 증상이 나타난다.

12 다음 중 절창(Incised Wounds)에 대한 설명으로 거리가 먼 것은?

㉮ 수술 시에 가하는 절개가 전형적인 절창이다.

㉯ 면도, 나이프 등은 물론이고 도자기, 유리 등의 파편의 예리한 가장자리, 예리하고 얇은 금속 등이 작용해도 절창이 형성된다.

㉰ 절창 중에서 법의학상 주요한 것은 흉부의 절창이다.

㉱ 시체의 다른 부위에 절창 또는 자창이 있고 수장부에 절창이 있다면 이것은 방어손상(Defense Injury)으로 간주하여야 한다.

해설 절창 중에서 법의학상 주요한 것은 목 부위의 절창이다. 목 부위의 대혈관이 절단되었을 때에는 실혈사를 일으키고, 목 정맥이 절단되었을 때에는 그 창구에서 공기가 흡인되어 공기 전색을 일으켜 사망하는 수가 많다. 또 후두 혹은 기관이 잘리면, 혈액이 흡입되어 질식사하는 수가 있다. 미주신경이 한쪽만 잘리면 사망하는 일은 없으나 양측이 모두 손상을 받으면 성대문 폐색으로 인하여 질식사망한다.

13 다음 중 자창(Stab Wounds)에 대한 설명으로 거리가 먼 것은?

㉮ 끝이 뾰족한 흉기의 장축이 인체 내에 자입되어 형성되는 것이다.

㉯ 종류에 따라 유첨무인기(송곳・바늘・못・나뭇가지・양산 끝 등), 유첨편인기(과도・식도 등의 칼 종류), 유첨양인기(양측에 날이 있는 칼 또는 비수 등)로 나뉜다.

㉰ 창연의 길이보다 창면의 길이가 짧은 것이 특징이며 때로는 자출구가 있는 경우가 있다.

㉱ 자창은 외견상 비록 작은 창이나 심부장기조직이 손상되기 때문에 치명상이 되는 경우가 많다. 사인으로는 실혈・공기전색・흡인성질식・양측기흉 및 감염 등이다.

해설 ㉰ 창연의 길이보다 창면의 길이가 긴 것이 특징이며 때로는 자출구가 있는 경우가 있다. 그러나 대부분은 자출구가 없는 경우가 많다.

정답 11 ㉯ 12 ㉰ 13 ㉰

14 다음 중 할창(Chop Wounds)에 대한 설명으로 거리가 먼 것은?

㉮ 날을 지녔고 비교적 중량이 있으며 자루가 부착된 흉기, 예를 들어 도끼·손도끼·대검 등에 의하여 형성된다.

㉯ 절창과 좌열창의 중간성상을 보이는 것으로 창연은 비교적 규칙적이다.

㉰ 두부의 할창이 사인으로 되는 것은 심장의 손상을 동반하는 경우이다.

㉱ 양창연의 표피박탈의 폭을 재는 것은 흉기의 작용방향 및 각도를 결정하는 데 결정적인 근거가 된다.

해설 **법의학적 의의**
두부의 할창이 사인으로 되는 것은 뇌의 손상을 동반하는 경우이며 그 외 부위에서는 실혈·감염 등이 사인으로 작용한다. 할창이 있는 시체는 타살체인 경우가 많다.

15 다음 중 AIS의 설명으로 옳지 않은 것은?

㉮ 상해도 3은 생명의 위험은 적지만 상해 자체가 충분한 치료를 필요로 하는 것으로 생명의 위험도가 31~70[%]인 것이다.

㉯ 상해도 4는 상해에 의한 생명이 위험은 있으나 현재 의학적으로 적절한 치료가 이루어지면 구명의 가능성이 있는 것으로 생명의 위험도가 71~90[%]인 것이다.

㉰ 상해도 5는 의학적으로 치료의 범위를 넘어서 구명의 가능성이 불확실한 것으로 생명의 위험도가 91~100[%]인 것이다.

㉱ 상해도 9는 생명의 위험도가 전혀 없는 것이다.

해설 ㉱ 상해도 9는 원인 및 증상을 자세히 알 수 없어서 분류가 불가능한 것이다(불명).

16 다음 중 자동차에 의한 인체손상의 설명으로 옳지 않은 것은?

㉮ 자동차사고는 그 발생과정으로 보아 차량과 차량의 충돌, 차량과 다른 물체와의 충돌, 그리고 차량과 사람의 충돌 또는 역과 등으로 나눌 수 있다.

㉯ 차체와 충돌하여 생긴 손상을 제2차 충돌손상이라고 한다.

㉰ 피해자가 대지에 부딪히거나 차체에 충돌 후 공중에 날렸다가 대지에 떨어지는 손상을 제3차 충돌손상 또는 전도손상이라고 한다.

㉱ 차량에 역과되어서 발생되는 손상을 역과손상(Runover Injury)이라고 한다.

해설 ㉯ 차체와 충돌되어 생긴 손상을 제1차 충돌손상이라 하고, 제1차 충돌손상 후 신체가 차체에 부딪히거나 또는 땅에 쓰러져 생기는 손상을 제2차 충돌손상이라고 한다.

14 ㉰ 15 ㉱ 16 ㉯ 정답

17 다음 보행자 손상 중 제1차 범퍼손상의 설명으로 옳지 않은 것은?

㉮ 범퍼는 사람과 충돌 시에는 보행자의 하지에 손상을 주게 된다.

㉯ 트럭 또는 버스 등과 같은 대형차에 의해서는 하퇴의 상부에 손상을 보인다.

㉰ 시속 50[km] 내외의 사륜차와 충돌할 때, 그 충돌이 피해자의 전방 또는 측방일 때 골절을 동반한다.

㉱ 시속 50[km] 내외의 사륜차와 후방으로부터의 충돌일 때는 골절은 거의 야기되지 않는다. 그러나 시속 100[km] 이상일 때는 후방에서의 충돌이라 할지라도 골절이 야기된다.

해설 ㉯ 트럭 또는 버스 등과 같은 대형차에 의해서는 대퇴부, 또 승용차와 보통 소형 화물차에 의해서는 하퇴의 상부에, 그리고 소형 승용차에 의해서는 하퇴의 하부에 각각 피하출혈, 표피박탈, 좌창 등의 손상을 보인다.

18 자동차에 의한 인체손상 중 제2차 충돌손상의 설명으로 옳지 않은 것은?

㉮ 범퍼, 보닛, 프런트 라이트 및 펜더 등은 충돌 후 보행자는 주로 흉부, 배부, 안면부 및 두부가 보닛(Bonnet) 상면 또는 앞창유리 및 와이퍼 등에 의해서 손상 받게 되는데, 이것을 제2차 충돌손상이라 한다.

㉯ 특징은 광범한 표피박탈을 보는 것이며 안면부 및 두부에 개방성 손상과 골절이 동반되는 수가 많으며 이것이 치명상이 되는 경우가 많다.

㉰ 고속으로 주행하던 차에 의한 충돌인 경우에 보행자는 차체의 상방보다 전방 또는 측면으로 던져지기 때문에 전도손상은 물론이고, 역과손상을 야기시킬 가능성이 많다.

㉱ 프런트 라이트에 의한 손상은 윤상 또는 반월상의 피하출혈 또는 표피박탈을 보는 것이 특징이다.

해설 ㉱ 프런트 라이트에 의한 제1차 충돌손상의 특징이다.

19 자동차에 의한 인체손상 중 제3차 충돌손상의 설명으로 옳지 않은 것은?

㉮ 보행자의 자동차사고에 있어서 전도손상은 반드시 형성된다.

㉯ 전도손상이 많이 형성되는 부위는 두부, 안면, 견봉, 후주, 수배, 슬개, 족배 등의 신체의 돌출부 또는 노출부에 손상을 보는데, 이때 손상의 심한 정도는 차속도에 비례해서 심한 결과를 가져온다.

㉰ 특징적인 것은 손상 내에서 토사 등의 이물을 보는 것이다. 그 후에 충돌차량 자체 또는 뒤에서 오던 차량에 의해 역과되는 경우가 있다.

㉱ 충돌 후에는 지상에 전도되기 때문인 것으로 이때 지면과 부딪쳐 야기되는 손상을 역과손상이라 한다.

해설 ㉱ 충돌 후에는 어떤 경과를 취한다 할지라도 최후에는 지상에 전도되기 때문인 것으로 이때 지면과 부딪쳐 야기되는 손상을 제3차 충돌손상 또는 전도손상이라 한다.

정답 17 ㉯ 18 ㉱ 19 ㉱

20 다음 중 두부 역과손상의 특징으로 사실과 거리가 먼 것은?

㉮ 두부는 좌우 어느 쪽이 상방을 향한 위치로 역과되는 경우가 많다.

㉯ 속도의 고저를 막론하고 보통 승용차 이상의 차량에 의해서는 두개골의 전형적인 파열골절을 가져온다.

㉰ 이개부를 역과할 때는 이개가 박리(Avulsion)되는 수가 있는데, 후방에서 전방으로 향하는 차에 의한 것이라면 이개의 전연에서 열창을 보고, 만일 반대방향일 때는 이개의 후연에서 열창을 본다.

㉱ 역과 때 차륜은 회전작용에 의해서 분쇄하는 작용이 있는데, 특히 브레이크가 경부를 통과할 때 걸린다면 두부절단(Decapitation)을 초래한다.

해설 ㉮ 두부는 좌우 어느 쪽이 하방을 향한 위치로 역과되는 경우가 많다.

21 다음 중 흉부 역과손상의 특징에 대한 설명으로 사실과 거리가 먼 것은?

㉮ 외표에는 노면에 의한 피하출혈·표피박탈 등의 손상이 형성된다.

㉯ 흉곽은 탄력성이 풍부하고 또 착의로 보호되기 때문에 개방성 손상은 그리 많이 보지 못한다.

㉰ 소형 승용차 이상의 차량에 의한 역과 때는 심경색증과 유사한 임상소견을 보인다.

㉱ 대형 차량에 의해서는 1개 늑골에 전·측·후의 3개소 골절을 보는 경우가 많고, 이것 때문에 흉곽이 편평화된 것을 본다.

해설 ㉰ 소형 승용차 이상의 차량에 의한 역과 때는 늑골·흉골의 골절을 보인다.

22 다음 중 복부 역과손상의 특징에 대한 설명으로 사실과 거리가 먼 것은?

㉮ 복부 역시 탄력성이 많은 부위이기 때문에 별다른 손상은 없다.

㉯ 골반과 요추의 골절을 자주 본다.

㉰ 복벽이 단열되어 장기가 노출되는 경우 단열선은 항상 장골릉과 치골상연을 연결하는 부위에서 보인다.

㉱ 복부 역과 때 항문 또는 질부를 통하여 장기 또는 장이 탈출된다.

해설 ㉮ 복부 역시 탄력성이 많은 부위이기 때문에 외표손상은 없거나 경함에도 불구하고 내장에는 고도의 손상이 야기되어 장, 간, 비장 등의 파열을 본다.

20 ㉮ 21 ㉰ 22 ㉮ **정답**

23 다음 중 사지 역과손상의 특징에 대한 설명으로 사실과 거리가 먼 것은?

㉮ 사지는 근육과 골조직으로 구성되는 비교적 경한 부위이기 때문에 형성된 표피박탈, 열창 등의 손상도 중증이다.

㉯ 골에 가까운 근육의 좌멸과 출혈이 심한 경우가 많다.

㉰ 사지에 특유한 손상은 박피손상으로 표면을 타이어가 통과할 때 그 견인력과 마찰력에 의해 피부와 근막과의 결합이 단리되어 피부는 넓게 박리된다.

㉱ 박피손상의 폭은 타이어의 크기와 일치한다.

해설 ㉱ 박피손상은 두부와 구간의 역과 때에도 보며, 그 손상의 폭은 타이어의 노면폭과 일치한다.

24 다음 중 신전손상의 특징에 대한 설명으로 사실과 거리가 먼 것은?

㉮ 역과와 같은 거대한 외력이 작용하면 외력이 작용한 부위에서 떨어진 피부가 신전력에 의하여 피부할선을 따라 찢어지는 현상이다.

㉯ 직접 외력이 작용한 부위보다 떨어진 피부가 고도로 신전되어 피부표면에 다수의 특이한 균열군이 형성되거나 커다란 열창이 형성된다.

㉰ 신전손상은 자동차사고 때 보는 특징적인 손상의 하나로 두껍고 긴 표피열창형태이다.

㉱ 주로 서혜부, 전경부, 하복부, 유부와 상완의 이행부, 슬와부에 국한해서 형성된다.

해설 신전손상은 피부 할선방향과 일치해서 평행하게 얇고 짧으며 서로 평행한 표피열창형태이다.

25 운전자 및 동승자의 핸들에 의한 손상으로 옳지 않은 것은?

㉮ 특징은 전흉부에 윤상의 표피박탈 또는 좌상을 보인다.

㉯ 겨울철과 같이 옷을 두텁게 입는 경우에는 외표손상이 없을 수도 있다.

㉰ 흉골 또는 늑골의 골절을 보이며 이로 인해서 심장 및 폐, 때로는 간 및 비장에 좌상에서 장기파열에까지 이르는 다양한 손상을 보게 된다.

㉱ 장기파열은 특정한 부위에서 자주 보는데, 심장의 경우는 좌심방 후벽에서 많이 본다.

해설 ㉱ 장기파열은 특정한 부위에서 자주 보는데, 심장의 경우는 우심방 후벽, 간의 경우에는 좌엽상연, 비장의 경우는 내측 상연, 폐의 경우는 상하엽 내면에서 파열창을 많이 본다.

정답 23 ㉱ 24 ㉰ 25 ㉱

26 다음 중 편타손상(Whiplash Injury), 앞창유리에 의한 손상에 대한 설명으로 옳지 않은 것은?

㉮ 체간부와 두부의 심한 전단현상이 일어나면 경부는 과도한 신전과 굴곡이 전후로 일어나서 마치 채찍질을 하여 마차가 갑자기 출발할 때처럼 두부가 전후로 과신전 및 굴곡되는 것을 편타손상이라 한다.

㉯ 때로는 같은 기전에 의하여서 야기되는 경추의 탈구·골절 및 척수손상과 같이 손상이 심한 것은 광의의 편타손상이라고 한다.

㉰ 안면·두부 및 경부에서 보는데, 최근에 와서는 안전유리가 개발되어 손상의 양상이 점차 달라지고 있다.

㉱ 안전유리를 사용한 경우에는 그 손상에 주사위 모양(Dicing Pattern)을 보이기 때문에 주사위 손상이라고 한다.

해설 ㉯ 때로는 같은 기전에 의하여서 야기되는 경추의 탈구·골절 및 척수손상과 같이 손상이 심한 것은 편타손상이라 하지 않고 단순한 경추의 염좌만을 협의로 편타손상이라고 하는 경우도 있다.

27 다음 중 피해자 의류, 신발의 흔적으로 알 수 있는 것은?

㉮ 역과 사고 시 뺑소니사고에 단서로 활용될 수 있다.

㉯ 충격 시 충격흔이 잘 검출된다.

㉰ 충격 시 동반한 압착흔, 장력에 의한 섬유올이 끊김 현상이 발생되지 않는다.

㉱ 보행자 손상부위에 추정할 수가 없다.

해설 피해자의류, 신발흔적은 역과 사고 시에도 단서로 활용될 수 있다.

26 ㉯ 27 ㉮ **정답**

CHAPTER

03 차량조사

제1절 차량관련 용어의 이해

1. 자동차의 개요

(1) 자동차의 개념

① 도로교통법 : 자동차라 함은 철길이나 가설된 선에 의하지 아니하고 원동기를 사용하여 운전되는 차(견인되는 자동차도 자동차의 일부로 본다)로서 「자동차관리법」 제3조의 규정에 의한 승용자동차, 승합자동차, 화물자동차, 특수자동차, 이륜자동차, 「건설기계관리법」 제26조제1항 단서의 규정에 의한 건설기계를 말한다. 단, 원동기장치자전거를 제외한다.

② 자동차관리법 : 자동차란 원동기에 의하여 육상에서 이동할 목적으로 제작한 용구 또는 이에 견인되어 육상에서 이동할 목적으로 제작한 용구를 말한다. 다만, 대통령령이 정하는 것을 제외한다.

③ 한국산업표준(KS R ISO 3833) : 자동차란 통상적으로 사람 또는 물품을 운반, 사람 또는 물품의 운반을 위해 사용되는 차량의 견인, 특수 서비스를 위해 사용되며 레일 위를 달리지 않고 동력으로 구동되는 도로 차량으로 바퀴가 4개 또는 그 이상인 것을 말한다. 자동차에는 트롤리 버스와 같이 전기 도체에 연결된 차량과 공차 질량이 400[kg]을 초과하는 3바퀴 차량이 포함된다.

(2) 자동차의 제원

제원(Specification)이란 자동차(또는 기계장치 등)에 관한 전반적인 치수, 무게, 기계적인 구조, 성능 등을 일정한 기준에 의거하여 수치로 나타낸 것을 말하며, 이 제원을 종합하여 기재한 것을 제원표라 한다. 제원은 국제표준규격(ISO), 미국자동차기술자협회규격(SAE) 또는 각국의 공업규격으로 그 기재 방법이 자세히 규정되어 있다.

① 치수의 정의

명 칭	정 의
전장(Overall Length)	부속물(범퍼, 후미등)을 포함한 최대 길이
전폭(Overall Width)	부속물을 포함한 최대 너비
전고(Overall Height)	최대 적재상태의 높이, 막대식 안테나는 가장 낮춘 상태
축거(Wheel Base)	앞뒤차축의 중심에서 중심까지의 거리 차축이 2개 이상일 경우는 각각 표시
윤거(Tread)	좌우타이어 접촉면의 중심에서 중심까지 거리로 복륜은 복륜 간격의 중심에서 중심까지의 거리

명 칭	정 의
오버행(Overhang)	앞바퀴의 중심에서 범퍼, 후크 등을 포함한 앞부분까지의 거리를 앞오버행, 뒷바퀴의 중심에서 범퍼 등을 포함한 뒷부분까지를 뒤오버행이라 한다. 견인장치, 범퍼 등을 포함한다.
앞오버행 각(Front Overhang Angle or Approach Angle)	자동차 앞부분의 하단에서 앞바퀴의 타이어의 바깥 둘레에 그은 선과 지면이 이루는 최소 각도
뒷오버행 각(Rear Overhang Angle or Departure Angle)	자동차의 뒷부분 하단에서 뒷바퀴 타이어의 바깥 둘레에 그은 선과 지면이 이루는 최소각도
중심높이(Height of Gravitational Center)	접지면에서 자동차의 중심까지의 높이, 최대 적재 상태일 때는 명시
바닥높이(Floor Height Loading Height)	접지면에서 바닥면의 특정 장소(버스의 승강구 위치 또는 트럭의 맨 뒷부분)까지의 높이
프레임 높이(Height of Chassis Above Ground)	축거의 중앙에서 측정한 접지면에서 프레임 윗면까지의 높이, 차축이 3개 이상이면 앞차축과 맨 뒤차축의 중앙에서 측정
최저지상고 (Ground Clearance)	자동차의 중심면에서 수직한 연직면에 투영된 자동차의 윤곽에서 대칭으로 된 좌우 구간 사이에 있는 가장 낮은 부분과 접지면과의 높이. 브레이크 드럼의 아랫부분은 지상고 측정에서 제외
적하대 오프셋 (Rear Body Offset)	뒤차축의 중심과 적하대 바닥면의 중심과의 수평거리. 적하대의 중심이 뒤차축의 앞이면 플러스(+), 뒤면 마이너스(−)
램프각(Ramp Angle)	축거의 중심점을 포함한 차체 중심면과 수직면의 가장 낮은 점에서 앞바퀴와 뒷바퀴 타이어의 바깥 둘레에 그은 선이 이루는 각도로서, 차축이 3개 이상이면 최대 축거 중심점에서 측정
조향각(Steering Angle)	자동차가 방향을 바꿀 때 조향 바퀴의 스핀들이 선회 이동하는 각도로 보통 최댓값으로 나타냄
최소회전반경 (Turning Radius)	자동차가 최대 조향각으로 저속회전할 때 바깥쪽 바퀴의 접지면 중심이 그리는 원의 반지름
등판능력	최대적재 상태에서 자동차가 변속 1단에서 올라갈 수 있는 최고의 경사각 보통 $\tan\theta$로 표시[%]
배기량	엔진의 크기를 나타내는 말로 실린더 용적[cm^3]을 뜻하며 보통 [cc]로 표기

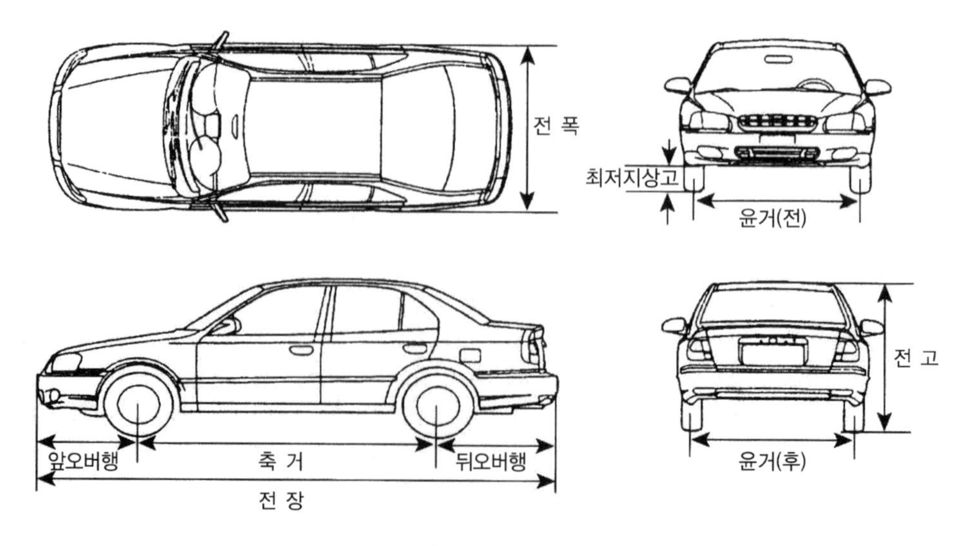

[자동차의 치수]

② 질량, 하중 제원

㉠ 공차중량(Complete Vehicle Weight ; CVW/Empty Vehicle Weight) : 자동차에 사람이나 짐을 싣지 않고 연료, 냉각수, 윤활유 등을 만재하고 운행에 필요한 기본장비(예비타이어, 예비부품, 공구 등은 제외)를 갖춘 상태의 차량중량을 말한다.

㉡ 최대적재량(Maximum Payload) : 적재를 허용하는 최대의 하중으로 하대나 하실의 뒷면에 반드시 표시하여야 한다.

㉢ 차량총중량(Gross Vehicle Weight ; GVW) : 승차정원과 최대적재량 적재 시 그 자동차의 전체 중량으로, 예를 들면 차량공차중량 1,100[kg], 승차정원 2명, 최대적재량 1,000[kg]의 트럭 차량 총중량은 '1,100+(55×2)+1,000=2,210[kg]'이 된다. 국내 안전기준에서 자동차의 총중량은 20톤(1축 10톤, 1륜 5톤)을 초과해서는 안 된다. 단, 화물자동차 및 특수자동차의 총중량은 40톤을 초과해서는 안 된다. 연결 시 중량은 트레일러를 연결한 경우 차량 총중량을 말한다.

㉣ 축하중(Axle Weight) : 차륜을 지나는 접지면에서 걸리는 각 차축당 하중으로 도로, 교량 등의 구조와 강도를 고려하여 도로를 주행하는 일반자동차에 정해진 한도를 최대축하중(Maximum Authorized Axle Weight)이라고 한다.

㉤ 승차정원(Riding Capacity) : 입석과 좌석을 구분하여 승차할 수 있는 최대인원수로 운전자를 포함한다. 좌석의 크기는 1명당 가로, 세로 400[mm] 이상이어야 하며 버스의 입석은 실내높이 1,800[mm] 이상의 장소에 바닥면적 0.14[m^2]에 1명(단, 12세 이하 어린이는 2/3명)으로 하고 정원 1명은 55[kg]으로 계산한다.

③ 성능 제원

㉠ 자동차 성능곡선(Performance Diagram) : 자동차 주행속도에 대한 구동력곡선, 주행저항 곡선 및 각 변속에 있어서의 기관회전 속도를 하나의 선도로 표시한 것이다.

㉡ 공기저항(Air Resistance) : 자동차가 주행하는 경우의 공기에 의한 저항으로 공기저항계수의 식은 다음과 같다.

$$R_a = kAV^2$$

- k : 공기저항계수
- A : 자동차 앞면 투영면적
- V : 공기에 대한 자동차의 상대속도

㉢ 동력전달효율(Mechanical Efficiency of Power Transmission) : 엔진기관에서 발생한 에너지(동력)가 축출력과 클러치, 변속기, 감속기 등의 모든 동력전달장치를 통하여 구동륜에 전달되어 실사용되는 에너지(동력)의 비율을 말한다.

㉣ 구동력(Driving Force) : 접지점에 있어서 자동차의 구동에 이용될 수 있는 기관으로부터의 힘을 말한다.

㉤ 저항력(Resistance Force) : 주행저항에 상당하는 힘으로서 전차륜에 있어 힘의 총합을 말한다.

ⓑ 여유구동력(Excess Force) : 구동력과 저항력의 차로서 이 여유구동력은 가속력, 견인력, 등판력으로 나타난다.

ⓢ 등판능력(Gradability/Hill Climbing Ability) : 차량 총중량(최대적재)상태에서 건조된 포장노면에 정지하여 언덕길을 오를 수 있는 최대 능력으로 $\tan\theta$ 혹은 [%] 단위로 표시하여 지도상 A・B 지점 간의 직선거리가 1[km]이고 A・B 두 지점 간의 고도차가 480[m](0.48[km])이면 48[%]가 된다.

ⓞ 가속능력(Accelerating Ability) : 자동차가 평지주행에서 가속할 수 있는 최대 여유력으로서 발진가속능력은 자동차의 정지상태에서 변속 및 급가속으로 일정거리(200[m], 400[m])를 주행하는 소요시간을 말하며, 추월가속능력(Passing Ability)은 어느 속도에서 변속없이 가속페달을 급가속하여 어느 속도까지 걸리는 시간을 말한다.

ⓩ 연료소비율(Rate of Fuel Consumption) : 자동차가 1[kW](1.36마력)의 힘을 1시간 동안 낼 때 소모되는 연료량[g/kWh]을 말하며, 일정속도로 주행할 때 정지연비율과 사용상황에 따른 주행모드(예 : 동경 10모드, LA 4모드, CVS75모드)의 시가지연비율로 표시한다. 우리나라의 시가지연비는 CVS75모드로 측정한다.

ⓒ 변속비(Transmission Gear Ratio) : 변속기의 입력축과 출력축의 회전수 비로서 주행상태에 따라 선택할 수 있다.

ⓚ 압축비(Compression Ratio) : 피스톤이 하사점에 있는 경우의 피스톤 상부용적과 피스톤의 상사점에 있는 경우의 피스톤 상부 용적과의 비율을 압축비라고 한다. 일반적으로 압축비가 높을수록 폭발압력이 높아 높은 출력과 큰 토크를 얻을 수 있지만 가솔린 엔진의 경우 지나치게 높아지면 혼합기가 타이밍에 관계없이 자연착화되어 노킹의 원인이 된다.

ⓣ 배기량(Displacement) : 엔진의 크기를 나타내는 가장 일반적인 척도로 엔진이 어느 정도 혼합기를 흡입하고 배출하는가를 용적으로 나타내는 것이다.

> 1기통배기량[cc] = $\pi/4\times(\text{내경})^2\times$ 행정
> 엔진 총배기량 = 1기통 배기량 × 실린더수

ⓟ 최대출력(Maximum Power)

- 엔진의 힘을 나타내는 가장 일반적인 척도로 엔진이 행할 수 있는 최대 일의 능률을 말한다. 보통 마력[PS], 즉 '말의 힘'으로 경험적으로 말 한 마리의 힘을 나타내는데 1마력이란 75[kg]의 물체를 1초 동안에 1[m] 움직일 수 있는 힘을 말한다.
- 출력은 대부분 회전력(Torque)과 속도(회전수)를 결합한 능률을 나타내는 척도로 회전수를 병기하는 경우가 많다. 예를 들어 120[PS]/6,000[rpm]이라면 매분 6,000회전을 할 때 출력이 최고에 달하며 그때 출력이 120[PS]라는 의미이다.

• rpm은 1분간 몇 회전하는가를 표시하는 단위로 1분간 엔진의 회전수를 말한다. 4행정 엔진의 경우 2번 회전에 1회 팽창하므로 1분 동안 개별 실린더에서 1,500회 팽창이 발생, 피스톤의 왕복운동이 있었다면 이때 rpm은 3,000(1,500×2)이 된다.

ⓗ 토크(Torque/rpm) : 일반적으로 누르고 당기는 힘을 단순히 힘이라고 말하지만 이것에 대해 회전하려고 하는 힘을 토크라고 한다. 단위는 [N・m]으로 하나의 수평축으로부터 직각 1[m] 길이의 팔을 수평으로 하여 끝부분에 1[N]의 힘을 가할 때 축에서 생기는 것이 1[N・m]이다. 토크는 자동차의 성능 가운데 견인력, 등판력, 경제성을 좌우하는 요소가 된다.

(3) 자동차의 주요구성

자동차는 복잡한 구조로 되어 있지만 크게 나누면 차체(Body)와 섀시(Chassiss)로 되어 있다.

① **차체(Body)** : 차체는 섀시의 프레임 위에 설치되거나 현가장치에 직접 연결되어 사람이나 화물을 적재수용하는 부분이며 프레임과 별도로 된 것과 프레임과 차체가 일체로 된 것이 있다.

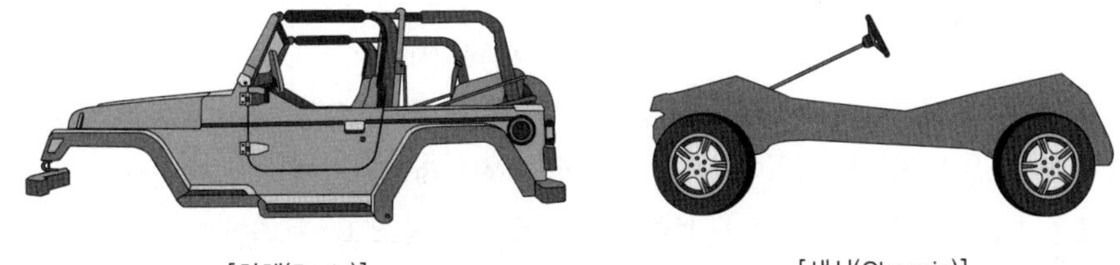

[차체(Body)] [섀시(Chassis)]

② **섀시(Chassiss)** : 섀시는 자동차에서 차체를 떼어낸 나머지 부분의 총칭이며 대개 다음의 부품과 장치로 되어 있다.

㉠ 프레임(Frame) : 자동차의 뼈대가 되는 부분이며 여기에 기관동력 전달장치 등의 섀시부품과 차체가 설치된다.

㉡ 엔진(Engine) : 자동차를 구동시키기 위한 동력을 발생시키는 장치이다. 실린더 블록 등 기관 주요부를 비롯하여 밸브장치, 윤활장치, 냉각장치, 연료장치, 점화장치 등 여러 장치로 구성되어 있다.

㉢ 동력전달장치(Power Transmission System, Power Train) : 엔진의 동력(출력)을 구동 바퀴까지 전달하는 여러 구성부품의 총칭이며 클러치, 변속기, 드라이브라인, 종감속기어, 차종기어장치, 구동차축 및 구동바퀴 등으로 되어 있다.

㉣ 현가장치(Suspension System) : 차축을 현가스프링으로 연결하는 장치이며 노면에서의 충격을 완충하여 차체나 기관에 직접 전달되는 것을 방지한다. 현가장치는 현가스프링, 쇽업소버 등의 주요부품으로 구성되어 있으며 차축형식에 따라 일체현가식(Solid Suspension, Convensional Suspension)과 독립현가식(Independent Suspension) 등이 있다.

ⓜ 조향장치(Steering System) : 자동차의 주행방향을 바꾸기 위한 장치이며 조향 휠, 조향기어상자, 피트먼 암, 드래그링크, 타이로드, 조향너클 등으로 되어 있다. 조향장치에는 수동식(Manual Steering System)과 동력식(Power Steering System)이 있으며 선회반경이 되도록 작고 고속주행에서 차량의 선회가 안정하게 되어야 하며 또한 조향조작이 가볍게 되고 자유로워야 한다.

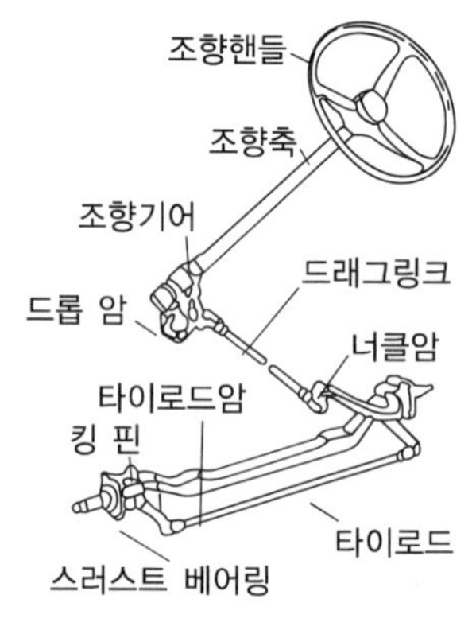

[수동식 조향장치]

ⓗ 제동장치(Brake System) : 주행 중인 자동차의 속도를 낮추고 정차시키거나 정차 중인 차량의 자유이동을 방지하는 장치이다. 풋 브레이크(Foot Brake)와 핸드 브레이크가 있으며, 풋 브레이크는 마스터실린더, 휠실린더, 브레이크 드럼(또는 디스크), 브레이크 슈, 브레이크 파이프 등으로 되어 있다. 이밖에 전기장치, 공조장치, 안전장치, 내외장품 등 운전자들의 편의를 위한 장치들이 있다.

(4) 자동차의 조향

① 애커먼 장토 방식(Ackerman-Jean Toud Type) 조향 : 애커먼 장토 방식 조향이론은 영국의 애커먼이 특허를 얻고, 다시 1878년 프랑스의 장토에 의하여 개량된 스티어링 기구의 조향이론이며 애커먼 장토식(Ackerman-Jean Toud Type)은 현재 모든 자동차에 이용되고 있는 것으로 조향너클의 연장선이 뒤차축의 중심에서 만나게 하면 선회 시 안쪽바퀴의 조향각이 더 크게 되어 뒤차축의 연장선상의 한 점에서 모든 바퀴가 동심원을 그리게 되는 원리이다.

② 최소 회전반경

㉠ 차량이 정지상태에서 조향핸들을 어느 방향으로 최대한 조향 시 그려지는 바퀴 중 동심원이 가장 멀리 있는 외측바퀴가 그리는 동심원의 반경을 말하며, 조향하여 진행할 때 선회 중심점(후륜축 연장선상에 위치)에서 선회외측 앞바퀴까지의 거리를 말한다.

㉡ 차량의 최소회전반경은 회전중심점 O에서 선회전측 앞바퀴인 좌측 앞바퀴 중심선까지의 거리이다.

$$R = \frac{L}{\sin\alpha} + r$$

- R : 최소회전반경
- L : 축거[m]
- α : 외측 차륜의 최대 조향각(S_2)
- r : 킹핀과 타이어 중심 간의 거리[m]

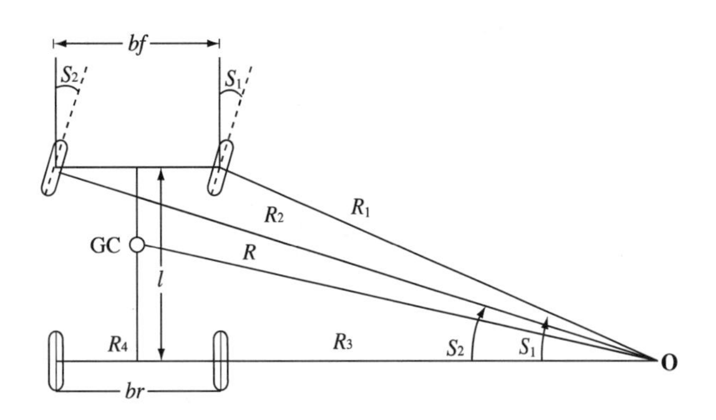

③ 내륜차

㉠ 대형차량 관련 사고 중 일부는 차량의 내륜차 특성 때문에 발생한다. 이때, 차량의 선회 시 선회특성을 알면 사고발생을 줄일 수 있을 것이다.

㉡ 내륜차 특성은 선회 내측 앞바퀴와 뒷바퀴의 진행궤적이 다르게 나타나는 현상으로 선회 내측 앞바퀴의 진행궤적보다 뒷바퀴의 진행궤적이 더 선회 안쪽으로 진행하는 특성에서 기인한 것이다. 즉, ②의 최소 회전반경의 그림에서 차량의 우측 앞바퀴 R_1과 우측 뒷바퀴 R_3와의 반경값 차이로 볼 수 있다.

$$\Delta R = R_1 - R_3 = R_1\left(1 - \sqrt{1 - \frac{l^2}{{R_1}^2}}\right)$$

④ 회전 궤적차

㉠ 세미트레일러 또는 트랙터–트레일러 차량이 곡선부 또는 램프를 회전할 경우 바깥쪽 트랙터 타이어에 의한 궤적과 안쪽 트레일러 타이어 혹은 안쪽 트랙터 타이어에 의한 궤적차가 많이 발생한다.

㉡ 이때, 회전 궤적차는 전륜축 중앙이 회전하는 궤적반경과 후륜축 중앙이 회전하는 궤적반경의 차이이다.

$$OT = r_1 - r_3 = r_1 - \sqrt{r_1^2 - l_{ko}^2 - l^2 - l_2^2}$$

- OT : 총회전 궤적차
- r_1 : 트랙터 전륜축 중심의 회전반경
- r_k : 제5바퀴(전향륜) Kingpin의 회전반경
- r_2 : 트랙터 후륜축 중심의 회전반경
- r_3 : 트레일러 중심의 회전반경
- l_{ko} : 제5바퀴 Kingpin과 트랙터 후륜축과의 거리
- l_2 : 세미트레일러의 축거
- l : 트랙터의 축거

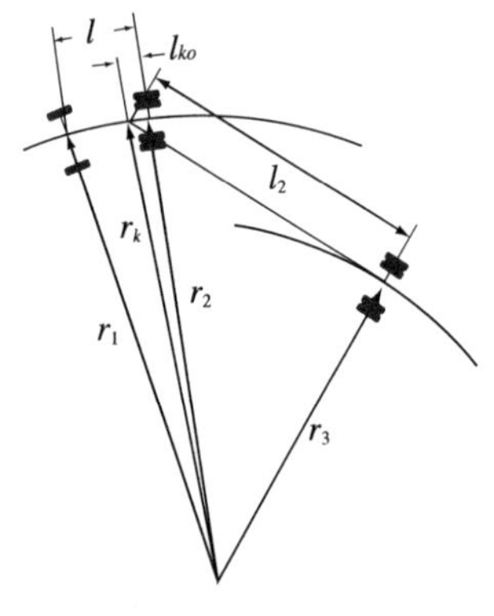

[세미트레일러 회전 궤적차]

⑤ **조향각** : 보통 승용차의 내부 조향휠의 회전량은 차종마다 약간 차이가 있지만 보통 좌측 또는 우측으로 각각 540°(신형 스포츠카는 약 450°)에서 약 630°에 이르고 이에 따른 선회 외측 전륜의 조향각은 약 30° 조금 넘고 내측 전륜의 조향각은 약 40°에 이르며 대형트럭이나 버스로 갈수록 조향휠의 회전량은 매우 커서 좌로 3회전(1,080°), 우로 3회전(1,080°) 회전된다.

2. 엔진장치

(1) 엔진의 작동원리

현재 가솔린 엔진의 대부분은 흡입-압축-폭발-배기의 4행정 방식으로 작동하여 동력을 얻으며, 작동원리는 운동, 작동, 연료 공급방식과 실린더수 및 배열에 따라 구분한다.

① 운동방식

㉠ 왕복 엔진 : 피스톤을 이용한 일반적인 엔진

㉡ 로터리 엔진 : 3각형의 로터가 한 바퀴 도는 사이에 세 번 연소가 일어나며, 밸브가 없어서 구조가 간단하고 부품의 수가 적은 이점이 있으나, 연료와 오일 소모에서 레시프로 엔진 수준에는 미치지 못함

② 작동방식

㉠ 4행정 사이클 엔진 : 피스톤이 4행정(흡입-압축-폭발-배기)으로 이루어진 엔진, 즉 1사이클에 크랭크축 2회전하는 엔진

㉡ 2행정 사이클 엔진 : 흡입-압축-폭발-배기를 크랭크축 1회전하는 동안 이루어진 엔진

③ 연료공급방식

㉠ 가솔린 엔진 : 연료와 공기가 혼합된 혼합가스의 폭발력에 의하여 동력을 발생하는 엔진

㉡ 디젤 엔진 : 엔진 실린더 내에 공기만을 흡입하여 피스톤으로 고압축하면 흡입된 공기가 고온(500~700[℃])이 된 상태에서 경유를 분사하여 자연착화로 폭발하게 하여 동력을 발생시키는 엔진

㉢ LPG 엔진 : LPG를 주연료로 가스용기(고압 탱크) → 여과기 → 솔레노이드 밸브 → 가스 조정기 → 혼합기 → 실린더 등의 연료공급순서로 동력을 발생시키는 엔진

④ 실린더 및 배열방식

㉠ 실린더수 : 단기통, 다기통

㉡ 실린더 배열 : 일반적으로 널리 이용되는 직렬형, 특수용 버스 등에 이용되는 수평 대향형, 그랜저 등 고급 차종에 이용되는 V형, 프로펠러 형식의 경비행기에 이용되는 성(星)형 등이 있다.

(2) 엔진의 구조

보통 기본적인 구조로 엔진 본체에는 크게 실린더 헤드, 실린더 블록, 크랭크 케이스의 3부분으로 구분된다.

① 실린더 헤드

㉠ 흡기, 배기 밸브 및 다기관이 설치되어 있다.

㉡ 압축된 혼합기를 연소시키는 연소실, 고압을 방전하는 점화플러그가 있다.

㉢ 수랭식 엔진에는 냉각수를 흐르게 하는 물통로가 있고, 공랭 엔진에는 냉각핀을 설치하고 있다.

② 실린더 블록

㉠ 실린더 4~6개를 일체로 주조한 블록이다.

㉡ 블록 위에 실린더 헤드를, 밑에는 엔진오일을 저장하는 오일팬이 설치되며, 피스톤과 크랭크축이 설치된다.

③ 크랭크 케이스

㉠ 상부는 실린더 블록과 일체로 되어 있다.

㉡ 하부는 강판이나 경금속으로 만든 오일팬이 개스킷을 사이에 두고 설치된다.

㉢ 한쪽 면을 깊게 하여 엔진이 기울어져도 엔진오일이 충분히 고여 있도록 되어 있다.

3. 윤활장치

엔진 내부의 각 마찰부에 오일을 공급하여 기계마멸방지, 청정, 기밀, 냉각, 방청 및 응력의 분산 등의 역할을 할 수 있게 하여 엔진의 작동을 원활하게 하는 장치이다. 엔진 밑에 설치된 오일팬에 고여 있는 엔진오일이 오일펌프에 의해 흡입되어 엔진오일 필터를 지나면서 불순물이 제거된 후 각 윤활계통으로 보내게 된다.

(1) 윤활장치의 구성

① **오일펌프** : 오일팬 내 오일을 엔진 각 작동부에 압송하는 역할

② **유압조정기** : 공급되는 엔진오일을 일정한 압력으로 유지하는 역할

③ **오일클리너(여과기)** : 오일 중 금속분말이나 이물질을 청정, 여과하는 역할

④ **오일팬** : 엔진 내에 공급되는 엔진오일을 저장하는 곳

(2) 윤활유의 기능

① **냉각작용** : 엔진 각 부의 관계운동과 마찰열에 의해 발생한 열을 흡수하여 다른 곳으로 방열하는 작용을 한다. 냉각작용이 정상적이지 못하면 윤활유가 국부적으로 고온이 되어 녹아 붙게 된다.

② **세척작용** : 엔진 내부에서 생긴 마멸된 금속분말 또는 연소생성물 등의 불순물을 제거하여 엔진 내부를 깨끗하게 세척한다.

③ **충격완화 및 소음방지** : 엔진의 모든 운동부에서의 충격을 흡수하고 마찰 등의 소음을 감소시키는 작용을 한다.

④ **마찰감소와 마멸방지** : 엔진 내부 각 회전 부분, 미끄럼 운동 부분의 완전윤활을 유지하고 강인한 유막을 형성하여 섭동 부분의 표면마찰을 작게 하여 마멸을 감소시키는 역할을 한다.

⑤ **방청작용** : 엔진 내부 금속 부분 산화 및 부식 등을 방지하여 금속부를 보존하고 윤활제는 수분이나 부식성 가스가 윤활면에 침투하는 것을 방지한다.

(3) 엔진오일(윤활유)의 점검

① **점검요령**

㉠ 운행 전 엔진을 정지시키고 평탄한 곳에서 점검한다.

㉡ 오일레벨 게이지의 L과 F자 표시문자 사이에서 엔진 오일이 F문자 밑까지 표시되면 적당하다. 오일의 색과 양, 점도 등을 점검해야 한다.

② **유압 경고등(오일 워닝램프)** : 자동차가 주행 중 또는 엔진 시동 시 엔진 내 윤활유가 양호하면 램프는 꺼지며, 불량하면 점등되어 엔진을 보호한다.

③ 오일교환

㉠ 최초 처음 교환은 1,000~1,500[km] 주행 시에, 다음 교환은 3,000~5,000[km] 주행 시에 교환하도록 한다. 특히, 겨울철에는 점도가 낮은 SAE 10W 오일을, 여름철에는 점도가 높은 SAE 40번 오일을 사용하도록 한다(W ; Winter).

※ SAE(Society of Automotive Engineer) : 미국자동차기술학회

㉡ 오일여과기도 동시에 교환하도록 한다.

④ 엔진오일양이 부족하면 엔진 내의 크랭크 핀과 저널 등 기계기구 각 부가 마멸되므로 엔진오일을 보충해야 한다.

⑤ 엔진오일에 냉각수가 유입되면, 우윳빛을 띠게 되어 사용할 수 없게 된다. 또한 엔진 밑에서 검은색 오일이 떨어지는 것은 엔진 오일 누수현상이다.

4. 전자제어 연료분사 장치의 개요

전자제어 연료분사 장치는 기관의 회전속도와 흡입 공기량, 흡입 공기 온도, 냉각수 온도, 대기압, 스로틀 밸브의 개도량 등의 상태를 각종 센서에 의해서 입력되는 신호를 기준으로 하여 인젝터에서 연료를 분사시킨다. 연료의 분사량을 컴퓨터에 의해 제어하기 때문에 기관의 운전 조건에 가장 적합한 혼합기가 공급되는 전자 연료 분사 장치는 다음과 같이 크게 3가지 계통으로 구성된다.
즉, 연소실에 공기를 공급하는 흡입계통, 연료를 공급하는 연료 계통 그리고 연료 분사량을 제어하는 제어 계통으로 나눌 수 있다. 이 방식은 종전 자동차에 사용하던 기화기식에 비해서 다음과 같은 특징을 가지고 있다. 감속 시 일시적으로 연료의 차단이 가능하기 때문에 희박한 혼합기를 공급하여 배기가스의 유해 성분이 감소되고 연료 소비율이 향상된다. 또한 가속 시 응답성이 좋고, 냉각수 온도 및 흡입 공기의 악조건에도 성능이 좋고, 베이퍼록, 퍼컬레이션, 아이싱 등 고장이 없으므로 운전 성능이 향상된다.

(1) 전자제어 연료분사 장치의 특성

① 기화기식 기관에 비하여 고출력을 얻을 수 있다.

② 부하변동에 따른 필요한 연료만을 공급할 수 있어 연료소비량이 적고 각 실린더마다 일정한 연료가 공급된다.

③ 급격한 부하 변동에 따른 연료공급이 신속하게 이루어진다.

④ 완전연소에 가까운 혼합비를 구성할 수 있어 연소가스 중의 배기가스를 감소시킨다.

⑤ 한랭 시 엔진이 냉각된 상태에서도 온도에 따른 적절한 연료를 공급할 수 있어 시동 성능이 우수하다.

⑥ 흡입 매니폴드의 공기밀도를 분석하여 분사량을 제어하므로 고지에서도 적당한 혼합비를 형성하고 출력변화가 적다.

(2) 연료장치의 구성

① 연료탱크

㉠ 자동차가 일정주행 시간 동안 주행할 수 있는 연료를 저장하는 곳이며 탱크 본체, 주입구 파이프, 연료게이지 유닛, 연료모터 등으로 구성된다.

㉡ 연료의 흔들림을 방지하기 위하여 탱크 내에 격리판이 설치되어 탱크강도를 증가시키고 있고, 연료탱크의 청소 등을 할 수 있는 드레인플러그가 설치되어 있다.

㉢ 탱크캡에 부압이 발생되면 연료공급이 안 되므로, 이를 방지하기 위한 부압밸브가 있고 탱크 속에서 발생한 증기를 차콜캐니스터에 흡수시키는 연료환기파이프가 있다.

② 연료필터

㉠ 연료 중 수분 및 먼지 등을 제거하여 깨끗한 연료가 공급되도록 하는 역할을 하며, 연료필터는 분해할 수 없도록 되어 있다.

㉡ 장기간 사용하면 여과성이 저하되므로 정기적으로 교환한다.

③ **연료펌프** : 연료탱크 내 연료를 기화기 또는 연료분사장치로 보내는 장치이며, 엔진의 캠축에 의해 작동되는 기화기방식에 이용되는 기계식과 전기로 작동되는 전기식(연료분사식)이 있다.

④ **연료파이프** : 방청처리된 강파이프가 사용되며, 파이프 내 베이퍼록이 발생되지 않도록 열을 적게 받는 곳에 배관을 설치한다. 진동이 심한 부분에는 나일론제 또는 유연한 고무튜브를 사용한다.

⑤ 공기청정기(에어클리너)

㉠ 기화기 상부에 설치되어 기화기로 흡입되는 공기 중의 먼지·불순물 등을 여과하여 깨끗한 공기를 유입되도록 하고, 기화기로 공기흡입 시 발생하는 소음을 감소시켜준다.

㉡ 공기청정기 내부에 필터 엘리먼트가 설치되어 있어, 공기 중 불순물을 제거하고, 이것이 막히게 되면 공기유입이 적어 혼합기가 농후하게 되어 엔진 부조화 현상을 초래한다.

※ 연료 점검은 연료탱크 내 남은 연료량을 표시하는 퓨얼 게이지(연료계)로 확인한다.

5. 냉각장치

실린더 안에서 연료가 연소되면서 발생하는 화염의 순간 온도가 1,500~2,000[℃] 정도가 된다. 이 열이 실린더와 피스톤, 밸브 등에 전달되면 엔진출력이 떨어지게 된다. 과열된 엔진을 공기(공랭식)나 물(수랭식)로 냉각시켜 적정온도에서 작동하게 하는 장치가 바로 냉각장치이다.

(1) 냉각방식

① 공랭식

㉠ 공랭식은 실린더 헤드 및 실린더 블록벽 바깥 둘레에 냉각핀을 설치하여, 주행 중에 받는 바람을 이용하여 냉각시키는 자연냉각식과 냉각팬으로 송풍하여 강제적으로 냉각시키는 강제 냉각식이 있다.

㉡ 주로 이륜차와 같은 소형엔진에 공랭식 냉각방식이 많이 사용되며 수랭식에 비해 구조가 간단하나 엔진의 온도제어가 어렵고 소음도 큰 것이 흠이다.

② **수랭식** : 현재 대부분의 자동차에 장착되어 있는 방식으로, 실린더 블록과 실린더 헤드에 워터재킷이라고 하는 물 통로를 만들어서 물 순환에 의해 기관을 냉각시킨다. 라디에이터, 물펌프, 라디에이터의 통풍을 돕는 냉각팬, 시동 직후 냉각수의 온도를 올리기 위한 온도조절기(서머스탯), 라디에이터 상하 호스, 전동팬, 수온 스위치 등으로 이루어져 있다.

㉠ 라디에이터(방열기) : 큰 방열 면적을 갖고 다량의 냉각수를 저장할 수 있는 물탱크로서 상부탱크와 하부탱크, 그리고 이를 연결하는 튜브와 핀으로 구성되어 물재킷에 들어온 뜨거운 냉각수를 냉각시키는 역할을 한다.

※ 라디에이터 코어가 막히면 냉각수 순환불량으로 엔진과열 현상이 일어난다.

㉡ 라디에이터 캡 : 압력밸브(가압식)와 진공밸브(진공식)가 설치되어 있고, 압력밸브는 엔진작동 중 냉각 계통에 생긴 압력을 유지하고 냉각수가 110~120[℃] 정도로 올라 압력이 0.3[kg/cm^2]이 되면 밸브가 열려 오버플로 파이프를 통해 기중으로 압력을 리저브 탱크로 방출하며 진공밸브는 엔진의 온도가 낮아져 라디에이터 내부의 압력이 대기압보다 낮아지면 밸브가 개폐되어 외부의 대기압이 들어와 진공을 제거한다.

※ 라디에이터 캡이 불량하면 증기압의 증가로 라디에이터 파손을 초래한다.

㉢ 물 펌프

- 펌프의 임펠러(Impeller)의 회전에 따라 물을 원심력을 이용해 밖으로 내보내는 작용으로, 엔진 내 냉각수를 순환시키는 역할을 한다.
- 기계식은 냉각팬이 설치되어 있으나, 최근에는 냉각팬을 전기를 이용한 전동팬으로 구동하기 때문에 냉각팬이 설치되어 있지 않다.

㉣ 서모스탯(온도조절기) : 엔진 시동 후 신속하게 냉각수의 온도를 적정 온도(약 70~80[℃])로 조절하는데, 이때 밸브를 열어 냉각수를 라디에이터로 보내 냉각시킨다.

※ 온도조절기가 없으면 엔진이 과냉, 고장이 나서 작동불능이면 엔진과열을 초래한다.

㉤ 냉각액 및 부동액 : 엔진(실린더 헤드)과 라디에이터에 알루미늄 합금이 이용되면서 물에 의한 부식과 스케일이 많아지게 되어 녹방지 방부제와 동결방지제(부동액)를 넣은 것을 사용하고 있다.

(2) 냉각수의 점검

① 냉각수가 부족하거나 누출되면, 냉각수의 부족으로 엔진과열(오버히트) 현상이 난다.

② 산성이나 알칼리성이 없는 깨끗하고 순수한 물을 사용해야 하며 라디에이터에 가득 채워야 한다.

③ 겨울철에는 냉각수에 동결방지제(부동액)를 넣어 사용해야 영하의 온도에서 엔진냉각수가 어는 것을 방지할 수 있다.

④ 시동을 끄고, 평탄한 장소에서 냉각수 점검을 해야 한다.

6. 전기장치

기본적인 자동차의 전기장치에는 충전장치인 발전기(제너레이터), 시동장치인 축전지(배터리)와 가동 전동기(스타팅 모터), 점화장치인 배전기(디스트리뷰터), 점화코일(이그니션 코일), 점화플러그(스파크 플러그), 그리고 보안・경보장치로 구성되어 있다. 최근에는 무접점식 점화장치가 이용되고 있다.

(1) 발전기(제너레이터, 올터네이터)

① 팬벨트에 의해 회전되어 전기를 발생시키는 장치로 발생된 전기를 각 전장품에 공급하거나 축전지에 충전하게 하며 직류발전기와 교류발전기가 있다.

② 최근에는 교류발전기를 많이 사용하며, 교류발전기는 교류전기를 발생시켜, 교류발전기에 있는 실리콘 다이오드로 교류전기를 직류전기로 바꾸는 기능을 한다.

(2) 축전지(Battery)

① 발전기로부터 발생된 전기를 비축하였다가 자동차가 전기를 필요로 할 경우 전류를 각 전기장치에 공급하는 역할을 한다.

② (+)와 (−)의 전극판과 전해액(순도 높은 무색・무취의 묽은 황산이며, 인체에 닿으면 위험하다)으로 구성되어 있으며, 승용차는 보통 12[V], 버스와 대형트럭은 보통 24[V]의 전압이 사용된다. 최근에는 증류수 보충이 필요없고 관리가 용이한 MF 배터리가 널리 보급되는 추세다.

③ 축전지 단자기둥(터미널포스트) 구별방법은 다음과 같다.

㉠ + : 'P'자 부호. 배선을 빨간색으로 표시하거나 단자기둥이 (−)단자보다 크다.

㉡ − : 'N'자 부호. 배선을 검정색으로 표시하거나 단자기둥이 (+)단자보다 작다.

(3) 점화장치

① 흡입압축되어 있는 실린더 내 혼합가스를 점화시키기 위하여 실린더에 설치된 점화 플러그(스파크 플러그)에 고압전류를 공급하는 장치이다.

② 엔진 점화순서에 따라 전기불꽃을 공급하여, 혼합가스를 폭발시키는 역할을 한다.

(4) 점화코일(이그니션 코일)

저전압(12[V], 24[V])의 배터리 전기를 고전압(15,000[V] 이상)으로 만드는 2차 전압을 유도하여, 점화플러그에 보내는 일종의 변압기 역할을 한다.

(5) 단속기(콘텍트 브레이크)

1차 전류를 단속, 2차 전류를 유발시키는 역할을 한다.

(6) 배전기(디스트리뷰터)

① 점화코일에서 1차 전류를 단속하여 발생한 2차 전류(고전압)를 점화 순서대로 각 실린더에 설치된 점화 플러그에 보내는 역할을 한다.

② 엔진부하에 따라 점화시기를 조정하는 진공진각장치와 연료의 옥탄가에 따라 점화 시기를 조정하는 옥탄셀렉터 등이 있다.

※ 배전기 캡에 습기가 있으면 고전압이 누전되어 시동이 안 걸릴 수 있다.

③ 최근에는 배전기 없이 점화 코일과 점화 플러그가 일체화된 DLI(Distributor Less Ignition) 방식을 많이 사용하고 있다.

(7) 콘덴서(축전기)

전기를 축전하며, 전기 불꽃에 의해 단속기 점검의 손실을 방지하는 역할을 한다.

(8) 점화플러그

고전압이 중심 전극에 전달되면, 하단에 있는 접지 전극과의 간극에서 불꽃 방전을 일으켜 각 실린더에 불꽃을 튀겨 혼합가스를 점화시킨다.

※ 점화 시기 점검은 타이밍 라이트로 점검한다.

7. 시동장치

시동스위치를 돌리면 축전지에 비축된 전류가 시동 전동기로 흘러 시동 전동기가 회전됨과 동시에 피니언 기어가 앞으로 나와 엔진 뒤에 설치되어 있는 링 기어(플라이 휠)를 회전시켜 엔진 시동이 되게 한다. 이때 앞으로 나온 피니언 기어는 링 기어에서 떨어져 자동적으로 원위치로 돌아간다.

8. 동력전달장치

엔진에서 발생되는 동력을 타이어까지 전달시키는 장치로서 클러치 → 변속기(트랜스미션) → 추진축(프로펠러 샤프트) → 차동장치(디퍼렌셜) → 액슬축 → 후차륜의 순서로 동력을 전달한다. 앞엔진 뒷바퀴 구동차 방식의 동력전달장치이다.

(1) 클러치

① 클러치는 엔진과 변속기 사이에 설치되어 있으며 엔진의 회전동력을 변속기에 전달 또는 단속 차단하여, 자동차의 주행을 원활하게 하며 기어변속을 돕고, 관성운전을 하는 역할을 한다.

② 기계식과 유압식의 2가지 형태가 있는데, 최근에는 유압식이 널리 이용되고 있다.

③ 페달을 밟아서 클러치가 단속이 시작되기까지 자동차가 천천히 움직이는 동력전달 상태의 간극을 클러치 페달의 유격이라 한다. 클러치 페달의 유격은 약 13~25[mm] 정도가 좋으며, 그보다 적으면 클러치가 미끄러지고, 많으면 클러치 단속이 좋지 않게 된다.

(2) 변속기(트랜스미션)

① FR방식의 변속기는 클러치와 추진축 사이에 설치되어 있어 자동차의 주행상태에 따라, 엔진의 회전력을 증대시키거나 감소시키며 자동차를 후진시키는 역할을 한다.

② 기어변속레버에 의해 조작되는 수동식과 클러치 페달 없이 가속 페달에 의해 자동으로 변속되는 자동식이 있다. 단, 자동변속기는 운전자가 진행방향(전진, 후진)과 동력전달 여부(중립, 주행, 주차)를 선택해야 한다.

(3) 수동변속기의 체인지 레버의 조작

① 중립(뉴트럴) : 엔진의 회전동력이 전달되지 않은 장치

② 제1속(로) : 서행 및 언덕길에서 출발 시 사용하는 위치

③ 제2속(세컨드) : 저속 주행 시에 사용하는 위치

④ 제3속(서드) : 중속 · 보통 주행 시에 사용하는 위치

⑤ 제4속(톱) : 중 · 고속 주행 시에 사용하는 위치

⑥ 제5속(오버 드라이브) : 고속 주행 시에 사용하는 위치

⑦ 후진(백) : 후진 시에 사용하는 위치

(4) 자동변속기 레버 사용범위

① P(Parking) : 주차 시 또는 엔진 시동 시 두는 위치이다.

② R(Reverse) : 후진할 때 사용하는 위치이다.

③ N(Neutral) : 변속기어가 중립의 위치, 주행 중 기어가 꺼질 때 재시동이 가능하다.

④ D(Drive) : 보통 일반 전진 주행 시의 위치로 전진 1, 2, 3, 4속으로 변속이 이루어진다.

⑤ 2(2nd) : 2속으로 보통 엔진 브레이크가 필요한 경우에 사용하는 위치이다.

⑥ L(Low) : 1속으로 주로 강한 엔진 브레이크가 필요한 경우에 사용하는 위치이다.

중요 CHECK

- O/D(오버 드라이버) : 주행 시 차량의 속도가 증가되면 엔진에 입력되는 출력속도보다 바퀴 등 구동력의 회전수를 빠르게 해 주는 장치
- POWER(파워) : 변속되는 시기가 지연되어 가속성이 향상되기 때문에 가파른 언덕을 오를 때나 추월할 경우 강력한 엔진의 힘을 필요로 할 때 사용
- HOLD(홀드) : L(Low)에서 1속으로 고정되며, 눈길 등 미끄러운 도로를 주행 시 차량이 일정한 속도로 유지되는 기능

(5) 바퀴 구동방식에 따른 분류

① FR식(Front engine Rear wheel drive)

㉠ 자동차 앞부분에 엔진, 클러치, 변속기 등이 있고, 뒷부분에는 종감속기어, 차동기어 등이 설치되어 있으며, 뒷바퀴에 의해 구동되는 방식이다.

㉡ 엔진실에 조향장치와 구동장치가 같이 있지 않아, 여유공간이 있고 무게가 앞뒤로 고르게 배분되어 고급 승용차에 이용되며, 클러치, 변속기 등의 조작 기구가 간단한 장점이 있으나 중간에 추진축이 있기 때문에 실내의 바닥면에 볼록한 돌기가 생기며 축의 중량이 증가하는 단점이 있다.

② FF식(Front engine Front wheel drive)

㉠ 엔진이 앞에 있고 앞바퀴에 의해 구동되는 방식으로 주로 중형급 이하의 승용차에 널리 보급되고 있다.

㉡ 커브길과 미끄러운 길에서 조향성이 양호하고 추진축이 없어 실내공간이 넓다는 장점이 있으나, 조향장치와 구동장치가 같이 있어 구조상으로 복잡하고 바퀴 간 하중분포가 균일하지 않다는 단점이 있다.

③ RR식(Rear engine Rear wheel drive)

㉠ 자동차 뒷부분에 엔진, 클러치, 변속기, 차동장치 등 모든 일체를 장치하며 추진축이 필요하지 않는 형식이다. 운전석과 엔진이 떨어져 있기 때문에 모든 조작기구는 로드나 와이어 케이블에 의해 원격 조작해야 하므로 기구가 복잡하다.

㉡ 엔진이 뒤에 있고, 뒷바퀴에 의해 구동되는 방식으로 실내공간 중 바닥면적을 넓게 할 수 있고, 바닥을 낮게 할 수 있어 소형 승용차에 많이 이용된다. 구동력 측면에서 유리하나 트렁크 공간이 작고 하중분포가 뒤쪽으로 쏠리는 단점이 있다.

④ 4WD(4Wheel Drive)

㉠ 4바퀴 모두에 엔진의 동력이 전달되는 방식(Transfer Case)을 갖추고 있다.

㉡ 구조는 다른 차량에 비해 복잡하지만 주로 언덕길, 비포장도로, 산간지역을 통행하는 지프형차와 일부 화물차 및 특수용 차량에 많이 사용하고 있다.

⑤ 기 타

㉠ 캡 오버형 : 버스 등에서 좌석을 넓게 하기 위해 엔진을 바닥에 수평으로 놓고 뒷바퀴를 구동하는 방식이나 엔진정비 및 점검이 불편한 단점이 있다.

㉡ 언더 플로어엔진 : 앞엔진 뒷구동식으로 운전석을 앞부분에 설치한 형식이다.

9. 조향장치

(1) 조향장치의 개요

① 운전석의 핸들에 의해 앞바퀴의 방향을 좌우로 변화시켜 자동차의 진행방향을 바꾸는 장치로 주행할 때는 항상 바른 방향을 유지해야 하고 핸들조작이나 외부 힘에 의해 주행방향이 잘못되었을 때는 즉시 직진상태로 되돌아가는 성질이 요구된다.

② 앞바퀴 정렬이 잘되어 있어야 주행 중 안전성이 좋고 핸들조작이 용이하며, 토인, 캠버, 캐스터, 킹핀 등이 있다.

③ 정렬된 앞바퀴가 하는 역할

㉠ 조향핸들에 복원성을 주며 타이어 마멸을 적게 한다.

㉡ 조향핸들의 조작을 착실하게 하고 안전성을 준다.

㉢ 조향핸들을 작은 힘으로 쉽게 조작할 수 있다.

중요 CHECK

조향장치의 중요기능
- 조향핸들을 돌려 원하는 방향으로 조향한다.
- 핸들 조작력이 바퀴를 조작하는 데 필요한 조향력으로 증강한다.
- 선회 시 좌우 바퀴의 조향각에 차이가 나도록 한다.
- 노면의 충격이 핸들에 전달하지 않도록 한다.
- 선회 시 저항이 적고 옆 방향으로 미끄러지지 않도록 한다.

(2) 앞바퀴 정렬

① 토 인

㉠ 토인은 앞바퀴를 위에서 보았을 때 양휠의 중심거리가 앞쪽이 뒤쪽보다 좁게 되어 있다. 이 양자의 거리차를 토인이라고 한다.

㉡ 타이어의 이상 마모를 방지하기 위해 있고, 바퀴를 원활하게 회전시켜서 핸들의 조작을 용이하게 해주는 역할을 한다(토인이 맞지 않을 경우 심한 타이어 편마모 일으킴).

② 캠 버

㉠ 앞바퀴를 위에서 보았을 때 휠의 중심선과 노면에 대한 수직선이 이루는 각도로 휠이 차체의 바깥쪽으로 기울어진 상태를 (+)캠버라 하고, 휠이 차체의 안쪽으로 기울어진 상태를 (−)캠버라고 한다.

㉡ 프론트 휠이 하중을 받을 때 아래로 벌어지는 것을 방지한다.

㉢ 주행 중 휠이 탈출하는 것을 방지한다.

㉣ 킹핀경사각과 타이어 접지면의 중심과 킹핀의 연장선이 노면과 교차하는 점과의 거리인 오프셋양을 적게 하여 핸들조작을 가볍게 한다.

③ 캐스터

㉠ 앞바퀴를 옆에서 보았을 때 킹핀중심선이 수직선에 대하여 경사져 있는데 이 경사 각도를 캐스터라 한다.

㉡ 차체의 뒤쪽으로 경사져 있는 것을 포지티브 캐스터라 하고 앞쪽으로 기울어져 있는 것을 네거티브 캐스터라 한다.

㉢ 앞바퀴에 직진성을 부여하여 차의 롤링을 방지하고 핸들의 복원성을 좋게 하기 위한 것이다.

④ 킹핀경사각

㉠ 앞바퀴를 앞에서 보았을 때 노면과의 수직선에 대하여 킹핀의 윗부분은 내측, 아랫부분은 외측으로 경사져 있는데 이를 킹핀경사각이라고 한다.

㉡ 핸들에 복원성을 준다.

㉢ 스핀들이나 조향기구에 무리한 힘이 작용하지 않도록 한다.

10. 제동장치

(1) 제동장치의 개요

① 주행하는 자동차를 감속 또는 정지시킴과 동시에 주차상태를 유지하기 위한 장치로 마찰력을 이용, 자동차의 운동에너지를 열에너지로 바꾸고 이것을 대기 중에 냉각시킴으로써 제동 작용을 하는 마찰식 브레이크가 일반적으로 사용된다.

② 제동장치에는 주행 중 주로 사용되는 풋브레이크(Foot Brake)와 주정차할 때 사용되는 주차 브레이크(Parking Brake)가 있다.

(2) 제동장치의 종류

① 풋브레이크(Foot Brake)

㉠ 브레이크 페달을 밟으면 마스터 실린더 내 피스톤이 작동하여 브레이크액이 압축되고, 압축된 브레이크액은 파이프를 따라 휠 실린더로 전달되어, 휠 실린더의 피스톤에 의해 브레이크 라이닝을 좌우로 밀어주고 타이어와 함께 회전하는 브레이크 드럼 또는 디스크를 고정하여 멈추게 하는 제동장치이다.

㉡ 앞바퀴엔 디스크브레이크방식, 뒷바퀴엔 드럼브레이크방식을 사용하고 있으나 고급차 중에는 앞뒤 모두 디스크브레이크방식을 사용하는 경우가 많다.

중요 CHECK

디스크브레이크의 장단점
- 방열작용이 좋고 브레이크 효과가 안정하여 페이드 현상(온도가 상승하여 제동력이 저하되는 현상)이 발생되지 않는다.
- 좌 · 우바퀴의 제동력이 안정되어 편제동이 적으며 온도상승에 의한 각부의 변형이 없다.
- 열변형에 의한 디스크의 두께가 약간 변화되는 정도이며 브레이크 힘의 저하는 없다.
- 고속에서 반복사용 시 제동력의 변화가 적고, 페드마모가 드럼식보다 빠르다.
- 구조상 가격이 비싸다.
- 드럼브레이크에서는 슈를 핸드브레이크로 사용하나 디스크브레이크에는 별도 설치가 필요하다.

② 주차브레이크(Parking Brake)

㉠ 손으로 조작하며 풋브레이크 고장 시 비상용으로 사용하는 보통 주 · 정차할 때 사용하는 브레이크이다. 4바퀴에 제동이 걸리는 풋브레이크와는 달리 레버를 당기면 로드나 와이어에 의해 제동이 되는 기계식이 주로 이용된다.

㉡ 주차 또는 비상브레이크라고도 하며 좌우의 뒷바퀴가 고정된다.

③ 엔진브레이크(Engine Brake)

㉠ 가속페달을 밟았다가 놓거나 고단기어에서 저단기어로 바꾸게 되면 엔진브레이크가 작동되어 속도가 떨어지는데, 마치 구동바퀴에 의해 엔진이 역으로 회전하는 것과 같이 되어 그 회전저항으로 제동력이 발생하는 것이다.

㉡ 보통 내리막길에서 엔진브레이크를 사용하는 것이 풋브레이크만 사용했을 때 라이닝의 마찰력에 의해 제동력이 떨어지는 것을 방지할 수 있다.

④ ABS(Anti-lock Brake System) : 미끄럼 방지 제동장치로 미끄러운 노면상에서 제동 시 바퀴를 고정시키지 않음으로써 핸들의 조절이 용이하고 가능한 최단거리로 정지시킬 수 있는 첨단 안전장치이다.

(3) 브레이크의 이상 현상, 노즈다이브 현상

① 베이퍼록(Vapor Lock) : 베이퍼록은 연료회로 또는 브레이크 장치 유압회로 내 브레이크액이 온도상승으로 인해 기화되어 압력전달이 원활하게 이루어지지 않아 제동기능이 저하되는 현상이다.

② 페이드 현상 : 주행 중 계속해서 브레이크를 사용함으로써 온도상승으로 인해 제동마찰제의 기능이 저하되어 마찰력이 약해지는 현상이다.

③ 노즈다이브 현상 : 자동차가 급제동하게 되면 계속 진행하려는 차체의 관성력의 무게중심으로 인해 전방으로 피칭운동하여 전방 서스펜션의 작동길이가 감소하고 후미 서스펜션은 늘어나 차체가 전방으로 쏠리는 현상(간단하게 차량 앞부분은 가라앉고 뒷부분은 올라감)이다.

중요 CHECK

견인계수와 마찰계수

- 마찰계수 : 수직력(무게)에 의하여 표면상의 물체가 미끄러지기 위해 요구되는 수평력의 비율(기호 : μ(뮤))
- 견인계수
  - 중량에 의한 가속이나 감속을 나타내는 계수로서 동일방향으로 감속시키는 데 필요한 수평력과 그 힘이 가해지는 물체의 무게와의 비(기호 : f)

    $f = \mu + G$, 여기서 G는 구배

  - 견인계수는 다음 두 가지 상황과 일치할 때 마찰계수와 동일값을 가짐
    - ⓐ 표면이 수평일 때
    - ⓑ 차량의 모든 타이어가 록크(잠김)되어 스키드되었을 때

11. 주행장치

엔진에서 발생된 동력이 최종적으로 바퀴에 전달되어 노면 위를 달리게 되는 주행장치에는 휠(Wheel)과 타이어(Tire)가 속한다.

(1) 휠(Wheel)

① **개념** : 일반적으로 차륜(속칭 : 바퀴)을 칭하며 타이어와 함께 자동차의 중량을 지지하고, 구동력과 제동력을 지면에 전달하는 역할을 한다.

② **휠(Wheel)의 종류**

㉠ 강판제 디스크 휠 : 강판을 림이나 디스크로 성형하여 용접한 것으로, 제작이 용이해서 버스, 트럭, 승용차 등에 사용된다.

㉡ 경합금제 휠 : 알루미늄이나 마그네슘 등의 경금속을 재료로 이용, 경량화・정밀도・패션성 등을 목적으로 널리 사용되는 휠이다. 림과 디스크를 일체 주조한 알루미늄 휠과 단조에 의한 단조 알루미늄 휠, 그리고 3분할 휠 등이 있다.

㉢ 와이어 스포크 휠 : 현재는 거의 사용하지 않으며, 림과 디스크부를 스포크로 조립한 것이다. 패션과 고전적인 차량 등에 사용되나 옆방향의 힘에 약하고 튜브를 사용해야 한다.

중요 CHECK

차량 주행에 있어서 미치는 저항

저항에는 구름저항, 공기저항, 등판저항(구배저항), 가속저항이 있다. 만약, 문제에서 저항을 한 개 이상으로 주었다면 모두 더하면 된다.

- 주행저항 : 바퀴와 노면 사이의 마찰로 인한 저항이다. 즉, 주행저항(R)은 노면의 마찰계수(n)와 차량의 총중량(w)을 곱한 것이다.

$$R = n \times w$$

- 공기저항 : 차량이 진행할 때 공기가 차량에 미치는 저항을 뜻한다.

$$R_a = k \times A \times v^2$$

(R_a : 공기저항, k : 공기저항계수, v : 공기와의 상대속도(바람이 불지 않는다고 가정할 때 차량속도))

예 승용차의 전면 단면적이 1.5[m^2], 공기저항계수가 0.025인 자동차가 있다. 60[km/h]로 주행할 때 공기저항은 얼마인가?
먼저 단위를 통일한다.
60[km/h]를 [m/s]단위로 바꾸면 → 16.67[m/s]
공기저항 공식에 대입하면
R=0.025×1.5[m^2]×(16.67[m/s])^2=10.42[kg]

- 등판저항 : 구배저항이라고도 하며 차량이 언덕길을 올라갈 때 나타나는 저항

$$R = w \times \sin\theta$$

(R : 등판저항, w : 하중, θ : 경사각)

(2) 타이어(Tire)

① 타이어의 개요

㉠ 자동차의 신발에 해당되는 것으로 천연직물이나 나일론 등의 섬유와 양질의 고무를 천모양으로 하여 이것을 겹쳐서 만든 것이다.

㉡ 타이어의 고무층은 브레이커부, 트레드부, 카카스부, 비드부의 4부분으로 구성되어 다음의 역할을 만족시켜 주고 있다.

㉢ 타이어의 역할

- 자동차의 차체와 지면 사이에서 차체의 구동력을 전달한다.
- 지면으로부터 받은 충격을 흡수, 완화시킨다.
- 차체 및 화물의 무게를 지탱한다.
- 자동차의 조정 안정성을 향상시킨다.
- 주행 및 회전저항을 감소, 승차감을 좋게 한다.

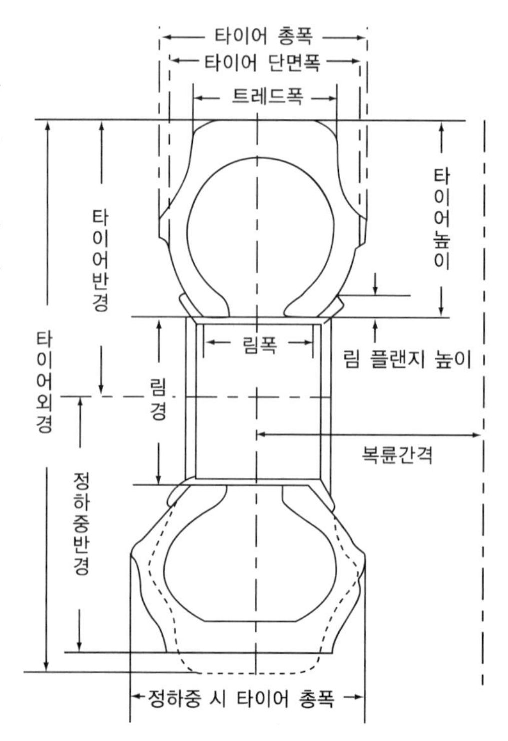

② 타이어의 용어해설

㉠ 타이어 총폭 : 타이어는 적용림에 장착하고 규정의 공기압을 충진한 후 하중을 가하지 않은 상태에서 타이어 측면의 프로텍트 라인 및 문자 등을 포함하는 사이드 월 간의 직선거리

㉡ 타이어 단면폭 : 타이어 측면의 프로텍트라인 및 문자 등이 포함되지 않은 폭

㉢ 트레드 폭 : 무하중 상태에 있는 접지면의 폭으로서 호 또는 현의 길이로 표시

㉣ 타이어 외경 : 타이어를 적용림에 장착하고 규정의 공기압을 충진하여 하중을 가하지 않은 상태에서의 타이어 직경

㉤ 단면 높이 : 타이어의 외경에서 림의 지름을 빼고 1/2로 나눈 것

㉥ 림경 : 림 플랜지에 접하는 림 베이스 간 직선거리(타이어의 내경과 거의 동일)

㉦ 림폭 : 림 플랜지 내면의 간격

㉧ 림 플랜지 높이 : 림 플랜지 지름에서 림 지름을 뺀 것의 1/2

㉨ 정하중 반경 : 타이어를 적용림에 장착하고 규정의 공기압을 충진하여 정지한 상태에서 평면에 수직으로 두고 100[%] 하중을 가했을 때 타이어의 축중심에서 접지면까지의 최단거리

㉩ 편평비 : 타이어 단면폭에 대한 타이어 단면높이의 비율

㉪ 복륜간격 : 복륜 타이어의 타이어 단면 중심에서 단면 중심까지의 간격

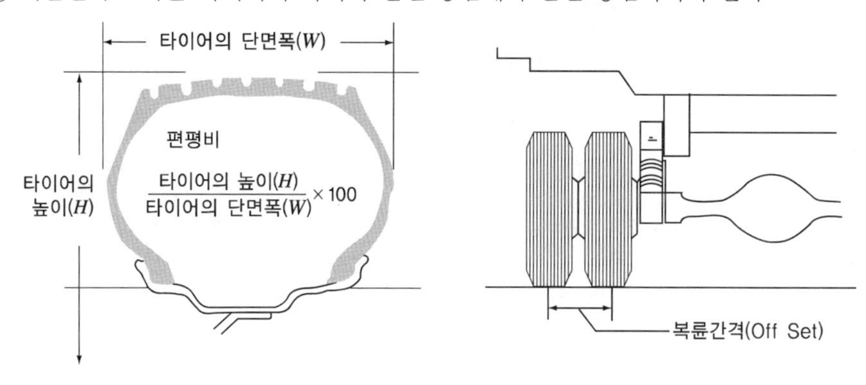

③ 타이어의 규격 표기법(승용차용 표기법)

㉠ P-메트릭 표기법(P-Metric)

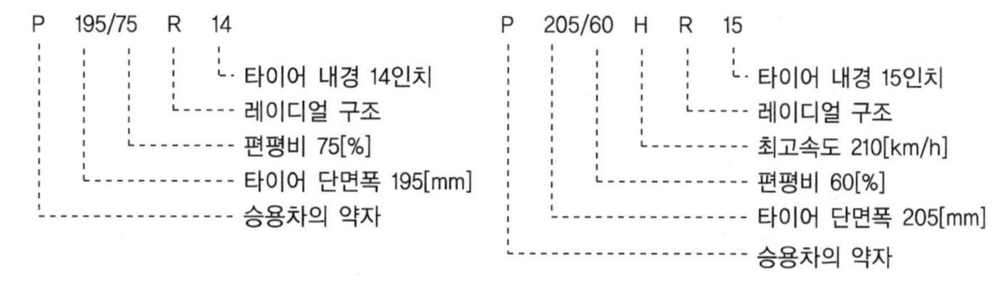

㉡ 유로피언 메트릭 표기법

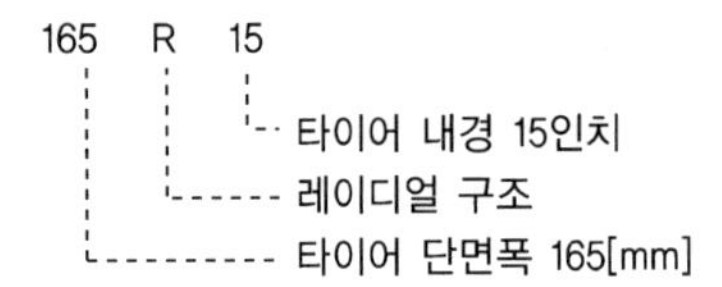

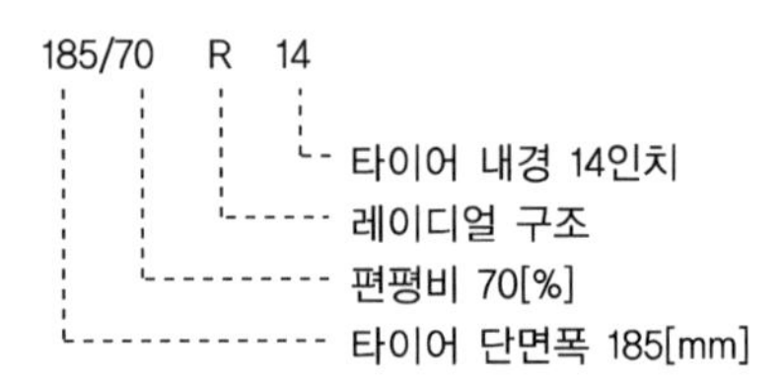

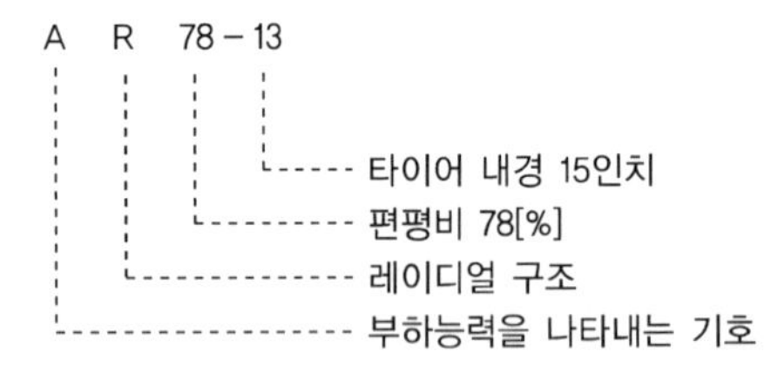

㉢ 알파 뉴메릭 표기법

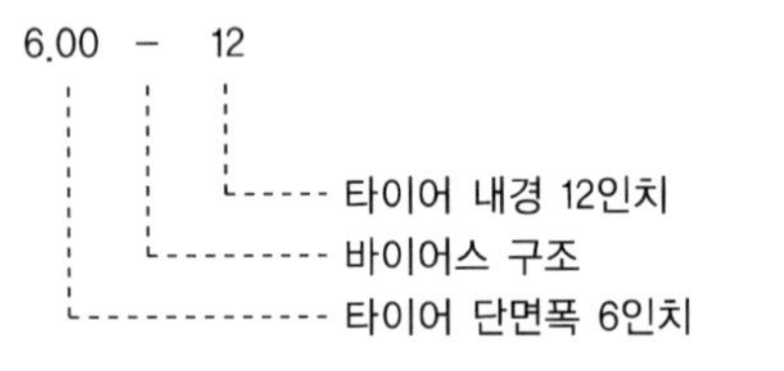

㉣ 뉴메릭 표기법

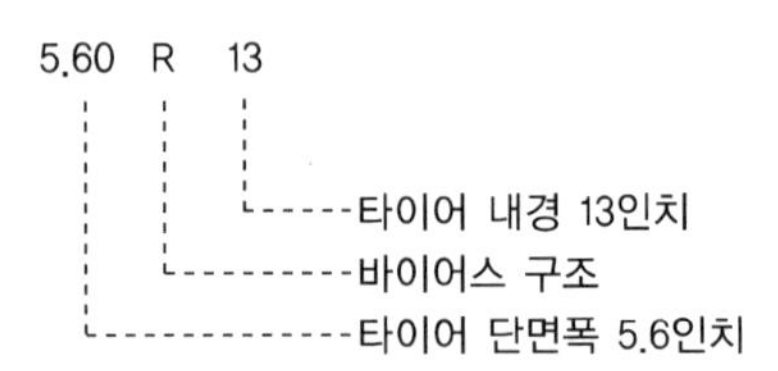

㉤ T타입 응급용 표기법

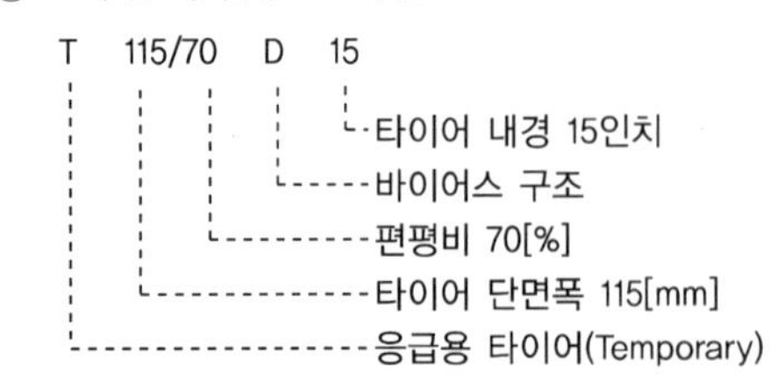

㉥ ISO 표기법

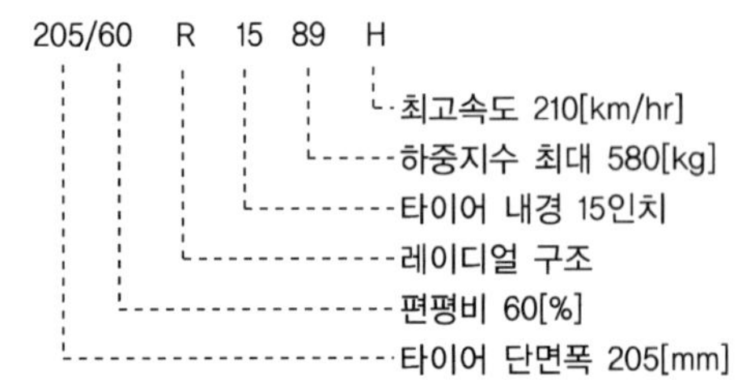

④ 타이어의 외관 표시방법 : 타이어의 측면 표시에 관해서는 한국산업규격(KS) 및 미연방자동차 기준(FMVSS) 등에 명기되어 의무사항으로 되어 있다.

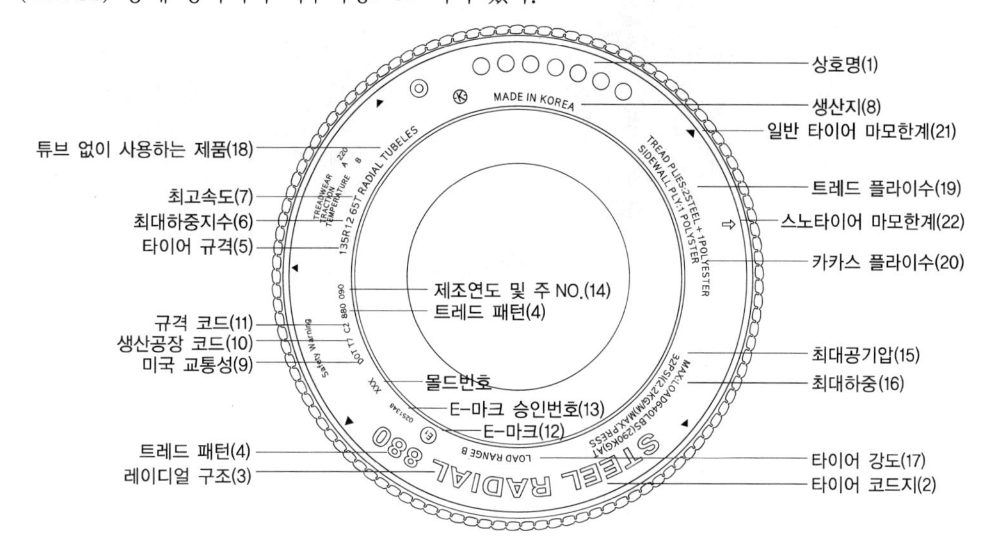

[타이어의 외관표시(1)]

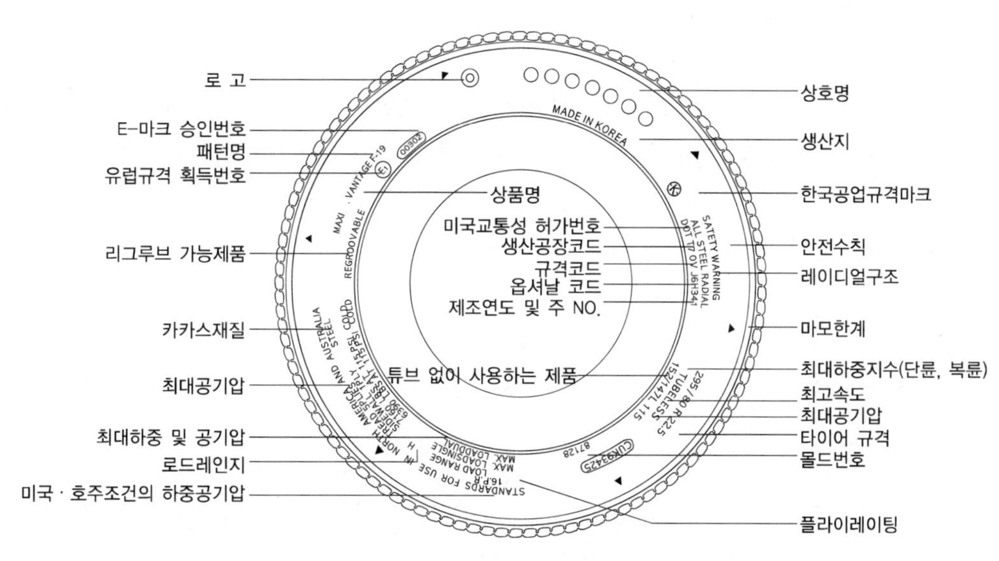

[타이어의 외관표시(2)]

⑤ 타이어(Tire)의 종류

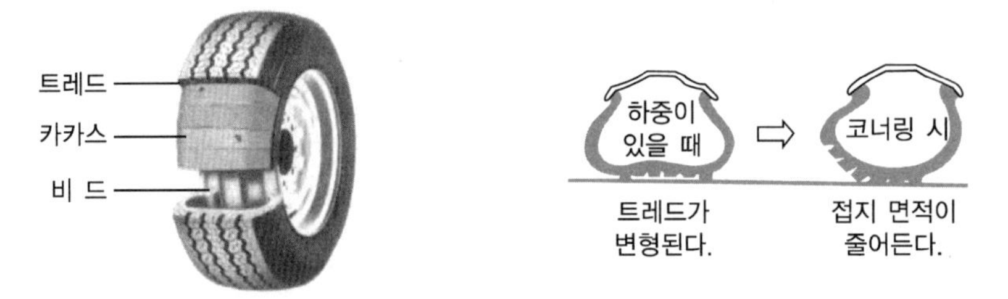

[바이어스 타이어]

[레이디얼 타이어]

㉠ 레이디얼 타이어(Radial Tire)

- 고속용으로 개발된 타이어로서, 일반적으로 널리 사용되고 있다.
- 코드가 트레드의 중심선에 대하여 직각방향의 힘만으로는 카카스코드를 지지할 수 없으므로, 이 코드 위에 둘레방향에 대하여 10~20°의 각도를 가진 벨트층을 설치하여, 타이어 둘레방향의 힘을 지지하고 있다.
- 벨트의 재료로는 섬유와 스틸이 사용된다.

㉡ 바이어스 타이어(Bias Tire)

- 종래부터 일반적으로 널리 사용되고 있다.
- 카카스를 구성하는 코드가 트레드의 중심선에 대하여 약 45° 경사지게 교차되어 있는 타이어이다.

[바이어스와 레이디얼 타이어]

구 분	바이어스 타이어	레이디얼 타이어
구 조	엇갈린 여러 장의 카카스로 구성(카카스 수 : 4장 이상 짝수)	주행방향에 수직인 카카스(Carcass)와 스틸벨트(Steel Belt)로 구성
내구성	엇갈린 카카스 간섭으로 발열이 많아 쉽게 노화	카카스 간 간섭이 없어 발열이 적고, 내구성이 향상됨
내마모성	트레드부를 지지해 주지 못하고 유동이 많아 불리함	트레드부를 스틸로 된 벨트가 지지하여 우수함
승차감	유연성과 승차감이 좋다.	충격흡수가 불량하여 승차감이 나쁘다.
경제성	내마모성이 적어 장착, 탈착이 잦고 가격대비 경제성 낮음	바이어스보다 1.5~2배 사용

㉢ 튜브리스 타이어 : 튜브를 사용하지 않는 대신에 타이어 안쪽에 이너라이너라는 공기투과성이 적은 특수고무층(부틸고무)을 붙이고, 또 다시 비드부에 공기를 누설하지 않는 재료를 사용하여 림과의 밀착이 확실하게 되도록 베드 부분의 내경을 림의 외경보다 작게 하고 있으며, 림과의 접촉 저항이 생기기 쉽기 때문에 채퍼라는 보강층을 설치하고 공기를 주입하기 위한 스냅인밸브, 클램프인밸브를 림에 직접 장치한 타이어이다.

중요 CHECK

현가의 특성

- 스프링 위 무게의 진동
  - 바운싱(상하진동) : Z축방향으로 평행하게 운동하는 고유진동이다.
  - 피칭(앞뒤흔들림) : Y축을 중심으로 회전운동을 하는 고유진동이다.
  - 롤링(가로흔들림) : X축을 중심으로 하여 회전운동을 하는 고유진동이다.
  - 요잉 : Z축을 중심으로 회전운동을 하는 고유진동이다.
- 스프링 아래 무게의 진동
  - 상하진동=휠홉 : Z축방향으로 상하 평행운동을 하는 진동이다.
  - 휠트램프 : X축을 중심으로 하여 회전하는 진동이다.
- 기타 진동 : X축방향(앞뒤방향)과 Y축방향(좌우방향)의 평행진동이나, Y축을 중심으로 하여 회전운동을 하는 진동(Wind Up) 등이 있다.

제2절 차량 내 · 외부 파손주의 조사방법

구 분	내 용		
차량 내부 조사	• 충돌 후 탑승자의 운동방향 • 문짝 내부 패널손상 • 차량 내부의 후부 반사경 • Head Liner와 필러 부분 • 안전벨트	• 조향핸들 • 앞유리손상 • 계기판 및 대시보드 패널 • 컴비네이션 스위치	• 시트상태 • 창문 손상 • 기어 변속장치 • 페달상태
차량 외부 조사	• 차량번호 및 제원조사 • 타이어 파손 상태 • 범퍼, 그릴, 라디에이터 • 브레이크 라이닝	• 차체변형의 상태 • 파손흔적의 진행방향 • 펜더, 문짝	• 유리파손 부위 • 램프의 상태 • 조향기구

1. 직접손상과 간접손상

(1) 직접손상(Contact Damage)

① 차량의 일부분이 다른 차량, 보행자, 고정물체 등의 다른 물체와 직접 접촉·충돌함으로써 입은 손상이다.

② 보디 패널(Body Panel)의 긁힘, 찢어짐, 찌그러짐과 페인트의 벗겨짐으로 알 수도 있고 타이어 고무, 도로재질, 나무껍질, 심지어 보행자 의복이나, 살점이 묻어 있는 것으로도 알 수 있다.

③ 전조등 덮개, 바퀴의 테, 범퍼, 도어 손잡이, 기둥, 다른 고정물체 등 부딪친 물체의 찍힌 흔적에 의해서도 나타난다.

④ 직접손상은 압축되거나 찌그러지거나 금속표면에 선명하고 강하게 나타난 긁힌 자국에 의해서 가장 확실히 알 수 있다.

[직접손상부분]

사진출처 : 도로교통관리공단 교통사고조사매뉴얼

(2) 간접손상(Induced Damage)

① 차가 직접 접촉 없이 충돌 시의 충격만으로 동일차량의 다른 부위에 유발되는 손상이 간접손상이다.

② 디퍼렌셜, 유니버설조인트 같은 것은 다른 차량과의 충돌 시 직접접촉 없이도 파손되는 수가 있는데 그것이 간접손상이다.

③ 차가 정면충돌 시에는 라디에이터그릴이나 라디에이터, 펜더, 범퍼, 전조등의 손상과 더불어 전면부분이 밀려 찌그러지는데, 그때의 충격의 힘과 압축현상 등으로 인하여 엔진과 변속기가 뒤로 밀리면서 유니버설조인트, 디퍼렌셜이 손상될 수 있다.

④ 충돌 시 차의 갑작스러운 감속 또는 가속으로 인하여 차내부의 부품 및 장치와 의자, 전조등이 관성의 법칙에 의해 생겨난 힘으로 고정된 위치에서 떨어져 나갈 수 있다. 이때에 그것들이 떨어져나가 파손되었다면 간접손상을 입은 것이다.

⑤ 충돌 시 부딪힌 일이 없는 전조등의 부품들이 손상을 입는 경우도 있다.

⑥ 교차로에서 오른쪽에서 진행해 온 차에 의해 강하게 측면을 충돌당한 차의 우측면과 지붕이 찌그러지고 좌석이 강한 충격을 받아 심하게 압축 이동되어 좌측문을 파손시켜 열리게 한 것을 들 수 있다.

⑦ 보디(Body)부분의 간접손상은 주로 어긋남이나 접힘, 구부러짐, 주름짐에 의해 나타난다.

[간접손상부분]

사진출처 : 도로교통관리공단 교통사고조사매뉴얼

중요 CHECK

사고차량 손상을 정밀조사하기 위해 유의하여야 할 사항
- 충격력이 작용된 방향을 파악한다.
- 상대차의 어느 부위와 충돌되었는지 대조한다.
- 타이어, 페인트와 같은 재질이 묻었나를 관찰한다.
- 상대차의 범퍼, 번호판, 전조등 등의 형상(形狀)이 임프린트 되었나를 본다.
- 손상형태가 압축되었는지, 끌려서 밖으로 돌출되었는지, 스쳐 지나갔는지를 규명한다.
- 바퀴의 직접손상이 있는 경우 좌우측 축거의 변형 차이가 있는지 관찰한다.
- 지붕(Roof)선과 전면필러, 중앙필러의 변형상태를 파악한다.
- 직접 손상부위와 간접 손상부위를 구분한다.
- 최대힘의 충격방향이 무게중심을 중심으로 좌측 혹은 우측에 작용하였는지를 판단한다.
- 2군데 이상의 손상이 있을 경우 1차 충돌에 의한 것인가, 2차 충돌에 의한 것인가를 본다.
- 전체적인 손상형태를 파악하기 위하여 하체나 프레임의 변형과 보디(Body)의 변형을 관찰한다.
- 차체가 찌그러져 바퀴를 움직이지 못하게 했는지를 파악한다.
- 차량의 지붕위에서 파손된 위치 및 파손 정도를 판단한다.
- 타이어의 접지면(Tread)이나 옆벽(Sidewall)에 나타난 흔적이 있는가를 본다.
- 차량 내부의 의자, 안전띠 변형상태와 차량기기 조작여부를 살펴본다.
- 차체 내부에 탑승자 신체와 충격하였나 혹은 탑승자 위치를 알 수 있는 흔적이 있는가를 본다.

2. 차량손상 조사

(1) 탑승자의 충돌 후 운동방향

① 운전자를 포함한 차량탑승자들의 충돌 직후 운동과정을 규명하는 데는 차량 내부의 손상을 토대로 한다.

② 충돌로 인해 충돌 전 상태를 유지하려고 한다. 즉, 충돌 전 속도대로 계속 움직이려고 하는 것이다. 그러므로 차량탑승자들은 2차로 차량 내부의 장치물과 충돌하게 되어 큰 부상을 입게 되는데, 충돌 후 탑승자의 운동방향은 충격외력이 작용한 방향의 역방향이다.

(2) 사고당시 운전자 조사

사고당시 운전자가 누구였는가(탑승자가 어느 좌석에 앉아 있었는가)에 대하여는 탑승자의 충돌 후 운동방향(차량외부의 충돌부위에 의한 충격외력의 작용방향을 통해 추정), 탑승자들의 신체 상처부위, 탑승자들의 최종위치, 차량의 최종위치, 탑승자의 신체가 부딪친 차량 내부의 손상 등을 종합하여 규명한다.

(3) 사고당시 안전벨트착용 여부

① 안전벨트를 착용하였다 하더라도 안전벨트 착용좌석 쪽에 차체가 심하게 찌그러지면, 하지(下肢)부상 외에 두부나 안면부에 상처를 입을 수도 있다. 하지만 하지를 심하게 다치지 않았을 경우 두부나 안면부를 심하게 다칠 수는 없다.

② 결과적으로 두부나 안면부를 심하게 다친 사람이 하지나 다른 부위에 상처를 입지 않은 경우는 좌석 안전벨트를 매지 않았다고 보아도 무방하다. 따라서 차량 내부의 손상을 정밀히 파악할 필요가 있다.

③ 승차자의 부상원인조사를 위해 차량 내부에서 부상을 입히는 위험한 주요 구조물은 앞유리 및 옆유리, 핸들, 계기판 및 대시보드, 좌석골조, 천장구조물(특히 전도·전복 시), 창틀, 바닥, 내부구조물 중 강성(綱性)이 있는 부분이며, 옆창문, 손잡이, 도어손잡이, 거울, 안전벨트를 필러에 고정시키기 위한 볼트 부분 등을 들 수 있다.

(4) 자동차 창유리의 손상

자동차에 사용되는 창유리는 열처리된 안전유리인데, 앞창유리는 합성유리를 장착하게 되어 있고 옆유리 및 뒷유리는 강화유리로 되어 있다.

① 합성유리

㉠ 이중접합유리라고도 불리는 이 유리는 서로 버티어 주고 있기 때문에 균열상태에 따라 그 손상이 접촉으로 인한 직접손상인지 아니면 간접적인 손상인지를 파악할 수 있다.

㉡ 평행한 모양이나 바둑판 모양으로 갈라진 것은 간접손상에 따른 차체의 뒤틀림에 의해 생겨난 것이다.

㉢ 직접손상은 방사선 모양이나 거미줄 모양으로 갈라지며 갈라진(금이 간) 중심에는 구멍이 나있는 경우도 있다.

② 강화유리

㉠ 강화유리가 파손되어 흩어진 것만을 보고는 직접손상인지, 간접손상인지 구분하지 못한다.

㉡ 뒤창유리에 사용된 강화유리는 박살났을 때 직접손상인지 간접손상인지에 대한 아무런 표시도 나타내 주지 않는다. 그것은 다른 물체와의 접촉에 의한 손상인지 아니면 차체의 뒤틀림에 의한 손상인지의 표시가 없기 때문이다.

㉢ 어느 경우든 강화유리는 강한 충격에 의해 수천 개의 팝콘 크기의 조각으로 부서진다.

중요 CHECK

안전유리

안전유리는 2개의 판유리 중간에 투명한 합성수지필립을 샌드위치모양으로 끼워 접착시켜 유리가 깨질 경우라도 유리파편이 흩날리지 않도록 하여 파편에 의한 상처를 방지하도록 한 합성유리와 보통 판유리를 가열한 뒤 급랭시켜 유리의 결정을 치밀하게 하여 잘 깨지지 않게 함과 동시에 깨진 경우라도 보통유리 파편처럼 날카롭거나 뾰족하게 되지 않고 둥글게 되어 파편에 의한 상처를 방지하도록 한 강화유리 등이 있다.

합성유리

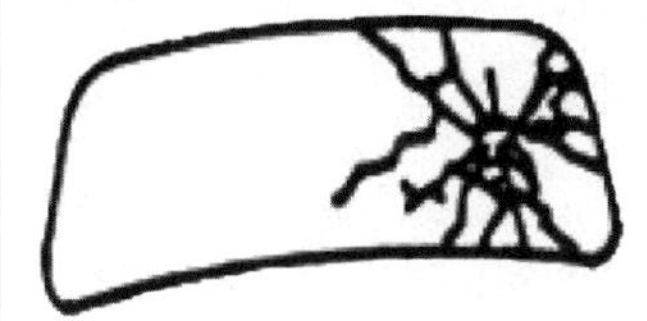

합성유리는 2장의 유리 사이에 투명 플라스틱 막을 넣어 접착한 유리이다.
- 만일 파손되더라도 파편이 흩어지지 않는다.
- 파손되어도 투명성이 뛰어나다.
- 충격물이 관통하기 어렵다.

강화유리

강화유리는 보통유리를 열처리하여 유리에 변형을 가하고, 표면층에 압축력이 작용하는 구조로 만든 것이다.
- 보통 유리보다 3~5배 충격에 강하다.
- 깨져도 파편이 팝콘모양이 되므로 상처가 적다.
- 온도의 급변에 충분히 견딜 수 있다.

부분강화유리

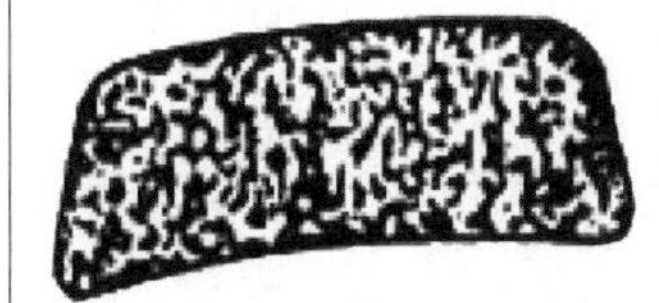

부분강화유리는 강화유리의 일종으로 파손된 경우라도 운전시야가 확보되도록 가공된 유리이다.
- 강도는 강화유리와 같다.
- 만일 파손된 경우라도 운전시야를 확보할 수 있다.

(5) 속도계의 조사

① 사고 후 속도계가 차의 실제 속도보다 높은 수치를 가리키는 경우도 있고 0을 가리키는 경우도 있으므로 속도계 바늘이 가리키고 있는 속도는 참고로 하되 단정해서는 안 된다.

② 자동차를 검증할 때는 다른 때와 마찬가지로 계기판에 붙어 있는 계기를 조사해야 하지만 속도계 바늘이 충돌 당시 속도를 가리키면서 찌그러져 있는 경우를 제외하고는 계기판을 판독하는 것은 의미가 없다.

③ 사실상 이러한 경우는 매우 드물게 일어나므로 속도계 바늘이 어떤 속도로 부딪치는 경우 그 바늘이 받은 어떤 힘이 속도계기를 파손시킬 때 움직이게 되므로 이때 주의할 점을 속도 계기에 대한 전문가에게 의뢰하여 조사를 받아야 하는 것이다.

(6) 노면에 흠집을 낸 부위의 손상

① 노면에 파인 홈(Gouge Mark)이나 긁힌 자국(Scratch)이 나타나 있으면 그 홈이나 자국을 만든 차의 부품들을 찾아 주의깊게 살펴 보아야 하는데, 세밀한 조사를 위해서는 차를 들어 올리거나 차를 측면으로 세운 다음 천천히 관찰하여야 한다.

② 흠을 남기게 한 부품들은 대개 심하게 마모되어 있거나 닳아 있고, 만약에 볼트 등이 돌출해 있다면 휘어져 있을 가능성이 크다.

③ 사고 후 짧은 시일 내에 차가 점검된다면 광택나는 부분을 쉽게 발견할 수 있다. 마찰 시 생긴 열로 갈색이나 푸른색으로 될 수도 있으며 아스팔트 성분이나 노면표시 페인트가 묻어 있을 수도 있다. 이러한 현상은 특히 무더운 여름날일 경우는 쉽게 나타난다.

④ 예를 들어 오토바이사고의 경우 오토바이의 앞바퀴 허브(Hub)가 아스팔트노면을 긁어파는 경우도 종종 나타나므로 주의깊게 살펴보아야 한다. 흔히 오토바이가 넘어져서 노면을 긁어파는 부위는 거의 발판(Step)에 의해서만 발생하는 것으로 고정관념을 가지는 수가 있는데 이는 잘못된 생각임을 명심해야 한다.

중요 CHECK

차량손상조사·분석의 원칙 및 착안점

- 직접손상부위와 간접손상부위를 구분한다.
- 충격력이 작용된 방향을 파악한다.
- 상대차의 재질이 묻었나를 찾아본다.
- 상대차의 물체의 형상(形狀)이 찍혔나를 본다.
- 상대차의 어느 부위와 충격하였나를 대조한다.
- 밀려들어간(압축된) 변형인가, 잡아끌린 변형인가, 스쳐지나갔는가를 본다.
- 손상부분이 차체의 측단으로 벗어났는가 아닌가를 본다.
- 밀려 올라갔는가, 눌려 찌그러졌는가를 본다.
- 간접손상의 범위가 측방의 대각선방향으로 미쳤는가 아닌가를 본다.
- 2군데 이상의 손상이 있을 경우 1차 충돌에 의한 것인가, 2차 충돌에 의한 것인가를 본다.
- 전체적인 손상의 모습은 어떠한가, 하체나 프레임의 변형과 보디(Body)의 변형이 다르지 않은가를 본다.
- 차체가 찌그러져 바퀴를 움직이지 못하게 한 것은 아닌가를 본다.
- 손상폭이 좁은가, 넓은가를 본다.
- 타이어의 접지면(Tread)이나 옆벽(Sidewall)에 나타난 흔적이 있는가를 본다.
- 차체 내부에 탑승자 신체와 충격하였나 탑승자 위치를 알 수 있는 흔적이 있는가를 본다.

(7) 타이어 흔적에 관한 정보

① 충돌 전 타이어가 파손되었는지 또는 충돌로 인하여 파손되었는지에 대하여 충분한 검토가 필요하다.

② 충돌 전 파손된 경우 타이어가 심하게 마모되어 펑크가 발생하거나 또는 고속주행으로 파열되는 경우가 가끔 발생할 수도 있다.

③ 충돌로 인하여 파손되는 경우 타이어 파손 단면은 대부분 충돌로 차체가 변형되어 날카로운 물체에 의해 잘려진 형상을 주로 하고 있다. 또한 충돌 시 접촉흔적은 사고발생 과정의 접촉자세 및 사고발생 과정의 이해에 도움을 준다.

④ 사고차량에 장착한 타이어를 조사한다.

[타이어의 트레드 패턴에 따른 특성]

구 분		패턴특징	기본패턴의 예	주용도
리브형 (Rib)	장 점	• 회전저항이 적고 발열이 낮다. • 옆미끄럼 저항이 크고 조종성, 안정성이 낮다. • 진동이 적고, 승차감이 좋다.	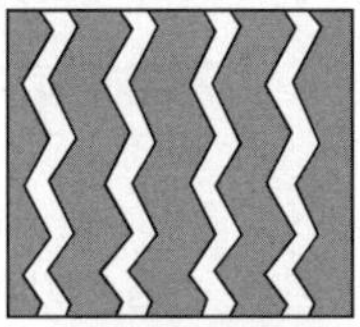	• 포장로, 고속용 • 승용차용, 버스용으로 많이 채용되고 있고 최근에는 일부 소형트럭용으로도 사용되고 있다.
	단 점	다른 형상에 비해 제동력, 구동력이 떨어진다.		
러그형 (Lug)	장 점	• 구동력, 제동력이 좋다. • 비포장로에 적합하다.	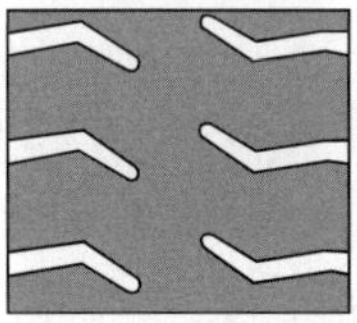	• 일반도로, 포장도로 • 트럭, 버스용, 소형트럭용 타이어에 많이 채용되고 있다. 또한 건설차량용, 산업차량용 타이어는 거의 러그형이다.
	단 점	• 다른 형상에 비해 회전저항이 크다. • 옆미끄럼 저항이 적다. • 소음이 비교적 크다.		
리브-러그형 (Rib-Lug)	장 점	• 리브, 러그 타입의 장점을 살린 타이어로 조종성 및 안정성이 우수하다. • 포장, 비포장로를 동시에 주행하는 차량에 적합하다.	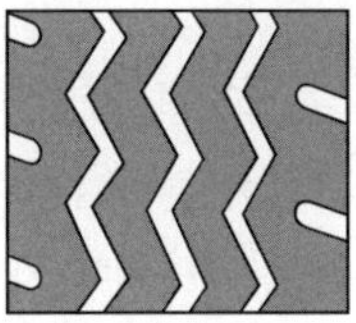	• 포장, 비포장로의 양면 도로에 사용 • 트럭, 버스용에 많이 사용되고 있다.
	단 점	• 러그부 끝에서 마모발생이 쉽다. • Rib의 홈부에서 균열이 발생하기 쉽다. • 제동력, 구동력이 러그타입보다 적다.		
블록형 (Block)	장 점	• 구동력, 제동력이 뛰어나다. • 눈 위, 진흙에서의 제동성, 조종성, 안정성이 좋다.	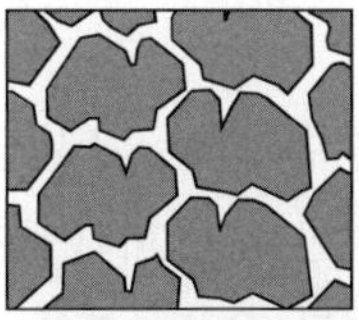	• 스노타이어 • 샌드서비스 타이어 등에 사용되고 있다.
	단 점	• 리브형, 러그형에 비해 마모가 빠르다. • 회전저항이 크다.		
비대칭형	장 점	• 지면과 접촉하는 힘이 균일하다. • 마모성 및 제동성이 좋다. • 타이어의 위치 교환이 불필요하다.	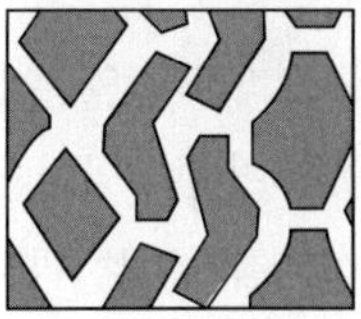	승용차용 타이어
	단 점	• 현실적으로 활용이 적다. • 규격 간 호환성이 적다.		

(8) 타이어에 발생하는 이상현상

① 스탠딩 웨이브(Standing Wave) 현상

㉠ 의의 : 타이어가 회전하면 이에 따라 타이어의 전원주에서는 변형과 복원이 반복된다. 자동차가 고속으로 주행하여 타이어의 회전속도가 빨라지면 접지부에서 받은 타이어의 변형이 다음 접지 시점까지도 복원되지 않고 그림과 같이 접지의 뒤쪽에 진동의 물결이 되어 남는다. 이러한 파도치는 현상을 스탠딩 웨이브(Standing Wave)라고 한다.

[스탠딩 웨이브 현상]

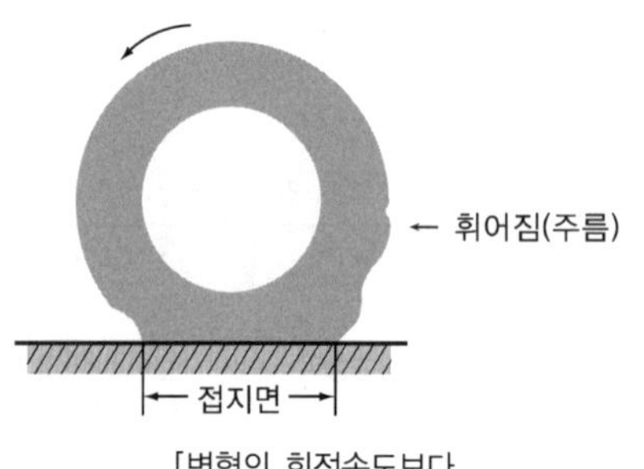

[변형의 회전속도보다 주름속도(타이어 회전속도)가 빨라진 경우]

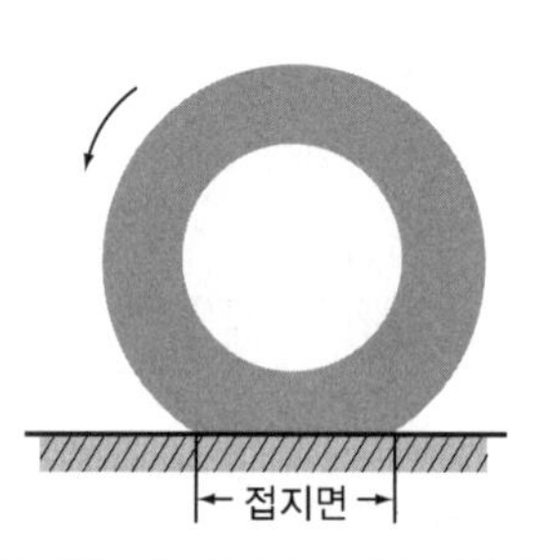

[주행속도(타이어의 회전속도)보다 변형의 회복속도가 빠른 경우]

사진출처 : 도로교통관리공단 교통사고조사매뉴얼

㉡ 발생 : 일반구조의 승용차용 타이어 경우 대략 150 [km/h] 전후의 주행속도에서 이러한 스탠딩 웨이브 현상이 발생한다. 단, 조건이 나쁠 때는 150[km/h] 이하의 저속력에서도 발생하는 일이 있으므로 주의가 필요하다.

㉢ 현 상

- 스탠딩 웨이브를 일으킨 상태에서 주행을 계속하면 타이어는 강제적으로 진동수가 빠른 변형을 받기 때문에 회전저항이 급격히 증가한다.
- 자동차의 가속성이 저하되어 차량의 속도증가에 문제가 생기고 타이어의 온도는 급격히 상승하여 타이어 변형이 커지면서 타이어가 파손된다.

㉣ 예방법

- 적정 공기압을 유지한다. 스탠딩 웨이브는 공기압이 낮은 상태에서 발생하므로 고속도로 주행을 많이 해야 한다면, 미리 공기압을 확인한다.
- 과속을 자제하고 적정 속도를 유지한다.
- 적정 적재량을 초과하지 않는다. 차량 무게가 지나치게 무거우면 타이어에 가해지는 압력이 늘어나 훨씬 쉽게 변형이 일어나므로, 타이어에 적혀 있는 중량 제한 수치(Max Load)를 확인하여 스탠딩 웨이브를 예방한다.

② 하이드로플레이닝(Hydroplaning) 현상

㉠ 의의 : 자동차가 물이 고인 노면 또는 비가 오는 포장도로를 고속으로 주행할 때 타이어 트레드의 그루브 사이에 있는 물을 완전히 밀어 내지 못하게 되어, 즉 배수하는 기능이 감소되어 타이어와 노면 사이에 직접 접촉 부분이 없어져서 물위를 미끄러지듯이 되는 현상이다.

㉡ 특징 : 수상스키와 같은 원리에 의한 것으로 그림과 같이 타이어 접지면의 앞쪽에서 물의 수막이 침범하여 그 압력에 의해 타이어가 노면으로부터 떨어지는 현상이며, 이러한 물의 압력은 자동차 속도의 두 배 그리고 유체밀도에 비례한다.

- 타이어가 완전히 떠오를 때의 속도를 수막현상 발생 임계속도라 하고 이 현상이 일어나면 구동력이 전달되지 않은 축의 타이어는 물과의 저항에 의해 회전속도가 감소되고, 구동축은 공회전과 같은 상태가 되기 때문에 자동차는 관성력만으로 활주되는 것이 되어 노면과 타이어의 마찰이 없어져 제동력은 물론 모든 타이어 본래의 운동기능이 소실되어 핸들로 자동차를 통제할 수 없게 된다.
- 수막현상은 대부분 전륜에 많이 발생되고 이때 발생하는 물의 깊이는 타이어의 속도, 마모 정도, 노면의 거침 등에 따라 다르지만 2.5~10.0[mm] 정도에서 보여지고 있으며 보통 5.08[mm]에서 7.62[mm] 사이가 많이 발생한다.

$$\text{Hydroplaning Speed[km/h]}=63\sqrt{P}$$

- P = 타이어 공기압[kg/cm^2]

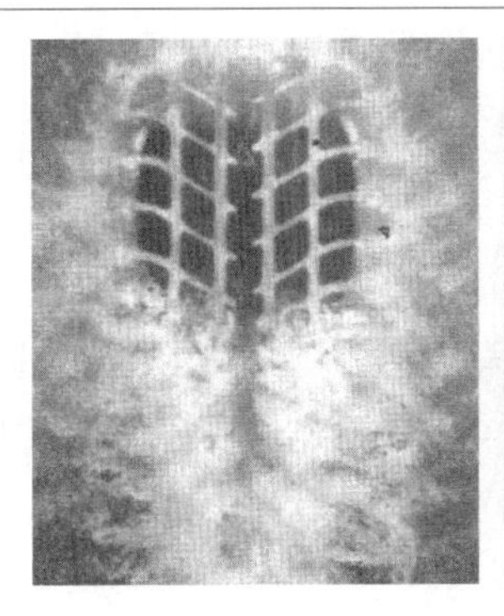

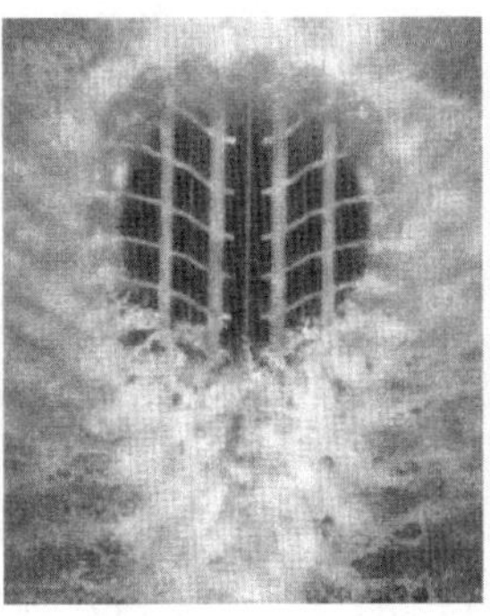

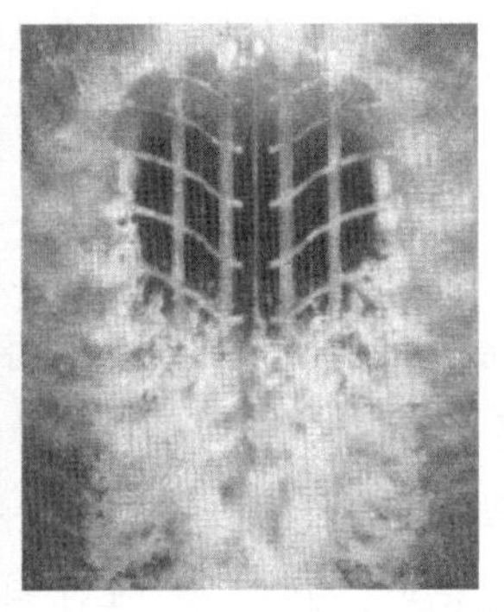

사진출처 : 도로교통관리공단 교통사고조사매뉴얼

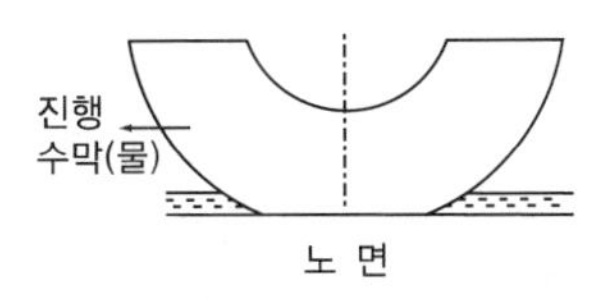

60[km/h] 주행 시
시속 60[km/h]까지 주행할 경우 수막현상이 일어나지 않는다.

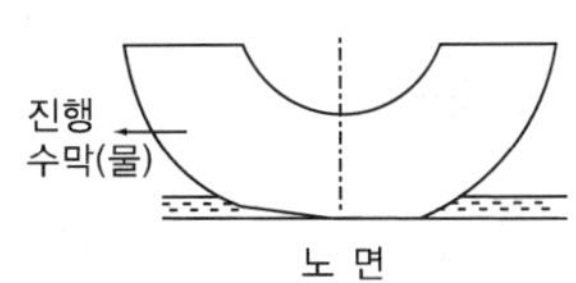

80[km/h] 주행 시
시속 80[km/h]까지 주행 시 타이어의 옆면으로 물이 파고들기 시작하여 부분적으로 수막현상을 일으킨다.

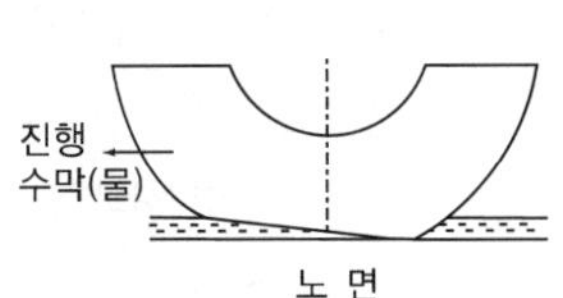

100[km/h] 주행 시
시속 100[km/h]까지 주행할 노면과 타이어가 분리되어 수막현상을 일으킨다.

[하이드로플레이닝 현상]

제3절 도로의 구조적 특성 이해

1. 충돌흔적의 확인

(1) 강타한 흔적

① 대체적인 직접손상 흔적만을 파악한 정도를 가지고는 충돌한 상대차량의 부위를 관련시켜 차의 자세를 나타내주지 못하는 수가 많으므로 부서진 부위에서 특정표시(자국)를 찾아야 한다.

② 가장 유용한 자국은 강타한 물체의 모습이 찍힌 것이나 표면의 재질이 벗겨진 것이다. 희미한 자국은 발견하지 못하고 그냥 지나치기 쉬우므로 유의해야 한다.

③ 충돌차량끼리의 접촉부위를 나타내 주는 손상물질로서는 대개 페인트 흔적과 타이어의 고무조각, 보행자의 옷에서 떨어져 나온 직물 및 피해자의 머리카락, 혈흔 그리고 나무껍질이나 길가의 흙을 비롯한 그 밖의 다른 것일 수도 있다. 때로 유리조각이나 장식일 수도 있다.

④ 접촉하고 있는 동안의 움직임은 종종 모습이 찍힌 것이나 재질의 벗겨짐에 의해 나타난다.

⑤ 강타한 자국은 두 접촉부위가 강하게 압박되고 있을 때 발생하여 자국이 만들어지는 양쪽이 모두 순간적으로 정지상태에 이르렀음을 나타내는 것으로 완전충돌(Full Impact)이라고 한다.

(2) 스쳐지나간 자국

① 스쳐지나간 자국은 순간적으로 정지된 상태에 도달하지 않고 접촉부위가 서로 같이 다른 속도로 움직이고 있었다는 것을 나타낸다. 이는 측면접촉 사고로서 옆을 스치고간 충격(Sideswipe)이다.

② 문지른 부위에 대한 페인트를 세밀하게 조사하면 문지른 흔적의 시작된 부위와 끝난 부위의 위치를 알 수 있다.

③ 실증적인 예로 자동차보다 더 잘 고착된 금속물체에 페인트를 칠하였다고 할 경우 문지른 물체에 의해 약간의 페인트가 벗겨졌을 때 그 모양은 눈물방울처럼 끝이 큰 흔적이 되는데 이것이 문지른 물체의 주행방향을 나타내 주는 것이다.

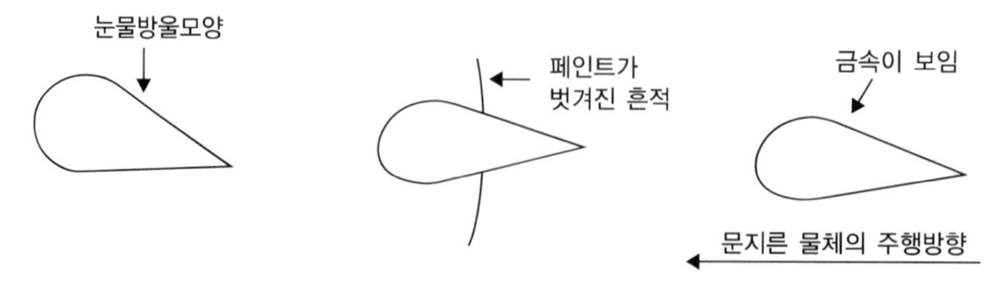

[자동차 Body페인트에 나타나는 문지른 흔적(Scrape Marks)]

④ 위 그림과 같이 화살표는 문지른 물체의 주행방향을 나타내며 찢긴 흔적은 눈물방울 흔적과 함께 나타나는데 문지른 끝부분에 나타나는 것이 특징이라 하겠다.

⑤ 만일 2대의 자동차가 같은 방향으로 주행 중 옆을 문지른 경우 어느 자동차가 더 빨리 주행하고 있었는지의 여부를 결정하는 문제가 있는데 문질러진 흔적의 방향을 조사하면 상관된 속도를 알 수 있다.

⑥ 주행속도가 느린 자동차의 문질러진 흔적의 방향은 뒤에서 앞으로 나타나며 반대로 주행속도가 빠른 자동차의 문지른 흔적의 방향은 앞에서 뒤로 나타난다.

(3) 충돌로 인해 타이어에 나타나는 문질러진 흔적

① 충돌로 인해 순간적으로 강한 힘이 작용되어 포장면과 심하게 마찰됨으로써 열이 발생되어 타이어의 접지면이나 옆벽의 고무가 닳으면서 더욱 검게 변한 모습이 나타난다.

② 이를 발견하기 위해서는 타이어를 헛돌려 보면서 관찰하고 반드시 사진촬영해 두어야 한다.

(4) 여러 부위의 손상

① 한 사고에 관계된 차량끼리 여러 번의 충돌을 일으키면 각 충돌접촉마다 별도의 손상부위가 있게 된다.

㉠ 두 번 이상의 충돌은 간접손상 부위와는 전혀 다르다.

㉡ 가장 흔한 이중접촉손상은 차의 전면 끝부분이 심하게 충돌된 후 두 대의 차 모두가 각각 시계방향과 시계반대방향으로 회전하여 서로 평행한 자세로 잠시 떨어졌다가 다시 뒤끝부분이 부딪치게 된다.

㉢ 때로는 페인트의 속칠과 겉칠이 혼합되어 다른 물체에서 벗겨진 물질과 혼동될 수도 있는데 그러한 경우에는 각 차량의 속칠과 겉칠을 긁어보거나 조각을 떼어보면 대개 확인을 할 수가 있다.

② 손상물질의 견본을 수거하여 보관하면 나중에 좋은 증거물이 될 수 있다.

㉠ 페인트 견본을 수거할 때 마찰흔적보다는 페인트 조각을 구겨진 차체부분에서 발견하여 수집하여야 한다.

㉡ 페인트조각의 측면은 현미경으로 속칠과 겉칠의 페인트층을 알아내는 데 사용된다.

㉢ 특히 뺑소니차량의 추적에 사용된다.

㉣ 차체의 녹슨 상태는 그 부분이 손상된 후 얼마나 시간이 흘렀는가를 확인할 수 있으며, 그 손상이 사고 이전에 생긴 것인지의 유무를 판단하는 기준이 된다.

㉤ 밝은 금속광이 나는 손상부위는 다른 차량이나 고정물에 의해서 최근에 부딪친 것이다.

2. 충격력의 작용방향과 충돌 후 차량의 회전방향

(1) 충격력의 작용방향

① 충돌 시 사고차량들이 어떤 자세를 취하고 있었는가, 어떤 방향을 향하고 있었는가, 직진운동을 하고 있었는가, 곡선운동을 하고 있었는가(핸들을 조작하고 있었는가 아닌가), 스핀하고 있었는가를 알기 위하여는 손상부위의 상태나 형상을 주의깊게 보아야 한다.

② 부서진 상태나 형상을 볼 때 뒤로 압축되었는가, 잡아 끌렸는가, 스쳐(훑어)지나갔는가, 차체의 측단을 벗어났는가, 밀려 올라갔는가, 눌려 찌그러졌는가, 손상폭이 넓은가 좁은가, 간접손상의 범위가 측방의 대각선 방향으로 미쳤는가 등을 살펴보는 것이 좋다.

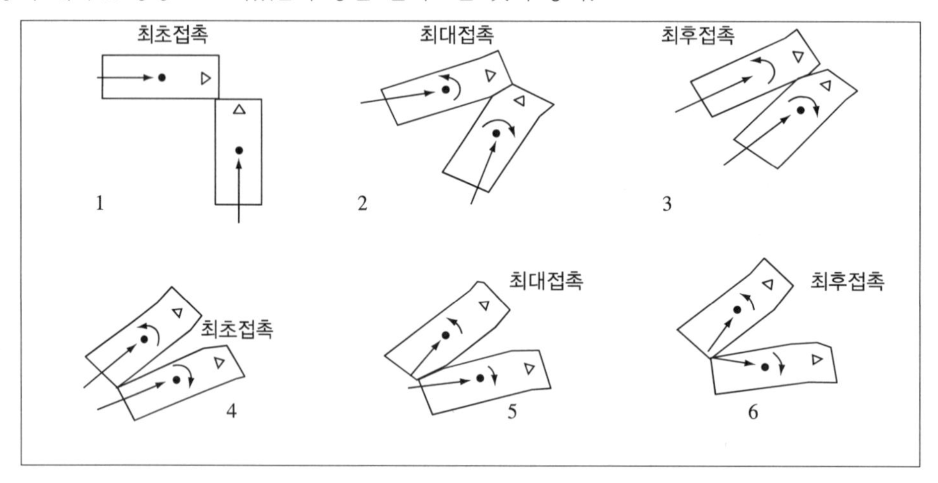

[두 번의 충돌모습]

③ 너무 세밀한 부분에 치중하다가 손상의 전체적인 형상을 놓쳐서는 안 된다.

④ 손상의 전체적인 형상을 통해 충격력의 작용방향(Thrust Direction)을 파악한 다음 충돌 후 차량의 회전 방향(Rotation)이나 진행방향을 짐작하게 된다.

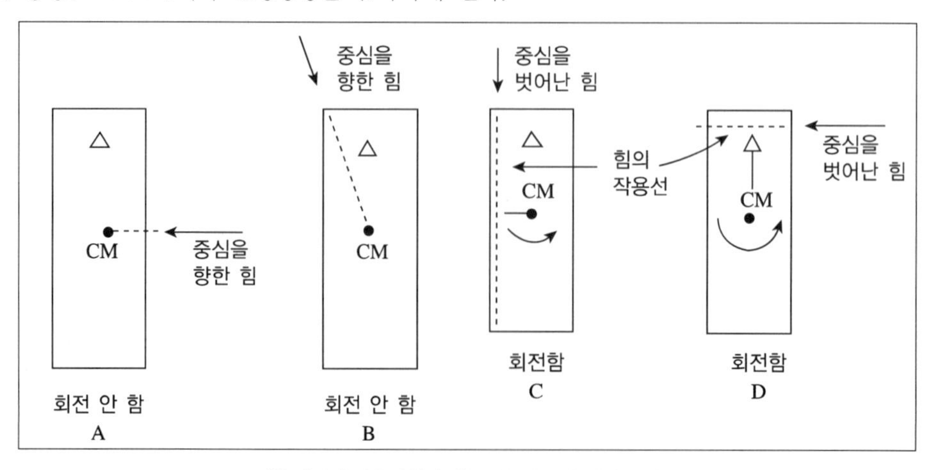

[충격력의 작용방향과 충돌 후 차량의 회전방향]

(2) 충돌 전후 이동과정 중의 손상

① 차량의 빗물받이 또는 지붕선이 땅에서 끌렸던 금속상흔과 흙 등을 찾아보고 각 흔적들을 확인하면 첫 지점에서 마지막 지점까지 차의 정확한 경로를 밝히는 데 도움이 된다.

② 지붕이나 창틀, 트렁크 뚜껑이 아래 혹은 옆으로 찌그러진 것은 차의 전복을 나타낸다. 차가 전복되어 구를 때 차의 측면과 꼭대기가 노면에 긁히게 되는데 특히 모서리 부분이 긁힌다. 뒹굴 때 차가 거꾸로 회전할 수 있다.

③ 차량의 측면과 윗면에 긁힌 자국의 방향은 차가 어떻게 움직였는지를 결정하는 데 큰 도움이 된다.

④ 무게중심이 낮고 폭이 넓은 차들이 옆으로 미끄러지는 동안 도로변의 물체에 부딪힌다면 튀어 오르거나 거꾸로 내려앉거나 중간의 지면접촉이 없이 반대쪽 편에 내려앉을 수 있다.

⑤ 차가 가파른 제방을 굴러가고 있지 않은 한 차는 거의 한 번 이상 전복되지 않는다. 그 후에 곧 차는 제 모양대로 바로 서게 된다.

⑥ 고정물체와의 손상도 차량의 이동과정을 통해 어떤 물체와 충돌하였는지, 충돌한 후 어느 방향으로 진행하였는지를 알기 위해 조사하여야 한다.

⑦ 도로조사를 통해 차가 몇 번이나 굴렀는지에 대해서 알 수가 있으나 손상부분만으로 이러한 사실을 알아내기란 쉽지가 않다. 목격자나 승객의 진술은 과장이 많으므로 진술 청취 시 언제나 주의해야 한다.

제4절 차량의 구조적 결함 시 특성 이해

[특정부위 및 부품의 손상]

부 위	발생빈도	조사요령
브레이크	• 정지시간이 길어질 때 브레이크 불량이 되며 이는 교차로 사고, 추돌 사고 및 보행자 사고의 원인이 됨 • 과적한 트럭에 발생하기 쉬움	• 미끄러진 흔적이 있으면 차륜의 브레이크는 완전하였다는 것이 증명 • 브레이크 파이프가 충돌로 파손되어 있지 않은 경우 • 브레이크 오일의 누출이 없는가? • 브레이크 페달을 밟았을 때 바닥에 접촉하지 않는가? • 트럭이 그 크기에 비해 짐을 너무 많이 싣고 있지 않았는가? • 너무 무거운 짐을 운반하려 스프링, 차륜 및 타이어의 수를 늘린 사실은 없는가? • 차의 손상이 심하지 않은가? – 급제동 실험(Skid Test)을 해 본다. – 차의 손상이 심한 경우 브레이크 불량이 생각될 때 브레이크 드럼과 브레이크 밴드의 마멸상태, 습기, 진흙 또는 그리스 부착 정도를 조사

부 위	발생빈도	조사요령
조향기어 · 차륜 · 스프링	• 파손은 타이어 파열 사고의 원인이 됨 • 현가장치고장, 브레이크 과부하 등의 징후가 있을 수도 있음	• 파손부품 특히 파손 가장자리의 경미한 녹흔적, 허브, 차륜, 스핀들, 타이로드, 서스펜션 힌지 및 스프링 셔클의 볼트 구멍이 확대되거나 늘어난 부위를 찾는다. • 볼 · 소켓의 마모와 덜거덕거림을 찾는다. 새 차에는 드물다. • 전륜(前輪)이 파손되어 있지 않으면 차륜의 여유를 조사한다. • 스티어링기어가 단단한가 헐거운가를 조사한다.
타이어	• 펑크, 차량이 그 컨트롤을 잃어 일어난 사고 특히 노외일탈 및 정면충돌의 원인이 됨 • 단독사고인 경우 교차로사고 또는 보행자사고에는 드문 경우	• 타이어 공기가 빠진 채 주행한 형적을 찾을 것 • 튜브가 갈기갈기 찢어진다(타이어 측면의 광범위에 걸친 금이나 갈라진 곳 등). • 얇게 된 트레드에 있는 찢어진 구멍은 펑크의 유력한 증거이다. • 키지점 앞의 노면을 조사하여 공기가 빠진 타이어에 의한 흔적을 찾는다. • 신품 타이어에서는 좀처럼 일어나지 않는다.
앞유리 · 옆유리 · 후사경	• 먼지, 스티커, 진흙, 서리, 습기에 의한 흐림에 의해 시야가 나쁘게 됨 • 춥고 습기가 많거나 안개가 낀 날씨에 유리의 흐림은 뚜렷하게 나타남	사고 전부터 금(균열), 파손 또는 유리가 없었는가를 점검한다.
창닦기 (와이퍼)	• 와이퍼가 작동하지 않은 경우 비 또는 눈 속에서 후퇴를 제외한 거의 모든 종류의 사고의 요인이 됨 • 노외일탈, 추돌 및 고정물과의 충돌형태를 취함 • 야간사고에 많이 관계함	• 블레이드의 유무를 조사한다. • 스위치 또는 컨트롤 노브가 어느 위치로 되어 있는가를 찾는다. • 앞유리 와이퍼의 작동 범위 내에서의 줄흔적, 깨끗하게 된 부분 또는 블레이드 작동의 가장자리 부분의 새로운 퇴적물에 대하여 조사하고, 사고시점에서의 와이퍼 작동상태의 증거를 찾는다.
도어로크	• 도어로크의 파손은 충돌 시 도어의 어긋남에 의한 부상의 원인이 됨 • 중요 사항은 승객이 차에서 튕겨져 나가는 경우임	• 도어 및 테두리기둥의 파손된 고리나 빗장을 점검한다. • 차의 측면을 검사하여 충돌한 쪽의 앞, 뒷부분 또는 반대쪽의 한가운데 부분에 충돌에 의한 늘어남이 있었는가를 조사한다. • 도어가 움푹 들어가 있을 때는 도어를 검사하여 빗장이 걸리지 않을 정도의 변형이 있는가를 조사한다. • 충돌에 의해 차가 심한 스핀을 할 때나, 차가 측방으로 운동하거나 전복이나 도약을 해 노측에 이랑상의 흔적을 만들 때 특히 발생하기 쉽다.

CHAPTER

03 적중예상문제

01 다음 중 자동차의 개념에 대한 설명으로 틀린 것은?

㉮ 도로교통법상 자동차라 함은 철길이나 가설된 선에 의하지 아니하고 원동기를 사용하여 운전되는 차(견인되는 자동차도 자동차의 일부로 본다)로서 원동기장치자전거도 포함된다.

㉯ 자동차관리법상 자동차란 원동기에 의하여 육상에서 이동할 목적으로 제작한 용구 또는 이에 견인되어 육상에서 이동할 목적으로 제작한 용구를 말한다.

㉰ 한국산업표준(KS)에서 자동차란 동력으로 구동되는 도로 차량으로 바퀴가 4개 또는 그 이상인 것을 말한다.

㉱ 한국산업표준(KS)상 자동차에는 트롤리 버스와 같이 전기 도체에 연결된 차량과 공차 질량이 400[kg]을 초과하는 3바퀴 차량이 포함된다.

해설 ㉮ 도로교통법상 자동차라 함은 철길이나 가설된 선에 의하지 아니하고 원동기를 사용하여 운전되는 차(견인되는 자동차도 자동차의 일부로 본다)로서 「자동차관리법」 제3조의 규정에 의한 승용자동차, 승합자동차, 화물자동차, 특수자동차, 이륜자동차, 「건설기계관리법」 제26조제1항 단서의 규정에 의한 건설기계를 말한다. 단, 원동기장치자전거를 제외한다.

02 다음 중 자동차의 제원에 대한 설명으로 옳지 않은 것은?

㉮ 오버행(Over Hang)이란 자동차 바퀴의 중심을 지나는 수직면에서 자동차의 맨 앞 또는 맨 뒤까지(범퍼, 견인고리, 윈치 등을 포함)의 수평거리(Front/Rear Overhang)이다.

㉯ 최소회전반경은 자동차가 최대조향각으로 저속회전할 때 바깥쪽 바퀴의 접지면 중심이 그리는 원의 반지름을 말한다.

㉰ 공차중량이란 자동차에 사람이나 짐을 싣지 않고 연료, 냉각수, 윤활유 등을 만재하고 운행에 필요한 기본장비(예비타이어, 예비부품, 공구 등은 제외)를 갖춘 상태의 차량중량을 말한다.

㉱ 축하중이란 적재를 허용하는 최대의 하중으로 하대나 하실의 뒷면에 반드시 표시하여야 한다.

해설 ㉱는 최대적재량에 대한 설명이다.

축하중(Axle Weight)

차륜을 지나는 접지면에서 걸리는 각 차축당 하중으로 도로, 교량 등의 구조와 강도를 고려하여 도로를 주행하는 일반자동차에 정해진 한도를 최대축하중(Maximum Authorized Axle Weight)이라고 한다.

정답 1 ㉮ 2 ㉱

03 다음 중 자동차의 성능 제원에 대한 설명으로 옳지 않은 것은?

㉮ 구동력이란 주행저항에 상당하는 힘으로서 전차륜에 있어 힘의 총합이다.

㉯ 공기저항이란 자동차가 주행하는 경우의 공기에 의한 저항이다.

㉰ 동력전달효율이란 엔진 기관에서 발생한 에너지(동력)가 축출력과 클러치, 변속기, 감속기 등의 모든 동력 전달 장치를 통하여 구동륜에 전달되어 실사용되는 에너지(동력)의 비율이다.

㉱ 자동차 성능곡선이란 자동차 주행속도에 대한 구동력곡선, 주행저항곡선 및 각 변속에 있어서의 기관회전 속도를 하나의 선도로 표시한 것이다.

해설 ㉮는 저항력(Resistance Force)에 대한 설명이다. 구동력(Driving Force)이란 접지점에 있어서 자동차의 구동에 이용될 수 있는 기관으로부터의 힘이다.

04 다음 중 자동차의 섀시의 구성요소와 거리가 먼 것은?

㉮ 자동차가 움직이는 데 필요한 동력이 나오는 엔진

㉯ 엔진에서 나온 힘을 바퀴에 전달하는 동력전달장치

㉰ 자동차의 방향을 바꾸는 조향장치

㉱ 현가장치에 직접 연결되어 사람이나 화물을 적재 수용하는 부분

해설 **섀시의 구성요소**
프레임, 엔진, 동력전달장치, 현가장치, 조향장치, 제동장치, 전기장치, 공조장치, 안전장치, 내외장품 등 운전자들의 편의를 위한 장치들이 있다.

05 가솔린기관의 노킹방지와 관계있는 것은?

㉮ 점화시기를 빠르게 한다.

㉯ 저옥탄가 가솔린을 사용한다.

㉰ 퇴적된 카본을 떼어낸다.

㉱ 혼합기를 희박하게 한다.

해설 피스톤 헤드나 실린더 헤드에 카본이 퇴적되면 열전달이 불량해지고, 압축비가 증가하므로 노크가 증가한다.

06 연료의 소비율 단위로 부적당한 것은?

㉮ [g/PS・h]

㉯ [L/h]

㉰ [L/km]

㉱ [km/L]

해설 ㉯ 시간당 연료소모량을 나타낸다. 기관 운전조건에 따라 연료소모량이 많이 다르기 때문에 비교 단위로 부적당하다.
㉮ 일정 마력으로 1시간 운행 시 소모연료중량의 단위이다.
㉰ 1[km] 주행하는 데 소모되는 연료량을 나타낸다.
㉱ 연료 1[L]로 주행할 수 있는 거리를 나타낸다.

3 ㉮ 4 ㉱ 5 ㉰ 6 ㉯ **정답**

07 차동장치의 기능으로 맞지 않는 것은?

㉮ 기관 회전력의 방향전환
㉯ 출력 증대
㉰ 타이어 마모 감소
㉱ 원활한 운전

해설 **차동장치**
추진축의 회전방향을 바꾸어 각 구동 차축에 전달하며 링기어와 피니언의 잇수비로 감속하고 토크를 증대시킨다. 또한, 좌우 차륜의 회전수 차이에 따른 회전저항을 없애고 원활한 운전이 되도록 한다.

08 전속도 모든 조건에서 공기와 연료비가 일정하게 유지되도록 하는 장치는?

㉮ 너클 암
㉯ 트랜스미션
㉰ 타이머
㉱ 앵글라이히 장치

해설 디젤기관의 출력제어는 연료분사량으로 하기 때문에 흡입되는 공기에 비해 농후한 연료분사 또는 희박한 연료분사가 일어날 수 있다. 이를 방지하기 위해 일정한 혼합비를 유지하기 위한 장치가 조속기 내에 설치된 앵글라이히 장치이다.

09 다음은 기관의 출력이 떨어지는 원인이다. 틀린 것은?

㉮ 흡입효율이 낮을 때
㉯ 기관이 과열되었을 때
㉰ 기관이 과랭되었을 때
㉱ 배기관의 배기저항이 적을 때

해설 **기관출력 저하의 원인**
- 배기관의 배기저항이 크다.
- 흡입효율이 낮고 연료의 공급이 불충분하다.
- 점화시기가 늦어 연소실 내 최고연소온도와 압력이 낮다.
- 기관이 과열되어 노킹 및 조기점화가 발생한다.
- 기관이 과랭되어 열효율이 낮아지고 연료소비량이 증가한다.

10 다음 중 공랭식기관이 과열되는 원인이 아닌 것은?

㉮ 시라우드의 파손
㉯ 냉각팬의 파손
㉰ 장시간 정지 시 고속운전
㉱ 라디에이터의 막힘

해설 공랭식기관은 냉각유체가 공기이므로 냉각수관련 부속장치가 없다.
공랭식기관의 과열 원인
- 냉각팬의 고장
- 냉각팬의 파손
- 시라우드의 파손
- 장시간 정지상태에서 고속운전

정답 7 ㉯ 8 ㉱ 9 ㉱ 10 ㉱

11 다음 중 피스톤 표면에 주석도금을 하는 이유로 옳은 것은?

㉮ 재질을 강하게 하기 위하여

㉯ 연소되어 붙음을 방지하기 위하여

㉰ 팽창률을 작게 하기 위하여

㉱ 측압을 작게 하기 위하여

해설 피스톤은 실린더 내에서 고온의 연소열에 의해 고속운동을 하기 때문에 윤활이 불완전할 경우 연소되어 붙음을 일으킬 수 있다. 이를 방지하기 위해 피스톤 표면에 주석(Sn)도금을 한다.

12 다음 중 윤활유의 역할과 관계없는 것은?

㉮ 감마작용　　㉯ 냉각작용

㉰ 세척작용　　㉱ 흡수작용

해설 윤활유의 역할

- 밀폐작용(밀봉작용)
- 청정작용(청정작용)
- 냉각작용(열전도작용)
- 완충작용(응력분산작용)
- 방청작용(부식방지작용)
- 방음작용(소음방지작용)
- 감마작용(마찰감소 및 마멸방지작용)

13 디젤기관 연소실 중 분사압력이 낮고 연료의 변화에 둔감하며 연료소비율이 크고 디젤노크가 적은 디젤(단실식)연소실은?

㉮ 예연소실식　　㉯ 직접분사실식

㉰ 와류실식　　㉱ 공기실식

해설 ㉯ 분사압력이 가장 높고 열효율이 높으며 연료소비율이 작으나 디젤노크의 발생이 쉽다.
㉰ 회전속도, 평균 유효압력이 높으며, 연료소비율이 비교적 낮으나 열효율이 낮고 디젤노크의 발생이 쉽다.
㉱ 연소속도가 완만하여 기동이 조용하며 연소의 폭발압력이 가장 낮다. 연료소비율이 비교적 크고 회전속도의 변화에 대한 적응성이 낮다.

11 ㉯ 12 ㉱ 13 ㉮ **정답**

14 다음은 크랭크축에 대한 설명이다. 틀린 것은?

㉮ 각 실린더의 동력행정에서 얻은 피스톤의 왕복운동을 회전운동으로 바꾸어 준다.
㉯ 엔진의 진동을 방지하고자 진동댐퍼를 설치한다.
㉰ 크랭크축의 재질은 특수주철로 한다.
㉱ 회전시는 항상 휨・전단・비틀림의 모멘트를 받는다.

해설 ㉰ 휨・전단・비틀림 하중을 받기 때문에 주철을 쓸 수 없다. 주철은 압축강도는 크나 전단・휨・비틀림에 약하다.
크랭크축의 재질
고탄소강, 니켈크롬강, 크롬 몰리브덴강

15 다음 중 유압이 떨어지는 원인은?

㉮ 유압회로의 막힘
㉯ 기관의 과열
㉰ 유압조절기의 장력이 강함
㉱ 오일점도가 높음

해설 기관이 과열되면 오일점도가 낮아져 유압이 떨어진다.

16 냉각수의 대류작용을 이용하여 엔진을 냉각시키는 방식은?

㉮ 자연순환식
㉯ 자연통풍식
㉰ 강제순환식
㉱ 강제통풍식

해설 ㉮ 증발잠열식이라고도 하며 냉각효과가 적어 자동차용 엔진과 같은 고속엔진에는 부적합한 방식이다.

17 다음은 가솔린기관과 디젤기관의 차이점에 대한 설명이다. 틀린 것은?

㉮ 디젤기관이나 가솔린기관 모두 연료펌프가 필요하다.
㉯ 디젤기관에 사용하는 축전지는 가솔린기관에 비해 전압이나 용량이 크다.
㉰ 디젤기관은 가솔린기관에 비하여 폭발압력이 높다.
㉱ 디젤기관의 예열플러그는 가솔린기관의 점화플러그와 같은 기능을 한다.

해설 예열 플러그는 흡입공기를 가열하기 위함이고, 점화플러그는 고온고압의 전기불꽃을 발생시켜 점화원으로 사용한다.

정답 14 ㉰ 15 ㉯ 16 ㉮ 17 ㉱

18 디젤노크의 방지책으로 적당하지 않은 것은?

㉮ 착화지연 기간 중의 연료분사량을 적게 한다.

㉯ 세탄가가 높은 연료를 사용한다.

㉰ 압축비를 낮게 한다.

㉱ 압축온도를 높인다.

해설 ㉰ 압축비를 크게 하고 흡입공기의 온도를 높이며, 실린더 벽의 온도를 높인다.

디젤노크의 방지책

- 세탄가가 높은 연료를 사용한다.
- 와류가 일어나게 한다.
- 압축공기온도를 높인다.
- 연료분사 시기를 정확하게 한다.
- 부하를 작게 한다.
- 착화지연 기간의 연료분사량을 적게 한다.

19 다음 중 노킹과 옥탄가의 관계를 바르게 설명한 것은?

㉮ 일정 범위 내에서는 옥탄가와 노킹은 반비례한다.

㉯ 일정 범위 내에서는 옥탄가와 노킹은 비례한다.

㉰ 일정 범위 내에서는 옥탄가와 노킹은 기관온도에 비례한다.

㉱ 일정 범위 내에서는 옥탄가와 노킹은 대기압에 비례하며, 주변 운전조건과 관계가 깊다.

해설 옥탄가는 연료의 내폭성을 수치로 나타낸 것으로 옥탄가가 높을수록 노킹은 감소한다. 운전조건은 노킹에 영향을 주지만 옥탄가에는 영향을 주지 않는다.

20 디젤기관의 압축비가 가솔린기관보다 높은 이유는?

㉮ 기동전동기의 출력을 크게 하기 위하여

㉯ 디젤연료의 분사압력을 높이기 위하여

㉰ 공기의 압축열로 자기착화하기 위하여

㉱ 기관의 소음과 진동을 방지하기 위하여

해설 가솔린기관은 전기적 스파크에 의한 전기점화를 하지만, 디젤기관은 실린더 내에 공기만을 흡입하여 15~20의 높은 압축비로 압축하여 고온고압의 공기 중에 연료를 고압으로 분사하여 자기착화시키므로 압축비가 가솔린기관보다 높다.

18 ㉰ 19 ㉮ 20 ㉰ 정답

21 충전 중 축전지가 폭발할 위험이 있는 요인은?

㉮ 오존가스　　㉯ 산소가스
㉰ 황산가스　　㉱ 수소가스

해설 충전 중에 음극에서 폭발성분의 수소가스가 발생하므로 화기를 가까이 해서는 안 된다.

22 점화플러그가 자기청정온도 이하가 되면 어떤 현상이 일어나는가?

㉮ 역 화　　㉯ 실 화
㉰ 후 화　　㉱ 조기점화

해설 자기청정온도란 점화플러그 전극부분 자체의 온도에 의해 카본의 부착 등에 의한 오손을 스스로 산화·제거하는 온도를 말하며, 400[℃] 이하에서는 전극부분의 퇴적 탄소를 산화시켜 제한할 수 없어 실화의 원인이 되고 880[℃] 이상의 고온에서는 조기점화의 원인이 된다.

23 다음 중 축전지의 자기방전 원인은?

㉮ 발전기의 발전량이 많을 때　　㉯ 축전지 표면에 전기회로가 생겼을 때
㉰ 증류수의 양이 많을 때　　㉱ 황산의 양이 적을 때

해설 **축전지의 자기방전 원인**
- 퇴적물에 의해 양극판이 단락될 때
- 음극판이 황산과의 화학작용으로 황산납이 될 때
- 축전지 윗면의 전해액이나 먼지에 의해 누전이 생길 때
- 전해액에 포함된 불순금속에 의한 국부 전지가 형성될 때

24 기관의 점화플러그에 불꽃이 발생하지 않을 때의 판단으로 틀린 것은?

㉮ 축전기의 용량 부족　　㉯ 점화플러그의 오손
㉰ 점화시기 불량　　㉱ 점화코일의 파손

해설 **점화플러그에서 불꽃이 발생하지 않을 때의 원인**
- 점화스위치의 불량
- 축전기의 용량 부족
- 점화코일의 1차선의 단선, 단락
- 배전기 및 고압케이블의 누전
- 배전기 접점의 소손 및 점화코일의 파손
- 점화플러그의 오손 및 각 단자의 접촉 불량

정답 21 ㉱ 22 ㉯ 23 ㉯ 24 ㉰

25 다음 중 발전기 고장의 직접적인 원인과 관계가 먼 것은?

㉮ 정류자의 오손에 의한 고장
㉯ 릴레이의 오손과 소손에 의한 고장
㉰ 발전기 단자의 접촉불량에 의한 고장
㉱ 브러시의 마멸과 브러시 스프링의 약화에 의한 고장

해설 릴레이는 통과 전압 또는 전류에 의하여 자동적으로 단속되는 접점으로서 연속적인 전기적 구동으로 소손되는 고장이 많으며, 이는 발전기 고장의 직접적인 원인과 관계없다.

26 미끄럼제한 브레이크장치(Anti-lock Brake System 또는 Anti-skid Brake System)에 대한 설명으로 틀린 것은?

㉮ 앞바퀴는 조향바퀴이므로 뒷바퀴에만 장착이 가능하다.
㉯ 노면의 상태가 변화해도 최대의 제동효과를 얻기 위한 것이다.
㉰ 뒷바퀴의 조기고착에 의한 옆방향 미끄러짐도 방지한다.
㉱ 타이어의 미끄러짐이 마찰계수 최고치를 초과하지 않도록 한다.

해설 ㉮ ABS 장치는 전륜·후륜 모두 제어한다.

27 차량의 급출발 시 전후 진동이 발생된다. 이때 ECU의 급출발 여부를 판단하는 센서는?

㉮ TPS, 차속센서
㉯ 차속센서, 정지 등 스위치
㉰ 차속센서, 조향휠센서
㉱ TPS, 조향휠센서

28 현가장치의 진동에서 차체가 좌우로 흔들리는 고유진동으로 윤거의 영향을 많이 받는 것은?

㉮ 요 잉
㉯ 피 칭
㉰ 롤 링
㉱ 바운싱

해설 차체가 상하로 흔들리는 것은 바운싱, 앞뒤로 흔들리는 것은 피칭이라고 한다.

25 ㉯ 26 ㉮ 27 ㉮ 28 ㉰ 정답

29 주행 중인 차량의 기관에 과열현상이 발생하였다. 이 원인 중 틀린 것은?

㉮ 냉각수가 누수되었다.
㉯ 발전기의 설치 볼트가 풀렸다.
㉰ 수온조절기가 열려 있었다.
㉱ 방열기 앞부분에 큰 이물질이 부착되어 있다.

해설 수온조절기는 웜업시간과 관련이 있다.

30 클러치 면이 마모되었을 경우 나타나는 현상이다. 옳은 것은?

㉮ 클러치 페달 유격이 커진다.
㉯ 클러치가 슬립한다.
㉰ 릴리스 레버 높이가 낮아진다.
㉱ 클러치 스프링이 압력판을 미는 힘이 강해진다.

해설 **클러치 면의 마모 시 나타나는 현상**

- 클러치 페달 유격이 작아진다.
- 릴리스 레버 높이가 높아진다.
- 스프링이 확장하여 압력판을 미는 힘이 약해진다.

31 마스터 실린더의 체크 밸브가 손상되면 나타나는 현상으로 맞지 않는 것은?

㉮ 브레이크의 작동이 지연된다.
㉯ 브레이크 라인 내에 공기가 침입한다.
㉰ 브레이크력이 감소한다.
㉱ 휠 실린더로부터 브레이크 오일이 샌다.

해설 **마스터 실린더 체크 밸브의 기능**

- 브레이크 라인 내 공기 침입방지
- 브레이크의 작동 지연방지
- 브레이크의 라인 내 잔압유지
- 휠 실린더로부터의 오일 누출방지

32 다음 중 클러치 스프링의 장력이 작아지면 나타나는 현상으로 맞지 않는 것은?

㉮ 마찰력이 감소한다.
㉯ 클러치 용량이 감소되어 미끄러진다.
㉰ 전달 회전력이 작아진다.
㉱ 페달의 유격이 작아진다.

해설 클러치 스프링의 장력이 작아지면 마찰력이 감소되며, 전달회전력이 작아지고 클러치의 용량이 감소되어 미끄러짐이 생긴다.

정답 29 ㉰ 30 ㉯ 31 ㉰ 32 ㉱

33 조향 장치의 구비조건이다. 맞지 않는 것은?

㉮ 조향 조작이 주행 중 충격에 영향을 받지 않을 것
㉯ 조향 핸들의 회전과 바퀴 선회의 차가 클 것
㉰ 회전반경이 작을 것
㉱ 조작하기 쉽고 방향 변환이 원활할 것

해설 ㉯ 조향 핸들의 회전과 바퀴 선회의 차가 크면 조향 감각을 익히기 어렵고 조향 조작이 늦어진다.

34 다음 중 조향기어비를 너무 크게 한 경우와 관계가 먼 것은?

㉮ 조향 핸들의 조작이 가볍게 된다.
㉯ 복원성능이 좋지 않게 된다.
㉰ 좋지 않은 도로에서 조향 핸들을 놓치기 쉽다.
㉱ 조향 링키지가 마모되기 쉽다.

해설 ㉰ 조향기어비가 클수록 비가역식이 되어 핸들 조작은 가볍고 핸들을 놓칠 우려가 없으나 조향 링키지의 마모가 촉진된다.

35 다음 중 토인을 측정할 때 먼저 점검해야 할 항목에 해당하지 않는 것은?

㉮ 차량의 수평 상태
㉯ 핸들의 유격
㉰ 차량 무게
㉱ 현가 스프링의 피로

해설 **앞바퀴 얼라인먼트 측정 전 점검사항**

- 타이어 공기압
- 허브 베어링
- 현가 스프링의 피로
- 프레임의 변형
- 차륜의 흔들림
- 핸들의 유격
- 볼 조인트
- 차량의 수평상태

36 다음 중 좌우 바퀴의 회전반경이 차이가 나는 원인은?

㉮ 피트먼 암이 굽어 있을 때
㉯ 앞 타이어의 지름이 같지 않을 때
㉰ 좌우 섀시 스프링이 같지 않을 때
㉱ 앞바퀴 베어링의 죔이 불량할 때

해설 ㉮ 피트먼 암은 조향 핸들의 움직임을 센터링크나 드래그링크에 전달하는 장치로 한쪽 끝은 테이퍼 세레이션이며, 다른 쪽 끝은 볼 조인트로 되어 있어서 피트먼 암이 굽으면 좌우 바퀴의 회전반경이 차이가 난다.

33 ㉯ 34 ㉰ 35 ㉰ 36 ㉮ **정답**

37 다음은 조향 핸들의 조작을 가볍게 하는 방법이다. 틀린 것은?

㉮ 조향 기어비를 크게 한다.

㉯ 동력 조향장치를 설치한다.

㉰ 앞바퀴 얼라인먼트를 정확히 조정한다.

㉱ 저속으로 주행한다.

해설 ㉱ 동일한 조건에서는 저속보다는 고속으로 주행할 때 핸들 조작이 가볍다.

조향 핸들의 조작을 가볍게 하는 방법

- 타이어의 공기압을 높인다.
- 동력 조향장치를 설치한다.
- 앞바퀴 얼라인먼트를 정확히 조정한다.
- 조향 기어비를 크게 한다.
- 조향 링키지의 연결부 이완 및 마모를 수정한다.

38 디스크 브레이크의 단점이다. 틀린 것은?

㉮ 패드를 강도가 큰 재료로 만들어야 한다.

㉯ 한쪽만 브레이크 되는 일이 많다.

㉰ 자기작동을 하지 않으므로 브레이크 페달을 밟는 힘이 커야 한다.

㉱ 마찰면적이 적기 때문에 패드를 압착하는 힘을 크게 하여야 한다.

해설 ㉯ 디스크 브레이크는 한쪽만 제동되는 경우가 적은 것이 장점이다.

39 다음은 브레이크를 밟았을 때 하이드로 백 내의 작동이다. 옳지 않은 것은?

㉮ 공기 밸브는 열린다.

㉯ 진공 밸브는 열린다.

㉰ 동력피스톤이 하이드롤릭 실린더 쪽으로 움직인다.

㉱ 동력피스톤 앞쪽은 진공상태이다.

해설 **하이드로 백의 작동**

브레이크 페달을 밟으면 푸시로드가 앞으로 이동하여 밸브를 작동시키며, 이때 밸브는 진공구멍을 닫고 대기구멍을 연다. 대기구멍이 열리면 대기압이 다이어프램에 작용하여 다이어프램을 민다. 이에 따라 푸시로드는 마스터 실린더 피스톤을 강하게 밀어 높은 유압을 발생시켜 휠 실린더로 보낸다.

정답 37 ㉱ 38 ㉯ 39 ㉯

40 다음 중 브레이크의 베이퍼록이 생기는 원인이 아닌 것은?

㉮ 과도하게 브레이크를 사용하였다.

㉯ 비점이 낮은 브레이크 오일을 사용하였다.

㉰ 브레이크 슈 라이닝 간극이 크다.

㉱ 브레이크 슈 리턴 스프링이 절손되었다.

해설 **베이퍼록의 원인**

- 과도한 브레이크의 사용
- 라이닝 간극이 너무 작을 때
- 낮은 비점의 브레이크 오일 사용
- 슈 리턴 스프링의 절손

41 페이드 현상을 방지하는 방법이다. 옳지 않은 것은?

㉮ 드럼의 방열성을 높일 것

㉯ 열팽창에 의한 변형이 작은 형상으로 할 것

㉰ 마찰계수가 큰 라이닝을 사용할 것

㉱ 엔진 브레이크를 가급적 사용하지 않을 것

해설 **페이드 현상**

브레이크의 과도한 사용으로 발생하기 때문에 과도한 주 제동장치를 사용하지 않고, 엔진 브레이크를 사용하면 페이드 현상을 방지할 수 있다.

42 레이디얼 타이어에 대한 다음 설명 중 틀린 것은?

㉮ 로드 홀딩이 우수하다.

㉯ 하중에 의한 트레드의 변형이 적다.

㉰ 스탠딩 웨이브 현상이 일어나지 않는다.

㉱ 충격을 잘 흡수한다.

해설 **레이디얼 타이어의 특징**

- 접지면적이 크다.
- 횡방향의 변형에 대한 저항이 크다.
- 로드 홀딩이 우수하다.
- 하중에 의한 트레드의 변형이 적다.
- 타이어 단면의 편평률을 크게 할 수 있다.
- 스탠딩 웨이브 현상이 일어나지 않는다.
- 충격을 잘 흡수하지 못하고, 승차감이 좋지 않다.

40 ㉰ 41 ㉱ 42 ㉱ 정답

43 유압 브레이크에서 브레이크가 풀리지 않는 원인은 다음 중 어느 것인가?

㉮ 오일점도가 낮기 때문

㉯ 파이프 내 공기 침입

㉰ 체크 밸브의 접촉불량

㉱ 휠 실린더 피스톤 컵의 팽창

해설 **브레이크가 풀리지 않는 원인**

- 마스터 실린더 리턴 구멍 막힘
- 휠 실린더 피스톤 컵의 팽창
- 슈 리턴 스프링의 장력 부족 및 절손
- 페달 리턴 스프링의 장력 부족 및 절손
- 마스터 실린더 리턴 스프링의 장력 부족 및 절손

44 사고 자동차 내부 조사사항이 아닌 것은?

㉮ 충돌 후 탑승자의 운동방향

㉯ 기어 변속장치

㉰ 콤비네이션 스위치

㉱ 브레이크 라이닝

해설 **차량 내 · 외부 조사사항**

구 분	내 용	
차량 내부 조사	• 충돌 후 탑승자의 운동방향 • 시트상태 • 앞유리손상 • 차량 내부의 후부 반사경 • 기어 변속장치 • 콤비네이션 스위치 • 안전벨트	• 조향핸들 • 문짝 내부 패널손상 • 창문손상 • 계기판 및 대시보드 패널 • Head Liner와 필러 부분 • 페달상태
차량 외부 조사	• 차량번호 및 제원조사 • 유리파손부위 • 파손흔적의 진행방향 • 범퍼, 그릴, 라디에이터 • 조향기구	• 차체 변형의 상태 • 타이어 파손상태 • 램프의 상태 • 펜더, 문짝 • 브레이크 라이닝

정답 43 ㉱ 44 ㉱

45 차량의 직접손상에 대한 설명으로 옳지 않은 것은?

㉮ 차량의 일부분이 다른 차량, 보행자, 고정물체 등의 다른 물체와 직접 접촉・충돌함으로써 입은 손상이다.
㉯ 차가 직접 접촉없이 충돌 시의 충격만으로 동일차량의 다른 부위에 유발되는 손상이다.
㉰ 전조 등 덮개, 바퀴의 테, 범퍼, 도어 손잡이, 기둥, 다른 고정물체 등 부딪친 물체의 찍힌 흔적에 의해서도 나타난다.
㉱ 직접손상은 압축되거나 찌그러지거나 금속표면에 선명하고 강하게 나타난 긁힌 자국에 의해서 가장 확실히 알 수 있다.

해설 ㉯는 간접손상에 대한 설명이다.

46 자동차 창유리의 손상에 대한 설명으로 옳지 않은 것은?

㉮ 합성유리의 간접손상은 방사선 모양이나 거미줄 모양으로 갈라지며 갈라진 중심에는 구멍이 나 있는 경우도 있다.
㉯ 강화유리가 파손되어 흩어진 것만을 보고는 직접손상인지, 간접손상인지 구분하지 못한다.
㉰ 합성유리가 평행한 모양이나 바둑판 모양으로 갈라진 것은 간접손상에 따른 차체의 뒤틀림에 의해 생겨난 것이다.
㉱ 어느 경우든 강화유리는 강한 충격에 의해 수천 개의 팝콘 크기의 조각으로 부서진다.

해설 ㉮는 합성유리의 직접손상에 대한 설명이다.

45 ㉯ 46 ㉮ 정답

47 충격력의 작용방향 판단에서 강타한 흔적에 대한 설명으로 옳지 않은 것은?

㉮ 접촉하고 있는 동안의 움직임은 종종 모습이 찍힌 것이나 재질의 벗겨짐에 의해 나타난다.

㉯ 가장 유용한 자국은 강타한 물체의 모습이 찍힌 것이나 표면의 재질이 벗겨진 것이다.

㉰ 충돌차량끼리의 접촉부위를 나타내주는 손상물질로서는 대개 페인트 흔적과 타이어의 고무조각 등이 있다.

㉱ 강타한 자국은 두 접촉부위가 강하게 스쳐지나간 자국이다.

해설 ㉱ 강타한 자국은 두 접촉부위가 강하게 압박되고 있을 때 발생하여 자국이 만들어지는 양쪽이 모두 순간적으로 정지상태에 이르렀음을 나타내 주는 것으로서 완전충돌(Full Impact)이라고 한다.

48 다음 중 차량과 차량이 정면충돌하면 나타나는 현상으로서 옳은 설명은?

㉮ 맞물려 한 덩어리가 되고 있는 파손된 어느 한 차량이 반대방향에서 밀려나가 최종위치에 서게 된다.

㉯ 맞물려 한 덩어리가 되고 있는 파손된 어느 한 차량이 비틀림 현상으로 인하여 바로 전복된다.

㉰ 맞물려 한 덩어리가 되고 있는 파손된 어느 한 차량이 용트림 현상으로 인하여 똑바로 세워진다.

㉱ 맞물려 한 덩어리가 되고 있는 파손된 차량의 전면 바닥면 부위가 앞들림 현상으로 인하여 지면으로부터 높이 뜨게 된다.

해설 정면충돌 시 두 차량이 맞물려 한 덩어리가 되면서 파손된 차량과 속도에 비례하여 한 차량이 밀려나가 최종 위치에 이동한다.

49 충격력의 작용방향과 충돌 후 차량의 회전방향에 대한 설명으로 옳지 않은 것은?

㉮ 손상의 전체적인 형상을 통해 충격력의 작용방향(Thrust Direction)을 파악한 다음 충돌 후 차량의 회전방향(Rotation)이나 진행방향을 짐작하게 된다.

㉯ 너무 세밀한 부분에 치중하다가 손상의 전체적인 형상을 놓쳐서는 안 된다.

㉰ 차량의 빗물받이 또는 지붕선이 땅에서 끌렸던 금속상흔과 흙 등을 찾아보고 각 흔적들을 확인하면 첫 지점에서 마지막 지점까지 차의 정확한 경로를 밝히는 데 도움이 된다.

㉱ 도로조사를 통해 차가 몇 번이나 굴렀는지는 알 수가 없고 손상부분을 조사하여야 알 수 있다.

해설 ㉱ 도로조사를 통해 차가 몇 번이나 굴렀는지에 대해서 알 수가 있으나 손상부분만으로 이러한 사실을 알아내기란 쉽지가 않다. 목격자나 승객의 진술은 과장이 많으므로 진술 청취 시 언제나 주의해야 한다.

정답 47 ㉱ 48 ㉮ 49 ㉱

50 현장사진촬영에 대한 설명으로 옳지 않은 것은?

㉮ 사진촬영은 교통사고를 조사하는 데 있어서 보조수단이지 대체수단은 아니므로 제반측정을 대체해서는 안 된다.
㉯ 사진촬영으로 사고에 대한 조사자의 서면기록을 대체할 수 있다.
㉰ 사진촬영은 사고에 대한 조사자의 서면기록을 뒷받침하는 데 있어야 한다.
㉱ 사고 후 견인과정 및 다른 사고에 대한 흔적의 중복을 고려하여 촬영한다.

해설 ㉯ 사진촬영으로 사고에 대한 조사자의 서면기록을 대체할 수 없다.

51 차량 파손상태의 촬영 시의 설명으로 옳지 않은 것은?

㉮ 차량의 정면, 정후면, 정측면 등 4방향에서 촬영한다.
㉯ 가능한 앞뒤 번호판이 선명하게 촬영한다.
㉰ 차량 파손부분만 정확히 사진촬영해 두는 것이 좋다.
㉱ 고공에서 촬영된 차량사진은 파손의 정합성 파악이 용이하고 충격자세를 찾는 데 유용하다.

해설 ㉰ 차량 파손 유무에 관계없이 사고차량을 사진촬영해 두는 것이 좋다.

52 다음 중 각종 계기판을 조사하는 목적은?

㉮ 사고 후 각종계기를 통해 사고당시 실제속도를 알 수 있다.
㉯ 계기판 눈금바늘이 가리키고 있는 수치가 당시 속도가 맞다.
㉰ 엔진회전수로 판단한다.
㉱ 계기판의 눈금바늘이 “0”을 가리키는 것은 속도를 의미한다.

해설 당시 속도를 얼마로 운행하였는가를 알아보기 위함이다.

50 ㉯ 51 ㉰ 52 ㉮ **정답**

CHAPTER

04 탑승자 및 보행자의 거동분석

제1절 사고에 따른 탑승자의 특성 및 운동이해

1. 충돌현상에 따른 탑승자 거동의 특성

(1) 교통사고의 재현

① 교통사고재현은 사고상황을 보다 상세히 알기 위해 현장에 남아있는 도로의 형태, 차량의 위치, 파편문 등을 추정하여 사고 당시의 상황을 재현하는 것이다.

② 즉, 사고재현을 통해 충돌 시 최초 접촉의 순간 또는 짧은 시간에 일련의 시간 간격으로 규명되어야 한다.

(2) 교통사고의 조사

① 조사의 목적

㉠ 교통사고의 경감과 교통안전을 확보하기 위해서는 필요한 교통사고분석을 위한 자료를 갖추어야 한다.

㉡ 적절한 도로 또는 교통 공학적 치료 및 예방조치가 취해질 수 있도록 사고에 관련된 인자를 결정한다.

② 사고조사 시 유의사항

㉠ 사고조사는 사고발생 직후 그 현장에서 실시하는 경우가 많기 때문에 조사에 앞서 사고발생 직후의 상황을 보존하기 위해 필요한 조치, 즉 교통차단, 교통정리, 사고당사자 및 목격자를 확보해야 한다.

㉡ 충돌지점, 당사자 및 당사 차량의 정지위치와 상태, 사고조사에 필요한 물건 등의 위치를 명확히 하기 위해 줄자, 필기구, 사진기 등을 사용한다.

㉢ 사고로 인한 부상자의 구호, 조사로 인해 교통지체 및 그로 인한 연쇄적으로 사고가 일어나지 않도록 유의하여야 한다.

③ 사고조사단계

㉠ 1단계 : 대량의 사고자료, 즉 주로 경찰의 통상적인 사고보고에 기초하여 수집한 자료의 분석과 관계된다. 이 자료를 조사함으로써 도로망 상의 문제지점이 밝혀질 수 있으며 특정지점이나 일련의 지점들에 걸쳐 광범위한 특성이 설정될 수 있다.

㉡ 2단계 : 보완적 자료, 즉 경찰에 의해서 통상적으로 수집되지 않는 자료의 수집 및 분석과 관련된다. 보완적 자료는 특정유형의 사고, 특정유형의 도로사용자 또는 특정유형의 차량과 관련된 것들을 포함한 특정사고 문제의 보다 나은 이해를 얻는 것을 목적으로 할 수 있다.

㉢ 3단계 : 사고현장과 다방면의 전문가에 의해 수집된 심층자료의 분석을 요구하는 심층 다방면 조사와 관련된다. 그 목적은 충돌 전, 충돌 중 및 충돌 후 상황에 관련된 인자 및 얼개의 이해를 돕는 것이다. 조사팀은 의학, 인간공학, 차량공학, 도로 또는 교통공학, 경찰 등 일련의 전문분야로부터의 전문가들로 구성된다.

④ 사고조사자료의 사용목적

㉠ 사고가 많은 지점을 정의하고 이를 파악하기 위함이다.

㉡ 어떤 교통통제대책이 변경되었거나 도로가 개선된 곳에서 사전・사후조사를 하기 위함이다.

㉢ 교통통제설비를 설치해 달라는 주민들의 요구 타당성을 검토하기 위함이다.

㉣ 서로 다른 기하설계를 평가하고 그 지역의 상황에 가장 적합한 도로, 교차로, 교통통제설비를 설계하거나 개발하기 위함이다.

㉤ 사고 많은 지점을 개선하는 순위를 정하고 프로그램 및 스케줄화하기 위함이다.

㉥ 효과적인 사고감소 대책비용의 타당성을 검토한다.

㉦ 교통법규 및 용도지구의 변경을 검토한다.

㉧ 경찰의 교통감시 개선책의 필요성을 판단하기 위함이다.

㉨ 인도나 자전거 도로 건설의 필요성을 판단하기 위함이다.

㉩ 주차제한의 필요성이나 타당성을 검토하기 위함이다.

㉪ 가로조명 개선책의 타당성을 검토하기 위함이다.

㉫ 사고를 유발하는 운전자 및 보행자의 행동 중에서 교육으로 효과를 볼 수 있는 행동이 무엇인지를 파악하기 위함이다.

㉬ 종합적인 교통안전프로그램에 소요되는 기금을 획득하는 데 도움을 주기 위함이다.

2. 사고유형별 탑승자의 운동 이해

(1) 측면충돌(T-Bone or Lateral-Impact Collision)

① 전면충돌과 원칙적으로 비슷하다.

② 충돌 방향에 따라 차량이 움직이면서 입게 되는 손상이다.

③ 측면의 차량 문이 차량 내부로 찌그러지면서 손상된다.

④ 흉벽의 측면 충돌로 늑골이 골절되고, 폐장의 좌상 및 장기의 손상으로 기흉, 혈흉이 유발된다. 운전자는 좌측편의 손상으로 주로 비장 파열이 있고, 조수석은 간의 파열이 있기 쉽다.

⑤ 팔이 가슴과 차량문에 끼이게 된다. 골반과 대퇴골이 다치기 쉬우며 측면 유리에 머리를 다친다.

(2) 후방충돌(Rear-Impact Collision)

① 정지된 차량에서 뒤 차량에 의한 후면충돌 또는 저속주행 중 고속주행하는 뒤 차량에 의한 충돌이다.
② 갑자기 차량이 앞으로 돌진하게 된다. 몸이 갑자기 가속이 되어 머리 받침이 적절히 높지 않을 경우 경부가 갑자기 뒤로 젖혀져 경추의 손상을 입게 된다. 경추의 탈구, 골절 및 경수 손상과 주변 연조직의 손상을 포함한다. 주로 제6번 및 제7번 경추가 손상된다.
③ 의자의 등받이가 파손되거나 뒷좌석 쪽으로 밀려나는 경우 요추가 손상된다.
④ 후면에 충돌 후 가속되다가 다시 앞 장애물에 부딪히거나 운전자가 갑자기 브레이크 페달을 밟을 경우에 정면충돌과 같은 형태가 되며, 다시 경부가 앞으로 뒤로 젖혀져 경추가 손상될 수 있다.

(3) 자동차 전복사고(Rollover Collision)

① 여러 방향에서 충격이 가해지기 때문에 손상이 매우 다양하며 심하다.
② 척추로 힘이 전달되어 척추의 손상 위험이 높아진다.
③ 차량 밖으로 튕겨 나올 때 사망하기 쉽다.

(4) 차량 회전충돌(Rotational Collision)

전방・후방 측면충돌로 차량이 회전할 경우 전방충돌과 측면충돌의 손상이 복합된다.

제2절 상해도 이해

1. 보행자의 상해도 이해

(1) 보행자 손상

① 자동차 우선인 교통문화에서 보행자 사고가 많은 것은 당연한 결과이다.
② 보행자 사고는 사망률이 매우 높으며, 특히 도심지역 5~14세 어린이의 주요 사망원인이 되고 있다.

(2) 차량과의 충돌 내지 접촉

① 차량의 범퍼 충돌이 가장 많다.
② 차량의 구조가 신체표면 또는 옷에 나타난다.
③ 자동차의 페인트, 유리, 기름, 타이어 마크, 각종 파편 등이 피부 또는 옷에 부착되어 손상의 상처 또는 체내에 흉기 조각이 들어갈 수 있다.

④ 피부 상처와 함께 옷도 중요한 단서이다. 옷은 제2의 피부이며, 옷을 보관하는 것은 매우 중요하다. 응급실에서 생명에만 관계되는 치료 때문에 사건 해결의 실마리가 되는 경미한 상처들을 놓치는 경우, 피해자의 옷을 함부로 버리는 경우도 있다. 따라서 응급실에 근무하는 의사는 법의학적 지식이 필요하다.

⑤ 역과 시 타이어 마크, 차량 하부 구조의 먼지, 이물, 기름 등의 부착이 일어나며, 차량에 의해 일정 거리를 끌려갈 때 하부 구조의 오물이 심하게 부착되고 화상이 일어난다.

⑥ 차량에서도 피해자의 의복조각, 피부조각, 모발, 혈흔 등이 범퍼, 보닛(Bonnet), 앞유리창, 차량 하부 구조에 부착이 일어난다.

⑦ 특히 뺑소니 사고 차량의 추적을 위하여, 가능한 모든 증거를 수집하여야 한다.

(3) 보행자 손상의 형태

① **제1차 충격손상(Primary Impact Injury)** : 차량의 외부구조(주로 전면부, 범퍼)에 처음으로 충격될 경우에 생긴 손상

㉠ 차량의 속도, 범퍼의 형태를 포함하여 차량전면의 구조, 의복 등에 의한 것으로 다양하다.

㉡ 5세 이하 어린이 : 두부, 다발성의 분쇄손상

㉢ 5세~14세 어린이 : 두부, 몸통부, 대퇴부 손상

㉣ 성인 : 대퇴부, 하퇴부 등 하지와 발목에서 무릎까지 주로 일어난다.

㉤ 범퍼손상의 발끝에서의 높이와 양상으로 차량의 종류를 추정하게 된다.

㉥ 가속 시에는 상방으로, 감속 시는 하방으로 이동하며 급감속 시는 심지어 발목부를 충격할 수도 있다. 보행 중일 때 두 다리의 손상의 높이가 다르다.

㉦ 하지의 골절 : 충격 반대편으로 개방성 골절이 일어난다.

㉧ 건강한 성인의 경우 : 20[km/h] 이상 골절, 40[km/h] 이상 복잡골절이 일어난다.

㉨ 나이 많은 사람의 경우 : 느린 속도에서도 다발성 골절이 일어날 수 있다.

㉩ 범퍼손상이 없다는 것은 누워있었거나 차량의 측면에 충격되었다는 것을 의미한다.

㉪ 차량의 충돌 부위 지점에 대하여 인체의 무게 중심에 따라 충돌 후 신체의 비상 방향이 달라진다.

㉫ 차량의 충돌 부위보다 신체의 무게 중심이 높을 경우 충격력의 반대방향으로 회전한다.

② **제2차 충격손상(Secondary Impact Injury)** : 제1차 충격 후 신체가 차량의 외부구조에 다시 부딪혀 생기는 손상

㉠ 성인은 대개 소형자동차의 보닛보다 무게 중심이 높기 때문에 위로 뜨면서 차체에 부딪힌다.

㉡ 헤드라이트, 보닛, 앞 유리창, 와이퍼, 차체 지붕, 후사경 등에 충격되고 신체의 돌출부, 즉 팔꿈치, 어깨, 두부, 둔부 등에 손상이 일어난다.

㉢ 골반골, 늑골 등의 골절이 일어날 수 있으며, 복부는 탄력성이 좋은 부위이기 때문에 외부 상처가 없을 수 있다. 그러나 내부 장기인 간 파열 등이 흔히 일어나 복강 내 출혈이 심할 수 있다.

㉣ 40~50[km/h] : 범퍼 충격 후 보닛 위로 미끄러지면서 팔꿈치, 어깨, 손 등에 상처를 입어 측방으로 지면에 떨어지면서 머리부분에 충격을 받기 쉽다. 엉덩이 부분이 지면에 떨어지면 골반에 손상을 받는다. 드물게 경추 손상도 받을 수 있다.

㉤ 50[km/h] 이상 : 충격 후 높이 떠 차량의 지붕에 충격 후 차량 뒷편으로 지면에 추락한다. 1차 충격 후 자동차가 브레이크를 밟아 감속할 경우 보닛 위에 신체가 떨어져 차량 앞으로 미끄러져 떨어진다.

㉥ 차량의 속도가 시속 약 70[km] 이상 : 차체의 상방보다는 측방으로 뜬 후 떨어지며 상방으로 뜨더라도 차량의 지붕이나 짐칸 또는 차량 뒤쪽의 지면에 직접 떨어지므로 제2차 충격손상이 없을 수도 있다.

㉦ 시속 약 30[km] 이하의 저속 : 인체가 뜨기보다는 차량의 전면이나 측면으로 직접 전도되어 제2차 충격손상이 생기지 않는다.

③ **제3차 충격손상**(Tertiary Impact Injury), **전도손상**(Turnover Injury) : 제1~2차 충격 후 쓰러지거나 공중에 떴다가 떨어지면서 지면이나 지상구조물에 부딪혀 생기는 손상, 전도손상이라고도 함

㉠ 자동차에 충격된 후 몸이 떴다가 지면에 떨어지면서 일어나는 손상으로 제3차 충격손상이라고도 한다.

㉡ 지면에 떨어지면서 미끄러지기 때문에 지면과 마찰하여 전형적인 넓은 면적의 찰과상이 일어난다.

㉢ 추락에 따른 손상 : 두부에 충격(두개골골절, 두개강 내 출혈, 뇌손상)이 일어나 주요사망 원인이 된다.

④ **역과손상**(Runover Injury) : 차량의 바퀴가 인체 위를 깔고 넘어감으로써 발생한 손상

㉠ 지상에 전도된 후 충격을 가한 차량이나 제2·3차량에 의하여 역과될 수 있다. 역과손상은 바퀴와 차량의 하부구조에 의한다.

㉡ 바퀴흔(Tire Mark)이 생긴다. 차량, 종류, 제조회사, 마모 정도에 따라 다르다.

㉢ 역과 시 타이어 마크, 차량 하부 구조에 먼지, 이물, 기름 등의 부착이 일어난다.

㉣ 역과 시 분쇄 찰과상, 화상이 일어난다.

㉤ 차량 하부에는 혈흔, 피부조각, 모발, 의복조각, 부착이 일어난다.

㉥ 차량에 의해 일정 거리를 끌려갈 때 하부 구조의 오물이 심하게 부착되고, 화상이 일어난다.

2. 탑승자의 상해도 이해

(1) 정면충돌(Head-on Collision)

① 전면유리창에 의한 손상(Windshield Injuries)

㉠ 충돌 후 갑자기 차가 정지하면서 몸은 주행 속도를 가지고 있기 때문에 앞 유리창에 심한 충돌을 일으킨다.

㉡ 두피와 두개골이 부딪혀 두개골의 골절이 일어나고, 연한 조직인 뇌조직이 역시 손상되며 반대편 뇌조직은 두개골과 분리되면서 혈관이 파탄되어 출혈을 일으킨다.

㉢ 두개강 내 출혈(경막외, 경막하, 지주막하 출혈)이 일어날 수 있다.

㉣ 경부손상 : 경추가 과다하게 뒤로 젖혀지고 앞으로 골곡되어 손상, 경추의 골절, 탈구 등의 경부손상을 초래하며 때로는 이것이 치명적일 수 있다. 경추부는 다른 부위보다 훨씬 손상되기 쉬우며 골절 및 탈구에 의한 경수의 손상은 호흡 등 신경다발이 지나가므로 사망의 원인이 될 수 있다.

② 조향휠(핸들)에 의한 손상(Steering Wheel Injuries)

㉠ 조향휠(핸들)(Steering Wheel, Steering Column)에 의하여 전흉부 및 복부에 충격이 일어난다.

㉡ 조향휠(핸들)의 일부의 형태가 외표에 남는 경우도 극히 드물지만 내부에서는 흉골, 늑골의 골절, 심장, 간, 대동맥, 비장, 신장, 십이지장 손상이 일어날 수 있다.

㉢ 흉부손상

㉣ 늑골 골절 : 늑골 골절로 부러진 늑골이 폐나 심장을 찔러 기흉, 혈흉 또는 심장 탐포네이드를 형성할 수 있다. 다발성 늑골의 골절은 호흡 장애를 초래한다.

㉤ 심장과 대혈관 : 정면으로 부딪히면 흉골이 처음으로 운전륜에 충돌하고, 흉골이 정지되면 흉강 내의 장기 또한 앞으로 운동을 계속하게 된다. 심장, 상행 대동맥, 대동맥궁이 비교적 고정되지 않고, 하행 대동맥은 흉강 내 후벽에 단단히 고정되어 있는데 이 부위에서 대동맥이 절단되는 손상을 입게 된다. 대동맥 내에는 혈압이 매우 높기 때문에 대량의 출혈이 일어난다. 때때로 부분적인 혈관 벽의 손상이 일어날 경우 외상성 동맥류가 생길 수 있다. 동맥류의 파열이 즉시 일어날 수도 있지만, 수분, 수시간, 수일이 지나서 파열되는 수도 있다. 심장은 계속 앞으로 전진하여 흉골에 부딪힌다. 심좌상 또는 심파열이 일어날 수 있다. 앞쪽 흉벽이 갑자기 멈출 때 뒤쪽 흉벽은 계속 운동을 하게 되어 다발성 늑골 골절이 일어난다. 흉골과 척추 사이에 끼여 심장이 압박을 받는다.

㉥ 폐 : 폐는 늑골 골절 시 골절단에 의하여 파열될 수 있다. 또한, 둔력에 의하여 폐좌상이나 파열이 일어날 수도 있다. 위험에 처해서 본능적으로 깊은 호흡을 하고 숨을 멈추게 되어 후두개가 닫혀 폐 내에 공기가 닫힌 상태가 되어 갑자기 흉벽에 전면 혹은 측면으로 압박성 충돌이 일어날 경우 폐포가 파열되면서 기흉(흉강 내 공기가 들어가는 상태)이 일어난다.

㉦ 복부손상 : 복부에 운전륜에 의한 강한 둔력이 가하여지더라도 복벽은 탄력성이 크므로 외표손상은 극히 경미하거나 없을 수 있다. 운전륜 압박에 의한 척추손상에 의하여 파열이 일어난다.

ⓞ 간 : 가장 큰 실질장기이며 탄력성이 별로 없고 해부학적으로 상복부에 위치하기 때문에 손상되기 쉽다. 우상복부에 강한 외력이 가해지면 파열이 일어나며, 특히 지방간이나 간염과 같은 기존질환이 있으면 쉽게 파열된다. 간은 늑골에 보호되어 있지만 때때로 늑골이 골절되면서 간에 손상을 입힐 수 있다.

ⓙ 비장 : 좌상복부에 외력이 가하여지면 비교적 쉽게 파열된다. 비장 비대가 있을 경우 쉽게 파열된다.

ⓚ 췌장 : 췌장은 후복부에 깊숙이 위치하므로 손상이 비교적 드물지만 뒤에 받치고 있는 척추에 직접 압박되어 손상을 받는다. 췌장이 파열되면 출혈과 함께 각종 소화 효소가 빠져 나와 사망할 수도 있다.

ⓛ 신장 : 신장은 복부의 후벽에 위치하며 뒤쪽으로는 늑골로 보호되기 때문에 비교적 손상을 잘 받지 않는다. 대개 자동차 사고에서 측방에서 가하여진 외력이 신장을 척추로 압박하여 파열된다.

ⓜ 위장관 : 위장관은 하복부를 주먹 또는 발로 가격하였을 때 파열되기 쉽다. 소장 중에서 공장이 가장 잘 파열되며 회장, 십이지장의 순이다. 대장이 파열되는 경우는 매우 드물다.

③ **계기반에 의한 손상** : 주로 무릎에서 좌상, 표피박탈, 열창 등이 일어나며, 슬개골의 골절이 일어난다.

④ **브레이크페달에 의한 손상** : 정면충돌 시 운전자의 발이나 발목이 감속페달이나 클러치페달에 꼬여 골절을 동반하는 손상이 일어날 수 있다. 또한, 갑자기 감속페달을 밟으면 힘이 대퇴골 및 골반골에 전달되어 골절이 일어날 수 있다.

⑤ **안전띠에 의한 손상** : 안전띠는 탑승자를 좌석에 고정시켜 치명적인 손상, 특히 가장 큰 사망의 원인이 되는 자동차 밖으로의 이탈을 방지하고, 운전대, 계기반 및 전면유리창 등 차내 구조물에 충돌하는 것을 방지하므로 매우 중요하다. 반면, 드물기는 하지만 안전띠에 의하여 다양한 손상이 일어나며 심지어 치명적인 경우도 있다. 그리고 좌석의 등받이가 완전히 고정되어 있지 않을 경우에는 좌석과 함께 충돌을 하는 경우도 있다. 2점식, 3점식에 의한 손상이 있다.

구분	내용
2점식(Lap Belt)	하복부에 표피박탈 및 좌상을 일으키는 외에도 상체를 효과적으로 고정시키지 못하기 때문에 복부 대동맥과 간, 췌장, 비장, 방광 등의 복부장기가 띠와 척추 사이에 끼어 파열될 수 있다. 또한, 골반 및 요추에 골절을 일으킬 수도 있다. 갑작스런 복압의 증가에 의하여 장관이 파열될 수 있다.
3점식(Diagonal Over the Shoulder Strap)	흉부와 복부를 고정시켜 전방으로 충돌을 방지한다. 그러나 머리 부분은 고정해 주지 못하기 때문에 경추의 골절 탈구, 경수의 손상을 일으킨다.

⑥ 에어백

㉠ 에어백은 안면부, 경부, 가슴을 보호하여 손상을 경감시켜 준다. 자동차 사고에서 탑승자를 보호하지만 모든 경우에 안전한 것은 아니다.

㉡ 첫 충돌 후 잇따르는 충돌은 보호해 주지 못한다.

㉢ 운전자의 키가 너무 큰 경우나 소형 차인 경우 하지, 골반, 복부는 보호하지 못한다.

㉣ 최근 측면, 지붕, 하부에 에어백을 장착하는 차량도 있다.

⑦ 동승자의 손상

㉠ 차량의 조수석, 즉 앞자리에 탑승한 경우는 운전대에 의한 손상을 제외하고 운전자의 손상과 비슷하다. 운전대에 의한 장애가 없기 때문에 안전띠를 하지 않는 경우 앞 유리창을 깨고 밖으로 이탈하게 된다.

㉡ 승용차의 뒷자리에 탑승한 경우는 비교적 경미한 손상에 그치며 대체로 안면부, 두부, 무릎이 앞좌석의 뒷부분, 차량의 옆면이나 천장에 부딪혀 일어난다. 기타 대형차량에 앉아 있거나 서있는 경우는 매우 다양한 기전에 의한 손상이 일어난다.

⑧ 차내 기물에 의한 손상 : 기타 차내에 고정되어 있지 않은 물건, 가방, 식품, 책 또는 다른 탑승자 등에 의해 손상이 일어난다.

중요 CHECK

편타손상(Whiplash Injury)

신체가 갑작스럽게 가속・감속되면 관성의 법칙에 의해 두부는 과도하게 전후로 움직여 과신전 및 과굴곡되어 경추의 탈구, 골절, 경수 및 주위 연조직에 손상을 일으킨다. 드물게 뇌간부의 손상으로 사망하기도 한다.

CHAPTER

04 적중예상문제

01 교통사고재현과 관련된 내용으로 옳지 않은 것은?

㉮ 교통사고재현은 사고상황을 보다 상세히 사건재현을 하기 위한 것이다.
㉯ 사고재현에는 충돌 시 최초 접촉의 순간이 규명되어야 한다.
㉰ 교통사고의 경감과 교통안전을 확보하기 위해서는 필요한 교통사고분석을 위한 자료를 갖추어야 한다.
㉱ 적절한 도로 또는 교통공학적 치료위주의 인자를 결정하여야 한다.

해설 ㉱ 교통사고조사의 목적은 적절한 도로 또는 교통공학적 치료 및 예방조치가 취해질 수 있도록 사고에 관련된 인자를 결정한다.

02 교통사고조사 시 유의사항으로 옳지 않은 것은?

㉮ 조사에 앞서 사고발생 직후의 상황을 보존하기 위해 조치를 취해야 한다.
㉯ 교통차단 및 교통정리가 필요하다.
㉰ 사고당사자와 목격자가 협의하여야 한다.
㉱ 부상자 구호 및 조사로 인해 교통이 지체되지 않도록 한다.

해설 조사에 앞서서 교통차단, 교통정리, 사고당사자 및 목격자를 확보하여야 한다. 사고당사자와 목격자는 협의해서는 안 된다.

03 사고조사단계를 1·2·3단계로 구분지을 때 3단계의 내용에 들지 않는 것은?

㉮ 특정유형의 사고, 특정유형의 도로사용자 또는 특정유형의 차량과 관련된 것들을 포함하고 특정사고 문제의 보다 나은 이해를 얻는 것을 목적으로 한다.
㉯ 사고현장과 다방면의 전문가에 의해 수집된 심층자료의 분석을 요구하는 심층 다방면 조사와 관련된다.
㉰ 조사의 목적은 충돌 전, 충돌 중 및 충돌 후 상황에 관련된 인자 및 얼개의 이해를 돕는 것이다.
㉱ 조사팀은 의학, 인간공학, 차량공학, 도로 또는 교통공학, 경찰 등 일련의 전문분야로부터의 전문가들로 구성된다.

해설 ㉮는 2단계의 내용으로 보완적 자료, 즉 경찰에 의해서 통상적으로 수집되지 않는 자료의 수집 및 분석과 관련된다. 보완적 자료는 특정유형의 사고, 특정유형의 도로사용자 또는 특정유형의 차량과 관련된 것들을 포함한 특정사고 문제의 보다 나은 이해를 얻는 것을 목적으로 할 수 있다.

정답 1 ㉱ 2 ㉰ 3 ㉮

04 다음이 설명하는 사고유형은?

> • 늑골이 골절되고 폐장의 좌상 및 장기의 손상으로 기흉, 혈흉을 유발한다.
> • 운전자는 좌측편의 손상으로 비장 파열이 흔하며, 조수석은 간 파열이 있기 쉽다.
> • 팔이 가슴과 차량문에 끼이게 된다.
> • 골반과 대퇴골이 다치기 쉽다.
> • 측면 유리에 머리를 다친다.

㉮ 측면충돌
㉯ 전면충돌
㉰ 후방충돌
㉱ 전복사고

05 정지된 차량에서 뒤차에 의한 후면에 충돌 또는 저속주행 중 고속주행하는 뒤차에 의한 충돌은?

㉮ 측면충돌
㉯ 후방충돌
㉰ 회전충돌
㉱ 전복사고

해설 **후방충돌(Rear-Impact Collision)**

- 정지된 차량에서 뒤차에 의해 후면에 충돌 또는 저속주행 중 고속주행하는 뒤차에 의해 충돌한다.
- 갑자기 차량이 앞으로 돌진하게 된다. 몸이 갑자기 가속이 되어 머리 받침이 적절히 높지 않을 경우 경부가 갑자기 뒤로 젖혀져 경추가 손상된다. 경추의 탈구, 골절 및 경수 손상과 주변 연조직의 손상을 포함한다. 주로 제6번 및 제7번 경추가 손상된다.
- 만일 의자의 등받이가 파손되거나 뒷좌석 쪽으로 밀려나는 경우 요추가 손상된다.
- 후면에 충돌 후 가속되다가 다시 앞 장애물에 부딪히거나 운전자가 갑자기 브레이크 페달을 밟을 경우에 정면충돌과 같은 형태가 되며, 다시 경부가 앞으로 뒤로 젖혀져 경추가 손상되기 쉽다.

06 제1차 충격손상에 관한 내용으로 옳지 않은 것은?

㉮ 나이 많은 사람의 경우는 느린 속도에서도 다발성의 골절이 일어날 수 있다.
㉯ 범퍼손상이 없다는 것은 누워 있었거나 차량의 측면에 충격을 받았다는 것을 의미한다.
㉰ 차량의 충돌 부위 지점에 대하여 인체의 무게 중심에 따라 충돌 후 신체가 비상하는 방향이 다르게 된다.
㉱ 차량의 충돌 부위보다 신체의 무게 중심이 낮은 경우이다.

해설 ㉱ 차량의 충돌 부위보다 신체의 무게 중심이 높은 경우이다.

4 ㉮ 5 ㉯ 6 ㉱ **정답**

07 보행자손상 중 제2차 충격손상에 대한 내용으로 옳지 않은 것은?

㉮ 성인은 대개 소형자동차의 보닛보다 무게 중심이 낮기 때문에 아래로 떨어지면서 차체에 부딪힌다.
㉯ 헤드라이트, 보닛, 앞 유리창, 와이퍼, 차체 지붕, 후사경 등에 충격되고 신체의 돌출부, 즉 팔꿈치, 어깨, 두부, 둔부 등에 손상이 일어난다.
㉰ 골반골, 늑골 등의 골절이 일어날 수 있으며, 복부는 탄력성이 좋은 부위이기 때문에 외부 상처가 없을 수 있다. 그러나 내부 장기인 간 파열 등이 흔히 일어나 복강 내 출혈이 심할 수 있다.
㉱ 40~50[km/h]의 경우 범퍼 충격 후 보닛 위로 미끄러지면서 팔꿈치, 어깨, 손 등에 상처를 입어 측방으로 지면에 떨어지면서 머리부분에 충격을 받기 쉽다.

해설 ㉮ 성인은 대개 소형자동차의 보닛보다 무게 중심이 높기 때문에 위로 뜨면서 차체에 부딪힌다.

08 다음 중 전도손상에 대한 설명으로 옳지 않은 것은?

㉮ 자동차에 충격된 후 몸이 떴다가 지면에 떨어지면서 일어나는 손상으로 제3차 충격손상이라고도 한다.
㉯ 지면에 떨어지면서 미끄러지기 때문에 지면과 마찰하여 전형적인 넓은 면적의 찰과상이 일어난다.
㉰ 두부에 충격(두개골골절, 두개강 내 출혈, 뇌손상)이 일어나 주요사망 원인이 된다.
㉱ 바퀴흔이 생긴다.

해설 바퀴흔이 생기는 것은 역과손상이다.

09 역과손상에 대한 설명으로 옳지 않은 것은?

㉮ 역과손상은 바퀴와 차량의 하부구조에 의한다.
㉯ 역과 시 타이어 마크, 차량의 하부구조에 먼지, 이물, 기름 등의 부착이 일어난다.
㉰ 차량에 의해 일정거리를 끌려갈 때 하부구조의 오물이 심하게 부착되고 화상이 일어난다.
㉱ 지면에 떨어지면서 미끄러지기 때문에 지면과 마찰하여 전형적인 넓은 면적의 찰과상이 일어난다.

해설 ㉱는 전도손상에 대한 설명이다.

정답 7 ㉮ 8 ㉱ 9 ㉱

10 탑승자 상해도에 대한 설명으로 충돌 후 갑자기 차가 정지하면서 몸은 주행속도를 가지고 있기 때문에 앞 유리창에 심한 충돌을 일으키는 손상은?

㉮ 전면유리창에 의한 손상
㉯ 운전대에 의한 손상
㉰ 계기판에 의한 손상
㉱ 브레이크 페달에 의한 손상

해설 **전면유리창에 의한 손상(Windshield Injuries)**

- 충돌 후 갑자기 차가 정지하면서 몸은 주행속도를 가지고 있기 때문에 앞 유리창에 심한 충돌을 일으킨다.
- 두피와 두개골이 부딪혀 두개골의 골절, 연한 조직인 뇌조직이 역시 손상, 반대편의 뇌조직은 두개골과 분리되면서 혈관이 파탄되어 출혈을 일으킨다.
- 두개강 내 출혈(경막외, 경막하, 지주막하 출혈)이 일어날 수 있다.
- 경부손상 : 경추가 과다하게 뒤로 젖혀지고 앞으로 굴곡되어 손상, 경추의 골절, 탈구 등의 경부손상을 초래하며 때로는 이것이 치명적일 수 있다. 경추부는 다른 부위보다 훨씬 손상되기 쉬우며 골절 및 탈구에 의한 경수의 손상은 호흡 등 신경다발이 지나가므로 사망의 원인이 될 수 있다.

11 다음이 설명하는 안전띠는 무엇인가?

> 흉부와 복부를 고정시켜 전방으로 충돌을 방지한다. 그러나 머리 부분은 고정해 주지 못하기 때문에 경추의 골절 탈구, 경수의 손상을 일으킨다.

㉮ 1점식
㉯ 2점식
㉰ 3점식
㉱ 4점식

해설 **안전띠(2점식과 3점식)**

- 2점식(Lap Belt) : 하복부에 표피박탈 및 좌상을 일으키는 외에도 상체를 효과적으로 고정시키지 못하기 때문에 복부 대동맥과 간, 췌장, 비장, 방광 등의 복부장기가 띠와 척추 사이에 끼어 파열될 수 있다. 또한, 골반 및 요추에 골절을 일으킬 수도 있다. 갑작스런 복압의 증가에 의하여 장관이 파열될 수 있다.
- 3점식(Diagonal Over-the-shoulder Strap) : 흉부와 복부를 고정시켜 전방으로 충돌을 방지한다. 그러나 머리 부분은 고정해 주지 못하기 때문에 경추의 골절 탈구, 경수의 손상을 일으킨다.

12 다음 중 제1차 손상에 대한 설명으로 옳지 않은 것은?

㉮ 보행자가 차량의 외부 구조에 처음으로 충격될 경우 생기는 손상이다.
㉯ 시속 50[km] 내외로 충격될 때, 인체의 전방과 측방일 때에 골절이 생긴다.
㉰ 가속 시에는 하방으로, 감속 시에는 상방으로 충격부위가 이동한다.
㉱ 전조등, 펜더에 의해 제1차 손상을 입을 수 있다.

해설 ㉰ 가속 시에는 상방, 감속 시에는 하방으로 충격부위가 이동한다.

10 ㉮ 11 ㉰ 12 ㉰ 정답

13 추돌 또는 충돌의 원인으로 탑승자의 경부가 과신전 및 과굴곡되면서 나타나는 대표적인 신체손상 유형은?

㉮ 추간반탈출증
㉯ 편타손상
㉰ 뇌진탕
㉱ 심근경색

해설 **편타손상**

- 채찍질을 하여 갑자기 출발할 때처럼 경부가 전후로 과신전 및 과굴곡되어 나타나는 손상을 말한다.
- 경추의 탈구, 골절 및 경추손상과 주변 연조직의 손상을 볼 수 있다.
- 주로 경추는 제6·7번 부위에 손상을 받으며 심할 경우 경추가 단열된다.
- 탑승자에서는 차체가 전방 또는 후방에서 충돌될 때와 같이 급가속 또는 급감속될 경우 발생한다.
- 보행자는 주로 후방에서 제1차 충격과 같은 기전에 의하여 발생한다.

14 보행자가 차량에 역과되었음을 알 수 있는 가장 확실한 사실은?

㉮ 사고현장에 나타난 제동스키드마크
㉯ 보행자의 충격부위
㉰ 보행자의 인체 또는 피복에 나타난 타이어 자국
㉱ 보행자의 최종전도위치

해설 역과손상이란 보행자가 지면에 전도된 후에 차량이 통과될 때 발생하는 손상을 말하므로 보행자의 인체 또는 피복에 나타난 타이어 자국으로 역과손상임을 알 수 있다.

15 차와 사람의 사고에 있어서 하퇴부 골절이 발생할 수 있는 한계속도로서 가장 적당한 것은?

㉮ 10~20[km/h]
㉯ 30~50[km/h]
㉰ 70~80[km/h]
㉱ 100~120[km/h]

해설 **속도와 손상**

- 시속 30[km/h] 이하의 저속으로 충격을 받으면 인체가 차량전면이나 측면으로 직접 전도되어 2차 충격손상이 생기지 않는다.
- 시속 40~50[km/h] 정도로 충격될 경우 보행자는 보닛 위로 올라가면서 팔꿈치 어깨와 두부를 비롯하여 흉부, 배부, 안면부에 손상을 입는다.
- 시속 70[km/h] 이상이 되면 차체의 상방보다는 측방으로 뜬 후 떨어지며, 상방으로 뜨더라도 차량의 지붕이나 짐칸 또는 차량 뒤쪽의 지면에 떨어진다.

정답 13 ㉯ 14 ㉰ 15 ㉯

CHAPTER 05

차량의 속도분석 및 운동특성

제1절 차량의 속도와 운동특성

1. 충돌과정 및 방향에 따른 차량운동특성

(1) 유효충돌속도

① 속도가 V_1인 A차와 속도가 V_2인 B차가 정면충돌 또는 정면추돌하면 양차량은 서로 운동량을 교환하면서 찌그러짐을 동반하게 된다.

② 이렇게 충돌에 의해 맞물린 양차량은 도중에 속도가 같아지는 시점에서 일체가 되어 운동량이 큰 차량이 상대적으로 운동량이 작은 차량을 밀고 진행하게 된다.

③ 여기서 최초 충돌 후 양차의 속도가 같아지는 시점을 공통속도시점이라고 하고 이 공통속도시점에서 양차량은 서로 운동량의 교환을 완료하기 때문에 차량 변형도 일반적으로 이 시점에서 거의 종료된다.

(2) 유효충돌속도의 물리적 성질

① 유효충돌속도가 클수록 차량의 변형량도 증가한다.

㉠ 차체는 충격에 의해 쉽게 찌그러지는 소성변형 특성을 가지기 때문에 일반적으로 유효충돌속도가 클수록 차량의 변형량도 증가한다.

㉡ 동일한 유효충돌속도에서 찌그러짐의 정도는 차체의 강성에 의해 좌우되며 승용차의 경우 엔진이 설치된 차체 앞부분보다는 트렁크가 설치된 차체 뒷부분의 강성이 낮아 변형량도 일정부분까지는 깊게 나타나는 특징이 있다.

② 유효충돌속도가 클수록 승차자에게 가해지는 충격손상도 증가한다.

㉠ 인체의 상해 정도는 일반적으로 충격가속도가 클수록 충격지속시간이 길수록 심한 상처를 입게 된다.

㉡ 충돌 중 속도변화량인 유효충돌속도가 클수록 충격가속도가 높아져 차내 승차자에게 가해지는 충격손상도 커지게 된다.

③ 유효충돌속도는 고정장벽 충돌속도로 치환 가능하다.

㉠ 현재 속도가 50[km/h]인 A차가 질량 무한대인 콘크리트 고정장벽을 충돌하였다고 가정할 경우 충돌 전 A차의 운동에너지는 모두 차체의 변형일로 소모된 후 충돌지점에 정지한다. 따라서 충돌 중 속도변화량인 유효충돌속도는 50[km/h]가 된다.

㉡ 이와 같은 충돌현상은 중량이 동일한 A차와 B차가 50[km/h]로 정면충돌하는 현상과 동일하다. 즉, 중량과 속도가 동일한 A, B차가 정면충돌하게 되면 운동량의 교환을 완료한 후 양차는 충돌지점에 그대로 정지하기 때문에 A, B차 모두의 유효충돌속도는 50[km/h]가 된다.

㉢ 그러므로 고정장벽 충돌실험을 통하여 차체의 소성변형량을 구하고, 소성변형량을 통해 역으로 유효충돌속도를 추정할 수 있다.

④ 유효충돌속도가 클수록 반발계수가 낮아진다.

㉠ 반발계수란 상대충돌속도에 대한 상대반발속도의 비를 말한다.

㉡ 예를 들어, 고무공과 같이 충돌속도 그대로 되튕겨 나오는 경우 반발계수는 1이다. 반면에 진흙덩어리를 고정벽에 던졌을 때 진흙덩어리는 되튕겨나오지 않고 심하게 찌그러져 달라붙게 되는데 이때 반발계수는 0이 된다. 즉, 반발계수가 작을수록 충돌 시 차체의 소성변형 특성도 증가하게 된다.

㉢ 대체적으로 유효충돌속도가 5~10[km/h]인 경우에는 범퍼에서 충격을 흡수한 후 탄성복원 되기 때문에 소성변형은 거의 일어나지 않지만, 유효충돌속도가 높을수록 반발계수는 낮아지고 소성변형은 증가하게 된다.

㉣ 특히, 유효충돌속도가 약 20[km/h] 인접한 추돌사고에서는 반발계수가 거의 0에 근접하는 것으로 나타나고 있다.

⑤ 유효충돌속도는 상대충돌속도와 양차의 중량에 의해 결정된다.

㉠ 유효충돌속도는 상대충돌속도와 양차중량의 역비의 곱으로 표시할 수 있으므로 상대충돌속도가 클수록 양차중량의 역비가 클수록 커지게 된다.

㉡ 유효충돌속도

$$\frac{\text{상대충돌속도} \times \text{양차중량의 합}}{\text{상대차중량}}$$

㉢ 따라서 동일한 조건이라면 중량이 작은 차가 더 큰 유효충돌속도를 받게 되고, 소성변형량도 증가하게 된다.

⑥ 양차 유효충돌속도의 합은 양차 상대충돌속도와 같다.

㉠ 역학적으로 충돌 시 상대충돌속도의 합은 양차 유효충돌속도의 합과 같다.

㉡ 예를 들어, 60[km/h]인 A차와 40[km/h]인 B차가 정면충돌하였고 이때, 소성변형량을 감안한 A차의 유효충돌속도가 50[km/h]라면 B차의 유효충돌속도는 50[km/h]가 된다.

㉢ 따라서 상대충돌속도가 클수록 양차의 소성변형량도 증가하고 차내 승차자에게 큰 충격을 가하게 됨을 알 수 있다.

중요 CHECK

유효충돌속도와 에어백의 작동조건
- 일반적으로 정면충돌의 에어백은 정면에서 좌우 30도 이내의 각도로, 유효충돌속도가 약 20~30[km/h] 이상일 때 작동된다.
- 유효충돌속도는 충돌 중 속도변화이고 이 속도변화량은 충돌의 작용시간과 가속도의 곱으로 나타낼 수 있으므로 에어백의 작동조건을 결정하기 위한 충격감지장치로는 일반적으로 가속도센서가 널리 적용되고 있다.

2. 충 돌

(1) 운동의 법칙

① 관성의 법칙

㉠ 운동의 제1법칙이라고도 한다.

㉡ 뉴턴(Newton)은 갈릴레오(Galileo)의 생각을 정리하여 제1법칙을 만들고 관성법칙이라고 불렀다.

㉢ 모든 물체는 관성을 갖는다. 관성은 질량(물체를 구성하는 물질의 양)에 관계된다. 물체의 질량이 크면 클수록 관성도 커진다. 관성을 알려면 물체를 앞뒤로 흔들어 보거나 적당히 움직여서 어느 것이 움직이기 더 힘든지, 즉 운동에 변화를 가져오는 데 어느 것이 저항이 더 큰지를 알아볼 수 있다.

㉣ 이것은 외부에서 힘이 가해지지 않는 한 모든 물체는 자기의 상태를 그대로 유지하려고 하는 것을 말한다. 즉, 정지한 물체는 영원히 정지한 채로 있으려고 하며 운동하던 물체는 등속 직선운동을 계속 하려고 한다. 달리던 버스가 급정거하면 앞으로 넘어지거나 브레이크를 급히 밟아도 차가 앞으로 밀리는 경우, 트럭이 급커브를 돌면 가득 실은 짐들이 도로로 쏟아지는 경우, 컵 아래의 얇은 종이를 갑자기 빠르고 세게 당기면 컵은 그 자리에 가만히 있는 현상이 관성의 법칙의 예이다.

② 가속도의 법칙

㉠ 운동의 제2법칙이라고도 한다.

㉡ 물체의 운동의 시간적 변화는 물체에 작용하는 힘의 방향으로 일어나며, 힘의 크기에 비례한다는 법칙이다.

㉢ 운동의 변화를 힘과 가속도로 나타내면, $F = ma$가 된다. 즉, 물체에 힘이 작용했을 때 물체는 그 힘에 비례한 가속도를 받는다. 이때 비례상수를 질량이라 하며, 이 식을 운동방정식(뉴턴의 운동방정식)이라 한다.

③ 작용과 반작용의 법칙

㉠ 운동의 제3법칙이라고도 한다.

㉡ 작용과 반작용 법칙은 A물체가 B물체에게 힘을 가하면(작용) B물체 역시 A물체에게 똑같은 크기의 힘을 가한다는 것이다(반작용).

㉢ 즉, 물체 A가 물체 B에 주는 작용과 물체 B가 물체 A에 주는 반작용은 크기가 같고 방향이 반대이다.

㉣ 총을 쏘면 총이 뒤로 밀리거나(총과 총알) 지구와 달 사이의 만유인력(지구와 달), 건너편 언덕을 막대기로 밀면 배가 강가에서 멀어지는 경우가 그 예이다.

3. 차량운동특성

(1) 발진가속

① 자동차가 정지상태에서 출발하는 경우의 가속능력을 발진가속이라고 한다.

② 발진가속도는 일반적으로 피크 $0.2g$ 전후이다. 다만, 앞에 차가 많이 있을수록 가속시간이 짧아진다.

(2) 브레이크 이상현상

① **베이퍼록(Vapor Lock) 현상** : 베이퍼록은 연료회로 또는 브레이크장치 유압회로 내 브레이크 액이 온도상승으로 인해 기화되어 압력전달이 원활하게 이루어지지 않아 제동기능이 저하되는 현상이다.

② **페이드 현상** : 주행 중 계속해서 브레이크를 사용함으로써 온도상승으로 인해 제동마찰제의 기능이 저하되어 마찰력이 약해지는 현상이다.

③ **노즈다이브 현상** : 자동차가 급제동하게 되면 계속 진행하려는 차제의 관성력으로 무게중심이 전방으로 피칭 운동하여 전방 서스펜션의 작동길이가 감소하고 후미 서스펜션은 늘어나 차체가 전방으로 쏠리는 현상(간단하게 차량 앞부분은 가라앉고 뒷부분은 올라감)이다.

(3) 기타 현상

① **요잉** : 자동차가 커브를 돌 때 일어나는 움직임으로써, 차체에 대하여 수직(z축)인 둘레에 발생하는 운동으로 때로는 고의로 타이어의 슬립앵글을 늘려 그립을 상실시킴으로써, 요잉을 발생시켜 재빠르게 턴을 행하는 수도 있다. 요잉은 롤링과 마찬가지로 코너를 돌 때 느끼게 된다.

롤링과 비슷한 점이 있지만 요잉은 차량의 진행 방향이 왼쪽, 오른쪽으로 바뀌는 것으로 생각하면 쉽다. 왼쪽으로 진행을 바꾸면 차량 뒷부분은 오른쪽으로 틀게 되고, 앞부분이 오른쪽으로 진행한다면 뒷부분은 왼쪽으로 틀게 된다. 이러한 것이 연속적으로 반복된다고 생각하면 된다.

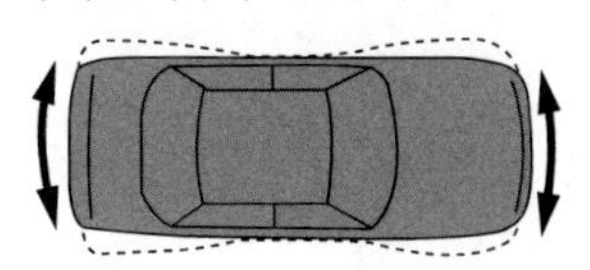

② **롤링** : 자동차의 경우, 노면이 고르지 못해 일어나는 가로흔들림이나, 고속에서 경사진 길을 돌 때의 원심력에 의한 기울기를 말한다. 롤링이 심하면 조종성이나 승차감에 나쁜 영향을 줄 뿐만 아니라, 때로는 전복될 위험마저 있다. 일반적으로 무게 중심이 낮고 차체의 폭에 대해 트레드(좌우바퀴의 간격)가 넓으며 스프링이 단단한 것일수록 롤링이 적어진다.

롤링은 코너를 돌 때 가장 많이 느끼게 된다. 코너를 돌 때 한쪽으로 기울게 되는데, 왼쪽으로 기울게 되면 오른쪽이 올라가고, 오른쪽이 기울게 되면 왼쪽이 올라가게 된다.

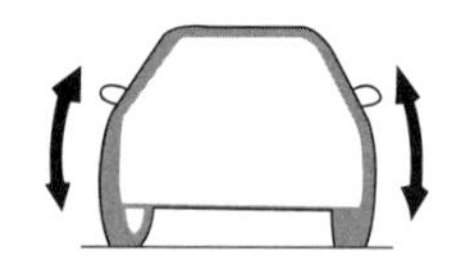

③ **피칭** : 일반적으로 탈것(교통기관)의 흔들림, 즉 전후 방향의 흔들림이다. 자동차에서는 피칭은 단순히 기분이 나쁠 뿐만 아니라 조종성·접지성에도 나쁜 영향을 미친다. 피칭이 일어났을 경우 스프링에 맞추어 충격흡수제를 사용하도록 한다. 피칭을 줄이기 위해서는 스프링을 단단하게 하거나, 차체를 가볍게 하고 무게 중심을 낮게 하는 등의 처치가 필요하다.

피칭은 놀이터에서 쉽게 볼 수 있는 시소를 생각하면 된다. 차체가 위아래로 움직이는 것을 피칭이라고 한다면 이해가 쉽다. 앞쪽이 내려가면 뒤쪽이 올라가게 되고, 뒤쪽이 내려가면 앞쪽이 올라간다.

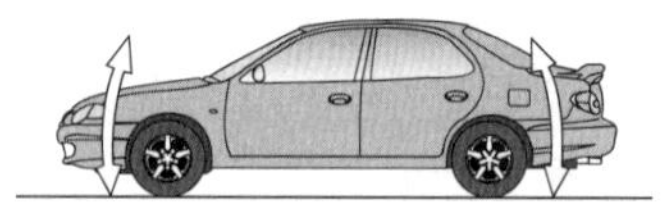

④ **바운싱** : 차체 전체가 상하로 진동하는 것을 의미한다. 피칭이 앞뒤가 번갈아 상하로 움직이는 것이라면 바운싱은 앞뒤가 동시에 상하로 진동하는 상태를 뜻한다. 즉, 브레이크를 밟았을 때 노즈(차 앞부분)가 앞으로 푹 가라앉았다 위로 들리는 것이 피칭인 반면 둔덕이 있는 줄 모르고 고속으로 달리다 차가 공중에 뜬 뒤 네바퀴가 동시에 착지했다면 바운싱이 된다.

바운싱은 피칭과 비슷하다고 하지만 다르다. 피칭은 앞뒤가 시소를 타듯 움직이는 것이고 바운싱은 앞뒤가 평행하게 위아래로 움직이는 것이다.

제2절 자동차의 성능 및 흔적

1. 자동차의 각종 성능

(1) 자동차의 제동성능

① 브레이크

㉠ 기계식 브레이크 : 브레이크 페달의 조작력을 와이어를 거쳐 제동기구에 전달하여 제동력을 발생시키는 방식으로 주로 주차브레이크에 사용된다.

㉡ 유압식 브레이크 : 유압에 의해 브레이크의 조작력을 전달하는 방식으로 파스칼의 원리를 이용한 것이다. 마스터실린더에서 발생된 유압이 브레이크 파이프를 거쳐 휠실린더나 캘리퍼 등에 작용되면 브레이크 패드 등을 압착시켜서 제동을 하는 방식으로 승용차량에 가장 많이 사용된다. 즉, 완전히 밀폐된 액체에 작용하는 힘은 어느 점에서나 어느 방향에서나 항상 일정한 원리를 이용한 것이다.

㉢ 배력식 : 압축공기나 엔진의 부압을 이용하여 페달 조작력을 증대시키는 배력장치로 유압브레이크의 보조장치로 사용된다.

㉣ 공기식 : 압축공기를 이용하여 제동하는 장치로 큰 제동력을 얻을 수 있으나 구조가 복잡하고 비용이 많이 드는 단점이 있다.

② 제동동작의 분석

㉠ 제동거리 : 일반적으로 협의의 제동거리를 말한다.

- 광의의 제동거리 : 공주거리와 제동거리(활주거리)를 합한 거리(일반적으로 정지거리라고 한다)
- 협의의 제동거리 : 자동차가 감속을 시작하면서 완전히 정지할 때까지 주행한 거리로 공주 후에 브레이크가 실제로 작동하여 자동차의 차륜을 정지시켜 노면에 스키드마크를 남기는 거리

㉡ 공주거리 : 운전자가 위험을 느끼고 브레이크를 밟아 브레이크가 실제 듣기 시작하기까지의 사이에 자동차가 주행한 거리를 말하며, 이러한 공주거리는 운전자가 음주 또는 과로운전 등 운전자의 심신상태가 비정상일 때 길어진다.

㉢ 정지거리 : 공주거리와 실제동에 의한 정지거리(제동거리)를 합한 거리이다.

③ 노즈다운 또는 노즈다이브현상

㉠ 주행 중 제동조작을 하면 감속도에 따라서 차체의 앞부분이 가라앉는 현상으로서, 그 원인은 자동차의 중심위치보다 낮은 타이어 접지면에서 뒤쪽으로 발생하는 제동력에 의해 앞쪽으로 모멘트가 작용하기 때문이다.

㉡ 노즈다운(Nose Down)이 발생하면 앞바퀴의 하중은 증가하고, 뒷바퀴의 하중은 그 분량만큼 감소하므로 감속도가 큰 경우는 뒷바퀴가 잠겨서(Lock) 주행불안정을 일으키기 쉽다.

㉢ 이러한 현상을 방지하기 위하여 앤티스키드장치나 전자제어현가장치를 쓴다.

㉣ 참고적으로 노즈다운을 노즈다이브라고도 하며, 이를 억제하는 것을 앤티다이브라고 하고 또 뒷바퀴가 뜨는 것을 리프터라고 하고, 이를 억제하는 것을 앤티리프터라고 한다. 차량 측면에서 볼 때 차륜 움직임의 순간 중심의 위치가 제어된다.

㉤ 스쿼트(노즈업)는 노즈다이브의 반대로서 차량이 출발할 때 앞바퀴가 들리고 뒷바퀴 측으로 기우는 현상이다. 이를 억제하는 것을 앤티스쿼트라고 한다.

④ 안정성과 관련된 브레이크장치 현상

페이드(Fade) 현상	• 페이드 현상이란, 드럼브레이크에서 브레이크 슈의 표면에 있는 라이닝 등이 일으키는 열변화를 말한다. • 브레이크를 사용하면 드럼과 라이닝이 마찰하여 고열이 발생하는데 그 상태가 계속되면 라이닝이 열 변화를 일으켜 극단적으로 마찰계수가 낮아진다. 즉, 미끌미끌한 상태가 되어, 제동능력이 떨어진다. 극단적인 경우에는 제동불능이 된다. • 긴 내리막 길에서 브레이크를 많이 쓰지 않도록 하는 것은 베이퍼록 현상뿐 아니라, 페이드 현상도 무섭기 때문이다. 더구나, 디스크브레이크에서는 디스크가 노출되어 있으므로 열이 높아지기 어렵지만, 일단 고열이 되면 디스크브레이크라도 페이드 현상이 생긴다.
수막현상 (Hydroplaning)	노면상에 물이 있는 도로를 자동차가 고속으로 달리게 되면 타이어와 노면 사이에 물이 앞으로부터 말려들어 마치 물 위를 떠서 달리는 것과 같은 상태로 되어 핸들이나 브레이크의 기능이 상실되는 상태가 되는 것을 말한다. 이 현상은 노면의 물이 타이어와 노면 사이에서 쐐기모양으로 되어 마치 수상스키를 타는 것과 같이 되며, 통상 시속 80[km] 이상의 속도로 주행할 때 이 현상이 일어나고 타이어의 공기압이 낮거나 마모가 심할수록 일어나기 쉽다.
스탠딩 웨이브 현상 (Standing Wave)	차마가 통행할 때 타이어는 1회전마다 압축이 변형되게 되고, 이 변형으로 인하여 타이어에 열이 발생하며, 그 열의 일부는 타이어 내부로 침투되어 타이어 내부의 온도도 점차 높아지게 되고, 속도가 빠르면 빠를수록 온도도 급격히 상승하면서 타이어의 고속회전으로 접지면에서 받은 변형이 원상회복되기 전에 다시 접지됨에 따라 타이어에 이상 현상이 발생하는 것을 말한다. 타이어의 공기압이 낮을수록 발생하기 쉬우며, 이런 현상이 일어나면 타이어에 펑크가 나거나 파손되기 쉽다.

(2) 자동차의 조향특성과 선회특성

① 자동차의 조향특성

㉠ 선회주행에 있어 핸들 조향각을 일정하게 하고 서서히 속도를 올리면 자동차가 점점 정상원의 외측으로 향하는 특성을 언더 스티어, 점점 내측으로 향하는 특성을 오버 스티어링이라고 하며 정상적인 원을 따라 회전하는 특성을 중립조향특성이라고 한다.

언더 스티어링 (Under Steering)	앞바퀴의 조향각에 의한 선회반경보다 실제 선회반경이 커지는 현상을 말한다. 이 경우는 앞바퀴의 횡활각이 뒷바퀴의 횡활각보다 크다. 즉, 뒷바퀴에서 발생한 선회력(Cornering Force)이 큰 경우이다.
오버 스티어링 (Over Steering)	앞바퀴의 조향각에 의한 선회반경보다 실제 선회반경이 작은 경우를 말한다. 이 경우는 뒷바퀴의 횡활각이 앞바퀴의 횡활각보다 크다. 즉, 앞바퀴에서 발생하는 선회력(Cornering Force)이 큰 경우이다.

㉡ 고속선회 시 순간 중심이 원의 궤적상에 위치할 때는 중립조향 특성(Neutral Steering), 원의 궤적 내에 위치할 때는 오버 스티어링(Over Steering) 특성을 나타낸다.

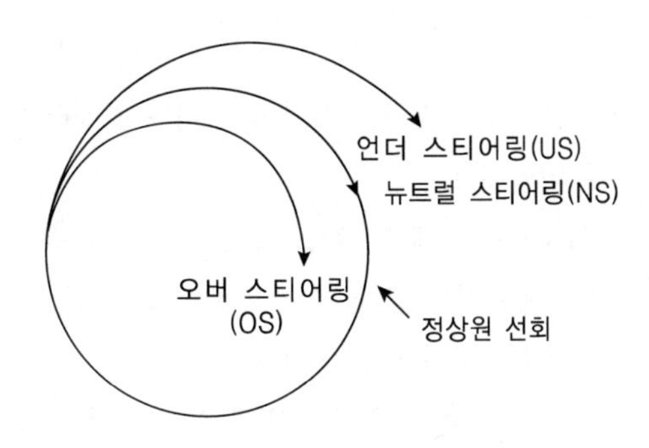

[차량의 고유조향 특성]

㉢ 일반적으로 언더 스티어링은 차량 방향의 안정성이 좋고 오버 스티어링의 차량 방향은 안정성이 불리하다고 생각한다. 즉, 오버 스티어링의 경우 회전하는 방향으로 더 회전하려는 특성으로 고속일 경우 더욱더 두드러진다.

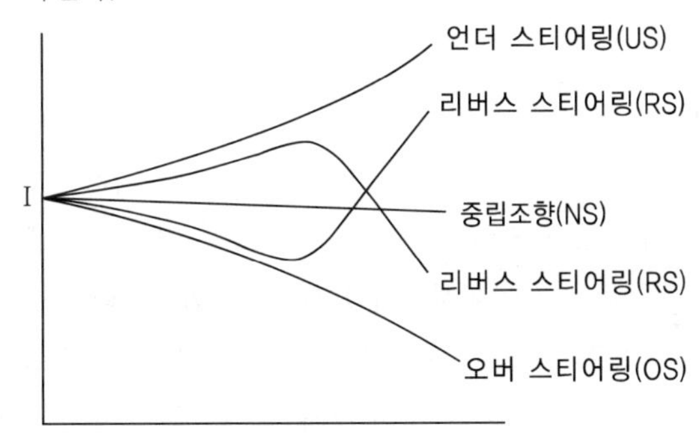

[정상원 선회 특성]

② 자동차의 선회특성

㉠ 앞바퀴의 핸들이 꺾일 때 차체는 선회하기 시작하는데, 이때 주행속도가 느리면 타이어는 구르는 방향으로 나아가며 옆으로 미끄러지지 않는다.

㉡ 그러나 주행속도가 빠르면 차체에 생기는 원심력 때문에 타이어가 옆으로 미끄러져 타이어 중심점의 진행방향은 회전면에서 선회하는 커브의 바깥쪽으로 미끄러져 소위 옆미끄럼하게 된다.

(3) 서스펜션

① 기 능

㉠ 적정한 자동차의 높이 유지

㉡ 충격효과의 완화

㉢ 올바른 휠 얼라인먼트 유지

㉣ 차체 무게의 지탱

㉤ 타이어의 접지상태 유지

② 구성요소

㉠ 스프링(Spring) : 차고를 유지하고 차량의 무게를 지탱하며 차량이 지면으로부터 받는 충격을 완화하는 것이 주 역할이다.

㉡ 쇽업소버(Shock Absorber) : 댐퍼(Damper)라고도 하는 충격완충장치로서 우리나라에서는 흔히 들 줄여서 '쇼버'라고 부르기도 한다. 주 역할은 스프링의 상하 왕복 운동을 조기에 수습하여 타이어가 항상 지면과 밀착하도록 하는 것이다.

㉢ 스태빌라이저(Stabilizer) : 좌우 양쪽 쇼버와 차체를 연결하는 일종의 토션바 스프링으로서 좌우 바퀴가 역방향으로 움직일 경우 이를 억제하는 기능을 하여 코너링 능력을 크게 향상시킨다. 롤링을 잡아준다는 의미에서 Anti-roll Bar 또는 Sway Bar라고 부르기도 한다.

㉣ 어퍼 마운트(Upper Mount) : 쇼버의 윗부분과 차체를 고정시켜 주는 부분을 말하며, 특히 스트럿 타입의 경우 스틸로 된 재질을 사용하여 조종성을 극대화하기도 하며 캠버의 조정을 자유롭게 하는 제품도 있다.

㉤ 범프스토퍼(Bump Stopper) : 쇼버의 피스톤 로드가 일정 한계 이상은 내려가지 않도록 하는 역할을 하는데 쇼바의 장착 시 이를 생략하면 쇼버가 금방 망가지게 되는 경우도 있다.

㉥ 각종 암과 로드류(Arm & Rod) : 이들의 조합 또는 결합 여부에 따라서 서스펜션 시스템 이름이 정해진다. 예를 들면, 더블 위시본이니 트레일링암식이니 하는 것들이 바로 그것이다.

㉦ 부싱(Bushing) : 각종 링크 부분에 사용되는 고무 제품으로서 완충 효과가 있어 승차감에 영향을 미친다. 운동성을 극대화하기 위하여 우레탄 재질을 사용하는 경우도 있다.

③ 서스펜션형식

구 분	차축현가식	독립현가식
의 의	문자 그대로 좌우 양 바퀴를 하나의 차축으로 연결하여 고정시킨 형식이다.	좌우 바퀴가 독립하여 분리 상하운동을 할 수 있도록 된 형식이다.
장 점	• 얼라인먼트 변화가 적고 타이어 마모도 적다. • 강도가 크고 구조가 간단하고 저비용이다. • 공간을 적게 차지하여 차체 바닥(Floor)을 낮게 할 수 있다.	• 스프링 하중량이 가벼워 승차감이 양호하다. • 무게중심이 낮아 안전성이 향상된다. • 옆 방향 진동에 강하고 타이어의 접지성이 양호하다. • 얼라인먼트 자유도가 크고 튜닝 여지가 많다. • 서스펜션 바 등을 이용한 방진방법도 있고 소음방지에도 유리하다.
단 점	• 스프링 하중이 무겁고 좌우바퀴 한쪽만 충격을 받아도 연동되거나 횡진동이 생겨 승차감과 조종안정성이 나쁘다. • 구조가 간단하여 얼라인먼트의 설계 자유도가 적고 조종안정성 튜닝 여지가 적다.	• 부품수가 많고 정밀도가 요구되어 고비용이다. • 얼라인먼트 변화에 따른 타이어 마모 가능성이 있다. • 큰 공간을 차지한다. • 각 특성에 따른 미묘한 튜닝이 필요하다. • 전후의 강성을 낮게 하기 어렵기 때문에 소음에 불리하다.

2. 타이어 흔적

(1) 스키드마크

① 스키드마크 일반

㉠ 활주흔으로 바퀴가 고정된 상태에서 미끄러진 경우에 생기는 것이다.

㉡ 바퀴는 구르지 않고 타이어가 미끄러질 때 생성된다.

㉢ 마크의 수는 대체로 4개 또는 3, 2, 1개이고 좌우타이어는 동일하게 뚜렷하다.

㉣ 앞쪽 타이어가 뚜렷하고 마크의 폭은 직선인 경우 타이어의 포고가 동일하다.

㉤ 스키드마크의 시작은 대체로 급격히 시작되고 끝은 대체로 급격히 끝난다.

㉥ 항상 타이어의 리브마크와 같고 타이어 가장자리 쪽이 가끔 진하다.

㉦ 마크의 길이는 수십 [cm]에서 150[m]까지이다.

② 갭 스키드마크(Gap Skid Mark)

㉠ 차량이 급제동되면서 진행하다가 급브레이크가 중간에 풀렸다가 다시 제동될 때 생성되며 스키드마크의 중간부분이 끊어지는 경우를 갭 스키드마크라 하는데 보행자사고와 관련하여 발생하는 경우가 많다.

㉡ 차량이 급제동 시에 무게중심이 뒷바퀴에서 앞바퀴로 옮겨져 뒷바퀴에는 하중이 적어지는데 보행자를 치면 뒷바퀴가 잠시 동안 마찰을 일으키면서 지상을 향해 아래로 강한 힘이 작용하게 된다.

㉢ 지상을 향해 아래로 강한 힘이 작용할 때에는 넓고 진한 흔적이 나타나고, 타이어와 스프링이 솟아오를 때에는 흔적은 완전히 희미해진다.

㉣ 갭 스키드마크는 보행자 또는 자전거와 충돌할 때 발생하는 경우가 많으며 대형차보다 소형차에 의해 발생할 가능성이 높으며, 일반적으로 노면에 스키드가 발생된 전체 길이 중 갭의 길이는 3[m] 정도이거나 이보다 조금 길다.

[갭 스키드마크의 형태]

사진출처 : 도로교통관리공단 교통사고조사매뉴얼

중요 CHECK

갭 스키드마크가 발생하는 경우
- 급제동을 하였다가 순간적으로 잠시 브레이크 페달을 뗐다가 다시 페달을 세게 밟아 급제동했을 경우
- 브레이크를 펌프질 하듯 밟았다 떼었다 하는 더블 브레이크 조작을 했을 경우
- 운전자의 발이 브레이크 페달에서 미끄러졌다가 다시 브레이크를 강하게 밟는 경우
- 보행자나 자전거가 앞으로 진행하다가 갑자기 마음을 바꾸어 멈추었다가 다시 앞으로 진행할 때 운전자가 그 상황을 인지하고 같이 브레이크를 조작하는 경우

③ 약간 곡선형 스키드마크(Swerve)

㉠ 충돌을 피하기 위하여 운전자가 핸들을 조작하면서 급브레이크를 밟거나 혹은 도로형태에 따라 회전하려고 할 때 급제동 시 약간 구부러진 스키드마크가 발생한다.

㉡ 도로상에 배수 및 도로이탈 방지를 위해 길가장자리에 설치된 측면경사(횡단구배 및 편구배) 때문에 주행하던 차량을 갑자기 급제동시켰을 때 미끄러지면서 차륜흔적이 도로의 가장자리나 연석쪽으로 약간 휘어진 상태의 스키드마크가 생기며, 이때 차량의 무게 중심이 낮은 쪽으로 이동하므로 길가장자리 쪽에 발생된 차륜흔적이 진하게 나타난다.

㉢ 차량의 전면부 기준으로 한쪽 차륜은 포장도로면과 같은 높은 마찰력의 노면상에서 주행하고 있고 다른 한쪽 차륜은 비포장노면에 있을 때 혹은 다른 쪽 차륜이 마찰력이 낮은 노면상에서 운행할 경우 차량이 급제동할 시 마찰력이 높은 쪽으로 약간 구부러진 모양의 스키드마크가 발생한다.

㉣ 곡선반경이 적은 급커브 구간에서는 커브 내측 타이어의 회전수가 커브 외측 타이어의 회전수보다 적어 마찰이 커지므로 커브 내측 타이어만 흔적을 남기거나 커브 외측 타이어보다 더 진한 흔적을 나타내는 경우가 있으나, 도로의 편구배, 곡률반경의 정도, 도로여건, 차량 상태 등에 따라 다를 수 있다.

[곡선형 스키드마크]

사진출처 : 도로교통관리공단 교통사고조사매뉴얼

④ 엷거나 가장자리가 뚜렷한 스키드마크

㉠ 과도한 하중을 실었거나 하중을 뒷차륜에 집중시킨 상태에서 달리던 차량이 급제동하게 되면 지나치게 차륜이 찌그러짐으로써 차륜의 가장자리에 의한 흔적이 발생된다.

㉡ 차량의 적재하중에 비해 타이어 공기압이 낮은 경우, 혹은 장기간 사용한 타이어, 즉 닳은 타이어를 부착한 차량을 급제동할 때 같은 차륜제동거리를 나타내지만 한쪽 면에 비해 엷은(희미한) 스키드마크를 나타낼 수 있다.

[가장자리가 뚜렷한 스키드마크]

[과도한 하중에 의해 발생된 차륜흔적]

사진출처 : 도로교통관리공단 교통사고조사매뉴얼

⑤ 기 타

㉠ 스킵 스키드마크 : 스키드마크가 실선으로 이어지지 않고 중간 중간이 규칙적으로 단절되어서 점선으로 나타나는 경우를 말한다.

원 인	• 제동 중 차량이 상하로 요동치는 경우 • 도로에 융기된 부분이나 구멍이 있는 경우 • 충돌 시
충돌 시	• 상하운동 : 아무것도 싣지 않은 세미 트레일러에서 많이 나타난다. 세미트레일러의 경우 제동이 걸리면 순탄하게 미끄러지기보다는 상하로 요동치거나 튀어 오른다. 이러한 현상은 대부분 사고를 피하기 위한 운전회피전술을 실행하는 도중에 나타난다. 미끄러지는 타이어에 작용하는 견인력에 의해 차축이 뒤틀리고 스프링을 압축하여 차체를 밀어 올린다. 차체가 밀어 올려지면 순간적으로 타이어와 도로에 실리는 하중이 증가하고 마찰이 증가하여 진한 자국이 남게 된다. 차체가 위로 상승하면 스프링과 바퀴도 상승하고, 그로 인해 타이어에 실리는 하중이 경감하고 스프링이 늘어나서 차축의 뒤틀림도 풀어지게 되며 마찰이 감소하여 연한 자국이 남게 된다. 그러고 나서 차체는 다시 하강하고 잠긴 바퀴도 노면 위에 과도하게 내려앉고 그 후 위의 과정을 반복하게 된다. • 도로가 융기된 부분 : 도로가 융기한 부분에도 끊긴 스키드마크가 짧게 나타난다. 이러한 자국들은 일반적으로 사고와는 별 관계가 없다. 차량이 도로 융기부분 위를 지나갈 때와 마찬가지로 도로의 움푹 패인 부분, 짧은 언덕, 기찻길, 배수로 돌출부에서도 타이어가 튕겨져 올라갔다가 내려 앉을 수 있다. 차량이 상하로 요동하면 도로 위를 누르는 압력이 변화하고 그 결과 타이어 자국의 진하기도 달라진다. 이러한 끊긴 스키드마크는 주로 소형차에서 많이 나타난다. 또한 주로 한쪽 바퀴에서만 생기고 처음 시작된 융기부분에서 멀어질수록 점차 희미해진다. • 충돌 : 충돌에 의해 끊긴 스키드마크는 사고와 관련해서만 나타난다. 이러한 경우는 드물지만 매우 중요하다. 충돌에 의해 끊긴 스키드마크는 항상은 아니지만 종종 차량이 미끄러지는 도중, 보행자나 자전거를 탄 사람이 물체와 충돌하는 경우에 나타난다.

㉡ 충돌 스키드마크 : 이 마크는 차량에 제동이 걸려 바퀴가 잠길 때 생성되는 것이 아니라 차량이 파손되었을 때 갑작스럽게 생성되는 것으로 이 마크가 선명하게 나타나는 경우는 차량 충돌 시 노면에 미치는 타이어의 압력이 순간적으로 크게 증가하기 때문이다.

충돌 전 스키드마크	• 충돌 전에는 미끄러지지 않은 타이어가 충돌로 인하여 잠겨지면 타이어는 충돌스크럽이나 끊어진 스키드마크와 같은 자국을 남기게 된다. • 충돌 이전에 이미 미끄러져 온 타이어는 충돌 이후에는 아무런 자국을 남기지 않는데, 그 이유는 충돌 후에는 운전자가 더 이상 브레이크를 걸지 않기 때문이거나 충돌에 의한 손상으로 타이어와 노면 사이의 접촉이 줄어들거나 끊어지기 때문이다.
충돌 후 스키드마크	• 충돌 후 스키드마크는 대개 휘어진다. • 그것은 충돌이 일어난 후 차량은 일반적으로 회전하기 때문이다.

(2) 스커프마크

① 스카프마크(Scuff Mark)

㉠ 의의 : 스커프마크는 바퀴가 고정되지 않으면서 타이어가 미끄러지거나 비벼지면서 타이어 자국을 남기게 되는 것을 말한다.

㉡ 종류 : 요마크(Yaw Mark), 가속스커프(Acceleration Scuff), 플랫 타이어마크(Flat Tire Mark)로 구분된다.

요마크	다소 차축과 평행하게 미끄러지면서 타이어가 구를 때 만들어지는 스카프마크
가속스커프	휠이 도로표면 위를 최소 1바퀴 돌거나 회전하는 동안 충분한 힘이 공급되어 만들어지는 스커프마크
플랫 타이어마크	타이어의 적은 공기압에 의해 타이어가 과편향되어 만들어진 스커프마크

② 요마크(Yaw Mark)

㉠ 요마크는 임계속도 스커프마크가 구르면서 차축방향으로 미끄러질 때 생성된다.

㉡ 요마크는 충돌 전의 스키드마크가 제동에 의하여 생기는 것과는 달리 조향에 의하여 생성되며, 일반적으로 차량이 회전할 때 뒷바퀴가 앞바퀴 쪽으로 따라 돌아가지만 차량이 급격히 회전하는 경우에는 차량을 직선으로 움직이게 하는 원심력과 타이어와 노면과의 마찰력보다 크게 되어 차량은 옆으로 미끄러지면서 조향된 방향으로 진행하지 않게 되며 뒷바퀴는 앞바퀴의 안쪽이 아닌 바깥쪽으로 진행하게 되는데 이를 요(Yaw)라 하고, 이때 발생된 타이어 자국을 요마크라 한다.

㉢ 요마크는 핸들을 돌릴 때 만들어지는 자국이므로 언제나 휘어져 있다.

요마크의 폭을 결정하는 요인	• 일반적으로 요마크의 폭은 차축과 평행하게 미끄러진 타이어와 노면 사이의 접지 부분이 어느 정도인가에 따라 결정된다. • 따라서 요마크는 타이어 트레드 폭보다 훨씬 좁지만 차량 측면으로 요가 발생하면 요마크의 폭은 노면과 닿아 있는 트레드 부분의 너비만큼 된다.
요마크의 측정방법	• 요마크를 측정하는 것은 스키드마크를 측정하는 것보다 훨씬 복잡하다. • 단순히 요마크의 길이만을 측정하는 것으로는 그다지 쓸모가 없다. • 요마크의 측정은 각 측정지점을 선으로 연결하여 요마크의 곡선이 나타나게 한다.

Tip 요마크는 정말 중요하다. 시험에서도 4~5문제가 출제되고 있다. 요마크의 내용에 대해서는 세부적인 내용까지 모두 알고 있어야 한다. 요마크가 발생되는 형태, 속도계산방법, 요마크의 흔적 등에 대한 문제도 많이 풀어보아야 한다.

중요 CHECK

요마크의 특징

- 흔적이 발생하기 시작한 부분은 연하고 끝부분으로 갈수록 진하게 된다. 또한, 시작 부분은 거의 직선에 가까운 상태이고 끝으로 갈수록 곡선반경값이 작아지는 특성이 있다.
- 앞바퀴궤적이 뒷바퀴궤적 안쪽에서 발생한다. 즉, 차량이 회전하면서 측면으로 미끄러지는 상태를 유지하여 발생된 흔적이므로, 앞바퀴궤적은 선회곡선부 안쪽에서, 뒷바퀴의 궤적은 선회곡선부 바깥쪽에 발생한다.
- 선회곡선부 외측 타이어에 의한 흔적이 가장 진하게 발생한다. 만약 차량이 좌회전 상태의 요마크가 발생하였다면 우측 앞바퀴와 우측 뒷바퀴에 의해 발생되는 흔적이 가장 진하게 발생되는 것을 의미한다.
- 요마크는 발생시작 부분에는 간격이 좁고 끝으로 갈수록 간격이 넓어진다. 이것은 대부분의 요마크는 선회외측 타이어에 의해 2줄만 발생되는 경우가 많다.
- 요마크는 일반적으로 조향에 의해 발생된 흔적이다. 이것은 차량이 진행 중 주행속도에서 선회가능한 상태의 조향한계를 넘어선 경우에 발생한다.
- 차량이 요마크를 발생시키면서 진행하다 보면 중간 부분에서는 측면 미끄럼한 타이어 흔적으로 변환되며, 이때에는 두 차량의 축간거리와 같다.
- 차량이 요마크를 발생시키면서 측면 미끄럼으로 약 90° 회전되어 가는 동안에 4줄의 흔적이 발생한 경우에는 반드시 흔적의 교차점을 형성하게 된다.

[선회차량 요마크 형태]

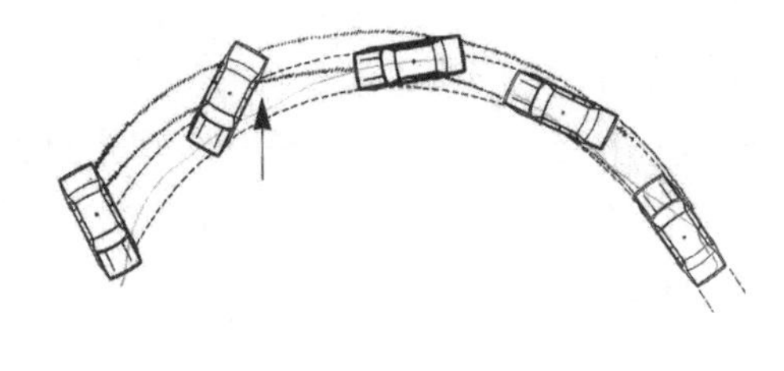

[사고차량에 의한 요마크]

사진출처 : 도로교통관리공단 교통사고조사매뉴얼

(3) 타이어 프린트

① 타이어 프린트는 바퀴가 구르고 타이어가 미끄러지지 않으면서 생성되는 타이어 자국이다.

② 마크의 수는 대체로 1개 또는 2, 3, 4개이다.

③ 좌우 타이어 자국은 일반적으로 동일하고 전후 타이어 자국은 동일하게 뚜렷하다.

제3절 피의사실의 작성

1. 사고유형별 피의사실 작성 사례

(1) 보행자 등 충돌사고

① 전방 좌우를 잘 살펴 진로의 안전을 확인하여야 할 업무상의 주의의무가 있음에도 이를 게을리한 채 보행자가 진로상에 있는 것을 뒤늦게 발견한 과실로 처리

② 피해자 ○○○가 도로변에 있는 것을 보았으므로 그 동정을 살피고 속도를 줄여 충분한 간격을 두고 피해가거나 일단 정지하였다가 진행하여야 할 업무상의 주의의무가 있음에도 주의를 게을리한 채 운전한 과실로 처리

③ 도로변은 장애물의 출현이 예상되는 지점이므로 속도를 줄이고 전방과 좌우를 잘 살펴 진로가 안전함을 확인하고 운전하여야 할 업무상의 주의의무가 있음에도 이를 게을리한 채 그대로 운전한 과실로 처리

④ 당시는 야간으로 반대방향에서 오는 차량 등의 전조등 불빛 등으로 인하여 전방 주시가 어려웠으므로 속도를 줄이고 전방좌우를 잘 살펴 우회전하여야 할 업무상의 주의의무가 있음에도 이를 게을리한 채 운전한 과실로 처리

(2) 회전 시 사고

① 좌회전(우회전) 하기에 앞서 진로 전방 좌우를 잘 살펴 진로가 안전함을 확인한 후 좌회전(우회전)하여야 할 업무상 주의의무가 있음에도 이를 게을리한 채 그대로 좌회전(우회전)한 과실로 처리

② 그곳은 좌회전(진입) 금지지역이므로 좌회전(진입)하지 말아야 할 업무상의 주의의무가 있음에도 이를 게을리하고 그대로 좌회전(진입)한 과실로 처리

(3) 횡단보도상의 사고

① 전방에 횡단보도가 설치되어 있으므로 속도를 줄이고 전방 및 좌우를 잘 살펴 길을 건너는 사람이 있는지 여부를 확인하고 운전하여야 할 업무상의 주의의무가 있음에도 이를 게을리한 채 그대로 진행한 과실로 처리

② 피해자 ○○○가 전방에 설치된 횡단보도를 횡단하는 것을 발견하였으면 일시정지하고 그가 통과하거나 또는 진로를 양보하는 것을 기다렸다가 진행하여야 할 업무상의 주의의무가 있음에도 게을리한 채 운전한 과실로 처리

(4) 교차로 진입사고

① 교차로는 교통정리가 행하여지는 곳이므로 서행하여야 하며, 그 신호에 따라 운전하여야 할 업무상의 주의의무가 있음에도 이를 게을리한 채 신호를 위반하여 좌회전(우회전, 직행)한 과실로 처리

② 교차로는 교통정리가 행하여지지 않는 곳이므로 속도를 줄이거나 일시정지하여 교차하는 차량들이 있는지 여부를 확인하고 운전하여야 할 업무상의 주의의무가 있음에도 이를 게을리한 채 좌회전(우회전, 직행)한 과실로 처리

③ 좌(우)측으로부터 위 교차로에 진입하려는 피해자 ○○○가 운전하는 ○○○를 발견하였으면 속도를 줄이고 그 동정을 살피면서 운전하여야 할 업무상의 주의의무가 있음에도 이를 게을리한 채 그대로 좌회전(우회전)한 과실로 처리

(5) 차량 등 충돌사고

① 전방 및 좌우를 잘 살피고 조향 및 제동장치를 정확하게 조작하여야 할 업무상의 주의의무가 있음에도 이를 게을리한 채 운전한 과실로 처리

② 같은 방향으로 앞서가는 피해자 ○○○가 운전하는 ○○○의 뒤를 따라가게 되었으므로 그 동정을 살피고, 위(자동차, 오토바이, 자전거)가 정지(진로 전방으로 진입)할 경우 피할 수 있는 안전거리를 유지하여야 할 업무상의 주의의무가 있음에도 이를 게을리하고 지나치게 근접 운전한 과실로 처리

③ 당시 그곳은 길이 미끄러웠으므로 조향 및 제동장치를 정확하게 조작하고 미리 속도를 조절하여 급격한 제동조치를 피하여야 할 업무상의 주의의무가 있음에도 이를 게을리한 채 급제동조치를 하여 위 자동차를 길 위에 미끄러지게 한 과실로 처리

(6) 앞지르기 교행 시 사고

① 전방우측(앞에 정차하고 있는)에서 앞서가는 자동차를 앞지르게 되었으므로 전방좌우를 자세히 살피고 도로상황에 따라서 경음기 등으로 신호를 보내면서 안전한 속도와 방법으로 진행하여야 할 업무상의 주의의무가 있음에도 이를 게을리한 채(중앙선을 침범하여) 그대로 이를 앞지르기한 과실로 처리

② 전방우측 앞에서 정차하고(마주오고) 있는 차량을 교행하게 되었으므로 속도를 줄이고 그 뒤쪽을 잘 살피면서 운전하여야 할 업무상의 주의의무가 있음에도 이를 게을리한 채 그대로 교행한 과실로 처리

③ 차로를 변경할 경우 미리 손 또는 방향지시등으로 그 방향 변경을 미리 알리고 전후 좌우의 교통상황을 잘 살피며 차로를 변경하여야 할 업무상의 주의의무가 있음에도 이를 게을리한 채 그대로 좌(우)측으로 차로를 변경한 과실로 처리

④ 그곳은 앞지르기 금지구역이므로 앞지르기를 하지 말아야 할 업무상의 주의의무가 있음에도 이를 게을리한 채 앞지르기 위하여 막연히 좌(우)측으로 차로를 침범하여 운전한 과실로 처리

⑤ 그곳은 좌회전(우회전) 커브 길이므로 자기 차로를 지켜 안전하게 운전하여야 할 업무상의 주의 의무가 있음에도 이를 게을리하고 좌(우)측으로 차로를 침범하여 운전한 과실로 처리

(7) 후진 출발 시 사고

① 진로전방 및 좌우를 살펴 진로가 안전함을 확인하고 출발하여야 할 업무상의 주의의무가 있음에도 이를 게을리한 채 그대로 운전한 과실로 처리

② 출발 전 후사경 또는 안내원의 신호에 따라 승객이 안전하게 승하차하였는지의 여부 및 출입문이 안전하게 닫혀 있는지 여부를 확인하여야 할 업무상의 주의의무가 있음에도 이를 게을리한 채 그대로 출발 운전한 과실로 처리

③ 미리 후진 신호를 하고, 후방 및 좌우를 잘 살펴 안전을 확인하고 후진하여야 할 업무상의 주의의무가 있음에도 이를 게을리한 채 그대로 후진 운전한 과실로 처리

제4절 기 타

(1) 추 락

① 추락(Fall)이란 차량이 전방을 향하여 운동량에 의해 그 자신을 지탱하던 지면을 벗어난 후 중력의 영향을 받아 공중에서 전진·하락하는 운동을 의미한다.

② 차량은 추락하는 동안 매우 서서히 회전하며 대개 추락한 본래의 자세대로 착지한다.

③ 차량이 공중에 떠 있던 구간에서는 구르거나 미끄러져 나타나는 흔적 같은 것을 볼 수 없다.

(2) 공중비행

① 플립(Flip)이란 노면의 장애물로 인하여 차량의 수평이동이 무게 중심 아래에서 방해를 받아 갑작스럽게 노면을 이탈하여 상승·전진하는 운동을 의미한다.

② 추락에서처럼 플립도 이륙한 지점부터 착지한 지점 사이에서는 아무런 흔적이 없다.

③ 플립은 추락이나 전도보다 자주 일어난다.

④ 무른 재질의 노면 위에서는 타이어가 옆으로 미끄러지면서 고랑을 만들게 되고 노면 재질이 계속 쌓이면 미끄러지는 타이어가 정지할 때까지 고랑은 깊어진다. 이 경우에서 고랑의 형태가 매우 명확하게 나타나므로 플립이 시작된 지점을 알아내는 것이 매우 용이하다.

(3) 도 약

① 도약(Flop)은 차량의 방향으로 일어나는 플립현상으로, 미끄러지거나 회전하던 앞바퀴가 연석과 같은 장애물에 걸려서 정지되는 상태에서만 발생한다.

② 장애물의 높이는 바퀴가 넘지 못한 정도의 높이여야 한다.

③ 바퀴 높이의 3/4 이상이어야 하는데 일반적인 연석의 높이는 그 정도로 높지 않다.

④ 도약이 발생한 차량은 뒤집힌 채 착지하며 경사진 노면이 아닌 경우에는 대부분 착지한 지점에 그대로 정지하여 있다.

CHAPTER

05 적중예상문제

01 사고현장에 나타나는 타이어 자국 중 바퀴가 회전하지 않고 미끄러질 때 나타나는 제동 흔적을 무엇이라고 하는가?

㉮ 충돌스크럽
㉯ 가속스커프
㉰ 스키드마크
㉱ 타이어 새겨진 자국

해설 스키드마크 타이어 자국은 자동차가 충돌하기 전에 이미 멈추기 위하여 제동을 건 표시인 것으로 차바퀴가 굴러가는 것을 갑자기 멈추게 할 정도로 브레이크가 작용됨으로써 굴러갈 수 없게 된 타이어에 의해 노면에 남겨진 타이어 자국이다.

02 다음 중 유형별 타이어 자국에 대한 설명으로 옳은 것은?

㉮ 스키드마크는 바퀴가 회전하면서 나타나는 급회전 자국이다.
㉯ 요마크는 바퀴가 고정되면서 나타나는 급제동 자국이다.
㉰ 가속타이어 자국은 급가속 시 나타나는 자국이다.
㉱ 충돌스크럽은 타이어가 충격한 흔적이다.

해설 ㉮ 스키드마크는 바퀴가 고정되면서 나타나는 제동 흔적이다.
㉯ 요마크는 바퀴가 구르면서 옆으로 미끄러질 때 나타나는 선회 흔적이다.
㉱ 충돌스크럽은 문질러진 형태로 나타나는 충돌 흔적이다.

03 앞바퀴와 뒷바퀴의 스키드마크가 각각 다른 길이로 나타난 경우 속도산출을 위한 가장 적절한 제동거리는?

㉮ 무조건 앞바퀴 타이어 자국을 제동거리로 한다.
㉯ 앞바퀴와 뒷바퀴 중 짧은 길이의 타이어 자국을 제동거리로 한다.
㉰ 앞바퀴와 뒷바퀴의 타이어 자국을 더한 길이를 제동거리로 한다.
㉱ 앞바퀴와 뒷바퀴 타이어 자국의 길이차가 크지 않다면 긴 타이어 자국의 길이를 제동거리로 한다.

해설 일반적으로 가장 긴 타이어 자국의 길이를 제동거리로 하고, 앞뒤바퀴 또는 좌우바퀴 타이어 자국의 길이가 현격하게 차이가 나는 경우 보정계수를 사용한다.

정답 1 ㉰ 2 ㉰ 3 ㉱

04 추돌사고 시 차량의 진행상태를 구별하는 데 이용할 수 있는 현상은?

㉮ 요잉 현상
㉯ 피칭 현상
㉰ 바운스 운동
㉱ 노즈다이브

해설 요잉 현상은 자동차가 커브를 돌 때 일어나는 움직임이므로 차량의 진행상태를 구별하는 데 이용할 수 있다.

05 차량이 급선회 시에는 선회 내측이 눌리고 선회 외측 차체는 들리는 현상은?

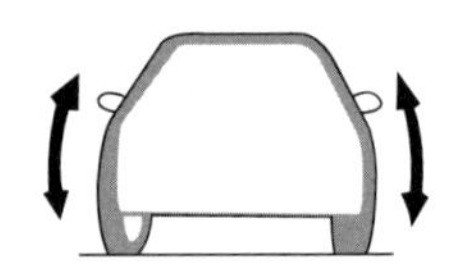

㉮ 피칭 현상
㉯ 롤링 현상
㉰ 요잉 현상
㉱ 노즈다이브 현상

해설 **롤링 현상**
차량의 급선회 조작으로 인해 발생되는 원심력에 의한 것으로, 차량의 속도, 회전반경, 차량 무게중심 높이, 원심가속도, 차량무게 등의 영향을 받는다.

06 스키드마크에 대한 설명으로 옳지 않은 것은?

㉮ 일반적이면서 선명하게 드러나는 타이어 자국이다.
㉯ 대부분의 스키드마크는 회피조치의 과정이 있었음을 나타낸다.
㉰ 자동차가 충돌함과 동시에 멈추며 나타나는 자국이다.
㉱ 브레이크를 밟아 생긴 스키드마크의 형상은 전형적인 모습을 하고 있는 것도 있지만 여러 가지 다른 변형된 형상이 생기기도 한다.

해설 스키드마크는 자동차가 충돌하기 전에 이미 멈추기 위하여 제동을 건 표시이므로 차바퀴가 굴러가는 것을 갑자기 멈추게 할 정도로 강하게 브레이크가 작용됨으로써 굴러갈 수 없게 된 타이어에 의해 노면에 남겨진 타이어 자국이다.

4 ㉮ 5 ㉯ 6 ㉰ **정답**

07 다음은 어떤 현상에 대한 설명인가?

> 자동차가 강하게 충돌하면 파괴된 부분이 자동차의 차륜을 꽉 눌러 그 회전을 방해하게 된다. 동시에 충돌에 의해 노면에 대해 순간적으로 아래로 향한 힘이 발생하게 되고 이때 자동차가 움직이고 있으면 타이어와 노면 사이에 순간적으로 심하게 문지르는 작용이 발생하게 된다. 일반적으로 최대 접촉 시의 타이어의 위치를 나타낸다.

㉮ 충돌스크럽
㉯ 가속스커프형 타이어 자국
㉰ 요마크
㉱ 임프린트형 타이어 자국

08 다음이 설명하는 것은 무엇인가?

> 타이어가 회전하면서 옆으로 미끄러질 때 나타나는 자국이다. 이 타이어 자국은 자동차가 충돌을 피하려고 급핸들 조작 시 급커브에 대비하지 못한 상태에서 갑자기 나타난 급한 커브로, 무리하게 핸들조작을 할 때 생성된다.

㉮ 요마크
㉯ 가속스커프
㉰ 스키드마크
㉱ 충돌스크럽

해설 무리하게 급회전하면 타이어와 노면 사이 마찰력보다 자동차가 진행하는 방향의 원심력이 더 크기 때문에 타이어는 옆 방향으로 미끄러지면서 요마크가 발생한다.

09 다음의 특징을 나타내는 타이어 자국은?

> 이 타이어 자국의 특징은 일반적으로 시점에서는 진한 형태로 나타나고 자국의 종점에서는 희미하게 끝난다는 것이다.

㉮ 요마크
㉯ 충돌스크럽
㉰ 가속스커프형 타이어 자국
㉱ 임프린트형 타이어 자국

해설 가속스커프형 타이어 자국은 보통 교차로에서 대기하고 있던 차량이 급가속, 급출발할 때 나타나는데, 이것은 구동 바퀴에 강한 힘이 작용하여 노면에서 헛돌면서 생긴 타이어 끌린 자국이다. 또한, 정지된 자동차에 기어가 삽입된 상태에서 엔진이 고속회전하게 되면 순간적으로 가속 흔적을 남기기도 한다.

정답 7 ㉮ 8 ㉮ 9 ㉰

10 다음 괄호 안의 A, B에 들어갈 알맞은 용어는?

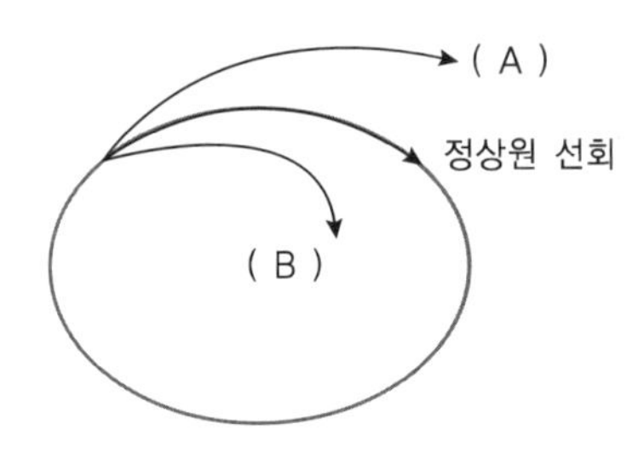

㉮ A 오버 스티어링　　B 언더 스티어링
㉯ A 뉴트럴 스티어링　　B 오버 스티어링
㉰ A 언더 스티어링　　B 오버 스티어링
㉱ A 언더 스티어링　　B 뉴트럴 스티어링

해설
- 오버 스티어링 : 차량이 운전자가 의도한 목표 라인보다 안쪽으로 도는 것
- 언더 스티어링 : 차량이 운전자가 의도한 목표 라인보다 바깥쪽으로 벗어나는 경향
- 뉴트럴 스티어링 : 오버도 아니고 언더도 아닌, 스티어링 휠을 꺾는 대로 돌아가는 특성

11 스킵 스키드마크에 대한 설명으로 옳지 않은 것은?

㉮ 자동차의 한쪽 바퀴에만 하중이 집중될 때 잘 나타난다.
㉯ 노면상태가 비교적 좋지 않은 조건에서 잘 나타난다.
㉰ 하중이 적거나 화물을 적재하지 않은 세미트레일러 또는 대형트럭이 남기는 경우가 많다.
㉱ 타이어 자국이 반복적으로 끊기면서 나타난 경우를 말한다.

12 좌우측 스키드마크가 서로 다른 길이로 나타났다면 속도를 추정하기 위한 가장 적절한 스키드마크의 길이 선정방법은?

㉮ 반드시 우측바퀴 타이어 자국의 길이로 한다.
㉯ 좌우측 스키드마크를 더한 길이로 한다.
㉰ 좌우측의 길이가 현저하게 차이가 없다면 가장 긴 스키드마크로 한다.
㉱ 좌우측 어느 것으로 해도 무방하다.

정답 10 ㉰ 11 ㉮ 12 ㉰

13 요마크의 특징 중 회전하는 바깥쪽 타이어 자국이 더 진하게 나타나는 이유로 옳은 것은?

㉮ 선회주행 시 자동차 무게 중심이 전방으로 이동하기 때문이다.
㉯ 선회주행 시 자동차의 무게 중심이 선회하는 반대방향으로 이동하기 때문이다.
㉰ 선회주행 시 안쪽바퀴의 마찰력이 더 커지기 때문이다.
㉱ 선회주행 시에 안쪽과 바깥쪽의 마찰력이 같아지기 때문이다.

해설 요마크는 선회주행 시 무게 중심이 바깥쪽으로 쏠리게 되어 바깥쪽 타이어 자국이 더 진하게 나타난다.

14 사고분석에 있어서 차량의 진행방향을 추정하는 데 매우 유용한 타이어 자국은?

㉮ 플랫형 타이어 자국
㉯ 임프린트형 타이어 자국
㉰ 가속스커프형 타이어 자국
㉱ 스킵 스키드마크

해설 **임프린트형 타이어 자국**
타이어가 미끄러지지 않고 굴러가면서 노면 위나 다른 표면 위에 타이어의 트레드 무늬를 남기는 것으로 이것은 사고분석에 있어 차량의 진행방향을 추정하는 데 매우 유용한 자료가 된다.

15 사고현장에서 발견된 요마크의 곡선반경은 얼마인가?

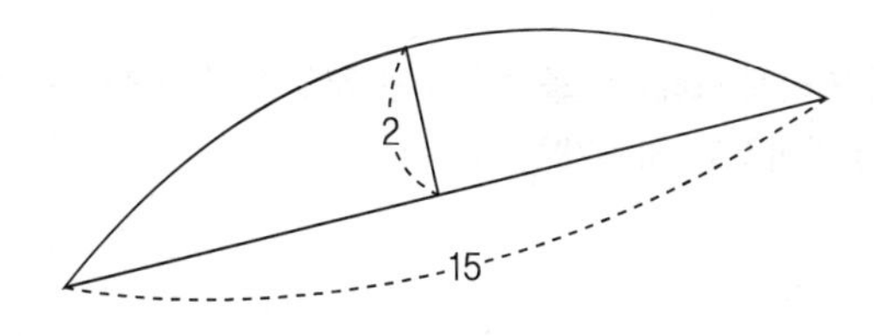

㉮ 약 15[m] ㉯ 약 7.5[m]
㉰ 약 17[m] ㉱ 약 25[m]

해설
곡선반경$(R)=\frac{S^2}{8h}+\frac{h}{2}$

S : 현의 길이
h : 중앙종거

$\therefore R=\frac{15^2}{8\times 2}+\frac{2}{2}=15.06 \fallingdotseq 15[\mathrm{m}]$

정답 13 ㉯ 14 ㉯ 15 ㉮

16 다음 중 스커프마크가 아닌 타이어 자국은?

㉮ 요마크
㉯ 플랫 타이어마크
㉰ 스키드마크
㉱ 가속타이어 자국

해설 **타이어 자국의 분류**

- 스키드마크형 : 타이어가 고정되어 미끄러질 때 나타나는 타이어 자국이다.
- 스커프형 : 타이어가 회전되면서 미끄러질 때 나타나는 자국으로 요마크, 가속타이어 자국, 공기 빠진 타이어 자국 등이 이에 포함된다.
- 타이어 프린트 : 타이어가 미끄러지지 않고 회전할 때 나타나는 타이어 무늬 자국이다.

17 단독의 사고차량이 스키드마크와 요마크를 남긴 다음 정지한 경우 가장 적절한 속도추정방법은?

㉮ 스키드마크가 먼저 발생하고 뒤이어 요마크가 발생하였다면 스키드마크에 의한 속도만을 고려하여야 한다.
㉯ 요마크가 먼저 발생하고 뒤이어 스키드마크가 발생하였다면 스키드마크와 요마크에 의한 합성속도를 구하여야 한다.
㉰ 요마크와 스키드마크에 의하여 속도를 산출한 다음 더 큰 하나의 속도만을 고려하여야 한다.
㉱ 스키드마크가 먼저 발생하고 뒤이어 요마크가 발생하였다면 스키드마크와 요마크에 의한 합성속도를 구하여야 한다.

18 긴 내리막길에서 빈번하게 브레이크를 조작하는 경우 브레이크의 드럼과 라이닝이 과열하여 제동력이 감소하는 현상은 무엇이라고 하는가?

㉮ 베이퍼록 현상
㉯ 모닝이펙트
㉰ 페이드 현상
㉱ 크리프 현상

해설 **페이드 현상**

- 긴 내리막길이나 뜨거운 노면 위에서 브레이크 페달을 자주 밟는 경우에 패드와 라이닝이 가열되어 페이드 현상을 일으키기 쉽다. 그러므로 긴 내리막길을 내려갈 때에는 가능하면 엔진브레이크를 사용하고, 필요한 경우에만 풋브레이크를 써야 한다.
- 브레이크의 작동 부위의 온도상승을 방지하고, 드럼이나 디스크의 방열을 좋게 하고, 온도상승에 따른 마찰계수의 변화가 작은 라이닝을 선택하면 페이드 현상을 방지할 수 있다.

16 ㉰ 17 ㉱ 18 ㉰ **정답**

19 공주거리(시간)에 대한 설명으로 옳지 않은 것은?

㉮ 공주시간은 운전자가 위험을 발견하고 실제 제동이 걸리기까지의 시간을 말한다.

㉯ 공주거리는 주행속도에 반비례한다.

㉰ 공주시간은 구체적인 지각반응시간, 브레이크 페달을 밟기까지의 시간, 브레이크 페달을 밟아 실제 제동이 걸리기까지의 시간으로 분류할 수 있다.

㉱ 일반적으로 위험을 예견하고 있는 운전자의 공주시간은 위험을 예견하지 못한 운전자의 공주시간보다 짧다.

해설
- 공주거리는 주행속도에 비례

  공주거리 $D=\frac{V}{3.6}t$ (V : 속도[km/h], t : 공주시간)
- 제동거리는 주행속도의 제곱에 비례
- 정지거리 = 공주거리 + 제동거리

20 차량의 출발가속도에 대한 설명으로 가장 옳지 않은 것은?

㉮ 보통 출발가속도의 크기는 약 $0.15\sim0.2g$이다.

㉯ 일반적으로 출발가속도의 크기는 주행가속도보다 작다.

㉰ 중량이 큰 대형트럭보다는 중량이 작은 승용차의 출발가속도가 일반적으로 크다.

㉱ 출발가속도는 기본적으로 운전자의 운전형태에 따라 달라지는데 일반적으로 $0.3g$를 초과하는 경우는 거의 없다.

해설 일반적으로 출발가속도의 크기는 주행가속도보다 크다.

21 자동차가 미끄러지면서 선회할 때 차량의 무게가 이동하는 방향을 가장 바르게 설명한 것은?

㉮ 회전의 반대방향으로 이동한다.

㉯ 회전방향의 안쪽으로 이동한다.

㉰ 우회전하면 우측 앞바퀴, 좌회전 하면 좌측 앞바퀴 쪽으로 이동한다.

㉱ 회전하는 안쪽 바퀴 쪽으로 이동한다.

해설 자동차가 미끄러지면서 선회하는 경우 차량의 무게가 이동하는 방향은 회전의 반대방향으로 이동하게 된다.

정답 19 ㉯ 20 ㉯ 21 ㉮

22 현가장치 구성부품 중 자동차가 선회할 때 발생하는 롤링 현상을 감소시키기 위해 설치하는 것은?

㉮ 스태빌라이저 바
㉯ 고무스프링
㉰ 타이로드
㉱ 쇽업소버

해설 스태빌라이저 바 또는 스태빌라이저 축(Stabilizer Shaft)은 자동차가 커브를 선회할 때 원심력 때문에 기울어지거나 옆으로 흔들리는 경향을 방지하기 위하여 막대축을 앞바퀴 양축에 설치하여 좌우 어느 쪽의 바퀴가 상하로 움직였을 경우, 이 막대축이 받는 탄성에 의하여 반대쪽의 바퀴를 같은 방향으로 유도하여 옆으로 흔들리는 것을 방지하는 역할을 한다.

23 자동차에서 발생하는 운동에 대한 설명이 틀린 것은?

㉮ 바운싱 – 차체가 수직축을 따라 균일하게 상하 직진하는 진동을 의미한다.
㉯ 피칭 – 차체가 가로축을 중심으로 전후로 회전하는 진동을 의미한다.
㉰ 롤링 – 차체가 세로축을 중심으로 좌우로 회전하는 진동을 의미한다.
㉱ 요잉 – 차체가 수직축을 중심으로 상하로 직진하는 진동을 의미한다.

해설 요잉이란 비행체, 차체, 선체 등의 상하방향을 향한 축회전의 진동이다. 기계의 중심을 지나는 상하축 주위에서 기계의 머리를 왼쪽이나 오른쪽으로 흔드는 운동이며, 이를 통해 왼쪽이나 오른쪽으로 선회할 수 있다. 비행기를 운행할 때 왼쪽으로 기체를 기울이면 왼쪽으로 선회하는 것이 그 예이다.

24 자동차가 급출발 시 또는 급가속 시에는 구동력에 의해 차체의 뒷부분이 낮아지고 차체의 앞부분은 높아지는데 이와 같은 운동현상을 무엇이라고 하는가?

㉮ 스쿼트
㉯ 노즈다이브
㉰ 피 칭
㉱ 롤 링

해설 스쿼트(노즈업)는 노즈다이브(노즈다운)의 반대로서, 차량이 출발할 때 앞바퀴가 뒷바퀴 측으로 기우는 현상이다.

25 자동차 고유조향특성 중 앞바퀴의 조향각에 의한 선회반경보다 실제 선회반경이 커지는 현상을 무엇이라고 하는가?

㉮ 언더 스티어링
㉯ 오버 스티어링
㉰ 중립 스티어링
㉱ 롤 링

해설 선회주행에 있어서 핸들 조향각을 일정하게 하고 서서히 속도를 올리면 자동차가 점점 정상원의 외측으로 향하는 특성을 언더 스티어링, 점점 내측으로 향하는 특성을 오버 스티어링이라고 하며, 정상적인 원을 따라 회전하는 특성을 중립조향특성이라고 한다.

22 ㉮ 23 ㉱ 24 ㉮ 25 ㉮ **정답**

26 차량이 선회할 때 안쪽 앞바퀴와 뒷바퀴가 선회하는 궤적의 차를 무엇이라고 하는가?

㉮ 외륜차

㉯ 내륜차

㉰ 선회반경

㉱ 최초회전반경

해설 **내륜차와 외륜차**

- 내륜차는 차량이 회전할 때 앞바퀴가 지나간 경로와 뒷바퀴가 지나가는 경로가 다른 현상을 말한다. 이는 차량의 구조적 특성 때문에 발생하는데, 차량의 앞바퀴는 조향 가능하지만, 뒷바퀴는 고정되어 있어 회전 시 뒷바퀴가 앞바퀴보다 더 안쪽을 통과하는 것으로, 차량의 회전반경과 직접적인 관련이 있다.
- 외륜차는 자동차가 회전을 할 때 바깥쪽 앞바퀴와 바깥쪽 뒷바퀴의 회전반경 차이를 말한다. 특히, 후진을 하면서 회전을 할 때 차량의 앞부분을 보면 외륜차를 분명히 알 수 있다.

27 다음 중 자동차에 응용되는 유압식 브레이크장치의 작동원리를 가장 적절하게 표현한 것은?

㉮ 밀폐된 공간에서 액체에 작용하는 압력은 어느 지점에서나 일정하다.

㉯ 밀폐된 공간에서 액체에 작용하는 힘은 어느 지점에서나 일정하다.

㉰ 밀폐된 공간에서 액체에 작용하는 압력은 일정하게 증가한다.

㉱ 밀폐된 공간에서 액체에 작용하는 압력은 일정하게 감소한다.

해설 유압식 브레이크는 완전히 밀폐된 액체에 작용하는 압력은 어느 점에서나 어느 방향에서나 일정하다라는 파스칼원리를 응용한 것으로 크게 구조상 드럼식과 디스크식 브레이크로 나눌 수 있다.

28 공주거리를 결정하는 가장 중요한 요소끼리 바르게 연결한 것은?

㉮ 충돌속도와 운전자의 반응시간

㉯ 주행속도와 운전자의 반응시간

㉰ 충돌속도와 브레이크의 성능

㉱ 주행속도와 브레이크의 성능

해설 공주거리는 주행 중 운전자가 전방의 위험상황을 발견하고 브레이크를 밟아 실제 제동이 걸리기 시작할 때까지 자동차가 진행한 거리로 차의 속력과 공주시간(반응시간)의 곱으로 나타나므로 차의 속력이 빠를수록 더 길다.

정답 26 ㉯ 27 ㉮ 28 ㉯

29 유효충돌속도의 물리적 성질에 대한 설명으로 옳지 않은 것은?

㉮ 차량 차체는 충격에 의해 쉽게 찌그러지는 소성변형 특성을 가지기 때문에 일반적으로 유효충돌속도가 클수록 차량의 변형량도 증가한다.

㉯ 인체의 상해 정도는 일반적으로 충격가속도가 작을수록 충격지속시간이 짧을수록 심한 상처를 입게 된다.

㉰ 동일한 유효충돌속도에서 찌그러짐의 정도는 차체의 강성에 의해 좌우되며 승용차의 경우 엔진이 설치된 차체 앞부분보다는 트렁크가 설치된 차체 뒷부분의 강성이 낮아 변형량도 일정부분까지는 깊게 나타나는 특징이 있다.

㉱ 충돌 중의 속도변화량인 유효충돌속도가 클수록 충격가속도가 높아져 차내 승차자에게 가해지는 충격손상도 커지게 된다.

해설 인체의 상해 정도는 일반적으로 충격가속도가 클수록 충격지속시간이 길수록 심한 상처를 입게 된다.

30 속도가 50[km/h]인 A차가 질량 무한대인 콘크리트 고정장벽을 충돌하였다고 가정할 경우의 A차의 유효충돌속도는?

㉮ 0[km/h] ㉯ 25[km/h]

㉰ 50[km/h] ㉱ 100[km/h]

해설 속도가 50[km/h]인 A차가 질량 무한대인 콘크리트 고정장벽을 충돌하였다고 가정할 경우, 충돌 전 A차의 운동에너지는 모두 차체의 변형일로 소모된 후 충돌지점에 정지한다. 따라서 충돌 중의 속도 변화량인 유효충돌속도는 50[km/h]가 된다.

31 다음 중 반발계수로 옳은 것은?

㉮ 상대반발속도 / 상대충돌속도

㉯ 상대충돌속도 / 상대반발속도

㉰ 절대반발속도 / 절대충돌속도

㉱ 절대충돌속도 / 절대반발속도

해설 **반발계수**

상대충돌속도에 대한 상대반발속도의 비를 말한다. 예를 들어, 고무공과 같이 충돌속도 그대로 다시 튕겨나오는 경우 반발계수는 1이다. 반면에 진흙덩어리를 고정벽에 던졌을 때 진흙덩어리는 다시 튕겨나오지 않고 심하게 찌그러져 달라붙게 되는데 이때의 반발계수는 0이 된다. 즉, 반발계수가 작을수록 충돌 시 차체의 소성변형 특성도 증가하게 된다.

29 ㉯ 30 ㉰ 31 ㉮ **정답**

32 유효충돌속도가 높을수록 반발계수와 소성변형은 어떻게 변화하는가?

㉮ 반발계수는 낮아지고 소성변형은 증가한다.
㉯ 반발계수는 높아지고 소성변형은 낮아진다.
㉰ 반발계수와 소성변형 모두 증가한다.
㉱ 반발계수와 소성변형 모두 낮아진다.

해설 유효충돌속도가 높을수록 반발계수는 낮아지고 소성변형은 증가하게 된다.

33 유효충돌속도의 결정요소를 모두 고른다면?

㉠ 상대충돌속도	㉡ 운전자의 연령
㉢ 양차의 중량	㉣ 소성변형량

㉮ ㉠, ㉡ ㉯ ㉠, ㉢
㉰ ㉡, ㉢ ㉱ ㉡, ㉣

해설 유효충돌속도는 상대충돌속도와 양차의 중량에 의해 결정된다. 즉, 상대충돌속도와 양차 중량의 역비의 곱으로 표시할 수 있으므로 상대충돌속도가 클수록 양차중량의 역비가 클수록 커지게 된다.

34 다음이 설명하는 운동법칙은 무엇인가?

> 이것은 외부에서 힘이 가해지지 않는 한 모든 물체는 자기의 상태를 그대로 유지하려고 하는 것을 말한다. 즉, 정지한 물체는 영원히 정지한 채로 있으려고 하며 운동하던 물체는 등속 직선운동을 계속하려고 한다. 달리던 버스가 급정거하면 앞으로 넘어지거나 브레이크를 급히 밟아도 차가 앞으로 밀리는 경우, 트럭이 급커브를 돌면 가득 실은 짐들이 도로로 쏟아지는 경우, 컵 아래의 얇은 종이를 갑자기 빠르고 세게 당기면 컵은 그 자리에 가만히 있는 경우를 예로 들 수 있다.

㉮ 관성의 법칙 ㉯ 가속도의 법칙
㉰ 작용과 반작용의 법칙 ㉱ 운동의 제3법칙

해설 **관성의 법칙**
- 운동의 제1법칙이라고도 한다.
- Newton은 Galileo의 생각을 정리하여 제1법칙을 만들고 관성법칙이라고 불렀다.
- 모든 물체는 관성을 갖는다. 관성은 질량(물체를 구성하는 물질의 양)에 관계된다. 물체의 질량이 크면 클수록 관성도 커진다. 관성을 알려면 물체를 앞 뒤로 흔들어 보거나 적당히 움직여서 어느 것이 움직이기 더 힘든지, 즉 운동에 변화를 가져오는데 저항이 더 큰지를 알아볼 수 있다.

정답 32 ㉮ 33 ㉯ 34 ㉮

35 가속도의 법칙은 물체에 힘이 작용했을 때 물체는 그 힘에 비례한 가속도를 받는다는 것으로 이때의 비례상수는?

㉮ 질 량　　㉯ 비 중
㉰ 시 간　　㉱ 횟 수

해설 운동의 변화를 힘과 가속도로 나타내면, $F=ma$가 된다. 즉, 물체에 힘이 작용했을 때 물체는 그 힘에 비례한 가속도를 받는다. 이때 비례상수를 질량이라 하며, 이 식을 운동방정식(뉴턴의 운동방정식)이라 한다.

36 발진가속에 대한 설명으로 옳지 않은 것은?

㉮ 자동차가 정지상태에서 출발하는 경우의 가속능력을 발진가속이라 한다.
㉯ 발진가속도는 일반적으로 피크 $0.2g$ 전후이다.
㉰ 앞에 차가 많이 있을수록 가속시간이 길어진다.
㉱ 소형차일수록 발진가속이 커진다.

해설 앞에 차가 많이 있을수록 가속시간이 짧아진다.

37 자동차 운동특성 중 다음이 설명하는 현상은?

코너를 돌 때 가장 많이 느끼게 된다. 코너를 돌 때 한쪽으로 기울게 되는데, 왼쪽으로 기울게 되면 오른쪽이 올라가고, 오른쪽이 기울게 되면 왼쪽이 올라가게 된다.

㉮ 요잉 현상　　㉯ 롤링 현상
㉰ 피칭 현상　　㉱ 바운싱 현상

해설 자동차의 경우, 노면이 고르지 못해 일어나는 가로흔들림이나, 고속에서 경사진 길을 돌 때의 원심력에 의한 기울기를 말한다. 롤링이 심하면 조종성이나 승차감에 나쁜 영향을 줄 뿐만 아니라, 때로는 전복될 위험마저 있다. 일반적으로 무게 중심이 낮고 차체의 폭에 대해 트레드(좌우바퀴의 간격)가 넓으며 스프링이 단단한 것일수록 롤링이 작아진다.

35 ㉮ 36 ㉰ 37 ㉯ 정답

38 자동차의 앞뒤가 평행하게 위 아래로 움직이는 현상은?

㉮ 피 칭 ㉯ 요 잉
㉰ 롤 링 ㉱ 바운싱

해설 바운싱은 피칭과 비슷하다고 하지만 다르다. 피칭은 앞뒤가 시소를 타듯 움직이는 것이고, 바운싱은 앞뒤가 평행하게 위아래로 움직이는 것이다.

39 유압브레이크의 보조장치로 이용되는 브레이크는?

㉮ 기계식 브레이크 ㉯ 별체식 브레이크
㉰ 배력식 브레이크 ㉱ 공기식 브레이크

해설 배력식 브레이크는 압축공기나 엔진의 부압을 이용하여 페달 조작력을 증대시키는 배력장치로 유압브레이크의 보조장치로 사용된다.

40 공기식 브레이크의 장단점에 대한 설명으로 옳지 않은 것은?

㉮ 주로 주차용으로 사용된다. ㉯ 제동력이 크다.
㉰ 비용이 많이 든다. ㉱ 구조가 복잡하다.

해설 공기식 브레이크는 압축공기를 이용하여 제동하는 장치로 큰 제동력을 얻을 수 있으나 구조가 복잡하고 비용이 많이 드는 단점이 있다.

41 자동차의 운전 중 브레이크를 걸려고 운전자가 판단하고부터 브레이크를 조작하여 자동차가 정지할 때까지의 거리는?

㉮ 공주거리 ㉯ 제동거리
㉰ 활주거리 ㉱ 정지거리

해설 **정지거리**
자동차의 운전 중 브레이크를 걸려고 운전자가 판단하고부터 브레이크를 조작하여 자동차가 정지할 때까지의 거리를 말한다. 즉, 공주거리와 제동거리를 합한 거리와 같다.

정답 38 ㉱ 39 ㉰ 40 ㉮ 41 ㉱

42 베이퍼록 현상에 대한 설명으로 옳지 않은 것은?

㉮ 액체를 사용한 계통에서 열에 의하여 액체가 증기로 되어 어떤 부분이 폐쇄되므로 2계통의 기능을 상실한다.

㉯ 브레이크 오일은 비등하기 어려운 액체를 사용하지만, 브레이크를 많이 사용하여 본체가 과열되면 섭씨 수백도까지 되는 일도 있다.

㉰ 열이 전해져 오일도 고온이 되면 오일이 비등하여 기체가 발생하는데, 물이 비등하여 수증기를 내는 것과 같다.

㉱ 유압경로는 밀폐되어 있으므로 기체는 기포로 된다. 이 기포는 강한 힘을 가하면 쉽게 팽창한다.

해설 ㉱ 기포는 강한 힘을 가하면 쉽게 수축한다.

43 다음이 설명하는 브레이크 이상 현상은?

드럼브레이크에서 브레이크 슈의 표면에 있는 라이닝 등이 일으키는 열 변화를 말한다. 브레이크를 사용하면 드럼과 라이닝이 마찰하여 고열이 발생하는데 그 상태가 계속되면 라이닝이 열 변화를 일으켜 극단적으로 마찰계수가 낮아진다. 즉, 미끌미끌한 상태가 되어, 제동능력이 떨어진다. 극단적인 경우에는 제동 불능이 된다.

㉮ 베이퍼록 현상
㉯ 페이드 현상
㉰ 요잉 현상
㉱ 노즈다운 현상

해설 긴 내리막 길에서 브레이크를 많이 쓰지 않도록 하는 것은 베이퍼록 현상뿐 아니라, 페이드 현상도 무섭기 때문이다. 더구나, 디스크브레이크에서는 디스크가 노출되어 있으므로 열이 높아지기 어렵지만, 일단 고열이 되면 디스크브레이크라도 페이드 현상이 생긴다.

44 자동차 운행과 관련하여 다음이 설명하는 현상은?

노면상에 물이 있는 도로를 자동차가 고속으로 달리게 되면 타이어와 노면 사이에 물이 앞으로부터 말려들어 마치 물 위를 떠서 달리는 것과 같은 상태로 되어 핸들이나 브레이크의 기능이 상실되는 상태가 되는 것을 말한다. 이 현상은 노면의 물이 타이어와 노면 사이에서 쐐기모양으로 되어 마치 수상스키를 타는 것과 같이 되며, 통상 시속 80[km] 이상의 속도로 주행할 때 이 현상이 일어나고 타이어의 공기압이 낮거나 마모가 심할수록 일어나기 쉽다.

㉮ 노즈다운 현상
㉯ 하이드로플레이닝 현상
㉰ 스탠딩 웨이브 현상
㉱ 요잉 현상

해설 하이드로플레이닝 현상, 즉 수막현상에 대한 설명이다.

42 ㉱ 43 ㉯ 44 ㉯ **정답**

45 자동차 운행과 관련하여 다음이 설명하는 현상은?

> 차마가 통행할 때 타이어는 1회전마다 압축이 변형되게 되고, 이 변형으로 인하여 타이어에 열이 발생하며, 그 열의 일부는 타이어 내부로 침투되어 타이어 내부의 온도도 점차 높아지게 되고, 속도가 빠르면 빠를수록 온도도 급격히 상승하면서 타이어의 고속회전으로 접지면에서 받은 변형이 원상회복되기 전에 다시 접지됨에 따라 타이어에 이상현상이 발생하는 것을 말한다. 타이어의 공기압이 낮을수록 발생하기 쉬우며, 이런 현상이 일어나면 타이어에 펑크가 나거나 파손되기 쉽다.

㉮ 하이드로플레이닝 현상
㉯ 수막현상
㉰ 스탠딩 웨이브 현상
㉱ 베이퍼록 현상

46 다음 중 서스펜션의 기능과 거리가 먼 것은?

㉮ 적정한 자동차의 높이 유지
㉯ 충격효과를 완화
㉰ 타이어 접지상태 유지
㉱ 주행방향을 일정하게 고정

해설 **서스펜션의 기능**
- 적정한 자동차의 높이 유지
- 충격효과를 완화
- 올바른 휠 얼라인먼트 유지
- 차체의 무게를 지탱
- 타이어의 접지상태 유지

정답 45 ㉰ 46 ㉱

47 서스펜션형식 중 독립현가식의 장점이 아닌 것은?

㉮ 무게중심이 낮아 안전성이 향상된다.

㉯ 옆 방향 진동에 강하고 타이어의 접지성이 양호하다.

㉰ 휠얼라인먼트 자유도가 크고 튜닝 여지가 많다.

㉱ 강도가 크고 구조가 간단하고 저비용이다.

해설 ㉱는 차축현가식의 장점이다.

차축현가식과 독립현가식

구 분	차축현가식	독립현가식
의 의	문자 그대로 좌우 양 바퀴를 하나의 차축으로 연결 고정시킨 형식	좌우 바퀴가 독립하여 분리 상하운동을 할 수 있도록 된 형식
장 점	• 휠얼라인먼트 변화가 적고 타이어 마모도 작다. • 강도가 크고 구조가 간단하고 저비용이다. • 공간을 적게 차지하여 차체 바닥(Floor)을 낮게 할 수 있다.	• 스프링 하중량이 가벼워 승차감이 양호하다. • 무게중심이 낮아 안전성이 향상된다. • 옆 방향 진동에 강하고 타이어의 접지성이 양호하다. • 휠얼라인먼트 자유도가 크고 튜닝 여지가 많다. • 서스펜션 바 등을 이용한 방진방법도 있고 소음 방지에도 유리하다.
단 점	• 스프링 하중이 무겁고 좌우바퀴 한쪽이 충격을 받아도 연동되거나 횡진동이 생겨 승차감과 조종안정성이 나쁘다. • 구조가 간단하여 휠얼라인먼트의 설계 자유도가 작고 조종안정성 튜닝 여지가 적다.	• 부품수가 많고 정밀도가 요구되어 고비용이다. • 휠얼라인먼트 변화에 따른 타이어 마모 가능성이 있다. • 큰 공간을 차지한다. • 각 특성에 따른 미묘한 튜닝이 필요하다. • 전후의 강성을 낮게 하기 어렵기 때문에 소음에 불리하다.

48 측면으로 구부러진 스키드마크에 대한 설명으로 적당하지 않은 것은?

㉮ 자동차는 일단 제동이 걸리면 차량이 미끄러지게 되는데 측면에서 약간 힘을 받게 되면 진행방향이 쉽게 변한다.

㉯ 차량의 한쪽 바퀴에 제동이 더 크게 걸렸을 때도 구부러진다.

㉰ 한쪽 바퀴는 마찰계수가 크고 한쪽 바퀴는 마찰계수가 작은 경우에도 마찰계수가 높은 노면으로 스키드마크가 심하게 구부러진다.

㉱ 스키드마크는 제동이 걸렸다가 순간적으로 풀린 후 다시 제동이 걸릴 때 생기는데 보행자 사고와 관련하여 많이 발견된다.

해설 ㉱는 갭 스키드마크에 대한 설명이다.

47 ㉱ 48 ㉱ 정답

49 갭 스키드마크에 대한 설명으로 옳지 않은 것은?

㉮ 스키드마크 중간이 단절되어 있는 것도 있는데, 이 단절된 구간을 '갭(Gap)'이라 하고 그 거리는 대략 3[m]를 조금 넘는 정도이다.

㉯ 갭 스키드마크는 제동이 걸렸다가 순간적으로 풀린 후 다시 제동이 걸릴 때 생기는데 보행자 사고와 관련하여 많이 발견된다.

㉰ 때때로 스키드마크 중간에 끊어진 빈 공간이 생긴 것을 볼 수 있는데, 이러한 경우 스키드마크는 끊어진 후 다시 이어간다.

㉱ 스키드마크는 바퀴가 고정되지 않으면서 타이어가 미끄러지거나 비벼지면서 타이어 자국을 남기게 되는 것을 말한다.

해설 ㉱는 스커프마크에 대한 설명이다.

50 요마크에 대한 설명으로 옳지 않은 것은?

㉮ 요마크는 임계속도 스커프마크가 구르면서 차축방향으로 미끄러질 때 생성된다.

㉯ 요마크는 충돌 전의 조향에 의하여 생성된다.

㉰ 급격히 회전하는 경우 주로 형성된다.

㉱ 자국은 직선 또는 휨의 형태이다.

해설 요마크는 충돌 전의 스키드마크가 제동에 의하여 생기는 것과는 달리 조향에 의하여 생성되며, 일반적으로 차량이 회전할 때 뒷바퀴가 앞바퀴 쪽으로 따라 돌아가지만 차량이 급격히 회전하는 경우에는 차량을 직선으로 움직이게 하는 원심력과 타이어와 노면과의 마찰력보다 크게 되어 차량은 옆으로 미끄러지면서 조향된 방향으로 진행하지 않게 되며 뒷바퀴는 앞바퀴의 안쪽이 아닌 바깥쪽으로 진행하게 되는데 이를 요(Yaw)라 하고 이때 발생된 타이어 자국을 요마크라 한다. 요마크는 핸들을 돌릴 때 만들어지는 자국이므로 언제나 휘어져 있다.

51 스키드마크의 적용방법으로 틀린 것은?

㉮ 스키드마크의 색깔이 진했다 엷어질 경우 이는 연속된 스키드마크로 간주한다.

㉯ 스키드마크의 좌우 길이가 각각 다른 경우에는 좌우 길이 중 긴 것으로 적용한다.

㉰ 스키드마크의 수가 바퀴수와 다를 때는 가장 긴 스키드마크를 적용한다.

㉱ 스키드마크가 중간에 끊어진 경우는 차량진동에 의해 생긴 경우와 제동을 풀었다 건 경우에 따라 각각 적용이 달라진다. 전자는 이격거리에 제외하여 적용하고 후자는 이격거리를 포함하여 적용한다.

해설 스키드마크가 중간에 끊어진 경우는 차량진동에 의해 생긴 경우와 제동을 풀었다 건 경우에 따라 각각 적용이 달라진다. 전자는 이격거리에 포함하여 적용하고 후자는 이격거리를 빼고 적용한다.

정답 49 ㉱ 50 ㉱ 51 ㉱

CHAPTER

06 충돌현상의 이해

제1절 충돌현상과 사고흔적

1. 사고흔적과 차량운동의 이해

(1) 액체잔존물

① 산포흔과 적하(Dribble)는 충돌이 일어난 지점을 알아내는 데 도움이 된다.

② 적하와 고임(Puddle)은 차량이 최종적으로 정지한 지점의 위치를 알려 준다.

③ 튀김(Spatter)은 일반적으로 충돌이 최고조에 달할 때 발생하며 차량이 정지하면 액체가 한곳에 떨어지면서 웅덩이를 만들게 된다.

④ 적하형 적선(Dribble Path)의 경우 차량용액의 흘러내린 자국들은 처음 부분보다 끝 부분에 더 많다. 그 이유는 차량이 감속하는 동안 액체는 거의 같은 속도로 계속 흘러내리지만 처음에는 차량이 빠른 속도로 이동하므로 액체들은 좀더 넓은 지역에 뿌려지게 되기 때문이다.

(2) 액체잔존물의 낙하형태

① **튀김(Spatter) 또는 뿌려짐** : 충돌 시 용기가 터지거나 그 안에 있던 액체들이 분출되면서 도로 주변과 자동차의 부품에 묻어 발생한다. 충돌 시 라디에이터 안에 있던 액체가 엄청난 압력에 의해 밖으로 튕겨져 나오는 것이 그 예이다. 이러한 액체 잔존물은 충돌지점이 어느 지점에서 발생하였는지를 추측할 수 있는 중요한 근거가 된다.

② **방울져 떨어짐(Dribble)** : 손상된 자동차의 파열된 용기로부터 액체가 뿜어져 나오는 것이 아니라 흘러내리는 것이다. 자동차가 계속 움직이고 있었다면 이 자국들은 충돌지점부터 마지막 정지 장소까지의 경로를 설명해 줄 수 있다.

③ **노면에 고임(Puddle)** : 자동차가 멈춰선 지점을 명시해 주며, 이 사실은 조사자가 현장에 도착하기 이전에 자동차가 치워졌을 경우 중요한 단서가 된다.

④ **흘러내림(Run-off)** : 고임이 경사노면에 형성되었을 때 발생하는 것으로 자동차에서 떨어지는 액체는 가느다란 줄기처럼 경사진 곳으로 흐른다.

⑤ **노면에 흡수(Soak-in)** : 액체가 흙이나 균열된 노면 사이로 흐르거나 갓길로 흘러내릴 때 흡수되거나 도로상에서 모습이 사라진 고임형태의 자국이다.

⑥ **밟고 지나간 자국(Tracking)** : 차들이 액체가 고인 곳이나 흘러내린 곳, 튀긴 곳을 밟고 지나가면서 남긴 자국이다.

(3) 차량의 최종위치

① **변동되지 않은 최종위치** : 변동되지 않은 최종위치란 충돌이 있은 후 고의가 아닌 그 충격의 힘으로 차량이나 시체가 다른 곳으로 옮겨진 지점을 말한다. 차량이 도로 밖으로 튕겨져 나갔던 그 위치를 잘 측정하고 만일 시체가 차량 밖으로 나와 있으면 이것도 잘 측정해 놓는다. 사람의 경우 인명구호 문제가 연관되어 있으므로 미리 정확한 위치를 표시하도록 해야 한다.

② **변동된 최종위치** : 변동된 최종위치란 충돌 후 차량이나 시체가 의도적으로 옮겨진 상황을 말한다. 예컨데, 한 차량이 보행자를 친 후 길가로 차를 몰고 가서 그곳에 주차시켜 놓았다면 사고가 난 후 이 차량이 멈추어 있는 최종장소는 사고 직후 현장에서의 장소보다 사고 경위 파악에 도움이 되지 못할 것이다.

2. 충돌 시 발생되는 사고흔적의 종류 및 특성

(1) 찍힌 자국

① 찍힌 자국은 어떤 단단한 물체에 의해 차체가 눌려서 그 물체의 형태가 선명하게 찍혀서 움푹 들어간 곳을 의미한다.

② 헤드램프, 범퍼, 바퀴 등은 각각의 특유한 형태의 찍힌 자국을 남긴다.

③ 문손잡이, 라디에이터 장식품은 구멍이나 작고 깊게 패인 자국을 남긴다.

④ 큰 트럭의 범퍼는 넓고 평평하며 뚜렷하게 찍힌 자국을 남긴다. 그러나 자동차의 범퍼는 그다지 강하지 않기 때문에 불규칙하고 흐릿한 자국이 남게 된다.

⑤ 찍힌 자국은 손상되거나 찌그러진 부분에 생기므로 알아보기가 매우 힘들다.

⑥ 찍힌 자국은 다른 차량에 대한 충돌 당시의 위치를 알려 준다.

(2) 마찰 자국(Rub-off)

① 두 차량 사이에서 접촉이 있었음을 보여 준다.

② 주로 페인트이지만 고무, 보행자 옷에서 나온 직물, 보행자의 피부, 머리카락, 혈액, 나무껍질, 도로 먼지, 진흙 기타 물질 등인 경우도 있다.

③ 실제로 마찰 자국은 다른 물체에 남겨진 한 물체의 모든 부분을 포함한다.

④ 차량 간 충돌에서는 유리조각이나 장식품 조각도 해당된다.

⑤ 셋 이상의 차량 사이에서 발생한 충돌을 조사할 때 유용하며 어느 차량이 어디에서 충돌하였는가를 알아내는 데 도움이 된다.

(3) 겹친충격손상

① 겹친충격손상은 둘 이상의 충돌이 독립적으로 어느 한 차량의 한 부분에 일어났을 때 나타난다.

② 차량의 한 부분에서 검출된 서로 다른 두 종류의 페인트 마찰 자국은 충돌이 한 번 이상 발생했음을 나타낸다.

③ 다른 차량과 충돌하여 찌그러진 부분이 다시 노면과 접촉하여 만들어진 선명한 마손 자국도 겹친충격손상을 나타낸다.

(4) 차량이 보행자를 친 흔적

① **정면충돌** : 헤드램프와 그릴이 파손된 부분을 찾아내고 충돌에 의해 가볍게 움푹 들어가고 긁힌 자국이 생긴 후드 부분을 확인한다.

② **측면접촉** : 보행자의 옷과 단추에서 생긴 긁힌 자국을 찾는다.

③ **후면충돌** : 범퍼, 트렁크, 전등과 번호판 부분에 걸려서 찢긴 옷조각들과 핏자국을 찾는다. 일반적으로 낮은 속도에서 만들어진 희미한 자국이다.

④ **역과** : 핏자국, 옷조각, 차량 아랫부분의 기어, 모터, 프레임, 바퀴에 생긴 강한 충격흔적을 찾는다.

(5) 노면 파인 흔적

① **칩(Chip)** : 줄무늬 없이 짧고 깊게 파인 홈으로 강하고 날카로우며 끝이 뾰족한 금속물체가 큰 압력으로 초장노면과 접촉할 때 생기는 자국으로 최대접촉 시 발생한다.

② **찹(Chop)** : 넓고 얇게 파인 홈으로서 차체의 금속과 노면이 접촉할 때 생기는 자국으로 깊게 파인 쪽은 규칙적이고 일정하며 반대편 얇게 파인 쪽은 긁힌 자국이나 줄무늬로 끝난다. 이 자국은 흔히 사고의 최대접촉 시 발생한다.

③ **그루브(Groove)** : 길고 좁게 파인 홈으로서 작고 강한 금속성 부분이 큰 압력으로 포장노면과 얼마간 거리를 접촉할 때 생기는 고랑자국과 같은 형태의 흔적이다.

(6) 노면 긁힌 자국(Scratch)

노면에 긁힌 흔적은 가벼운 금속성 물질이 이동한 자국으로 이를 세분하면 스크래치(Scratch), 스크레이프(Scrape) 및 견인 시 긁힌 흔적(Towing Scratch)으로 나누어 볼 수 있다.

① **스크래치(Scratch)** : 큰 압력 없이 미끄러진 금속물체에 의해 단단한 포장노면에 가볍게 불규칙적으로 좁게 나타나는 긁힌 자국이다. 따라서 스크래치는 차량이 도로상 어디에서 전복되었고, 충돌 후 차량의 회전이나 어느 방향으로 진행하였는지 알 수 있는 중요한 흔적이다. 즉, 폭이 좁고 얕게 발생되며 충돌 후 진행궤적을 확인할 수 있다.

② **스크레이프(Scrape)** : 넓은 구역에 걸쳐 나타난 줄무늬가 있는 여러 스크래치 자국이다. 따라서 스크레이프는 스크래치(Scratch)에 비해 폭이 다소 넓고 때때로 최대 접촉지점을 파악하는 데 도움을 준다.

③ 견인 시 긁힌 흔적(Towing Scratch) : 파손된 차량을 레커(Wrecker)에 매달기 위해서 끌려갈 때 파손된 금속부분에 의해서 긁힌 자국이다. 따라서 사고발생 시 생긴 긁힌 자국과 구분하여야 한다.

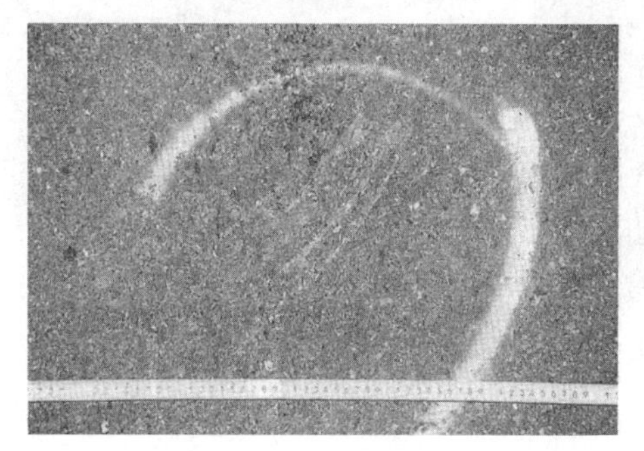
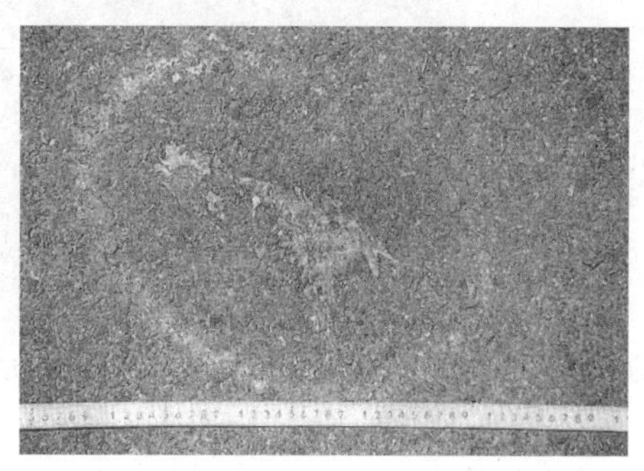

[노면 긁힌 자국(Scratch)]

사진출처 : 도로교통관리공단 교통사고조사매뉴얼

제2절 자동차의 성능 및 흔적

1. 직접손상

(1) 개 념

① 차량의 일부분이 다른 차량, 보행자, 고정물체 등의 다른 물체와 직접 접촉, 충돌함으로써 입은 손상이다.

② 보디 패널(Body Panel)의 긁힘, 찢어짐, 찌그러짐과 페인트의 벗겨짐으로 알 수도 있고, 타이어 고무, 도로재질, 나무껍질, 심지어 보행자 의복이나 살점이 묻어 있는 것으로도 알 수 있으며, 전조등 덮개, 바퀴의 테, 범퍼, 도어 손잡이, 기둥, 다른 고정물체 등 부딪친 물체의 찍힌 흔적에 의해서도 나타난다.

③ 직접손상은 압축되거나 찌그러지거나 금속표면에 선명하고 강하게 나타난 긁힌 자국에 의해서 가장 확실히 알 수 있다.

(2) 종 류

① 임프린트(Imprint)

㉠ 임프린트(Imprint)란 강한 충격력으로 인해 차체가 움푹 들어가서 충돌대상의 형태를 거의 그대로 나타내는 직접손상(Contact Damage) 부위를 의미하며 강타한 자국은 두 접촉부위가 강하게 압박되고 있을 때 발생하여 자국이 만들어지는 양쪽이 모두 순간적으로 정지상태에 이르렀음을 나타내는 것으로 이것을 완전충돌(Full Impact)이라고 한다.

㉡ 고정물체인 전신주나 나무, 신호등 등과 충돌할 때 충돌자국이 보다 선명하게 나타나는 경우가 많고 또한 상대차량의 범퍼, 번호판, 차륜림, 전조등 등의 경우도 많이 나타나고 있다.

[상대차량의 번호판이 임프린트된 상황]

사진출처 : 도로교통관리공단 교통사고조사매뉴얼

② 러브오프(Rub-off)

㉠ 러브오프 흔적은 순간적으로 정지된 상태에서 충돌하지 않고 양 차량의 접촉부위가 서로 다른 속도로 움직이고 있다는 것을 나타내며, 이는 측면 접촉사고 시 발생되는 전형적인 모습으로 차량이 측면이 서로 스치면서 문질러진 자국으로 직접손상 부위에 묻어있는 상대차량의 페인트가 대부분이나 간혹 타이어 자국, 보행자의 옷조각, 피부조직, 머리카락, 혈흔, 나무껍질, 진흙 및 기타 이물질이 묻어 있는 경우도 발생한다.

㉡ 사고차량 패널의 문지른 부위에 대한 페인트 자국, 타이어 자국, 긁힌 자국 등을 세밀하게 조사하면 문지른 흔적의 시작된 부위와 끝난 부위의 위치를 알 수 있고, 속도가 낮은 차량에 속도가 높은 차량의 차체부위가 접촉하여 지나간다면 속도가 낮은 차체의 페인트는 벗겨지지 않고 속도가 높은 차량의 페인트 등이 묻게 된다.

㉢ 차량 차체의 씻긴 흔적은 눈물방울 흔적과 함께 나타나는데 문질러진 끝부분에 나타나는 것이 특징이며, 이는 동일진행 방향으로 2대의 차량이 서로 옆을 문지른 경우 어느 차량의 속도가 빠른가를 알 수 있는데 문질러진 흔적의 방향을 조사하면 상관된 속도를 알 수 있다.

㉣ 러브오프에 관한 자료는 삼중 이상의 충돌사고를 분석하는 데 그 가치가 있다. 이는 자동차 충돌과정을 이해하거나 뺑소니 차량을 추적하는 데 차량의 문질러진 자국이 중요한 단서가 된다.

[러브오프 흔적형태와 차량상태]

차량상태	흔적형태	차량상태	흔적형태
제동 없이 주행 중		급제동에 의한 정지	
가 속			
제동 중		도중에 제동을 해제	

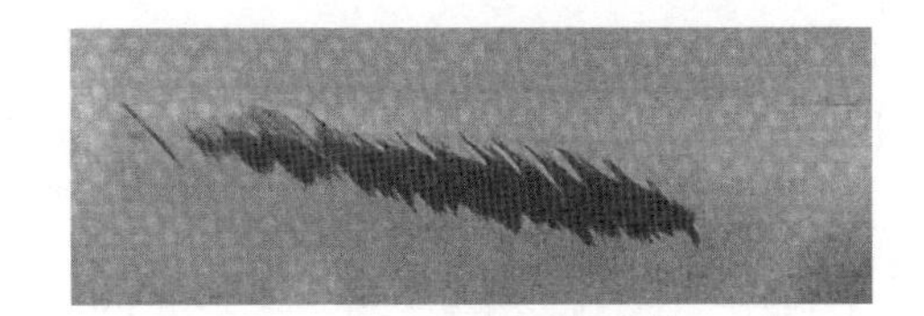

[올라가는 무늬흔적]

사진출처 : 도로교통관리공단 교통사고조사매뉴얼

③ **앞바퀴와 조향휠 파손** : 사고차량의 조향휠은 정상상태인 데 비하여 전륜이 한쪽방향으로 조향된 상태를 보이는 경우 대부분의 사고차량이 충돌 시 조향링크 부분의 파손으로 인하여 회전된 상태를 보이며, 이때 운전자 신체의 충격으로 조향휠이 고정되어 회전하지 않는 경우 조향휠의 회전각도를 사고차량 충돌 시 조향각도로 보아야 타당하며, 조향장치가 파손되어 조향휠이 자유로운 회전을 하는 경우 조향휠 및 전륜의 조향각도는 신뢰할 수 없게 된다.

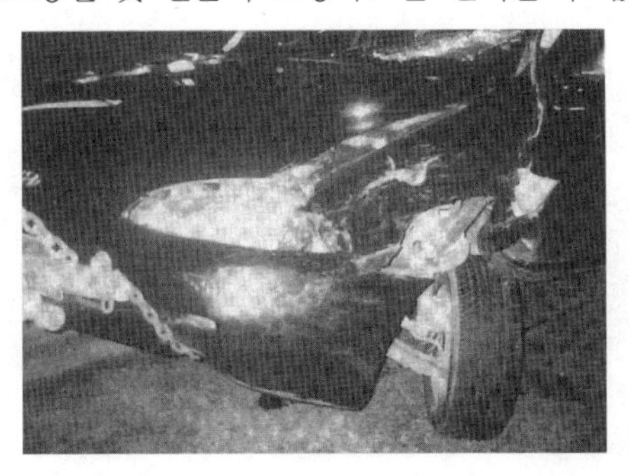

[조향링크의 파손으로 전륜이 회전된 상태]

사진출처 : 도로교통관리공단 교통사고조사매뉴얼

④ 충돌 후 이동과정 중 손상

㉠ 차체가 땅으로 끌리면서 발생된 금속상흔과 흙, 수목 등을 찾아보고 각 흔적들을 확인하면 시작지점에서 마지막 지점까지 차량의 정확한 경로를 밝힐 수 있고, 차량의 측면과 윗면에 긁힌 자국의 방향은 차량이 어떻게 움직였는지를 결정하는 데 큰 도움이 된다.

㉡ 지붕이나 창틀, 트렁크 뚜껑이 아래 혹은 옆으로 찌그러진 것은 차의 전복을 나타낸다.

[충돌 후 이동과정에서 발생된 차량손상흔적]

사진출처 : 도로교통관리공단 교통사고조사매뉴얼

⑤ 피해자 의류흔적

㉠ 피해자 의복 및 신발 관찰은 차 대 보행자사고, 자전거사고, 오토바이사고, 역과사고, 뺑소니사고 등에 있어 매우 중요한 단서로 활용되고 있어 필수적이다.

㉡ 섬유의 신축성과 복원력이 뛰어나 어느 한계치 이하의 충격에서는 충격흔이 잘 검출되지 않으나, 일반적으로 충격 시 생성되는 열변형을 동반한 압착흔, 장력에 의한 섬유올의 끊김현상 등이 나타난다. 특히, 보행자와 충돌 시 보행자의 손상부위와 차량의 충격부위를 추정하여 조사하여야 한다.

⑥ 전면유리 손상 : 차 대 보행자, 오토바이, 자전거사고 시 인체와 차량의 전면유리가 직접 충돌하면 방사선(거미줄) 모양으로 갈라지며 안으로 움푹 들어간 모습이 되며, 손상된(금이 간) 중심에는 구멍이 나 있는 경우도 있고 실내의 탑승자 신체(머리)가 전면유리에 충돌하면 밖으로 볼록한 형태를 이룬다.

[차 대 보행자 사고 시 전면유리 손상(밖→안)]

[차내 탑승자로 인한 전면유리 손상(안→밖)]

사진출처 : 도로교통관리공단 교통사고조사매뉴얼

⑦ 차량페인트 긁힌 자국 : 차량의 초벌페인트는 차체에 1차적으로 칠하는 도포제이며 화물차량은 적색계통의 방청페인트로, 승용차량은 회색계통의 퍼티를 도장하며, 그 위에 도로에 다니는 차량의 색으로 도장을 한다.

2. 간접손상

(1) 개 요

① 차가 직접접촉 없이 충돌 시의 충격만으로 동일차량의 다른 부위에 유발되는 손상이 간접손상이다.

② 디퍼렌셜, 유니버설조인트 같은 것은 다른 차량과의 충돌 시 직접접촉이 없었는 데도 파손되는 수가 있는데 그것이 간접손상이다.

(2) 특 징

① 차가 정면충돌 시에는 라디에이터그릴이나 라디에이터, 펜더, 범퍼, 전조등의 손상과 더불어 전면부분이 밀려 찌그러지는데, 그때의 충격의 힘과 압축현상 등으로 인하여 엔진과 변속기가 뒤로 밀리면서 유니버설조인트, 디퍼렌셜이 손상될 수 있다.

② 충돌 시 차의 갑작스러운 감속 또는 가속으로 인하여 차 내부의 부품 및 장치와 의자, 전조등이 관성의 법칙에 의해 생겨난 힘으로 그 고정된 위치에서 떨어져 나갈 수 있다. 이때 그것들이 떨어져나가 파손되었다면 간접손상을 입은 것이다.

③ 충돌 시 부딪힌 일이 없는 전조등의 부품들이 손상을 입는 경우도 있다.

④ 간접손상의 또 다른 예로 교차로에서 오른쪽으로부터 진행해 온 차에 의해 강하게 측면을 충돌당한 차의 우측면과 지붕이 찌그러지고 좌석이 강한 충격을 받아 심하게 압축, 이동되어 좌측문을 파손시켜 열리게 한 것을 들 수 있다.

⑤ 보디(Body) 부분의 간접손상은 주로 어긋남이나 접힘, 구부러짐, 주름짐에 의해 나타난다.

[간접손상으로 지붕 및 전면 필러와 전면유리 파손]

사진출처 : 도로교통관리공단 교통사고조사매뉴얼

CHAPTER

06 적중예상문제

01 사고의 형태를 확인, 분석할 수 있는 가장 좋은 물적 자료는?

㉮ 타이어 자국 및 파손잔존물
㉯ 목격자의 진술내용
㉰ 차종 및 승차인원
㉱ 음주 및 무면허 여부

해설 타이어 자국 및 파손잔존물은 사고의 형태를 확인, 분석할 수 있는 가장 좋은 물적 자료이다.

02 다음 설명에 해당하는 물리적 흔적은?

> 이 자국은 차량의 금속 부위가 노면에 경미하게 스치거나 끌리면서 생성되는데, 특히 오토바이가 충돌 후 전도되어 이동할 때 많이 발생한다. 사고조사에 있어서 이 자국은 차량의 최종전도위치를 아는 데 유용하게 이용된다.

㉮ 노면 파인 흔적
㉯ 노면 긁힌 흔적
㉰ 고 임
㉱ 뿌려짐

해설 노면 긁힌 흔적은 비교적 경미한 압력에 의해서 생긴 흔적으로 스크래치와 스크레이프로 나눌 수가 있다.
- 스크래치 : 큰 압력 없이 미끄러진 금속물체에 의해 단단한 포장노면에 가볍게 불규칙적으로 긁힌 흔적을 말한다.
- 스크레이프 : 단단한 노면 위에 넓은 구역에 걸쳐 나타난 줄무늬로 된 여러 개의 스크래치 흔적을 말한다.

03 다음 물리적 흔적 중 액체잔존물을 모두 고른다면?

> ㉠ 튀 김
> ㉡ 흘러내림
> ㉢ 방울짐
> ㉣ 스크레이프

㉮ ㉠, ㉡, ㉢
㉯ ㉠, ㉡, ㉣
㉰ ㉠, ㉢, ㉣
㉱ ㉡, ㉢, ㉣

해설 도로상에 떨어진 액체 낙하물에는 튀김 또는 뿌려짐, 방울져 떨어짐, 노면에 고임, 흘러내림, 노면에 흡수, 밟고 지나간 자국 등을 들 수 있다.

1 ㉮ 2 ㉯ 3 ㉮ 정답

04 노면에 스며들어 콘크리트 석회와 반응한 지점은 표백한 것과 같이 흰색으로 변하게 되는 액체잔존물은?

㉮ 엔진오일　　㉯ 브레이크 오일
㉰ 전지액　　㉱ 냉각수

05 직접손상자국으로 볼 수 없는 것은?

㉮ 보닛의 찌그러짐　　㉯ 앞 범퍼의 스친 흔적
㉰ 앞 펜더의 압축변형　　㉱ 지붕의 간접변형

해설 ㉱는 간접손상의 예이다. 간접손상의 또 다른 예로서는 교차로에서 오른쪽에서 진행해 온 차에 의해 강하게 측면을 충돌 당한 차의 우측면과 지붕이 찌그러지고 좌석이 강한 충격을 받아 심하게 압축 이동되어 좌측문을 파손시켜 열리게 한 것을 들 수 있다.

06 액체잔존물의 형태 중 충돌지점의 발생 확인이 가능한 것은?

㉮ Spatter　　㉯ Dribble
㉰ Puddle　　㉱ Run-off

해설 Spatter(튀김 또는 뿌려짐)는 충돌시 용기가 터지거나 그 안에 있던 액체들이 분출되면서 도로 주변과 자동차의 부품에 묻어 발생한다. 액체의 잔존물은 자동차가 멀리 움직여 나가기 전에 이미 노면에 튀기 때문에 충돌이 어느 지점에서 발생했는지 추측할 수 있는 중요한 근거가 된다.

07 다음 액체잔존물 중 충돌이 일어난 지점을 알아내는 데 도움이 되는 것을 모두 고른다면?

㉠ Spatter	㉡ Dribble
㉢ Run-off	㉣ Puddle

㉮ ㉠　　㉯ ㉠, ㉡
㉰ ㉠, ㉡, ㉢　　㉱ ㉠, ㉡, ㉢, ㉣

해설 산포흔(Spatter)과 적하(Dribble)는 충돌이 일어난 지점을 알아내는 데 도움이 된다.

정답 4 ㉰ 5 ㉱ 6 ㉮ 7 ㉯

08 다음 액체잔존물 중 조사자가 현장에 도착하기 이전에 자동차가 치워졌을 경우 중요한 단서가 되는 것은?

㉮ Spatter

㉯ Puddle

㉰ 스키드마크

㉱ 스카프

해설 노면에 고임(Puddle)은 자동차가 멈춰선 지점을 명시해 주며, 이 사실은 조사자가 현장에 도착하기 이전에 자동차가 치워졌을 경우 중요한 단서가 된다.

09 충돌 시 발생하는 찍힌 자국에 대한 설명으로 옳지 않은 것은?

㉮ 문손잡이, 라디에이터 장식품은 구멍이나 작고 깊게 패인 자국을 남긴다.

㉯ 큰 트럭의 범퍼는 넓고 평평하며 뚜렷한 찍힌 자국을 남긴다. 그러나 자동차의 범퍼는 그다지 강하지 않기 때문에 불규칙하고 흐릿한 자국이 남게 된다.

㉰ 찍힌 자국은 손상되거나 찌그러진 부분에 생기므로 알아보기가 매우 쉽다.

㉱ 찍힌 자국은 다른 차량에 대한 충돌 당시 위치를 알려 준다.

해설 ㉰의 경우 찍힌 자국은 손상되거나 찌그러진 부분에 생기므로 알아보기가 매우 어렵다.

10 차량의 보행자를 친 경우 핏자국, 옷조각, 차량 아랫부분의 기어, 모터, 프레임, 바퀴에 생긴 강한 충격흔적을 찾는 사고유형은?

㉮ 정면충돌사고

㉯ 측면충돌사고

㉰ 후면충돌사고

㉱ 역과손상사고

해설 **차량이 보행자를 친 흔적**

- 정면충돌 : 헤드램프와 그릴이 파손된 부분을 찾아내고 충돌에 의해 가볍게 움푹 들어가고 긁힌 자국이 생긴 후드 부분을 확인한다.
- 측면접촉 : 보행자의 옷과 단추에서 생긴 긁힌 자국을 찾는다.
- 후면충돌 : 범퍼, 트렁크, 전등과 번호판 부분에 걸려서 찢긴 옷조각들과 핏자국을 찾는다. 일반적으로 적은 속도에서 만들어진 희미한 자국이다.
- 역과 : 핏자국, 옷조각, 차량 아랫부분의 기어, 모터, 프레임, 바퀴에 생긴 강한 충격흔적을 찾는다.

8 ㉯ 9 ㉰ 10 ㉱ 정답

11 다음은 노면이 파인 흔적 중 어떤 것인가?

> 길고 좁게 파인 홈으로서 작고 강한 금속성 부분이 큰 압력으로 포장노면과 얼마간 거리를 접촉할 때 생기는 고랑자국과 같은 형태이다.

㉮ Chip ㉯ Chop
㉰ Groove ㉱ 스크래치

12 다음 중 노면 파인 흔적에 속하지 않는 것은?

㉮ Chip ㉯ Chop
㉰ Groove ㉱ Scratch

해설 ㉱는 노면이 긁힌 흔적이다.

13 다음 중 직접손상의 예가 아닌 것은?

㉮ 긁 힘 ㉯ 찢어짐
㉰ 페인트의 벗겨짐 ㉱ 구부러짐

해설 ㉱는 간접손상의 예이다.

14 다음 직접손상에 대한 설명으로 옳지 않은 것은?

㉮ 차량의 일부분이 다른 차량, 보행자, 고정물체 등의 다른 물체와 직접 접촉충돌하며 입은 손상이다.
㉯ 보디 패널(Body Panel)의 긁힘, 찢어짐, 찌그러짐과 페인트의 벗겨짐으로 알 수도 있고 타이어 고무, 도로재질, 나무껍질, 심지어 보행자 의복이나, 살점이 묻어 있는 것으로도 알 수 있다.
㉰ 전조등 덮개, 바퀴의 테, 범퍼, 도어 손잡이, 기둥, 다른 고정물체 등 부딪친 물체의 찍힌 흔적에 의해서도 나타난다.
㉱ 직접손상의 예로 교차로에서 오른쪽에서 진행해 온 차에 의해 강하게 측면을 충돌 당한 차의 우측면과 지붕이 찌그러지고 좌석이 강한 충격을 받아 심하게 압축 이동되어 좌측문을 파손시켜 열리게 한 것을 들 수 있다.

해설 ㉱는 간접손상의 예이다.

정답 11 ㉰ 12 ㉱ 13 ㉱ 14 ㉱

교육이란 사람이 학교에서 배운 것을 잊어버린 후에 남은 것을 말한다.

– 알버트 아인슈타인 –

PART 05

교통법규

CHAPTER 01 교통안전법

CHAPTER 02 자동차관리법

CHAPTER 03 도로교통법

적중예상문제

CHAPTER

01 교통안전법

제1절 총 칙

1. 목적(법 제1조)

교통안전에 관한 국가 또는 지방자치단체의 의무・추진체계 및 시책 등을 규정하고 이를 종합적・계획적으로 추진함으로써 교통안전 증진에 이바지함을 목적으로 한다.

2. 정의(법 제2조)

(1) 교통수단

① **차량** : 차마 또는 노면전차, 철도차량(도시철도 포함) 또는 궤도에 의하여 교통용으로 사용되는 용구 등 육상교통용으로 사용되는 모든 운송수단

② **선박** : 선박 등 수상 또는 수중의 항행에 사용되는 모든 운송수단으로 물에서 항행수단으로 사용하거나 사용할 수 있는 모든 종류의 배(물 위에서 이동할 수 있는 수상항공기와 수면비행선박을 포함)

③ **항공기** : 항공기 등 항공교통에 사용되는 모든 운송수단으로 공기의 반작용(지표면 또는 수면에 대한 공기의 반작용은 제외)으로 뜰 수 있는 기기로서 최대이륙중량, 좌석수 등 국토교통부령으로 정하는 기준에 해당하는 비행기, 헬리콥터, 비행선, 활공기(滑空機)와 그 밖에 대통령령으로 정하는 기기

(2) 교통시설

도로・철도・궤도・항만・어항・수로・공항・비행장 등 교통수단의 운행・운항 또는 항행에 필요한 시설과 그 시설에 부속되어 사람의 이동 또는 교통수단의 원활하고 안전한 운행・운항 또는 항행을 보조하는 교통안전표지・교통관제시설・항행안전시설 등의 시설 또는 공작물을 말한다.

(3) 교통체계

사람 또는 화물의 이동・운송과 관련된 활동을 수행하기 위하여 개별적으로 또는 서로 유기적으로 연계되어 있는 교통수단 및 교통시설의 이용・관리・운영체계 또는 이와 관련된 산업 및 제도 등을 말한다.

(4) 교통사업자

① **교통수단운영자** : 여객자동차운수사업자, 화물자동차운수사업자, 철도사업자, 항공운송사업자, 해운업자 등 교통수단을 이용하여 운송 관련 사업을 영위하는 자

② **교통시설설치・관리자** : 교통시설을 설치・관리 또는 운영하는 자

③ ① 및 ② 외에 교통수단 제조사업자, 교통 관련 교육・연구・조사기관 등 교통수단・교통시설 또는 교통체계와 관련된 영리적・비영리적 활동을 수행하는 자

(5) 지정행정기관

교통수단・교통시설 또는 교통체계의 운행・운항・설치 또는 운영 등에 관하여 지도・감독을 행하거나 관련 법령・제도를 관장하는 중앙행정기관으로서 대통령령으로 정하는 행정기관(영 제2조)으로 다음과 같다.

① 기획재정부

② 교육부

③ 법무부

④ 행정안전부

⑤ 문화체육관광부

⑥ 농림축산식품부

⑦ 산업통상자원부

⑧ 보건복지부

⑨ 환경부

⑩ 고용노동부

⑪ 여성가족부

⑫ 국토교통부

⑬ 해양수산부

⑭ 경찰청

⑮ 국무총리가 교통안전정책상 특히 필요하다고 인정하여 지정하는 중앙행정기관

(6) 교통행정기관

법령에 의하여 교통수단・교통시설 또는 교통체계의 운행・운항・설치 또는 운영 등에 관하여 교통사업자에 대한 지도・감독을 행하는 지정행정기관의 장, 특별시장・광역시장・도지사・특별자치도지사(이하 "시・도지사") 또는 시장・군수・구청장(자치구의 구청장)을 말한다.

(7) 교통사고

교통수단의 운행・항행・운항과 관련된 사람의 사상 또는 물건의 손괴를 말한다.

(8) 교통수단안전점검

교통행정기관이 이 법 또는 관계법령에 따라 소관 교통수단에 대하여 교통안전에 관한 위험요인을 조사·점검 및 평가하는 모든 활동을 말한다.

(9) 교통시설안전진단

육상교통·해상교통 또는 항공교통의 안전(이하 "교통안전")과 관련된 조사·측정·평가업무를 전문적으로 수행하는 교통안전진단기관이 교통시설에 대하여 교통안전에 관한 위험요인을 조사·측정 및 평가하는 모든 활동을 말한다.

(10) 단지내도로

공동주택단지, 학교 등에 설치되는 통행로로서 도로교통법에 따른 도로가 아닌 것을 말하며, 그 종류와 범위는 대통령령으로 정한다. (시행일 : 2024. 8. 17)

3. 각종 의무

(1) 국가 등의 의무(법 제3조)

① 국가는 국민의 생명·신체 및 재산을 보호하기 위하여 교통안전에 관한 종합적인 시책을 수립하고 이를 시행하여야 한다.

② 지방자치단체는 주민의 생명·신체 및 재산을 보호하기 위하여 그 관할구역 내의 교통안전에 관한 시책을 해당 지역의 실정에 맞게 수립하고 이를 시행하여야 한다.

③ 국가 및 지방자치단체(이하 "국가 등")는 교통안전에 관한 시책을 수립·시행하는 것 외에 지역개발·교육·문화 및 법무 등에 관한 계획 및 정책을 수립하는 경우에는 교통안전에 관한 사항을 배려하여야 한다.

(2) 교통시설설치·관리자의 의무(법 제4조)

교통시설설치·관리자는 해당 교통시설을 설치 또는 관리하는 경우 교통안전표지 그 밖의 교통안전시설을 확충·정비하는 등 교통안전을 확보하기 위한 필요한 조치를 강구하여야 한다.

(3) 교통수단 제조사업자의 의무(법 제5조)

교통수단 제조사업자는 법령에서 정하는 바에 따라 그가 제조하는 교통수단의 구조·설비 및 장치의 안전성이 향상되도록 노력하여야 한다.

(4) 교통수단운영자의 의무(법 제6조)

교통수단운영자는 법령에서 정하는 바에 따라 그가 운영하는 교통수단의 안전한 운행・항행・운항 등을 확보하기 위하여 필요한 노력을 하여야 한다.

(5) 차량 운전자 등의 의무(법 제7조)

① 차량을 운전하는 자 등은 법령에서 정하는 바에 따라 해당 차량이 안전운행에 지장이 없는지를 점검하고 보행자와 자전거이용자에게 위험과 피해를 주지 아니하도록 안전하게 운전하여야 한다.

② 선박에 승선하여 항행업무 등에 종사하는 자(도선사 포함, 이하 "선박승무원 등")는 해당 선박이 출항하기 전에 검사를 행하여야 하며, 기상조건・해상조건・항로표지 및 사고의 통보 등을 확인하고 안전운항을 하여야 한다.

③ 항공기에 탑승하여 그 운항업무 등에 종사하는 자(이하 "항공승무원 등")는 해당 항공기의 운항 전 확인 및 항행안전시설의 기능장애에 관한 보고 등을 행하고 안전운항을 하여야 한다.

(6) 보행자의 의무(법 제8조)

보행자는 도로를 통행할 때 법령을 준수하여야 하고, 육상교통에 위험과 피해를 주지 아니하도록 노력하여야 한다.

(7) 재정 및 금융조치(법 제9조)

① 국가 등은 교통안전에 관한 시책의 원활한 실시를 위하여 예산의 확보, 재정지원 등 재정・금융상의 필요한 조치를 강구하여야 한다.

② 국가 등은 이 법에 따라 다음 어느 하나에 해당하는 자에게 교통안전장치 장착을 의무화할 경우 이에 따른 비용을 대통령령으로 정하는 바에 따라 지원할 수 있다.

㉠ 「여객자동차 운수사업법」에 따른 여객자동차운송사업자

㉡ 「화물자동차 운수사업법」에 따른 화물자동차운송사업자 또는 화물자동차운송가맹사업자

㉢ 「도로교통법」에 따른 어린이통학버스(규정에 따라 운행기록장치를 장착한 차량은 제외) 운영자

(8) 국회에 대한 보고(법 제10조)

정부는 매년 국회에 정기국회 개회 전까지 교통사고 상황, 국가교통안전기본계획 및 국가교통안전 시행계획의 추진 상황 등에 관한 보고서를 제출하여야 한다.

(9) 다른 법률과의 관계(법 제11조)

① 교통안전에 관하여 다른 법률을 제정하거나 개정하는 경우에는 이 법의 목적에 부합되도록 하여야 한다.

② 교통안전에 관하여 다른 법률에 특별한 규정이 있는 경우를 제외하고는 이 법에서 정하는 바에 따른다.

제2절 국가교통안전기본계획 등

1. 국가교통안전기본계획

(1) 국가교통안전기본계획(법 제15조)

① 국토교통부장관은 국가의 전반적인 교통안전수준의 향상을 도모하기 위하여 교통안전에 관한 기본계획(국가교통안전기본계획)을 5년 단위로 수립하여야 한다.

② 국가교통안전기본계획에는 다음의 사항이 포함되어야 한다.

㉠ 교통안전에 관한 중・장기 종합정책방향

㉡ 육상교통・해상교통・항공교통 등 부문별 교통사고의 발생현황과 원인의 분석

㉢ 교통수단・교통시설별 교통사고 감소목표

㉣ 교통안전지식의 보급 및 교통문화 향상목표

㉤ 교통안전정책의 추진성과에 대한 분석・평가

㉥ 교통안전정책의 목표달성을 위한 부문별 추진전략

㉦ 고령자, 어린이 등 교통약자의 교통사고 예방에 관한 사항

㉧ 부문별・기관별・연차별 세부 추진계획 및 투자계획

㉨ 교통안전표지・교통관제시설・항행안전시설 등 교통안전시설의 정비・확충에 관한 계획

㉩ 교통안전 전문인력의 양성

㉪ 교통안전과 관련된 투자사업계획 및 우선순위

㉫ 지정행정기관별 교통안전대책에 대한 연계와 집행력 보완방안

㉬ 그 밖에 교통안전수준의 향상을 위한 교통안전시책에 관한 사항

③ 국토교통부장관은 국가교통안전기본계획의 수립을 위하여 지정행정기관별로 추진할 교통안전에 관한 주요 계획 또는 시책에 관한 사항이 포함된 지침을 작성하여 지정행정기관의 장에게 통보하여야 하며, 지정행정기관의 장은 통보받은 지침에 따라 소관별 교통안전에 관한 계획안을 국토교통부장관에게 제출하여야 한다.

④ 국토교통부장관은 제출받은 소관별 교통안전에 관한 계획안을 종합・조정하여 국가교통안전기본계획안을 작성한 후 국가교통위원회의 심의를 거쳐 이를 확정한다.

⑤ 국토교통부장관은 확정된 국가교통안전기본계획을 지정행정기관의 장과 시・도지사에게 통보하고, 이를 공고(인터넷 게재 포함)하여야 한다.

⑥ ③부터 ⑤까지의 규정은 확정된 국가교통안전기본계획을 변경하는 경우에 이를 준용한다. 다만, 대통령령으로 정하는 경미한 사항을 변경하는 경우에는 그러하지 아니하다.

⑦ ①부터 ⑥까지의 규정에 따른 국가교통안전기본계획의 수립 및 변경 등에 관하여 필요한 사항은 대통령령으로 정한다.

중요 CHECK

대통령령으로 정하는 경미한 사항을 변경하는 경우(영 제11조)

1. 국가교통안전기본계획 또는 국가교통안전시행계획에서 정한 부문별 사업규모를 100분의 10 이내의 범위에서 변경하는 경우
2. 국가교통안전기본계획 또는 국가교통안전시행계획에서 정한 시행기한의 범위에서 단위 사업의 시행시기를 변경하는 경우
3. 계산 착오, 오기(誤記), 누락, 그 밖에 국가교통안전기본계획 또는 국가교통안전시행계획의 기본방향에 영향을 미치지 아니하는 사항으로서 그 변경 근거가 분명한 사항을 변경하는 경우

(2) 국가교통안전기본계획의 수립(영 제10조)

① 법 제15조제3항에 따라 국토교통부장관은 국가교통안전기본계획의 수립 또는 변경을 위한 지침(수립지침)을 작성하여 계획연도 시작 전전년도 6월 말까지 지정행정기관의 장에게 통보하여야 한다.

② 지정행정기관의 장은 수립지침에 따라 소관별 교통안전에 관한 계획안을 작성하여 계획연도 시작 전년도 2월 말까지 국토교통부장관에게 제출하여야 한다.

③ 국토교통부장관은 법 제15조제4항에 따라 ②의 소관별 교통안전에 관한 계획안을 종합·조정하여 계획연도 시작 전년도 6월 말까지 국가교통안전기본계획을 확정하여야 한다. 소관별 교통안전에 관한 계획안을 종합·조정하는 경우에는 다음의 사항을 검토하여야 한다.

㉠ 정책목표

㉡ 정책과제의 추진시기

㉢ 투자규모

㉣ 정책과제의 추진에 필요한 해당 기관별 협의사항

④ 국토교통부장관은 ③에 따라 국가교통안전기본계획을 확정한 경우에는 확정한 날부터 20일 이내에 지정 행정기관의 장과 시·도지사에게 이를 통보하여야 한다.

(3) 국가교통안전시행계획(법 제16조)

① 지정행정기관의 장은 국가교통안전기본계획을 집행하기 위하여 매년 소관별 교통안전시행계획안을 수립하여 이를 국토교통부장관에게 제출하여야 한다.

② 국토교통부장관은 ①의 규정에 따라 제출받은 소관별 교통안전시행계획안을 국가교통안전기본계획에 따라 종합·조정하여 국가교통안전시행계획안을 작성한 후 국가교통위원회의 심의를 거쳐 이를 확정한다.

③ 국토교통부장관은 ②의 규정에 따라 확정된 국가교통안전시행계획을 지정행정기관의 장과 시·도지사에게 통보하고, 이를 공고하여야 한다.

④ ①부터 ③까지의 규정은 국가교통안전시행계획을 변경하는 경우에 이를 준용한다. 다만, 대통령령으로 정하는 경미한 사항을 변경하는 경우에는 그러하지 아니하다.

⑤ ①부터 ④까지의 규정에 따른 국가교통안전시행계획의 수립 및 변경 등에 관하여 필요한 사항은 대통령령으로 정한다.

(4) 국가교통안전시행계획의 수립(영 제12조)

① 법 제16조제1항에 따라 지정행정기관의 장은 다음 연도의 소관별 교통안전시행계획안을 수립하여 매년 10월 말까지 국토교통부장관에게 제출하여야 한다.

② 국토교통부장관은 법 제16조제2항에 따라 소관별 교통안전시행계획안을 종합·조정할 때에는 다음의 사항을 검토하여야 한다.

㉠ 국가교통안전기본계획과의 부합 여부

㉡ 기대 효과

㉢ 소요예산의 확보 가능성

③ 국토교통부장관은 국가교통안전시행계획을 12월 말까지 확정하여 지정행정기관의 장과 시·도지사에게 통보하여야 한다.

2. 지역교통안전기본계획

(1) 지역교통안전기본계획의 수립(법 제17조, 영 제13조)

① 시·도지사는 국가교통안전기본계획에 따라 시·도교통안전기본계획을 5년 단위로 수립하여야 하며, 시장·군수·구청장은 시·도교통안전기본계획에 따라 시·군·구교통안전기본계획을 5년 단위로 수립하여야 한다. 기본계획에는 각각 다음의 사항이 포함되어야 한다.

㉠ 해당 지역의 육상교통안전에 관한 중·장기 종합정책방향

㉡ 그 밖에 육상교통안전수준을 향상하기 위한 교통안전시책에 관한 사항

② 국토교통부장관 또는 시·도지사는 시·도교통안전기본계획 또는 시·군·구교통안전기본계획(이하 "지역교통안전기본계획")의 수립에 관한 지침을 작성하여 시·도지사 및 시장·군수·구청장에게 통보할 수 있다.

③ 시·도지사가 시·도교통안전기본계획을 수립한 때에는 지방교통위원회의 심의를 거쳐 이를 확정하고, 시장·군수·구청장이 시·군·구교통안전기본계획을 수립한 때에는 시·군·구교통안전위원회의 심의를 거쳐 이를 확정하며, 각각 계획연도 시작 전년도 10월 말까지 확정하여야 한다.

④ 시·도지사 등은 지역교통안전기본계획을 확정한 때에는 확정한 날부터 20일 이내에 시·도지사는 국토교통부장관에게 이를 제출하고, 시장·군수·구청장은 시·도지사에게 이를 제출하여야 한다.

⑤ 시·도지사는 시·도교통안전기본계획을 확정한 때에는 국토교통부장관에게 제출한 후 이를 공고하여야 하며, 시장·군수·구청장은 시·군·구교통안전기본계획을 확정한 때에는 시·도지사에게 제출한 후 이를 공고하여야 한다.

⑥ 시·도지사 또는 시장·군수·구청장은 시·도교통안전기본계획 또는 시·군·구교통안전기본계획을 수립하거나 변경하고자 할 때에는 지방교통위원회 또는 시·군·구교통안전위원회의 심의 전에 주민 및 관계 전문가로부터 의견을 들어야 한다. 다만, 국토교통부령으로 정하는 경미한 사항을 변경하고자 하는 경우에는 그러하지 아니하다.

(2) 지역교통안전시행계획의 수립(법 제18조, 영 제14조)

① 시・도지사 및 시장・군수・구청장은 소관 지역교통안전기본계획을 집행하기 위하여 지역교통안전시행계획을 매년 수립・시행하여야 한다. 시・도지사 등은 각각 다음 연도의 지역교통안전시행계획을 12월 말까지 수립하여야 한다.

② 시장・군수・구청장은 시・군・구교통안전시행계획과 전년도의 시・군・구교통안전시행계획 추진실적을 매년 1월 말까지 시・도지사에게 제출하고, 시・도지사는 이를 종합・정리하여 그 결과를 시・도교통안전시행계획 및 전년도의 시・도교통안전시행계획 추진실적과 함께 매년 2월 말까지 국토교통부장관에게 제출하여야 한다.

③ 시・도지사는 시・도교통안전시행계획을 수립한 때에는 국토교통부장관에게 제출한 후 이를 공고하여야 하며, 시장・군수・구청장은 시・군・구교통안전시행계획을 수립한 때에는 시・도지사에게 제출한 후 이를 공고하여야 한다.

중요 CHECK

지역교통안전시행계획의 추진실적에 포함되어야 하는 세부사항 등(규칙 제3조)

① 시・도교통안전시행계획 또는 시・군・구교통안전시행계획(지역교통안전시행계획)의 추진실적에 포함되어야 하는 세부사항은 다음과 같다.
  1. 지역교통안전시행계획의 단위 사업별 추진실적(예산사업에는 사업량과 예산집행실적을 포함, 계획미달 사업에는 그 사유와 대책을 포함)
  2. 지역교통안전시행계획의 추진상 문제점 및 대책
  3. 교통사고 현황 및 분석
    가. 연간 교통사고 발생건수 및 사상자 내역
    나. 교통수단별・교통시설별(관리청이 다른 경우 따로 구분) 교통안전정책 목표 달성 여부
    다. 교통약자에 대한 교통안전정책 목표 달성 여부
    라. 교통사고의 분석 및 대책
      1) 교통수단의 종류별 사고의 건수와 그 원인
      2) 유형별 사고의 건수와 그 원인
      3) 월별・요일별・시간별 및 장소별 사고의 건수와 그 원인
      4) 교통수단의 운전자와 피해자의 성별 및 연령층별로 구분한 사고의 건수와 그 원인
      5) 그 밖에 교통사고의 원인 분석에 필요한 사항
      6) 각 유형별 교통사고 예방 대책
    마. 교통문화지수 향상을 위한 노력
    바. 그 밖에 지역교통안전 수준의 향상을 위하여 각 지역별로 추진한 시책의 실적

② 교통안전시행계획의 추진실적 평가를 위하여 필요한 사항은 국토교통부장관이 정한다.

(3) 지역교통안전기본계획 등의 조정(법 제19조)

① 국토교통부장관은 시・도교통안전기본계획 또는 시・도교통안전시행계획이 국가교통안전기본계획 또는 국가교통안전시행계획에 위배되는 경우에는 해당 시・도지사에게 시・도교통안전기본계획 또는 시・도교통안전시행계획의 변경을 요구할 수 있다.

② 시 · 도지사는 시 · 군 · 구교통안전기본계획 또는 시 · 군 · 구교통안전시행계획이 시 · 도교통안전기본계획 또는 시 · 도교통안전시행계획에 위배되는 경우에는 해당 시장 · 군수 · 구청장에게 시 · 군 · 구교통안전기본계획 또는 시 · 군 · 구교통안전시행계획의 변경을 요구할 수 있다.

(4) 계획수립의 협력 요청(법 제20조)

① 국토교통부장관, 지정행정기관의 장, 시 · 도지사 및 시장 · 군수 · 구청장은 국가교통안전기본계획 또는 국가교통안전시행계획, 지역교통안전기본계획 또는 지역교통안전시행계획의 수립 · 시행을 위하여 필요하다고 인정하는 때에는 관계 행정기관의 장, 공공기관의 장 그 밖의 관계인에 대하여 자료의 제출 그 밖의 필요한 협력을 요청할 수 있다.

② 요청을 받은 자는 특별한 사유가 없으면 그 요청을 따라야 한다.

(5) 교통안전시행계획의 추진실적 평가(영 제15조)

① 지정행정기관의 장은 전년도의 소관별 국가교통안전시행계획 추진실적을 매년 3월 말까지 국토교통부장관에게 제출하여야 한다.

② 국토교통부장관은 ①에 따른 국가교통안전시행계획 추진실적과 지역교통안전시행계획 추진실적을 종합 · 평가하여 그 결과를 국가교통위원회에 보고하여야 하며, 필요하다고 인정되는 경우에는 교통안전과 관련된 전문기관 · 단체에 자문을 하거나 조사 · 연구를 의뢰할 수 있다.

③ 국가교통위원회는 ②에 따른 추진실적 평가 결과에 대하여 관계 지정행정기관의 장과 시 · 도지사 등이 참석하는 합동평가회의를 개최할 수 있다.

3. 교통시설설치 · 관리자 등의 교통안전관리규정

(1) 교통안전관리규정의 내용(법 제21조제1항, 영 제18조)

대통령령으로 정하는 교통시설설치 · 관리자 및 교통수단운영자(교통시설설치 · 관리자 등)는 그가 설치 · 관리하거나 운영하는 교통시설 또는 교통수단과 관련된 교통안전을 확보하기 위하여 다음의 사항을 포함한 규정(교통안전관리규정)을 정하여 관할 교통행정기관에 제출하여야 한다. 이를 변경한 때에도 또한 같다.

① 교통안전의 경영지침에 관한 사항

② 교통안전목표 수립에 관한 사항

③ 교통안전 관련 조직에 관한 사항

④ 교통안전담당자 지정에 관한 사항

⑤ 안전관리대책의 수립 및 추진에 관한 사항

⑥ 그 밖에 교통안전에 관한 중요 사항으로서 대통령령으로 정하는 다음의 사항(영 제18조)
   ㉠ 교통안전과 관련된 자료 • 통계 및 정보의 보관 • 관리에 관한 사항
   ㉡ 교통시설의 안전성 평가에 관한 사항
   ㉢ 사업장에 있는 교통안전 관련 시설 및 장비에 관한 사항
   ㉣ 교통수단의 관리에 관한 사항
   ㉤ 교통업무에 종사하는 자의 관리에 관한 사항
   ㉥ 교통안전의 교육 • 훈련에 관한 사항
   ㉦ 교통사고 원인의 조사 • 보고 및 처리에 관한 사항
   ㉧ 그 밖에 교통안전관리를 위하여 국토교통부장관이 따로 정하는 사항

(2) 교통안전관리규정의 준수와 변경(법 제21조제2~4항, 규칙 제5조제1항)

① 교통시설설치 • 관리자 등은 교통안전관리규정을 준수하여야 한다.
② 교통행정기관은 국토교통부령으로 정하는 바에 따라 교통시설설치 • 관리자 등이 교통안전관리규정을 준수하고 있는지의 여부를 확인하고 이를 평가하여야 한다.
③ 교통행정기관은 교통안전을 확보하기 위하여 필요하다고 인정하는 때에는 교통안전관리규정의 변경을 명할 수 있다. 이 경우 변경 명령을 받은 교통시설설치 • 관리자 등은 특별한 사유가 없으면 그 명령을 따라야 한다.
④ 교통안전관리규정 준수 여부의 확인 • 평가는 교통안전관리규정을 제출한 날을 기준으로 매 5년이 지난 날의 전후 100일 이내에 실시한다.

(3) 교통안전관리규정의 검토 등(영 제19조)

① 교통행정기관은 교통시설설치 • 관리자 등이 제출한 교통안전관리규정이 법 제21조제1항 각 호에서 정한 사항을 포함하여 적정하게 작성되었는지를 검토하여야 한다.
② ①에 따른 교통안전관리규정에 대한 검토 결과는 다음과 같이 구분한다.
   ㉠ 적합 : 교통안전에 필요한 조치가 구체적이고 명료하게 규정되어 있어 교통시설 또는 교통수단의 안전성이 충분히 확보되어 있다고 인정되는 경우
   ㉡ 조건부 적합 : 교통안전의 확보에 중대한 문제가 있지는 아니하지만 부분적으로 보완이 필요하다고 인정되는 경우
   ㉢ 부적합 : 교통안전의 확보에 중대한 문제가 있거나 교통안전관리규정 자체에 근본적인 결함이 있다고 인정되는 경우
③ 교통행정기관은 교통시설설치 • 관리자 등이 제출한 교통안전관리규정이 ②에 따른 조건부 적합 또는 부적합 판정을 받은 경우에는 법 제21조제4항에 따라 교통안전관리규정의 변경을 명하는 등 필요한 조치를 하여야 한다.

(4) 교통시설설치 · 관리자 등의 범위와 교통안전관리규정 제출시기(영 제16 · 17조)

① 법 제21조제1항에 따른 교통시설설치 · 관리자 및 교통수단운영자(이하 "교통시설설치 · 관리자 등")는 아래와 같다(영 제16조 [별표 1]).

㉠ 교통시설설치 · 관리자

도 로	1) 「한국도로공사법」에 따른 한국도로공사 2) 「도로법」에 따라 관리청의 허가를 받아 도로공사를 시행하거나 유지하는 관리청이 아닌 자 3) 「유료도로법」에 따라 유료도로를 신설 또는 개축하여 통행료를 받는 비도로관리청 4) 「도로법」에 따른 도로 및 도로부속물에 대하여 「사회기반시설에 대한 민간투자법」에 따른 민간투자사업을 시행하고, 이를 관리 · 운영하는 민간투자법인

㉡ 교통수단운영자

자동차	다음 중 어느 하나에 해당하는 자 중 사업용으로 20대 이상의 자동차(피견인 자동차는 제외)를 사용하는 자 1) 「여객자동차 운수사업법」에 따라 여객자동차운송사업의 면허를 받거나 등록을 한 자 2) 「여객자동차 운수사업법」에 따라 여객자동차운수사업의 관리를 위탁받은 자 3) 「여객자동차 운수사업법」에 따라 자동차대여사업의 등록을 한 자 4) 「화물자동차 운수사업법」에 따라 일반화물자동차운송사업의 허가를 받은 자
궤 도	「궤도운송법」에 따라 궤도사업의 허가를 받은 자 또는 제5조에 따라 전용궤도의 승인을 받은 전용궤도운영자

② 교통안전관리규정의 제출시기(영 제17조)

㉠ 교통시설설치 · 관리자 등이 법 제21조제1항에 따른 교통안전관리규정(이하 "교통안전관리규정")을 제출하여야 하는 시기는 다음의 구분에 따른다.

- 교통시설설치 · 관리자 : 위의 ㉠의 어느 하나에 해당하게 된 날부터 6개월 이내
- 교통수단운영자 : 위의 ㉡의 어느 하나에 해당하게 된 날부터 1년의 범위에서 국토교통부령으로 정하는 기간 이내

㉡ 교통시설설치 · 관리자 등은 교통안전관리규정을 변경한 경우에는 변경한 날부터 3개월 이내에 변경된 교통안전관리규정을 관할 교통행정기관에 제출하여야 한다.

중요 CHECK

국토교통부령으로 정하는 기간(규칙 제4조)

1. 「여객자동차 운수사업법」에 따라 여객자동차운송사업의 면허를 받거나 등록을 한 자, 여객자동차운수사업의 관리를 위탁받은 자 또는 자동차대여사업의 등록을 한 자(이하 "여객자동차운송사업자 등")로서 200대 이상의 자동차를 보유한 자 : 6개월 이내
2. 여객자동차운송사업자 등으로서 100대 이상 200대 미만의 자동차를 보유한 자 및 「궤도운송법」에 따라 궤도사업의 허가를 받은 자 및 전용궤도의 승인을 받은 자 : 9개월 이내
3. 여객자동차운송사업자 등으로서 100대 미만의 자동차를 보유한 자, 「화물자동차 운수사업법」에 따라 일반화물자동차운송사업의 허가를 받은 자 : 1년 이내

제3절 교통안전시책

1. 교통안전에 관한 기본시책

(1) 교통시설의 정비 등(법 제22조)

① 국가 등은 안전한 교통환경을 조성하기 위하여 교통시설의 정비(교통안전표지 그 밖의 교통안전시설에 대한 정비 포함), 교통규제 및 관제의 합리화, 공유수면 사용의 적정화 등 필요한 시책을 강구하여야 한다.

② 국가 등은 주거지·학교지역 및 상점가에 대하여 ①의 규정에 따른 시책을 강구할 때에 특히 보행자와 자전거이용자가 보호되도록 배려하여야 한다.

(2) 교통안전지식의 보급 등(법 제23조)

① 국가 등은 교통안전에 관한 지식을 보급하고 교통안전에 관한 의식을 제고하기 위하여 학교 그 밖의 교육기관을 통하여 교통안전교육의 진흥과 교통안전에 관한 홍보활동의 충실을 도모하는 등 필요한 시책을 강구하여야 한다.

② 국가 등은 교통안전에 관한 국민의 건전하고 자주적인 조직 활동이 촉진되도록 필요한 시책을 강구하여야 한다.

③ 국가 등은 어린이, 노인 및 장애인의 교통안전 체험을 위한 교육시설을 설치할 수 있다. 이 경우 해당 교육시설을 설치하고자 하는 교통행정기관의 장은 관계 행정기관의 장과 협의하여야 한다.

④ 국가 등은 어린이, 노인 및 장애인의 교통안전 체험을 위한 교육시설 설치를 지원하기 위하여 예산의 범위에서 재정적 지원을 할 수 있다.

중요 CHECK

교통안전 체험시설의 설치기준 등(영 제19조의2)

① 국가 및 시·도지사 등은 법 제23조제3항에 따라 어린이, 노인 및 장애인(어린이 등) 교통안전의 체험을 위한 교육시설(교통안전 체험시설)을 설치할 때에는 다음의 설치기준 및 방법에 따른다.

1. 어린이 등이 교통사고 예방법을 습득할 수 있도록 교통의 위험상황을 재현할 수 있는 영상장치 등 시설·장비를 갖출 것
2. 어린이 등이 자전거를 운전할 때 안전한 운전방법을 익힐 수 있는 체험시설을 갖출 것
3. 어린이 등이 교통시설의 운영체계를 이해할 수 있도록 보도·횡단보도 등의 시설을 관계 법령에 맞게 배치할 것
4. 교통안전 체험시설에 설치하는 교통안전표지 등이 관계 법령에 따른 기준과 일치할 것

② 교통안전 체험시설의 설치와 운영 등에 필요한 사항은 해당 지방자치단체의 조례로 정한다.

(3) 교통수단의 안전운행 등의 확보(법 제24조)

① 국가 등은 차량의 운전자, 선박승무원 등 및 항공승무원 등(이하 "운전자 등")이 해당 교통수단을 안전하게 운행할 수 있도록 필요한 교육을 받도록 하여야 한다.

② 국가 등은 운전자 등의 자격에 관한 제도의 합리화, 교통수단 운행체계의 개선, 운전자 등의 근무조건의 적정화와 복지향상 등을 위하여 필요한 시책을 강구하여야 한다.

(4) 교통안전에 관한 정보의 수집 · 전파(법 제25조)

국가 등은 기상정보 등 교통안전에 관한 정보를 신속하게 수집 · 전파하기 위하여 기상관측망과 통신시설의 정비 및 확충 등 필요한 시책을 강구하여야 한다.

(5) 교통수단의 안전성 향상(법 제26조)

국가 등은 교통수단의 안전성을 향상시키기 위하여 교통수단의 구조 · 설비 및 장비 등에 관한 안전상의 기술적 기준을 개선하고 교통수단에 대한 검사의 정확성을 확보하는 등 필요한 시책을 강구하여야 한다.

(6) 교통질서의 유지(법 제27조)

국가 등은 교통질서를 유지하기 위하여 교통질서 위반자에 대한 단속 등 필요한 시책을 강구하여야 한다.

(7) 위험물의 안전운송(법 제28조)

국가 등은 위험물의 안전운송을 위하여 운송 시설 및 장비의 확보와 그 운송에 관한 제반기준의 제정 등 필요한 시책을 강구하여야 한다.

(8) 긴급 시의 구조체제의 정비(법 제29조)

① 국가 등은 교통사고 부상자에 대한 응급조치 및 의료의 충실을 도모하기 위하여 구조체제의 정비 및 응급의료시설의 확충 등 필요한 시책을 강구하여야 한다.

② 국가 등은 해양사고 구조의 충실을 도모하기 위하여 해양사고 발생정보의 수집체제 및 해양사고 구조체제의 정비 등 필요한 시책을 강구하여야 한다.

(9) 손해배상의 적정화(법 제30조)

국가 등은 교통사고로 인한 피해자(유족 포함)에 대한 손해배상의 적정화를 위하여 손해배상보장제도의 충실 등 필요한 시책을 강구하여야 한다.

(10) 과학기술의 진흥(법 제31조)

① 국가 등은 교통안전에 관한 과학기술의 진흥을 위한 시험연구체제를 정비하고 연구 · 개발을 추진하며 그 성과의 보급 등 필요한 시책을 강구하여야 한다.

② 국가 등은 교통사고 원인을 과학적으로 규명하기 위하여 교통체계 등에 관한 종합적인 연구 · 조사의 실시 등 필요한 시책을 강구하여야 한다.

(11) 교통안전에 관한 시책 강구 상의 배려(법 제32조)

국가 등은 교통안전에 관한 시책을 강구할 때 국민생활을 부당하게 침해하지 아니하도록 배려하여야 한다.

2. 교통수단안전점검

(1) 교통수단안전점검의 실시(법 제33조)

① 교통행정기관은 소관 교통수단에 대한 교통안전 실태를 파악하기 위하여 주기적으로 또는 수시로 교통수단안전점검을 실시할 수 있다.

중요 CHECK

교통수단안전점검의 대상 등(영 제20조제1항)

교통수단안전점검의 대상은 다음과 같다.

1. 「여객자동차 운수사업법」에 따른 여객자동차운송사업자가 보유한 자동차 및 그 운영에 관련된 사항
2. 「화물자동차 운수사업법」에 따른 화물자동차 운송사업자가 보유한 자동차 및 그 운영에 관련된 사항
3. 「건설기계관리법」에 따른 건설기계사업자가 보유한 건설기계(「도로교통법」에 따른 운전면허를 받아야 하는 건설기계에 한정) 및 그 운영에 관련된 사항
4. 「철도사업법」에 따른 철도사업자 및 전용철도운영자가 보유한 철도차량 및 그 운영에 관련된 사항
5. 「도시철도법」에 따른 도시철도운영자가 보유한 철도차량 및 그 운영에 관련된 사항
6. 「항공사업법」에 따른 항공운송사업자가 보유한 항공기(「항공안전법」을 적용받는 군용항공기 등과 국가기관 등 항공기는 제외) 및 그 운영에 관련된 사항
7. 그 밖에 국토교통부령으로 정하는 어린이 통학버스 및 위험물 운반자동차 등 교통수단안전점검이 필요하다고 인정되는 자동차 및 그 운영에 관련된 사항

② 교통행정기관은 ①에 따른 교통수단안전점검을 실시한 결과 교통안전을 저해하는 요인이 발견된 경우 그 개선대책을 수립・시행하여야 하며, 교통수단운영자에게 개선사항을 권고할 수 있다.

③ 교통행정기관은 교통수단안전점검을 효율적으로 실시하기 위하여 관련 교통수단운영자로 하여금 필요한 보고를 하게 하거나 관련 자료를 제출하게 할 수 있으며, 필요한 경우 소속 공무원으로 하여금 교통수단운영자의 사업장 등에 출입하여 교통수단 또는 장부・서류나 그 밖의 물건을 검사하게 하거나 관계인에게 질문하게 할 수 있다.

④ ③에 따라 사업장을 출입하여 검사하려는 경우에는 출입・검사 7일 전까지 검사일시・검사이유 및 검사내용 등을 포함한 검사계획을 교통수단운영자에게 통지하여야 한다. 다만, 증거인멸 등으로 검사의 목적을 달성할 수 없다고 판단되는 경우에는 검사일에 검사계획을 통지할 수 있다.

⑤ ③에 따라 출입・검사를 하는 공무원은 그 권한을 표시하는 증표를 내보이고 성명・출입시간 및 출입목적 등이 표시된 문서를 교부하여야 한다.

⑥ ①에도 불구하고 국토교통부장관은 대통령령으로 정하는 교통수단과 관련하여 대통령령으로 정하는 기준 이상의 교통사고가 발생한 경우 해당 교통수단에 대하여 교통수단안전점검을 실시하여야 한다.

⑦ 국토교통부장관은 ⑥에 따른 교통수단안전점검을 실시한 결과 교통안전을 저해하는 요인이 발견된 경우에는 그 결과를 소관 교통행정기관에 통보하여야 한다.

⑧ ⑦에 따라 교통수단안전점검 결과를 통보받은 교통행정기관은 교통안전 저해요인을 제거하기 위하여 필요한 조치를 하고 국토교통부장관에게 그 조치의 내용을 통보하여야 한다.

⑨ ① 및 ⑥에 따른 교통수단안전점검에 필요한 대상·기준·시기 및 항목 등에 관하여 필요한 사항은 대통령령으로 정한다.

(2) 대통령령으로 정하는 교통수단(영 제20조제2항)

① 「여객자동차 운수사업법」에 따른 여객자동차운송사업의 면허를 받거나 등록을 한 자(같은 법에 따른 수요응답형 여객자동차운송사업자 및 개인택시운송사업자 등 자동차 보유대수가 1대인 운송사업자는 제외)

② 「화물자동차 운수사업법」에 따라 화물자동차 운송사업의 허가를 받은 자(자동차 보유대수가 1대인 운송사업자는 제외)

(3) 대통령령으로 정하는 기준 이상의 교통사고(영 제20조제3항)

① 1건의 사고로 사망자가 1명 이상 발생한 교통사고

② 1건의 사고로 중상자가 3명 이상 발생한 교통사고

③ 자동차를 20대 이상 보유한 (2)의 어느 하나에 해당하는 자의 [별표 3의2]에 따른 교통안전도 평가지수가 국토교통부령으로 정하는 기준을 초과하여 발생한 교통사고

(4) 교통수단안전점검의 항목(영 제20조제4항)

① 교통수단의 교통안전 위험요인 조사

② 교통안전 관계 법령의 위반 여부 확인

③ 교통안전관리규정의 준수 여부 점검

④ 그 밖에 국토교통부장관이 관계 교통행정기관의 장과 협의하여 정하는 사항

(5) 교통수단안전점검의 방법(영 제21조)

① 교통행정기관의 장은 교통수단안전점검을 실시할 때에는 교통안전에 관한 전문지식과 경험이 있는 관계 공무원으로 하여금 이를 실시하도록 하여야 한다.

② 교통수단안전점검의 대상이 둘 이상의 교통행정기관의 소관 사항인 경우에는 해당 소관 기관이 공동으로 점검할 수 있다.

③ 교통행정기관의 장은 교통수단안전점검을 하기 위하여 필요하다고 인정되는 경우에는 교통안전과 관련된 전문기관·단체의 지원을 받을 수 있다.

(6) 교통안전 특별실태조사의 실시 등(법 제33조의2)

① 지정행정기관의 장은 교통사고가 자주 발생하는 등 교통안전이 취약한 시(「제주특별자치도 설치 및 국제자유도시 조성을 위한 특별법」에 따른 행정시를 포함)·군·구에 대하여 필요하다고 인정하는 경우 해당 시·군·구의 교통체계에 대한 특별실태조사를 실시할 수 있다.

② 지정행정기관의 장은 ①에 따라 특별실태조사를 실시한 결과 교통안전의 확보를 위하여 필요하다고 인정하는 경우에는 관할 교통행정기관에 대하여 교통시설 등의 교통체계를 개선할 것을 권고할 수 있다. 이 경우 지정행정기관의 장은 관할 교통행정기관에 개선권고의 이행에 필요한 행정적 지원을 할 수 있다.

③ ②에 따라 지정행정기관의 장의 개선권고를 받은 관할 교통행정기관은 이행계획서를 작성하여 지정행정기관의 장에게 제출하여야 하고, 지정행정기관의 장은 이를 이행하는지 확인 또는 점검하여야 한다.

④ ③에 따라 이행계획서를 제출한 관할 교통행정기관은 대통령령으로 정하는 바에 따라 이행결과보고서를 지정행정기관의 장에게 제출하여야 한다.

⑤ 지정행정기관의 장은 예산의 범위에서 ②에 따른 개선권고의 이행에 필요한 재원의 전부 또는 일부를 지원할 수 있다.

⑥ 특별실태조사의 구체적인 대상, 절차, 방법 등에 관하여 필요한 사항은 국토교통부령으로 정한다.

3. 교통시설안전진단

(1) 교통시설설치자의 교통시설안전진단(법 제34조제1·2항)

① 대통령령으로 정하는 일정 규모 이상의 도로·철도·공항의 교통시설을 설치하려는 자(이하 이 조에서 "교통시설설치자")는 해당 교통시설의 설치 전에 등록한 교통안전진단기관(이하 "교통안전진단기관")에 의뢰하여 교통시설안전진단을 받아야 한다.

② ①에 따라 교통시설안전진단을 받은 교통시설설치자는 해당 교통시설에 대한 공사계획 또는 사업계획 등에 대한 승인·인가·허가·면허 또는 결정 등(이하 "승인 등")을 받아야 하거나 신고 등을 하여야 하는 경우에는 대통령령으로 정하는 바에 따라 교통안전진단기관이 작성·교부한 교통시설안전진단보고서를 관련 서류와 함께 관할 교통행정기관에 제출하여야 한다.

(2) 교통시설안전진단을 받아야 하는 교통시설(영 [별표 2])

구 분	대상 교통시설	법 제34조제2항에 따른 교통시설안전진단보고서 제출시기	법 제34조제4항에 따른 교통시설안전진단보고서 제출시기
도 로	1) 「국토의 계획 및 이용에 관한 법률」에 따른 도시·군계획시설사업으로 시행하는 다음과 같은 도로의 건설 가) 일반국도·고속국도 : 총 길이 5[km] 이상 나) 특별시도·광역시도·지방도(국가지원지방도를 포함) : 총길이 3[km] 이상 다) 시도·군도·구도 : 총길이 1[km] 이상	1) 「국토의 계획 및 이용에 관한 법률」 제88조제2항에 따른 실시계획의 인가 전	1) 「국토의 계획 및 이용에 관한 법률」 제98조에 따른 준공검사 전
	2) 「도로법」에 따른 다음의 어느 하나에 해당하는 도로의 건설 가) 일반국도·고속국도 : 총길이 5[km] 이상 나) 특별시도·광역시도·지방도 : 총길이 3[km] 이상 다) 시도·군도·구도 : 총길이 1[km] 이상	2) 「도로법」 제25조에 따른 도로구역의 결정 전	2) 「건설기술 진흥법 시행령」 제78조에 따른 준공검사 전

(3) 교통안전 우수사업자 지정 등(법 제35조의2)

① 국토교통부장관은 교통안전수준을 높이고 교통사고 감소에 기여한 교통수단운영자를 교통안전 우수사업자로 지정할 수 있다.

② 교통행정기관은 ①에 따라 지정을 받은 자에 대하여 교통수단안전점검을 면제하는 등 국토교통부령으로 정하는 지원을 할 수 있다.

③ 국토교통부장관은 ①에 따라 지정을 받은 자가 다음에 해당하는 경우에는 지정을 취소할 수 있다. 다만, ㉠에 해당하는 경우에는 지정을 취소하여야 한다.

㉠ 거짓이나 그 밖의 부정한 방법으로 ①에 따른 지정을 받은 경우

㉡ 국토교통부령으로 정하는 기준 이상의 교통사고를 일으킨 경우

④ ①에 따른 교통안전 우수사업자 지정의 대상, 기준, 유효기간, 절차, 방법 등에 관하여 필요한 사항은 국토교통부령으로 정한다.

(4) 교통시설안전진단의 실시 등(영 제25조제1·2항, 제26조)

① 교통시설안전진단은 해당 교통시설 등을 설계·시공 또는 감리한 자의 계열회사인 교통안전진단기관이나 해당 교통사업자의 자회사인 교통안전진단기관에 의뢰하여서는 아니 된다. 다만, 교통시설 등에 대한 교통시설안전진단을 할 때에 다른 교통안전진단기관이 교통시설안전진단을 할 수 없거나 특별히 필요하다고 인정되는 경우로서 국토교통부령으로 정하는 경우에는 그러하지 아니하다.

② 교통안전진단기관이 교통시설안전진단을 할 때에는 제32조제1항제1호에 따른 요건을 갖춘 자로 하여금 진단하게 하여야 한다.

③ 교통시설안전진단보고서에는 다음의 사항이 포함되어야 한다(영 제26조).

㉠ 교통시설안전진단을 받아야 하는 자의 명칭 및 소재지

㉡ 교통시설안전진단 대상의 종류

㉢ 교통시설안전진단의 실시기간과 실시자

㉣ 교통시설안전진단 대상의 상태 및 결함 내용

㉤ 교통안전진단기관의 권고사항

㉥ 그 밖에 교통안전관리에 필요한 사항

(5) 교통시설안전진단 명령(영 제30조)

① 교통행정기관은 교통시설안전진단을 받을 것을 명할 때에는 교통시설안전진단을 받아야 하는 날부터 30일 전까지 교통시설설치·관리자에게 이를 통보하여야 한다. 다만, 해당 교통시설로 인하여 교통사고를 초래할 중대한 위험요인이 있다고 인정되는 경우로서 긴급하게 교통시설안전진단을 받을 필요가 있다고 인정되는 경우에는 그 기간을 단축할 수 있다.

② ①에 따른 교통시설안전진단 명령은 서면으로 하여야 하며, 그 서면에는 교통시설안전진단의 대상·일시 및 이유를 분명하게 밝혀야 한다.

(6) 교통시설안전진단 결과의 처리(법 제37조)

① 교통행정기관은 교통시설안전진단을 받은 자가 제출한 교통시설안전진단보고서를 검토한 후 교통안전의 확보를 위하여 필요하다고 인정되는 경우에는 해당 교통시설안전진단을 받은 자에 대하여 다음 사항을 권고하거나 관계 법령에 따른 필요한 조치(권고 등)를 할 수 있다. 이 경우 교통행정기관은 교통시설안전진단을 받은 자가 권고사항을 이행하기 위하여 필요한 자료 제공 및 기술지원을 할 수 있다.

㉠ 교통시설에 대한 공사계획 또는 사업계획 등의 시정 또는 보완

㉡ 교통시설의 개선·보완 및 이용제한

㉢ 교통시설의 관리·운영 등과 관련된 절차·방법 등의 개선·보완

㉣ 그 밖에 교통안전에 관한 업무의 개선

② 교통행정기관은 ①에 따라 권고 등을 받은 자가 권고 등을 이행하는지를 점검할 수 있다.

③ 교통행정기관은 ②에 따른 점검을 위하여 필요하다고 인정하는 경우에는 ①에 따라 권고 등을 받은 자에게 권고 등의 이행실적을 제출할 것을 요청할 수 있다.

(7) 교통시설안전진단지침(법 제38조, 영 제31조)

① 국토교통부장관은 교통시설안전진단의 체계적이고 효율적인 실시를 위하여 대통령령으로 정하는 바에 따라 교통시설안전진단의 실시 항목·방법 및 절차, 교통시설안전진단을 실시하는 자의 자격 및 구성, 교통시설안전진단보고서의 작성 및 교통시설안전진단 결과의 사후 관리 등의 내용을 포함한 교통시설안전진단지침을 작성하여 이를 관보에 고시하여야 한다.

㉠ 교통시설안전진단에 필요한 사전준비에 관한 사항

㉡ 교통시설안전진단 실시자의 자격 및 구성에 관한 사항

㉢ 교통시설안전진단의 대상 및 범위에 관한 사항
㉣ 교통시설안전진단의 항목에 관한 사항
㉤ 교통시설안전진단 방법 및 절차에 관한 사항
㉥ 교통시설안전진단보고서의 작성 및 사후관리에 관한 사항
㉦ 교통시설안전진단의 결과에 따른 조치에 관한 사항
㉧ 교통시설안전진단의 평가에 관한 사항

② 국토교통부장관은 교통시설안전진단지침을 작성하려면 미리 관계지정행정기관의 장과 협의하여야 한다.

③ 교통안전진단기관은 교통시설안전진단을 실시하는 경우에는 ①에 따른 교통시설안전진단지침에 따라야 한다.

4. 교통안전진단기관

(1) 교통안전진단기관의 등록(영 제32조제2·3항)

① 교통안전진단기관으로 등록하려는 자는 등록신청서에 국토교통부령으로 정하는 서류를 첨부하여 시·도지사에게 제출하여야 한다.

② 시·도지사는 ①에 따른 등록신청을 받은 경우에는 등록요건을 갖추었는지를 검토한 후 다음의 구분에 따라 교통안전진단기관으로 등록하여야 한다.
㉠ 도로분야
㉡ 철도분야
㉢ 공항분야

(2) 교통안전진단에 필요한 전문인력 인정기준(영 제32조제1항, [별표 4])

① **전문인력** : 전문인력 인정기준에 따른 인력으로서 국토교통부령으로 정하는 교통시설안전진단 교육·훈련과정을 마친 자

㉠ 책임교통안전진단사의 자격요건(1명 이상 보유)
- 도로 및 공항기술사 또는 교통기술사 자격을 가진 사람
- 토목기사 또는 교통기사 자격을 취득한 후 도로의 설계·감리·감독·진단 또는 평가 등의 관련 업무를 10년 이상 수행한 사람

㉡ 교통안전진단사의 자격요건(2명 이상 보유)
토목기사 또는 교통기사 자격을 취득한 후 도로의 설계·감리·감독·진단 또는 평가 등의 관련 업무를 7년 이상 수행한 사람

㉢ 보조요원의 자격요건(2명 이상 보유)

토목기사 또는 교통기사 자격을 취득한 후 도로의 설계·감리·감독·진단 또는 평가 등의 관련 업무를 4년 이상 수행한 사람

② 장비 : 교통안전에 관한 위험요인을 조사·측정하기 위하여 필요한 장비로서 국토교통부령으로 정하는 장비(규칙 제11조, [별표 1])

분 야	장비명	
도 로	1. 노면 미끄럼 저항 측정기	2. 반사성능 측정기
	3. 조도계(照度計)	4. 평균휘도계[광원(光源) 단위 면적당 밝기의 평균 측정기]
	5. 거리 및 경사 측정기	6. 속도 측정장비
	7. 계수기(計數器)	8. 워킹메저(Walking-Measure)
	9. 위성항법장치(GPS)	10. 그 밖의 부대설비(컴퓨터 포함) 및 프로그램

(3) 변경사항의 신고 등(법 제40조)

① 교통안전진단기관은 등록사항 중 교통안전진단기관의 상호, 대표자, 사무소 소재지 또는 전문인력이 변경된 때에는 그 사실을 시·도지사에게 신고하여야 한다.

② 교통안전진단기관은 계속하여 6개월 이상 휴업하거나 재개업 또는 폐업하고자 하는 때에는 시·도지사에게 신고하여야 하며, 시·도지사는 폐업신고를 받은 때에는 그 등록을 말소하여야 한다.

(4) 결격사유(법 제41조)

다음의 어느 하나에 해당하는 자는 교통안전진단기관으로 등록할 수 없다.

① 피성년후견인 또는 피한정후견인

② 파산선고를 받고 복권되지 아니한 자

③ 이 법을 위반하여 징역형의 실형을 선고받고 그 집행이 종료(집행이 종료된 것으로 보는 경우 포함)되거나 집행이 면제된 날부터 2년이 지나지 아니한 자

④ 이 법을 위반하여 징역형의 집행유예를 선고받고 그 유예기간 중에 있는 자

⑤ 교통안전진단기관의 등록이 취소된 후 2년이 지나지 아니한 자(단, 제43조제3호 중 제41조제1호 및 제2호에 해당하여 등록이 취소된 경우는 제외)

⑥ 임원 중에 ①부터 ⑤까지의 어느 하나에 해당하는 자가 있는 법인

(5) 명의대여의 금지(법 제42조)

교통안전진단기관은 타인에게 자기의 명칭 또는 상호를 사용하여 교통시설안전진단 업무를 영위하게 하거나 교통안전진단기관등록증을 대여하여서는 아니 된다.

(6) 등록의 취소(법 제43조제1항)

시・도지사는 교통안전진단기관이 다음의 어느 하나에 해당하는 때에는 그 등록을 취소하거나 1년 이내의 기간을 정하여 영업의 정지를 명할 수 있다. 다만, ①부터 ⑤까지의 어느 하나에 해당하는 때에는 그 등록을 취소하여야 한다.

① 거짓이나 그 밖의 부정한 방법으로 등록을 한 때
② 최근 2년간 2회의 영업정지처분을 받고 새로이 영업정지처분에 해당하는 사유가 발생한 때
③ 교통안전진단기관의 결격사유(법 제41조)에 해당하게 된 때. 다만, 법인의 임원 중에 같은 조 제1호부터 제5호까지의 어느 하나에 해당하는 자가 있는 경우 6개월 이내에 해당 임원을 개임한 때에는 그러하지 아니하다.
④ 명의대여의 금지 등(법 제42조) 규정을 위반하여 타인에게 자기의 명칭 또는 상호를 사용하게 하거나 교통안전진단기관등록증을 대여한 때
⑤ 영업정지처분을 받고 영업정지처분기간 중에 새로이 교통시설안전진단 업무를 실시한 때
⑥ 교통안전진단기관의 등록기준에 미달하게 된 때
⑦ 교통시설안전진단을 실시할 자격이 없는 자로 하여금 교통시설안전진단을 수행하게 한 때
⑧ 교통시설안전진단의 실시결과를 평가한 결과 안전의 상태를 사실과 다르게 진단하는 등 교통시설안전진단 업무를 부실하게 수행한 것으로 평가된 때

(7) 행정처분 후의 업무수행(법 제44조)

① 등록의 취소 또는 영업정지처분을 받은 교통안전진단기관은 그 처분 당시에 이미 착수한 교통시설안전진단 업무는 이를 계속할 수 있다. 이 경우 교통안전진단기관은 그 처분 받은 내용을 지체 없이 교통시설안전진단 실시를 의뢰한 자에게 통지하여야 한다.
② 업무를 계속하는 자는 업무를 완료할 때까지 해당 업무에 관하여는 교통안전진단기관으로 본다.

(8) 교통시설안전진단 실시결과의 평가(법 제45조제1항, 영 제34조제1・2항)

① 국토교통부장관은 교통시설안전진단의 기술수준을 향상시키고 부실진단을 방지하기 위하여 교통안전진단기관이 수행한 교통시설안전진단의 실시결과를 평가하여야 한다.
② 교통시설안전진단의 실시결과에 대한 평가의 대상은 다음과 같다.
  ㉠ 다른 교통시설안전진단보고서를 베껴 쓰거나 뚜렷하게 짧은 기간에 진단을 끝내는 등 국토교통부장관이 부실진단의 우려가 있다고 인정하는 경우
  ㉡ 교통시설안전진단 비용의 산정기준에 뚜렷하게 못 미치는 금액으로 도급계약을 체결하여 교통안전진단을 한 경우
  ㉢ 그 밖에 국토교통부장관이 교통시설의 안전을 위하여 필요하다고 인정하는 경우

③ 교통시설안전진단의 실시결과에 대한 평가를 할 때에는 다음의 사항을 포함하여야 한다.
㉠ 교통시설에 대한 조사 결과 분석 및 안전성 평가 방법의 적정성
㉡ 교통시설안전진단의 실시결과에 따라 제시된 권고사항의 적정성
㉢ 그 밖에 국토교통부장관이 해당 교통시설의 안전을 위하여 필요하다고 인정하는 사항

5. 교통시설안전사업 등

(1) 교통시설안전진단 비용의 부담(법 제46조)

① 교통시설안전진단에 드는 비용은 교통시설안전진단을 받는 자가 부담한다.
② 교통시설안전진단 비용의 산정기준은 국토교통부장관이 정하여 고시한다.

(2) 교통안전진단기관에 대한 지도·감독(법 제47조)

① 시·도지사는 교통안전진단기관이 교통시설안전진단 업무를 적절하게 수행하고 있는지의 여부 등을 확인하기 위하여 교통안전진단기관으로 하여금 필요한 보고를 하게 하거나 관련 자료를 제출하게 할 수 있으며, 필요한 경우 소속 공무원으로 하여금 관련 서류 그 밖의 물건을 점검·검사하게 하거나 관계인에게 질문을 하게 할 수 있다.
② ①에 따라 출입·검사를 하는 경우에는 검사일 7일 전까지 검사일시·검사이유 및 검사내용 등을 포함한 검사계획을 교통안전진단기관에 통지하여야 한다. 다만, 증거인멸 등으로 검사의 목적을 달성할 수 없거나 긴급한 사정이 있는 경우에는 검사일에 검사계획을 통지할 수 있다.
③ ①에 따라 출입·검사를 하는 공무원은 관계인에게 자신의 권한을 나타내는 증표를 내보이고 성명·출입시간 및 출입목적 등이 표시된 문서를 교부하여야 한다.

(3) 교통안전사업에의 투자(법 제48조, 영 제35조)

① 국가 등은 그가 설치·관리 또는 운영하는 교통시설에 대하여 그 설치·관리 또는 운영에 소요되는 비용 외에 교통안전 확보를 위한 투자비 등을 미리 확보하여야 한다.
② 지정행정기관의 장은 교통안전 투자 등의 효과를 높일 수 있도록 다음 사항이 포함된 교통안전분야 투자지침을 작성하여 이를 고시하여야 한다.
㉠ 교통안전사업의 목표 및 추진방향
㉡ 교통안전사업의 분야별·사업별 투자우선순위 및 그 조정방법
㉢ 그 밖에 교통안전사업의 투자의 효율성을 높이기 위하여 필요한 사항

6. 교통사고의 조사 등

(1) 교통사고의 조사(법 제49조)

① 교통사고가 발생한 경우 법령에 의하여 해당 교통사고를 조사・처리하는 권한을 가진 교통행정기관, 위원회 또는 관계공무원 등은 법령에 따라 정확하고 신속하게 교통사고의 원인을 규명하여야 한다.

② ①의 규정에 따라 교통사고의 원인을 조사・처리한 교통행정기관 등은 교통사고의 재발방지를 위한 대책을 수립・시행하거나 관계행정기관에 교통사고재발방지대책을 수립・시행할 것을 권고할 수 있다. 이 경우 교통행정기관 등은 관계행정기관에 권고 이행에 필요한 행정적・기술적 지원을 할 수 있다.

③ ②에 따른 권고를 받은 관계행정기관의 장은 권고를 받은 날부터 30일 이내에 이행계획서를 작성하여 교통행정기관 등에 제출하여야 한다.

④ ③에 따라 이행계획서를 제출한 관계행정기관의 장은 대통령령으로 정하는 바에 따라 이행결과보고서를 교통행정기관 등에 제출하여야 한다.

⑤ ③에도 불구하고 ②에 따른 권고를 받은 관계행정기관의 장은 권고 내용을 이행할 필요가 없다고 판단하는 경우에는 권고를 받은 날부터 30일 이내에 그 이유를 교통행정기관 등에 문서로 통보하여야 한다.

(2) 교통시설을 관리하는 행정기관 등의 교통사고원인조사(법 제50조)

① 교통시설을 관리하는 행정기관, 교통시설설치・관리자를 지도・감독하는 교통행정기관은 소관 교통시설 안에서 대통령령으로 정하는 중대한 교통사고가 발생한 경우에는 해당 교통시설의 결함, 교통안전표지 등 교통안전시설의 미비 등으로 인하여 교통사고가 발생하였는지의 여부 등 교통사고의 원인을 조사하여야 한다.

② 교통수단의 안전기준을 관장하는 지정행정기관의 장은 대통령령으로 정하는 중대한 교통사고가 발생한 때에는 교통수단의 제작상의 결함 등으로 인하여 교통사고가 발생하였는지의 여부에 대하여 조사할 수 있다.

③ ①의 규정에 따라 교통사고의 원인을 조사하여야 하는 지방자치단체의 장은 그 결과를 소관 지정행정기관의 장에게 제출하여야 한다.

④ ① 및 ②의 규정에 따른 교통사고조사의 구체적인 대상・방법 등에 관하여 필요한 사항은 대통령령으로 정한다.

(3) 중대한 교통사고 등(영 제36조)

① 대통령령이 정하는 중대한 교통사고란 교통시설 또는 교통수단의 결함으로 사망사고 또는 중상사고(의사의 최초진단결과 3주 이상의 치료가 필요한 상해를 입은 사람이 있는 사고를 말한다. 이하 같다)가 발생했다고 추정되는 교통사고를 말한다.

② 지방자치단체의 장은 소관 교통시설 안에서 교통수단의 결함이 원인이 되어 ①에 따른 교통사고가 발생하였다고 판단되는 경우에는 지정행정기관의 장에게 교통사고의 원인조사를 의뢰할 수 있다.

③ 교통시설(도로만 해당한다. 이하 같다)을 관리하는 행정기관과 교통시설설치・관리자(도로의 설치・관리자만 해당한다. 이하 같다)를 지도・감독하는 교통행정기관(이하 "교통행정기관 등")은 지난 3년간 발생한 ①에 따른 교통사고를 기준으로 교통사고의 누적지점과 구간에 관한 자료를 보관・관리하여야 한다.

④ 지방자치단체의 장이 교통안전정보관리체계에 제출한 소관 교통시설에 대한 교통사고의 원인조사 결과는 소관 지정행정기관의 장에게 제출한 교통사고의 원인조사 결과로 본다.

(4) 교통사고원인조사의 대상・방법(영 제37조제1・2항, [별표 5])

① 교통사고원인조사의 대상

대상 도로	대상 구간
최근 3년간 다음의 어느 하나에 해당하는 교통사고가 발생하여 해당 구간의 교통시설에 문제가 있는 것으로 의심되는 도로 1. 사망사고 3건 이상 2. 중상사고 이상의 교통사고 10건 이상	1. 교차로 또는 횡단보도 및 그 경계선으로부터 150[m]까지의 도로 지점 2. 「국토의 계획 및 이용에 관한 법률」 제6조제1호에 따른 도시지역의 경우에는 600[m], 도시지역 외의 경우에는 1,000[m]의 도로구간

② 교통행정기관 등의 장은 교통사고의 원인을 조사하기 위하여 필요한 경우에는 다음의 자로 구성된 교통사고원인조사반을 둘 수 있다.

㉠ 교통시설의 안전 또는 교통수단의 안전기준을 담당하는 관계 공무원

㉡ 해당 구역의 교통사고 처리를 담당하는 경찰공무원

㉢ 그 밖에 교통행정기관 등의 장이 교통사고원인조사에 필요하다고 인정하는 자

(5) 교통사고관련자료 등의 보관・관리(영 제38・39조)

① 교통사고관련자료(교통사고와 관련된 자료・통계 또는 정보) 등을 보관・관리하는 자는 교통사고가 발생한 날부터 5년간 이를 보관・관리하여야 한다.

② ①에 따라 교통사고관련자료 등을 보관・관리하는 자는 교통사고관련자료 등의 멸실 또는 손상에 대비하여 그 입력된 자료와 프로그램을 다른 기억매체에 따로 입력시켜 격리된 장소에 안전하게 보관・관리하여야 한다.

③ 교통사고관련자료 등을 보관・관리하는 자(영 제39조)

㉠ 한국교통안전공단

㉡ 도로교통공단

㉢ 한국도로공사

㉣ 손해보험협회에 소속된 손해보험회사

㉤ 여객자동차운송사업의 면허를 받거나 등록을 한 자

㉥ 「여객자동차운수사업법」에 따른 공제조합

㉦ 화물자동차운수사업자로 구성된 협회가 설립한 연합회

중요 CHECK

중대 교통사고의 기준 및 교육실시(규칙 제31조의2)

① 법 제56조의2제1항 전단에서 "국토교통부령으로 정하는 교육"이란 [별표 7] 제1호의 기본교육과정을 말한다.

② 법 제56조의2제2항에서 "중대 교통사고"란 차량운전자가 교통수단운영자의 차량을 운전하던 중 1건의 교통사고로 8주 이상의 치료를 요하는 의사의 진단을 받은 피해자가 발생한 사고를 말한다.

③ 차량운전자는 ②에 따른 중대 교통사고가 발생하였을 때에는 교통사고조사에 대한 결과를 통지 받은 날부터 60일 이내에 교통안전 체험교육을 받아야 한다. 다만, 다음에 해당하는 차량운전자의 경우에는 정해진 기간 내에 교육을 받아야 한다.

1. 해당 차량운전자가 중대 교통사고 발생에 따른 구속 또는 금고 이상의 실형을 선고받고 그 형이 집행 중인 경우에는 석방 또는 그 집행이 종료되거나 집행을 받지 아니하기로 확정된 날부터 60일 이내
2. 해당 차량운전자가 중대 교통사고 발생에 따른 상해를 받아 치료를 받아야 하는 경우에는 치료가 종료된 날부터 60일 이내
3. 중대 교통사고로 인하여 운전면허가 취소 또는 정지된 차량운전자의 경우에는 운전면허를 다시 취득하거나 정지기간이 만료되어 운전할 수 있는 날부터 60일 이내

④ 교통수단운영자는 ②에 따른 중대 교통사고를 일으킨 차량운전자를 고용하려는 때에는 교통안전체험교육을 받았는지 여부를 확인하여야 한다.

7. 교통안전관리자

(1) 교통안전관리자 자격의 취득(법 제53조제1·2항)

① 국토교통부장관은 교통수단의 운행·운항·항행 또는 교통시설의 운영·관리와 관련된 기술적인 사항을 점검·관리하는 교통안전관리자 자격 제도를 운영하여야 한다.

② 교통안전관리자 자격을 취득하려는 사람은 국토교통부장관이 실시하는 시험에 합격하여야 하며, 국토교통부장관은 시험에 합격한 사람에 대하여는 교통안전관리자 자격증명서를 교부한다.

(2) 교통안전관리자 자격의 결격 및 취소사유(법 제53조제3항, 제54조)

① 다음의 어느 하나에 해당하는 자는 교통안전관리자가 될 수 없다.

㉠ 피성년후견인 또는 피한정후견인

㉡ 금고 이상의 실형을 선고받고 그 집행이 종료(집행이 종료된 것으로 보는 경우를 포함)되거나 집행이 면제된 날부터 2년이 지나지 아니한 자

㉢ 금고 이상의 형의 집행유예를 선고받고 그 유예기간 중에 있는 자

㉣ 규정에 따라 교통안전관리자 자격의 취소처분을 받은 날부터 2년이 지나지 아니한 자. 다만, ②에 ㉠ 중 ①의 ㉠에 해당하여 자격이 취소된 경우는 제외한다.

② 시・도지사는 교통안전관리자가 다음 ㉠ 및 ㉡의 어느 하나에 해당하는 때에는 그 자격을 취소하여야 하며, ㉢에 해당하는 때에는 교통안전관리자의 자격을 취소하거나 1년 이내의 기간을 정하여 해당 자격의 정지를 명할 수 있다.

㉠ ①의 어느 하나에 해당하게 된 때

㉡ 거짓이나 그 밖의 부정한 방법으로 교통안전관리자 자격을 취득한 때

㉢ 교통안전관리자가 직무를 행하면서 고의 또는 중대한 과실로 인하여 교통사고를 발생하게 한 때

③ 시・도지사는 ②에 따라 자격의 취소 또는 정지처분을 한 때에는 국토교통부령으로 정하는 바에 따라 해당 교통안전관리자에게 이를 통지하여야 한다.

④ ②의 규정에 따른 행정처분의 세부기준 및 절차는 그 위반행위의 유형과 위반의 정도에 따라 국토교통부령으로 정한다.

(3) 교통안전관리자 자격의 종류(영 제41조의2)

① 도로교통안전관리자

② 철도교통안전관리자

③ 항공교통안전관리자

④ 항만교통안전관리자

⑤ 삭도교통안전관리자

(4) 교통안전담당자의 지정 등(법 제54조의2, 영 제44조제2항)

① 대통령령으로 정하는 교통시설설치・관리자 및 교통수단운영자는 다음의 어느 하나에 해당하는 사람을 교통안전담당자로 지정하여 직무를 수행하게 하여야 한다.

㉠ 제53조에 따라 교통안전관리자 자격을 취득한 사람

㉡ 다음의 어느 하나에 해당하는 사람

- 「산업안전보건법」 제17조에 따른 안전관리자
- 「자격기본법」에 따른 민간자격으로서 국토교통부장관이 교통사고 원인의 조사・분석과 관련된 것으로 인정하는 자격을 갖춘 사람

② ①에 따른 교통시설설치・관리자 및 교통수단운영자는 교통안전담당자로 하여금 교통안전에 관한 전문지식과 기술능력을 향상시키기 위하여 교육을 받도록 하여야 한다.

③ 교통안전담당자의 직무, 지정 방법 및 교통안전담당자에 대한 교육에 필요한 사항은 대통령령으로 정한다.

(5) 교통안전담당자의 직무(영 제44조의2)

① 교통안전담당자의 직무는 다음과 같다.

㉠ 교통안전관리규정의 시행 및 그 기록의 작성・보존

㉡ 교통수단의 운행・운항 또는 항행(운행 등) 또는 교통시설의 운영・관리와 관련된 안전점검의 지도・감독

㉢ 교통시설의 조건 및 기상조건에 따른 안전 운행 등에 필요한 조치

㉣ 법 제24조제1항에 따른 운전자 등의 운행 등 중 근무상태 파악 및 교통안전 교육・훈련의 실시

㉤ 교통사고 원인 조사・분석 및 기록 유지

㉥ 운행기록장치 및 차로이탈경고장치 등의 점검 및 관리

② 교통안전담당자는 교통안전을 위해 필요하다고 인정하는 경우에는 다음의 조치를 교통시설설치・관리자 등에게 요청해야 한다. 다만, 교통안전담당자가 교통시설설치・관리자 등에게 필요한 조치를 요청할 시간적 여유가 없는 경우에는 직접 필요한 조치를 하고, 이를 교통시설설치・관리자 등에게 보고해야 한다.

㉠ 국토교통부령으로 정하는 교통수단의 운행 등의 계획 변경

㉡ 교통수단의 정비

㉢ 운전자 등의 승무계획 변경

㉣ 교통안전 관련 시설 및 장비의 설치 또는 보완

㉤ 교통안전을 해치는 행위를 한 운전자 등에 대한 징계 건의

(6) 교통안전담당자에 대한 교육(영 제44조의3)

① 교통시설설치・관리자 등은 법 제54조의2제2항에 따라 교통안전담당자로 하여금 다음의 구분에 따른 교육을 받도록 해야 한다.

㉠ 신규교육 : 교통안전담당자의 직무를 시작한 날부터 6개월 이내에 1회

㉡ 보수교육 : 교통안전담당자의 직무를 시작한 날이 속하는 연도를 기준으로 2년마다 1회

② ①의 ㉠에 따른 신규교육은 16시간으로, ㉡에 따른 보수교육은 회당 8시간으로 한다.

③ ①에 따른 교육은 다음의 기관(이하 이 조에서 "교통안전담당자 교육기관")이 실시한다.

㉠ 한국교통안전공단

㉡ 여객자동차 운수사업법 제25조제3항에 따른 운수종사자 연수기관

④ 국토교통부장관은 교육일정 및 장소 등이 포함된 다음 연도 교육계획을 매년 12월 31일까지 고시해야 한다.

⑤ 교통안전담당자 교육기관은 전년도 교육인원 및 수료자 명단 등 교육 실적을 매년 2월 말일까지 국토교통부장관에게 제출해야 한다.

⑥ ①부터 ⑤까지에서 규정한 사항 외에 구체적인 교육 과목・내용 및 그 밖에 교육에 필요한 사항은 국토교통부장관이 정하여 고시한다.

(7) 자격의 취소 등(규칙 제26조)

① 법 제54조제2항에 따른 교통안전관리자 자격의 취소 또는 정지처분의 통지에는 다음의 사항이 포함되어야 한다.

㉠ 자격의 취소 또는 정지처분의 사유

㉡ 자격의 취소 또는 정지처분에 대하여 불복하는 경우 불복신청의 절차와 기간 등

㉢ 교통안전관리자 자격증명서의 반납에 관한 사항

② 시・도지사는 법 제54조제1항에 따라 교통안전관리자자격의 취소 또는 정지처분을 한 때에는 교통안전관리자 자격증명서를 회수하고, 그 처분을 받은 자의 성명과 취소 또는 정지 사유를 한국교통안전공단에 통보하여야 한다. 이 경우 회수한 교통안전관리자 자격증명서는 취소처분을 받은 경우에는 폐기하고, 정지처분을 받은 경우에는 정지기간이 끝났을 때 지체 없이 처분을 받은 자에게 돌려주어야 한다.

③ 한국교통안전공단은 교통안전관리자가 법 제54조제1항의 어느 하나에 해당한다는 사실을 알았을 때에는 지체 없이 시・도지사에게 보고하여야 한다.

(8) 교통안전관리자 자격 행정처분의 세부기준(규칙 제27조, [별표 3])

법 제54조제3항에 따른 교통안전관리자의 위반행위의 종류와 위반정도별 행정처분의 세부기준은 [별표 3]과 같다.

① 일반기준

㉠ 위반행위가 둘 이상인 경우에는 그중 무거운 처분기준(무거운 처분기준이 같을 때에는 그중 하나의 처분기준을 말한다. 이하 같다)에 따른다.

㉡ 위반행위의 횟수에 따른 행정처분의 기준은 최근 2년간 같은 위반행위로 행정처분을 받은 경우에 적용한다. 이 경우 기준적용일은 최초의 위반행위가 있었던 날부터 같은 위반행위로 다시 적발된 날을 기준으로 한다.

㉢ 행정처분권자는 위반사항의 내용으로 보아 그 위반 정도가 경미하거나 그 밖에 특별한 사유가 있다고 인정되는 경우에는 처분기준에도 불구하고 그 처분일수의 5분의 1의 범위에서 처분일수를 줄일 수 있다.

㉣ 시・도지사는 행정처분 전에 일정기간을 정하여 위반사항의 개선 권고를 할 수 있다. 이 경우 개선 권고 기간 내에 위반사항이 개선되지 아니한 경우에는 ②의 위반행위별 처분기준에 따라 행정처분을 하여야 한다.

② 위반행위별 처분기준

위반행위	행정처분기준		
	1차 위반	2차 위반	3차 위반
가. 법 제53조제3항 각 호의 어느 하나에 해당하게 된 때	자격취소		
나. 거짓 그 밖의 부정한 방법으로 교통안전관리자 자격을 취득한 때	자격취소		
다. 교통안전관리자가 직무를 행함에 있어서 고의 또는 중대한 과실로 인하여 교통사고를 발생하게 한 때	자격정지 (30일)	자격정지 (60일)	자격취소

8. 운행기록 등

(1) 운행기록장치의 장착 및 운행기록의 활용 등(법 제55조, 제55조의2, 규칙 제30조의2)

① 다음의 어느 하나에 해당하는 자는 그 운행하는 차량에 국토교통부령으로 정하는 기준에 적합한 운행기록장치를 장착하여야 한다. 다만, 소형 화물차량 등 국토교통부령으로 정하는 차량은 그러하지 아니하다.

㉠ 「여객자동차운수사업법」에 따른 여객자동차 운송사업자

㉡ 「화물자동차운수사업법」에 따른 화물자동차 운송사업자 및 화물자동차 운송가맹사업자

㉢ 「도로교통법」에 따른 어린이통학버스(㉠에 따라 운행기록장치를 장착한 차량은 제외) 운영자

중요 CHECK

운행기록장치의 장착(규칙 제29조의3)

① "국토교통부령으로 정하는 기준에 적합한 운행기록장치"란 [별표 4]에서 정하는 기준을 갖춘 전자식 운행기록 장치(Digital Tachograph)를 말한다.

② 교통수단제조사업자는 그가 제조하는 차량(법 제55조제1항에 따라 운행기록장치를 장착하여야 하는 차량만 해당)에 대하여 ①에 따른 전자식 운행기록장치를 장착할 수 있다.

운행기록장치 장착면제 차량(규칙 제29조의4)

법 제55조제1항 단서에서 "소형 화물차량 등 국토교통부령으로 정하는 차량"이란 다음의 어느 하나에 해당하는 차량을 말한다.

1. 「화물자동차운수사업법」에 따른 화물자동차운송사업용 자동차로서 최대 적재량 1톤 이하인 화물자동차
2. 「자동차관리법 시행규칙」에 따른 경형·소형 특수자동차 및 구난형·특수작업형 특수자동차
3. 「여객자동차운수사업법」에 따른 여객자동차운송사업에 사용되는 자동차로서 2002년 6월 30일 이전에 등록된 자동차

② ①에 따라 운행기록장치를 장착하여야 하는 자(이하 "운행기록장치 장착의무자")는 운행기록장치에 기록된 운행기록을 대통령령으로 정하는 기간(6개월) 동안 보관하여야 하며, 교통행정기관이 제출을 요청하는 경우 이에 따라야 한다. 다만, 대통령령으로 정하는 운행기록장치 장착의무자는 교통행정기관의 제출 요청과 관계없이 운행기록을 주기적으로 제출하여야 한다. 이 경우 운행기록장치 장착의무자는 운행기록장치에 기록된 운행기록을 임의로 조작하여서는 아니 된다.

③ 교통행정기관은 ②에 따라 제출받은 운행기록을 점검·분석하여 그 결과를 해당 운행기록장치 장착의무자 및 차량운전자에게 제공하여야 한다.

④ 교통행정기관은 다음의 조치를 제외하고는 ③에 따른 분석결과를 이용하여 운행기록장치 장착의무자 및 차량운전자에게 이 법 또는 다른 법률에 따른 허가·등록의 취소 등 어떠한 불리한 제재나 처벌을 하여서는 아니 된다.

㉠ 규정에 따른 교통수단안전점검의 실시

㉡ 교통수단 및 교통수단운영체계의 개선 권고

㉢ 최소휴게시간, 연속근무시간 및 속도제한장치 무단해제 확인

⑤ 운행기록의 보관·제출방법·분석·활용 등에 필요한 사항은 국토교통부령으로 정한다.

⑥ 차로이탈경고장치의 장착(법 제55조의2) : ①의 ㉠ 또는 ㉡에 따른 차량 중 국토교통부령으로 정하는 차량은 국토교통부령으로 정하는 기준에 적합한 차로이탈경고장치를 장착하여야 한다.

㉠ 국토교통부령으로 정하는 차량이란 길이 9[m] 이상의 승합자동차 및 차량총중량 20톤을 초과하는 화물·특수자동차를 말한다. 다만, 다음의 어느 하나에 해당하는 자동차는 제외한다.

- 「자동차관리법 시행규칙」 [별표 1] 제2호에 따른 덤프형 화물자동차
- 피견인자동차
- 「자동차 및 자동차부품의 성능과 기준에 관한 규칙」에 따라 입석을 할 수 있는 자동차
- 그 밖에 자동차의 구조나 운행여건 등으로 설치가 곤란하거나 불필요하다고 국토교통부장관이 인정하는 자동차

㉡ 국토교통부령으로 정하는 기준이란 「자동차 및 자동차부품의 성능과 기준에 관한 규칙」에 따른 차로이탈경고장치 기준을 말한다.

중요 CHECK

운행기록의 보관 및 제출방법 등(규칙 제30조)

① 운행기록의 보관 및 제출방법은 다음과 같다.

1. 보관방법 : 운행기록장치 또는 저장장치(개인용 컴퓨터, CD, 휴대용 플래시메모리 저장장치 등을 말한다)에 보관
2. 제출방법 : 운행기록을 한국교통안전공단의 운행기록 분석·관리 시스템에 입력하거나, 운행기록파일을 인터넷 또는 저장장치를 이용하여 제출

② 운행기록장치를 장착하여야 하는 자(이하 "운행기록장치 장착의무자")는 운행기록의 제출을 요청받으면 [별표 5]에서 정하는 배열순서에 따라 이를 제출하여야 한다.

③ 운행기록 장착의무자는 월별 운행기록을 작성하여 다음 달 말일까지 교통행정기관에 제출하여야 한다.

④ 한국교통안전공단은 운행기록장치 장착의무자가 제출한 운행기록을 점검하고 다음의 항목을 분석하여야 한다.

1. 과 속
2. 급감속
3. 급출발
4. 회 전
5. 앞지르기
6. 진로변경

⑤ 운행기록의 분석 결과는 다음의 자동차·운전자·교통수단운영자에 대한 교통안전 업무 등에 활용되어야 한다.

1. 자동차의 운행관리
2. 차량운전자에 대한 교육·훈련
3. 교통수단운영자의 교통안전관리
4. 운행계통 및 운행경로 개선
5. 그 밖에 교통수단운영자의 교통사고 예방을 위한 교통안전정책의 수립

⑥ ①부터 ④까지의 규정에서 정한 사항 외에 운행기록의 제출방법, 점검 및 분석 등에 필요한 세부사항은 국토교통부장관이 정한다.

(2) 운행기록장치의 장착시기 및 보관기간(영 제45조제1·2항)

① 운행차량에 운행기록장치를 장착하여야 하는 시기는 다음과 같다.

㉠ 이미 등록된 차량 : 다음의 구분에 따른 시기

- 여객자동차운송사업자(개인택시 운송사업자는 제외)가 운행하는 차량 : 2012년 12월 31일
- 화물자동차운송사업자 및 화물자동차운송가맹사업자 및 개인택시운송사업자가 운행하는 차량 : 2013년 12월 31일

㉡ 법 제55조제1항에 해당하는 교통사업자가 운행하는 차량으로서 2011년 1월 1일 이후 최초로 신규등록하는 차량 : 신규등록일

② 법 제55조제2항에서 "대통령령으로 정하는 기간"은 6개월로 한다.

(3) 운행기록의 배열순서(규칙 [별표 5])

항 목		자릿수	표기방법	표기시기
운행기록장치 모델명		20	오른쪽으로 정렬하고 빈칸은 '#'으로 표기	최초 사용 시 등록
차대번호		17	영문(대문자)·아라비아숫자 전부 표기	〃
자동차 유형		2	11 : 시내버스 12 : 농어촌버스 13 : 마을버스 14 : 시외버스 15 : 고속버스 16 : 전세버스 17 : 특수여객자동차 21 : 일반택시 22 : 개인택시 31 : 일반화물자동차 32 : 개별화물자동차 41 : 비사업용자동차 51 : 어린이통학버스 98 : 기타1 99 : 기타2	〃
자동차 등록번호		12	자동차등록번호 전부 표기 (한글 하나에 두 자리 차지, 빈칸은 '#'으로 표기)	〃
운송사업자 등록번호		10	사업자등록번호 전부 표기(XXXYYZZZZZ)	〃
운전자코드		18	운전자의 자격증번호로, 빈칸은 '#'으로 표기하고 중간자 '–'는 생략	자동차 운송사업자 설정
주행거리[km]	일일주행거리	4	00시부터 24시까지 주행한 거리(범위 : 0000~9999)	실시간
	누적주행거리	7	최초등록일로부터 누적한 거리(범위 : 0000000~9999999)	〃
정보발생일시		14	YYMMDDhhmmssss(연/월/일/시/분/0.01초)	〃
차량속도[km/h]		3	범위 : 000~255	〃
분당 엔진회전수(RPM)		4	범위 : 0000~9999	〃
브레이크 신호		1	범위 : 0(Off) 또는 1(On)	〃
차량위치(GPS X, Y 좌표)	X	9	10진수로 표기 (예 127.123456*1000000 ⇒ 127123456)	〃
	Y	9		
위성항법 장치(GPS) 방위각		3	범위 : 0~360(0~360°에서 1°를 1로 표현)	〃
가속도[m/s²]	ΔV_x	6	범위 : –100.0~+100.0	〃
	ΔV_y	6		

(4) 운행기록장치 등의 장착 여부에 관한 조사(법 제55조의3)

① 국토교통부장관 또는 교통행정기관은 다음 어느 하나에 해당하는 사항을 확인하기 위하여 관계공무원, 「자동차관리법」에 따른 자동차안전단속원 또는 「도로법」에 따른 운행제한단속원(이하 이 조에서 "관계공무원 등")으로 하여금 운행 중인 자동차를 조사하게 할 수 있다.

㉠ 제55조제1항을 위반하여 운행기록장치를 장착하지 아니하였거나 기준에 적합하지 아니한 운행기록장치를 장착하였는지 여부

㉡ 제55조의2를 위반하여 차로이탈경고장치를 장착하지 아니하였거나 기준에 적합하지 아니한 차로이탈경고장치를 장착하였는지 여부

② 운행 중인 자동차의 소유자나 운전자는 정당한 사유 없이 ①에 따른 조사를 거부・방해 또는 기피하여서는 아니 된다.

③ ①에 따라 조사를 하는 관계공무원 등은 그 권한을 표시하는 증표를 지니고 이를 관계인에게 내보여야 한다.

9. 교통안전체험

(1) 교통안전체험에 관한 연구・교육시설의 설치(법 제56조제1항)

교통행정기관의 장은 교통수단을 운전・운행하는 자의 교통안전의식과 안전운전능력을 효과적으로 향상시키고 이를 현장에서 적극적으로 실천할 수 있도록 교통안전체험에 관한 연구・교육시설을 설치・운영할 수 있다.

(2) 교통안전체험연구・교육시설의 요건(영 제46조제1항, 규칙 [별표 6])

① 시설 : 고속주행에 따른 자동차의 변화와 특성을 체험할 수 있는 고속주행 코스 및 통제시설 등 국토교통부령으로 정하는 시설

㉠ 코 스

종 류	용 도
고속주행코스	고속주행에 따른 운전자 및 자동차의 변화와 특성을 체험
일반주행코스	중저속 상황에서의 기본 주행 및 응용 주행을 체험
기초훈련코스	자동차 운전에 대한 감각 등 안전주행에 필요한 기본적인 사항을 연수
자유훈련코스	회전 및 선회(旋回) 주행을 통하여 올바른 운전자세를 습득하고 자동차의 한계를 체험
제동훈련코스	도로 상태별 급제동에 따른 자동차의 특성과 한계를 체험
위험회피코스	위험 및 돌발 상황에서 운전자의 한계를 체험하고 위험회피 요령을 습득
다목적코스	부정형(不定形)의 노면 상태에서 화물자동차의 적재 상태가 운전에 미치는 영향을 체험

- 각 코스는 고속주행, 급제동, 급가속 또는 선회 등을 할 때에 안전하도록 충분한 안전지대를 확보하여야 한다.
- 코스마다 안전을 확보할 수 있는 통제시설을 갖추어야 한다.

㉡ 정비시설 : 자동차부분정비업 기준에 맞는 100[m^2] 이상인 정비시설(다른 사업장에 위탁하는 경우를 포함)

② **전문인력** : 국토교통부령으로 정하는 자격과 경력을 갖춘 자로서 교통안전체험에 관하여 국토교통부령으로 정하는 교육·훈련과정을 마친 자

㉠ 자격과 경력 : 다음의 어느 하나의 요건을 갖출 것

- 전문학원 강사 자격을 갖춘 자로서 5년 이상의 강사 경력이 있는 자
- 기능검정원 자격을 갖춘 자로서 5년 이상의 기능검정원 경력이 있는 자
- 자동차의 검사·정비·연구·교육 또는 그 밖의 교통안전업무(정부·지방자치단체 또는 공공기관의 업무만 해당)에 3년 이상 종사한 경력이 있는 자로서 교통안전체험교육에 사용되는 자동차를 운전할 수 있는 운전면허가 있는 자

㉡ 교육·훈련과정 : 국내 또는 국외의 교통안전체험 교육·훈련기관에서 실시하는 전문인력 양성과정을 마친 자

③ **장비** : 국토교통부령으로 정하는 교통안전체험용 자동차[바퀴잠김 방지식 제동장치(ABS ; Anti-lock Brake System)를 장착한 자동차 및 이를 장착하지 아니한 자동차, 그 밖에 교육·훈련목적에 적합한 장치를 장착한 자동차]

㉠ 효율적인 교육·훈련의 시행과 자동차 관리를 위하여 교육·훈련용 자동차임을 알 수 있는 표시를 하여야 한다.

㉡ 자동차에 대한 점검·정비 결과를 기록부로 작성하여 유지·관리하여야 한다.

㉢ 교육·훈련 중 발생하는 사고로 인한 응급환자 발생 시 환자이송 등 신속하게 대응할 수 있는 응급 및 구급 체계를 마련하여야 한다.

(3) 교통안전체험연구·교육시설의 체험내용(영 제46조제2항)

교통안전체험연구·교육시설은 다음의 내용을 체험할 수 있도록 하여야 한다.

① 교통사고에 관한 모의실험

② 비상상황에 대한 대처능력 향상을 위한 실습 및 교정

③ 상황별 안전운전 실습

(4) 교통안전 전문교육의 실시(법 제56조의3)

① 다음의 어느 하나에 해당하는 사람은 교통안전에 관한 전문성 및 직무능력 향상을 위하여 국토교통부장관이 실시하는 교통안전 전문교육을 정기적으로 받아야 한다.

㉠ 국토교통부령으로 정하는 교통행정기관에서 교통안전에 관한 업무를 담당하는 공무원

㉡ 교통시설설치·관리자의 직원

㉢ 「도로법」 제77조제4항에 따른 운행제한단속원

② 제54조의2제2항에 따라 교육을 받은 사람에게는 ①에 따른 교육의 전부 또는 일부를 면제할 수 있다.

③ 국토교통부장관은 ①에 따른 교통안전 전문교육을 대통령령으로 정하는 전문인력과 시설을 갖춘 기관 또는 단체에 위탁할 수 있다.

④ 교통안전 전문교육의 종류 · 대상 및 교육 면제, 그 밖에 교통안전 전문교육의 실시에 필요한 사항은 국토교통부령으로 정한다.

10. 교통문화지수

(1) 교통문화지수의 조사 등(법 제57조제1항, 영 제47조제2 · 3항)

① 지정행정기관의 장은 소관 분야와 관련된 국민의 교통안전의식의 수준 또는 교통문화의 수준을 객관적으로 측정하기 위한 지수(교통문화지수)를 개발 · 조사 · 작성하여 그 결과를 공표할 수 있다.

② 교통문화지수는 기초지방자치단체별 교통안전 실태와 교통사고 발생 정도를 조사하여 산정한다. 다만, 도로교통분야 외의 분야는 국토교통부장관이 조사방법을 다르게 정하여 조사할 수 있다.

③ 국토교통부장관은 교통문화지수를 조사하기 위하여 필요하다고 인정되는 경우에는 해당 지방자치단체의 장에게 자료 및 의견의 제출 등 필요한 협조를 요청할 수 있다.

(2) 교통문화지수의 조사항목(영 제47조제1항)

① 운전행태

② 교통안전

③ 보행행태(도로교통분야로 한정)

④ 그 밖에 국토교통부장관이 필요하다고 인정하여 정하는 사항

(3) 교통안전 시범도시의 지정 및 지원(법 제57조의2)

① 지정행정기관의 장은 교통안전에 대한 지역 주민들의 관심을 높이고 효율적인 교통사고 예방대책의 도입 및 확산을 위하여 교통안전 시범도시를 지정할 수 있다.

② 지정행정기관의 장은 ①에 따라 지정된 교통안전 시범도시에 대하여 예산의 범위에서 교통안전 시설의 개선사업 등 관련 사업비의 일부를 지원할 수 있다.

③ ①에 따른 교통안전 시범도시의 지정 기준, 절차 및 그 밖의 필요한 사항은 국토교통부령으로 정한다.

(4) 단지내도로의 교통안전(법 57조의 3, 시행일 : 2024. 7. 24.)

① 단지내도로를 설치 · 관리하는 자로서 대통령령으로 정하는 자(이하 "단지내도로설치 · 관리자")는 단지내도로에서의 자동차의 통행방법을 정하여야 한다.

② 단지내도로 설치 · 관리자는 ①에 따라 정해진 통행방법을 단지내도로를 이용하는 자동차 운전자가 쉽게 알아볼 수 있도록 게시하여야 한다.

③ 단지내도로 설치・관리자는 자동차의 안전운전 및 보행자 등의 안전을 위하여 대통령령으로 정하는 안전시설물(이하 "단지내교통안전시설")을 설치・관리하여야 한다.

④ 시장・군수・구청장은 단지내도로에서의 교통안전을 확보하기 위하여 관계공무원으로 하여금 교통안전 실태점검(이하 "실태점검")을 실시하게 할 수 있다. 이 경우 단지내도로에 접속되는 「도로교통법」 제2조제1호에 따른 도로의 일부 구간(이하 "접속구간")을 실태점검의 범위에 포함시킬 수 있다.

⑤ 단지내도로 설치・관리자는 시장・군수・구청장에게 실태점검의 실시를 요청할 수 있다. 이 경우 「공동주택관리법」 제2조제1항제3호에 따른 공동주택단지의 단지내도로 설치・관리자는 같은 항 제8호에 따른 입주자 대표회의의 의결을 거치거나 대통령령으로 정하는 요건을 갖춘 일정 비율 이상 입주민의 동의를 받아야 한다.

⑥ 시장・군수・구청장은 ④에 따라 타인의 토지를 출입하여 점검하려는 때에는 점검 1개월 전까지 점검일시・점검이유 등을 포함한 점검계획을 통지하여야 하며, 출입・점검을 하는 공무원(제59조제3항에 따라 실태점검 업무를 위탁한 경우 해당 교통안전 전문기관・단체의 점검수행자를 포함)은 그 권한을 표시하는 증표를 내보이고 성명・출입시간 및 출입목적 등이 표시된 문서를 교부하여야 한다.

⑦ 시장・군수・구청장은 실태점검을 실시하고 필요한 경우에는 다음의 조치를 취할 수 있다. 이 경우 미리 단지내도로 설치・관리자의 의견을 들어야 한다.

㉠ 단지내도로 설치・관리자에 대한 단지내도로에서의 통행방법의 내용, 게시 장소・방법의 개선 및 단지내교통안전시설의 설치・보완 등 권고

㉡ 접속구간의 개선 또는 관할 교통행정기관에 대한 접속구간의 개선 요청

⑧ 국가 등은 단지내도로의 교통안전에 관한 시책을 강구하여야 하며, 필요한 경우 예산의 범위에서 단지내교통안전시설의 설치 또는 보완에 필요한 비용의 일부를 지원할 수 있다.

⑨ 단지내도로설치・관리자는 단지내도로에서 자동차로 인하여 발생한 사고로서 대통령령으로 정하는 중대한 사고가 발생한 경우에는 이를 시장・군수・구청장에게 통보하여야 한다.

⑩ 시장・군수・구청장은 ⑨에 따른 중대한 사고에 대하여 관할 경찰서장에게 관련 자료를 요청할 수 있다. 이 경우 요청을 받은 관할 경찰서장은 「공공기관의 정보공개에 관한 법률」 제9조제1항제4호 및 제6호에 해당하는 정보 등 정당한 사유가 있는 경우를 제외하고는 이에 따라야 한다.

⑪ ①부터 ⑨까지의 규정에 따른 통행방법의 기준, 게시 장소・방법, 단지내교통안전시설의 설치・관리 기준, 실태점검의 대상・절차・방법・항목, 실태점검의 요청 방법・절차, 의견청취 절차 및 중대한 사고의 통보절차는 국토교통부령으로 정한다.

제4절 보칙과 벌칙

1. 보 칙

(1) 비밀유지 등(법 제58조)

다음에 해당하는 업무에 종사하는 자 또는 종사하였던 자는 그 직무상 알게 된 비밀을 타인에게 누설하거나 직무상 목적 외에 이를 사용하여서는 아니 된다. 다만, 다른 법령에 특별한 규정이 있는 경우에는 그러하지 아니하다.

① 교통수단안전점검업무

② 교통시설안전진단업무

③ 교통사고원인조사업무

④ 교통사고관련자료 등의 보관·관리업무

⑤ 운행기록 관련 업무

(2) 권한의 위임 및 업무의 위탁(법 제59조)

① 국토교통부장관 또는 지정행정기관의 장은 이 법에 따른 권한의 일부를 대통령령으로 정하는 바에 따라 소속 기관의 장 또는 시·도지사에게 위임할 수 있다.

② 시·도지사는 ①의 규정에 따라 국토교통부장관 또는 지정행정기관의 장으로부터 위임받은 권한의 일부를 국토교통부장관 또는 지정행정기관의 장의 승인을 얻어 시장·군수·구청장에게 재위임할 수 있다.

③ 국토교통부장관, 교통행정기관 또는 시장·군수·구청장은 이 법에 따른 업무의 일부를 대통령령으로 정하는 바에 따라 교통안전과 관련된 전문기관·단체에 위탁할 수 있다.

(3) 수수료(법 제60조, 규칙 제32조)

① 교통안전진단기관의 등록(변경등록 포함), 교통안전관리자 자격시험의 응시, 교통안전관리자자격증의 교부(재교부 포함)를 받고자 하는 자는 수수료를 납부하여야 한다.

② ①에 따른 교통안전관리자 자격시험 응시 수수료 및 자격증 교부(재교부 포함) 수수료는 각각 2만원으로 한다.

③ 한국교통안전공단은 ②에 따른 교통안전관리자 자격시험 응시 수수료를 납부한 사람에 대하여 다음의 반환기준에 따라 응시수수료의 전부 또는 일부를 반환하여야 한다.

㉠ 응시수수료를 과오납한 경우 : 과오납한 금액의 전부

㉡ 한국교통안전공단의 귀책사유로 시험에 응시하지 못한 경우 : 납입한 응시수수료의 전부

㉢ 응시원서 접수기간에 접수를 취소한 경우 : 납입한 응시수수료의 전부

㉣ 응시원서 접수마감일의 다음날부터 시험시행일 7일 전까지 접수를 취소하는 경우 : 납입한 수수료의 100분의 60

(4) 청문(법 제61조)

시·도지사는 다음에 해당하는 처분을 하고자 하는 경우에는 청문을 실시하여야 한다.

① 교통안전진단기관 등록의 취소

② 교통안전관리자 자격의 취소

(5) 벌칙 적용에 있어서의 공무원 의제(법 제62조)

다음 어느 하나에 해당하는 사람은 「형법」의 규정을 적용할 때에는 이를 공무원으로 본다.

① 교통시설안전진단을 실시하는 교통안전진단기관의 임직원

② 제55조의3제1항에 따라 조사를 수행하는 「자동차관리법」에 따른 자동차안전단속원 및 「도로법」 제77조제4항에 따른 운행제한단속원

③ 제59조제3항에 따라 위탁받은 업무에 종사하는 교통안전과 관련된 전문기관·단체의 임직원

2. 벌 칙

(1) 2년 이하의 징역 또는 2천만원 이하의 벌금(법 제63조)

① 교통안전진단기관 등록을 하지 아니하고 교통시설안전진단 업무를 수행한 자

② 거짓이나 그 밖의 부정한 방법으로 교통안전진단기관 등록을 한 자

③ 타인에게 자기의 명칭 또는 상호를 사용하게 하거나 교통안전진단기관등록증을 대여한 자 및 교통안전진단기관의 명칭 또는 상호를 사용하거나 교통안전진단기관등록증을 대여받은 자

④ 영업정지처분을 받고 그 영업정지 기간 중에 새로이 교통시설안전진단 업무를 수행한 자

⑤ 직무상 알게 된 비밀을 타인에게 누설하거나 직무상 목적 외에 이를 사용한 자

(2) 1천만원 이하의 과태료(법 제65조제1항)

① 교통시설안전진단을 받지 아니하거나 교통시설안전진단보고서를 거짓으로 제출한 자

② 운행기록장치를 장착하지 아니한 자

③ 운행기록장치에 기록된 운행기록을 임의로 조작한 자

④ 차로이탈경고장치를 장착하지 아니한 자

(3) 500만원 이하의 과태료(법 제65조제2항)

① 교통시설설치·관리자 등의 교통안전관리규정을 제출하지 아니하거나 이를 준수하지 아니하는 자 또는 변경명령에 따르지 아니하는 자

② 교통수단안전점검을 거부·방해 또는 기피한 자

③ 교통수단안전점검과 관련하여 교통행정기관이 지시한 보고를 하지 아니하거나 거짓으로 보고한 자 또는 자료제출요청을 거부·기피·방해하거나 관계공무원의 질문에 대하여 거짓으로 진술한 자

④ 교통안전진단기관 등록사항 중 대통령령이 정하는 사항이 변경된 때에 이를 신고하지 아니하거나 거짓으로 신고한 자
⑤ 신고를 하지 아니하고 교통시설안전진단업무를 휴업・재개업 또는 폐업하거나 거짓으로 신고한 자
⑥ 시・도지사가 교통안전진단기관에 지시한 보고를 하지 아니하거나 거짓으로 보고한 자 또는 자료제출요청을 거부・기피・방해한 자
⑦ 교통안전진단기관에 대한 지도・감독에 따른 점검・검사를 거부・기피・방해하거나 질문에 대하여 거짓으로 진술한 자
⑧ 규정을 위반하여 교통사고관련자료 등을 보관・관리하지 아니한 자
⑨ 규정을 위반하여 교통사고관련자료 등을 제공하지 아니한 자
⑩ 교통안전담당자의 지정 등(법 제54조의2제1항)을 위반하여 교통안전담당자를 지정하지 아니한 자
⑪ 교통안전담당자의 지정 등(법 제54조의2제2항)을 위반하여 교육을 받게 하지 아니한 자
⑫ 규정을 위반하여 운행기록을 보관하지 아니하거나 교통행정기관에 제출하지 아니한 자
⑬ 운행기록장치 등의 장착 여부에 관한 조사를 정당한 사유 없이 거부・방해 또는 기피한 자
⑭ 중대 교통사고자에 대한 교육실시를 위반하여 교육을 받지 아니한 자
⑮ 단지내도로의 교통안전(제57조의3제2항)을 위반하여 통행방법을 게시하지 아니한 자
⑯ 단지내도로의 교통안전(제57조의3제9항)을 위반하여 중대한 사고를 통보하지 아니한 자 (시행일 : 2024. 7. 24.)

(4) 과태료의 부과기준 중 개별기준(법 제65조제3항, 영 [별표 9])

과태료는 대통령령으로 정하는 바에 따라 국토교통부장관, 교통행정기관 또는 시장・군수・구청장이 부과・징수한다.

위반행위	과태료 금액		
	1차	2차	3차 이상
1. 법 제21조제1항부터 제3항까지의 규정을 위반하여 교통안전관리규정을 제출하지 않거나 이를 준수하지 않은 경우 또는 변경명령에 따르지 않은 경우	200만원		
2. 법 제33조제1항 또는 제6항에 따른 교통수단안전점검을 거부・방해 또는 기피한 경우	300만원		
3. 법 제33조제3항을 위반하여 보고를 하지 않거나 거짓으로 보고한 경우 또는 자료제출요청을 거부・기피・방해하거나 관계공무원의 질문에 대하여 거짓으로 진술한 경우	300만원		
4. 법 제34조제5항에 따른 교통시설안전진단을 받지 않거나 교통시설안전진단보고서를 거짓으로 제출한 경우	600만원		
5. 법 제40조제1항에 따른 신고를 하지 않거나 거짓으로 신고한 경우	100만원		
6. 법 제40조제2항에 따른 신고를 하지 않고 교통시설안전진단업무를 휴업・재개업 또는 폐업하거나 거짓으로 신고한 경우	100만원		
7. 법 제47조제1항을 위반하여 보고를 하지 않거나 거짓으로 보고한 경우 또는 자료제출요청을 거부・기피・방해한 경우	300만원		
8. 법 제47조제1항에 따른 점검・검사를 거부・기피・방해하거나 질문에 대하여 거짓으로 진술한 경우	300만원		
9. 법 제51조제2항을 위반하여 교통사고관련자료 등을 보관・관리하지 않은 경우	100만원		

위반행위	과태료 금액		
	1차	2차	3차 이상
10. 법 제51조제3항을 위반하여 교통사고관련자료 등을 제공하지 않은 경우	100만원		
11. 법 제54조의2제1항을 위반하여 교통안전담당자를 지정하지 않은 경우	500만원		
12. 법 제54조의2제2항을 위반하여 교육을 받게 하지 않은 경우	50만원		
13. 법 제55조제1항에 따른 운행기록장치를 장착하지 않은 경우	50만원	100만원	150만원
14. 법 제55조제2항을 위반하여 운행기록을 보관하지 않거나 교통행정기관에 제출하지 않은 경우	50만원	100만원	150만원
15. 법 제55조제2항 후단을 위반하여 운행기록장치에 기록된 운행기록을 임의로 조작한 경우	100만원		
16. 법 제55조의2에 따른 차로이탈경고장치를 장착하지 않은 경우	50만원	100만원	150만원
17. 법 제55조의3제2항을 위반하여 조사를 거부·방해 또는 기피한 경우	300만원		
18. 법 제56조의2제1항을 위반하여 교육을 받지 않은 경우	50만원		
19. 법 제57조의3제2항을 위반하여 통행방법을 게시하지 않은 경우	100만원	300만원	500만원
20. 법 제57조의3제8항을 위반하여 중대한 사고를 통보하지 않은 경우	100만원		

CHAPTER

01 적중예상문제

01 교통안전법의 목적으로 적절하지 않은 것은?

㉮ 의무 · 추진체계 및 시책 등을 규정
㉯ 시책 등을 종합적 · 계획적으로 추진
㉰ 자동차의 성능 및 안전을 확보함
㉱ 교통안전 증진에 이바지함

해설 교통안전에 관한 국가 또는 지방자치단체의 의무 · 추진체계 및 시책 등을 규정하고 이를 종합적 · 계획적으로 추진함으로써 교통안전 증진에 이바지함을 목적으로 한다(법 제1조).

02 교통안전법에서 정한 용어의 정의에 해당하지 않는 것은?

㉮ 차량이라 함은 도로를 운행할 수 있는 건설기계도 포함된다.
㉯ 500[cc] 이상의 자동차도 차량에 포함된다.
㉰ 차량에는 수중의 항행에 사용되는 모든 운송수단도 포함된다.
㉱ 항공기란 항공기 등 항공교통에 사용되는 모든 운송수단을 말한다.

해설 **선박** : 선박 등 수상 또는 수중의 항행에 사용되는 모든 운송수단(법 제2조)

03 국가 등 및 교통시설설치 · 관리자의 의무에 대한 설명으로 틀린 것은?

㉮ 국가는 국민의 생명 · 신체 및 재산을 보호하기 위하여 교통안전에 관한 종합적인 시책을 수립하고 이를 시행하여야 한다.
㉯ 국가는 주민의 생명 · 신체 및 재산을 보호하기 위하여 그 관할구역 내의 교통안전에 관한 시책을 해당 지역의 실정에 맞게 수립하고 이를 시행하여야 한다.
㉰ 국가 및 지방자치단체는 교통안전에 관한 시책을 수립 · 시행하는 것 외에 지역개발 · 교육 · 문화 및 법무 등에 관한 계획 및 정책을 수립하는 경우에는 교통안전에 관한 사항을 배려하여야 한다.
㉱ 교통시설설치 · 관리자는 해당 교통시설을 설치 또는 관리하는 경우 교통안전표지 그 밖의 교통안전시설을 확충 · 정비하는 등 교통안전을 확보하기 위한 필요한 조치를 강구하여야 한다.

해설 지방자치단체는 주민의 생명 · 신체 및 재산을 보호하기 위하여 그 관할구역 내의 교통안전에 관한 시책을 해당 지역의 실정에 맞게 수립하고 이를 시행하여야 한다(법 제3조제2항).

1 ㉰ 2 ㉰ 3 ㉯ **정답**

04 다음 중 보행자의 의무에 해당하는 것은?

㉮ 해당 차량이 안전운행에 지장이 없는지를 점검하고 보행자와 자전거이용자에게 위험과 피해를 주지 아니하도록 안전하게 운전하여야 한다.

㉯ 기상조건 · 해상조건 · 항로표지 및 사고의 통보 등을 확인하고 안전운항을 하여야 한다.

㉰ 항공기의 운항 전 확인 및 항행안전시설의 기능장애에 관한 보고 등을 행하고 안전운항을 하여야 한다.

㉱ 도로를 통행할 때 법령을 준수하여야 하고, 육상교통에 위험과 피해를 주지 아니하도록 노력하여야 한다.

해설 ㉮ 차량을 운전하는 자의 의무(법 제7조제1항), ㉯ 선박승무원 등의 의무(법 제7조제2항), ㉰ 항공승무원 등의 의무(법 제7조제3항)

05 국가교통안전기본계획의 수립주기는?

㉮ 3년　　㉯ 4년

㉰ 5년　　㉱ 10년

해설 국토교통부장관은 국가의 전반적인 교통안전수준의 향상을 도모하기 위하여 교통안전에 관한 기본계획(국가교통안전기본계획)을 5년 단위로 수립하여야 한다(법 제15조제1항).

중요

06 국가교통안전기본계획의 내용과 거리가 먼 것은?

㉮ 교통안전에 관한 중 · 장기 종합정책방향

㉯ 육상교통 · 해상교통 · 항공교통 등 부문별 교통사고의 발생현황과 원인의 분석

㉰ 교통수단 · 교통시설별 소요예산의 확보방법

㉱ 교통안전지식의 보급 및 교통문화 향상목표

해설 **국가교통안전기본계획에 포함되어야 하는 사항(법 제15조제2항)**

- 교통안전에 관한 중 · 장기 종합정책방향
- 육상교통 · 해상교통 · 항공교통 등 부문별 교통사고의 발생현황과 원인의 분석
- 교통수단 · 교통시설별 교통사고 감소목표
- 교통안전지식의 보급 및 교통문화 향상목표
- 교통안전정책의 추진성과에 대한 분석 · 평가
- 교통안전정책의 목표달성을 위한 부문별 추진전략
- 고령자, 어린이 등 교통약자의 교통사고 예방에 관한 사항
- 부문별 · 기관별 · 연차별 세부 추진계획 및 투자계획
- 교통안전표지 · 교통관제시설 · 항행안전시설 등 교통안전시설의 정비 · 확충에 관한 계획
- 교통안전 전문인력의 양성
- 교통안전과 관련된 투자사업계획 및 우선순위
- 지정행정기관별 교통안전대책에 대한 연계와 집행력 보완방안
- 그 밖에 교통안전수준의 향상을 위한 교통안전시책에 관한 사항

정답 4 ㉱ 5 ㉰ 6 ㉰

07 국토교통부장관이 소관별 교통안전에 관한 계획안을 종합 · 조정하는 경우 검토하여야 할 사항과 거리가 먼 것은?

㉮ 정책목표

㉯ 정책과제의 추진시기

㉰ 교통안전 전문인력의 양성

㉱ 정책과제의 추진에 필요한 해당 기관별 협의사항

해설 검토하여야 할 사항은 ㉮, ㉯, ㉱와 투자규모이다(영 제10조제3항).

08 교통안전법에서 국가교통안전기본계획의 수립에 관한 설명으로 옳지 않은 것은?

㉮ 국토교통부장관은 국가교통안전기본계획의 수립 또는 변경을 위한 지침을 작성하여 계획연도 시작 전전년도 6월 말까지 지정행정기관의 장에게 통보하여야 한다.

㉯ 지정행정기관의 장은 수립지침에 따라 소관별 교통안전에 관한 계획안을 작성하여 계획연도 시작 전년도 2월 말까지 국토교통부장관에게 제출하여야 한다.

㉰ 국토교통부장관은 소관별 교통안전에 관한 계획안을 종합 · 조정하여 계획연도 시작 전년도 6월 말까지 국가교통안전기본계획을 확정하여야 한다.

㉱ 지정행정기관의 장은 국가교통안전기본계획을 확정한 경우에는 확정한 날부터 20일 이내에 국토교통부장관에게 이를 통보하여야 한다.

해설 ㉱ 국토교통부장관은 국가교통안전기본계획을 확정한 경우에는 확정한 날부터 20일 이내에 지정행정기관의 장과 시 · 도지사에게 이를 통보하여야 한다(영 제10조제4항).

09 지역교통안전기본계획의 수립에 관한 설명으로 틀린 것은?

㉮ 시 · 도지사는 국가교통안전기본계획에 따라 시 · 도교통안전기본계획을 5년 단위로 수립하여야 한다.

㉯ 시장 · 군수 · 구청장은 시 · 도교통안전기본계획에 따라 시 · 군 · 구교통안전기본계획을 5년 단위로 수립하여야 한다.

㉰ 지역교통안전기본계획에는 해당 지역의 육상교통안전에 관한 중 · 장기 종합정책방향이 포함되어야 한다.

㉱ 지역교통안전기본계획을 확정한 때에는 확정한 날부터 20일 이내에 시장 · 군수 · 구청장은 국토교통부장관에게 이를 제출하여야 한다.

해설 ㉱ 지역교통안전기본계획을 확정한 때에는 확정한 날부터 20일 이내에 시 · 도지사는 국토교통부장관에게 이를 제출하고, 시장 · 군수 · 구청장은 시 · 도지사에게 이를 제출하여야 한다(영 제13조제3항).

7 ㉰ 8 ㉱ 9 ㉱ 정답

10 지역교통안전기본계획에 관한 설명으로 틀린 것은?

㉮ 국토교통부장관 또는 시·도지사는 지역교통안전기본계획의 수립에 관한 지침을 작성하여 시·도지사 및 시장·군수·구청장에게 통보할 수 있다.

㉯ 시장·군수·구청장이 시·군·구교통안전기본계획을 수립한 때에는 시·도교통안전위원회의 심의를 거쳐 이를 확정한다.

㉰ 시·도지사가 시·도교통안전기본계획을 수립한 때에는 지방교통위원회의 심의를 거쳐 이를 확정한다.

㉱ 시·도지사는 시·도교통안전기본계획을 확정한 때에는 국토교통부장관에게 제출한 후 이를 공고하여야 하며, 시장·군수·구청장은 시·군·구교통안전기본계획을 확정한 때에는 시·도지사에게 제출한 후 이를 공고하여야 한다.

해설 ㉯ 시장·군수·구청장이 시·군·구교통안전기본계획을 수립한 때에는 시·군·구교통안전위원회의 심의를 거쳐 이를 확정한다(법 제17조제3항).

중요

11 교통시설설치·관리자의 교통안전관리규정 제출시기는?

㉮ 교통시설설치·관리자에 해당하게 된 날부터 6개월 이내

㉯ 교통시설설치·관리자에 해당하게 된 날부터 1년 이내

㉰ 교통시설설치·관리자에 해당하게 된 날부터 1년 6개월 이내

㉱ 교통시설설치·관리자에 해당하게 된 날부터 3개월 이내

해설 **교통시설설치·관리자 등의 교통안전관리규정 제출시기(영 제17조제1항제1호)**
교통시설설치·관리자 등이 교통안전관리규정을 제출하여야 하는 시기는 교통시설설치·관리자에 해당하게 된 날부터 6개월 이내

중요

12 교통수단안전점검에 대한 설명으로 바르지 않은 것은?

㉮ 교통행정기관은 소관 교통수단에 대한 교통안전 실태를 파악하기 위하여 주기적으로 또는 수시로 교통수단안전점검을 실시할 수 있다.

㉯ 교통행정기관은 교통수단안전점검을 효율적으로 실시하기 위하여 관련 교통수단운영자로 하여금 필요한 보고를 하게 하거나 관련 자료를 제출하게 할 수 있다.

㉰ 사업장을 출입하여 검사하려는 경우에는 검사일 전까지 검사일시·검사이유 및 검사내용 등을 교통수단운영자에게 통지하여야 한다.

㉱ 출입·검사를 하는 공무원은 그 권한을 표시하는 증표를 내보이고 성명·출입시간 및 출입목적 등이 표시된 문서를 교부하여야 한다.

해설 ㉰ 사업장을 출입하여 검사하려는 경우에는 출입·검사 7일 전까지 검사일시·검사이유 및 검사내용 등을 포함한 검사계획을 교통수단운영자에게 통지하여야 한다(법 제33조제4항 전단).

정답 10 ㉯ 11 ㉮ 12 ㉰

13 교통수단안전점검의 항목으로 바르지 않은 것은?

㉮ 교통수단 · 교통시설 및 교통체계의 점검

㉯ 교통안전 관계 법령의 위반 여부 확인

㉰ 교통안전관리규정의 준수 여부 점검

㉱ 그 밖에 국토교통부장관이 관계 교통행정기관의 장과 협의하여 정하는 사항

해설 ㉮ 교통수단의 교통안전 위험요인 조사(영 제20조제4항)

14 교통안전법령상 교통시설설치자의 교통시설안전진단 규정으로 옳지 않은 것은?

㉮ 교통시설설치자는 해당 교통시설의 설치 전에 교통안전진단기관에 의뢰하여 교통시설안전진단을 받아야 한다.

㉯ 도로법에 따른 총 길이 5[km] 이상의 일반국도 · 고속국도를 건설 시 교통시설안전진단을 받아야 한다.

㉰ 도로법에 따른 총 길이 2[km] 이상의 특별시도 · 광역시도 · 지방도를 건설 시 교통시설안전진단을 받아야 한다.

㉱ 도로법에 따른 총 길이 1[km] 이상의 시도 · 군도 · 구도를 건설 시 교통시설안전진단을 받아야 한다.

해설 **교통시설안전진단을 받아야 하는 교통시설 등(영 [별표 2])**
도로법 제10조에 따른 다음의 어느 하나에 해당하는 도로의 건설
① 일반국도 · 고속국도 : 총 길이 5[km] 이상
② 특별시도 · 광역시도 · 지방도 : 총 길이 3[km] 이상
③ 시도 · 군도 · 구도 : 총 길이 1[km] 이상

15 교통시설안전진단 결과의 처리 등에 관한 설명으로 옳지 않은 것은?

㉮ 교통행정기관은 교통시설안전진단을 받은 자가 권고사항을 이행하기 위하여 필요한 자료 제공 및 기술 지원을 할 수 있다.

㉯ 교통행정기관은 권고 등을 받은 자가 권고 등을 이행하는지를 점검할 수 있다.

㉰ 교통행정기관은 점검을 위하여 필요하다고 인정하는 경우에는 권고 등을 받은 자에게 권고 등의 이행실적을 제출할 것을 요청할 수 있다.

㉱ 국토교통부장관은 교통시설안전진단의 실시를 위하여 교통시설안전진단지침을 작성하여 교통시설안전진단을 받을 자에게 전달해야 한다.

해설 ㉱ 국토교통부장관은 교통시설안전진단의 체계적이고 효율적인 실시를 위하여 대통령령으로 정하는 바에 따라 교통시설안전진단지침을 작성하여 이를 관보에 고시하여야 한다(법 제38조제1항).

13 ㉮ 14 ㉰ 15 ㉱ **정답**

16 다음 중 교통안전진단기관 등록을 할 수 있은 자는?

㉮ 피성년후견인
㉯ 피한정후견인
㉰ 교통안전진단기관의 등록이 취소된 후 2년이 지나지 아니한 자
㉱ 파산선고를 받고 복권된 자

해설 **교통안전진단기관 등록의 결격사유(법 제41조)**
① 피성년후견인 또는 피한정후견인
② 파산선고를 받고 복권되지 아니한 자
③ 이 법을 위반하여 징역형의 실형을 선고받고 그 집행이 종료(집행이 종료된 것으로 보는 경우 포함)되거나 집행이 면제된 날부터 2년이 지나지 아니한 자
④ 이 법을 위반하여 징역형의 집행유예를 선고받고 그 유예기간 중에 있는 자
⑤ 교통안전진단기관의 등록이 취소된 후 2년이 지나지 아니한 자
⑥ 임원 중에 ①~⑤의 어느 하나에 해당하는 자가 있는 법인

중요
17 시·도지사가 교통안전진단기관에게 1년 이내의 기간을 정하여 영업의 정지를 명할 수 있는 경우는?

㉮ 거짓 그 밖의 부정한 방법으로 등록을 한 때
㉯ 최근 2년간 2회의 영업정지처분을 받고 새로이 영업정지처분에 해당하는 사유가 발생한 때
㉰ 교통안전진단기관의 결격사유에 해당하게 된 때(법인의 임원 중 결격사유에 해당하는 자가 있는 경우 6개월 이내에 해당 임원을 개임한 때 제외)
㉱ 교통안전진단기관의 등록기준에 미달하게 된 때

해설 ㉮, ㉯, ㉰의 경우 반드시 등록을 취소하여야 한다(법 제43조제1항).

18 다음 중 교통안전관리가가 될 수 있는 자는?

㉮ 피성년후견인 또는 피한정후견인
㉯ 금고 이상의 실형을 선고받고 그 집행이 종료되거나 집행이 면제된 날부터 2년이 지나지 아니한 자
㉰ 금고 이상의 형의 집행유예를 선고받고 그 유예기간 중에 있는 자
㉱ 파산선고를 받고 복권되지 아니한 자

해설 **교통안전관리자의 결격사유에 해당하는 자(법 제53조)**
- 피성년후견인 또는 피한정후견인
- 금고 이상의 실형을 선고받고 그 집행이 종료(집행이 종료된 것으로 보는 경우 포함)되거나 집행이 면제된 날부터 2년이 지나지 아니한 자
- 금고 이상의 형의 집행유예를 선고받고 그 유예기간 중에 있는 자
- 교통안전관리자 자격의 취소처분을 받은 날부터 2년이 지나지 아니한 자

정답 16 ㉱ 17 ㉱ 18 ㉱

19 교통안전관리자 자격증명서는 누가 교부하는가?

㉮ 진흥공단이사장　　㉯ 도지사
㉰ 서울시장　　㉱ 국토교통부장관

해설 교통안전관리자 자격을 취득하려는 사람은 국토교통부장관이 실시하는 시험에 합격하여야 하며, 국토교통부장관은 시험에 합격한 사람에 대하여는 교통안전관리자 자격증명서를 교부한다(법 제53조제2항).

중요

20 다음 중 교통안전관리자의 자격을 취소하여야 하거나 자격을 정지하여야 하는 사유가 아닌 것은?

㉮ 교통안전관리자 직무 중 중대한 과실로 인하여 교통사고가 발생된 때
㉯ 자격을 부정한 방법으로 취득한 때
㉰ 금고 이상의 형의 집행유예 선고를 받고 그 유예기간 중에 있는 자
㉱ 파산선고를 받고 복권된 자

해설 **교통안전관리자 자격의 취소 등(법 제54조제1항)**

시·도지사는 교통안전관리자가 다음 ① 및 ②의 어느 하나에 해당하는 때에는 그 자격을 취소하여야 하며, ③에 해당하는 때에는 교통안전관리자의 자격을 취소하거나 1년 이내의 기간을 정하여 해당 자격의 정지를 명할 수 있다.

① 교통안전관리자의 결격사유에 해당하게 된 때(반드시 자격취소)
② 거짓이나 그 밖의 부정한 방법으로 교통안전관리자 자격을 취득한 때(반드시 자격취소)
③ 교통안전관리자가 직무를 행하면서 고의 또는 중대한 과실로 인하여 교통사고를 발생하게 한 때(자격취소 또는 1년 이내의 자격정지)

중요

21 교통사고관련자료 등의 보관 및 관리 등에 관한 설명으로 틀린 것은?

㉮ 교통사고관련자료 등을 보관·관리하는 자는 교통사고가 발생한 날부터 5년간 이를 보관·관리하여야 한다.
㉯ 교통사고관련자료 등을 보관·관리하는 자는 교통사고관련자료 등의 멸실 또는 손상에 대비하여 그 입력된 자료와 프로그램을 다른 기억매체에 따로 입력시켜 격리된 장소에 안전하게 보관·관리하여야 한다.
㉰ 한국교통안전공단, 도로교통공단 등도 교통사고관련자료 등을 보관·관리한다.
㉱ 한국도로공사, 교통안전관리자 등도 교통사고관련자료 등을 보관·관리한다.

해설 **교통사고관련자료 등을 보관·관리하는 자(영 제39조)**

- 한국교통안전공단
- 도로교통공단
- 한국도로공사
- 손해보험협회에 소속된 손해보험회사
- 여객자동차운송사업의 면허를 받거나 등록을 한 자
- 여객자동차 운수사업법에 따른 공제조합
- 화물자동차운수사업자로 구성된 협회가 설립한 연합회

19 ㉱ 20 ㉱ 21 ㉱ **정답**

22 교통안전법령에서 정한 교통안전관리자에 해당하지 않는 것은?

㉮ 도로교통안전관리자
㉯ 철도교통안전관리자
㉰ 해상교통안전관리자
㉱ 삭도교통안전관리자

해설 **교통안전관리자의 자격의 종류(영 제41조의2)**
- 도로교통안전관리자
- 철도교통안전관리자
- 항공교통안전관리자
- 항만교통안전관리자
- 삭도교통안전관리자

중요

23 교통안전관리자의 직무로 맞지 않는 것은?

㉮ 교통안전관리규정의 시행 및 그 기록의 작성·보존
㉯ 교통수단의 운행 등과 관련된 안전점검의 지도 및 감독
㉰ 교통시설의 조건에 따른 안전 운행 등에 필요한 조치
㉱ 교통사고원인조사 및 대책

해설 **교통안전담당자의 직무(영 제44조의2제1항)**
- 교통안전관리규정의 시행 및 그 기록의 작성·보존
- 교통수단의 운행·운항 또는 항행(운행 등) 또는 교통시설의 운영·관리와 관련된 안전점검의 지도·감독
- 교통시설의 조건 및 기상조건에 따른 안전 운행 등에 필요한 조치
- 운전자 등의 운행 등 중 근무상태 파악 및 교통안전 교육·훈련의 실시
- 교통사고 원인 조사·분석 및 기록 유지
- 운행기록장치 및 차로이탈경고장치 등의 점검 및 관리

24 다음 중 교통안전체험교육시설에서 실시하는 체험내용이 아닌 것은?

㉮ 교통사고에 관한 모의실험
㉯ 비상상황에 대한 대처능력 향상을 위한 실습 및 교정
㉰ 상황별 안전운전 실습
㉱ 교통안전 관련 법률의 습득

해설 **체험내용(영 제46조제2항)**
- 교통사고에 관한 모의실험
- 비상상황에 대한 대처능력 향상을 위한 실습 및 교정
- 상황별 안전운전 실습

정답 22 ㉰ 23 ㉱ 24 ㉱

25 교통문화지수의 조사 등에 관한 설명으로 옳지 않은 것은?

㉮ 지정행정기관의 장은 국민의 교통문화의 수준을 객관적으로 측정하기 위한 지수를 개발·조사·작성하여 그 결과를 공표할 수 있다.

㉯ 교통문화지수는 기초지방자치단체별 교통안전실태와 교통사고 발생 정도를 조사하여 산정한다.

㉰ 국토교통부장관은 교통문화지수를 조사하기 위하여 필요하다고 인정되는 경우에는 해당 지방자치단체의 장에게 자료 및 의견의 제출 등 필요한 협조를 요청할 수 있다.

㉱ 교통문화지수의 조사항목에는 운전행태, 교통안전, 보행행태(철도분야를 포함) 등이 있다.

해설 교통문화지수의 조사항목 등(영 제47조제1항)

- 운전행태
- 교통안전
- 보행행태(도로교통분야로 한정)
- 그 밖에 국토교통부장관이 필요하다고 인정하여 정하는 사항

26 중대 교통사고의 기준 및 교육실시에 관한 설명으로 틀린 것은?

㉮ "중대 교통사고"란 차량을 운전하던 중 1건의 교통사고로 7주 이상의 치료를 요하는 피해자가 발생한 사고를 말한다.

㉯ 차량운전자는 중대 교통사고가 발생하였을 때에는 교통사고조사에 대한 결과를 통지받은 날부터 60일 이내에 교통안전 체험교육을 받아야 한다.

㉰ 차량운전자가 중대 교통사고 발생에 따른 상해를 받아 치료를 받아야 하는 경우에는 치료가 종료된 날부터 60일 이내에 교통안전 체험교육을 받아야 한다.

㉱ 중대 교통사고로 인하여 운전면허가 취소 또는 정지된 차량운전자의 경우에는 운전면허를 다시 취득하거나 정지기간이 만료되어 운전할 수 있는 날부터 60일 이내에 교통안전 체험교육을 받아야 한다.

해설 ㉮ "중대 교통사고"란 차량운전자가 교통수단운영자의 차량을 운전하던 중 1건의 교통사고로 8주 이상의 치료를 요하는 의사의 진단을 받은 피해자가 발생한 사고를 말한다(규칙 제31조의2).

27 교통안전법상 청문을 실시하여야 하는 경우는?

㉮ 교통안전진단기관의 영업 정지

㉯ 교통안전관리자 자격의 정지 사유 발생 시

㉰ 교통안전관리자 직무를 행함에 있어서 과실로 인한 교통사고 발생 시

㉱ 교통안전관리자 자격의 취소

해설 시·도시자는 다음에 해당하는 처분을 하고자 하는 경우에는 청문을 실시하여야 한다(법 제61조).

- 교통안전진단기관 등록의 취소
- 교통안전관리자 자격의 취소

25 ㉱ 26 ㉮ 27 ㉱ **정답**

28 교통안전법상 과태료 처분이 아닌 경우는?

㉮ 거짓 그 밖의 부정한 방법으로 교통안전진단기관 등록을 한 자
㉯ 교통수단안전점검을 거부·방해 또는 기피한 자
㉰ 신고를 하지 아니하고 교통시설안전진단업무를 휴업·재개업 또는 폐업하거나 거짓으로 신고한 자
㉱ 교통안전진단기관의 등록사항 중 대통령령이 정하는 사항이 변경된 때에 신고를 하지 아니하거나 거짓으로 신고한 자

해설 ㉮의 경우 2년 이하의 징역 또는 2천만원 이하의 벌금에 처한다(법 제63조제2호).

29 교통안전법상 과태료 처분 사항에 해당하는 것은?

㉮ 직무상 알게 된 비밀을 타인에게 누설하거나 직무상 목적 외에 이를 사용한 자
㉯ 거짓 그 밖의 부정한 방법으로 교통안전진단기관 등록을 한 자
㉰ 교통수단안전점검을 거부·방해 또는 기피한 자
㉱ 영업정지처분을 받고 그 영업정지기간 중에 새로이 교통시설안전진단업무를 수행한 자

해설 ㉮, ㉯, ㉱의 경우 2년 이하의 징역 또는 2천만원 이하의 벌금에 해당한다(법 제63조).

30 교통안전법에서 정한 2년 이하의 징역 또는 2천만원 이하의 벌금에 해당하는 경우는?

㉮ 교통안전관리규정을 제출하지 아니하거나 이를 준수하지 아니하는 자 또는 변경명령에 따르지 아니하는 자
㉯ 교통수단안전점검을 거부·방해 또는 기피한 자
㉰ 교통수단안전점검과 관련하여 교통행정기관이 지시한 보고를 하지 아니하거나 거짓으로 보고한 자 또는 자료제출요청을 거부·기피·방해하거나 관계공무원의 질문에 대하여 거짓으로 진술한 자
㉱ 직무상 알게 된 비밀을 타인에게 누설하거나 직무상 목적 외에 이를 사용한 자

해설 ㉮, ㉯, ㉰의 경우 500만원 이하의 과태료에 해당한다(법 제65조제2항).

정답 28 ㉮ 29 ㉰ 30 ㉱

CHAPTER

02 자동차관리법

※ 자동차관리법의 빈번한 개정으로 [시행 2024. 8. 14.] [법률 제20298호, 2024. 2. 13., 일부개정]을 기반으로 구성하였습니다. 최신 법령은 국가법령정보센터(https://www.law.go.kr)에서 확인하세요.

제1절 총 칙

1. 목적(법 제1조)

자동차의 등록, 안전기준, 자기인증, 제작결함 시정, 점검, 정비, 검사 및 자동차관리사업 등에 관한 사항을 정하여 자동차를 효율적으로 관리하고 자동차의 성능 및 안전을 확보함으로써 공공의 복리를 증진함을 목적으로 한다.

2. 용어의 정의(법 제2조)

(1) 자동차

원동기에 의하여 육상에서 이동할 목적으로 제작한 용구 또는 이에 견인되어 육상을 이동할 목적으로 제작한 용구(이하 "피견인자동차")를 말한다. 다만, 대통령령으로 정하는 것은 제외한다.

중요 CHECK

적용이 제외되는 자동차(영 제2조)

1. 「건설기계관리법」에 따른 건설기계
2. 「농업기계화 촉진법」에 따른 농업기계
3. 「군수품관리법」에 따른 차량
4. 궤도 또는 공중선에 의하여 운행되는 차량
5. 「의료기기법」에 따른 의료기기

(2) 원동기

자동차의 구동을 주목적으로 하는 내연기관이나 전동기 등 동력발생장치를 말한다.

(3) 자율주행자동차

운전자 또는 승객의 조작 없이 자동차 스스로 운행이 가능한 자동차를 말한다.

(4) 미완성자동차

차대 등 국토교통부령으로 정하는 최소한의 구조・장치를 갖춘 자동차로서 용법에 따라 사용이 가능하도록 추가적인 제작・조립 공정이 필요한 자동차를 말한다.

(5) 단계제작자동차

미완성자동차를 이용하여 운행(용법에 따라 사용이 가능하도록 하는 것을 말한다)이 가능하도록 단계별로 제작된 자동차를 말한다.

(6) 구동축전지

자동차의 구동을 목적으로 전기에너지를 저장하는 축전지 또는 이와 유사한 기능을 하는 전기에너지 저장매체를 말한다. (시행일 : 2025. 2. 17.)

(7) 커넥티드자동차

「국가통합교통체계효율화법」 제2조제3호에 따른 교통수단, 같은 조 제4호에 따른 교통시설, 그 밖의 장치 · 시설 · 장비 · 기기 등과 무선 정보통신 기술을 활용하여 정보를 송신 또는 수신하는 자동차를 말한다. (시행일 : 2025. 8. 14.)

(8) 운 행

사람 또는 화물의 운송 여부와 관계없이 자동차를 그 용법(用法)에 따라 사용하는 것을 말한다.

(9) 자동차사용자

자동차 소유자 또는 자동차 소유자로부터 자동차의 운행 등에 관한 사항을 위탁받은 자를 말한다.

중요 CHECK

자동차의 차령기산일(영 제3조)

자동차의 차령기산일은 다음의 구분에 의한다.

1. 제작연도에 등록된 자동차 : 최초의 신규등록일
2. 제작연도에 등록되지 아니한 자동차 : 제작연도의 말일

(10) 형 식

자동차의 구조와 장치에 관한 형상, 규격 및 성능 등을 말한다.

(11) 내압용기

「고압가스 안전관리법」에 따른 용기로서 고압가스를 연료로 사용하기 위하여 자동차에 장착하거나 장착할 목적으로 제작된 용기(용기밸브와 용기안전장치를 포함)를 말한다.

(12) **자동차 사이버공격·위협**

해킹, 컴퓨터바이러스, 서비스 거부, 전자기파 등 전자적 수단으로 자동차의 부품·장치·정보통신기기 또는 이와 관련된 정보시스템을 침입·교란·마비·파괴하거나 자동차의 소프트웨어, 자동차제어 정보 등을 위조·변조·훼손·유출하는 행위 및 그와 관련된 위협을 말한다. (시행일 : 2025. 8. 14.)

(13) **자동차 사이버보안 관리체계**

자동차 사이버공격·위협으로부터 자동차를 보호하기 위한 관리적·기술적·물리적 보호조치를 포함한 종합적 관리체계를 말한다. (시행일 : 2025. 8. 14.)

(14) **소프트웨어**

「소프트웨어 진흥법」 제2조제1호에 따른 소프트웨어로서 자동차에 설치되는 것을 말한다. (시행일 : 2025. 8. 14.)

(15) **소프트웨어 업데이트**

소프트웨어를 변경, 추가 또는 삭제하는 것을 말한다. (시행일 : 2025. 8. 14.)

(16) **폐 차**

자동차를 해체하여 국토교통부령으로 정하는 자동차의 장치를 그 성능을 유지할 수 없도록 압축·파쇄(破碎) 또는 절단하거나 자동차를 해체하지 아니하고 바로 압축·파쇄하는 것을 말한다.

(17) **자동차관리사업**

자동차매매업·자동차정비업 및 자동차해체재활용업을 말한다.

(18) **자동차매매업**

자동차(신조차(新造車)와 이륜자동차는 제외)의 매매 또는 매매 알선 및 그 등록 신청의 대행을 업(業)으로 하는 것을 말한다.

(19) **자동차정비업**

자동차(이륜자동차는 제외)의 점검작업, 정비작업 또는 튜닝작업을 업으로 하는 것을 말한다. 다만, 국토교통부령으로 정하는 작업은 제외한다.

(20) **자동차해체재활용업**

폐차 요청된 자동차(이륜자동차는 제외)의 인수(引受), 재사용 가능한 부품의 회수, 폐차 및 그 말소등록 신청의 대행을 업으로 하는 것을 말한다.

(21) 사고기록장치

자동차의 충돌 등 국토교통부령으로 정하는 사고 전후 일정한 시간 동안 자동차의 운행정보를 저장하고 저장된 정보를 확인할 수 있는 장치 또는 기능을 말한다.

(22) 자동차의 튜닝

자동차의 구조·장치의 일부를 변경하거나 자동차에 부착물을 추가하는 것을 말한다.

(23) 표준정비시간

자동차정비사업자 단체가 정하여 공개하고 사용하는 정비작업별 평균 정비시간을 말한다.

(24) 전손(全損) 처리 자동차

피보험자동차가 완전히 파손, 멸실 또는 오손되어 수리할 수 없는 상태이거나 피보험자동차에 생긴 손해액과 보험회사가 부담하기로 한 비용의 합산액이 보험가액 이상인 자동차로서 「보험업법」 제2조에 따른 보험회사(이하 "보험회사")가 다음으로 분류 처리한 경우를 말한다.

① 도난 또는 분실 자동차로 분류한 경우
② 수리가 가능한 자동차로 분류한 경우
③ 수리가 불가능하여 폐차하기로 분류한 경우

(25) 자동차경매

경매장을 개설하여 자동차(신조차와 이륜자동차는 제외)를 경매(競賣)의 방식(「전자문서 및 전자거래 기본법」 제2조제5호에 따른 전자거래를 통한 경매를 포함)으로 처리하는 것을 말한다.

3. 자동차의 종류(법 제3조)

(1) 자동차의 구분

① **승용자동차** : 10인 이하를 운송하기에 적합하게 제작된 자동차
② **승합자동차** : 11인 이상을 운송하기에 적합하게 제작된 자동차. 다만, 다음의 어느 하나에 해당하는 자동차는 승차인원과 관계없이 이를 승합자동차로 본다.
   ㉠ 내부의 특수한 설비로 인하여 승차인원이 10인 이하로 된 자동차
   ㉡ 국토교통부령으로 정하는 경형자동차로서 승차인원이 10인 이하인 전방조종자동차
③ **화물자동차** : 화물을 운송하기에 적합한 화물적재공간을 갖추고, 화물적재공간의 총적재화물의 무게가 운전자를 제외한 승객이 승차공간에 모두 탑승했을 때의 승객의 무게보다 많은 자동차
④ **특수자동차** : 다른 자동차를 견인하거나 구난작업 또는 특수한 용도로 사용하기에 적합하게 제작된 자동차로서 승용자동차·승합자동차 또는 화물자동차가 아닌 자동차

⑤ **이륜자동차** : 총배기량 또는 정격출력의 크기와 관계없이 1인 또는 2인의 사람을 운송하기에 적합하게 제작된 이륜의 자동차 및 그와 유사한 구조로 되어 있는 자동차

(2) 자동차의 종별 구분(법 제3조제2항, 규칙 [별표 1])

구분의 세부기준은 자동차의 크기·구조, 원동기의 종류, 총배기량 또는 정격출력 등에 따라 국토교통부령으로 정하며, 자동차의 종류는 그 규모별 세부기준 및 유형별 세부기준에 따라 다음과 같이 구분할 수 있다.

① 규모별 세부기준

종 류	경 형		소 형	중 형	대 형
	초소형	일반형			
승용자동차	배기량이 250[cc](전기자동차의 경우 최고 정격출력이 15[kW]) 이하이고, 길이 3.6[m]·너비 1.5[m]·높이 2.0[m] 이하인 것	배기량이 1,000[cc] 미만이고, 길이 3.6[m]·너비 1.6[m]·높이 2.0[m] 이하인 것	배기량이 1,600[cc] 미만이고, 길이 4.7[m]·너비 1.7[m]·높이 2.0[m] 이하인 것	배기량이 1,600[cc] 이상 2,000[cc] 미만이거나, 길이·너비·높이 중 어느 하나라도 소형을 초과하는 것	배기량이 2,000[cc] 이상이거나, 길이·너비·높이 모두 소형을 초과하는 것
승합자동차	배기량이 1,000[cc] 미만이고, 길이 3.6[m]·너비 1.6[m]·높이 2.0[m] 이하인 것		승차정원이 15인 이하이고, 길이 4.7[m]·너비 1.7[m]·높이 2.0[m] 이하인 것	승차정원이 16인 이상 35인 이하이거나, 길이·너비·높이 중 어느 하나라도 소형을 초과하고, 길이가 9[m] 미만인 것	승차정원이 36인 이상이거나, 길이·너비·높이 모두 소형을 초과하고, 길이가 9[m] 이상인 것
화물자동차	배기량이 250[cc](전기자동차의 경우 최고 정격출력이 15[kW]) 이하이고, 길이 3.6[m]·너비 1.5[m]·높이 2.0[m] 이하인 것	배기량이 1,000[cc] 미만이고, 길이 3.6[m]·너비 1.6[m]·높이 2.0[m] 이하인 것	최대 적재량이 1톤 이하이고, 총중량이 3.5톤 이하인 것	최대 적재량이 1톤 초과 5톤 미만이거나, 총중량이 3.5톤 초과 10톤 미만인 것	최대 적재량이 5톤 이상이거나, 총중량이 10톤 이상인 것
특수자동차	배기량이 1,000[cc] 미만이고, 길이 3.6[m]·너비 1.6[m]·높이 2.0[m] 이하인 것		총중량이 3.5톤 이하인 것	총중량이 3.5톤 초과 10톤 미만인 것	총중량이 10톤 이상인 것
이륜자동차	배기량이 50[cc] 미만(최고 정격출력 4[kW] 이하)인 것		배기량이 100[cc] 이하(최고 정격출력 11[kW] 이하)인 것	배기량이 100[cc] 초과 260[cc] 이하(최고 정격출력 11[kW] 초과 15[kW] 이하)인 것	배기량이 260[cc](최고 정격출력 15[kW])를 초과하는 것

② 유형별 세부기준

종 류	유형별	세부기준
승용자동차	일반형	2개 내지 4개의 문이 있고, 전후 2열 또는 3열의 좌석을 구비한 유선형인 것
	승용겸화물형	차실 안에 화물을 적재하도록 장치된 것
	다목적형	프레임형이거나 4륜 구동장치 또는 차동제한장치를 갖추는 등 험로운행이 용이한 구조로 설계된 자동차로서 일반형 및 승용겸화물형이 아닌 것
	기타형	위 어느 형에도 속하지 아니하는 승용자동차인 것
승합자동차	일반형	주목적이 여객운송용인 것
	특수형	특정한 용도(장의 · 헌혈 · 구급 · 보도 · 캠핑 등)를 가진 것
화물자동차	일반형	보통의 화물운송용인 것
	덤프형	적재함을 원동기의 힘으로 기울여 적재물을 중력에 의하여 쉽게 미끄러뜨리는 구조의 화물운송용인 것
	밴 형	지붕구조의 덮개가 있는 화물운송용인 것
	특수용도형	특정한 용도를 위하여 특수한 구조로 하거나, 기구를 장치한 것으로서 위 어느 형에도 속하지 아니하는 화물운송용인 것
특수자동차	견인형	피견인차의 견인을 전용으로 하는 구조인 것
	구난형	고장 · 사고 등으로 운행이 곤란한 자동차를 구난 · 견인할 수 있는 구조인 것
	특수용도형	위 어느 형에도 속하지 아니하는 특수용도용인 것
이륜자동차	일반형	자전거로부터 진화한 구조로서 사람 또는 소량의 화물을 운송하기 위한 것
	특수형	경주 · 오락 또는 운전을 즐기기 위한 경쾌한 구조인 것
	기타형	3륜 이상인 것으로서 최대적재량이 100[kg] 이하인 것

4. 자동차관리 사무

(1) 자동차관리 사무의 지도 · 감독(법 제4조)

국토교통부장관은 자동차관리에 관한 적절하고 효율적인 제도를 확립하고, 자동차관리 행정의 합리적인 발전을 도모하기 위하여 이 법에서 특별시장 · 광역시장 · 특별자치시장 · 도지사 · 특별자치도지사(이하 "시 · 도지사"), 특별자치시장 · 특별자치도지사 · 시장 · 군수 및 구청장(자치구의 구청장을 말한다. 이하 "시장 · 군수 · 구청장")의 권한으로 규정한 자동차관리에 관한 사무를 지도 · 감독한다.

(2) 자동차정책기본계획의 수립(법 제4조의2)

① 국토교통부장관은 자동차를 효율적으로 관리하고 안전도를 높이기 위하여 자동차정책기본계획(이하 "기본계획")을 5년마다 수립 · 시행하여야 한다.

② 기본계획에는 다음의 사항이 포함되어야 한다.

㉠ 자동차 관련 기술발전 전망과 자동차 안전 및 관리 정책의 추진방향

㉡ 자동차안전기준 등의 연구개발 · 기반조성 및 국제조화에 관한 사항

㉢ 자동차 안전도 향상에 관한 사항

㉣ 자동차 관리제도 및 소비자 보호에 관한 사항

ⓜ 커넥티드자동차 등 신기술이 적용된 자동차의 자동차검사기준 마련, 안전관리 및 자동차검사 관련 기술・기기의 연구・개발・보급에 관한 사항 (시행일 : 2025. 8. 14.)

ⓗ 그 밖에 자동차 안전 및 관리를 위하여 필요한 사항

③ 국토교통부장관은 기본계획을 수립하려는 경우에는 관계 중앙행정기관의 장 및 시・도지사의 의견을 들은 후 「국가통합교통체계효율화법」 제106조에 따른 국가교통위원회의 심의를 거쳐 확정한다. 수립된 기본계획을 변경(대통령령으로 정하는 경미한 변경은 제외)하려는 경우에도 또한 같다.

중요 CHECK

대통령령으로 정하는 경미한 변경(영 제4조제1항)

1. 자동차정책기본계획(이하 "기본계획")에서 정한 부문별 사업비용을 100분의 15 이내의 범위에서 변경하는 경우
2. 기본계획에서 정한 부문별 사업기간을 1년 이내의 범위에서 변경하는 경우
3. 관계 법령 또는 관련 계획의 변경에 따라 기본계획의 내용 변경이 부득이한 경우
4. 계산착오, 오기, 누락 또는 이에 준하는 사유로서 그 변경근거가 분명한 사항을 변경하는 경우
5. 그 밖에 기본계획의 목적 및 방향에 영향을 미치지 아니하는 것으로서 국토교통부장관이 정하여 고시하는 사항을 변경하는 경우

④ 국토교통부장관은 기본계획이 확정된 때에는 관계 중앙행정기관의 장 및 시・도지사에게 통보하고, 이를 공고(인터넷 게재를 포함)하여야 한다.

⑤ 기본계획의 수립 및 변경 등에 관하여 필요한 사항은 대통령령으로 정한다.

제2절 자동차의 등록

1. 자동차등록원부

(1) 등록(법 제5조)

자동차(이륜자동차는 제외)는 자동차등록원부(이하 "등록원부")에 등록한 후가 아니면 이를 운행할 수 없다. 다만, 임시운행허가를 받아 허가 기간 내에 운행하는 경우에는 그러하지 아니하다.

(2) 자동차 소유권 변동의 효력(법 제6조)

자동차 소유권의 득실변경(得失變更)은 등록을 하여야 그 효력이 생긴다.

(3) 자동차등록원부(법 제7조)

① 시・도지사는 등록원부를 비치(備置)・관리하여야 한다.

② 시・도지사는 등록원부의 전부 또는 일부가 멸실된 경우에는 대통령령으로 정하는 바에 따라 등록원부를 복구하기 위하여 필요한 조치를 하여야 한다.

③ 국토교통부장관이나 시・도지사는 등록원부 및 그 기재 사항의 멸실(滅失)・훼손이나 그 밖의 부정한 유출 등을 방지하고 이를 보존하기 위하여 필요한 조치를 하여야 한다.

④ 등록원부의 열람이나 그 등본 또는 초본을 발급받으려는 자는 국토교통부령으로 정하는 바에 따라 시・도지사에게 신청하여야 한다.

⑤ 시・도지사는 등록원부를 열람하게 하거나 그 등본 또는 초본을 발급하는 경우 개인정보의 유출을 방지하기 위하여 국토교통부령으로 정하는 바에 따라 그 내용의 일부를 표시하지 아니할 수 있다.

⑥ 등록원부에는 등록번호, 차대번호, 차명, 사용본거지, 자동차 소유자, 원동기형식, 구동축전지 식별번호(「환경친화적 자동차의 개발 및 보급 촉진에 관한 법률」 제2조제3호에 따른 전기자동차로 한정), 차종, 용도, 세부유형, 구조장치 변경사항, 검사유효기간, 자동차저당권에 관한 사항과 그 밖에 공시할 필요가 있는 사항을 기재하여야 한다. 이 경우 세부 기재사항, 서식 및 기재방법은 대통령령으로 정한다. (시행일 : 2025. 2. 17.)

2. 신규등록

(1) 신규등록(법 제8조)

① 신규로 자동차에 관한 등록을 하려는 자는 대통령령으로 정하는 바에 따라 시・도지사에게 신규자동차등록(이하 "신규등록")을 신청하여야 한다. 이 경우 시・도지사는 신규등록을 하려는 자동차가 다음의 어느 하나에 해당하는 경우에는 구매자가 자동차를 제작・조립 또는 수입하는 자(이들로부터 자동차의 판매위탁을 받은 자를 포함하며, 이하 "자동차제작・판매자 등")로부터 고지를 받았다는 사실을 국토교통부령으로 정하는 바에 따라 신규등록을 신청하는 자에게 확인하여야 한다. (시행일 : 2025. 1. 10.)

㉠ 반품으로 말소등록된 자동차인 경우

㉡ 제작사의 공장 출고일(제작일을 말한다. 이하 같다) 이후 인도 이전에 국토교통부령으로 정하는 고장 또는 흠집 등 하자가 발생한 자동차인 경우

② 시・도지사는 신규등록 신청을 받으면 등록원부에 필요한 사항을 적고 자동차등록증을 발급하여야 한다.

③ 자동차제작・판매자 등이 자동차를 판매한 경우에는 국토교통부령으로 정하는 바에 따라 등록원부 작성에 필요한 자동차 제작증 정보를 전산정보처리조직에 즉시 전송하여야 하며 산 사람을 갈음하여 지체 없이 신규등록을 신청하여야 한다. 다만, 국토교통부령으로 정하는 바에 따라 산 사람이 직접 신규등록을 신청하는 경우에는 그러하지 아니하다. (시행일 : 2025. 1. 10.)

④ 자동차제작・판매자 등이 ①에 따라 신규등록을 신청하는 경우에는 국토교통부령으로 정하는 바에 따라 자동차를 산 사람으로부터 수수료를 받을 수 있다.

(2) 자동차제작·판매자 등의 고지의무(법 제8조의2, 시행일 : 2025. 1. 10.)

① 자동차제작·판매자 등은 반품으로 말소등록된 자동차를 판매하는 경우에는 해당 자동차가 반품된 자동차라는 사실을 구매자에게 고지하고 제69조에 따른 전산정보처리조직에 즉시 전송하여야 한다. 다만, 교환 또는 환불 요구에 따라 반품된 자동차의 경우에는 그 사유를 포함하여 고지 및 전송하여야 하며, 자동차제작증에도 그 사유를 기재하여야 한다.

② 자동차제작·판매자 등은 자동차를 판매할 때 제작사의 공장 출고일 이후 인도 이전에 발생한 국토교통부령으로 정하는 고장 또는 흠집 등 하자에 대한 수리 여부와 상태 등에 대하여 구매자에게 고지하고 전산정보처리조직에 즉시 전송하여야 한다.

(3) 신규등록의 거부(법 제9조)

시·도지사는 다음의 어느 하나에 해당하는 경우에는 신규등록을 거부하여야 한다.

① 해당 자동차의 취득에 관한 정당한 원인행위가 없거나 등록 신청 사항에 거짓이 있는 경우

② 자동차의 차대번호(車臺番號) 또는 원동기형식의 표기가 없거나 이들 표기가 자동차자기인증표시 또는 신규검사증명서에 적힌 것과 다른 경우

③ 「여객자동차 운수사업법」에 따른 여객자동차 운수사업 및 「화물자동차 운수사업법」에 따른 화물자동차 운수사업의 면허·등록·인가 또는 신고 내용과 다르게 사업용 자동차로 등록하려는 경우

④ 「액화석유가스의 안전관리 및 사업법」에 따른 액화석유가스의 연료사용제한 규정을 위반하여 등록하려는 경우

⑤ 「대기환경보전법」 및 「소음·진동관리법」에 따른 제작차 인증을 받지 아니한 자동차 또는 제동장치에 석면을 사용한 자동차를 등록하려는 경우

⑥ 미완성자동차

(4) 자동차등록번호판(법 제10조)

① 시·도지사는 국토교통부령으로 정하는 바에 따라 자동차등록번호판(이하 "등록번호판")을 붙이고 봉인을 하여야 한다. 다만, 자동차 소유자 또는 제8조제3항 본문 및 제12조제2항 본문에 따라 자동차 소유자를 갈음하여 등록을 신청하는 자가 직접 등록번호판의 부착 및 봉인을 하려는 경우에는 국토교통부령으로 정하는 바에 따라 등록번호판의 부착 및 봉인을 직접 하게 할 수 있다.

중요 CHECK

자동차등록번호판의 부착방법(규칙 제3조)

자동차등록번호판은 자동차의 앞쪽과 뒷쪽에 다음의 기준에 적합하게 부착하여야 한다. 다만, 피견인자동차의 앞쪽에는 등록번호판을 부착하지 아니할 수 있다.

1. 차량중심선을 기준으로 등록번호판의 좌우가 대칭이 될 것. 다만, 자동차의 구조 및 성능상 차량중심선에 부착하는 것이 곤란한 경우에는 그러하지 아니하다.
2. 자동차의 앞쪽과 뒷쪽에서 볼 때에 차체의 다른 부분이나 장치 등에 의하여 등록번호판이 가리워지지 아니할 것
3. 뒷쪽 등록번호판의 부착위치는 차체의 뒷쪽 끝으로부터 65[cm] 이내일 것. 다만, 자동차의 구조 및 성능상 차체의 뒷쪽 끝으로부터 65[cm] 이내로 부착하는 것이 곤란한 경우에는 그러하지 아니하다.
4. 그 밖에 국토교통부장관이 정하여 고시하는 부착 방법

봉인의 위치 등(규칙 제4조제1항)

봉인은 자동차의 뒷면에 붙인 등록번호판 왼쪽의 접합부분에 하여야 한다.

② ①에 따라 붙인 등록번호판 및 봉인은 다음의 어느 하나에 해당하는 경우를 제외하고는 떼지 못한다.
   ㉠ 시·도지사의 허가를 받은 경우
   ㉡ 제53조에 따라 등록한 자동차정비업자가 정비를 위하여 사업장 내에서 국토교통부령으로 정하는 바에 따라 일시적으로 뗀 경우
   ㉢ 다른 법률에 특별한 규정이 있는 경우

③ 자동차 소유자는 등록번호판이나 봉인이 떨어지거나 알아보기 어렵게 된 경우에는 시·도지사에게 등록번호판의 부착 및 봉인을 다시 신청하여야 한다.

④ ①과 ③에 따른 등록번호판의 부착 및 봉인을 하지 아니한 자동차는 운행하지 못한다. 다만, 임시운행허가번호판을 붙인 경우에는 그러하지 아니하다.

⑤ 누구든지 등록번호판을 가리거나 알아보기 곤란하게 하여서는 아니 되며, 그러한 자동차를 운행하여서도 아니 된다.

⑥ 누구든지 등록번호판을 가리거나 알아보기 곤란하게 하기 위한 장치를 제조·수입하거나 판매·공여하여서는 아니 된다.

⑦ 자동차 소유자는 자전거 운반용 부착장치 등 국토교통부령으로 정하는 외부장치를 자동차에 붙여 등록번호판이 가려지게 되는 경우에는 시·도지사에게 국토교통부령으로 정하는 바에 따라 외부장치용 등록번호판의 부착을 신청하여야 한다. 외부장치용 등록번호판에 대하여는 ①부터 ⑥까지를 준용한다.

⑧ 시·도지사는 등록번호판 및 그 봉인을 회수한 경우에는 다시 사용할 수 없는 상태로 폐기하여야 한다.

⑨ 누구든지 등록번호판 영치업무를 방해할 목적으로 ①에 따른 등록번호판의 부착 및 봉인 이외의 방법으로 등록번호판을 붙이거나 봉인하여서는 아니 되며, 그러한 자동차를 운행하여서도 아니 된다.

(5) 자동차등록번호의 부여(법 제16조)

시・도지사는 자동차를 신규등록한 경우에는 그 자동차의 등록번호를 부여하고, 용도변경 등 대통령령으로 정하는 사유가 발생한 경우에는 그 등록번호를 변경하여 부여한다.

(6) 자동차등록증의 비치 등(법 제18조)

자동차 소유자는 자동차등록증이 없어지거나 알아보기 곤란하게 된 경우에는 재발급 신청을 하여야 한다.

(7) 등록번호판의 발급 등(법 제19조)

등록번호판의 제작・발급 및 봉인방법 등은 국토교통부령으로 정한다.

중요 CHECK

등록번호판의 규격 등(규칙 제6조)

① 등록번호판의 규격・재질 및 색상은 자동차의 종류 및 용도(자동차운수사업용・비사업용 및 외교용을 말한다)에 따라 각각 구분하여야 한다.
② 자동차운수사업용자동차의 등록번호판에는 관할관청을 기호로 표시하여야 한다. 다만, 「여객자동차 운수사업법」에 따른 자동차대여사업에 사용하는 자동차는 그러하지 아니하다.
③ 등록번호판의 규격・재질・색상 그 밖의 필요한 세부적인 사항은 국토교통부장관이 정하여 고시한다. 이 경우 국토교통부장관은 미리 경찰청장과 협의하여야 한다.

(8) 등록번호판발급대행자

① 등록번호판발급대행자의 지정 등(법 제20조)

㉠ 시・도지사는 필요하다고 인정하면 국토교통부령으로 정하는 바에 따라 등록번호판의 제작・발급 및 봉인 업무를 대행하는 자(이하 "등록번호판발급대행자")를 지정할 수 있다. 이 경우 그 지정방법 및 대행기간은 해당 지방자치단체의 조례로 정할 수 있다.

㉡ 등록번호판발급대행자가 갖추어야 할 시설, 장비 등의 기준 및 지정 절차 등에 관하여 필요한 사항은 국토교통부령으로 정한다.

㉢ 등록번호판발급대행자는 국토교통부령으로 정하는 바에 따라 등록번호판의 발급 및 봉인 수수료를 받을 수 있다.

㉣ 등록번호판발급대행자는 자동차 등록번호판 제작용 철형(凸形)을 관리하는 경우 도난되지 아니하도록 필요한 안전조치를 하여야 하며, 유출(流出)하여서는 아니 된다.

② 등록번호판발급대행자에 대한 지정의 취소 등(법 제21조)

시・도지사는 등록번호판발급대행자가 다음의 어느 하나에 해당되는 경우에는 그 지정을 취소하거나 6개월 이내의 기간을 정하여 사업의 정지를 명할 수 있다. 다만, ㉠ 및 ㉦에 해당하는 경우에는 그 지정을 취소하여야 한다.

㉠ 거짓이나 그 밖의 부정한 방법으로 지정을 받은 경우

㉡ 시설·장비 등의 기준에 미달한 경우

㉢ 규정을 위반하여 자동차 등록번호판 제작용 철형을 도난당하거나 유출한 경우

㉣ 보고를 하지 아니하거나 거짓으로 보고를 한 경우

㉤ 검사를 거부·방해 또는 기피하거나, 질문에 응하지 아니하거나 거짓으로 답변한 경우

㉥ 업무와 관련하여 부정한 금품을 수수(收受)하거나 그 밖의 부정한 행위를 한 경우

㉦ 자산상태 불량 등의 사유로 그 업무를 계속 수행할 수 없다고 인정될 경우

㉧ 등록번호판의 발급 또는 봉인을 정당한 사유 없이 거부한 경우

㉨ 국토교통부장관이 등록번호판의 규격·재질·색상 등 제식(制式)에 관하여 고시한 기준에 위반되게 제작·발급한 경우

㉩ 이 조에 따른 사업정지명령을 위반하여 사업정지기간 중에 사업을 경영한 경우

(9) 차대번호

① 차대번호 등의 표기(법 제22조)

㉠ 자동차에는 국토교통부령으로 정하는 바에 따라 차대번호와 원동기형식의 표기를 하여야 한다.

㉡ 자동차나 원동기를 제작·조립하는 것을 업으로 하는 자와 국토교통부장관이 지정하는 자가 아니면 자동차의 차대번호 또는 원동기형식의 표기를 하여서는 아니 된다.

② 표기를 지우는 행위 등의 금지 등(법 제23조)

㉠ 누구든지 자동차의 차대번호 또는 원동기형식의 표기를 지우거나 그 밖에 이를 알아보기 곤란하게 하는 행위를 하여서는 아니 된다. 다만, 부득이한 사유로 국토교통부장관의 인정을 받은 경우와 ㉡에 따른 명령을 받은 경우에는 그러하지 아니하다.

㉡ 국토교통부장관은 자동차가 다음의 어느 하나에 해당되는 경우에는 그 소유자에게 차대번호 또는 원동기형식의 표기를 지우거나 표기를 받을 것을 명할 수 있다.

- 자동차에 차대번호 또는 원동기형식의 표기가 없거나 그 표기 방법 및 체계 등이 표기규정(법 제22조제1항)에 적합하지 아니한 경우
- 자동차의 차대번호 또는 원동기형식의 표기가 다른 자동차와 유사한 경우
- 차대번호 또는 원동기형식의 표기가 지워져 있거나 알아보기 곤란한 경우

㉢ 표기를 지우거나 표기를 받으려는 자는 국토교통부령으로 정하는 바에 따라 자동차 또는 원동기의 제작·조립을 업으로 하는 자 또는 국토교통부장관이 지정하는 자에게 신청을 하여야 한다. 이 경우 이에 들어간 비용은 국토교통부령으로 정하는 바에 따라 자동차의 소유자로부터 징수할 수 있다.

3. 변경등록 및 이전등록

(1) 변경등록(법 제11조제1항)

자동차 소유자는 등록원부의 기재 사항이 변경(이전등록 및 말소등록에 해당되는 경우는 제외)된 경우에는 대통령령으로 정하는 바에 따라 시・도지사에게 변경등록을 신청하여야 한다. 다만, 대통령령으로 정하는 경미한 등록 사항을 변경하는 경우에는 그러하지 아니하다.

중요 CHECK

'대통령령으로 정하는 경미한 등록 사항'이란 다음의 어느 하나에 해당하지 아니하는 사항을 말한다(자동차등록령 제22조 제4항).

1. 차대번호 또는 원동기형식
2. 자동차 소유자의 성명(법인인 경우에는 명칭)
3. 자동차 소유자의 주민등록번호(법인인 경우에는 법인등록번호)
4. 자동차의 사용본거지
5. 자동차의 용도
6. 자동차의 종류

(2) 이전등록(법 제12조)

① 등록된 자동차를 양수받는 자는 대통령령으로 정하는 바에 따라 시・도지사에게 자동차 소유권의 이전등록을 신청하여야 한다.

② 자동차매매업을 등록한 자(이하 "자동차매매업자")는 자동차의 매도 또는 매매의 알선을 한 경우에는 산 사람을 갈음하여 이전등록 신청을 하여야 한다. 다만, 자동차매매업자 사이에 매매 또는 매매의 알선을 한 경우와 국토교통부령으로 정하는 바에 따라 산 사람이 직접 이전등록 신청을 하는 경우에는 그러하지 아니하다.

③ 자동차를 양수한 자가 다시 제3자에게 양도하려는 경우에는 양도 전에 자기 명의로 이전등록을 하여야 한다.

④ 자동차를 양수한 자가 ①에 따른 이전등록을 신청하지 아니한 경우에는 대통령령으로 정하는 바에 따라 그 양수인을 갈음하여 양도자(이전등록을 신청할 당시 등록원부에 적힌 소유자를 말한다)가 신청할 수 있다.

⑤ 이전등록 신청을 받은 시・도지사는 대통령령으로 정하는 바에 따라 등록을 수리(受理)하여야 한다.

⑥ 시・도지사는 보험회사가 전손 처리한 자동차에 대하여 이전등록 신청을 받은 경우 수리검사를 받은 경우에 한정하여 수리(受理)하여야 한다.

중요 CHECK

이전등록 신청(자동차등록령 제26조제1항)

이전등록은 다음의 구분에 따른 기간에 등록관청에 신청하여야 한다.

1. 매매의 경우 : 매수한 날부터 15일 이내
2. 증여의 경우 : 증여를 받은 날부터 20일 이내
3. 상속의 경우 : 상속개시일이 속하는 달의 말일부터 6개월 이내
4. 그 밖의 사유로 인한 소유권 이전의 경우 : 사유가 발생한 날부터 15일 이내

4. 말소등록 및 압류등록

(1) 말소등록(법 제13조)

① 자동차 소유자(재산관리인 및 상속인을 포함한다)는 등록된 자동차가 다음의 어느 하나의 사유에 해당하는 경우에는 대통령령으로 정하는 바에 따라 자동차등록증, 등록번호판 및 봉인을 반납하고 시·도지사에게 말소등록(이하 "말소등록")을 신청하여야 한다. 다만, ㉦ 및 ㉧의 사유에 해당되는 경우에는 말소등록을 신청할 수 있다.

㉠ 자동차해체재활용업을 등록한 자(이하 "자동차해체재활용업자")에게 폐차를 요청한 경우

㉡ 자동차제작·판매자 등에게 반품한 경우(교환 또는 환불 요구에 따라 반품된 경우를 포함)

㉢ 「여객자동차 운수사업법」에 따른 차령(車齡)이 초과된 경우

㉣ 「여객자동차 운수사업법」 및 「화물자동차 운수사업법」에 따라 면허·등록·인가 또는 신고가 실효(失效)되거나 취소된 경우

㉤ 천재지변·교통사고 또는 화재로 자동차 본래의 기능을 회복할 수 없게 되거나 멸실된 경우

㉥ 자동차를 수출하는 경우

㉦ 압류등록을 한 후에도 환가(換價) 절차 등 후속 강제집행 절차가 진행되고 있지 아니하는 차량 중 차령 등 대통령령으로 정하는 기준에 따라 환가가치가 남아 있지 아니하다고 인정되는 경우. 이 경우 시·도지사가 해당 자동차 소유자로부터 말소등록 신청을 접수하였을 때에는 즉시 그 사실을 압류등록을 촉탁(囑託)한 법원 또는 행정관청과 등록원부에 적힌 이해관계인에게 알려야 한다.

㉧ 자동차를 교육·연구의 목적으로 사용하는 등 대통령령으로 정하는 사유에 해당하는 경우

중요 CHECK

말소등록 신청(자동차등록령 제31조)

① 말소등록은 그 사유가 발생한 날부터 1개월(상속의 경우에는 상속개시일부터 3개월) 이내에 자동차등록증, 등록번호판 및 봉인을 반납하고 말소등록 사유를 증명하는 서류를 첨부하여 등록관청에 신청하여야 한다. 다만, ㉠ 또는 ㉢호에 해당하는 경우에는 등록번호판 및 봉인을, ㉡에 해당하는 경우에는 자동차등록증, 등록번호판 및 봉인을, ㉣에 해당하는 경우에는 자동차등록증을 반납하지 아니할 수 있다.
㉠ 규정에 해당되어 말소등록을 신청하는 경우
㉡ 자동차해체재활용업자가 자동차등록증, 등록번호판 및 봉인을 인수한 경우
㉢ 규정에 해당되어 말소등록을 신청하는 경우
㉣ 자동차등록증을 반납할 수 없는 사유를 소명하는 경우(법에 따른 재산관리인이 말소등록을 신청하는 경우만 해당)

② 자동차해체재활용업자에게 폐차를 요청한 경우에는 자동차해체재활용업자가, 자동차를 수출하는 경우에는 자동차를 수출하는 자가 해당 자동차 소유자를 갈음하여 ①에 따른 말소등록을 신청하여야 한다. 다만, 국토교통부령으로 정하는 바에 따라 자동차 소유자가 직접 말소등록을 신청하는 경우에는 그러하지 아니하다.

③ 시・도지사는 다음의 어느 하나에 해당하는 경우에는 직권으로 말소등록을 할 수 있다.
㉠ 말소등록을 신청하여야 할 자가 신청하지 아니한 경우
㉡ 자동차의 차대[차대가 없는 자동차의 경우에는 차체(車體)를 말한다. 이하 같다]가 등록원부상의 차대와 다른 경우
㉢ 자동차 운행정지 명령에도 불구하고 해당 자동차를 계속 운행하는 경우
㉣ 자동차를 폐차한 경우
㉤ 속임수나 그 밖의 부정한 방법으로 등록된 경우
㉥ 「자동차손해배상 보장법」 제6조제3항에 따른 의무보험 가입명령을 이행하지 아니한 지 1년 이상 경과한 경우

④ 시・도지사는 ③에 따라 직권으로 말소등록을 하려는 경우에는 그 사유 및 말소등록 예정일을 명시하여 그 1개월 전까지 등록원부에 적힌 자동차 소유자 및 이해관계인에게 알려야 한다. 다만, 그 자동차 소유자 및 이해관계인이 자동차의 말소등록에 동의한 경우와 ①의 ㉢・㉤ 또는 ③의 ㉣에 해당되는 경우에는 그러하지 아니하다.

⑤ 시・도지사는 ③에 따라 자동차를 직권으로 말소등록한 경우에는 그 자동차를 소유하여 온 자에게 알려야 한다. 이 경우 통지를 받은 상대방은 국토교통부령으로 정하는 부득이한 사유 등이 있는 경우를 제외하고는 지체 없이 그 자동차의 자동차등록증・등록번호판 및 봉인을 반납하여야 한다.

⑥ 시・도지사는 ③에 따라 직권으로 등록말소를 하는 경우에는 ④에 따른 통지를 한 후 해당 자동차의 자동차등록증・등록번호판 및 봉인을 영치(領置)하거나 폐기할 수 있다.

⑦ 자동차 소유자는 다음의 어느 하나에 해당하는 경우에는 대통령령으로 정하는 바에 따라 시・도지사에게 말소등록을 신청할 수 있다.
㉠ 본인이 소유하는 자동차를 도난당한 경우

㉡ 본인이 소유하는 자동차를 횡령 또는 편취당한 경우

⑧ ①의 ㉥에 따라 말소등록을 신청한 자(자동차소유자가 수출하지 아니하는 경우에는 ②에 따라 말소등록을 신청한 자를 말한다)는 대통령령으로 정하는 바에 따라 시・도지사에게 수출의 이행 여부를 신고하여야 한다. 이 경우 해당 자동차 수출을 이행하지 못한 경우에는 자동차해체재활용업자에게 폐차를 요청하거나 제8조에 따라 신규등록을 신청할 수 있다.

⑨ 말소등록된 자동차에 대하여 이해관계가 있는 자는 시・도지사에게 자동차 말소사실증명서의 발급을 신청할 수 있다.

⑩ 말소등록된 자동차를 다시 등록하려는 경우에는 대통령령으로 정하는 바에 따라 신규등록을 신청하여야 한다. 이 경우 말소등록 당시 등록원부에 저당권 등이 설정되어 있었던 경우에는 해당 권리관계가 소멸되었음을 국토교통부령으로 정하는 바에 따라 증명하여야 한다.

⑪ 시・도지사가 제69조에 따른 전산정보처리조직 또는 「전자정부법」 제36조제1항에 따른 행정정보의 공동이용을 통하여 자동차 수출의 이행 여부를 확인할 수 있는 경우에는 ⑧에 따라 말소등록을 신청한 자가 시・도지사에게 수출의 이행 여부를 신고한 것으로 본다.

(2) 압류등록 등

① **압류등록(법 제14조)** : 시・도지사는 다음의 어느 하나의 경우에는 해당 자동차의 등록원부에 국토교통부령으로 정하는 바에 따라 압류등록을 하여야 한다.

㉠ 「민사집행법」에 따라 법원으로부터 압류등록의 촉탁이 있는 경우

㉡ 「국세징수법」 또는 「지방세징수법」에 따라 행정관청으로부터 압류등록의 촉탁이 있는 경우

㉢ 「공공기관의 운영에 관한 법률」 제4조에 따른 공공기관으로부터 압류등록의 촉탁이 있는 경우

② **압류의 해제에 필요한 사무의 처리(법 제14조의2)**

㉠ 압류등록을 촉탁한 행정관청이나 공공기관(이하 "압류등록 촉탁기관")은 국세, 지방세 및 과태료 등의 체납금에 대한 수납・정산, 압류해제의 촉탁 등 압류의 해제에 필요한 사무를 국토교통부장관에게 대행하게 할 수 있다.

㉡ 국토교통부장관은 압류등록 해제 조치를 한 경우 대통령령으로 정하는 바에 따라 압류등록 촉탁기관 및 시・도지사에게 그 사실을 통지한다.

③ **압류등록의 해제(법 제14조의3)** : 통지를 받은 시・도지사는 국토교통부령으로 정하는 바에 따라 해당 자동차에 대한 압류등록을 해제하여야 한다.

5. 자동차의 운행

(1) 자동차의 운행정지 등(법 제24조의2)

① 자동차는 자동차사용자가 운행하여야 한다.

② 시・도지사 또는 시장・군수・구청장은 ①의 요건에 해당하지 아니한 자가 정당한 사유 없이 자동차를 운행하는 경우 다음의 어느 하나에 따라 해당 자동차의 운행정지를 명할 수 있다.

㉠ 자동차 소유자의 동의 또는 요청

㉡ 수사기관의 장의 요청. 다만, 수사기관의 장이 자동차사용자가 아닌 자가 자동차를 운행하는 사실을 확인한 경우로 한정한다.

③ 시・도지사 또는 시장・군수・구청장은 ②에 따른 운행정지를 명하는 경우 다음의 사항을 이행하여야 한다.

㉠ 해당 자동차에 대한 운행정지 처분사실을 등록원부에 기재

㉡ 해당 자동차의 운행을 방지・단속할 수 있도록 자동차등록번호와 차량 제원 등 필요한 정보를 경찰청장에게 제공

㉢ 필요한 경우 등록번호판을 영치하고, 영치 사실을 시・도지사 또는 시장・군수・구청장과 자동차 소유자에게 통보

㉣ 자동차등록번호, 운행정지 사유 및 자동차 제원 등을 공보 및 홈페이지에 공고

④ 시・도지사 또는 시장・군수・구청장은 ②에 따라 운행정지를 명한 자동차에 대하여 필요한 경우 체납된 징수금 환수를 위하여 공매할 수 있다.

⑤ 시・도지사 또는 시장・군수・구청장은 ④에 따른 공매에 대하여 전문지식이 필요하거나 그 밖에 특수한 사정으로 직접 공매하는 것이 적당하지 아니하다고 인정하는 경우에는 「한국자산관리공사 설립 등에 관한 법률」에 따라 설립된 한국자산관리공사에 공매를 대행하게 할 수 있다. 이 경우 공매는 시・도지사 또는 시장・군수・구청장이 한 것으로 본다.

⑥ ② 및 ③에 따른 운행정지 동의 또는 요청・명령 및 등록번호판의 영치 방법 등에 관하여 필요한 사항은 국토교통부령으로 정한다.

(2) 자동차의 운행제한(법 제25조)

① 국토교통부장관은 다음의 어느 하나에 해당하는 사유가 있다고 인정되면 미리 경찰청장과 협의하여 자동차의 운행 제한을 명할 수 있다.

㉠ 전시・사변 또는 이에 준하는 비상사태의 대처

㉡ 극심한 교통체증 지역의 발생 예방 또는 해소

㉢ 결함이 있는 자동차의 운행으로 인한 화재사고가 반복적으로 발생하여 공중(公衆)의 안전에 심각한 위해를 끼칠 수 있는 경우

㉣ 대기오염 방지나 그 밖에 대통령령으로 정하는 사유

② 국토교통부장관은 ①에 따라 운행을 제한하려면 미리 그 목적, 기간, 지역, 제한 내용 및 대상 자동차의 종류와 그 밖에 필요한 사항을 국무회의의 심의를 거쳐 공고하여야 한다.

③ 자동차제작자 등이나 부품제작자 등은 국토교통부장관이 ①의 ㉢에 따라 운행 제한을 명할 경우에는 국토교통부령으로 정하는 바에 따라 자동차 소유자를 보호하기 위한 대책을 마련하여 우편발송, 휴대전화를 이용한 문자메시지 전송 등을 통해 자동차 소유자에게 그 대책을 공개하고 이행하여야 한다.

(3) 자동차의 강제 처리(법 제26조)

① 자동차(자동차와 유사한 외관 형태를 갖춘 것을 포함)의 소유자 또는 점유자는 다음의 어느 하나에 해당하는 행위를 하여서는 아니 된다.
  ㉠ 자동차를 일정한 장소에 고정시켜 운행 외의 용도로 사용하는 행위
  ㉡ 자동차를 도로에 계속하여 방치하는 행위
  ㉢ 정당한 사유 없이 자동차를 타인의 토지에 대통령령으로 정하는 기간 이상 방치하는 행위

중요 CHECK

자동차의 강제처리(영 제6조)

① 법 제26조제1항제3호에서 "대통령령으로 정하는 기간"이란 2개월(자동차가 분해·파손되어 운행이 불가능한 경우에는 15일)을 말한다.

② 특별자치시장·특별자치도지사·시장·군수 또는 구청장(구청장은 자치구의 구청장을 말한다. 이하 "시장·군수 또는 구청장")은 자동차에 대하여 법 제26조제2항에 따른 처분 등 또는 명령을 하고자 하는 때에는 해당 자동차가 법 제26조제1항의 어느 하나에 해당하는 자동차(이하 "방치자동차")임을 확인하여야 한다. 이 경우 방치자동차인지 여부는 해당 자동차의 상태, 발견장소, 방치기간, 인근주민의 진술 또는 신고내용 기타 제반정황을 종합하여 판단하여야 한다.

③ 시장·군수 또는 구청장은 법 제26조제3항의 규정에 의하여 방치자동차를 폐차 또는 매각하고자 하는 때에는 그 뜻을 자동차등록원부에 기재된 소유자와 이해관계인 또는 점유자에게 서면으로 통지하여야 한다. 다만, 자동차의 소유자 또는 점유자를 알 수 없는 경우에는 7일 이상 공고하여야 한다.

④ 시장·군수 또는 구청장이 법 제26조제3항에 따라 방치자동차를 폐차 또는 매각할 수 있는 시기는 다음과 같다.
  ㉠ ③에 따른 통지를 한 경우에는 통지를 한 날부터 20일이 경과한 때
  ㉡ 해당 방치자동차의 소유자 또는 점유자를 알 수 없는 경우에는 ③에 따른 공고기간이 만료된 때
  ㉢ 방치자동차의 소유자·점유자 및 이해관계인이 그 권리를 포기한다는 의사표시를 한 경우에는 의사표시가 있는 때

⑤ 시장·군수 또는 구청장은 방치자동차 중 다음의 하나에 해당하는 자동차는 이를 폐차할 수 있다.
  ㉠ 자동차등록원부에 등록되어 있지 아니한 자동차(법 제27조의 규정에 의하여 임시운행허가를 받은 자동차는 등록된 자동차로 본다)
  ㉡ 장소의 이전이나 견인이 곤란한 상태의 자동차
  ㉢ 구조·장치의 대부분이 분해·파손되어 정비·수리가 곤란한 자동차
  ㉣ 매각비용의 과다 등으로 인하여 특히 폐차할 필요가 있는 자동차

⑥ 시장·군수 또는 구청장은 등록된 자동차를 ⑤에 따라 폐차한 때에는 지체없이 그 등록을 한 시·도지사에게 해당 폐차사실을 통보하여야 한다.

⑦ 시·도지사는 ⑥에 따라 폐차사실을 통보받은 때에는 지체없이 법 제13조제3항제4호에 따라 해당 자동차의 등록을 말소하여야 한다.

② 시장·군수·구청장은 ①의 어느 하나에 해당된다고 판단되면 해당 자동차를 일정한 곳으로 옮긴 후 국토교통부령으로 정하는 바에 따라 그 자동차의 소유자 또는 점유자에게 폐차 요청이나 그 밖의 처분 등을 하거나, 그 자동차를 찾아가는 등의 방법으로 본인이 적절한 조치를 취할 것을 명하여야 한다.

③ 시장·군수·구청장은 자동차의 소유자 또는 점유자가 ②에 따른 명령을 이행하지 아니하거나 해당 자동차의 소유자 또는 점유자를 알 수 없을 경우에는 대통령령으로 정하는 바에 따라 그 자동차를 매각하거나 폐차할 수 있다. 이 경우 매각 또는 폐차에 든 비용은 그 소유자 또는 점유자로부터 징수할 수 있다.

④ ③에 따라 자동차를 매각 또는 폐차한 경우 그에 들어간 비용을 충당하고 남은 금액이 있을 때에는 그 자동차의 소유자 또는 점유자에게 잔액을 지급하여야 한다. 다만, 자동차의 소유자 또는 점유자를 알 수 없는 경우에는 「공탁법」에 따라 잔액을 공탁(供託)하여야 한다.

(4) 침수로 인한 전손 처리 자동차의 폐차 처리(법 제26조의2)

① 침수로 인한 전손 처리 자동차의 소유자는 국토교통부령으로 정하는 기간 내에 해당 자동차를 자동차해체재활용업자에게 폐차 요청하여야 한다.

② 누구든지 침수로 인한 전손 처리 자동차 또는 해당 자동차에 장착된 장치로서 국토교통부령으로 정하는 자동차의 안전운행에 직접 관련된 장치를 수출하거나 수출하는 자에게 판매할 수 없다.

(5) 임시운행의 허가(법 제27조)

① 자동차를 등록하지 아니하고 일시 운행을 하려는 자는 대통령령으로 정하는 바에 따라 국토교통부장관 또는 시·도지사의 임시운행허가를 받아야 한다. 다만, 자율주행자동차를 시험·연구목적으로 운행하려는 자는 허가대상, 고장감지 및 경고장치, 기능해제장치, 운행구역, 운전자 준수 사항 등과 관련하여 국토교통부령으로 정하는 안전운행요건을 갖추어 국토교통부장관의 임시운행허가를 받아야 한다.

㉠ 임시운행허가(영 제7조제1항)

- 신규등록신청을 위하여 자동차를 운행하려는 경우(10일 이내)
- 수출하기 위하여 말소등록한 자동차를 점검·정비하거나 선적하기 위하여 운행하려는 경우(20일 이내)
- 자동차의 차대번호 또는 원동기형식의 표기를 지우거나 그 표기를 받기 위하여 자동차를 운행하려는 경우(10일 이내)
- 자동차자기인증에 필요한 시험 또는 확인을 받기 위하여 자동차를 운행하려는 경우(40일 이내)
- 신규검사 또는 임시검사를 받기 위하여 자동차를 운행하려는 경우(10일 이내)
- 자동차를 제작·조립·수입 또는 판매하는 자가 판매사업장·하치장 또는 전시장에 자동차를 보관·전시하기 위하여 운행하려는 경우(10일 이내)

- 자동차를 제작 · 조립 · 수입 또는 판매하는 자가 판매한 자동차를 환수하기 위하여 운행하려는 경우(10일 이내)
- 자동차를 제작 · 조립 또는 수입하는 자가 자동차에 특수한 설비를 설치하기 위하여 다른 제작 또는 조립장소로 자동차를 운행하려는 경우(40일 이내)
- 다음의 자가 시험 · 연구의 목적으로 자동차를 운행하려는 경우(2년의 범위에서 해당 시험 · 연구에 소요되는 기간)
  - 법 제30조제2항에 따라 등록을 한 자
  - 법 제32조제3항에 따라 성능시험을 대행할 수 있도록 지정된 자(이하 "성능시험대행자")
  - 자동차 연구개발 목적의 기업부설연구소를 보유한 자
  - 해외자동차업체나 국내에서 자동차를 제작 또는 조립하는 자와 계약을 체결하여 부품개발 등의 개발업무를 수행하는 자
  - 전기자동차 등 친환경 · 첨단미래형 자동차의 개발 · 보급을 위하여 필요하다고 국토교통부장관이 인정하는 자(5년의 범위에서 해당 시험 · 연구에 소요되는 기간)
- 자동차운전학원 및 자동차운전전문학원을 설립 · 운영하는 자가 검사를 받기 위하여 기능 교육용 자동차를 운행하려는 경우(10일 이내)
- 자동차를 제작 · 조립 또는 수입하는 자가 광고 촬영이나 전시를 위하여 자동차(법 제30조제4항에 따라 제원을 최초로 통보하려거나 통보한 제원을 변경하려는 자동차로 한정)를 운행하려는 경우(40일 이내)

ⓛ 등록을 받은 자동차의 임시운행(규칙 제27조)

- 등록번호판 또는 그 봉인이 떨어지거나 알아보기 어렵게 되어 운행할 수 없게 된 자동차의 사용자는 등록번호판의 부착 및 봉인을 받으려는 경우에는 임시운행을 할 수 있다.
- 임시운행을 하려는 자는 시 · 도지사의 허가를 받아야 한다. 이 경우 시 · 도지사는 해당 자동차가 운행정지처분 중이 아님을 확인한 후 임시운행허가증 및 임시운행허가번호판을 발급하여 운행하게 할 수 있다.

중요 CHECK

운행정지 중인 자동차의 임시운행(규칙 제28조제1항)

다음의 어느 하나에 해당하는 자동차의 사용자는 검사 또는 종합검사를 받으려는 경우에는 임시운행을 할 수 있다.

1. 법 제37조제2항 후단에 따른 운행정지처분을 받아 운행정지 중인 자동차

1의2. 법 제37조제3항 전단에 따른 운행정지처분을 받아 운행정지 중인 자동차

2. 「여객자동차 운수사업법」 제85조 및 「화물자동차 운수사업법」 제19조제1항에 따른 사업정지처분을 받아 운행정지 중인 자동차
3. 「지방세법」 제131조제1항에 따라 자동차등록증이 회수되거나 등록번호판이 영치된 자동차
4. 압류로 인하여 운행정지 중인 자동차
5. 「자동차손해배상 보장법」 제6조제4항에 따라 등록번호판이 영치된 자동차
6. 「질서위반행위규제법」 제55조제1항에 따라 등록번호판이 영치된 자동차

② 국토교통부장관 또는 시・도지사는 임시운행허가의 신청을 받은 경우에는 국토교통부령으로 정하는 바에 따라 이를 허가하고 임시운행허가증 및 임시운행허가번호판을 발급하여야 한다. 다만, 수출목적으로 운행구간을 정하여 임시운행 허가기간을 1일로 신청한 자의 요청이 있는 경우로서 임시운행허가번호판을 붙이지 아니하고 운행할 필요가 있다고 인정되는 때에는 이를 발급하지 아니할 수 있다.

③ 임시운행허가를 받은 자동차는 그 허가 목적 및 기간의 범위에서 임시운행허가번호판(② 단서의 경우는 제외)을 붙여 운행하여야 한다.

④ 임시운행허가를 받은 자는 기간이 만료된 경우에는 국토교통부령으로 정하는 기간 내에 임시운행허가증 및 임시운행허가번호판을 반납하여야 한다.

⑤ ① 단서에 따라 임시운행허가를 받은 자는 자율주행자동차의 안전한 운행을 위하여 주요 장치 및 기능의 변경 사항, 운행기록 등 운행에 관한 정보 및 교통사고와 관련한 정보 등 국토교통부령으로 정하는 사항을 국토교통부령으로 정하는 바에 따라 국토교통부장관에게 보고하여야 한다.

⑥ 국토교통부장관은 ⑤에 따른 보고사항에 대하여 확인이 필요한 경우에는 성능시험을 대행하도록 지정된 자에게 이에 대한 조사를 하게 할 수 있다.

⑦ 국토교통부장관은 ⑥에 따른 조사 결과 ① 단서에 따른 안전운행요건에 부적합하거나 교통사고를 유발할 가능성이 높다고 판단되는 경우에는 시정조치 및 운행의 일시정지를 명할 수 있다. 다만, 자율주행자동차의 운행 중 교통사고가 발생하여 안전운행에 지장이 있다고 판단되는 경우에는 즉시 운행의 일시정지를 명할 수 있다.

제3절 자동차의 안전기준 및 자기인증

1. 자동차의 안전기준

(1) 자동차의 구조 및 장치 등(법 제29조, 영 제8조)

① 자동차는 대통령령으로 정하는 구조 및 장치가 안전 운행에 필요한 성능과 기준(이하 "자동차안전기준")에 적합하지 아니하면 운행하지 못한다.

구분	항목	
자동차의 구조	1. 길이・너비 및 높이	2. 최저지상고
	3. 총중량	4. 중량분포
	5. 최대안전경사각도	6. 최소회전반경
	7. 접지부분 및 접지압력	
자동차의 장치	1. 원동기(동력발생장치) 및 동력전달장치	
	2. 주행장치	
	3. 조종장치	
	4. 조향장치	
	5. 제동장치	
	6. 완충장치	

자동차의 장치	7. 연료장치 및 전기·전자장치 8. 차체 및 차대 9. 연결장치 및 견인장치 10. 승차장치 및 물품적재장치 11. 창유리 12. 소음방지장치 13. 배기가스발산방지장치 14. 전조등·번호등·후미등·제동등·차폭등·후퇴등 기타 등화장치 15. 경음기 및 경보장치 16. 방향지시등 기타 지시장치 17. 후사경·창닦이기 기타 시야를 확보하는 장치 17의2. 후방 영상장치 및 후진경고음 발생장치 18. 속도계·주행거리계 기타 계기 19. 소화기 및 방화장치 20. 내압용기 및 그 부속장치 21. 기타 자동차의 안전운행에 필요한 장치로서 국토교통부령이 정하는 장치

② 자동차에 장착되거나 사용되는 부품·장치 또는 보호장구(保護裝具)로서 대통령령으로 정하는 부품·장치 또는 보호장구(이하 "자동차부품")는 안전운행에 필요한 성능과 기준(이하 "부품안전기준")에 적합하여야 한다.

중요 CHECK

자동차부품(영 제8조의2)

1. 브레이크호스
2. 좌석안전띠
3. 국토교통부령으로 정하는 등화장치
4. 후부반사기
5. 후부안전판
6. 창유리
7. 안전삼각대
8. 후부반사판
9. 후부반사지
10. 브레이크라이닝
11. 휠
12. 반사띠
13. 저속차량용 후부표시판

③ 국토교통부령으로 정하는 캠핑용자동차 안에 취사 및 야영을 목적으로 설치하는 액화석유가스의 저장시설, 가스설비, 배관시설 및 그 밖의 사용시설은 「액화석유가스의 안전관리 및 사업법」에 적합하여야 하며, 전기설비 및 캠핑설비는 국토교통부령으로 정하는 안전기준에 적합하여야 한다.

④ 자동차안전기준과 부품안전기준은 국토교통부령으로 정한다.

(2) 안전기준 관련 연구·개발 등(법 제29조의2)

국토교통부장관은 자동차안전기준, 부품안전기준, 내압용기안전기준 또는 안전 관련 기술의 연구·개발 및 데이터베이스 구축·운영이 필요한 경우에는 성능시험을 대행하는 자로 지정된 자(이하 "성능시험 대행자")에게 이를 수행하게 할 수 있다. 이 경우 국토교통부장관은 예산의 범위에서 연구·개발 및 데이터베이스 구축·운영에 드는 비용을 출연하거나 지원하여야 한다. (시행일 : 2025. 8. 14.)

(3) 사고기록장치의 장착 및 정보제공(법 제29조의3)

① 자동차제작·판매자 등은 차종, 용도, 승차인원 등 국토교통부령으로 정하는 기준에 따른 자동차에 국토교통부령으로 정하는 바에 따라 사고기록장치를 장착하여야 한다. (시행일 : 2025. 2. 14.)

② 자동차제작·판매자 등이 ①에 따라 사고기록장치가 장착된 자동차를 판매하는 경우에는 사고기록장치가 장착되어 있음을 구매자에게 알려야 한다.

③ ①에 따라 사고기록장치를 장착한 자동차제작·판매자 등은 자동차 소유자 등 국토교통부령으로 정하는 자가 기록내용을 요구할 경우 다음의 정보를 제공하여야 한다.

㉠ 해당 자동차의 사고기록장치에 기록된 내용

㉡ 이 법 또는 관계 법령에 따라 ㉠의 내용을 분석한 경우 그 결과보고서

④ ①부터 ③까지의 규정에 따른 사고기록장치의 장착기준, 장착사실의 통지, 기록정보의 제공방법, 결과보고서의 작성기준 및 제공방법 등 필요한 사항은 국토교통부령으로 정한다. (시행일 : 2025. 2. 14.)

2. 자동차의 자기인증 등

(1) 자동차의 자기인증 등(법 제30조)

① 자동차(미완성자동차, 단계제작자동차를 포함)를 제작·조립 또는 수입(이하 "제작 등")하려는 자는 국토교통부령으로 정하는 바에 따라 그 자동차의 형식이 자동차안전기준(미완성자동차, 단계제작자동차의 경우 해당 제작 등이 된 상태에서 적용되는 자동차안전기준을 말한다)에 적합함을 스스로 인증(이하 "자동차자기인증")하여야 한다.

② 자동차자기인증을 하려는 자는 국토교통부령으로 정하는 바에 따라 자동차의 제작·시험·검사시설 등을 국토교통부장관에게 등록하여야 한다. 등록한 사항 중 국토교통부령으로 정하는 중요한 사항을 변경할 때에도 또한 같다.

③ ②에 따라 등록을 한 자(이하 "자동차제작자 등") 중 생산 규모, 안전검사시설 및 성능시험시설 등 국토교통부령으로 정하는 자기인증능력 요건을 충족하지 못한 자동차제작자 등은 자동차의 안전운행에 직접 관련되는 사항으로서 국토교통부령으로 정하는 사항에 대하여 성능시험대행자로부터 기술검토 및 안전검사를 받아 자동차자기인증을 하여야 한다. 다만, 자기인증능력 요건 중 안전검사시설을 갖춘 자동차제작자 등은 국토교통부령으로 정하는 바에 따라 직접 안전검사를 할 수 있다.

④ 자동차제작자 등이 ① 또는 ③에 따라 자동차자기인증을 한 경우에는 국토교통부령으로 정하는 바에 따라 성능시험대행자에게 자동차의 제원(諸元)을 통보하고 그 자동차에는 자동차자기인증의 표시(자동차 제작연월을 포함)를 하여야 한다.

⑤ 자동차제작·조립자는 국토교통부령으로 정하는 생산대수 이하로 제작·조립되는 자동차에 대하여 ①에 따른 자동차안전기준에도 불구하고 국토교통부령으로 정하는 바에 따라 유사한 수준의 안전도 확인방법으로 자동차자기인증을 할 수 있다. 이 경우 ③에 따른 기술검토 및 안전검사를 받아 자동차 자기인증을 하여야 한다.

⑥ 국토교통부장관은 ②에 따라 등록한 제작·시험·검사시설 등을 확인한 결과 등록한 내용과 다른 경우에는 그 등록을 취소하거나 등록 사항을 변경할 것을 명할 수 있다.

(2) 자동차부품의 자기인증 등(법 제30조의2)

① 자동차부품을 제작·조립 또는 수입하는 자(이하 "부품제작자 등")는 국토교통부령으로 정하는 바에 따라 그 자동차부품이 부품안전기준에 적합함을 스스로 인증(이하 "부품자기인증")하여야 한다.

② 부품제작자 등은 국토교통부령으로 정하는 바에 따라 부품 제작자명, 자동차부품의 종류 등을 국토교통부장관에게 등록하여야 한다. 등록한 사항 중 국토교통부령으로 정하는 중요한 사항을 변경할 때에도 또한 같다.

③ 부품제작자 등이 부품자기인증을 한 경우에는 국토교통부령으로 정하는 바에 따라 성능시험대행자에게 자동차부품의 제원을 통보하고 그 자동차부품에 부품자기인증 표시를 하여야 한다.

④ 국토교통부장관은 등록한 부품제작자명, 자동차부품의 종류 등을 확인한 결과 등록한 내용과 다른 경우에는 그 등록을 취소하거나 등록 사항을 변경할 것을 명할 수 있다.

⑤ 자동차제작자 등이 자동차자기인증을 한 경우에는 그 자동차에 장착된 자동차부품에 대하여는 부품자기인증을 한 것으로 본다.

(3) 자동차 또는 자동차부품의 제작 또는 판매 등의 중지(법 제30조의3)

① 국토교통부장관은 자동차제작자 등, 부품제작자 등 또는 성능 및 품질을 인증 받은 대체부품 또는 튜닝부품의 제작사 등이 다음의 어느 하나에 해당되는 경우에는 그 자동차 또는 자동차부품의 제작·조립·수입 또는 판매의 중지를 명할 수 있다. 다만, ①에 해당하는 경우에는 제작·조립·수입 또는 판매를 중지하여야 한다. (시행일 : 2025. 2. 17.)

㉠ 거짓이나 그 밖의 부정한 방법으로 자동차자기인증·부품자기인증을 하거나 대체부품·튜닝부품의 성능·품질을 인증받은 경우

㉡ 운행 제한 사유에 해당하는 경우

㉢ 자동차안전기준에 적합하지 아니하게 자동차자기인증을 한 경우

㉣ 부품안전기준에 적합하지 아니하게 부품자기인증을 한 경우

㉤ 부품 제작자명, 자동차부품의 종류 등을 등록하지 아니하고 자동차부품을 제작·조립 또는 수입하는 경우

㉥ 대체부품의 성능 및 품질 인증기준에 적합하지 아니한 경우

㉦ 튜닝부품인증기준에 적합하지 아니한 경우

ⓞ 시정명령을 이행하지 아니한 경우
ⓩ 자동차자기인증의 내용과 다르게 제작 등을 한 자동차를 판매한 경우
ⓒ 부품자기인증의 내용과 다르게 자동차부품을 판매한 경우
ⓚ 대체부품의 인증 내용과 다른 대체부품을 판매한 경우
ⓣ 튜닝부품인증 내용과 다른 튜닝부품을 판매한 경우

② 국토교통부장관은 자동차제작자 등이나 부품제작자 등이 ①의 어느 하나에 해당하는지를 확인하기 위하여 성능시험대행자로 하여금 이에 대한 조사를 하게 할 수 있다. 이 경우 국토교통부장관은 조사에 드는 비용을 지원하여야 한다.

③ ②에 따른 조사를 하는 경우 제30조의7에 따라 국토교통부장관으로부터 인증을 받아야 하는 핵심 장치 또는 부품에 대해서는 그 조사를 제외한다. 다만, 제30조의7제1항 단서에 따라 안전성인증을 받은 것으로 보는 핵심 장치 또는 부품에 대해서는 그러하지 아니하다. (시행일 : 2025. 2. 17.)

(4) 자동차자기인증의 면제 등(법 제30조의4)

국토교통부장관은 다음의 어느 하나에 해당하는 경우에 대하여는 국토교통부령으로 정하는 바에 따라 자동차자기인증을 면제할 수 있다.

① 이삿짐으로 반입하여 수입되는 자동차로서 「대외무역법」에 따라 수입승인이 면제되는 경우
② 자동차관리의 특례(제70조) 제1호부터 제3호까지의 규정 중 어느 하나에 해당하는 자동차로서 국내에서 운행한 자동차를 수입하는 경우
③ 「대한민국과 아메리카합중국 간의 상호방위조약 제4조에 의한 시설과 구역 및 대한민국에서의 합중국군대의 지위에 관한 협정의 실시에 따른 관세법 등의 임시특례에 관한 법률」에 따라 대한민국에 주재하는 아메리카합중국 군대에서 사용하는 자동차를 수입하는 경우
④ 정부, 지방자치단체, 자동차 제작자 또는 시험연구기관이 시험·연구의 목적으로 제작 등을 하거나 그 밖에 국토교통부령으로 정하는 사유에 해당하는 경우

(5) 대체부품의 성능·품질 인증 등(법 제30조의5)

① 대체부품은 자동차제작사에서 출고된 자동차에 장착된 부품을 대체하여 사용할 수 있는 부품을 말한다.
② 국토교통부장관은 국토교통부령으로 정하는 기준에 적합한 자를 지정하여 대체부품의 성능 및 품질을 인증하게 할 수 있다.
③ ②에 따라 대체부품의 성능 및 품질을 인증하도록 지정된 자(이하 "대체부품인증기관")로부터 성능 및 품질을 인증받은 대체부품(이하 "품질인증부품")의 제작사 등은 인증받은 사실을 해당 부품에 표시할 수 있다.
④ ②에 따른 대체부품인증기관의 지정 절차 및 ③에 따른 대체부품 성능·품질의 인증기준·인증방법 및 인증표시 등에 관한 사항은 국토교통부령으로 정한다.

(6) 대체부품인증기관의 지정 취소 등(법 제30조의6)

① 국토교통부장관은 대체부품인증기관이 다음의 어느 하나에 해당하는 경우에는 그 지정을 취소하거나 6개월 이내의 기간을 정하여 업무의 정지를 명할 수 있다. 다만, ㉠ 및 ㉡에 해당하는 경우에는 그 지정을 취소하여야 한다.

㉠ 거짓이나 그 밖의 부정한 방법으로 대체부품인증기관 지정을 받은 경우

㉡ 거짓이나 그 밖의 부정한 방법으로 대체부품의 성능·품질 인증을 한 경우

㉢ 대체부품인증기관의 지정기준을 충족하지 못하게 된 경우

㉣ 국토교통부령으로 정하는 성능·품질의 인증기준에 부적합하게 대체부품을 인증한 경우

㉤ 보고를 하지 아니하거나 거짓으로 보고한 경우

㉥ 검사를 거부·방해 또는 기피하거나 질문에 응하지 아니하거나 거짓으로 답변한 경우

㉦ 그 밖에 대체부품의 인증과 관련하여 국토교통부령으로 정하는 사항을 준수하지 아니한 경우

② ①에 따른 처분의 세부기준과 절차 등에 필요한 사항은 국토교통부령으로 정한다.

(7) 핵심장치 등의 안전성 인증(제30조의7, 시행일 : 2025. 2. 17.)

① 자동차제작자 등 및 부품제작자 등(이하 "자동차 및 부품제작자 등")은 제30조 및 제30조의2에도 불구하고 구동축전지 등 신기술 등이 적용되는 핵심장치 또는 부품으로서 대통령령으로 정하는 핵심장치 또는 부품(이하 "핵심장치 등")의 경우에는 자동차안전기준 및 부품안전기준(이하 "자동차안전기준 등")에 적합함을 국토교통부장관으로부터 인증(이하 "안전성 인증")을 받아야 한다. 다만, 국가 간 협정에 따라 자동차 및 부품제작자 등이 핵심장치 등에 대해 자동차안전기준 등에 적합함을 인증한 것으로 보는 경우에는 안전성 인증(②에 따른 변경인증 또는 변경신고를 포함)을 받은 것으로 본다.

② 자동차 및 부품제작자 등이 안전성 인증을 받은 내용 중 국토교통부령으로 정하는 안전 및 성능에 영향을 주는 중요한 사항을 변경하려는 경우에는 변경인증을 받아야 한다. 다만, 그 밖에 경미한 사항을 변경하려는 경우에는 국토교통부장관에게 변경신고를 하여야 한다.

③ 자동차 및 부품제작자 등이 안전성 인증을 받은 경우에는 국토교통부령으로 정하는 바에 따라 안전성 인증 표시를 하여야 한다.

④ 국토교통부장관은 다음의 어느 하나에 해당하는 경우에는 안전성 인증을 취소할 수 있고, 자동차 및 부품제작자 등에게 그 자동차 또는 핵심장치 등의 제작·조립·수입 또는 판매의 중지를 명할 수 있다. 다만, ㉠에 해당하는 경우에는 안전성 인증을 취소하여야 하고 그 자동차 또는 핵심장치 등의 제작·조립·수입 또는 판매의 중지를 명하여야 한다.

㉠ 거짓이나 그 밖의 부정한 방법으로 안전성 인증을 받은 경우

㉡ 시정조치를 이행하지 아니한 경우

⑤ 자동차제작자 등이, 부품제작자 등이 안전성 인증을 받은 핵심장치 등을 자동차에 장착하는 경우에는 그 핵심장치 등에 대하여는 자동차제작자 등이 안전성 인증을 받은 것으로 본다.

(8) 핵심장치 등의 안전성 인증 절차 등(제30조의8, 시행일 : 2025. 2. 17.)

① 안전성 인증을 받으려는 자는 자동차 또는 부품의 제작 등을 한 때에(자동차의 경우 제30조에 따른 자동차자기인증을 하기 전을 말한다) 국토교통부령으로 정하는 바에 따라 자동차안전기준 등 적합 여부에 대한 시험(이하 "안전성능시험")을 국토교통부장관에게 신청하여야 한다. 이 경우 국토교통부장관은 핵심장치 등이 자동차안전기준 등에 적합하게 제작 등이 되었다고 인정하는 경우 안전성 인증서를 교부하여야 한다.

② 국토교통부장관은 ①에 따른 신청을 받은 때에는 성능시험대행자로 하여금 해당 핵심장치 등의 안전성능시험을 대행하게 할 수 있다.

③ 성능시험대행자의 안전성능시험은 다음의 어느 하나에 해당하는 안전성능시험으로 갈음할 수 있다. 이 경우 성능시험대행자는 안전성능시험시설이 안전성능시험시설 기준에 적합한지 확인하여야 하고, 필요한 경우에는 같은 항에 따른 안전성능시험 확인의 기준에 따라 안전성능시험을 확인할 수 있다.

㉠ 국토교통부장관이 지정하는 시험기관이 실시한 안전성능시험

㉡ 국토교통부령으로 정하는 시험시설을 갖추고 있는 자동차 및 부품제작자 등이 실시한 안전성능시험

④ 국토교통부장관은 자동차 및 부품제작자 등이 안전성 인증을 받은 핵심장치 등을 안전성 인증 후에도 자동차안전기준 등에 적합하게 제작 등을 하는지 검사(이하 "적합성 검사")할 수 있다. 이 경우 국토교통부장관은 적합성 검사를 성능시험대행자로 하여금 대행하게 할 수 있다.

⑤ 국토교통부장관은 적합성 검사 결과 안전성 인증을 받은 핵심장 치등이 자동차안전기준 등에 적합하지 아니하게 제작 등을 하는 것으로 확인되는 경우 자동차 및 부품제작자 등에게 시정조치를 명할 수 있다.

⑥ 국토교통부장관은 성능시험대행자에게 안전성능시험 및 적합성검사에 관한 업무를 대행하게 하는 경우 그에 필요한 시설, 장비 및 인증 등에 필요한 비용을 지원하여야 한다.

⑦ 핵심장치 등의 안전성 인증, 안전성능시험 및 적합성 검사의 방법·절차, 안전성능시험 및 적합성 검사의 대행, 시험기관의 지정, 안전성능시험시설 및 안전성능시험 확인의 기준·절차, 그 밖에 필요한 사항은 국토교통부령으로 정한다.

(9) 자동차 사이버보안 관리체계 인증 등(제30조의9, 시행일 : 2025. 8. 14.)

① 자동차의 종류·생산수량·기능 등을 고려하여 국토교통부령으로 정하는 자동차(이하 "인증 적용 자동차")에 대하여 자동차자기인증을 하려는 자동차제작자 등은 자동차 사이버보안 관리체계를 수립하여 국토교통부장관의 인증(이하 "자동차 사이버보안 관리체계 인증")을 받아야 한다.

② 자동차 사이버보안 관리체계 인증을 받은 자가 인증받은 사항을 변경하려는 경우에는 국토교통부장관의 변경인증을 받아야 한다. 다만, 국토교통부령으로 정하는 경미한 사항을 변경하는 경우에는 국토교통부장관에게 신고하여야 한다.

③ 국토교통부장관은 자동차 사이버보안 관리체계 인증을 위하여 관리적 · 기술적 · 물리적 보호조치를 포함한 인증기준(이하 "자동차 사이버보안 관리체계 인증기준")과 그 밖에 필요한 사항을 정하여 고시할 수 있다.

④ 국토교통부장관은 자동차 사이버보안 관리체계 인증기준을 정하는 경우에는 미리 과학기술정보통신부장관과 협의하여야 한다.

⑤ 국토교통부장관은 자동차 사이버보안 관리체계 인증 등에 관한 업무를 효율적으로 수행하기 위하여 성능시험대행자로 하여금 다음의 업무를 대행하게 할 수 있다. 이 경우 국토교통부장관은 자동차 사이버보안 관리체계 인증을 위한 시설의 구축, 장비의 설치 및 심사 등에 드는 비용을 출연하거나 지원하여야 한다.

㉠ 자동차 사이버보안 관리체계 인증을 신청한 자동차제작자 등이 수립한 자동차 사이버보안 관리체계가 자동차 사이버보안 관리체계 인증기준에 적합한지 여부를 확인하기 위한 심사 또는 변경인증에 대한 심사

㉡ 인증서 발급 · 관리

㉢ 그 밖에 자동차 사이버보안 관리체계 인증을 위하여 국토교통부장관이 필요하다고 인정하는 업무

⑥ 자동차 사이버보안 관리체계 인증 및 변경인증의 절차 · 방법 · 유효기간, 그 밖에 필요한 사항은 국토교통부령으로 정한다.

(10) 자동차 사이버보안 관리체계 관련 자료의 제출 요구(제30조의10, 시행일 : 2025. 8. 14.)

① 국토교통부장관은 자동차 사이버보안 관리체계의 안전성 · 신뢰성 확보를 위하여 필요하다고 인정하는 경우에는 자동차 사이버보안 관리체계 인증을 받은 자에게 국토교통부령으로 정하는 바에 따라 자동차 사이버보안 관리체계 수립 및 운영에 관한 자료의 제출을 요구할 수 있다. 이 경우 자료의 제출을 요구받은 자는 정당한 사유 없이 자료의 제출을 거부할 수 없다.

② 국토교통부장관은 ①에 따른 자료를 전산정보처리조직을 통하여 기록하여 관리할 수 있다.

(11) 자동차 사이버보안 관리체계 인증의 취소 등(제30조의11, 시행일 : 2025. 8. 14.)

① 국토교통부장관은 자동차 사이버보안 관리체계 인증을 받은 자가 다음의 어느 하나에 해당하면 그 인증을 취소하거나 6개월 이내의 기간을 정하여 그 효력의 정지를 명할 수 있다. 다만, ㉠ 또는 ㉡에 해당하는 경우에는 그 인증을 취소하여야 한다.

㉠ 거짓이나 그 밖의 부정한 방법으로 자동차 사이버보안 관리체계 인증을 받은 경우

㉡ 자동차 사이버보안 관리체계 인증의 효력정지기간 중에 인증 적용 자동차를 판매한 경우

㉢ 변경인증을 받지 아니하고 인증받은 사항을 변경하거나 변경신고를 하지 아니한 경우

㉣ 자동차 사이버보안 관리체계 인증기준에 적합하지 아니하게 된 경우

㉤ 정당한 사유 없이 자료의 제출을 거부한 경우

② ①에 따른 자동차 사이버보안 관리체계 인증의 취소・효력정지의 기준 및 절차, 그 밖에 필요한 사항은 국토교통부령으로 정한다.

⑿ 자동차 사이버공격・위협의 신고 등(제30조의12, 시행일 : 2025. 8. 14.)

① 자동차 사이버보안 관리체계 인증을 받은 자동차제작자 등은 자동차 사이버공격・위협과 관련된 사고가 발생한 때에는 국토교통부장관에게 즉시 그 사실을 신고하여야 한다.

② 국토교통부장관은 ①에 따른 신고가 「정보통신망 이용촉진 및 정보보호 등에 관한 법률」 제2조제1항 제7호에 따른 침해사고에 해당하는 경우에는 이와 관련된 정보를 과학기술정보통신부장관 또는 같은 법 제52조에 따른 한국인터넷진흥원에 지체 없이 공유하여야 한다.

③ 자동차 사이버공격・위협에 관하여 이 법에서 규정한 사항 외에는 「정보통신망 이용촉진 및 정보보호 등에 관한 법률」을 적용한다.

⒀ 제작 결함의 시정 등(법 제31조)

① 자동차제작자 등이나 부품제작자 등(자동차와 별도로 자동차부품을 판매하는 경우만 해당)은 제작 등을 한 자동차 또는 자동차부품이 자동차안전기준 또는 부품안전기준에 적합하지 아니하거나 설계, 제조 또는 성능상의 문제로 안전에 지장을 주는 등 국토교통부령으로 정하는 결함이 있는 경우에는 그 사실을 안 날부터 자동차 소유자가 그 사실과 그에 따른 시정조치 계획(제작 결함의 내용과 부품 수급 계획 및 전용 작업 공간 확보 등 시정조치 계획 이행방안을 포함. 이하 이 조에서 같다)을 명확히 알 수 있도록 우편발송, 휴대전화를 이용한 문자메시지 전송 등 국토교통부령으로 정하는 바에 따라 지체 없이 그 사실을 공개하고 시정조치를 하여야 한다. 다만, 자동차안전기준 또는 부품안전기준 중 다음의 어느 하나에 해당하는 결함에 대하여는 시정조치를 갈음하여 경제적 보상을 할 수 있다. (시행일 : 2024. 7. 17.)

㉠ 연료소비율의 과다 표시

㉡ 원동기 출력의 과다 표시

㉢ 그 밖에 ㉠ 및 ㉡와 유사한 경우로서 국토교통부령으로 정하는 결함

② ① 단서에 따라 시정조치를 갈음하는 경제적보상을 하려는 해당 자동차제작자 등이나 부품제작자 등은 국토교통부장관에게 경제적보상 계획을 제출하여야 한다.

③ 국토교통부장관은 ① 본문에 따른 결함 사실의 공개 또는 시정조치를 하지 아니하는 자동차제작자 등이나 부품 제작자 등에게는 국토교통부령으로 정하는 바에 따라 시정을 명하여야 한다. 다만, ②에 따라 경제적보상 계획을 제출하는 경우로서 자동차안전기준 또는 부품안전기준에 적합하지 아니한 사항이 ① 단서에 따른 결함에 해당한다고 인정되는 때에는 국토교통부령으로 정하는 바에 따라 시정을 명하지 아니할 수 있다.

④ 국토교통부장관은 제작 등을 한 자동차 또는 자동차부품에 결함이 있는지 여부를 확인하기 위하여 필요한 경우에는 성능시험대행자에게 이에 대한 조사를 하게 할 수 있다. 이 경우 국토교통부장관은 조사에 필요한 시설, 장비 및 조사 등에 드는 비용을 지원하여야 한다.

⑤ 성능시험대행자는 ④에 따라 조사를 하는 경우 조사 대상 및 내용 등을 국토교통부령으로 정하는 바에 따라 자동차제작자 등이나 부품제작자 등에게 미리 통보하여야 하고, 자동차제작자 등이나 부품제작자 등은 국토교통부령으로 정하는 기간 내에 ④에 따른 결함조사에 필요한 자료를 성능시험대행자에게 제출하여야 한다. 다만, 그 기간 내에 ⑧에 따른 시정조치 계획 또는 경제적 보상 계획을 보고한 경우에는 그러하지 아니하다.

⑥ 같은 종류의 자동차에서 화재, 자동차의 장치가 운전자의 의도와 다르게 작동하여 발생한 사고가 반복적으로 발생하는 등 대통령령으로 정하는 요건에 해당함에도 불구하고 자동차제작자 등이나 부품제작자 등이 ⑤에 따라 자료를 제출하지 아니한 경우에는 ①에 따른 결함이 있는 것으로 추정한다.

⑦ 국토교통부장관은 ④에 따른 조사를 위하여 필요한 때에는 자동차제작자 등이나 부품제작자 등에게 해당 자동차 또는 부품의 제공을 명할 수 있다. 이 경우 국토교통부장관은 자동차제작자 등이나 부품제작자 등에게 국토교통부령으로 정하는 바에 따라 정당한 대가를 지급하여야 한다.

⑧ 자동차제작자 등이나 부품제작자 등은 ① 또는 ③항에 따라 시정조치 또는 경제적보상을 하는 경우에는 국토교통부령으로 정하는 바에 따라 시정조치 계획 또는 경제적보상 계획(이하 "시정조치계획 등")과 진행 상황을 국토교통부장관에게 보고하여야 한다.

⑨ 국토교통부장관은 ⑧에 따른 보고를 받은 경우 성능시험대행자에게 시정조치계획 등의 적정성 여부에 대해 조사하게 할 수 있고, 국토교통부장관은 그 조사 결과를 자동차제작자 등이나 부품제작자 등에게 통보하여야 한다. 다만, 국토교통부장관은 ④에 따른 조사를 개시한 이후에 시정조치계획 등이 보고된 경우 성능시험대행자에게 시정조치계획 등의 적정성 여부를 조사하게 하여야 한다.

⑩ 자동차제작자 등이나 부품제작자 등은 ①에 따라 결함 사실과 그 시정조치 계획을 자동차 소유자에게 통지하는 경우에는 성능시험대행자에게 이를 대행하게 하여야 한다. 이 경우 자동차제작자 등이나 부품제작자 등은 통지에 드는 실비를 부담하여야 한다.

⑪ 성능시험대행자는 ⑩에 따라 자동차 소유자에 대한 통지를 대행하는 경우 국토교통부장관에게 자동차 소유자에 대한 정보를 제공하여 줄 것을 요청할 수 있다.

⑫ 국토교통부장관은 자동차제작자 등이나 부품제작자 등이 ⑧에 따라 보고한 시정조치 또는 경제적 보상의 진행 상황이 국토교통부령으로 정하는 기준에 미달한 경우에는 자동차제작자 등이나 부품제작자 등에게 ①에 따른 결함 사실과 그에 따른 시정조치계획 등을 국토교통부령으로 정하는 바에 따라 다시 공개하도록 명할 수 있다.

⑬ 국토교통부장관은 환경부장관에게 대통령령으로 정하는 바에 따라 「대기환경보전법」 제51조제1항에 따른 결함확인검사 자료, 같은 법 제51조제5항에 따른 결함시정에 관한 계획, 같은 법 제53조제1항에 따른 결함시정 현황 및 부품결함 현황 등의 자료를 제공하여 줄 것을 요청할 수 있다. 이 경우 환경부장관은 정당한 사유가 없으면 요청받은 자료를 제공하여야 한다.

(14) 자체 시정한 자동차 소유자에 대한 보상(법 제31조의2)

① 자동차제작자 등이나 부품제작자 등은 다음의 어느 하나에 해당하는 자가 있는 경우에는 시정 비용을 보상하여야 한다.

㉠ 자동차제작자 등이나 부품제작자 등이 결함 사실을 공개하기 전 1년이 되는 날과 조사를 시작한 날 중 빠른 날 이후에 그 결함을 시정한 자동차 소유자(자동차 소유자였던 자로서 소유 기간 중에 그 결함을 시정한 자를 포함)

㉡ 자동차제작자 등이나 부품제작자 등이 결함 사실을 공개한 이후에 그 결함을 시정한 자동차 소유자

② ①에 따른 보상 금액의 산정기준, 보상금의 지급 기한, 보상금의 지급 청구 절차, 그 밖에 보상금의 지급에 필요한 사항은 국토교통부령으로 정한다.

(15) 부품 등의 국가간 상호인증 등(법 제32조)

① 국토교통부장관은 자동차제작자 등 및 부품제작자 등이 국가간 상호인증 등을 위하여 자동차에 사용되는 부품 또는 장치의 인증을 신청하는 경우에는 그 부품 또는 장치에 대하여 안전 및 성능에 관한 시험(이하 "성능시험")을 한 후 이를 인증할 수 있다.

② 국토교통부장관은 ①에 따라 인증한 자동차의 부품 또는 장치가 국가간 상호인증협약으로 정하는 기준에 적합하지 아니하거나 인증할 때의 성능에 적합하지 아니하게 된 경우에는 그 인증을 취소하여야 한다.

③ 국토교통부장관은 국토교통부령으로 정하는 지정기준에 적합한 자로서 국토교통부장관이 지정하는 자로 하여금 성능시험을 대행하게 할 수 있다.

④ 성능시험대행자는 성능시험을 한 경우에는 그 평가서를 작성하여 국토교통부장관에게 제출하여야 한다.

⑤ 자동차에 사용되는 부품 또는 장치의 인증과 관련하여 국가간 상호인증협약에서 그 인증 절차 등에 관하여 달리 정하고 있는 경우에는 ①부터 ④까지의 규정에도 불구하고 그 협약에서 정하는 바에 따른다.

(16) 자기인증을 한 자동차에 대한 사후관리 등(법 제32조의2)

① 자동차제작자 등은 자기인증(안정성 인증을 받은 경우를 포함)을 하여 자동차를 판매한 경우에는 국토교통부령으로 정하는 바에 따라 필요한 시설 및 기술인력을 확보하고 다음의 조치(이하 이 조에서 "사후관리")를 하여야 한다. (시행일 : 2025. 2. 17.)

㉠ 국토교통부령으로 정하는 기간 또는 주행거리 이내에 발생한 하자(瑕疵)에 대한 무상수리

㉡ 국토교통부령으로 정하는 기간까지 자동차의 정비에 필요한 부품의 공급

㉢ 자동차정비업자에게 자동차의 점검·정비 및 검사에 필요한 기술지도·교육과 고장진단기·정비매뉴얼 등 정비관련 장비 및 자료의 제공. 이 경우 기술지도·교육의 대상 및 방법, 정비 장비·자료의 종류 및 제공 방법 등 필요한 사항은 국토교통부령으로 정한다.

㉣ 「한국교통안전공단법」에 따라 설립된 한국교통안전공단(이하 "한국교통안전공단")에 정비매뉴얼, 고장진단기 제작을 위한 자료 등 자동차검사, 자동차종합검사 및 자동차안전기준 적합 여부에 대한 조사에 필요한 자료의 무상 제공. 이 경우 무상으로 제공하여야 하는 자료의 종류는 국토교통부령으로 정한다.

㉤ 인터넷 홈페이지 등을 통한 자동차부품 가격 자료의 공개. 이 경우 공개 대상 등 자동차부품 가격 자료의 공개에 필요한 사항은 국토교통부령으로 정한다.

② 자동차제작자 등은 자동차관리사업 중 자동차정비업을 등록한 자로서 국토교통부령으로 정하는 자에게 ①의 ㉠에 따라 무상수리를 대행하게 할 수 있다.

③ 자동차제작자 등이 ①의 ㉠에 따라 무상수리를 하는 경우 품질인증부품과 인증받은 튜닝용 부품 사용을 이유로 수리를 거부하여서는 아니 된다. 다만, 자동차제작자 등이 대체부품과 튜닝용 부품의 사용이 고장 원인임을 입증하는 경우에는 그러하지 아니한다. (시행일 : 2025. 2. 17.)

④ 자동차제작자 등은 제작 등의 과정에서 유래한 하자 등 국토교통부령으로 정하는 사유로 인하여 ①의 ㉠에 따른 무상수리를 하는 경우에는 자동차 소유자가 하자의 내용과 무상수리 계획을 알 수 있도록 국토교통부령으로 정하는 바에 따라 우편발송 및 휴대전화를 이용한 문자메시지 전송 등의 방법으로 자동차 소유자에게 알려야 한다.

⑤ 국토교통부장관은 자동차제작자 등이 사후관리에 관한 의무를 이행하지 아니한 경우(②에 따라 무상수리를 대행하는 자가 무상수리 의무를 이행하지 아니한 경우를 포함)에는 자동차제작자 등에게 그 이행을 명할 수 있다.

⑥ 국토교통부장관은 자동차안전・하자심의위원회(이하 "자동차안전・하자심의위원회")의 제작 결함의 시정 등과 관련한 사항의 심의・의결에 따라 소비자 보호를 위하여 필요한 경우에는 자동차제작자 등에게 무상수리 등 필요한 조치를 권고할 수 있다.

(17) 자동차 또는 자동차부품의 자료 제공 등(법 제33조)

① 자동차제작자 등이나 부품제작자 등은 자동차 또는 자동차부품을 판매할 때에는 국토교통부령으로 정하는 바에 따라 그 자동차 또는 자동차부품의 형식 및 사용 등에 관한 자료를 구매자에게 제공하여야 한다.

② 자동차제작자 등이나 부품제작자 등은 국토교통부령으로 정하는 바에 따라 조사 또는 결함의 시정에 필요한 구매자 명세 등에 관한 자료를 기록하고 보존하여야 한다.

③ 자동차제작자 등이나 부품제작자 등은 다음의 자료를 국토교통부령으로 정하는 바에 따라 국토교통부장관에게 제출하여야 한다.

㉠ 수출한 자동차 또는 자동차부품의 제작 결함 시정 내용

㉡ 수입된 자동차 또는 자동차부품과 같은 종류의 자동차 또는 자동차부품에 대한 외국에서의 제작 결함 시정 내용

㉢ 자동차 소유자에게 시행한 자체 무상점검 및 수리 내용

㉣ 자동차 또는 자동차부품의 결함 또는 하자와 관련하여 교환 또는 무상수리 등의 목적으로 등록한 자동차정비업자와 주고받은 기술정보자료

㉤ 자체적으로 또는 외부 요청으로 조사한 자동차 화재 및 사고 관련 기술분석자료

④ 성능시험대행자는 자동차제작자 등, 부품제작자 등 및 핵심장치 등의 주요부품제작자에게 다음의 조사에 필요한 자료의 제출을 요구할 수 있으며, 자료 제출을 요구받은 자동차제작자 등, 부품제작자 등 및 핵심장치 등의 주요부품제작자는 국토교통부령으로 정하는 바에 따라 해당 자료를 성능시험대행자에게 제출하여야 한다. (시행일 : 2025. 2. 17.)

㉠ 제30조의3제2항에 따른 조사

㉡ 제31조제4항에 따른 조사

㉢ 제31조제9항에 따른 조사

㉣ 제31조제14항에 따른 조사

㉤ 제31조의3제1항에 따른 사고조사

⑤ 자동차제작자 등이 미완성자동차를 판매할 때에는 국토교통부령으로 정하는 바에 따라 해당 자동차를 구매하는 자동차제작자 등에게 미완성자동차의 안전기준 적합 여부 등에 대한 정보를 제공하여야 한다.

(18) 자동차의 안전도 평가(법 제33조의2)

① 국토교통부장관은 소비자에게 자동차의 안전도에 대한 정보를 제공하고 안전도가 높은 자동차를 제작하도록 유도하기 위하여 국토교통부령으로 정하는 바에 따라 자동차제작자 등이 판매한 자동차의 안전도를 평가하여 그 결과를 공표(公表)하여야 한다.

② 국토교통부장관은 성능시험대행자로 하여금 평가를 대행하게 할 수 있다. 이 경우 국토교통부장관은 평가를 위한 시설, 장비 및 시험 등에 드는 비용을 지원하여야 한다.

(19) 신규제작자동차의 실내공기질 관리(법 제33조의3)

① 국토교통부장관은 자동차제작・판매자 등이 판매한 신규제작자동차에 대한 실내공기질 관리지침 등 필요한 사항을 정하여 고시할 수 있다.

② 국토교통부장관은 ①에 따라 신규제작자동차의 실내공기질을 조사하여 공표하고, 그 결과에 대하여 자동차제작・판매자 등에게 관리에 필요한 사항을 권고할 수 있다.

③ 국토교통부장관은 신규제작자동차의 실내공기질 관리를 위하여 필요하다고 인정하는 때에는 자동차제작・판매자 등에게 필요한 보고 또는 자료의 제출을 요구할 수 있다.

3. 자동차의 튜닝 등

(1) 자동차의 튜닝(법 제34조)

① 자동차소유자가 국토교통부령으로 정하는 항목에 대하여 튜닝을 하려는 경우에는 시장·군수·구청장의 승인을 받아야 한다.

중요 CHECK

튜닝의 승인대상(규칙 제55조제1항)

"국토교통부령으로 정하는 항목"에 대하여 튜닝을 하려는 경우란 다음의 구조·장치를 튜닝하는 경우를 말한다. 다만, 범퍼의 외관이나 인증을 받은 튜닝용 부품 등 국토교통부장관이 정하여 고시하는 경미한 구조·장치로 튜닝하는 경우는 제외한다.

1. 영 제8조제1항제1호 및 제3호의 사항과 관련된 자동차의 구조
2. 영 제8조제2항제1호·제2호(차축으로 한정)·제4호·제5호, 제7호(연료장치 및 고전원전기장치로 한정)부터 제10호까지, 제12호부터 제14호까지, 제20호 및 제21호의 장치

② ①에 따라 튜닝 승인을 받은 자는 자동차정비업자 또는 국토교통부령으로 정하는 자동차제작자 등으로부터 튜닝 작업을 받아야 한다. 이 경우 자동차제작자 등의 튜닝 작업 범위는 국토교통부령으로 정한다.

③ ①에도 불구하고 자동차소유자가 「공직선거법」 제79조제3항에 따른 공개장소에서의 연설·대담을 위하여 사용하는 자동차 등 국토교통부령으로 정하는 자동차에 대하여 일시적으로 튜닝(이하 "일시적 튜닝")을 하려는 경우에는 시장·군수·구청장으로부터 일시적 튜닝에 대한 승인을 받을 수 있다. 이 경우 튜닝검사를 받은 것으로 본다. (시행일 : 2024. 7. 17.)

④ ①에 따른 승인 대상 항목에 대한 승인기준 및 승인절차와 ③에 따른 일시적 튜닝에 대한 승인의 기준·절차 및 유효기간에 관한 사항은 국토교통부령으로 정한다. (시행일 : 2024. 7. 17.)

중요 CHECK

튜닝의 승인기준(규칙 제55조제2항)

한국교통안전공단은 튜닝승인신청을 받은 때에는 튜닝 후의 구조 또는 장치가 안전기준 그 밖에 다른 법령에 따라 자동차의 안전을 위하여 적용해야 하는 기준에 적합한 경우에 한하여 승인해야 한다. 다만, 다음의 어느 하나에 해당하는 튜닝은 승인을 해서는 안 된다.

1. 총중량이 증가하는 튜닝(제2호에 따라 총중량이 증가하거나 제작허용 총중량의 범위에서 총중량이 증가하는 경우를 제외)
2. 승차정원 또는 최대적재량의 증가를 가져오는 승차장치 또는 물품적재장치의 튜닝. 다만, 다음의 어느 하나에 해당하는 경우를 제외한다.
   - 승차정원 또는 최대적재량을 감소시켰던 자동차를 원상회복하는 경우
   - 차대 또는 차체가 동일한 자동차로 자기인증되어 제원이 통보된 차종의 승차정원 또는 최대적재량의 범위 안에서 승차정원 또는 최대적재량을 증가시키는 경우
   - 튜닝하려는 자동차의 총중량의 범위 내에서 제30조의2에 따른 캠핑용자동차로 튜닝하여 승차정원을 증가시키는 경우

3. 법 제3조제1항에 따른 자동차의 종류가 변경되는 튜닝. 다만, 다음의 어느 하나에 해당하는 경우는 제외한다.
- 승용자동차와 동일한 차체 및 차대로 제작된 승합자동차의 좌석장치를 제거하여 승용자동차로 튜닝하는 경우(튜닝하기 전의 상태로 회복하는 경우를 포함)
- 화물자동차를 특수자동차로 튜닝하거나 특수자동차를 화물자동차로 튜닝하는 경우

4. 튜닝 전보다 성능 또는 안전도가 저하될 우려가 있는 경우의 튜닝

중요 CHECK

튜닝의 승인신청 등(규칙 제56조제1항)

자동차의 튜닝승인을 받으려는 자는 튜닝승인신청서에 다음의 서류를 첨부하여 한국교통안전공단에 제출해야 한다.

1. 튜닝 전후의 주요제원대비표(제원변경이 있는 경우만 해당)
2. 튜닝 전후의 자동차의 외관도(외관변경이 있는 경우에 한함)
3. 튜닝하려는 구조·장치의 설계도

(2) 튜닝 자동차의 안전성 확보(법 제34조의2)

① 국토교통부장관은 자동차의 튜닝에 따른 안전성 확보를 위하여 다음을 시행할 수 있다.

㉠ 자동차의 튜닝에 따른 안전성 확보를 위한 조사·연구 및 장비개발

㉡ 자동차 튜닝 분야의 전문적인 기술 또는 기능을 보유한 인력(이하 "자동차 튜닝전문인력")의 양성 및 튜닝 관련 교육 프로그램의 개발·보급

㉢ 그 밖에 국토교통부장관이 필요하다고 인정하는 사항

(3) 자동차제작자 등의 소프트웨어 업데이트(제34조의5, 시행일 : 2025. 8. 14.)

① 자동차제작자 등이 소프트웨어 업데이트(이하 "업데이트")를 실시(자동차사용자 또는 자동차정비업자 등에게 업데이트를 수행하는 소프트웨어를 제공하는 것을 포함)하는 경우에는 다음의 사항을 준수하여야 한다.

㉠ 업데이트를 한 후에도 자동차의 모든 장치 및 기능이 정상적으로 작동되도록 할 것

㉡ 업데이트를 한 후에도 자동차의 해당 업데이트와 관련된 구조 및 장치가 자동차안전기준에 적합하도록 할 것

㉢ 업데이트가 자동차 사이버공격·위협으로부터 보호되는 상태에서 안전하게 실시되도록 할 것

㉣ 업데이트 실시 전·후 해당 업데이트에 관한 정보를 자동차사용자에게 제공할 것

㉤ 업데이트의 내용과 이력을 기록·보관하고, 해당 정보의 훼손, 손실 및 위조·변조를 방지할 것

㉥ 그 밖에 안전하고 원활한 업데이트에 필요한 사항으로서 국토교통부령으로 정하는 사항

② 자동차제작자 등은 국토교통부령으로 정하는 자동차의 안전운행과 관련된 업데이트를 하려는 때에는 그 내용과 방법 등이 ①항 각각에 적합하다는 사실을 증명하는 자료를 국토교통부장관에게 미리 제출하여야 한다.

③ 자동차자기인증을 한 자동차제작자 등은 국토교통부장관에게 ②에 따른 자료를 제출하려는 경우 국토교통부령으로 정하는 사항에 대하여 성능시험대행자의 확인을 거쳐야 한다.

④ 자동차제작자 등은 업데이트를 한 이력과 그 내용에 관한 자료를 국토교통부령으로 정하는 바에 따라 국토교통부장관에게 제출하여야 한다.

⑤ 국토교통부장관은 ② 및 ④에 따른 자료를 전산정보처리조직을 통하여 처리할 수 있다.

⑥ 다음의 자동차에 대해서는 ①부터 ⑤까지를 적용하지 아니한다.

㉠ 임시운행허가를 받아 허가 기간 내에 운행하는 자동차

㉡ 특례를 인정받은 자동차

㉢ 운행 목적이나 특성상 별도로 관리할 필요가 있다고 인정되는 것으로서 국토교통부령으로 정하는 자동차

⑦ ② 및 ④에 따라 제출하여야 하는 자료와 제출방법 등은 국토교통부령으로 정한다.

(4) 업데이트의 적정성 조사 등(제34조의6, 시행일 : 2025. 8. 14.)

① 국토교통부장관은 업데이트의 안전성 확보를 위하여 필요하다고 인정하는 경우에는 성능시험대행자에게 업데이트의 내용과 방법 및 관리실태의 적정성에 관한 조사를 하게 할 수 있다. 이 경우 국토교통부장관은 조사에 드는 비용을 출연하거나 지원하여야 한다.

② 성능시험대행자는 ①에 따른 조사를 실시하는 경우 조사를 받는 자의 업데이트와 관련된 시설, 장비, 자동차, 장부, 서류 또는 그 밖의 물건을 검사하거나 관계인에게 질문할 수 있다.

③ 조사의 절차 등에 관하여는 제72조제3항 및 제4항을 준용한다. 이때 "검사"는 "조사"로, "공무원"은 "성능시험대행자"로 본다.

④ 국토교통부장관은 ①에 따른 조사 결과 등에 따라 업데이트가 적정하게 이루어지지 아니하였거나 그러할 우려가 있다고 인정하는 경우 해당 업데이트를 하였거나 하려는 자에게 국토교통부령으로 정하는 바에 따라 시정을 명할 수 있다.

⑤ 시정명령을 받은 자는 국토교통부령으로 정하는 바에 따라 시정조치 계획과 진행 상황을 국토교통부장관에게 보고하여야 한다.

(5) 커넥티드자동차의 운행·관리에 대한 지원(제34조의7, 시행일 : 2025. 8. 14.)

국토교통부장관은 커넥티드자동차의 안전하고 원활한 운행·관리를 위하여 자동차제작자 등 및 국토교통부령으로 정하는 자동차와 관련된 사업을 하는 자에게 다음의 시설·장비·서비스 등을 사용하게 할 수 있다.

① 「자율주행자동차 상용화 촉진 및 지원에 관한 법률」 제21조에 따라 구축한 자율협력주행시스템

② 「자율주행자동차 상용화 촉진 및 지원에 관한 법률」 제22조에 따라 구축한 정밀도로지도

③ 「자율주행자동차 상용화 촉진 및 지원에 관한 법률」 제27조에 따라 설치·운영하는 자율협력주행 인증관리센터 및 자율협력주행 인증서비스 등

④ 그 밖에 커넥티드자동차의 안전하고 원활한 운행 · 관리를 위하여 필요한 것으로서 국토교통부령으로 정하는 시설 · 장비 · 서비스 등

(6) 자동차의 무단 해체 · 조작 금지 등(법 제35조, 시행일 : 2025. 8. 14.)

① 누구든지 다음의 어느 하나에 해당하는 경우를 제외하고는 국토교통부령으로 정하는 장치를 자동차에서 해체하거나 조작[자동차의 최고속도를 제한하는 장치 또는 운전자를 지원하는 조향장치(이동방향의 결정을 주로 담당하는 조향장치에 추가되어 운전자의 조향을 보조해주는 장치를 말한다. 이하 같다)를 조작(造作)하는 경우에 한정]하여서는 아니 된다.

㉠ 자동차의 점검 · 정비 또는 튜닝을 하려는 경우

㉡ 폐차하는 경우

㉢ 교육 · 연구의 목적으로 사용하는 등 국토교통부령으로 정하는 사유에 해당되는 경우

② 누구든지 자동차의 안전한 운행에 영향을 줄 수 있는 소프트웨어를 임의로 변경, 설치, 추가 또는 삭제하여서는 아니 된다.

4. 저속전기자동차에 대한 특례

(1) 저속전기자동차의 안전기준(법 제35조의2)

국토교통부장관은 전기에너지를 동력원으로 사용하는 전기자동차 중 국토교통부령으로 정하는 최고속도 및 차량중량 이하의 자동차(이하 "저속전기자동차")에 대하여 자동차안전기준을 달리 정할 수 있다.

※ "저속전기자동차"란 최고속도가 매시 60[km]를 초과하지 않고, 차량 총중량이 1,361[kg]을 초과하지 않는 전기자동차를 말한다(규칙 제57조의2).

(2) 저속전기자동차의 운행구역 지정 등(법 제35조의3)

① 시장 · 군수 · 구청장은 직접 또는 저속전기자동차를 운행하려는 자의 신청에 따라 최고속도가 시속 60[km] 이하인 도로 중에서 교통안전 및 교통흐름 등을 고려하여 관할 경찰서장과 협의한 후 저속전기자동차의 운행구역을 지정하거나 변경 또는 해제할 수 있다. 다만, 저속전기자동차의 진행방향을 고려하여 최고속도가 시속 60[km] 초과인 도로를 통과하지 아니하고는 통행이 불가능한 구간이 생긴다고 인정되는 경우에는 최고속도가 시속 80[km] 이하인 도로 중 해당 단절구간 통행에 필요한 최단거리에 한정하여 운행구역으로 지정할 수 있다.

② 저속전기자동차는 운행구역 외의 도로에서 운행하지 못한다. 다만, 저속전기자동차의 점검 · 검사 등 국토교통부령으로 정하는 경우에는 시장 · 군수 · 구청장의 허가를 받아 운행할 수 있다.

③ 저속전기자동차의 운행구역 지정 및 운행 신청에 관하여 필요한 사항은 국토교통부령으로 정한다.

(3) 운행구역의 고시 등(법 제35조의4)

① 운행구역을 지정, 변경 또는 해제하는 시장・군수・구청장(이하 "지정권자")은 다음의 사항을 고시하여야 하며, 이 경우 사전에 관련 내용을 주민에게 공람하여야 한다. 운행구역을 해제하는 경우에는 ㉠에 한정한다.

㉠ 운행구역의 위치 및 도로 구간

㉡ 안전표지판 설치 등 교통안전에 관한 사항

㉢ 그 밖에 국토교통부령으로 정하는 사항

② 지정권자가 운행구역을 고시하는 경우에는 국토교통부장관에게 그 내용을 통보하여야 한다.

③ 지정권자는 운전자가 운행구역을 쉽게 알 수 있도록 다음의 시설물을 설치할 수 있다.

㉠ 운행구역 또는 운행제한구역 표지판

㉡ 그 밖에 안전운행을 위하여 국토교통부령으로 정하는 시설

④ 지정권자가 운행구역 지정을 해제하려는 경우에는 지정해제일부터 90일 전에 이를 고시하여야 한다.

⑤ 운행구역의 고시 및 공람 등에 필요한 절차는 국토교통부령으로 정한다.

5. 내압용기의 안전관리

(1) 내압용기의 안전기준(법 제35조의5)

① 내압용기는 자동차의 안전운행에 필요한 성능과 기준(이하 "내압용기안전기준")에 적합하여야 한다.

② 내압용기안전기준은 국토교통부령으로 정한다.

(2) 내압용기의 검사(법 제35조의6)

① 내압용기를 제조・수리 또는 수입한 자(이하 "내압용기제조자 등")는 그 내압용기를 판매하거나 사용하기 전에 국토교통부장관이 실시하는 검사(이하 "내압용기검사")를 받아야 한다. 다만, 대통령령으로 정하는 내압용기에 대하여는 내압용기검사의 전부 또는 일부를 생략할 수 있다.

② 국토교통부장관은 내압용기검사에 불합격한 내압용기를 국토교통부령으로 정하는 바에 따라 파기(破棄)하여야 한다.

③ 국토교통부장관은 내압용기검사에 합격한 내압용기에 국토교통부령으로 정하는 바에 따라 필요한 사항을 각인(刻印)하거나 표시하여야 한다.

④ 자동차제작자 등은 자동차자기인증을 하려는 경우에는 내압용기검사에 합격한 내압용기를 사용하여야 한다.

⑤ 누구든지 ① 본문에 따라 내압용기검사를 받아야 할 내압용기로서 내압용기검사를 받지 아니한 내압용기를 양도・임대 또는 사용하거나 판매할 목적으로 진열하여서는 아니 된다.

⑥ ① 단서에 따라 내압용기검사의 전부가 생략되는 내압용기를 제조·수리 또는 수입한 자는 국토교통부령으로 정하는 바에 따라 국토교통부장관에게 그 사실을 알려야 한다.
⑦ 내압용기검사의 종류, 그 밖에 필요한 사항은 국토교통부령으로 정한다.

(3) 내압용기의 장착검사 등(법 제35조의7)

① 자동차제작자 등은 내압용기검사를 받은 내압용기를 자동차에 장착하려면 자동차자기인증을 하기 전에 내압용기와 그 연결에 필요한 가스설비에 대하여 성능시험대행자로부터 장착의 안전성에 대한 검사(이하 "내압용기장착검사")를 받아야 한다. 다만, 액화석유가스를 연료로 사용하는 자동차의 경우에는 내압용기검사를 받은 내압용기를 자동차에 장착하여 자동차자기 인증을 함으로써 내압용기장착검사를 갈음한다.
② 성능시험대행자는 내압용기장착검사를 실시하여 내압용기장착검사기준에 적합하면 국토교통부령으로 정하는 내압용기장착검사증을 발급하여야 한다.
③ 내압용기장착검사의 기준과 방법, 절차, 그 밖에 필요한 사항은 국토교통부령으로 정한다.

(4) 내압용기의 재검사(법 제35조의8)

① 내압용기가 장착된 자동차의 소유자는 내압용기 장착에 대한 튜닝을 마친 후 또는 내압용기장착검사를 받거나 자동차자기인증을 한 후 다음의 구분에 따라 그 내압용기에 대하여 국토교통부장관이 실시하는 검사(이하 "내압용기재검사")를 자동차검사를 대행하는 자(이하 "자동차검사대행자")에게 받아야 한다. 다만, 액화석유가스를 연료로 사용하는 자동차의 경우에는 정기검사 또는 종합검사로 내압용기재검사를 갈음한다.
   ㉠ 내압용기 정기검사 : 국토교통부령으로 정하는 기간이 지날 때마다 실시하는 검사
   ㉡ 내압용기 수시검사 : 손상의 발생, 내압용기검사 각인 또는 표시의 훼손, 충전할 고압가스 종류의 변경, 그 밖에 국토교통부령으로 정하는 사유가 발생한 경우에 실시하는 검사
② 자동차검사대행자는 내압용기재검사에 불합격한 내압용기를 국토교통부령으로 정하는 바에 따라 파기하여야 한다.
③ 자동차검사대행자는 내압용기재검사에 합격한 내압용기에 국토교통부령으로 정하는 바에 따라 필요한 사항을 각인하거나 표시하여야 한다.
④ 누구든지 ①에 따라 내압용기재검사를 받아야 할 자동차로서 내압용기재검사를 받지 아니한 자동차를 양도·임대 또는 사용하거나 판매할 목적으로 진열하여서는 아니 된다.
⑤ 국토교통부장관은 내압용기재검사에 필요한 시설의 설치 및 장비의 구입 등에 드는 비용을 대통령령으로 정하는 바에 따라 자동차검사대행자에게 지원할 수 있다.
⑥ 내압용기재검사의 기준과 기간, 절차, 그 밖에 필요한 사항은 국토교통부령으로 정한다.

(5) 내압용기의 제조 또는 판매의 중지(법 제35조의9제1항)

국토교통부장관은 내압용기제조자 등이 다음의 어느 하나에 해당하면 그 내압용기의 제조·수입 또는 판매의 중지를 명할 수 있다. 다만, ①에 해당하는 경우에는 제조·수입 또는 판매를 중지하여야 한다.

① 거짓이나 그 밖의 부정한 방법으로 내압용기검사를 받은 경우

② 명령을 이행하지 아니한 경우

(6) 내압용기에 대한 위해방지 조치(법 제35조의10)

① 국토교통부장관은 내압용기의 안전관리를 위하여 필요하다고 인정하면 성능시험대행자로 하여금 내압용기를 수집하여 검사하게 할 수 있다. 이 경우 국토교통부장관은 성능시험대행자에게 조사에 드는 비용을 지원하여야 한다.

② 국토교통부장관은 ①에 따른 검사 결과 내압용기 내 가스유출 등 대통령령으로 정하는 중대한 결함이 있다고 인정하면 그 내압용기제조자 등에게 회수·교환·환불 및 그 사실의 공표(이하 "회수 등")를 명할 수 있다.

③ 국토교통부장관은 ②에도 불구하고 내압용기에서 공공의 안전에 위해를 일으킬 수 있는 폭발사고 등 대통령령으로 정하는 중대하고 명백한 결함이 발견되어 긴급하게 내압용기에 대한 회수 등의 조치가 필요한 경우 ①에 따른 검사를 하지 아니하고 그 내압용기제조자 등에게 회수 등을 명할 수 있다.

④ 국토교통부장관은 ② 또는 ③에 따라 내압용기로 인하여 위해가 발생하였거나 발생할 우려가 있다고 인정하면 그 내압용기가 장착된 자동차의 사용 정지 또는 제한을 명하거나 그 내압용기 안에 있는 고압가스의 폐기를 명할 수 있다.

⑤ 국토교통부장관은 ④에 따른 명령이 자동차 소유권 및 사용에 관한 권리를 가진 자의 귀책사유 없이 공공의 안전유지를 위하여 이루어진 경우에는 그 손실에 대하여 대통령령으로 정하는 바에 따른 정당한 보상을 하여야 한다. 다만, 천재지변이나 전쟁, 그 밖에 불가항력의 사유로 인한 경우에는 그러하지 아니하다.

⑥ ①부터 ④까지의 규정에 따른 내압용기의 수집방법, 회수 등의 절차 및 방법, 자동차의 사용 정지·제한의 절차 등은 국토교통부령으로 정한다.

(7) 내압용기의 자료 제공 등(법 제35조의11)

① 내압용기제조자 등은 내압용기를 판매할 때에는 국토교통부령으로 정하는 바에 따라 그 내압용기의 형식 및 사용 등에 관한 자료를 구매자에게 제공하여야 한다.

② 내압용기제조자 등은 국토교통부령으로 정하는 바에 따라 조사 또는 명령에 필요한 구매자 명세 등에 관한 자료를 기록하고 보존하여야 한다.

③ 내압용기제조자 등은 국토교통부령으로 정하는 바에 따라 수출한 내압용기의 제작 결함 시정 사례와 소유자에게 알려 시행한 자체 무상점검 및 수리 내용 등에 관한 자료를 국토교통부장관에게 제출하여야 한다.

제4절 자동차의 점검 및 정비

1. 점검 및 정비

(1) 자동차의 정비(법 제36조)

자동차사용자가 자동차를 정비하려는 경우에는 국토교통부령으로 정하는 범위에서 정비를 하여야 한다.

(2) 자동차사용자의 정비작업의 범위(규칙 [별표 9])

① 자동차정비시설 등을 갖추지 아니한 경우

㉠ 원동기
- 에어클리너엘리먼트의 교환
- 오일펌프를 제외한 윤활장치의 점검・정비
- 디젤분사펌프 및 가스용기를 제외한 연료장치의 점검・정비
- 냉각장치의 점검・정비
- 머플러의 교환

㉡ 동력전달장치
- 오일의 보충 및 교환
- 액셀레이터케이블의 교환
- 클러치케이블의 교환

㉢ 제동장치
- 오일의 보충 및 교환
- 브레이크 호스・페달 및 레버의 점검・정비
- 브레이크라이닝의 교환

㉣ 주행장치
- 허브베어링을 제외한 주행장치의 점검・정비
- 허브베어링의 점검・정비(브레이크라이닝의 교환작업을 하는 경우에 한함)

㉤ 완충장치 : 다른 장치와 분리되어 설치된 쇼크업소버(충격흡수장치)의 교환

㉥ 전기장치 : 전조등, 속도표시등 및 고전원전기장치를 제외한 전기장치의 점검・정비

㉦ 기 타
- 안전벨트를 제외한 차내 설비의 점검・정비
- 판금・도장 및 용접을 제외한 차체의 점검・정비
- 세차 및 섀시 각부의 급유

② 자동차정비시설 등을 갖춘 경우

㉠ 자동차정비시설 등을 모두 갖춘 경우 : 자가자동차의 점검 · 정비

㉡ 차고 및 기계 · 기구를 갖추고, 자동차정비에 관한 산업기사 이상 또는 기능사 이상의 자격을 가진 사람 1명을 갖춘 경우

원동기	• 실린더헤드 및 타이밍벨트의 점검 · 정비(원동기의 종류에 따라 매연측정기 · 일산화탄소 측정기 또는 탄화수소측정기를 갖춘 경우에 한함) • 윤활장치의 점검 · 정비 • 디젤분사펌프 및 가스용기를 제외한 연료장치의 점검 · 정비 • 냉각장치의 점검 · 정비 • 배기장치의 점검 · 정비 • 플라이휠(Flywheel) 및 센터베어링(Center Bearing)의 점검 · 정비
동력전달장치	• 클러치의 점검 · 정비 • 변속기의 점검 · 정비 • 차축 및 추진축의 점검 · 정비 • 변속기와 일체형으로 된 차동기어의 교환 · 점검 · 정비
조향장치	조향핸들의 점검 · 정비
제동장치	• 오일의 보충 및 교환 • 브레이크 파이프 · 호스 · 페달 및 레버와 공기탱크의 점검 · 정비 • 브레이크라이닝 및 케이블의 점검 · 정비
주행장치	차륜(허브베어링을 포함)의 점검 · 정비(차륜정렬은 부품의 탈거 등을 제외한 단순조정에 한함)
완충장치	• 쇼크업소버의 점검 · 정비 • 코일스프링(쇼크업소버의 선행작업)의 점검 · 정비
전기 · 전자장치	전조등 및 속도표시등을 제외한 전기 · 전자장치의 점검 · 정비
기 타	• 판금 또는 용접을 제외한 차체의 점검 · 정비 • 부분도장 • 차내 설비의 점검 · 정비 • 세차 및 섀시 각부의 급유

※ "자동차정비시설 등"이라 함은 다음 표에 규정된 사항을 말한다.

구 분	내 용
1. 차고	보유자동차의 일상점검과 정비에 지장이 없는 면적의 차고를 갖출 것
2. 기계 · 기구	• 휠 밸런서 • 공기압축기 • 검차시설(피트 또는 리프트) • 스프레이건 • 부동액회수재생기(당해 사업장에서 발생하는 폐부동액을 폐기물관리법 제25조의 규정에 의하여 위탁처리하는 경우에는 이를 갖춘 것으로 본다)
3. 시설 · 장비	시 · 도의 조례로 정하는 자동차종합정비업 및 소형자동차정비업 시설기준과 같다. 다만, 작업장 면적과 점검 · 정비 및 검사용기계 · 기구는 이를 적용하지 아니한다.
4. 기술인력	• 정비책임자 1명을 포함하여 국가기술자격법에 따른 자동차정비에 관한 산업기사 이상 또는 기능사 이상의 자격을 가진 사람이 2명 이상일 것 • 정비요원 총수의 5분의 1 이상은 국가기술자격법에 의한 자동차정비에 관한 기능사 이상의 자격을 가진 사람일 것

2. 점검 및 정비 명령 등

(1) 점검 및 정비 명령 등(법 제37조)

① 시장 · 군수 · 구청장은 다음의 어느 하나에 해당하는 자동차 소유자에게 국토교통부령으로 정하는 바에 따라 점검 · 정비 · 검사 또는 원상복구를 명할 수 있다. 다만, ㉡에 해당하는 경우에는 원상복구 및 임시검사를, ㉢에 해당하는 경우에는 정기검사 또는 종합검사를, ㉣ 또는 ㉤에 해당하는 경우에는 임시검사를 각각 명하여야 한다.

㉠ 자동차안전기준에 적합하지 아니하거나 안전운행에 지장이 있다고 인정되는 자동차

㉡ 승인을 받지 아니하고 튜닝한 자동차

㉢ 정기검사 또는 자동차종합검사를 받지 아니한 자동차

㉣ 중대한 교통사고가 발생한 사업용 자동차

㉤ 천재지변 · 화재 또는 침수로 인하여 국토교통부령으로 정하는 기준에 따라 안전운행에 지장이 있다고 인정되는 자동차

② 시장 · 군수 · 구청장은 ①에 따라 점검 · 정비 · 검사 또는 원상복구를 명하려는 경우 국토교통부령으로 정하는 바에 따라 기간을 정하여야 한다. 이 경우 해당 자동차의 운행정지를 함께 명할 수 있다.

③ 시장 · 군수 · 구청장은 ①의 ㉢에 해당하는 자동차 소유자가 ①에 따른 검사 명령을 이행하지 아니한 지 1년 이상 경과한 경우에는 해당 자동차의 운행정지를 명하여야 한다. 이 경우 시장 · 군수 · 구청장이 이행하여야 하는 사항에 관하여는 제24조의2제3항부터 제5항까지를 준용한다.

④ ③ 전단에 따른 운행정지 명령 및 같은 항 후단에 따른 이행 사항 등에 관하여 필요한 사항은 국토교통부령으로 정한다.

(2) 점검 · 정비 · 검사 또는 원상복구의 명령(규칙 제63조)

① 시장 · 군수 또는 구청장은 점검 · 정비 · 검사 등을 명하려는 경우에는 다음의 구분에 따라 정하는 서식에 따른다. 이 경우 명령의 이행기간을 명시하여야 하며, 「자동차 및 자동차부품의 성능과 기준에 관한 규칙」 제54조에 따른 최고속도제한장치의 미설치, 무단 해체 · 해제 및 미작동 자동차에 대하여는 10일 이내의 이행기간을 부여하여야 한다.

㉠ 점검 · 정비 · 임시검사 또는 원상복구 : 자동차점검 · 정비 등 명령서

㉡ 정기검사 : 자동차정기검사명령서

② ①에 따라 점검 · 정비 또는 원상복구명령을 받은 자동차에 대한 점검 · 정비 또는 원상복구는 자동차정비업을 등록한 자(이하 "정비업자")가 그 사업장 안에서 시행한다.

③ ①에 따라 점검 · 정비 또는 원상복구명령을 받은 자동차를 점검 · 정비한 정비업자는 점검 · 정비기록부 3부를 작성하여 1부는 작성일부터 10일 이내에 시장 · 군수 또는 구청장에게 제출(점검 · 정비 또는 원상복구 명령서를 첨부)하고, 1부는 자동차소유자에게 발급하며, 1부는 2년간 보관하여야 한다. 다만, 정비업자가 전산정보처리조직에 의하여 점검 · 정비결과를 기록 · 보관한 때에는 점검 · 정비기록부를 보관한 것으로 본다.

④ 법 제37조제1항제5호에서 “국토교통부령으로 정하는 기준에 따라 안전운행에 지장이 있다고 인정되는 자동차”란 천재지변・화재 또는 침수로 법 제26조제2항에 따라 시장・군수・구청장이 일정한 곳으로 옮긴 자동차를 말한다.

(3) 정기검사기간이 지난 자동차에 대한 검사명령(규칙 제63조의2)

① 시장・군수 또는 구청장은 정기검사기간이 끝난 후 30일이 지난날까지 정기검사를 받지 아니한 자동차의 소유자에 대하여는 지체 없이 정기검사를 명하여야 한다. 이 경우 9일 이상의 이행기간을 주어야 한다.

② 시장・군수 또는 구청장은 ①에 따른 정기검사를 명하는 경우에는 자동차 운행정지가 될 수 있다는 사실을 알려야 한다.

(4) 점검・정비・검사 또는 원상복구 명령 이행기간의 연장(규칙 제63조의3)

① 시장・군수 또는 구청장은 다음의 어느 하나에 해당하는 경우 자동차소유자의 신청에 따라 필요하다고 인정되는 기간 동안 점검・정비・검사 또는 원상복구명령의 이행기간을 연장할 수 있다.

㉠ 자동차가 도난된 경우

㉡ 자동차가 압류된 경우

㉢ 사고 발생으로 장기간의 자동차 정비가 필요한 경우

㉣ 그 밖에 부득이한 사유가 있다고 시장・군수 또는 구청장이 인정하는 경우

② ①에 따라 이행기간의 연장을 받으려는 자는 검사유효기간연장(검사유예・명령이행기간연장)신청서에 자동차등록증과 그 사유를 증명하는 서류를 첨부하여 시장・군수 또는 구청장에게 제출하여야 한다.

(5) 운행정지명령(규칙 제64조)

① 시장・군수 또는 구청장은 자동차의 운행정지 명령을 하려면 해당 자동차의 소유자에게 운행정지명령서를 발급하고 해당 자동차의 전면유리창 우측 상단에 자동차운행정지표지를 붙여야 한다.

② ①에 따라 부착된 자동차운행정지표지는 부착위치를 변경하거나 훼손해서는 안 되며, 다음의 경우가 아니면 떼어내지 못한다.

㉠ 점검・정비 또는 원상복구명령을 이행한 경우

㉡ 정기검사에 합격하거나 종합검사에서 적합 판정을 받은 경우

㉢ 임시검사에 합격한 경우

(6) 자동차 등록번호판의 영치 등(규칙 제64조의2)

① 시장·군수 또는 구청장은 자동차의 소유자가 이행기간에 검사명령을 이행하지 않아 해당 자동차의 등록번호판을 영치한 경우에는 자동차소유자의 성명·주소, 자동차의 종류·등록번호 및 영치일시 등이 기재된 영치증을 자동차소유자에게 발급해야 한다.

② 시장·군수 또는 구청장은 등록번호판이 영치된 자동차의 소유자가 정기검사명령을 이행하고 등록번호판 영치의 해제를 요청하는 경우에는 즉시 해당 자동차의 등록번호판을 반환하여야 한다.

제5절 자동차의 검사

1. 자동차검사

(1) 자동차검사(법 제43조)

① 자동차 소유자(신규검사의 경우에는 신규등록 예정자를 말한다)는 해당 자동차에 대하여 다음의 구분에 따라 국토교통부령으로 정하는 바에 따라 국토교통부장관이 실시하는 검사를 받아야 한다.

㉠ 신규검사 : 신규등록을 하려는 경우 실시하는 검사

㉡ 정기검사 : 신규등록 후 일정 기간마다 정기적으로 실시하는 검사

㉢ 튜닝검사 : 자동차를 튜닝한 경우에 실시하는 검사

㉣ 임시검사 : 이 법 또는 이 법에 따른 명령이나 자동차 소유자의 신청을 받아 비정기적으로 실시하는 검사

㉤ 수리검사 : 전손 처리 자동차를 수리한 후 운행하려는 경우에 실시하는 검사

② 국토교통부장관은 ①에 따라 자동차검사를 할 때에는 해당 자동차의 구조 및 장치가 국토교통부령으로 정하는 검사기준(이하 "자동차검사기준")에 적합한지 여부와 차대번호 및 원동기형식이 전산정보처리조직에 기록된 자료의 내용과 동일한지 여부를 확인하여야 하며, 자동차검사를 실시한 후 그 결과를 국토교통부령으로 정하는 바에 따라 자동차 소유자에게 통지하여야 한다. 이 경우 자동차검사기준은 사업용 자동차와 비사업용 자동차를 구분하여 정하여야 한다.

③ 국토교통부장관은 ②에 따라 검사하여 합격한 자동차에 대하여는 다음의 구분에 따른 조치를 하여야 한다.

㉠ 신규검사 : 신규검사증명서의 발급

㉡ 정기검사·튜닝검사·임시검사 또는 수리검사 : 검사한 사실을 등록원부에 기록

④ 국토교통부장관은 자동차 소유자가 천재지변이나 그 밖의 부득이한 사유로 ①에 ㉡부터 ㉣까지의 검사를 받을 수 없다고 인정될 때에는 국토교통부령으로 정하는 바에 따라 그 기간을 연장하거나 자동차검사를 유예(猶豫)할 수 있다.

중요 CHECK

검사유효기간의 연장 등(규칙 제75조)

① 시・도지사는 검사유효기간을 연장하거나 유예하고자 하는 때에는 다음의 구분에 의한다.

1. 전시・사변 또는 이에 준하는 비상사태로 인하여 관할지역 안에서 자동차의 검사업무를 수행할 수 없다고 판단되는 때에는 그 검사를 유예할 것. 이 경우 대상자동차・유예기간 및 대상지역 등을 공고하여야 한다.
2. 자동차의 도난・사고발생・폐차・압류 또는 장기간의 정비 기타 부득이한 사유가 인정되는 경우에는 자동차소유자의 신청에 의하여 필요하다고 인정되는 기간동안 당해 자동차의 검사유효기간을 연장하거나 그 검사를 유예할 것
3. 섬지역의 출장검사인 경우에는 자동차검사대행자의 요청에 의하여 필요하다고 인정되는 기간동안 당해 자동차의 검사유효기간을 연장할 것
4. 매매용 자동차의 관리에 따라 신고된 매매용 자동차의 검사유효기간 만료일이 도래하는 경우에는 같은 항 2. 또는 3.에 따른 신고 전까지 해당 자동차의 검사유효기간을 연장할 것

② ①의 2.에 따라 자동차검사유효기간의 연장 또는 자동차검사의 유예를 받으려는 자는 검사유효기간연장(검사유예)신청서에 자동차등록증과 그 사유를 증명하는 서류를 첨부하여 시・도지사에게 제출하여야 한다.

③ 자동차소유자가 검사유효기간 내에 발생한 다음의 어느 하나에 해당하는 사유로 인하여 해당 자동차를 운행하지 못하여 검사유효기간 내에 검사를 받지 못한 경우 그 사유가 종료된 날까지 검사유효기간이 연장된 것으로 본다. 이 경우 검사는 연장된 검사유효기간 만료일 후 31일 이내에 받아야 한다.

1. 법 제37조제2항 후단에 따른 운행정지명령을 받은 경우
2. 「지방세법」 제131조제1항에 따라 자동차등록번호판이 영치된 경우
3. 「여객자동차 운수사업법」 제16조제2항 또는 「화물자동차 운수사업법」 제18조제1항에 따라 휴업신고를 한 경우
4. 「여객자동차 운수사업법」 제85조제1항 또는 「화물자동차 운수사업법」 제19조제1항에 따라 사업정지 처분을 받은 경우

⑤ 자동차자기인증의 표시가 된 자동차를 신규등록(말소등록 후 다시 신규등록을 하는 경우는 제외한다)하는 경우에는 ①의 ㉠에 신규검사를 받은 것으로 본다.

⑥ 국토교통부장관은 ①의 ㉡에 정기검사를 한 경우에는 검사 장면 및 결과를 전산정보처리조직에 국토교통부령으로 정하는 기간까지 기록하고 보관하여야 한다.

⑦ 누구든지 자동차검사에 사용하는 기계・기구에 설정된 자동차검사기준의 값 또는 기계・기구를 통하여 측정된 값을 조작(造作)・변경하거나 조작・변경하게 하여서는 아니 된다.

(2) 자동차의 검사기준 및 방법(규칙 제73조)

자동차의 검사는 자동차검사대행자 및 지정정비사업자가 시설・장비・기술인력 및 기타 필요한 설비를 갖춘 곳(이하 "자동차검사시설")에서 실시한다. 다만, 국토교통부장관은 자동차검사대행자로 하여금 다음의 지역에 대하여 국토교통부장관이 정하는 방법에 의하여 자동차의 출장검사(이동식 검사장비에 의한 검사를 포함)를 하게 할 수 있다.

① 섬지역(제주도 및 육지와 연결된 섬을 제외)

② 자동차검사대행자의 자동차검사시설(이하 "자동차검사소")로부터 멀리 떨어지거나 자동차검사소가 부족하여 출장검사가 필요하다고 인정하는 지역

(3) 검사의 유효기간(규칙 제74조)

① 자동차검사의 유효기간([별표 15의2])

구분				검사 유효기간
차종	사업용 구분	규모	차령	
승용자동차	비사업용	경형 · 소형 · 중형 · 대형	모든 차령	2년(신조차로서 신규검사를 받은 것으로 보는 자동차의 최초 검사 유효기간은 4년)
	사업용	경형 · 소형 · 중형 · 대형	모든 차령	1년(신조차로서 신규검사를 받은 것으로 보는 자동차의 최초 검사 유효기간은 2년)
승합자동차	비사업용	경형 · 소형	차령이 4년 이하인 경우	2년
			차령이 4년 초과인 경우	1년
		중형 · 대형	차령이 8년 이하인 경우	1년(신조차로서 신규검사를 받은 것으로 보는 자동차 중 길이 5.5[m] 미만인 자동차의 최초 검사 유효기간은 2년)
			차령이 8년 초과인 경우	6개월
	사업용	경형 · 소형	차령이 4년 이하인 경우	2년
			차령이 4년 초과인 경우	1년
		중형 · 대형	차령이 8년 이하인 경우	1년
			차령이 8년 초과인 경우	6개월
화물자동차	비사업용	경형 · 소형	차령이 4년 이하인 경우	2년
			차령이 4년 초과인 경우	1년
		중형 · 대형	차령이 5년 이하인 경우	1년
			차령이 5년 초과인 경우	6개월
	사업용	경형 · 소형	모든 차령	1년(신조차로서 신규검사를 받은 것으로 보는 자동차 중 길이 5.5[m] 미만인 자동차의 최초 검사 유효기간은 2년)
		중형	차령이 5년 이하인 경우	1년
			차령이 5년 초과인 경우	6개월
		대형	차령이 2년 이하인 경우	1년
			차령이 2년 초과인 경우	6개월
특수자동차	비사업용 및 사업용	경형 · 소형 · 중형 · 대형	차령이 5년 이하인 경우	1년
			차령이 5년 초과인 경우	6개월

[비고]

1. 위에도 불구하고 10인 이하를 운송하기에 적합하게 제작된 자동차(법 제3조제1항제2호가목 및 나목에 따른 자동차를 제외)로서 2000년 12월 31일 이전에 등록된 승합자동차의 경우에는 승합자동차의 검사 유효기간을 적용한다.
2. 위에도 불구하고 피견인자동차에는 비사업용 승용자동차의 검사 유효기간을 적용한다.

② ①의 규정에 의한 검사유효기간은 신규등록을 하는 자동차의 경우에는 신규등록일부터 기산하고, 정기검사를 받는 자동차의 경우에는 정기검사를 받은 날의 다음날부터 기산한다.

③ 정기검사의 기간 중에 정기검사를 받아 합격한 자동차의 검사유효기간은 종전 검사유효기간만료일의 다음날부터 기산한다.

④ 검사의 유효기간을 산정함에 있어 튜닝 등으로 규모별 세부기준이 변경된 자동차의 경우에는 신규등록한 때의 규모를 기준으로 한다.

2. 자동차종합검사

(1) 자동차종합검사(법 제43조의2)

① 운행차 배출가스 정밀검사 시행지역에 등록한 자동차 소유자 및 특정경유자동차 소유자는 정기검사와 배출가스 정밀검사 또는 특정경유자동차 배출가스 검사를 통합하여 국토교통부장관과 환경부장관이 공동으로 다음에 대하여 실시하는 자동차종합검사(이하 "종합검사")를 받아야 한다. 종합검사를 받은 경우에는 정기검사, 정밀검사 및 특정경유자동차검사를 받은 것으로 본다.

㉠ 자동차의 동일성 확인 및 배출가스 관련 장치 등의 작동 상태 확인을 관능검사(사람의 감각기관으로 자동차의 상태를 확인하는 검사) 및 기능검사로 하는 공통 분야

㉡ 자동차 안전검사 분야

㉢ 자동차 배출가스 정밀검사 분야

② 종합검사의 검사 절차, 검사 대상, 검사 유효기간 및 검사 유예 등에 관하여 필요한 사항은 국토교통부와 환경부의 공동부령(이하 "공동부령")으로 정한다.

(2) 자동차검사대행자의 지정 등(법 제44조제1항)

국토교통부장관은 한국교통안전공단을 자동차검사를 대행하는 자로 지정하여 자동차검사와 그 결과의 통지를 대행하게 할 수 있다.

(3) 자동차 종합검사대행자의 지정 등(법 제44조의2제1항)

국토교통부장관은 한국교통안전공단을 종합검사를 대행하는 자(이하 "종합검사대행자")로 지정하여 종합검사 업무(그 결과의 통지를 포함)를 대행하게 할 수 있다.

(4) 지정정비사업자의 지정 등(법 제45조제1~4항)

① 국토교통부장관은 정기검사를 효율적으로 하기 위하여 필요하다고 인정하면 자동차정비업자 중 일정한 시설과 기술인력을 확보한 자를 지정정비사업자로 지정하여 정기검사 업무(그 결과의 통지를 포함한다)를 수행하게 할 수 있다. 다만, 「대기환경보전법」에 따른 정밀검사 시행 지역에서는 지정정비사업자를 지정하지 아니하고, 종합검사지정정비사업자에게 정기검사를 하게 할 수 있다.

② ①에 따른 지정정비사업자(지정정비사업자)로 지정받으려는 자동차정비업자는 국토교통부령으로 정하는 시설 및 기술인력기준을 갖추어 국토교통부장관에게 지정을 신청하여야 한다. 지정받은 사항 중 국토교통부령으로 정하는 중요한 사항을 변경할 때에도 또한 같다. 다만, 국토교통부령으로 정하는 중요한 사항을 제외한 사항을 변경할 때에는 국토교통부장관에게 신고하여야 한다.

③ 지정정비사업자의 시설, 기술인력기준, 지정 절차 및 검사업무의 범위 등에 관하여 필요한 사항은 국토교통부령으로 정한다.

④ 지정정비사업자에 관하여는 제76조 각 호 외의 부분 단서 및 같은 조 제12호를 준용한다.

(5) 종합검사 지정정비사업자의 지정 등(법 제45조의2제1~3항)

① 국토교통부장관은 종합검사를 효율적으로 하기 위하여 필요하다고 인정하면 환경부장관과 협의하여 자동차정비업자 중 일정한 시설과 기술인력을 확보한 자를 자동차종합검사 지정정비사업자(이하 "종합검사지정정비사업자")로 지정하여 종합검사(그 결과의 통지를 포함)를 하게 할 수 있다.

② 종합검사지정정비사업자로 지정받으려는 자동차정비업자는 공동부령으로 정하는 바에 따라 국토교통부장관에게 지정을 신청하여야 한다. 지정받은 사항 중 공동부령으로 정하는 중요한 사항을 변경할 때에도 또한 같다. 다만, 공동부령으로 정하는 중요한 사항을 제외한 사항을 변경할 때에는 국토교통부장관에게 신고하여야 한다.

③ 종합검사지정정비사업자가 갖추어야 할 시설, 장비, 인력기준, 지정 절차 및 검사업무의 범위 등에 필요한 사항은 공동부령으로 정한다.

제6절 이륜자동차의 관리

1. 이륜자동차의 사용 신고 등

(1) 이륜자동차의 사용 신고 등(법 제48조, 시행일 : 2025. 3. 15.)

① 국토교통부령으로 정하는 이륜자동차(이하 "이륜자동차")를 취득하여 사용하려는 자는 국토교통부령으로 정하는 바에 따라 시장・군수・구청장에게 사용신고(이하 "사용신고")를 하여야 한다.

② 시장・군수・구청장은 ①에 따라 사용신고를 받으면 이륜자동차의 번호를 지정하고 국토교통부령으로 정하는 바에 따라 이륜자동차대장에 필요한 사항을 기재한 후 이륜자동차사용신고필증(이하 "이륜자동차사용신고필증")을 발급하여야 한다.

③ 이륜자동차의 소유자는 ①에 따른 신고 사항 중 국토교통부령으로 정하는 변경 사항이 있거나 이륜자동차 사용을 폐지한 경우에는 시장・군수・구청장에게 신고하여야 한다.

④ ①에 따라 신고된 이륜자동차의 소유권을 이전받은 자는 국토교통부령으로 정하는 바에 따라 시장・군수・구청장에게 이륜자동차 소유권 이전에 관한 신고를 하여야 한다. 다만, 이륜자동차를 양수한 소유자가 이륜자동차 소유권 이전에 관한 신고를 하지 아니한 경우에는 이를 양도한 자가 국토교통부령으로 정하는 바에 따라 그 소유자를 갈음하여 신고할 수 있다.

⑤ 이륜자동차를 소비자에게 판매하는 자는 신규로 제작・조립 또는 수입된 이륜자동차를 판매한 경우에는 국토교통부령으로 정하는 바에 따라 이륜자동차대장의 작성에 필요한 이륜자동차 제작정보를 전산정보처리조직에 즉시 전송하여야 한다.

(2) 이륜자동차번호판의 부착의무(법 제49조)

① 이륜자동차는 그 후면의 보기 쉬운 곳에 국토교통부령으로 정하는 이륜자동차번호판을 붙이지 아니하고는 운행하지 못한다.

② 시장・군수・구청장은 사용 신고를 받으면 국토교통부령으로 정하는 바에 따라 해당 이륜자동차에 이륜자동차번호판을 붙이고 봉인을 해야 한다. 다만, 이륜자동차의 사용 신고를 하는 자가 직접 이륜자동차번호판의 부착 및 봉인을 하려는 경우에는 국토교통부령으로 정하는 바에 따라 직접 하게 할 수 있다.

(3) 이륜자동차의 구조 및 장치(법 제50조)

① 이륜자동차는 주요 구조 및 장치가 안전기준에 적합하지 아니하면 운행하지 못한다.

② ①에 따른 주요 구조 및 장치의 범위와 그 안전기준에 관하여 필요한 사항은 국토교통부령으로 정한다.

2. 이륜자동차의 튜닝 등

(1) 이륜자동차 튜닝의 승인대상 및 승인기준 등(규칙 제107조)

① 이륜자동차를 튜닝하는 경우 한국교통안전공단의 승인을 얻어야 하는 구조・장치는 다음과 같다.

㉠ 길이・너비・높이 및 중량분포와 관련된 구조

㉡ 원동기 및 동력전달장치, 조향장치, 제동장치, 차체, 승차장치 및 물품적재장치, 소음방지장치 및 등화장치

② ①에도 불구하고 방풍장치나 인증을 받은 튜닝부품 등 국토교통부장관이 정하여 고시하는 경미한 구조・장치로 튜닝하는 경우는 ①에 따른 승인 대상에서 제외한다.

(2) 이륜자동차의 튜닝승인 신청 등(규칙 제108조)

① 이륜자동차의 튜닝승인을 받으려는 자는 이륜자동차 튜닝승인신청서에 다음의 서류를 첨부하여 한국교통안전공단에 제출하여야 한다.

㉠ 이륜자동차 튜닝 전후의 주요제원대비표

㉡ 튜닝 전후의 이륜자동차의 외관도(외관변경이 있는 경우만 해당)

㉢ 튜닝하려는 구조・장치의 설계도

② 한국교통안전공단은 ①에 따른 신청내용이 이륜자동차의 튜닝승인대상 및 승인기준에 적합하다고 인정될 때에는 10일 이내에 이륜자동차 튜닝승인서에 튜닝 후의 이륜자동차를 제시할 장소를 명시하여 신청인에게 발급하여야 한다.

③ ②에 따라 이륜자동차의 튜닝승인을 받은 자는 튜닝승인을 받은 날부터 45일 이내에 한국교통안전공단으로부터 지정된 장소에서 해당 이륜자동차의 튜닝된 구조·장치가 안전기준에 적합한지 여부를 확인받아야 한다.

④ 한국교통안전공단은 ③에도 불구하고 튜닝승인을 받은 자에게 이륜자동차의 도난·사고발생·폐차·압류 또는 장기간의 정비 등 ③에 따른 기간(이하 이 조에서 "확인기간") 내에 이륜자동차를 제시하지 못할 부득이한 사유가 있다고 인정되는 경우에는 45일의 범위에서 그 기간을 한 차례 연장할 수 있다. 이 경우 확인기간을 연장받으려는 자는 그 확인기간 내에 별지 서식의 신청서에 다음의 서류를 첨부하여 한국교통안전공단에 제출해야 한다.

㉠ 이륜자동차 튜닝승인서

㉡ 연장 사유를 증명하는 서류

⑤ 한국교통안전공단은 ④에 따라 확인기간을 연장하는 경우에는 이륜자동차 튜닝승인서에 연장기간을 기재하여 기간 연장을 신청한 자에게 발급해야 한다.

(3) 이륜자동차의 정비명령(규칙 제109조)

① 시장·군수 또는 구청장은 이륜자동차의 정비를 명령을 하고자 하는 때에는 이륜자동차정비명령서에 의하고, 이륜자동차사용신고필증에 정비를 명한 사실 및 운행정지를 명한 사실(운행정지명령을 한 경우에 한함)을 기재하여야 한다.

② ①의 규정에 의한 정비명령을 받은 이륜자동차의 소유자는 정비를 완료하고 정비명령서 및 이륜자동차사용신고필증과 함께 이륜자동차를 시장·군수 또는 구청장에게 제시하여야 한다.

③ 시장·군수 또는 구청장은 ②의 규정에 의하여 제시된 이륜자동차에 대하여 정비내용을 확인하고, 당해 이륜자동차가 정비명령에 따라 정비된 경우에는 이륜자동차 사용신고필증에 이를 기재하여야 한다.

(4) 이륜자동차의 운행정지명령(규칙 제110조)

① 시장·군수 또는 구청장은 이륜자동차의 운행정지를 명하는 때에는 이륜자동차운행정지명령서에 의한다.

② 이륜자동차의 소유자는 ①의 규정에 의한 운행정지명령서를 찢거나 더럽혀서는 아니 되며, 정비를 완료한 때에는 운행정지명령서를 시장·군수 또는 구청장에게 제출하여야 한다.

제7절 자동차관리사업

1. 자동차관리사업

(1) 자동차관리사업의 등록 등(법 제53조)

① 자동차관리사업을 하려는 자는 국토교통부령으로 정하는 바에 따라 시장・군수・구청장에게 등록하여야 한다. 등록 사항을 변경하려는 경우에도 또한 같다. 다만, 대통령령으로 정하는 경미한 등록 사항을 변경하는 경우에는 그러하지 아니하다.

중요 CHECK

대통령령으로 정하는 경미한 등록 사항을 변경하는 경우(영 제11조)

1. 임원(대표자를 포함)의 주소변경
2. 자동차관리사업으로 등록한 사업장의 대지면적 또는 건물면적의 100분의 30 이하의 변경 또는 증・개축(등록기준에 미달되게 하는 경우를 제외)

② ①에 따른 자동차관리사업은 대통령령으로 정하는 바에 따라 세분할 수 있다.

중요 CHECK

자동차정비업의 세분(영 제12조제1항)

1. 자동차종합정비업
2. 소형자동차종합정비업
3. 자동차전문정비업
4. 원동기전문정비업

③ ①에 따른 자동차관리사업 등록의 기준 및 절차 등에 관하여 필요한 사항은 국토교통부령으로 정하는 범위에서 특별시・광역시・특별자치시・도(특별자치도를 포함) 또는 인구 50만 명 이상의 시의 조례로 정한다. 이 경우 특별시 및 광역시 중 인구 50만 명 이상의 자치구에서 자동차매매업을 영위하고자 하는 자는 국토교통부령으로 정하는 등록기준을 갖추어야 한다.

④ ③에 따른 조례를 정하는 경우 교통, 환경오염, 주변여건 등 지역적 특성을 고려할 수 있다.

(2) 결격사유(법 제54조)

① 다음의 어느 하나에 해당하는 자는 자동차관리사업을 할 수 없다. 법인인 경우에는 임원 중 다음의 어느 하나에 해당하는 사람이 있는 경우에도 또한 같다.

㉠ 피성년후견인 또는 피한정후견인

㉡ 파산선고를 받은 자로서 복권되지 아니한 자

㉢ 이 법에 따른 자동차관리사업의 등록이 취소(㉠ 및 ㉡에 해당하여 취소된 경우 제외)된 후 1년이 지나지 아니한 자

㉣ 이 법을 위반하여 징역 이상의 실형을 선고받고 그 집행이 끝나거나 그 집행이 면제된 날부터 2년이 지나지 아니한 사람

㉤ 이 법을 위반하여 징역 이상의 형의 집행유예를 선고받고 그 유예기간 중에 있는 사람

② 시장·군수·구청장은 자동차관리사업의 등록을 한 자(이하 "자동차관리사업자")가 ①의 사유에 해당된 경우에는 그 등록을 취소하여야 한다. 다만, 법인의 임원 중 그 사유에 해당된 사람이 있는 경우 3개월 이내에 그 임원을 바꾸어 임명한 경우에는 그러하지 아니하다.

(3) 자동차관리사업의 양도·양수 등의 신고(법 제55조)

① 자동차관리사업을 양도·양수하려는 자는 국토교통부령으로 정하는 바에 따라 시장·군수·구청장에게 신고하여야 한다.

② 자동차관리사업을 하는 법인이 합병하려는 경우에는 시장·군수·구청장에게 신고하여야 한다.

③ 자동차관리사업을 양수하는 자 또는 합병 후 존속하는 법인은 자동차관리사업자의 권리·의무를 승계한다.

④ 자동차관리사업자가 그 사업의 전부 또는 일부를 휴업하거나 폐업한 경우에는 시장·군수·구청장에게 신고하여야 한다.

⑤ ④에 따른 신고를 한 자동차관리사업자가 지정정비사업자 또는 종합검사지정정비사업자로 지정받은 자인 경우에는 해당 지정사업의 휴업이나 폐업을 신고한 것으로 본다. 이 경우 시장·군수 또는 구청장은 이를 국토교통부장관에게 통보하여야 한다.

(4) 사업의 개선명령(법 제56조, 영 제13조)

① 시장·군수·구청장은 자동차관리사업의 건전한 발전을 위하여 필요하다고 인정되면 대통령령으로 정하는 바에 따라 자동차관리사업자에게 다음의 사항을 명할 수 있다.

㉠ 사업장의 이전

㉡ 시설 또는 운영의 개선

㉢ 수수료 또는 요금의 조정

㉣ 자동차관리사업의 건전한 발전을 위하여 국토교통부령으로 정하는 사항

② 시장·군수·구청장은 등록한 온라인 자동차 매매정보제공자에 대하여 자동차매매업자 및 자동차 소유자의 피해예방을 위하여 필요한 경우 대통령령으로 정하는 바에 따라 다음의 사항을 명할 수 있다.

㉠ 사업장, 전산설비 또는 운영의 개선

㉡ 이용약관의 개선

㉢ 그 밖에 자동차매매업자 및 자동차 소유자의 피해예방을 위하여 국토교통부령으로 정하는 사항

③ 시장·군수 또는 구청장은 ① 및 ②의 규정에 의하여 개선명령을 하고자 하는 때에는 그 사유와 이행기간을 명시한 서면으로 하여야 한다.

④ 시장・군수 또는 구청장은 ③의 규정에 의한 개선명령을 받은 자동차관리사업자 또는 온라인 자동차 매매정보제공자에 대하여 정당한 사유가 있는 때에는 개선명령의 이행기간을 1차에 한하여 연장할 수 있다. 이 경우 자동차관리사업자 또는 온라인 자동차 매매정보제공자는 그 사유를 증명하는 서면을 시장・군수 또는 구청장에게 제출(전자문서에 의한 제출을 포함)하여야 한다.

(5) 자동차관리사업자 등의 금지 행위(법 제57조)

① 자동차관리사업자는 다음의 행위를 하여서는 아니 된다.

㉠ 다른 사람에게 자신의 명의로 사업을 하게 하는 행위(사업의 전부 또는 일부에 대하여 위탁・위임・도급 등의 형태로 용역을 주는 행위를 포함)

㉡ 사업장의 전부 또는 일부를 다른 사람에게 임대하거나 점용하게 하는 행위

㉢ 해당 사업과 관련한 부정한 금품의 수수 또는 그 밖의 부정한 행위

㉣ 해당 사업에 관하여 이용자의 요청을 정당한 사유 없이 거부하는 행위

㉤ 해당 사업에 관하여 이용자가 요청하지 아니한 상품 또는 서비스를 강매하는 행위나 이용자가 요청하지 아니한 일을 하고 그 대가를 요구하는 행위 또는 영업을 목적으로 손님을 부르는 행위

② 자동차정비업자 또는 자동차제작자 등은 시장・군수・구청장의 승인을 받은 경우 외에는 자동차를 튜닝하거나 승인을 받은 내용과 다르게 튜닝하여서는 아니 된다.

③ 자동차매매업자(그 사용인 및 종사원을 포함)는 다음의 행위를 하여서는 아니 된다.

㉠ 등록원부상의 소유자가 아닌 자로부터 자동차의 매매 알선을 의뢰받아 그 자동차의 매매를 알선하는 행위. 다만, 등록원부상의 소유자에게서 그 자동차의 매도에 관한 행위를 위임받은 자로부터 매매 알선을 의뢰받은 경우에는 그러하지 아니하다.

㉡ 매도 또는 매매를 알선하려는 자동차에 대하여 다음의 어느 하나에 해당하는 부당한 표시・광고를 하는 행위

- 매도 또는 매매를 알선하려는 자동차가 존재하지 아니하여 실제로는 거래가 불가능한 자동차에 대한 표시・광고
- 매도 또는 매매를 알선하려는 자동차의 이력이나 가격 등 내용을 사실과 다르게 거짓으로 표시・광고하거나 사실을 과장되게 하는 표시・광고
- 그 밖에 표시・광고의 내용이 자동차매매업의 질서를 해치거나 자동차 매수인에게 피해를 줄 우려가 있는 것으로서 대통령령으로 정하는 내용의 표시・광고

(6) 폐차 수집・알선 등의 금지(법 제57조의2)

① 자동차해체재활용업자가 아닌 자는 다음의 어느 하나에 해당하는 행위를 하여서는 아니 된다.

㉠ 영업을 목적으로 폐차 대상 자동차를 수집 또는 매집하거나 그 자동차를 자동차해체재활용업자에게 알선하는 행위

㉡ ㉠에 해당하는 행위에 대한 표시・광고를 하는 행위

② 자동차매매업자가 아닌 자는 영업을 목적으로 매매용 자동차 또는 매매를 알선하려는 자동차에 대한 표시·광고를 하여서는 아니 된다.

(7) 자동차관리사업자 등의 고지 및 관리의 의무 등(법 제58조)

① 자동차매매업자(종사원을 포함)가 자동차를 매도 또는 매매의 알선을 하는 경우에는 국토교통부령으로 정하는 바에 따라 다음의 사항을 매매 계약을 체결하기 전에 그 자동차의 매수인에게 서면으로 고지하여야 한다. (시행일 : 2024. 7. 31.)

㉠ 국토교통부령으로 정하는 자가 해당 자동차의 침수 사실 및 구조·장치 등의 성능·상태를 점검(이하 "자동차성능·상태점검")한 내용(점검 장면을 촬영한 사진을 포함하며, 점검일부터 120일 이내의 것)

㉡ 압류 및 저당권의 등록 여부

㉢ 제65조제1항에 따라 받는 수수료 또는 요금

㉣ 매수인이 원하는 경우에 자동차가격을 조사·산정한 내용

② 자동차성능·상태점검을 하려는 자는 사업장별로 국토교통부령으로 정하는 시설·장비 및 자격기준을 갖추어 국토교통부령으로 정하는 바에 따라 시장·군수·구청장에게 신고하여야 한다. 신고한 사항 중 국토교통부령으로 정하는 중요한 사항을 변경하거나 사업장을 폐쇄하려는 경우에도 또한 같다.

③ 시장·군수·구청장은 ②의 전단에 따른 신고 또는 같은 항 후단에 따른 변경신고를 받은 경우 그 내용을 검토하여 이 법에 적합하면 신고를 수리하여야 한다.

④ 자동차매매업자(그 사용인 및 종사원을 포함)가 인터넷을 통하여 자동차의 광고를 하는 때에는 자동차 이력 및 판매자정보 등 국토교통부령으로 정하는 사항을 게재하여야 한다.

⑤ 자동차정비업자는 다음의 사항을 준수하여야 한다.

㉠ 정비에 필요한 신부품(新部品), 중고품, 재생품 또는 대체부품 등을 정비 의뢰자가 선택할 수 있도록 알려줄 것

㉡ 중고품 또는 재생품을 사용하여 정비할 경우 그 이상 여부를 확인할 것

㉢ 표준정비시간을 인터넷과 인쇄물 등 국토교통부령으로 정하는 방법에 따라 공개할 것

㉣ 국토교통부령으로 정하는 주요 정비 작업에 대해서는 시간당 공임 및 표준정비시간을 정비의뢰자가 잘 볼 수 있도록 사업장 내에 게시할 것

㉤ 정비를 의뢰한 자에게 국토교통부령으로 정하는 바에 따라 점검·정비견적서와 점검·정비 명세서를 발급하고 사후관리 내용을 고지할 것

㉥ 국토교통부령으로 정하는 바에 따라 사후관리를 할 것

㉦ 거짓으로 점검·정비견적서와 점검·정비명세서를 작성하여 발급하지 아니할 것

⑥ 자동차해체재활용업자는 다음의 사항을 준수하여야 한다. (시행일 : 2024. 7. 31.)
   ㉠ 자동차 소유자 또는 시장·군수·구청장으로부터 폐차 요청을 받은 경우에는 그 자동차·자동차등록증·등록번호판 및 봉인을 인수하고 국토교통부령으로 정하는 바에 따라 그 사실을 증명하는 서류를 발급할 것
   ㉡ 폐차 요청을 받은 경우에는 해당 자동차 또는 국토교통부령으로 정하는 장치를 수출하거나 수출하는 자에게 판매하는 경우 외에는 폐차할 것
   ㉢ 폐차 요청을 받은 경우에는 해당 자동차의 자동차등록증·등록번호판 및 봉인은 다시 사용할 수 없는 상태로 폐기할 것
   ㉣ 자동차해체재활용업의 종사원에게 국토교통부령으로 정하는 바에 따라 그 신분을 표시하도록 할 것
   ㉤ 자동차해체재활용업의 종사원에게 국토교통부령으로 정하는 바에 따라 자동차해체재활용 관련 준수사항 등에 관한 교육을 받도록 할 것
   ㉥ 그 밖에 자동차의 해체재활용을 위하여 국토교통부령으로 정하는 사항
⑦ ②에 따라 자동차성능·상태점검을 하는 자(이하 "자동차성능·상태점검자")는 다음의 사항을 준수하여야 한다.
   ㉠ 자동차성능·상태점검을 의뢰한 자에게 국토교통부령으로 정하는 바에 따라 성능·상태점검의 내용(점검 장면을 촬영한 사진을 포함)을 제공할 것
   ㉡ 거짓으로 자동차성능·상태점검을 하거나 실제 점검한 내용과 다른 내용을 제공하지 말 것
   ㉢ 국토교통부령으로 정하는 바에 따라 주기적으로 자동차성능·상태점검에 관한 교육을 이수할 것
⑧ 자동차관리사업자(자동차성능·상태점검자를 포함. 이하 이 조에서 같다)가 ①, ⑤, ⑥ 및 ⑦에 따른 업무를 수행한 경우에는 국토교통부령으로 정하는 바에 따라 기록·관리하며 보존하여야 한다.
⑨ 자동차관리사업자는 ⑧에 따라 기록·관리 및 보존하는 내용 중 국토교통부령으로 정하는 사항을 전산정보처리조직에 국토교통부령으로 정하는 바에 따라 전송하여야 한다.

(8) 모범사업자(법 제58조의2)

① 시장·군수·구청장은 국토교통부령으로 정하는 지정기준에 따라 사업 내용이 우수한 자동차관리사업자를 모범사업자로 지정할 수 있다.
② 시장·군수·구청장은 ①에 따라 모범사업자로 지정된 자가 그 지정기준에 미달하게 되거나 행정처분을 받게 된 경우에는 지체 없이 그 지정을 취소하여야 한다.
③ ①과 ②에 따른 모범사업자 지정의 절차 및 취소에 관한 사항은 국토교통부령으로 정한다.

(9) 자동차관리사업자의 손해배상책임(법 제58조의3)

① 자동차매매업자가 자동차를 매도하거나 매매의 알선할 때에 고지를 하지 아니하거나 거짓으로 고지함으로써 자동차 매수인에게 재산상의 손해가 발생한 경우에는 그 손해를 배상하여야 한다. 이 경우 자동차성능·상태점검자가 자동차매매업자에게 거짓 또는 오류가 있는 성능·상태점검 내용을 제공함으로써 매수인에게 재산상의 손해가 발생한 경우에는 자동차매매업자는 자동차성능·상태점검자에게 구상할 수 있다.

② 자동차매매업자는 업무를 개시하기 전에 ①에 따른 손해배상책임을 보장하기 위하여 대통령령으로 정하는 바에 따라 보증보험 또는 공제에 가입하거나 공탁하여야 한다.

③ ②에 따라 공탁한 공탁금은 자동차매매업자가 폐업 또는 사망한 날부터 1년 이내에는 회수할 수 없다.

④ 자동차매매업자는 매도 또는 매매의 알선이 완성된 경우에는 거래 당사자에게 손해배상책임의 보장에 관한 다음의 사항을 설명하고 관계 증서(자동차성능·상태점검자의 보증 책임에 관한 관계 증서를 포함)의 사본을 발급하거나 관계 증서에 관한 전자문서를 제공하여야 한다.

㉠ 보장 금액

㉡ 보험회사, 공제사업을 행하는 자, 공탁기관 및 그 소재지

㉢ 보장 기간

(10) 자동차성능·상태점검자의 보증 책임(법 제58조의4)

① 자동차성능·상태점검자는 국토교통부령으로 정하는 바에 따라 성능·상태점검 내용에 대하여 보증하여야 한다.

② 자동차성능·상태점검자는 ①에 따른 보증에 책임을 지는 보험에 가입하여야 한다.

③ ②에 따른 보험의 종류, 보장범위, 절차 등 필요한 사항은 대통령령으로 정한다.

(11) 자동차가격 조사·산정자의 자격 요건(법 제58조의5)

자동차가격의 조사·산정은 다음의 자가 할 수 있다.

① 대통령령으로 정하는 자동차가격 조사·산정 교육을 이수한 「기술사법」 제3조에 따른 기계분야 차량기술사

② 자동차정비기능사 이상의 자격을 취득한 자로서 「자격기본법」 제2조에 따라 국토교통부장관으로부터 공인받은 자동차 진단 평가에 관한 자격증을 소지한 자

(12) 매매 계약의 해제 등(법 제58조의6)

① 자동차매매업자의 매매 또는 매매 알선으로 매매 계약을 맺은 자동차 매수인은 해당 자동차가 다음의 ㉠ 또는 ㉡에 해당하는 경우에는 자동차인도일부터 30일 이내에, ㉢에 해당하는 경우에는 자동차인도일부터 90일 이내에 해당 매매 계약을 해제할 수 있다.

㉠ 해당 자동차의 주행거리, 사고 사실이 고지 내용과 다른 경우

㉡ 제58조제1항제1호에 따른 사항(침수 사실은 제외) 또는 같은 항 제2호에 따른 사항을 거짓으로 고지하거나 고지하지 아니한 경우

㉢ 해당 자동차의 침수 사실이 제58조제1항제1호의 고지 내용과 다른 경우 또는 제58조제1항제1호에 따른 사항 중 침수 사실을 거짓으로 고지하거나 고지하지 아니한 경우

② 자동차 매수인은 ①에 따라 매매 계약을 해제한 경우에는 해당 자동차를 즉시 자동차매매업자에게 반환하여야 한다.

③ 자동차매매업자는 ②에 따른 자동차의 반환과 동시에 이미 지급받은 매매금액을 자동차 매수인에게 반환하여야 한다.

(13) 매매용 자동차의 관리(법 제59조)

① 자동차매매업자는 다음의 어느 하나에 해당되는 경우에는 국토교통부령으로 정하는 바에 따라 시장・군수・구청장에게 신고하여야 한다. 다만, 경매장에 출품된 자동차의 경우에는 그러하지 아니하다.

㉠ 매매용 자동차가 사업장에 제시된 경우

㉡ 매매용 자동차가 팔린 경우

㉢ 매매용 자동차가 팔리지 아니하고 그 소유자에게 반환된 경우

② 자동차매매업자는 다음의 사항을 지켜야 한다.

㉠ 사업장에 제시되는 매매용 자동차를 국토교통부령으로 정하는 바에 따라 관리할 것

㉡ 자동차매매 관리대장을 작성・비치하고 국토교통부령으로 정하는 기간까지 보관할 것

㉢ 자동차매매업의 종사원에게 국토교통부령으로 정하는 바에 따라 그 신분을 표시하도록 할 것

㉣ 자동차매매업의 종사원에게 국토교통부령으로 정하는 바에 따라 자동차매매 관련 준수사항 등에 관한 교육을 받도록 할 것

㉤ 그 밖에 자동차 매수인의 권익을 보호하기 위하여 국토교통부령으로 정하는 사항

③ 자동차매매업자는 자동차성능・상태점검자에게 해당 자동차의 구조・장치 등의 성능・상태를 거짓으로 점검하도록 요구하여서는 아니 된다.

④ 자동차매매업자는 다음의 사람을 종사원으로 둘 수 없다. (시행일 : 2024. 8. 14.)

㉠ 자동차성능・상태점검한 내용 중 침수 사실을 고지하지 아니하거나 거짓으로 고지하고 자동차의 매도 또는 매매를 알선하여 징역 이상의 실형을 선고받고 그 집행이 종료(집행이 종료된 것으로 보는 경우를 포함한다)되거나 그 집행이 면제된 날부터 2년이 지나지 아니한 사람

㉡ 자동차성능・상태점검한 내용 중 침수 사실을 고지하지 아니하거나 거짓으로 고지하고 자동차의 매도 또는 매매를 알선하여 징역 이상의 형의 집행유예를 선고받고 그 유예기간 중에 있는 사람

(14) 자동차경매장의 개설 · 운영 등(법 제60조)

① 자동차매매업자 또는 자동차매매업자로 구성되는 조합은 매매용 자동차의 적정한 가격 형성, 합리적인 수급 조절, 자동차관리사업의 육성 · 발전 및 매매 질서의 확립을 위하여 필요한 경우에는 자동차 경매를 위하여 일정한 시설기준 및 인력기준 등을 갖추어 시 · 도지사의 승인을 받아 자동차경매장(이하 "경매장")을 개설하여 운영할 수 있다. 승인 사항을 변경하려는 경우에도 또한 같다. 다만, 국토교통부령으로 정하는 경미한 사항을 변경하려는 경우에는 그러하지 아니하다.

② ①에 따른 경매장의 시설기준 및 인력기준 등의 승인기준 및 승인절차 등에 관하여 필요한 사항은 국토교통부령으로 정한다.

③ 경매장을 개설 · 운영하는 자(이하 "개설자")는 다음의 사항을 준수하여야 한다.

㉠ 경매 대상 자동차의 등록 사항과 안전 및 성능 상태 등을 점검 · 검사하고 그 결과를 경매에 참가하려는 자에게 고지할 것

㉡ 이 법 또는 이 법에 따른 명령이나 처분을 위반하지 아니할 것

④ ③의 ㉠에 따른 경매 대상 자동차에 대한 점검 · 검사의 기준 및 검사 결과의 고지 방법 등에 관하여 필요한 사항은 국토교통부령으로 정한다.

⑤ 이 법에 따른 경매장에 대하여는 다른 법률의 경매장 또는 시장에 관한 규정을 적용하지 아니한다.

(15) 경매 거래의 참가(법 제62조)

경매 참가인은 경락(競落)을 받은 자동차의 경락금 지급을 담보하기 위하여 국토교통부령으로 정하는 바에 따라 개설자에게 보증금을 내야 한다.

(16) 경락 자동차의 인수 거부 등(법 제63조)

① 개설자는 경락인이 정당한 사유 없이 약정한 기간 내에 경락받은 자동차의 인수를 거부하거나 이를 게을리 한 경우에는 그 경락인의 부담으로 자동차를 일정 기간 보관하거나 인수를 독촉하여야 한다.

② 개설자는 ①에 따라 경락받은 자동차를 일정 기간 보관하거나 경락인에게 인수를 독촉한 후에도 경락인이 이를 인수하지 아니하거나 그 밖의 부득이한 사유가 있는 경우에는 다시 경매에 붙일 수 있다.

③ ②에 따른 재경매 등에 따라 발생한 손해는 ①에 따른 경락인이 부담한다.

(17) 점검 · 정비책임자의 선임 등(법 제64조)

① 자동차정비사업자는 자동차 점검 · 정비에 관한 사항을 담당할 점검 · 정비책임자(이하 "정비책임자")를 선임하고 시장 · 군수 · 구청장에게 신고하여야 한다. 이를 해임한 경우에도 또한 같다.

② 시장 · 군수 · 구청장은 정비책임자가 이 법 또는 이 법에 따른 명령이나 처분을 위반한 경우에는 해당 자동차정비사업자에게 정비책임자의 해임을 명할 수 있다. 이 경우 해임된 자는 그날부터 6개월이 지나지 아니하면 정비책임자로 다시 선임될 수 없다.

③ 시장·군수·구청장은 정비책임자가 자동차정비사업자에게 침수 사실을 보고하지 아니하거나 거짓으로 보고하는 경우에는 해당 자동차정비사업자에게 국토교통부령으로 정하는 바에 따라 일정기간 해당 정비책임자의 직무를 정지하도록 명할 수 있다. (시행일 : 2025. 1. 31.)

④ ①에 따른 정비책임자의 자격·직무 및 교육 등에 관하여 필요한 사항은 국토교통부령으로 정한다. (시행일 : 2025. 1. 31.)

(18) 정비기술교육(제64조의2, 시행일 : 2025. 1. 31.)

① 자동차정비사업자는 정비책임자 등 국토교통부령으로 정하는 기술인력에 대하여 국토교통부장관이 실시하는 자동차 정비에 관한 교육(이하 "정비기술교육")을 받게 할 수 있다.

② 국토교통부장관은 정비기술교육을 실시하기 위하여 필요한 경우 공공기관 또는 정비 관련 전문단체를 전문교육기관으로 지정할 수 있다.

③ ②에 따라 지정된 전문교육기관은 교육을 한 경우 교육 수료증을 발급하고 교육에 관한 기록을 작성·보관하는 등 국토교통부령으로 정하는 사항을 지켜야 한다.

④ 정비기술교육의 내용 및 방법과 ②에 따른 전문교육기관의 지정 기준·절차 및 지정해제 등에 필요한 사항은 국토교통부령으로 정한다.

(19) 자동차관리사업자의 수수료 등(법 제65조)

① 자동차관리사업자는 국토교통부령으로 정하는 바에 따라 수수료 또는 요금을 받을 수 있다.

② 자동차해체재활용업자는 국토교통부령으로 정하는 바에 따라 폐차하려는 자동차의 평가액에서 폐차에 드는 비용을 빼고 남은 금액을 그 자동차 소유자에게 지급하여야 한다. 다만, 폐차에 드는 비용이 폐차하는 자동차의 평가액을 초과하는 경우에는 국토교통부령으로 정하는 바에 따라 초과하는 비용을 징수할 수 있다.

③ 자동차매매업자는 이전등록 신청을 위하여 자동차를 양수한 자로부터 미리 받은 수수료 또는 요금과 이전등록 신청에 소요된 실제비용 간에 차액이 있는 경우에는 이전등록 신청일부터 30일 이내에 양수인에게 그 사실을 통지하고 차액을 전액 반환하여야 한다.

(20) 온라인 자동차 매매정보제공의 등록(법 제65조의2)

① 자동차매매업자가 자동차 소유자(법인은 제외한다. 이하 이 조에서 같다)로부터 자동차를 매입할 수 있도록 하기 위하여 인터넷 홈페이지(휴대전화에서 사용되는 응용프로그램을 포함한다. 이하 이 조에서 같다)를 통하여 자동차매매업자에게 ③의 각 호에 따른 자동차 매매정보를 제공(이하 "온라인 자동차 매매정보제공")하려는 자는 대통령령으로 정하는 등록기준을 갖추어 시장·군수·구청장에게 등록하여야 한다. 등록한 사항 중 대통령령으로 정하는 중요 사항을 변경할 때에도 또한 같다.

② ①에 따라 등록을 하려는 자는 국토교통부령으로 정하는 바에 따라 시장·군수·구청장에게 신청하여야 한다.

③ ①에 따라 등록을 한 자(이하 "온라인 자동차 매매정보제공자")는 인터넷 홈페이지를 통하여 다음의 자동차 매매정보를 제공하여야 한다.

㉠ 해당 자동차의 주행거리

㉡ 국토교통부령으로 정하는 바에 따라 촬영된 자동차의 내·외관 사진

㉢ 자동차이력관리 정보 중 국토교통부령으로 정하는 정보

㉣ 해당 자동차에 대한 자동차매매업자의 매입희망가격 및 인수방법

④ 온라인 자동차 매매정보제공자는 자동차의 주행거리, 자동차등록번호, 자동차매매업자의 매입희망가격, 최종 매입가격 및 자동차매매업자의 자동차관리사업 등록번호를 국토교통부령으로 정하는 바에 따라 보관하여야 한다.

⑤ 온라인 자동차 매매정보제공자는 자동차매매업자가 아닌 자에게 온라인 자동차 매매정보제공을 하여서는 아니 된다.

⑥ 온라인 자동차 매매정보제공자의 결격사유에 관하여는 결격사유(법 제54조)를 준용한다. 이 경우 "자동차관리사업"은 "온라인 자동차 매매정보제공"으로, "자동자관리사업의 등록 등"은 "온라인 자동차 매매정보제공의 등록"으로, "자동차관리사업의 등록을 한 자(이하 "자동차관리사업자")"는 "온라인 자동차 매매정보제공자"로 본다.

2. 자동차안전기준 등의 국제조화

(1) 자동차안전기준 등의 국제조화(법 제68조의2)

① 국내(國內)의 자동차안전기준, 부품안전기준 및 내압용기안전기준의 국제기준과의 조화(이하 "자동차안전기준 등의 국제조화")를 위하여 국토교통부장관은 국제기준을 조사·분석하고, 관련 정보 및 기술의 국제협력 등에 관한 시책을 수립·시행하여야 한다.

② 국토교통부장관은 자동차안전기준, 부품안전기준 및 내압용기안전기준 관련 기업·기관·단체의 국제협력활동에 대한 행정적·재정적 지원을 하여야 한다.

(2) 국제조화 기본계획의 수립(법 제68조의3)

① 국토교통부장관은 자동차안전기준 등의 국제조화 기본계획(이하 "국제조화기본계획")을 수립·시행하여야 한다.

② 국제조화기본계획에는 다음의 사항이 포함되어야 한다.

㉠ 자동차안전기준 등의 국제조화 현황 및 여건

㉡ 자동차안전기준 등의 국제조화 목표 및 단계별 추진전략

㉢ 자동차안전기준 등의 국제조화 연구·개발에 관한 사항

㉣ 자동차안전기준 등의 국제조화에 필요한 재원의 조달과 운영에 관한 사항

ⓜ 자동차안전기준 등의 국제조화 추진 · 협력체계에 관한 사항

ⓑ 그 밖에 자동차안전기준 등의 국제조화를 위하여 필요한 사항

③ 국토교통부장관은 국제조화기본계획을 수립하려는 경우에는 관계 중앙행정기관의 장의 의견을 들은 후 「국가통합교통체계효율화법」 제106조에 따른 국가교통위원회의 심의를 거쳐 확정한다. 수립된 기본계획을 변경(대통령령으로 정하는 경미한 사항의 변경은 제외)하려는 경우에도 또한 같다.

(3) 전담기관의 지정 및 운영(법 제68조의4)

① 국토교통부장관은 자동차안전기준 등의 국제조화에 필요한 전문적인 기술검토와 개선방안 마련을 효율적으로 추진하기 위하여 전담기관을 지정할 수 있다.

② ①의 전담기관은 다음 각 호의 업무를 수행한다.

㉠ 자동차안전기준 등의 선진화 및 실효성 확보를 위한 조사 · 분석 업무

㉡ 국내 · 외 자동차안전기준 등과 관련된 제도 및 정책의 조사 · 분석 업무

㉢ 자동차안전기준 등의 국제조화에 필요한 기술적 타당성 및 안전도 검토 업무

㉣ 자동차 안전 관련 국제기준 대응을 위한 국제협력 지원 및 국외사무소 운영

ⓜ 자동차안전기준 등의 국제조화를 위한 전문가 양성

ⓑ 그 밖에 자동차안전기준 등의 국제조화를 위하여 국토교통부장관이 필요하다고 인정하는 업무

③ 국토교통부장관은 예산의 범위에서 ①의 전담기관에 대하여 ② 각 호의 업무를 수행하는 데 필요한 비용을 출연하거나 지원할 수 있다.

④ 국토교통부장관은 ①에 따라 지정받은 자가 다음의 어느 하나에 해당하는 경우에는 전담기관의 지정을 취소하거나 6개월의 범위에서 기간을 정하여 업무의 전부 또는 일부를 정지할 수 있다. 다만, ㉠에 해당하는 경우에는 지정을 취소하여야 한다.

㉠ 거짓이나 그 밖의 부정한 방법으로 지정을 받은 경우

㉡ ⑤에 따른 지정기준에 적합하지 아니하게 된 경우

⑤ ①에 따른 전담기관의 지정 및 ④에 따른 지정취소 · 업무정지의 기준 및 절차 등에 관하여 필요한 사항은 대통령령으로 정한다.

(4) 자동차안전기준 등의 국제조화 관련 연구 · 개발(법 제68조의5)

① 국토교통부장관은 자동차안전기준 등의 국제조화를 위하여 다음의 사업을 추진할 수 있다.

㉠ 자동차안전기준 등의 국제조화를 위한 기술의 연구 · 개발 및 이전 · 보급

㉡ 자동차안전기준 등의 국제조화와 관련된 국내 자동차안전기준의 제정 · 개정

㉢ 자동차안전기준 등의 국제조화를 위한 국제 협력 및 교류

㉣ 자동차안전기준 등의 국제조화를 위한 중소기업 등의 기술경쟁력 강화 지원

② 국토교통부장관은 다음의 자에게 ①의 사업을 추진하게 할 수 있다. 이 경우 국토교통부장관은 예산의 범위에서 연구 · 개발에 드는 비용을 지원하여야 한다.

㉠ 「정부출연연구기관 등의 설립·운영 및 육성에 관한 법률」에 따른 정부출연연구기관
㉡ 자동차제작자 등 및 부품제작자 등
㉢ 성능시험대행자
㉣ 「민법」 또는 다른 법률에 따라 설립된 법인으로서 자동차 관련 연구기관
㉤ 「고등교육법」 또는 「경제자유구역 및 제주국제자유도시의 외국교육기관 설립·운영에 관한 특별법」에 따라 설립된 대학이나 대학원
㉥ 그 밖에 대통령령으로 정하는 자동차 관련 연구기관

(5) 신기술 등이 적용된 자동차 등의 관리(법 제68조의6)

국토교통부장관은 신기술 또는 새로운 특성을 포함하여 제작 등을 한 자동차 또는 자동차부품 및 장치의 수출입에 대하여 국가 간 상호인증협약 또는 자유무역협정 등에서 정하는 바에 따라 필요한 조치를 할 수 있다.

(6) 전문인력의 양성(법 제68조의7)

① 국토교통부장관은 자동차의 기술개발에 필요한 전문인력을 체계적으로 양성하기 위하여 다음의 어느 하나의 사업을 하는 자에게 행정적·재정적 지원을 할 수 있다.
㉠ 기계, 전기, 전자 등 자동차 관련 전문인력의 양성
㉡ 자동차 관련 교육프로그램의 개발 및 보급
㉢ 그 밖에 자동차 관련 전문인력의 양성을 위하여 국토교통부령으로 정하는 사업
② 국토교통부장관은 ①에 따른 사업을 지원하기 위하여 필요한 경우에는 자동차 전문인력의 양성과 관련이 있는 기관 또는 단체 등을 협력기관으로 지정할 수 있다.

(7) 시범사업(법 제68조의8)

① 국토교통부장관은 자동차기술의 연구·개발 및 이용·보급을 촉진하기 위하여 필요하다고 인정할 때에는 대통령령으로 정하는 바에 따라 시범사업을 할 수 있다.
② 국토교통부장관은 ①에 따른 시범사업에 참여하는 자에 대하여 행정적·재정적 및 기술적 지원을 할 수 있다.

제8절 보칙 및 벌칙

1. 보 칙

(1) 자동차관리업무의 전산 처리(법 제69조)

① 국토교통부장관은 자동차를 효율적으로 관리하기 위하여 필요한 경우에는 국토교통부령으로 정하는 바에 따라 전산정보처리조직을 이용하여 이 법에 규정된 업무를 처리할 수 있다.

② ①에 따른 전산정보처리조직에 의하여 처리된 자료(이하 "전산자료")를 이용하려는 자는 대통령령으로 정하는 바에 따라 관계 중앙행정기관의 장의 심의를 거쳐 국토교통부장관의 승인을 받아야 한다.

③ 국토교통부장관은 ②에 따른 승인 요청을 받으면 자동차관리업무를 효율적으로 수행하는 데 지장이 없고, 자동차 소유자 등의 사생활의 비밀과 자유를 침해하지 아니한다고 인정되는 경우에만 이를 승인할 수 있다. 이 경우 국토교통부장관은 그 용도를 제한하여 승인할 수 있다.

④ ②와 ③에 따른 전산 자료의 이용 대상 범위와 심의 및 승인 기준 등에 관하여 필요한 사항은 국토교통부령으로 정한다.

(2) 자동차이력관리 정보의 제공(법 제69조의2)

① 국토교통부장관은 자동차의 제작, 등록, 검사, 정비 및 폐차 등 자동차관련 통합이력(이하 "자동차이력관리 정보")을 자동차소유자 등에게 제공할 수 있다.

② ①에 따라 자동차이력관리 정보를 제공받으려는 자는 「민원 처리에 관한 법률」 제12조의2제2항에 따른 전자민원창구를 이용하여 국토교통부령으로 정하는 바에 따라 국토교통부장관에게 정보 제공을 신청하여야 한다.

③ 국토교통부장관은 ②에 따라 자동차소유자 외의 자에게 정보를 제공할 때에는 자동차소유자의 동의 등 개인정보 보호를 위한 조치를 하여야 한다.

④ ③에 따른 개인정보 보호 조치에 필요한 사항, 제공 가능 정보의 내용, 제공 대상 및 제공 방법 등은 대통령령으로 정한다.

(3) 자동차정비 전문인력의 육성 및 관리(법 제69조의3)

① 국토교통부장관 또는 시·도지사는 자동차정비 분야의 전문적인 기술 또는 기능을 보유한 인력(이하 "정비전문인력")의 육성 및 관리를 위한 시책을 수립·추진할 수 있다.

② ①에 따라 수립하는 시책에는 다음의 사항이 포함되어야 한다.

㉠ 정비전문인력의 수급 및 활용에 관한 사항

㉡ 정비전문인력의 육성 및 교육훈련에 관한 사항

㉢ 정비전문인력의 경력관리와 경력인증에 관한 사항

㉣ 그 밖에 정비전문인력의 육성 및 관리에 필요한 사항으로서 대통령령으로 정하는 사항

③ 국토교통부장관 또는 시 · 도지사는 ①에 따른 시책을 추진할 때 필요한 경우에는 대통령령으로 정하는 바에 따라 정비전문인력 관련 단체 · 조합 등 및 대학 등을 지원할 수 있다.

④ ①부터 ③까지의 규정에 따른 정비전문인력의 육성 및 관리와 지원에 필요한 사항은 대통령령으로 정한다.

(4) 자동차관리의 특례(법 제70조)

다음의 자동차에 대한 등록(이륜자동차의 경우에는 사용신고를 말한다) · 자동차자기인증 · 부품자기인증 · 점검 · 정비 · 검사 · 폐차 · 등록번호판(이륜자동차의 경우에는 이륜자동차번호판을 말한다) 및 봉인에 관하여는 이 법의 규정에도 불구하고 국토교통부령으로 정하는 바에 따른다.

① 대한민국 주재 외교관이 소유하는 자동차

② 대한민국 주재 미합중국 군대의 구성원 · 군무원 또는 그들의 가족이 사적 용도로 사용하는 자동차

③ 국제연합 또는 이에 준하는 국제기구의 직원이 소유하는 자동차

④ 도로교통에 관한 협약의 당사국 국민(내국인은 제외)이 소유하는 자동차 중 국내에서 운행하는 자동차 및 우리나라에 등록된 자동차 중 도로교통에 관한 협약의 당사국(우리나라는 제외)에서 운행하는 자동차

⑤ 「관세법」에 따라 다시 수출할 것을 조건으로 일시 수입되는 자동차

⑥ 국가 안보 및 치안 유지를 위하여 특히 필요하다고 인정하여 국토교통부령으로 정하는 자동차

⑦ 도로(「도로법」에 따른 도로와 그 밖에 일반 교통에 사용하는 구역을 말한다) 외의 장소에서만 사용하는 자동차

⑧ 수출용으로 제작 · 조립한 자동차

(5) 부정사용 금지 등(법 제71조)

① 누구든지 이 법에 따른 자동차등록증, 폐차사실 증명서류, 등록번호판, 임시운행허가증, 임시운행허가번호판, 자동차자기인증표시, 부품자기인증표시, 내압용기검사 각인 또는 표시, 내압용기재검사 각인 또는 표시, 신규검사증명서, 이륜자동차번호판, 차대표기 및 원동기형식 표기를 위조 · 변조 또는 부정사용하거나 위조 또는 변조한 것을 매매, 매매 알선, 수수(收受) 또는 사용하여서는 아니 된다.

② 누구든지 자동차의 주행거리를 변경하여서는 아니 된다. 다만, 고장 또는 파손 등 대통령령으로 정하는 불가피한 사유로 변경하는 경우에는 그러하지 아니하다.

(6) 보고 · 검사(법 제72조제1항)

국토교통부장관, 환경부장관(종합검사와 관련된 업무에만 해당), 시 · 도지사, 시장 · 군수 · 구청장은 자동차의 관리업무를 위하여 필요하다고 인정하면 다음의 자에게 그 관리 또는 업무에 관한 보고를 하게 할 수 있다.

① 자동차사용자
② 등록번호판발급대행자
③ 자동차의 차대번호 및 원동기형식을 표기하는 자
④ 자동차제작자 등
⑤ 부품제작자 등
⑥ 내압용기제조자 등
⑦ 기계 · 기구제작자 등
⑧ 자동차검사대행자
⑨ 종합검사대행자
⑩ 지정정비사업자
⑪ 종합검사지정정비사업자
⑫ 택시미터전문검정기관
⑬ 자동차관리사업자
⑭ 지정된 전문교육기관 (시행일 : 2025. 1. 31.)
⑮ 대체부품인증기관
⑯ 튜닝부품인증기관
⑰ 온라인 자동차 매매정보제공자
⑱ 자동차의 튜닝 승인에 관한 권한을 위탁받은 자
⑲ 자동차성능 · 상태점검자

(7) 자료의 요청(법 제72조의2)

① 국토교통부장관 또는 시 · 도지사(그 권한을 위임 · 재위임 또는 위탁받은 자를 포함)는 자동차(이륜자동차 포함) 검사 및 관리업무의 효율적인 운영을 위하여 필요하면 국가기관, 지방자치단체, 「공공기관의 운영에 관한 법률」에 따른 공공기관, 「보험업법」에 따른 보험회사 및 보험료율 산출기관, 그 밖의 관계 기관 등에게 필요한 자료의 제출을 요청할 수 있다.
② 자료의 제공을 요청받은 자는 정당한 사유가 없으면 요청받은 자료를 제공하여야 한다.

(8) 위반행위에 대한 금지조치 등(법 제73조제1~3항)

① 국토교통부장관, 시·도지사, 시장·군수·구청장은 다음의 어느 하나에 해당하는 위반행위가 있을 때에는 관계 공무원으로 하여금 그 위반행위의 금지를 명하게 하거나 그에 사용된 기기 또는 시설물의 조사·확인이나 그 밖의 필요한 처분(이하 "단속")을 하게 할 수 있다. (시행일 : 2025. 3. 15.)

㉠ 제35조(제52조에서 준용하는 경우를 포함)를 위반하여 자동차에서 장치를 무단으로 해체하거나 조작하는 경우

㉡ 제36조를 위반하여 자동차를 정비하는 경우

㉢ 제53조제1항을 위반하여 등록하지 아니하고 자동차관리사업을 하는 경우

㉣ 제58조제2항을 위반하여 신고하지 아니하고 자동차성능·상태점검을 하는 경우

② ①에 따라 관계 공무원이 단속을 한 경우에는 즉시 단속을 받은 자에게 단속 내용을 적은 문서를 발급하여야 한다.

③ 국토교통부장관, 시·도지사, 시장·군수·구청장은 ①에 따른 단속을 할 때 필요하면 조합 등과 연합회에 협조를 요청할 수 있다.

(9) 과징금의 부과(법 제74조)

① 국토교통부장관, 시·도지사, 시장·군수·구청장은 등록번호판발급대행자, 자동차검사대행자, 종합검사대행자, 택시미터전문검정기관 이륜자동차검사대행자, 이륜자동차지정정비사업자 또는 자동차관리사업자에 대한 업무 또는 사업정지처분(이하 "정지처분")을 하여야 하는 경우로서 그 정지처분이 일반 이용자 등에게 심한 불편을 주거나 그 밖에 공익을 해칠 우려가 있을 때에는 대통령령으로 정하는 바에 따라 정지처분을 갈음하여 1천만원 이하의 과징금을 부과할 수 있다. 다만, 종합검사와 관련된 종합검사대행자의 정지처분을 갈음하는 경우에는 5천만원 이하의 과징금을 부과할 수 있다. (시행일 : 2025. 3. 15.)

② 국토교통부장관은 제31조제1항(제52조에서 준용하는 경우를 포함)을 위반하여 결함을 은폐, 축소 또는 거짓으로 공개하거나 결함을 안 날부터 지체 없이 시정하지 아니한 자에게 그 자동차 또는 자동차부품 매출액의 100분의 3을 초과하지 아니하는 범위에서 과징금을 부과할 수 있다.

③ 국토교통부장관은 다음의 어느 하나에 해당하는 자에게 그 자동차 또는 자동차부품 매출액의 100분의 2(100억원을 초과하는 경우에는 100억원으로 한다)를 초과하지 아니하는 범위에서 과징금을 부과할 수 있다.

㉠ 자동차안전기준에 적합하지 아니한 자동차를 판매한 자

㉡ 부품안전기준에 적합하지 아니한 자동차부품을 판매한 자

㉢ 결함을 시정하지 아니한 자동차 또는 자동차부품을 판매한 자(㉠ 또는 ㉡에 해당되는 경우는 제외)

④ 국토교통부장관은 내압용기검사에 합격하지 아니한 내압용기를 판매한 자에게 그 내압용기 매출액의 100분의 1(100억원을 초과하는 경우에는 100억원으로 한다)을 초과하지 아니하는 범위에서 과징금을 부과할 수 있다.

⑤ ①부터 ④까지의 규정에 따라 과징금을 부과하는 위반행위의 종류, 위반 정도 등에 따른 과징금의 금액, 그 밖에 필요한 사항은 대통령령으로 정한다.

⑥ 국토교통부장관, 시·도지사, 시장·군수·구청장은 ①부터 ④까지의 규정에 따른 과징금을 내야 할 자가 납부 기한까지 과징금을 내지 아니하면 대통령령으로 정하는 바에 따라 국세 체납처분의 예 또는 「지방행정제재·부과금의 징수 등에 관한 법률」에 따라 징수한다.

(10) 권한의 위임 및 위탁(법 제77조)

① 이 법에 따른 국토교통부장관의 권한은 대통령령으로 정하는 바에 따라 그 일부를 시·도지사에게 위임할 수 있다.

② 이 법에 따라 국토교통부장관 및 환경부장관이 공동으로 실시하는 종합검사 및 이륜자동차검사에 관한 권한은 대통령령으로 정하는 바에 따라 그 일부를 시·도지사에게 위임할 수 있다. (시행일 : 2025. 3. 15.)

③ 시·도지사는 위임받은 권한의 일부를 국토교통부장관(②의 경우에는 국토교통부장관 및 환경부장관을 말한다)의 승인을 받아 시장·군수·구청장(특별자치도지사는 제외)에게 재위임할 수 있다.

④ 이 법에 따른 시·도지사의 권한은 대통령령으로 정하는 바에 따라 그 일부를 시장·군수·구청장(특별자치도지사를 제외)에게 위임할 수 있다.

⑤ 국토교통부장관은 다음의 업무를 대통령령으로 정하는 바에 따라 자동차검사대행자 또는 이륜자동차검사대행자에게 위탁할 수 있다. (시행일 : 2025. 3. 15.)

㉠ 표기를 지우는 행위 등의 인정에 관한 업무

㉡ 표기를 지우거나 표기를 받을 것을 명하는 것에 관한 업무

⑥ 국토교통부장관은 다음의 업무를 대통령령으로 정하는 바에 따라 한국교통안전공단에 위탁할 수 있다.

㉠ 압류해제에 필요한 사무의 대행에 관한 업무

㉡ 자기인증의 면제에 관한 업무

㉢ 자동차 튜닝의 안전성 조사·연구 및 장비개발에 관한 업무

㉣ 자동차 튜닝전문인력의 양성 및 튜닝 관련 교육프로그램의 개발·보급 업무

㉤ 기계·기구의 정밀도 검사에 관한 업무

㉥ 자동차이력관리 정보의 제공에 관한 업무

⑦ 시·도지사는 전산정보처리조직을 이용하여 전자적 방법으로 신청받은 제7조부터 제8조까지, 제9조부터 제12조까지, 제12조의2, 제13조, 제14조, 제14조의3, 제16조 및 제27조의 등록에 관한 사무를 대통령령으로 정하는 바에 따라 한국교통안전공단에 위탁할 수 있다.

⑧ 시장·군수·구청장은 승인에 관한 권한, 신고의 수리에 관한 권한을 대통령령으로 정하는 바에 따라 한국교통안전공단, 조합 등 또는 연합회에 위탁할 수 있다.

⑨ 시장·군수·구청장의 권한 중 이륜자동차에 관한 사무는 읍장·면장·동장 또는 출장소장에게 위임할 수 있다.

⑩ 국토교통부장관은 전산정보처리조직의 설치·운영에 관한 권한을 대통령령으로 정하는 바에 따라 한국교통안전공단에 위탁할 수 있다.

⑪ 국토교통부장관은 다음의 업무를 대통령령으로 정하는 바에 따라 「고압가스안전관리법」 제28조에 따른 한국가스안전공사에 위탁할 수 있다.

㉠ 내압용기 검사에 관한 업무

㉡ 내압용기 파기에 관한 업무

㉢ 내압용기에 대한 각인 또는 표시에 관한 업무

⑫ 국토교통부장관은 자동차결함정보시스템의 구축·운영에 관한 권한을 대통령령으로 정하는 바에 따라 성능시험대행자에게 위탁할 수 있다.

2. 벌 칙

(1) 10년 이하의 징역 또는 1억원 이하의 벌금(법 제78조)

① 결함을 은폐·축소 또는 거짓으로 공개하거나 결함사실을 안 날부터 지체 없이 그 결함을 시정하지 아니한 자

② 자동차등록증 등을 위조·변조한 자 또는 부정사용한 자와 위조·변조된 것을 매매, 매매 알선, 수수(收受) 또는 사용한 자

(2) 5년 이하의 징역 또는 5천만원 이하의 벌금(법 제78조의2)

① 지정을 받지 아니하고 자동차종합검사를 한 자

② 자동차자기인증을 한 자동차의 전기·전자장치를 훼손할 목적으로 프로그램을 개발하거나 유포한 자

(3) 3년 이하의 징역 또는 3천만원 이하의 벌금(법 제79조)

① 규정을 위반하여 등록하지 아니하고 자동차를 운행한 자

② 규정을 위반하여 자기 명의로 이전등록을 하지 아니하고 다시 제3자에게 양도한 자

③ 국토교통부장관의 지정을 받지 아니하고 등록번호판의 발급, 자동차검사 또는 택시미터의 검정을 한 자

④ 규정을 위반한 자동차제작·판매자 등(판매위탁을 받은 자는 제외)

⑤ 규정을 위반하여 사고기록장치가 장착되어 있음을 구매자에게 알리지 아니한 자

⑥ 규정을 위반하여 사고기록장치의 기록정보 또는 결과보고서를 제공하지 아니하거나 거짓으로 제공한 자

⑦ 거짓이나 그 밖의 부정한 방법으로 자동차자기인증 또는 부품자기인증을 한 자
⑧ 규정을 위반하여 자동차의 최고속도를 제한하는 장치 또는 운전자를 지원하는 조향장치를 무단으로 해체하거나 조작한 자
⑨ 거짓이나 그 밖의 부정한 방법으로 내압용기 검사를 받은 자
⑩ 내압용기 검사에 합격하지 아니한 내압용기를 사용한 자
⑪ 내압용기의 검사 규정을 위반하여 내압용기를 양도·임대 또는 사용한 자
⑫ 내압용기 장착검사를 받지 아니한 자
⑬ 내압용기 재검사를 받지 아니한 자
⑭ 내압용기의 재검사 규정을 위반하여 내압용기를 양도·임대 또는 사용한 자
⑮ 검정을 받은 택시미터를 무단으로 변조하거나 변조된 택시미터를 사용한 자 또는 검정을 받지 아니하고 택시미터를 제작·수리·수입하거나 이를 매매 또는 매매 알선한 자
⑯ 시장·군수·구청장에게 등록을 하지 아니하고 자동차관리사업을 한 자
⑰ 등록원부상의 소유자가 아닌 자로부터 자동차의 매매 알선을 의뢰받아 매매 알선을 한 자
⑱ 자동차해체재활용업자가 아닌 자가 영업을 목적으로 폐차 대상 자동차를 수집 또는 매집하거나 그 자동차를 자동차해체재활용업자에게 알선하는 행위를 한 자
⑲ 규정을 위반하여 시장·군수·구청장에게 신고하지 아니하고 자동차성능·상태점검을 한 자
⑳ 승인을 받지 아니하고 경매장을 개설·운영한 자
㉑ 경매장을 개설하지 아니하고 자동차 경매를 한 자
㉒ 규정을 위반하여 자동차의 주행거리를 변경한 자
㉓ 거짓이나 그 밖의 부정한 방법으로 「도시개발법」에 따른 실시계획의 인가를 받은 자
㉔ 거짓이나 그 밖의 부정한 방법으로 「도시개발법」에 따른 준공검사를 받은 자
㉕ 거짓이나 그 밖의 부정한 방법으로 사업시행자 지정을 받은 자

(4) 2년 이하의 징역 또는 2천만원 이하의 벌금(법 제80조)

① 정당한 사유 없이 자동차 소유권의 이전등록을 신청하지 아니한 자
② 자동차 소유권의 이전등록을 신청하지 아니한 자
③ 성능시험대행자, 자동차검사대행자, 종합검사대행자, 지정정비사업자, 종합검사지정정비사업자 또는 택시미터전문검정기관이나 그 종사원으로서 부정하게 자동차의 확인, 자동차검사, 정기검사, 종합검사 또는 택시미터검정을 한 자와 이들에게 재물이나 그 밖의 이익을 제공하거나 제공 의사를 표시하고 부정한 확인·검사 또는 검정을 받은 자
④ 자동차에서 장치를 무단으로 해체한 자
⑤ 자동차관리사업자 등의 금지행위를 한 자동차관리사업자
⑥ 승인을 받지 아니한 자동차를 튜닝하거나 승인을 받은 내용과 다르게 자동차를 튜닝한 자동차 제작자 등

⑦ 부당한 표시 · 광고를 한 자
⑧ 자동차매매업자가 아닌 자로서 영업을 목적으로 매매용 자동차 또는 매매를 알선하려는 자동차에 대한 표시 · 광고를 한 자
⑨ 자동차의 침수 사실 및 구조 · 장치 등의 성능 · 상태를 점검한 내용 또는 압류 및 저당권의 등록 여부를 고지하지 아니한 자
⑩ 자동차의 침수 사실 및 구조 · 장치 등의 성능 · 상태를 점검한 내용 또는 압류 · 저당권의 등록 여부를 거짓으로 고지한 자
⑪ 자동차이력 및 판매자정보를 허위로 제공한 자
⑫ 폐차 요청 사실을 증명하는 서류의 발급을 거부하거나 이를 거짓으로 발급한 자
⑬ 폐차 요청을 받은 자동차를 폐차하지 아니한 자
⑭ 폐차 요청을 받은 자동차의 자동차등록증 · 등록번호판 및 봉인을 폐기하지 아니한 자
⑮ 거짓으로 자동차성능 · 상태점검을 하거나 실제 점검한 내용과 다른 내용을 제공한 자
⑯ 자동차성능 · 상태점검자에게 거짓으로 성능 · 상태점검을 하도록 요구한 자

(5) 1년 이하의 징역 또는 1천만원 이하의 벌금(법 제81조)

① 규정을 위반하여 등록번호판 또는 그 봉인을 뗀 자
② 규정을 위반하여 고의로 등록번호판을 가리거나 알아보기 곤란하게 한 자
③ 규정을 위반하여 등록번호판을 가리거나 알아보기 곤란하게 하기 위한 장치를 제조 · 수입하거나 판매 · 공여한 자
④ 제21조에 따른 정지 명령을 위반한 자
⑤ 규정을 위반하여 자동차의 차대번호 또는 원동기형식의 표기를 한 자
⑥ 규정을 위반하여 자동차의 차대번호 또는 원동기형식의 표기를 지우거나 그 밖에 이를 알아보기 곤란하게 하는 행위를 한 자
⑦ 표기에 관한 명령을 위반한 자
⑧ 규정을 위반하여 자동차를 운행한 자
⑨ 자동차 소유자를 보호하기 위한 대책을 공개하지 아니하거나 그 대책을 이행하지 아니한 자
⑩ 자동차강제처리 규정을 위반하여 금지행위를 한 자
⑪ 자동차안전기준에 적합하지 아니하게 자동차자기인증을 한 자
⑫ 규정을 위반하여 자동차의 제작 · 시험 · 검사 시설 등을 등록하지 아니하고 자동차자기인증을 한 자
⑬ 규정을 위반하여 성능시험대행자로부터 기술검토 및 안전검사를 받지 아니하고 자동차자기인증을 한 자
⑭ 규정을 위반하여 성능시험대행자에게 자동차 제원을 통보하지 아니하고 자동차자기인증의 표시를 한 자
⑮ 자동차자기인증의 표시를 하지 아니하거나 거짓으로 표시한 자

⑯ 규정을 위반하여 부품안전기준에 적합하지 아니하게 부품자기인증을 한 자
⑰ 규정을 위반하여 부품제작자명 · 자동차부품의 종류 등을 등록하지 아니하고 부품자기인증을 한 자
⑱ 규정을 위반하여 자동차부품의 성능시험대행자에게 제원을 통보하지 아니하고 부품자기인증의 표시를 한 자
⑲ 부품자기인증 표시를 위조한 자 또는 부품자기인증 표시가 없는 자동차부품을 유통 · 판매하거나 영업에 사용한 자
⑳ 자동차 또는 자동차부품 · 대체부품 및 튜닝부품의 제작 · 조립 · 수입 또는 판매의 중지명령을 위반한 자
㉑ 이행명령을 위반한 자
㉒ 구매자 명세 등에 관한 자료를 기록 · 보존하지 아니한 자
㉓ 시장 · 군수 · 구청장의 승인을 받지 아니하고 자동차에 튜닝을 한 자
㉔ 규정을 위반하여 튜닝된 자동차인 것을 알면서 이를 운행한 자
㉕ 규정을 위반하여 자동차의 최고속도를 제한하는 장치 또는 운전자를 지원하는 조향장치가 무단으로 해체되거나 조작된 자동차인 것을 알면서 이를 운행하거나 운행하게 한 자
㉖ 규정을 위반하여 내압용기를 판매할 목적으로 진열한 자
㉗ 내압용기의 제조 · 수입 또는 판매의 중지명령을 위반한 자
㉘ 내압용기 회수 등의 명령을 위반한 자
㉙ 규정을 위반하여 구매자 명세 등에 관한 자료를 기록 · 보존하지 아니한 자
㉚ 규정을 위반하여 자동차를 정비한 자
㉛ 점검 · 정비 · 검사 또는 원상복구 명령을 위반한 자
㉜ 운행정지 명령을 위반하여 자동차를 운행한 자
㉝ 자동차검사에 사용하는 기계 · 기구에 설정된 자동차검사기준의 값 또는 기계 · 기구를 통하여 측정된 값을 조작 · 변경하거나 조작 · 변경하게 한 자
㉞ 자동차검사대행자 업무의 전부 또는 일부의 정지명령을 위반한 자
㉟ 해임 또는 직무정지 명령을 위반한 자
㊱ 업무의 전부 또는 일부의 정지명령을 위반한 자
㊲ 규정을 위반하여 표시 · 광고를 한 자
㊳ 성능 · 상태점검 내용에 대하여 보증 책임을 이행하지 아니하는 자동차성능 · 상태점검자
㊴ 보험에 가입하지 아니하고 자동차의 성능 · 상태점검을 한 자동차성능 · 상태점검자
㊵ 규정을 위반하여 신고를 하지 아니한 자
㊶ 규정을 위반하여 준수사항을 이행하지 아니한 자
㊷ 규정을 위반하여 차액을 전액 반환하지 아니한 자
㊸ 시장 · 군수 · 구청장에게 등록을 하지 아니하고 온라인 자동차 매매정보제공을 한 자
㊹ 사업의 전부 또는 일부의 정지명령을 위반한 자

(6) 100만원 이하의 벌금(법 제82조)

① 규정을 위반하여 등록번호판을 부착 또는 봉인하거나, 그러한 자동차를 운행한 자
② 규정을 위반하여 정당한 사유 없이 등록번호판 및 봉인을 반납하지 아니한 자
③ 규정에 따른 운행정지명령을 위반하여 운행한 자
④ 기계·기구의 정밀도검사를 받지 아니한 자
⑤ 자동차의 튜닝검사를 받지 아니한 자
⑥ 자동차의 임시검사를 받지 아니한 자
⑦ 자동차의 수리검사를 받지 아니한 자
⑧ 기간이 지나지 아니한 자를 기술인력으로 선임한 자
⑨ 정비책임자를 신고하지 아니한 자
⑩ 정비책임자의 해임명령을 받고 이행하지 아니한 자
⑪ 정비책임자에 대한 직무정지 명령을 받고 이행하지 아니한 자 (시행일 : 2024. 8. 14.)

(7) 과태료(법 제84조)

구분	내용
2,000만원 이하의 과태료	• 규정을 위반하여 자율주행자동차의 운행 및 교통사고 등에 관한 정보를 국토교통부장관에게 보고하지 아니하거나 거짓으로 보고한 자 • 규정에 따른 보고를 하지 아니하거나 거짓으로 보고를 한 자 • 규정을 위반하여 자료를 제출하지 아니하거나 거짓으로 제출한 자
1,000만원 이하의 과태료	• 폐차 요청을 하지 아니한 자 • 결함 사실과 그에 따른 시정조치계획 등을 다시 공개하지 아니한 자 • 자동차 소유자에게 하자의 내용과 무상수리 계획을 알리지 아니한 자 • 내압용기가 장착된 자동차의 사용정지 또는 제한 및 고압가스의 폐기 명령을 위반한 자 • 규정에 따른 개선명령을 따르지 아니한 자 • 임직원에 대한 징계·해임의 요구에 따르지 아니하거나 시정명령을 따르지 아니한 자 • 정당한 사유 없이 관련 자료를 제출하지 아니한 자 • 정당한 사유 없이 필요한 조치를 하지 아니한 자
300만원 이하의 과태료	• 규정을 위반하여 자동차등록번호판을 부착 또는 봉인하지 아니한 자동차를 운행한 자(임시운행허가번호판을 붙인 경우는 제외) • 규정을 위반하여 등록번호판을 가리거나 알아보기 곤란하게 하거나 그러한 자동차를 운행한 자(제81조 제1호의2에 해당되는 자의 경우는 제외) • 규정에 따른 차대번호와 원동기형식의 표기를 하지 아니한 자 • 전손 처리 자동차 또는 해당 자동차에 장착된 장치로서 국토교통부령으로 정하는 자동차의 안전운행에 직접 관련된 장치를 수출하거나 수출하는 자에게 판매한 자 • 규정에 따른 임시운행허가의 목적 외로 운행한 자 • 규정을 위반하여 임시운행허가번호판을 붙이지 아니하고 운행한 자 • 준수사항을 이행하지 아니한 자

100만원 이하의 과태료	• 규정을 위반하여 신규등록 신청을 하지 아니한 자 • 반품된 자동차라는 사실 또는 인도 이전에 발생한 하자에 대한 수리 여부와 상태 등을 구매자에게 고지하지 아니하고 판매한 자 • 자동차등록번호판의 부착 또는 봉인을 하지 아니한 자 • 자동차등록번호판의 부착 및 봉인의 재신청을 하지 아니한 자 • 자동차의 말소등록 신청을 하지 아니한 자 • 수출의 이행 여부 신고를 하지 아니한 자 • 말소등록 된 자동차를 다시 등록하려는 경우에 신규등록을 신청하지 아니한 자 • 운행제한 명령을 위반하여 자동차를 운행한 자 • 임시운행허가증 및 임시운행허가번호판을 반납하지 아니한 자 • 자동차안전기준, 부품안전기준, 액화석유가스안전기준 또는 전기설비안전기준에 적합하지 아니한 자동차를 운행하거나 운행하게 한 자 • 내압용기안전기준에 적합하지 아니한 내압용기가 장착된 자동차를 운행하거나 운행하게 한 자 • 대체부품의 성능 및 품질 인증을 거짓으로 한 것을 알면서도 이를 판매한 자 • 튜닝부품인증을 거짓으로 한 것을 알면서도 이를 판매한 자 • 확인 · 조사 · 보고 · 검사 또는 단속을 거부 · 방해 또는 기피하거나 질문에 대하여 거짓으로 진술한 자 • 규정을 위반하여 보상을 하지 아니한 자 • 규정을 위반하여 시정조치 사실을 구매자에게 고지하지 아니하고 판매한 자 • 규정을 위반하여 저속전기자동차를 운행한 자 • 정기검사를 받지 아니한 자. 다만, 종합검사를 받지 아니한 자는 제외 • 종합검사를 받지 아니한 자 • 휴업 또는 폐업 신고를 하지 아니한 자 • 택시미터의 검정을 받지 아니하고 사용한 자 • 사용 신고를 하지 아니하고 이륜자동차를 운행한 자 • 규정을 위반하여 이륜자동차번호판을 붙이지 아니하고 이륜자동차를 운행한 자 • 규정을 위반하여 이륜자동차번호판의 부착 또는 봉인을 하지 아니한 자 • 이륜자동차의 안전기준 또는 부품안전기준에 적합하지 아니한 이륜자동차를 운행하거나 운행하게 한 자 • 변경등록을 하지 아니하고 자동차관리사업을 한 자 • 자동차관리사업의 양도 · 양수, 합병(법인인 경우만 해당) 또는 휴업 · 폐업 신고를 하지 아니한 자 • 수수료 또는 요금을 고지하지 아니하거나 거짓으로 고지한 자 • 준수사항을 위반한 자동차정비업자 • 성능 · 상태점검의 내용을 제공하지 아니한 자 • 정당한 사유 없이 자동차성능 · 상태점검에 관한 교육을 이수하지 아니한 자 • 손해배상책임에 관한 설명을 하지 아니하거나 관계 증서의 사본 또는 관계 증서에 관한 전자문서를 발급하지 아니한 자 • 규정을 위반하여 종사원을 둔 자동차매매업자 • 차액이 있다는 사실을 통지하지 아니하거나 거짓으로 통지한 자
50만원 이하의 과태료	• 규정을 위반하여 변경등록 신청을 하지 아니한 자 • 규정을 위반하여 말소등록 신청을 하지 아니한 자 • 자동차를 산 사람에게 자료 제공을 하지 아니한 자 • 이륜자동차의 변경 사항이나 사용 폐지를 신고하지 아니한 자 • 전산정보처리조직에 전송하지 아니한 자 • 보고를 하지 아니하거나 거짓으로 보고를 한 자 • 포상금을 지급받기 위하여 거짓으로 신고한 자

※ 표의 규정에 따른 과태료는 대통령령으로 정하는 바에 따라 국토교통부장관, 시 · 도지사, 시장 · 군수 · 구청장이 부과 · 징수한다.

CHAPTER 02 적중예상문제

01 다음 중 자동차관리법의 목적에 해당되지 않는 것은?

㉮ 자동차의 효율적인 관리
㉯ 자동차의 자기인증
㉰ 자동차의 정비, 검사
㉱ 자동차 운행자의 이익보호

해설 자동차관리법은 자동차의 등록, 안전기준, 자기인증, 제작결함 시정, 점검, 정비, 검사 및 자동차관리사업 등에 관한 사항을 정하여 자동차를 효율적으로 관리하고 자동차의 성능 및 안전을 확보함으로써 공공의 복리를 증진함을 목적으로 한다(법 제1조).

02 자동차관리법의 목적에 해당하는 것을 모두 고르면?

㉠ 자동차의 등록
㉡ 자동차의 안전기준
㉢ 자동차의 효율적 관리
㉣ 자동차운수사업에 관한 질서 확립

㉮ ㉠, ㉡
㉯ ㉠, ㉣
㉰ ㉠, ㉡, ㉢
㉱ ㉡, ㉢, ㉣

해설 ㉣은 여객자동차운수사업법의 목적과 관련이 있다.

03 자동차관리법령상 "자동차"에 해당하는 차량으로 옳은 것은?

㉮ 피견인자동차
㉯ 「건설기계관리법」에 따른 건설기계
㉰ 「농업기계화 촉진법」에 따른 농업기계
㉱ 궤도 또는 공중선에 의하여 운행되는 차량

해설 **자동차관리법의 적용이 제외되는 자동차(영 제2조)**
- 「건설기계관리법」에 따른 건설기계
- 「농업기계화 촉진법」에 따른 농업기계
- 「군수품관리법」에 따른 차량
- 궤도 또는 공중선에 의하여 운행되는 차량
- 「의료기기법」에 따른 의료기기

정답 1 ㉱ 2 ㉰ 3 ㉮

04 자동차소유자 또는 자동차소유자로부터 자동차의 운행 등에 관한 사항을 위탁받은 자를 무엇이라 하는가?

㉮ 자동차관리자　　㉯ 자동차사용자
㉰ 자동차소유자　　㉱ 자동차매매자

해설 자동차사용자란 자동차소유자 또는 자동차소유자로부터 자동차의 운행 등에 관한 사항을 위탁받은 자를 말한다(법 제2조제3호).

05 제작연도에 등록된 자동차의 차령기산일로 다음 중 가장 적합한 것은?

㉮ 최초의 신규등록일　　㉯ 제작연도의 말일
㉰ 자동차 출고일　　㉱ 자동차 성능 검사일

해설 자동차의 차령기산일(영 제3조)
- 제작연도에 등록된 자동차 : 최초의 신규등록일
- 제작연도에 등록되지 아니한 자동차 : 제작연도의 말일

06 자동차의 형식이란 자동차의 구조와 장치에 관한 형상, 규격 및 (　) 등을 말한다. (　)에 들어갈 말은?

㉮ 튜 닝　　㉯ 차 체
㉰ 동 력　　㉱ 성 능

해설 형식이란 자동차의 구조와 장치에 관한 형상·규격 및 성능 등을 말한다(법 제2조제4호).

07 자동차관리법상 용어의 정의로 설명이 잘못된 것은?

㉮ "자동차"란 원동기에 의하여 육상에서 이동할 목적으로 제작한 용구 또는 이에 견인되어 육상을 이동할 목적으로 제작한 용구를 말한다.
㉯ "운행"이란 사람 또는 화물의 운송 여부와 관계없이 자동차를 그 용법(用法)에 따라 사용하는 것을 말한다.
㉰ "자동차정비업"이란 자동차의 점검작업, 정비작업을 말하며, 튜닝작업을 업으로 하는 것은 제외한다.
㉱ "자동차의 튜닝"이란 자동차의 구조·장치의 일부를 변경하거나 자동차에 부착물을 추가하는 것을 말한다.

해설 "자동차정비업"이란 자동차(이륜자동차는 제외)의 점검작업, 정비작업 또는 튜닝작업을 업으로 하는 것을 말한다(법 제2조제8호).

정답 4 ㉯ 5 ㉮ 6 ㉱ 7 ㉰

08 다음 중 자동차의 종류 중 승합자동차의 기준으로 적합하지 않은 것은?

㉮ 10인 이하를 운송하기에 적합하게 제작된 자동차

㉯ 내부의 특수한 설비로 인하여 승차인원이 10인 이하로 된 자동차

㉰ 11인 이상을 운송하기에 적합하게 제작된 자동차

㉱ 국토교통부령으로 정하는 경형자동차로서 승차인원이 10인 이하인 전방조종자동차

해설 ㉮은 승용자동차의 기준에 해당한다(법 제3조제1항제1호).

※ **승합자동차(법 제3조제1항제2호)**

11인 이상을 운송하기에 적합하게 제작된 자동차. 다만, 다음의 어느 하나에 해당하는 자동차는 승차인원과 관계없이 이를 승합자동차로 본다.

- 내부의 특수한 설비로 인하여 승차인원이 10인 이하로 된 자동차
- 국토교통부령으로 정하는 경형자동차로서 승차인원이 10인 이하인 전방조종자동차

09 화물자동차의 규모별 세부기준으로 옳지 않은 것은?

㉮ 경형(일반) – 배기량이 1,000[cc] 미만이고, 길이 2.6[m], 너비 1.5[m], 높이 1.8[m] 이하인 것

㉯ 소형 – 최대적재량이 1[ton] 이하이고, 총중량이 3.5[ton] 이하인 것

㉰ 중형 – 최대적재량이 1[ton] 초과 5[ton] 미만이거나, 총중량이 3.5[ton] 초과 10[ton] 미만인 것

㉱ 대형 – 최대적재량이 5[ton] 이상이거나, 총중량이 10[ton] 이상인 것

해설 경형(일반) – 배기량이 1,000[cc] 미만이고, 길이 3.6[m], 너비 1.6[m], 높이 2.0[m] 이하인 것(규칙 [별표 1])

10 다음 중 자동차관리법령상 자동차의 종류에 관하여 옳은 것은?

㉮ 승용자동차, 승합자동차

㉯ 승용자동차, 승합자동차, 화물자동차

㉰ 승용자동차, 승합자동차, 화물자동차, 특수자동차

㉱ 승용자동차, 승합자동차, 화물자동차, 특수자동차, 이륜자동차

해설 자동차의 구분은 자동차의 크기・구조, 원동기의 종류, 총배기량 또는 정격출력 등에 따라 국토교통부령으로 정한다. 자동차의 종류는 세부기준에 따라 승용자동차・승합자동차・화물자동차・특수자동차 및 이륜자동차로 구분한다(규칙 [별표 1]).

8 ㉮ 9 ㉮ 10 ㉱ **정답**

11 다음 중 자동차관리법령상 화물자동차의 유형이 아닌 것은?

㉮ 일반형
㉯ 덤프형
㉰ 밴 형
㉱ 승용 겸 화물형

해설 **화물자동차의 유형(규칙 [별표 1])**
- 일반형 : 보통의 화물운송용인 것
- 덤프형 : 적재함을 원동기의 힘으로 기울여 적재물을 중력에 의하여 쉽게 미끄러뜨리는 구조의 화물운송용인 것
- 밴형 : 지붕구조의 덮개가 있는 화물운송용인 것
- 특수용도형 : 특정한 용도를 위하여 특수한 구조로 하거나, 기구를 장치한 것으로서 위 어느 형에도 속하지 아니하는 화물운송용인 것

12 자동차관리에 관한 사무를 지도·감독하는 자는?

㉮ 국토교통부장관
㉯ 시·도지사
㉰ 특별자치도지사·시장·군수 및 구청장
㉱ 특별시장·광역시장·도지사·특별자치도지사

해설 국토교통부장관은 자동차관리에 관한 적절하고 효율적인 제도를 확립하고, 자동차관리 행정의 합리적인 발전을 도모하기 위하여 이 법에서 특별시장·광역시장·특별자치시장·도지사·특별자치도지사, 특별자치시장·특별자치도지사·시장·군수 및 구청장(자치구의 구청장을 말한다)의 권한으로 규정한 자동차관리에 관한 사무를 지도·감독한다(법 제4조).

13 자동차정책기본계획에 포함되어야 할 사항과 거리가 먼 것은?

㉮ 자동차관련 기술발전 전망과 자동차안전 및 관리정책의 추진방향
㉯ 자동차관리제도 및 소비자보호에 관한 사항
㉰ 자동차운행제한에 관한 사항
㉱ 자동차안전기준 등의 연구개발·기반조성 및 국제조화에 관한 사항

해설 자동차정책기본계획에는 다음의 사항이 포함되어야 한다(법 제4조의2제2항).
- 자동차관련 기술발전 전망과 자동차안전 및 관리정책의 추진방향
- 자동차안전기준 등의 연구개발·기반조성 및 국제조화에 관한 사항
- 자동차안전도 향상에 관한 사항
- 자동차관리제도 및 소비자보호에 관한 사항
- 커넥티드자동차 등 신기술이 적용된 자동차의 자동차검사기준 마련, 안전관리 및 자동차검사 관련 기술·기기의 연구·개발·보급에 관한 사항 (시행일 : 2025. 8. 14.)
- 그 밖에 자동차안전 및 관리를 위하여 필요한 사항

정답 11 ㉱ 12 ㉮ 13 ㉰

14 자동차의 등록에 대한 설명으로 옳지 않은 것은?

㉮ 자동차(이륜자동차를 포함)는 자동차등록원부에 등록한 후가 아니면 이를 운행하지 못한다.

㉯ 임시운행허가를 받은 경우에는 허가 기간 내에 자동차등록원부에 등록하지 않고 운행할 수 있다.

㉰ 시・도지사는 신규등록신청을 받으면 등록원부에 필요한 사항을 적고 자동차등록증을 발급하여야 한다.

㉱ 자동차제작・판매자 등이 신규등록을 신청하는 경우에는 국토교통부령으로 정하는 바에 따라 자동차를 산 사람으로부터 수수료를 받을 수 있다.

해설 ㉮ 이륜자동차는 제외한다(법 제5조).

15 자동차소유권의 득실변경(得失變更)은 ( )을(를) 하여야 그 효력이 생긴다. ( ) 안에 들어갈 적당한 말로 옳은 것은?

㉮ 이 전
㉯ 등 록
㉰ 운 행
㉱ 폐 차

해설 자동차소유권의 득실변경(得失變更)은 등록을 하여야 그 효력이 생긴다(법 제6조).

16 자동차등록원부에 대한 설명으로 옳지 않은 것은?

㉮ 국토교통부장관은 등록원부를 비치(備置)・관리하여야 한다.

㉯ 국토교통부장관이나 시・도지사는 등록원부 및 그 기재사항의 멸실(滅失)・훼손이나 그 밖의 부정한 유출 등을 방지하고 이를 보존하기 위하여 필요한 조치를 하여야 한다.

㉰ 등록원부의 열람이나 그 등본 또는 초본을 발급받으려는 자는 국토교통부령으로 정하는 바에 따라 시・도지사에게 신청하여야 한다.

㉱ 등록원부에는 등록번호, 차대번호, 차명, 사용본거지, 자동차소유자, 원동기형식, 차종, 용도, 세부유형, 구조장치변경사항, 검사유효기간, 자동차저당권에 관한 사항과 그 밖에 공시할 필요가 있는 사항을 기재하여야 한다.

해설 등록원부를 비치(備置)・관리하여야 하는 자는 시・도지사이다(법 제7조제1항).

14 ㉮ 15 ㉯ 16 ㉮ 정답

17 신규로 자동차에 관한 등록을 하고자 하는 자는 누구에게 신규자동차등록을 신청하여야 하는가?

㉮ 시·도지사
㉯ 관할 구청장
㉰ 국토교통부장관
㉱ 지방자치단체의 장

해설 신규로 자동차에 관한 등록을 하려는 자는 대통령령으로 정하는 바에 따라 시·도지사에게 신규자동차등록을 신청하여야 한다(법 제8조제1항).

18 다음 중 신규등록의 거부 사유에 해당되지 않는 것은?

㉮ 해당 자동차의 취득에 관한 정당한 원인행위가 있는 경우
㉯ 등록신청사항에 거짓이 있는 경우
㉰ 자동차의 차대번호 또는 원동기형식의 표기가 없는 경우
㉱ 「화물자동차운수사업법」에 따른 화물자동차운수사업의 면허·등록·인가 또는 신고 내용과 다르게 사업용자동차로 등록하려는 경우

해설 **신규등록의 거부 사항(법 제9조)**

- 해당 자동차의 취득에 관한 정당한 원인행위가 없거나 등록신청사항에 거짓이 있는 경우
- 자동차의 차대번호(車臺番號) 또는 원동기형식의 표기가 없거나 이들 표기가 자동차 자기인증표시 또는 신규검사 증명서에 적힌 것과 다른 경우
- 「여객자동차운수사업법」에 따른 여객자동차운수사업 및 「화물자동차운수사업법」에 따른 화물자동차운수사업의 면허·등록·인가 또는 신고 내용과 다르게 사업용자동차로 등록하려는 경우
- 「액화석유가스의 안전관리 및 사업법」에 따른 액화석유가스의 연료사용제한규정을 위반하여 등록하려는 경우
- 「대기환경보전법」 및 「소음·진동관리법」에 따른 제작차 인증을 받지 아니한 자동차 또는 제동장치에 석면을 사용한 자동차를 등록하려는 경우
- 미완성자동차

19 자동차등록번호판에 대한 설명으로 옳지 않은 것은?

㉮ 시·도지사는 자동차등록번호판을 붙이고 봉인을 하여야 한다.
㉯ 붙인 등록번호판 및 봉인은 시·도지사의 허가를 받은 경우와 다른 법률에 특별한 규정이 있는 경우를 제외하고는 떼지 못한다.
㉰ 등록번호판의 부착 또는 봉인을 하지 아니한 자동차는 운행하지 못한다.
㉱ 시·도지사는 등록번호판 및 그 봉인을 회수한 경우에는 다시 사용할 수 있으면 재활용할 수 있다.

해설 시·도지사는 등록번호판 및 그 봉인을 회수한 경우에는 다시 사용할 수 없는 상태로 폐기하여야 한다(법 제10조제8항).

정답 17 ㉮ 18 ㉮ 19 ㉱

20 자동차관리법상 변경등록을 하여야 하는 경우가 아닌 것은?

㉮ 자동차소유자의 성명 변경 시

㉯ 차대번호 또는 원동기형식의 변경 시

㉰ 자동차의 사용본거지 변경 시

㉱ 소유권의 변동 시

해설 소유권의 변동 시에는 '이전등록'을 해야 한다(법 제12조).
자동차소유자는 등록원부의 기재사항에 변경(이전등록 및 말소등록에 해당되는 경우를 제외)된 경우에는 대통령령이 정하는 바에 따라 시·도지사에게 변경등록을 신청하여야 한다. 다만, 대통령령이 정하는 경미한 등록사항의 변경의 경우에는 그러하지 아니하다(법 제11조제1항).

21 자동차를 매매할 경우 시·도지사에게 자동차 이전등록을 신청해야 하는 기간은?

㉮ 10일 이내 ㉯ 15일 이내

㉰ 20일 이내 ㉱ 30일 이내

해설 등록된 자동차를 양수받는 자는 대통령령으로 정하는 바에 따라 시·도지사에게 자동차 소유권의 이전등록을 신청하여야 한다(법 제12조제1항).

이전등록 신청기간(자동차등록령 제26조제1항)

- 매매의 경우 : 매수한 날부터 15일 이내
- 증여의 경우 : 증여를 받은 날부터 20일 이내
- 상속의 경우 : 상속개시일이 속하는 달의 말일부터 6개월 이내
- 그 밖의 사유로 인한 소유권 이전의 경우 : 사유가 발생한 날부터 15일 이내

20 ㉱ 21 ㉯ 정답

22 다음 중 말소등록의 사유에 해당하지 않는 것은?

㉮ 자동차해체재활용업자에게 폐차를 요청한 경우

㉯ 자동차제작·판매자 등에게 반품한 경우

㉰ 등록자동차의 정비 또는 개조를 위한 해체

㉱ 자동차를 수출하는 경우

해설 자동차 소유자(재산관리인 및 상속인을 포함)는 등록된 자동차가 다음의 어느 하나의 사유에 해당하는 경우에는 대통령령으로 정하는 바에 따라 자동차등록증, 등록번호판 및 봉인을 반납하고 시·도지사에게 말소등록을 신청하여야 한다. 다만, 7, 8의 사유에 해당되는 경우에는 말소등록을 신청할 수 있다(법 제13조제1항).

1. 자동차해체재활용업을 등록한 자(자동차해체재활용업자)에게 폐차를 요청한 경우
2. 자동차제작·판매자 등에게 반품한 경우(교환 또는 환불 요구에 따라 반품된 경우를 포함)
3. 「여객자동차 운수사업법」에 따른 차령(車齡)이 초과된 경우
4. 「여객자동차 운수사업법」 및 「화물자동차 운수사업법」에 따라 면허·등록·인가 또는 신고가 실효(失效)되거나 취소된 경우
5. 천재지변·교통사고 또는 화재로 자동차 본래의 기능을 회복할 수 없게 되거나 멸실된 경우
6. 자동차를 수출하는 경우
7. 압류등록을 한 후에도 환가(換價) 절차 등 후속 강제집행 절차가 진행되고 있지 아니하는 차량 중 차령 등 대통령령으로 정하는 기준에 따라 환가가치가 남아 있지 아니하다고 인정되는 경우. 이 경우 시·도지사가 해당 자동차 소유자로부터 말소등록 신청을 접수하였을 때에는 즉시 그 사실을 압류등록을 촉탁(囑託)한 법원 또는 행정관청과 등록원부에 적힌 이해관계인에게 알려야 한다.
8. 자동차를 교육·연구의 목적으로 사용하는 등 대통령령으로 정하는 사유에 해당하는 경우

23 자동차소유자가 자동차 말소등록을 반드시 하여야 하는 경우가 아닌 것은?

㉮ 「여객자동차운수사업법」에 따른 차령이 초과된 경우

㉯ 자동차를 수입하는 경우

㉰ 자동차제작·판매자 등에 반품한 경우

㉱ 천재지변·교통사고 또는 화재로 자동차 본래의 기능을 회복할 수 없게 되거나 멸실된 경우

해설 중고차 수출은 「자동차관리법」 제13조의 규정에 따라 등록을 말소하고 말소등록된 차량만 수출이 가능하다.

정답 22 ㉰ 23 ㉯

24 자동차소유자가 등록된 자동차를 말소하여야 할 경우 등록신청기간은?

㉮ 1개월 ㉯ 2개월

㉰ 3개월 ㉱ 6개월

해설 말소등록은 그 사유가 발생한 날부터 1개월(상속의 경우에는 상속개시일부터 3개월) 이내에 자동차등록증, 등록번호판 및 봉인을 반납하고 말소등록 사유를 증명하는 서류를 첨부하여 등록관청에 신청하여야 한다(자동차등록령 제31조제1항).

25 다음 중 시·도지사가 직권으로 말소등록을 할 수 있는 사유가 아닌 것은?

㉮ 말소등록을 신청하여야 할 자가 이를 신청하지 아니한 경우

㉯ 자동차의 차대가 등록원부상의 차대와 같은 경우

㉰ 속임수나 그 밖의 부정한 방법으로 등록된 경우

㉱ 의무보험 가입명령을 이행하지 아니한 지 1년 이상 경과한 경우

해설 **시·도지사가 직권으로 말소등록을 할 수 있는 경우(법 제13조제3항)**

- 말소등록을 신청하여야 할 자가 신청하지 아니한 경우
- 자동차의 차대가 등록원부상의 차대와 다른 경우
- 자동차 운행정지 명령에도 불구하고 해당 자동차를 계속 운행하는 경우
- 자동차를 폐차한 경우
- 속임수나 그 밖의 부정한 방법으로 등록된 경우
- 의무보험 가입명령을 이행하지 아니한 지 1년 이상 경과한 경우

26 자동차관리법상 자동차의 등록번호를 부여하는 자는?

㉮ 국토교통부장관 ㉯ 시장·군수·구청장

㉰ 도로교통공단 ㉱ 시·도지사

해설 시·도지사는 자동차를 신규등록한 경우에는 그 자동차의 등록번호를 부여하고, 용도변경 등 대통령령으로 정하는 사유가 발생한 경우에는 그 등록번호를 변경하여 부여한다(법 제16조).

24 ㉮ 25 ㉯ 26 ㉱ **정답**

27 자동차등록사항에 대한 다음 설명 중 가장 옳지 않은 것은?

㉮ 미완성자동차인 경우 신규등록이 거부된다.

㉯ 자동차소유자는 자동차등록증이 없어지거나 알아보기 곤란하게 된 경우에는 재발급 신청을 하여야 한다.

㉰ 자동차에는 국토교통부령으로 정하는 바에 따라 차대번호와 원동기형식의 표기를 하여야 한다.

㉱ 어떠한 경우에라도 자동차의 차대번호 또는 원동기형식의 표기를 지우거나 그 밖에 이를 알아보기 곤란하게 하는 행위를 하여서는 아니 된다.

해설 ㉱ 누구든지 자동차의 차대번호 또는 원동기형식의 표기를 지우거나 그 밖에 이를 알아보기 곤란하게 하는 행위를 하여서는 아니 된다. 다만, 부득이한 사유로 국토교통부장관의 인정을 받은 경우와 명령을 받은 경우에는 그러하지 아니하다(법 제23조제1항).

㉮ 법 제9조

㉯ 법 제18조제2항

㉰ 법 제22조제1항

28 자동차의 운행정지 등에 대한 설명으로 가장 부적절한 것은?

㉮ 자동차는 자동차사용자가 운행하여야 한다.

㉯ 시・도지사 또는 시장・군수・구청장은 요건에 해당하지 아니한 자가 정당한 사유 없이 자동차를 운행하는 경우 자동차소유자의 동의 없이 해당 자동차의 운행정지를 명할 수 있다.

㉰ 시・도지사 또는 시장・군수・구청장은 운행정지를 명하는 경우 해당 자동차에 대한 운행정지처분 사실을 등록원부에 기재하여야 한다.

㉱ 시・도지사 또는 시장・군수・구청장은 운행정지를 명한 자동차에 대하여 필요한 경우 체납된 징수금환수를 위하여 공매할 수 있다.

해설 시・도지사 또는 시장・군수・구청장은 요건에 해당하지 아니한 자가 정당한 사유 없이 자동차를 운행하는 경우 자동차소유자의 동의 또는 요청 등에 따라 해당 자동차의 운행정지를 명할 수 있다(법 제24조의2제2항).

정답 27 ㉱ 28 ㉯

29 국토교통부장관이 미리 경찰청장과 협의하여 자동차의 운행제한을 명할 수 있는 경우가 아닌 것은?

㉮ 전시·사변 또는 이에 준하는 비상사태의 대처

㉯ 원활한 교통 흐름을 보이는 지역의 발생 예방 또는 해소

㉰ 대기오염 방지나 그 밖에 대통령령이 정하는 사유

㉱ 결함이 있는 자동차의 운행으로 인한 화재사고가 반복적으로 발생하여 공중의 안전에 심각한 위해를 끼칠 수 있는 경우

해설 국토교통부장관은 다음의 어느 하나에 해당하는 사유가 있다고 인정되면, 미리 경찰청장과 협의하여 자동차의 운행제한을 명할 수 있다(법 제25조제1항).

- 전시·사변 또는 이에 준하는 비상사태의 대처
- 극심한 교통체증 지역의 발생 예방 또는 해소
- 결함이 있는 자동차의 운행으로 인한 화재사고가 반복적으로 발생하여 공중(公衆)의 안전에 심각한 위해를 끼칠 수 있는 경우
- 대기오염 방지나 그 밖에 대통령령으로 정하는 사유

30 자동차의 운행제한을 할 경우 국토교통부장관이 미리 공고해야 하는 사항이 아닌 것은?

㉮ 대상인원　　㉯ 목 적

㉰ 제한 내용　　㉱ 대상자동차의 종류

해설 국토교통부장관은 운행을 제한하려면 미리 그 목적, 기간, 지역, 제한 내용 및 대상자동차의 종류와 그 밖에 필요한 사항을 국무회의의 심의를 거쳐 공고하여야 한다(법 제25조제2항).

31 다음 중 강제처리의 대상이 되는 자동차에 해당하는 것은?

㉮ 공장이나 작업장에서 작업용으로 사용하는 자동차

㉯ 대형사고를 일으킨 자동차

㉰ 임의 구조변경이나 개조된 자동차

㉱ 정당한 사유 없이 타인의 토지에 대통령령으로 정하는 기간 이상 방치한 자동차

해설 **자동차의 강제처리(법 제26조제1항)**

자동차(자동차와 유사한 외관형태를 갖춘 것을 포함)의 소유자 또는 점유자는 다음의 어느 하나에 해당하는 행위를 하여서는 아니 된다.

- 자동차를 일정한 장소에 고정시켜 운행 외의 용도로 사용하는 행위
- 자동차를 도로에 계속하여 방치하는 행위
- 정당한 사유 없이 자동차를 타인의 토지에 대통령령으로 정하는 기간 이상 방치하는 행위

29 ㉯ 30 ㉮ 31 ㉱ **정답**

32 **강제처리 되는 방치자동차 중 시장·군수 또는 구청장이 폐차할 수 있는 경우가 아닌 것은?**

㉮ 임시운행허가를 받은 자동차

㉯ 장소의 이전이나 견인이 곤란한 상태의 자동차

㉰ 구조·장치의 대부분이 분해·파손되어 정비·수리가 곤란한 자동차

㉱ 매각비용의 과다 등으로 인하여 특히 폐차할 필요가 있는 자동차

해설 ㉯, ㉰, ㉱ 외에도 방치자동차 중 자동차등록원부에 등록되어 있지 아니한 자동차(임시운행허가를 받은 자동차는 등록된 자동차로 본다)는 폐차할 수 있다(영 제6조제5항제1호).

33 **임시운행허가는 대통령령이 정하는 바에 의하여 누구에게 임시운행허가를 받아야 하는가?**

㉮ 관할 구청장

㉯ 경찰청장

㉰ 한국교통안전공단

㉱ 국토교통부장관 또는 시·도지사

해설 자동차를 등록하지 아니하고 일시운행을 하려는 자는 대통령령으로 정하는 바에 따라 국토교통부장관 또는 시·도지사의 임시운행허가를 받아야 한다(법 제27조제1항 전단).

34 **신규등록신청을 위하여 자동차를 임시운행하려는 경우 임시운행 허가기간은?**

㉮ 10일 이내
㉯ 15일 이내
㉰ 20일 이내
㉱ 40일 이내

해설 신규등록신청을 위하여 자동차를 임시운행하려는 경우 임시운행 허가기간은 10일 이내이다(영 제7조제1항 및 제2항).

정답 32 ㉮ 33 ㉱ 34 ㉮

35 자동차의 구조 및 장치에 대한 안전기준으로 옳지 않은 것은?

㉮ 자동차는 자동차안전기준에 적합하지 아니하면 운행하지 못한다.

㉯ 자동차에 장착되거나 사용되는 부품・장치 또는 보호장구는 부품안전기준에 적합하여야 한다.

㉰ 자동차부품에는 후사경・창닦이기 기타 시야를 확보하는 장치가 포함된다.

㉱ 자동차안전기준과 부품안전기준은 국토교통부령으로 정한다.

해설 후사경・창닦이기, 기타 시야를 확보하는 장치는 '자동차 구조 및 장치'에 포함된다(영 제8조제2항제17호).

※ 자동차부품(영 제8조의2)

- 브레이크호스
- 좌석안전띠
- 국토교통부령으로 정하는 등화장치
- 후부반사기
- 후부안전판
- 창유리
- 안전삼각대
- 후부반사판
- 후부반사지
- 브레이크라이닝
- 휠
- 반사띠
- 저속차량용 후부표시판

36 자동차소유자가 자동차를 튜닝을 하려는 경우에는 누구의 승인을 받아야 하는가?

㉮ 시・도지사

㉯ 시장・군수・구청장

㉰ 한국교통안전공단

㉱ 국토교통부장관

해설 자동차소유자가 국토교통부령으로 정하는 항목에 대하여 튜닝을 하려는 경우에는 시장・군수・구청장의 승인을 받아야 한다(법 제34조제1항).

37 다음은 자동차 튜닝의 승인기준에 적합하지 않은 경우이다. 해당되지 않는 것은?

㉮ 자동차의 종류가 변경되는 튜닝

㉯ 승차정원 또는 최대적재량을 감소시켰던 자동차를 원상회복시키는 튜닝

㉰ 튜닝 전보다 성능 또는 안전도가 저하될 우려가 있는 경우의 튜닝

㉱ 총중량이 증가되는 튜닝

해설 승차정원 또는 최대적재량의 증가를 가져오는 승차장치 또는 물품적재장치의 튜닝을 승인을 하여서는 아니된다. 다만, 다음의 어느 하나에 해당하는 경우를 제외한다(규칙 제55조제2항제2호).

- 승차정원 또는 최대적재량을 감소시켰던 자동차를 원상회복하는 경우
- 차대 또는 차체가 동일한 자동차로 자기인증되어 제원이 통보된 차종의 승차정원 또는 최대적재량의 범위 안에서 승차정원 또는 최대적재량을 증가시키는 경우
- 튜닝하려는 자동차의 총중량의 범위 내에서 캠핑용자동차로 튜닝하여 승차정원을 증가시키는 경우

35 ㉰ 36 ㉯ 37 ㉯ **정답**

38 자동차관리법상 자동차의 튜닝에 대한 설명으로 옳지 않은 것은?

㉮ 자동차의 튜닝승인을 받으려는 자는 튜닝승인신청서에 관련 서류를 첨부하여 한국교통안전공단에 제출하여야 한다.

㉯ 국토교통부장관은 자동차의 튜닝에 따른 안전성 확보를 위하여 자동차 튜닝용 부품의 인증제의 도입을 시행할 수 있다.

㉰ 자동차의 점검·정비 또는 튜닝을 하려는 경우에도 자동차 장치를 무단으로 해체하면 안 된다.

㉱ 자동차의 튜닝승인을 받은 자는 자동차정비업자로부터 튜닝과 그에 따른 정비를 받고 승인받은 날부터 45일 이내에 튜닝검사를 받아야 한다.

해설 자동차의 점검·정비 또는 튜닝을 하려는 경우에는 자동차 장치를 무단으로 해체할 수 있다(법 제35조).

※ 자동차의 무단 해체 금지(법 제35조)

누구든지 다음의 어느 하나에 해당하는 경우를 제외하고는 국토교통부령으로 정하는 장치를 해체하거나 조작[자동차의 최고속도를 제한하는 장치 또는 운전자를 지원하는 조향장치(이동방향의 결정을 주로 담당하는 조향장치에 추가되어 운전자의 조향을 보조해주는 장치)를 조작(造作)하는 경우에 한정]하여서는 아니 된다.

- 자동차의 점검·정비 또는 튜닝을 하려는 경우
- 폐차하는 경우
- 교육·연구의 목적으로 사용하는 등 국토교통부령으로 정하는 사유에 해당되는 경우

39 자동차의 소유자에 대하여 시장·군수 또는 구청장이 점검·정비·검사 또는 원상복구를 명할 수 있는 사항이 아닌 것은?

㉮ 자동차종합검사를 받지 아니한 자동차

㉯ 승인을 받지 아니하고 튜닝을 한 자동차

㉰ 안전운행에 지장이 있다고 인정되는 자동차

㉱ 일상점검을 실시하지 아니한 자동차

해설 **점검 및 정비명령 대상(법 제37조제1항)**

- 자동차안전기준에 적합하지 아니하거나 안전운행에 지장이 있다고 인정되는 자동차
- 승인을 받지 아니하고 튜닝한 자동차
- 정기검사 또는 자동차종합검사를 받지 아니한 자동차
- 중대한 교통사고가 발생한 사업용 자동차

정답 38 ㉰ 39 ㉱

40 자동차의 점검 및 정비명령에 대한 설명으로 옳지 않은 것은?

㉮ 자동차사용자가 자동차를 정비하려는 경우에는 국토교통부령으로 정하는 범위에서 정비를 하여야 한다.
㉯ 시장・군수・구청장은 승인을 받지 아니하고 튜닝한 자동차의 자동차소유자에게 대통령령으로 정하는 바에 따라 점검・정비・검사 또는 원상복구를 명할 수 있다.
㉰ 시장・군수・구청장은 점검・정비・검사 또는 원상복구를 명하려는 경우 국토교통부령으로 정하는 바에 따라 기간을 정하여야 한다.
㉱ 시장・군수・구청장은 정기검사 또는 자동차종합검사를 받지 아니한 자동차 소유자가 검사 명령을 이행하지 아니한 지 1년 이상 경과한 경우에는 해당 자동차의 운행정지를 명하여야 한다.

해설 시장・군수・구청장은 승인을 받지 아니하고 튜닝한 자동차의 자동차소유자에게 국토교통부령으로 정하는 바에 따라 원상복구 및 임시검사를 명해야 한다(법 제37조제1항제2호).

41 다음 중 자동차관리법상 자동차검사의 종류가 아닌 것은?

㉮ 신규검사　　㉯ 계속검사
㉰ 튜닝검사　　㉱ 정기검사

해설 **자동차검사(법 제43조제1항)**

- 신규검사 : 신규등록을 하려는 경우 실시하는 검사
- 정기검사 : 신규등록 후 일정 기간마다 정기적으로 실시하는 검사
- 튜닝검사 : 자동차를 튜닝한 경우에 실시하는 검사
- 임시검사 : 이 법 또는 이 법에 따른 명령이나 자동차 소유자의 신청을 받아 비정기적으로 실시하는 검사
- 수리검사 : 전손 처리 자동차를 수리한 후 운행하려는 경우에 실시하는 검사

40 ㉯ 41 ㉯ **정답**

42 자동차검사의 유효기간을 올바르게 연결한 것은?

㉮ 비사업용 승용자동차 – 1년
㉯ 사업용 승용자동차 – 1년
㉰ 경형·소형의 승합 및 화물자동차 – 6월
㉱ 차령이 2년 이하인 사업용 대형화물자동차 – 6월

해설 자동차검사의 유효기간(규칙 [별표 15의2])

구분				검사 유효기간
차종	사업용 구분	규모	차령	
승용자동차	비사업용	경형·소형·중형·대형	모든 차령	2년(신조차로서 신규검사를 받은 것으로 보는 자동차의 최초 검사 유효기간은 4년)
	사업용	경형·소형·중형·대형	모든 차령	1년(신조차로서 신규검사를 받은 것으로 보는 자동차의 최초 검사 유효기간은 2년)
승합자동차	비사업용	경형·소형	차령이 4년 이하인 경우	2년
			차령이 4년 초과인 경우	1년
		중형·대형	차령이 8년 이하인 경우	1년(신조차로서 신규검사를 받은 것으로 보는 자동차 중 길이 5.5[m] 미만인 자동차의 최초 검사 유효기간은 2년)
			차령이 8년 초과인 경우	6개월
	사업용	경형·소형	차령이 4년 이하인 경우	2년
			차령이 4년 초과인 경우	1년
		중형·대형	차령이 8년 이하인 경우	1년
			차령이 8년 초과인 경우	6개월
화물자동차	비사업용	경형·소형	차령이 4년 이하인 경우	2년
			차령이 4년 초과인 경우	1년
		중형·대형	차령이 5년 이하인 경우	1년
			차령이 5년 초과인 경우	6개월
	사업용	경형·소형	모든 차령	1년(신조차로서 신규검사를 받은 것으로 보는 자동차 중 길이 5.5[m] 미만인 자동차의 최초 검사 유효기간은 2년)
		중형	차령이 5년 이하인 경우	1년
			차령이 5년 초과인 경우	6개월
		대형	차령이 2년 이하인 경우	1년
			차령이 2년 초과인 경우	6개월
특수자동차	비사업용 및 사업용	경형·소형·중형·대형	차령이 5년 이하인 경우	1년
			차령이 5년 초과인 경우	6개월

정답 42 ㉯

43 자동차종합검사에 대한 설명으로 옳지 않은 것은?

㉮ 종합검사를 받은 경우에는 정기검사, 정밀검사 및 특정경유자동차검사를 받은 것으로 본다.

㉯ 종합검사의 검사 절차, 검사 대상, 검사 유효기간 및 검사유예 등에 관하여 필요한 사항은 국토교통부령으로 정한다.

㉰ 자동차종합검사에는 자동차안전검사 분야 및 자동차배출가스 정밀검사 분야가 포함된다.

㉱ 국토교통부장관은 한국교통안전공단을 종합검사를 대행하는 자로 지정하여 종합검사업무(그 결과의 통지를 포함)를 대행하게 할 수 있다.

해설 종합검사의 검사절차, 검사대상, 검사유효기간 및 검사유예 등에 관하여 필요한 사항은 국토교통부와 환경부의 공동부령으로 정한다(법 제43조의2제2항).

44 자동차관리사업에 대한 설명으로 옳지 않은 것은?

㉮ 자동차관리사업을 하려는 자는 국토교통부령으로 정하는 바에 따라 시장・군수・구청장에게 등록하여야 한다.

㉯ 자동차정비업은 대통령령으로 정하는 바에 따라 자동차종합정비업, 소형자동차종합정비업, 자동차전문정비업, 원동기전문정비업으로 세분할 수 있다.

㉰ 자동차관리사업을 양도・양수하려는 자는 국토교통부령으로 정하는 바에 따라 시장・군수・구청장에게 등록하여야 한다.

㉱ 시장・군수・구청장은 자동차관리사업의 건전한 발전을 위하여 필요하다고 인정되면 대통령령으로 정하는 바에 따라 자동차관리사업자에게 시설 또는 운영의 개선을 명할 수 있다.

해설 ㉰ 등록(×) → 신고(○), 법 제55조제1항
㉮ 법 제53조제1항
㉯ 법 제53조제2항, 영 제12조제1항
㉱ 법 제56조제1항제2호

43 ㉯ 44 ㉰ 정답

45 다음 중 자동차관리사업자 등의 금지행위가 아닌 것은?

㉮ 자동차관리사업의 양도・양수 행위

㉯ 사업장의 전부 또는 일부를 다른 사람에게 임대하거나 점용하게 하는 행위

㉰ 다른 사람에게 자신의 명의로 사업을 하게 하는 행위

㉱ 해당 사업에 관하여 이용자의 요청을 정당한 사유 없이 거부하는 행위

해설 **자동차관리사업자 등의 금지행위(법 제57조제1항)**

- 다른 사람에게 자신의 명의로 사업을 하게 하는 행위(사업의 전부 또는 일부에 대하여 위탁・위임・도급 등의 형태로 용역을 주는 행위를 포함)
- 사업장의 전부 또는 일부를 다른 사람에게 임대하거나 점용하게 하는 행위
- 해당 사업과 관련한 부정한 금품의 수수 또는 그 밖의 부정한 행위
- 해당 사업에 관하여 이용자의 요청을 정당한 사유 없이 거부하는 행위
- 해당 사업에 관하여 이용자가 요청하지 아니한 상품 또는 서비스를 강매하는 행위나 이용자가 요청하지 아니한 일을 하고 그 대가를 요구하는 행위 또는 영업을 목적으로 손님을 부르는 행위

46 자동차안전기준 등의 국제조화에 대한 설명으로 옳지 않은 것은?

㉮ 국내의 자동차안전기준, 부품안전기준 및 내압용기안전기준의 국제기준과의 조화를 위하여 국토교통부장관은 국제기준을 조사・분석하고, 관련 정보 및 기술의 국제협력 등에 관한 시책을 수립・시행하여야 한다.

㉯ 국토교통부장관은 자동차안전기준, 부품안전기준 및 내압용기안전기준 관련 기업・기관・단체의 국제협력활동에 대한 행정적・재정적 지원을 하여야 한다.

㉰ 국제조화기본계획에는 자동차안전기준 등의 국제조화 목표 및 단계별 추진전략 사항이 포함되어야 한다.

㉱ 국토교통부장관은 국제조화기본계획을 수립하려는 경우에는 관계 중앙행정기관의 장의 의견을 들은 후 국무위원회의 심의를 거쳐 확정한다.

해설 국토교통부장관은 국제조화기본계획을 수립하려는 경우에는 관계 중앙행정기관의 장의 의견을 들은 후 「국가통합교통체계효율화법」 제106조에 따른 국가교통위원회의 심의를 거쳐 확정한다(법 제68조의3제3항).

정답 45 ㉮ 46 ㉱

47 **자동차등록증 등을 위조·변조한 자 또는 부정사용한 자와 위조·변조된 것을 매매, 매매 알선, 수수(收受) 또는 사용한 자에 대한 벌칙은?**

㉮ 10년 이하의 징역 또는 1억원 이하의 벌금

㉯ 10년 이하의 징역 또는 5천만원 이하의 벌금

㉰ 5년 이하의 징역 또는 5천만원 이하의 벌금

㉱ 5년 이하의 징역 또는 3천만원 이하의 벌금

해설 자동차등록증 등을 위조·변조한 자 또는 부정사용한 자와 위조·변조된 것을 매매, 매매 알선, 수수(收受) 또는 사용한 자는 10년 이하의 징역 또는 1억원 이하의 벌금에 처한다(법 제78조제2호).

48 **지정을 받지 아니하고 자동차종합검사를 한 자에 대한 벌칙은?**

㉮ 10년 이하의 징역 또는 5천만원 이하의 벌금

㉯ 5년 이하의 징역 또는 5천만원 이하의 벌금

㉰ 5년 이하의 징역 또는 3천만원 이하의 벌금

㉱ 3년 이하의 징역 또는 1천만원 이하의 벌금

해설 지정을 받지 아니하고 자동차종합검사를 한 자는 5년 이하의 징역 또는 5천만원 이하의 벌금에 처한다(법 제78조의2제1호).

49 **다음 벌칙 중 다른 하나는?**

㉮ 국토교통부장관의 지정을 받지 아니하고 등록번호판의 발급, 자동차검사 또는 택시미터의 검정을 한 자

㉯ 검정을 받지 아니하고 택시미터를 제작·수리·수입하거나 이를 매매 또는 매매 알선한 자

㉰ 시장·군수·구청장에게 등록을 하지 아니하고 자동차관리사업을 한 자

㉱ 규정을 위반하여 정당한 사유 없이 자동차 소유권의 이전등록을 신청하지 아니한 자

해설 ㉱ 2년 이하의 징역 또는 2,000만원 이하의 벌금(법 제80조제1호)
㉮, ㉯, ㉰는 3년 이하의 징역 또는 3천만원 이하의 벌금(법 제79조)

47 ㉮ 48 ㉯ 49 ㉱ **정답**

50 다음 중 2년 이하의 징역 또는 2,000만원 이하의 벌금에 처하는 경우가 아닌 자는?

㉮ 자동차 소유권의 이전등록을 신청하지 아니한 자
㉯ 자동차의 주행거리를 변경한 자
㉰ 자동차관리사업자 등의 금지행위를 한 자동차관리사업자
㉱ 자동차에서 장치를 무단으로 해체한 자

해설 자동차의 주행거리를 변경한 자는 3년 이하의 징역 또는 3천만원 이하의 벌금에 처한다(법 제79조제16호).

51 다음 중 1년 이하의 징역 또는 1천만원 이하의 벌금에 해당하는 것은?

㉮ 시장・군수・구청장의 승인을 받지 아니하고 자동차에 튜닝을 한 자
㉯ 자동차의 구조・장치 등의 성능・상태를 점검한 내용 또는 압류・저당권의 등록 여부를 거짓으로 고지한 자
㉰ 자동차의 튜닝검사를 받지 아니한 자
㉱ 자동차의 임시검사를 받지 아니한 자

해설 시장・군수・구청장의 승인을 받지 아니하고 자동차에 튜닝을 한 자는 1년 이하의 징역 또는 1천만원 이하의 벌금에 처한다(법 제81조).
㉯ 2년 이하의 징역 또는 2,000만원 이하의 벌금(법 제80조)
㉰, ㉱ 100만원 이하의 벌금(법 제82조)

52 다음 중 자동차관리법상 과태료 부과기준을 올바르게 연결한 것은?

㉮ 신규등록 신청을 하지 아니한 자 – 50만원 이하의 과태료
㉯ 자동차의 말소등록 신청을 하지 아니한 자 – 50만원 이하의 과태료
㉰ 운행제한 명령을 위반하여 자동차를 운행한 자 – 100만원 이하의 과태료
㉱ 등록번호판을 가리거나 알아보기 곤란하게 하거나 그러한 자동차를 운행한 자 – 100만원 이하의 과태료

해설 ㉰ 법 제84조
㉮ 100만원 이하의 과태료(법 제84조)
㉯ 100만원 이하의 과태료(법 제84조)
㉱ 300만원 이하의 과태료(법 제84조)

정답 50 ㉯ 51 ㉮ 52 ㉰

CHAPTER

03 도로교통법

제1절 총 칙

1. 목적 및 정의

(1) 목적(법 제1조)

도로에서 일어나는 교통상의 모든 위험과 장해를 방지하고 제거하여 안전하고 원활한 교통을 확보함을 목적으로 한다.

(2) 용어의 정의(법 제2조)

① 도 로

㉠ 「도로법」에 따른 도로

㉡ 「유료도로법」에 따른 유료도로

㉢ 「농어촌도로 정비법」에 따른 농어촌도로

㉣ 그 밖에 현실적으로 불특정 다수의 사람 또는 차마가 통행할 수 있도록 공개된 장소로서 안전하고 원활한 교통을 확보할 필요가 있는 장소

② **자동차전용도로** : 자동차만 다닐 수 있도록 설치된 도로를 말한다.

③ **고속도로** : 자동차의 고속 운행에만 사용하기 위하여 지정된 도로를 말한다.

④ **차도** : 연석선(차도와 보도를 구분하는 돌 등으로 이어진 선), 안전표지 또는 그와 비슷한 인공구조물을 이용하여 경계를 표시하여 모든 차가 통행할 수 있도록 설치된 도로의 부분을 말한다.

⑤ **중앙선** : 차마의 통행 방향을 명확하게 구분하기 위하여 도로에 황색실선이나 황색점선 등의 안전표지로 표시한 선 또는 중앙분리대나 울타리 등으로 설치한 시설물을 말한다. 다만, 가변차로가 설치된 경우에는 신호기가 지시하는 진행방향의 가장 왼쪽에 있는 황색점선을 말한다.

⑥ **차로** : 차마가 한 줄로 도로의 정하여진 부분을 통행하도록 차선으로 구분한 차도의 부분을 말한다.

⑦ **차선** : 차로와 차로를 구분하기 위하여 그 경계지점을 안전표지로 표시한 선을 말한다.

⑧ **노면전차 전용로** : 도로에서 궤도를 설치하고, 안전표지 또는 인공구조물로 경계를 표시하여 설치한 「도시철도법」에 따른 도로 또는 차로를 말한다.

⑨ **자전거도로** : 안전표지, 위험방지용 울타리나 그와 비슷한 인공구조물로 경계를 표시하여 자전거 및 개인형 이동장치가 통행할 수 있도록 설치된 「자전거 이용 활성화에 관한 법률」에 따른 도로를 말한다.

⑩ **자전거횡단도** : 자전거 및 개인형 이동장치가 일반도로를 횡단할 수 있도록 안전표지로 표시한 도로의 부분을 말한다.

⑪ **보도** : 연석선, 안전표지나 그와 비슷한 인공구조물로 경계를 표시하여 보행자(유모차, 보행보조용 의자차, 노약자용 보행기 등 행정안전부령으로 정하는 기구·장치를 이용하여 통행하는 사람 및 실외이동로봇을 포함)가 통행할 수 있도록 한 도로의 부분을 말한다.

⑫ **길가장자리구역** : 보도와 차도가 구분되지 아니한 도로에서 보행자의 안전을 확보하기 위하여 안전표지 등으로 경계를 표시한 도로의 가장자리 부분을 말한다.

⑬ **횡단보도** : 보행자가 도로를 횡단할 수 있도록 안전표지로 표시한 도로의 부분을 말한다.

⑭ **교차로** : 십자로, T자로나 그 밖에 둘 이상의 도로(보도와 차도가 구분되어 있는 도로에서는 차도)가 교차하는 부분을 말한다.

⑮ **회전교차로** : 교차로 중 차마가 원형의 교통섬(차마의 안전하고 원활한 교통처리나 보행자 도로횡단의 안전을 확보하기 위하여 교차로 또는 차도의 분기점 등에 설치하는 섬 모양의 시설을 말한다)을 중심으로 반시계방향으로 통행하도록 한 원형의 도로를 말한다.

⑯ **안전지대** : 도로를 횡단하는 보행자나 통행하는 차마의 안전을 위하여 안전표지나 이와 비슷한 인공구조물로 표시한 도로의 부분을 말한다.

⑰ **신호기** : 도로교통에서 문자·기호 또는 등화를 사용하여 진행·정지·방향전환·주의 등의 신호를 표시하기 위하여 사람이나 전기의 힘으로 조작하는 장치를 말한다.

⑱ **안전표지** : 교통안전에 필요한 주의·규제·지시 등을 표시하는 표지판이나 도로의 바닥에 표시하는 기호·문자 또는 선 등을 말한다.

⑲ **차마(車馬)** : 다음의 차와 우마를 말한다.

㉠ 차 : 다음의 어느 하나에 해당하는 것을 말한다.

- 자동차
- 건설기계
- 원동기장치자전거
- 자전거
- 사람 또는 가축의 힘이나 그 밖의 동력으로 도로에서 운전되는 것. 다만, 철길이나 가설된 선을 이용하여 운전되는 것, 유모차, 보행보조용 의자차, 노약자용 보행기, 실외이동로봇 등 행정안전부령으로 정하는 기구·장치는 제외

㉡ 우마 : 교통이나 운수에 사용되는 가축을 말한다.

⑳ **노면전차** : 「도시철도법」에 따른 노면전차로서 도로에서 궤도를 이용하여 운행되는 차를 말한다.

㉑ **자동차** : 철길이나 가설된 선을 이용하지 아니하고 원동기를 사용하여 운전되는 차(견인되는 자동차도 자동차의 일부로 본다)로서 다음의 차를 말한다.

㉠ 「자동차관리법」에 따른 다음의 자동차. 다만, 원동기장치자전거는 제외
- 승용자동차
- 승합자동차
- 화물자동차
- 특수자동차
- 이륜자동차

㉡ 「건설기계관리법」에 따른 건설기계

㉒ **자율주행시스템** : 「자율주행자동차 상용화 촉진 및 지원에 관한 법률」에 따른 자율주행시스템을 말한다. 이 경우 그 종류는 완전 자율주행시스템, 부분 자율주행시스템 등 행정안전부령으로 정하는 바에 따라 세분할 수 있다.

㉓ **자율주행자동차** : 「자동차관리법」에 따른 자율주행자동차로서 자율주행시스템을 갖추고 있는 자동차를 말한다.

㉔ **원동기장치자전거** : 다음의 어느 하나에 해당하는 차를 말한다.

㉠ 「자동차관리법」에 따른 이륜자동차 가운데 배기량 125[cc] 이하(전기를 동력으로 하는 경우에는 최고정격출력 11[kW] 이하)의 이륜자동차

㉡ 그 밖에 배기량 125[cc] 이하(전기를 동력으로 하는 경우에는 최고정격출력 11[kW] 이하)의 원동기를 단 차(「자전거 이용 활성화에 관한 법률」에 따른 전기자전거 및 실외이동로봇은 제외)

㉕ **개인형 이동장치** : ㉔의 ㉡ 원동기장치자전거 중 25[km/h] 이상으로 운행할 경우 전동기가 작동하지 아니하고 차체 중량이 30[kg] 미만인 것으로서 행정안전부령으로 정하는 것을 말한다.

㉖ **자전거** : 「자전거 이용 활성화에 관한 법률」에 따른 자전거 및 전기자전거를 말한다.

㉗ **자동차 등** : 자동차와 원동기장치자전거를 말한다.

㉘ **자전거 등** : 자전거와 개인형 이동장치를 말한다.

㉙ **실외이동로봇** : 「지능형 로봇 개발 및 보급 촉진법」에 따른 지능형 로봇 중 행정안전부령으로 정하는 것을 말한다.

㉚ **긴급자동차** : 다음의 자동차로서 그 본래의 긴급한 용도로 사용되고 있는 자동차를 말한다.

㉠ 소방차

㉡ 구급차

㉢ 혈액공급차량

㉣ 그 밖에 대통령령으로 정하는 자동차(영 제2조제1항) : 긴급한 용도로 사용되는 다음의 어느 하나에 해당하는 자동차를 말한다.
- 경찰용 자동차 중 범죄수사·교통단속, 그 밖의 긴급한 경찰업무수행에 사용되는 자동차
- 국군 및 주한국제연합군용 자동차 중 군 내부의 질서유지나 부대의 질서 있는 이동을 유도하는 데 사용되는 자동차
- 수사기관의 자동차 중 범죄수사를 위하여 사용되는 자동차

- 다음의 어느 하나에 해당하는 시설 또는 기관의 자동차 중 도주자의 체포 또는 수용자, 보호관찰 대상자의 호송·경비를 위하여 사용되는 자동차
  - 교도소·소년교도소 또는 구치소
  - 소년원 또는 소년분류심사원
  - 보호관찰소
- 국내외 요인에 대한 경호업무수행에 공무로 사용되는 자동차
- 전기사업·가스사업 그 밖의 공익사업을 하는 기관에서 위험방지를 위한 응급작업에 사용되는 자동차
- 민방위업무를 수행하는 기관에서 긴급예방 또는 복구를 위한 출동에 사용되는 자동차
- 도로관리를 위하여 사용되는 자동차 중 도로상의 위험을 방지하기 위한 응급작업에 사용되거나 운행이 제한되는 자동차를 단속하기 위하여 사용되는 자동차
- 전신·전화의 수리공사 등 응급작업에 사용되는 자동차
- 긴급우편물의 운송에 사용되는 자동차
- 전파감시업무에 사용되는 자동차

㉛ **어린이통학버스** : 다음의 시설 가운데 어린이(13세 미만인 사람)를 교육 대상으로 하는 시설에서 어린이의 통학 등(현장체험학습 등 비상시적으로 이루어지는 교육활동을 위한 이동을 제외)에 이용되는 자동차와 「여객자동차 운수사업법」에 따른 여객자동차운송사업의 한정면허를 받아 어린이를 여객대상으로 하여 운행되는 운송사업용 자동차를 말한다.

ⓐ 「유아교육법」에 따른 유치원 및 유아교육진흥원, 「초·중등교육법」에 따른 초등학교, 특수학교, 대안학교 및 외국인학교

㉡ 「영유아보육법」에 따른 어린이집

㉢ 「학원의 설립·운영 및 과외교습에 관한 법률」에 따라 설립된 학원 및 교습소

㉣ 「체육시설의 설치·이용에 관한 법률」에 따라 설립된 체육시설

㉤ 「아동복지법」에 따른 아동복지시설(아동보호전문기관은 제외)

㉥ 「청소년활동 진흥법」에 따른 청소년수련시설

㉦ 「장애인복지법」에 따른 장애인복지시설(장애인 직업재활시설은 제외)

㉧ 「도서관법」에 따른 공공도서관

㉨ 「평생교육법」에 따른 시·도평생교육진흥원 및 시·군·구평생학습관

㉩ 「사회복지사업법」에 따른 사회복지시설 및 사회복지관

㉜ **주차** : 운전자가 승객을 기다리거나 화물을 싣거나 차가 고장 나거나 그 밖의 사유로 차를 계속 정지 상태에 두는 것 또는 운전자가 차에서 떠나서 즉시 그 차를 운전할 수 없는 상태에 두는 것을 말한다.

㉝ **정차** : 운전자가 5분을 초과하지 아니하고 차를 정지시키는 것으로서 주차 외의 정지 상태를 말한다.

㉞ **운전** : 도로(제27조제6항제3호 · 제44조 · 제45조 · 제54조제1항 · 제148조 · 제148조의2 및 제156조 제10호의 경우에는 도로 외의 곳을 포함)에서 차마 또는 노면전차를 그 본래의 사용방법에 따라 사용하는 것(조종 또는 자율주행시스템을 사용하는 것을 포함)을 말한다.

㉟ **초보운전자** : 처음 운전면허를 받은 날(처음 운전면허를 받은 날부터 2년이 지나기 전에 운전면허의 취소처분을 받은 경우에는 그 후 다시 운전면허를 받은 날을 말한다)부터 2년이 지나지 아니한 사람을 말한다. 이 경우 원동기장치자전거면허만 받은 사람이 원동기장치자전거면허 외의 운전면허를 받은 경우에는 처음 운전면허를 받은 것으로 본다.

㊱ **서행** : 운전자가 차 또는 노면전차를 즉시 정지시킬 수 있는 정도의 느린 속도로 진행하는 것을 말한다.

㊲ **앞지르기** : 차의 운전자가 앞서가는 다른 차의 옆을 지나서 그 차의 앞으로 나가는 것을 말한다.

㊳ **일시정지** : 차 또는 노면전차의 운전자가 그 차 또는 노면전차의 바퀴를 일시적으로 완전히 정지시키는 것을 말한다.

㊴ **보행자전용도로** : 보행자만 다닐 수 있도록 안전표지나 그와 비슷한 인공구조물로 표시한 도로를 말한다.

㊵ **보행자우선도로** : 「보행안전 및 편의증진에 관한 법률」에 따른 보행자우선도로를 말한다.

㊶ **자동차운전학원** : 자동차 등의 운전에 관한 지식 · 기능을 교육하는 시설로서 다음의 시설 외의 시설을 말한다.

㉠ 교육 관계 법령에 따른 학교에서 소속 학생 및 교직원의 연수를 위하여 설치한 시설

㉡ 사업장 등의 시설로서 소속 직원의 연수를 위한 시설

㉢ 전산장치에 의한 모의운전 연습시설

㉣ 지방자치단체 등이 신체장애인의 운전교육을 위하여 설치하는 시설 가운데 시 · 도경찰청장이 인정하는 시설

㉤ 대가(代價)를 받지 아니하고 운전교육을 하는 시설

㉥ 운전면허를 받은 사람을 대상으로 다양한 운전경험을 체험할 수 있도록 하기 위하여 도로가 아닌 장소에서 운전교육을 하는 시설

㊷ **모범운전자** : 무사고운전자 또는 유공운전자의 표시장을 받거나 2년 이상 사업용 자동차 운전에 종사하면서 교통사고를 일으킨 전력이 없는 사람으로서 경찰청장이 정하는 바에 따라 선발되어 교통안전 봉사활동에 종사하는 사람을 말한다.

㊸ **음주운전 방지장치** : 술에 취한 상태에서 자동차 등을 운전하려는 경우 시동이 걸리지 아니하도록 하는 것으로서 행정안전부령으로 정하는 것을 말한다.

2. 신호기 및 안전표지

(1) 신호기 등의 설치 및 관리(법 제3조)

① 특별시장・광역시장・제주특별자치도지사 또는 시장・군수(광역시의 군수는 제외한다. 이하 "시장 등")는 도로에서의 위험을 방지하고 교통의 안전과 원활한 소통을 확보하기 위하여 필요하다고 인정하는 경우에는 신호기 및 안전표지를 설치・관리하여야 한다. 다만, 「유료도로법」에 따른 유료도로에서는 시장 등의 지시에 따라 그 도로관리자가 교통안전시설을 설치・관리하여야 한다.

② 시장 등 및 도로관리자는 ①에 따라 교통안전시설을 설치・관리할 때에는 교통안전시설의 설치・관리기준에 적합하도록 하여야 한다.

③ 도(道)는 ①에 따라 시장이나 군수가 교통안전시설을 설치・관리하는 데에 드는 비용의 전부 또는 일부를 시(市)나 군(郡)에 보조할 수 있다.

④ 시장 등은 대통령령으로 정하는 사유로 도로에 설치된 교통안전시설을 철거하거나 원상회복이 필요한 경우에는 그 사유를 유발한 사람으로 하여금 해당 공사에 드는 비용의 전부 또는 일부를 부담하게 할 수 있다.

중요 CHECK

대통령령이 정하는 사유(영 제4조)

- 차 또는 노면전차의 운전 등 교통으로 인하여 사람을 사상(死傷)하거나 물건을 손괴하는 사고가 발생한 경우
- 분할할 수 없는 화물의 수송 등을 위하여 신호기 및 안전표지(이하 "교통안전시설")를 이전하거나 철거하는 경우
- 교통안전시설을 철거・이전하거나 손괴한 경우
- 도로관리청 등에서 도로공사 등을 위하여 무인(無人) 교통단속용 장비를 이전하거나 철거하는 경우
- 그 밖에 고의 또는 과실로 무인 교통단속용 장비를 철거・이전하거나 손괴한 경우

⑤ ④에 따른 부담금의 부과기준 및 환급에 관하여 필요한 사항은 대통령령으로 정한다.

중요 CHECK

부담금의 부과기준 및 환급(영 제5조)

㉠ 특별시장・광역시장・제주특별자치도지사 또는 시장・군수(광역시의 군수는 제외. 이하 시장 등)는 교통안전시설의 철거나 원상회복을 위한 공사 비용 부담금(이하 "부담금")의 금액을 교통안전시설의 파손 정도 및 내구연한 경과 정도 등을 고려하여 산출하고, 그 사유를 유발한 사람이 여러 명인 경우에는 그 유발 정도에 따라 부담금을 분담하게 할 수 있다. 다만, 파손된 정도가 경미하거나 일상 보수작업만으로 수리할 수 있는 경우 또는 부담금 총액이 20만원 미만인 경우에는 부담금 부과를 면제할 수 있다.

㉡ 시장 등은 ㉠에 따라 부과한 부담금이 교통안전시설의 철거나 원상회복을 위한 공사에 드는 비용을 초과한 경우에는 그 차액을 환급하여야 한다. 이 경우 환급에 필요한 사항은 시장 등이 정한다.

㉢ 무인 교통단속용 장비의 철거나 원상회복을 위한 부담금의 부과 기준 및 환급에 대해서는 ㉠과 ㉡을 준용한다. 이 경우 교통안전시설은 무인 교통단속용 장비로, 시장 등은 시・도경찰청장, 경찰서장 또는 시장 등으로 본다.

⑥ 시장 등은 ④에 따라 부담금을 납부하여야 하는 사람이 지정된 기간에 이를 납부하지 아니하면 지방세 체납처분의 예에 따라 징수한다.

(2) 교통안전시설의 종류 및 설치·관리기준 등(법 제4조제1항)

① 신호기의 종류 : 현수식(매달식), 옆기둥식 세로형, 옆기둥식 가로형, 중앙주식, 문형식(규칙 [별표 1])

② 신호기가 표시하는 신호의 종류 및 신호의 뜻(규칙 [별표 2])

구 분		신호의 종류	신호의 뜻
차량 신호등	원형 등화	녹색의 등화	1. 차마는 직진 또는 우회전할 수 있다. 2. 비보호좌회전표지 또는 비보호좌회전표시가 있는 곳에서는 좌회전할 수 있다.
		황색의 등화	1. 차마는 정지선이 있거나 횡단보도가 있을 때에는 그 직전이나 교차로의 직전에 정지하여야 하며, 이미 교차로에 차마의 일부라도 진입한 경우에는 신속히 교차로 밖으로 진행하여야 한다. 2. 차마는 우회전할 수 있고 우회전하는 경우에는 보행자의 횡단을 방해하지 못한다.
		적색의 등화	1. 차마는 정지선, 횡단보도 및 교차로의 직전에서 정지해야 한다. 2. 차마는 우회전하려는 경우 정지선, 횡단보도 및 교차로의 직전에서 정지한 후 신호에 따라 진행하는 다른 차마의 교통을 방해하지 않고 우회전할 수 있다. 3. 2.에도 불구하고 차마는 우회전 삼색등이 적색의 등화인 경우 우회전할 수 없다.
		황색등화의 점멸	차마는 다른 교통 또는 안전표지의 표시에 주의하면서 진행할 수 있다.
		적색등화의 점멸	차마는 정지선이나 횡단보도가 있을 때에는 그 직전이나 교차로의 직전에 일시정지한 후 다른 교통에 주의하면서 진행할 수 있다.
	화살표 등화	녹색화살표의 등화	차마는 화살표시 방향으로 진행할 수 있다.
		황색화살표의 등화	화살표시 방향으로 진행하려는 차마는 정지선이 있거나 횡단보도가 있을 때에는 그 직전이나 교차로의 직전에 정지하여야 하며, 이미 교차로에 차마의 일부라도 진입한 경우에는 신속히 교차로 밖으로 진행하여야 한다.
		적색화살표의 등화	화살표시 방향으로 진행하려는 차마는 정지선, 횡단보도 및 교차로의 직전에서 정지하여야 한다.
		황색화살표 등화의 점멸	차마는 다른 교통 또는 안전표지의 표시에 주의하면서 화살표시 방향으로 진행할 수 있다.
		적색화살표 등화의 점멸	차마는 정지선이나 횡단보도가 있을 때에는 그 직전이나 교차로의 직전에 일시정지한 후 다른 교통에 주의하면서 화살표시 방향으로 진행할 수 있다.
	사각형 등화	녹색화살표의 등화(하향)	차마는 화살표로 지정한 차로로 진행할 수 있다.
		적색X표 표시의 등화	차마는 ×표가 있는 차로로 진행할 수 없다.
		적색X표 표시 등화의 점멸	차마는 ×표가 있는 차로로 진입할 수 없고, 이미 차마의 일부라도 진입한 경우에는 신속히 그 차로 밖으로 진로를 변경하여야 한다.

③ 신호등의 종류(규칙 [별표 3])

㉠ 차량신호등 : 가로형삼색등, 가로형화살표삼색등, 가로형사색등(A형, B형), 세로형삼색등, 세로형화살표삼색등, 세로형사색등, 세로형우회전삼색등, 가로형우회전삼색등, 가로형이색등, 가변등, 경보형경보등

㉡ 차량보조등 : 세로형삼색등, 세로형사색등

㉢ 보행신호등 : 보행이색등

㉣ 자전거신호등 : 세로형이색등(A형, B형), 세로형삼색등(A형, B형)

ⓜ 버스신호등 : 버스삼색등

ⓗ 노면전차신호등 : 세로형육구등

④ 신호등의 등화의 배열순서(규칙 [별표 4])

신호등 \ 배 열	가로형 신호등	세로형 신호등
적색 · 황색 · 녹색화살표 · 녹색의 사색등화로 표시되는 신호등	• 좌로부터 적색 → 황색 → 녹색화살표 → 녹색의 순서로 한다. • 좌로부터 적색 → 황색 → 녹색의 순서로 하고, 적색등화 아래에 녹색화살표 등화를 배열한다.	위로부터 적색 → 황색 → 녹색화살표 → 녹색의 순서로 한다.
적색 · 황색 및 녹색(녹색화살표)의 삼색등화로 표시되는 신호등	좌로부터 적색 → 황색 → 녹색(녹색화살표)의 순서로 한다.	위로부터 적색 → 황색 → 녹색(녹색화살표)의 순서로 한다.
적색화살표 · 황색화살표 및 녹색화살표의 삼색등화로 표시되는 신호등	좌로부터 적색화살표 → 황색화살표 → 녹색화살표의 순서로 한다.	위로부터 적색화살표 → 황색화살표 → 녹색화살표의 순서로 한다.
적색X표 및 녹색하향화살표의 이색등화로 표시되는 신호등	좌로부터 적색X표 → 녹색하향화살표의 순서로 한다.	
적색 및 녹색의 이색등화로 표시되는 신호등	–	위로부터 적색 → 녹색의 순서로 한다.
황색T자형 · 백색가로막대형 · 백색점형 · 백색세로막대형 · 백색사선막대형의 등화로 표시되는 신호등	–	위로부터 황색T자형 → 백색가로막대형 → 백색점형 → 백색세로막대형의 순서로 배열하며, 필요시 백색세로막대형의 좌우측에 백색사선막대형을 배열한다.

⑤ 신호등의 신호순서(규칙 [별표 5])

신호등	신호 순서
적색 · 황색 · 녹색화살표 · 녹색의 사색등화로 표시되는 신호등	녹색등화 → 황색등화 → 적색 및 녹색화살표등화 → 적색 및 황색등화 → 적색등화의 순서로 한다.
적색 · 황색 · 녹색(녹색화살표)의 삼색등화로 표시되는 신호등	녹색(적색 및 녹색화살표)등화 → 황색등화 → 적색등화의 순서로 한다.
적색화살표 · 황색화살표 · 녹색화살표의 삼색등화로 표시되는 신호등	녹색화살표등화 → 황색화살표등화 → 적색화살표등화의 순서로 한다.
적색 및 녹색의 이색등화로 표시되는 신호등	녹색등화 → 녹색등화의 점멸 → 적색등화의 순서로 한다.
황색T자형 · 백색가로막대형 · 백색점형 · 백색세로막대형의 등화로 표시되는 신호등	백색세로막대형등화 → 백색점형등화 → 백색가로막대형등화 → 백색가로막대형등화 및 황색T자형등화 → 백색가로막대형등화 및 황색T자형등화의 점멸의 순서로 한다.
황색T자형 · 백색가로막대형 · 백색점형 · 백색세로막대형 · 백색사선막대형의 등화로 표시되는 신호등	백색세로막대형등화 또는 백색사선막대형등화 → 백색점형등화 → 백색가로막대형등화 → 백색가로막대형등화 및 황색T자형등화 → 백색가로막대형등화 및 황색T자형등화의 점멸의 순서로 한다.

※ 교차로와 교통여건을 고려하여 특별히 필요하다고 인정되는 장소에서는 신호의 순서를 달리하거나 녹색화살표 및 녹색등화를 동시에 표시하거나, 적색 및 녹색화살표 등화를 동시에 표시하지 않을 수 있다.

⑥ 신호등의 성능(규칙 제7조제3항)

㉠ 등화의 밝기는 낮에 150[m] 앞쪽에서 식별할 수 있도록 할 것

㉡ 등화의 빛의 발산각도는 사방으로 각각 45° 이상으로 할 것

㉢ 태양광선이나 주위의 다른 빛에 의하여 그 표시가 방해받지 아니하도록 할 것

⑦ 안전표지의 종류(규칙 제8조, [별표 6])

㉠ 주의표지 : 도로상태가 위험하거나 도로 또는 그 부근에 위험물이 있는 경우에 필요한 안전조치를 할 수 있도록 이를 도로사용자에게 알리는 표지

㉡ 규제표지 : 도로교통의 안전을 위하여 각종 제한·금지 등의 규제를 하는 경우에 이를 도로사용자에게 알리는 표지

㉢ 지시표지 : 도로의 통행방법·통행구분 등 도로교통의 안전을 위하여 필요한 지시를 하는 경우에 도로사용자가 이를 따르도록 알리는 표지

㉣ 보조표지 : 주의표지·규제표지 또는 지시표지의 주기능을 보충하여 도로사용자에게 알리는 표지

여기부터 500m

차로엄수

㉤ 노면표시 : 도로교통의 안전을 위하여 각종 주의·규제·지시 등의 내용을 노면에 기호·문자 또는 선으로 도로사용자에게 알리는 표지

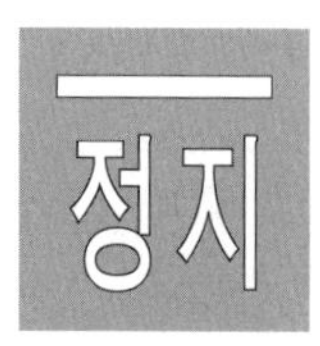

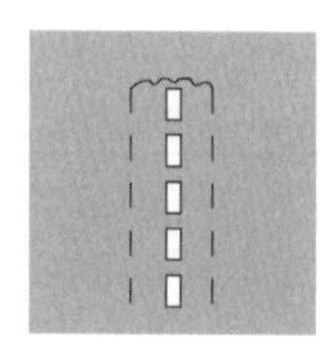

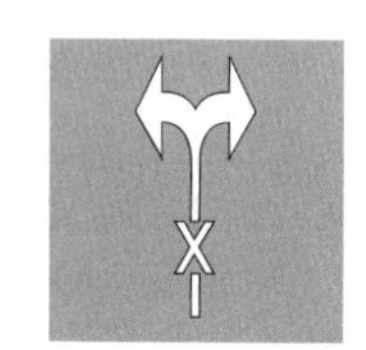

(3) 무인 교통단속용 장비의 설치 및 관리(법 제4조의2)

① 시・도경찰청장, 경찰서장 또는 시장 등은 이 법을 위반한 사실을 기록・증명하기 위하여 무인 교통단속용 장비를 설치・관리할 수 있다.

② 무인 교통단속용 장비의 설치・관리기준, 그 밖에 필요한 사항은 행정안전부령으로 정한다.

③ 무인 교통단속용 장비의 철거 또는 원상회복 등에 관하여는 (1)의 ④부터 ⑥까지의 규정을 준용한다. 이 경우 "교통안전시설"은 "무인 교통단속용 장비"로 본다.

(4) 신호 또는 지시에 따를 의무(법 제5조)

① 도로를 통행하는 보행자, 차마 또는 노면전차의 운전자는 교통안전시설이 표시하는 신호 또는 지시와 교통정리를 하는 경찰공무원(의무경찰을 포함. 이하 같다) 및 제주특별자치도의 자치경찰공무원(이하 "자치경찰공무원") 또는 경찰공무원(자치경찰공무원을 포함. 이하 같다)을 보조하는 사람으로서 대통령령으로 정하는 사람(이하 "경찰보조자")에 해당하는 사람이 하는 신호 또는 지시를 따라야 한다.

중요 CHECK

대통령령으로 정하는 사람으로 경찰공무원을 보조하는 사람의 범위(영 제6조)

- 모범운전자
- 군사훈련 및 작전에 동원되는 부대의 이동을 유도하는 군사경찰
- 본래의 긴급한 용도로 운행하는 소방차・구급차를 유도하는 소방공무원

② 도로를 통행하는 보행자, 차마 또는 노면전차의 운전자는 ①에 따른 교통안전시설이 표시하는 신호 또는 지시와 교통정리를 하는 경찰공무원 또는 경찰보조자(이하 "경찰공무원 등")의 신호 또는 지시가 서로 다른 경우에는 경찰공무원 등의 신호 또는 지시에 따라야 한다.

(5) 통행의 금지 및 제한(법 제6조)

① 시・도경찰청장은 도로에서의 위험을 방지하고 교통의 안전과 원활한 소통을 확보하기 위하여 필요하다고 인정할 때에는 구간을 정하여 보행자, 차마 또는 노면전차의 통행을 금지하거나 제한할 수 있다. 이 경우 시・도경찰청장은 보행자, 차마 또는 노면전차의 통행을 금지하거나 제한한 도로의 관리청에 그 사실을 알려야 한다.

② 경찰서장은 도로에서의 위험을 방지하고 교통의 안전과 원활한 소통을 확보하기 위하여 필요하다고 인정할 때에는 우선 보행자, 차마 또는 노면전차의 통행을 금지하거나 제한한 후 그 도로관리자와 협의하여 금지 또는 제한의 대상과 구간 및 기간을 정하여 도로의 통행을 금지하거나 제한할 수 있다.

③ 시・도경찰청장이나 경찰서장은 ①이나 ②에 따른 금지 또는 제한을 하려는 경우에는 행정안전부령(규칙 제10조)으로 정하는 바에 따라 그 사실을 공고하여야 한다.

㉠ 시・도경찰청장 또는 경찰서장은 통행을 금지 또는 제한하는 때에는 알림판을 설치하여야 한다.

㉡ 알림판은 통행을 금지 또는 제한하고자 하는 지점 또는 그 지점 바로 앞의 우회로 입구에 설치하여야 한다.

㉢ 시·도경찰청장 또는 경찰서장이 통행을 금지 또는 제한하고자 하는 경우 우회로 입구가 다른 시·도경찰청 또는 경찰서의 관할에 속하는 때에는 그 시·도경찰청장 또는 경찰서장에게 그 뜻을 통보하여야 하며, 통보를 받은 시·도경찰청장 또는 경찰서장은 지체 없이 알림판을 그 우회로 입구에 설치하여야 한다.

㉣ 시·도경찰청장 또는 경찰서장은 알림판을 설치할 수 없는 때에는 신문·방송 등을 통하여 이를 공고하거나 그 밖의 적당한 방법에 의하여 그 사실을 널리 알려야 한다.

④ 경찰공무원은 도로의 파손, 화재의 발생이나 그 밖의 사정으로 인한 도로에서의 위험을 방지하기 위하여 긴급히 조치할 필요가 있을 때에는 필요한 범위에서 보행자, 차마 또는 노면전차의 통행을 일시 금지하거나 제한할 수 있다.

(6) 교통 혼잡을 완화시키기 위한 조치(법 제7조)

경찰공무원은 보행자, 차마 또는 노면전차의 통행이 밀려서 교통 혼잡이 뚜렷하게 우려될 때에는 혼잡을 덜기 위하여 필요한 조치를 할 수 있다.

제2절 보행자, 차마 및 노면전차의 통행방법

1. 보행자의 통행방법

(1) 보행자의 통행(법 제8조)

① 보행자는 보도와 차도가 구분된 도로에서는 언제나 보도로 통행하여야 한다. 다만, 차도를 횡단하는 경우, 도로공사 등으로 보도의 통행이 금지된 경우나 그 밖의 부득이한 경우에는 그러하지 아니하다.

② 보행자는 보도와 차도가 구분되지 아니한 도로 중 중앙선이 있는 도로(일방통행인 경우에는 차선으로 구분된 도로를 포함)에서는 길가장자리 또는 길가장자리구역으로 통행하여야 한다.

③ 보행자는 다음의 어느 하나에 해당하는 곳에서는 도로의 전 부분으로 통행할 수 있다. 이 경우 보행자는 고의로 차마의 진행을 방해하여서는 아니 된다.

㉠ 보도와 차도가 구분되지 아니한 도로 중 중앙선이 없는 도로(일방통행인 경우에는 차선으로 구분되지 아니한 도로에 한정. 이하 같다)

㉡ 보행자우선도로

④ 보행자는 보도에서는 우측통행을 원칙으로 한다.

(2) 행렬 등의 통행(법 제9조)

① 학생의 대열과, 그 밖에 보행자의 통행에 지장을 줄 우려가 있다고 인정하여 대통령령으로 정하는 사람이나 행렬(이하 "행렬 등")은 차도로 통행할 수 있다. 이 경우 행렬 등은 차도의 우측으로 통행하여야 한다.

> **중요 CHECK**
>
> **차도를 통행할 수 있는 사람 또는 행렬(영 제7조)**
> • 말·소 등의 큰 동물을 몰고 가는 사람
> • 사다리, 목재, 그 밖에 보행자의 통행에 지장을 줄 우려가 있는 물건을 운반 중인 사람
> • 도로에서 청소나 보수 등의 작업을 하고 있는 사람
> • 군부대나 그 밖에 이에 준하는 단체의 행렬
> • 기(旗) 또는 현수막 등을 휴대한 행렬
> • 장의(葬儀) 행렬

② 행렬 등은 사회적으로 중요한 행사에 따라 시가를 행진하는 경우에는 도로의 중앙을 통행할 수 있다.

③ 경찰공무원은 도로에서의 위험을 방지하고 교통의 안전과 원활한 소통을 확보하기 위하여 필요하다고 인정할 때에는 행렬 등에 대하여 구간을 정하고 그 구간에서 행렬 등이 도로 또는 차도의 우측(자전거도로가 설치되어 있는 차도에서는 자전거도로를 제외한 부분의 우측을 말한다)으로 붙어서 통행할 것을 명하는 등 필요한 조치를 할 수 있다.

(3) 도로의 횡단(법 제10조)

① 시·도경찰청장은 도로를 횡단하는 보행자의 안전을 위하여 행정안전부령으로 정하는 기준에 따라 횡단보도를 설치할 수 있다.

> **중요 CHECK**
>
> **횡단보도의 설치기준(규칙 제11조)**
> • 횡단보도에는 횡단보도표시와 횡단보도표지판을 설치할 것
> • 횡단보도를 설치하고자 하는 장소에 횡단보행자용 신호기가 설치되어 있는 경우에는 횡단보도표시를 설치할 것
> • 횡단보도를 설치하고자 하는 도로의 표면이 포장이 되지 아니하여 횡단보도표시를 할 수 없는 때에는 횡단보도표지판을 설치할 것. 이 경우 그 횡단보도표지판에 횡단보도의 너비를 표시하는 보조표지를 설치하여야 한다.
> • 횡단보도는 육교·지하도 및 다른 횡단보도로부터 200[m](일반도로 중 집산도로(集散道路) 및 국지도로(局地道路) : 100[m]) 이내에는 설치하지 않을 것. 다만, 어린이보호구역, 노인보호구역 또는 장애인보호구역으로 지정된 구간인 경우 또는 보행자의 안전이나 통행을 위하여 특히 필요하다고 인정되는 경우에는 그렇지 않다.

② 보행자는 횡단보도, 지하도, 육교나 그 밖의 도로횡단시설이 설치되어 있는 도로에서는 그 곳으로 횡단하여야 한다. 다만, 지하도나 육교 등의 도로횡단시설을 이용할 수 없는 지체장애인의 경우에는 다른 교통에 방해가 되지 아니하는 방법으로 도로횡단시설을 이용하지 아니하고 도로를 횡단할 수 있다.

③ 보행자는 횡단보도가 설치되어 있지 아니한 도로에서는 가장 짧은 거리로 횡단하여야 한다.

④ 보행자는 차와 노면전차의 바로 앞이나 뒤로 횡단하여서는 아니 된다. 다만, 횡단보도를 횡단하거나 신호기 또는 경찰공무원 등의 신호나 지시에 따라 도로를 횡단하는 경우에는 그러하지 아니하다.

⑤ 보행자는 안전표지 등에 의하여 횡단이 금지되어 있는 도로의 부분에서는 그 도로를 횡단하여서는 아니 된다.

(4) 어린이 등에 대한 보호(법 제11조)

① 어린이의 보호자는 교통이 빈번한 도로에서 어린이를 놀게 하여서는 아니 되며, 영유아(6세 미만인 사람)의 보호자는 교통이 빈번한 도로에서 영유아가 혼자 보행하게 하여서는 아니 된다.

② 앞을 보지 못하는 사람(이에 준하는 사람을 포함)의 보호자는 그 사람이 도로를 보행할 때에는 흰색 지팡이를 갖고 다니도록 하거나 앞을 보지 못하는 사람에게 길을 안내하는 개로서 행정안전부령으로 정하는 개(이하 "장애인보조견")를 동반하도록 하는 등 필요한 조치를 하여야 한다.

중요 CHECK

앞을 보지 못하는 사람에 준하는 사람의 범위(영 제8조)

앞을 보지 못하는 사람에 준하는 사람은 다음의 어느 하나에 해당하는 사람을 말한다.

- 듣지 못하는 사람
- 신체의 평형기능에 장애가 있는 사람
- 의족 등을 사용하지 아니하고는 보행을 할 수 없는 사람

③ 어린이의 보호자는 도로에서 어린이가 자전거를 타거나 행정안전부령으로 정하는 위험성이 큰 움직이는 놀이기구를 타는 경우에는 어린이의 안전을 위하여 행정안전부령으로 정하는 인명보호 장구를 착용하도록 하여야 한다.

④ 어린이의 보호자는 도로에서 어린이가 개인형 이동장치를 운전하게 하여서는 아니 된다.

⑤ 경찰공무원은 신체에 장애가 있는 사람이 도로를 통행하거나 횡단하기 위하여 도움을 요청하거나 도움이 필요하다고 인정하는 경우에는 그 사람이 안전하게 통행하거나 횡단할 수 있도록 필요한 조치를 하여야 한다.

⑥ 경찰공무원은 다음의 어느 하나에 해당하는 사람을 발견한 경우에는 그들의 안전을 위하여 적절한 조치를 하여야 한다.

㉠ 교통이 빈번한 도로에서 놀고 있는 어린이

㉡ 보호자 없이 도로를 보행하는 영유아

㉢ 앞을 보지 못하는 사람으로서 흰색 지팡이를 가지지 아니하거나 장애인보조견을 동반하지 아니하는 등 필요한 조치를 하지 아니하고 다니는 사람

㉣ 횡단보도나 교통이 빈번한 도로에서 보행에 어려움을 겪고 있는 노인(65세 이상인 사람)

(5) 어린이 보호구역의 지정 · 해제 및 관리(법 제12조)

① 시장 등은 교통사고의 위험으로부터 어린이를 보호하기 위하여 필요하다고 인정하는 경우에는 다음의 어느 하나에 해당하는 시설이나 장소의 주변도로 가운데 일정 구간을 어린이 보호구역으로 지정하여 자동차 등과 노면전차의 통행속도를 시속 30[km] 이내로 제한할 수 있다.

㉠ 유치원, 초등학교 또는 특수학교

㉡ 어린이집 가운데 행정안전부령으로 정하는 어린이집

㉢ 학원 가운데 행정안전부령으로 정하는 학원

㉣ 외국인학교 또는 대안학교, 대안교육기관, 국제학교 및 외국교육기관 중 유치원·초등학교 교과과정이 있는 학교

㉤ 그 밖에 어린이가 자주 왕래하는 곳으로서 조례로 정하는 시설 또는 장소

② 어린이 보호구역의 지정·해제 절차 및 기준 등에 관하여 필요한 사항은 교육부, 행정안전부 및 국토교통부의 공동부령으로 정한다.

③ 차마 또는 노면전차의 운전자는 어린이 보호구역에서 ①에 따른 조치를 준수하고 어린이의 안전에 유의하면서 운행하여야 한다.

④ 시·도경찰청장, 경찰서장 또는 시장 등은 ③을 위반하는 행위 등의 단속을 위하여 어린이 보호구역의 도로 중에서 행정안전부령으로 정하는 곳에 우선적으로 무인 교통단속용 장비를 설치하여야 한다.

⑤ 시장 등은 ①에 따라 지정한 어린이 보호구역에 어린이의 안전을 위하여 다음에 따른 시설 또는 장비를 우선적으로 설치하거나 관할 도로관리청에 해당 시설 또는 장비의 설치를 요청하여야 한다.

㉠ 어린이 보호구역으로 지정한 시설의 주 출입문과 가장 가까운 거리에 있는 간선도로상 횡단보도의 신호기

㉡ 속도 제한, 횡단보도, 기점(起點) 및 종점(終點)에 관한 안전표지

㉢ 「도로법」에 따른 도로의 부속물 중 과속방지시설 및 차마의 미끄럼을 방지하기 위한 시설

㉣ 방호울타리 (시행일 : 2024. 7. 31.)

㉤ 그 밖에 교육부, 행정안전부 및 국토교통부의 공동부령으로 정하는 시설 또는 장비

(6) 노인 및 장애인보호구역의 지정·해제 및 관리(법 제12조의2)

① 시장 등은 교통사고의 위험으로부터 노인 또는 장애인을 보호하기 위하여 필요하다고 인정하는 경우에는 ㉠부터 ㉣에 따른 시설 또는 장소의 주변도로 가운데 일정 구간을 노인보호구역으로, ㉤에 따른 시설의 주변도로 가운데 일정구간을 장애인보호구역으로 각각 지정하여 차마와 노면전차의 통행을 제한하거나 금지하는 등 필요한 조치를 할 수 있다.

㉠ 「노인복지법」에 따른 노인복지시설

㉡ 「자연공원법」에 따른 자연공원 또는 「도시공원 및 녹지 등에 관한 법률」에 따른 도시공원

㉢ 「체육시설의 설치·이용에 관한 법률」에 따른 생활체육시설

㉣ 그 밖에 노인이 자주 왕래하는 곳으로서 조례로 정하는 시설 또는 장소

㉤ 「장애인복지법」에 따른 장애인복지시설

② 노인보호구역 또는 장애인보호구역의 지정·해제 절차 및 기준 등에 관하여 필요한 사항은 행정안전부, 보건복지부 및 국토교통부의 공동부령으로 정한다.

③ 차마 또는 노면전차의 운전자는 노인보호구역 또는 장애인보호구역에서 ①에 따른 조치를 준수하고 노인 또는 장애인의 안전에 유의하면서 운행하여야 한다.

2. 차마 및 노면전차의 통행방법 등

(1) 차마의 통행(법 제13조)

① 차마의 운전자는 보도와 차도가 구분된 도로에서는 차도로 통행하여야 한다. 다만, 도로 외의 곳으로 출입할 때에는 보도를 횡단하여 통행할 수 있다.

② ① 단서의 경우 차마의 운전자는 보도를 횡단하기 직전에 일시정지하여 좌측과 우측 부분 등을 살핀 후 보행자의 통행을 방해하지 아니하도록 횡단하여야 한다.

③ 차마의 운전자는 도로(보도와 차도가 구분된 도로에서는 차도를 말한다)의 중앙(중앙선이 설치되어 있는 경우에는 그 중앙선을 말한다) 우측 부분을 통행하여야 한다.

④ 차마의 운전자는 ③에도 불구하고 다음의 어느 하나에 해당하는 경우에는 도로의 중앙이나 좌측 부분을 통행할 수 있다.

㉠ 도로가 일방통행인 경우

㉡ 도로의 파손, 도로공사나 그 밖의 장애 등으로 도로의 우측 부분을 통행할 수 없는 경우

㉢ 도로 우측 부분의 폭이 6[m]가 되지 아니하는 도로에서 다른 차를 앞지르려는 경우. 다만, 다음의 어느 하나에 해당하는 경우에는 그러하지 아니하다.

- 도로의 좌측 부분을 확인할 수 없는 경우
- 반대 방향의 교통을 방해할 우려가 있는 경우
- 안전표지 등으로 앞지르기를 금지하거나 제한하고 있는 경우

㉣ 도로 우측 부분의 폭이 차마의 통행에 충분하지 아니한 경우

㉤ 가파른 비탈길의 구부러진 곳에서 교통의 위험을 방지하기 위하여 시·도경찰청장이 필요하다고 인정하여 구간 및 통행방법을 지정하고 있는 경우에 그 지정에 따라 통행하는 경우

⑤ 차마의 운전자는 안전지대 등 안전표지에 의하여 진입이 금지된 장소에 들어가서는 아니 된다.

⑥ 차마(자전거 등은 제외)의 운전자는 안전표지로 통행이 허용된 장소를 제외하고는 자전거도로 또는 길가장자리구역으로 통행하여서는 아니 된다. 다만, 「자전거 이용 활성화에 관한 법률」에 따른 자전거 우선도로의 경우에는 그러하지 아니하다.

(2) 자전거 등의 통행방법의 특례(법 제13조의2)

① 자전거 등의 운전자는 자전거도로(자전거만 통행할 수 있도록 설치된 전용차로를 포함. 이하 이 조에서 같다)가 따로 있는 곳에서는 그 자전거도로로 통행하여야 한다.

② 자전거 등의 운전자는 자전거도로가 설치되지 아니한 곳에서는 도로 우측 가장자리에 붙어서 통행하여야 한다.

③ 자전거 등의 운전자는 길가장자리구역(안전표지로 자전거 등의 통행을 금지한 구간은 제외)을 통행할 수 있다. 이 경우 자전거 등의 운전자는 보행자의 통행에 방해가 될 때에는 서행하거나 일시정지하여야 한다.

④ 자전거 등의 운전자는 다음의 어느 하나에 해당하는 경우에는 보도를 통행할 수 있다. 이 경우 자전거 등의 운전자는 보도 중앙으로부터 차도 쪽 또는 안전표지로 지정된 곳으로 서행하여야 하며, 보행자의 통행에 방해가 될 때에는 일시정지하여야 한다.

㉠ 어린이, 노인, 그 밖에 행정안전부령으로 정하는 신체장애인이 자전거를 운전하는 경우(전기자전거의 원동기를 끄지 아니하고 운전하는 경우는 제외)

㉡ 안전표지로 자전거 등의 통행이 허용된 경우

㉢ 도로의 파손, 도로공사나 그 밖의 장애 등으로 도로를 통행할 수 없는 경우

⑤ 자전거 등의 운전자는 안전표지로 통행이 허용된 경우를 제외하고는 2대 이상이 나란히 차도를 통행하여서는 아니 된다.

⑥ 자전거 등의 운전자가 횡단보도를 이용하여 도로를 횡단할 때에는 자전거 등에서 내려서 자전거 등을 끌거나 들고 보행하여야 한다.

(3) 차로의 설치 등(법 제14조제1항)

시·도경찰청장은 차마의 교통을 원활하게 하기 위하여 필요한 경우에는 도로에 행정안전부령으로 정하는 차로를 설치할 수 있다. 이 경우 시·도경찰청장은 시간대에 따라 양방향의 통행량이 뚜렷하게 다른 도로에는 교통량이 많은 쪽으로 차로의 수가 확대될 수 있도록 신호기에 의하여 차로의 진행방향을 지시하는 가변차로를 설치할 수 있다.

① **차로의 설치(규칙 제15조)**

㉠ 시·도경찰청장은 도로에 차로를 설치하고자 하는 때에는 노면표시로 표시하여야 한다.

㉡ ㉠에 따라 설치되는 차로의 너비는 3[m] 이상으로 하여야 한다. 다만, 좌회전전용차로의 설치 등 부득이하다고 인정되는 때에는 275[cm] 이상으로 할 수 있다.

㉢ 차로는 횡단보도·교차로 및 철길건널목에는 설치할 수 없다.

㉣ 보도와 차도의 구분이 없는 도로에 차로를 설치하는 때에는 보행자가 안전하게 통행할 수 있도록 그 도로의 양쪽에 길가장자리구역을 설치하여야 한다.

② **차로에 따른 통행 구분(규칙 제16조제1항)** : 차로를 설치한 경우 그 도로의 중앙에서 오른쪽으로 2 이상의 차로(전용차로가 설치되어 운용되고 있는 도로에서는 전용차로 제외)가 설치된 도로 및 일방통행도로에 있어서 그 차로에 따른 통행차의 기준은 [별표 9]와 같다.

③ 차로에 따른 통행차의 기준(규칙 [별표 9])

도 로		차로 구분	통행할 수 있는 차종
고속도로 외의 도로		왼쪽 차로	승용자동차 및 경형·소형·중형 승합자동차
		오른쪽 차로	대형승합자동차, 화물자동차, 특수자동차, 법 제2조제18호나목에 따른 건설기계, 이륜자동차, 원동기장치자전거(개인형 이동장치는 제외)
고속도로	편도 2차로	1차로	앞지르기를 하려는 모든 자동차. 다만, 차량통행량 증가 등 도로상황으로 인하여 부득이하게 시속 80[km] 미만으로 통행할 수밖에 없는 경우에는 앞지르기를 하는 경우가 아니라도 통행할 수 있다.
		2차로	모든 자동차
	편도 3차로 이상	1차로	앞지르기를 하려는 승용자동차 및 앞지르기를 하려는 경형·소형·중형 승합자동차. 다만, 차량통행량 증가 등 도로상황으로 인하여 부득이하게 시속 80[km] 미만으로 통행할 수밖에 없는 경우에는 앞지르기를 하는 경우가 아니라도 통행할 수 있다.
		왼쪽 차로	승용자동차 및 경형·소형·중형 승합자동차
		오른쪽 차로	대형 승합자동차, 화물자동차, 특수자동차, 법 제2조제18호나목에 따른 건설기계

※ 비 고

1. 위 표에서 사용하는 용어의 뜻은 다음과 같다.
   가. "왼쪽 차로"란 다음에 해당하는 차로를 말한다.
      1) 고속도로 외의 도로의 경우 : 차로를 반으로 나누어 1차로에 가까운 부분의 차로. 다만, 차로수가 홀수인 경우 가운데 차로는 제외한다.
      2) 고속도로의 경우 : 1차로를 제외한 차로를 반으로 나누어 그중 1차로에 가까운 부분의 차로. 다만, 1차로를 제외한 차로의 수가 홀수인 경우 그중 가운데 차로는 제외한다.
   나. "오른쪽 차로"란 다음에 해당하는 차로를 말한다.
      1) 고속도로 외의 도로의 경우 : 왼쪽 차로를 제외한 나머지 차로
      2) 고속도로의 경우 : 1차로와 왼쪽 차로를 제외한 나머지 차로
2. 모든 차는 위 표에서 지정된 차로보다 오른쪽에 있는 차로로 통행할 수 있다.
3. 앞지르기를 할 때에는 위 표에서 지정된 차로의 왼쪽 바로 옆 차로로 통행할 수 있다.
4. 도로의 진출입 부분에서 진출입하는 때와 정차 또는 주차한 후 출발하는 때의 상당한 거리 동안은 이 표에서 정하는 기준에 따르지 아니할 수 있다.
5. 이 표 중 승합자동차의 차종 구분은 「자동차관리법 시행규칙」 [별표 1]에 따른다.
6. 다음의 차마는 도로의 가장 오른쪽에 있는 차로로 통행하여야 한다.
   가. 자전거 등
   나. 우 마
   다. 법 제2조제18호 나목에 따른 건설기계 이외의 건설기계
   라. 다음의 위험물 등을 운반하는 자동차
      1) 「위험물안전관리법」에 따른 지정수량 이상의 위험물
      2) 「총포·도검·화약류 등의 안전관리에 관한 법률」에 따른 화약류
      3) 「화학물질관리법」에 따른 유독물질
      4) 「폐기물관리법」에 따른 지정폐기물과 같은 조 제5호에 따른 의료폐기물
      5) 「고압가스 안전관리법」 같은 법 시행령에 따른 고압가스
      6) 「액화석유가스의 안전관리 및 사업법」에 따른 액화석유가스
      7) 「원자력안전법」에 따른 방사성물질 또는 그에 따라 오염된 물질
      8) 「산업안전보건법」 및 같은 법 시행령에 따른 제조 등이 금지되는 유해물질과 「산업안전보건법」 및 같은 법 시행령에 따른 허가대상 유해물질
      9) 「농약관리법」에 따른 원제
   마. 그 밖에 사람 또는 가축의 힘이나 그 밖의 동력으로 도로에서 운행되는 것
7. 좌회전 차로가 2차로 이상 설치된 교차로에서 좌회전하려는 차는 그 설치된 좌회전 차로 내에서 위 표 중 고속도로 외의 도로에서의 차로 구분에 따라 좌회전하여야 한다.

(4) 전용차로의 설치(법 제15조)

① 시장 등은 원활한 교통을 확보하기 위하여 특히 필요한 경우에는 시·도경찰청장이나 경찰서장과 협의하여 도로에 전용차로(차의 종류나 승차 인원에 따라 지정된 차만 통행할 수 있는 차로)를 설치할 수 있다.

② 전용차로의 종류, 전용차로로 통행할 수 있는 차와 그 밖에 전용차로의 운영에 필요한 사항은 대통령령으로 정한다.

③ ②에 따라 전용차로로 통행할 수 있는 차가 아니면 전용차로로 통행하여서는 아니 된다. 다만, 긴급자동차가 그 본래의 긴급한 용도로 운행되고 있는 경우 등 대통령령으로 정하는 경우에는 그러하지 아니하다.

중요 CHECK

전용차로 통행차 외에 전용차로로 통행할 수 있는 경우(영 제10조)
- 긴급자동차가 그 본래의 긴급한 용도로 운행되고 있는 경우
- 전용차로 통행차의 통행에 장해를 주지 아니하는 범위에서 택시가 승객을 태우거나 내려주기 위하여 일시 통행하는 경우. 이 경우 택시운전자는 승객이 타거나 내린 즉시 전용차로를 벗어나야 한다.
- 도로의 파손, 공사, 그 밖의 부득이한 장애로 인하여 전용차로가 아니면 통행할 수 없는 경우

④ ②에 따라 전용차로의 종류 및 통행할 수 있는 차(영 [별표 1])

전용차로의 종류	통행할 수 있는 차	
	고속도로	고속도로 외의 도로
버스 전용차로	9인승 이상 승용자동차 및 승합자동차(승용자동차 또는 12인승 이하의 승합자동차는 6명 이상이 승차한 경우로 한정)	1. 「자동차관리법」에 따른 36인승 이상의 대형승합자동차 2. 「여객자동차 운수사업법」 및 동법 시행령에 따른 36인승 미만의 사업용 승합자동차 3. 증명서를 발급받아 어린이를 운송할 목적으로 운행 중인 어린이통학버스 4. 대중교통수단으로 이용하기 위한 자율주행자동차로서 「자동차관리법」에 따라 시험·연구 목적으로 운행하기 위하여 국토교통부장관의 임시운행허가를 받은 자율주행자동차 5. 1.부터 4.까지에서 규정한 차 외의 차로서 도로에서의 원활한 통행을 위하여 시·도경찰청장이 지정한 다음의 어느 하나에 해당하는 승합자동차 가. 노선을 지정하여 운행하는 통학·통근용 승합자동차 중 16인승 이상 승합자동차 나. 국제행사 참가인원 수송 등 특히 필요하다고 인정되는 승합자동차(지방경찰청장이 정한 기간 이내로 한정) 다. 「관광진흥법」에 따른 관광숙박업자 또는 「여객자동차 운수사업법 시행령」에 따른 전세버스운송사업자가 운행하는 25인승 이상의 외국인 관광객 수송용 승합자동차(외국인 관광객이 승차한 경우만 해당)
다인승 전용차로	3명 이상 승차한 승용·승합자동차(다인승전용차로와 버스전용차로가 동시에 설치되는 경우에는 버스전용차로를 통행할 수 있는 차 제외)	
자전거 전용차로	자전거 등	

(5) 자전거횡단도의 설치 등(법 제15조의2)

① 시·도경찰청장은 도로를 횡단하는 자전거 운전자의 안전을 위하여 행정안전부령으로 정하는 기준에 따라 자전거횡단도를 설치할 수 있다.

② 자전거 등의 운전자가 자전거 등을 타고 자전거횡단도가 따로 있는 도로를 횡단할 때에는 자전거횡단도를 이용하여야 한다.

③ 차마의 운전자는 자전거 등이 자전거횡단도를 통행하고 있을 때에는 자전거 등의 횡단을 방해하거나 위험하게 하지 아니하도록 그 자전거횡단도 앞(정지선이 설치되어 있는 곳에서는 그 정지선을 말한다)에서 일시정지하여야 한다.

(6) 노면전차 전용로의 설치 등(법 제16조)

① 시장 등은 교통을 원활하게 하기 위하여 노면전차 전용도로 또는 전용차로를 설치하려는 경우에는 도시철도사업계획의 승인 전에 다음의 사항에 대하여 시·도경찰청장과 협의하여야 한다. 사업 계획을 변경하려는 경우에도 또한 같다.

㉠ 노면전차의 설치 방법 및 구간

㉡ 노면전차 전용로 내 교통안전시설의 설치

㉢ 그 밖에 노면전차 전용로의 관리에 관한 사항

② 노면전차의 운전자는 ①에 따른 노면전차 전용도로 또는 전용차로로 통행하여야 하며, 차마의 운전자는 노면전차 전용도로 또는 전용차로를 다음의 경우를 제외하고는 통행하여서는 아니 된다.

㉠ 좌회전, 우회전, 횡단 또는 회전하기 위하여 궤도부지를 가로지르는 경우

㉡ 도로, 교통안전시설, 도로의 부속물 등의 보수를 위하여 진입이 불가피한 경우

㉢ 노면전차 전용차로에서 긴급자동차가 그 본래의 긴급한 용도로 운행되고 있는 경우

(7) 자동차 등과 노면전차의 속도(규칙 제19조)

자동차 등(개인형 이동장치는 제외)과 노면전차의 도로 통행 속도는 다음과 같다.

① 일반도로(고속도로 및 자동차전용도로 외의 모든 도로)

㉠ 「국토의 계획 및 이용에 관한 법률」 제36조제1항제1호 가목부터 다목까지의 규정에 따른 주거지역·상업지역 및 공업지역의 일반도로에서는 50[km/h] 이내. 다만, 시·도경찰청장이 원활한 소통을 위하여 특히 필요하다고 인정하여 지정한 노선 또는 구간에서는 60[km/h] 이내

중요 CHECK

> **국토의 계획 및 이용에 관한 법률 제36조제1항제1호의 가목부터 다목까지**
> 가. 주거지역 : 거주의 안녕과 건전한 생활환경의 보호를 위하여 필요한 지역
> 나. 상업지역 : 상업이나 그 밖의 업무의 편익을 증진하기 위하여 필요한 지역
> 다. 공업지역 : 공업의 편익을 증진하기 위하여 필요한 지역

㉡ ㉠ 외의 일반도로에서는 60[km/h] 이내. 다만, 편도 2차로 이상의 도로에서는 80[km/h] 이내

② **자동차전용도로** : 최고속도는 90[km/h], 최저속도는 30[km/h]

③ **고속도로**

㉠ 편도 1차로 고속도로에서의 최고속도는 80[km/h], 최저속도는 50[km/h]

㉡ 편도 2차로 이상 고속도로에서의 최고속도는 100[km/h](화물자동차(적재중량 1.5[ton]을 초과하는 경우에 한함)·특수자동차·위험물운반자동차([별표 9] (주)6에 따른 위험물 등을 운반하는 자동차를 말함) 및 건설기계의 최고속도는 80[km/h]), 최저속도는 50[km/h]

㉢ ㉡에 불구하고 편도 2차로 이상의 고속도로로서 경찰청장이 고속도로의 원활한 소통을 위하여 특히 필요하다고 인정하여 지정·고시한 노선 또는 구간의 최고속도는 120[km/h](화물자동차·특수자동차·위험물운반자동차 및 건설기계의 최고속도는 90[km/h]) 이내, 최저속도는 50[km/h]

④ 비·안개·눈 등으로 인한 거친 날씨에는 ①~③에도 불구하고 다음의 기준에 따라 감속운행해야 한다. 다만, 경찰청장 또는 시·도경찰청장이 [별표 6]에 따른 가변형 속도제한표지로 최고속도를 정한 경우에는 이에 따라야 하며, 가변형 속도제한표지로 정한 최고속도와 그 밖의 안전표지로 정한 최고속도가 다를 때에는 가변형 속도제한표지에 따라야 한다.

㉠ 최고속도의 100분의 20을 줄인 속도로 운행하여야 하는 경우

- 비가 내려 노면이 젖어 있는 경우
- 눈이 20[mm] 미만 쌓인 경우

㉡ 최고속도의 100분의 50을 줄인 속도로 운행하여야 하는 경우

- 폭우·폭설·안개 등으로 가시거리가 100[m] 이내인 경우
- 노면이 얼어 붙은 경우
- 눈이 20[mm] 이상 쌓인 경우

⑤ 경찰청장 또는 시·도경찰청장이 구역 또는 구간을 지정하여 자동차 등과 노면전차의 속도를 제한하려는 경우에는 「도로의 구조·시설 기준에 관한 규칙」에 따른 설계속도, 실제 주행속도, 교통사고 발생 위험성, 도로주변 여건 등을 고려하여야 한다.

(8) 자동차를 견인할 때의 속도(규칙 제20조)

견인자동차가 아닌 자동차로 다른 자동차를 견인하여 도로(고속도로를 제외)를 통행하는 때의 속도는 (7)에도 불구하고 다음에서 정하는 바에 의한다.

① 총중량 2,000[kg] 미만인 자동차를 총중량이 그의 3배 이상인 자동차로 견인하는 경우에는 30[km/h] 이내

② ① 외의 경우 및 이륜자동차가 견인하는 경우에는 25[km/h] 이내

(9) 횡단 등의 금지(법 제18조)

① 차마의 운전자는 보행자나 다른 차마의 정상적인 통행을 방해할 우려가 있는 경우에는 차마를 운전하여 도로를 횡단하거나 유턴 또는 후진하여서는 아니 된다.

② 시 · 도경찰청장은 도로에서의 위험을 방지하고 교통의 안전과 원활한 소통을 확보하기 위하여 특히 필요하다고 인정하는 경우에는 도로의 구간을 지정하여 차마의 횡단이나 유턴 또는 후진을 금지할 수 있다.

③ 차마의 운전자는 길가의 건물이나 주차장 등에서 도로에 들어갈 때에는 일단 정지한 후에 안전한지 확인하면서 서행하여야 한다.

(10) 안전거리 확보 등(법 제19조)

① 모든 차의 운전자는 같은 방향으로 가고 있는 앞차의 뒤를 따르는 경우에는 앞차가 갑자기 정지하게 되는 경우 그 앞차와의 충돌을 피할 수 있는 필요한 거리를 확보하여야 한다.

② 자동차 등의 운전자는 같은 방향으로 가고 있는 자전거 등의 운전자에 주의하여야 하며, 그 옆을 지날 때에는 자전거 등과의 충돌을 피할 수 있는 필요한 거리를 확보하여야 한다.

③ 모든 차의 운전자는 차의 진로를 변경하려는 경우에 그 변경하려는 방향으로 오고 있는 다른 차의 정상적인 통행에 장애를 줄 우려가 있을 때에는 진로를 변경하여서는 아니 된다.

④ 모든 차의 운전자는 위험방지를 위한 경우와 그 밖의 부득이한 경우가 아니면 운전하는 차를 갑자기 정지시키거나 속도를 줄이는 등의 급제동을 하여서는 아니 된다.

(11) 진로 양보의 의무(법 제20조)

① 모든 차(긴급자동차 제외)의 운전자는 뒤에서 따라오는 차보다 느린 속도로 가려는 경우에는 도로의 우측 가장자리로 피하여 진로를 양보하여야 한다. 다만, 통행구분이 설치된 도로의 경우에는 그러하지 아니하다.

② 좁은 도로에서 긴급자동차 외의 자동차가 서로 마주보고 진행할 때에는 다음의 구분에 따른 자동차가 도로의 우측 가장자리로 피하여 진로를 양보하여야 한다.

㉠ 비탈진 좁은 도로에서 자동차가 서로 마주보고 진행하는 경우에는 올라가는 자동차

㉡ 비탈진 좁은 도로 외의 좁은 도로에서 사람을 태웠거나 물건을 실은 자동차와 동승자가 없고, 물건을 싣지 아니한 자동차가 서로 마주보고 진행하는 경우에는 동승자가 없고 물건을 싣지 아니한 자동차

(12) 앞지르기 방법 등(법 제21조)

① 모든 차의 운전자는 다른 차를 앞지르려면 앞차의 좌측으로 통행하여야 한다.

② 자전거 등의 운전자는 서행하거나 정지한 다른 차를 앞지르려면 ①에도 불구하고 앞차의 우측으로 통행할 수 있다. 이 경우 자전거 등의 운전자는 정지한 차에서 승차하거나 하차하는 사람의 안전에 유의하여 서행하거나 필요한 경우 일시정지하여야 한다.

③ ①과 ②의 경우 앞지르려고 하는 모든 차의 운전자는 반대방향의 교통과 앞차 앞쪽의 교통에도 주의를 충분히 기울여야 하며, 앞차의 속도・진로와 그 밖의 도로상황에 따라 방향지시기・등화 또는 경음기를 사용하는 등 안전한 속도와 방법으로 앞지르기를 하여야 한다.

④ 모든 차의 운전자는 ①부터 ③까지 또는 법 제60조제2항에 따른 방법으로 앞지르기를 하는 차가 있을 때에는 속도를 높여 경쟁하거나 그 차의 앞을 가로막는 등의 방법으로 앞지르기를 방해하여서는 아니 된다.

(13) 앞지르기 금지의 시기 및 장소(법 제22조)

① 모든 차의 운전자는 다음의 어느 하나에 해당하는 경우에는 앞차를 앞지르지 못한다.

㉠ 앞차의 좌측에 다른 차가 앞차와 나란히 가고 있는 경우

㉡ 앞차가 다른 차를 앞지르고 있거나 앞지르려고 하는 경우

② 모든 차의 운전자는 다음의 어느 하나에 해당하는 다른 차를 앞지르지 못한다.

㉠ 이 법이나 이 법에 따른 명령에 따라 정지하거나 서행하고 있는 차

㉡ 경찰공무원의 지시에 따라 정지하거나 서행하고 있는 차

㉢ 위험을 방지하기 위하여 정지하거나 서행하고 있는 차

③ 모든 차의 운전자는 다음의 어느 하나에 해당하는 곳에서는 다른 차를 앞지르지 못한다.

㉠ 교차로

㉡ 터널 안

㉢ 다리 위

㉣ 도로의 구부러진 곳, 비탈길의 고갯마루 부근 또는 가파른 비탈길의 내리막 등 시・도경찰청장이 도로에서의 위험을 방지하고 교통의 안전과 원활한 소통을 확보하기 위하여 필요하다고 인정하는 곳으로서 안전표지로 지정한 곳

(14) 끼어들기의 금지(법 제23조)

모든 차의 운전자는 법 제22조제2항의 어느 하나에 해당하는 경우 다른 차 앞으로 끼어들지 못한다.

(15) 철길 건널목의 통과(법 제24조)

① 모든 차 또는 노면전차의 운전자는 철길 건널목을 통과하려는 경우에는 건널목 앞에서 일시정지하여 안전한지 확인한 후에 통과하여야 한다. 다만, 신호기 등이 표시하는 신호에 따르는 경우에는 정지하지 아니하고 통과할 수 있다.

② 모든 차 또는 노면전차의 운전자는 건널목의 차단기가 내려져 있거나 내려지려고 하는 경우 또는 건널목의 경보기가 울리고 있는 동안에는 그 건널목으로 들어가서는 아니 된다.

③ 모든 차 또는 노면전차의 운전자는 건널목을 통과하다가 고장 등의 사유로 건널목 안에서 차 또는 노면전차를 운행할 수 없게 된 경우에는 즉시 승객을 대피시키고 비상신호기 등을 사용하거나 그 밖의 방법으로 철도공무원이나 경찰공무원에게 그 사실을 알려야 한다.

(16) 교차로 통행방법(법 제25조)

① 모든 차의 운전자는 교차로에서 우회전을 하려는 경우에는 미리 도로의 우측 가장자리를 서행하면서 우회전하여야 한다. 이 경우 우회전하는 차의 운전자는 신호에 따라 정지하거나 진행하는 보행자 또는 자전거 등에 주의하여야 한다.

② 모든 차의 운전자는 교차로에서 좌회전을 하려는 경우에는 미리 도로의 중앙선을 따라 서행하면서 교차로의 중심 안쪽을 이용하여 좌회전하여야 한다. 다만, 시・도경찰청장이 교차로의 상황에 따라 특히 필요하다고 인정하여 지정한 곳에서는 교차로의 중심 바깥쪽을 통과할 수 있다.

③ ②에도 불구하고 자전거 등의 운전자는 교차로에서 좌회전하려는 경우에는 미리 도로의 우측 가장자리로 붙어 서행하면서 교차로의 가장자리 부분을 이용하여 좌회전하여야 한다.

④ ①부터 ③까지의 규정에 따라 우회전이나 좌회전을 하기 위하여 손이나 방향지시기 또는 등화로써 신호를 하는 차가 있는 경우에 그 뒤차의 운전자는 신호를 한 앞차의 진행을 방해하여서는 아니 된다.

⑤ 모든 차 또는 노면전차의 운전자는 신호기로 교통정리를 하고 있는 교차로에 들어가려는 경우에는 진행하려는 진로의 앞쪽에 있는 차 또는 노면전차의 상황에 따라 교차로(정지선이 설치되어 있는 경우에는 그 정지선을 넘은 부분)에 정지하게 되어 다른 차 또는 노면전차의 통행에 방해가 될 우려가 있는 경우에는 그 교차로에 들어가서는 아니 된다.

⑥ 모든 차의 운전자는 교통정리를 하고 있지 아니하고 일시정지나 양보를 표시하는 안전표지가 설치되어 있는 교차로에 들어가려고 할 때에는 다른 차의 진행을 방해하지 아니하도록 일시정지하거나 양보하여야 한다.

(17) 회전교차로의 통행방법(법 제25조의2)

① 모든 차의 운전자는 회전교차로에서는 반시계방향으로 통행하여야 한다.

② 모든 차의 운전자는 회전교차로에 진입하려는 경우에는 서행하거나 일시정지하여야 하며, 이미 진행하고 있는 다른 차가 있는 때에는 그 차에 진로를 양보하여야 한다.

③ ① 및 ②에 따라 회전교차로 통행을 위하여 손이나 방향지시기 또는 등화로써 신호를 하는 차가 있는 경우 그 뒤차의 운전자는 신호를 한 앞차의 진행을 방해하여서는 아니 된다.

(18) 교통정리가 없는 교차로에서의 양보운전(법 제26조)

① 교통정리를 하고 있지 아니하는 교차로에 들어가려고 하는 차의 운전자는 이미 교차로에 들어가 있는 다른 차가 있을 때에는 그 차에 진로를 양보하여야 한다.

② 교통정리를 하고 있지 아니하는 교차로에 들어가려고 하는 차의 운전자는 그 차가 통행하고 있는 도로의 폭보다 교차하는 도로의 폭이 넓은 경우에는 서행하여야 하며, 폭이 넓은 도로로부터 교차로에 들어가려고 하는 다른 차가 있을 때에는 그 차에 진로를 양보하여야 한다.
③ 교통정리를 하고 있지 아니하는 교차로에 동시에 들어가려고 하는 차의 운전자는 우측도로의 차에 진로를 양보하여야 한다.
④ 교통정리를 하고 있지 아니하는 교차로에서 좌회전하려고 하는 차의 운전자는 그 교차로에서 직진하거나 우회전하려는 다른 차가 있을 때에는 그 차에 진로를 양보하여야 한다.

(19) 보행자의 보호(법 제27조)

① 모든 차 또는 노면전차의 운전자는 보행자(자전거 등에서 내려서 자전거 등을 끌거나 들고 통행하는 자전거 등의 운전자를 포함)가 횡단보도를 통행하고 있거나 통행하려고 하는 때에는 보행자의 횡단을 방해하거나 위험을 주지 아니하도록 그 횡단보도 앞(정지선이 설치되어 있는 곳에서는 그 정지선)에서 일시정지하여야 한다.
② 모든 차 또는 노면전차의 운전자는 교통정리를 하고 있는 교차로에서 좌회전이나 우회전을 하려는 경우에는 신호기 또는 경찰공무원 등의 신호나 지시에 따라 도로를 횡단하는 보행자의 통행을 방해하여서는 아니 된다.
③ 모든 차의 운전자는 교통정리를 하고 있지 아니하는 교차로 또는 그 부근의 도로를 횡단하는 보행자의 통행을 방해하여서는 아니 된다.
④ 모든 차의 운전자는 도로에 설치된 안전지대에 보행자가 있는 경우와 차로가 설치되지 아니한 좁은 도로에서 보행자의 옆을 지나는 경우에는 안전한 거리를 두고 서행하여야 한다.
⑤ 모든 차 또는 노면전차의 운전자는 보행자가 횡단보도가 설치되어 있지 아니한 도로를 횡단하고 있을 때에는 안전거리를 두고 일시정지하여 보행자가 안전하게 횡단할 수 있도록 하여야 한다.
⑥ 모든 차의 운전자는 다음의 어느 하나에 해당하는 곳에서 보행자의 옆을 지나는 경우에는 안전한 거리를 두고 서행하여야 하며, 보행자의 통행에 방해가 될 때에는 서행하거나 일시정지하여 보행자가 안전하게 통행할 수 있도록 하여야 한다.
㉠ 보도와 차도가 구분되지 아니한 도로 중 중앙선이 없는 도로
㉡ 보행자우선도로
㉢ 도로 외의 곳
⑦ 모든 차 또는 노면전차의 운전자는 어린이 보호구역 내에 설치된 횡단보도 중 신호기가 설치되지 아니한 횡단보도 앞(정지선이 설치된 경우에는 그 정지선을 말한다)에서는 보행자의 횡단 여부와 관계없이 일시정지하여야 한다.

(20) 보행자전용도로의 설치(법 제28조)

① 시·도경찰청장이나 경찰서장은 보행자의 통행을 보호하기 위하여 특히 필요한 경우에는 도로에 보행자전용도로를 설치할 수 있다.

② 차마 또는 노면전차의 운전자는 보행자전용도로를 통행하여서는 아니 된다. 다만, 시·도경찰청장이나 경찰서장은 특히 필요하다고 인정하는 경우에는 보행자전용도로에 차마의 통행을 허용할 수 있다.

③ 보행자전용도로의 통행이 허용된 차마의 운전자는 보행자를 위험하게 하거나 보행자의 통행을 방해하지 아니하도록 차마를 보행자의 걸음 속도로 운행하거나 일시정지하여야 한다.

(21) 보행자우선도로(법 제28조의2)

시·도경찰청장이나 경찰서장은 보행자우선도로에서 보행자를 보호하기 위하여 필요하다고 인정하는 경우에는 차마의 통행속도를 시속 20[km] 이내로 제한할 수 있다.

(22) 긴급자동차의 우선 통행(법 제29조)

① 긴급자동차는 긴급하고 부득이한 경우에는 도로의 중앙이나 좌측 부분을 통행할 수 있다.

② 긴급자동차는 정지하여야 하는 경우에도 불구하고 긴급하고 부득이한 경우에는 정지하지 아니할 수 있다.

③ 긴급자동차의 운전자는 ①이나 ②의 경우에 교통안전에 특히 주의하면서 통행하여야 한다.

④ 교차로나 그 부근에서 긴급자동차가 접근하는 경우에는 차마와 노면전차의 운전자는 교차로를 피하여 일시정지하여야 한다.

⑤ 모든 차와 노면전차의 운전자는 ④에 따른 곳 외의 곳에서 긴급자동차가 접근한 경우에는 긴급자동차가 우선통행할 수 있도록 진로를 양보하여야 한다.

⑥ 긴급자동차 운전자는 해당 자동차를 그 본래의 긴급한 용도로 운행하지 아니하는 경우에는 설치된 경광등을 켜거나 사이렌을 작동하여서는 아니 된다. 다만, 대통령령으로 정하는 바에 따라 범죄 및 화재 예방 등을 위한 순찰·훈련 등을 실시하는 경우에는 그러하지 아니하다.

(23) 긴급자동차에 대한 특례(법 제30조)

긴급자동차에 대하여는 다음의 사항을 적용하지 아니한다. 다만, ④부터 ⑫까지의 사항은 긴급자동차 중 소방차, 구급차, 혈액 공급차량과 대통령령으로 정하는 경찰용 자동차에 대해서만 적용하지 아니한다.

① 자동차 등의 속도 제한. 다만, 긴급자동차에 대하여 속도를 제한한 경우에는 그 규정을 적용한다.

② 앞지르기의 금지

③ 끼어들기의 금지

④ 신호위반

⑤ 보도침범

⑥ 중앙선 침범

⑦ 횡단 등의 금지

⑧ 안전거리 확보 등

⑨ 앞지르기 방법 등

⑩ 정차 및 주차의 금지

⑪ 주차금지

⑫ 고장 등의 조치

(24) 서행 또는 일시정지할 장소(법 제31조)

① 서행하여야 할 장소

㉠ 교통정리를 하고 있지 아니하는 교차로

㉡ 도로가 구부러진 부근

㉢ 비탈길의 고갯마루 부근

㉣ 가파른 비탈길의 내리막

㉤ 시・도경찰청장이 도로에서의 위험을 방지하고 교통의 안전과 원활한 소통을 확보하기 위하여 필요하다고 인정하여 안전표지로 지정한 곳

② 일시정지하여야 할 장소

㉠ 교통정리를 하고 있지 아니하고 좌우를 확인할 수 없거나 교통이 빈번한 교차로

㉡ 시・도경찰청장이 도로에서의 위험을 방지하고 교통의 안전과 원활한 소통을 확보하기 위하여 필요하다고 인정하여 안전표지로 지정한 곳

(25) 정차 및 주차의 금지(법 제32조)

모든 차의 운전자는 다음의 어느 하나에 해당하는 곳에서는 차를 정차하거나 주차하여서는 아니 된다. 다만, 이 법이나 이 법에 따른 명령 또는 경찰공무원의 지시를 따르는 경우와 위험방지를 위하여 일시정지하는 경우에는 그러하지 아니하다.

① 교차로・횡단보도・건널목이나 보도와 차도가 구분된 도로의 보도(「주차장법」에 따라 차도와 보도에 걸쳐서 설치된 노상주차장은 제외)

② 교차로의 가장자리나 도로의 모퉁이로부터 5[m] 이내인 곳

③ 안전지대가 설치된 도로에서는 그 안전지대의 사방으로부터 각각 10[m] 이내인 곳

④ 버스여객자동차의 정류지임을 표시하는 기둥이나 표지판 또는 선이 설치된 곳으로부터 10[m] 이내인 곳. 다만, 버스여객자동차의 운전자가 그 버스여객자동차의 운행시간 중에 운행노선에 따르는 정류장에서 승객을 태우거나 내리기 위하여 차를 정차하거나 주차하는 경우에는 그러하지 아니하다.

⑤ 건널목의 가장자리 또는 횡단보도로부터 10[m] 이내인 곳

⑥ 다음의 곳으로부터 5[m] 이내인 곳

㉠ 「소방기본법」에 따른 소방용수시설 또는 비상소화장치가 설치된 곳

㉡ 「소방시설 설치 및 관리에 관한 법률」에 따른 소방시설로서 대통령령으로 정하는 시설이 설치된 곳

⑦ 시・도경찰청장이 도로에서의 위험을 방지하고 교통의 안전과 원활한 소통을 확보하기 위하여 필요하다고 인정하여 지정한 곳

⑧ 시장 등이 규정에 따라 지정한 어린이 보호구역

(26) 주차금지의 장소(법 제33조)

모든 차의 운전자는 다음의 어느 하나에 해당하는 곳에 차를 주차하여서는 아니 된다.

① 터널 안 및 다리 위

② 다음의 곳으로부터 5[m] 이내인 곳

㉠ 도로공사를 하고 있는 경우에는 그 공사 구역의 양쪽 가장자리

㉡ 「다중이용업소의 안전관리에 관한 특별법」에 따른 다중이용업소의 영업장이 속한 건축물로 소방본부장의 요청에 의하여 시・도경찰청장이 지정한 곳

③ 시・도경찰청장이 도로에서의 위험을 방지하고 교통의 안전과 원활한 소통을 확보하기 위하여 필요하다고 인정하여 지정한 곳

(27) 정차 또는 주차의 방법 및 시간의 제한(법 제34조, 영 제11조)

도로 또는 노상주차장에 정차하거나 주차하려고 하는 차의 운전자는 차를 차도의 우측 가장자리에 정차하는 등 대통령령(영 제11조)으로 정하는 정차 또는 주차의 방법・시간과 금지사항 등을 지켜야 한다.

① 정차 또는 주차의 방법 및 시간

㉠ 모든 차의 운전자는 도로에서 정차할 때에는 차도의 오른쪽 가장자리에 정차할 것. 다만, 차도와 보도의 구별이 없는 도로의 경우에는 도로의 오른쪽 가장자리로부터 중앙으로 50[cm] 이상의 거리를 두어야 한다.

㉡ 여객자동차의 운전자는 승객을 태우거나 내려주기 위하여 정류소 또는 이에 준하는 장소에서 정차하였을 때에는 승객이 타거나 내린 즉시 출발하여야 하며 뒤따르는 다른 차의 정차를 방해하지 아니할 것

㉢ 모든 차의 운전자는 도로에서 주차할 때에는 시・도경찰청장이 정하는 주차의 장소・시간 및 방법에 따를 것

② 모든 차의 운전자는 ①에 따라 정차하거나 주차할 때에는 다른 교통에 방해가 되지 아니하도록 하여야 한다. 다만, 다음의 어느 하나에 해당하는 경우에는 그러하지 아니하다.

㉠ 안전표지 또는 다음의 어느 하나에 해당하는 사람의 지시에 따르는 경우

- 경찰공무원(의무경찰을 포함)
- 제주특별자치도의 자치경찰공무원(이하 "자치경찰공무원")

• 경찰공무원(자치경찰공무원을 포함)을 보조하는 사람(모범운전자, 군사훈련 및 작전에 동원되는 부대의 이동을 유도하는 군사경찰, 본래의 긴급한 용도로 운행하는 소방차・구급차를 유도하는 소방공무원)

㉡ 고장으로 인하여 부득이하게 주차하는 경우

③ 자동차의 운전자는 경사진 곳에 정차하거나 주차(도로 외의 경사진 곳에서 정차하거나 주차하는 경우를 포함)하려는 경우 자동차의 주차제동장치를 작동한 후에 다음의 어느 하나에 해당하는 조치를 취하여야 한다. 다만, 운전자가 운전석을 떠나지 아니하고 직접 제동장치를 작동하고 있는 경우는 제외한다.

㉠ 경사의 내리막 방향으로 바퀴에 고임목, 고임돌, 그 밖에 고무, 플라스틱 등 자동차의 미끄럼 사고를 방지할 수 있는 것을 설치할 것

㉡ 조향장치(操向裝置)를 도로의 가장자리(자동차에서 가까운 쪽) 방향으로 돌려놓을 것

㉢ 그 밖에 ㉠ 또는 ㉡에 준하는 방법으로 미끄럼 사고의 발생 방지를 위한 조치를 취할 것

(28) 정차 또는 주차를 금지하는 장소의 특례(법 제34조의2)

① 다음의 어느 하나에 해당하는 경우에는 정차하거나 주차할 수 있다.

㉠ 「자전거 이용 활성화에 관한 법률」에 따른 자전거이용시설 중 전기자전거 충전소 및 자전거주차장치에 자전거를 정차 또는 주차하는 경우

㉡ 시장 등의 요청에 따라 시・도경찰청장이 안전표지로 자전거 등의 정차 또는 주차를 허용한 경우

② 시・도경찰청장이 안전표지로 구역・시간・방법 및 차의 종류를 정하여 정차나 주차를 허용한 곳에서는 정차하거나 주차할 수 있다.

(29) 경사진 곳에서의 정차 또는 주차의 방법(법 제34조의3)

경사진 곳에 정차하거나 주차(도로 외의 경사진 곳에서 정차하거나 주차하는 경우를 포함)하려는 자동차의 운전자는 대통령령으로 정하는 바에 따라 고임목을 설치하거나 조향장치(操向裝置)를 도로의 가장자리 방향으로 돌려놓는 등 미끄럼 사고의 발생을 방지하기 위한 조치를 취하여야 한다.

(30) 주차위반에 대한 조치(법 제35조)

① 다음의 어느 하나에 해당하는 사람은 주차하고 있는 차가 교통에 위험을 일으키게 하거나 방해될 우려가 있을 때에는 차의 운전자 또는 관리 책임이 있는 사람에게 주차 방법을 변경하거나 그곳으로부터 이동할 것을 명할 수 있다.

㉠ 경찰공무원

㉡ 시장 등(도지사를 포함)이 대통령령으로 정하는 바에 따라 임명하는 공무원(이하 "시・군공무원")

② 경찰서장이나 시장 등은 ①의 경우 차의 운전자나 관리책임이 있는 사람이 현장에 없을 때에는 도로에서 일어나는 위험을 방지하고 교통의 안전과 원활한 소통을 확보하기 위하여 필요한 범위에서 그 차의 주차방법을 직접 변경하거나 변경에 필요한 조치를 할 수 있으며, 부득이한 경우에는 관할 경찰서나 경찰서장 또는 시장 등이 지정하는 곳으로 이동하게 할 수 있다.

③ 경찰서장이나 시장 등은 주차위반 차를 관할 경찰서나 경찰서장 또는 시장 등이 지정하는 곳으로 이동시킨 경우에는 선량한 관리자로서의 주의의무를 다하여 보관하여야 하며, 그 사실을 차의 사용자(소유자 또는 소유자로부터 차의 관리에 관한 위탁을 받은 사람)나 운전자에게 신속히 알리는 등 반환에 필요한 조치를 하여야 한다.

④ 차의 사용자나 운전자의 성명・주소를 알 수 없을 때에는 대통령령이 정하는 방법에 따라 공고하여야 한다.

⑤ 경찰서장이나 시장 등은 차의 반환에 필요한 조치 또는 공고를 하였음에도 불구하고 그 차의 사용자나 운전자가 조치 또는 공고를 한 날부터 1개월 이내에 그 반환을 요구하지 아니할 때에는 그 차를 매각하거나 폐차할 수 있다.

⑥ ②부터 ⑤까지의 규정에 따른 주차위반 차의 이동・보관・공고・매각 또는 폐차 등에 들어간 비용은 그 차의 사용자가 부담한다. 이 경우 그 비용의 징수에 관하여는 「행정대집행법」 제5조 및 제6조를 적용한다.

⑦ 차를 매각하거나 폐차한 경우 그 차의 이동・보관・공고・매각 또는 폐차 등에 들어간 비용을 충당하고 남은 금액이 있는 경우에는 그 금액을 그 차의 사용자에게 지급하여야 한다. 다만, 그 차의 사용자에게 지급할 수 없는 경우에는 「공탁법」에 따라 그 금액을 공탁하여야 한다.

(31) 차의 견인 및 보관업무 등의 대행(법 제36조)

① 경찰서장이나 시장 등은 견인하도록 한 차의 견인・보관 및 반환 업무의 전부 또는 일부를 그에 필요한 인력・시설・장비 등 자격요건을 갖춘 법인・단체 또는 개인(이하 "법인 등")으로 하여금 대행하게 할 수 있다.

② ①에 따라 차의 견인・보관 및 반환 업무를 대행하는 법인 등이 갖추어야 하는 인력・시설 및 장비 등의 요건과 그 밖에 업무의 대행에 필요한 사항은 대통령령으로 정한다.

㉠ 견인 등 대행법인 등의 요건(영 제16조) : ① 및 ②에 따라 차의 견인・보관 및 반환 업무를 대행하는 법인・단체 또는 개인(이하 "대행법인 등")이 갖추어야 하는 요건은 다음과 같다.

- 다음의 구분에 따른 주차대수 이상을 주차할 수 있는 주차시설 및 부대시설
  - 특별시 또는 광역시 지역 : 30대
  - 시 또는 군(광역시의 군을 포함한다) 지역 : 15대
- 1대 이상의 견인차
- 사무소, 차의 보관장소와 견인차 간에 서로 연락할 수 있는 통신장비

• 대행업무의 수행에 필요하다고 인정되는 인력
• 그 밖에 행정안전부령으로 정하는 차의 보관 및 관리에 필요한 장비

(32) 차와 노면전차의 등화(법 제37조, 영 제19조, 제20조)

① 모든 차 또는 노면전차의 운전자는 다음의 어느 하나에 해당하는 경우에는 전조등 · 차폭등 · 미등과 그 밖의 등화를 켜야 한다.

㉠ 밤(해가 진 후부터 해가 뜨기 전까지)에 도로에서 차 또는 노면전차를 운행하거나 고장이나 그 밖의 부득이한 사유로 도로에서 차 또는 노면전차를 정차 또는 주차하는 경우

㉡ 안개가 끼거나 비 또는 눈이 올 때에 도로에서 차 또는 노면전차를 운행하거나 고장이나 그 밖의 부득이한 사유로 도로에서 차 또는 노면전차를 정차 또는 주차하는 경우

㉢ 터널 안을 운행하거나 고장 또는 그 밖의 부득이한 사유로 터널 안 도로에서 차 또는 노면전차를 정차 또는 주차하는 경우

㉣ 도로에서 차 또는 노면전차를 운행할 때 켜야 하는 등화(燈火)의 종류(영 제19조제1항)

• 자동차 : 자동차안전기준에서 정하는 전조등, 차폭등, 미등, 번호등과 실내조명등(실내조명등은 승합자동차와 「여객자동차 운수사업법」에 따른 여객자동차운송사업용 승용자동차만 해당)
• 원동기장치자전거 : 전조등 및 미등
• 견인되는 차 : 미등 · 차폭등 및 번호등
• 노면전차 : 전조등, 차폭등, 미등 및 실내조명등
• 위의 규정 외의 차 : 시 · 도경찰청장이 정하여 고시하는 등화

㉤ 도로에서 정차하거나 주차할 때 켜야 하는 등화의 종류(영 제19조제2항)

• 자동차(이륜자동차 제외) : 자동차안전기준에서 정하는 미등 및 차폭등
• 이륜자동차 및 원동기장치자전거 : 미등(후부 반사기를 포함)
• 노면전차 : 차폭등 및 미등
• 위의 규정 외의 차 : 시 · 도경찰청장이 정하여 고시하는 등화

② 모든 차 또는 노면전차의 운전자는 밤에 차 또는 노면전차가 서로 마주보고 진행하거나 앞차의 바로 뒤를 따라가는 경우에는 등화의 밝기를 줄이거나 잠시 등화를 끄는 등의 필요한 조작을 하여야 한다. 모든 차의 운전자는 밤에 운행할 때에는 다음의 방법으로 등화를 조작하여야 한다.

㉠ 서로 마주보고 진행할 때에는 전조등의 밝기를 줄이거나 불빛의 방향을 아래로 향하게 하거나 잠시 전조등을 끌 것. 다만, 도로의 상황으로 보아 마주보고 진행하는 차 또는 노면전차의 교통을 방해할 우려가 없는 경우에는 그러하지 아니하다.

㉡ 앞의 차 또는 노면전차의 바로 뒤를 따라갈 때에는 전조등 불빛의 방향을 아래로 향하게 하고, 전조등 불빛의 밝기를 함부로 조작하여 앞의 차 또는 노면전차의 운전을 방해하지 아니할 것

㉢ 모든 차 또는 노면전차의 운전자는 교통이 빈번한 곳에서 운행할 때에는 전조등 불빛의 방향을 계속 아래로 유지하여야 한다. 다만, 시・도경찰청장이 교통의 안전과 원활한 소통을 확보하기 위하여 필요하다고 인정하여 지정한 지역에서는 그러하지 아니하다.

(33) 차의 신호(법 제38조)

① 모든 차의 운전자는 좌회전・우회전・횡단・유턴・서행・정지 또는 후진을 하거나 같은 방향으로 진행하면서 진로를 바꾸려고 하는 경우와 회전교차로에 진입하거나 회전교차로에서 진출하는 경우에는 손이나 방향지시기 또는 등화로써 그 행위가 끝날 때까지 신호를 하여야 한다.

② 신호의 시기 및 방법(영 [별표 2])

신호를 하는 경우	신호를 하는 시기	신호의 방법
좌회전・횡단・유턴 또는 같은 방향으로 진행하면서 진로를 왼쪽으로 바꾸려는 때	그 행위를 하려는 지점(좌회전할 경우에는 그 교차로의 가장자리)에 이르기 전 30[m](고속도로에서는 100[m]) 이상의 지점에 이르렀을 때	왼팔을 수평으로 펴서 차체의 왼쪽 밖으로 내밀거나 오른팔을 차체의 오른쪽 밖으로 내어 팔꿈치를 굽혀 수직으로 올리거나 왼쪽의 방향지시기 또는 등화를 조작할 것
우회전 또는 같은 방향으로 진행하면서 진로를 오른쪽으로 바꾸려는 때	그 행위를 하려는 지점(우회전할 경우에는 그 교차로의 가장자리)에 이르기 전 30[m](고속도로에서는 100[m]) 이상의 지점에 이르렀을 때	오른팔을 수평으로 펴서 차체의 오른쪽 밖으로 내밀거나 왼팔을 차체의 왼쪽 밖으로 내어 팔꿈치를 굽혀 수직으로 올리거나 오른쪽의 방향지시기 또는 등화를 조작할 것
정지할 때	그 행위를 하려는 때	팔을 차체의 밖으로 내어 45° 밑으로 펴거나 자동차안전기준에 따라 장치된 제동등을 켤 것
후진할 때	그 행위를 하려는 때	팔을 차체의 밖으로 내어 45° 밑으로 펴서 손바닥을 뒤로 향하게 하여 그 팔을 앞뒤로 흔들거나 자동차안전기준에 따라 장치된 후진등을 켤 것
뒤차에게 앞지르기를 시키려는 때	그 행위를 시키려는 때	오른팔 또는 왼팔을 차체의 왼쪽 또는 오른쪽 밖으로 수평으로 펴서 손을 앞뒤로 흔들 것
서행할 때	그 행위를 하려는 때	팔을 차체의 밖으로 내어 45° 밑으로 펴서 위아래로 흔들거나 자동차안전기준에 의하여 장치된 제동등을 깜빡일 것

(34) 승차 또는 적재의 방법과 제한(법 제39조)

① 모든 차의 운전자는 승차 인원, 적재중량 및 적재용량에 관하여 운행상의 안전기준을 넘어서 승차시키거나 적재한 상태로 운전하여서는 아니 된다. 다만, 출발지를 관할하는 경찰서장의 허가를 받은 경우에는 그러하지 아니하다.

중요 CHECK

운행상의 안전기준(영 제22조)
- 자동차의 승차인원은 승차정원 이내일 것
- 화물자동차의 적재중량은 구조 및 성능에 따르는 적재중량의 110[%] 이내일 것
- 자동차(화물자동차, 이륜자동차 및 소형 3륜자동차만 해당)의 적재용량은 다음의 구분에 따른 기준을 넘지 아니할 것
  - 길이 : 자동차 길이에 그 길이의 10분의 1을 더한 길이. 다만, 이륜자동차는 그 승차장치의 길이 또는 적재장치의 길이에 30[cm]를 더한 길이를 말한다.
  - 너비 : 자동차의 후사경(後寫鏡)으로 뒤쪽을 확인할 수 있는 범위(후사경의 높이보다 화물을 낮게 적재한 경우에는 그 화물을, 후사경의 높이보다 화물을 높게 적재한 경우에는 뒤쪽을 확인할 수 있는 범위를 말한다)의 너비
  - 높이 : 화물자동차는 지상으로부터 4[m](도로구조의 보전과 통행의 안전에 지장이 없다고 인정하여 고시한 도로노선의 경우에는 4.2[m]), 소형 3륜자동차는 지상으로부터 2.5[m], 이륜자동차는 지상으로부터 2[m]의 높이

② 모든 차 또는 노면전차의 운전자는 운전 중 타고 있는 사람 또는 타고 내리는 사람이 떨어지지 아니하도록 하기 위하여 문을 정확히 여닫는 등 필요한 조치를 하여야 한다.

③ 모든 차의 운전자는 운전 중 실은 화물이 떨어지지 아니하도록 덮개를 씌우거나 묶는 등 확실하게 고정될 수 있도록 필요한 조치를 하여야 한다.

④ 모든 차의 운전자는 영유아나 동물을 안고 운전 장치를 조작하거나 운전석 주위에 물건을 싣는 등 안전에 지장을 줄 우려가 있는 상태로 운전하여서는 아니 된다.

⑤ 시・도경찰청장은 도로에서의 위험을 방지하고 교통의 안전과 원활한 소통을 확보하기 위하여 필요하다고 인정하는 경우에는 차의 운전자에 대하여 승차 인원, 적재중량 또는 적재용량을 제한할 수 있다.

(35) 정비불량차의 운전금지(법 제40조)

모든 차의 사용자, 정비책임자 또는 운전자는 「자동차관리법」, 「건설기계관리법」이나 그 법에 따른 명령에 의한 장치가 정비되어 있지 아니한 차(이하 "정비불량차")를 운전하도록 시키거나 운전하여서는 아니 된다.

(36) 정비불량차의 점검(법 제41조)

① 경찰공무원은 정비불량차에 해당한다고 인정하는 차가 운행되고 있는 경우에는 우선 그 차를 정지시킨 후, 운전자에게 그 차의 자동차 등록증 또는 자동차 운전면허증을 제시하도록 요구하고 그 차의 장치를 점검할 수 있다.

② 경찰공무원은 ①에 따라 점검한 결과 정비불량사항이 발견된 경우에는 그 정비불량 상태의 정도에 따라 그 차의 운전자로 하여금 응급조치를 하게 한 후에 운전을 하도록 하거나 도로 또는 교통상황을 고려하여 통행구간, 통행로와 위험방지를 위한 필요한 조건을 정한 후 그에 따라 운전을 계속하게 할 수 있다.

③ 시・도경찰청장은 ②에도 불구하고 정비상태가 매우 불량하여 위험발생의 우려가 있는 경우에는 그 차의 자동차등록증을 보관하고 운전의 일시정지를 명할 수 있다. 이 경우 필요하면 10일의 범위에서 정비기간을 정하여 그 차의 사용을 정지시킬 수 있다.

④ 규정에 따른 장치의 점검 및 사용의 정지에 필요한 사항은 대통령령으로 정한다.

(37) 유사표지의 제한 및 운행금지(법 제42조, 영 제27조)

① 누구든지 자동차 등(개인형 이동장치는 제외)에 교통단속용자동차·범죄수사용자동차나 그 밖의 긴급자동차와 유사하거나 혐오감을 주는 도색이나 표지 등을 하거나 그러한 도색이나 표지 등을 한 자동차 등을 운전하여서는 아니 된다.

② 제한되는 도색이나 표지 등의 범위(영 제27조)

㉠ 긴급자동차로 오인할 수 있는 색칠 또는 표지

㉡ 욕설을 표시하거나 음란한 행위를 묘사하는 등 다른 사람에게 혐오감을 주는 그림·기호 또는 문자

제3절 운전자 및 고용주 등의 의무

1. 운전자의 의무

(1) 무면허운전 등의 금지(법 제43조)

누구든지 시·도경찰청장으로부터 운전면허를 받지 아니하거나 운전면허의 효력이 정지된 경우에는 자동차 등을 운전하여서는 아니 된다.

(2) 술에 취한 상태에서의 운전금지(법 제44조)

① 누구든지 술에 취한 상태에서 자동차 등(「건설기계관리법」에 따른 건설기계 외의 건설기계 포함), 노면전차 또는 자전거를 운전하여서는 아니 된다.

② 경찰공무원은 교통의 안전과 위험방지를 위하여 필요하다고 인정하거나 ①을 위반하여 술에 취한 상태에서 자동차 등, 노면전차 또는 자전거를 운전하였다고 인정할 만한 상당한 이유가 있는 경우에는 운전자가 술에 취하였는지를 호흡조사로 측정할 수 있다. 이 경우 운전자는 경찰공무원의 측정에 응하여야 한다.

③ ②에 따른 측정 결과에 불복하는 운전자에 대하여는 그 운전자의 동의를 받아 혈액 채취 등의 방법으로 다시 측정할 수 있다.

④ 운전이 금지되는 술에 취한 상태의 기준은 운전자의 혈중 알코올 농도가 0.03[%] 이상인 경우로 한다.

⑤ ② 및 ③에 따른 측정의 방법, 절차 등 필요한 사항은 행정안전부령으로 정한다.

(3) 과로한 때 등의 운전금지(법 제45조)

자동차 등(개인형 이동장치는 제외) 또는 노면전차의 운전자는 술에 취한 상태 외에 과로, 질병 또는 약물(마약, 대마 및 향정신성의약품과 그 밖에 행정안전부령으로 정하는 것)의 영향과 그 밖의 사유로 정상적으로 운전하지 못할 우려가 있는 상태에서 자동차 등 또는 노면전차를 운전하여서는 아니 된다.

(4) 공동 위험행위의 금지(법 제46조)

① 자동차 등(개인형 이동장치는 제외)의 운전자는 도로에서 2명 이상이 공동으로 2대 이상의 자동차 등을 정당한 사유 없이 앞뒤로 또는 좌우로 줄지어 통행하면서 다른 사람에게 위해를 끼치거나 교통상의 위험을 발생하게 하여서는 아니 된다.

② 자동차 등의 동승자는 ①에 따른 공동 위험행위를 주도하여서는 아니 된다.

(5) 위험방지를 위한 조치(법 제47조제1 · 2항)

① 경찰공무원은 자동차 등 또는 노면전차의 운전자가 규정을 위반하여 자동차 등 또는 노면전차를 운전하고 있다고 인정되는 경우에는 자동차 등 또는 노면전차를 일시정지시키고 그 운전자에게 자동차 운전면허증(이하 “운전면허증”)을 제시할 것을 요구할 수 있다.

② 경찰공무원은 규정을 위반하여 자동차 등 또는 노면전차를 운전하는 사람이나 술에 취한 상태에 자전거 등을 운전하는 사람에 대하여는 정상적으로 운전할 수 있는 상태가 될 때까지 운전의 금지를 명하고 차를 이동시키는 등 필요한 조치를 할 수 있다.

(6) 안전운전 및 친환경 경제운전의 의무(법 제48조)

① 모든 차 또는 노면전차의 운전자는 차 또는 노면전차의 조향장치와 제동장치, 그 밖의 장치를 정확하게 조작하여야 하며, 도로의 교통상황과 차 또는 노면전차의 구조 및 성능에 따라 다른 사람에게 위험과 장해를 주는 속도나 방법으로 운전하여서는 아니 된다.

② 모든 차의 운전자는 차를 친환경적이고 경제적인 방법으로 운전하여 연료소모와 탄소배출을 줄이도록 노력하여야 한다.

(7) 모든 운전자의 준수사항 등(법 제49조)

모든 차 또는 노면전차의 운전자는 다음의 사항을 지켜야 한다.

① 물이 고인 곳을 운행할 때에는 고인 물을 튀게 하여 다른 사람에게 피해를 주는 일이 없도록 할 것

② 다음의 어느 하나에 해당하는 경우에는 일시정지할 것

㉠ 어린이가 보호자 없이 도로를 횡단할 때, 어린이가 도로에서 앉아 있거나 서 있을 때 또는 어린이가 도로에서 놀이를 할 때 등 어린이에 대한 교통사고의 위험이 있는 것을 발견한 경우

㉡ 앞을 보지 못하는 사람이 흰색 지팡이를 가지거나 장애인보조견을 동반하는 등의 조치를 하고 도로를 횡단하고 있는 경우

ⓒ 지하도나 육교 등 도로횡단시설을 이용할 수 없는 지체장애인이나 노인 등이 도로를 횡단하고 있는 경우

③ 자동차의 앞면 창유리 및 운전석 좌우 옆면 창유리의 가시광선의 투과율이 대통령령으로 정하는 기준보다 낮아 교통안전 등에 지장을 줄 수 있는 차를 운전하지 아니할 것. 다만, 요인 경호용, 구급용 및 장의용(葬儀用) 자동차는 제외한다.

중요 CHECK

자동차 창유리 가시광선 투과율의 기준(영 제28조)
• 앞면 창유리 : 70[%]
• 운전석 좌우 옆면 창유리 : 40[%]

④ 교통단속용 장비의 기능을 방해하는 장치를 한 차나 그 밖에 안전운전에 지장을 줄 수 있는 것으로서 행정안전부령이 정하는 기준에 적합하지 아니한 장치를 한 차를 운전하지 아니할 것. 다만, 자율주행자동차의 신기술 개발을 위한 장치를 장착하는 경우에는 그러하지 아니하다.

⑤ 도로에서 자동차 등(개인형 이동장치는 제외. 이하 이 조에서 같다) 또는 노면전차를 세워둔 채 시비·다툼 등의 행위를 하여 다른 차마의 통행을 방해하지 아니할 것

⑥ 운전자가 차 또는 노면전차를 떠나는 경우에는 교통사고를 방지하고 다른 사람이 함부로 운전하지 못하도록 필요한 조치를 할 것

⑦ 운전자는 안전을 확인하지 아니하고 차 또는 노면전차의 문을 열거나 내려서는 아니 되며, 동승자가 교통의 위험을 일으키지 아니하도록 필요한 조치를 할 것

⑧ 운전자는 정당한 사유 없이 다음의 어느 하나에 해당하는 행위를 하여 다른 사람에게 피해를 주는 소음을 발생시키지 아니할 것
ⓐ 자동차 등을 급히 출발시키거나 속도를 급격히 높이는 행위
ⓑ 자동차 등의 원동기 동력을 차의 바퀴에 전달시키지 아니하고 원동기의 회전수를 증가시키는 행위
ⓒ 반복적이거나 연속적으로 경음기를 울리는 행위

⑨ 운전자는 승객이 차 안에서 안전운전에 현저히 장해가 될 정도로 춤을 추는 등 소란행위를 하도록 내버려두고 차를 운행하지 아니할 것

⑩ 운전자는 자동차 등 또는 노면전차의 운전 중에는 휴대용 전화(자동차용 전화 포함)를 사용하지 아니할 것. 다만, 다음의 어느 하나에 해당하는 경우에는 그러하지 아니하다.
ⓐ 자동차 등 또는 노면전차가 정지하고 있는 경우
ⓑ 긴급자동차를 운전하는 경우
ⓒ 각종 범죄 및 재해신고 등 긴급한 필요가 있는 경우
ⓓ 안전운전에 장애를 주지 아니하는 장치로서 대통령령이 정하는 장치[손으로 잡지 아니하고도 휴대용 전화(자동차용 전화 포함)를 사용할 수 있도록 해 주는 장치]를 이용하는 경우

⑪ 자동차 등 또는 노면전차의 운전 중에는 방송 등 영상물을 수신하거나 재생하는 장치(운전자가 휴대하는 것을 포함)를 통하여 운전자가 운전 중 볼 수 있는 위치에 영상이 표시되지 아니하도록 할 것. 다만, 다음의 어느 하나에 해당하는 경우에는 그러하지 아니하다.
 ㉠ 자동차 등 또는 노면전차가 정지하고 있는 경우
 ㉡ 자동차 등 또는 노면전차에 장착하거나 거치하여 놓은 영상표시장치에 다음의 영상이 표시되는 경우
  • 지리안내 영상 또는 교통정보안내 영상
  • 국가비상사태 · 재난상황 등 긴급한 상황을 안내하는 영상
  • 운전을 할 때 자동차 등 또는 노면전차의 좌우 또는 전후방을 볼 수 있도록 도움을 주는 영상

⑫ 자동차 등 또는 노면전차의 운전 중에는 영상표시장치를 조작하지 아니할 것. 다만, 다음의 어느 하나에 해당하는 경우에는 그러하지 아니하다.
 ㉠ 자동차 등과 노면전차가 정지하고 있는 경우
 ㉡ 노면전차 운전자가 운전에 필요한 영상표시장치를 조작하는 경우

⑬ 운전자는 자동차의 화물 적재함에 사람을 태우고 운행하지 아니할 것

⑭ 그 밖에 시 · 도경찰청장이 교통안전과 교통질서 유지에 필요하다고 인정하여 지정 · 공고한 사항에 따를 것

제4절 고속도로 및 자동차전용도로에서의 특례

(1) 위험방지 등의 조치(법 제58조)

경찰공무원(자치경찰공무원 제외)은 도로의 손괴, 교통사고의 발생이나 그 밖의 사정으로 고속도로 등에서 교통이 위험 또는 혼잡하거나 그러할 우려가 있을 때에는 교통의 위험 또는 혼잡을 방지하고 교통의 안전 및 원활한 소통을 확보하기 위하여 필요한 범위에서 진행 중인 자동차의 통행을 일시 금지 또는 제한하거나 그 자동차의 운전자에게 필요한 조치를 명할 수 있다.

※ 고속도로 등 : 고속도로 또는 자동차전용도로

(2) 교통안전시설의 설치 및 관리(법 제59조)

① 고속도로의 관리자는 고속도로에서 일어나는 위험을 방지하고 교통의 안전과 원활한 소통을 확보하기 위하여 교통안전시설을 설치 · 관리하여야 한다. 이 경우 고속도로의 관리자가 교통안전시설을 설치하려면 경찰청장과 협의하여야 한다.

② 경찰청장은 고속도로의 관리자에게 교통안전시설의 관리에 관하여 필요한 사항을 지시할 수 있다.

(3) 갓길 통행금지 등(법 제60조)

① 자동차의 운전자는 고속도로 등에서 자동차의 고장 등 부득이한 사정이 있는 경우를 제외하고는 행정안전부령으로 정하는 차로에 따라 통행하여야 하며, 갓길(「도로법」에 따른 길어깨를 말함)로 통행하여서는 아니 된다. 다만, 다음의 어느 하나에 해당하는 경우에는 그러하지 아니하다.

㉠ 긴급자동차와 고속도로 등의 보수·유지 등의 작업을 하는 자동차를 운전하는 경우

㉡ 차량정체 시 신호기 또는 경찰공무원 등의 신호나 지시에 따라 갓길에서 자동차를 운전하는 경우

② 자동차의 운전자는 고속도로에서 다른 차를 앞지르려면 방향지시기, 등화 또는 경음기를 사용하여 행정안전부령이 정하는 차로로 안전하게 통행하여야 한다.

(4) 고속도로 전용차로의 설치(법 제61조제1항)

경찰청장은 고속도로의 원활한 소통을 위하여 특히 필요한 경우에는 고속도로에 전용차로를 설치할 수 있다.

(5) 횡단 등의 금지(법 제62조)

자동차의 운전자는 그 차를 운전하여 고속도로 등을 횡단하거나 유턴 또는 후진하여서는 아니 된다. 다만, 긴급자동차 또는 도로의 보수·유지 등의 작업을 하는 자동차 가운데 고속도로 등에서의 위험을 방지·제거하거나 교통사고에 대한 응급조치작업을 위한 자동차로서 그 목적을 위하여 반드시 필요한 경우에는 그러하지 아니하다.

(6) 통행 등의 금지(법 제63조)

자동차(이륜자동차는 긴급자동차만 해당) 외의 차마의 운전자 또는 보행자는 고속도로 등을 통행하거나 횡단하여서는 아니 된다.

(7) 고속도로 등에서의 정차 및 주차의 금지(법 제64조)

자동차의 운전자는 고속도로 등에서 차를 정차하거나 주차시켜서는 아니 된다. 다만, 다음의 어느 하나에 해당하는 경우에는 그러하지 아니하다.

① 법령의 규정 또는 경찰공무원(자치경찰공무원은 제외)의 지시에 따르거나 위험을 방지하기 위하여 일시 정차 또는 주차시키는 경우

② 정차 또는 주차할 수 있도록 안전표지를 설치한 곳이나 정류장에서 정차 또는 주차시키는 경우

③ 고장이나 그 밖의 부득이한 사유로 길가장자리구역(갓길을 포함)에 정차 또는 주차시키는 경우

④ 통행료를 내기 위하여 통행료를 받는 곳에서 정차하는 경우

⑤ 도로의 관리자가 고속도로 등을 보수·유지 또는 순회하기 위하여 정차 또는 주차시키는 경우

⑥ 경찰용 긴급자동차가 고속도로 등에서 범죄수사, 교통단속이나 그 밖의 경찰임무를 수행하기 위하여 정차 또는 주차시키는 경우

⑦ 소방차가 고속도로 등에서 화재진압 및 인명 구조·구급 등 소방활동, 소방지원활동 및 생활안전활동을 수행하기 위하여 정차 또는 주차시키는 경우
⑧ 경찰용 긴급자동차 및 소방차를 제외한 긴급자동차가 사용 목적을 달성하기 위하여 정차 또는 주차시키는 경우
⑨ 교통이 밀리거나 그 밖의 부득이한 사유로 움직일 수 없을 때에 고속도로 등의 차로에 일시 정차 또는 주차시키는 경우

(8) 고속도로 진입 시의 우선순위(법 제65조)

① 자동차(긴급자동차 제외)의 운전자는 고속도로에 들어가려고 하는 경우에는 그 고속도로를 통행하고 있는 다른 자동차의 통행을 방해하여서는 아니 된다.
② 긴급자동차 외의 자동차의 운전자는 긴급자동차가 고속도로에 들어가는 경우에는 그 진입을 방해하여서는 아니 된다.

(9) 고장 등의 조치(법 제66조, 규칙 제40조)

① 자동차의 운전자는 고장이나 그 밖의 사유로 고속도로 등에서 자동차를 운행할 수 없게 되었을 때에는 행정안전부령으로 정하는 표지(고장자동차의 표지)를 설치하여야 하며, 그 자동차를 고속도로 등이 아닌 다른 곳으로 옮겨놓는 등의 필요한 조치를 하여야 한다.
㉠ 「자동차관리법 시행령」, 「자동차 및 자동차부품의 성능과 기준에 관한 규칙」에 따른 안전삼각대(국토교통부령 자동차 및 자동차부품의 성능과 기준에 관한 규칙 일부개정령 부칙 제6조에 따라 국토교통부장관이 정하여 고시하는 기준을 충족하도록 제작된 안전삼각대를 포함)를 설치하여야 한다.

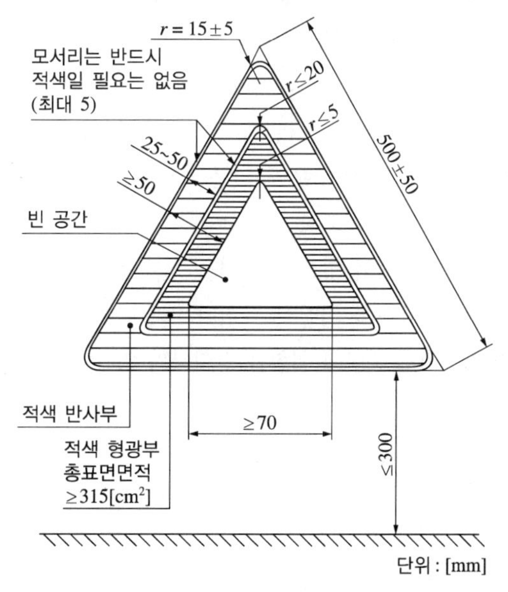

그림 : 자동차 및 자동차 부품의 성능과 기준에 관한 규칙 별표 30의5

[안전삼각대의 형상 및 치수 조건]

㉡ 사방 500[m] 지점에서 식별할 수 있는 적색의 섬광신호・전기제등 또는 불꽃신호. 다만, 밤에 고장이나 그 밖의 사유로 고속도로 등에서 자동차를 운행할 수 없게 되었을 때로 한정한다.

② 자동차의 운전자는 ㉠에 따른 표지를 설치하는 경우 그 자동차의 후방에서 접근하는 자동차의 운전자가 확인할 수 있는 위치에 설치하여야 한다.

(10) 운전자의 고속도로 등에서의 준수사항(법 제67조)

고속도로 등을 운행하는 자동차의 운전자는 교통의 안전과 원활한 소통을 확보하기 위하여 고장자동차의 표지를 항상 비치하며, 고장이나 그 밖의 부득이한 사유로 자동차를 운행할 수 없게 되었을 때에는 자동차를 도로의 우측 가장자리에 정지시키고 행정안전부령으로 정하는 바에 따라 그 표지를 설치하여야 한다.

제5절 도로의 사용

(1) 도로에서의 금지행위 등(법 제68조)

① 누구든지 함부로 신호기를 조작하거나 교통안전시설을 철거・이전하거나 손괴하여서는 아니 되며, 교통안전시설이나 그와 비슷한 인공구조물을 도로에 설치하여서는 아니 된다.

② 누구든지 교통에 방해가 될 만한 물건을 도로에 함부로 내버려두어서는 아니 된다.

③ 누구든지 다음의 어느 하나에 해당하는 행위를 하여서는 아니 된다.

㉠ 술에 취하여 도로에서 갈팡질팡하는 행위

㉡ 도로에서 교통에 방해되는 방법으로 눕거나 앉거나 서 있는 행위

㉢ 교통이 빈번한 도로에서 공놀이 또는 썰매타기 등의 놀이를 하는 행위

㉣ 돌・유리병・쇳조각이나 그 밖에 도로에 있는 사람이나 차마를 손상시킬 우려가 있는 물건을 던지거나 발사하는 행위

㉤ 도로를 통행하고 있는 차마에서 밖으로 물건을 던지는 행위

㉥ 도로를 통행하고 있는 차마에서 뛰어 오르거나 매달리거나 차마에서 뛰어내리는 행위

㉦ 그 밖에 시・도경찰청장이 교통상의 위험을 방지하기 위하여 필요하다고 인정하여 지정・공고한 행위

(2) 도로공사의 신고 및 안전조치 등(법 제69조)

① 도로관리청 또는 공사시행청의 명령에 따라 도로를 파거나 뚫는 등 공사를 하려는 사람(이하 이 조에서 "공사시행자")은 공사시행 3일 전에 그 일시, 공사구간, 공사기간 및 시행방법, 그 밖에 필요한 사항을 관할 경찰서장에게 신고하여야 한다. 다만, 산사태나 수도관 파열 등으로 긴급히 시공할 필요가 있는 경우에는 그에 알맞은 안전조치를 하고 공사를 시작한 후에 지체 없이 신고하여야 한다.

② 관할 경찰서장은 공사장 주변의 교통정체가 예상하지 못한 수준까지 현저히 증가하고, 교통의 안전과 원활한 소통에 미치는 영향이 중대하다고 판단하면 해당 도로관리청과 사전 협의하여 ①에 따른 공사시행자에 대하여 공사시간의 제한 등 필요한 조치를 할 수 있다.

③ 공사시행자는 공사기간 중 차마의 통행을 유도하거나 지시 등을 할 필요가 있을 때에는 관할 경찰서장의 지시에 따라 교통안전시설을 설치하여야 한다.

④ 공사시행자는 공사기간 중 공사의 규모, 주변 교통환경 등을 고려하여 필요한 경우 관할 경찰서장의 지시에 따라 안전요원 또는 안전유도 장비를 배치하여야 한다.

⑤ ③에 따른 교통안전시설 설치 및 ④에 따른 안전요원 또는 안전유도 장비 배치에 필요한 사항은 행정안전부령으로 정한다.

⑥ 공사시행자는 공사로 인하여 교통안전시설을 훼손한 경우에는 행정안전부령으로 정하는 바에 따라 원상회복하고 그 결과를 관할 경찰서장에게 신고하여야 한다.

(3) 도로의 점용허가 등에 관한 통보 등(법 제70조)

① 도로관리청이 도로에서 다음의 어느 하나에 해당하는 행위를 하였을 때에는 고속도로의 경우에는 경찰청장에게 그 내용을 즉시 통보하고, 고속도로 외의 도로의 경우에는 관할 경찰서장에게 그 내용을 즉시 통보하여야 한다.

㉠ 「도로법」 제61조에 따른 도로의 점용허가

㉡ 「도로법」 제76조에 따른 통행의 금지나 제한 또는 같은 법 제77조에 따른 차량의 운행제한

② ①에 따라 통보를 받은 경찰청장이나 관할 경찰서장은 교통의 안전과 원활한 소통을 확보하기 위하여 필요하다고 인정하면 도로관리청에 필요한 조치를 요구할 수 있다. 이 경우 도로관리청은 정당한 사유가 없으면 그 조치를 하여야 한다.

(4) 도로의 위법 인공구조물에 대한 조치(법 제71조)

① 경찰서장은 다음의 어느 하나에 해당하는 사람에 대하여 위반행위를 시정하도록 하거나 그 위반행위로 인하여 생긴 교통장해를 제거할 것을 명할 수 있다.

㉠ 교통안전시설이나 그 밖에 이와 비슷한 인공구조물을 함부로 설치한 사람

㉡ 규정을 위반하여 물건을 도로에 내버려 둔 사람

㉢ 「도로법」 제61조를 위반하여 교통에 방해가 될 만한 인공구조물 등을 설치하거나 그 공사 등을 한 사람

② 경찰서장은 ①의 어느 하나에 해당하는 사람의 성명・주소를 알지 못하여 조치를 명할 수 없을 때에는 스스로 그 인공구조물 등을 제거하는 등 조치를 한 후 이를 보관하여야 한다. 이 경우 닳아 없어지거나 파괴될 우려가 있거나 보관하는 것이 매우 곤란한 인공구조물 등은 매각하여 그 대금을 보관할 수 있다.

③ ②에 따른 인공구조물 등의 보관 및 매각 등에 필요한 사항은 대통령령으로 정한다.

(5) 도로의 지상 인공구조물 등에 대한 위험방지 조치(법 제72조)

① 경찰서장은 도로의 지상 인공구조물이나 그 밖의 시설 또는 물건이 교통에 위험을 일으키게 하거나 교통에 뚜렷이 방해될 우려가 있으면 그 인공구조물 등의 소유자・점유자 또는 관리자에게 그것을 제거하도록 하거나 그 밖에 교통안전에 필요한 조치를 명할 수 있다.

② 경찰서장은 인공구조물 등의 소유자・점유자 또는 관리자의 성명・주소를 알지 못하여 ①에 따른 조치를 명할 수 없을 때에는 스스로 그 인공구조물 등을 제거하는 등 조치를 한 후 보관하여야 한다. 이 경우 닳아 없어지거나 파괴될 우려가 있거나 보관하는 것이 매우 곤란한 인공구조물 등은 매각하여 그 대금을 보관할 수 있다.

제6절 운전면허 및 그 밖의 개정사항

(1) 운전면허(법 제80조)

① 자동차 등을 운전하려는 사람은 시・도경찰청장으로부터 운전면허를 받아야 한다. 다만, 원동기를 단차 중 교통약자가 최고속도 시속 20[km] 이하로만 운행될 수 있는 차를 운전하는 경우에는 그러하지 아니하다.

② 시・도경찰청장은 운전을 할 수 있는 차의 종류를 기준으로 다음과 같이 운전면허의 범위를 구분하고 관리하여야 한다. 이 경우 운전면허의 범위에 따라 운전할 수 있는 차의 종류는 행정안전부령(규칙 [별표 18])으로 정한다.

㉠ 제1종 운전면허 : 대형면허, 보통면허, 소형면허, 특수면허(대형견인차, 소형견인차, 구난차)

㉡ 제2종 운전면허 : 보통면허, 소형면허, 원동기장치자전거면허

㉢ 연습운전면허 : 제1종 보통연습면허, 제2종 보통연습면허

◆ Tip 운전면허는 제1종 운전면허, 제2종 운전면허, 연습면허로 구분된다. 운전면허의 범위 구분은 시험에 자주 출제되므로 정확하게 숙지하도록 한다.

③ 운전할 수 있는 차의 종류(규칙 [별표 18])

운전면허 종별	운전면허 구분		운전할 수 있는 차량
제1종	대형면허		• 승용자동차, 승합자동차, 화물자동차 • 건설기계 – 덤프트럭, 아스팔트살포기, 노상안정기 – 콘크리트 믹서트럭, 콘크리트 펌프, 천공기(트럭 적재식) – 콘크리트믹서 트레일러, 아스팔트 콘크리트재생기 – 도로보수트럭, 3톤 미만의 지게차 • 특수자동차(대형견인차, 소형견인차 및 구난차(이하 "구난차 등") 제외) • 원동기장치자전거
	보통면허		• 승용자동차 • 승차정원 15인 이하의 승합자동차 • 적재중량 12톤 미만의 화물자동차 • 건설기계(도로를 운행하는 3톤 미만의 지게차에 한정함) • 총중량 10톤 미만의 특수자동차(구난차 등은 제외) • 원동기장치자전거
	소형면허		• 3륜화물자동차 • 3륜승용자동차 • 원동기장치자전거
	특수면허	대형견인차	• 견인형 특수자동차 • 제2종 보통면허로 운전할 수 있는 차량
		소형견인차	• 총중량 3.5톤 이하의 견인형 특수자동차 • 제2종 보통면허로 운전할 수 있는 차량
		구난차	• 구난형 특수자동차 • 제2종 보통면허로 운전할 수 있는 차량
제2종	보통면허		• 승용자동차 • 승차정원 10인 이하의 승합자동차 • 적재중량 4톤 이하의 화물자동차 • 총중량 3.5톤 이하의 특수자동차(구난차 등은 제외) • 원동기장치자전거
	소형면허		• 이륜자동차(운반차 포함) • 원동기장치자전거
	원동기장치자전거면허		원동기장치자전거
연습면허	제1종 보통		• 승용자동차 • 승차정원 15인 이하의 승합자동차 • 적재중량 12톤 미만의 화물자동차
	제2종 보통		• 승용자동차 • 승차정원 10인 이하의 승합자동차 • 적재중량 4톤 이하의 화물자동차

③ 시・도경찰청장은 운전면허를 받을 사람의 신체상태 또는 운전능력에 따라 행정안전부령으로 정하는 바에 따라 운전할 수 있는 자동차 등의 구조를 한정하는 등 운전면허에 필요한 조건을 붙일 수 있다.

중요 CHECK

운전면허의 조건 등(규칙 제54조제2항)

도로교통공단으로부터 통보를 받은 시·도경찰청장이 운전면허를 받을 사람 또는 적성검사를 받은 사람에게 붙이거나 바꿀 수 있는 조건은 다음과 같이 구분한다.

- 자동차 등의 구조를 한정하는 조건
  - 자동변속기장치 자동차만을 운전하도록 하는 조건
  - 삼륜 이상의 원동기장치자전거(다륜원동기장치자전거)만을 운전하도록 하는 조건
  - 가속페달 또는 브레이크를 손으로 조작하는 장치, 오른쪽 방향지시기 또는 왼쪽 액셀러레이터를 부착하도록 하는 조건
  - 신체장애 정도에 적합하게 제작·승인된 자동차 등만을 운전하도록 하는 조건
- 의수·의족·보청기 등 신체상의 장애를 보완하는 보조수단을 사용하도록 하는 조건
- 청각장애인이 운전하는 자동차에는 청각장애인표지와 충분한 시야를 확보할 수 있는 볼록거울을 별도로 부착하도록 하는 조건

④ 시·도경찰청장은 적성검사를 받은 사람의 신체상태 또는 운전능력에 따라 ③에 따른 조건을 새로 붙이거나 바꿀 수 있다.

(2) 연습운전면허의 효력(법 제81조)

연습운전면허는 그 면허를 받은 날부터 1년 동안 효력을 가진다. 다만, 연습운전면허를 받은 날부터 1년 이전이라도 연습운전면허를 받은 사람이 제1종 보통면허 또는 제2종 보통면허를 받은 경우 연습운전면허는 그 효력을 잃는다.

(3) 운전면허의 취소·정지처분 기준(규칙 [별표 28])

① 일반기준

㉠ 벌점의 종합관리

- 누산점수의 관리 : 과거 3년간의 모든 벌점을 누산 관리
- 무위반·무사고기간 경과로 인한 벌점 소멸 : 처분벌점이 40점 미만인 경우, 최종의 위반일 또는 사고일로부터 위반 및 사고 없이 1년이 경과한 때에는 그 처분벌점 소멸

㉡ 벌점 공제

- 인적피해 교통사고 도주차량의 운전자를 검거하거나 신고하여 검거하게 한 운전자(교통사고의 피해자가 아닌 경우로 한정) : 검거 또는 신고할 때마다 40점의 특혜점수를 부여(기간에 관계없이)
- 무위반·무사고 서약(1년간)를 실천한 운전자 : 실천할 때마다 10점의 특혜점수(기간에 관계없이)

㉢ 벌점 등 초과로 인한 운전면허의 취소·정지

- 벌점·누산점수 초과로 인한 면허 취소 : 1회의 위반·사고로 인한 벌점 또는 연간 누산점수가 다음 표의 벌점 또는 누산점수에 도달한 때에는 그 운전면허를 취소한다.

기 간	벌점 또는 누산점수
1년간	121점 이상
2년간	201점 이상
3년간	271점 이상

- 벌점·처분벌점 초과로 인한 면허 정지 : 운전면허 정지처분은 1회의 위반·사고로 인한 벌점 또는 처분벌점이 40점 이상이 된 때부터 결정 집행(원칙적으로 1점을 1일로 계산)

㉣ 특별교통안전교육에 따른 처분벌점 및 정지처분집행일수의 감경

- 처분벌점이 40점 미만인 사람 : 특별교통안전 권장교육 중 벌점감경교육을 마친 경우에는 경찰서장에게 교육확인증을 제출한 날부터 처분벌점에서 20점을 감경
- 운전면허 정지처분을 받게 되거나 받은 사람 : 특별교통안전 의무교육이나 특별교통안전 권장교육 중 법규준수교육(권장)을 마친 경우에는 경찰서장에게 교육확인증을 제출한 날부터 정지처분기간에서 20일을 감경, 특별교통안전 의무교육이나 특별교통안전 권장교육 중 법규준수교육(권장)을 마친 후에 특별교통안전 권장교육 중 현장참여교육을 마친 경우에는 경찰서장에게 교육확인증을 제출한 날부터 정지처분기간에서 30일을 추가로 감경

② 취소처분 개별기준

위반사항	내 용
교통사고를 일으키고 구호조치를 하지 아니한 때	교통사고로 사람을 죽게 하거나 다치게 하고, 구호조치를 하지 아니한 때
술에 취한 상태에서 운전한 때	• 술에 취한 상태의 기준(혈중알코올농도 0.03[%] 이상)을 넘어서 운전을 하다가 교통사고로 사람을 죽게 하거나 다치게 한 때 • 혈중알코올농도 0.08[%] 이상의 상태에서 운전한 때 • 술에 취한 상태의 기준을 넘어 운전하거나 술에 취한 상태의 측정에 불응한 사람이 다시 술에 취한 상태(혈중알코올농도 0.03[%] 이상)에서 운전한 때
술에 취한 상태의 측정에 불응한 때	술에 취한 상태에서 운전하거나 술에 취한 상태에서 운전하였다고 인정할 만한 상당한 이유가 있음에도 불구하고 경찰공무원의 측정 요구에 불응한 때
다른 사람에게 운전면허증 대여(도난, 분실 제외)	• 면허증 소지자가 다른 사람에게 면허증을 대여하여 운전하게 한 때 • 면허 취득자가 다른 사람의 면허증을 대여 받거나 그 밖에 부정한 방법으로 입수한 면허증으로 운전한 때

위반사항	내 용
결격사유에 해당	• 교통상의 위험과 장해를 일으킬 수 있는 정신질환자 또는 뇌전증환자로서 영 제42조 제1항에 해당하는 사람 • 앞을 보지 못하는 사람(한쪽 눈만 보지 못하는 사람의 경우에는 제1종 운전면허 중 대형면허·특수면허로 한정) • 듣지 못하는 사람(제1종 운전면허 중 대형면허·특수면허로 한정) • 양 팔의 팔꿈치 관절 이상을 잃은 사람, 또는 양팔을 전혀 쓸 수 없는 사람. 다만, 본인의 신체장애 정도에 적합하게 제작된 자동차를 이용하여 정상적으로 운전할 수 있는 경우는 제외 • 다리, 머리, 척추 그 밖의 신체장애로 인하여 앉아 있을 수 없는 사람 • 교통상의 위험과 장해를 일으킬 수 있는 마약, 대마, 향정신성 의약품 또는 알코올 중독자로서 영 제42조제3항에 해당하는 사람
약물을 사용한 상태에서 자동차 등을 운전한 때	약물(마약·대마·향정신성 의약품 및 「화학물질관리법 시행령」 제11조에 따른 환각물질)의 투약·흡연·섭취·주사 등으로 정상적인 운전을 하지 못할 염려가 있는 상태에서 자동차 등을 운전한 때
공동위험행위	• 공동위험행위로 구속된 때
난폭운전	• 난폭운전으로 구속된 때
속도위반	최고속도보다 100[km/h]를 초과한 속도로 3회 이상 운전한 때
정기적성검사 불합격 또는 기간 1년 경과	정기적성검사에 불합격하거나 적성검사기간 만료일 다음날부터 적성검사를 받지 아니하고 1년을 초과한 때
수시적성검사 불합격 또는 기간 경과	수시적성검사에 불합격하거나 수시적성검사 기간을 초과한 때
운전면허 행정처분기간 중 운전행위	운전면허 행정처분 기간 중에 운전한 때
허위 또는 부정한 수단으로 운전면허를 받은 경우	• 허위·부정한 수단으로 운전면허를 받은 때 • 결격사유에 해당하여 운전면허를 받을 자격이 없는 사람이 운전면허를 받은 때 • 운전면허 효력의 정지기간 중에 면허증 또는 운전면허증에 갈음하는 증명서를 교부받은 사실이 드러난 때
등록 또는 임시운행 허가를 받지 아니한 자동차를 운전한 때	「자동차관리법」에 따라 등록되지 아니하거나 임시운행 허가를 받지 아니한 자동차(이륜자동차를 제외)를 운전한 때
자동차 등을 이용하여 형법상 특수상해 등을 행한 때(보복운전)	자동차 등을 이용하여 형법상 특수상해, 특수폭행, 특수협박, 특수손괴를 행하여 구속된 때
다른 사람을 위하여 운전면허시험에 응시한 때	운전면허를 가진 사람이 다른 사람을 부정하게 합격시키기 위하여 운전면허 시험에 응시한 때
운전자가 단속 경찰공무원 등에 대한 폭행	단속하는 경찰공무원 등 및 시·군·구 공무원을 폭행하여 형사입건된 때
연습면허 취소사유가 있었던 경우	제1종 보통 및 제2종 보통면허를 받기 이전에 연습면허의 취소 사유가 있었던 때(연습면허에 대한 취소절차 진행 중 제1종 보통 및 제2종 보통면허를 받은 경우를 포함)

③ 정지처분 개별기준

위반사항	벌 점
• 속도위반(100[km/h] 초과)[보호구역 안의 경우 벌점 120점] • 술에 취한 상태의 기준을 넘어서 운전한 때(혈중알코올농도 0.03[%] 이상 0.08[%] 미만) • 자동차 등을 이용하여 형법상 특수상해 등(보복운전)을 하여 입건된 때	100
• 속도위반(80[km/h] 초과 100[km/h] 이하)[보호구역 안의 경우 벌점 120점]	80
• 속도위반(60[km/h] 초과 80[km/h] 이하)[보호구역 안의 경우 벌점에 2배]	60
• 정차·주차위반에 대한 조치불응(단체에 소속되거나 다수인에 포함되어 경찰공무원의 3회 이상의 이동명령에 따르지 아니하고 교통을 방해한 경우에 한함) • 공동위험행위로 형사입건된 때 • 난폭운전으로 형사입건된 때 • 안전운전의무위반(단체에 소속되거나 다수인에 포함되어 경찰공무원의 3회 이상의 안전운전 지시에 따르지 아니하고 타인에게 위험과 장해를 주는 속도나 방법으로 운전한 경우에 한함) • 승객의 차내 소란행위 방치운전 • 출석기간 또는 범칙금 납부기간 만료일부터 60일이 경과될 때까지 즉결심판을 받지 아니한 때[자동차 등을 운전한 경우 한정]	40
• 통행구분 위반(중앙선 침범에 한함)[자동차 등을 운전한 경우 한정] • 속도위반(40[km/h] 초과 60[km/h] 이하)[보호구역 안의 경우 벌점에 2배] • 철길건널목 통과방법 위반[자동차 등을 운전한 경우 한정] • 회전교차로 통행방법 위반(통행 방향 위반에 한정) • 어린이통학버스 특별보호 위반 • 어린이통학버스 운전자의 의무위반(좌석안전띠를 매도록 하지 아니한 운전자는 제외) • 고속도로·자동차전용도로 갓길통행 • 고속도로 버스전용차로·다인승전용차로 통행위반[자동차 등을 운전한 경우 한정] • 운전면허증 등의 제시의무위반 또는 운전자 신원확인을 위한 경찰공무원의 질문에 불응	30
• 신호·지시위반[자동차 등을 운전한 경우 한정, 보호구역 안의 경우 벌점에 2배] • 속도위반(20[km/h] 초과 40[km/h] 이하)[보호구역 안의 경우 벌점에 2배] • 속도위반(어린이보호구역 안에서 오전 8시부터 오후 8시까지 사이에 제한속도를 20[km/h] 이내에서 초과한 경우에 한정) • 앞지르기 금지시기·장소위반[자동차 등을 운전한 경우 한정] • 적재 제한 위반 또는 적재물 추락 방지 위반 • 운전 중 휴대용 전화 사용 • 운전 중 운전자가 볼 수 있는 위치에 영상 표시 • 운전 중 영상표시장치 조작 • 운행기록계 미설치 자동차 운전금지 등의 위반	15
• 통행구분 위반(보도침범, 보도 횡단방법 위반)[자동차 등을 운전한 경우 한정] • 차로통행 준수의무 위반, 지정차로 통행위반(진로변경 금지장소에서의 진로변경 포함)[자동차 등을 운전한 경우 한정] • 일반도로 전용차로 통행위반[자동차 등을 운전한 경우 한정] • 안전거리 미확보(진로변경 방법위반 포함)[자동차 등을 운전한 경우 한정] • 앞지르기 방법위반[자동차 등을 운전한 경우 한정] • 보행자 보호 불이행(정지선 위반 포함)[자동차 등을 운전한 경우 한정, 보호구역 안의 경우 벌점에 2배] • 승객 또는 승하차자 추락방지조치 위반[자동차 등을 운전한 경우 한정] • 안전운전 의무 위반[자동차 등을 운전한 경우 한정] • 노상 시비·다툼 등으로 차마의 통행 방해 행위 • 돌·유리병·쇳조각이나 그 밖에 도로에 있는 사람이나 차마를 손상시킬 우려가 있는 물건을 던지거나 발사하는 행위[자동차 등을 운전한 경우 한정] • 도로를 통행하고 있는 차마에서 밖으로 물건을 던지는 행위[자동차 등을 운전한 경우 한정]	10

※ 위 표에서의 "보호구역"이란 어린이보호구역 및 노인·장애인보호구역을 말하며, 보호구역 안에서 오전 8시부터 오후 8시까지 사이에 해당하는 위반행위를 한 운전자에게는 [ ] 안에 정의한 만큼의 벌점을 부과한다.

④ 자동차 등의 운전 중 교통사고를 일으킨 때

㉠ 사고결과에 따른 벌점기준

구 분		벌 점	내 용
인적 피해 교통 사고	사망 1명마다	90	사고발생 시부터 72시간 이내에 사망한 때
	중상 1명마다	15	3주 이상의 치료를 요하는 의사의 진단이 있는 사고
	경상 1명마다	5	3주 미만 5일 이상의 치료를 요하는 의사의 진단이 있는 사고
	부상신고 1명마다	2	5일 미만의 치료를 요하는 의사의 진단이 있는 사고

㉡ 조치 등 불이행에 따른 벌점기준

불이행사항	벌 점	내 용
교통사고 야기 시 조치 불이행	15	1. 물적 피해가 발생한 교통사고를 일으킨 후 도주한 때
	30	2. 교통사고를 일으킨 즉시(그때, 그 자리에서 곧)사상자를 구호하는 등의 조치를 하지 아니하였으나 그 후 자진신고를 한 때 가. 고속도로, 특별시·광역시 및 시의 관할구역과 군(광역시의 군을 제외)의 관할구역 중 경찰관서가 위치하는 리 또는 동 지역에서 3시간(그 밖의 지역에서는 12시간) 이내에 자진신고를 한 때
	60	나. 가.에 따른 시간 후 48시간 이내에 자진신고를 한 때

(4) 운전자의 범칙행위 및 범칙금액(영 [별표 8])

위반행위		승합자동차 등	승용자동차 등	이륜자동차 등	자전거 등	손수레 등
속도위반 ([km/h] 기준)	60 초과	13만원	12만원	8만원	–	–
	40 초과~60 이하	10만원	9만원	6만원	–	–
	20 초과~40 이하	7만원	6만원	4만원	3만원	3만원
	20 이하	3만원	3만원	2만원	1만원	1만원
정차·주차 금지 위반 (안전표지가 설치된 곳)		9만원	8만원	6만원	4만원	4만원
정차·주차 금지 위반 (안전표지가 설치된 곳 외의 경우)		5만원	4만원	3만원	2만원	2만원
보행자의 통행 방해 또는 보호 불이행		5만원	4만원	3만원	2만원	2만원
횡단보도 보행자 횡단 방해(신호 또는 지시에 따라 도로를 횡단하는 보행자의 통행 방해, 어린이 보호구역에서의 일시정지 위반 포함)		7만원	6만원	4만원	3만원	3만원
신호·지시 위반		7만원	6만원	4만원	3만원	3만원
통행금지·제한 위반		5만원	4만원	3만원	2만원	2만원

비 고

1. 승합자동차 등 : 승합자동차, 4톤 초과 화물자동차, 특수자동차, 건설기계 및 노면전차
2. 승용자동차 등 : 승용자동차 및 4톤 이하 화물자동차
3. 이륜자동차 등 : 이륜자동차 및 원동기장치자전거(개인형 이동장치는 제외)
4. 손수레 등 : 손수레, 경운기 및 우마차

(5) 어린이보호구역 및 노인·장애인보호구역에서의 범칙행위 및 범칙금액(영 [별표 10])

위반행위		승합자동차 등	승용자동차 등	이륜자동차 등	자전거 등	손수레 등
속도위반 ([km/h] 기준)	60 초과	16만원	15만원	10만원	–	–
	40 초과~60 이하	13만원	12만원	8만원	–	–
	20 초과~40 이하	10만원	9만원	6만원	–	–
	20 이하	6만원	6만원	4만원	–	–
정차·주차 금지 위반	어린이보호구역	13만원	12만원	9만원	6만원	–
	노인·장애인보호구역	9만원	8만원	6만원	4만원	–
주차 금지 위반	어린이보호구역	13만원	12만원	9만원	6만원	–
	노인·장애인보호구역	9만원	8만원	6만원	4만원	–
보행자의 통행 방해 또는 보호 불이행		9만원	8만원	6만원	4만원	4만원
횡단보도 보행자 횡단 방해		13만원	12만원	8만원	6만원	6만원
신호·지시 위반		13만원	12만원	8만원	6만원	6만원
통행 금지·제한 위반		9만원	8만원	6만원	4만원	4만원

비 고

1. 승합자동차 등 : 승합자동차, 4톤 초과 화물자동차, 특수자동차, 건설기계 및 노면전차
2. 승용자동차 등 : 승용자동차 및 4톤 이하 화물자동차
3. 이륜자동차 등 : 이륜자동차 및 원동기장치자전거(개인형 이동장치는 제외)
4. 손수레 등 : 손수레, 경운기 및 우마차
5. 속도위반(60[km/h] 초과)을 하여 범칙금 납부 통고를 받은 운전자가 통고처분을 이행하지 않아 규정에 따라 가산금을 더할 경우 범칙금의 최대 부과금액은 20만원으로 한다.

CHAPTER

03 적중예상문제

01 다음 중 도로에서 일어나는 교통상의 모든 위험과 장해를 방지 · 제거하여 안전하고 원활한 교통을 확보함을 목적으로 제정된 법규는?

㉮ 교통안전법　　㉯ 도로법
㉰ 도시교통정비촉진법　　㉱ 도로교통법

해설 ㉮ 교통안전에 관한 국가 또는 지방자치단체의 의무 · 추진체계 및 시책 등을 규정하고 이를 종합적 · 계획적으로 추진함으로써 교통안전 증진에 이바지함을 목적으로 하는 법률이다.
㉯ 도로망의 계획수립, 도로 노선의 지정, 도로공사의 시행과 도로의 시설 기준, 도로의 관리 · 보전 및 비용 부담 등에 관한 사항을 규정하여 국민이 안전하고 편리하게 이용할 수 있는 도로의 건설과 공공복리의 향상에 이바지함을 목적으로 한다.
㉰ 교통시설의 정비를 촉진하고 교통수단 및 교통체계를 효율적이고 환경친화적으로 운영 · 관리하여 도시교통의 원활한 소통과 교통편의의 증진에 이바지함을 목적으로 한다.

02 도로교통법의 목적을 가장 올바르게 설명한 것은?

㉮ 도로교통상의 위험과 장해를 제거하여 안전하고 원활한 교통을 확보함을 목적으로 한다.
㉯ 도로를 관리하고 안전한 통행을 확보하는 데 있다.
㉰ 교통사고로 인한 신속한 피해복구와 편익을 증진하는 데 있다.
㉱ 교통법규 위반자 및 사고 야기자를 처벌하고 교육하는 데 있다.

해설 도로교통법은 도로에서 일어나는 교통상의 모든 위험과 장해를 방지하고 제거하여 안전하고 원활한 교통을 확보함을 목적으로 한다(법 제1조).

03 도로교통법에서 정한 신호기의 정의로 옳은 것은?

㉮ 교차로에서 볼 수 있는 모든 등화
㉯ 주의 · 규제 · 지시 등을 표시한 표지판
㉰ 도로의 바닥에 표시된 기호나 문자, 선 등의 표지
㉱ 도로교통의 신호를 표시하기 위하여 사람이나 전기의 힘에 의하여 조작되는 장치

해설 신호기란 도로교통에서 문자 · 기호 또는 등화를 사용하여 진행 · 정지 · 방향전환 · 주의 등의 신호를 표시하기 위하여 사람이나 전기의 힘으로 조작하는 장치를 말한다(법 제2조제15호).

1 ㉱ 2 ㉮ 3 ㉱ 정답

04 도로교통법상의 용어 정의 중 정차에 대한 설명으로 옳은 것은?

㉮ 5분 이상의 정지 상태를 말한다.

㉯ 5분을 초과하지 아니하고 정지시키는 것으로 주차 외의 정지 상태를 말한다.

㉰ 운전자가 그 차로부터 떠나서 즉시 운전할 수 없는 상태를 말한다.

㉱ 차가 일시적으로 그 바퀴를 완전 정지시키는 것을 말한다.

해설 정차란 운전자가 5분을 초과하지 아니하고 차를 정지시키는 것으로서 주차 외의 정지 상태를 말한다(법 제2조제25호).

05 정차는 몇 분을 초과하지 않아야 하는가?

㉮ 3분　　㉯ 5분

㉰ 10분　　㉱ 20분

해설 정차란 5분을 초과하지 아니하고 차를 정지시키는 것으로서 주차 외의 정지 상태를 말한다(법 제2조제25호).

06 긴급자동차의 지정권자는?

㉮ 시・도경찰청장　　㉯ 국토교통부장관

㉰ 행정안전부장관　　㉱ 대통령

해설 긴급자동차의 지정을 받으려는 사람 또는 기관 등은 긴급자동차 지정신청서에 서류를 첨부하여 시・도경찰청장에게 제출하여야 한다(규칙 제3조제1항).

07 전방의 적색 신호등이 정지선 앞에서 점멸하고 있을 때의 운전방법으로 가장 옳은 것은?

㉮ 안전표지의 표시에 주의하면서 진행한다.

㉯ 일시정지한 후 주의하면서 서행한다.

㉰ 좌회전을 할 수 있다.

㉱ 직진을 하면 된다.

해설 적색 신호등 점멸 중 차마는 정지선이나 횡단보도가 있을 때에는 그 직전이나 교차로의 직전에 일시정지한 후 다른 교통에 주의하면서 진행하여야 한다(규칙 [별표 2]).

정답 4 ㉯ 5 ㉯ 6 ㉮ 7 ㉯

08 신호기가 표시하는 적색등화의 신호의 뜻에 대한 설명으로 가장 옳은 것은?

㉮ 차마는 정지한 후 신호에 따라 진행하는 다른 차마의 교통을 방해하지 않고 우회전할 수 있다.

㉯ 차마는 직진할 수 없으나 언제나 우회전할 수 있다.

㉰ 차마는 직진할 수 없으나 필요에 따라 좌회전할 수 있다.

㉱ 차마는 직진할 수도 없고, 우회전할 수도 없다.

해설 적색의 등화의 뜻(규칙 [별표 2])

① 차마는 정지선, 횡단보도 및 교차로의 직전에서 정지해야 한다.

② 차마는 우회전하려는 경우 정지선, 횡단보도 및 교차로의 직전에서 정지한 후 신호에 따라 진행하는 다른 차마의 교통을 방해하지 않고 우회전할 수 있다.

③ ②에도 불구하고 차마는 우회전 삼색등이 적색의 등화인 경우 우회전할 수 없다.

09 다음 중 보행등의 설치기준으로 잘못된 것은?

㉮ 차량신호만으로는 보행자에게 언제 통행권이 있는지 분별하기 어려울 경우에 설치한다.

㉯ 차도의 폭이 12[m] 이상인 교차로 또는 횡단보도에서 차량신호가 변하더라도 보행자가 차도 내에 남을 때가 많을 경우에 설치한다.

㉰ 번화가의 교차로, 역 앞 등의 횡단보도로서 보행자의 통행이 빈번한 곳에 설치한다.

㉱ 차량신호기가 설치된 교차로의 횡단보도로서 1일 중 횡단보도의 통행량이 가장 많은 1시간 동안의 횡단보행자가 150명을 넘는 곳에 설치한다.

해설 ㉯ 차도의 폭이 16[m] 이상인 교차로 또는 횡단보도에서 차량신호가 변하더라도 보행자가 차도 내에 남을 때가 많을 경우에 설치한다(규칙 [별표 3]).

10 삼색등화로 표시되는 신호등에서 등화를 종으로 배열할 경우 순서로 맞는 것은?

㉮ 위로부터 적색, 황색, 녹색의 순서로 한다.

㉯ 위로부터 녹색, 황색, 적색의 순서로 한다.

㉰ 위로부터 녹색화살표, 황색, 녹색의 순서로 한다.

㉱ 위로부터 녹색, 적색, 녹색화살표의 순서로 한다.

해설 신호등의 등화의 배열순서(규칙 [별표 4])

적색 · 황색 및 녹색(녹색화살표)의 삼색등화로 표시되는 신호등

- 가로형 신호등의 경우 : 좌로부터 적색 · 황색 · 녹색(녹색화살표)의 순서로 한다.
- 세로형 신호등의 경우 : 위로부터 적색 · 황색 · 녹색(녹색화살표)의 순서로 한다.

8 ㉮ 9 ㉯ 10 ㉮ **정답**

11 신호등의 성능에 관한 다음의 설명에서 괄호 안에 들어갈 말이 순서대로 된 것은?

> 등화의 밝기는 낮에 (㉠)[m] 앞쪽에서 식별할 수 있도록 하여야 하며, 등화의 빛의 발산각도는 사방으로 각각 (㉡)(으)로 하여야 한다.

	㉠	㉡
㉮	120	45° 이내
㉯	130	45° 이내
㉰	140	45° 이상
㉱	150	45° 이상

해설 신호등의 성능(규칙 제7조제3항)

- 등화의 밝기는 낮에 150[m] 앞쪽에서 식별할 수 있도록 할 것
- 등화의 빛의 발산각도는 사방으로 각각 45° 이상으로 할 것
- 태양광선이나 주위의 다른 빛에 의하여 그 표시가 방해받지 아니하도록 할 것

12 신호등에 대한 다음 설명 중 틀린 것은?

㉮ 등화의 밝기는 낮에 100[m] 앞쪽에서 식별할 수 있도록 할 것

㉯ 등화의 빛의 발산각도는 사방으로 각각 45° 이상으로 할 것

㉰ 태양광선이나 주위의 다른 빛에 의하여 그 표시가 방해받지 아니하도록 할 것

㉱ 신호등의 외함의 재료는 절연성이 있는 재료로 할 것

해설 ㉮ 등화의 밝기는 낮에 150[m] 앞에서 식별할 수 있어야 한다(규칙 제7조제3항).

13 도로교통법령상 노면표시에 대한 설명으로 틀린 것은?

㉮ 노면표시는 도로표시용 도료나 반사테이프 또는 표시병으로 한다.

㉯ 자전거횡단표시를 횡단보도표시와 접하여 설치할 경우에는 접하는 측의 측선을 생략할 수 있다.

㉰ 중앙선표시, 주차금지표시, 정차·주차금지표시 및 안전지대 중 양방향 교통을 분리하는 표시는 노란색으로 한다.

㉱ 전용차로표시 및 노면전차전용로표시는 빨간색으로 한다.

해설 중앙선표시, 주차금지표시, 정차·주차금지표시 및 안전지대 중 양방향 교통을 분리하는 표시는 노란색으로, 전용차로표시 및 노면전차전용로표시는 파란색으로, 신속한 소방활동을 위해 특히 필요하다고 인정하는 곳에 설치하는 소방시설 주변 정차·주차금지표시 및 어린이보호구역 또는 주거지역 안에 설치하는 속도제한표시의 테두리선은 빨간색으로, 노면색깔유도선표시는 분홍색, 연한녹색 또는 녹색으로 하며, 그 밖의 표시는 흰색으로 한다(규칙 [별표 6]).

정답 11 ㉱ 12 ㉮ 13 ㉱

14 노면표시 중 중앙선표시는 노폭이 최소 몇 [m] 이상인 도로에 설치하는가?

㉮ 6　　㉯ 7

㉰ 8　　㉱ 10

해설 중앙선 설치기준 및 장소(규칙 [별표 6])

- 차도 폭 6[m] 이상인 도로에 설치하며, 편도 1차로 도로의 경우에는 황색실선 또는 점선으로 표시하거나 황색복선 또는 황색실선과 점선을 복선으로 설치
- 중앙분리대가 없는 편도 2차로 이상인 도로의 중앙에 실선의 황색복선을 설치
- 중앙분리대가 없는 고속도로의 중앙에 실선만을 표시할 때에는 황색복선으로 설치

15 도로상태가 위험하거나 도로 또는 그 부근에 위험물이 있는 경우에 필요한 안전조치를 할 수 있도록 이를 도로사용자에게 알리는 안전표지는?

㉮ 지시표지

㉯ 노면표시

㉰ 주의표지

㉱ 규제표지

해설 ㉮ 도로의 통행방법·통행구분 등 도로교통의 안전을 위하여 필요한 지시를 하는 경우에 도로사용자가 이에 따르도록 알리는 표지(규칙 제8조제1항제3호)

㉯ 도로교통의 안전을 위하여 각종 주의·규제·지시 등의 내용을 노면에 기호·문자 또는 선으로 도로사용자에게 알리는 표지(규칙 제8조제1항제5호)

㉱ 도로교통의 안전을 위하여 각종 제한·금지 등의 규제를 하는 경우에 이를 도로사용자에게 알리는 표지(규칙 제8조제1항제2호)

16 위험표지는 어디에 해당하는가?

㉮ 주의표지

㉯ 규제표지

㉰ 지시표지

㉱ 보조표지

해설 위험표지(규칙 [별표 6], 일련번호 : 140)는 각종 '위험'을 주의하라는 주의표지이다.

14 ㉮ 15 ㉰ 16 ㉮ **정답**

17 다음의 양보표지는 어디에 해당하는가?

㉮ 주의표지
㉯ 규제표지
㉰ 지시표지
㉱ 보조표지

해설 양보표지(규칙 [별표 6], 일련번호 : 228)는 규제표지로 도로교통의 안전을 위해 각종 제한·금지 등을 도로사용자에게 알리는 표지이다.

18 다음의 일방통행표지는 어디에 해당하는가?

㉮ 주의표지
㉯ 규제표지
㉰ 지시표지
㉱ 보조표지

해설 일방통행, 비보호좌회전, 버스전용차로, 통행우선, 자동차전용도로, 좌회전 등은 지시표지이다.

19 견인지역의 표지는 어디에 해당하는가?

㉮ 주의표지
㉯ 규제표지
㉰ 지시표지
㉱ 보조표지

해설 견인지역표지([별표 6], 일련번호 : 428)는 주차금지장소에 주차한 자동차를 견인하는 지역임을 표시하는 보조표지이다.

정답 17 ㉯ 18 ㉰ 19 ㉱

20 다음 설명 중 옳지 않은 것은?

㉮ 차도를 통행하는 학생의 대열은 그 차도의 좌측으로 통행하여야 한다.
㉯ 사회적으로 중요한 행사에 따른 시가행진인 경우에는 도로의 중앙을 통행할 수 있다.
㉰ 지체장애인의 경우에는 교통을 방해하지 않는 방법으로 도로횡단시설을 이용하지 아니하고 도로를 횡단할 수 있다.
㉱ 횡단보도가 설치되어 있지 아니한 도로에서는 가장 짧은 거리로 횡단하여야 한다.

해설 ㉮ 학생의 대열과 그 밖에 보행자의 통행에 지장을 줄 우려가 있다고 인정하여 대통령령으로 정하는 사람이나 행렬(이하 "행렬 등")은 차도로 통행할 수 있다. 이 경우 행렬 등은 차도의 우측으로 통행하여야 한다(법 제9조제1항).

21 횡단보도 설치에 관한 설명 중 맞는 것은?

㉮ 지하도로부터 300[m] 이내에는 설치할 수 없다.
㉯ 육교로부터 200[m] 이내에는 설치할 수 없다.
㉰ 교차로로부터 400[m] 이내에는 설치할 수 없다.
㉱ 다른 횡단보도로부터 500[m] 이내에는 설치할 수 없다.

해설 횡단보도는 육교・지하도 및 다른 횡단보도로부터 200[m](일반도로 중 집산도로(集散道路) 및 국지도로(局地道路) : 100[m]) 이내에는 설치하지 아니할 것. 다만, 어린이 보호구역이나 노인 보호구역 또는 장애인 보호구역으로 지정된 구간인 경우 또는 보행자의 안전이나 통행을 위하여 특히 필요하다고 인정되는 경우에는 그러하지 아니하다(규칙 제11조제4호).

22 어린이 보호구역 지정과 차의 통행을 제한할 수 있는 사람은?

㉮ 경찰서장　　㉯ 시장 등
㉰ 시・도경찰청장　　㉱ 교육부장관

해설 시장 등은 교통사고의 위험으로부터 어린이를 보호하기 위하여 필요하다고 인정하는 때에는 유치원 및 초등학교, 특수학교, 행정안전부령으로 정하는 어린이집, 학원 등의 주변도로 중 일정구간을 어린이 보호구역으로 지정하여 자동차 등과 노면전차의 통행속도를 30[km/h] 이내로 제한할 수 있다(법 제12조제1항).

20 ㉮　21 ㉯　22 ㉯　**정답**

23 차마는 도로의 중앙으로부터 우측 부분을 통행하여야 하는 것이 원칙이다. 그럼에도 불구하고 도로의 중앙이나 좌측 부분을 통행할 수 있는 경우가 있다. 이에 해당하지 않는 것은?

㉮ 도로가 일방통행일 때

㉯ 도로의 파손으로 우측 부분을 통행할 수 없는 때

㉰ 도로의 좌측 부분의 폭이 통행에 충분하지 아니한 때

㉱ 도로의 우측 부분의 폭이 6[m]가 되지 아니한 도로에서 다른 차를 앞지르기하고자 하는 때. 다만, 반대방향의 교통을 방해할 염려가 없고, 앞지르기가 제한되지 아니한 경우

해설 **차마의 운전자가 도로의 중앙이나 좌측 부분을 통행할 수 있는 경우(법 제13조제4항)**

- 도로가 일방통행인 경우
- 도로의 파손, 도로공사나 그 밖의 장애 등으로 도로의 우측 부분을 통행할 수 없는 경우
- 도로의 우측 부분의 폭이 6[m]가 되지 아니하는 도로에서 다른 차를 앞지르고자 하는 경우. 다만, 다음의 어느 하나에 해당하는 경우에는 그러하지 아니하다.
  - 도로의 좌측 부분을 확인할 수 없는 경우
  - 반대방향의 교통을 방해할 우려가 있는 경우
  - 안전표지 등으로 앞지르기를 금지하거나 제한하고 있는 경우
- 도로 우측 부분의 폭이 차마의 통행에 충분하지 아니한 경우
- 가파른 비탈길의 구부러진 곳에서 교통의 위험을 방지하기 위하여 시·도경찰청장이 필요하다고 인정하여 구간 및 통행방법을 지정하고 있는 경우에 그 지정에 따라 통행하는 경우

24 차로의 너비보다 넓은 차가 그 차로를 통행하기 위해서는 누구의 허가를 받아야 하는가?

㉮ 출발지를 관할하는 시·도경찰청장

㉯ 도착지를 관할하는 시·도경찰청장

㉰ 출발지를 관할하는 경찰서장

㉱ 도착지를 관할하는 경찰서장

해설 차로가 설치된 도로를 통행하려는 경우로서 차의 너비가 행정안전부령으로 정하는 차로의 너비보다 넓어 교통의 안전이나 원활한 소통에 지장을 줄 우려가 있는 경우 그 차의 운전자는 도로를 통행하여서는 아니 된다. 다만, 행정안전부령으로 정하는 바에 따라 그 차의 출발지를 관할하는 경찰서장의 허가를 받은 경우에는 그러하지 아니하다(법 제14조제3항).

정답 23 ㉰ 24 ㉰

25 편도 3차로의 일반도로에서 자동차의 운행속도는?

㉮ 60[km/h] 이내
㉯ 70[km/h] 이내
㉰ 80[km/h] 이내
㉱ 100[km/h] 이내

해설 일반도로(고속도로 및 자동차전용도로 외의 모든 도로)에서의 도로 통행 속도
① 「국토의 계획 및 이용에 관한 법률」제36조제1항제1호 가목부터 다목까지의 규정에 따른 주거지역·상업지역 및 공업지역의 일반도로에서는 50[km/h] 이내. 다만, 시·도경찰청장이 원활한 소통을 위하여 특히 필요하다고 인정하여 지정한 노선 또는 구간에서는 60[km/h] 이내
② ① 외의 일반도로에서는 60[km/h] 이내. 다만, 편도 2차로 이상의 도로에서는 80[km/h] 이내

26 차로의 설치에 대한 다음 설명 중 틀린 것은?

㉮ 도로에 차로를 설치하고자 하는 때에는 노면표시를 하여야 한다.
㉯ 모든 차로의 너비는 3[m] 이상으로 하여야 한다.
㉰ 차로는 횡단보도·교차로 및 철길건널목의 부분에는 설치하지 못한다.
㉱ 보도와 차도의 구분이 없는 도로에 차로를 설치하는 때에는 그 도로의 양쪽에 보행자의 통행의 안전을 위하여 길 가장자리구역을 설치하여야 한다.

해설 ㉯ 좌회전전용차로의 설치 등 부득이하다고 인정되는 때에는 차로의 너비를 275[cm] 이상으로 할 수 있다(규칙 제15조제2항 단서).

27 다음 중 버스전용차로의 설치권자는?

㉮ 시·도경찰청장
㉯ 경찰서장
㉰ 국토교통부장관
㉱ 시장 등

해설 시장 등은 원활한 교통을 확보하기 위하여 특히 필요한 경우에는 시·도경찰청장이나 경찰서장과 협의하여 도로에 전용차로(차의 종류 또는 승차인원에 따라 지정된 차만 통행할 수 있는 차로를 말한다)를 설치할 수 있다(법 제15조 제1항).

28 서울특별시장이 버스의 원활한 소통을 위하여 특히 필요한 때에는 누구와 협의하여 도로에 버스전용차로를 설치할 수 있는가?

㉮ 시·도경찰청장
㉯ 국토교통부장관
㉰ 구청장
㉱ 파출소장

해설 시장 등은 원활한 교통을 확보하기 위하여 특히 필요한 경우에는 시·도경찰청장이나 경찰서장과 협의하여 도로에 전용차로(차의 종류나 승차인원에 따라 지정된 차만 통행할 수 있는 차로를 말한다)를 설치할 수 있다(법 제15조제1항).

25 ㉰ 26 ㉯ 27 ㉱ 28 ㉮ **정답**

29 편도 2차로 이상의 고속도로에서의 최저속도는?

㉮ 30[km/h] ㉯ 40[km/h]
㉰ 50[km/h] ㉱ 60[km/h]

해설 편도 2차로 이상 고속도로에서의 최고속도는 100[km/h](화물자동차(적재중량 1.5[ton]을 초과하는 경우에 한 한다)・특수자동차・위험물운반자동차 및 건설기계의 최고속도는 80[km/h]), 최저속도는 50[km/h](규칙 제19조제1항제3호나목)

30 거친 날씨에 최고속도의 100분의 50으로 감속하여 운전하여야 할 경우가 아닌 것은?

㉮ 눈이 30[mm] 이상 쌓인 때
㉯ 폭우, 폭설, 안개 등으로 가시거리가 100[m] 이내인 때
㉰ 노면이 얼어붙는 때
㉱ 비가 내려 노면에 습기가 있는 때

해설 **거친 날씨의 운행속도**
비・안개・눈 등으로 인한 거친 날씨에는 지정속도에 불구하고 다음의 기준에 의하여 감속운행하여야 한다(규칙 제19조제2항).

이상기후상태	운행속도
• 비가 내려 노면이 젖어 있는 경우 • 눈이 20[mm] 미만 쌓인 때	최고속도의 20/100을 줄인 속도
• 폭우, 폭설, 안개 등으로 가시거리가 100[m] 이내인 때 • 노면이 얼어붙은 때 • 눈이 20[mm] 이상 쌓인 때	최고속도의 50/100을 줄인 속도

31 다음 중 자동차가 앞지르기를 할 수 없는 장소로 틀린 것은?

㉮ 편도 2차로 도로
㉯ 도로의 구부러진 곳
㉰ 비탈길의 고갯마루 부근 또는 가파른 비탈길의 내리막
㉱ 교차로, 터널 안 또는 다리 위

해설 **앞지르기를 할 수 없는 장소(법 제22조제3항)**
- 교차로
- 터널 안
- 다리 위
- 도로의 구부러진 곳, 비탈길의 고갯마루 부근 또는 가파른 비탈길의 내리막 등 시・도경찰청장이 도로에서의 위험을 방지하고 교통의 안전과 원활한 소통을 확보하기 위하여 필요하다고 인정하는 곳으로서 안전표지로 지정한 곳

정답 29 ㉰ 30 ㉱ 31 ㉮

32 교차로 통행방법으로 잘못된 것은?

㉮ 모든 차는 교차로에서 좌회전하려는 때에는 미리 도로의 중앙선을 따라 교차로의 중심안쪽을 서행하여야 한다.

㉯ 좌회전 또는 우회전하기 위하여 손이나 방향지시기 또는 등화로써 신호를 하는 차가 있는 때에는 그 뒤차는 신호를 한 앞차의 진행을 방해하여서는 아니 된다.

㉰ 교통정리가 행하여지고 있지 아니하는 교차로에 동시에 들어가고자 하는 차의 운전자는 좌측도로의 차에 진로를 양보하여야 한다.

㉱ 교통정리가 행하여지고 있지 아니하는 교차로에 들어가려는 모든 차는 그 차가 통행하고 있는 도로의 폭보다 교차하는 도로의 폭이 넓은 경우에는 서행하여야 한다.

해설 ㉰ 우측도로의 차에 진로를 양보하여야 한다(법 제26조제3항).

33 다음 중 도로교통법상 서행하여야 할 장소로 거리가 먼 것은?

㉮ 교통정리를 하고 있지 아니하는 교차로

㉯ 도로가 구부러진 부근

㉰ 비탈길의 고갯마루 부근

㉱ 미개통 신설 도로

해설 **모든 차 또는 노면전차의 운전자가 서행하여야 할 장소(법 제31조제1항)**

- 교통정리를 하고 있지 아니하는 교차로
- 도로가 구부러진 부근
- 비탈길의 고갯마루 부근
- 가파른 비탈길의 내리막
- 시·도경찰청장이 도로에서의 위험을 방지하고 교통의 안전과 원활한 소통을 확보하기 위하여 필요하다고 인정하여 안전표지로 지정한 곳

32 ㉰ 33 ㉱ 정답

34 다음 중 정차가 금지되는 곳이 아닌 것은?

㉮ 교차로 · 횡단보도 또는 건널목

㉯ 소방용 방화물통으로부터 10[m] 이내의 곳

㉰ 교차로의 가장자리로부터 5[m] 이내의 곳

㉱ 안전지대의 사방으로부터 각각 10[m] 이내의 곳

해설 **정차 및 주차의 금지(법 제32조)**

- 교차로 · 횡단보도 · 건널목이나 보도와 차도가 구분된 도로의 보도(「주차장법」에 따라 차도와 보도에 걸쳐서 설치된 노상주차장은 제외)
- 교차로의 가장자리나 도로의 모퉁이로부터 5[m] 이내인 곳
- 안전지대가 설치된 도로에서는 그 안전지대의 사방으로부터 각각 10[m] 이내인 곳
- 버스여객자동차의 정류지임을 표시하는 기둥이나 표지판 또는 선이 설치된 곳으로부터 10[m] 이내인 곳. 다만, 버스여객자동차의 운전자가 그 버스여객자동차의 운행시간 중에 운행노선에 따르는 정류장에서 승객을 태우거나 내리기 위하여 차를 정차하거나 주차하는 경우에는 그러하지 아니하다.
- 건널목의 가장자리 또는 횡단보도로부터 10[m] 이내인 곳
- 다음의 곳으로부터 5[m] 이내인 곳
  - 「소방기본법」에 따른 소방용수시설 또는 비상소화장치가 설치된 곳
  - 「소방시설 설치 및 관리에 관한 법률」에 따른 소방시설로서 대통령령으로 정하는 시설이 설치된 곳
- 시 · 도경찰청장이 도로에서의 위험을 방지하고 교통의 안전과 원활한 소통을 확보하기 위하여 필요하다고 인정하여 지정한 곳
- 시장 등이 규정에 따라 지정한 어린이 보호구역

35 정차 및 주차금지에 관하여 틀린 것은?

㉮ 교차로의 가장자리 또는 도로의 모퉁이로부터 5[m] 이내의 장소에는 정차 · 주차할 수 없다.

㉯ 안전지대가 설치된 도로에서는 그 안전지대의 사방으로부터 각각 10[m] 이내의 장소에는 정차 · 주차할 수 없다.

㉰ 버스여객자동차의 정류지임을 표시하는 기둥이나 표지판 또는 선이 설치된 곳으로부터 10[m] 이내의 장소에는 언제든 정차 · 주차할 수 없다.

㉱ 건널목의 가장자리 또는 횡단보도로부터 10[m] 이내의 장소에는 정차 · 주차할 수 없다.

해설 ㉰ 버스여객자동차의 정류지임을 표시하는 기둥이나 표지판 또는 선이 설치된 곳으로부터 10[m] 이내의 곳에는 정차 · 주차할 수 없다. 다만, 버스여객자동차의 운전자가 그 버스여객자동차의 운행시간 중에 운행노선에 따르는 정류장에서 승객을 태우거나 내리기 위하여 차를 정차 또는 주차시키는 때에는 그러하지 아니하다(법 제32조 제4호).

정답 34 ㉯ 35 ㉰

36 주차금지 장소를 설명한 것으로 틀린 것은?

㉮ 시・도경찰청장이 도로에서의 위험을 방지하고 교통의 안전과 원활한 소통을 확보하기 위하여 필요하다고 인정하여 지정한 곳

㉯ 다리 위

㉰ 터널 안

㉱ 도로공사를 하고 있는 경우에는 그 공사구역의 양쪽 가장자리로부터 8[m] 이내인 곳

해설 **주차금지의 장소(법 제33조)**

- 터널 안 및 다리 위
- 다음의 각 곳으로부터 5[m] 이내인 곳
  - 도로공사를 하고 있는 경우에는 그 공사 구역의 양쪽 가장자리
  - 「다중이용업소의 안전관리에 관한 특별법」에 따른 다중이용업소의 영업장이 속한 건축물로 소방본부장의 요청에 의하여 시・도경찰청장이 지정한 곳
- 시・도경찰청장이 도로에서의 위험을 방지하고 교통의 안전과 원활한 소통을 확보하기 위하여 필요하다고 인정하여 지정한 곳

37 차도와 보도의 구별이 없는 도로에서 정차 및 주차 시 우측 가장자리로부터 얼마 이상의 거리를 두어야 하는가?

㉮ 30[cm] 이상 ㉯ 50[cm] 이상

㉰ 60[cm] 이상 ㉱ 90[cm] 이상

해설 모든 차의 운전자는 도로에서 정차를 하고자 하는 때에는 차도의 우측 가장자리에 정차하여야 한다. 다만, 차도와 보도의 구별이 없는 도로에 있어서는 도로의 우측 가장자리로부터 중앙으로 50[cm] 이상의 거리를 두어야 한다(영 제11조제1항제1호).

38 일반도로에서 견인자동차가 아닌 자동차로 총중량 2,000[kg]에 미달하는 자동차를 총중량이 2배인 자동차로 견인할 때의 속도의 최대치는?

㉮ 20[km/h]

㉯ 25[km/h]

㉰ 30[km/h]

㉱ 35[km/h]

해설 총중량 2,000[kg]에 미만인 자동차를 총중량이 그의 3배 이상인 자동차로 견인하여 도로(고속도로를 제외)를 통행하는 때의 속도는 30[km/h] 이내, 그 외의 경우 및 이륜자동차가 견인하는 때에는 25[km/h] 이내의 속도로 하여야 한다(규칙 제20조).

36 ㉱ 37 ㉯ 38 ㉯ **정답**

39 다음 중 견인 대상 차의 사용자에게 통지할 사항이 아닌 것은?

㉮ 견인일시
㉯ 보관장소
㉰ 위반장소
㉱ 차의 등록번호・차종 및 형식

해설 차의 사용자 또는 운전자에게 통지하여야 할 사항은 차의 등록번호・차종 및 형식, 위반장소, 보관한 일시 및 장소, 통지한 날부터 1개월이 지나도 반환을 요구하지 아니한 때에는 그 차를 매각 또는 폐차할 수 있다는 내용이다(규칙 제22조제3항).

40 주차위반으로 보관 중인 차를 매각 또는 폐차할 수 있는 때는?

㉮ 사용자 또는 운전자의 성명・주소를 알 수 없는 때
㉯ 지정장소로 이동 중 부주의로 파손된 때
㉰ 견인한 때부터 24시간이 경과하여도 이를 인수하지 아니하는 때
㉱ 경찰서장 또는 시장 등은 차의 반환에 필요한 조치 또는 공고를 하였음에도 불구하고 그 차의 운전자가 1개월이 지나도 반환을 요구하지 아니한 때

해설 경찰서장 또는 시장 등은 차의 반환에 필요한 조치 또는 공고를 하였음에도 불구하고 그 차의 사용자 또는 운전자가 그로부터 1개월이 지나도 반환을 요구하지 아니한 때에는 그 차를 매각 또는 폐차할 수 있다(법 제35조제5항).

41 주차위반차의 견인 및 보관 등의 업무를 대행할 수 있는 대행법인 등의 요건으로 옳지 않은 것은?

㉮ 견인차 1대 이상
㉯ 주차대수 50대 이상의 주차시설 및 부대시설
㉰ 대행 업무수행에 필요하다고 인정되는 인력
㉱ 사무소, 차의 보관장소와 견인차 간의 통신장비

해설 **견인 등 대행법인 등의 요건(영 제16조)**

- 특별시 또는 광역시 지역의 경우에는 주차대수 30대 이상, 시 또는 군(광역시의 군을 포함) 지역의 경우에는 주차대수 15대 이상의 주차시설 및 부대시설
- 1대 이상의 견인차
- 사무소, 차의 보관장소와 견인차 간의 통신장비
- 대행업무의 수행에 필요하다고 인정되는 인력
- 그 밖에 행정안전부령이 정하는 차의 보관 및 관리에 필요한 장비

정답 39 ㉮ 40 ㉱ 41 ㉯

42 밤에 도로를 통행하는 때에 켜야 하는 등화가 아닌 것은?

㉮ 자동차의 전조등

㉯ 자동차의 차폭등

㉰ 원동기장치자전거의 미등

㉱ 견인되는 차의 실내등

해설 **밤에 도로에서 차를 운행하는 경우 등의 등화(영 제19조제1항)**

차 또는 노면전차의 운전자가 도로에서 차 또는 노면전차를 운행할 때 켜야 하는 등화(燈火)의 종류는 다음의 구분에 따른다.

- 자동차 : 자동차안전기준에서 정하는 전조등(前照燈), 차폭등(車幅燈), 미등(尾燈), 번호등과 실내조명등(실내조명등은 승합자동차와 여객자동차운송사업용 승용자동차만 해당)
- 원동기장치자전거 : 전조등 및 미등
- 견인되는 차 : 미등·차폭등 및 번호등
- 노면전차 : 전조등, 차폭등, 미등 및 실내조명등
- 규정 외의 차 : 시·도경찰청장이 정하여 고시하는 등화

43 고속도로에서 동일방향으로 진행하면서 진로를 왼쪽으로 바꾸고자 할 때 신호의 시기는?

㉮ 진로를 바꾸고자 하는 지점에 이르기 전 30[m] 이상의 지점에 이르렀을 때

㉯ 진로를 바꾸고자 하는 지점에 이르기 전 60[m] 이상의 지점에 이르렀을 때

㉰ 진로를 바꾸고자 하는 지점에 이르기 전 100[m] 이상의 지점에 이르렀을 때

㉱ 진로를 바꾸고자 하는 지점에 이르기 전 150[m] 이상의 지점에 이르렀을 때

해설 동일방향으로 진행하면서 진로를 왼쪽으로 바꾸고자 할 때에는 그 행위를 하고자 하는 지점에 이르기 전 30[m](고속도로에서는 100[m]) 이상의 지점에 이르렀을 때 신호한다(영 [별표 2]).

44 다음 중 운행상의 안전기준이 잘못된 것은?

㉮ 자동차는 승차정원을 넘어서 운행하지 아니할 것

㉯ 화물자동차의 적재 길이는 자동차 길이의 10분의 1의 길이를 더한 길이를 넘지 아니할 것

㉰ 화물자동차의 적재중량은 구조 및 성능에 따르는 적재중량의 110[%] 이내

㉱ 화물자동차의 적재높이는 적재장치로부터 3.5[m]를 넘지 아니할 것

해설 ㉱ 적재높이는 지상으로부터 4[m](도로구조의 보전과 통행의 안전에 지장이 없다고 인정하여 고시한 도로노선의 경우에는 4.2[m], 소형 삼륜자동차에 있어서는 지상으로부터 2.5[m], 이륜자동차에 있어서는 지상으로부터 2[m])의 높이(영 제22조)

42 ㉱ 43 ㉰ 44 ㉱ **정답**

45 도로교통법상 화물자동차의 적재높이의 기준은 지상으로부터 몇 [m]를 넘지 못하는가?

㉮ 3
㉯ 3.5
㉰ 4
㉱ 4.5

해설 화물자동차는 지상으로부터 4[m](도로구조의 보전과 통행의 안전에 지장이 없다고 인정하여 고시한 도로노선의 경우에는 4.2[m], 소형 3륜자동차에 있어서는 지상으로부터 2.5[m], 이륜자동차에 있어서는 지상으로부터 2[m])의 높이이다(영 제22조제4호).

46 시 · 도경찰청장이 정비불량차에 대하여 필요한 정비기간을 정하여 사용을 정지시킬 수 있는 기간은?

㉮ 5일
㉯ 10일
㉰ 20일
㉱ 30일

해설 시 · 도경찰청장은 정비 상태가 매우 불량하여 위험발생의 우려가 있는 경우에는 그 차의 자동차등록증을 보관하고 운전의 일시정지를 명할 수 있다. 이 경우 필요하면 10일의 범위에서 정비기간을 정하여 그 차의 사용을 정지시킬 수 있다(법 제41조제3항).

47 다음 중 어린이통학버스에 관한 설명으로 틀린 것은?

㉮ 어린이통학버스가 어린이 또는 유아를 태우고 있다는 표시를 하고 도로를 통행하는 때에는 모든 차는 어린이통학버스를 앞지르지 못한다.
㉯ 어린이통학버스가 도로에 정차하여 어린이나 영유아가 타고 내리는 중임을 표시하는 점멸등 등의 장치를 가동 중인 때에 그 옆차로를 통행하는 차는 재빨리 차로를 비워줘야 한다.
㉰ 편도 1차로인 도로에서는 반대방향에서 진행하는 차의 운전자도 어린이통학버스에 이르기 전에 일시정지하여 안전을 확인한 후 서행하여야 한다.
㉱ 어린이통학버스를 운영하고자 하는 자는 미리 관할 경찰서장에게 신고하고 신고증명서를 교부받아 이를 어린이통학버스 안에 상시비치하여야 한다.

해설 ㉯ 어린이통학버스가 도로에 정차하여 어린이나 영유아가 타고 내리는 중임을 표시하는 점멸등 등의 장치를 가동 중인 때에 어린이통학버스가 정차한 차로와 그 차로의 바로 옆차로를 통행하는 차의 운전자는 어린이통학버스에 이르기 전에 일시정지하여 안전을 확인한 후 서행하여야 한다(법 제51조제1항).

정답 45 ㉰ 46 ㉯ 47 ㉯

48 고속도로 또는 자동차전용도로에서 정차·주차할 수 있는 경우이다. 잘못된 것은?

㉮ 정차 또는 주차할 수 있도록 안전표지를 설치한 곳이나 정류장에서 정차 또는 주차하는 경우
㉯ 고장이나 그 밖의 부득이한 사유로 길 가장자리(갓길을 포함)에 정차 또는 주차하는 경우
㉰ 통행료를 지불하기 위하여 통행료를 받는 곳에서 정차하는 경우
㉱ 경찰용 긴급자동차가 고속도로에서 휴식 또는 식사를 위해 정차·주차하는 경우

해설 ㉱ 경찰용 긴급자동차가 고속도로 등에서의 범죄수사·교통단속이나 그 밖의 경찰임무를 수행하기 위하여 정차 또는 주차시키는 경우(법 제64조제6호)

49 다음 중 고속도로나 자동차전용도로에서 정차 또는 주차가 가능한 경우가 아닌 것은?

㉮ 고장으로 부득이하게 길 가장자리에 정차 또는 주차하는 경우
㉯ 통행료를 지불하기 위하여 통행료를 받는 곳에서 정차하는 경우
㉰ 도로의 관리자가 그 고속도로 또는 자동차전용도로를 보수·유지하기 위하여 정차 또는 주차하는 경우
㉱ 경찰용 긴급자동차가 고속도로 또는 자동차전용도로에서 경찰임무수행 외의 일을 위하여 정차 또는 주차하는 경우

해설 경찰용 긴급자동차가 고속도로 등에서 범죄수사·교통단속이나 그 밖의 경찰임무를 수행하기 위하여 정차 또는 주차시키는 경우(법 제64조제6호)

50 밤에 고장이나 그 밖의 사유로 고속도로에서 자동차를 운행할 수 없게 되었을 때 사방 몇 [m] 지점에서 식별할 수 있는 적색의 섬광신호·전기제등 또는 불꽃신호를 설치하여야 하는가?

㉮ 200[m] ㉯ 300[m]
㉰ 400[m] ㉱ 500[m]

해설 사방 500[m] 지점에서 식별할 수 있는 적색의 섬광신호·전기제등 또는 불꽃신호를 설치하여야 한다. 다만, 밤에 고장이나 그 밖의 사유로 고속도로 등에서 자동차를 운행할 수 없게 되었을 때로 한정한다(규칙 제40조제1항제2호)

48 ㉱ 49 ㉱ 50 ㉱ 정답

51 도로공사를 하고자 하는 자는 공사시작 며칠 전까지 누구에게 신고하여야 하는가?

㉮ 3일 전까지 시장 등에게

㉯ 3일 전까지 관할 경찰서장에게

㉰ 15일 전까지 시・도경찰청장에게

㉱ 20일 전까지 국토교통부장관에게

해설 도로관리청 또는 공사시행청의 명령에 따라 도로를 파거나 뚫는 등 공사를 하려는 사람은 공사시행 3일 전에 그 일시・공사구간・공사기간・시행방법 그 밖에 필요한 사항을 관할 경찰서장에게 신고하여야 한다. 다만, 산사태나 수도관 파열 등으로 긴급히 시공할 필요가 있는 경우에는 그에 알맞은 안전조치를 하고 공사를 시작한 후에 지체 없이 신고하여야 한다(법 제69조제1항).

52 연습운전면허가 효력을 갖는 기간은?

㉮ 1년　　㉯ 2년

㉰ 3월　　㉱ 6월

해설 연습운전면허는 그 면허를 받은 날부터 1년의 효력을 가진다. 다만, 연습운전면허를 받는 날부터 1년 이전이라도 연습운전면허를 받은 사람이 제1종 보통면허 또는 제2종 보통면허를 받은 경우 연습운전면허는 그 효력을 잃는다(법 제81조).

53 운전면허의 행정처분기준에 관한 다음 설명 중 옳지 않은 것은?

㉮ 처분벌점이 40점 미만인 경우에, 최종의 위반일 또는 사고일로부터 위반 및 사고 없이 1년이 경과한 때에는 그 처분벌점은 소멸한다.

㉯ 법규위반 또는 교통사고로 인한 벌점은 행정처분기준을 적용하고자 하는 당해 위반 또는 사고가 있었던 날을 기준으로 하여 과거 3년간의 모든 벌점을 누산하여 관리한다.

㉰ 운전면허정지처분은 1회의 위반・사고로 인한 벌점 또는 처분벌점이 30점 이상이 된 때부터 결정하여 집행하되, 원칙적으로 1점을 1일로 계산하여 집행한다.

㉱ 교통사고(인적 피해사고)를 야기하고 도주한 차량을 검거하거나 신고하여 검거하게 한 운전자에 대하여는 40점의 특혜점수를 부여하여 기간에 관계없이 그 운전자가 정지 또는 취소처분을 받게 될 경우, 누산점수에서 이를 공제한다.

해설 ㉰ 운전면허정지처분은 1회의 위반・사고로 인한 벌점 또는 처분벌점이 40점 이상이 된 때부터 결정하여 집행하되, 원칙적으로 1점을 1일로 계산하여 집행한다(규칙 [별표 28]).

정답 51 ㉯　52 ㉮　53 ㉰

54 다음 위반사항 중 그 벌점이 30점에 해당되는 것은?

㉮ 단속경찰공무원 등에 대한 폭행으로 형사입건된 때

㉯ 운전면허증 제시의무위반

㉰ 제한속도위반(20[km/h] 초과 40[km/h] 이하)

㉱ 일반도로 전용차로 통행위반

해설 ㉮ 취소처분(규칙 [별표 28]), ㉰ 15점, ㉱ 10점

55 임시운전증명서의 유효기간은?

㉮ 20일　　㉯ 1월

㉰ 6월　　㉱ 1년

해설 임시운전증명서의 유효기간은 20일 이내로 하되, 운전면허의 취소 또는 정지처분 대상자의 경우에는 40일 이내로 할 수 있다. 다만, 경찰서장이 필요하다고 인정하는 경우에는 그 유효기간을 1회에 한하여 20일의 범위에서 연장할 수 있다(규칙 제88조제2항).

56 교통안전수칙을 제정하여 이를 보급하여야 하는 사람은?

㉮ 경찰청장

㉯ 국토교통부장관

㉰ 시・도지사

㉱ 행정안전부장관

해설 경찰청장은 교통안전수칙을 제정하여 보급하여야 한다(법 제144조제1항).

54 ㉯ 55 ㉮ 56 ㉮ 정답

57 교통사고 발생 시의 조치를 하지 아니한 사람에 대한 벌칙은?

㉮ 5년 이하의 징역이나 3,000만원 이하의 벌금
㉯ 5년 이하의 징역이나 1,500만원 이하의 벌금
㉰ 3년 이하의 징역이나 1,000만원 이하의 벌금
㉱ 1년 이하의 징역이나 1,000만원 이하의 벌금

해설 교통사고 발생 시의 조치를 하지 아니한 사람(주정차된 차만 손괴한 것이 분명한 경우에 따라 피해자에게 인적 사항을 제공하지 아니한 사람은 제외)은 5년 이하의 징역이나 1,500만원 이하의 벌금에 처한다(법 제148조).

58 함부로 신호기를 조작하거나 신호기 또는 안전표지를 철거·이전 손괴한 사람에 대한 벌칙은?

㉮ 5년 이하의 징역이나 1,000만원 이하의 벌금에 처한다.
㉯ 3년 이하의 징역이나 700만원 이하의 벌금에 처한다.
㉰ 2년 이하의 징역이나 300만원 이하의 벌금에 처한다.
㉱ 1년 이하의 징역이나 100만원 이하의 벌금에 처한다.

해설 함부로 신호기를 조작하거나 교통안전시설을 철거·이전하거나 손괴한 사람은 3년 이하의 징역이나 700만원 이하의 벌금에 처한다(법 제149조제1항).

59 차의 운전자가 업무상 필요한 주의를 게을리하거나 중대한 과실로 다른 사람의 건조물이나 그 밖의 재물을 손괴한 경우의 벌칙은?

㉮ 3년 이하의 징역이나 700만원 이하의 벌금에 처한다.
㉯ 2년 이하의 징역이나 500만원 이하의 벌금에 처한다.
㉰ 2년 이하의 금고나 500만원 이하의 벌금에 처한다.
㉱ 1년 이하의 금고나 300만원 이하의 벌금에 처한다.

해설 차 또는 노면전차의 운전자가 업무상 필요한 주의를 게을리하거나 중대한 과실로 다른 사람의 건조물이나 그 밖의 재물을 손괴한 경우에는 2년 이하의 금고나 500만원 이하의 벌금에 처한다(법 제151조).

정답 57 ㉯ 58 ㉯ 59 ㉰

60 위험방지 조치를 위해 경찰공무원의 요구 · 조치 또는 명령에 따르지 아니하거나 이를 거부 또는 방해한 사람에 대한 벌칙으로 맞는 것은?

㉮ 6개월 이하의 징역이나 200만원 이하의 벌금 또는 구류의 형
㉯ 200만원 이하의 벌금
㉰ 6개월 이하의 징역이나 200만원 이하의 벌금
㉱ 1년 이하의 징역이나 300만원 이하의 벌금 또는 구류의 형

해설 경찰공무원의 요구 · 조치 또는 명령에 따르지 아니하거나 이를 거부 또는 방해한 사람은 6개월 이하의 징역이나 200만원 이하의 벌금 또는 구류에 처한다(법 제153조제1항제2호).

61 30만원 이하의 벌금이나 구류에 처하는 경우가 아닌 것은?

㉮ 자동차 등에 도색 · 표지 등을 하거나 그러한 자동차 등을 운전한 사람
㉯ 과로 · 질병으로 인하여 정상적으로 운전하지 못할 우려가 있는 상태에서 자동차를 운전한 사람
㉰ 교통사고 발생 시의 조치 또는 신고 행위를 방해한 사람
㉱ 사고발생 시 조치상황 등의 신고를 하지 아니한 사람

해설 ㉰의 경우에 6개월 이하의 징역이나 200만원 이하의 벌금 또는 구류에 처한다(법 제153조제1항제5호).

62 다음 중 범칙금 납부통고서로 범칙금을 낼 것을 통고할 수 있는 사람은?

㉮ 경찰서장
㉯ 관할 구청장
㉰ 시 · 도지사
㉱ 국토교통부장관

해설 경찰서장이나 제주특별자치도지사는 범칙자로 인정하는 사람에 대하여는 이유를 분명하게 밝힌 범칙금 납부통고서로 범칙금을 낼 것을 통고할 수 있다(법 제163조제1항).

60 ㉮ 61 ㉰ 62 ㉮ **정답**

우리 인생의 가장 큰 영광은 결코 넘어지지 않는 데 있는 것이 아니라

넘어질 때마다 일어서는 데 있다.

– 넬슨 만델라 –

참 / 고 / 문 / 헌

- 오재건 외, 도로교통사고감정사, 시대고시기획, 2024
- 김대윤 외, 물류관리사 한권으로 끝내기, 시대고시기획, 2013
- 안영일 외, 유통관리사 한권으로 끝내기, 시대고시기획, 2024
- 김상훈, Win-Q 전기기사, 시대고시기획, 2013
- 김상훈, Win-Q 전기공사기사, 시대고시기획, 2013
- 이홍로, 교통안전관리론, 행정경영자료사, 2002
- 교통사고분석사연구회, 법규 및 안전관리론, 피엔에스출판, 2002
- 전태영, 교통사고분석사, 시대고시기획, 2002
- 한국교통안전공단 https://www.kotsa.or.kr/main.do
- 최박사, 5일완성 자동차정비기능사, 시대고시기획, 2015
- 함성훈 외, 그린전동자동차기사, 시대고시기획, 2023
- 신용섭, 자동차정비기능사 필기, 시대고시기획, 2015
- 신용섭, 자동차정비기능사 실기, 시대고시기획, 2015
- 철도교통안전관리자편찬위원회, 철도교통안전관리자 한권으로 끝내기, 시대고시기획, 2024

도로교통안전관리자 한권으로 끝내기

개정9판1쇄 발행	2024년 06월 20일 (인쇄 2024년 05월 16일)
초 판 발 행	2015년 10월 10일 (인쇄 2015년 09월 15일)
발 행 인	박영일
책 임 편 집	이해욱
편 저	도로교통안전관리자 편찬위원회
편 집 진 행	윤진영 · 김경숙
표지디자인	권은경 · 길전홍선
편집디자인	정경일
발 행 처	(주)시대고시기획
출 판 등 록	제10-1521호
주 소	서울시 마포구 큰우물로 75 [도화동 538 성지 B/D] 9F
전 화	1600-3600
팩 스	02-701-8823
홈 페 이 지	www.sdedu.co.kr

I S B N	979-11-383-7210-7(13530)
정 가	36,000원

모든 자격증 · 공무원 · 취업의 합격정보

SD에듀 합격의 공식!

합격 구독 과 좋아요! 정보 알림설정까지!

SD에듀 무료특강

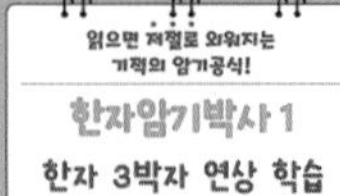